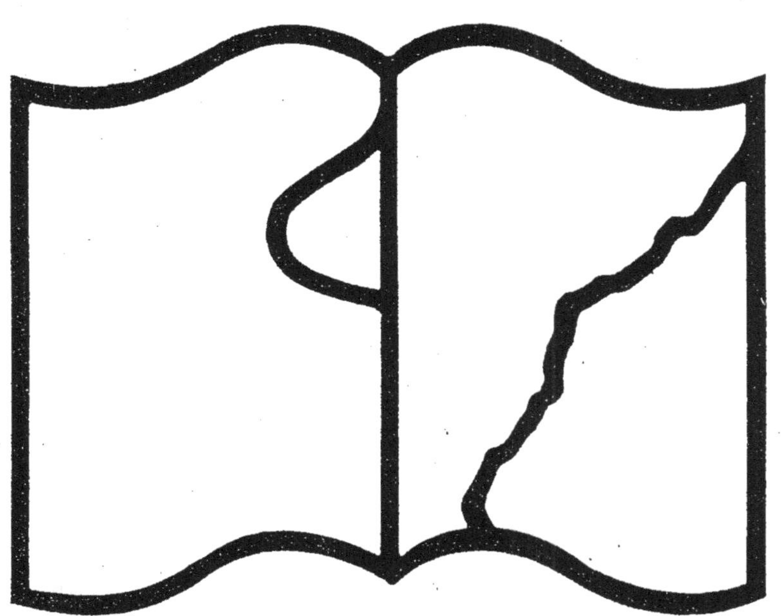

Texte détérioré — reliure défectueuse

NF Z 43-120-11

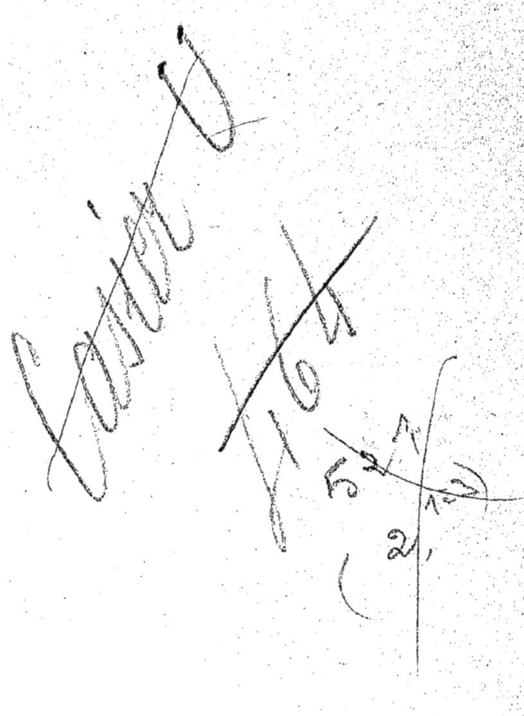

O. D. CHWOLSON

PROFESSEUR ORDINAIRE A L'UNIVERSITÉ IMPÉRIALE DE ST-PÉTERSBOURG

TRAITÉ DE PHYSIQUE

OUVRAGE TRADUIT SUR LES ÉDITIONS RUSSE & ALLEMANDE

PAR

E. DAVAUX

INGÉNIEUR DE LA MARINE

Édition revue et considérablement augmentée par l'Auteur

SUIVIE DE

Notes sur la Physique théorique

PAR

E. COSSERAT	F. COSSERAT
Professeur	Ingénieur en Chef des Ponts et Chaussées
à la Faculté des Sciences	Ingénieur en Chef
de l'Université de Toulouse	à la Cⁱᵒ des Chemins de fer de l'Est

TOME DEUXIÈME

PREMIER FASCICULE

Emission et absorption de l'énergie rayonnante, Vitesse de propagation, Réflexion et Réfraction

Avec 105 figures dans le texte

PARIS

LIBRAIRIE SCIENTIFIQUE A. HERMANN

LIBRAIRE DE S. M. LE ROI DE SUÈDE ET DE NORVÈGE

6, RUE DE LA SORBONNE, 6

1906

TRAITÉ DE PHYSIQUE

O. D. CHWOLSON

PROFESSEUR ORDINAIRE A L'UNIVERSITÉ IMPÉRIALE DE ST-PÉTERSBOURG

TRAITÉ DE PHYSIQUE

OUVRAGE TRADUIT SUR LES ÉDITIONS RUSSE & ALLEMANDE

PAR

E. DAVAUX

INGÉNIEUR DE LA MARINE

Édition revue et considérablement augmentée par l'Auteur

SUIVIE DE

Notes sur la Physique théorique

PAR

E. COSSERAT	F. COSSERAT
Professeur	Ingénieur en Chef des Ponts et Chaussées
à la Faculté des Sciences	Ingénieur en Chef
de l'Université de Toulouse	à la Cie des Chemins de fer de l'Est

TOME DEUXIÈME

PREMIER FASCICULE

Emission et absorption de l'énergie rayonnante, Vitesse de propagation, Réflexion et Réfraction

Avec 105 figures dans le texte

PARIS

LIBRAIRIE SCIENTIFIQUE A. HERMANN

LIBRAIRE DE S. M. LE ROI DE SUÈDE ET DE NORVÈGE

6, RUE DE LA SORBONNE, 6

1906

TABLE DES MATIÈRES

DU PREMIER FASCICULE DU TOME DEUXIÈME

HUITIÈME PARTIE

L'ÉNERGIE RAYONNANTE

Chapitre I. — **Introduction**

Chapitre II. — Transformation de l'énergie calorifique en énergie rayonnante, et inversement

CHAPITRE III. — Vitesse de propagation de l'énergie rayonnante

CHAPITRE IV. — Réflexion de l'énergie rayonnante

Chapitre V. — Réfraction de l'énergie rayonnante

TABLE DES MATIÈRES
DU SECOND FASCICULE DU TOME DEUXIÈME

HUITIÈME PARTIE

L'ÉNERGIE RAYONNANTE (*Suite*).

Chapitre VI. — L'indice de réfraction.

Chapitre VII. — Dispersion de l'énergie rayonnante.

Note sur les méthodes modernes d'observation en analyse spectrale par M. A. de Gramont.

Chapitre VIII. — Transformations de l'énergie rayonnante.

ERRATA

—

<table>
<tr><td>Pages :</td><td>lignes :</td><td>au lieu de :</td><td>lisez :</td></tr>
<tr><td>245</td><td>fig. 133.</td><td>Wasser</td><td>Eau</td></tr>
<tr><td>245</td><td>fig. 134.</td><td>Wasser</td><td>Eau</td></tr>
<tr><td>252</td><td>fig. 137.</td><td>g, gr</td><td>j, v</td></tr>
<tr><td>259</td><td>fig. 149.</td><td></td><td>l'objectif a est de trop.</td></tr>
<tr><td>260</td><td>4</td><td>d'une petite lunette</td><td>d'un petit collimateur pourvu d'une fente.</td></tr>
</table>

261 . . . 13 . . . . . . Ajoutez ce qui suit : On se sert de ce dispositif aujourd'hui, presque uniquement, pour photographier les spectres des étoiles. Cette méthode a l'avantage de permettre de photographier à la fois les spectres des étoiles qui se trouvent dans le champ couvert par la plaque. L'appareil est maintenu sur un point fixe du ciel par un mouvement d'horlogerie. Le prisme est fixé devant l'objectif de telle sorte que sa base soit parallèle à l'équateur. Pour donner de la largeur aux spectres, on fait avancer ou retarder un peu le mouvement d'horlogerie, de sorte qu'au bout d'un certain temps nécessaire pour la pose photographique, tous les spectres sur la plaque se sont déplacés perpendiculairement à la direction du spectre.

262 . . . 3 . . . . . . Il faut mentionner aussi l'observatoire d'astronomie physique de Meudon, le plus important en Europe.

276 . . . 20 . . . . . . Haschek . . . . . Haschek, ainsi qu'Eder et Valenta.

276 . . . 27 . . . . . . Ajoutez : Les travaux mentionnés plus haut comprennent tous, sauf ceux de Exner et Haschek, les parties violette et ultra-violette des spectres.

ERRATA

Pages :	lignes :	au lieu de :	lisez :
280	21.	Lord Ramsay.	Sir William Ramsay.
280	25.	par Baly (1903),	par Baly (1903) e quelques autres.
280	27.	Gramont	de Gramont.
282	28.	Kayser	Schbiner.
283	32.	Ajoutez : En 1902 il a étudié les spectre d'étincelles des métaux suivants : Ti, V, Mn, Fe, Ni, Co, Mo, Pd, W, Ir, Pi, Pb, U, Zr, La, Ce, Th, Di (Publikationen des Astroph. Obs. Potsdam, **41**, 1903).	
284	23.	Ajoutez après Hutchins (1902) : il a été cependant démontré depuis qu'Hutchins s'est trompé (Voir Lewis et King, Astrophys. Journal, 17, p. 162, 1902) et que la bande observée par lui appartient au spectre de bandes négatif de l'azote. La tête de cette bande est à $\lambda = 351^{\mu\mu}$.	
302	fig. 189.	Luft	Air
308	fig. 193.	Sichtbar	Visible
»	»	Dunkles	Obscur
»	»	ultra-rotes	infra-rouge
357	fig. 235.	g, gr	j, v.
366	fig. 243.	Gr	Ve

TABLE DES MATIÈRES

DU TROISIÈME FASCICULE DU TOME DEUXIÈME

HUITIÈME PARTIE

L'ÉNERGIE RAYONNANTE (*Suite*)

Chapitre IX. — Mesure de l'énergie rayonnante

Chapitre X. — Instruments d'optique

Chapitre XI. — Notions d'Optique physiologique

Chapitre XII. — Phénomènes optiques dans l'atmosphère

Chapitre XIII. — Interférence de la lumière

TRAITÉ DE PHYSIQUE

HUITIÈME PARTIE

L'ÉNERGIE RAYONNANTE

CHAPITRE PREMIER

INTRODUCTION

1. Ether. — Nous avons déjà dit, dans le § **4** de la première Partie, qu'en dehors de la matière que nous rencontrons à l'état solide, liquide ou gazeux, et sous forme de corps simples ou de combinaisons chimiques, la Physique moderne admettait l'existence d'une substance particulière, remplissant l'espace, appelée l'*éther*. Nous ignorons presque complètement les propriétés de l'éther, bien que nous connaissions très exactement les *lois* qui régissent certains phénomènes, dont la cause intime réside, sans aucun doute, dans les modifications qui se produisent au sein de cette substance.

Ces modifications peuvent être de deux sortes : 1. *modifications statiques*, consistant en déplacements internes de l'éther, en *déformations* plus ou moins analogues peut-être aux déformations élastiques que nous avons rencontrées dans l'étude de l'état solide des corps : dilatation, torsion, etc. ; 2. *modifications dynamiques*, c'est-à-dire mouvements se produisant dans l'éther ; ces mouvements paraissent pouvoir présenter des caractères très divers ; ils rappellent, dans quelques cas particuliers, les mouvements des corps à l'état solide ou à l'état liquide ; on peut les désigner tous sous le terme commun de *troubles* ou de *perturbations*.

Les déformations et les perturbations de l'éther constituent la source des phénomènes extrêmement variés que l'on appelle phénomènes optiques et électriques ; nous connaissons les lois de ces phénomènes, mais nous ne sommes pas encore en état d'indiquer les déformations et les perturbations qui, dans chaque cas particulier, représentent, d'une manière objective, un phénomène observé. Les différentes tentatives qu'ont faites des savants illustres, comme Maxwell, Helmholtz et W. Thomson (Lord Kelvin), pour expliquer les propriétés et pour définir la constitution de l'éther, d'après les caractères extérieurs des phénomènes optiques et électriques, n'ont pas encore conduit à un résultat certain. Il est hors de doute, en tout cas, que les propriétés de l'éther, doivent différer essentiellement des propriétés connues de la matière à l'état solide, liquide ou gazeux.

La densité de l'éther est certainement très faible. Toute perturbation, qui se produit dans cette substance, se propage, d'un endroit à un autre, avec une très grande vitesse, qui est approximativement

$$(1) \qquad v = 3 . 10^{10} \; \frac{\text{cm.}}{\text{sec.}},$$

ou 300 000 kilomètres par seconde. Nous avons trouvé [voir (17), § 3, Chap. I, 7° Partie], pour la vitesse de propagation des *vibrations transversales* dans un milieu isotrope, la formule

$$(2) \qquad v = \sqrt{\frac{e}{d}},$$

où d désigne la densité du milieu, e son élasticité dans la direction des mouvements transversaux, c'est-à-dire le *module de cisaillement*. Il existe un assez grand nombre de faits montrant que les perturbations de l'éther, qui se propagent par rayonnement avec la vitesse donnée par la formule (1), présentent le caractère de *mouvements transversaux* relativement au rayon. Si nous appliquons, au milieu constitué par l'éther, tous les raisonnements et toutes les considérations, sur lesquels nous nous sommes appuyés pour étudier théoriquement la question de la propagation par rayonnement des mouvements transversaux dans les corps à l'état solide, nous pouvons donc exprimer cette vitesse par la formule (2). Ces mouvements transversaux n'étaient possibles ni dans les corps à l'état liquide, ni dans les corps à l'état gazeux, qui ne possèdent aucune résistance au cisaillement. En comparant les expressions (1) et (2), et en admettant, d'après des considérations qui seront exposées plus loin, que d est une grandeur très petite, on trouve que l'élasticité (module de cisaillement) e de l'éther est extrêmement grande, même relativement à celle de l'acier. Même si l'éther possédait la densité de l'acier, son élasticité devrait être $36 . 10^{20}$ fois plus grande que celle de l'acier. Une particularité de l'éther consiste en ce qu'il n'oppose au mouvement de la matière ordinaire aucune résistance appréciable. Jusqu'ici du moins les mouvements des planètes et des comètes n'ont indiqué aucune trace d'une telle résistance.

Il n'est pas douteux que *tout mouvement dans l'éther est une manifestation de l'énergie sous une forme particulière*, équivalente à d'autres formes, dont elle provient et en lesquelles elle peut se transformer. Ainsi, l'énergie des mouvements visibles et invisibles (moléculaires) de la matière peut se transformer en énergie de mouvement de l'éther, et inversement. De ce fait seul résulte déjà que l'idée de l'éther implique la notion d'une *masse* qui lui est propre, si l'on ne veut pas admettre une notion généralisée, obscure, et plutôt méta-

physique que physique de l'énergie de mouvement, où le demi-produit de la
masse par le carré de la vitesse ne serait qu'un cas particulier de l'énergie de
mouvement, relatif à la matière tangible, qui, dans la transmission de
l'énergie, de la matière à l'éther, devrait être remplacé par quelque chose de
complètement inconnu. W. Thomson (Lord Kelvin) a trouvé, comme limite
inférieure de la densité d de l'éther (par rapport à l'eau)

$$d > \frac{4}{n^2} \, 10^{-26},$$

où n est le rapport de la plus grande vitesse, dans le *mouvement* d'une particule d'éther, à la vitesse de propagation v des *perturbations* dans l'éther donnée
par la formule (1). En admettant que n n'est pas supérieur à 0,02, W. Thomson
a obtenu

$$d > 10^{-22}.$$

Par une modification légère de certains raisonnements dus à Glan, Grätz a
trouvé que n^2 n'est pas supérieur à $4,2.10^{-8}$; il en résulte que

$$d > 10^{-18}.$$

Grätz est en outre arrivé à trouver une limite *supérieure* pour d ; d'après lui,
on aurait

$$d < 9.10^{-16}.$$

Nous avons donc quelque raison d'admettre que *la densité d de l'éther, par
rapport à l'eau, est de l'ordre de grandeur de*

(2, a) $$10^{-17}.$$

En prenant $d = 10^{-17}$, on trouve qu'une sphère d'éther de volume égal à
celui de la sphère terrestre a une masse d'environ 10 000 000 kilogrammes.

La vitesse v indiquée par la formule (1) se rapporte seulement à l'*éther
libre*, qui remplit ce qu'on appelle l'espace vide. La vitesse de propagation est
différente, pour l'éther qui se trouve à l'intérieur de la matière ordinaire ;
à part quelques exceptions, elle serait moindre que pour l'éther libre.
Fresnel a pris, pour point de départ de ses remarquables travaux théoriques,
l'hypothèse que la différence de vitesse était due à *la différence de densité de
l'éther dans les divers milieux*, et que par suite (voir la formule (2)), la densité de l'éther était *plus grande* à l'intérieur de la matière ordinaire que dans
le vide.

Nous avons vu que des vibrations *longitudinales* peuvent se propager dans la
matière à l'état gazeux, liquide ou solide. La vitesse de propagation des perturbations de cette nature dépend, entre autres, de la *compressibilité de la matière*. Des perturbations transversales, au contraire, ne sont possibles qu'à l'intérieur de la matière à l'état *solide* ; mais, dans ce cas, des perturbations
longitudinales peuvent aussi exister. Celles-ci se produisent-elles également
dans l'éther ? Cette question importante se trouve évidemment liée d'une manière étroite à celle de la *compressibilité de l'éther*.

Nous ne connaissons aucun phénomène qui manifeste l'existence de perturbations longitudinales dans l'éther ; s'il y a de telles perturbations, leur

énergie ne peut être qu'infiniment petite, vis-à-vis de celle des perturbations transversales, et elles ne sont possibles que dans deux cas : ou l'éther est infiniment peu compressible et la vitesse v' de propagation des perturbations longitudinales est infiniment grande, ou l'éther est très compressible et la vitesse v' est infiniment petite. GREEN est arrivé à ce résultat que le second cas ne peut avoir lieu et que par suite l'éther se rapproche, par ses propriétés, des substances qui sont presque incompressibles, comme le caoutchouc et surtout la gélatine. Mais LORD KELVIN a trouvé, en 1888, une erreur dans les calculs de GREEN, et il a démontré que c'est le premier cas qui n'est pas possible et que, par conséquent, *la vitesse de propagation v' des perturbations longitudinales dans l'éther est infiniment petite*, et la compressibilité de ce dernier infiniment grande ; d'après lui, l'éther se comporte d'une manière analogue à celle de la mousse qui se trouve dans un vase privé d'air ; l'adhérence aux parois du vase, dont les dimensions peuvent être aussi grandes qu'on le veut, empêche toute contraction spontanée de la mousse, dans laquelle ne peuvent se propager que des vibrations transversales.

Toutes les autres tentatives faites en vue d'expliquer la constitution intérieure et les propriétés de l'éther, n'ont conduit jusqu'ici à aucun résultat définitivement établi.

2. Energie rayonnante. — Si l'on produit des déformations dans l'éther, il acquiert une certaine provision d'énergie potentielle ; s'il se trouve en mouvement, il contient une provision d'énergie cinétique. Un *mouvement périodique*, ou plus simplement un *mouvement vibratoire* correspond évidemment aussi à une provision d'énergie, qui se transmet à l'éther à l'endroit où le mouvement est produit. Il se propage par rayonnement, à travers le milieu constitué par l'éther, et se transmet d'une partie à l'autre de ce milieu avec la vitesse v donnée par (1). Nous appellerons cette énergie, qui se répand comme un courant dans l'éther, *énergie rayonnante*, et nous lui consacrerons cette huitième Partie de notre livre.

Les diverses formes de l'énergie rayonnante peuvent être distinguées par l'amplitude des vibrations transversales, et en outre, ce qui est plus important, par la durée ou par le nombre N des vibrations dans l'unité de temps. On peut aussi, dans ce dernier cas, employer comme caractéristique la longueur d'onde

$$(3) \qquad \lambda = v\mathrm{T} = \frac{v}{\mathrm{N}},$$

c'est-à-dire la distance à laquelle se propage l'énergie rayonnante pendant la durée d'une période T. La longueur d'onde λ, pour les formes d'énergie rayonnante qui ont été jusqu'ici l'objet d'une étude précise, varie dans de larges limites, de $0^{mm},0001$ à plusieurs mètres : il existe cependant encore actuellement (1905) une assez grande lacune, correspondant aux longueurs d'onde λ comprises entre $0^{mm},05$ et 3 millimètres, pour lesquelles les observations certaines font défaut. *La distinction essentielle entre les diverses formes de l'énergie rayonnante consiste seulement dans la différence des longueurs d'onde.* Pourtant, suivant leur origine, suivant la forme d'énergie dans laquelle, le plus souvent, se transforme le rayonnement, et enfin suivant la façon dont nos sens sont affectés, les phénomènes dus à l'énergie rayonnante nous apparaissent comme tellement dissemblables, par leur aspect extérieur, qu'on considérait encore, il y a relativement peu de temps, comme tout à fait distinctes, non seulement au point de vue quantitatif, ce qui est admis maintenant, mais encore dans leur essence même, les diverses manifestations de cette énergie.

3. Considérations historiques sur l'énergie rayonnante. — On doit regarder comme le fondateur de la doctrine de l'énergie rayonnante l'illustre HUYGENS qui, en 1690, établit sa théorie des mouvements vibratoires de l'éther en vue d'expliquer les *phénomènes lumineux*. D'après cette théorie, toute source de lumière produit dans l'éther des vibrations, qui se propagent sous forme de rayons, et auxquelles s'applique immédiatement tout ce qui a été exposé au sujet des mouvements de cette nature (T. I, p. 143 et suiv.), comme le principe d'HUYGENS, les lois de la réflexion, de la réfraction, de l'interférence des rayons, etc.

La théorie de la lumière d'HUYGENS remporta dans le second quart du xixe siècle une victoire éclatante sur la *théorie de l'émission* de NEWTON (1704) qui régnait jusque là. Suivant NEWTON, les corps lumineux émettent des particules d'une substance particulière, se mouvant avec une vitesse v très grande [voir (1), p. 2], qui est celle de la lumière : ce seraient les chocs de ces particules contre l'œil qui produiraient les impressions lumineuses. L'expérience, par laquelle FOUCAULT compara les valeurs de la vitesse de la lumière dans l'air et dans l'eau, décida, entre les deux théories de l'émission et des ondulations, en faveur de cette dernière, qui permet d'expliquer les phénomènes lumineux les plus complexes.

La Physique élémentaire nous apprend qu'un rayon de lumière blanche est décomposé, par un prisme de substance transparente, en une bande colorée que l'on nomme *spectre*. Dans cette bande, les rayons sont distribués en une suite continue, suivant leur longueur d'onde décroissante λ, ou leur nombre croissant N de vibrations. A chaque valeur de N correspond, sur notre organe visuel, une impression de nature particulière, qu'on ne peut soumettre à aucune description (comme pour la hauteur du son), et qui est caractérisée par la sensation d'une *couleur* déterminée. A la plus grande valeur de λ ou à la plus petite valeur de N correspond l'extrémité rouge du spectre, à la plus petite valeur de λ ou à la plus grande valeur de N correspond son extrémité violette. On avait remarqué, depuis longtemps, que le spectre s'étend au delà des limites de sa partie visible. Ainsi, au delà du rouge, s'étend une longue bande, dont on ne peut constater l'existence par la vue, mais qui se manifeste surtout par des *actions calorifiques* : la température d'un corps, qui est placé dans cette région infra-rouge du spectre et qui absorbe les rayons tombant sur lui, augmente ; ce fait, lié à beaucoup d'autres phénomènes, a provoqué l'étude particulière de la *chaleur rayonnante* ou des *rayons calorifiques*. De même, on a découvert, au delà de la limite violette du spectre visible, un autre prolongement de ce dernier, dont l'existence se manifeste par des actions chimiques ; on appelle rayons *ultra-violets* les rayons qui produisent ces actions ; ils ont une plus grande réfrangibilité que les rayons violets et une longueur d'onde plus faible ; on a cru devoir les regarder comme des rayons de nature spéciale et on leur a donné le nom de *rayons chimiques*.

Nous nous trouvons donc en présence de *trois sortes de rayons à étudier* : les rayons calorifiques, lumineux et chimiques. Dans l'*Optique*, on considère toujours les derniers en même temps que les rayons visibles, mais on traite habituellement des rayons calorifiques dans un chapitre particulier de l'étude de la chaleur, bien que, déjà en 1835, Ampère ait émis l'idée qu'il n'existait aucune différence essentielle entre les rayons lumineux et les rayons calorifiques. Ces distinctions entre les divers rayons et leur étude dans des parties séparées de la Physique n'ont pas de fondement logique. Aucune des trois espèces de rayons ne se distingue des autres par des différences essentielles ; elles représentent toutes des cas particuliers d'une série de phénomènes de même nature qui ne se différencient les uns des autres que quantitativement, c'est-à-dire par les valeurs de λ ou de N. On doit se figurer tout le spectre sous la forme d'une longue bande, dont les extrémités réelles nous sont encore inconnues. Une ligne transversale quelconque de cette bande correspond à une énergie rayonnante caractérisée par une valeur particulière de λ ou de N. Une certaine portion, relativement faible, de cette bande contient les rayons qui agissent sur notre rétine : ce sont les rayons de la lumière visible, qui ne diffèrent par rien d'essentiel des rayons des autres régions du spectre ; ils possèdent un intérêt particulier plutôt au point de vue physiologique qu'au point de vue physique. *La faculté de se transformer en énergie calorifique appartient aussi bien aux rayons visibles et aux rayons ultra-violets qu'aux rayons infra-rouges* : si l'on noircit la surface d'un corps (par exemple avec du noir de fumée), il absorbe l'énergie rayonnante et la transforme en énergie calorifique. De même, *les actions chimiques ne sont pas une propriété spécifique des rayons violets et ultra-violets* ; tout dépend du corps qui est soumis aux actions des différentes régions du spectre, de la faculté qu'il possède ou non d'absorber une espèce de rayons ou une autre et de dépenser leur énergie en travail chimique ; on est arrivé aujourd'hui à produire des réactions chimiques, même à l'aide des rayons rouges.

Il résulte de ce qui précède que l'énergie rayonnante prise en elle-même, comme phénomène physique particulier, peut seule être considérée dans la Physique. Le but de la Physique est d'étudier, entre autres, les cas où cette énergie rayonnante se transforme en énergie de nature différente, par exemple en énergie calorifique, chimique, etc. ; elle a également à considérer les actions des diverses espèces de rayons, parmi lesquelles l'action sur les organes de la vue présente naturellement un intérêt particulier. La lumière et la chaleur rayonnante ne peuvent pas être séparées l'une de l'autre, dans la Physique, car toutes deux ne sont que des manifestations partielles d'un même agent, l'énergie rayonnante. *L'étude de la lumière proprement dite ne fait pas partie de la Physique*, sinon il faudrait donner plus d'extension à la *notion physique* de la lumière, et envisager au point de vue *physiologique*, chaque forme d'énergie rayonnante, ce qui serait bien difficile.

Le développement ultérieur de la science à conduit à étendre encore davantage la notion de l'énergie rayonnante. C'est à MAXWELL que l'on doit le développement théorique de l'idée (émise pour la première fois par FARADAY) que les phénomènes électriques et magnétiques se ramènent à des déformations et à des perturbations dans l'éther lui-même, lequel se présente, dans le sens large du mot, comme le support de la lumière. Si cette idée est juste, il en doit être de même des conséquences suivantes qui en découlent.

En premier lieu, la lumière, étant un cas particulier de perturbations dans l'éther, ne doit pas différer essentiellement des phénomènes électriques et magnétiques. C'est sur ce fondement que MAXWELL a établi sa *théorie électromagnétique de la lumière*, l'une de ses conceptions les plus profondes, dans laquelle les mêmes perturbations de l'éther qui représentent la lumière, nous apparaissent (par exemple, pour des valeurs de N' beaucoup plus petites) sous la forme de phénomènes électriques ou magnétiques.

En second lieu, il doit être possible de produire dans l'éther une perturbation, qui se présente comme un phénomène de caractère purement électrique et qui se propage par rayonnement comme la lumière, avec la vitesse de cette dernière, suivant les mêmes lois de propagation. C'est ce qui a été réalisé en janvier 1888, par le génie inventif de HERTZ (mort le 1er janvier 1894), qui montra de quelle manière on peut produire, en un endroit donné du milieu constitué par l'éther, une perturbation périodique de nature purement électrique, et comment on peut engendrer ainsi dans ce milieu des rayons, possédant toutes les propriétés des rayons lumineux et présentant les mêmes phénomènes de réflexion, de réfraction, d'interférence, etc. Ce sont les *rayons électriques de* HERTZ. Leur mode de production sera étudié plus loin, au § 8; ils ne représentent qu'un cas particulier de l'énergie rayonnante, comme les rayons lumineux et les rayons calorifiques que l'on considérait séparément autrefois.

Nous connaissons le rôle que jouent les forces électriques et magnétiques dans les rayons de HERTZ ; on ne peut pas en dire autant jusqu'ici des rayons lumineux ; mais cette ignorance des propriétés électriques et magnétiques des rayons lumineux ne nous oblige pas évidemment à étudier les rayons lumineux et les rayons électriques dans des parties différentes de la Physique. Deux façons logiques de procéder se présentent. D'abord, on pourrait envisager, dans une division séparée, les déformations et les perturbations de l'éther, et y comprendre complètement les phénomènes électriques, magnétiques et lumineux. L'*optique* et la *chaleur rayonnante* ne formeraient plus alors que des chapitres particuliers de l'étude de l'électricité et du magnétisme. Mais les liens qui existent entre les phénomènes électromagnétiques et les phénomènes lumineux n'ont encore été ni expliqués d'une manière assez complète, ni présentés sous une forme assez simple, pour que l'on puisse, dans un traité de Physique générale, suivre cet ordre, qui serait cependant le plus rationnel. On pourrait aussi n'étudier ensemble que les phénomènes dont l'origine est commune c'est-à-dire tout ce qui était auparavant l'objet s[...] de l'*optique* et de la *chaleur rayonnante*, auxquelles viendrait s'ajouter[...] des rayons électriques de HERTZ. Comme le caractère électromagné[...] phénomènes lumineux, tout en n'étant pas douteux, ne peut encore[...]

nous l'avons dit, être pris pour point de départ dans un traité, il ne nous reste qu'à revenir à la théorie ordinaire des vibrations de l'éther et à procéder à l'étude de l'énergie rayonnante comme on l'a fait pour la lumière, pendant toute la seconde moitié du XIXe siècle, c'est-à-dire en laissant de côté la question du caractère électromagnétique de l'énergie lumineuse. Nous considérerons donc l'énergie rayonnante, dans cette Partie, simplement comme un mouvement vibratoire harmonique (T. I, page 119), et nous étudierons tous les cas de cette énergie : rayons visibles et rayons invisibles, ou ultra-violets, infra-rouges et rayons électriques de HERTZ. Cette manière de procéder est, il est vrai, assez éloignée de celle que nous avons indiquée comme tout à fait logique. mais elle est plus rationnelle que celle qui consisterait à séparer les rayons lumineux des rayons électriques, et surtout des rayons calorifiques, ce qui serait tout à fait inadmissible aujourd'hui.

4. Production de l'énergie rayonnante. — D'après le principe de la conservation de l'énergie, toute forme de l'énergie doit provenir, par voie de transformation, de tout ou partie d'une provision d'énergie de forme quelconque existant déjà. L'énergie rayonnante de tout mouvement périodique de l'éther doit donc avoir pour source une provision d'énergie de forme quelconque. Le plus souvent, elle provient d'une transformation de l'énergie des mouvements moléculaires des corps solides, liquides ou gazeux. Une telle transformation a reçu le nom de *rayonnement calorifique*, pour la distinguer de la *luminescence* que nous apprendrons à connaître dans le chapitre suivant. Nous pouvons nous représenter la transformation de l'énergie calorifique en énergie rayonnante, comme s'effectuant de la manière suivante. L'éther remplit l'espace libre entre les molécules des corps ; les mouvements de ces molécules se transmettent continuellement à l'éther, de la même manière que les mouvements d'une corde vibrante ou des branches d'un diapason se transmettent à l'air environnant, en produisant, dans ce milieu, l'énergie sonore qui se propage sous forme de rayons. L'énergie de mouvement des molécules se transmet donc à l'éther, dans lequel elle se propage dans tous les sens, de sorte que si aucun courant n'apportait au corps de nouvelles quantités d'énergie, ce dernier perdrait probablement d'une manière très rapide toute sa provision d'énergie calorifique et ses molécules arriveraient à un repos relatif. Mais ce cas ne se présente pas dans la nature, car un courant d'énergie, issu des corps environnants sous forme d'énergie rayonnante, est absorbé par le corps donné, c'est-à-dire transformé en énergie de mouvement de ses molécules.

De chaque corps émane ainsi, dans toutes les circonstances et même à température très basse, un courant continu d'énergie rayonnante ; en même temps, le corps absorbe continuellement le courant d'énergie provenant des s corps qui l'entourent. Une provision d'énergie calorifique constante corps, et par suite aussi une température constante, ne correspon- pas à un état d'équilibre, au sens d'une invariabilité ou d'une im- Même dans le cas où la température d'un corps ne change pas, ce e un courant continu d'énergie rayonnante ; mais cette perte est exactement compensée par l'apport du courant d'énergie aboutissant au corps et qui est transformé en énergie de mouvement de ses molécules. Nous nous trouvons en présence d'un cas d'*équilibre dynamique*, comme on l'appelle, ou d'*équilibre de mouvement*, l'état statique apparent étant le résultat de deux phénomènes dynamiques simultanés, qui se compensent en quelque sorte l'un l'autre.

Suivant que le courant d'énergie émanant d'un corps est plus fort ou plus faible que le courant absorbé, la provision d'énergie calorifique diminue ou augmente, la température du corps décroît ou croît, et il se refroidit ou s'échauffe. Il s'ensuit que la perte d'énergie calorifique, dans le refroidissement d'un corps par rayonnement calorifique, ne peut pas servir de mesure au courant total d'énergie rayonnante qui émane du corps, mais seulement à la différence entre les deux courants émis et absorbé.

Le caractère du courant d'énergie rayonnante émis par un corps dépend probablement du caractère des mouvements moléculaires qui ont lieu à l'instant donné et qui définissent l'état calorifique du corps. Si la température du corps est basse, les mouvements de la plupart de ses molécules sont relativement lents ; ces mouvements produisent principalement à leur tour, dans l'éther, des vibrations relativement lentes, qui se propagent sous forme de rayons d'une assez grande longueur d'onde. A mesure que la température du corps s'élève, le nombre des molécules qui exécutent des vibrations plus rapides augmente et, par suite, des courants d'énergie rayonnante se produisent, dont la longueur d'onde est plus courte et la réfrangibilité plus grande. Aussitôt que la température atteint une certaine limite, qui n'est pas tout à fait la même pour les différents corps (environ 500"), une partie de l'énergie rayonnante émise, possédant la longueur d'onde $\lambda = 0^{mm},0007$, commence à agir sur notre œil, en produisant l'impression de la lumière rouge ; cette température est celle du rouge sombre. La température continuant à croître, l'énergie des rayons, dont la longueur d'onde est de plus en plus petite et la réfrangibilité de plus en plus grande, augmente : les rayons orangés, jaunes, verts, bleus, indigo et enfin violets (température du rouge blanc) deviennent visibles. Le corps émet en outre une énergie rayonnante qui, de nouveau, n'agit pas sur notre œil : ce sont les rayons ultra-violets, dont la présence indique, en général, une température très élevée de la source d'énergie.

Il est très important de remarquer que les corps solides et liquides émettent un spectre continu, la limite de l'énergie sensible des rayons de plus courte longueur d'onde dépendant de la température. Mais ces vibrations les plus rapides sont toujours accompagnées de toutes les vibrations plus lentes possibles, dont la limite inférieure est inconnue. Nous avons indiqué comment l'énergie rayonnante, émise par un corps donné, dépendait de la température du corps ; cette dépendance peut être appelée normale. Il existe cependant toute une série d'exceptions, que nous rencontrerons dans la suite, où le corps émet déjà, à la température ordinaire, des rayons visibles, c'est-à-dire produit, dans l'éther, des vibrations très rapides, que l'on n'obtient ordinairement qu'à une température relativement élevée.

5. Charge et décharge électriques. — Cherchons à expliquer comment on peut obtenir de l'énergie rayonnante ayant une origine et un caractère certainement électromagnétiques, et cependant ne différant en rien par ses propriétés fondamentales des autres formes d'énergie rayonnante, par exemple de celle qui est produite aux dépens de l'énergie des mouvements moléculaires d'un corps. Nous devons, dans ce but, dire quelques mots du phénomène de la décharge électrique, en nous appuyant en partie sur l'enseignement des cours élémentaires de Physique.

Nous savons que l'on peut, par différents procédés, amener un corps dans l'état particulier où l'on dit qu'il est *électrisé* : nous nous bornerons au cas où le corps est formé d'une substance conductrice, par exemple d'un métal. On distingue deux espèces différentes d'électrisation, appelées électrisation positive et électrisation négative. On croyait autrefois que la cause fondamentale de l'électrisation résidait dans la présence, à la surface des corps électrisés, de substances de nature particulière, nommées *électricités*, et auxquelles on attribuait toutes les propriétés indiquées dans les cours élémentaires, une grande mobilité, la faculté d'agir l'une sur l'autre, etc. La science contemporaine ramène les phénomènes d'électrisation à des modifications dont le siège est l'éther qui environne les corps électrisés. Dans cet éther se produisent des tensions le long des *lignes de force* (T. I, page 90) de l'espace considéré, que l'on appelle champ électrostatique. *La surface d'un conducteur électrisé n'est pas autre chose que le lieu géométrique des extrémités des lignes de force qui s'appuient sur cette surface.* Soient A et B (*fig.* 1) deux conducteurs chargés d'électricités de noms contraires, comme on dit habituellement ; cela signifie qu'il s'est formé dans le milieu entourant les corps A et B, des lignes de tension ou lignes de force, partant d'un corps pour aboutir à l'autre. La quantité totale d'électricité présente sur le corps ou sa *charge* est déterminée par la densité des lignes de force qui s'appuient sur sa surface ou par

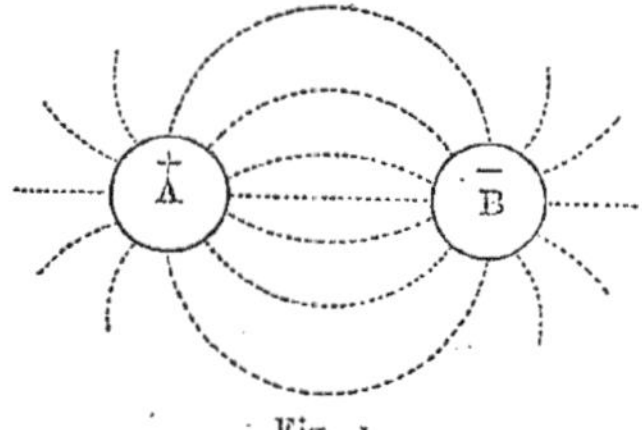

Fig. 1

le degré de tension le long de ces lignes. Un corps solide, liquide ou gazeux remplissant l'espace entre A et B s'appelle un *diélectrique* ; c'est ce que l'on nommait, dans l'ancienne théorie, un corps *non conducteur*. Ce n'est qu'à l'intérieur des diélectriques que sont possibles des lignes de force immobiles ; elles se terminent à la surface des conducteurs, sans pénétrer à leur intérieur.

Si la tension dans le diélectrique est très forte, il peut se produire une *rupture*, la provision d'énergie potentielle contenue dans l'éther déformé se transformant alors en d'autres formes d'énergie, en partie par exemple en énergie calorifique ou énergie des mouvements moléculaires du diélectrique lui-même, dont la température s'élève d'une manière considérable à l'endroit où la rupture se produit. Une partie de l'énergie, probablement d'une façon immédiate, de potentielle devient cinétique et rayonnante, et apparaît en outre partiellement sous forme de lumière visible. On appelle *décharge élec-*

trique, cette transformation de l'énergie potentielle des déformations de l'éther en d'autres formes d'énergie.

6. Constante diélectrique. — Considérons deux plateaux métalliques A et A_1 (*fig.* 2) réunis entre eux par un fil D et d'autre part à une source d'électricité, par exemple au conducteur d'une machine électrique. Parallèlement à ces plateaux s'en trouvent deux autres B et B_1, également réunis entre eux et avec la Terre F. Admettons d'abord que les deux systèmes AB et A_1B_1 soient identiques sous tous les rapports et qu'entre A et B, comme entre A_1 et B_1, se trouve de l'air. Dans ces conditions, A et A_1 se chargent avec une électricité, B et B_1 avec l'autre, les charges sur A et A_1 et sur B et B_1 étant respectivement égales entre elles. La tension dans le diélectrique (air) entre A et B sera exactement la même qu'entre A_1 et B_1. Chaque paire de plateaux s'appelle un *condensateur*, et, dans le cas présent, un *condensateur à air*, parce qu'entre les plateaux se trouve une lame d'air. Nous dirons que les condensateurs AB et A_1B_1 possèdent la même *capacité*, en entendant simplement par là, qu'ils prennent les mêmes charges, quand on les réunit avec la même source d'électricité. Plaçons maintenant entre A_1 et B_1 un plateau C d'un autre diélectrique, par exemple un plateau en verre, ou en soufre, en stéarine, en caoutchouc, en mica, etc. ; on constate alors qu'une beaucoup plus grande *quantité d'électricité* passe de D sur A_1 que sur A ; de même la charge sur B_1 est beaucoup plus grande que sur B. Ceci montre que le diélectrique C a agi sur les tensions dans l'éther entre A_1 et B_1 ; il serait d'ailleurs singulier que la substance du diélectrique, qui se trouve dans le champ électrique, n'agisse pas sur les tensions de l'éther, car celles-ci se

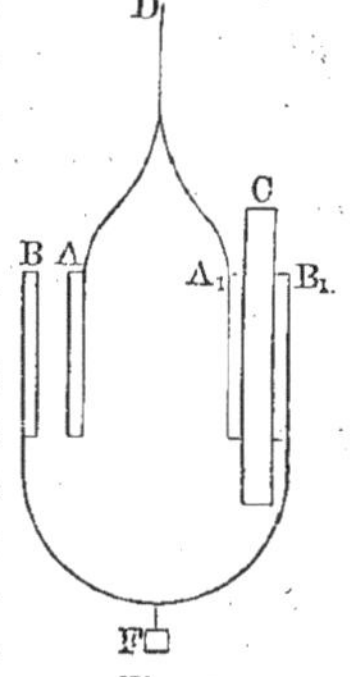

Fig. 2.

transmettent sans doute aussi à la substance même du diélectrique. Supposons que sur A_1 et B_1 se trouvent des charges deux fois plus grandes que sur A et B, en supposant évidemment les plateaux des deux couples équidistants ; on dit alors que la capacité du condensateur A_1B_1 a été doublée, par la substitution du diélectrique C à l'air.

Le nombre K, qui indique combien de fois la capacité d'un condensateur, dont les ARMATURES *(plateaux) sont séparées par un diélectrique donné, est plus grande que la capacité d'un condensateur de même forme à lame d'air, s'appelle la* CONSTANTE DIÉLECTRIQUE *ou le* POUVOIR INDUCTEUR SPÉCIFIQUE *de ce diélectrique.* La grandeur K caractérise une propriété déterminée d'une substance donnée, et représente l'une des grandeurs les plus importantes auxquelles la Physique ait affaire. Nous verrons plus tard sa signification dans les phénomènes d'énergie rayonnante. Les valeurs de K sont comprises entre 2 et 3 pour beaucoup de liquides et de corps solides ; elles s'élèvent à 5 et même à 9, pour quelques espèces de verres. *Pour l'eau, K est égal à 80 environ, pour l'alcool éthylique à 25 environ.*

On peut encore donner une autre définition de la grandeur K. Considérons deux corps électrisés A et B, et soit f l'intensité de leur action mutuelle (attraction ou répulsion), quand ils se trouvent dans l'air, et f', quand ils se trouvent dans un diélectrique, leurs charges restant sans changement ainsi que leur distance ; on a alors $f : f' = K$, ou $f' = f : K$. *Le pouvoir inducteur spécifique K d'un diélectrique donné est égal au nombre qui indique combien de fois l'action mutuelle de deux corps électrisés, placés dans ce diélectrique, est moindre que dans l'air.*

7. Décharge oscillante. — La théorie montre, et l'expérience confirme, que la décharge électrique entre deux corps A et B a un caractère oscillant, quand certaines conditions sont remplies. Nous n'indiquerons pas ici quelles sont ces conditions, qui sont satisfaites chaque fois que A et B sont deux plateaux ou deux sphères. On dit qu'une décharge est oscillante, quand elle se compose d'une série de décharges successives en sens contraires. Si le corps A est d'abord électrisé positivement et B négativement, on constate qu'après la première décharge la charge de A est devenue négative, celle de B positive ; après la seconde décharge, A est de nouveau électrisé positivement, B négativement, etc.. De plus, le degré d'électrisation diminue peu à peu ; les oscillations électriques sont amorties (T. I, page 114). Ordinairement, le nombre total d'oscillations, dont se compose la décharge, n'est pas très grand ; il peut y avoir, par exemple, une ou plusieurs dizaines d'oscillations.

La durée d'oscillation T peut être déterminée par le calcul ; elle dépend surtout de la forme géométrique, de la position, des dimensions, mais aussi de la substance des corps A et B et du milieu dans lequel ils se trouvent. Si, par exemple, les corps A et B ont la forme de sphères, de même diamètre égal à 30 centimètres, que l'on réunit avec un fil de 5 millimètres de diamètre et de 1 mètre de longueur coupé en son milieu, la durée d'oscillation (dans l'air) est $T = 1{,}8 . 10^{-8}$ sec. (environ un soixante-millionième de seconde). Si l'on remplace les sphères par des plateaux carrés de 40 centimètres carrés de surface, on a $T = 1{,}4 . 10^{-8}$ sec. Si l'on considère la charge comme un état de tension produit dans l'éther, on doit dire que cette tension ne disparaît pas subitement, mais que, semblable à une déformation élastique dans un corps solide, elle change d'abord plusieurs fois de signe, et ne s'affaiblit que graduellement.

Une oscillation électrique peut se produire non seulement entre deux corps, mais aussi dans un même corps, plus exactement dans l'éther qui entoure un corps. Supposons que ce corps ait une forme allongée, que ce soit, par exemple, un fil rectiligne. On peut produire dans ce fil des oscillations électriques, dans lesquelles ses extrémités se chargent alternativement d'électricité positive et d'électricité négative. S'il se trouve une coupure dans le milieu du fil, une étincelle apparaît à cet endroit. *Si l'on donne au fil la forme d'un cercle presque fermé ou d'un carré, des vibrations électriques sont alors possibles et elles se manifestent par la production d'étincelles à l'endroit de la coupure.* La durée d'oscillation T dépend, dans ce cas, surtout des dimensions du fil.

Il nous reste encore à indiquer un cas d'oscillations électriques. On sait comment est construite la bobine de RUHMKORFF ; elle se compose d'un conducteur primaire, c'est-à-dire d'un fil relativement court et gros, dans lequel on envoie un courant qui est continuellement fermé et ouvert à l'aide d'un mécanisme particulier, l'interrupteur. Le conducteur secondaire extérieur est constitué par un fil long et fin, dont les extrémités sont munies de deux petites sphères placées à une faible distance l'une de l'autre. Chaque fois que le courant est interrompu dans le circuit primaire, un courant de faible durée est induit dans le circuit secondaire, qui produit une décharge sous forme d'étincelle entre les petites sphères. Cette décharge est également oscillante, mais les oscillations s'effectuent ici très lentement. Ainsi, par exemple, si l'on prend une bobine de dimensions moyennes, la durée de chaque oscillation de la décharge est de l'ordre de 0,0001 de seconde ; ces oscillations s'effectuent donc 6000 fois plus lentement que celles dont se composait la décharge entre les sphères ou les plateaux dans le cas précédent.

8. Production des rayons électriques de Hertz. — Après avoir traité dans les trois derniers paragraphes quelques questions se rapportant à l'énergie potentielle des déformations de l'éther et à sa transformation en d'autres formes d'énergie, nous pouvons en venir à l'exposé du procédé par lequel HERTZ est arrivé à produire des rayons électriques, représentant un cas particulier d'énergie rayonnante et appartenant par suite au même groupe de phénomènes, que les rayons visibles et invisibles qui se produisent aux dépens de l'énergie calorifique des molécules d'un corps.

Pour obtenir une forme quelconque d'énergie rayonnante, nous devons produire à un endroit donné de l'espace un ébranlement périodique de l'éther, c'est-à-dire un mouvement vibratoire, qui se propage à partir de cet endroit sous forme de rayons, avec la vitesse $v = 300\,000\ \dfrac{\text{km}}{\text{sec.}}$ donnée par la formule (1), page 2. Si T est la durée de cette oscillation, la longueur d'onde est

$$(4) \qquad\qquad \lambda = v\mathrm{T}.$$

En raison de l'extrême grandeur de v (300 000 kilomètres), T doit être très petit, pour obtenir une valeur de λ qui se prête à des mesures. Pour $\mathrm{T} = 0^{\text{sec}},0001$, on a $\lambda = 30$ kilomètres, et même pour $\mathrm{T} = 10^{-6}$ sec. (un millionième de seconde), on a encore $\lambda = 300$ mètres.

L'appareil de HERTZ, qui produit des rayons électriques et qu'on appelle *excitateur* ou *oscillateur de* HERTZ, est représenté schématiquement par la figure 3. Il se compose de deux sphères métalliques identiques A et B, creuses pour plus de commodité et ayant un diamètre de 30 centimètres ; Aa et Bb sont des fils de 5 millimètres de diamètre, a et b deux petites boules distantes l'une de l'autre de 7 millimètres ; la distance

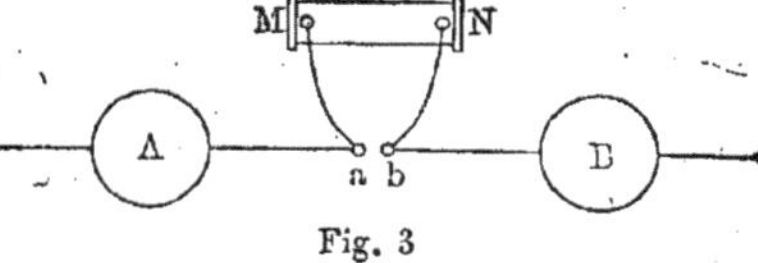

Fig. 3

des sphères A et B est d'environ 1 mètre. Auprès des petites boules a et b sont fixés deux fils qui les relient au circuit secondaire d'une bobine de RUHMKORFF MN.

Au moment où l'on interrompt le courant dans le circuit primaire de la bobine, il se produit un courant induit dans le circuit secondaire et ce courant charge les deux conducteurs Aa et Bb, dont la différence de potentiel croît à mesure que l'on actionne la bobine. A un certain instant, cette différence de potentiel est assez grande pour que les conducteurs se déchargent sous forme d'étincelles, qui éclatent entre a et b. Cette décharge est oscillante et elle représente une perturbation de l'éther, qui se produit le long du fil du circuit secondaire et entre les petites boules a et b. Cependant la durée T d'une période de cet ébranlement est *relativement* très grande ; elle peut atteindre, par exemple, 0,0001 de seconde, et, par suite, la longueur d'onde de l'énergie rayonnante de l'étincelle de décharge du courant induit est égale à 30 kilomètres. Sur des rayons qui ont une longueur d'onde aussi considérable, on ne peut étudier commodément aucune propriété caractéristique de ces rayons. Mais on constate que chaque oscillation isolée de la décharge de la bobine est encore accompagnée d'une décharge oscillante particulière de très courte durée T, qui se produit de la manière suivante. Avant chaque décharge du courant d'induction a lieu une électrisation des extrémités du circuit secondaire et les charges qui s'accumulent sur les sphères A et B sont de noms contraires. Au moment de l'apparition d'une des étincelles de la décharge lente et oscillante de la bobine, *il se produit entre les sphères A et B une décharge* également oscillante, dont la période est égale à environ $1,8.\,10^{-8}$ sec., qui s'éteint très rapidement. Hertz compare les oscillations isolées de la décharge de la bobine aux chocs espacés du battant d'une cloche, et chacune des décharges oscillantes entre A et B aux sons, qui meurent avec rapidité, émis par cette cloche. La longueur d'onde $\lambda = vT$ des rayons produits par les décharges oscillantes des sphères A et B est égale à $3.\,10^{10}.\,1,8.\,10^{-8}$ centimètres, c'est-à-dire à 5 mètres environ. La perturbation dans l'excitateur apparaît donc comme la source de l'énergie rayonnante. Nous considérerons simplement la partie de l'espace qui se trouve dans le voisinage du plan perpendiculaire à la droite AB, passant par son milieu. Les rayons se propagent dans cet espace perpendiculairement à AB et les perturbations ou oscillations transversales se produisent dans l'éther parallèlement à la droite AB.

Hertz a parfois remplacé les sphères A et B par des plaques carrées (de 40 centimètres carrés de surface), pour lesquelles on avait $T = 1,4.\,10^{-8}$ sec., et par suite $\lambda = 4^m,5$. Pour obtenir des rayons de longueurs d'onde encore plus faibles, Hertz construisit aussi un excitateur formé de deux cylindres métalliques de 3 centimètres de diamètre et de 13 centimètres de longueur, disposés l'un auprès de l'autre avec leurs axes sur une même ligne droite. Les extrémités en regard étaient arrondies suivant une forme sphérique et mises en communication par des fils avec la bobine de Ruhmkorff. Pour des raisons qui seront exposées plus loin, l'axe de ces cylindres était disposé suivant l'axe principal d'un miroir métallique ayant la forme d'un cylindre parabolique. La durée T d'une oscillation, dans la décharge entre ces cylindres, était égale à $2,2.\,10^{-9}$ sec., et par suite la longueur d'onde était $\lambda = 66$ centimètres.

Après Hertz, de nombreux savants ont construit des excitateurs de formes diverses, pour obtenir également des rayons électriques. L'idée fondamentale, dans tous ces appareils, est la même que dans l'excitateur de Hertz ; l'énergie rayonnante est produite par la décharge oscillante entre deux corps A et B, qui se chargent d'électricités de noms contraires au moment précédant immédiatement l'instant où a lieu entre eux une décharge du courant d'induction du circuit secondaire de la bobine de Ruhmkorff. Nous remarquerons qu'en général, *la durée* T *des oscillations et par suite aussi la longueur d'onde* λ *décroissent en même temps que les dimensions des corps* A *et* B.

9. Moyens d'observation des rayons électriques de Hertz. —

Nous avons déjà indiqué deux sources d'énergie rayonnante : l'énergie calorifique des corps et la décharge électrique. Remarquons que la première de ces sources donne des rayons, dont la plus grande longueur d'onde observée (rayons infra-rouges extrêmes) est environ 60 fois plus petite que la plus petite longueur d'onde des rayons électriques obtenus jusqu'ici (1905). Il faut espérer que l'on arrivera plus tard à obtenir aussi et à étudier les rayons correspondant à cet intervalle.

Pour déterminer les propriétés de l'énergie rayonnante, il faut pouvoir étudier complètement un rayon, et observer les changements de direction, d'amplitude, etc., qu'il présente. Considérons d'abord les *deux méthodes* à l'aide desquelles on peut arriver à ce résultat, pour les rayons électriques. Hertz s'est servi, dans ce but, d'un appareil très simple qu'il a appelé *résonnateur*. La figure 4 représente cet appareil : c'est un fil métallique contourné en forme de cercle qui présente une toute petite coupure entre *a* et *b*. Nous avons déjà vu (page 12) qu'une oscillation électrique, dont la durée T' dépend des dimensions du fil, peut se produire dans ce dernier. Une étincelle apparaît en B, quand a lieu, autour de A, le mouvement de plus grande intensité de l'éther, car les plus grandes différences d'électrisation des extrémités *a* et *b* sont produites par

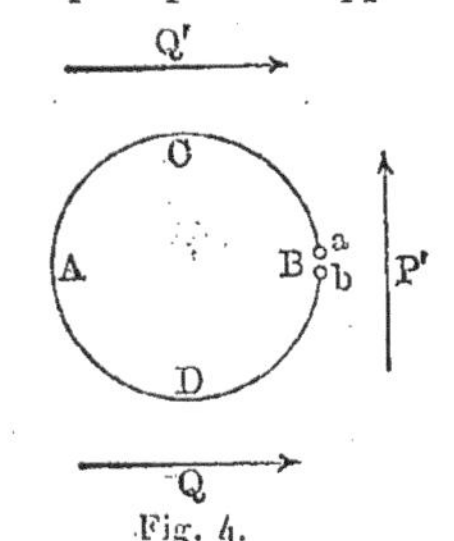

Fig. 4.

un mouvement de cette nature. Ainsi, un déplacement, dans la direction de la flèche P, correspond à un courant dans la direction DAC ; ce courant est accompagné d'une électrisation positive de l'extrémité *a* et d'une électrisation négative de l'extrémité *b*.

Si l'on place un tel résonnateur dans un espace traversé par un courant d'énergie rayonnante, *dont la durée d'oscillation* T *est égale à la durée* T' *d'une oscillation électrique dans le résonnateur*, une étincelle peut se produire en B, à condition que l'oscillation dans le rayon, s'effectue suivant la direction des flèches PP', c'est-à-dire dans le plan du résonnateur, perpendiculairement au diamètre passant par B. Les oscillations de l'éther ne produisent dans ce cas aucune oscillation dans la moitié de droite CBD, car la coupure en B s'y oppose ; au contraire, une oscillation a lieu dans la moitié de gauche, et c'est elle qui donne naissance à une étincelle en B. Mais si l'on dispose le résonnateur dans une position telle que les oscillations dans le rayon s'effectuent parallèlement au diamètre passant par B, c'est-à-dire suivant la direction des flèches QQ', aucune étincelle ne se produit en B, car les oscillations électriques dans les moitiés ACB et ADB, ayant la même direction, donnent à chaque instant des électrisations *de même nom*, positives ou négatives, aux extrémités a et b.

Il résulte de ce qui vient d'être dit qu'à l'aide d'un résonnateur convenablement choisi, satisfaisant à la condition T = T', on peut déceler la présence en un endroit donné de l'énergie électrique rayonnante, déterminer la direction des oscillations, et même obtenir une idée de l'énergie relative de ces oscillations, d'après la longueur de l'étincelle qui apparaît en B. La dénomination de *résonnateur* a donc été très heureusement choisie ; les oscillations dues à l'excitateur produisent des oscillations dans le résonnateur, quand les deux appareils sont *accordés*, c'est-à-dire quand leurs oscillations électriques ont la même durée. Nous avons affaire ici à un phénomène de *résonnance électrique*, entièrement analogue à la résonnance acoustique considérée antérieurement.

La seconde méthode d'observation des rayons électriques repose sur le fait remarquable découvert par Branly que la limaille métallique, qui oppose une très grande résistance au passage du courant électrique, devient un bon conducteur, aussitôt qu'elle est rencontrée par des rayons électriques. Cette conductibilité subsiste en général, même quand on cesse d'exposer la limaille aux rayons ; mais elle peut alors être détruite, par une secousse brusque (un choc, par exemple) imprimée au tube qui renferme la limaille, et ne réapparaît qu'avec de nouveaux rayons.

C'est sur cette propriété de la limaille métallique que repose la construction d'un appareil appelé *cohéreur* ou *radio-conducteur*, représenté schématiquement

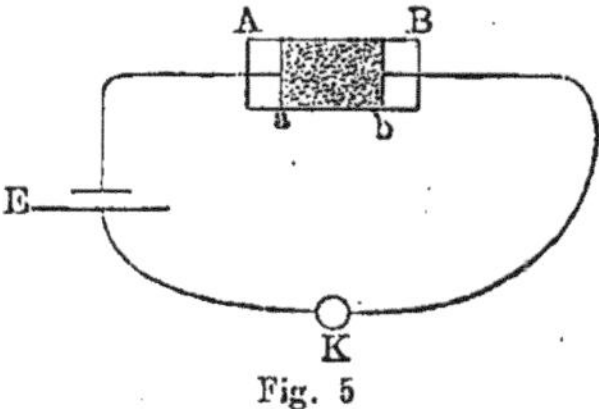

Fig. 5

par la figure 5. On intercale, dans le circuit d'une batterie E, un appareil K (galvanoscope, sonnerie électrique, etc.) servant à indiquer l'apparition d'un courant plus intense à un moment donné, et le cohéreur AB. Ce dernier se compose d'un tube de verre, qui contient de la limaille métallique tassée entre deux plaques métalliques a et b, réunies avec E et K. Aussitôt qu'un rayon électrique atteint le cohéreur AB, l'appareil K indique brusquement une augmentation très sensible de l'intensité du courant.

10. — Méthodes d'observation de l'énergie rayonnante, quand le nombre d'oscillations est grand. — L'énergie rayonnante émise par les corps lumineux donne un spectre que l'on a pu étudier depuis $\lambda = 0,1\ \mu = 0^{mm},0001$ ($\mu = 0^{mm},001$) jusqu'à $\lambda = 0^{mm},05$, ce qui correspond à des nombres d'oscillations de 6 trillions à 3 000 trillions (1 trillion $= 10^{12}$) par seconde. Dans cette longue suite de rayons, qui embrasse presque 9 octaves, une petite partie seulement agit sur l'œil comme lumière visible ; elle forme moins d'une octave et s'étend à peu près depuis $\lambda = 0,4\ \mu$ jusqu'à $\lambda = 0,76\ \mu$.

A. — Pour l'observation des rayons appartenant à ce domaine restreint des *rayons visibles*, notre œil rend inutile l'application des méthodes que nous indiquerons plus loin, bien qu'on s'en serve également dans quelques cas. Toutefois, si l'on emploie l'œil comme un instrument pour l'étude des rayons visibles, il faut au préalable se rendre compte soigneusement des propriétés de cet instrument, de ses particularités et de ses défauts, et analyser toutes les phases, physiologiques et psychologiques, par lesquelles les impressions lumineuses reçues par la rétine se transforment en une sensation. Nous parlerons de l'un des aspects de ce sujet dans le Chapitre suivant, et nous nous occuperons de quelques questions d'Optique physiologique dans le Chapitre XI, mais déjà ici nous insisterons sur un point relatif à la manière dont l'œil observe les objets extérieurs. Bien que nous devions donner la description anatomique de l'œil dans le Chapitre XI, nous supposerons que l'on sait que l'on voit un objet, quand l'image de cet objet se forme sur la rétine de l'œil. On sait aussi que l'on ne peut pas voir des corps très petits (microscopiques) *simplement* avec l'œil, qu'il existe par conséquent, pour la grandeur des corps visibles, une limite inférieure. On ne peut pas voir non plus un corps dont la *grandeur angulaire* est plus petite que 30″ environ. Mais il faut distinguer entre *voir* et *percevoir*. Nous *voyons* un corps, quand nous pouvons connaître complètement sa forme, et peut-être d'autres détails encore. Toutefois, il y a des cas où la grandeur angulaire d'un corps est bien au-dessous de la limite de 30″, et n'est même qu'une très petite partie d'une seconde, et où cependant nous apprenons, à l'aide de l'œil, que le corps existe. Tel est le cas, quand le corps émet des rayons visibles de très grande intensité, parce qu'il est très fortement éclairé ou lumineux lui-même. Nous pouvons considérer un corps, qui est invisible à cause de sa petitesse, comme un point géométrique. Les rayons issus de ce point et pénétrant dans l'œil donnent naissance sur la rétine à un très petit cercle éclairé (diffraction). Si l'intensité des rayons est suffisamment grande, l'observateur perçoit à la place du corps un point lumineux. Le corps n'est donc *pas vu* dans ce cas, puisqu'il est beaucoup trop petit ou trop éloigné ; mais sa présence est néanmoins *perçue*. Nous en avons un exemple excellent dans les *étoiles fixes*. L'expression « nous *voyons* les étoiles » n'est pas juste, car les étoiles, comme corps, possèdent une grandeur angulaire beaucoup trop petite, pour que nous puissions les *voir*. Mais nous pouvons *percevoir* les étoiles, parce que les rayons qu'elles émettent produisent sur la rétine une image de diffraction suffisamment intensive. Dans le Chapitre X, § **6**, nous ferons connaître une méthode fondée sur ce qui précède, qui permet de percevoir les corps ultra-microscopiques.

B. — C'est à l'aide de la photographie que l'on observe le mieux les rayons *ultra-violets*, en les faisant agir sur une plaque sensible à la lumière. Une autre méthode d'observation est basée sur les phénomènes de fluorescence que nous étudierons dans la suite. HAGEN et RUBENS (1902), PFLÜGER (1903) et LADENBURG (1904) ont montré qu'on peut déceler les rayons ultra-violets en se basant sur leur *action calorifique* et en employant la méthode thermo-électrique qui est décrite plus loin.

C. — On peut observer la présence des rayons *infra-rouges* par plusieurs méthodes différentes, dont quelques-unes consistent à faire tomber les rayons sur la surface d'un corps noircie avec du noir de fumée ; cette surface absorbe l'énergie rayonnante et la transforme en énergie calorifique. Quand l'équilibre thermique est atteint, l'élévation de température du corps indique la présence de l'énergie rayonnante et en même temps lui sert de mesure. Pour observer et mesurer cette élévation de température, il existe trois méthodes que nous allons exposer brièvement.

I. Méthode thermométrique. — On fait tomber l'énergie rayonnante sur la surface noircie du réservoir d'un thermomètre à mercure ou différentiel très sensible. Cette méthode n'est pas, toutefois, susceptible d'une grande précision.

II. Méthode thermoélectrique. — Si l'on soude deux fils ou deux tiges de métaux différents par l'une de leurs extrémités et si l'on réunit les autres extrémités à un galvanomètre à l'aide de fils, ce dernier ne manifeste aucun courant électrique, quand tous les points voisins de la soudure des deux métaux sont à la même température. Mais si l'on échauffe ou si l'on refroidit la soudure, il se produit une déviation de l'aiguille aimantée du galvanomètre, qui peut servir de mesure à la variation de température de la soudure. L'ensemble de deux fils ou de deux barres métalliques ainsi soudés forme ce que l'on appelle un *élément* ou un *couple thermoélectrique*. On obtient des déviations plus grandes de l'aiguille aimantée, en soudant entre elles une série de barres, comme l'indique la figure 6, où les raies noires représentent les barres qui sont faites de l'un des deux métaux, les raies claires celles qui sont faites de l'autre. De cette manière, les soudures paires (la seconde, la quatrième, etc.) sont disposées d'un même côté, les soudures impaires de l'autre. En réunissant entre elles plusieurs de ces séries de barres, on obtient une *pile thermoélectrique* (*fig.* 7).

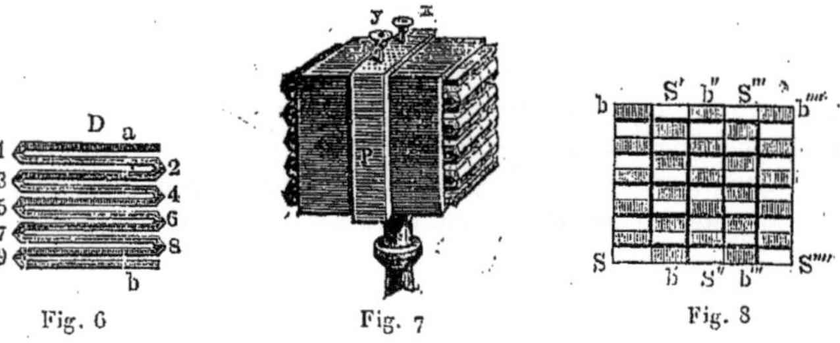

Fig. 6   Fig. 7   Fig. 8

Les extrémités de noms contraires de la chaîne totale sont reliées aux bornes x et y. Cette chaîne est repliée de façon à donner à la pile la forme d'un parallélépipède, dont les bases opposées sont chacune constituées par les soudures de même parité. La figure 8 représente schématiquement une de ces bases. Les extrémités des tiges b et S, faites de métaux différents, sont disposées comme les cases d'un damier. Les deux bases sont recouvertes d'une couche de noir de fumée, et toute la pile est installée de manière que les rayons à étudier tombent normalement sur l'une des bases. La figure 9 représente la vue extérieure de la pile complète reposant sur un support P. Les barres extrêmes de la pile sont reliées respectivement aux vis de pression S et R, d'où partent des fils aboutissant à un galvanomètre sensible. L'une des bases de la pile, celle qui est laissée à découvert sur la figure, est fermée avec un opercule ; l'autre est munie d'un cône métal-

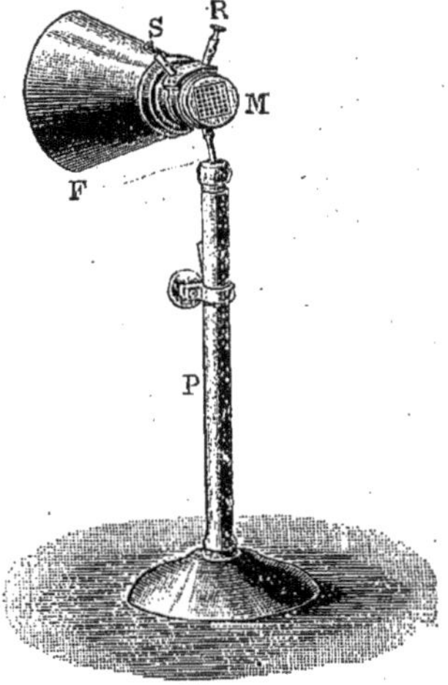

Fig. 9

lique F, dont la surface intérieure réfléchit, sur cette base de la pile, une partie des rayons qui tombent sur le cône. La quantité de rayons réfléchis par le cône peut varier avec la nature de ces rayons ; il ne faut pas perdre de vue cette circonstance, quand on compare l'énergie rayonnante émise par différentes sources.

On tourne l'ouverture du cône creux F du côté d'où vient le flux d'énergie rayonnante. L'échauffement des soudures qui se produit alors, sur la base correspondant au cône, détermine un courant électrique, dont l'intensité est indiquée par le galvanomètre et qui peut servir de mesure à l'énergie rayonnante. Pour étudier la répartition de l'énergie rayonnante dans le spectre, on se sert d'une pile thermoélectrique allongée (*fig.* 10), dans laquelle les soudures forment une bande étroite servant de base à la pile. Les rayons tombent sur celle-ci par la fente *ab* ; l'autre base est fermée par un opercule *fg*. Rubens (1898) a construit une pile très sensible formée de 20 couples de fils

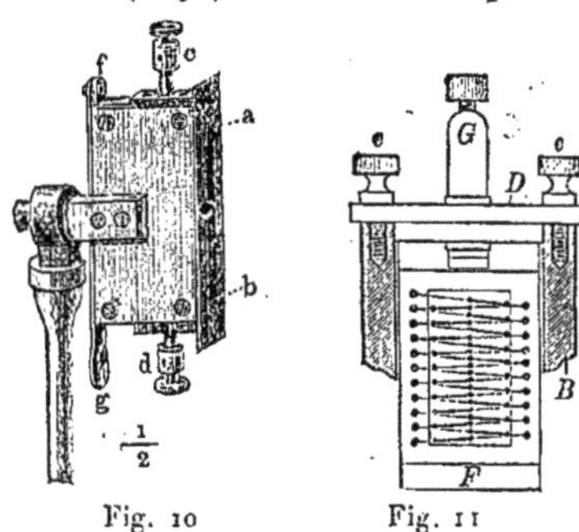

Fig. 10   Fig. 11

de fer et de constantan (alliage). Une partie de cet appareil est représentée par la figure 11 ; les fils de fer y sont représentés par des traits fins, les fils de constantan par des traits plus forts. Le système de fils est disposé en zigzag et assujetti à un cadre F en ivoire, à l'aide de deux séries de goupilles en laiton. Toutes les soudures impaires sont disposées au milieu du cadre, le long d'une droite verticale de 18 millimètres de longueur ; les soudures paires se trouvent à droite et à gauche, à une distance de 5 millimètres de cette droite. Un cône aplati, qui n'est pas figuré, permet aux rayons d'arriver seulement à la rangée médiane de soudures.

Lebedeff (1902) a montré que la sensibilité d'un couple thermoélectrique (platine-constantan) noirci était rendue cinq fois plus grande, et non noirci, vingt-cinq fois, quand on le plaçait dans un espace (vase en verre) où l'on faisait le vide, jusqu'à n'avoir plus qu'une pression de $0^{mm},001$.

Boys a construit un *radio-micromètre* très sensible ; cet appareil est en état de déceler la présence de l'énergie radiante, alors même que le flux de cette énergie est 150 000 fois plus petit que celui qui vient de la Lune à la surface de la Terre, au moment de la pleine Lune. Sans nous arrêter à la description de cet appareil, nous dirons seulement que Paschen (1893) et Nichols (1901) sont arrivés à augmenter encore sa sensibilité.

III. Bolomètre. — La construction de cet important appareil est fondée sur la circonstance suivante : la résistance électrique de fils ou de barreaux métalliques augmente quand la température croît. Pour comprendre la construction du bolomètre, dont les premiers perfectionnements sont dus surtout à S. Langley, il faut connaître auparavant la théorie du *pont de* Wheatstone.

On sait que l'on obtient un courant électrique, en réunissant par un fil les pôles de noms contraires d'un élément de pile (par exemple, d'un élément de Daniell, de Bunsen, de Leclanché, etc.) ou de plusieurs éléments réunis en batterie ; on suppose en outre que le courant s'écoule d'un pôle à l'autre, le long du conducteur. On se sert très souvent toutefois de dérivations, dont nous considérerons la théorie en détail au T. IV. Nous indiquerons ici seulement un théorème important, qui se rapporte à un cas particulier de dérivation de courant et qui trouve application dans le pont de Wheatstone. Ce dernier est représenté schématiquement sur la figure 12. E désigne un élé-

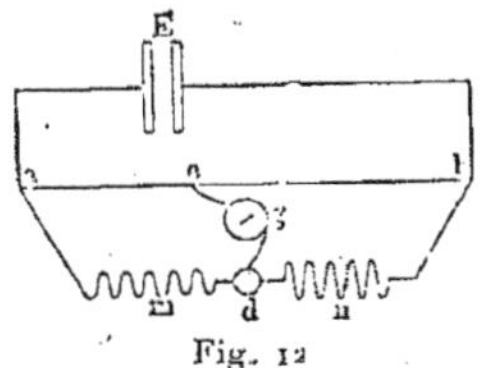

Fig. 12

ment ou une batterie, dont partent des fils qui se divisent aux points a et b, de sorte que le courant est conduit de a en b par c, et par d. Deux points c et d des deux conducteurs qui vont de a en b sont réunis par un fil cd, dans lequel est intercalé un galvanomètre sensible g ; ce fil constitue à proprement parler le pont. Désignons pour abréger par les symboles (ac), (cb), (ad), (db) les résistances des quatre branches ac, cb, ad, db. On a le théorème suivant : *l'intensité du courant dans le pont de* Wheatstone *est nulle, quand les quatre résistances satisfont à la proportion*

$$(5) \qquad (ac) : (cb) = (ad) : (db).$$

Le *bolomètre* se compose d'un fil ou d'un barreau métallique très mince et noirci, que l'on intercale dans l'une des branches du pont de Wheatstone et que l'on expose au flux d'énergie rayonnante. Supposons que tout d'abord les rayons ne tombent pas sur le bolomètre, et que les résistances des branches soient choisies de telle façon que la proportion (5) soit satisfaite ; le galvanomètre g indique alors qu'il ne passe aucun courant dans le pont. Si l'on fait ensuite tomber les rayons sur le bolomètre, sa surface noircie absorbe l'énergie rayonnante et le bolomètre s'échauffe. La résistance de ce dernier augmentant par l'échauffement, les résistances des branches cessent de satisfaire à la proportion (5) ; par suite, l'intensité du courant dans le pont ne sera plus nulle et l'aiguille du galvanomètre éprouvera une certaine déviation, que l'on mesure par la méthode du miroir de Poggendorff (T. I, page 322). De la valeur de cette déviation, on déduit la variation de résistance du bolomètre, ou son degré d'échauffement, et par suite la quantité d'énergie rayonnante tombée sur le bolomètre.

La première application du bolomètre est due à Svanberg. Langley, Baur, R. v. Helmholtz, Schneebeli, Ångström y ont apporté différents perfectionnements ; en particulier, Lummer et Kurlbaum ont recherché, théoriquement et pratiquement, dans quelles conditions son fonctionnement est le meilleur. La figure 13 représente un bolomètre plat, construit d'après la méthode de Lummer et Kurlbaum. Une plaque mince de platine est posée sur une plaque d'argent 10 fois plus épaisse ; on les chauffe toutes deux au rouge et on les aplatit de telle façon que l'épaisseur de la feuille de platine soit réduite à $0,3\,\mu = 0^{mm},0003$. On découpe ensuite, à l'aide d'une

Fig. 13

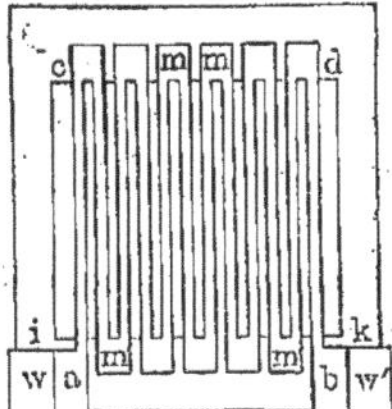

Fig. 14

machine à diviser, une bande en zigzag d'environ 30 millimètres de longueur et 1 millimètre de largeur, représentée par la figure 13 ; cette bande est alors placée sur un cadre *cdki* en ardoise (*fig.* 14). Les extrémités *a* et *b* sont soudées aux petites plaques de cuivre *w* et *w'*, puis on dissout l'argent dans de l'acide azotique et on recouvre la surface du platine avec du noir de fumée ou de platine. On constitue les branches du pont de Wheatstone avec quatre bandes semblables.

IV. Radiomètre. — Le radiomètre peut servir aussi bien pour l'observation que pour la mesure des radiations infrarouges. Cet appareil a été construit par Crookes (1873) et la figure 15 représente sa forme la plus simple. C'est un ballon en verre dans lequel on fait le vide le plus parfait possible. A l'intérieur de ce ballon, est placé sur une pointe verticale un petit chapeau en verre, auquel sont fixées, à l'aide de fils en croix, quatre lamelles verticales en mica ou en aluminium extrêmement légères. Ces lamelles ou ailettes sont noircies sur une face. Sous l'action d'un

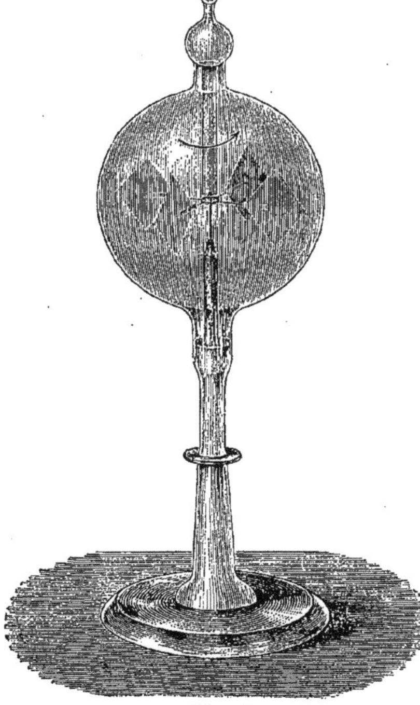

Fig. 15

flux d'énergie rayonnante, elles se mettent à tourner, et dans ce mouvement les faces non noircies vont en avant, comme si les rayons exerçaient sur les surfaces noircies une pression particulière ou du moins une plus grande pression que sur les surfaces non noircies. Crookes a trouvé que la rotation la plus rapide a lieu, quand le résidu de gaz possède une pression déterminée (environ $0^{\text{atm}},00004$).

La découverte de Crookes a suscité un grand nombre de recherches et toute une série de tentatives diverses pour expliquer le mouvement des ailettes du radiomètre. Nous reviendrons, plus en détail, sur ce sujet, dans le T. III. On peut actuellement considérer comme établi que la rotation des ailettes du radiomètre a pour cause la pression du gaz resté à l'intérieur du ballon ; ce gaz s'échauffe en effet au contact des faces noircies des ailettes, quand celles-ci absorbent l'énergie rayonnante. Donle a mesuré la grandeur de la pression agissant sur les ailettes du radiomètre, quand un flux d'énergie rayonnante tombe sur elles. La pression de l'air restant dans le radiomètre était à peu près égale à celle d'une colonne de mercure de $0^{\text{mm}},003$. Les sources d'énergie se trouvaient placées à 5c centimètres de distance des ailettes, lesquelles étaient mobiles autour d'une suspension bifilaire. La grandeur de la pression par centimètre carré fut trouvée, dans ces expériences, égale à $k.10^{-5}$ dynes, k ayant les valeurs suivantes : $k = 7$ à 8 pour un bec Hefner, $k = 10$ à 14 pour une bougie, $k = 40$ à 50 pour un bec Auer, etc. Riecke a confirmé ces résultats.

Pringsheim (1883) s'est servi le premier du radiomètre pour étudier les rayons infra-rouges ; il suspendait les ailettes à un fil et mesurait la torsion de celui-ci, c'est-à-dire l'angle de rotation des ailettes, quand des rayons tombent sur leurs faces noircies. Nichols et Rubens (1897) ont perfectionné l'appareil de Pringsheim, en lui donnant la forme représentée par la figure 16. A l'intérieur d'un vase métallique AA, dans lequel on a fait le vide jusqu'à une pression de $0^{\text{mm}},05$, sont suspendues à un fil de quartz deux feuilles de mica noircies aa ; au-dessous de ces feuilles, et au-dessus de e, se trouve un petit miroir s, dont la surface réfléchissante est tournée vers la petite fenêtre C, fermée par une plaque de verre. La figure 17 donne une coupe de l'appareil faite perpendiculairement aux plaques aa. Dans la paroi de l'appareil est encastré un tube r fermé à une extrémité par une plaque de spath fluor P et en k par une plaque de AgCl (de $2^{\text{mm}},5$ d'épaisseur). Ces deux plaques sont très transparentes

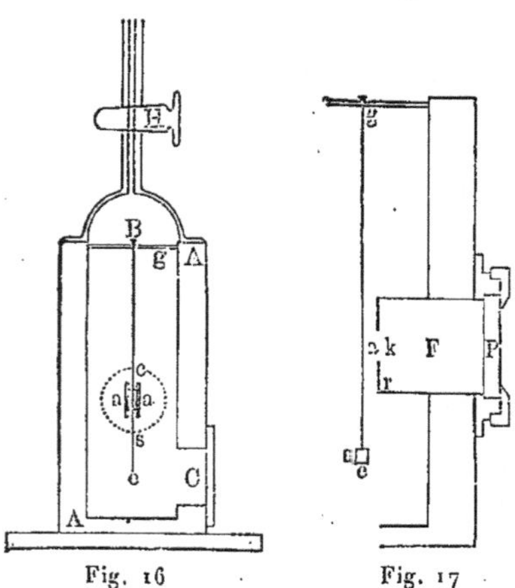

Fig. 16   Fig. 17

pour les rayons infra-rouges. La présence de la seconde plaque en k est nécessaire, car Stoney et Moss ont montré que la sensibilité du radiomètre est accrue, quand la paroi du vase se trouve dans le voisinage des ailettes. Les rayons traversent P et k avant d'arriver à l'une des ailettes ; on observe la rotation du petit miroir *s*, par la fenêtre C, au moyen d'une lunette et d'une échelle graduée (méthode du miroir de Poggendorff.)

V. Méthode de compensation d'Ångström et Kurlbaum. — Deux bandes métalliques absolument identiques, noircies sur une face, sont placées l'une à côté de l'autre. Sur l'une d'elles tombe le flux d'énergie rayonnante à mesurer ; l'autre est échauffée par un courant électrique, dont l'intensité est réglée de telle façon que les deux plaques aient la même température, quand l'équilibre calorifique est atteint. Dans ce cas, les deux bandes reçoivent et perdent évidemment des quantités d'énergie *q* égales. Mais on peut calculer facilement la quantité d'énergie reçue pendant l'unité de temps par la seconde bande, connaissant l'intensité du courant *i* (en ampères) et la résistance *w* (en ohms) de la petite plaque ; on a

$$q = 0,24 \; wi^2 \text{ petites calories (calo.-gram.)}$$

(voir T. I, page 21, et T. IV). Nous reviendrons sur cette méthode, quand nous aurons à parler de la mesure de l'énergie rayonnante.

VI. Il existe encore une méthode d'observation des rayons infra-rouges, basée sur la propriété qu'ont ces rayons de détruire la *phosphorescence* ; nous la considérerons plus tard.

11. Quelques propriétés fondamentales de l'énergie rayonnante. — Nous traiterons en détail, dans les Chapitres suivants, les différentes propriétés de l'énergie rayonnante, qui se manifestent dans sa production, dans sa propagation et dans sa transformation en d'autres formes de l'énergie. Nous indiquerons cependant brièvement ici quelques propriétés fondamentales de l'énergie rayonnante, sur lesquelles nous reviendrons dès le prochain Chapitre.

Nous avons montré au § **3**, page 7, pourquoi le moment n'était pas encore venu d'introduire dès le début, dans les traités de Physique, la théorie électromagnétique de l'énergie rayonnante, et nous avons dit que nous devions par suite nous borner à considérer l'énergie rayonnante comme un mouvement vibratoire harmonique, qui se propage dans un milieu particulier, l'éther. En partant de ce point de vue, nous pouvons appliquer aux phénomènes de l'énergie rayonnante, tout ce que nous avons établi au T. I. pages 143 à 181, sur la propagation de tout mouvement vibratoire en général, et employé déjà dans l'étude des phénomènes sonores.

Le *point rayonnant*, c'est-à-dire l'élément (une très petite partie) d'un corps physique rayonnant est le centre d'où se propagent de tous côtés des vibrations dans l'éther. Dans un milieu isotrope (T. I, page 30), il se forme ainsi une surface d'onde sphérique (page 161). En nous appuyant sur le *principe* d'Huygens (page 162), nous avons expliqué la propagation rectiligne en apparence des rayons (page 164) dans un milieu indéfini, et les phénomènes de diffraction (page 166) qui se manifestent, quand une partie de la surface d'onde est en quelque sorte coupée par un écran.

L'énergie rayonnante peut se propager non seulement dans ce qu'on appelle le vide, c'est-à-dire dans l'espace rempli uniquement d'éther, mais encore dans certains corps solides, liquides ou gazeux, plus exactement dans l'éther qui remplit les intervalles entre les molécules de ces corps. On dit que ces corps sont *transparents pour l'énergie rayonnante de nature donnée*, cette nature de l'énergie étant déterminée par la longueur d'onde λ ou par la durée de vibration T. Que l'énergie rayonnante puisse traverser certains corps, sans absorption ou à peu près, c'est-à-dire sans transformation en une autre forme d'énergie, ordinairement en énergie calorifique, cela résulte, pour les rayons visibles, des propriétés connues des corps transparents au sens ordinaire du mot (verre, eau, sel gemme, cristal de roche, etc.). Prévost a montré que les rayons infra-rouges traversent, au moins en partie, une couche d'eau, sans lui céder leur énergie, en plaçant de l'un des côtés d'un filet d'eau continu un corps très chaud, et de l'autre côté un thermomètre sensible, dont la température augmentait. Enfin les rayons électriques traversent librement tous les diélectriques ; ils ne sont pas arrêtés par les murs d'une maison, par le bois, etc., qui apparaissent ainsi comme des corps transparents pour ces radiations, tandis que le contraire a lieu pour tous les métaux.

La quantité d'énergie, qui traverse pendant l'unité de temps l'unité de surface normale aux rayons, s'appelle l'*intensité du rayonnement* à l'endroit où se trouve cette unité de surface. Désignons par J cette intensité de rayonnement, et soient J_1 et J_2 ses valeurs particulières en deux endroits distants de R_1 et R_2 de la source rayonnante, dont les dimensions sont supposées petites par rapport aux grandeurs R_1 et R_2. Construisons, avec la source comme centre, deux surfaces sphériques de rayons R_1 et R_2. Supposons enfin qu'entre ces deux surfaces ne se produise aucune absorption d'énergie rayonnante, c'est-à-dire aucune transformation de cette dernière en d'autres formes d'énergie ; nous aurons évidemment la relation suivante : $4\pi R_1^2 J_1 = 4\pi R_2^2 J_2$, d'où l'on déduit

$$(6, a) \qquad \frac{J_1}{J_2} = \frac{R_2^2}{R_1^2},$$

ou, en général,

$$(6, b) \qquad J = \frac{J_0}{R^2},$$

J_0 étant l'intensité correspondant à $R = 1$.

L'intensité de l'énergie rayonnante est inversement proportionnelle au carré de la distance à la source rayonnante, pourvu que les dimensions de cette dernière soient petites relativement à la distance. Pour des rayons visibles, cette intensité, en un endroit donné, est ce qu'on appelle l'intensité de la lumière en cet endroit.

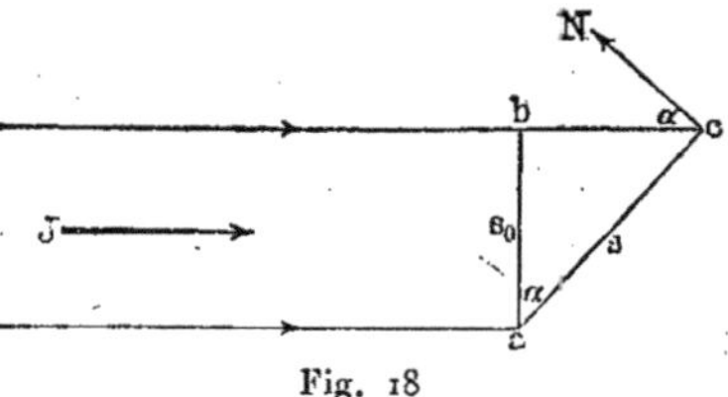

Fig. 18

Si le flux d'intensité J rencontre la surface s (fig. 18), sous un angle d'incidence α (angle compris entre les rayons et la normale cN à la surface), *la quantité d'énergie qui arrive, par unité de temps, sur l'unité de surface de s, est proportionnelle à $\cos \alpha$.*

Soit i_0 la valeur correspondant à $\alpha = 0$, c'est-à-dire à la surface $s_0 = ab$; on a évidemment $i_0 = J$. D'autre part, on a $i = Js_0 : s = J \cos \alpha$, c'est-à-dire

$$(6, c) \qquad\qquad i = i_0 \cos \alpha.$$

La *réflexion* de l'énergie rayonnante s'explique très simplement par la construction d'HUYGENS (T. 1, page 168). Nous supposerons faite l'étude élémentaire de la réflexion sur les miroirs plans et sphériques ; nous en considérerons les particularités dans le Chapitre IV.

La *réfraction* de l'énergie rayonnante se fait suivant une loi, que nous avons établie théoriquement, en nous servant d'une construction fondée sur le principe d'HUYGENS (T. 1, page 169). Si v désigne la vitesse de propagation dans le premier milieu, v_1 dans le second, φ l'angle d'incidence, ψ l'angle de réfraction, et enfin n l'indice relatif de réfraction, on a

$$(7) \qquad\qquad n = \frac{\sin \varphi}{\sin \psi} = \frac{v}{v_1} = const.$$

(voir T. I, page 171, formule (31)).

Nous dirons ici quelques mots de la *théorie de l'émission de* NEWTON, bien qu'il ne l'ait appliquée qu'à l'énergie rayonnante visible.

La réflexion était expliquée, dans cette théorie, par l'hypothèse que les particules matérielles lumineuses, en se rapprochant de la surface d'un corps (un miroir), éprouvaient une répulsion, en vertu de laquelle la composante de la vitesse normale à la surface changeait de signe, la composante parallèle à cette surface restant au contraire invariable. Sur la figure 19, AB est la surface réfléchissante, PQ une surface très voisine qui lui est parallèle. Soit CD la trajectoire d'une particule lumineuse ; à partir de D, cette particule éprouve l'action du milieu réfléchissant qui la repousse et la trajectoire

rectiligne CD devient, par suite, courbe et convexe. En G, la composante de la vitesse perpendiculaire à AB s'est annulée ; la molécule, continuant sa route, subit toujours la même répulsion et parcourt alors un arc GE, symétrique de GD par rapport à la normale en G à la surface ; en même temps la composante normale de la vitesse reprend des valeurs égales et contraires à

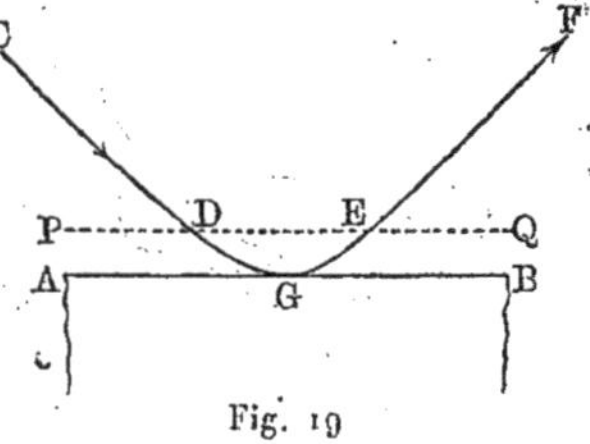

Fig. 19

celles qu'elle possédait aux points correspondants ; en E, elle a repris sa valeur primitive, mais changée de signe ; la molécule sort alors du champ d'action du milieu réfléchissant, après avoir été réfléchie suivant une direction symétrique de la direction d'incidence, par rapport à la normale au point d'incidence G.

Pour concevoir la réfraction des rayons, dans la théorie de l'émission, il fallait admettre que la substance du second milieu, limitée par la surface AB, exerce sur la particule lumineuse une attraction, qui se fait sentir dans l'espace compris entre les surfaces PQ et P_1Q_1 très voisines de AB (*fig.* 20).

La composante normale à AB de la vitesse de la particule *augmente* dans cet espace, et, par suite, la trajectoire rectiligne CD devient courbe; en E, elle redevient rectiligne, mais elle s'est rapprochée de la normale, puisque la composante normale de la vitesse a augmenté : sa direction est indiquée par la flèche. La composante de la vitesse, parallèle à la surface AB, ne change pas, car il n'y a aucune force tangentielle; on a donc la relation $v \sin \varphi = v_1 \sin \psi$, d'où l'on déduit, pour l'indice de réfraction n, l'expression suivante ;

$$(8) \qquad n = \frac{\sin \varphi}{\sin \psi} = \frac{v_1}{v}.$$

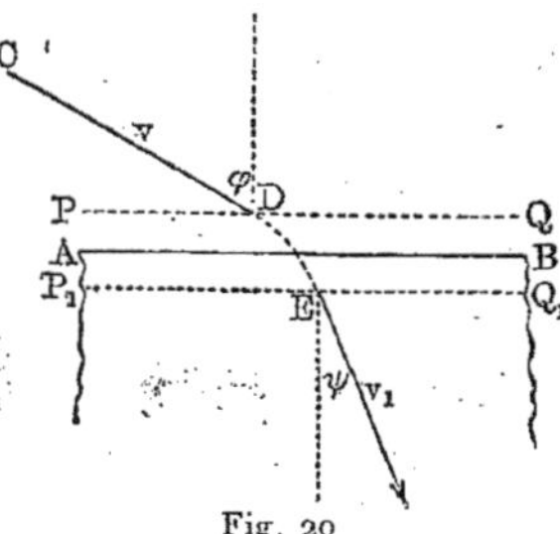

Fig. 20

Si l'on a $\psi < \varphi$, on dit que le second milieu a une *densité optique* plus grande que celle du premier, ou est plus *réfringent*.

Nous ne nous arrêterons pas à cette difficulté qu'il faut admettre, pour expliquer la réflexion, que la particule lumineuse éprouve une répulsion, et qu'elle subit au contraire une attraction, quand on veut rendre compte de la réfraction. *Newton* l'avait levée en faisant une nouvelle hypothèse. La comparaison des formules (7) et (8) conduit au résultat suivant : *D'après la théorie de l'émission, la vitesse de propagation des rayons est plus grande dans un milieu plus réfringent; d'après la théorie des ondulations, cette vitesse est au contraire moindre.* Une vérification expérimentale peut donc permettre de décider entre les deux théories.

On connaît, par la Physique élémentaire, les propriétés fondamentales des lentilles, que nous établirons d'ailleurs à nouveau dans le Chapitre V; nous allons pour terminer ce paragraphe, démontrer un théorème important, qui s'applique aussi bien au cas de la réflexion sur les miroirs sphériques qu'à celui de la réfraction à travers les lentilles. Avec les miroirs, comme avec les lentilles, on sait que l'on peut transformer un *faisceau divergent* de rayons en un *faisceau convergent*; le point de concours des rayons du faisceau convergent s'appelle l'*image réelle*. Soit O (*fig.* 21) un point rayonnant ; à un instant donné t, il s'est formé autour de lui une surface d'onde MN, qui est le lieu géométrique des points commençant simultané-

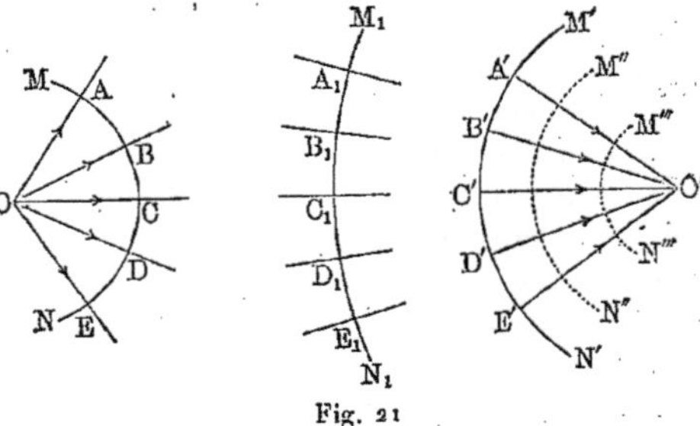

Fig. 21

ment leurs mouvements. Quand cette surface d'onde rencontre sur son chemin un miroir sphérique ou une lentille, sa courbure change en général après réflexion ou réfraction, mais l'onde reste à peu près sphérique (du moins dans les limites où nous pouvons négliger ce qu'on appelle l'aberration sphérique et l'astigmatisme ; voir les Chapitres IV et V). Si la surface d'onde est concave du côté vers lequel se propage le mouvement vibratoire, le faisceau de rayons correspondant est convergent. Soit M_1N_1 ce qu'est devenue la surface d'onde MN à l'instant t_1, après un nombre quelconque de réflexions et de réfractions, et soient A_1, B_1, C_1, ..,..., les points par lesquels passent les rayons OA, OB, OC, ... Il résulte de la définition même de la surface d'onde, que le mouvement vibratoire s'est propagé pendant le même temps $t_1 - t$, le long des rayons AA_1, BB_1, CC_1, ..., qui représentent des lignes brisées de formes diverses. Quelque différents que soient les milieux, dans lesquels se sont propagés ces rayons, chacun d'eux, après un intervalle de temps T (durée d'une vibration), s'est augmenté d'une longueur d'onde, qui peut ne pas être la même, pour les différents rayons, si la propagation s'est effectuée, pendant le temps considéré, dans des milieux différents. Cependant, le nombre total de longueurs d'onde échelonnées sur les rayons AA_1, BB_1, ...

est le même pour tous ces rayons; il est égal à $\dfrac{t_1 - t}{T}$. Il en résulte que les

points A_1, B_1, etc, ont la même différence de phase (T. I, page 121).

Comme les surfaces d'onde MN et M_1N_1 ont été choisies arbitrairement, on peut d'une part prendre la surface MN à une distance infiniment petite du point rayonnant O, et d'autre part remplacer la surface M_1N_1 par la surface concave M'N', qui correspond au faisceau de rayons convergeant au point O' (image). Nous pouvons ensuite remplacer M'N' par les surfaces M″N″, M‴N‴, etc., et finalement par une surface infiniment voisine du point O'. Ici encore les durées de propagation des rayons sont égales et les différences de phases des points, qui se correspondent, sont constantes.

Tous les rayons parviennent dans le même temps du point rayonnant à son image, ou d'une surface d'onde à une autre, ou enfin d'une surface d'onde quelconque à l'image. Le changement de phase correspondant à de tels parcours est également le même pour tous les rayons, et par suite ces parcours ne peuvent produire aucune différence de phase des rayons.

Nous avons vu, dans l'étude de la propagation des mouvements vibratoires (T. I, page 164), que la notion de rayon disparaît en quelque sorte, lorsque l'on prend comme point de départ le principe d'HUYGENS, qui explique le mode de propagation des surfaces d'onde. Ceci s'applique en particulier au cas où la propagation des vibrations ne s'effectue pas librement, par exemple, aux phénomènes de diffraction (T. I, page 166), dans lesquels la notion purement géométrique de rayon cesse d'avoir un sens déterminé. Mais quand il ne se produit aucun phénomène de diffraction, ou quand on peut négliger ces phénomènes, l'introduction du rayon, sous forme de ligne géométrique, présente un grand intérêt, car elle simplifie beaucoup l'étude de la propagation de l'énergie rayonnante, dans les cas compliqués. On peut désigner sous le nom de *théorie géométrique de l'énergie rayonnante*, et, en particulier, quand il s'agit de rayons visibles, sous le nom d'*optique géométrique*, la partie de l'étude de l'énergie rayonnante, dans laquelle on se sert, pour traiter certaines questions et pour résoudre certains problèmes, de simples considérations géométriques, sans recourir à aucune hypothèse sur la nature de la lumière.

12. Terminologie. —. Comme nous voulons introduire, dans cette partie de notre Traité, les idées actuelles sur l'énergie rayonnante, nous ne pouvons plus conserver l'ancienne terminologie qui supposait, d'une part, une différence essentielle entre la lumière et la chaleur rayonnante, et, d'autre part, une identité complète entre la chaleur, au sens ordinaire du mot, et la forme d'énergie qui se propage par rayonnement dans l'éther. La signification des termes anciens *chaleur rayonnante*, *rayons calorifiques*, par exemple, implique la croyance à cette identité. Aussi *nous ne les emploierons pas*, car ils reposent sur des idées inexactes et peuvent conduire à des malentendus.

Au seul point de vue que nous puissions regarder comme correct, nous devons nous déterminer de la manière suivante : l'énergie cinétique se rencontre dans la nature sous différentes formes, telles que, par exemple, l'*énergie des mouvements de translation et de rotation des corps*, l'énergie des mouvements moléculaires appelée aussi *chaleur*, et enfin l'énergie des mouvements de l'éther, qui se présente probablement sous des apparences diverses, parmi lesquelles nous distinguerons l'*énergie rayonnante*; cette dernière est un mouvement périodique caractérisé par plusieurs propriétés que nous avons déjà étudiées dans le T. I, deuxième Partie, Chapitre v. Il existe un nombre infini de formes d'énergie rayonnante, qui diffèrent entre elles par la durée de leur période T et par la longueur d'onde λ et qui constituent une série continue dont on connaît actuellement deux parties : la partie qui s'étend depuis λ = 0^{mm},0001 jusqu'à λ = 0^{mm},06 (approximativement) et celle qui va depuis une valeur de λ de quelques millimètres jusqu'à une valeur égale à dix mètres et au-dessus. *Tous ces cas d'énergie rayonnante ne sont rien que des cas d'énergie rayonnante; aucun d'eux ne correspond à la chaleur.* Ils peuvent provenir de l'énergie calorifique ou d'une autre forme d'énergie, et ils se transforment également en énergie calorifique ou en une autre forme d'énergie ; nous n'avons pas encore là cependant un motif pour considérer des cas déterminés d'énergie rayonnante comme de la chaleur, ni même comme de la chaleur *rayonnante*. Nous pouvons, il est vrai, mesurer l'énergie rayonnante en calories, mais seulement parce que toutes les formes d'énergie sont équivalentes entre elles et par suite peuvent être mesurées avec des unités équivalentes, auxquelles on donne pour plus de commodité les mêmes dénominations. Nous pourrions, si nous le voulions, mesurer aussi en calories l'énergie d'un corps animé d'un mouvement de rotation, de même que nous pourrions prendre, comme unité de quantité de chaleur, l'erg, ou le mégaerg, ou le joule (T. I, page 97). *L'énergie d'un corps animé d'un mouvement de rotation peut provenir de l'énergie calorifique (volant d'un moteur à vapeur) et de nouveau peut se changer en chaleur (par exemple, par le frottement): néanmoins nous n'appelons pas chaleur l'énergie de mouvement d'un corps qui tourne, et exactement de même, nous ne sommes pas autorisés à considérer l'énergie rayonnante — énergie* SUI GENERIS — *comme de la chaleur.*

Nous ne devons pas dire un corps *rayonne de la chaleur*, car, si un corps perd de la chaleur, ce n'est pas la chaleur elle-même qu'il émet, mais seulement l'énergie rayonnante. D'une manière analogue, la vapeur, en perdant de la chaleur dans le cylindre d'une machine à vapeur, transmet au piston, au volant, etc., non pas de la chaleur, mais de l'énergie de mouvement, qui de nouveau, comme l'énergie rayonnante, peut ensuite se transformer *en partie* en chaleur.

Le point de vue auquel nous nous plaçons prive de tout sens la question suivante qui était encore examinée, il n'y a pas longtemps, dans plusieurs ouvrages : est-il possible de séparer, dans la partie visible du spectre, les rayons lumineux des rayons calorifiques, ou traversent-ils les milieux, sont-ils absorbés, réfléchis, réfractés, etc., toujours simultanément et invariablement liés les uns aux autres ? La genèse de cette question est assurément instructive, mais, comme nous l'avons dit, elle ne se pose plus, car l'impression de lumière sur notre œil et la transformation en chaleur ne sont que des *manifestations extérieures diverses* d'une même réalité existante, l'énergie rayonnante. *La chaleur, la lumière et l'énergie chimique sont trois propriétés inséparables d'une même radiation* ; elles coexistent toujours, et il est impossible d'y supprimer l'une, sans faire disparaître en même temps les deux autres.

Il semblera peut-être que tout ce que nous venons de dire n'est qu'un jeu de mots, et l'on pourra se demander s'il ne serait pas possible de conserver conventionnellement les anciens termes, en introduisant certaines restrictions. La réponse est absolument négative, pour les raisons suivantes. Nous connaissons les rayons électriques (de HERTZ), les rayons lumineux visibles et les rayons invisibles infra-rouges et ultra-violets. Lesquels d'entre eux devons-nous aujourd'hui appeler rayons calorifiques ? Sont-ce tous les rayons invisibles ? Mais, d'une part, la limite entre les rayons visibles et les rayons invisibles est complètement indéterminée, de sorte que les mêmes rayons, dans certaines conditions ou pour un certain œil, seraient des rayons calorifiques, et ne le seraient plus, dans d'autres circonstances ou pour un autre œil ; d'autre part, on accepterait difficilement d'appeler rayons calorifiques, les rayons ultra-violets. Il serait également aussi peu admissible de conserver la dénomination de rayons calorifiques, pour les rayons infra-rouges seuls, d'abord à cause de l'indétermination des limites de ces rayons, ensuite parce que cette dénomination manquerait de sens, les rayons visibles et les rayons ultra-violets pouvant avoir pour origine l'énergie calorifique et se transformer en elle, aussi bien que les rayons infra-rouges. Nous devons donc le répéter : les expressions de *chaleur rayonnante*, de *rayons calorifiques*, de *rayonnement calorifique*, etc. ne peuvent trouver place dans une étude actuelle de l'énergie rayonnante.

Nous nous en tiendrons rigoureusement à la terminologie suivante. Les différents groupes de rayons y sont caractérisés par les valeurs limites de la longueur d'onde λ et par le nombre N de vibrations par seconde. Les grandeurs λ et N sont liées par l'équation (3), $v = N\lambda$, où l'on a $v = 3.10^{10} \frac{\text{cm.}}{\text{sec.}}$, comme nous l'avons vu dans (1), page 2.

L'énergie rayonnante se décompose en :

1° *Rayons électriques* (de HERTZ) : actuellement (1905) λ prend des valeurs quelconques supérieures à $\lambda = 3$ millimètres et le nombre de vibrations N, toutes les valeurs inférieures à $N = 10^{11}$;

$2°$ *Intervalle encore inconnu* : depuis $\lambda = 3$ millimètres jusqu'à $\lambda = 0^{mm},06 = 60\,\mu$ environ, comprenant à peu près 5 octaves et demie, et depuis $N = 10^{11}$ jusqu'à $N = 5.10^{12}$ environ ;

$3°$ *Rayons infra-rouges invisibles ou obscurs* : depuis $\lambda = 60\,\mu$ jusqu'à $\lambda = 0,76\,\mu$, comprenant à peu près 6 octaves et demie, et de $N = 5.10^{12}$ à $N = 4.10^{14}$;

$4°$ *Rayons visibles ou rayons lumineux* : de $\lambda = 0,76\,\mu$ à $\lambda = 0,4\,\mu$, presque 1 octave ; de $N = 4.10^{14}$ à $N = 7,5.\,10^{14}$;

$5°$ *Rayons ultra-violets obscurs ou invisibles* : de $\lambda = 0,4\,\mu$ à $\lambda = 0,1\,\mu$, juste 2 octaves ; de $N = 7,5.\,10^{14}$ à $N = 3.10^{15}$.

Les différentes formes de l'énergie rayonnante ne sont pas nettement séparées les unes des autres ; ce n'est pas là d'ailleurs un gros inconvénient, et on comprend que, selon les circonstances, celles qui sont invisibles peuvent devenir visibles et inversement.

13. Méthodes pour obtenir des rayons homogènes. — Il existe trois méthodes différentes permettant d'obtenir des rayons plus ou moins homogènes (*simples* ou *monochromatiques*), pour lesquels la longueur d'onde λ est comprise entre des limites très étroites. Ce sont les suivantes :

1. *Méthode spectrale.* — On décompose les rayons d'une source lumineuse quelconque, au moyen de l'une des méthodes connues (prisme, réseau), et l'on obtient un spectre dont on sépare, à l'aide d'une fente percée dans un écran opaque, la partie que l'on désire étudier. Dans quelques cas, le problème peut être simplifié, si l'on prend comme source lumineuse des vapeurs ou des gaz portés à l'incandescence. Ainsi, par exemple, une flamme d'alcool ou de bec de gaz, très peu éclairante par elle-même, donne des rayons *visibles* presque monochromatiques, quand des vapeurs s'y trouvent portées à l'incandescence ; elle émet des rayons jaunes presque homogènes, quand on y introduit un sel de soude, qui se dissocie par la chaleur et donne de la vapeur de sodium. Les vapeurs des autres métaux donnent à haute température des spectres formés de nombreuses raies brillantes. Si l'on sépare d'un tel spectre l'une des raies, on obtient une lumière extrêmement homogène. Fabry et Perot ont montré (1900) comment il faut procéder pour obtenir des rayons d'une homogénéité aussi parfaite que possible.

2. *Méthode d'absorption.* — Quelques substances ne sont transparentes que pour un groupe déterminé de rayons *visibles* presque homogènes, de sorte que le spectre des rayons qui ont traversé une plaque d'une telle substance se présente sous la forme d'une bande étroite. Ainsi, le rubis, par exemple, ne laisse passer qu'une partie du spectre rouge, dont les rayons ont à peu près la même longueur d'onde.

3. *Méthode des réflexions successives.* — On fait réfléchir les rayons d'une source quelconque successivement sur les surfaces d'une série de corps formés d'une même substance. On obtient ainsi, dans certains cas, des faisceaux de rayons très homogènes appartenant à une certaine région du spectre. Par exemple, Rubens et Nichols ont trouvé (1897) qu'un faisceau de rayons infra-rouges ne contient plus, après quatre réflexions sur du spath fluor, que des

rayons dont la longueur d'onde est voisine de $\lambda = 31,6\ \mu$. Des recherches
postérieures de RUBENS (1899) ont montré toutefois que l'intensité des rayons
réfléchis a deux maxima : pour $\lambda = 24,0\ \mu$ et $\lambda = 23,7\ \mu$, et que les rayons
intermédiaires sont également réfléchis en grande partie, de sorte que l'homogénéité des rayons obtenus n'est pas très grande. En outre RUBENS et ASCHKI-
NASS ont observé qu'après cinq réflexions sur du *sel gemme* et sur de la sylvine,
il subsiste des rayons dont la longueur d'onde est respectivement $\lambda = 51,2\ \mu$
et $\lambda = 61,1\ \mu$. Ces rayons s'appellent les *rayons restants*.

14. Nouveaux rayons. — La fin de l'année 1895 et l'année 1896 ont
été marquées par la découverte de toute une série de phénomènes en apparence différents qui appartiennent aux phénomènes de rayonnement. Tels sont
les rayons de RÖNTGEN, les rayons de BECQUEREL et plusieurs autres encore découverts par différents observateurs. Quelle est la nature intime de ces phénomènes, que nous réunirons, pour le moment, sous la dénomination commune de *nouveaux rayons* ; représentent-ils des cas particuliers d'énergie
rayonnante ; peut-on leur assigner une place dans le spectre ? Toutes ces
questions ne sont pas encore résolues. Aussi ne pouvons-nous pas encore étudier ces nouveaux phénomènes en même temps que les autres formes de
l'énergie rayonnante. Nous les décrirons dans le Tome IV.

BIBLIOGRAPHIE

—

1. — L'éther.

W. THOMSON. — *Trans. R. Soc. Edinb.*, **21**, p. 57, 1854.
GLAN. — *W. A.*, **7**, p. 655, 1879.
E. WIEDEMANN. — *W. A.*, **17**, p. 986, 1882.
L. GRÄTZ. — *W. A.*, **25**, p. 165, 1885.
W. THOMSON. — *Phil. Mag.* (5), **26**, p. 414, 1888.
LORD KELVIN (W. THOMSON). — *Baltimore Lectures on molecular Dynamics and the wave-
theory of light*, London, 1904.

3, 8, 9. — Historique de l'énergie rayonnante. Rayons électriques.

HUYGENS. — *Traité de la lumière*, Leyden, 1670. *Ostwalds Klassiker*, n° 20.
NEWTON. — *Optics*, London, 1704.
FOUCAULT. — *C. R.*, **30**, p. 551, 1850 ; **55**, p. 501, 792, 1862 ; *Ann. chim. et phys.*
(3), **41**, p. 129, 1854 ; *Pogg. Ann.*, **81**, p. 434, 1850 ; **118**, p. 485, 580, 1863.
AMPÈRE. — *Ann. chim. et phys.*, **58**, p. 432, 1835.
MAXWELL. — *Treatise on Electricity and Magnetism.* Oxford, 1881, II, p. 220 ; *Phil.
Trans.*, **155**, 1864 ; *Scientific Papers*, **1**, p. 526, 1890.
H. HERTZ. — *W. A.*, **34**, p. 551 ; **34**, p. 610, 1888 ; **36**, p. 1, 769, 1889 ; *Gesam-
melte Werke*, **2**, p. 115-198. Leipzig, 1894.

10. — Observation de l'énergie rayonnante.

Les renseignements bibliographiques généraux concernant la *thermoélectri-cité* seront donnés dans le T. IV.

RUBENS. — *Zeitschr. f. Instr.*, **18**, p. 67, *fig.* 2, 1898.

BOYS. — *Phil. Trans.* (1), **180**, p. 159, 1888 ; *Proc. R. Soc.*, **42**, p. 189, 1887 ; **47**, p. 480, 1890.

LEBEDEFF. — *Drud. A.*, **9**, p. 209, 1902.

PASCHEN. — *W. A.*, **48**, p. 277, 1893.

NICHOLS. — *Astrophys. Journ.*, **13**, p. 101, 1901.

HAGEN et RUBENS. — *Drud. Ann.*, **8**, p. 1, 1902.

PFLÜGER. — *Drud. Ann.*, **13**, p. 890, 1904 ; *Physik. Ztschr.*, **4**, p. 614, 861, 1903 ; **5**, p. 71, 1904.

LADENBURG. — *Phys. Ztschr.*, **5**, p. 525, 1904.

Bolomètre.

SVANBERG. — *Pogg. Ann.*, **48**, p. 216, 1851 ; **84**, p. 411, 1857.

LANGLEY. — *Sill. Journ.* (3), **21**, p. 187 ; **25**, p. 169 ; **27**, p. 169 ; **28**, p. 163 ; **31**, p. 1 ; **32**, p. 83 ; **36**, p. 359 ; **38**, p. 421 ; **39**, p. 97 ; *Ann. chim. et phys.* (5), **23**, p. 275 ; (6), **9**, p. 455 ; *W. A.*, **19**, p. 226 et 384, 1883 ; **22**, p. 598, 1884.

BAUR. — *W. A.*, **19**, p. 12, 1883.

R. v. HELMHOLTZ. — *Verh. d. Berl. phys. Ges.*, **7**, p. 71, 1889.

SCHNEEBELI. — *W. A.*, **22**, p. 430, 1884.

ÅNGSTRÖM. — *W. A.*, **26**, p. 256, 1885.

CROVA. — *Ann. chim. et phys.* (6), **29**, p. 137, 1892.

SCHTSCHEGLIAIEFF. — *J. de la Soc. russe de Phys. et de Chim.*, **22**, p. 115, 1890.

LUMMER et KURLBAUM. — *W. A.*, **46**, p. 204, 1892.

Radiomètre.

CROOKES. — *Proc. R. Soc.*, **22**, p. 32 ; **23**, p. 373, 1874 ; **24**, p. 276, 1876 ; **25**, p. 304, 1877 ; *Phil. Trans.*, **164**, p. 501, 1874 ; (2), **165**, p. 519, 1876 ; (2), **166**, p. 326, 1877 ; (1), **170**, p. 87, 1880.

DONLE. — *W. A.*, **68**, p. 306, 1899.

RIECKE. — *W. A.*, **69**, p. 119, 1899.

PRINGSHEIM. *W. A.*, **18**, p. 1 et 33, 1883.

NICHOLS. — *W. A.*, **60**, p. 401, 1897.

NICHOLS et RUBENS. — *W. A.*, **60**, p. 427, 1897.

On trouve des renseignements bibliographiques très détaillés dans les ouvrages suivants :

BERTIN. *Ann. chim. et phys.* (5), **8**, p. 278, 431, 1876.

MUTHREICH. — *Programm des Gymn. zu Grüneberg in Schlesien*, 1878.

WINKELMANN. — *Handbuch d. Physik*, II, **2**, p. 262, Breslau, 1896.

Méthode de compensation.

K. ÅNGSTRÖM. — *Phys. Rev.*, **1**, p. 365, 1893 : *W. A.*, **67**, p. 633, 1899 ; *Instr.*, **20**, p. 28, 1600 ; *Radiation solaire*, 1900 ; *Meteor. Zeitschr.*, **18**, p. 174, 185, 1901.

F. KURLBAUM. — *Ber. d. techn. Reichsanstalt*, Nov., 1892 ; *Instr.*, **13**, p. 122, 1893 ; *W. A.*, **51**, p. 591, 1894 ; **65**, p. 746, 1898.

13. — Rayons homogènes.

Fabry et Perot. — *C. R.*, **130**, p. 406, 1900 ; *Journ. d. phys.* (3), **9**. p. 383, 1900 ;
Inst. **20**, p. 246, 1900.
Nichols et Rubens. — *W. A.*, **60**, p. 438, 1897.
Rubens et Aschkinass. — *Verh. d. Berl. phys. Ges.*, 1898, p. 42 ; *W. A.*, **65**, p. 241,
1898.
Rubens. — *W. A.*, **69**, p. 576, 1899.
Aschkinass. — *Drud. A.*, **1**, p. 67, 1900.
Martens. — *Verh. d. deutsch. phys. Ges.*, 1901, p. 31.
Rubens. — *Rapports prés. au Congrès internat.*, **2**, p. 159, Paris, 1900.

CHAPITRE II

—

TRANSFORMATION DE L'ÉNERGIE CALORIFIQUE EN ÉNERGIE RAYONNANTE, ET INVERSEMENT

1. Rayonnement calorifique et luminescence. — Nous avons dit
à la page 9, qu'au fur et à mesure que s'élève la température d'un corps
donné, le nombre des molécules, qui exécutent des vibrations de plus en plus
rapides, augmente graduellement, et en même temps, l'énergie de ces vibrations. A une certaine température apparaissent les premiers rayons agissant
sur notre œil ; le corps commence à émettre de la lumière, il devient éclairant.

On a fait de nombreuses expériences pour déterminer la température à
laquelle les corps solides commencent à émettre des rayons visibles. L'historique de cette question présente un intérêt tout particulier, car pendant près
de cinquante ans, l'interprétation inexacte de certaines expériences conduisit
à des conclusions erronées. Draper (1847) chercha le premier à déterminer la
température en question. A cet effet, il chauffa de petits morceaux de chaux,
de marbre, de spath fluor, de divers métaux et de charbon, à l'intérieur d'un
tube en fer fermé à l'une de ses extrémités. Il trouva que tous les métaux et
le charbon commencent, *dans ces conditions*, à émettre en même temps à 525°
de la lumière rouge. La chaux, le marbre et le spath fluor commençaient à
devenir lumineux un peu plus tôt. Sans accorder beaucoup d'importance à ce
dernier fait, Draper conclut de ses expériences, que *tous les corps commencent
à émettre des rayons rouges visibles à la même température* (525°). Sous
le nom de *loi de* Draper, cette conclusion fut regardée comme incontestable
pendant près d'un demi-siècle. Quarante ans après Draper, H. F. Weber
(1887) reprit la question. Il trouva que les corps commencent déjà vers 400°
à émettre une lumière gris-sombre et instable, qui disparaissait chaque fois

qu'on cherchait à la fixer avec l'œil. STENGER, EMDEN, VIOLLE et d'autres ont confirmé les observations de H. F. WEBER ; d'ailleurs DRAPER lui-même avait déjà reconnu et même étudié cette *lueur grise*. S. TÉRÉCHINE observa la première apparition de lumière dès 358° ; GRAY (1894), qui a étudié cette question en détail, trouva 370° comme température des premières lueurs ; PETTINELLI a trouvé une température plus élevée, 404°. Le phénomène ne fut éclairci que lorsque des travaux plus récents, en particulier ceux de LUMMER, eurent fait connaître la nature intime des faits et montré que *la loi de DRAPER ne correspond pas à la réalité*. Nous reviendrons sur cette question importante, à propos de la loi de KIRCHHOFF.

Il faut distinguer nettement *deux sortes d'émission d'énergie rayonnante*. La première est le *rayonnement calorifique*, dont il a été question à la page 8. Elle a exclusivement pour origine, l'énergie calorifique d'un corps rayonnant.

Il existe cependant toute une série de cas où les corps émettent de l'énergie rayonnante visible, c'est-à-dire de la lumière, dans des conditions où l'existence d'une température élevée ne peut être admise. Ce sont des cas anormaux où probablement l'énergie rayonnante visible se forme directement aux dépens d'une autre forme d'énergie que la chaleur. E. WIEDEMANN a désigné très heureusement sous le nom de *luminescence* tous les modes analogues de production de lumière. On peut distinguer les cas suivants de luminescence.

I. PHOTOLUMINESCENCE OU PHOSPHORESCENCE. — Certains corps, après avoir été exposés à la lumière, émettent ensuite, pendant quelque temps, des lueurs dans l'obscurité. Nous étudierons plus tard d'une manière détaillée ce phénomène, auquel certains savants, peut-être à tort, rattachent la fluorescence.

II. — THERMOLUMINESCENCE. — Certains corps échauffés légèrement deviennent lumineux ; tels sont le diamant, le marbre, la phosphorite et le spath fluor. Ce dernier brille déjà dans la paraffine fondue. Tous les corps thermoluminescents perdent leur propriété, si on les expose à une chaleur prolongée et plus forte, c'est-à-dire qu'après refroidissement, ils ne brillent plus quand on les chauffe à nouveau. Ces corps recouvrent la propriété perdue, sous l'action de certains *excitateurs*, comme les rayons lumineux, les rayons cathodiques, etc. E. WIEDEMANN a découvert (1895) que le rôle d'excitateur peut être joué par des rayons de nature particulière émis par l'étincelle électrique et qu'il appelle *rayons de décharge* (*Entladungsstrahlen*). W. HOFFMANN a étudié en détail (1897) le rétablissement de la thermoluminescence par ces rayons, ainsi que différentes propriétés de ces derniers. Les corps donnant lieu au phénomène en question sont, par exemple, $CaSO^4 + xMnSO^4$, $Na^2SO^4 + xMnSO^4$ et $CaCO^3 + xMnCO^3$, où x désigne une petite fraction, de sorte que la seconde substance n'est jamais ajoutée qu'en petite quantité à la première. E. WIEDEMANN et G. C. SCHMIDT désignent ces corps sous le nom de dissolutions solides. J. J. BORGMANN s'est occupé également (1897) de ces phénomènes.

Certaines substances brillent quand on les *refroidit* à de très basses températures. Telles sont la subérone, la fenchone, et en outre quelques corps qui deviennent lumineux, quand on les plonge dans l'air liquide. Il est difficile d'ailleurs de décider si ce phénomène appartient à la thermoluminescence ou à d'autres cas, à la cristalloluminescence, par exemple. L'azotate d'urane brille également dans l'air liquide, tant qu'il se refroidit, puis, quand on l'en a sorti, tant qu'il se réchauffe.

III. TRIBOLUMINESCENCE. — Un grand nombre de substances peuvent devenir lumineuses à la température ordinaire, par des efforts mécaniques : frottement, rupture, broyage, etc. ; le sucre luit dans l'obscurité, quand on le concasse ; il en est de même, quand on brise des cristaux d'azotate d'urane, quand on broie de la craie, du chlorure de calcium, etc., ou quand on clive du mica.

La saccharine (POPE), le salophène (RICHARZ), le valérianate de quinine, la coumarine, le chlorhydrate d'aniline, etc., possèdent une très forte triboluminescence. L. TSCHUGAEFF a étudié 510 substances et, parmi elles, en a trouvé 127 qui émettent des lueurs. BRUGNATELLI et ANDREOCCI ont indiqué une relation entre la forme cristalline d'une substance et sa capacité pour la triboluminescence. D. GERNEZ a récemment indiqué (1905) que la triboluminescence n'est pas surtout spéciale aux composés organiques, comme on pourrait le déduire des recherches de L. TSCHUGAEFF.

IV. CRISTALLOLUMINESCENCE. — Certains corps deviennent lumineux au moment où ils cristallisent. Il se produit des lueurs et même des étincelles (ROSE et BERZÉLIUS) dans la cristallisation de l'acide arsénieux, du fluorure de sodium, des sulfates de soude et de potasse. L'argent liquide se met à luire avec plus d'éclat au moment où il se solidifie (PHIPSON). Si l'on verse de l'acide chlorhydrique ou de l'alcool dans une dissolution saturée de NaCl dans l'eau, le sel se sépare et l'on aperçoit parfois alors une lumière très vive (BANDROWSKI).

V. LUMINESCENCE CHIMIQUE. — Les organismes vivants et les matières organiques en putréfaction émettent parfois des lueurs. De même le phosphore brille en s'oxydant lentement à l'air (dans l'oxygène pur, il ne brille que sous de faibles pressions) et le potassium et le sodium découpés en présence de l'oxygène (air) deviennent lumineux. DUBOIS a trouvé que beaucoup de matières organiques, par exemple l'esculine, brillent quand on les chauffe dans une dissolution de potasse caustique dans l'alcool ; ce phénomène doit s'expliquer par une oxydation lente.

VI. — ELECTROLUMINESCENCE. — Les gaz raréfiés s'illuminent, quand ils sont traversés par des décharges électriques. Dans certains cas (par exemple, dans de l'air raréfié avec des traces de SO^3), la lueur continue, alors même que les décharges ont cessé.

L'énumération précédente des différents modes de luminescence ne peut être regardée comme rigoureusement systématique ; il est même très probable que la cause fondamentale est identique dans plusieurs des cas qui ont été signalés. E. WIEDEMANN (1901) a distingué 14 cas différents de luminescence.

2. L'énergie rayonnante en fonction de la direction du rayonnement. — De chaque élément de surface d'un corps rayonnant partent des flux d'énergie rayonnante dans toutes les directions possibles. A la page 24, nous avons appelé d'une manière générale *intensité du flux d'énergie rayon_* nante, la quantité d'énergie qui traverse, dans l'unité de temps, l'unité d'aire perpendiculaire aux rayons. Désignons par J la quantité *totale* d'énergie émise, dans l'unité de temps, par l'élément s de surface d'un corps normalement à cette dernière, et par J_φ celle qui est émise suivant une direction qui fait l'angle φ avec la normale. *La loi de* LAMBERT *donne* :

$$(1) \qquad\qquad J_\varphi = J \cos\varphi,$$

c'est-à-dire que *la quantité d'énergie rayonnante émise dans l'unité de temps, par un élément de surface d'un corps, dans une direction déterminée, est proportionnelle au cosinus de l'angle formé par cette direction et par la normale à la surface du corps rayonnant.* Cette loi ne s'applique pas aux corps qui sont légèrement transparents pour l'espèce donnée de rayons. Elle se démontre empiriquement, pour les rayons lumineux, en partant du fait qu'une sphère lumineuse (par exemple une sphère de métal portée au rouge) paraît avoir le même éclat au centre et sur les bords. Il en résulte en effet que les intensités des flux parallèles d'énergie A et B (*fig.* 22) sont égales entre elles.

Si l'on pose $ab = cd = s$ et $NsA = \varphi$, on a $\dfrac{J_\varphi}{\sigma} = \dfrac{J}{s}$, σ désignant la section transversale du flux A ; mais on a $\sigma = s \cos\varphi$ et on en déduit, par suite, la formule (1). Inversement, il résulte de la loi de LAMBERT que *les flux d'énergie émis par un élément de la surface d'un corps, dans toutes les directions possibles, possèdent la même intensité.* L'exactitude de cette loi a été démontrée, pour les rayons obscurs, par LESLIE, à l'aide de l'appareil représenté par la figure 23. Un vase

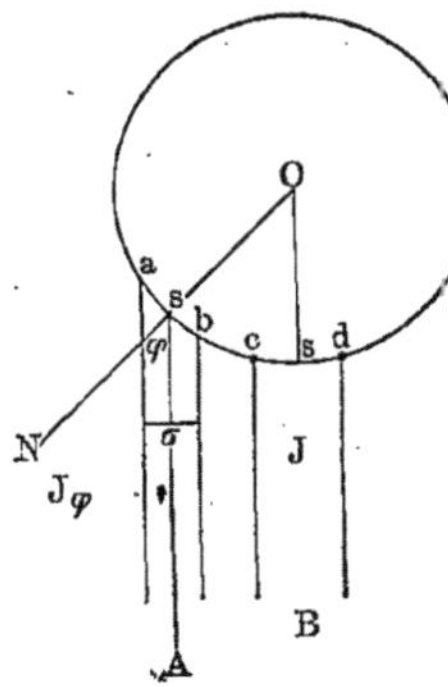

Fig. 22

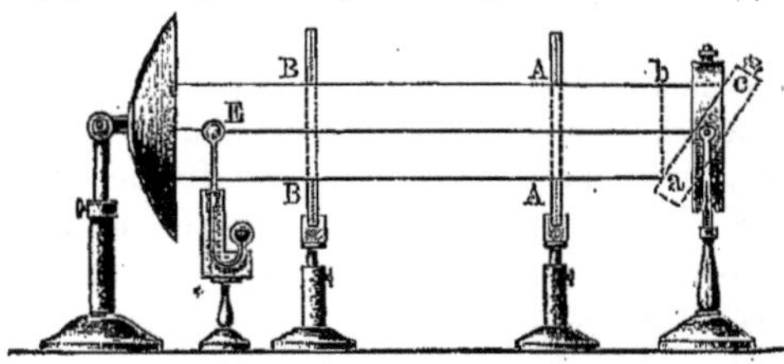

Fig. 23

métallique ac rempli d'eau bouillante est mobile autour d'un axe horizontal ; AA et BB sont des écrans percés de trous ronds, E le réservoir d'un thermomètre différentiel placé au foyer d'un miroir concave. On trouve que E s'échauffe également, que le vase ac soit dans une position verticale ou dans une position inclinée quelconque, et il s'ensuit que l'intensité du flux d'énergie rayonnante, qui traverse AA et BB, est la même dans tous les cas. MELLONI, ÅNGSTRÖM et GODARD ont également vérifié la loi de LAMBERT, pour les rayons invisibles, MÖLLER (1885) pour les rayons que le platine émet au rouge.

FOURIER a donné l'explication suivante de la loi de LAMBERT. Admettons que non seulement les particules situées à la surface du corps prennent part au rayonnement, mais aussi celles qui se trouvent à une certaine profondeur, et soit ρ le très petit chemin qu'un rayon peut parcourir à l'intérieur de la substance, sans être absorbé complètement. Décrivons, autour d'un point O placé à la surface MN du corps (*fig.* 24), une demi-sphère de rayon ρ, et traçons deux cylindres AB et CD de même section transversale σ, dont les axes passent par O. Dans les directions OB et OD se propagent alors des quantités d'énergie égales, car ces quantités proviennent de petits cylindres identiques OA et OC. Il en résulte que les intensités du flux d'énergie, dans les directions OB et OD, sont égales, et c'est à cela que la loi de LAMBERT se ramène, comme nous l'avons vu. L'explication précédente n'est pas satisfaisante, et on peut lui adresser plus d'une objection. Il est exact que les

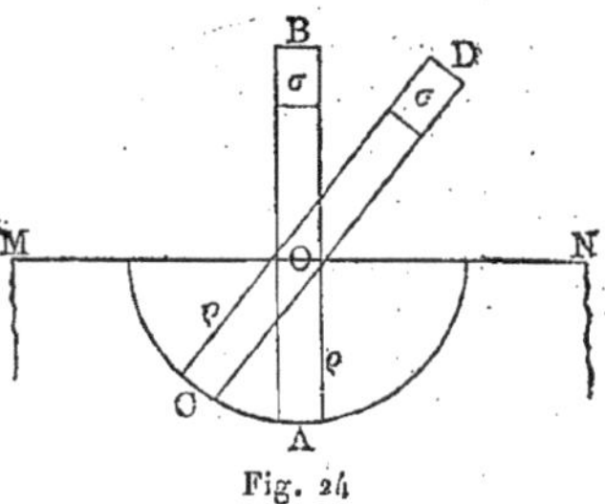

Fig. 24

particules superficielles ne participent pas seules au rayonnement, comme le montre l'expérience par laquelle MELLONI compara les intensités des flux émis par les quatre faces d'un cube en cuivre rempli d'eau bouillante, lesquelles faces étaient recouvertes uniformément de minces couches de vernis appliquées l'une sur l'autre. L'aiguille du galvanomètre était déviée de 9°,3, quand la face tournée vers le thermomultiplicateur était recouverte d'une seule couche de vernis ; MELLONI obtint les résultats suivants :

Nombre de couches	1	2	3	4	5	6	7...	16
Déviation	9°,3	13°,9	17°,8	21°,3	24°,5	27°,4	29°,9..	40°,9

En continuant à augmenter le nombre de couches, on n'agit plus sur l'intensité du flux d'énergie rayonnante ; l'épaisseur totale des 16 couches n'était que de $0^{mm},0435$.

POISSON, ZÖLLNER et LOMMEL ont également cherché à établir théoriquement la loi de LAMBERT. W. A. OULIANINE (1897) démontra le premier rigoureusement que cette loi ne peut être vraie que pour des corps solides à *surface absolument mate*, c'est-à-dire qui ne réfléchissent pas du tout la lumière, suivant les lois ordinaires de la réflexion. Si la surface d'un corps est au contraire polie, la formule (1) de LAMBERT doit être remplacée par une expression plus compliquée. Nous reviendrons plus loin sur le travail de W. A. OULIANINE relatif à cette question. La loi de LAMBERT ne s'applique pas du tout aux vapeurs incandescentes ou aux corps qui sont entourés d'une enveloppe de vapeurs absorbant en partie les rayons. Tel est le Soleil, auquel on ne peut appliquer ce qui a été dit à la page 36, au sujet d'une sphère métallique incandescente. En effet, BOUGUER, CHACORNAC, PICKERING et STRANGE, H. C. VOGEL, FROST (1892), et d'autres encore ont montré que l'intensité de l'énergie rayonnante diminue rapidement du centre vers les bords du Soleil. Si l'on désigne par 100 l'intensité du flux au centre du Soleil, cette intensité n'est que 37 pour les rayons visibles aux bords, et elle n'est même égale qu'à 13,5 pour les rayons agissant sur le papier sensible. On peut trouver une exposition détaillée de cette question dans l'ouvrage de SCHEINER, *Strahlung und Temperatur der Sonne*, Leipzig, 1899, pages 40-49.

3. Rayonnement total (intégral) en fonction de la nature et de l'état de la surface des corps. — Le flux d'énergie émis par un corps renferme à une température donnée T des rayons de longueurs d'onde λ très différentes. La Physique moderne s'est posé la question de savoir *quelles sont les parties constituantes d'un flux*, c'est-à-dire qu'elle a cherché à déterminer le rayonnement en fonction de λ et de T, pour chaque espèce de rayon séparément. Cette façon de poser la question date déjà de l'apparition des travaux de W. A. MICHELSON (Moscou) et de H. F. WEBER en 1887 et 1888. Jusque là on n'avait guère étudié que le *flux total* d'énergie rayonnante, que l'on peut appeler aussi *flux intégral*. Nous suivrons l'ordre historique dans l'exposition de cette question, et nous considérerons d'abord les travaux qui ont eu pour objet le flux intégral.

L'expérience montre que l'intensité du flux d'énergie rayonnante à une température donnée dépend de la nature et de l'état physique de la surface du corps rayonnant. Cette intensité sert de mesure à ce qu'on appelle le *pouvoir émissif* de la surface donnée, que nous désignerons par E. LESLIE (1804) a déterminé les valeurs relatives de la grandeur E pour différentes substances, en se servant de l'appareil représenté par la figure 23, dans lequel il remplaçait le vase ac par un cube en cuivre rempli d'eau bouillante. Les faces du cube étaient recouvertes de substances différentes et, à tour de rôle, tournées vers le miroir et le réservoir du thermomètre différentiel. Il trouva ainsi les valeurs suivantes de E :

	E		E		E
Noir de fumée. .	100	Glace	85	Mercure.	20
Papier	98	Mica	80	Fer (poli)	15
Verre	90	Graphite	75	Sn, Ag, Au. . .	12

MELLONI reprit ces recherches, en se servant d'une pile thermoélectrique, et il trouva :

	Noir de fumée	Céruse	Encre de chine	Gomme laque	Métaux
E =	100	100	85	72	12

Dans les deux tableaux, on a attribué au noir de fumée la valeur arbitraire E = 100. DE LA PROVOSTAYE et DESAINS ont indiqué quelques sources d'erreurs dans les expériences de LESLIE et de MELLONI ; ils ont eux-mêmes trouvé pour les métaux des valeurs beaucoup plus petites, comprises entre 2,2 et 10,8, en posant encore E = 100 pour le noir de fumée.

Toute augmentation de la densité de la couche superficielle d'un corps diminue son pouvoir émissif, toute diminution l'augmente au contraire. En rendant mate la surface de l'argent forgé, on augmente E ; si l'on polit au contraire de l'argent mou, avec du papier à l'émeri, ce qui augmente sa densité, E diminue. Pour l'éponge de platine, E est 7 fois plus grand que pour une feuille de platine ordinaire.

Masson et d'autres encore pensaient que E était le même pour tous les corps à l'état pulvérulent. Toutefois, les résultats des expériences de Tyndall ne concordent pas avec cette supposition ; Tyndall a trouvé que E varie dans d'assez larges limites pour les diverses poudres ; c'est ainsi qu'il a obtenu E = 84, o (en unités arbitraires) pour le noir de fumée et E = 35,3 pour le sel gemme en poudre.

Les valeurs relatives du pouvoir émissif E citées ici, et trouvées par Leslie, Melloni, Tyndall, etc., ne s'appliquent qu'aux échantillons soumis aux expériences, et aux conditions particulières de ces dernières. Non seulement tout changement dans les propriétés de la surface a une influence sur la valeur de E, mais il en est de même des conditions de température dans lesquelles s'effectue la transformation de l'énergie calorifique en énergie rayonnante. On obtiendrait, dans des expériences semblables à celles qui ont été décrites (Leslie, Melloni), d'autres valeurs pour E et, par suite, un ordre différent des corps suivant les valeurs décroissantes de E, si l'on choisissait une autre température pour la surface rayonnante. C'est ce que des expériences directes de De la Provostaye et Desains ont confirmé.

Parmi les travaux plus récents, nous citerons d'abord les recherches de Wiedeburg (1898), qui compara le *flux intégral* de différents métaux et alliages à 100°. Une plaque mince était échauffée d'un côté par de l'eau bouillante à 100° ; l'intensité du flux était mesurée par une pile thermo-électrique. Toutes les plaques étaient comparées avec une même plaque d'argent, pour laquelle l'intensité du flux était prise comme unité. Les résultats obtenus sont consignés dans le tableau suivant (le rhéotane est un alliage contenant 53 pour cent de Cu, 17 pour cent de Zn, 25 pour cent de Ni et 4 pour cent de Fe ; l'alliage Mn — Cu contenait 30 pour cent de Mn) :

	E		E		E
Ag. . . , . . .	1,00	Ni.	1,16	Laiton	1,09
Cu.	1,01	Sn.	1,22	Palladium . . .	1.25
Au.	1,06	Pt	1,23	Acier.	1,31
Al.	1,07	Pb.	1,36	Manganine . . .	1,32
Zn.	1,08	Sb.	2,27	Rhéotane	1,38
Cd.	1,16	Bi.	2,78	Alliage Mn-Cu .	1,62

On voit d'après ce qui précède, que *pour tous les métaux purs, à l'exception du nickel. les valeurs de E croissent dans le même ordre que la résistance électrique des mêmes substances, ou, en d'autres termes, dans l'ordre inverse des conductibilités électrique et calorifique.* Pour le nickel et pour les alliages, on ne remarque aucun parallèle de ce genre. Une loi simple, liant le rayonnement intégral à la conductibilité électrique, ne peut pas se déduire de ces recherches.

Mais récemment (1903), Rubens et Hagen sont arrivés à de très intéressants résultats, en comparant la conductibilité électrique des métaux au pouvoir émissif, pour les ondes longues. Ils ont trouvé dans ce cas la loi simple suivante : *Le pouvoir émissif des métaux, pour les ondes longues, est inversement proportionnel à la racine carrée de la conductibilité électrique.* Nous parlerons de ces recherches de RUBENS et HAGEN d'une manière détaillée dans le chapitre IV, § **8**.

La question du *pouvoir émissif des gaz* présente un très grand intérêt, en particulier pour la météorologie. FR. VERY (1900) a effectué à ce sujet des recherches étendues ; il a mesuré le pouvoir émissif E de couches d'air, de couches d'acide carbonique et de vapeur d'eau, en faisant varier l'épaisseur de la couche (de 25 à 125 centimètres), ainsi que la pression et la température du gaz (de 10° à 100°). Pour l'air, E est, dans les limites indiquées, proportionnel à l'épaisseur d de la couche ; pour l'acide carbonique et la vapeur d'eau, au contraire, E croît beaucoup plus vite que ne l'indiquerait la simple proportionnalité. Nous indiquerons les résultats numériques de ces expériences au § **6**.

4. Remarques générales sur la façon dont varie, en fonction de la température, la vitesse de transformation de l'énergie calorifique en énergie rayonnante. — Nous avons dit à la page 8 que le phénomène *observé*, dans la transformation de l'énergie calorifique en énergie rayonnante, était complexe ; nous ne constatons en effet que le résultat de deux flux qui s'effectuent du corps donné dans le milieu qui l'entoure et inversement de ce milieu dans le corps considéré. L'intensité du premier flux est, pour un corps déterminé et pour des propriétés données de sa surface, une fonction de la température T du corps ; l'intensité du second flux est ordinairement regardée comme une fonction de la *température Θ du milieu ambiant*. Il faut toutefois remarquer que la notion de température du milieu ambiant n'est pas des plus claires. Ce n'est que dans le cas particulier, où le corps donné est entouré de tous côtés par une enveloppe maintenue à une température déterminée Θ, que l'on peut dire que Θ représente aussi la température du milieu ambiant, dont dépend l'intensité du flux d'énergie rayonnante dirigé vers le corps. La quantité de chaleur Q perdue par le corps, pendant un temps donné, est alors égale à la différence des valeurs d'une *même* fonction, c'est-à-dire que l'on a

$$(2) \qquad Q = F(T) - F(\Theta).$$

La fonction doit être la même dans les deux termes, parce que pour $T = \Theta$ on doit toujours avoir $Q = 0$, quel que soit T.

Dans tous les autres cas, la notion de la grandeur Θ, comme on l'a dit, n'est pas nette. Supposons, par exemple, que le corps se trouve à l'air libre. La température Θ, qui doit déterminer l'intensité du flux d'énergie rayonnante dirigé de l'extérieur vers le corps, représente-t-elle la température de la couche d'air qui entoure immédiatement ce dernier, ou celle des objets qui se trouvent à diverses distances (entre autres la Terre) et qui émettent également ment vers lui de l'énergie rayonnante ? Et que représente le milieu ambiant, vers le haut, dans le cas d'un ciel découvert ? Dans un espace fermé, par exemple dans une chambre, on pourrait entendre par Θ la température plus ou moins uniforme de l'air de la chambre et des parois. Nous n'examinerons dans la suite que les cas où Θ a une valeur bien déterminée, que les observations peuvent donner.

Il est peu probable que l'on arrive jamais à déterminer la vraie valeur des flux séparés F (T) et F (Θ) ; mais, par contre, on peut trouver leur différence Q, en observant le *refroidissement* des corps.

Le phénomène de la transformation de l'énergie calorifique en énergie rayonnante, dont nous nous occupons, peut évidemment trouver place aussi bien dans l'étude de la chaleur que dans celle de l'énergie rayonnante. Le refroidissement des corps pourrait par suite être également considéré ici. Mais comme la transformation de l'énergie calorifique en énergie rayonnante est presque toujours accompagnée d'autres phénomènes, qui appartiennent complètement à l'étude de la chaleur, par exemple les phénomènes de conductibilité thermique, nous traiterons en détail la question du refroidissement seulement dans le T. III (neuvième Partie).

5. Lois du rayonnement intégral. — Considérons quelques-unes des formules qui ont été proposées pour déterminer la grandeur E du flux intégral d'énergie rayonnante, émis par l'unité de surface d'un corps et formé aux dépens de l'énergie calorifique de ce corps. Soit Q la quantité de chaleur perdue par le corps, pendant le petit intervalle de temps τ, et S la surface totale du corps ; on a évidemment dans ce cas

$$(3) \qquad \begin{cases} E = f(T, \Theta) \\ Q = SE\tau \, ; \end{cases}$$

E dépend ici de T, Θ et des propriétés de la surface du corps rayonnant ; il doit être de la forme (2).

I. Loi de Newton. — La quantité d'énergie rayonnante E est proportionnelle à la différence des températures T du corps et Θ du milieu ambiant

$$(4) \qquad \begin{cases} E = h\,(T - \Theta) \\ Q = Sh\,(T - \Theta)\tau. \end{cases}$$

Le facteur h dépend dans ces formules des propriétés de la surface du corps. Il est numériquement égal à la quantité de chaleur qui se transforme en énergie rayonnante, sur l'unité de surface (S = 1), pendant l'unité de temps (τ = 1), quand la différence T − Θ = 1°. On appelle quelquefois le facteur h, le *coefficient de conductibilité calorifique extérieure* de la surface donnée.

La loi de Newton n'est exacte que dans des limites très étroites ; Q et E ne sont proportionnels à la différence de température T − Θ que lorsque cette dernière ne dépasse pas quelques degrés ; pour des différences de température de plus de 5°, les écarts sont déjà importants. En outre le facteur h dépend encore des valeurs des températures T et Θ ; il croît, pour des surfaces recouvertes de noir de fumée, de plus de 1 pour cent, quand les températures T et Θ croissent de 1° ; à 100° le pouvoir émissif du noir de fumée est environ deux fois plus grand qu'à 0°.

II. Loi de Dulong et Petit. — Ces savants ont déduit de leurs observations les formules suivantes, pour le rayonnement du noir de fumée *dans le vide*,

$$(5) \qquad \begin{cases} E = m\left(a^{T} - a^{\Theta}\right) \\ a = 1{,}0077 \\ Q = mS\left(a^{T} - a^{\Theta}\right)\tau \, ; \end{cases}$$

m représente ici un facteur de proportionnalité. Une étude critique de STEFAN et des expériences de GRÄTZ ont montré que cette loi n'était pas très exacte. Elle donne, pour le pouvoir émissif à 100° ($\Theta = 100°$, $T = 101°$), une valeur 2,15 fois plus forte qu'à 0° ($\Theta = 0°$, $T = 1°$). Nous reviendrons dans le tome III sur la loi de DULONG et PETIT.

III. LOI DE STEFAN. — *Le pouvoir émissif d'une surface est proportionnel à la différence des quatrièmes puissances des températures absolues du corps et du milieu environnant*

$$(6) \quad \begin{cases} E = \sigma \left[(T + 273)^4 - (\Theta + 273)^4 \right] \\ Q = S\sigma \left[(T + 273)^4 - (\Theta + 273)^4 \right] \tau \, ; \end{cases}$$

σ est un facteur de proportionnalité. BOLTZMANN (1884) a montré théoriquement l'exactitude de cette loi, pour ce qu'il appelle un *corps absolument noir*. Nous reviendrons plus tard sur cette question.

IV. AUTRES LOIS. FERREL a remplacé l'exposant 4 des formules de STEFAN par un exposant indéterminé n, dont les valeurs oscillaient, d'après ses expériences, entre 3,6 et 3,83 (quelques expériences ont donné $n = 4,2$). VIOLLE, ROSETTI, S. IA. TÉRESCHINE et d'autres encore ont proposé différentes formules pour la loi en question. Nous les considérerons dans le T. III, dans le chapitre sur le refroidissement des corps.

6. Grandeur absolue du rayonnement intégral. — Les formules du § 5, qui lient la grandeur E aux températures T et Θ, renferment certains facteurs de proportionnalité, dont nous allons indiquer les valeurs numériques. Les expériences de STEFAN et de CHRISTIANSEN ont conduit au même résultat facile à retenir : *pour le noir de fumée,*

$$(7) \quad E_{100} - E_0 = 1 \text{ calorie-gramme (centimètre carré, minute)};$$

autrement dit, *chaque centimètre carré de la surface d'un corps recouvert de noir de fumée perd dans chaque minute une calorie-gramme, si la température du corps est 100°, celle de l'enveloppe qui le renferme 0°, et si l'air, à l'intérieur de l'enveloppe, est raréfié autant qu'il est possible.*

Les formules (4), (5) et (6) donnent avec ces unités (en posant $T = 100$ et $\Theta = 0$)

$$(8) \quad h = 0,01, \qquad m = 0,8670, \qquad \sigma = 7,26.10^{-11},$$

d'où l'on déduit la grandeur E, pour toutes valeurs de T et Θ. Des expériences plus récentes de KURLBAUM (1898) ont montré que, pour un *corps absolument noir* (voir plus loin), on a :

$$(9) \quad \begin{cases} E_{100} - E_0 = 1,056 \text{ calories-grammes (centimètre carré, minute)} \\ \sigma = 7,68.10^{-11}. \end{cases}$$

Si l'on exprime E en joules (0,24 calorie-gramme) et si l'on choisit la seconde comme unité de temps, on obtient

$$(9, a) \quad E_{100} - E_0 = 0,0731 \frac{\text{joule}}{\text{sec., (cm.)}^2} \, ,$$

ou

$$(9,\ b) \qquad\qquad E_{100} - E_0 = 0{,}0731\ \frac{\text{watt}}{(\text{cm.})^2}.$$

Des déterminations directes de la valeur absolue du pouvoir émissif du *verre*, faites par GRÄTZ, LENEBACH, et d'autres encore, ont donné des chiffres compris entre 0,88 et 0,917, le pouvoir émissif du noir de fumée étant pris égal à 1.

Il ne faut pas perdre de vue que toutes les expériences, en vue de déterminer E et Q, ont été faites, non pas dans le vide absolu, mais dans de l'air raréfié. Nous considérerons, dans l'étude de la chaleur, l'influence qu'un résidu d'air exerce sur la vitesse de refroidissement. VERY a déduit de ses expériences, mentionnées au § **2**, que 1 centimètre cube d'*air* émet par minute, de chacune de ses faces, 0,000 0036 calorie-gramme, quand la différence des températures de cet air et de celui qui l'entoure est égale à 1°. Le rayonnement de l'acide carbonique et de la vapeur d'eau est beaucoup plus intense (environ trois à quatre fois).

TUMLIRZ et K. ÅNGSTRÖM ont mesuré le rayonnement intégral de quelques *flammes*, en particulier celui de la flamme du *bec* HEFNER, que nous décrirons d'une manière détaillée dans le chapitre IX, § **2**. Nous ferons remarquer seulement que dans la lampe construite par HEFNER-ALTENECK, l'acétate d'amyle brûle avec une flamme libre de 40 millimètres de hauteur. Désignons par E l'énergie rayonnante exprimée en ergs, qui tombe en une seconde sur un centimètre carré, placé à 1 mètre de distance de la flamme, normalement à l'horizontale passant par le milieu de la flamme. Dans une série de recherches (1888-1889) TUMLIRZ a trouvé E = 618 ergs. K. ÅNGSTRÖM (1902) a trouvé la grande valeur E = 896 ergs. Enfin, dans un nouveau travail (1903), TUMLIRZ a obtenu, pour le *bec* HEFNER,

$$E = 677\ \text{ergs}.$$

On déduit de là que la flamme envoie par seconde, dans toutes les directions, 2,04 calories sous forme d'*énergie rayonnante*, c'est-à-dire 9,56 pour cent de l'énergie totale libérée dans la combustion. Pour la *flamme de l'hydrogène*, TUMLIRZ (1904) a trouvé que ce rapport était égal à 6,15 pour cent.

7. Remarques générales sur la transformation de l'énergie rayonnante en énergie calorifique. — Quand un flux d'énergie rayonnante atteint la surface d'un corps quelconque, une partie de ce flux est *réfléchie*, une autre pénètre à l'intérieur du corps. Cette dernière partie éprouve, dans le corps, ce qu'on appelle une *absorption*, ou un *affaiblissement*, c'est-à-dire qu'elle se transforme en d'autres formes de l'énergie. Nous ne considérerons pour le moment que le cas le plus ordinaire, où l'énergie rayonnante se transforme en énergie calorifique. Le flux d'énergie rayonnante qui n'est pas absorbé peut traverser le corps et, après avoir atteint sa face opposée, peut continuer à se propager plus loin ; c'est l'énergie rayonnante que le corps a *laissé passer* ou qui l'a *traversé*.

Soient r, a et b des nombres indiquant respectivement quelle fraction de l'énergie *incidente* a été réfléchie (r), absorbée (a), ou a traversé le corps (b); on a évidemment :

$$(10) \qquad r + a + b = 1;$$

r, a et b dépendent de beaucoup de grandeurs, entre autres de la substance et de l'état physique du corps, aussi bien que de la nature de l'énergie rayonnante, c'est-à-dire de la longueur d'onde λ. Cette dernière dépendance présente une importance particulière. *De plus, a et b dépendent de l'épaisseur de la couche que les rayons ont à traverser.* Dans le cas particulier où, a étant petit, b est au contraire relativement grand, nous dirons que le corps est *transparent* pour les rayons considérés (en généralisant une expression qui, à proprement parler, ne s'applique qu'aux rayons visibles). Si, au contraire, b est très petit ou nul, le corps est dit *opaque* pour les rayons donnés. Quand $b = 0$, on a

$$(11) \qquad r = 1 - a.$$

La fraction a s'appelle, dans ce cas, le *pouvoir absorbant* de la surface du corps pour les rayons considérés. En toute rigueur, l'absorption ne se produit pas à la surface géométrique du corps, mais à l'intérieur d'une mince couche superficielle.

Si le corps est plus ou moins transparent, pour [les rayons donnés, nous poserons

$$(12) \qquad a + b = 1,$$

c'est-à-dire que *nous prendrons pour unité l'énergie des rayons pénétrant dans le corps, et non l'énergie de ceux qui arrivent sur sa surface.* Soit δ l'épaisseur de la couche traversée par les rayons, et a_1, b_1 les valeurs particulières des fractions a, b pour $\delta = 1$. La grandeur

$$(13) \qquad \beta = - L b_1$$

où L est le signe des logarithmes naturels, s'appelle le *coefficient d'absorption de la substance donnée, pour les rayons homogènes considérés.* Plus l'énergie b_1, qui a traversé la couche $\delta = 1$, est grande, c'est-à-dire plus b_1 est voisin de l'unité, plus β est petit. On a

$$b_1 = e^{-\beta} \qquad\qquad a_1 = 1 - e^{-\beta}.$$

Si l'intensité des rayons qui pénètrent dans le corps est J_0, l'intensité qui subsiste, après que la couche d'épaisseur $\delta = 1$ a été traversée, est $J_1 = J_0 e^{-\beta}$. Les rayons, pénétrant ensuite dans une seconde couche, en sortent avec l'intensité $J_2 = J_1 e^{-\beta} = J_0 e^{-2\beta}$. Quand ils ont traversé une troisième couche, l'intensité est $J_3 = J_2 e^{-\beta} = J_0 e^{-3\beta}$, etc... Si donc l'épaisseur de la couche est égale à x, l'intensité J à la sortie sera

$$(14) \qquad J = J_0 e^{-\beta x}.$$

Nous allons établir cette dernière formule plus rigoureusement. Soit $J = f(x)$ l'intensité du flux, après son passage à travers une couche d'épaisseur x; quand il traverse la couche suivante infiniment mince dx, il se produit une nouvelle *diminution* dJ de l'intensité, qui est proportionnelle à la grandeur J et à l'épaisseur dx de la couche. Comme dJ est une grandeur négative, nous désignerons le coefficient de proportionnalité par $-\beta$, et on obtient alors

$$(15) \qquad dJ = -\beta J dx$$

ou

$$(16) \qquad \frac{dJ}{J} = -\beta dx.$$

On déduit de cette formule $dLJ = -d\beta x$; $LJ = -\beta x + C$. Pour $x = 0$, l'intensité est J_0, par suite $LJ_0 = C$; en introduisant cette valeur, il vient. $LJ - LJ_0 = -\beta x$, ou $L \frac{J}{J_0} = -\beta x$, d'où finalement la formule (14). La formule (16) montre que le coefficient d'absorption β est la mesure de l'affaiblissement relatif infiniment petit $\frac{dJ}{J}$ de l'intensité, produit par une couche infiniment mince d'épaisseur dx.

Le pouvoir absorbant a de la surface, la grandeur r de la formule (11), et le coefficient d'absorption β dans (14), dépendent, comme on l'a dit, non seulement de la substance et de l'état physique du corps, mais encore de la *nature des rayons*, c'est-à-dire de λ. Un même corps peut être transparent pour certains rayons (β petit), opaque pour d'autres (β grand). De même le rapport $r : a$ dépend, voir (11), de la longueur d'onde λ, même dans le cas où le corps est transparent pour tous les rayons considérés.

Ajoutons encore une remarque importante, au sujet de la grandeur r. On distingue deux sortes de réflexions, la réflexion *régulière* (ou spéculaire) et la réflexion *diffuse* ou *diffusion*. On observe la première sur les surfaces spéculaires, c'est-à-dire sur les surfaces bien polies; elle s'effectue suivant les lois connues de la réflexion, et la valeur de r dépend de l'angle d'incidence φ; nous étudierons en détail, dans la suite, cette dépendance. La réflexion diffuse se produit sur les surfaces *mates*, qui renvoient dans tous les sens une partie de la lumière incidente. Les surfaces des corps que l'on rencontre dans la nature réfléchissent presque toujours une partie des rayons incidents d'une manière régulière, une autre partie d'une manière irrégulière. Nous appellerons surface *parfaitement mate*, une surface qui ne produit aucune réflexion régulière et qui renvoie les rayons uniformément dans toutes les directions.

Pour une surface parfaitement mate, le coefficient de réflexion r est indépendant de l'angle d'incidence φ; pour une surface à réflexion régulière (bien qu'en partie seulement), r est une fonction de φ; dans tous les cas, r dépend de la longueur d'onde λ.

8. Absorption des rayons électriques. — *Tous les diélectriques* (page 10) *sont transparents pour les rayons électriques*; ces derniers traversent librement le bois, la pierre ou la brique, le soufre, la paraffine, l'ébonite, etc. Une cloison en bois ou un mur en maçonnerie sont donc transparents pour les rayons électriques, de même que le verre l'est pour les rayons lumineux. S'il se trouve une paroi de cette nature ou un écran quelconque formé d'une substance diélectrique entre un excitateur et un résonnateur (pages 13 et 15), la production d'étincelles dans ce dernier n'en est pas influencée.

Les conducteurs, et en particulier les métaux, sont opaques pour les rayons électriques. Une partie de l'énergie de ces rayons est réfléchie à la surface des métaux : nous verrons plus tard par quelles expériencees on peut mettre en évidence cette réflexion. Le reste de l'énergie rayonnante est absorbé par le conducteur et se transforme en énergie calorifique ; on observe une absorption de ce genre dans tout résonnateur.

Il résulte de ce qui précède que les *non-conducteurs de l'électricité* sont des conducteurs de l'énergie électrique rayonnante, et inversement, les *conducteurs de l'électricité* sont des non-conducteurs de l'énergie électrique rayonnante. Tout ceci concorde parfaitement avec la théorie de FARADAY-MAXWELL, qui ramène, comme nous l'avons dit, les phénomènes électriques à des déformations ou à des perturbations dans l'éther libre ou dans les diélectriques ; de telles déformations ou perturbations ne peuvent se propager dans les conducteurs.

9. Pouvoir absorbant des surfaces de différentes substances. — En toute rigueur, il n'y a aucune différence essentielle entre le pouvoir absorbant a d'une surface qui entre dans la formule (11), que nous écrirons de nouveau

$$(17) \qquad\qquad r + a = 1,$$

et l'absorption intérieure, pour la mesure de laquelle nous avons pris la grandeur $\beta = -Lb_1 = -L(1 - a_1)$, où $a_1 = 1 - e^{-\beta}$ désigne la partie de l'énergie rayonnante *entrant* dans le corps, qui est retenue par une couche d'épaisseur $\delta = 1$. Quand on considère le pouvoir absorbant a d'une surface, on doit faire $b = 0$ ou $\beta = \infty$. Mais il est évident que β n'est jamais infiniment grand, c'est-à-dire que des couches très minces sont transparentes pour tous les rayons ; si pourtant β est très grand, et si la couche de la substance n'est pas très mince, on peut admettre que l'absorption s'effectue à la surface du corps, et on a alors à considérer les deux fractions r et a liées par l'équation (17). Si l'on a affaire, au contraire, à des rayons pour lesquels le corps donné est plus ou moins transparent, on néglige souvent la fraction r et l'on prend, pour unité, la quantité d'énergie qui a pénétré dans le corps. Nous examinerons ce cas de plus près au § **10**, mais pour le moment nous devons considérer le cas où l'absorption s'effectue à la surface du corps.

On admet d'ordinaire que, *pour le noir de fumée* et pour le noir de platine, surtout s'il est encore recouvert d'une couche de noir de fumée, on peut prendre $a = 1$, indépendamment de la longueur d'onde des rayons (nous n'envisagerons pas ici les rayons électriques). Des expériences directes de K. ÅNGSTRÖM (1885) ont d'abord montré que le noir de fumée absorbe 97,6 pour cent des rayons incidents, c'est-à-dire que $a = 0,976$, et que les différentes sortes de noir de fumée n'ont pas le même pouvoir absorbant. Les rayons tombant sous une grande incidence sont moins absorbés que ceux qui tombent normalement.

Des expériences postérieures de K. ÅNGSTRÖM (1898), CROVA et COMPAN (1898), KURLBAUM (1899) et d'autres encore ont montré que la grandeur a dépend beaucoup du mode de préparation de la surface noircie et de la longueur d'onde, surtout pour les rayons infra-rouges. CROVA et COMPAN ont trouvé que la quantité de rayons diffusée par la surface de la couche ne peut être rendue inférieure à 2 pour cent des rayons incidents. K. ÅNGSTRÖM a réussi cependant à atteindre 0,82 pour cent. KURLBAUM et d'autres ont montré que le noir de fumée absorbe complètement les rayons de longueur d'onde $\lambda = 8\,\mu$; pour des valeurs de λ beaucoup plus grandes, le noir de fumée et le noir de platine sont très transparents.

La grandeur a dépend de la nature des rayons ; comme les diverses sources émettent de l'énergie rayonnante de nature différente, du moins suivant leur température, il est clair que le pouvoir absorbant doit dépendre également de la source qui émet les rayons tombant sur le corps. Ceci est confirmé par les expériences de MELLONI, qui recouvrait l'une des faces d'une plaque de cuivre avec du noir de fumée, l'autre avec la substance à expérimenter. Le côté noirci est tourné vers l'ouverture du cône d'une pile thermoélectrique, l'autre vers une source constante d'énergie rayonnante. Plus le pouvoir absorbant de la substance étudiée était grand, et plus s'échauffaient la plaque de cuivre et la pile thermoélectrique.

MELLONI obtint, dans ses mesures, les valeurs relatives suivantes :

Désignation	Lampe de LOCATELLI	Platine incandescent	Cuivre à 400°	Cuivre à 100° (cube de LESLIE)
Noir de fumée	100	100	100	100
Encre de Chine.	96	95	87	100
Céruse	53	56	89	85
Colle de poisson . . .	52	54	64	100
Gomme laque.	43	47	70	91
Métaux	14	13,5	13	13

Le pouvoir absorbant du noir de fumée était pris égal à 100, pour toutes les sources, comme l'indique le tableau. La lampe de LOCATELLI se distingue par sa très haute température. Les nombres trouvés confirment que le pouvoir absorbant dépend de la source d'énergie rayonnante, mais ils ne font qu'ordonner les corps suivant ce pouvoir. La valeur absolue des nombres précédents n'a aucune signification, car l'échauffement de la plaque de cuivre dépend non seulement du pouvoir absorbant de sa surface pour les rayons incidents, mais aussi du pouvoir émissif des deux faces de la plaque pour les rayons correspondant à sa température.

10. Absorption de l'énergie rayonnante dans son passage à travers les corps. — La formule (14) $J = J_0 e^{-\beta x}$ exprime la loi suivant laquelle varie l'intensité du flux d'énergie rayonnante, pendant son passage à travers une substance quelconque. Le coefficient β dépend de la nature et de l'état physique de cette substance, ainsi que de la longueur d'onde λ du flux considéré. Pour étudier d'une manière complète le passage du flux à travers une substance donnée, il faut décomposer ce flux en ses parties élémentaires, et déterminer pour chacune d'elles, c'est-à-dire pour chaque longueur d'onde λ, la valeur correspondante de β. Les travaux des savants, qui ont étudié l'*absorption intégrale* de l'énergie rayonnante, analogue au rayonnement intégral dont il a été question plus haut, conservent cependant un grand intérêt historique.

Pour les rayons *visibles*, l'œil juge du degré de transparence d'un corps, tout au moins approximativement, et les mesures *photométriques*, que nous considérerons plus tard, permettent de le faire plus exactement. Quand un corps possède des coefficients d'absorption inégaux, pour des rayons visibles différents, il paraît *coloré* par la lumière qui le traverse, et, dans certains cas de coloration intense, on peut voir immédiatement quels rayons sont absorbés par le milieu donné. On peut indiquer, comme exemples, le verre rouge-sombre et le verre vert-sombre. Dans la plupart des cas, la coloration d'un corps, par la lumière qui le traverse, dépend de l'ensemble de tous les rayons qui passent dans le corps et dont les coefficients d'absorption sont tout à fait différents. Il n'y a que l'*analyse spectrale* qui peut donner des renseignements précis à ce sujet.

L'absorption de la *totalité des rayons visibles* a été mesurée rarement. Cependant on peut citer les recherches très intéressantes de HOULLEVIGUE (1905) sur l'absorption des rayons visibles dans les couches minces de fer. Ses résultats sont indiqués dans le tableau suivant où, conformément à la formule (14), x est l'épaisseur de la couche en $\mu\mu$ (10^{-6} mm.); $J : J_0$ la quantité de lumière qu'elle laisse passer, β le coefficient d'absorption,

$$x = 31 \qquad 34 \qquad 55 \qquad 72\ \mu\mu$$

$$\frac{J}{J_0} = 0,114 \qquad 0,095 \qquad 0,036 \qquad 0,0093$$

$$\frac{1}{\beta} = 33 \qquad 33 \qquad 38 \qquad 35$$

La *couleur de la surface* des corps est une conséquence de l'absorption de quelques rayons déterminés, par la couche superficielle, et de la réflexion, par cette même couche, des autres rayons qui ne sont pas absorbés.

La question intéressante du *passage des rayons invisibles à travers différentes substances* a donné lieu à un très grand nombre de recherches. On ne peut encore ici y répondre d'une manière *précise*, pour une substance quelconque, qu'en décomposant dans un spectre le flux d'énergie rayonnante qui traverse cette substance, et en étudiant soigneusement toutes les parties de ce spectre, à l'aide d'un bolomètre par exemple (page 20). Nous parlerons plus tard des recherches de ce genre. On mesurait autrefois l'absorption intégrale subie par un flux d'énergie rayonnante émis par une source quelconque A, pendant son passage à travers un corps B. Les résultats de telles expériences ont conduit à l'introduction de toute une série de termes, qui ne doivent plus être conservés aujourd'hui. Une substance qui laissait passer plus ou moins les rayons infra-

rouges s'appelait une substance *diathermane* ; d'après ce que nous avons dit à
la page 29, il est clair que nous ne pouvons plus employer cette dénomination.
On constate en outre que les corps laissent passer inégalement les rayons obscurs émis par différentes sources. Cette circonstance, qui s'explique par ce
fait que la constitution de l'énergie rayonnante dépend de la source, a conduit Melloni à introduire la notion des *thermochroses* ou *couleurs calorifiques*
pour les sources et les milieux, analogues aux couleurs des sources lumineuses et des milieux transparents. En réalité, on ne peut pas dire ici qu'il y
a deux phénomènes *analogués*. Nous avons plutôt affaire à un seul phénomène, qui se présente comme la conséquence de deux faits : *en premier lieu*,
le flux d'énergie rayonnante qui atteint le corps peut avoir une composition
extrêmement variable avec la source d'énergie et les changements que le flux
éprouve sur son chemin ; *en second lieu*, la substance donnée n'est pas également transparente pour les différents rayons dont se compose le flux. Il est
clair que la composition finale du flux, qui a traversé le corps donné, dépend
aussi bien de la composition du flux qui est parvenu au corps que des propriétés de ce dernier. Le cas, où dans la composition du rayonnement entrent
aussi des rayons invisibles, et où le corps est en même temps transparent, ne
serait-ce que pour quelques-uns d'entre eux, ne peut pas logiquement être
considéré comme un cas séparé.

Pour la recherche de la transparence intégrale des différents milieux, on

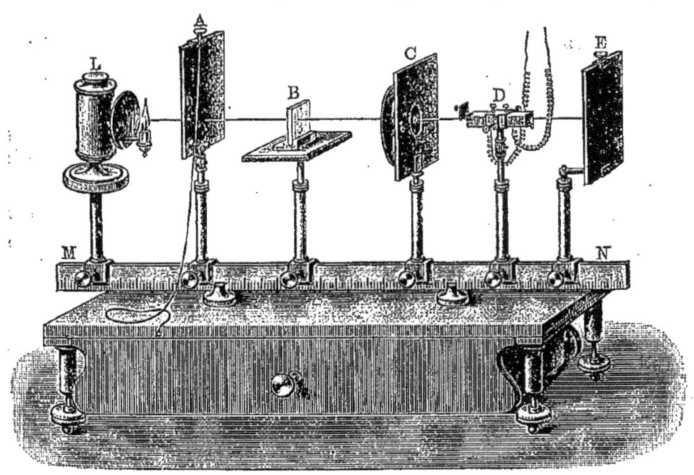

Fig. 25

peut se servir de l'appareil de Melloni représenté par la figure 25. Il se compose d'une source d'énergie rayonnante L, d'une tablette destinée à supporter
la substance à expérimenter B, d'une pile thermoélectrique D et de trois
écrans A, C, E. Toutes ces parties de l'appareil sont portées par de petites
colonnes, que l'on peut fixer au moyen de vis de pression sur une règle horizontale divisée MN. En L est représentée sur la figure une lampe de Loca-

TELLI, avec double appel d'air ; sa flamme n'est pas enveloppée, comme dans les lampes ordinaires, par une cheminée en verre, qui modifierait d'une manière essentielle la composition de la partie obscure de l'énergie rayonnante émise. L'écran E protège la face de droite de la pile contre un échauffement accidentel ; l'écran A peut tourner autour d'un axe horizontal placé au milieu de sa base inférieure et être tiré par suite sur le côté ; ce mouvement s'effectue à une certaine distance, avec un cordon.

La figure 26 représente d'autres sources d'énergie rayonnante, dont

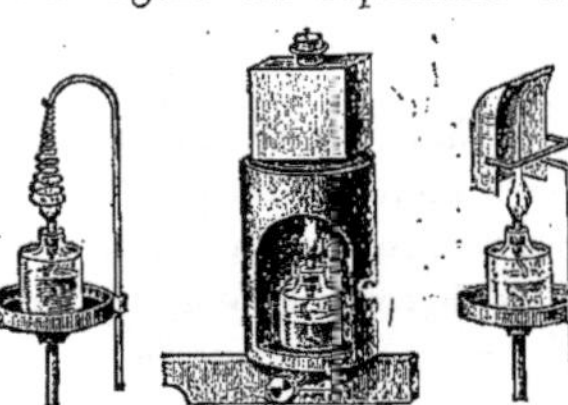
Fig. 26

MELLONI s'est servi : une *petite spirale de platine* portée à l'incandescence par une lampe à alcool ; une *plaque de cuivre* noircie chauffée également par une lampe à alcool à une température d'environ 400° ; enfin un *cube de laiton*, dit cube de LESLIE, dans lequel on maintient de l'eau en ébullition. La lampe de LOCATELLI et la spirale sont des sources de *chaleur lumineuse*, la plaque de cuivre et le cube de laiton des sources de *chaleur obscure*.

On observe la déviation de l'aiguille aimantée d'un galvanomètre sensible relié avec D, après avoir écarté l'écran A, et aucun corps ne se trouvant d'abord entre la lampe et la pile, ensuite après avoir placé la substance à expérimenter sur le trajet des rayons. La différence des déviations observées permet de déterminer quelle partie du rayonnement total (intégral) a été retenue par la plaque B, par suite des réflexions extérieure et intérieure sur les deux faces de la plaque et par suite de l'absorption à l'intérieur de sa masse. MELLONI s'est servi, comme on l'a dit, de quatre sources différentes d'énergie rayonnante et a placé en B une série de plaques des substances à étudier, auxquelles il donnait une épaisseur commune de $2^{mm},6$. Il désignait par le chiffre 100 l'intensité de chacun des quatre flux, en l'absence de toute substance absorbante ; il obtint ainsi les résultats suivants pour les intensités des flux, après leur passage à travers les plaques :

Désignation	Lampe de LOCATELLI	Spirale de platine incandescente	Cuivre à 400°	Cuivre à 100°
Sel gemme	92	92	92	92
Spath fluor	78	69	42	33
Feldspath d'Islande . .	39	28	6	0
Verre	39	24	6	0
Cristal de roche	28	28	6	0
Améthyste	21	9	2	0
Tourmaline verte . . .	18	16	3	0
Acide citrique	11	2	0	0
Alun	9	2	0	0
Glace	6	0,5	0	0

Ce tableau montre comment le flux qui a traversé un corps, dépend aussi bien de la source rayonnante que de la substance absorbante. Le sel gemme présente une égale transparence pour toutes les espèces d'énergie rayonnante. On a constaté, d'autre part, que sous l'incidence normale, l'énergie rayonnante réfléchie par une lame de sel gemme est de 8 % de l'énergie incidente, et que l'énergie transmise est égale à 92 % de cette dernière. On voit donc que le sel gemme est absolument transparent pour tous les rayons qui le traversent et que la perte de 8 % éprouvée par un flux d'énergie rayonnante, dans son passage à travers une plaque de sel gemme, n'est due qu'à la réflexion d'une partie de ce flux.

Nous allons encore donner un tableau comparatif très instructif dû à Melloni, qu'il a obtenu de la manière suivante ; les rayons de la lampe de Locatelli devaient d'abord traverser une plaque A d'une substance quelconque, ce qui changeait leur composition de la même manière que si l'on avait pris une tout autre source d'énergie rayonnante. On déterminait ensuite quelle partie du flux, transmis par la première plaque, traversait une seconde plaque B.

Plaque B	Rayonnement direct de la lampe de Locatelli	Plaque A			
		Alun	Gypse	Verre vert	Verre noir
Sel gemme	92	92	92	92	92
Feldspath d'Islande . . .	39	91	89	59	55
Verre $\left(\frac{1}{2}\ \text{millimètre}\right)$ . .	54	90	85	87	80
Cristal de roche	28	91	85	78	54
Mica noir ($0^{\text{mm}},9$)	20	0,4	12	38	43
Tourmaline verte	18	1	10	24	30
Gypse cristallisé	14	59	54	9	15
Alun	9	90	47	0,5	0,3

L'intensité du flux parvenant à la plaque B était chaque fois prise égale à 100. C'est un fait intéressant et d'ailleurs facile à comprendre que l'alun qui ne transmet en totalité que 9 % du rayonnement de la lampe, c'est-à-dire une faible portion du spectre entier très allongé correspondant à cette énergie rayonnante, laisse ensuite passer 90 % des rayons qui ont déjà franchi la première plaque ; ceux-ci comprennent en effet uniquement des rayons capables de traverser l'alun, et la perte de 10 % est due probablement en grande partie à la réflexion. En outre, il est clair que la *portion du spectre* qui traverse le gypse se confond à peu près pour moitié avec celle qui traverse l'alun ; au contraire, le mica et l'alun, la tourmaline et l'alun, le gypse et le verre transmettent des portions du spectre différentes.

Les liquides laissent de même passer inégalement l'énergie rayonnante de sources différentes, et l'intensité du flux transmis dépend de la nature du liquide. Schultz-Sellack, Friedel et Zsigmondy ont étudié le passage des rayons infra-rouges à travers différents *liquides organiques* et ont indiqué comment le pouvoir absorbant de la substance dépend de sa composition chimique.

Tous les nombres donnés ci-dessus se rapportent au rayonnement intégral. Comme on l'a dit, ce n'est que par une étude de toutes les parties du spectre que l'on peut obtenir une idée précise de la constitution de l'énergie émise par les différentes sources et des absorptions auxquelles elle est soumise quand elle traverse des substances différentes. Nous reviendrons sur cette question, dans l'étude des spectres d'absorption; nous mentionnerons cependant encore ici quelques travaux qui s'y rapportent.

K. Ångström a étudié le passage de rayons infra-rouges à travers des couches de substances, dans lesquelles se produisait une *diffusion interne* des rayons : à travers des couches de noir de fumée (jusqu'à $\lambda = 8,9\,\mu$), de magnésie (jusqu'à $\lambda = 13,65\,\mu$), et d'oxyde de zinc (jusqu'à $\lambda = 8,9\,\mu$). Nous citerons ici quelques valeurs trouvées pour le *noir de fumée*; ces nombres indiquent les quantités d'énergie transmises, l'énergie incidente étant prise égale à 100; d est l'épaisseur de la couche :

millimètres	$\lambda = 0,90\,\mu$	$1,70\,\mu$	$4,00\,\mu$	$6,50\,\mu$	$8,90\,\mu$
$d = 0,009$	19,1	44,3	64,4	68,8	67,9
$d = 0,023$	3,1	16,8	34,5	42,5	44,0
$d = 0,038$	—	3,9	17,4	26,2	32,0

Les tableaux précédents (pages 50 et 51) montrent qu'il y a beaucoup de corps qui sont complètement transparents au sens ordinaire du mot, c'est-à-dire transparents pour les rayons visibles, mais très peu transparents (verre), ou presque complètement opaques (alun, glace), pour les rayons infra-rouges. Cependant, il existe inversement des corps opaques pour la lumière et très transparents pour les rayons obscurs. Tels sont l'ébonite et une dissolution d'iode dans du CS^2. R. Aunö (1893) a étudié l'ébonite sous ce rapport et il a trouvé qu'une plaque d'ébonite laisse passer une partie d'autant plus grande de l'énergie rayonnante que λ est plus petit, c'est-à-dire que les rayons obscurs se trouvent plus près des rayons rouges; une plaque d'ébonite très mince laisse même passer un peu de lumière rouge. Bianchi (1898) a confirmé d'une façon générale l'exactitude de ces résultats.

Le sulfure de carbone pur est transparent pour les rayons visibles et pour les rayons obscurs; une dissolution d'iode dans du CS^2 absorbe au contraire complètement les rayons visibles et ne transmet que des rayons obscurs; c'est même un fait digne de remarque que la perte relative d'énergie, qui se produit dans cette absorption, est très faible; elle comprend seulement $\frac{1}{24}$ de l'énergie émise par un fil de platine porté au rouge blanc. Le tableau suivant permet de comparer les énergies des rayons visibles et obscurs émis par différentes sources rayonnantes :

Sources rayonnantes	Energie des rayons visibles %	Energie des rayons obscurs %
Platine chauffé au rouge	o (imperceptible)	100
Flamme d'hydrogène	o	100
Flamme d'huile.	3	97
Flamme de gaz . . . . :	4	96
Fil de platine chauffé au rouge blanc .	4,6	95,4
Lampe Edison (fil de charbon)	6	94
Arc électrique	10,4	89,6
Flamme d'acétylène	10,5	89,5
Tube de Geissler	32	68
Lampe à mercure	40,9 à 47,9	52,1 à 59,1

La lampe à mercure, que nous décrirons dans le Chapitre VII, § **8**, a été étudiée par GEER (1903).

NICHOLS a trouvé que le quartz était opaque pour les rayons dont la longueur d'onde est comprise entre $8\,\mu$ et $9\,\mu$.

Les rayons *obscurs ultra-violets* sont absorbés par beaucoup de substances, qui sont tout à fait transparentes pour les rayons visibles. Tels sont le verre, le mica et même l'air, qui absorbe énergiquement les rayons de plus petite longueur d'onde (à partir de $\lambda = 0,18\,\mu$). Parmi les corps transparents pour les rayons ultra-violets, on peut citer une couche mince d'argent; mais elle arrête les rayons visibles.

Nous avons vu que l'intensité J de rayons de *nature donnée*, ayant traversé une couche d'épaisseur x, est exprimée par la formule $J = J_0 e^{-\beta x}$. En comparant les quantités de lumière de *réfrangibilité déterminée*, ayant traversé des couches de liquides colorés de différentes épaisseurs, de nombreux savants (par exemple : JAMIN, MASSON, BEER, HAGEN, BERNARD) ont confirmé pleinement l'exactitude de cette formule. Il va de soi que la formule précédente n'est pas applicable dans le cas où l'on considère l'absorption totale d'un flux d'énergie rayonnante composée. Nous avons alors

$$(18) \qquad J = \sum J_0 e^{-\beta x}$$

où J_0 et β sont différents pour les rayons de natures différentes. On trouve que l'absorption est relativement très grande dans la première couche, car elle retient tous les rayons pour lesquels la substance étudiée est peu transparente, c'est-à-dire pour lesquels β est grand.

Quand l'absorption d'une énergie rayonnante de nature particulière est produite par une substance dissoute, et que le dissolvant lui-même n'absorbe pas les rayons donnés, l'absorption ne dépend que de la *quantité* de substance dissoute, qui se trouve dans la couche traversée. D'après cela, l'absorption dans une couche d'une dissolution concentrée est la même que dans une couche d'épaisseur double d'une dissolution deux fois moins concentrée.

C'est ce qu'ont montré les expériences de Vierordt, Beer, Zöllner et Glan.

L'absorption de l'énergie rayonnante par les gaz et les vapeurs a fait l'objet de nombreuses recherches. Nous aurons à revenir plus tard sur cette question, et nous avons déjà parlé de l'absorption des rayons ultra-violets par l'air. Les travaux de Magnus et de Tyndall sont surtout intéressants. Comme source d'énergie rayonnante, Magnus se servait de verre chauffé à 100°. Il constata que quelques gaz absorbaient très fortement cette énergie, ainsi qu'il ressort des chiffres suivants, qui indiquent les quantités transmises par des couches de gaz de même épaisseur, sous la pression atmosphérique ordinaire :

Vide	100	CO^2	80,2	C^2Az^2	72,2
Air et O	88,9	CO	79,0	C^2H^4	46,3
H	85,8	CH^4	72,2	AzH^3	38,9

Magnus a trouvé que l'air sec et l'air humide absorbent également les rayons obscurs. Des expériences de Tyndall semblent contredire ce résultat, mais Magnus a indiqué des sources d'erreur dans ces expériences, de sorte que ses résultats peuvent être considérés, en général, comme exacts. Les recherches postérieures de Hoorweg et Haga ont cependant montré qu'il se produit réellement, bien que d'une manière très faible, une absorption des rayons obscurs par la vapeur d'eau. Plus tard Röntgen a étudié aussi l'absorption des rayons infra-rouges par l'air humide, Heine par des mélanges d'air et de CO^2, de H^2 et de CO^2. Ångström, J. Koch, Kurlbaum, Arrhenius et d'autres encore ont mesuré, au moyen du bolomètre, l'absorption de ces rayons par CO^2 et par la vapeur d'eau. Nous reviendrons plus tard sur ces travaux.

Strutt (1903) a trouvé que la *vapeur de mercure* absorbe très peu les rayons *visibles* ; le mercure les absorbe au moins 2.10^7 fois plus que la vapeur, à masses égales.

On se sert, dans l'étude de la transparence des substances, pour les différents rayons, de diverses méthodes de mesure de l'énergie rayonnante, selon que l'on a affaire à des rayons visibles ou à des rayons obscurs. S'il s'agit de rayons visibles, on peut aussi bien mesurer leur énergie avec l'œil, c'est-à-dire par la méthode photométrique, qu'au moyen de la pile thermoélectrique, et il est clair que, dans ce cas, les résultats donnés par les deux méthodes doivent concorder. C'est ce qui a été confirmé par les expériences de Masson, Jamin et Franz. Mais ce serait une erreur que de vouloir tirer de ces expériences la conclusion que, dans la partie visible du spectre, les rayons lumineux et les *rayons calorifiques* sont toujours invariablement liés et soumis aux mêmes absorptions relatives. En réalité, ce n'est qu'une *seule* grandeur, l'énergie rayonnante, que l'on mesure suivant deux méthodes : par son action sur la rétine, ou par la mesure d'une quantité d'énergie calorifique équivalente, en laquelle elle se transforme, par absorption dans une surface recouverte de noir de fumée.

11. Loi de Kirchhoff sur la relation entre le pouvoir émissif et le pouvoir absorbant des corps. — Nous étudierons en détail cette loi très importante de la Physique moderne, dont la signification n'a été clairement aperçue que dans ces dernières années, et en même temps nous montrerons les conséquences nombreuses qui en découlent. Ces dernières ont jeté une lumière très vive sur toute une série de phénomènes, connus en partie depuis longtemps, et elles ont permis de saisir le sens véritable de quelques autres lois (lois de LAMBERT, de DRAPER), en même temps qu'elles faisaient connaître sous quelles conditions elles peuvent être admises. L'historique de la loi de KIRCHHOFF fait voir qu'il a été commis bon nombre de fautes dans la déduction de ses diverses conséquences, qui ont produit des méprises et conduit à de fausses conceptions ou à des interprétations erronées de la loi elle-même.

Remarquons d'abord que *la loi de* KIRCHHOFF, *dans sa pleine acception, se rapporte exclusivement à l'émission et à l'absorption calorifiques*, c'est-à-dire au cas où seule l'énergie calorifique sert de source d'énergie rayonnante et où, inversement, l'énergie rayonnante se transforme, tout entière dans l'absorption, en énergie calorifique. Nous allons indiquer, encore une fois, les grandeurs déjà connues que nous rencontrerons ici.

Le pouvoir absorbant (calorifique) a d'un corps à la température T, pour des rayons de longueur d'onde λ, dépend de la substance du corps, parfois aussi de ses dimensions (voir ci-dessous) ; c'est une certaine fonction de λ et de T, que nous écrirons sous la forme suivante :

$$(19) \qquad a = a(\lambda, \text{T}).$$

La *source rayonnante*, qui émet les rayons de longueur d'onde λ, de même que sa température ne jouent évidemment aucun rôle et n'exercent aucune influence sur la grandeur a.

Si l'énergie b du flux, qui a traversé le corps donné, peut être prise égale à zéro (le corps est alors opaque pour les rayons de longueur d'onde λ), on a, voir la formule (11),

$$(20) \qquad a = 1 - r,$$

où r désigne l'énergie du flux *réfléchi*. Mais si, au contraire, b n'est pas une grandeur négligeable, il faut entendre par a la grandeur, voir (10),

$$(21) \qquad a = 1 - r - b.$$

Ainsi, on ne peut pas rapporter la grandeur a à une *substance* déterminée, mais il faut parler d'un *corps particulier*, dont les dimensions — par exemple, l'épaisseur — doivent être prises en considération.

En ce qui concerne la grandeur r, nous avons déjà dit (page 45) qu'elle est indépendante de l'angle d'incidence φ, pour une surface *parfaitement mate* ; pour toute autre surface, même quand la réflexion ne s'effectue pas tout entière régulièrement, la grandeur r est une fonction de l'angle φ.

Le pouvoir émissif (calorifique) e d'un corps donné est également une fonction de λ et de T, que nous désignerons par

$$(22) \qquad e = e(\lambda, \text{T}).$$

La grandeur e est mesurée par l'énergie des rayons de longueur d'onde λ, émis par l'unité de surface, dans l'unité de temps ; elle dépend de la *substance* du corps et de ses *dimensions* (épaisseur de la couche), quand cette substance est plus ou moins transparente pour les rayons émis.

Nous dirons qu'un corps est *absolument noir*, quand on a, pour ce corps, $a = 1$, quelles que soient les valeurs de λ et de T. En désignant, pour un corps absolument noir, les grandeurs a et e par A et E, nous avons, pour toutes les valeurs de λ et de T, la relation

$$(23) \qquad\qquad A = 1.$$

Le corps absolument noir doit satisfaire aux conditions $r = 0$ et $b = 0$, c'est-à-dire que sa surface ne doit pas du tout réfléchir et que le corps lui-même doit avoir une épaisseur suffisante pour que l'on puisse faire $b = 0$. Nous avons vu que, pour le noir de fumée et pour le noir de platine, la grandeur r est presque égale à zéro ; il en résulte qu'une *couche suffisamment épaisse* de noir de fumée ou de platine se rapproche, par ses propriétés, du corps absolument noir. Conformément à la formule (22), nous aurons, *pour le corps absolument noir*,

$$(24) \qquad\qquad E = E(\lambda, T).$$

L'existence d'un flux e (dans le cas particulier, E) se reconnaît, et son énergie se mesure, par l'une des méthodes que nous avons indiquées dans le Chapitre précédent (œil, appareil thermoélectrique, bolomètre, radiomètre, plaque photographique, etc.). Mais pour qu'un flux puisse être rendu manifeste, il est nécessaire que son énergie e ne tombe pas au-dessous d'une certaine valeur minimum que nous désignerons par e_0. Si l'on a $e < e_0$, la présence du rayonnement ne peut plus être manifestée, ce qui équivaut pour nous à sa non existence ; nous dirons, dans ce cas, que l'on a *pratiquement $e = 0$*. On peut représenter ce cas symboliquement de la manière suivante :

$$(25) \qquad\qquad \begin{cases} e \ (\text{ou } E) < e_0 \\ e \ (\text{ou } E) = 0. \end{cases}$$

Il va de soi qu'il ne s'agit ici que des flux d'énergie rayonnante correspondant à des valeurs de λ que nous pouvons, en général, observer et mesurer, et non des rayonnements qui sont encore inaccessibles à nos recherches ($60\,\mu < \lambda < 3$ millimètres).

Si e (ou E) est inférieur à une certaine valeur e_0, e (ou E) est pratiquement nul.

Pour être complet, nous devons encore dire quelques mots d'une question qui sera traitée en détail au Chapitre XV. Un flux d'énergie rayonnante n'est pas seulement caractérisé par la longueur d'onde λ de ses rayons dans un milieu donné (ou par le nombre de vibrations N dans l'unité de temps) et par son intensité, mais encore par la nature spéciale du mouvement qui est l'essence même de l'énergie rayonnante. Si l'on se place au point de vue de la *théorie mécanique* (théorie non électromagnétique, page 8), on peut caractériser de la manière suivante les différents cas qui se présentent ici :

1. *Rayons polarisés rectilignement.* — Toutes les particules de l'éther.

exécutent des mouvements vibratoires harmoniques perpendiculairement au rayon, *dans un même plan*. Si, par exemple, le rayon a une direction horizontale, toutes les particules vibrent dans une direction verticale ou dans des directions perpendiculaires au rayon faisant le même angle α avec le plan horizontal.

2. *Rayons naturels ou non polarisés.* — Les vibrations sont rectilignes, mais en chaque point du rayon leur direction change un nombre de fois extrêmement grand, même pendant un laps de temps très court ; l'angle α prend en outre toutes les valeurs possibles dans un temps également très court.

3. *Rayons polarisés elliptiquement.* — Les particules se meuvent suivant des ellipses placées dans des plans perpendiculaires au rayon. Le mouvement peut s'effectuer *dans le sens de rotation des aiguilles d'une montre*, ou *en sens inverse*, en supposant le rayon dirigé vers l'observateur.

4. *Rayons polarisés circulairement* : c'est un cas particulier du précédent, dans lequel les axes des ellipses sont égaux. On doit encore ici distinguer deux directions possibles du mouvement circulaire.

Après avoir donné cet aperçu des grandeurs et des notions jouant un rôle dans la question qui va nous occuper, nous pouvons exposer une première conception, la plus simple, de la loi de Kirchhoff.

Considérons deux corps M et M_1, qui sont à la même température T ; supposons que l'émission et l'absorption calorifiques, pour les rayons de longueur d'onde λ, soient respectivement égales à a et à e pour le corps M, et à a_1 et e_1 pour le corps M_1. La loi de Kirchhoff s'exprime alors par la formule suivante :

$$(26) \qquad \frac{e\,(\lambda,\,T)}{a\,(\lambda,\,T)} = \frac{e_1\,(\lambda,\,T)}{a_1\,(\lambda,\,T)},$$

ou, pour simplifier

$$(27) \qquad \frac{e}{a} = \frac{e_1}{a_1}.$$

Loi de Kirchhoff (partiellement formulée). — *Le rapport de l'émission calorifique à l'absorption calorifique est, pour tous les corps, une même grandeur, qui dépend de la température du corps et de la longueur d'onde de l'énergie rayonnante, à laquelle se rapportent l'émission et l'absorption considérées.*

Cette loi s'applique donc à des corps ayant la même température T, et à des flux d'énergie rayonnante de longueur d'onde donnée λ. Si la température change, ou si nous considérons des rayons d'une autre longueur d'onde λ, le rapport $e : a$ change, mais de la même manière pour tous les corps que l'on rencontre dans la nature.

Appliquons la formule (26) à deux corps *absolument noirs* ; nous obtenons alors

$$\frac{E}{A} = \frac{E_1}{A_1};$$

mais on a $A = A_1 = 1$, et par suite

$$E\,(\lambda,\,T) = E_1\,(\lambda,\,T).$$

L'émission calorifique E *est une même fonction de* λ *et de* T, *pour tous les corps.*

absolument noirs. — On obtient de cette manière la notion d'une fonction de λ et de T ayant une *signification universelle* ; cette fonction est complètement déterminée, unique et la même pour tous les corps absolument noirs ; nous la désignerons par le symbole E (λ, T).

Si l'on suppose que le second des corps M et M_1 est absolument noir, (26) donne

$$(28) \qquad \frac{e}{a} = \frac{E}{A};$$

mais on a A $= 1$, par suite

$$(29) \qquad \frac{e}{a} = E$$

ou plus explicitement

$$(30) \qquad \frac{e\,(\lambda,\,T)}{a\,(\lambda,\,T)} = E\,(\lambda, T).$$

Loi de Kirchhoff (formulée d'une manière plus complète). — *Le rapport de l'émission calorifique à l'absorption calorifique est, pour tous les corps, une même fonction de λ et de T, qui est égale à l'émission calorifique d'un corps absolument noir.*

La formule (30) donne

$$(31) \qquad e\,(\lambda,\,T) = a\,(\lambda,\,T).\,E\,(\lambda,\,T).$$

Cette formule extrêmement importante montre le rôle de la fonction universelle E (λ, T), dans l'expression de l'émission calorifique $e\,(\lambda,\,T)$, pour tous les corps de la nature. La grandeur $e\,(\lambda,\,T)$ est égale au produit de deux facteurs, dont l'un est précisément la fonction universelle E $(\lambda,\,T)$, tandis que l'autre est égal à l'absorption calorifique $a\,(\lambda,\,T)$ du corps considéré.

Nous ferons connaître plus tard les différentes expériences qui ont été entreprises, en vue de déterminer la forme de la fonction E $=$ E (λ, T). Mais nous devons dire dès maintenant que, *pour une valeur donnée de T*, la grandeur E, en tant que fonction de λ, est représentée par une courbe, dont

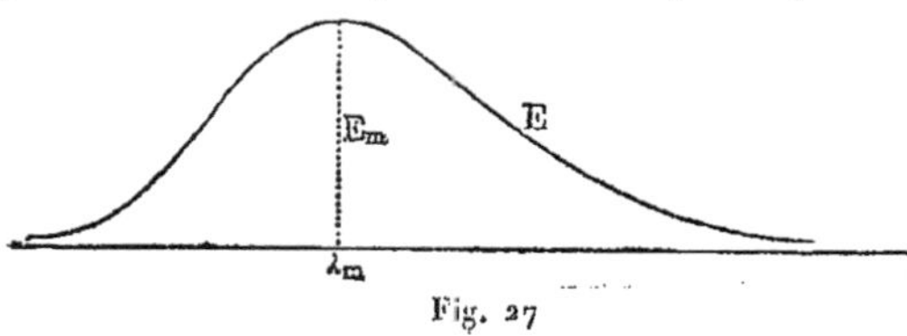

Fig. 27

la figure 27 indique le caractère général. Elle a un maximum E_m, pour une certaine valeur $\lambda = \lambda_m$, et décroît asymptotiquement dans les deux sens. C'est une courbe bien *régulière*, c'est-à-dire ne présentant aucune variation brusque (voir, au contraire, la courbe e, figure 28). *La fonction E ne s'annule pour aucune valeur finie des variables T et λ.* Ceci signifie qu'*un corps absolument noir émet à toute température tous les rayons possibles* ; mais physiquement il n'en est pas ainsi, car chaque fois que l'on a E $< e_0$, on doit poser pratiquement E $= 0$, voir (25).

L'absorption $a\,(\lambda,\,T)$ peut être nulle dans deux cas ; en premier lieu, quand $r = 1$, voir (20), c'est-à-dire quand tout le flux de longueur d'onde λ donnée est réfléchi, et en second lieu, quand $r + b = 1$, voir (21), c'est-à-dire quand tous les rayons non réfléchis traversent le corps, qui est absolument transparent. Mais on peut affirmer, avec toute certitude, que ce second cas ne se présente pas dans la nature et qu'il y a toujours une absorption interne, si petite soit-elle. De même, il paraît difficile d'admettre que le premier cas se trouve, dans la nature, *exactement* rempli, *au point de vue mathématique*, bien que, par exemple pour quelques métaux, r diffère très peu de l'unité, pour les rayons infra-rouges de grande longueur d'onde. En s'en tenant à la réalité, on peut donc admettre que, dans certains cas, on a pratiquement $r = 1$, ou $r + b = 1$, et par suite $a = 0$.

Si donc E et a ne sont probablement jamais exactement nuls, au point de vue mathématique, il résulte de (31) que e (λ, T) n'est non plus jamais nul, c'est-à-dire que *tout corps émet à une température quelconque des rayons de toute longueur d'onde possible* λ. Mais pratiquement, nous devons faire $e = 0$ ou E $= 0$, quand on a $e < e_0$ ou E $< e_0$; nous devons poser en outre $a = 0$, quand r ou $r + b$ ne diffèrent pas d'une façon sensible de l'unité.

Au sujet de l'historique de la découverte de la loi de KIRCHHOFF, exprimée par la formule (27), A. ÅNGSTRÖM, DE LA PROVOSTAYE et DESAINS, STEWART et quelques autres peuvent être cités comme devanciers de KIRCHHOFF.

Nous ne reproduirons pas ici la démonstration rigoureuse, mais extrêmement compliquée, que KIRCHHOFF a donnée de la formule (27). VOIGT (1899) et PRINGSHEIM (1900) en ont donné d'autres démonstrations.

12. Conséquences de la loi de Kirchhoff. — Nous allons faire maintenant une étude plus détaillée de la formule fondamentale, voir (28) et (31),

$$(32) \qquad e = a\mathrm{E},$$
$$(33) \qquad e (\lambda, \mathrm{T}) = a (\lambda, \mathrm{T}) . \mathrm{E} (\lambda, \mathrm{T}).$$

Il ne faut pas oublier que la grandeur a (λ, T) est une véritable fraction, par sa nature même, et qu'elle n'est égale à l'unité qu'à la limite. Il s'ensuit que e (λ, T) ne peut jamais être plus grand que E (λ, T) ; on a donc

$$(34) \qquad \begin{cases} a (\lambda, \mathrm{T}) \leqslant 1, \\ e (\lambda, \mathrm{T}) \leqslant \mathrm{E} (\lambda, \mathrm{T}). \end{cases}$$

Le pouvoir émissif du corps absolument noir est le plus grand pouvoir émissif possible. — Pour une valeur donnée de T, la courbe $e = f(\lambda)$ doit se trouver tout entière à l'intérieur de la courbe E $=$ E (λ), voir la figure 28. La formule (32), montre en outre que l'on a

$$(35) \qquad a > 0, \text{ si } e > 0.$$

L'inégalité $e > 0$ exprime au fond que l'on a $e > e_0$; comme on a $a \leqslant 1$, il est clair que l'on a aussi, dans ce cas, E $> e_0$.

La formule (35) conduit à une proposition fondamentale, que nous ne formulerons pas complètement, pour le moment.

PROPOSITION I. (formulée partiellement). — *Tout corps absorbe les rayons, qu'il émet à une température donnée.*

On ne peut pas énoncer la proposition inverse, pour deux raisons ; d'abord, il peut arriver que l'on ait $E > 0$ et $a > 0$, et cependant $e = 0$. En effet $E > 0$ signifie que l'on a $E > e_0$. Posons, par exemple, $E = 2e_0$ et $a = \frac{1}{3}$, ou $E = 200\ e_0$ et $a = 0{,}001$; on a alors $e < e_0$, c'est-à-dire pratiquement $e = 0$.

PROPOSITION II. — *Il peut arriver que l'on ait* $E > 0$, *c'est-à-dire que* E *soit une grandeur sensible, et que* $e = 0$, *c'est-à-dire que* e *soit insensible, bien que l'on ait* $a > 0$.

En second lieu, le fait que a est > 0 et même voisin de l'unité n'entraîne pas l'inégalité $e > 0$, car on peut avoir $E = 0$.

La proposition I n'a donc pas de réciproque ; un corps peut absorber des rayons qu'il n'émet pas lui-même, pourvu seulement que le corps absolument noir n'émette pas ces rayons à la température donnée. Ainsi, par exemple, du verre rouge, à la température ordinaire, absorbe des rayons verts (a est presque égal à l'unité), mais, de même que le corps absolument noir à la température ordinaire, il n'en émet pas.

La figure 28 représente d'abord une courbe E qui possède des ordonnées sensibles entre M et N, pour une valeur donnée de T, puis une courbe e située tout entière au-dessous de E ; on a tracé aussi en pointillé une courbe a, située au-dessous de la droite PQ qui se trouve à une distance égale à l'unité de l'axe des abscisses (MN). Dans la région MN, à tout accroissement

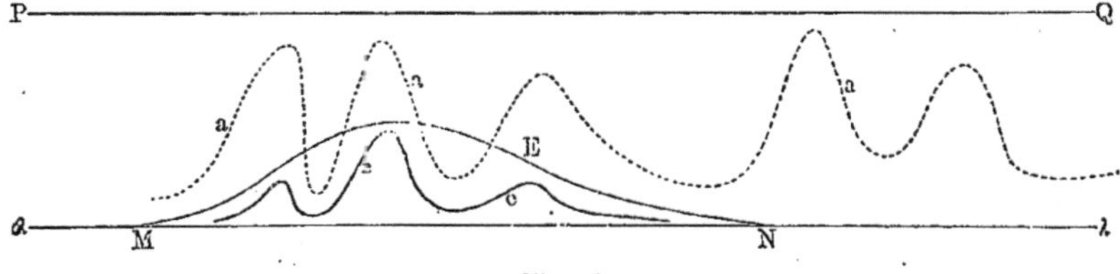

Fig. 28

de la grandeur e, correspond un accroissement de la grandeur a, et *réciproquement*. Mais, en dehors de cette région, la grandeur a peut prendre des valeurs quelconques ; elle peut se rapprocher autant qu'on le veut de l'unité, tandis qu'en pratique, e reste égal à zéro. Nous pouvons, d'après cela, formuler d'une manière plus précise la proposition I :

PROPOSITION I (sous une forme plus précise, mais non définitive). — *Tout corps absorbe les rayons qu'il émet à une température donnée. Il peut encore absorber d'autres rayons, mais seulement parmi ceux que le corps absolument noir n'émet pas à la température donnée.*

Nous voyons, par ce qui précède, avec quelle réserve il faut formuler la réciproque de la proposition I :

PROPOSITION III. — *Un corps quelconque absorbe, parmi les rayons que le corps absolument noir émet à une température donnée, les rayons qu'il émet lui-même, et il émet les rayons qu'il absorbe* (pourvu que $a.E$ ne soit pas $< e_0$).

Si $E > 0$, on a

pour $e > 0$ . . . . $a > 0$ | pour $a = 0$ . . . . $e = 0$
pour $a > 0$ . . . . $e > 0$ | pour $e = 0$ . . . . $a = 0$

Si $E = 0$, on a $e = 0$, mais a peut être > 0.

Le phosphate de soude offre un bon exemple confirmant que $e = 0$, si $a = 0$; un morceau chauffé à la température du rouge blanc se transforme en une goutte absolument transparente ($a = 0$), et en même temps non lumineuse ($e = 0$).

Nous rappellerons encore une fois que tout ce qui vient d'être dit se rapporte exclusivement à *l'émission calorifique*.

Nous allons revenir encore une fois à la proposition I et lui donner un énoncé définitif. Supposons qu'un corps émette, à une température donnée T, des rayons de longueur d'onde λ, polarisés d'un certaine manière (pages 56 et 57). Le caractère de cette polarisation peut dépendre de la direction de la radiation, ou de circonstances extérieures particulières (par exemple, de l'action de forces magnétiques). Nous laissons ici de côté la question de savoir s'il existe en général des cas, où des circonstances extérieures agissent sur le caractère de la polarisation d'un rayonnement *calorifique* (il est bien possible que les cas observés jusqu'ici ne se rapportent qu'au rayonnement avec luminescence). Introduisons donc encore une indication sur le caractère des vibrations, et nous pourrons donner à la proposition I sa *forme définitive*.

PROPOSITION I. — *Tout corps qui émet, à une température donnée et dans des conditions données, dans une direction déterminée (sous un angle donné avec la normale), des rayons de longueur d'onde λ et d'un genre de vibration défini (caractère de la polarisation), absorbe, à la même température et dans les mêmes conditions, les rayons de même longueur d'onde et de même genre de vibration, qui lui parviennent dans la même direction.* Nous rencontrerons, dans le tome IV, quelques phénomènes qui confirment cet énoncé.

Par suite de l'extension donnée à la notion d'énergie rayonnante, en introduisant le caractère particulier des vibrations (polarisation), nous pouvons compléter l'énoncé de la loi de Kirchhoff elle-même.

En premier lieu, la formule fondamentale (27), qui se rapportait à *deux corps différents*, reste exacte, si on ne l'applique pas seulement à des λ et T donnés, mais aussi à un genre donné de vibration.

PROPOSITION IV. — *Le rapport $e : a$, qui est le même pour tous les corps, pour des valeurs données de T et de λ, ne dépend pas du genre de vibration, c'est-à-dire du caractère de la polarisation des rayons émis et absorbés.*

Supposons, en second lieu, qu'un même corps émette, à la température T et dans la même direction, deux sortes de rayons de même longueur d'onde, mais dont le genre de vibration est différent. Les deux espèces de rayons peuvent, par exemple, être polarisés rectilignement, mais leurs vibrations s'effectuent dans des plans perpendiculaires; $a(\lambda)$ et $e(\lambda)$ se rapportent à l'une des sortes de rayons, $a'(\lambda)$ et $e'(\lambda)$ à l'autre. Pour le corps absolument noir, les grandeurs correspondantes $E(\lambda)$ et $E'(\lambda)$ sont égales entre elles, car un tel corps émet des rayons naturels (non polarisés), ce qui signifie, comme nous le verrons, qu'il émet également des rayons de tous les genres possibles de polarisation. Nous avons

$$\frac{e(\lambda)}{a(\lambda)} = \mathrm{E}(\lambda), \qquad \frac{e'(\lambda)}{a'(\lambda)} = \mathrm{E}'(\lambda);$$

mais $\mathrm{E}(\lambda) = \mathrm{E}'(\lambda)$; par suite

$$(36) \qquad \frac{e(\lambda)}{e'(\lambda)} = \frac{a(\lambda)}{a'(\lambda)},$$

où toutes les grandeurs se rapportent au même corps, à la même direction et aux mêmes valeurs de T et de λ. Nous verrons qu'une plaque de tourmaline, dont les faces sont parallèles à l'axe cristallographique, absorbe inégalement des rayons, dont les vibrations s'effectuent parallèlement (a), ou perpendiculairement (a') à cet axe; on trouve $a' > a$. La formule (36) nous montre que l'on doit avoir $e' > e$, c'est-à-dire qu'une plaque de tourmaline doit émettre plus de rayons, dont les vibrations sont perpendiculaires à l'axe, que de rayons, dont les vibrations sont parallèles à cet axe. Déjà KIRCHHOFF, et après lui STEWART, se sont assurés par l'expérience que $e' > e$. A. PFLÜGER (1902) a trouvé, pour une plaque de tourmaline chauffée dans la flamme d'un bec BUNSEN, une concordance parfaite entre les observations et la formule (36). Il a obtenu par exemple pour la longueur d'onde $\lambda = 0,610\,\mu$ les résultats suivants

$$\frac{e(\lambda)}{e'(\lambda)} = 0,438, \qquad \frac{a(\lambda)}{a'(\lambda)} = 0,439.$$

Dans un seul cas, la différence s'élève à $1,8\,°/_0$.

PROPOSITION V. — *Si un même corps émet, à une température donnée, deux sortes de rayons de même longueur d'onde, mais où le genre de vibration est différent, le rapport des émissions ($e : e'$) est, pour ces rayons, égal au rapport des absorptions ($a : a'$).*

En combinant la formule (36) avec (20) ou (21), on obtient, pour un *corps opaque* et pour une vibration donnée, la relation

$$(37) \qquad \frac{e}{1-r} = \frac{e'}{1-r'}.$$

On a, pour un *corps transparent*,

$$(38) \qquad \frac{e}{1-r-b} = \frac{e'}{1-r'-b'}.$$

Nous avons vu (page 60) qu'un corps peut absorber des rayons qu'il ne peut émettre lui-même, par exemple quand sa température est trop basse (verre rouge à la température ordinaire et rayons verts). La question présente un certain intérêt de savoir si un tel corps ne commence pas à émettre abondamment, lorsqu'on l'échauffe, les rayons qu'il absorbe à une température plus basse. Il est évident qu'il en sera ainsi, si le corps conserve, pendant qu'on l'échauffe, la faculté d'absorber ces rayons. On peut citer à ce sujet les expériences de MAGNUS, d'après lesquelles le sel gemme, très transparent pour les rayons infra-rouges, ne transmet que la moitié du flux d'énergie

émis par le même sel chauffé ; il trouva le même résultat pour la sylvine
(KCl). Rubens et Nichols, ainsi que Abramczyk ont confirmé les résultats
précédents. On ne peut cependant pas considérer ces expériences comme une
confirmation directe de la loi de Kirchhoff, attendu que le corps qui
émettait l'énergie rayonnante et le corps qui l'absorbait n'étaient pas à la
même température.

On peut considérer la faculté que possède un corps d'absorber en plus
grand nombre les rayons qu'il émet lui-même, comme un phénomène analogue à la *résonnance acoustique*, que nous avons étudiée dans le Tome I.
A. Ångström (1853) avait déjà indiqué cette analogie; elle existe bien, mais
il est difficile de la poursuivre dans les détails, comme l'a montré
Cotton (1899).

13. Loi de Kirchhoff pour les flux d'énergie composés. — La formule (26), qui exprime la loi de Kirchhoff ne s'applique, comme nous
l'avons vu, qu'à des flux *homogènes*, c'est-à-dire à des rayons d'une longueur
d'onde déterminée λ. Mais il est très important de savoir sous quelles réserves la même formule s'applique à un flux composé, renfermant des rayons
dont la longueur d'onde varie de $\lambda = \lambda_1$ jusqu'à $\lambda = \lambda_2$. Nous appellerons
ici *rayonnement total (intégral)* la grandeur

$$(39) \qquad \eta = \int e(\lambda)d\lambda.$$

Soit en outre $\sigma(\lambda)d\lambda$ l'intensité des rayons, dont se compose le flux qui atteint
la surface d'un corps, et dont les longueurs d'onde sont comprises entre les
limites λ et $\lambda + d\lambda$. La fonction $\sigma(\lambda)$ dépend de la *source rayonnante*. Nous
appellerons *absorption totale (intégrale)* la grandeur

$$(40) \qquad \alpha(\lambda) = \frac{\int a(\lambda)\sigma(\lambda)d\lambda}{\int \sigma(\lambda)d\lambda}.$$

Les limites de toutes les intégrales sont λ_1 et λ_2; on peut cependant prendre
aussi o et ∞ comme limites, car on doit faire, en dehors du domaine de
rayons considéré, $e(\lambda) = $ o et $\sigma(\lambda) = $ o. Pour un deuxième corps, on peut désigner les grandeurs correspondantes par e_1, a_1, σ_1, η_1 et α_1.

Nous devons maintenant résoudre la question de savoir *sous quelles réserves
la relation*

$$(41) \qquad \frac{\eta}{\alpha} = \frac{\eta_1}{\alpha_1}$$

subsiste, c'est-à-dire sous quelles *conditions la loi de* Kirchhoff *s'applique aux
flux d'énergie composés*.

Dans ce but, nous allons considérer l'expression suivante :

$$(42) \qquad \Omega = \frac{\eta}{\alpha} : \frac{\eta_1}{\alpha_1}.$$

La loi de Kirchhoff *s'applique évidemment au cas où* $\Omega = 1$. Si l'on substitue (39) et (40) dans (42), on obtient

$$(43) \qquad \Omega = \frac{\eta}{\alpha} : \frac{\eta_1}{\alpha_1} = \frac{\int e\,d\lambda}{\int e_1 d\lambda} \cdot \frac{\int a_1 \sigma_1 d\lambda}{\int a\sigma d\lambda} \cdot \frac{\int \sigma d\lambda}{\int \sigma_1 d\lambda}.$$

Si les flux qui parviennent aux deux corps sont égaux entre eux, s'ils sont issus par exemple d'une même source rayonnante, on a $\sigma = \sigma_1$, et nous obtenons

$$(44) \qquad \Omega = \frac{\eta}{\alpha} : \frac{\eta_1}{\alpha_1} = \frac{\int e\,d\lambda}{\int e_1 d\lambda} \cdot \frac{\int a_1 \sigma d\lambda}{\int a\sigma d\lambda};$$

Ω n'est évidemment pas égal à 1, si σ et σ_1 sont choisis arbitrairement, ou si $\sigma = \sigma_1$, leur valeur étant encore arbitraire.

La loi de Kirchhoff *ne s'applique pas, en général, aux flux composés ; elle n'est pas non plus, en général, applicable au cas où les absorptions intégrales, pour des corps différents, se rapportent à la même source rayonnante.*

Mais supposons que le corps absolument noir serve de source au flux composé, dont nous mesurons l'absorption intégrale, et que ce corps, aussi bien que ceux sur lesquels il projette ses rayons soient à la même température. On a, dans ce cas, $\sigma = E$, et (44) nous donne

$$\Omega = \frac{\eta}{\alpha} : \frac{\eta_1}{\alpha_1} = \frac{\int e\,d\lambda}{\int e_1 d\lambda} \cdot \frac{\int a_1 E\,d\lambda}{\int a E\,d\lambda}.$$

On a, d'après la loi de Kirchhoff, $aE = e$, $a_1 E = e_1$, et, par suite, $\Omega = 1$. de sorte que l'on obtient, puisque $\alpha_1 = 1$, pour le corps absolument noir, l'expression

$$(45) \qquad \frac{\eta}{\alpha} = \frac{\eta_1}{\alpha_1} = \int E\,d\lambda.$$

La loi de Kirchhoff *s'applique à des flux composés quelconques (où les longueurs d'onde sont comprises entre les limites arbitraires λ_1 et λ_2), si l'on rapporte l'absorption intégrale à un flux, dont la source est le corps absolument noir, pris à la même température que les corps qu'il s'agit de comparer entre eux.*

Revenons maintenant à la formule (43), et supposons que chacun des deux corps qui se trouvent à la même température serve de source rayonnante à l'autre, que par suite les absorptions intégrales α et α_1 soient mesurées par des flux *différents*. On a, dans ce cas $\sigma = e_1$ et $\sigma_1 = e$; on déduit de la formule (43),

$$\Omega = \frac{\eta}{\alpha} : \frac{\eta_1}{\alpha_1} = \frac{\int e\,d\lambda}{\int e_1 d\lambda} \cdot \frac{\int a_1 e\,d\lambda}{\int a e_1 d\lambda} \cdot \frac{\int e_1 d\lambda}{\int e\,d\lambda};$$

mais d'après la loi de Kirchhoff, on a, voir (26), $a_1 e = a e_1$, et par suite $\Omega = 1$. Nous obtenons de nouveau la formule (45).

La loi de KIRCHHOFF *reste vraie pour des flux composés, quand les deux corps donnés sont à la même température et quand chacun d'eux sert de source au flux qui mesure l'absorption intégrale de l'autre.*

14. Rayonnement mutuel de deux corps. Théorie de l'expérience de Ritchie. — Soient deux corps P et P_1, dont les surfaces possèdent chacune une partie plane S et S_1 ; ces deux parties planes S et S_1 se trouvent à une petite distance l'une de l'autre, sont parallèles entre elles, et le rayonnement mutuel des corps se fait sur elles. Les deux corps sont à *la même température t.* Le flux total émis par S atteint l'autre partie plane S_1, et inversement ; nous négligeons donc le flux perdu sur les parties de surface extérieures aux plans S et S_1. Désignons par e, a et $r = 1 - a$ l'émission, l'absorption et la réflexion pour le corps P, par e_1, a_1 et $r_1 = 1 - a_1$ les mêmes quantités pour le corps P_1. Il se produit évidemment, entre les plans S et S_1, un nombre infini de réflexions. Soient r_1 et η_1 les *rayonnements définitifs* des plans S et S_1 ; ils se composent des émissions e et e_1 et de la totalité des rayons réfléchis par les plans. Soient enfin q et q_1 les *absorptions définitives* des plans S et S_1, c'est-à-dire l'accroissement d'énergie qu'éprouvent les corps, par suite du rayonnement des plans S et S_1. Comme les températures des corps sont égales, nous pouvons affirmer d'avance, ainsi que nous l'apprend l'observation journalière, que leur rayonnement mutuel ne produit aucun changement dans leur provision d'énergie. On doit donc avoir

$$(46) \qquad q = q_1 = 0.$$

Nous allons maintenant calculer η, η_1, q et q_1, en commençant par le cas simple où *le corps P_1 est absolument noir.* On a alors $e_1 = E$, $a_1 = A = 1$, $r_1 = 0$. Il ne se produit aucune réflexion sur le corps P_1 et il ne s'en produit qu'*une seule* sur le corps P.

1. *Le corps P est absolument noir.* On a évidemment, pour lui,

$$\eta = e_1 = E.$$

En outre,

$$q_1 = Ae + rE - E = e + rE - E,$$

car le corps P_1 absorbe complètement le flux e et le flux rE réfléchi vers lui. Comme $r = 1 - a$, on a

$$q_1 = e + (1 - a)E - E = e - aE = 0,$$

ainsi qu'il fallait s'y attendre, voir (46).

2. *Le corps P n'est pas noir.* — On a évidemment

$$q = aE - e,$$

c'est-à-dire encore $q = 0$. On a en outre

$$(46, a) \qquad \eta = e + rE = e + (1 - a)E = e - Ea + E = E.$$

Le rayonnement définitif du corps non noir se montre donc identique, dans les circonstances données, à l'émission du corps absolument noir.

Passons maintenant au cas général où aucun des corps P et P_1 n'est absolument noir. Il suffit de considérer l'un des deux corps. La grandeur q se compose, en premier lieu, des rayons émis par le corps P_1, et qui sont absorbés directement ou après $2, 4, 6, \ldots$ réflexions ; ceci donne la série

$$e_1 a + e_1 r r_1 a + e_1 r^2 r_1^2 a + e_1 r^3 r_1^3 a + \ldots = \frac{a e_1}{1 - r r_1}.$$

En second lieu, q comprend les rayons émis par P et absorbés par lui après $1, 3, 5, \ldots$ réflexions, ce qui donne la série

$$e r_1 a + e r_1^2 r a + e_1 r_1 r^2 a + \ldots = \frac{a e r_1}{1 - r r_1}.$$

Il faut ajouter la grandeur $- e$, comme énergie perdue, de sorte qu'il vient

$$q = \frac{a e_1 + a e r_1}{1 - r r_1} - e.$$

En faisant $r = 1 - a$, $r_1 = 1 - a_1$, on obtient

$$(46, b) \qquad q = \frac{a e_1 - a_1 e}{a - a a_1 + a_1} = 0,$$

car on a $a e_1 = a_1 e$. La formule (46) est donc encore vérifiée dans ce cas général. On a naturellement aussi $q_1 = 0$.

Le rayonnement définitif η se compose d'abord de l'émission directe e, ensuite des rayons émis par P et en provenant, après $2, 4, 6, \ldots$ réflexions ; ces deux parties du rayonnement donnent ensemble

$$e + e r r_1 + e r^2 r_1^2 + e r^3 r_1^3 + \ldots = \frac{e}{1 - r r_1}.$$

En troisième lieu, s'ajoutent les rayons émis par P_1 et renvoyés par P, après $1, 3, 5, \ldots$ réflexions, ce qui donne

$$e_1 r + e_1 r^2 r_1 + e_1 r^3 r_1^2 + \ldots = \frac{e_1 r}{1 - r r_1}.$$

On a donc

$$(46, c) \qquad \left\{ \begin{aligned} \eta &= \frac{e + e_1 r}{1 - r r_1} = \frac{e + e_1 (1 - a)}{1 - (1 - a)(1 - a_1)} \\ &= \frac{E a + E a_1 (1 - a)}{a - a a_1 + a_1} = E \frac{a - a a_1 + a_1}{a - a a_1 + a_1} = E. \end{aligned} \right.$$

On obtient également $\eta_1 = E$. C'est là un résultat remarquable et très important :

Quand les portions de surface S *et* S_1, *tournées l'une vers l'autre, de deux corps quelconques à la même température, rayonnent seulement l'une sur l'autre, le rayonnement définitif des surfaces* S *et* S_1 *est identique à l'émission d'un corps absolument noir.*

Supposons maintenant que les températures des corps P et P_1 soient t et T. L'expression (46, b)

$$q = \frac{a e_1 - a_1 e}{a - a a_1 + a_1}$$

s'applique évidemment encore ici *à chaque espèce de flux*. Mais actuellement a et e se rapportent à la température t, a_1 et e_1, à la température T. On a

$$e = a E(t), \qquad e_1 = a_1 E(T).$$

Il vient donc

$$(47) \qquad q = \frac{aa_1}{a - aa_1 + a_1}\,(E(T) - E(t)).$$

En permutant les grandeurs a et a_1, t et T, nous obtenons, pour le corps P_1, la grandeur $q_1 = -q$. Quand les deux surfaces sont absolument noires, on a l'expression

$$(47,\,a) \qquad q = -q_1 = E(T) - E(t)$$

qui se comprend d'elle-même.

Quand les deux surfaces sont de même nature, on peut très souvent poser $a_1 = a$, car l'absorption varie peu avec la température. Nous obtenons, sous cette réserve, *pour le rayonnement mutuel de deux surfaces de même nature* (toujours dans les conditions géométriques définies au début), *la formule approximative*

$$(47,\,b) \qquad q = -q_1 = \frac{a}{2 - a}\,(E(T) - E(t)).$$

Pour $a = \dfrac{1}{n}$, on a $\dfrac{a}{2 - a} = \dfrac{1}{2n - 1}$.

On croit généralement pouvoir démontrer l'exactitude de la loi de KIRCHHOFF, à l'aide de l'*appareil de* RITCHIE, que représente la figure 29. C'est une sorte de thermomètre différentiel ABCA′, où les deux boules de verre sont remplacées par deux réservoirs cylindriques en métal A et A′ ; entre ces réservoirs, s'en trouve un troisième EE′ également en métal, reposant sur un support mobile D′, de sorte que l'on peut placer ce troisième réservoir EE′ à égale distance entre A et A′. Ces derniers renferment de l'air et sont réunis entre eux par un tube en verre deux fois recourbé à angle droit, dans lequel se trouve un liquide coloré.

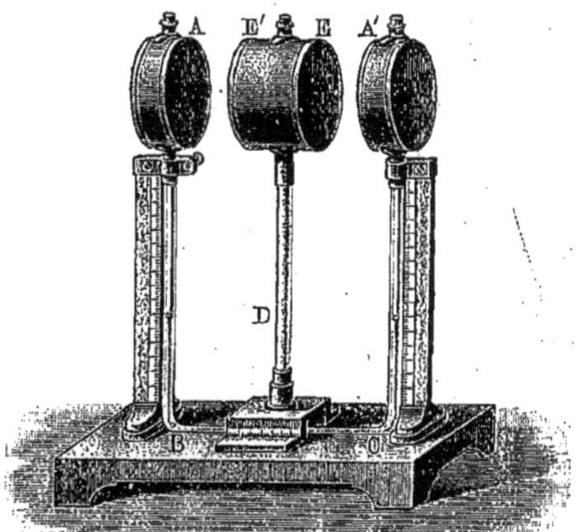

Fig. 29

Celui-ci s'élève à peu près à mi-hauteur des branches verticales, quand l'équilibre des températures est atteint. Les bases A et E sont recouvertes d'une certaine substance (par exemple, de noir de fumée), et les bases A′ et E′ d'une autre substance quelconque. Quand le réservoir EE′ se trouve à égale distance de A et de A′, et qu'on le remplit d'eau chaude (par une tubulure), l'équilibre des températures n'est pas troublé : le liquide reste au repos dans les deux branches. On pensait pouvoir déduire de cette circonstance, la loi de KIRCHHOFF.

Considérons, pour mieux saisir les rapports en jeu, la figure 30. N représente le réservoir du milieu rempli d'eau chaude à T^0, P et Q les réservoirs du thermomètre dont la température est égale à t. Les faces I, I sont recouvertes d'une certaine substance (a, e), les faces II, II d'une autre substance (a_1, e_1). On raisonne alors généralement de la manière suivante : au corps Q parvient un flux dont l'énergie est e ; ce corps absorbe l'énergie $q_1 = ea_1$; de même le corps P absorbe l'énergie $q_2 = e_1 a$. Comme le liquide du thermomètre reste au repos, il est clair que les deux corps P et Q absorbent des quantités d'énergie égales ; on en déduit $ea_1 = e_1 a$, ou

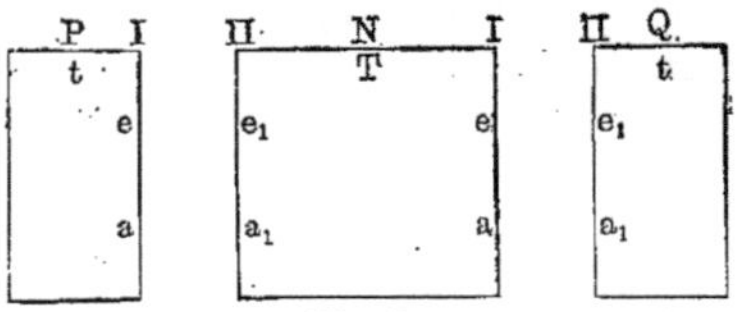

$$\frac{e}{a} = \frac{e_1}{a_1},$$

ce qui précisément montrerait l'exactitude de la loi de Kirchhoff.

Mais ce raisonnement est insuffisant parce que :

1. On n'a pas tenu compte de ce que N se trouve à une autre température que P et Q ; or, la loi de Kirchhoff ne s'applique qu'à des corps qui sont à la même température :

2. On n'a pas eu égard non plus à ce que les corps P et Q ne font pas que recevoir de l'énergie, mais en envoient aussi à N, et de plus en quantités inégales, car leurs pouvoirs émissifs e et e_1 sont inégaux ;

3. Il n'a été tenu aucun compte de ce qu'il peut se produire un nombre infini de réflexions, entre les surfaces, tournées l'une vers l'autre, des trois corps :

4. Les trois corps émettent des flux composés, et, en général, comme nous l'avons vu, la loi de Kirchhoff ne s'applique pas à de tels flux : au lieu de simples facteurs, on devrait prendre les intégrales correspondantes.

Il ne faut pas attribuer une grande importance à cette dernière objection, car, ainsi que nous l'avons expliqué (page 64), la loi de Kirchhoff reste valable dans le cas où l'absorption dans chacun des deux corps est mesurée par le flux intégral de l'autre, sous la condition, naturellement, de l'égalité de température des deux corps. Afin de montrer maintenant combien la conclusion est contestable pour le reste, nous allons supposer que l'on a $T = t$, et que toutes les parties de l'appareil se trouvent à la même température. Ceci n'affecte en rien le résultat précédent, et nous pouvons, par suite, dire maintenant que P absorbe l'énergie $q_1 = ea_1$ et Q l'énergie $q_2 = e_1 a$. Mais en réalité, pour $T = t$, on a, comme nous l'avons vu, $q_1 = q_2 = 0$, et le flux définitif des deux corps est le même, et, de plus, identique au flux d'un corps absolument noir. Tirons de ($4\frac{7}{7}$) les vraies valeurs de q_1 et q_2, savoir :

$$q_1 = \frac{a(t)a_1(T)}{a(t) - a(t)a_1(T) + a_1(T)} \left(E(T) - E(t) \right),$$

$$q_2 = \frac{a(T)a_1(t)}{a(T) - a(T)a_1(t) + a_1(t)} \left(E(T) - E(t) \right).$$

Si l'on peut admettre que deux des quatre surfaces sont absolument noires $(a_1 = 1)$, on obtient

$$(47,\ c) \qquad \begin{cases} q_1 = a(t)(E(T) - E(t)), \\ q_2 = a(T)(E(T) - E(t)). \end{cases}$$

Les quantités d'énergie reçues par les deux réservoirs sont donc, en réalité, iné-gales. Que l'expérience réussisse néanmoins, cela peut tenir entre autres à ce que l'on peut faire, comme nous l'avons déjà supposé plus haut, $a(t) = a(T)$. Si l'on retourne le réservoir du milieu, il se produit un plus grand échauffement du réservoir noir, ce qui s'explique parfaitement à l'aide des formules $(47, a)$ et $(47, b)$.

Si l'on tient à employer l'appareil de RITCHIE, pour vérifier la loi de KIRCHHOFF, il faut raisonner de la manière suivante. Supposons que deux surfaces soient noires. Le réservoir noir reçoit la quantité d'énergie

$$q_1 = e(T) + E(t)r(T) - E(t) = e(T) + E(t)(1 - a(T)) - E(t) = e(T) - a(T)E(t).$$

Le réservoir non noir reçoit

$$q_2 = a(t)E(T) - e(t).$$

Les grandeurs q_1 et q_2 sont inégales, car elles sont identiques à $(47, c)$; mais l'expérience donne $q_1 = q_2$; nous devons par conséquent admettre que l'on a $a(t) = a(T)$, de sorte que l'on peut écrire

$$q_1 = e(T) - a(t)E(t),$$
$$q_2 = a(T)E(T) - e(t).$$

Nous avons donc

$$e(T) - a(t)E(t) = a(T)E(T) - e(t),$$

ou

$$e(T) - a(T)E(T) = a(t)E(t) - e(t).$$

Comme cette égalité doit avoir lieu quels que soient T et t, et par suite pour $T = t$, les deux membres sont nuls, et l'on a

$$\frac{e(t)}{a(t)} = E(t).$$

Le corps non noir, aussi bien que le corps noir, peuvent être choisis arbitrairement ; il en résulte que l'on a $e : a = e_1 : a_1$, et que, pour tous les corps absolument noirs, $E(t)$ a la même valeur.

15. Détermination expérimentale de l'émission du corps absolument noir. — Nous avons vu que l'émission $e(\lambda,\ T)$ d'un corps quelconque était liée au rayonnement $E(\lambda,\ T)$ du corps absolument noir, par la formule (31),

$$(48) \qquad e(\lambda,\ T) = a(\lambda,\ T)E(\lambda,\ T).$$

La grande importance de la fonction $E(\lambda,\ T)$ a conduit à chercher des méthodes pour la déterminer. Il peut en exister deux : la première, comportant *l'étude expérimentale* du rayonnement d'un corps qui possède les propriétés du corps absolument noir, et la seconde, la *détermination théorique* de la forme de la fonction E.

Occupons-nous de la *première* de ces méthodes : on pourrait la remplacer par la recherche expérimentale, c'est-à-dire par la mesure, pour un *corps quelconque*, des grandeurs e et a, pour toutes les valeurs possibles de λ et de T. Il n'y a jusqu'ici que Bouman (pour le verre) et Rosenthal (pour le quartz et le mica) qui aient opéré ainsi. Ils ont comparé les grandeurs $e : a$, pour les substances indiquées, au pouvoir émissif d'un corps (oxyde de cuivre, etc.), qu'ils considéraient comme se rapprochant du corps absolument noir.

Mais on a reconnu que l'on pouvait trouver expérimentalement la fonction $E(\lambda, T)$, sans recourir à l'emploi de corps noirs au sens ordinaire du mot, c'est-à-dire de corps noirs pour les rayons visibles, et en réalité non absolument noirs. Kirchhoff avait déjà en 1860 signalé la possibilité de résoudre la question ainsi posée ; cependant ses idées ne furent mises en pratique que beaucoup plus tard, en 1895.

Imaginons un espace fermé, dont l'enveloppe est opaque ($b = 0$) pour l'énergie rayonnante ; à l'intérieur de cet espace peuvent se trouver des corps quelconques. L'enveloppe et les corps qu'elle renferme ont la même température. Les rayons émis par l'enveloppe et par ces corps éprouvent, en général, un grand nombre de réflexions successives et d'absorptions intérieures, avant que leur énergie ait atteint une valeur que l'on puisse pratiquement égaler à zéro. Nous devons distinguer l'*émission calorifique vraie* $e(\lambda)$ de l'élément de surface σ de l'enveloppe ou des corps intérieurs, du flux d'énergie $\eta(\lambda)$, qui est *émis finalement* par l'élément σ et qui se compose de deux parties :

$$(49) \qquad \eta(\lambda) = e(\lambda) + g(\lambda),$$

où $g(\lambda)$ est l'énergie des flux réfléchis par σ ou traversant tout le corps et parvenant à l'extérieur, en sortant par σ. La grandeur $e(\lambda)$ dépend de la nature du corps et peut ne pas être la même dans les différents éléments de surface de l'enveloppe et des corps intérieurs. Kirchhoff a indiqué le premier, comme nous l'avons dit, que quelle que soit la nature de l'enveloppe et des corps intérieurs, l'égalité

$$(50) \qquad \eta(\lambda) = e(\lambda) + g(\lambda) = E(\lambda),$$

reste vraie pour tous les éléments de surface, c'est-à-dire que l'émission réelle est égale à celle du corps absolument noir, pour lequel on a évidemment $g(\lambda) = 0$.

Dans un espace fermé, dont toutes les parties se trouvent à la même température, tous les corps intérieurs et l'enveloppe produisent un rayonnement définitif identique au rayonnement du corps absolument noir.

S'il se trouve une petite ouverture dans l'enveloppe, le flux d'énergie rayonnante, qui gagne par là l'extérieur, est identique, par sa composition, à celui qui est émis à la même température par le corps absolument noir.

Pour le cas simple considéré au § **14**, nous avons démontré directement l'égalité (50) ; voir (46, *a*) et (46, *c*).

Kirchhoff s'est contenté, pour établir les propositions précédentes, de remarquer que tout rayon, qui pénètre de l'extérieur dans l'espace considéré, est finalement absorbé complètement, et que, par suite, la surface intérieure de cet espace agit comme si, pour elle, on avait $A = 1$. Pringsheim (1900) a donné une démonstration plus complète.

Christiansen (1884) et Boltzmann (1884) construisirent les premiers un tel corps *absolument noir*, mais pour ainsi dire incidemment et par hasard. Après eux, St-John (1895) et Reid (1895) n'ont certainement pas été loin de mettre en pratique la propriété indiquée plus haut d'un espace fermé. Mais en réalité, ce sont Lummer et Wien qui, en 1895, se servirent d'un espace fermé, pour la première fois, comme *corps absolument noir*, en vue d'étudier directement le flux d'énergie rayonnante qui sort par une petite ouverture. Lummer et Kurlbaum donnèrent ensuite, en 1898, une description succincte, puis, en 1901, plus détaillée, du *corps absolument noir porté au rouge électriquement*. En 1897, Lummer et Pringsheim avaient également décrit l'une des formes de ce corps. Ils se servirent d'abord de réservoirs de forme sphérique ou cubique, entourés d'eau bouillante, de salpêtre fondu, etc., suivant la température T pour laquelle ils voulaient étudier la fonction $E(\lambda)$. Mais ils trouvèrent que ce qu'il y avait de plus commode était un cylindre à double paroi, en matière réfractaire. Ils plaçaient, dans l'intervalle séparant les deux parois, un cylindre de platine, qu'un courant électrique échauffait à la température voulue, et mesuraient cette dernière, à l'aide d'un couple thermoélectrique placé dans le cylindre intérieur. L'une des bases de ce dernier cylindre présentait une petite ouverture ; une série de diaphragmes transversaux étaient disposés à l'intérieur, de telle façon qu'à l'ouverture parvenaient seulement les rayons émis par la partie centrale du cylindre, la plus uniformément chauffée. Nous n'ajouterons pas plus de détails à cette description.

16. Loi du rayonnement du corps absolument noir. Lois de Stefan et de Wien. — Nous arrivons maintenant à l'une des questions les plus intéressantes de la physique moderne, celle du rayonnement du corps absolument noir, c'est-à-dire de la forme et des propriétés de la fonction $E(\lambda, T)$. Nous considérerons dans ce paragraphe quelques *propriétés* de cette dernière, que l'on peut regarder comme solidement établies et vérifiées par les expériences ; elles sont exprimées par les lois de Stefan et de Wien.

La loi de Stefan a déjà été mentionnée à la page 42. Stefan croyait qu'elle s'appliquait à tous les corps, mais Bartoli a démontré théoriquement qu'elle ne se rapporte qu'au corps absolument noir et au rayonnement intégral, c'est-à-dire à la grandeur

$$(51) \qquad E_T = \int_0^\infty E(\lambda, T)\, d\lambda.$$

Dans la forme que lui a donnée Bartoli, cette loi s'énonce de la manière suivante :

I. Loi de Stefan. — *Le rayonnement intégral du corps absolument noir est proportionnel à la quatrième puissance de la température absolue de ce corps.*

Si l'on a deux corps absolument noirs dont les températures sont T_1 et T_2, la quantité Q d'énergie rayonnante, perdue dans l'unité de temps par le premier, est

$$(52) \qquad Q = C(T_1^4 - T_2^4),$$

où C est un facteur constant. On en déduit

$$(53) \qquad \frac{Q}{T_1^4 - T_2^4} = C = \text{const.}$$

Planck a aussi établi théoriquement un peu plus tard (1900) la loi de Stefan.

Des vérifications expérimentales très nombreuses de cette loi ont été faites, mais en se servant dans ce but de différents corps et le plus souvent de platine, de sorte que la vérification de la loi ne portait pas sur un corps absolument noir. Il ne faut donc pas s'étonner si Grätz, Rivière, W. Siemens, Abney et Festing, Bottomley, Edler et Schleiermacher trouvèrent que la loi de Stefan n'est pas vraie du tout ou qu'elle ne l'est que dans des conditions particulières (Grätz, pour les basses températures, Schleiermacher, pour l'oxyde de cuivre). Les expériences de Schneebeli formaient une exception, car il trouva que la loi se vérifiait dans de larges limites. Aujourd'hui ce résultat est très facile à comprendre : si l'on considère la méthode dont s'est servi Schneebeli, on trouve que, sans s'en douter, il a mesuré précisément le rayonnement du corps absolument noir que nous avons appris à connaître au § **15**.

Lummer et Pringsheim (1897, avec introduction d'une correction en 1900) ont trouvé, les premiers, que, pour le corps absolument noir, la loi de Stefan est tout à fait exacte dans de larges limites, entre $T = 290°$ (17° C.) et $T = 1535°$. Lummer et Kurlbaum ont obtenu le même résultat (1898). La loi de Stefan a été également vérifiée aux basses températures, jusqu'à — 180° C. (température de l'air liquide), comme le mentionne Lummer, sans donner plus d'explications sur les expériences correspondantes. Enfin, Kurlbaum seul (1898) a trouvé la loi tout à fait exacte entre 0° et 100° C. *On ne peut donc avoir le moindre doute sur l'exactitude de la loi de Stefan.* Mais elle ne s'applique qu'au rayonnement intégral du corps absolument noir, et non aux autres corps. Nous montrerons dans le Tome III comment on peut établir théoriquement la loi de Stefan.

Sous ce rapport, le *platine*, dont le rayonnement a été étudié par de nombreux savants, offre un intérêt particulier. Lummer et Kurlbaum (1898) ont comparé son rayonnement à celui du corps absolument noir ; ils ont exprimé la grandeur Q, qui entre dans (53), en unités arbitraires, et ont trouvé, pour le corps absolument noir, C constant et approximativement égal à 109 ; pour le platine, au contraire, entre les limites de température $T_1 = 490°$ et $T_1 = 1760°$ (pour $T_2 = 290°$), C oscille entre 4,28 et 19,64. Ces nombres montrent combien l'émission du platine est moindre que celle du corps absolument noir et combien le premier s'éloigne de la loi de Stefan. *On trouve que le rayonnement intégral du platine est à peu près proportionnel à la cinquième puissance de la température absolue.* Paschen (1896-1897) a même trouvé comme exposant de cette puissance le nombre 5,425, tandis que Goldhammer (1901) a démontré que la proportionnalité du rayonnement du platine à la cinquième puissance de la température absolue ne peut exprimer une loi véritable, mais représente simplement une formule empirique.

II. Lois de W. Wien. — C'est en 1894 que W. Wien a publié ses remarquables recherches sur les phénomènes du rayonnement. Nous ne pouvons aborder ici l'étude de son travail et nous devons nous borner à indiquer quelques résultats très importants qu'il a obtenus. Ces résultats, au nombre de trois, se trouvent étroitement liés entre eux.

Soit λ_m la longueur d'onde, pour laquelle la fonction $E(\lambda, T)$ prend la plus grande valeur possible E_m correspondant à la température T. Wien a établi la loi suivante :

La longueur d'onde, qui correspond au maximum de l'émission du corps absolument noir, est inversement proportionnelle à la température absolue de ce dernier.

On a donc

$$(54) \qquad \lambda_m T = A,$$

où A est une constante. Quand la température augmente, non seulement les ordonnées de la courbe $E = f(\lambda)$ croissent, mais en même temps le maximum de la fonction se déplace vers les rayons de plus petite longueur d'onde. Déjà Langley (1886) avait observé ce déplacement, mais Wien trouva le premier la loi suivant laquelle il s'effectue. Thiesen (1901) et Lorentz (1901) ont aussi donné de nouvelles démonstrations de la formule (54). H. F. Weber avait déjà montré, avant Wien, que la formule qu'il proposait comme expression générale de la fonction $E(\lambda, T)$ (voir le paragraphe suivant) correspond à l'égalité (54) ; mais il n'avait pas établi la nécessité d'une relation de cette nature entre λ_m et T.

Les recherches de Wien ont conduit en outre à l'expression générale suivante :

$$(55) \qquad E(\lambda, T) = T^5 f(\lambda T),$$

où le second facteur de droite représente une fonction du produit λT. On peut évidemment écrire aussi (55) sous la forme

$$(55, a) \qquad E(\lambda, T) = \lambda^{-5} F(\lambda T),$$

où $F(\lambda T) = (\lambda T)^5 f(\lambda T)$. De cette forme de la fonction E découle le résultat suivant, qui est évident :

La fonction $E(\lambda, T)$, qui représente le rayonnement du corps absolument noir, est entièrement connue, quand on connaît ses valeurs pour toutes les longueurs d'onde λ à une même température quelconque T, ou ses valeurs à toutes les températures T pour une longueur d'onde quelconque λ.

Si l'on ajoute les résultats de Wien à la loi de Stefan, on obtient la formule

$$(56) \qquad E_m T^{-5} = B,$$

où B est une constante; E_m est le maximum de la fonction $E(\lambda, T)$ pour une valeur donnée de T, c'est-à-dire la valeur de cette fonction pour $\lambda = \lambda_m$

A une température absolue donnée T, *le maximum de la fonction* E(λ, T) *est proportionnel à la cinquième puissance de cette température absolue.*

Les recherches de Lummer et de Pringsheim (1899), ainsi que celles de Paschen, ont montré que les formules (54) et (56) sont les expressions de lois véritables. Nous donnons ci-dessous un tableau, d'après les observations de Lummer et de Pringsheim ; la grandeur E_m est exprimée en unités arbitraires :

T	λ_m	E_m	$A = \lambda_m T$	$B = E_m T^{-5}$
1 646°	1,78μ	270,6	2 928	2 246.10^{-17}
1 460,4	2,04	145,0	2 979	2 184
1 259,0	2,35	68,8	2 959	2 176
1 094,5	2,71	34,0	2 966	2 164
998,5	2,96	21,50	2 956	2 166
908,5	3,28	13,66	2 980	2 208
723	4,08	4,28	2 950	2 166
621,2	4,53	2,026	2 814	2 190
			2 940 (val. m.)	

Lummer et Pringsheim ont trouvé

$$(57) \qquad \lambda_m T = A = 2\,940.$$

Rubens et Kurlbaum ont admis la valeur suivante

$$(57, a) \qquad \lambda_m T = A = 2\,890.$$

Les formules (54) et (56) se rapportent au corps absolument noir ; cependant (54) semble aussi applicable à d'autres corps ; Lummer et Pringsheim ont trouvé, par exemple, pour le platine,

$$\lambda_m T = 2\,626.$$

Mais la formule (56) n'est pas applicable ; E_m est à peu près proportionnelle à la *sixième* puissance de T, pour le platine.

17. Rayonnement du corps absolument noir, en fonction de la température et de la longueur d'onde. — Occupons-nous maintenant des travaux qui ont eu pour but la détermination de la forme de la fonction E(λ, T), laquelle, comme nous le savons déjà, doit satisfaire, dans chaque cas, à certaines conditions.

Considérons d'abord les travaux antérieurs à l'année 1896, où Wien publia sa formule, dont nous parlerons plus loin. Le premier qui chercha à déterminer la forme de la fonction E(λ, T) fut W. A. Michelson (Moscou) ; il rendit ainsi un service capital et donna la première impulsion à l'étude de l'une des questions les plus importantes de la Physique moderne. Sa formule est la suivante :

$$(58) \qquad E(\lambda, T) = CT^{\frac{3}{2}}\lambda^{-6} e^{-\frac{c}{T\lambda^2}};$$

elle donne

$$\lambda_m^2 T = \frac{c}{3} = \text{const.},$$

$$E_m T^{-\frac{9}{2}} = \text{const.},$$

et ne correspond donc pas aux formules (54) et (56), que l'on doit considérer maintenant comme exactes. Koeveslighety donna la formule

$$(59) \qquad E(\lambda,\ T) = CT^4\, \frac{\lambda^2}{(\lambda^2 T^2 + a^2)^2};$$

elle satisfait à l'égalité (54), car elle donne

$$\lambda_m T = a,$$

mais elle ne correspond pas à la loi de Stefan, car, au lieu de (56), elle donne l'expression

$$E_m T^{-2} = \text{const.}$$

II. F. Weber proposa la formule

$$(60) \qquad E(\lambda,\ T) = C\lambda^{-2} c^{\,aT\,-\,\frac{1}{b^2 T^2 \lambda^2}},$$

où a est égal à 0,0043 pour tous les corps et où b change avec ces derniers (de même que C, dans toutes les formules); cette formule donne

$$\lambda_m T = \frac{1}{b},$$

analogue à (54), mais, d'autre part,

$$E_m = Cb^2 T^2 c^{aT}\, - \,1.$$

Paschen (1896), qui étudia le rayonnement de différents corps, proposa, pour la fonction $e(\lambda,\ T)$, une formule, qui, d'après lui, doit prendre, pour le corps absolument noir, la forme suivante :

$$(61) \qquad E(\lambda,\ T) = C\lambda^{-\alpha} e^{\,-\frac{c}{\lambda T}};$$

cette formule donne

$$\lambda_m T = \frac{c}{\alpha},$$

mais elle ne satisfait à la loi de Stefan que pour $\alpha = 5$.

Passons maintenant aux expressions qui ont été proposées depuis 1896 pour la fonction E et qui *satisfont toutes* aux lois de Stefan et de Wien, c'est-à-dire donnent les formules (52), (54), (55) et (56). Remarquons encore que nous avons plus de motifs de nous attendre, pour $T = \infty$, à la valeur $E = \infty$, qu'à toute autre valeur limite finie. Les expressions mentionnées sont les suivantes :

1. Formule de W. Wien (1896) :

$$(62) \qquad E = C\lambda^{-5} e^{\,-\frac{c}{\lambda T}}.$$

2. Formule de THIESEN (1900) :

$$(63) \qquad E = C\lambda^{-5}\sqrt{\lambda T} e^{-\frac{c}{\lambda T}}.$$

3. Formule de LORD RAYLEIGH (1900) :

$$(64) \qquad E = C\lambda^{-5} . \lambda T e^{-\frac{c}{\lambda T}}.$$

4. Formule de LUMMER et JAHNKE (1900) modifiée (voir ci-dessous) :

$$(65) \qquad E = C\lambda^{-5} . \lambda T e^{-\frac{c}{(\lambda T)^{1,3}}}.$$

5. Formule de PLANCK (1900) :

$$(66) \qquad E = C \frac{\lambda^{-5}}{e^{\frac{c}{\lambda T}} - 1}.$$

Le nombre c se trouve lié très simplement à la constante $\lambda_m T$.

$$\text{La formule } (62) \text{ donne } c = 5\lambda_m T$$
$$\text{»} \qquad (63) \qquad \text{»} \qquad c = 4,5\lambda_m T$$
$$\text{»} \qquad (64) \qquad \text{»} \qquad c = 4\lambda_m T$$
$$\text{»} \qquad (65) \qquad \text{»} \qquad c = \frac{4}{1,3}(\lambda_m T)^{1,3}$$
$$\text{»} \qquad (66) \qquad \text{»} \qquad c = 4,965\lambda_m T.$$

Pendant plusieurs années, la formule de WIEN a joué un grand rôle. Elle seule donne, pour $T = \infty$, une valeur limite finie pour E, tandis que les autres nous donnent $E = \infty$.

Nous appellerons *isochromatiques* des courbes exprimant la relation qui lie E et T, pour une valeur de λ donnée. La formule de WIEN donne pour le logarithme LE de E une expression de la forme

$$(67) \qquad L\,E = \gamma_1 - \gamma_2\,\frac{1}{T}$$

où $\gamma_1 = L(C\lambda^{-5})$ et $\gamma_2 = c : \lambda$ sont des grandeurs constantes, c'est-à-dire indépendantes de T. *La formule de* WIEN *conduit à ce résultat que les courbes isochromatiques* $LE = f\left(\frac{1}{T}\right)$ *sont des lignes droites.*

Comme on peut actuellement dire avec certitude que *la formule de* WIEN *n'exprime pas la loi véritable du rayonnement du corps absolument noir*, nous pouvons nous borner à indiquer très sommairement les travaux dans lesquels différents savants se sont prononcés pour ou contre cette formule.

Pendant quelque temps, les résultats de nombreuses recherches furent favorables à la formule de WIEN ; PLANCK (1900) l'établit même théoriquement. PASCHEN et WANNER confirmèrent son exactitude, ensemble et séparément, dans toute une série de travaux, et WIEN (1900) l'a défendue lui-même contre diverses objections. LUMMER et PRINGSHEIM (1899) ont montré, pour la première fois, que cette formule ne peut être l'expression de la vraie loi de dépendance $E(\lambda, T)$. En se servant du *corps absolument noir* que nous avons, décrit plus haut, ils ont cherché la relation qui lie λ et T, pour différentes températures comprises entre $T = 620°$ et $T = 1653°$: ils ont trouvé que les courbes isochromatiques n'étaient pas exactement des lignes droites, et, ce qui est une chose capitale, que la grandeur c, calculée par la formule $c = \gamma_2 \lambda$, n'était pas la même pour les différentes courbes, c'est-à-dire pour les différentes valeurs de λ. Quand λ croît de $1,21\,\mu$ à $8,3\,\mu$, c varie de 13510 à 18500. Dans un travail postérieur (1900), LUMMER et PRINGSHEIM ont considéré les rayons compris entre $\lambda = 12,3\,\mu$ et $\lambda = 17,9\,\mu$ pour des températures s'étendant de $T = 85°$ (air liquide) à $T = 1800°$. Ils ont constaté que les lignes $LE = f\!\left(\dfrac{1}{T}\right)$ différaient très sensiblement de lignes droites, et ils ont obtenu pour c des valeurs variant de $c = 24800$, pour $\lambda = 12,3\,\mu$, à $c = 31700$, pour $\lambda = 17,9\,\mu$. On pouvait dès lors considérer comme parfaitement démontré que la formule de WIEN ne représente pas la forme réelle de la fonction $E(\lambda, T)$. LUMMER et PRINGSHEIM ont trouvé que c'est avec la formule (65) de LUMMER et de JAHNKE, dans laquelle ils remplacèrent l'exposant primitif $1,2$ par $1,3$, que leurs observations concordent le mieux ; la formule (63) de THIESEN concorde moins bien ; la formule (64) de LORD RAYLEIGH, d'après eux, ne convient pas du tout.

BECKMANN (1898) a trouvé également que la formule de WIEN ne peut être exacte. Enfin, son défenseur le plus ardent, PASCHEN (1901), l'a aussi abandonnée, quand RUBENS et KURLBAUM ont montré, dans un travail sur lequel nous reviendrons, que la formule de WIEN ne correspond pas du tout à la marche observée de la fonction $E(\lambda, T)$, pour de grandes valeurs de λ, entre les températures $— 188°$ C. et $1500°$ C. En outre, PASCHEN s'est rendu compte lui-même que la formule de WIEN n'est pas applicable pour de grandes valeurs de λ. L'établissement théorique de cette formule a été également l'objet d'un examen critique par JAHNKE, LUMMER et PRINGSHEIM en collaboration, et en même temps par PLANCK.

Nous ferons encore quelques remarques au sujet des quatre autres formules (63) à (66). La formule (64) de LORD RAYLEIGH est inexacte pour de petites longueurs d'onde. La formule (65) de LUMMER et JAHNKE n'est qu'un cas particulier d'une formule plus générale proposée par les mêmes auteurs :

$$(68) \qquad E = CT^5 (\lambda T)^{-\mu} e^{-\dfrac{c}{(\lambda T)^{\nu}}},$$

dans laquelle μ et ν sont deux constantes ; on a

$$c = \frac{\mu}{\nu}\,(\lambda_m T)^{\nu}.$$

La valeur la plus probable de μ est 4 ; LUMMER et PRINGSHEIM donnent, dans leur dernier travail (1901), comme valeur la plus probable de ν, $1,3 > \nu > 1,2$. PLANCK lui-même a donné récemment (1901) à sa formule l'expression suivante :

$$(69) \qquad E = 8\pi v h\,\frac{\lambda^{-5}}{e^{\frac{vh}{k\lambda T}} - 1} :$$

v désigne ici la vitesse de la lumière, h et k sont deux constantes naturelles, dont les valeurs numériques ne dépendent que du choix des unités. Pour déterminer ces valeurs, dans le système C.G.S., PLANCK s'est servi d'abord des expériences de KURLBAUM (page 42), d'après lesquelles on a

$$E_{160} - E_0 = 0,0731\,\frac{\text{joule}}{(\text{cm})^2} = 731\,000\,\frac{\text{erg}}{(\text{cm})^2},$$

où E_T est le rayonnement intégral, c'est-à-dire

$$E_T = \int_0^\infty E(\lambda,\,T)d\lambda;$$

en second lieu, il s'est servi de la valeur $\lambda_m T = 2940$, voir (57), où λ est exprimé en microns. On en déduit, dans le système C.G.S., $\lambda_m T = 0,294$. Finalement PLANCK est arrivé au résultat suivant : *Si $Ed\lambda$ est la quantité d'énergie émise dans une seconde par un centimètre carré de la surface du corps absolument noir, E étant exprimé en ergs, λ en centimètres, E est donné par la formule (69), où il faut faire $v = 3.10^{10}$ et exprimer λ en centimètres ; on a en outre*

$$(70) \qquad \begin{cases} h = 6,55.10^{-27}\ \text{erg sec.} \\ k = 1,346.10^{-16}\ \dfrac{\text{erg}}{1^\circ\,\text{C}.} \end{cases}$$

PASCHEN (1901) trouve, dans son travail mentionné ci-dessus, que c'est la formule de PLANCK qui concorde le mieux avec les observations.

Parmi les travaux les plus récents entrepris pour comparer les différentes formules avec les résultats des expériences, les recherches remarquables de RUBENS et de KURLBAUM présentent un intérêt particulier. Ils ont étudié les courbes isochromatiques de la forme

$$E = f(T),$$

pour trois valeurs de λ ;

$$\lambda = 8,85\,\mu, \qquad 24,0\,\mu, \qquad 51,2\,\mu,$$

c'est-à-dire pour les rayons restants (page 31) du quartz, du spathfluor et du sel gemme ; ils faisaient varier les températures de — 188° C. (air liquide) à 1 500° C. Ils ont comparé les résultats de leurs observations avec les formules de WIEN, LORD RAYLEIGH, LUMMER et JAHNKE, THIESEN et PLANCK. Les formules de WIEN, et de LORD RAYLEIGH ne concordaient, pour aucune des trois longueurs d'onde mentionnées, avec les expériences. La formule de THIESEN doit être également écartée, car elle ne montre aucun accord avec les expériences, pour $\lambda = 51,2\,\mu$. La formule de LUMMER et JAHNKE représente très bien les observations et n'offre d'écarts sensibles que pour $\lambda = 51,2\,\mu$ et aux très basses températures. La formule de PLANCK concorde parfaitement pour $\lambda = 24,0\,\mu$ et $\lambda = 51,2\,\mu$, et elle ne présente un peu d'écart que pour $\lambda = 8,85\,\mu$.

Aujourd'hui, les formules de LUMMER et JAHNKE et de PLANCK sont regardées comme les meilleures expressions de la loi du rayonnement, pour le corps absolu-

ment noir. La seconde présente toutefois un avantage sur la première, qui a, en quelque sorte un caractère empirique ($\nu = 1,3$).

18. Loi de Lambert. Luminescence. Loi de Draper. Intensité du rayonnement visible. — Les travaux de ces dernières années n'ont pas seulement éclairci le sens véritable de la loi de Kirchhoff et conduit à l'étude connexe du corps absolument noir : mais ils ont permis aussi de reconnaître, au moyen de la loi de Kirchhoff, la vraie signification des lois de Lambert et de Draper, dont nous avons déjà parlé.

La loi de Lambert n'est pas, comme nous l'avons vu (page 36), absolument exacte ; la formule, qui indique comment l'émission dépend de sa direction, doit être plus compliquée. W.-A. Oulianine (1897) a montré le premier qu'il existait une relation entre la loi du rayonnement oblique et la loi de Kirchhoff. Considérons, sur la surface d'un corps, l'unité d'aire, et soit $J(\varphi, \lambda)$ l'intensité du faisceau de rayons de longueur d'onde λ, qui est émis, dans une direction faisant l'angle φ avec la normale à la surface, par cette unité d'aire. La section droite du faisceau est égale à $\cos \varphi$. Supposons que le faisceau soit limité par une série de diaphragmes parallèles, à travers lesquels il passe et qu'un autre faisceau de rayons de longueur d'onde λ peut également traverser, dans une direction opposée. Appliquons à ces deux faisceaux la loi de Kirchhoff

$$e(\lambda) = a(\lambda).\, E(\lambda);$$

$e(\lambda)$ est ici l'intensité du flux, et par suite, on a

$$(71) \qquad J(\varphi, \lambda) = e(\lambda)\cos \varphi.$$

Si l'on suppose que le corps est opaque ($b = 0$), on peut écrire, d'après la formule (20) de la page 55,

$$(72) \qquad J(\varphi, \lambda) = E(\lambda)[1 - r(\lambda)]\cos \varphi$$

Pour une surface *absolument mate* (page 45), r ne dépend pas de φ, et par suite, $J(\varphi, \lambda)$ est proportionnel à $\cos \varphi$.

La loi de Lambert *n'est vraie que pour des surfaces absolument mates (où la réflexion* r *est indépendante de la direction des rayons).*

Pour des surfaces qui ne sont pas absolument mates, r est une fonction de φ, et l'on a

$$(73) \qquad J(\varphi, \lambda) = E(\lambda)[1 - r(\lambda, \varphi)]\cos \varphi$$

La formule (73) représente la loi de Lambert *généralisée.*

Pour des surfaces parfaitement polies, la fonction $r(\lambda, \varphi)$ peut être calculée par des formules, que nous apprendrons à connaître dans l'étude de la polarisation des rayons. Pour le corps absolument noir, on a $r = 0$, et, *par conséquent,* $E(\lambda)$ *est indépendant de* φ. Si l'on introduit encore la dépendance relative à la température T, on obtient la formule plus générale suivante

$$(73,\ a) \qquad J(\varphi, \lambda, T) = E(\lambda, T)[1 - r(\lambda, \varphi, T)]\cos \varphi.$$

Avant de passer à ce qu'on appelle la loi de Draper, nous nous occuperons de *la relation qui lie le phénomène de la luminescence à la loi de* Kirchhoff. Cette loi

$$(74) \qquad e(\lambda,\ \mathrm{T}) = a(\lambda,\ \mathrm{T}) \cdot \mathrm{E}(\lambda,\ \mathrm{T})$$

ne s'applique qu'aux phénomènes de rayonnement purement calorifique. *Elle n'est pas applicable aux phénomènes de luminescence.* Ici le corps émet des rayons (visibles) de faible longueur d'onde, à une température relativement basse, c'est-à-dire, voir (25), que l'on a $e > e_0$, bien que $\mathrm{E} < e_0$, ou pratiquement $e > 0$, bien que $\mathrm{E} = 0$, ce qui ne pourrait être d'après la loi de Kirchhoff, car a n'est pas supérieur à l'unité.

Abstraction faite de ce qui a été dit, nous avons cependant de bonnes raisons de penser que, si la loi de Kirchhoff elle-même ne s'applique pas aux phénomènes de luminescence, il n'en est pas de même de la proposition I qui en découle, dont nous avons donné l'énoncé définitif à la page 61. Cette proposition, ne possédant pas le caractère d'une loi quantitative et n'ayant pas du tout égard au corps absolument noir, établit simplement une certaine relation qualitative entre l'émission et l'absorption. Il paraît donc permis de penser qu'*un corps luminescent absorbe, entre autres, tout particulièrement les rayons qu'il émet lui-même.*

Les phénomènes suivants contribuent à confirmer cette idée. Burke a trouvé que du verre d'urane luminescent absorbe des rayons de même longueur d'onde que ceux qu'il émet ; cette absorption cesse en même temps que la luminescence. Pourtant de nouvelles recherches de Camichel (1905) ne confirment pas cette observation. Mais ce qui suit est plus frappant. Les travaux de Pringsheim ont montré que l'incandescence des gaz et des vapeurs est un phénomène de luminescence, auquel par suite la loi de Kirchhoff ne s'applique pas. Cependant, l'importance considérable qu'a prise cette loi, en Astrophysique par exemple, repose entièrement sur son application aux vapeurs et aux gaz incandescents. Et même, le premier phénomène qui s'y rattache (renversement du spectre) a été découvert par Kirchhoff, avec des vapeurs de sels de lithium portées à l'incandescence dans la flamme d'un bec Bunsen. Ainsi donc, une science entière, l'Astrophysique, est basée sur l'application de la loi de Kirchhoff à un cas pour lequel elle n'est certainement pas valable, comme loi quantitative. Mais le côté qualitatif de la même loi, qui exprime une des conséquences qui en découlent, est applicable, bien que jusqu'ici (1905) on n'ait pu donner de ce fait d'explication théorique. *On est par conséquent fondé à admettre que le côté qualitatif de la loi de Kirchhoff, c'est-à-dire la proposition I de la page 61, est aussi applicable aux phénomènes de luminescence.* Il reste encore à résoudre l'intéressante question de savoir s'il en est de même pour les gaz, qui deviennent lumineux sous l'effet des décharges électriques. Liveing et Dewar (1883) ont cru pouvoir l'affirmer, d'après leurs expériences, tandis que Hittorf (1879) et Cantor (1900) sont arrivés à un résultat négatif.

Occupons-nous maintenant de ce qu'on appelle la loi de Draper, dont nous avons déjà parlé à la page 33. Cette loi a été énoncée de la manière suivante : *tous les corps commencent, à une même température, à émettre de la lumière visible, et cette lumière est rouge.* Nous avons décrit les expériences de Draper, par lesquelles il a trouvé lui-même que la chaux, le marbre et le spath fluor commençaient à briller plus tôt que d'autres substances. Nous avons également mentionné le phénomène singulier des lueurs grises. Lummer a complètement expliqué tous les phénomènes lumineux que l'on observe avec une élévation graduelle de la température. Il faut distinguer ici deux sortes de phénomènes : un *phénomène objectif*, produit par un rayonnement réel, et un *phénomène subjectif*, qui est dû aux propriétés particulières de notre œil.

Examinons d'abord le *phénomène objectif*. En considérant les expériences de Draper (page 33), on voit que tous les corps qu'il a étudiés se trouvaient dans des conditions telles que leur rayonnement était identique à celui du corps absolument noir ; il n'y a donc pas à s'étonner s'ils commençaient tous à émettre à la même température des rayons visibles. Mais la chaux, le marbre et le spath fluor sont luminescents ; ils devaient donc commencer à briller plus tôt que les autres substances. Les expériences de Draper ne démontrent par suite nullement sa loi.

Kirchhoff pensait que l'on pouvait regarder la loi de Draper, comme une conséquence nécessaire de sa propre loi

$$e (\lambda, T) = a (\lambda, T). E (\lambda, T).$$

Quand le corps absolument noir commence à émettre certains rayons, par exemple des rayons rouges, on a alors $E > o$ et par suite $e > o$, c'est-à-dire qu'un autre corps doit commencer également à émettre des rayons rouges. Mais cette conclusion est inexacte, ainsi que nous l'avons déjà exprimé dans la proposition II de la page 6o. Il peut arriver que l'on ait $E > e_0$, c'est-à-dire que E soit perceptible, tandis que e est cependant $< e_0$, c'est-à-dire insensible. Comme on a $a < 1$, les égalités $E (\lambda, T) = e_0$ et $e (\lambda, T_1) = e_0$ ne sont possibles que pour $T_1 > T$; tous les corps ne commencent donc à émettre des rayons visibles qu'à une température plus élevée que le corps absolument noir, et cette température est d'autant plus élevée que a est plus petit. Il en résulte que,

Il n'existe aucune loi ayant la forme de la loi énoncée par Draper. Les expériences de Draper ne démontrent rien et sa loi ne peut être déduite de celle de Kirchhoff. Les différents corps commencent à émettre des quantités sensibles d'énergie rayonnante de longueur d'onde λ à diverses températures, d'autant plus élevées que les corps absorbent moins les rayons correspondants, c'est-à-dire qu'ils les réfléchissent et les transmettent mieux.

Pour comprendre le côté *subjectif* du phénomène, il faut, comme l'a montré Lummer, tenir compte de deux propriétés de notre œil.

En premier lieu, notre rétine est plus sensible aux rayons de la partie moyenne du spectre visible qu'aux rayons rouges extrêmes, de sorte que, dans le cas d'une faible quantité d'énergie rayonnante, nous percevons plus facilement les rayons jaunes et les rayons verts que les rouges.

En second lieu, la circonstance suivante joue un grand rôle. La rétine de notre œil renferme deux sortes d'éléments microscopiques : les *bâtonnets*

(bacilli) et les *cônes* (coni). Les bâtonnets n'existent pas du tout dans la partie centrale de la rétine, qui est appelée *tache jaune*. A. König et surtout J. Kries, après lui, ont montré que ces deux sortes d'éléments possèdent des propriétés complètement différentes : les bâtonnets sont plus sensibles à la lumière que les cônes, mais ils sont absolument insensibles aux couleurs. Une lumière très faible est perçue par les bâtonnets plutôt que par les cônes, mais elle semble incolore, grise. Pour l'excitation des cônes, il faut une lumière plus intense, mais ils sont sensibles aux couleurs. Comme il n'y a pas de bâtonnets dans la tache jaune, nous ne percevons une lumière très faible que par vision indirecte, et cette lumière tend à disparaître, quand nous cherchons à la fixer, c'est-à-dire à l'amener sur la tache jaune. On s'explique ainsi complètement le phénomène de la lumière gris sombre et instable, dont on a parlé plus haut (pages 33-34). A une température plus élevée, la tache jaune commence également à percevoir la lumière, mais, pour la raison indiquée ci-dessus, les premières lueurs de cette lumière n'appartiennent pas au rouge, mais au jaune et au vert.

L'intensité du rayonnement visible, ou ce qu'on nomme *la clarté photométrique* H d'un corps augmente extrêmement vite quand la température croît. La dépendance dans laquelle se trouvent la grandeur H et la température *absolue* a été déterminée pour la première fois par Lummer et Kurlbaum (1900), pour le rayonnement total, et par Le Chatelier et Boudouard, pour une lumière de longueur d'onde déterminée. Lummer et Kurlbaum ont établi, pour le platine, la formule empirique

$$(75) \qquad H = cT^x,$$

mais elle n'est valable, quand x reste constant, que *pour de petits changements de température*. Pour différentes températures T, ils ont trouvé les valeurs suivantes de x :

$T =$ 900	1000	1100	1200	1400	1600	1900
$x =$ 30	25	21	19	18	15	14.

Ces nombres montrent avec quelle rapidité augmente la clarté, en particulier pour le rouge, quand la température croît. A 820°, elle est double de celle à 800°. Guillaume (1901) et Lummer ont estimé que quand T augmente, la grandeur x tend vers la valeur limite 12, de sorte qu'en doublant la température absolue, la clarté s'élèverait 2^{12} ou environ 4 000 fois. Comme nous l'avons indiqué, la formule (75) est purement empirique et ne doit donner en général qu'une image de la manière dont H dépend de T. Rasch (1904) a établi théoriquement la formule

$$76) \qquad LH = C - \frac{k}{T},$$

où C et k sont des constantes et où LH est le logarithme naturel de H. On peut la mettre sous la forme

$$(77) \qquad H = H_1 e^{\alpha\left(1 - \frac{z}{T}\right)}.$$

Ici z désigne la température pour laquelle $H = H_1$. Si on suppose que H_1 est égal à la clarté d'un bec HEFNER, on a par millimètre carré de la surface du corps noir

$$(77, a) \qquad \begin{cases} \alpha = 12,943 \\ \mathfrak{S} = 2068°, 4 \text{ abs. } (1795° \text{ C.}). \end{cases}$$

Pour de petits changements de température, (77) conduit à la formule (75), si on pose $x\mathrm{T} = \text{const.}$ Les nombres trouvés par LUMMER et KURLBAUM donnent la valeur moyenne $x\mathrm{T} = 25\,000$; mais cette valeur conduisait, pour $\mathrm{T} = \infty$, non à la valeur limite $x = 12$, mais à $x = 0$; $x = 12$ correspondrait à $\mathrm{T} = 2080°$ environ.

LE CHATELIER et BOUDOUARD ont déterminé la clarté H de l'oxyde de fer porté au rouge, pour différentes valeurs de T et pour les rayons *rouges* ; ils ont trouvé

$$(78) \qquad \mathrm{H} = 10^{6,7} e^{-\frac{3\,210}{\mathrm{T}}},$$

la clarté d'une bougie étant prise comme unité. On peut calculer par suite la valeur correspondante de la grandeur α dans (77) ; on obtient $\alpha = 13,02$, ce qui est très approximativement la valeur (77,a). Pour $\mathrm{T} = \infty$, la formule (77) donne la valeur limite $\mathrm{H} = 446\,700\,\mathrm{H}_1$. De nouvelles recherches ont été faites par GUILLAUME (1901), NERNST, EISLER et JABLONSKI (1904). Enfin LUCAS (1905) a indiqué que la formule (76) résulte directement de la formule de WIEN (page 75), pour la lumière mono chromatique, ce que nous avons aussi déjà signalé (page 76). La dépendance relativement à T trouvée par RASCH pour le *rayonnement visible total* est quantitativement la même que celle qui résulte de la formule de WIEN pour $\lambda = 0,542\,\mu$; cette longueur d'onde correspond assez bien au maximum de sensibilité pour la lumière de l'œil humain ($\lambda = 0,535\,\mu$).

19. Influence du milieu ambiant sur la transformation de l'énergie calorifique en énergie lumineuse. — KIRCHHOFF (1860), et après lui CLAUSIUS (1864), ont montré que le pouvoir émissif des corps varie avec la nature du milieu ambiant et est proportionnel, pour les corps noirs, au carré de la vitesse de propagation de l'énergie rayonnante dans ce milieu. Soit E le pouvoir émissif d'un corps absolument noir dans le vide, e sa valeur dans un milieu quelconque, V et v les vitesses des rayons dans le vide et dans le milieu considéré. On a alors $e : \mathrm{E} = \mathrm{V}^2 : v^2$; mais on a $\dfrac{\mathrm{V}}{v} = n$, où n désigne l'indice de réfraction du milieu (Tome I, page 171), et par suite

$$(79) \qquad e = n^2 \mathrm{E}.$$

Le pouvoir émissif des corps absolument noirs est proportionnel au carré de l'indice de réfraction du milieu ambiant. Cette loi porte ordinairement le nom de CLAUSIUS ; nous l'appellerons loi de KIRCHHOFF-CLAUSIUS.

QUINTUS ICILIUS a vérifié la loi de KIRCHHOFF-CLAUSIUS, en comparant entre eux les rayonnements du cuivre chauffé dans CO^2 et dans H ; les résultats de ses expériences confirment la loi.

SMOLUCHOWSKI DE SMOLAN a également effectué une vérification expérimentale. Il plaça l'une sur l'autre, à égale distance, trois plaques horizontales, maintint la plaque inférieure à o°, la plaque supérieure à 36° et détermina la température de la plaque intermédiaire, suivant qu'il existe de l'air entre les plaques ou du CS^2. En introduisant toutes les corrections nécessaires, il obtint une concordance satisfaisante avec la loi de Kirchhoff-Clausius. Smoluchowski de Smolan, Bartoli, le Prince B. Galitzine, Planck (1900), W. A. Oulianine, W. A. Michelson et d'autres encore ont établi à nouveau cette loi théoriquement. Mach en a donné une démonstration relativement très simple, mais qui n'est pas absolument rigoureuse.

20. Pression de l'énergie rayonnante. — La théorie électromagnétique de l'énergie rayonnante édifiée par Maxwell conduit à ce résultat remarquable que la surface d'un corps, auquel parvient normalement un flux d'énergie rayonnante, subit une certaine pression *numériquement* égale, par unité de surface, à la quantité totale d'énergie rayonnante contenue dans l'unité de volume, quand la surface du corps est *absolument noir*, c'est-à-dire absorbe tout le flux d'énergie (réflexion $r = 0$). Soit F la pression subie par la surface S, et E la quantité d'énergie rayonnante dans le volume V ; on a alors

$$(80) \qquad \frac{F}{S} = \frac{E}{V}.$$

Les deux membres de la relation (80) ont les mêmes dimensions, car on a

$$[F] = \frac{ML}{T^2}, \quad [S] = L^2 ; \qquad [E] = \frac{ML^2}{T^2}, \quad [V] = L^3.$$

La pression en dynes par centimètre carré est égale au nombre d'ergs dans un centimètre cube du volume.

Si les rayons tombent normalement sur la surface du corps et s'ils sont réfléchis complètement ($r = 1$), la pression F est deux fois plus grande que celle qui est donnée par la formule (80).

On obtient, pour une surface quelconque, l'expression suivante de la pression f par unité d'aire

$$(81) \qquad f = \frac{F}{S} = \frac{E}{V}(1 + r),$$

où le coefficient de réflexion r est compris entre zéro et un. Bartoli est arrivé, indépendamment de Maxwell, au même résultat (81), en 1883. D'autres recherches théoriques ont encore été faites sur la même question par Boltzmann (1884), Fitzgerald (1884), Guillaume, Heaviside, Prince Galitzine (1892), D. Goldhammer (1901), Hull (1901), Poynting (1904), Abraham (1904), etc. Quelques-unes de ces études sont basées sur les principes fondamentaux de la Thermodynamique ; nous reviendrons sur cette question, dans le Tome III.

Si les rayons ne tombent pas normalement sur la surface du corps, mais font avec la normale un angle φ, la pression f sur l'unité d'aire est alors

$$(82) \qquad f = e(1 + r)\cos^2 \varphi$$

où $e = \dfrac{E}{V}$ est l'énergie dans l'unité de volume.

Poynting (1904) a montré que les rayons exercent aussi sur le corps une *force tangentielle*, si l'on a $\varphi > 0$. La grandeur de cette force, rapportée à l'unité d'aire, est

$$(83) \qquad f_1 = \frac{c}{2}\,(1 - r)\,\sin 2\varphi.$$

On a $f_1 = 0$, quand $r = 1$, et aussi évidemment quand $\varphi = 0$. L'absorption des rayons est donc une condition nécessaire pour la réalisation de la force tangentielle, dont le maximum a lieu pour $\varphi = 45°$, si r est supposé indépendant de φ, ainsi que cela arrive avec une surface noircie ($r = 0$).

Il est intéressant de remarquer que déjà KÉPLER (1619) avait songé à une pression de la lumière, en partant, il est vrai, de la théorie de l'émission ; il chercha à expliquer, par cette pression, la production de la queue des comètes, tournée à l'opposé du Soleil. Son idée fut soutenue par LONGOMONTANUS (1622) et EULER (1746) y revint aussi.

Les premières expériences faites en vue de s'assurer de l'existence de la pression des rayons lumineux ont été entreprises par DE MAIRAN et DU FAY (1754) mais ils ne purent arriver à aucun résultat bien net ; il en est de même des expériences de FRESNEL (1825), ZÖLLNER, BARTOLI et CROOKES ; les recherches de ce dernier ont conduit à la découverte des phénomènes radiométriques.

P. N. LÉBÉDEFF (1900) a démontré expérimentalement le premier l'existence de la pression MAXWELL-BARTOLI. La disposition générale de ses instruments est donnée en coupe horizontale par la figure 31 ; la figure 32 représente la partie principale, qui est mobile. Cette dernière consiste en un appareil, suspendu verticalement et muni de palettes circulaires (5 millimètres de diamètre), sur la surface desquelles s'exerce la pression du flux d'énergie rayonnante. La figure 32 représente trois appareils de ce genre ; les nombres inscrits indiquent la substance avec laquelle sont faites les palettes, ainsi que l'état de leur surface :

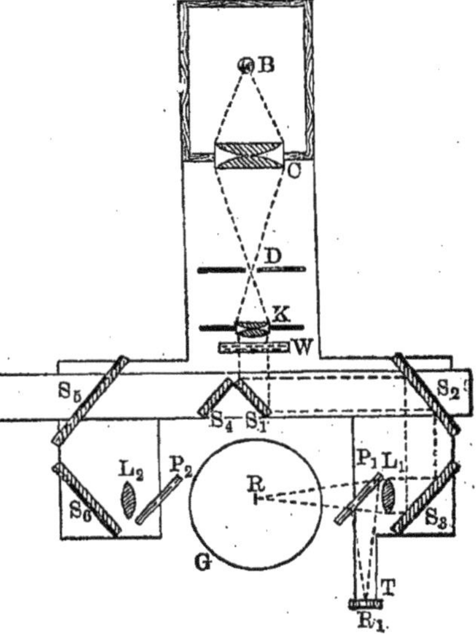

Fig. 31

1. Platine, platiné avec une couche épaisse,
2. » » » » cinq fois moins épaisse,
3. Platine, avec une surface brillante comme un miroir, épaisseur . . . $0^{mm},10,$
4. » » » » . . . $0^{mm},02,$
5. Aluminium, » » » . . . $0^{mm},10,$
6. » » » » . . . $0^{mm},02,$
7. Nickel, » » » . . . $0^{mm},02,$
8. Mica, » » » . . . $< 0^{mm},01.$

Chacun de ces petits appareils pouvait être suspendu en R (*fig.* 31), à l'inté-rieur du ballon en verre G, de façon que les palettes se trouvent dans un plan vertical passant par RB. Un faisceau de rayons pouvait être dirigé sur l'une

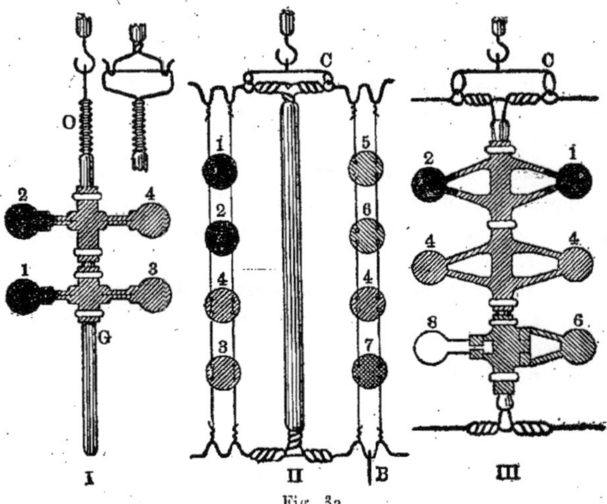

Fig. 32

des palettes, normalement à sa surface, et alternativement sur une face et sur l'autre (droite et gauche sur la figure 31).

La lumière d'une lampe à arc B était concentrée par le système de lentilles C, dans l'ouverture du diaphragme D, et sortait ensuite de la lentille K, sous forme d'un faisceau de rayons parallèles. Un vase en verre W à parois planes parallèles était rempli d'eau, pour retenir les rayons infra-rouges ($\lambda > 1,2\ \mu$), tandis que les rayons ultra-violets étaient absorbés par les verres que devaient traverser les rayons. S_1, S_2, ..., S_6 sont des miroirs ; S_1 et S_4 pouvaient être déplacés de la position qu'ils occupent sur la figure 31, assez loin vers la droite pour que les rayons vinssent tomber sur S_4. Quand les rayons tombaient sur S_1, ils étaient réfléchis par S_1, S_2, S_3 et concentrés, au moyen de la lentille L_1, en R, sur une face (droite) de l'une des palettes. Quand S_1 et S_4 étaient dé-placés vers la droite, les rayons suivaient le chemin S_4 S_5 S_6 et étaient concentrés, au moyen de la lentille L_2, sur l'autre face (gauche) de la palette.

Pour pouvoir suivre les variations *relatives* de l'énergie rayonnante, une partie déterminée du faisceau des rayons incidents était réfléchie par la plaque de verre P_1, vers la pile thermoélectrique T, en fer et constantan, rappelant par sa construction l'appareil de Rubens décrit à la page 19, (*fig.* 11).

On faisait le vide dans le ballon en verre G, jusqu'à une pression de moins de $0^{mm},0001$ de mercure.

On se servait, pour mesurer la grandeur *absolue* de l'énergie du flux, d'un calorimètre que nous ne décrirons pas ici. On constata que sur chacune des palettes (de 5 millimètres de diamètre) tombait, par minute, 1,2 à 1,8 calo-rie-gramme. Le coefficient de réflexion r des palettes était déterminé séparément. En observant les oscillations des appareils suspendus dans le ballon G, Lébédeff déterminait leur position d'équilibre (comme on le fait dans l'observation des oscillations d'un fléau de balance), lorsqu'ils étaient éclairés d'abord d'un côté, ensuite de l'autre. Ces positions d'équilibre se déplaçaient et, d'après la grandeur de ces déplacements, on pouvait déterminer la pression exercée par le flux d'énergie rayonnante. Cette pression fut trouvée, dans les limites des erreurs d'observation, suffisamment voisine de la grandeur que donne, par le calcul, la formule (81).

Ce calcul s'effectue de la manière suivante. Soit q l'énergie, exprimée en ergs, du flux tombant sur un centimètre carré de surface, pendant une seconde. On peut se représenter cette énergie comme répartie à l'intérieur d'un cylindre de 1 centimètre carré de section droite et de longueur égale à la vitesse de la lumière, c'est-à-dire à 3.10^{10} cm. Il en résulte que l'on a, pour la grandeur $E : V$ qui entre dans la formule (81)

$$\frac{E}{V} = \frac{q}{3.10^{10}} \text{ ergs,}$$

et, par suite,

$$(84) \qquad f = \frac{q}{3.10^{10}} (1 + r)\text{ dynes.}$$

Lébédeff s'est assuré que les déviations des palettes observées ne pouvaient être produites par des actions radiométriques ordinaires.

Nous verrons plus tard que, sur une surface de 1 centimètre carré disposée normalement aux rayons du Soleil et en dehors des limites de l'atmosphère terrestre, qui absorbe une partie importante de l'énergie solaire, tombe, dans une minute, une quantité d'énergie rayonnante, qui est à peu près égale à 3 calories-grammes ou à 126 mégaergs. On en déduit

$$q = 2.10^6 \text{ ergs.}$$

Si l'on porte cette valeur dans (84) et si l'on pose $r = 0$, on obtient une *pression de* $\frac{2}{3}$ *de dyne par mètre carré de surface noire.* Pour une surface parfaitement réfléchissante ($r = 1$), la pression serait double. Si une partie de l'énergie traverse le corps, il faut la retrancher de q, car elle n'exerce aucune pression.

Nichols et Hull (1901) ont également mesuré la pression f et obtenu des résultats concordant avec la théorie.

Poynting (1904) est arrivé à mesurer aussi la *force tangentielle* exprimée par (83). Une tige de verre horizontale de 5 centimètres de longueur, suspendue à un fil de quartz, portait à ses extrémités deux plaques de verre rondes de $2^{\text{cmq}},75$ de surface, dont les plans étaient perpendiculaires à l'axe de la tige. La surface extérieure de l'une des plaques était argentée, celle de l'autre noircie. Si des rayons tombaient horizontalement sur cette dernière, sous un angle de 45°, une rotation de la tige se produisait. Au moyen de la grandeur de la force de rotation, on trouva, d'après la formule (83), $e = 5,8.10^{-6}$ dynes par (cm.)³. Une mesure directe donna $e = 6,5.10^{-6}$, par conséquent une valeur très voisine de celle fournie par le calcul.

En se basant sur ces résultats positifs d'expérience, on a repris récemment l'idée de Képler, relative à l'influence que peut avoir la pression de la lumière dans certains phénomènes cosmiques, par exemple dans la formation de la queue des comètes. Lébédeff (1892) a comparé le premier l'action répulsive de la lumière à l'attraction newtonienne ; il a montré que, pour des corps de petites dimensions, la première peut être plus grande que la seconde. En effet, l'attraction diminue proportionnellement au cube, la répulsion proportionnellement au carré des dimensions linéaires. En outre, il faut remarquer que, dans le voisinage de la surface du Soleil, l'intensité de l'énergie rayonnante est 46520 fois plus grande qu'auprès de la Terre, tandis que l'attraction newtonienne n'est que 27,5 fois plus grande.

Arrhenius (1900) et Schwarzschild (1901) ont aussi développé une théorie des comètes basée sur l'action répulsive des rayons du Soleil et ont relié cette théorie à celle bien connue de Brédichine. Arrhenius trouve que, dans le voisinage du Soleil, pour une particule de forme sphérique ayant la densité de l'eau et un diamètre de 1,5 μ, la répulsion des rayons solaires est exactement égale à l'attraction newtonienne. Pour des particules encore plus petites, la répulsion surpasse l'attraction. Schwarzschild a apporté une correction essentielle aux conclusions d'Arrhenius, en montrant que le rapport de la pression de l'énergie rayonnante à l'attraction newtonienne a un maximum, quand le diamètre des particules sphériques est à peu près égal à $\lambda : 3$, λ désignant la longueur d'onde ; en diminuant encore les particules, ce rapport s'abaisse rapidement. La théorie permet d'expliquer les formes que l'on observe dans la queue des comètes. De nouvelles recherches sur le rôle que peut jouer la pression de l'énergie rayonnante dans les phénomènes cosmiques ont été faites par Nichols et Hull et par Poynting (1904).

BIBLIOGRAPHIE

—

1. — Rayonnement calorifique et luminescence.

Draper. — *Phil. Mag.* (3), **30**, p. 345, 1847 ; *Amer. J. of Sc.* (2), **4**, 1847 ; *Scientif. Memoirs*, London, 1878, p. 44.

H. F. Weber. — *W. A.*, **32**, p. 256, 1887.

Stenger. — *W. A.*, **32**, p. 271, 1887.

Emden. — *W. A.*, **36**, p. 214, 1889.

Violle. — *C. R.*, **88**, p. 171, 1879 ; **92**, p. 866 et 1204, 1881 ; *J. de phys.* (3), **1**, p. 298, 1892.

Gray. — *Phil. Mag.* (5), **37**, p. 555, 1894 ; *Proc. phys. Soc.*, **13**, p. 122, 1894.

S. Ia. Téreschine. — *J. de la Soc. russe de phys. et de chim.*, **25**, p. 102, 1893.

Pettinelli. — *Nuovo Cimento* (4), **1**, p. 183.

E. Wiedemann. — *W. A.*, **34**, p. 446, 1888 ; *Über Luminescenz*, Erlangen 1901 ; E. Wiedemann et G. C. Schmidt, *W. A.*, **54**, p. 604, 1895 ; **56**, p. 18, 201, 1895.

R. Dubois. — *C. R.*, **132**, p. 431, 1901.

Pope. — *Nature*, **59**, p. 618, 1899.

Richarz. — *Sitzungsber. d. naturw. Ver. Greifswald*, 1er février 1899.

Tschugaeff. — *Chem. Ber.*, **34**, p. 1820, 1901.

I. I. Borgmann. — *J. de la Soc. russe de phys. et de chim.*, **29**, p. 116, 1897; *C. R.*, **124**, p. 895, 1897.

Rose. — *Pogg. Ann.*, **52**, p. 443, 1841.

Phipson. — *Rep. of Brit. Assoc.*, 28° meeting, p. 76, 1858.

Bandrowski. — *Ztschr. f. phys. Chemie*, **15**, p. 325, 1892.

2. — Influence de la direction du rayonnement.

Lambert. — *Photometria sive de mensura et gradibus luminis colorum et umbrae*, Augsbourg, 1760.

Leslie. — *Inquiry into the nature of heat*, London, 1804.

Fourier. — *Ann. de chim. et phys.* (2), **6**, p. 259, 1817; **27**, p. 236, 1824; *Pogg. Ann.*, **20**, p. 375, 1824.

Melloni. — *La thermocrose*, I, Naples. 1850; *Ann. de chim. et phys.* (2), **53**, p. 5, 1833; **55**, p. 337, 1833; **70**, p. 435, 1835; **75**, p. 79, 337, 1840; *Pogg. Ann.*, **35**, p. 112, 277, 385, 530, 1835; **45**, p. 101, 1838; **65**, p. 101, 1845; **74**, p. 147, 1848.

Ångström. — *W. A.*, **26**, p. 253, 1885.

Godard. — *Ann. de chim. et phys.* (6), **10**, p. 354, 1887.

Müller. — *W. A.*, **24**, p. 266, 1885.

Poisson. — *Ann. de chim. et phys.* (2), **26**, p. 225, 1824.

Lommel. — *W. A.*, **10**, p. 449, 1880.

W. A. Oulianine. — *La loi de Lambert* (en russe), Kazan, 1899; *W. A.*, **32**, p. 528, 1897.

Kolaček. — *W. A.*, **64**, p. 398, 1898.

Chacornac. — *C. R.*, **49**, p. 806.

Pickering et Strange. — *Proc. Amer. Acad.* (2), **2**, p. 428.

H. C. Vogel. — *Berl. Ber.*, 1877, p. 104.

Frost. — *Astr. Nachr.*, 130.

3 à 6. — Rayonnement intégral.

De la Provostaye et Desains. — *Ann. Ch. et Phys.* (3). **12**, p. 129, 1841; **16**, p. 337, 1846; **22**, p. 348, 1848; **34**, p. 192, 1852; *C. R.*, **24**, p. 60, 1847; **26**, p. 212, 1848.

Wiedeburg. — *W. A.*, **66**, p. 92, 1898.

Fr. Very. — *Atmospheric radiation. U. S. Departm. of Agriculture*, Weather Bureau Bull. G., 1900; *Ztschr. f. Meteorol.*, 1901, p. 223.

Knoblauch. — *Pogg. Ann.*, **70**, p. 205, 337, 1847; **71**, p. 1, 58, 1847; **101**, p. 161, 1857; **120**, p. 177, 1863; **125**, p. 1, 1865; **136**, p. 66, 1869; **139**, p. 150, 1870.

Newton. — *Phil. Trans.*, 1701, n° 270; *Principia*, III, prop. 8, coroll. 4, *Opusculum* II, p. 423, *Opusculum* 21.

Dulong et Petit. — *Ann. Ch. et Phys.* (2), **7**, p. 225, 337, 1818; (3), **2**, 1841.

Stefan. — *Wien. Ber.*, **79**, II, p. 391, 1879.

Boltzmann. — *W. A.*, **22**, p. 31, 292, 1884.

Ferrel. — *Amer. J. of Sc.*, **38**, 1889.

Violle. — *C. R.*, **88**, p. 171, 1879; **92**, p. 866, 1204, 1881.

Rosetti. — *Atti della R. Acc. d. Lincei* (3), **2**, p. 174, 1878.

H. F. Weber. — *Berl. Ber.*, 1888, (2), p. 933.
Grätz. — *W. A.*, **11**, p. 923, 1880 ; **36**, p. 857, 1889.
Christiansen. — *W. A.*, **19**, p. 279, 1883.
Lenebach. — *Pogg. Ann.*, **151**, p. 96, 1873 ; *J. de phys.* (1), **3**, p. 261, 1874.
Kurlbaum. — *W. A.*, **65**, p. 746, 1898.
Tumlirz. — *Wien. Ber.*, **97**, p. 1521, 1625, 1888 ; **98**, p. 826, 1122, 1889 ; **112**, p. 1382, 1903 ; **113**, p. 501, 1904 ; *W. A.*, **38**, p. 640, 1889.
K. Ångström. — *W. A.*, **67**, p. 647, 1899 ; *Phys. Ztschr.*, **3**, p. 257, 1902 ; *Astrophys. Journ.*, **15**, p. 223, 1902.

9. — Pouvoir absorbant des surfaces.

K. Ångström. *W. A.*, **26**, p. 276, ; 1885 *Öfersigt af Kon. Vetens. Akad. Förhandl.*, **55**, p. 283, 1898.
Crova et Compan. — *C. R.*, **126**, p. 707, 1898.
F. Kurlbaum. — *W. A.*, **67**, p. 846, 1899.
Rubens et Nichols. — *W. A.*, **60**, p. 418, 1897.

10. — Absorption de l'énergie rayonnante dans son passage à travers les corps.

Houllevigue. — *C. R.*, **140**, p. 428, 1905.
Melloni. — Voir le § **2**.
Schultz-Sellack. — *Pogg. Ann.*, **139**, p. 187, 1870.
Friedel. — *W. A.*, **55**, p. 452, 1895.
Zsigmondy. — *W. A.*, **57**, p. 639, 1896.
K. Ångström. — *W. A.*, **36**, p. 715, 1889.
Arnö. — *Atti R. Acc. Torino*, **28**, p. 746, 1893.
Geer. — *Phys. Rev.*, **16**, p. 94, 1903.
Bianchi. — *N. Cim.* (4) **8**, p. 285, 1898.
Magnus. — *Pogg. Ann.*, **112**, p. 351, 497, 1861 ; **118**, p. 575, 1863 ; **121**, p. 186, 1864 ; **124**, p. 476, 1865 ; **127**, p. 613, 1866 ; **130**, p. 207, 1867 ; **134**, p. 102, 1868 ; *Ann. ch. et phys.* (3), **64**, p. 489, 1862 ; **67**, p. 357, 1863 ; (4), **6**, p. 41, 1865 ; **13**, p. 436, 1868 ; **15**, p. 470, 1868.
Tyndall. — *Phil. Mag.* (4), **22**, **23**, **25**, **26**, **32** ; *Phil. Trans.*, 1864, p. 201, 327.
Jamin et Masson. — *C. R.*, **31**, p. 14, 1850.
Masson. — *C. R.*, **25**, p. 936, 1847 ; **27**, p. 532, 1848.
Beer. — *Pogg. Ann.*, **86**, p. 78, 1852.
Hagen. — *Pogg. Ann.*, **106**, p. 33, 1859.
Bernard. — *Ann. ch. et phys.* (3), **35**, 1852.
Vierordt. — *Anwendung des Spektralapparats zur Messung und Vergleichung farbigen Lichts*, Tübingen, 1873 ; *Quantitative Spektralanalyse*, Tübingen, 1876.
Zöllner. — *Pogg. Ann.*, **109**, p. 244, 1860 ; **142**, p. 88, 1871.
Glan. — *Pogg. Ann.*, **111**, p. 48, 1870 ; *W. A.*, **3**, p. 54, 1878.
Strutt. — *Phil. Mag.* (6), **6**, p. 76, 1903.
Hoorweg. — *Pogg. Ann.*, **155**, p. 385, 1875 ; *J. de phys.* (1), **5**, p. 22, 97, 1874 ; **6**, p. 153, 1875.
Haga. — *Thèse à l'Univers. de Leyde*, 1876 ; *J. de phys.* (1), **6**, p. 21, 1875.
Franz. — *Pogg. Ann.*, **94**, p. 337, 1855 ; **101**, p. 46, 1857.
Röntgen. — *W. A.*, **22**, p. 1, 1884.
Kurlbaum. — *W. A.*, **61**, p. 417, 1897.
K. Ångström. — *W. A.*, **39**, p. 267, 1890. *D. A.* **3**, p. 720, 1900.

J. Koch. — *Öfersigt af kon. Vetens. Akad.,* Förhandl., 1901, n° 6, p. 475.
S. Arrhenius. — *Drud. Ann.,* **4**, p. 690, 1901.

11. — Loi de Kirchhoff.

On trouvera un exposé très bien fait des questions qui ont été traitées dans les § **11** à **19**, dans un travail de W. A. Michelson. — *J. de la Soc. russe de Phys. et de Chim.,* **34**, p. 155, 1902..

Kirchhoff. — *Pogg. Ann.,* **109**, p. 292, 1860 ; *Berl. Ber.,* 1859, p. 216.
Euler. — *Theoria lucis et colorum.*
A. Ångström. — *Pogg. Ann.,* **94**, p. 141, 1853 ; **97**, p. 290, 1854.
De la Provostaye et Desains. — *Q. R.,* **36**, p. 84 ; **37**, p. 168, 1853.
Stewart. — *Proc. Edimb. Soc.,* 1857-1858, p. 95 ; 1858-1859, p. 203 ; *Phil. Mag.*
   (4), **20**, p. 169 ; **21**, p. 391.
Voigt. — *W. A.,* **67**, p. 366, 1899.
Pringsheim. — *Verh. d. phys. Ges.,* **3**, p. 81, 1901 ; *Rapports Congr. int. de phys.,* **2**,
   p. 101, Paris, 1900.

12. — Conséquences de la loi de Kirchhoff.

Kirchhoff. — *Pogg. Ann.,* **109**, p. 292, 1860.
B. Stewart. — *Phil. Mag.* (4), **21**, p. 391, 1861.
A. Pflüger. — *D. A.,* **7**, p. 806, 1902.
Magnus. — *Pogg. Ann.,* **139**, p. 445, 1870.
Rubens et Nichols. — *W. A.,* **60**, p. 429, 1897.
Abramczyk. — *W. A.,* **64**, p. 625, 1898.
A. Ångström. — *Pogg. Ann.,* **94**, p. 141, 1853 ; **97**, p. 290, 1854.
Cotton. — *Revue gén. des sciences,* 15 fév. 1899.

14. — Rayonnement mutuel de deux corps.

Ritchie. — *Pogg. Ann.,* **38**, p. 378, 1866.

15. — Emission du corps absolument noir.

Boumann. — *Versl. K. Ak. d. Vetens.,* Amsterdam, **5**, p. 438, 1897.
Rosenthal. — *W. A.,* **68**, p. 783, 1899 ; *Diss.,* Berlin, 1899.
Kirchhoff. — *Untersuchungen über das Sonnenspektrum,* etc., 2° édition, Berlin, 1862 ;
   Ostwalds Klassiker, n° 100, p. 36 ; *Pogg. Ann.,* **109**, p. 292, 1860.
Pringsheim. — *Rapp. prés. au Congrès de Phys.,* **2**, p. 101, Paris, 1900 ; *Verh. d.*
   phys. Ges., **3**, p. 81, 1901. .
Christiansen. — *W. A.,* **21**, p. 364, 1884.
Boltzmann. — *W. A.,* **22**, p. 31, 1884.
St-John. *W. A.,* **56**, p. 433, 1895.
Reid. — *Astrophysical Journal,* août 1895.
Lummer et Wien. — *W. A.,* **56**, p. 451, 1895.
Lummer et Pringsheim. — *W. A.,* **63**, p. 399, 1897.
Lummer et Kurlbaum. — *Verh. d. phys. Ges.,* **17**, p. 106, 1898 ; *Drud. Ann.,* **5**,
   p. 829, 1901.

16. — Lois de Stefan et de Wien.

Stefan. — *Wien. Ber.,* **79**, p. 391, 1879.
Boltzmann. — *W. A.,* **22**, p. 31, 291, 1884.
Planck. — *Drud. Ann.,* **1**, p. 115, 1900.

GRÄTZ. — *W. A.*, **11**, p. 913, 1880 ; **36**, p. 857, 1889.

RIVIÈRE. — *C. R.* **95**, p. 452, 1882.

W. SIEMENS. — *Proc. R. Soc.*, **35**, p. 166, 1883.

ABNEY et FESTING. *Phil. Mag.* (5), **16**, p. 224, 1883.

BOTTOMLEY. — *Proc. R. Soc.*, **37**, p. 177, 1884 ; *Phil. Trans.*, London, p. 178, 429, 1887 ; **184**, A., p. 591, 1893.

EDLER. — *W. A.*, **40**, p. 531, 1890.

SCHLEIERMACHER. — *W. A.*, **26**, p. 287, 1885 ; **34**, p. 623, 1888 ; **36**, p. 346, 1889

SCHNEEBELI. — *W. A.*, **22**, p. 430, 1884.

LUMMER et PRINGSHEIM. — *W. A.*, **63**, p. 395, 1897 ; *D. A.*, **3**, p. 159, 1900.

LUMMER et KURLBAUM. — *Verh. d. phys. Ges.*, **17**, p. 106, 1898.

LUMMER. — *Rapp. prés. au Congr. de phys.*, **2**, p. 81, Paris, 1900.

KURLBAUM. *W. A.*, **65**, p. 754, 1898.

PASCHEN. — *W. A.* **58**, p. 455, 1896 ; **60**, p. 662, 1897.

D. GOLDHAMMER. — *Commun. de la Soc. phys.-math. de Kazán* (en russe), 1901 ; *Drud. Ann.*, **4**, p. 828, 1901.

W. WIEN. — *W. A.*, **52**, p. 132, 1894 ; *Rapp. prés. au Congr. de phys.*, **2**, p. 25, Paris, 1900 ; *Berl. Ber.*, 1893, p. 55.

LANGLEY. — *Ann. ch. et phys.* (6), **9**, p. 433, 1886.

THIESEN. — *Verh. d. phys. Ges.*, **2**, p. 65, 1900.

H. LORENTZ. — *Verls. K. Ak. v. Wet.*, 1900-1901, p. 572.

H. F. WEBER. — *Berl. Ber.*, 1888, p. 933.

LUMMER et PRINGSHEIM. — *Verh. d. phys. Ges.*, **1**, p. 23, 214, 1899.

PASCHEN. — *W. A.*, **58**, p. 455, 1896 ; **60**, p. 662, 1897.

RUBENS et KURLBAUM. — *Drud. Ann.*, **4**, p. 652, 1901.

17. — Rayonnement du corps absolument noir en fonction de la température et de la longueur d'onde.

W. MICHELSON. — *J. de la Soc. russe de phys. et de Chim.*, **19**, p. 79, 1887 ; **21**, p. 87, 1889 ; *J. de phys.* (2), **6**, p. 462, 1887 ; *Phil. Mag.* (5), **25**, p. 425, 1888.

KOEVESLIGHETY. — *J. de la Soc. russe de Phys. et de Chim.*, **20**, p. 65, 1888 ; *Grundzüge einer theoret. Spektralanalyse*, Halle, 1890.

H. F. WEBER. — *Berl. Ber.*, 1888, p. 933.

PASCHEN. — *W. A.*, **58**, p. 491, 1896.

W. WIEN. — *W. A.*, **58**, p. 662, 1896 ; *Berl. Ber.*, 1893, p. 55.

THIESEN. — *Verh. d. phys. Ges.*, **2**, p. 65, 1900.

LORD RAYLEIGH. — *Phil. Mag.* (5), **49**, p. 539, 1900.

LUMMER et JAHNKE. — *Drud. Ann.*, **3**, p. 283, 1900.

NUTTING. — *Phil. Mag.* (6), **2**, p. 379, 1902.

PLANCK. — *Verh. d. phys. Ges.*, **2**, p. 202, 237, 1900.

PLANCK. — *Drud. Ann.*, **1**, p. 116, 719, 1900.

W. WIEN. — *Drud. Ann.*, **3**, p. 530. 1900.

PASCHEN et WANNER. — *Berl. Ber.* 1899, p. 5.

PASCHEN. — *W. A.*, **58**, p. 455, 1896 ; **60**, p. 662, 1897 ; *Berl. Ber.*, 1899, p. 405, 959.

WANNER. — *Drud. Ann.*, **2**, p. 141, 1900.

LUMMER et PRINGSHEIM. — *Verh. d. phys. Ges.*, **1**, p. 23, 215, 1899 ; **2**, p. 163, 1900.

H. BECKMANN. — *Dissertation*, Tübingen, 1898.

PASCHEN. — *Drud. Ann.*, **4**, p. 277, 1901.

JAHNKE, LUMMER et PRINGSHEIM. — *Drud. Ann.*, **4**, p. 225, 1901.

Planck. *Drud. Ann.*, **3**, p. 764, 1900.

Lummer et Pringsheim. — *Drud. Ann.*, **6**, p. 192, 1901.

Planck. — *Drud. Ann.*, **4**, p. 553, 1901.

Rubens et Kurlbaum. — *Berl. Ber.*, 1900, p. 929 ; *Drud. Ann.*, **4**, p. 649, 1901.

18. — Loi de Lambert. Luminescence. Loi de Draper. Intensité du rayonnement visible.

W. A. Oulianine. *W. A.*, **62**, p. 528, 1897 ; *La loi de Lambert et la polarisation d'Arago* (en russe). Kazan, 1899.

Burke. — *Phil. Trans.*, London, **191**, p. 87, 1898 ; *Proc. of the Royal Soc.*, série A. **76**. p. 165, 24 mai 1905.

Nichols et Meritt. — *Physical Review*, déc. 1904.

Camichel. — *C. R.*, **140**, p. 139, 1905 ; *C. R.* **141**, p. 185, 17 juillet 1905 ; **141**, p. 249, 24 juillet 1905 ; *Journ. de Phys.*, 1905 ; *Ann. de la Fac. des Sc. de Toulouse*, 2° série, **7**, p. 419 1905.

Liveing et Dewar. — *Chem. News*, **47**, p. 122, 1883.

Hittorf. — *W. A.*, **7**, p. 582, 1879.

Cantor. — *D. A.*, **1**, p. 462, 1900.

Pringsheim. — *W. A.*, **45**, p. 437, 1892 ; **49**, p. 347, 1893 ; *Rapp. prés. au Congrès de phys.*, **2**, p. 100, Paris, 1900.

Lummer. — *Rapports prés. au Congrès de phys.*, **2**, p. 56, Paris, 1900 ; *Archiv der Math. u. Phys.* (3), **1**, p. 77, 1901 ; *Verh. d. phys. Ges.*, **16**, p. 121, 1897 ; *W. A.*, **62**, p. 14, 1897.

König. — *Berl. Ber.*, 1894, p. 577.

Kries. — *Ztschr. für Psychol. u. Physiol. d. Sinnesorgane*, **9**, p. 81, 1894.

Lummer et Kurlbaum. — *Verh. d. phys. Ges.*, **2**, p. 89, 1900.

Le Chatelier et Boudouard. — *Mesure des tempér. élevées*, Paris, 1900, p. 167.

Rasch. — *D. A.*, **14**, p. 193, 1904.

Guillaume. — *Revue génér. des Sc. pures et appl.*, **12**, p. 364, 1901.

Nernst. *Phys. Ztschr.*, **4**, p. 733, 1903.

Eisler. — *Elektrotechn. Ztschr.*, **25**, p. 188, 1904.

Jablouski. — *Elektrotechn. Ztschr.*, **25**, p. 374, 1904.

Lucas. — *Phys. Ztschr.*, **6**, p. 19, 1905.

19. — Influence du milieu ambiant.

Kirchhoff. — *Untersuch. über das Sonnenspektrum*, 2° édition, 1862 ; *Pogg. Ann.*, **109**, p. 275, 1860 ; *Ostw. Klassiker*, n° 100, note 19.

Clausius. — *Pogg. Ann.*, **121**, p. 1, 1864.

Quintus Icilius. — *Pogg. Ann.*, **127**, p. 30, 1866.

Smoluchowski de Smolan. — *C. R.*, **123**, p. 230, 1896 ; *J. de phys.* (3), **5**, p. 488, 1896.

Bartoli. — *Nuov. Cim.* (3), **6**, p. 265, 1880.

B. Galitzine. — *W. A.*, **48**, p. 492, 1892.

Planck. — *Drud. Ann.*, **1**, p. 118, 1900.

W. A. Oulianine. — *W. A.*, **62**, p. 528, 1897 ; *La loi de Lambert*, Kazan (en russe), 1899.

W. A. Michelson. — *Revue de physique* (en russe), **2**, 1901.

Mach. — *Prinzipien der Wärmelehre*, Leipzig, 1896, p. 146.

20. — Pression de l'énergie rayonnante.

Maxwell. — *Treatise on Electr. and Magnet.*, Art. 792, 1873.

Bartoli. — *Sopra i movimenti prodotti della luce*, etc. ; *Firenze*, Le Monnier, 1876 ; *Nuov. Cim.* (3), **15**, p. 193, 1884 ; *Repert. der Physik*, **21**, p. 198, 1885.
Boltzmann. — *W. A.*, **22**, p. 33, 1884.
Guillaume. — *Arch. Sc. phys.* (3), **31**, p. 121. 1891.
Heaviside. — *Electromagnet. theory*, I, London, 1893, p. 334.
B. Galitzine. — *W. A.*, **47**, p. 479, 1892.
D. Goldhammer. — *Drud. Ann.* **4**, p. 834, 1901.
Képler. — *Principia mathematica*, I, 3, Prop. 41.
Euler. — *Mém. de l'Acad. de Berlin*, 1746, vol. 2, p. 121, 135.
De Mairan. — *Traité phys. et hist. de l'Aurore boréale*, Paris, 1754, p. 371.
Fresnel. — *Ann. chim. et phys.* (2). **29**, p. 57, 107, 1825.
Zöllner. — *Pogg. Ann.*, **160**, p. 154, 1877.
P. N. Lébédeff. — *J. de la Soc. russe de phys. et de Chim.*, **32**, p. 211, 1900 ; *Rapp. prés. au Congrès de phys*, **2**, p. 133, Paris, 1900 ; *Drud. Ann.*, **6**, p. 433, 1901.
Nichols et Hull. — *Phys. Rev.*, **13**, p. 307, 1901 ; *Astrophys. Journ.* **17**, p. 315, 1903 ; **18**, p. 352, 1903 ; *D. A.*, **12**, p. 225, 1903.
P. N. Lébédeff. — *W. A.*, **45**, p. 292, 1892 ; **62**, p. 170, 1897 ; *Phys. Ztschr.*, **4**, p. 15, 1902.
Sv. Arrhenius. — *Öfersigt af kon. Vetens. Akad. Förhandl.*, 1900, p. 545 ; *Phys. Ztschr.*, **2**, p. 81, 97, 1900.
Schwarzschild. — *Münch. Ber.*, **31**, p. 293, 1901.
Abraham. — *Boltzmann-Festschrift*, 1904, p. 85.
Fitzgerald. — *Proc. R. Soc. Dublin*, 1884.
Hull. — *Trans. Astronom. Soc. Toronto*, 1901, p. 123.
Poynting. — *Arch. sc. phys. et natur.* (4), **17**, p. 397, 1904 ; *Phil. Mag.* p. (6), **9**, 169, 1905 ; *Proc. R. Soc.*, **72**, p. 265, 1905 ; *Phil. Trans.*, 202, A, p. 539 ; *Phys. Ztschr.*, **5**, p. 605, 1904.

CHAPITRE III

VITESSE DE PROPAGATION DE L'ÉNERGIE RAYONNANTE

1. Remarques générales. — L'énergie rayonnante, qui est une forme de mouvement de l'éther, se propage avec une certaine vitesse déterminée, qui dépend en général de l'état de l'éther lui-même et de la nature des rayons, c'est-à-dire de leur période T. L'état de l'éther, dans l'espace libre, est différent de l'état de l'éther qui se trouve entre les molécules de la matière à l'état solide, liquide ou gazeux. Ainsi, nous devons admettre, par exemple, que, dans la matière anisotrope, l'éther lui-même est aussi un milieu anisotrope et possède des propriétés qui diffèrent avec la direction. Par suite, la vitesse de propagation de l'énergie rayonnante dépend de la direction, suivant laquelle s'effectue cette propagation.

Si l'on considère l'énergie rayonnante comme un mouvement vibratoire

simple harmonique transversal, qui se propage dans l'éther, on peut prendre,
pour la vitesse V, la formule (17) de la 7° Partie, § **3**,

$$(1) \qquad V = \sqrt{\frac{e}{d}},$$

dans laquelle d désigne la densité de l'éther, e la mesure de l'élasticité *dans
la direction des vibrations*, identique, d'après sa signification physique, avec le
module de cisaillement N (Tome I). En prenant pour point de départ la théorie
électromagnétique moderne de l'énergie rayonnante, on obtient pour la vitesse
V des rayons, *dont la longueur d'onde λ est très grande*, une formule qui
exprime la dépendance de la grandeur V à l'égard des propriétés électriques
et magnétiques du milieu. Nous nous bornerons à la considération des diélectriques, qui ne possèdent aucune propriété magnétique différant des propriétés correspondantes de l'éther. Pour ces corps, la théorie précédente donne
la formule suivante :

$$(2) \qquad n^2 = K,$$

dans laquelle K désigne la constante diélectrique du milieu (page 11), n l'indice de réfraction pour des rayons de très grande longueur d'onde λ. Il résulte
de (2) et de la formule (7), page 25, $\left(n = \dfrac{v}{v_1}\right)$ que l'on a

$$(2,a) \qquad V = \frac{C}{\sqrt{K}},$$

si l'on pose $v = C$, où C est égal à la vitesse de propagation dans l'éther libre
(vitesse dans le vide), pour lequel on a $K = 1$, et $v_1 = V$ (vitesse dans le
second milieu).

*La vitesse de propagation de l'énergie rayonnante dans le vide ne dépend pas de
la nature des rayons, c'est-à-dire de la période* T. Ceci se trouve démontré par
les observations de la couleur des étoiles variables. Ces étoiles sont probablement cachées à intervalles périodiques par des satellites obscurs. Si la vitesse
des rayons dépendait de la période, les rayons lumineux de couleurs différentes se propageraient avec des vitesses inégales, et l'on observerait un ordre
de succession déterminé dans la coloration des étoiles à leur apparition (augmentation d'éclat), et l'ordre inverse à leur disparition (diminution d'éclat).
Les observations d'ARAGO sur l'étoile variable Algol (dans la constellation de
Persée) ont montré que ce changement de coloration ne se produisait pas.

*La vitesse de propagation de l'énergie rayonnante ne dépend pas de l'intensité
du flux*, comme l'ont fait voir les expériences de LIPPICH (1875), EBERT (1887)
et DOUBT (1904). EBERT a trouvé que, pour une variation d'intensité de
250 fois la valeur primitive, la vitesse V ne varie pas même de un millionième
de sa valeur. DOUBT, qui a employé la méthode d'interférence de MICHELSON,
est allé encore plus loin. Il a pu démontrer que, pour un changement d'intensité

> dans l'*air*, de 1 : 290 000, V ne change pas de 57^{cm} par seconde,
> »   *eau*, de 1 : 43 000,   » 42^{cm} »
> » CS^2, de 1 : 43 000,   » 80^{cm} »

En général, dans l'eau, un changement d'intensité de $1 : 40000$ ne fait pas varier v de $1 : 10^{19}$.

Lord Rayleigh a montré qu'il fallait distinguer la vitesse V d'un groupe d'ondes, de la vitesse U d'une onde isolée dans l'éther. Ces deux vitesses sont liées par la relation

$$(2, b) \qquad\qquad V = U - \lambda \frac{dU}{d\lambda}.$$

Comme quelques-unes des méthodes de détermination de la vitesse de la lumière donnent la valeur V, d'autres la valeur U, il devrait se manifester, d'après Lord Rayleigh, des différences notables dans le résultat, si la vitesse de propagation dans l'éther libre dépendait de λ. Lamb a proposé la formule $(2, b)$ pour les ondes à la surface des liquides.

Nous voyons, d'après la formule générale qui donne la longueur d'onde λ,

$$(3) \qquad\qquad \lambda = VT,$$

que, dans le vide, la longueur d'onde est proportionnelle à la durée T d'une vibration. *Dans un espace renfermant de la matière, en plus de l'éther, la vitesse V dépend non seulement des propriétés du milieu, mais encore de la période T de la vibration.* Les rayons de longueurs d'onde différentes se propagent dans ce milieu avec des vitesses inégales et la longueur d'onde λ n'est plus proportionnelle à la durée T d'une vibration. Dans un milieu anisotrope, la vitesse dépend en outre de la direction suivant laquelle les vibrations sont transmises.

La vitesse de propagation de l'énergie rayonnante a été déterminée aussi bien pour les rayons visibles (vitesse de la lumière) que pour les rayons électriques. Nous allons d'abord considérer les méthodes de détermination de la *vitesse de la lumière*.

2. Méthode de Römer (1675). — L'astronome danois Olaf Römer remarqua que les éclipses des satellites de Jupiter ne s'observent pas à des intervalles de temps égaux. Quand la Terre s'éloigne de Jupiter, les éclipses retardent; quand elle s'en rapproche, les éclipses se produisent, au contraire, plus tôt. Römer donna comme explication de ce phénomène que les rayons lumineux émis par un satellite de Jupiter doivent, dans le premier cas, parcourir des chemins de plus en plus grands, dans les éclipses successives, avant d'atteindre la Terre. Dans le second cas, la Terre se déplaçant à la rencontre des rayons, l'intervalle de temps, qui sépare les observations de deux éclipses successives, est moindre que si la distance de la Terre à Jupiter était restée invariable. Si l'on désigne par $2t$ la somme des retards de toutes les éclipses, qui se produisent pendant que la Terre s'éloigne de Jupiter, c'est-à-dire depuis l'instant de la conjonction de ces astres jusqu'au moment où ils se trouvent en opposition, $2t$ représente la durée que met la lumière à parcourir l'augmentation de distance de la Terre à Jupiter. Cette augmentation est égale à $2R$, R désignant le rayon moyen de l'orbite terrestre. Si l'on pose $R = r : \mathrm{tg}\ \alpha$, où r est le rayon de la Terre, α la parallaxe solaire, on a

$$(4) \qquad\qquad V = \frac{R}{t} = \frac{r}{t\,\mathrm{tg}\ \alpha}.$$

Römer trouva $t = 8^{\mathrm{min}}\cdot 18^{\mathrm{sec}}\cdot,2$. Les recherches les plus récentes, celles de S. von Glasenapp ont donné $t = 8^{\mathrm{min}}\cdot 20^{\mathrm{sec}}\cdot,8$. Si l'on fait $\alpha = 8'',85$, on obtient

$$(5) \qquad\qquad V = 297\,100\ \frac{\mathrm{km}}{\mathrm{sec.}} = 2,971.10^{10}\ \frac{\mathrm{cm}}{\mathrm{sec.}}.$$

Bouquet de la Grye (1899) a pris comme valeur la plus probable $\alpha = 8'',80$, ce qui donne

$$(5,\ a) \qquad\qquad V = 298\,800\ \frac{\mathrm{km}}{\mathrm{sec.}} = 2,988.10^{10}\ \frac{\mathrm{cm}}{\mathrm{sec.}}.$$

3. Méthode de Bradley (1727). Aberration de la lumière. —

Le phénomène de l'aberration de la lumière a été découvert par l'astronome anglais Bradley. Ce phénomène consiste dans la variation de la position apparente des étoiles dans le ciel, produite par le mouvement de l'observateur résultant de la rotation de la Terre autour de son axe et autour du Soleil. La position d'une étoile est déterminée par la distance angulaire de deux droites, dont l'une est invariablement liée à la Terre et dont l'autre passe par l'image de l'étoile sur la rétine de l'œil de l'observateur et par un point déterminé situé sur l'axe optique de l'appareil servant à mesurer l'angle considéré (par exemple, par le point de croisement de deux fils de l'oculaire micrométrique d'une lunette astronomique, T. I, page 309) ; cette seconde droite détermine la direction suivant laquelle l'observateur voit l'étoile. Soit AN (*fig.* 33) la direction du mouvement de l'observateur, v la vitesse de ce mouvement. Prenons le plan passant par AN et par l'étoile pour plan de la figure ; nous compterons les grandeurs angulaires déterminant la position de l'étoile, à partir de la droite AN. Soit S'A la direction des rayons partant de l'étoile à l'observateur ; posons S'AN $= \omega$. Si l'observateur restait immobile en A, il devrait diriger l'axe de sa lunette suivant la direction AS', pour voir l'image de l'étoile au point de croisement des fils de l'oculaire micrométrique. Mais,

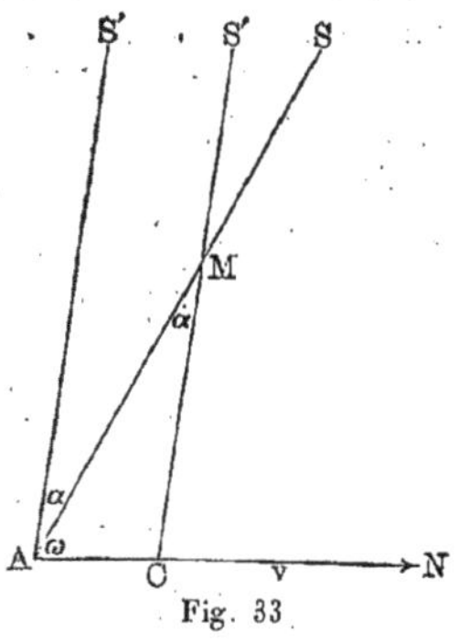

en réalité, l'observateur ne reste pas en repos, et il se meut avec la vitesse v dans la direction AN. S'il dirige l'axe de sa lunette suivant AS', il ne voit pas, par suite de son mouvement propre, l'image de l'étoile au point de croisement des fils, c'est-à-dire sur l'axe de la lunette, mais un peu à côté et *déplacée dans la direction AN de son mouvement propre*. Pour viser l'étoile, c'est-à-dire pour amener son image à couvrir le point de croisement des fils, il faut faire tourner la lunette dans le plan S'AN d'un certain angle

Chwolson. — Traité de Physique II₁.   7

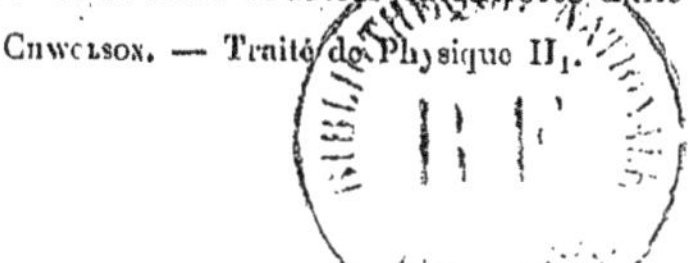

$\alpha = S'AS$ et maintenir l'axe suivant la direction AS, car c'est dans cette direction que semble se trouver l'étoile. L'angle α se détermine par la formule

$$(6) \qquad \sin \alpha = \frac{v}{V} \sin \omega,$$

où V désigne la vitesse de la lumière. Démontrons ce qui vient d'être dit. L'étoile coïncidera évidemment avec le point de croisement des fils, si le rayon qui va de l'étoile à ce point rencontre au-delà de celui-ci le centre de la pupille de l'œil de l'observateur placé à l'oculaire. Soit M le point de croisement des fils et A l'endroit où se trouve l'œil de l'observateur, au moment où le rayon S'M parvient au point M. Soit t le temps que le rayon met à parcourir la distance qui sépare le point de croisement des fils de l'œil. L'angle α étant extrêmement petit, on peut poser $MAN = \omega$ et $MC = MA$; nous avons alors, dans le triangle AMC,

$$\frac{AC}{CM} = \frac{\sin \alpha}{\sin \omega}.$$

Si l'on remplace CM par Vt et si l'on introduit la valeur (6) de $\sin \alpha$, on obtient

$$AC = \frac{v}{V} \frac{\sin \alpha}{\sin \omega} \, Vt = vt.$$

Mais vt est le chemin parcouru par l'œil de l'observateur, dans la direction AN, pendant le temps t employé par le rayon pour aller de M en C. Il en résulte que le rayon S'M atteint bien l'œil de l'observateur et que, par suite, celui-ci aperçoit l'étoile S', en donnant à l'axe de sa lunette la direction AS. En d'autres termes :

L'observateur voit l'étoile S' dans la direction AS, c'est-à-dire déplacée, suivant la direction AN de son mouvement, d'un angle α déterminé par la formule (6).

L'angle α s'appelle l'aberration de l'étoile. Sa valeur maxima α_m a lieu pour $\omega = 90°$; on a alors

$$(7) \qquad \sin \alpha_m = \frac{v}{V}.$$

Pour $\omega = 0$, l'aberration est nulle. Si l'étoile se trouve dans le plan de l'écliptique, elle oscille, pendant le cours d'une année, autour d'une position moyenne, et décrit une droite, dont les extrémités ont une distance angulaire égale à $2\alpha_m$. Une étoile qui se trouve à l'un des pôles de l'écliptique décrit, dans le cours de l'année, un cercle, dont le rayon est déterminé par l'arc α_m. Enfin, toutes les étoiles qui ne sont ni aux pôles de l'écliptique, ni dans son plan, paraissent décrire des ellipses, dont les grands axes sont parallèles à l'écliptique et égaux aussi à l'arc α_m. L'angle α_m commun à toutes les étoiles s'appelle la *constante d'aberration*. W. STRUVE a trouvé, d'après ses observations (1842), la valeur $\alpha_m = 20'',445$; il obtint plus tard (1853) $\alpha_m = 20'',463$. En 1885, KÜSTNER à Berlin trouva $\alpha_m = 20'',313$, et NYRÈN, $\alpha_m = 20'',517$. Les dernières recherches de LOEWY et PUISEUX (1891) ont donné une valeur, qui coïncide exactement avec la première valeur de STRUVE,

$$(8) \qquad \alpha_m = 20'',445.$$

C'est cette valeur qu'il faut prendre actuellement comme la plus probable. Elle diffère peu du nombre trouvé par GILL (1881) $\alpha_m = 20'',496$.

La formule (7) donne

$$(9) \qquad V = \frac{v}{\sin \alpha_m}.$$

Soit T la durée d'une année sidérale en secondes et R le rayon moyen de l'orbite terrestre ; on a

$$V = \frac{2\pi R}{T \sin \alpha_m}.$$

On en déduit, pour la vitesse V de la lumière, en posant $\alpha_m = 20'',5$, la valeur suivante :

$$(10) \qquad V = 298\,200\,\frac{km}{sec.} = 2,982.10^{10}\,\frac{cm}{sec.}.$$

La concordance des nombres (5) et (10) est très satisfaisante. La question intéressante de l'influence du milieu, qui remplit l'espace entre M et A (*fig.* 33), sera considérée plus loin. Remarquons seulement ici qu'il avait été prévu par la théorie, ce que les déterminations directes de l'aberration à l'aide d'une lunette remplie d'eau ont confirmé, que *la grandeur de l'aberration ne dépend pas de la nature du milieu, dans lequel se propage la lumière.*

4. Méthode de Fizeau (1849). — La figure schématique 34 permet de comprendre le principe de cette méthode. Deux lunettes astronomiques L et L′ sont disposées de telle façon que l'on puisse voir nettement, dans chacune d'elles, l'objectif de l'autre ; leur distance est de 8633 mètres. Le pourtour

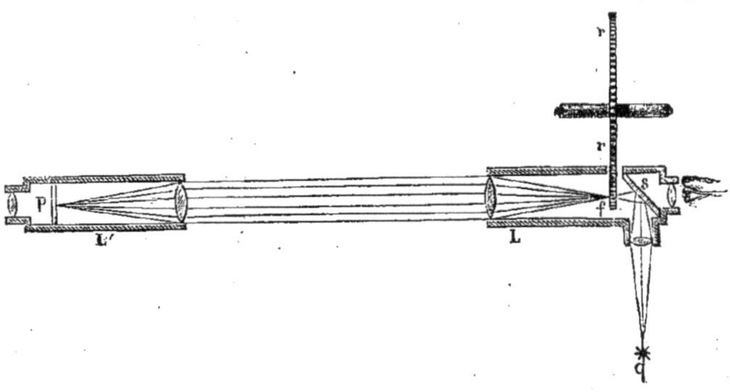

Fig. 34

d'une roue dentée *rr* pénètre, par une fente latérale, à l'intérieur de L, juste à l'endroit où se trouve le foyer f de l'objectif. A l'intérieur de L se trouve une plaque de verre s à faces parallèles, inclinée à 45° sur l'axe de la lunette. Enfin L est munie latéralement d'un tube court renfermant une lentille. A l'intérieur de L′ se trouve un miroir plan p perpendiculaire à l'axe de la lunette, et à la surface duquel est le foyer de l'objectif. Les rayons d'une source lumineuse très vive q sont concentrés par la lentille latérale et le miroir plan s en f, et transformés en un faisceau de rayons parallèles par l'objectif de L. L'objectif de L′ concentre les rayons à la surface du miroir p. Ces rayons reviennent, par réflexion, suivant le même chemin, et, après s'être concentrés en f, une partie est réfléchie par la plaque de verre s, tandis qu'une autre partie la traverse. L'observateur peut donc voir distinctement, dans l'oculaire de la lunette L, le foyer lumineux f. Si la roue dentée rr tourne assez lentement, pour qu'il ne passe pas plus de dix dents par seconde à l'endroit où se forme l'image du point lumineux, l'observateur perçoit l'une après l'autre les disparitions (quand une dent se trouve sur le trajet des rayons) et les réapparitions de cette image. Pour une vitesse de rotation plus grande, l'observateur voit continuellement un point brillant, car les impressions lumineuses reçues, pendant le passage des intervalles des dents, se confondent. Mais, pour une vitesse de rotation bien déterminée, le point brillant disparaît entièrement. Ceci a lieu dans le cas où les rayons qui sont passés entre deux dents, en se dirigeant de f vers p, rencontrent une dent dans leur retour de p vers s; alors, le temps t, que mettent les rayons à parcourir, dans les deux sens, la distance qui sépare la roue rr du miroir p, est égal au temps employé par la roue pour tourner de l'angle $\frac{2\pi}{2n} = \frac{\pi}{n}$, c'est-à-dire pour effectuer la 2 $n^{\text{ième}}$ partie d'une révolution complète (n étant le nombre des dents de la roue).

Désignons la distance fp par l et le nombre de tours de la roue, dans une seconde, par N; le temps t est égal d'une part à $2l : V$, V désignant la vitesse de la lumière, et d'autre part à $\frac{1}{2nN}$, car la roue effectue une révolution complète en $\frac{1}{N}$ seconde. De l'égalité

$$\frac{2l}{V} = \frac{1}{2nN},$$

on déduit la suivante :

(11) $$V = 4nNl.$$

Si l'on double ensuite la vitesse de rotation, l'observateur voit à nouveau une lumière continue : les rayons qui sont passés entre deux dents rencontrent à leur retour l'intervalle suivant. En désignant, dans ce cas, par N_1 le nombre de tours de la roue par seconde, on a $t = 1 : N_1 n$, et, par suite, $V = 4n\frac{N_1}{2}l$. Ce raisonnement simple, mais non absolument rigoureux en réalité, conduit à l'égalité $N_1 = 2N$. Quand le nombre de tours devient égal à $N_2 = 3N$, le point lumineux disparaît à nouveau, puis il réapparaît pour $N_3 = 4N$, etc. On a d'une manière générale, la formule

(11, a) $$V = 4n\frac{N_k}{k}l.$$

Dans les expériences de Fizeau, la distance fp était égale à $l = 8^{\text{km}},633$, et le nombre des dents de la roue était $n = 720$. La première disparition du point lumineux se produisait avec une vitesse de rotation relativement faible, pour $N = 12,6$. La formule (11) donne alors

$$V = 313\,300\,\frac{\mathrm{km}}{\mathrm{sec.}}.$$

Cornu (1872 à 1874) a effectué une détermination de la vitesse de la lumière, d'après la méthode de Fizeau, en se servant des procédés d'observation les plus précis, et en enregistrant électriquement d'une part, les vitesses de rotation de la roue, et d'autre part, les apparitions et les disparitions de la lumière au retour; il éliminait ainsi à peu près complètement l'influence des erreurs personnelles. Dans ses premières expériences, la distance l était égale à 10 310 mètres; dans les suivantes, à 22 910 mètres. La roue dentée effectuait 1 600 tours par seconde, de sorte qu'on pouvait aller jusqu'aux 21ièmes apparition et disparition du point brillant. Son résultat final fut

$$V = 300\,400 \text{ kilomètres.}$$

Cornu a également donné une théorie mathématique complète de la méthode de Fizeau.

Young et Forbes ont modifié la méthode de Fizeau, en plaçant deux miroirs à des distances différentes l_1 et l_2 de la roue dentée; ces deux miroirs se trouvaient presque dans la même direction par rapport à s, de sorte que l'observateur voyait simultanément les deux images du point brillant à environ $0^{\mathrm{mm}},25$ l'une de l'autre. Les apparitions et les disparitions de ces images se produisaient pour des vitesses de rotation différentes de la roue. On déterminait les vitesses de rotation, pour lesquelles les deux points avaient le même éclat; une augmentation de la vitesse de rotation produisait une diminution d'éclat de l'un des points, une augmentation pour l'autre. Le rapport $l_1 : l_2$ était égal à $12 : 13$. Sans entrer dans la théorie de cette méthode, nous nous bornerons à en indiquer le résultat :

$$V = 301\,382\,\frac{\mathrm{km}}{\mathrm{sec.}}.$$

Cornu (1900) a soumis le travail de Young et Forbes à une critique très rigoureuse. Dans ces derniers temps, Perrotin avait entrepris à Nice un travail, pour lequel il avait pu encore recevoir les conseils de Cornu († 1902). A la fin de l'année 1902, a paru une première communication de laquelle il ressort que Perrotin était arrivé à faire porter ses expériences sur la distance $l = 46$ kilomètres. Il donnait pour V la valeur

$$V = 299\,880\,\frac{\mathrm{km}}{\mathrm{sec.}}.$$

Malheureusement Perrotin est mort en 1904, et nous ne savons pas si ses recherches seront publiées.

5. Méthode de Foucault (1849 à 1862). — Comme il résulte d'une très intéressante notice historique de Cornu, il serait plus juste d'appeler cette méthode, méthode de Foucault-Fizeau. Avant d'en donner une description, montrons d'abord l'influence de la rotation d'un miroir sur la direction d'un rayon réfléchi par ce miroir. Soit MOM (*fig.* 35) un miroir plan, AO le rayon incident, ON la normale au point d'incidence, OB le rayon réfléchi, de sorte que l'on a $BON = NOA = \varphi$. Si le miroir tourne de l'angle α, autour d'un axe perpendiculaire au plan d'incidence (plan de la figure) passant par O, et prend la position M'M', ON' devient

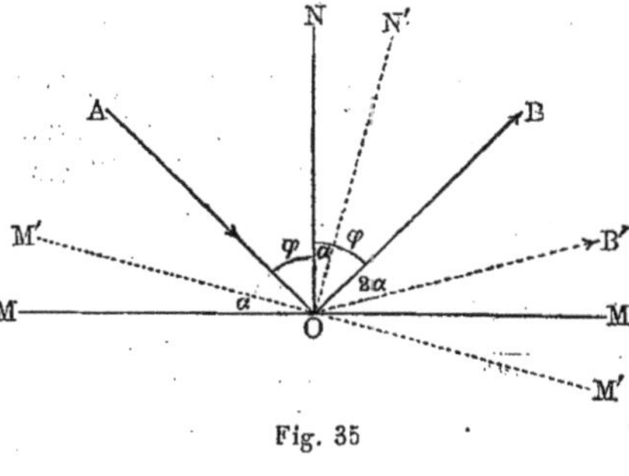

Fig. 35

la normale au point d'incidence et l'on a $N'ON = \alpha$. L'angle d'incidence est alors $AON' = \varphi + \alpha$, et par suite, le rayon réfléchi OB' forme avec ON' l'angle $B'ON' = \varphi + \alpha$. Comme on a $BON' = \varphi - \alpha$, on voit que $B'OB = B'ON' - BON' = \varphi + \alpha - (\varphi - \alpha) = 2\alpha$. Une rotation du miroir de l'angle α produit donc une rotation du rayon réfléchi de l'angle 2α.

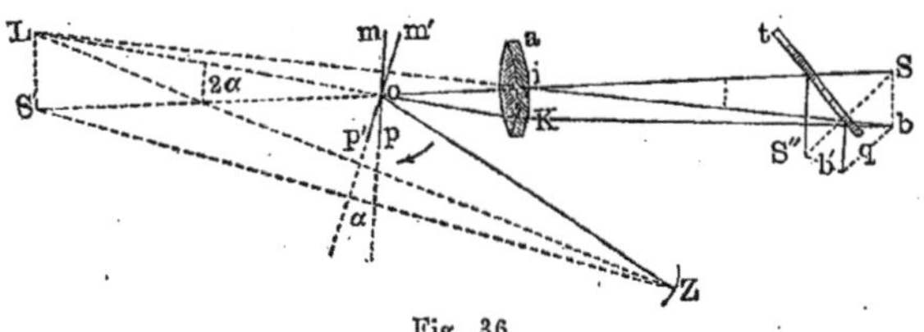

Fig. 36

La figure 36 représente la disposition (dans un plan horizontal) des appareils employés par Foucault dans sa méthode.

On voit, sur la figure 37, la disposition des appareils permettant de comparer la vitesse de la lumière dans l'air à celle dans l'eau ; nous parlerons

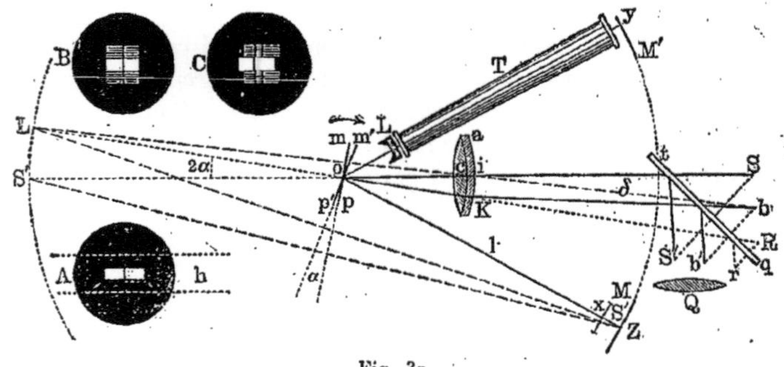

Fig. 37

plus loin de cette comparaison. Dans les deux figures, les mêmes parties sont désignées par les mêmes lettres.

Le miroir *mp* représente la partie importante de l'appareil ; ce miroir peut être mis en rotation très rapide, autour d'un axe vertical passant par le point o. En S se trouve une ligne verticale brillante (une fente éclairée fortement). La lentille *a*K en donnerait une image en S′, si le miroir n'était pas placé sur le trajet des rayons ; mais ceux-ci sont réfléchis et il se forme une image qui, par la rotation du miroir, tourne avec une grande vitesse suivant un cercle de rayon oS′ et décrit en particulier, à chaque révolution, l'arc S′Z. En Z se trouve un miroir sphérique concave, qui renvoie les rayons dans la direction ZoS. La glace sans tain *tq* réfléchit une partie des rayons, de sorte qu'il se forme en S″ une image réelle de S, que l'on observe avec une loupe Q. Le miroir *mp* vient en *m′p′* et tourne de l'angle α, pendant que la lumière parcourt la distance oZ dans les deux sens, et le rayon est ainsi réfléchi dans la direction o*b*, qui forme l'angle 2α avec la direction oS. Il se forme une image de la ligne éclairée en *b* et une autre en *b′*. Quand la vitesse de rotation du miroir est suffisamment grande, il se produit un déplacement sensible $\delta = S''b' = Sb$. Si la distance oS $= r$, et si oZ $= l$, on a

$$2\alpha = \frac{Sb}{So} = \frac{\delta}{r},$$ d'où l'on tire $\alpha = \frac{\delta}{2r}$. Soit N le nombre de tours du miroir dans chaque seconde. Durant le temps t, que met la lumière à parcourir le chemin oZ $+$ Zo $= 2l$, temps qui est évidemment égal à $\frac{2l}{V}$, le miroir tourne de l'angle α ; mais, comme il tourne de 2π dans le temps $\frac{1}{N}$, on a $t = \frac{\alpha}{2\pi N}$. De l'égalité

$$\frac{2l}{V} = \frac{\alpha}{2\pi N} = \frac{\delta}{4\pi N r}$$

résulte

(12)
$$V = \frac{8\pi N l r}{\delta}.$$

Dans les expériences de Foucault, le nombre de tours du miroir s'élevait jusqu'à 800 par seconde ; l était égal à 4 mètres. Pour pouvoir augmenter la distance l, Foucault inclina plus tard le miroir Z sur oZ, fit tomber les rayons réfléchis par Z sur un second miroir, de celui-ci sur un troisième, etc., et donna seulement au cinquième miroir une inclinaison telle que la normale coïncidât avec la direction des rayons incidents. Ces rayons étaient donc renvoyés au quatrième miroir, de celui-ci au troisième, etc., et finalement revenaient au miroir *pm*, suivant la direction Zo. On avait ainsi $l = 20$ mètres et Foucault obtint un déplacement $S''b' = \delta = 0^{mm},7$. Il en déduisit, à l'aide de la formule (12),

$$V = 298\ 000\ \frac{\text{km.}}{\text{sec.}}.$$

Vitesse de la lumière dans l'eau. — Foucault est arrivé à comparer entre elles les vitesses de la lumière dans l'air et dans l'eau, mettant ainsi un terme aux discussions engagées depuis un siècle, entre les partisans de la théorie de l'émission et ceux de la théorie des ondulations de l'éther. Nous avons vu, à la page 26, que la première théorie conduit à ce résultat que la vitesse de la lumière est proportionnelle à l'indice de réfraction n du milieu considéré, et, par suite, doit être plus grande dans l'eau que dans l'air; d'après la théorie des ondulations, au contraire, la vitesse de la lumière est inversement proportionnelle à l'indice de réfraction, et doit être, par suite, plus petite dans l'eau que dans l'air. Pour comparer entre elles les vitesses de la lumière dans l'eau (V') et dans l'air (V), Foucault plaça en y un second miroir yM', et, entre ce miroir et pm, un tube T rempli d'eau, fermé par des plaques de verre à faces parallèles. La lentille concave L annulait l'influence de l'eau sur la convergence du faisceau de rayons oy, qui serait devenu, sans cette lentille, encore plus convergent, par suite de la réfraction à l'entrée dans la colonne d'eau, et aurait donné une image de la ligne S non pas en y, mais à une certaine distance en avant de ce miroir. A chaque révolution du miroir pm apparaissait une fois un rayon parvenant au miroir y et en revenant. Si la vitesse de rotation de pm est faible, on voit en S'' deux images superposées de la ligne S, dont l'une est produite par les rayons oZo, l'autre par les rayons oyo. Pour une rotation très rapide du miroir pm, les deux images se séparent. Si l'on désigne par δ le déplacement de la première image, par δ' celui de la seconde, on obtient, d'après (12),

$$(13) \qquad \delta = \frac{8\pi N l r}{V}, \; \delta' = \frac{8\pi N l r}{V'},$$

et on en déduit

$$\frac{\delta}{\delta'} = \frac{V'}{V} \begin{cases} \dfrac{1}{n} < 1 & \textit{dans la théorie des ondulations,} \\ n > 1 & \textit{dans la théorie de l'émission.} \end{cases}$$

Pour distinguer l'une de l'autre les deux images fournies par les miroirs Z et y, Foucault plaçait en S un fil vertical très fin tendu dans une ouverture rectangulaire ; devant le miroir Z était disposé un écran opaque avec une fente horizontale, de sorte qu'il n'y avait que le milieu de l'image de l'ouverture S qui pût tomber sur le miroir Z. L'observateur voyait donc, au moyen de la loupe Q, une raie brillante, comme celle qui est figurée en Ah, quand le miroir y n'existait pas. Ce dernier miroir donnait un rectangle complet, de sorte qu'en installant les deux miroirs, l'observateur apercevait, dans le champ visuel de la loupe, trois raies représentées en B ; les deux raies extrêmes, produites par les rayons qui traversaient la colonne d'eau, avaient une teinte verdâtre. Le fil de l'oculaire Q était amené en coïncidence avec l'image du fil qui se trouvait en S. Quand le miroir pm tournait très rapidement, il se produisait un déplacement latéral des raies et de l'image du fil, *la raie médiane se déplaçant moins que les raies extrêmes* (voir *fig.* 37, C). Il s'ensuit que l'on a $\delta' > \delta$ et par suite $V' < V$, c'est-à-dire que *la lumière se propage moins vite dans l'eau que dans l'air, comme l'indique la théorie des ondulations.* Le rapport $\delta' : \delta$ fut trouvé à peu près égal à 4 : 3, c'est-à-dire à l'indice de réfraction n de l'eau.

Expériences de Michelson et de Newcomb. — Michelson (Etats-Unis) a apporté des perfectionnements essentiels à la méthode de Foucault. Le perfectionnement le plus important réside dans ce fait qu'il est arrivé à augmenter considérablement la distance l' entre le miroir fixe et le miroir tournant ; dans ses expériences l' était égal à 605 mètres. Une lentille à très grande distance focale (45 mètres) était disposée entre ces miroirs, pour rendre les rayons parallèles, après leur réflexion sur le miroir tournant. Le nombre de tours du miroir était $n = 257$; le déplacement δ des lignes lumineuses était égal à 133 millimètres, c'est-à-dire qu'il était 200 fois plus grand que dans les expériences de Foucault. Le résultat trouvé par Michelson en 1880 fut

$$V = 299\,940 \frac{km}{sec.},$$

et en 1885,

$$V = 299\,850 \frac{km}{sec.}.$$

Newcomb (1885) introduisit encore de nouveaux perfectionnements ; il remplaça entre autres le miroir tournant, par un prisme à quatre pans, avec des surfaces spéculaires, tournant autour de son axe géométrique ; il porta en outre la distance l' à 3 720 mètres et trouva

$$V = 299\,860 \frac{km}{sec.}.$$

Cornu (1900) soumit à un examen critique tous les travaux effectués d'après les méthodes de Fizeau et de Foucault, et indiqua en même temps de nouveaux perfectionnements à apporter à la méthode de Foucault. Il arriva à ce résultat que *la valeur la plus probable de la vitesse de la lumière dans le vide est*

$$(14) \qquad V = 300\,130 \pm 270 \frac{km}{sec.}.$$

B. Weinberg s'est livré aussi à une étude critique très complète de tous les travaux entrepris pour la détermination de V, auxquels se rattachent les nombreuses recherches sur la vitesse de propagation des ondes électriques (voir Tome IV). Il résulte d'une communication préliminaire que Weinberg considérait déjà en 1898, comme valeur la plus probable de V,

$$(14\ a) \qquad V = 299\,848 \pm 51 \frac{km}{sec.}.$$

Cette valeur est très voisine du résultat publié beaucoup plus tard par A. Michelson (1902), savoir

$$(14\ b) \qquad V = 299\,890 \pm 60 \frac{km}{sec.}.$$

En 1903 a paru le grand ouvrage de Weinberg en deux volumes (en russe), où il passe en revue toutes les recherches (plus de 200) qui peuvent servir pour la détermination de V. Il trouve, comme valeur la plus probable,

$$(14,\ c) \qquad V = 299\,856,8 \frac{km}{sec.}.$$

On peut donc prendre, avec une approximation suffisante, comme vraie valeur

$$(14, d) \qquad V = 300\,000\ \frac{\text{km}}{\text{sec.}} = 3 . 10^{10}\ \frac{\text{cm}}{\text{sec.}}.$$

A. Michelson a comparé aussi les vitesses de la lumière dans l'eau (V') et dans l'air (V); il a trouvé V : V' = 1,33, ce qui correspond exactement à l'indice de réfraction de l'eau. Pour CS^2, la concordance était un peu moins bonne (1,77 au lieu de 1,63).

H. Lorentz (1901) a fait une étude théorique très complète de la méthode du miroir tournant, et a montré qu'elle renferme certaines sources d'erreur, mais que les erreurs correspondantes peuvent être négligées.

A. Michelson (1902) a proposé une nouvelle méthode très intéressante pour mesurer la vitesse de la lumière. C'est une sorte de combinaison des méthodes de la roue dentée et du miroir tournant. Mais, comme il n'a pas encore été effectué de mesures d'après cette méthode, nous ne la décrirons pas.

6. Détermination de la vitesse des rayons électriques. — Si l'on produit un rayon électrique, à l'aide de l'excitateur qui est représenté par la figure 3, page 13, et si l'on dispose une plaque métallique perpendiculairement à la direction dans laquelle il se propage, ce rayon est réfléchi. Il se forme, dans ce cas, des ondes stationnaires présentant des ventres et des nœuds, la distance de deux nœuds ou de deux ventres consécutifs étant égale à $\frac{1}{2}\lambda$. La formule $\lambda = VT$ donne

$$(15) \qquad V = \frac{\lambda}{T}.$$

Sans entrer dans plus de détails, nous dirons seulement ici que l'on peut, au moyen d'un résonnateur (*fig.* 4, page 15), déterminer les positions des nœuds et des ventres, et trouver par suite la longueur d'onde λ. La durée T de vibration peut être calculée, connaissant les dimensions du résonnateur, ou être déterminée expérimentalement, en considérant, dans un miroir tournant avec une grande vitesse, l'image de l'étincelle, ce qui permet d'observer les différentes parties de la décharge oscillante (voir le Tome IV). On trouve ainsi que *la vitesse de propagation des rayons électriques est la même que celle de la lumière*.

7. Influence du mouvement du milieu sur la propagation de l'énergie rayonnante dans ce milieu. — La question de l'influence du mouvement des corps, sur un flux d'énergie rayonnante qui s'y propage, ne peut être considérée jusqu'ici comme définitivement résolue. Les différentes théories et les diverses expériences relatives à cette influence ont conduit à des résultats contradictoires. Fresnel (1818) a donné la formule

$$(16) \qquad u = \frac{n^2 - 1}{n^2}\, v,$$

dans laquelle v désigne la vitesse du mouvement du milieu, u la vitesse avec laquelle le flux d'énergie rayonnante est entraîné dans la direction du mouvement du milieu. POTIER et FOUSSEREAU ont établi directement cette formule. Nous allons en donner une démonstration indirecte basée sur le fait que *la grandeur de l'aberration de la lumière ne dépend pas du milieu qui se trouve sur le trajet des rayons.* En effet, les observations d'AIRY en Angleterre, avec des lunettes astronomiques *remplies d'eau*, ont donné, pour la constante d'aberration α_m (page 98), la même valeur que les observations ordinaires, c'est-à-dire $\alpha_m = 20'',5$ environ, voir (8), page 99. Imaginons qu'un milieu, dont l'indice de réfraction est n, soit limité par les plans PQ et RS, fig. 38 et 39. Supposons d'abord que le rayon lumineux ZM venant

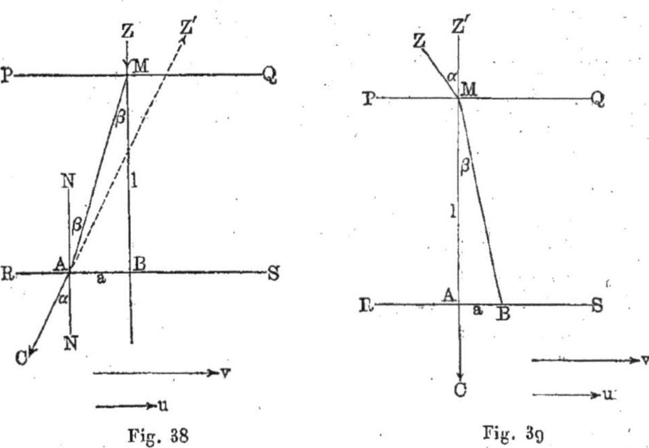

d'une étoile Z soit perpendiculaire à PQ (*fig.* 38). Pendant qu'il se propage de PQ en RS, le milieu, qui remplit l'espace compris entre PQ et RS, se déplace, ainsi que l'observateur placé au-delà du plan RS, avec la vitesse v, de la gauche vers la droite. Si l'on admet que le flux d'énergie rayonnante est en partie entraîné et se meut aussi vers la droite, avec une vitesse u, on voit que le milieu PQRS et l'observateur se sont déplacés, vers la droite, avec la vitesse $v — u$, par rapport au rayon, qui rencontre RS en un certain point A. A sa sortie du milieu PQRS, ce rayon est réfracté et parvient, suivant la direction AC, à l'œil de l'observateur, qui voit l'étoile Z en Z'. L'aberration α est égale à l'angle de AZ' avec MZ, c'est-à-dire que l'on a $\alpha = \text{CAN}$, où $\text{NN} \perp \text{RS}$. Soit en outre $AB = a$, et l la distance entre PQ et RS.

La figure 39 représente le cas où l'observateur se trouve en C et aperçoit l'étoile Z, dans la direction CZ' qui est normale à PQ et à RS. C'est plutôt ce cas qui se présente dans les observations réelles. Ici ZM est le rayon incident, qui est réfracté à son entrée dans le milieu, et parviendrait en B, si le milieu et l'observateur restaient immobiles. Mais comme ils se déplacent, par rapport au rayon, avec la vitesse $v — u$, le rayon rencontre l'œil de l'observateur au point C. L'aberration est $\alpha = \text{Z M Z'}$.

La suite de notre démonstration s'applique également à la figure 38 et à la figure 39. Nous avons

$$\frac{\sin \alpha}{\sin \beta} = n \quad ; \quad \sin \beta = \frac{a}{l}.$$

Mais le chemin l est parcouru avec la vitesse V_1 dans le milieu PQRS, pendant le temps employé par le milieu et le rayon à se déplacer de la quantité a avec la vitesse $v - u$; on a donc

$$\sin \beta = \frac{a}{l} = \frac{v - u}{V_1}.$$

Si V désigne la vitesse de la lumière dans le vide, on a

$$V_1 = \frac{1}{n} V.$$

On en déduit

$$\sin \alpha = n \sin \beta = n \frac{a}{l} = n \frac{v - u}{V_1},$$

et enfin

$$(17) \qquad \sin \alpha = \frac{v - u}{V} n^2.$$

Cette grandeur ne doit pas dépendre de la nature du milieu et doit avoir, quel que soit n, la même valeur que dans le cas de l'absence d'un milieu matériel, où $n = 1$, $u = 0$ et $\sin \alpha = v : V$. Si l'on introduit cette dernière valeur de $\sin \alpha$, on obtient

$$(v - u) n^2 = V \sin \alpha = v,$$

d'où l'on tire

$$u = \frac{n^2 - 1}{n^2} v,$$

c'est-à-dire la formule de FRESNEL. HASENOEHRL (1904) a établi une expression plus développée pour u. On peut l'écrire d'une manière approchée sous la forme

$$(18) \qquad u = \frac{n^2 - 1}{n^2} \left(1 + \frac{v^2}{n^2 V^2} \right) v,$$

où V est la vitesse de la lumière.

FIZEAU a vérifié la formule de FRESNEL, au moyen de l'appareil qui est représenté par la figure 40. Le tube AA'BB', dont les bases sont fermées par des plaques de verre, est partagé en deux parties, par une cloison intérieure, qui ne va pas jusqu'en BB'. Il est parcouru, dans la direction des flèches, par un courant d'eau sous forte pression. Les rayons émis par un point lumineux S traversent, comme le montre la figure, les deux moitiés du tube, sont condensés au moyen des plaques R et R', puis convergent en M', où l'on observe les raies d'interférence (voir plus loin) qui se produisent, l'eau étant d'abord immobile, ensuite en mouvement. Aussitôt que l'eau s'écoule, la vitesse de la lumière, et par suite la longueur d'onde, augmentent dans la moitié de gauche, diminuent dans la moitié de droite. La différence de marche des rayons interférents varie aux différents points du plan M', d'où résulte un déplacement latéral des raies. Ce déplacement, ayant été mesuré pour une vitesse de courant de 7 mètres à la seconde, fut trouvé en concordance avec la formule de Fresnel.

Michelson et Morley (1878) ont répété les expériences de Fizeau et ont également trouvé un accord complet avec la formule de Fresnel.

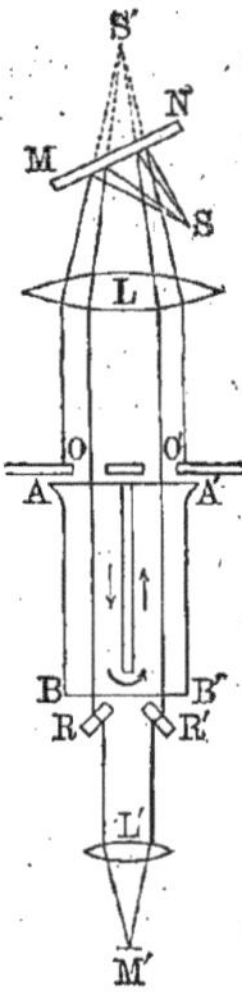

La question de l'influence du mouvement d'un corps sur la propagation d'un rayon dans ce corps, se trouve étroitement liée à celle de l'*influence du mouvement sur l'éther* contenu dans le corps. Il a été beaucoup écrit sur ce sujet, comme on le verra plus loin. Le problème se rattache à celui de la mobilité de l'éther en général, et en particulier à celui de l'influence du mouvement de la Terre sur l'éther qui l'entoure. Malgré les nombreuses études expérimentales et théoriques entreprises à ce sujet, la question ne peut encore aujourd'hui (1905) être considérée comme résolue. On pourrait croire que la grandeur u de la formule de Fresnel (16) est la vitesse avec laquelle l'éther est entraîné et, en même temps que lui, le flux d'énergie rayonnante. Mais Reiff, H. Lorentz et Wiechert ont montré que précisément l'expérience de Fizeau et les phénomènes d'aberration de la lumière font plutôt conclure à l'immobilité de l'éther.

Fig. 40

Maxwell a indiqué le premier que la vitesse de la lumière observée à la surface de la Terre doit être plus petite, dans la direction du mouvement terrestre, que dans la direction qui est perpendiculaire à ce mouvement, si l'éther est immobile. Michelson et Morley, dans une série d'expériences célèbres (1887) se sont proposés de trancher cette question ; mais ils ont obtenu un résultat négatif, et aucune différence de vitesse n'a pu être remarquée. Hicks (1902) a soumis ces expériences à une analyse détaillée qui l'a conduit à cette conclusion qu'elles ne peuvent décider si l'éther est immobile, ou s'il participe au mouvement de la Terre.

Wien (1904) a proposé de comparer la vitesse de la lumière dans la direction du mouvement de la Terre et dans la direction opposée, d'après les méthodes de Foucault ou de Fizeau. Schweitzer et Michelson ont soumis cette proposition à une étude critique ; elle n'a pas encore jusqu'ici été réalisée. Oppolzer (1902) et Biske ont indiqué que la position visible des étoiles devait éprouver un changement (dans l'ascension droite), si l'éther prend part au mouvement de la Terre.

Déjà Fizeau avait montré que l'intensité lumineuse, à une distance donnée d'une source de lumière, doit être différente, suivant que la direction des rayons coïncide avec la direction du mouvement de la Terre ou lui est opposée, si l'on admet que l'éther ne prend *pas* part au mouvement terrestre. Cette question a été étudiée théoriquement par Ketteler (1873), Eötvös (1874), Lorentz (1902) et Bucherer (1903), et expérimentalement par Nordmeyer (1903). Ce dernier n'a trouvé aucune différence d'intensité dans les deux directions.

Le résultat négatif des expériences de Michelson et Morley a été expliqué par Lorentz et Fitzgerald en admettant que tous les corps, dans leur mouvement à travers l'éther, éprouvent un *changement de dimension linéaire*, dans la direction du mouvement ; nous avons déjà mentionné cette idée dans le Tome I (3ᵐᵉ Partie, Chapitre III, § 1). Une expérience, instituée par Morley et Miller (1904) pour mesurer ce changement de dimension, n'a donné aucun résultat. Lord Rayleigh (1902) a fait remarquer que, si l'hypothèse de Lorentz et de Fitzgerald est juste, les corps isotropes doivent devenir anisotropes, en raison du mouvement de la Terre, et que par suite le phénomène de la double réfraction de la lumière doit se manifester (Chap. XVI). Les expériences qu'il a faites lui-même avec CS^2, et celles entreprises plus tard par Brace (1904) avec l'eau et le verre ont donné un résultat négatif. Hasenœhrl (1904) a montré par des considérations thermo-dynamiques (Tome III) qu'on est obligé d'admettre qu'en raison de son mouvement à travers l'éther les dimensions de la matière sont changées, ou que le pouvoir émissif d'un corps noir est modifié.

Les résultats négatifs expérimentaux qui précèdent paraissent contraires à l'idée d'un éther en repos ; mais les observations astronomiques contredisent l'hypothèse que l'éther participe au mouvement de la Terre. Cette question d'une importance si grande n'a été jusqu'ici éclaircie ni théoriquement, ni expérimentalement, et nous nous contenterons par suite de donner d'une manière détaillée la bibliographie du sujet.

BIBLIOGRAPHIE

1. — Vitesse de propagation de l'énergie rayonnante.

Arago. — *Ann. chim. et phys.*, (3). **37**, p. 180, 1853.

Lippich. — *Wien. Ber.*, **77**, p. 352, 1875.

Ebert. — *W. A.*, **32**, p. 337, 1887.

Doubt. — *Phys. Rev.*, **18**, p. 129, 1904 ; *Phys. Ztschr.*, **5**, p. 457. 1904.

Lord Rayleigh. — *Nature*, **24**, p. 556, 1881 ; *Theory of sound*, § 191.

Lamb. — *Manchester Memoirs*, **44**, 1900.

2. — Méthode de Römer.

Römer. — *Mém. de l'Acad. des sciences*, I, X, p. 575, 1666 ; *Journ. des Sav.*, 1676.

3. — Méthode de Bradley.

Bouquet de la Grye. — *C. R.*, **129**, p. 986, 1899.

Bradley. — *Phil. Trans. London*, **35**, p. 637 (n° 406), 1728.

Struve. — *Recueil de Mém. de l'Acad. de St-Pétersbourg*, 1844.

Loewy et Puiseux. — *C. R.*, **112**, p. 549, 1891.

Gill. — *Nature*, 25 août 1881 (Article de Lord Rayleigh).

4. — Méthode de Fizeau.

Fizeau. — *C. R.*, **29**, p. 90, 1849 ; **30**, p. 562, 771, 1850 ; *Pogg. Ann.*, **79**, p. 167, 1850.

Cornu. — *C. R.*, **73**, p. 857, 1871 ; **76**, p. 338, 1873 ; **79**, p. 1361, 1874 ; *Journ. de l'Éc. Polytechn.*, **44**, p. 133, 1872 ; *Annales de l'Observatoire* (Mémoires), **13**, 1878 ; *Rapports prés. au Congrès de phys.*, **2**, p. 225, Paris, 1900.

Perrotin. — *C. R.*, **131**, p. 731, 1900 ; **135**, p. 881, 1902.

Young et Forbes. — *Phil. Trans.*, 1882, p. 231 ; *Proc. R. Soc.*, **32**, p. 247, 1881.

5. — Méthode de Foucault.

Foucault. — *C. R.*, **30**, p. 551, 1850 ; **55**, p. 501, 792, 1862 ; *Pogg. Ann.*, **81**, p. 434, 1850 ; **118**, p. 485, 580, 1862 ; *Œuvres complètes*, p. 517.

Michelson. — *Amer. J. of Sc.*, (3), **15**, p. 394, 1878 ; **18**, p. 390, 1879 ; *Proc. Amer. Soc. of Sc.*, 1878, p. 71 ; *Astron. papers of the Amer. Ephemeris*, I, III ; *Phil. Mag.* (6), **3**, p. 330, 1902 ; *J. de phys.*, (4), **1**, p. 610, 1902 ; *Decennial Publ. Univ. of Chicago*, **9**, 1902.

Newcomb. — *Nautical Alman*, Washington, 1885, p. 112 ; *Astr. papers of the Amer. Ephem.*, 2, III.

B. P. Weinberg. — *J. de la Soc. russe de phys. et de chim.*, **30**, p. 142, 1898 ; *Beibl.*, **23**, p. 25, 1899 ; *Sur la valeur la plus probable de la vitesse de propagation des perturbations dans l'éther* (en russe), Partie I (p. 716), Partie II (p. 640), Odessa, 1903 ; *Beibl.*, **27**, p. 541, 1903.

H. Lorentz. — *Arch. Néerl.*, (2), **6**, p. 303, 593, 1901.

7. — Influence du mouvement du milieu.

Fresnel. — *Ann. chim. et phys.*, (2), **9**, p. 56, 1818 ; *Œuvres II*, p. 627.

Potier. — *J. de phys.*, (1), **5**, p. 105, 1876.

Foussereau. — *J. de phys.*, (3), **1**, p. 144, 1893 ; **3**, p. 571, 1895 ; *C. R.*, **120**, p. 85, 1895.

Fizeau. — *C. R.*, **33**, p. 351, 1851 : *Ann. chim. et phys.*, (3), **57**, p. 385, 1859 ; *Pogg. Ann. Ergb.*, **3**, p. 457, 1853.

Michelson et Morley. — *Amer J. of Sc.*, **31**, p. 377, 1886 ; **34**, p. 333, 1887.

Hasenœhrl. — *Wien. Ber.*, **113**, p. 493, 1904.

Sur le mouvement de l'éther avec la Terre.

Fizeau. — *Cosmos*, **1**, p. 690, 1852 ; *Ann. chim. et phys.*, (3), **58**, p. 129, 1860 ; *Pogg. Ann.*, **92**, p. 652, 1854 ; **114**, p. 554, 1861.

Ketteler. — *Astron. Undulations theorie*, p. 66, 158, 166, 1873 : *Pogg. Ann.*, **152**, p. 513, 1874.

Mascart. — *Ann. de l'École normale*, (2), **1**, p. 191, 1872 ; **3**, p. 376, 1874.

Michelson. — *Amer. Journ. of Sc.*, (3), **22**, p. 120, 1881 ; **31**, p. 377, 1886.

Michelson et Morley. — *Amer. J. of Sc.*, (3), **34**, p. 333, 1887 ; *Phil. Mag.*, (5), **24**, p. 449, 1887.

Respighi. — *Mem. di Bologna*, (2), **2**, p. 279.

Höck. — *Astron. Nachr.*, **73**, p. 193.

Reiff. — *W. A.*, **50**, p. 367, 1893.

H. Lorentz. — *Versuch einer Theorie der elektrischen und optischen Erscheinungen in bewegten Körpern.*, Leyden, 1893.

Wiechert. — *Theorie der Elektrodynamik*, Königsberg, 1896.

Michelson. — *Amer. Journ. of Sc.*, (4), **3**, p. 475, 1897 ; *Phil. Mag.*, (6), **8**, p. 716, 1904.

W. Wien. — *W. A.*, **65**, Supplément du n° 7, p. 1 à 18, 1898.

W. Wien et H. Lorentz. — *Verhandl. der Gesellsch. deutscher Naturforscher und Arzte in Düsseldorf*, **2**, I, p. 49, 1898.

Sagnac. — *J. de phys.* (3), **9**, p. 177, 1900.

Hicks. — *Phil. Mag.*, (6), **3**, p. 9, 1902 ; *Nature*, **65**, p. 343, 1902.

Haga. — *Phys. Zeitschr.*, **3**, p. 191, 1901 à 1902.

Wachsmuth et Schönrock. — *Verh. d. phys. Gesell.*, **4**, p. 183, 1902.

Eötvös. — *Pogg. Ann.*, **152**, p. 513, 1874.

Liénard. — *Eclair. électr.*, **14**, p. 417, 456, 1898.

Lorentz. — *K. Acad. v. Wet.*, Amsterdam, 1902, p. 678 ; *Arch. Néerl.*, (1), **21**, p. 106, 174, 1886 ; (2), **7**, p. 64, 1902.

Bucherer. — *D. A.*, **8**, p. 326, 1902 ; **11**, p. 270, 1903.

Nordmeyer. — *D. A.*, **11**, p. 284, 1903.

Hasenoehrl. — *Wien. Ber.*, **113**, p. 469, 1904.

Lord Rayleigh. — *Phil. Mag.* (6), **4**, p. 678, 1902.

Brace. — *Phil. Mag.* (6), **7**, p. 317, 1904 ; *Boltzmann Festschrift*, 1904, p. 576.

Lecher. — *Boltzmann Festschrift*, 1904, p. 739.

Oppolzer. — *D. A*, **8**, p. 898, 1902 ; *Wien. Ber.*, **111**, 1902.

Biske. — *D. A.*, **14**, p. 1004, 1904 ; *Astron. Nachr.*, **165**, p. 299, 1904.

Morley et Miller. — *Phil. Mag.*, (6). **8**. p. 753, 1904.

W. Wien. — *Phys. Ztschr.*, **5**, p. 585, 604, 1904.

Schweitzer. — *Phys. Ztschr.*, **5**, p. 809, 1904.

CHAPITRE IV

RÉFLEXION DE L'ÉNERGIE RAYONNANTE

1. Introduction. Le miroir plan. — On doit distinguer deux parties dans l'étude de la réflexion des rayons (*Catoptrique*) : la partie géométrique et la partie purement physique. Dans la première, on considère la réflexion, en supposant connues la direction des rayons incidents, ou la position des ondes incidentes, ainsi que la forme et la position du miroir réfléchissant. En partant des lois purement géométriques de la réflexion, on détermine la position et les propriétés des ondes réfléchies ou la direction des rayons réfléchis. *La longueur d'onde des rayons incidents et la substance des surfaces spéculaires ne jouent ici aucun rôle. Dans la seconde partie, on étudie avant tout comment la réflexion dépend de la substance du miroir, des propriétés physiques de sa surface et de la nature des rayons réfléchis, c'est-à-dire de leur longueur d'onde.*

Nous nous occuperons d'abord de la partie purement géométrique de la catoptrique. Nous avons vu, dans le Tome I, page 168, comment s'expliquent, à l'aide du principe d'Huygens, les lois de la réflexion enseignées par la Physique élémentaire; nous avons trouvé qu'une onde plane après réflexion sur une surface réfléchissante plane (miroir plan), forme à nouveau une onde plane. La construction est un peu changée, quand on considère une onde *sphérique* tombant sur un miroir plan PQ (*fig.* 41), ou, en d'autres termes, un faisceau de rayons divergents partant d'un point lumineux S. La construction géométrique élémentaire montre que les rayons incidents SC, SH, SK forment après réflexion, un faisceau divergent de rayons CM, HM et KM, qui paraît issu du point S_1 de la droite SS_1 perpendiculaire à PQ, tel que $CS_1 = CS$. Considérons les *surfaces d'onde*, qui se forment successivement autour du point S, en nous bornant à la moitié de la figure située à droite de la normale CS. La surface d'onde AB parvient à la position CD et prendrait, en l'absence du miroir, les positions C_1D_1, C_2D_2, C_3D_3, etc.; mais, en réalité,

il n'en subsiste que les parties HD_1, KD_2, FD_3. Les points C, H, K deviennent de nouveaux centres de vibrations, autour desquels se forment des surfaces d'onde, qui sont coupées suivant des demi-cercles par le plan de la figure. Considérons les positions de ces demi-cercles, à l'instant où la surface d'onde est arrivée en FD_3 et occuperait, par suite, la position C_3FD_3, si le

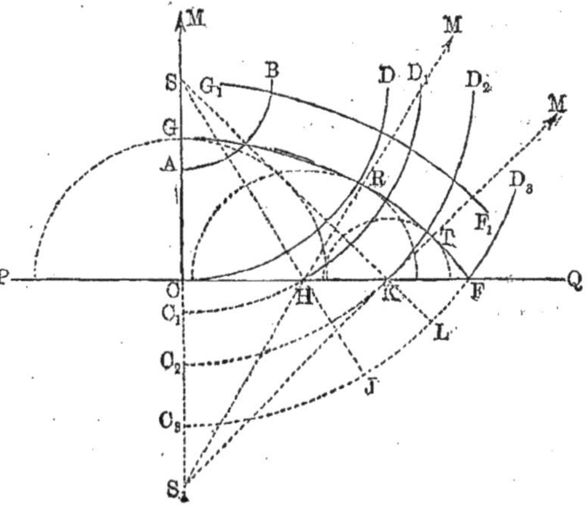

Fig. 41

miroir PQ n'existait pas. D'après le principe d'Huygens (Tome I, page 162), nous pouvons supposer que les vibrations seraient parvenues en C_3, J et L, en partant seulement des éléments des surfaces d'onde situés en C, H, K. Il s'ensuit que la surface d'onde réfléchie cherchée doit se trouver aussi à des distances de C, H, K égales à CC_3, HJ et KL. Si l'on décrit, autour de C, H et K, des demi-circonférences ayant pour rayons CC_3, HJ et KL, et situées du côté vers lequel s'effectue la réflexion, si l'on joint de plus les points de contact G, R, T de l'enveloppe de ces demi-circonférences aux points C, H et K, on a $GC = CC_3$, $HR = HJ$ et $KT = KL$, et l'enveloppe elle-même est normale à CG, HR et KT, car elle a mêmes tangentes que les demi-circonférences en G, R et T. Mais les droites CC_3, HJ et KL sont également normales à C_3F, d'où il résulte que GRTF est symétrique, par rapport à PQ, de C_3JLF. On voit par là que l'onde réfléchie coupe le plan de la figure suivant l'arc de cercle GF, dont le centre se trouve au point S_1 symétrique de S par rapport à PQ. Plus loin, se forme la surface d'onde G_1F_1, etc.

Les rayons réfléchis sont les droites CM, HM, KM, qui paraissent issues du point S_1. L'œil de l'observateur qui est rencontré par la surface d'onde G_1F_1 reçoit absolument la même impression que si le point lumineux se trouvait en S_1. Comme nous nous représentons le monde extérieur d'après les impressions que reçoivent nos sens (Tome I, page 2), l'observateur *voit* un point lumineux en S_1. Notre volonté est absolument impuissante à modifier les conclusions de l'entendement d'après lesquelles a lieu le passage d'une impression à la notion de l'existence d'un objet extérieur. Nous ne pouvons donc nous empêcher de voir le point S_1, bien que nous sachions parfaitement qu'il n'existe pas, en réalité, de source lumineuse en ce point.

Supposons qu'autour d'un certain point S se soit formée une surface d'onde sphérique et qu'après réflexion de cette dernière sur un miroir quelconque on ait obtenu une nouvelle surface d'onde *sphérique*. Le centre S_1 de cette nouvelle surface s'appelle l'*image* du point S; les rayons réfléchis, qui ont la direction des rayons de la surface d'onde réfléchie, viennent se couper en cette image. *Nous indiquerons seulement plus loin la vraie signification physique d'une telle image.* On appelle *image virtuelle*, le point d'intersection de rayons lumineux *prolongés géométriquement*; l'*image* est dite *réelle* si, au contraire, ce sont les rayons eux-mêmes qui se coupent dans leur trajet. Ainsi, dans la figure 41, le point S_1 représente une image virtuelle. Ces définitions ne s'appliquent pas seulement à la réflexion, mais aussi à la réfraction des surfaces d'onde (voir Chapitre V).

Nous allons maintenant démontrer que le chemin AEB (*fig.* 42), suivi par un rayon dans son trajet du point lumineux A au miroir PQ et à l'observateur B, est *minimum*, c'est-à-dire qu'il est plus court que tout autre

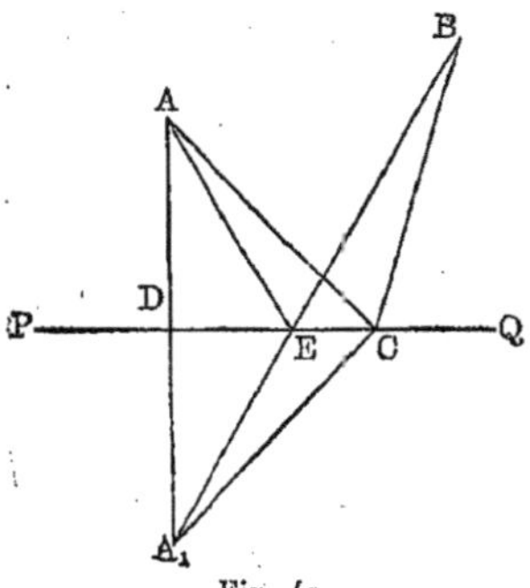

Fig. 42

chemin ACB. Si l'on mène AD ⊥ PQ, $DA_1 = DA$, et si l'on joint E et C à A_1, on a

$$AE + EB = A_1E + EB = A_1B; \qquad AC + CB = A_1C + CB;$$

mais on a $A_1C + CB > A_1B$, puisque A_1B est une ligne droite.

Le théorème que nous venons de démontrer n'est qu'un cas particulier de la proposition beaucoup plus générale suivante (théorème de FERMAT généralisé) : Quand un rayon éprouve, pendant son parcours du point A au point B, une série de réflexions et de réfractions, il suit un chemin dont la longueur optique (c'est-à-dire $\sum \dfrac{x_i}{\lambda_i}$, où x_i est la longueur géométrique de la portion de rayon comprise dans le $i^{\text{ième}}$ milieu, λ_i la longueur d'onde correspondante) est un minimum ou un maximum. Dans le cas d'une réflexion simple, le rayon incident et le rayon réfléchi sont dans un même milieu ; $\dfrac{x_1}{\lambda} + \dfrac{x_2}{\lambda}$ est un minimum ou un maximum, et par suite il en est de même de la longueur géométrique $x_1 + x_2$. Dans la réflexion sur un miroir *plan*, cette longueur est un minimum. La longueur optique du rayon est égale au nombre de longueurs d'onde contenues dans le trajet entier du rayon, depuis A jusqu'en B ; mais, comme chaque longueur λ_i est parcourue pendant la durée T d'une vibration, la longueur optique du rayon est proportionnelle au temps t que l'onde met à se propager de A en B. Nous pouvons donc énoncer le théorème de FERMAT généralisé, sous la forme suivante : *Un rayon parcourt de A en B le chemin de plus courte ou (dans certains cas) de plus longue durée.*

Nous ne considérerons pas la construction des images des objets dans un miroir plan, dans des miroirs inclinés l'un sur l'autre et dans des miroirs parallèles ; cette question appartient à la Physique élémentaire.

2. Miroirs sphériques concaves. — L'étude des miroirs sphériques concaves et convexes se fait en Physique élémentaire. Nous allons développer un peu cette étude ici, et montrer, entre autres, comment, en partant de la notion de surface d'onde, on peut construire les ondes réfléchies. Supposons que le point lumineux S (*fig.* 43) se trouve sur l'axe optique principal ON d'un miroir concave AOB ; cet axe est la droite qui joint le *pôle* ou le *sommet* O de la calotte sphérique du miroir à son *centre* C. Supposons, en outre, que

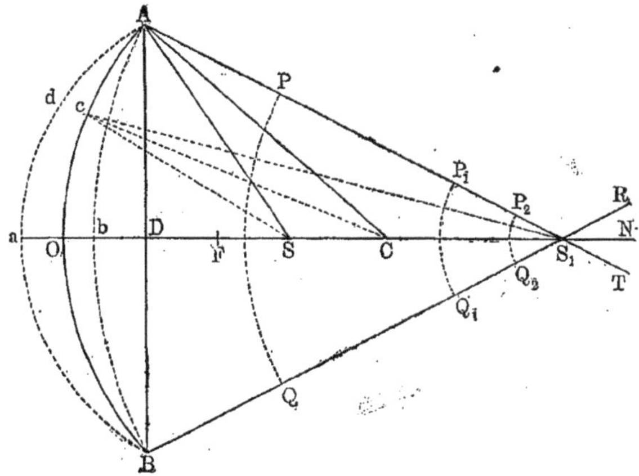

Fig. 43

l'ouverture AOB du miroir soit une très petite fraction de la surface totale de la sphère, c'est-à-dire que l'angle ACO soit très petit ; faisons la même hypothèse pour l'angle ASO. Pour construire l'onde réfléchie, à l'instant où l'onde incidente a atteint les points extrêmes A et B et où elle occuperait par suite la position AaB, si le miroir n'existait pas, il faut décrire, de tous les points de la surface AOB que l'onde a *déjà* atteints, des demi-circonférences de rayons égaux à Oa, cd, etc. Leur enveloppe AbB donne la surface d'onde réfléchie, *qui n'est aucunement sphérique*. Mais si AOB est une très petite partie d'une circonférence, l'arc AbB, qui est très voisin de la corde ADB, peut, par suite, être remplacé par l'arc de cercle passant par les points A, b, B, dont le centre est en un certain point S_1; on a, d'après ce qui précède,

$$(1) \qquad\qquad Ob = Oa.$$

En continuant sa marche, l'onde AbB occupe successivement les positions PQ, P_1Q_1, P_2Q_2, etc., et se transforme, *au sens géométrique*, dans le point S_1, pour se propager ensuite, comme si elle formait une portion d'onde sphérique de centre S_1.

Si l'on passe aux rayons, on doit dire qu'après réflexion sur le miroir, ces rayons concourent tous au point S_1, qui est le *foyer* ou l'*image* de S; c'est une image réelle; l'œil de l'observateur voit le point S_1, s'il se trouve à l'intérieur de l'angle solide RS_1T; si l'on place en S_1 une feuille de papier, une plaque de verre mat, etc., le point S_1 devient visible dans toutes les directions, par suite de la diffusion des rayons par ces surfaces. Posons $SO = d$, $S_1O = f$, $CA = CO = r$, on a

$$\overline{AD}^2 = OD\,(2\,OC - OD); \quad \overline{AD}^2 = aD\,(2\,aS - aD); \quad \overline{AD}^2 = bD\,(2\,bS_1 - bD)$$

ou, en négligeant OD, aD, bD respectivement vis-à-vis de $2\,OC$, $2\,aS$, $2\,bS_1$;

$$\overline{AD}^2 = 2\,OD.OC; \qquad \overline{AD}^2 = 2\,aD.aS; \qquad \overline{AD}^2 = 2\,bD.bS_1;$$

ou

$$\overline{AD}^2 = 2\,OD.r; \quad \overline{AD}^2 = 2\,(OD + Oa)\,(d + Oa); \quad \overline{AD}^2 = 2\,(OD - Ob)\,(f - Ob).$$

En négligeant les grandeurs Oa et Ob respectivement vis-à-vis de d et f, on obtient

$$\frac{1}{r} = \frac{2\,OD}{\overline{AD}^2},$$

$$\frac{1}{d} = \frac{2\,OD}{\overline{AD}^2} + \frac{2\,Oa}{\overline{AD}^2},$$

$$\frac{1}{f} = \frac{2\,OD}{\overline{AD}^2} - \frac{2\,Ob}{\overline{AD}^2}.$$

On en déduit, d'après (1),

$$(2) \qquad\qquad \frac{1}{d} + \frac{1}{f} = \frac{2}{r}.$$

La considération de l'*onde* réfléchie conduit donc à la même formule que celle que l'on établit en Physique élémentaire, en s'appuyant sur l'égalité des angles que les rayons Sc et cS$_1$ forment avec cC.

La formule (2) montre que d et f peuvent échanger leurs rôles; aussi les points S et S_1 sont appelés des *points conjugués*, et S peut être l'image du point S_1. La construction de l'onde réfléchie est cependant différente, dans ce dernier cas. Soit S (*fig.* 44) le point lumineux situé au-delà du centre, relativement au miroir. Le point O sera alors le point atteint le dernier par l'onde partant de S, à l'instant où elle se trouverait dans la position aOb en l'absence du miroir. En raisonnant comme précédemment, on construira l'onde réfléchie cOd ayant pour centre S_1, en portant Ac = Aa et Bd = Bb, et en traçant un arc de cercle passant par les points c, O et d.

La formule (2) donne $f = \dfrac{r}{2}$, pour $d = \infty$; le point F, pour lequel on a

$OF = \dfrac{r}{2}$, s'appelle le *foyer principal* du miroir et OF sa *distance focale princi-pale*; tous les rayons, qui avant leur réflexion sont parallèles à l'axe optique principal, concourent en F ; dans ce cas, aOb (*fig.* 44) est une droite et le centre de l'arc cOd est en F. Quand on a $d > r$, alors $f < r$; si $d = r$, on a $f = r$ et les points S et S_1 viennent coïncider en C, aOb et cOd se confondant avec AOB. Quand $d < r$, on a $f > r$, et pour $d = \dfrac{r}{2}$, on a $f = \infty$; S coïn-cide alors avec F (*fig.* 43) ; de plus $Oa = OD$ et l'arc AbB se confond avec ADB.

Quand $d < \dfrac{r}{2}$, f est négatif ; les ondes réfléchies sont convexes ($Ob > OD$, *fig.* 43) et leur centre, qui forme *l'image virtuelle*, se trouve derrière le miroir. Quand d est négatif, f est positif et moindre que $\dfrac{r}{2}$; dans ce cas, un faisceau de rayons convergent tombe sur le miroir ; l'arc aOb

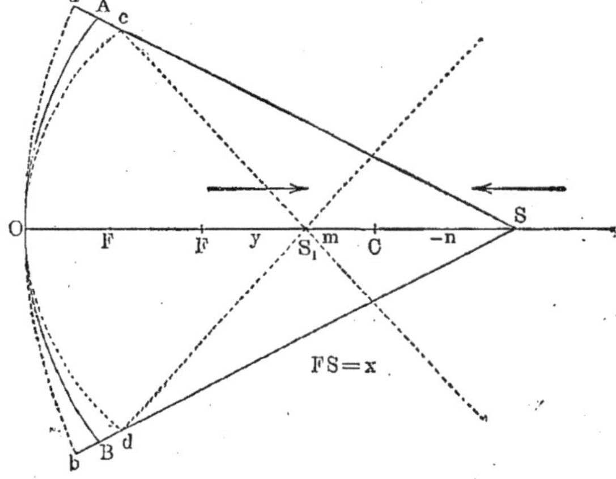

Fig. 44

(*fig.* 44) tourne sa concavité vers la gauche ; l'onde réfléchie cOd a son centre en un point placé entre O et F.

Les grandeurs d et f sont les distances des points S et S_1 au sommet O du miroir. Transformons la formule (2), en introduisant les distances des points S et S_1 au centre de courbure C du miroir et en comptant positivement ces distances de C vers O. Posons, dans ce cas, $CS_1 = m$ et $CS = -n$, où m et n sont les distances des points S_1 et S au centre C. Nous tirons de (2), $fr + dr = 2\,df$. Si l'on introduit ici

$$f = S_1 O = CO - CS_1 = r - m$$

et

$$d = SO = CO + CS = r + (-n) = r - n,$$

il vient

$$(r - m)r + (r - n)r = 2(r - n)(r - m),$$

ou, en simplifiant,

$$nr + rm = 2\,mn ;$$

si l'on divise les deux membres par mnr, on obtient la relation

$$(3) \qquad \frac{1}{m} + \frac{1}{n} = \frac{2}{r},$$

qui est complètement analogue à la formule (2).

On trouve une formule encore plus intéressante, en introduisant les distances $FS = x$, $FS_1 = y$ des points conjugués au foyer principal F, et en désignant la distance focale principale OF par F. On a alors

$$d = OS = OF + FS = F + x,$$
$$f = OS_1 = OF + FS_1 = F + y.$$

Comme on a $F = \frac{r}{2}$, on tire de (2),

$$Ff + Fd = fd$$

ou

$$F(F + y) + F(F + x) = (F + y)(F + x)$$

ou

$$(4) \qquad xy = F^2.$$

Le produit des distances de deux points conjugués au foyer principal est une grandeur constante égale au carré de la distance focale principale du miroir.

En réalité, l'onde réfléchie n'est pas une onde sphérique, et ne converge pas géométriquement en un point; en d'autres termes, les rayons partant d'un point de l'axe et réfléchis par un miroir concave ne se coupent pas en un même point. On appelle ce phénomène, *l'aberration sphérique*. Si l'on emploie les notations de la figure 45, on a

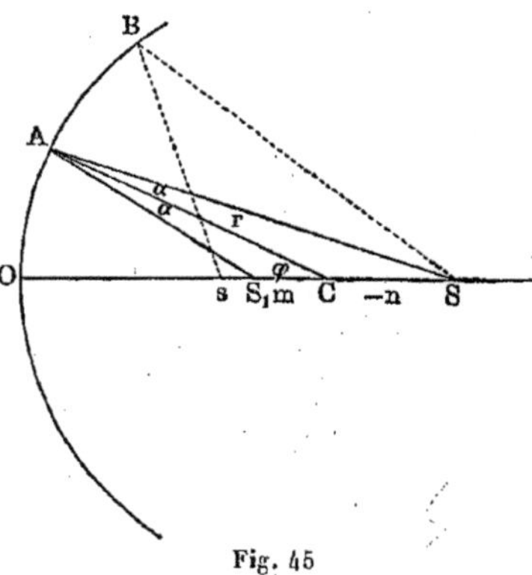

Fig. 45

$$\frac{n}{m} = - \frac{SA}{S_1A} = - \frac{\sin AS_1O}{\sin ASS_1} = - \frac{\sin(\varphi + \alpha)}{\sin(\varphi - \alpha)}.$$

On en déduit :

$$\frac{n + m}{m} = \frac{\sin(\varphi - \alpha) - \sin(\varphi + \alpha)}{\sin(\varphi - \alpha)} = - 2\cos\varphi \, \frac{\sin\alpha}{\sin(\varphi - \alpha)}$$

$$= - 2\cos\varphi \, \frac{\sin\alpha}{\sin ASS_1} = - 2\cos\varphi \, \frac{CS}{AC} = \frac{2n\cos\varphi}{r},$$

c'est-à-dire

$$(n + m)r = 2mn\cos\varphi,$$

ou

$$(5) \qquad \frac{1}{m} + \frac{1}{n} = \frac{2}{r}\cos\varphi.$$

Cette formule indique comment la position du foyer dépend de l'angle φ; si φ augmente, *m* croît en même temps. Elle montre que les *rayons marginaux* tels que SB se coupent, après réflexion, en des points *s* situés *plus près du miroir* que les points d'intersection des rayons *centraux* réfléchis.

Si l'on introduit, dans la formule (5), les valeurs $n = r - d$ et $m = r - f$, on obtient

$$(5,\ a) \qquad \frac{1}{f} + \frac{1}{d} + \frac{2r}{fd} \cdot \frac{1 - \cos \varphi}{2 \cos \varphi - 1} = \frac{2}{r} \cdot \frac{\cos \varphi}{2 \cos \varphi - 1}.$$

Quand φ est très petit, et que l'on peut poser $\cos \varphi = 1$, on trouve, au lieu des formules exactes (5) et (5, *a*), les anciennes formules approchées (3) et (2).

Pour des rayons incidents parallèles à l'axe principal (*fig.* 46), on a $n = \infty$,

et par suite $m = \dfrac{r}{2 \cos \varphi}$. Les rayons *marginaux* tels que HA et KB rencontrent cet axe, après réflexion, au point *f*, et l'on a $Cf = m = \dfrac{r}{2 \cos \varphi}$, si $\varphi = ACO$. Les rayons *centraux* rencontrent l'axe en F et $CF = \dfrac{r}{2}$. La distance $\alpha = fF$ s'appelle l'*aberration longitudinale principale* du miroir. Soit $\sigma = AD$ (*fig.* 43) $= \dfrac{AB}{2}$ le rayon de l'ouverture du miroir ; on a évidemment

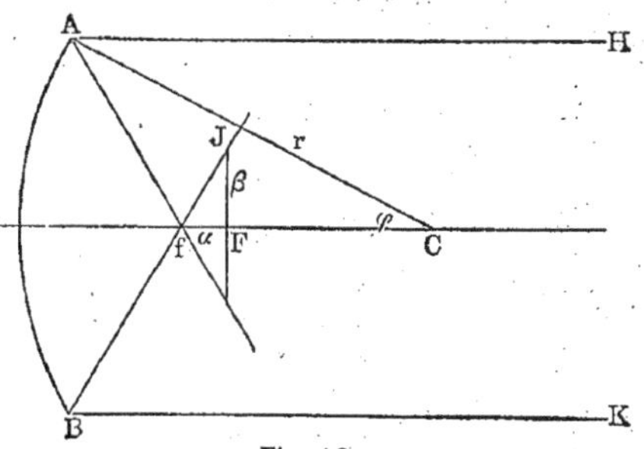

Fig. 46

$$(5,\ b) \quad \alpha = Cf - CF = \frac{r}{2}\left(\frac{1}{\cos \varphi} - 1\right) = r\,\frac{\sin^2 \frac{\varphi}{2}}{\cos \varphi} = r\frac{\varphi^2}{4} = \frac{r}{4}\left(\frac{\sigma}{r}\right)^2 = \frac{\sigma^2}{4r}.$$

On a fait ici $\cos \varphi = 1$, remplacé $\sin \frac{\varphi}{2}$ par l'arc $\frac{\sigma}{2}$, et l'arc φ par son sinus $\frac{\sigma}{r}$. La formule obtenue donne le théorème suivant : *l'aberration longitudinale principale du miroir est proportionnelle au carré du rayon de l'ouverture du miroir et à sa courbure* $\left(\dfrac{1}{r}\right)$. Un plan mené par F, perpendiculairement à l'axe optique principal OC, coupe les rayons réfléchis suivant un certain *cercle d'aberration*, dont le rayon $\beta = FJ$ s'appelle l'*aberration latérale principale* du miroir. On peut poser $JfF = AfO = 2\varphi$, et on a, par suite.

$$(5,\ c) \qquad \beta = \alpha\,\mathrm{tg}\,2\varphi = 2\alpha\varphi = 2\alpha\frac{\sigma}{r} = \frac{\sigma^3}{2r^2}.$$

L'aberration latérale principale est proportionnelle au cube du rayon de l'ouverture du miroir et au carré de sa courbure.

Les rayons réfléchis, ne se coupant pas en un même point, remplissent un certain espace que nous délimiterons plus tard. Remarquons seulement dès maintenant que *le rayon de la plus petite section transversale de cet espace est égal à* $\frac{\sigma^3}{8r^2}$, c'est-à-dire au $\frac{1}{4}$ de l'aberration latérale, et que cette section est située à peu près au $\frac{1}{4}$ de l'aberration longitudinale, vers le foyer des rayons marginaux. Cette section, dont l'éclat diminue rapidement du centre vers les bords, est prise pour l'image du point lumineux.

Les rayons partis d'un point, qui concourent de nouveau en un point, s'appellent *homocentriques*. Une surface sphérique ne donne pas de faisceaux homocentriques, sauf le cas où le point lumineux et son image se confondent avec le centre du miroir.

Pour obtenir l'image d'un point lumineux situé *en dehors de l'axe optique principal*, il suffit de déterminer les directions de *deux* rayons réfléchis *quelconques*. Le plus commode est de choisir des rayons, dont la marche est connue à l'avance. Nous connaissons trois de ces rayons (*fig.* 47) : SC est réfléchi suivant sa propre direction DCS, SA parallèle à ON passe après réflexion par F, et enfin SF suit après réflexion un trajet BE parallèle à ON. Ces rayons

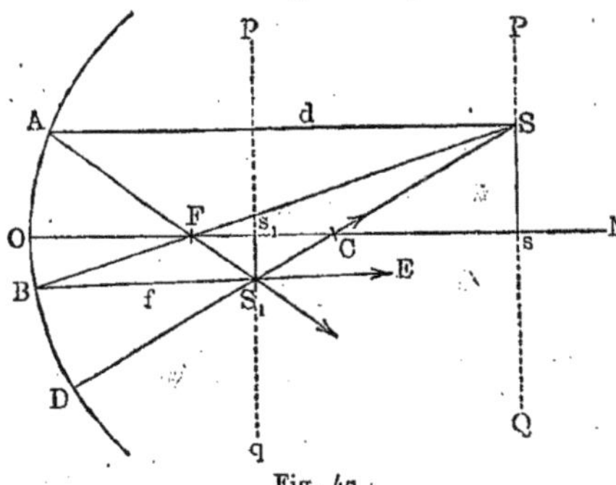

Fig. 47

se coupent en S_1. Si l'on considère maintenant SD comme l'axe optique principal du miroir, dont il n'existerait qu'une partie, on obtient, d'après la formule (2), la relation suivante

$$\frac{1}{SD} + \frac{1}{S_1D} = \frac{2}{CD} = \frac{2}{r}.$$

On peut, sans commettre une grande erreur, poser SD = SA = d, et $S_1D = S_1B = f$. Il vient alors

$$\frac{1}{d} + \frac{1}{f} = \frac{2}{r}.$$

Il s'ensuit que les foyers de tous les points situés dans un plan PQ perpendiculaire à l'axe optique principal ON, se trouvent également dans un plan pq perpendiculaire à ON. L'image de la droite Ss est s_1S_1.

On entend par *grossissement* d'un miroir, le rapport des dimensions linéaires de l'image aux dimensions linéaires correspondantes de l'objet. Ce rapport g, en tenant compte du signe, est

$$g = -\frac{S_1s_1}{Ss} = -\frac{Cs_1}{Cs} = \frac{Cs_1}{-Cs} = \frac{OC - Os_1}{OC - Os} = \frac{r-f}{r-d} = \frac{2F-f}{2F-d}.$$

Suivant que l'on introduit F, d ou f, tirés de l'égalité $\frac{1}{d} + \frac{1}{f} = \frac{1}{F}$, on obtient

$$(6) \qquad g = -\frac{f}{d} = \frac{F}{F-d} = \frac{F-f}{F}.$$

Si l'on a $d > F$, g est négatif, l'image est renversée. Pour $d > 2F$, on a $-g < 1$, c'est-à-dire que l'image est rendue plus petite; pour $d < 2F$, elle est agrandie.

Si l'on désigne, comme on l'a fait précédemment, par x la distance de l'objet au foyer principal, on a $x = d - F$, et on déduit de (6) *en négligeant le signe*,

$$(6, a) \qquad g = \frac{F}{x}.$$

L'image est plus grande que l'objet autant de fois que la distance focale principale contient la distance de l'objet au foyer.

Soit h (*fig.* 48) l'objet, h_1 son image : on a alors $d = Os, f = Os_1$, et on obtient, d'après (6),

$$g = -\frac{Os_1}{Os} = -\frac{As_1}{As} = -\frac{p_1}{p},$$

où p et p_1 se rapportent à un point arbitraire A du miroir. Si $AsO = \alpha$, $As_1O = \beta$, on peut poser arc $OA = p\alpha = p_1\beta$. On en déduit l'intéressante formule

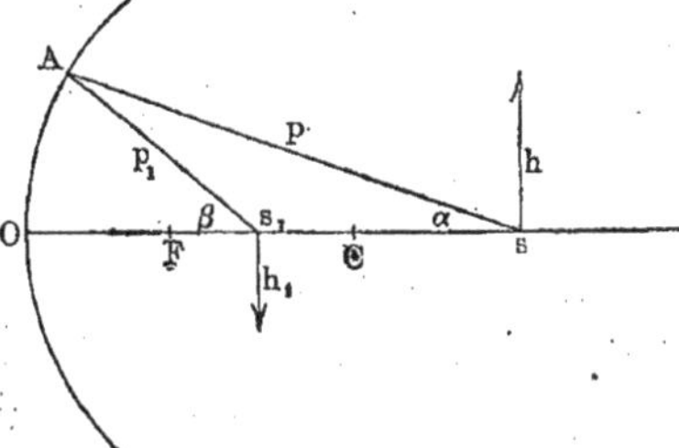

Fig. 48

$$(6, b) \qquad g = -\frac{\alpha}{\beta},$$

que l'on peut remplacer par la suivante

$$(6, c) \qquad g = -\frac{\operatorname{tg} \alpha}{\operatorname{tg} \beta}.$$

3. Miroirs sphériques convexes. — A l'instant où la surface d'onde DE (*fig.* 49), issue du point lumineux S, occuperait la position AaB, si le miroir n'existait pas, l'onde réfléchie AbB s'est déjà formée ; on la construit géométriquement, en portant $Ob = Oa$ et en traçant un arc de cercle passant par A, b et B. Le centre S_1 des ondes réfléchies AbB, TG, etc. (du faisceau divergent de rayons) est l'image (foyer) virtuelle du point S. Soit $SO = d$, $OS_1 = f$ et $OC = r$; on obtient, en remplaçant dans (2) f et r par $-f$ et $-r$, la relation suivante

$$(7) \qquad \frac{1}{f} - \frac{1}{d} = \frac{2}{r}.$$

Pour $d = \infty$, on a $f = F = \frac{r}{2}$; dans ce cas, l'arc AaB est remplacé par la

corde AB, et le centre de l'arc A*b*B se trouve en un point F, tel que
OF = FC. Si un faisceau convergent tombe sur un miroir convexe et si
nous désignons par S (point lumineux virtuel) son centre géométrique, qui
se trouve à gauche de AOB (*d* est négatif), c'est-à-dire derrière le miroir,

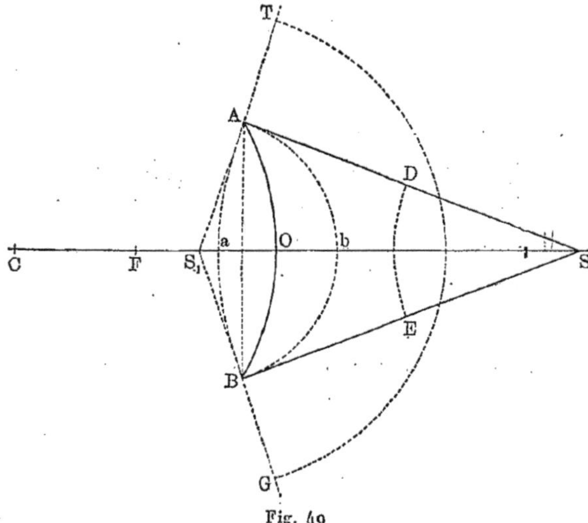

Fig. 49

son image S₁ peut être réelle ou virtuelle, selon la position du point S. Les
différentes positions possibles de S et S₁ virtuels correspondent exactement
aux positions de S et S₁ réels, dans le miroir *concave* AOB. Si S se trouve
entre F et O, S₁ est alors un foyer réel situé sur la droite OS.
On obtient le grossissement d'après la formule (6), en remplaçant F par
par — F :

$$(8) \qquad g = \frac{F}{F + d};$$

g est plus grand que zéro et plus petit que un, quand *d* est positif, c'est-à-
dire que l'image est dans ce cas *droite et plus petite* que l'objet.

4. Miroirs non sphériques.

4. Miroirs non sphériques. — Un miroir dont la surface est une
partie d'un *ellipsoïde de révolution* ne présente *aucune aberration* pour un point
lumineux réel, quand celui-ci coïncide avec l'un des foyers géométriques de
l'ellipsoïde. Tous les rayons issus d'un tel point se coupent, après réflexion, à
l'autre foyer, car le rayon incident et le rayon réfléchi doivent former des
angles égaux avec la normale à la surface du miroir, et c'est là une propriété
connue des rayons vecteurs de l'ellipse. Il n'y a que le miroir plan qui ne
présente jamais d'aberration, quelle que soit la position du point lumineux.
Si la surface d'un miroir est un *paraboloïde de révolution* et si le point lumineux se trouve à son foyer géométrique, le faisceau des rayons réfléchis est
parallèle à l'axe du miroir. Un miroir, dont la surface est une partie d'un

hyperboloïde engendré par la rotation d'une hyperbole autour de son axe focal, donne une image *virtuelle* sans aberration, quand le point lumineux se trouve à l'un des foyers ; l'image se forme alors à l'autre foyer. Ces surfaces s'appellent des surfaces *aplanétiques*. Si l'on place une ligne lumineuse suivant la *ligne focale* MN (*fig.* 5o) d'un miroir, dont la surface est un cylindre parabolique ABCDEF, les rayons réfléchis sont parallèles à la direction des axes BMP, ENQ des bases paraboliques. D'une manière générale, tout miroir *aplanétique*, c'est-à-dire tout miroir qui donne d'un point une image réduite à un point, est une surface de révolution autour de la droite qui joint le point lumineux à son image. Comme le rayon incident et le rayon réfléchi doivent former des angles égaux avec la normale, en tous les points de la courbe méridienne, celle-ci est nécessairement une conique, tournant autour de son axe focal.

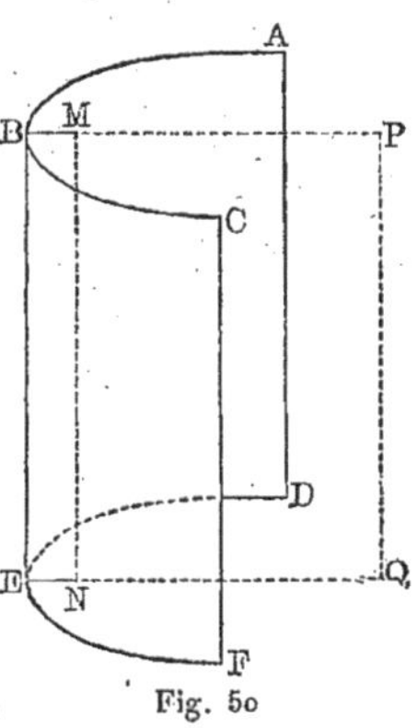

Fig. 5o

5. Image d'un point au sens de la théorie des ondes. Faisceaux astigmatiques.

— Nous n'avons d'abord considéré les surfaces d'onde incidente et réfléchie, dans les paragraphes précédents, qu'au point de vue des constructions géométriques ; nous avons ensuite construit les rayons incidents et réfléchis, et nous avons appelé image d'un point lumineux S, le point S_1 où concourent tous les rayons réfléchis par le miroir.

Nous avons vu dans le Tome I, comment s'effectue réellement, d'après la théorie d'HUYGENS, la propagation rayonnante d'un mouvement à l'intérieur d'un milieu élastique. Nous avons également donné une notion des phénomènes de diffraction, que nous avons rencontrés de nouveau dans l'étude du son.

Soit S un point lumineux (*fig.* 51), c'est-à-dire une source d'impulsions qui se propagent à partir de S simultanément dans toutes les directions, ou du moins dans toutes celles comprises à l'intérieur d'un cône ASB. A un certain instant, le mouvement s'est propagé jusqu'à la

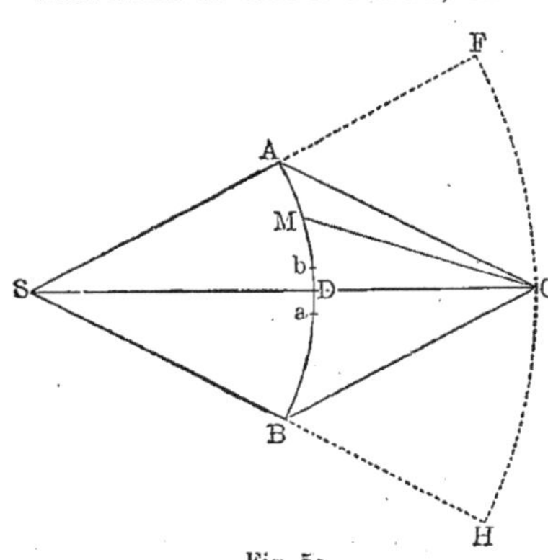

Fig. 51

partie AB d'une surface d'onde sphérique. Tous les points M de cette surface se trouvent *dans les mêmes phases*, et tous ces points doivent être considérés comme de nouvelles sources d'impulsions, qui se propagent dans tous les sens. Il est clair que toutes ces vibrations *peuvent interférer*, car elles ont pour source commune les impulsions primitives issues du point S. Quand la surface AB n'est pas trop petite, presque toutes les vibrations, émises par les différents points M de cette surface, se détruisent mutuellement par interférence au point C. Il ne reste de non détruites que les vibrations partant de la très petite partie centrale *ab* de la surface AB, de sorte qu'on peut considérer la vibration en C, comme produite par les vibrations en *ab*. On est ainsi conduit à se représenter les vibrations comme se propageant le long de la droite SDC, ce qui rappelle la notion du rayon en optique géométrique. Si la surface AB est très petite, il se produit en C, comme nous l'avons vu, une tache claire ou sombre, entourée d'une série d'anneaux brillants et obscurs. Dans ce cas, la notion du rayon et de la propagation rectiligne n'a plus aucun sens. Il ne peut donc être question de rayons, dans la théorie des ondes, qu'à l'intérieur d'un cône d'assez grande ouverture et à une distance convenable de ses bords, et encore toute difficulté n'a-t-elle pas disparu. Si l'ouverture du cône est très petite, l'analogie avec un rayon géométrique disparaît.

Supposons maintenant que la surface d'onde sphérique AB (*fig.* 52) ait éprouvé certaines modifications et se soit transformée dans la surface d'onde également *sphérique* CD, de centre S_1. L'Optique géométrique, qui ne tient aucun compte de la grandeur de l'ouverture du cône CS_1D, nous enseigne que tous les rayons normaux à la surface CD concourent au point S_1, qui représente l'image de S. En réalité, les faits sont les suivants : à partir de tous les points M de la partie CD de la surface d'onde sphérique se propagent des mouvements vibratoires *capables d'interférer* entre eux ; si la partie CD

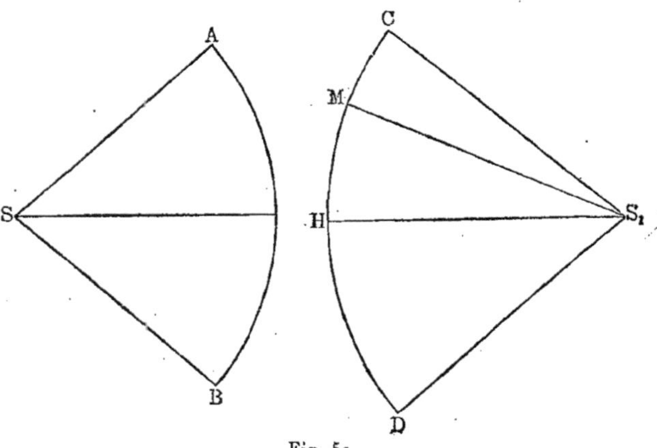

Fig. 52

est limitée par un cercle, on remarque, autour de S_1, un petit disque lumineux, dans lequel l'intensité de la lumière décroît d'autant plus rapidement du centre vers les bords, que l'angle solide CS_1D est plus grand ; si cet angle est très petit, il y a diffraction, et, en S_1, apparaît une figure compliquée, formée d'une série d'anneaux sombres et lumineux. Si, au contraire, l'angle est grand, le disque est très petit, et *constitue précisément l'image du point S, lumineuse par elle-même, au sens de la théorie des ondes*. Il s'ensuit qu'il ne peut y avoir en réalité de marche rigoureusement homocentrique des rayons ; même dans les cas où la construction géométrique montre qu'il n'y a pas d'aberration, où par suite la nouvelle surface d'onde est rigoureusement sphérique et où les rayons géométriques se coupent en un même point, l'image du point lumineux n'est pas un point, mais un petit cercle. Cependant, lorsque l'angle solide CS_1D n'est pas trop petit, ce cercle est, comme on l'a dit, très petit, et les résultats des constructions de l'Optique géométrique ne diffèrent pas sensiblement des phénomènes observés dans la réalité.

De ce qui précède découle encore un résultat très important. Pour qu'au point S_1 puisse se former le petit cercle brillant dont nous avons parlé, il faut que de tous les points M de la surface CD partent des vibrations capables d'interférer entre elles. Il est nécessaire, pour cela, qu'elles aient pour origine *les mêmes impulsions* issues du point S ; en d'autres termes, *le point S doit être lumineux par lui-même*. Si S appartient à la surface diffusante d'un objet éclairé, on ne voit pas comment, en général, peut être obtenue une image du point S. Néanmoins, en fait, de telles images se produisent. C'est le grand mérite d'ABBE d'avoir expliqué leur formation et d'avoir indiqué les conditions dans lesquelles on les obtient. Nous reviendrons sur cette question, dans l'étude du *microscope*.

Considérons maintenant plus en détail le cas de la surface d'onde *non sphérique*. L'examen de ce cas présente des difficultés mathématiques considérables ; il a fait l'objet des travaux d'AIRY, LORD RAYLEIGH et K. STREHL. Bornons-nous à des considérations qui sont du domaine de l'Optique purement géométrique.

Soit cQ_2Q_1 (*fig.* 53) la normale au point c à un élément de la surface d'onde et soient acb, icg les lignes de courbure. Les normales en tous les points de acb sont situées dans un plan, qui renferme la normale principale cQ_2Q_1, et elles se rencontrent au centre de courbure Q_1. De la même manière, toutes

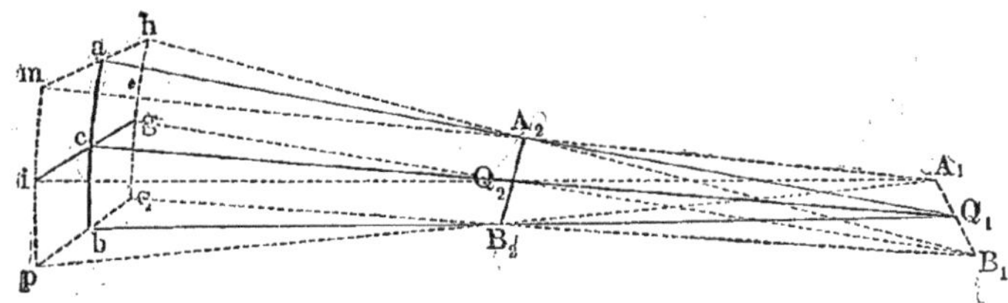

Fig 53

les normales aux points de icg se rencontrent à l'autre centre de courbure Q_2. Menons par a et b les lignes de courbure maxima mah et pbq, que l'on peut regarder comme parallèles à icg. Les normales aux points de la ligne mah sont situées, avec la normale aA_2Q_1, dans un plan $mahA_1B_1$ et se coupent au centre de courbure A_2 de la courbe mah. La même chose a lieu pour les normales aux points de la courbe pbq, qui se coupent au point B_2. Comme les normales en a, c et b se coupent en Q_1, il est clair que les plans des normales le long des lignes mab, icg, pbq doivent passer par ce point Q_1. Mais comme ces plans sont perpendiculaires au plan aQ_1b, ils passent tous par la même droite $A_1Q_1B_1$, qui est parallèle à la ligne de courbure maxima icg. Toutes les normales, c'est-à-dire tous les rayons, se coupent donc aux différents points de cette droite $A_1Q_1B_1$, que l'on appelle une *ligne focale*. Traçons, en outre, par les points i et g, les lignes mip et hgq de courbure minima. Les plans des normales le long de mip, acb et hgq passent par Q_2 et sont perpendiculaires au plan iQ_2g. Ils se coupent suivant la droite commune $A_2Q_2B_2$, qui est parallèle à la ligne de courbure acb. Toutes les normales, c'est-à-dire tous les rayons se coupent évidemment aux points de la droite $A_2Q_2B_2$, qui est également une *ligne focale*.

Un faisceau de rayons, normaux à une portion infiniment petite d'une surface non sphérique, donne deux lignes focales rectilignes infiniment petites rectangulaires, parallèles aux éléments des lignes de courbure de cette surface. Un tel faisceau est appelé astigmatique.

Revenons maintenant à la réflexion sur un miroir concave. Soit AMB (*fig.* 54) un miroir, C son centre, S un point lumineux. Considérons le faisceau extrêmement étroit aSb. Comme la surface d'onde n'est pas sphérique après réflexion, il est clair que le faisceau réfléchi est astigmatique. Une des deux lignes de courbure, la section méridienne, est dans le plan aSb; l'autre, la section équatoriale, lui est perpendiculaire. Les sections

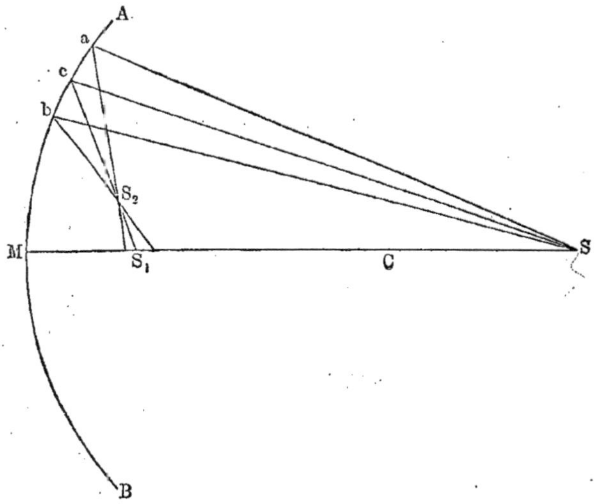

Fig. 54

équatoriales conduisent, d'après le *théorème précédent*, à la contradiction, qui s'explique aisément, d'une ligne focale menée par S_1, dans le plan cSM, perpendiculairement à S_1c, et *généralement différente de l'axe* MC. Les sections méridiennes (parallèles à abc) donnent au contraire une ligne focale, qui passe par un certain point S_2 et qui est perpendiculaire au plan cSM. Il n'y a que le faisceau, qui contient l'axe SCM, qui ne soit pas astigmatique;

nous avons vu toutefois que la théorie des ondes ne conduit pas, même dans
ce cas, à un point, mais à une tache brillante, dont le plan est perpendiculaire
à la droite SCM.

6. Surfaces focales (Caustiques). — On voit, d'après ce qui précède,
qu'à chaque élément d'une surface d'onde non sphérique correspondent deux
foyers, plus exactement deux lignes focales infiniment petites. Le lieu géométrique des points d'intersection des
rayons infiniment voisins relatifs à
une surface d'onde non sphérique
donnée, s'appelle une *surface focale*
ou une *caustique*. Si la surface d'onde
s'est formée par réflexion sur un
miroir, ce lieu géométrique s'appelle une *caustique par réflexion*
(*catacaustique*). En général, une
caustique se compose de deux parties, correspondant aux deux lignes
focales données par chaque élément
de la surface d'onde.

Pour un *miroir sphérique*, la caustique par réflexion est le lieu géométrique des points S_1 et S_2 (*fig.* 54).
Comme tous les points S_1 sont sur
la droite MCS, une partie de la

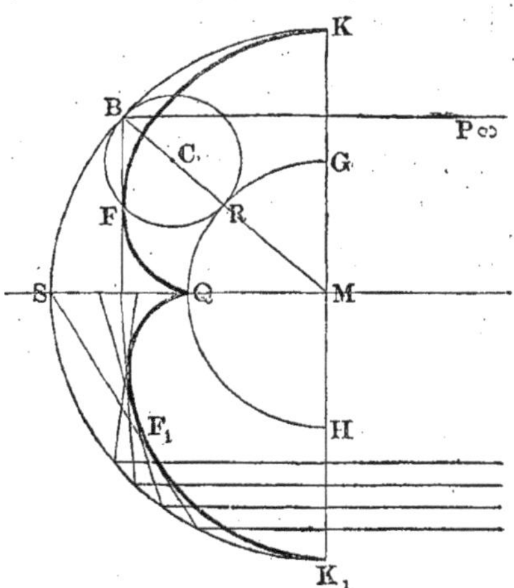

Fig. 55

caustique devient évidemment une ligne droite, passant par le point lumineux S et le centre du miroir C. L'autre partie est le lieu géométrique des
points S_2. Nous indi-
querons seulement ici
la forme de cette sur-
face dans quelques cas
particuliers. La figure
55 correspond au cas
où, sur la *surface hé-
misphérique* KSK_1 *d'un
miroir*, tombe un fais-
ceau de rayons paral-
lèles à l'axe SM. La
caustique s'obtient en
faisant tourner la
courbe $KFQF_1K_1$, au-
tour de l'axe SM.
Cette courbe est une

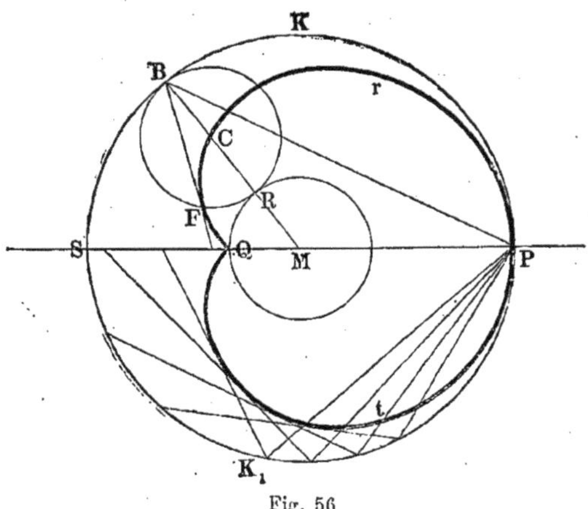

Fig. 56

épicycloïde, décrite par le point F de la circonférence BFRB de rayon $\frac{r}{4}$ (r est le
rayon du miroir), roulant sur la circonférence GRQH de rayon $\frac{r}{2}$. Si le centre C.

se trouve au milieu de la droite GK, le point F coïncide avec le point K. Sur la figure 56 est représentée la caustique relative au cas où le point lumineux P se trouve sur la surface même du miroir sphérique. La courbe PrCFQtP est décrite par le point F de la circonférence BFRB, quand celle-ci roule sur la circonférence RQM; on a alors $MR = CR = \frac{1}{3} MP$.

Si la surface réfléchissante est une petite partie de la surface sphérique totale, la caustique se réduit à la partie qui est disposée autour du point Q. Les rayons réfléchis se coupent dans ce qu'on appelle l'*espace focal*. On voit

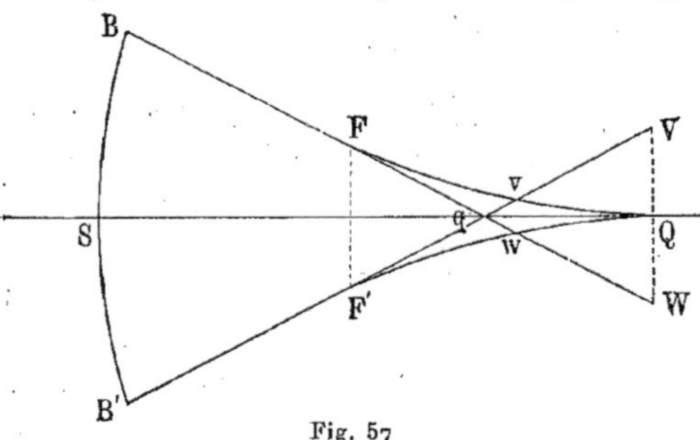

Fig. 57

la forme de cet espace sur la figure 57. BFW et B'F'V sont ici les rayons marginaux, qui se coupent en q ; Q est le foyer des rayons qui sont très voisins de l'axe QS ; FvQ et F'wQ est la courbe caustique. Les points d'intersection v, w des rayons marginaux avec la caustique déterminent *la partie la plus étroite de l'espace focal*, dont il a été question déjà à la page 120, et que l'on prend, dans l'observation, pour l'image du point lumineux donné.

En terminant ici la partie géométrique de la Catoptrique (voir § **1**), nous remarquerons qu'on peut la considérer comme un cas particulier de la Dioptrique, c'est-à-dire de l'étude de la réfraction des rayons (voir Chapitre V). Si l'on prend, pour l'indice de réfraction n, la valeur particulière $n = -1$, on obtient une réflexion au lieu d'une réfraction, et les formules de la Dioptrique se changent en celles de la Catoptrique ; ainsi, les formules relatives à la réfraction des rayons par des surfaces sphériques se changent dans les formules de la réflexion sur des surfaces sphériques.

7. Diffusion superficielle et diffusion intérieure des rayons. — Nous avons supposé jusqu'ici que les miroirs considérés avaient une surface parfaitement polie et tout à fait nette : en d'autres termes, que leur surface ne s'écartait nulle part de la surface géométrique qui leur est propre et ne portait sur elle ni poussières, ni autres petits corps étrangers. Dans ce cas, le miroir lui-même est *invisible*, quand il est éclairé ; sur la rétine de notre œil se forment seulement les images des objets réfléchis par le miroir, plus exactement les images des images données par le miroir. Mais si la surface du miroir présente des inégalités ou porte de petits corps étrangers, les surfaces d'onde élémentaires, qui se forment autour de chaque point du miroir, où tombent des rayons issus d'un source lumineuse, ne donnent plus, d'après le principe d'Huygens, une surface d'onde dont on puisse considérer une partie finie comme sphérique. Dans ce cas, il se produit une diffusion superficielle de l'énergie rayonnante : le miroir devient alors visible, quand il reçoit des rayons. Pour que la diffusion ne soit pas sensible, il faut que la hauteur h des inégalités du miroir soit très petite, comparée à la longueur d'onde λ de l'énergie rayonnante reçue, c'est-à-dire, pour les rayons lumineux, qu'elle soit très petite relativement à $0^{mm},0005$.

Des rayons faisant un angle φ avec la normale au point d'incidence peuvent être réfléchis régulièrement, si $h \cos \varphi$ est petit par rapport à λ. Ceci montre pourquoi du papier bien uni peut presque agir comme un miroir, et donner des images, quand des rayons tombent sur lui sous une très faible incidence. Ces images ont une teinte rougeâtre, car les rayons qui sont réfléchis le plus régulièrement sont ceux qui ont une grande longueur d'onde, c'est-à-dire les rayons rouges.

Le contraire d'une surface parfaitement réfléchissante est représenté par une surface parfaitement *mate*. LAMBERT (1760) a donné la formule suivante, pour la quantité J d'énergie rayonnante diffusée par un élément s d'une surface mate, dans une direction faisant l'angle α avec la normale :

$$(9) \qquad\qquad J = As \cos \varphi \cos \alpha,$$

où A est un facteur de proportionnalité, φ l'angle d'incidence des rayons qui tombent sur l'élément de surface. Le facteur $\cos \varphi$ exprime la loi connue, suivant laquelle l'éclairement varie avec la direction φ des rayons incidents. Le second facteur $\cos \alpha$ exprime que la surface diffuse les rayons absolument de la même manière dans toutes les directions, d'une façon indépendante de la direction des rayons incidents, c'est-à-dire que l'intensité du flux diffusé est la même dans tous les sens. La formule de LAMBERT a été vérifiée par BOUGUER, KONONOWITCH, SEELIGER, MESSERSCHMIDT, WIENER, LOMMEL, WRIGHT, HUTCHINS, MÖLLER, K. ÅNGSTRÖM, GODARD, THALER, et d'autres encore.

Presque toutes les recherches ont mis en évidence des écarts avec la formule de LAMBERT. LOMMEL l'a remplacée par une autre plus compliquée. WRIGHT a observé la diffusion de rayons de longueur d'onde déterminée sur des plaques obtenues par la compression de poudres diverses colorées ou non. Il a trouvé que, pour une valeur de φ donnée, la grandeur J est rigoureusement proportionnelle à $\cos \alpha$; mais, pour une valeur donnée de α, J ne varie pas proportionnellement à $\cos \varphi$. WRIGHT a dès lors admis que la formule exacte ne devait pas être symétrique par rapport aux angles φ et α. Cependant LORD RAYLEIGH n'est pas d'accord sur ce point avec WRIGHT. HUTCHINS a étudié le cas de $\varphi = 0$, pour le papier et le gypse ; il a trouvé que la diffusion n'était pas complète, qu'il y avait, en outre, une réflexion régulière. WIENER a montré le premier que J doit dépendre de l'angle θ que fait le plan d'incidence (angle φ) avec le plan d'angle α. THALER (1903) a étudié l'influence de l'azimut pour le verre mat et le gypse ; il a trouvé que pour φ et α donnés, l'intensité J présente toujours un maximum pour $\theta = 180°$, que par conséquent une partie des rayons est réfléchie régulièrement.

Ce qu'on appelle *diffusion intérieure* des rayons est un phénomène d'un autre genre, qui se produit dans des milieux renfermant un très grand nombre de particules très petites, lesquelles diffusent plus ou moins régulièrement, dans tous les sens, les rayons incidents. Notre atmosphère, par exemple, constitue un milieu de ce genre ; la diffusion y est produite par une multitude de poussières très tenues et de petites gouttelettes ou bulles d'eau.

La diffusion intérieure se manifeste nettement quand on regarde latéralement des rayons lumineux dans un milieu *trouble* ; leur trajet est alors visible ; on peut l'observer aussi dans l'eau. La distillation et la filtration ne font pas disparaître le trouble de l'eau dû aux poussières de l'air. Spring (1899) est arrivé à obtenir de l'*eau optiquement pure*, en ajoutant de l'eau de chaux et en agitant ; le précipité entraînait avec lui toutes les particules produisant le trouble. Un courant électrique entraîne ces particules vers la cathode. Les sels des métaux alcalins et alcalino-terreux dissous ne présentent aucune diffusion intérieure ; le contraire a lieu avec les sels d'Al, Cr, Fe, Cu, Hg et Pb et avec les colloïdes. Battelli et Pandolfi ont également obtenu de l'eau et de l'alcool optiquement purs, en distillant ces liquides à l'abri de l'air.

Clausius a admis que la grandeur de la diffusion dépend de la longueur d'onde λ et est inversement proportionnelle à λ^2. Plus tard, Strutt (aujourd'hui Lord Rayleigh) a trouvé que l'intensité de la diffusion doit croître encore plus rapidement, quand λ diminue, et qu'elle est inversement proportionnelle à λ^4. Les expériences d'Abney et Festing, de Lampa, Hurion et Compan, sur la diffusion de la lumière dans une émulsion de mastic, dissous dans de l'alcool additionné d'eau, ont confirmé pleinement le résultat de Lord Rayleigh. Il s'ensuit que la diffusion des rayons violets et bleu foncé, dans les conditions considérées, est environ 12 fois plus grande que la diffusion des rayons rouges. L'affaiblissement de l'énergie rayonnante, qui accompagne son passage à travers l'atmosphère terrestre, provient en grande partie, pour les rayons visibles, de leur diffusion, et, pour les rayons infra-rouges et ultra-violets, de leur absorption. Le verre opale, sur les propriétés duquel nous reviendrons, présente un exemple typique de diffusion intérieure.

8 Recherches expérimentales sur la quantité d'énergie rayonnante réfléchie. — Nous avons déjà vu à la page 18, qu'on reconnaissait la présence des rayons *infra-rouges* à l'aide de la pile thermoélectrique, et nous avons indiqué à la page 49, figure 25, la disposition des appareils employés dans ce but. La figure 58 représente l'appareil auxiliaire qui peut servir pour l'étude des lois de la réflexion des rayons infra-rouges. A droite de l'écran C, que représente également la figure 25, est placée une tablette mobile G, à laquelle est fixée une règle GP, qui peut tourner autour de l'axe vertical de la tablette, d'une manière indépendante de celle-ci. Sur cette tablette est placé le corps réfléchissant I ; à la règle GP est fixée la pile thermoélectrique D, ainsi qu'un écran double E, qui protège la face de la pile tournée vers cet écran des radiations qui pourraient lui parvenir. Deux cercles divisés permettent de déterminer les angles que fait la normale à I avec les directions des règles N et GP, c'est-à-dire avec les rayons tombant sur I et avec les rayons réfléchis vers la pile. La mesure de ces angles a confirmé entièrement l'exactitude de la loi fondamentale de la réflexion sur des surfaces *polies*, pour les rayons infra-rouges. Des miroirs concaves sphériques, paraboliques, etc. agissent sur les rayons obscurs infra-rouges comme sur les rayons lumineux visibles.

Quand des rayons infra-rouges tombent sur une surface non polie, ils subissent une *diffusion*, analogue à celle des rayons lumineux. Ceci peut être démontré avec l'appareil représenté par la figure 58 ; si la surface de I n'est pas polie, on observe une action sensible sur la pile thermoélectrique D, quels que soient l'angle d'incidence des rayons et la position de la règle GP par rapport à la normale à I.

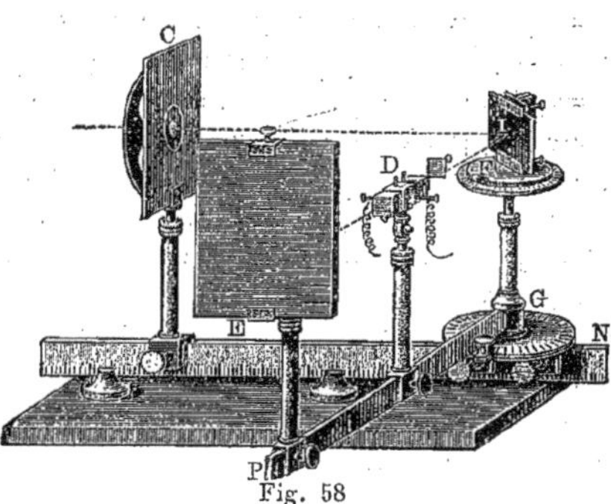
Fig. 58

La quantité de rayons obscurs, réfléchis par une surface polie ou mate, ne dépend pas seulement de la nature de la surface (substance, état physique de la couche superficielle, etc.), mais aussi de la nature des rayons infra-rouges qui tombent sur elle ; ceux-ci, comme nous l'avons vu, dépendent à leur tour de la source d'énergie rayonnante et des milieux traversés par les radiations. En d'autres termes, la réflexion et la diffusion dépendent de la longueur d'onde des rayons, qui tombent sur la surface considérée. MELLONI, DE LA PROVOSTAYE et DESAINS, et surtout KNOBLAUCH se sont occupés de cette question. Ce dernier a montré que la composition d'un flux de rayons obscurs change par suite de la réflexion ; il a trouvé qu'une même plaque, par exemple une plaque de verre rouge, laisse passer des quantités inégales des rayons émis par une source donnée (par exemple, par un bec d'ARGAND), selon que les rayons lui parviennent directement ou sont réfléchis auparavant sur différentes surfaces, ce qui modifie évidemment leur composition, et par suite aussi le rapport des rayons transmis par la plaque à ceux qu'elle retient. Cette modification dépend en outre de la source rayonnante, c'est-à-dire de la composition initiale des radiations.

Toutes les expériences faites par les savants précédents, à l'aide de la pile thermoélectrique, ne pouvaient conduire qu'à la détermination du caractère général des changements qui se produisent dans la réflexion d'un flux d'énergie rayonnante. Une étude détaillée de ce phénomène n'est en effet possible qu'à la condition de déterminer la composition du flux avant et après réflexion. Dans ce but, le flux doit être décomposé, dans les deux cas, en son spectre, dont toutes les parties doivent être étudiées le plus minutieusement possible, à l'aide du bolomètre (page 20), par exemple. Ce n'est que par cette méthode que l'on peut espérer obtenir une idée exacte de l'action exercée par une surface réfléchissante sur des rayons obscurs.

Avant de passer aux recherches relatives à cette question, nous rappellerons encore une fois (voir page 30) que la réflexion multiple d'un faisceau composé de rayons, sur une même substance, peut donner un ou plusieurs faisceaux de rayons presque homogènes ; c'est ce qu'ont montré les expériences de Rubens et Nichols. Des rayons, qui se sont réfléchis plusieurs fois sur du *quartz*, n'ont plus que des longueurs d'onde voisines de $\lambda = 8,50\,\mu$, $\lambda = 9,02\,\mu$ et $\lambda = 20,75\,\mu$. Le *mica* donne, après quatre réflexions, des rayons dont les longueurs d'onde sont $\lambda = 9,20\,\mu$, $\lambda = 18,40\,\mu$ et $\lambda = 21,25\,\mu$. Le *spath fluor*, après quatre réflexions, ne donne que des rayons pour lesquels $\lambda = 23,7\,\mu$. Cinq réflexions sur du *sel gemme* donnent des rayons dont la longueur d'onde est voisine de $\lambda = 51,2\,\mu$.

Aschkinass (1900) a montré que le *marbre* donne des rayons de longueurs d'onde $\lambda = 6,69\,\mu$, $\lambda = 11,41\,\mu$ et $\lambda = 29,4\,\mu$; l'*alun* donne $\lambda = 9,05\,\mu$ et $\lambda = 30$ à $40\,\mu$; KBr donne des rayons pour lesquels $\lambda = 60$ à $70\,\mu$; KCl (sylvine) donne $\lambda = 61,1\,\mu$.

La réflexion sur les *métaux* et sur quelques autres corps a été étudiée surtout par Rubens, seul ou en collaboration, et en outre par Nichols, Paschen, Trowbridge, etc..

Les premiers travaux de Rubens remontent à l'année 1889 (réflexion des rayons de longueur d'onde $\lambda = 3,2\,\mu$ sur Ag, Au, Cu, Fe et Ni). Plus tard, Nichols (1897) a trouvé que Ag réfléchit presque 100 % des rayons $\lambda = 4\,\mu$ à $\lambda = 9\,\mu$. Le *quartz* réfléchit très peu les rayons compris entre $\lambda = 4,2\,\mu$ et $\lambda = 7,8\,\mu$ (pour $\lambda = 7,4\,\mu$, la réflexion est presque nulle); λ continuant à croître, la réflexion augmente jusqu'à 75 % pour $\lambda = 8,42\,\mu$; elle est à peu près égale à 50 % pour $\lambda = 9\,\mu$.

Les rayons $\lambda = 23,7\,\mu$ sont totalement réfléchis (100 %) par les métaux suivants : Ag, Au, Pt, Cu, Fe, Ni, laiton et métal des miroirs.

Désignons, pour abréger, par R, le pourcentage des rayons réfléchis. Trowbridge (1898) a déterminé R pour les métaux suivants : Au, Cu, Fe, Ni, laiton et métal des miroirs, entre les limites $\lambda = 1\,\mu$ et $\lambda = 15\,\mu$, pour un angle d'incidence de 10°. Il a trouvé que R ne varie pas tout à fait régulièrement en fonction de λ. La plupart des nombres R sont supérieurs à 90 ; pour $\lambda > 4\,\mu$, tous les R sont > 90; pour Au, tous les R sont $> 94,3$.

Paschen (1901) donne les valeurs suivantes, pour l'*argent pur* (R), et pour le *palladium* (R_1) :

$$\begin{array}{llllllll}
\lambda = & 0,7786\,\mu & 1,096 & 1,718 & 3,842 & 4,810 & 6,264 & 7,737 \\
R = & 94,43 & 96,45 & 97,70 & 98,18 & 98,23 & 98,40 & 98,69 \\
R_1 = & 70,89 & 76,16 & 85,05 & 91,80 & 92,53 & 93,17 & 94,03
\end{array}$$

Rubens et Aschkinass (1898) ont étudié la réflexion des rayons restants du sel gemme (NaCl) et de la sylvine (KCl) et ont trouvé pour R les valeurs suivantes :

Substances	NaCl, $\lambda = 51,2\,\mu$	KCl, $\lambda = 61,1\,\mu$
NaCl	81,5	52,6
KCl	30,7	80,0
Quartz	17,8	13,0
Verre de miroir	15,7	11,3
Soufre	9,5	—

Königsberger a montré qu'on peut déterminer R en fonction de λ, quand on connaît la loi du rayonnement.

Les recherches de Rubens et Hagen (1898-1902), sur la réflexion des rayons de $\lambda = 0,25\mu$ à $\lambda = 1,5\mu$, présentent un très grand intérêt. Leur méthode consiste à faire avec la substance à étudier des miroirs sphériques concaves. Un peu au-dessus du centre du miroir, ils ont placé une petite bande de platine (avec ses faces latérales verticales et parallèles au miroir) portée au rouge par un courant électrique. Immédiatement au-dessous de cette bande se formait son image. Les rayons émis par cette bande et par son image ont été comparés à l'aide d'un spectrophotomètre muni de la double fente de Vierordt (voir plus loin). La réflexion des rayons *visibles* a été ainsi étudiée (depuis $\lambda = 0,450\mu$ jusqu'à $\lambda = 0,700\mu$). Hagen et Rubens se sont servis, pour l'étude des rayons infra-rouges et ultra-violets d'un élément thermo-électrique linéaire (page 19), sur lequel pouvaient être dirigés, à l'aide d'un petit prisme à réflexion totale, mobile autour d'un axe, les rayons émis par la bande de platine ou par son image. Il résulte de cette description que l'angle d'incidence des rayons étudiés était presque nul. Hagen et Rubens ont étudié de cette manière toute une série de métaux, ainsi que différents alliages. Le tableau suivant donne quelques valeurs de R, pour des rayons dont la longueur d'onde est comprise entre $\lambda = 0,251\mu$ et $\lambda = 1,5\mu$.

λ	Ag	Pt	Ni	Au	Cu
0,251 μ	34,1	33,8	37,8	38.8	25,9
0,288 μ	21,2	38,8	42,7	34,0	24,3
0,305 μ	9,1	39,8	44,2	31,8	25,3
0,316 μ	4,2	—	—	—	—
0,326 μ	14,6	41,4	45,2	28,6	24,9
0,338 μ	55,5	—	46,5	—	—
0,357 μ	74,5	43,4	48,8	27,9	27,3
0,385 μ	81,4	45,4	49,6	**27,1**	28,6
0,420 μ	86,6	51,8	56,6	29,3	32,7
0,450 μ	90,5	54,7	59,4	33,1	37,0
0,500 μ	91,3	58,4	60,8	47,0	43,7
0,600 μ	92,6	64,2	64,9	84,4	71,8
0,700 μ	94,6	69,0	68,8	92,3	83,4
0,800 μ	96,3	70,3	69,6	94,9	88,6
1,000 μ	96,6	75,5	73,5	97,1	93,6
1,200 μ	—	77,7	76,5	97,6	95,1
1,500 μ	98,4	79,0	81,4	97,3	94,5

Les valeurs relatives à Ag et à Au sont intéressantes; les valeurs minima de R sont imprimées en chiffres gras.

En 1903 a été publié un nouveau travail de Hagen et Rubens, dans lequel ces savants comparent *la réflexion sur les métaux des rayons qui possèdent une* *grande longueur d'onde, avec la conductibilité électrique k de ces métaux.* Pour $\lambda = 12\,\mu$, ils ont trouvé la formule purement empirique

$$(10) \qquad (100 - R)\sqrt{k} = C,$$

où R est l'intensité réfléchie en *centièmes* de l'intensité incidente et où C est une grandeur constante pour tous les métaux et les alliages. Mais ils ont montré de plus que la théorie électromagnétique de la lumière donne, pour les bons conducteurs de l'électricité, la formule

$$(11) \qquad (100 - R)\sqrt{k} = 200\sqrt{n},$$

dans laquelle k est mesurée en unités *électrostatiques* (Tome IV) et où n est le *nombre de vibrations* pour les rayons considérés. Cette formule a été établie pour la première fois par DRUDE (*Physik des Aethers*, p. 574) et ensuite par PLANCK et E. COHN. Si nous introduisons la longueur d'onde λ, on peut mettre en général (11) sous la forme

$$(12) \qquad (100 - R)\sqrt{k} = C_\lambda - \frac{K}{\sqrt{\lambda}},$$

où C_λ dépend seulement de λ et où K est une grandeur constante pour tous les bons conducteurs de l'électricité et pour tous les λ. Exprimons maintenant λ en $\mu = 10^{-3}$ millimètre, de sorte que

$$(12,\ a) \qquad 10^4 v = n\lambda,$$

$v = 3.10^{10}\ \frac{\text{cm.}}{\text{sec.}}$ étant la vitesse de la lumière. Introduisons en outre pour k les unités *électromagnétiques* (Tome IV), k devant être la valeur réciproque de la résistance, mesurée en ohms, que possède un fil de 1 mètre de longueur et de 1 centimètre carré de section. On a, dans ce cas,

$$(13) \qquad K = 2\sqrt{\frac{10^8}{v}} = 36,50.$$

Pour $\lambda = 12\,\mu$, la formule (12) donne la valeur *théorique*

$$C_{12} = 10,54.$$

HAGEN et RUBENS ont trouvé dans leurs expériences, comme moyenne des mesures sur les différents métaux et alliages, $C_{12} = 11,0$, par conséquent un très bon accord avec la théorie. Pour $\lambda = 4\,\mu$ et $\lambda = 8\,\mu$, les *expériences* ont donné $C_4 = 19,4$ et $C_8 = 13,0$, alors que (12) et (13) fournissent les valeurs théoriques $C_4 = 18,25$ et $C_8 = 12,9$. Plus λ est grand, moins diffèrent entre elles les valeurs de C_λ trouvées pour les divers métaux et alliages. HAGEN et RUBENS ont entrepris par suite une nouvelle série d'expériences, avec les rayons restants du spath fusible, pour lesquels on a $\lambda = 25,5$. Ici s'est manifesté un accord encore plus complet avec la théorie. Pour les métaux purs, C se montre égal à 7,33; pour les alliages C = 7,41, alors que la théorie donne $C_{25,5} = 7,23$.

Plus tard (1904), HAGEN et RUBENS ont encore étudié 16 autres alliages et ont trouvé, pour les mêmes rayons, comme valeur moyenne, $C_{25,6} = 7,29$, en concordance toujours plus parfaite avec la valeur théorique.

La grandeur 100 — R est égale à l'énergie *absorbée*, exprimée en centièmes de l'énergie incidente. D'après la loi de KIRCHHOFF, 100 — R est donc une mesure du *pouvoir émissif*. Nous obtenons de cette manière la proposition déjà énoncée à la page 39. Le pouvoir émissif des métaux pour les grandes longueurs d'onde est inversement proportionnel à la racine carrée de leur conductibilité électrique. HAGEN et RUBENS ont vérifié l'exactitude de cette proposition, en déterminant le pouvoir émissif du platine, pour les rayons $\lambda = 25,5\,\mu$, à *différentes températures*. Puisque la conductibilité électrique k varie fortement avec la température, il doit y avoir une relation entre elle et le pouvoir émissif. En comparant l'émission e à celle du corps noir ($R = 0$), HAGEN et RUBENS ont pu mettre en évidence l'accord des résultats d'expérience avec la formule (12), à différentes températures, non seulement pour la valeur relative, mais aussi pour la valeur *absolue* de l'émission e, comme on le voit par le tableau suivant :

t	k	e calculé	e observé
170°	4,31	3,49	3,36
220	3,84	3,68	3,68
300	3,22	4,04	4,29
600	1,79	5,40	5,65
900	1,11	6,86	6,93
1200	0,751	8,34	8,32
1500	0,540	9,84	9,78

La formule (12) peut donc être employée pour effectuer les déterminations de résistance *absolue* à l'aide des mesures de rayonnement.

L. MACH (1899) a préparé une série de nouveaux alliages d'Al et Mg remarquables ; il en a fait 17, commençant à $2\,Al + 1\,Mg$ et allant jusqu'à $1\,Al + 13\,Mg$. Les métaux étaient fondus ensemble à l'abri de l'air, et refroidis sous une pression de 100 à 200 atmosphères. Les alliages obtenus se distinguaient par leur faible densité et leur inaltérabilité à l'air, ainsi que par leur faculté de réfléchir les rayons ultra-violets en plus grande quantité que n'importe quelle autre substance connue. La réflexion des rayons ultraviolets par les métaux et par quelques autres corps a été également étudiée par NUTTING (1901).

Nous rencontrerons, dans le Chapitre sur la *polarisation*, les formules de FRESNEL, qui permettent de *calculer* la grandeur R pour des corps non métalliques, satisfaisant à la condition de ce qu'on appelle la dispersion normale.

K. ÅNGSTRÖM a étudié, à l'aide du bolomètre, la diffusion, dans la réflexion sur des surfaces non polies.

9. Réflexion des rayons électriques. — Pour étudier les lois de la réflexion des rayons électriques, HERTZ plaçait un excitateur (page 13) suivant l'axe focal d'un miroir parabolique en zinc ; la figure 40 représentait déjà un miroir de ce genre ; sur la figure 59, ce miroir est représenté avec son excitateur, qui se compose de deux cylindres de laiton a et b, de 13 centimètres de longueur chacun et de 3 centimètres de diamètre. Les extrémités en regard des cylindres sont arrondies en forme de demi-sphères ; les cylindres sont fixés au miroir parabolique et reliés à une bobine de Ruhmkorff à l'aide de deux fils isolés c et d, qui traversent la feuille de zinc, courbée suivant ABCDET. La longueur BE = 2 mètres, l'ouverture du miroir = $1^{m},2$. Quand la bobine entre en action, des étincelles éclatent entre a et b ; il se produit des décharges oscillantes (voir page 12) entre les cylindres, qui se chargent d'électricités de noms contraires à l'instant qui précède chaque décharge de la bobine. Un ébranlement ou une vibration de l'éther prend ainsi naissance le long de l'axe focal MN, le nombre N de telles vibrations (aller et retour) par seconde étant à peu près égal à $0,46.10^{9}$, nombre très

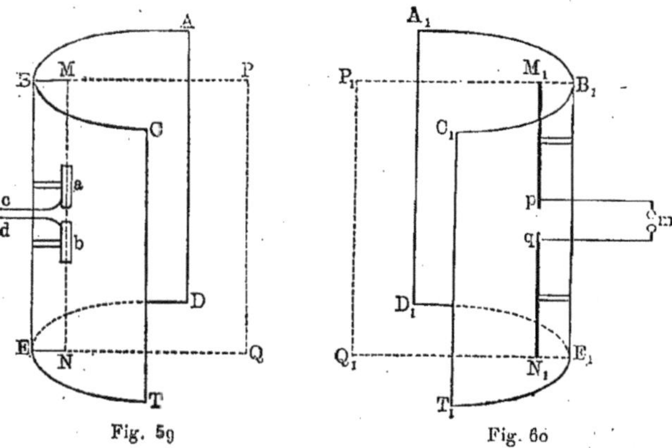

Fig. 59   Fig. 60

grand par lui-même, mais très petit relativement au nombre de vibrations correspondant aux rayons lumineux. A partir de ab se propage de l'énergie rayonnante, dont la longueur d'onde est $\lambda = \dfrac{V}{N} = \dfrac{3.10^{10}\ \text{cm.}}{0,46.10^{9}} = 66$ centimètres. Cette énergie rayonnante est réfléchie par le miroir ABCDET, et se propage parallèlement au plan BPQE, qui est le lieu géométrique des axes de toutes les paraboles horizontales. Les vibrations s'effectuent, dans ces radiations, parallèlement à PQ, c'est-à-dire, dans le cas actuel, verticalement.

Le dispositif qui reçoit les rayons électriques, le résonnateur, est représenté sur la figure 60. C'est également un miroir parabolique $A_1B_1C_1D_1E_1T_1$, suivant l'axe focal duquel sont placés deux fils de cuivre rectilignes M_1p et N_1q. Les extrémités p et q sont réunies par des fils à deux petites sphères m, très voisines l'une de l'autre (micromètre à étincelles). Quand un flux d'énergie rayonnante électrique, parallèle au plan $B_1P_1Q_1E_1$, atteint la surface du miroir, il converge, après réflexion, suivant la ligne focale M_1N_1, et produit, dans les fils M_1p et qN_1, des vibrations électriques, qui se manifestent

par l'apparition de petites étincelles en m. Si l'on place les deux miroirs, dans une position verticale et à grande distance l'un de l'autre, de telle façon que les plans PBEQ et $P_1B_1E_1Q_1$ coïncident, il apparaît une étincelle en m, aussitôt que l'excitateur ab entre en action. Mais il suffit de tourner un peu le premier miroir, pour qu'immédiatement les étincelles disparaissent en m. Il en est de même, si l'on fait tourner le second miroir d'un très petit angle autour de B_1E_1, ou mieux de 90° autour d'un axe horizontal de manière à rendre M_1N_1 horizontal. Ceci montre que les ondes élec-

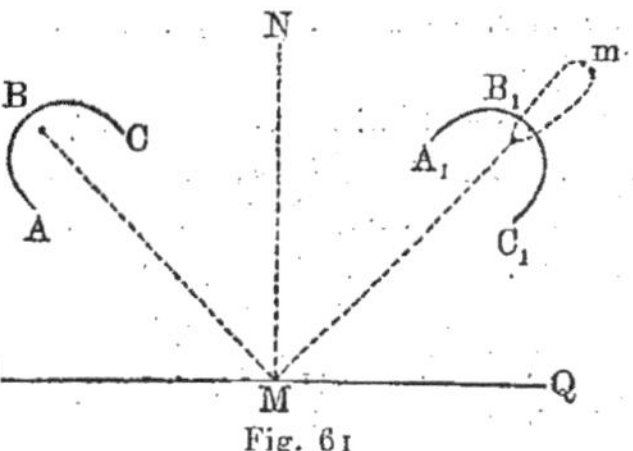
Fig. 61

triques se réfléchissent, et toutes les lois de la réflexion peuvent ainsi être vérifiées à l'aide de ces deux miroirs ABC et $A_1B_1C_1$, qui sont représentés en plan dans la figure 61, et à l'aide d'un miroir métallique plan PQ. Si l'on a BMN = NMB_1, il se produit une étincelle en m. Mais, aussitôt que l'on détruit l'égalité de ces angles, en déplaçant l'un des miroirs, les étincelles disparaissent en m. Des expériences récentes, encore plus précises, ont justifié pleinement l'application des lois de la réflexion aux ondes électriques.

BIBLIOGRAPHIE

5. — L'image d'un point au sens de la théorie des ondes.

AIRY. — *Camb. Phil. Trans.*, **6**, p. 379, 1838.

STRUTT (LORD RAYLEIGH). — *Phil. Mag.*, (4), **41**, p. 107, 247, 447, 1871 ; (5), **9**, p. 410, 1879.

K. STREHL. — *Theorie des Fernrohrs u. s. w. Teil I*, Leipzig, 1894.

7. — Diffusions superficielle et intérieure.

LAMBERT. — *Photometria*, Augsburg, 1760.

BOUGUER. — *Essai d'optique sur la gradation de la lumière*, Paris, 1729.

KOXOXOWITCH. — *Mémoires de la sect. math. de la Soc. des Sc. Nat. de la Nouvelle Russie*, T. II (en russe) ; *Mémoires de l'Univ. de la Nouv. Russie*, **22**, p. 107 (en russe).

SEELIGER. — *Münch. Ber.*, 1888, *Heft 2*, p. 201.

MESSERSCHMIDT. — *W. A.*, **34**, p. 867, 1888.

CHR. WIENER. — *W. A.*, **47**, p. 638, 1892.

LOMMEL. — *W. A.*, **10**, p. 449, 631, 1880 ; **36**, p. 473, 1889 ; *Münch. Ber.*, 1887, p. 95.

WRIGHT. — *D. A.*, **1**, p. 17. 1900 ; *Phil. Mag.*, (5), **49**, p. 199, 1900.

LORD RAYLEIGH. — *Phil. Mag.*, (5), **47**, p. 375, 1899 ; **49**, p. 324, 1900.

HUTCHINS. — *Sill. J.*, (4), **6**, p. 373, 1898.

MÖLLER. — *W. A.*, **24**, p. 266, 1884.

GODARD. — *Ann. de chim. et phys.*, (6), **10**, p. 354, 1887 ; *Journ. de phys.*, (2), **7**, p. 435, 1888.

THALER. — *D. A.*, **11**, p. 996, 1903 ; *Diss. Kiel*, 1902.

CLAUSIUS. — *Pogg. Ann.*, **72**, p. 294, 1847 ; **76**, p. 161, 188, 1849 ; **88**, p. 543, 1853.

LAMPA. — *Wien. Ber.*, **100**, p. 730, 1892.

ABNEY et FESTING. — *Proc. R. Soc.*, **40**, p. 378, 1866.

HURION. — *C. R.*, **112**, p. 1431, 1891.

COMPAN. — *C. R.*, **128**, p. 1226, 1899.

SPRING. — *Recueil des trav. chim. des Pays-Bas*, **18**, (2e Série, T. III), p. 153, 1899 ; *Bull. Acad. Belg.*, **37**, p. 174, 300, 1899.

BATELLI et PANDOLFI. — *Nuov. Cim.*, (4), **9**, p. 321, 1899.

8 et 9. — Mesure de la quantité d'énergie rayonnante réfléchie. Réflexion des rayons électriques.

MELLONI. — *Ann. chim. et phys.*, (2), **75**, 1840 ; *Pogg. Ann.*, **37**, p. 212, 1836 ; **52**, p. 421, 573, 1841 ; **65**, p. 101, 1845.

DE LA PROVOSTAYE et DESAINS. — *Ann. chim. et phys.*, (3), **26**, p. 212, 1848 ; **27**, 1849 ; **28**, p. 501, 1849 ; **30**, p. 276, 1850 ; **34**, p. 192, 1852.

KNOBLAUCH. — *Pogg. Ann.*, **65**, p. 581, 1845 ; **71**, p. 1, 1847 ; **74**, p. 161, 1848 ; **101**, p. 187, 1857 ; **109**, p. 595, 1868.

RUBENS et NICHOLS. — *W. A.*, **60**, p. 418, 1897.

ASCHKINASS. — *D. A.*, **1**, p. 42, 1900.

RUBENS. — *W. A.*, **37**, p. 249, 1889.

NICHOLS. — *W. A.*, **60**, p. 407, 1897.

TROWBRIDGE. — *W. A.*, **65**, p. 595, 1898.

PASCHEN. — *D. A.*, **4**, p. 304, 1901.

RUBENS et ASCHKINASS. — *W. A.*, **65**, p. 241, 1898.

KÖNIGSBERGER. — *Verh. d. deutsch. phys. Ges.*, **1**, p. 247, 1899.

HAGEN et RUBENS. — *Verh. d. berl. phys. Ges.*, **17**, p. 143, 1898 ; *Verh. d. deutsch. phys. Ges.*, **3**, p. 165, 1901 ; *Instr.*, **19**, p. 293, 1899 ; **22**, p. 42, 1902 ; *D. A.*, **1**, p. 353, 1900 ; **8**, p. 1, 1902 ; — *(Réflexion et conductibilité électriques) Verh. d. phys. Ges.*, **5**, p. 113, 145, 1903 ; **6**, p. 128, 1904 ; *Berl. Ber.*, 1903, p. 269, 410 ; *D. A.*, **11**, p. 873, 1903 ; *Ann. de chim. et de phys.*, (8), **1** p. 185, 1904 ; **2**, p. 441, 1904 ; *Phil. Mag.*, (6), **7**, p. 157, 1904 ; *Phys. Ztschr.*, **5**, p. 606, 1904.

PLANCK. — *Berl. Ber.*, 1903, p. 278.

DRUDE. — *Verh. d. phys. Ges.*, **5**, p. 142, 1903.

COHN. — *Berl. Ber.*, 1903, p. 538.

L. MACH et SCHUMANN. — *Wien. Ber.*, **108**, p. 135, 1899 ; *Naturw. Rundschau*, **14**, p. 607, 1899.

NUTTING. — *Phys. Rev.*, **13**, p. 192, 1901 ; **16**, p. 129, 1903 ; *Phys. Ztschr.*, **4**, p. 203, 1903.

K. ÅNGSTRÖM. — *W. A.*, **26**, p. 253, 1885.

H. HERTZ. — *W. A.*, **36**, p. 769, 1889 ; *Ges. Werke*, II, p. 184, 1894.

CHAPITRE V

—

RÉFRACTION DE L'ÉNERGIE RAYONNANTE

1. Lois de la réfraction des rayons. — Nous avons considéré, dans l'étude du mouvement vibratoire harmonique, le phénomène de la réfraction des rayons (Tome I, page 169), et nous avons établi, en nous appuyant sur le principe d'HUYGENS, que le rapport n du sinus de l'angle d'incidence φ au sinus de l'angle de réfraction ψ est une constante. Ce rapport est aussi égal au rapport des vitesses de propagation des *ondes* dans le premier milieu (vitesse v_1) et dans le second milieu (vitesse v_2). On l'appelle l'*indice de réfraction*, et l'on a :

$$(1) \qquad \frac{\sin \varphi}{\sin \psi} = \frac{v_1}{v_2} = n.$$

Cette loi s'applique immédiatement à l'énergie rayonnante. Si le premier milieu est le vide (éther libre), n s'appelle l'indice *absolu* de réfraction du second milieu. Si les deux milieux renferment de la matière, n est l'indice de réfraction du second milieu, relativement au premier ; ce dernier indice est égal au rapport de l'indice absolu de réfraction N_2 du second milieu à l'indice absolu de réfraction N_1 du premier ; V étant la vitesse des rayons dans l'éther libre, on a en effet $N_1 = V : v_1$ et $N_2 = V : v_2$, et par suite

$$(2) \qquad n = \frac{v_1}{v_2} = \frac{N_2}{N_1}.$$

Comme l'indice de réfraction de l'air est très peu différent de l'unité, on prend ordinairement pour indice de réfraction, celui qui correspond au passage des ondes de l'*air* dans le milieu donné. L'indice absolu de réfraction N s'obtient en multipliant le rapport n ainsi déterminé par l'indice absolu de réfraction N_0 de l'air :

$$(3) \qquad N = nN_0.$$

A 0^0 et sous une pression de 760 millimètres, N_0 est à peu près égal à 1,000 293, pour les rayons lumineux.

Si l'on désigne par J la quantité totale d'énergie qui, à travers le premier milieu, parvient, dans l'unité de temps, à la surface de séparation des deux milieux, par J_r la quantité d'énergie qui est réfléchie par cette surface de séparation dans le premier milieu, enfin par J_d la quantité d'énergie qui pénètre dans le second milieu, on obtient, d'après le principe de la conservation de l'énergie, la relation suivante :

$$(4) \qquad J = J_r + J_d,$$

en supposant qu'il ne se produit à la surface même de séparation aucune perte d'énergie rayonnante, c'est-à-dire aucune transformation de cette énergie en une autre forme. Tout d'abord, les grandeurs J, J_r et J_d sont proportionnelles aux carrés des amplitudes a, a_r et a_d, dans les flux incident,

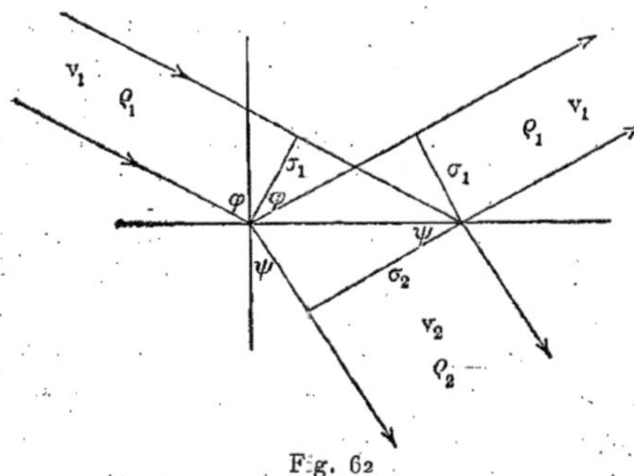

Fig. 62

réfléchi et réfracté. Ces quantités sont en outre proportionnelles aux densités ρ_1 et ρ_2 de l'éther dans les deux milieux, où les flux se propagent, c'est-à-dire proportionnelles aux grandeurs dont dépend la provision d'énergie cinétique de l'éther, abstraction faite des vitesses de ses éléments. En troisième lieu, J, J_r et J_d sont proportionnelles aux vitesses de propagation v_1 et v_2 des flux dans les deux milieux, et enfin elles sont proportionnelles aux sections σ_1 et σ_2 des trois flux, voir fig. 62. On a donc

$$\frac{J}{\rho_1 v_1 \sigma_1 a^2} = \frac{J_r}{\rho_1 v_1 \sigma_1 a_r^2} = \frac{J_d}{\rho_2 v_2 \sigma_2 a_d^2}$$

Mais on a

$$\frac{v_2}{v_1} = \frac{\sin \psi}{\sin \varphi} \qquad \text{et} \qquad \frac{\sigma_2}{\sigma_1} = \frac{\cos \psi}{\cos \varphi},$$

de sorte que

$$\frac{v_2}{v_1} \frac{\sigma_2}{\sigma_1} = \frac{\sin 2 \psi}{\sin 2 \varphi}.$$

On en déduit, en remplaçant $v_2 \sigma_2$ et $v_1 \sigma_1$ par les quantités proportionnelles $\sin 2 \psi$ et $\sin 2 \varphi$,

$$(4, a) \qquad \frac{J}{\rho_1 a^2 \sin 2\varphi} = \frac{J_r}{\rho_1 a_r^2 \sin 2\varphi} = \frac{J_d}{\rho_2 a_d^2 \sin 2\psi}$$

Nous reviendrons sur ces formules, dans le Chapitre relatif à la polarisation de la lumière.

On démontre facilement que le temps t que met un rayon à parvenir d'un point donné A *(fig. 63)* du premier milieu à un point donné B du second, est un minimum. Soient en effet $AC = s_1$, $CB = s_2$; nous avons alors

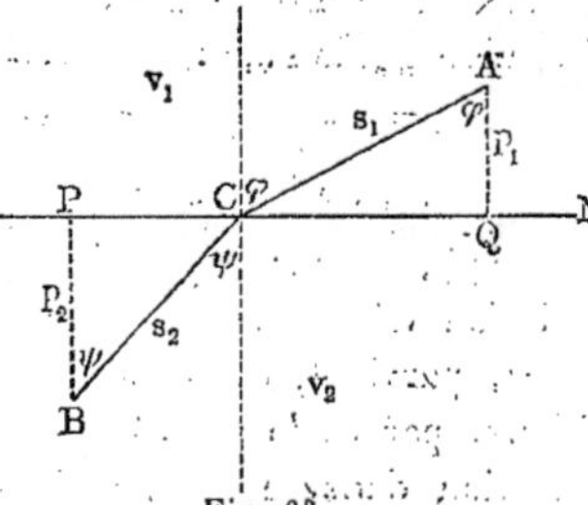

Fig. 63

$$t = \frac{s_1}{v_1} + \frac{s_2}{v_2} = \frac{p_1}{v_1 \cos \varphi} + \frac{p_2}{v_2 \cos \psi}$$

où $p_1 = AQ$, $p_2 = BP$. La condition, pour que t soit un minimum, est $dt = 0$, c'est-à-dire

$$(5) \qquad \frac{p_1 \sin \varphi \, d\varphi}{v_1 \cos^2 \varphi} + \frac{p_2 \sin \psi \, d\psi}{v_2 \cos^2 \psi} = 0.$$

On a d'autre part

$$QP = QC + CP = p_1 \, \mathrm{tg} \, \varphi + p_2 \, \mathrm{tg} \, \psi.$$

Comme PQ est une grandeur donnée, nous avons

$$p_1 \, \mathrm{tg} \, \varphi + p_2 \, \mathrm{tg} \, \psi = \mathrm{const.} \, ;$$

il en résulte

$$(6) \qquad \frac{p_1 \, d\varphi}{\cos^2 \varphi} + \frac{p_2 \, d\psi}{\cos^2 \psi} = 0.$$

En faisant passer les seconds termes de (5) et (6) au second membre, et en divisant, on obtient la relation

$$\frac{\sin \varphi}{\sin \psi} = \frac{v_1}{v_2},$$

c'est-à-dire la loi de la réfraction. Le mouvement vibratoire parvient donc de A en B, en suivant un chemin qui exige le temps le plus court. D'une manière générale, et conformément au théorème de FERMAT généralisé, cette durée peut être un *maximum* ou un *minimum*, selon la forme de la surface de séparation des deux milieux. Pour le plan, c'est un minimum.

Dans le passage d'un rayon d'un milieu dans un autre milieu ayant un indice de réfraction moindre, le rayon s'écarte de la normale, et, si l'on désigne encore par φ l'angle d'incidence, par ψ l'angle de réfraction, on a

$$(7) \qquad \frac{\sin \varphi}{\sin \psi} = \frac{1}{n},$$

où, comme auparavant, $n > 1$. On peut d'ailleurs, dans ce cas, poser encore $\sin \varphi : \sin \psi = n'$, et alors $n' < 1$ désigne l'indice de réfraction relatif, correspondant au passage, du milieu *optiquement plus dense*, dans le milieu *optiquement moins dense*. En conservant la notation (7), nous avons $\sin \psi = n \sin \varphi$.

La valeur particulière Φ de l'angle φ, pour laquelle

$$(8) \qquad \sin \Phi = \frac{1}{n},$$

s'appelle la *valeur limite de l'angle d'incidence* (ou de l'angle de réfraction, si le rayon passe du milieu moins réfringent dans le milieu plus réfringent) ; on a, pour cette valeur, $\psi = 90°$. Pour $\varphi > \Phi$, l'angle ψ cesse d'exister ; il n'y a plus de rayon réfracté, et il se produit le phénomène, bien connu en Physique élémentaire, de la *réflexion totale* (intérieure). Pour le *verre* et l'*air* (où n est compris entre 1,5 et 1,9), on a

$$(9) \qquad \Phi < 45°.$$

La déviation δ du rayon, par rapport à sa direction primitive, est égale à $\delta = \varphi - \psi$; on a donc $\cos \delta = \cos \varphi \cos \psi + \sin \varphi \sin \psi$; la déviation maxima D correspond au cas où $\varphi = 90°$, et où ψ est égal à la valeur limite ; on a alors $\cos \varphi = 0$, $\sin \varphi = 1$ et $\sin \psi = \frac{1}{n}$, de sorte que

$$(10) \qquad \cos D = \frac{1}{n}.$$

Nous avons supposé (T. I, page 168), dans la construction de la surface
d'onde réfractée et du rayon réfracté, que la surface de séparation des
milieux était un plan et que la surface d'onde incidente était également
plane, ou que les rayons incidents étaient parallèles entre eux.

Revenons maintenant au cas plus général. Supposons que les vibrations
partent d'un point S (*fig.* 64), qui se trouve à distance finie de la surface de séparation MAN des deux milieux. Construisons l'onde réfractée pour l'instant où l'onde sphérique incidente, dont le centre est en S, se trouverait dans la position DHE (en pointillé), si le second milieu n'existait pas. Pour cela, nous devons construire, dans le second milieu, d'après le principe d'Huygens, autour de chaque point A de la surface MAN comme centre, une onde élémentaire, dont le rayon ρ doit être au segment AH de SH,

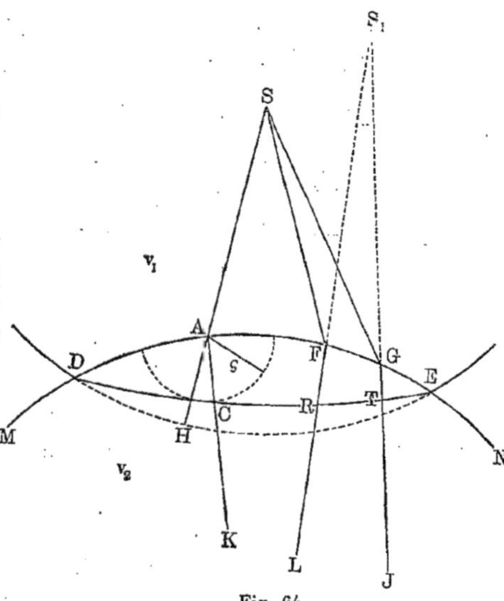

Fig. 64

qui est compris entre le point A et la sphère DHE, comme la vitesse v_2 dans
le second milieu est à la vitesse v_1 dans le premier ; on a donc

$$\frac{\rho}{AH} = \frac{v_2}{v_1} = \frac{1}{n} \quad ; \quad \rho = \frac{AH}{n}.$$

L'enveloppe DCE de toutes ces ondes élémentaires représente la surface
d'onde réfractée, et la droite AK, qui joint le point A au point de contact C,
représente le rayon réfracté correspondant au rayon incident SA. La surface
d'onde réfractée n'est pas, en général, une surface sphérique, et, par suite,
les rayons réfractés (prolongés dans l'un ou l'autre sens) ne sont pas homocentriques (page 120) ; le point S n'a pas d'image (ou foyer) déterminée.

Une surface réfringente, qui donne, après réfraction, un faisceau de rayons
homocentriques, est une surface *aplanétique* (page 123). On obtient une
surface de ce genre par la révolution de l'ovale de Descartes, par exemple ;
une surface du second degré peut être également aplanétique pour certaines
positions particulières du point lumineux.

Si l'on considère une très petite portion RT de la surface d'onde réfractée
comme un élément de surface sphérique, on peut construire l'image (ou le
conjugué) S_1 du point lumineux S, laquelle correspond à un faisceau de
rayons GSF, formant un très petit angle solide qui a son sommet en S. Un

autre faisceau analogue donne une autre image. Il s'ensuit que l'œil de l'observateur, qui se trouve dans le second milieu, voit des images différentes S_1 du point lumineux S, selon la position qu'il occupe. Le lieu géométrique des points S_1 s'appelle la *surface caustique par réfraction*. Tout ce qui a été dit, aux § **5** et **6** du Chapitre précédent, sur les surfaces d'onde non sphériques, s'applique aussi aux surfaces d'onde obtenues par réfraction. Le lieu géométrique des points S_1 représente la caustique, que nous avons rencontrée au § **6**.

2. Réfraction dans le cas où la surface de séparation des milieux est un plan. — Tout ce qui a été dit, dans le paragraphe précédent, se rapporte au cas où deux milieux sont séparés par un plan. La figure 65 représente deux

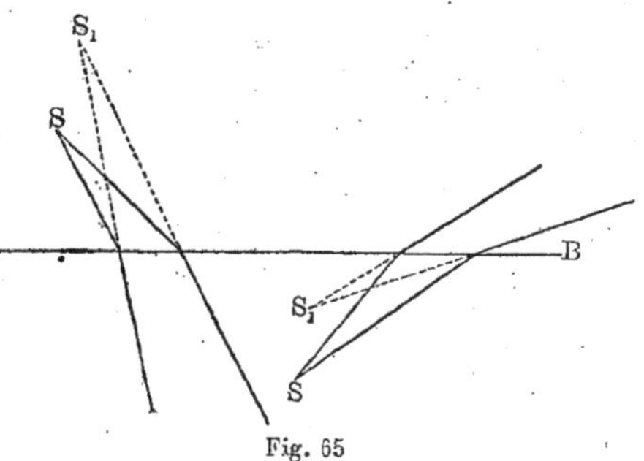
Fig. 65

cas : celui où le point S se trouve dans le milieu le moins réfringent, et celui où il se trouve dans le milieu le plus réfringent. Quand le second milieu est placé au-dessous du premier (eau et air), l'observateur voit le point S relevé vers le haut.

Déterminons la grandeur de ce déplacement apparent, pour le cas où l'œil se trouve sur la normale AN au plan PQ (*fig.* 66) qui passe par le point S.

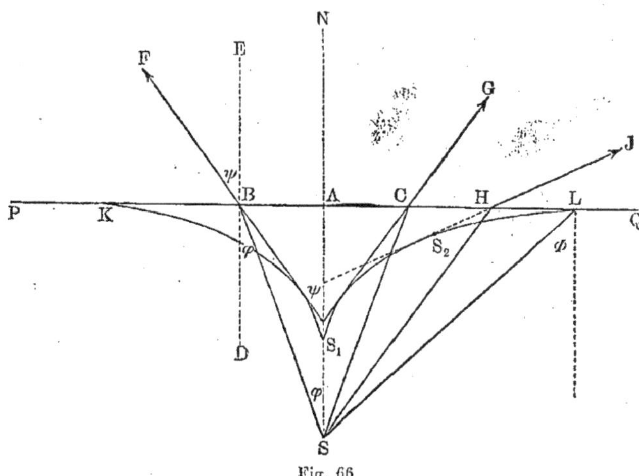
Fig. 66

L'angle d'incidence est $\varphi = $ DBS $=$ BSA ; l'angle de réfraction est $\psi = $ FBE $=$ BS$_1$A, et l'on a sin $\psi = n$ sin φ. Il résulte de la figure que

$$AB = AS_1 \, \text{tg} \, \psi \quad ; \quad AB = AS \, \text{tg} \, \varphi.$$

On a donc

$$AS_1 = AS \frac{\operatorname{tg} \varphi}{\operatorname{tg} \psi} = AS . \frac{\sin \varphi}{\sin \psi} \cdot \frac{\cos \psi}{\cos \varphi} = \frac{AS}{n} \cdot \frac{\cos \psi}{\cos \varphi}.$$

Pour des valeurs infiniment petites de φ et ψ, on obtient

$$(11) \qquad\qquad AS_1 = \frac{1}{n} AS.$$

Un autre faisceau de rayons infiniment voisin de SH donne une image en un autre point S_2. La caustique est, dans le cas considéré, une surface que l'on obtient en faisant tourner, autour de la normale SAN, la courbe KS_1L, qui n'est autre que la développée d'une ellipse. Les points extrêmes K et L correspondent à l'angle limite Φ de la réflexion totale, de sorte que le rayon réfracté LQ correspond au rayon incident SL. Les rayons, qui pénètrent dans le second milieu, semblent provenir des différents points de la caustique, et l'on aperçoit l'image de S en un point de cette caustique variable avec la position de l'œil. Comme la pupille est suffisamment petite, il ne parvient à l'œil qu'un faisceau lumineux très étroit, ce qui explique que nous voyons d'une manière tout à fait nette et distincte les objets qui se trouvent sous l'eau, par exemple.

Si l'on a une *série de milieux*, séparés par des plans parallèles, et si le dernier milieu est identique au premier, un rayon à son entrée dans le dernier milieu, est parallèle à sa direction primitive, comme on le démontre facilement. Soit φ_1 l'angle d'incidence dans le premier milieu, φ_2 l'angle de réfraction et en même temps l'angle d'incidence dans le second milieu, φ_3 l'angle de réfraction et en même temps l'angle d'incidence dans le troisième milieu, etc., enfin φ_n l'angle de réfraction dans le dernier milieu. Si l'on désigne en outre par v_i la vitesse de propagation des rayons dans le $i^{\text{ième}}$ milieu, il faut démontrer que l'on a $\varphi_n = \varphi_1$, pour $v_n = v_1$. Or

$$\frac{\sin \varphi_1}{\sin \varphi_2} = \frac{v_1}{v_2}, \qquad \frac{\sin \varphi_2}{\sin \varphi_3} = \frac{v_2}{v_3}, \ldots, \qquad \frac{\sin \varphi_{n-1}}{\sin \varphi_n} = \frac{v_{n-1}}{v_n}.$$

En multipliant ces égalités, on obtient

$$\frac{\sin \varphi_1}{\sin \varphi_n} = \frac{v_1}{v_n}.$$

On en déduit

$$\varphi_n = \varphi_1, \text{ pour } v_n = v_1.$$

On voit en outre que la déviation $\varphi_1 - \varphi_n$ du rayon ne dépend que des propriétés du premier et du dernier milieux, et non des milieux intermédiaires.

Une plaque à faces planes parallèles ne change pas la direction d'un rayon, mais produit un déplacement latéral Δ de ce dernier donné par la formule

$$\Delta = \delta \sin \varphi \left(1 - \sqrt{\frac{1 - \sin^2 \varphi}{n^2 - \sin^2 \varphi}} \right),$$

δ désignant l'épaisseur de la plaque. Une telle plaque produit en outre un rapprochement apparent Δ' du point lumineux, qui, quand on regarde le point dans une direction normale aux faces de la plaque, a pour valeur

$$(11, a) \qquad \Delta' = \frac{n-1}{n}\,\delta.$$

Nous laissons au lecteur le soin d'établir ces deux dernières formules.

Au déplacement latéral correspond aussi un certain *déplacement angulaire*, qui est d'autant plus petit que le point considéré se trouve plus loin de l'observateur. Pour des points très éloignés, le déplacement angulaire est nul. Une plaque à faces planes parallèles se distingue par là d'un *prisme*, qui, comme nous le verrons bientôt, donne toujours un déplacement angulaire.

Indiquons une construction géométrique simple du rayon réfracté, pour le cas où la surface de séparation des deux milieux est un plan PQ (*fig.* 67).

Soit AB l'onde plane incidente, FG un rayon incident. D'un point arbitraire O situé sur PQ, comme centre, décrivons un demi-cercle tangent en C à la droite AB ; puis, du même point O comme centre, décrivons un autre demi-cercle de rayon $OJ = \frac{1}{n}\,OC$. La tangente AD au second cercle donne la direction de l'onde réfractée,

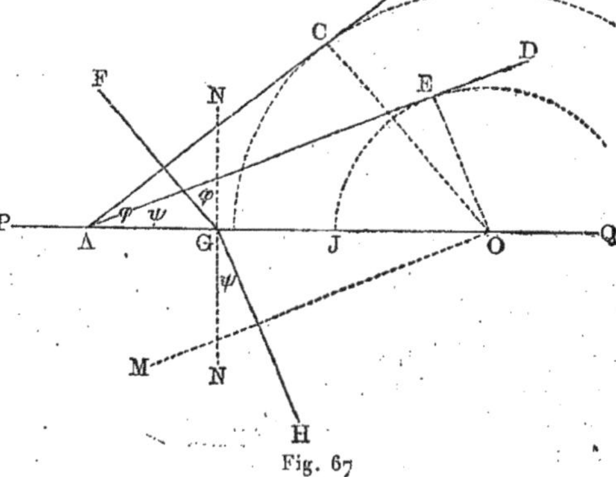

Fig. 67

et la droite GH$\perp$AD représente le rayon réfracté. Si l'on mène OM parallèle à AD, on obtient l'onde réfractée dans le second milieu. En joignant O au point de contact E, on a

$$BAQ = FGN = \varphi \text{ et } DAQ = HGN = \psi\,;$$

on a en outre

$$AO \sin\varphi = OC, \qquad AO \sin\psi = OE,$$

et par suite

$$\frac{\sin\varphi}{\sin\psi} = \frac{OC}{OE} = \frac{OC}{OJ} = n.$$

Les points A et O peuvent être aussi situés d'un même côté du point G.

3. Le Prisme. — On appelle *prisme* un milieu réfringent limité par deux plans faisant entre eux un certain angle ; l'angle du dièdre formé par les deux faces planes du prisme se nomme l'*angle de réfraction*, ou simplement l'*angle* du prisme. On suppose que le rayon entre dans le prisme par une de ces faces et en sort par l'autre. Les autres parties de la surface du prisme ne jouent aucun rôle.

Nous nous limiterons au cas où le rayon incident est dans un plan perpendiculaire à l'arête du prisme, c'est-à-dire à l'arête de son angle de réfraction. C'est ce plan que nous avons pris pour plan de la figure 68. Soit MNR l'angle du prisme, dont nous désignerons par n l'indice de réfraction,

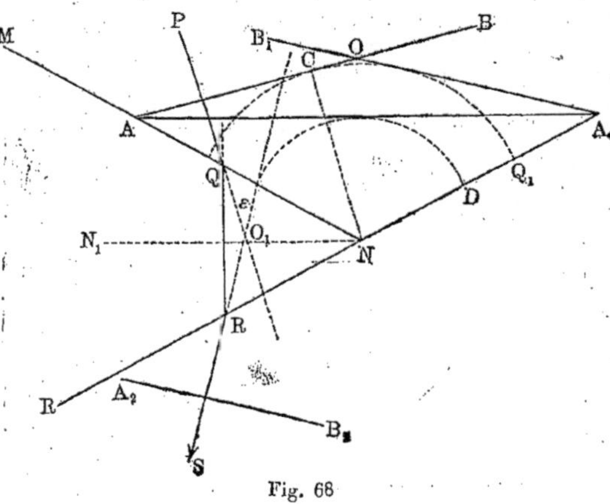

par rapport au milieu qui l'entoure, en supposant $n > 1$. Soit AB la section de l'onde plane incidente par le plan de la figure. Abaissons de N la normale NC sur AB, et décrivons deux arcs de cercle ayant respectivement pour rayons NC et ND $= \frac{1}{n}$ NC. Menons de A la tangente AA_1 au deuxième cercle ;

Fig. 68

NN_1 parallèle à AA_1 nous donne alors la direction de l'onde plane, après la première réfraction à l'intérieur du prisme ; si $PQ \perp AB$ est le rayon incident, $QR \perp AA_1$ ou $\perp NN_1$ est le rayon réfracté à l'intérieur du prisme. Soit maintenant A_1 le point qui, sur le côté RN prolongé, joue ici le même rôle que le point A dans la figure 67. A partir de A_1, menons la tangente A_1B_1 au cercle QCQ_1 ; elle nous donne la direction de l'onde plane A_2B_2, après sa sortie du prisme ; la droite RS perpendiculaire à A_1B_1 représente le rayon réfracté. Si l'on prolonge PQ et SR, on obtient l'angle ε de déviation du rayon par le prisme ; on a évidemment

$$\varepsilon = A_1 OB.$$

Pour que le rayon donné puisse sortir du prisme, il faut que la condition géométrique $NA_1 > NQ_1$ soit remplie ; dans le cas contraire, le rayon est réfléchi totalement sur la face NR.

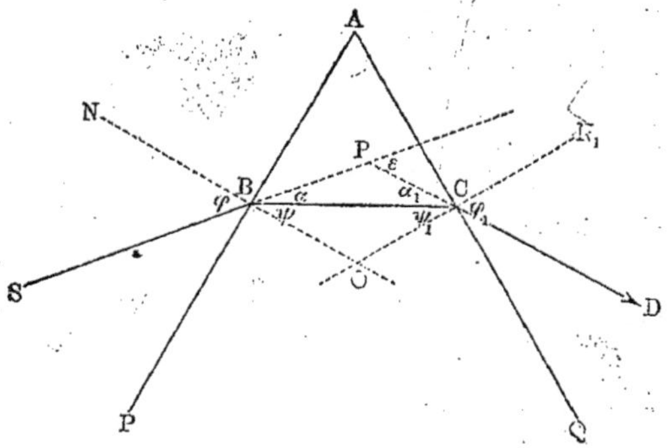

Nous allons maintenant établir les formules fondamentales du prisme, en ne considérant que les rayons, au lieu des surfaces d'onde. Soit SBCD (*fig.* 69) un rayon traversant le prisme, NO et N_1O les normales en B et C

Fig. 69

aux côtés du prisme, φ, ψ, φ_1, ψ_1, α, α_1 et ε les angles de la figure désignés par ces lettres ; ε est la déviation du prisme, A son angle de réfraction. Comme

$$ABO = ACO = 90°,$$

on a

$$A + O = 180°;$$

d'autre part

$$\psi + \psi_1 + O = 180°,$$

et on en déduit

$$(12) \qquad \psi + \psi_1 = A.$$

On a en outre

$$\varepsilon = \alpha + \alpha_1 = (\varphi - \psi) + (\varphi_1 - \psi_1) = \varphi + \varphi_1 - (\psi + \psi_1),$$

ou

$$(13) \qquad \varepsilon = \varphi + \varphi_1 - A.$$

Les angles φ, ψ, φ_1 et ψ_1 sont donc liés par les relations suivantes :

$$(14) \qquad \begin{cases} \sin \varphi_1 = n \sin \psi_1, \\ \psi_1 = A - \psi, \\ \sin \psi = \dfrac{1}{n} \sin \varphi. \end{cases}$$

On en déduit

$$\sin \varphi_1 = n \sin \psi_1 = n \sin (A - \psi) = n \sin A \cos \psi - n \cos A \sin \psi ;$$

la dernière des égalités (14) donne alors

$$(14, a) \qquad \sin \varphi_1 = \sin A \sqrt{n^2 - \sin^2 \varphi} - \cos A \sin \varphi.$$

Cette formule donne l'angle de sortie φ_1 du rayon, quand on connaît la substance du prisme (n), son angle au sommet A et l'angle d'incidence φ ; (13) donne en outre la grandeur de la déviation ε du rayon, en fonction de la variable φ.

Le *minimum de déviation* a lieu pour $\dfrac{d\varepsilon}{d\varphi} = 0$; d'après la formule (13), on a $\dfrac{d\varepsilon}{d\varphi} = 1 + \dfrac{d\varphi_1}{d\varphi}$; la condition de minimum est donc

$$(15) \qquad \frac{d\varphi_1}{d\varphi} = -1.$$

Les égalités (14) donnent

$$\cos \varphi_1 d\varphi_1 = n \cos \psi_1 d\psi_1,$$
$$d\psi_1 = -d\psi,$$
$$\cos \psi d\psi = \frac{1}{n} \cos \varphi d\varphi.$$

Si l'on multiplie ces trois égalités entre elles, et si l'on divise par $d\psi d\psi_1$, on a

$$\cos \varphi_1 \cos \psi d\varphi_1 = -\cos \varphi \cos \psi_1 d\varphi,$$

d'où

$$\frac{d\varphi_1}{d\varphi} = -\frac{\cos \varphi}{\cos \varphi_1} \frac{\cos \psi_1}{\cos \psi}.$$

La condition (15) devient maintenant

$$\frac{\cos \varphi}{\cos \varphi_1} \frac{\cos \psi_1}{\cos \psi} = 1, \qquad \text{ou} \quad \frac{\cos \varphi}{\cos \varphi_1} = \frac{\cos \psi}{\cos \psi_1}.$$

En élevant au carré, en remplaçant tous les cosinus au moyen des sinus, et $\sin \psi$,

$\sin \psi_1$ respectivement par $\frac{1}{n} \sin \varphi$, $\frac{1}{n} \sin \varphi_1$, voir (14), on obtient la relation

$$\frac{1 - \sin^2 \varphi}{1 - \sin^2 \varphi_1} = \frac{n^2 - \sin^2 \varphi}{n^2 - \sin^2 \varphi_1},$$

qui entraîne évidemment

$$(16) \qquad\qquad \varphi = \varphi_1,$$

et par suite $\psi = \psi_1$. Cette dernière égalité est aussi la condition pour le minimum de déviation. Les formules (12) et (13) donnent, en désignant par ε_0 le minimum de déviation

$$(17) \qquad\qquad \begin{cases} A = 2\psi \\ \varepsilon_0 = 2\varphi - A. \end{cases}$$

N.-A. Hésénous a donné la méthode plus élémentaire suivante, pour établir la condition (16). Supposons d'abord que, pour $\varphi = \varphi_1$, la grandeur de la déviation ε atteigne une valeur maxima ou minima, c'est-à-dire que, dans ce cas, $d\varepsilon : d\varphi = 0$. Les formules (14) montrent que φ et φ_1 varient en sens contraires, car si φ croît, ψ croît aussi, par suite ψ_1 diminue et φ_1 également. La formule (13) indique que l'on obtient cependant la même déviation, pour deux valeurs différentes de φ, car φ et φ_1 entrent de la même manière dans l'expression de ε, de sorte que, si l'on prend, à la place de l'angle φ, l'angle φ_1, comme angle d'incidence, on obtient l'angle φ pour angle de sortie et la déviation ε reste la même. Ceci signifie, en d'autres termes, que l'on peut échanger le rayon incident avec le rayon réfracté, sans changer la déviation. On obtient donc le même ε pour deux valeurs de φ qui, par exemple se rapprochent l'une de l'autre. Il en résulte immédiatement que, pour leur valeur de rencontre $\varphi = \varphi_1$, ε doit être un maximum ou un minimum. Soit $\varphi_0 = \varphi = \varphi_1$, la valeur commune des angles extérieurs, et $\psi_0 = \psi = \psi_1$ la valeur commune des angles intérieurs dans le cas considéré; désignons par $\varepsilon_0 = 2\varphi_0 - A$ (voir (17)) la valeur correspondante de la déviation. Nous devons établir que, pour $\varphi = \varphi_0 \pm \alpha$, la déviation ε est $> \varepsilon_0$; or, nous savons qu'un accroissement ou une diminution de φ_0 produisent le même effet sur ε_0, au point de vue du signe; il suffit donc de poser $\varphi = \varphi_0 + \alpha$. A ce nouvel angle d'incidence correspondent les angles $\psi = \psi_0 + \alpha'$, $\psi_1 = \psi_0 - \alpha'$, voir (14), $\varphi_1 = \varphi_0 - \beta$, et les formules (14) montrent que l'on doit avoir $\alpha > \alpha'$ et $\beta > \alpha'$. La nouvelle déviation est

$$\varepsilon = \varphi + \varphi_1 - A = \varphi_0 + \alpha + \varphi_0 - \beta - A = \varepsilon_0 + \alpha - \beta.$$

Nous n'avons plus maintenant qu'à démontrer que l'on a $\alpha > \beta$. Nous avons, d'après (14),

$$\sin (\varphi_0 + \alpha) = n \sin (\psi_0 + \alpha')$$

et

$$\sin (\varphi_0 - \beta) = n \sin (\psi_0 - \alpha').$$

Si l'on ajoute, il vient

$$\sin \varphi_0 (\cos \alpha + \cos \beta) + \cos \varphi_0 (\sin \alpha - \sin \beta) = 2\,n \sin \psi_0 \cos \alpha' = 2 \sin \varphi_0 \cos \alpha',$$

car $n \sin \psi_0 = \sin \varphi_0$. En divisant par $\cos \varphi_0$, et en faisant passer le premier terme du premier membre dans le second, on a

$$\sin \alpha - \sin \beta = \operatorname{tg} \varphi_0 (\cos \alpha' + \cos \alpha') - \operatorname{tg} \varphi_0 (\cos \alpha + \cos \beta).$$

Mais nous avons vu que $\alpha' < \alpha$ et $\alpha' < \beta$; par suite, $\cos \alpha' + \cos \alpha' > \cos \alpha + \cos \beta$; on en déduit $\sin \alpha > \sin \beta$, et $\alpha > \beta$. Ceci démontre que ε_0 est un minimum.

Signalons encore l'intéressante démonstration de N. Piltschikoff.

Les formules (17) donnent $\psi = \frac{1}{2} A$, $\varphi = \frac{1}{2} (\varepsilon_0 + A)$; on en déduit, pour l'indice de réfraction n de la substance du prisme,

$$(18) \qquad n = \frac{\sin \frac{1}{2} (\varepsilon_0 + A)}{\sin \frac{1}{2} A} \cdot$$

Cherchons *sous quelles conditions un rayon peut traverser le prisme*, c'est-à-dire ne subit pas de réflexion totale ; cette dernière aura lieu, si l'on a

$$\psi_1 = \Phi,$$

Φ désignant l'angle limite de la réflexion totale, pour lequel on a, d'après la formule (8), $\sin \Phi = \frac{1}{n}$. Comme ψ_1 croît quand φ diminue, il est clair que le prisme cesse en général de laisser passer les rayons, quand l'angle ψ_1 devient égal à Φ, pour $\varphi = 90°$. L'équation de condition $\psi = \psi_1 = \Phi$ donne, voir (12),

$$(19) \qquad A = 2 \Phi ;$$

donc, *pour* $A > 2\Phi$, *aucun rayon ne peut traverser le prisme.* Quelle est maintenant la condition d'émergence de tous les rayons pour lesquels φ est positif, c'est-à-dire qui sont situés d'un même côté de la normale BN (*fig.* 69) à la face PA du prisme ? Si l'on a $\psi_1 = \Phi$, pour $\varphi = 0$, il résulte de (12) que

$$(20) \qquad A = \Phi,$$

car on a évidemment $\psi = 0$, pour $\varphi = 0$. Nous pouvons énoncer les résultats précédents de la manière suivante :

Quand l'angle A du prisme est plus grand que 2Φ (*Φ étant l'angle limite de la réflexion totale et* $\sin \Phi = \frac{1}{n}$), *aucun rayon ne peut traverser le prisme. Si l'on* *a $2\Phi > A > \Phi$, il y a des rayons qui traversent le prisme. Pour $A = \Phi$, tous les rayons situés d'un même côté de la normale, savoir de $\varphi = 90°$ à $\varphi = 0°$, traversent le prisme. Quand $A < \Phi$, le prisme peut également transmettre des rayons situés de l'autre côté de la normale, pour lesquels l'angle d'incidence φ est négatif.*

Il existe cependant, pour toute valeur de A, un angle d'incidence limite φ', correspondant à $\psi_1 = \Phi$, ou, ce qui revient au même, à $\varphi_1 = 90°$. Des rayons, pour lesquels on a $\varphi < \varphi'$, ne traversent déjà plus le prisme. Si l'on fait dans (14, a), $\varphi_1 = 90°$ et $\varphi = \varphi'$, on trouve facilement $\sin \varphi' = \sin A \sqrt{n^2 - 1} - \cos A$ (l'autre racine de l'équation est à rejeter, car elle donne $\sin \varphi' < -1$). On peut vérifier, à l'aide de cette formule, que $A = 2\Phi$, pour $\varphi_1 = 90°$, et $A = \Phi$, pour $\varphi_1 = 0$.

Pour le crown-glass, on a $\Phi = 40°50'$; pour le flint-glass, $\Phi = 35°$ (dans le cas des rayons jaunes) ; par suite, tout prisme de crown-glass, pour lequel $A > 81°40'$, ne transmet plus de rayons ; il en est de même de tout prisme de flint-glass, pour lequel $A > 70°$.

Considérons maintenant le cas où A *est très petit*, de sorte que le prisme a la forme d'un coin très aigu, et où φ est également très petit, c'est-à-dire où le rayon tombe presque normalement sur la face du prisme. Les angles ψ, ψ_1 et φ_1 sont alors évidemment petits aussi, et (14) donne $\varphi = n\psi$, $\varphi_1 = n\psi_1$; on en déduit $\varphi + \varphi_1 = n(\psi + \psi_1) = nA$. En portant cette valeur dans (13), nous trouvons

$$(21) \qquad\qquad \varepsilon = (n - 1)A.$$

Il nous reste à traiter la question importante des *images données par un prisme*. Une surface d'onde sphérique cesse d'être sphérique, quand elle a traversé un prisme, c'est-à-dire que les rayons issus d'un point S donné (*fig.* 70) ne sont pas homocentriques, après leur sortie du prisme, quand on les prolonge vers l'arrière. Si l'on considère un faisceau de rayons très étroit aSb, dont l'axe est situé dans une section principale, c'est-à-dire dans le plan perpendiculaire à l'arête A passant par S, ce faisceau *ne donne pas*, en général, après réfraction, une image définie S_1. En effet, les rayons aSb situés dans la section principale donnent,

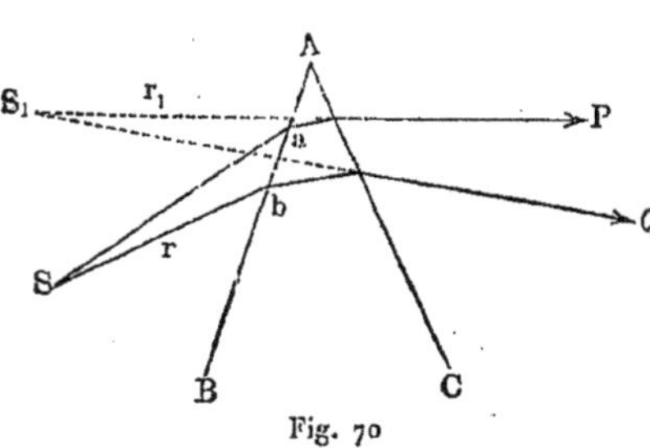

Fig. 70

comme le montre la figure, une image S_1, dont la distance r_1 à AB est plus grande que la distance r du point S à AB ; mais les rayons du même faisceau, qui sont situés dans un plan parallèle à l'arête A, sont réfractés autrement ; leur divergence à la sortie du prisme n'est pas la même que celle des rayons P et Q, et ils donnent par suite une image S_2 à une autre distance r_2 de AB. Plus l'angle formé par un rayon avec la section principale est grand, plus ce rayon est réfracté. C'est pourquoi une droite parallèle à l'arête A paraît courbée, quand on la regarde à travers le prisme, la concavité de son image étant tournée vers l'arête.

Une étude plus complète montre qu'un point S a une image S_1, qui est définie le mieux possible, *quand un faisceau étroit aSb de rayons tombe sur le prisme sous un angle* φ, *correspondant au minimum* ε_0 *de la déviation*, de sorte que l'angle de sortie $\varphi_1 = \varphi$. Si le faisceau traverse le prisme tout près de son arête, ou si le prisme est très aigu, l'image diffère très peu, pour $\varphi_1 = \varphi$, d'un point réel. Quand $\varphi_1 = \varphi$, on a toujours

$$(22) \qquad\qquad r_1 = r,$$

c'est-à-dire que l'*image* S_1 *du point* S *se trouve à la même distance que ce dernier du prisme*; en d'autres termes, le prisme ne change pas le degré de divergence d'un faisceau étroit de rayons. Le fait que l'*égalité* (22) *ne dépend pas de l'indice de réfraction des rayons* a une importance considérable et joue un grand rôle dans la théorie de la construction des spectroscopes. Pour $r = \infty$, on a toujours $r_1 = \infty$, c'est-à-dire qu'un faisceau de rayons parallèles reste un faisceau de rayons parallèles, pour tous les angles d'incidence, après son passage à travers un prisme. Le faisceau a même largeur à son entrée et à sa sortie, quand $\varphi_1 = \varphi$; dans tous les autres cas, sa largeur change.

On trouvera des renseignements plus détaillés, sur la marche des rayons dans les prismes, dans les travaux de HELMHOLTZ, BLOCK, STRAUBEL, CZAPSKI, WILSING, LORD RAYLEIGH, etc., et, en particulier, dans le livre de H. KAYSER, *Handbuch der Spektroskopie*, I, 1900, p. 253-292.

4. Réfraction des rayons à travers une surface sphérique. — Supposons que deux milieux, ayant des indices de réfraction différents n_1 et n_2, soient séparés par une surface sphérique PQ (*fig.* 71), dont le rayon R est compté positivement, quand le centre C se trouve dans le *second milieu*. Nous

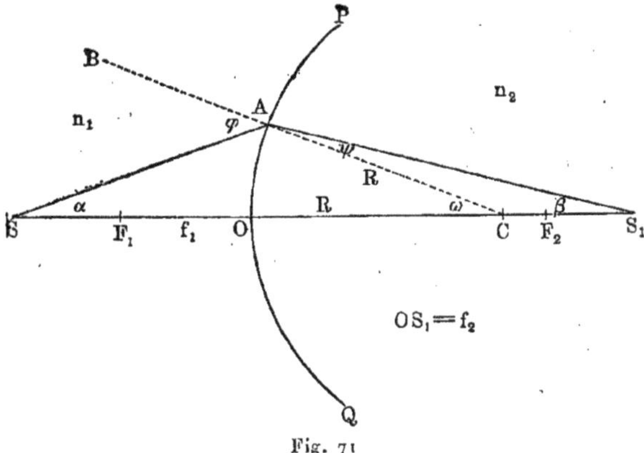

Fig. 71

prendrons un certain point O de la surface PQ pour sommet de cette surface, et nous appellerons la droite, qui joint les points O et C, l'*axe optique* du système formé par les deux milieux.

Supposons donné, dans le premier milieu (à gauche), un faisceau de rayons qui se coupent au point S; ce point sera appelé *point lumineux*, quand il se trouve dans le premier milieu ; si le faisceau, qui rencontre la surface PQ, est *convergent*, S est situé dans le second milieu et peut alors s'appeler *point lumineux virtuel*. Pour plus de généralité, nous dirons toujours que S est la *source des rayons* ; ceux-ci peuvent être aussi évidemment des rayons obscurs.

Bornons-nous au *cas où le faisceau de rayons considéré est disposé autour de l'axe SOC et forme un très petit angle solide de sommet S*. Les rayons d'un tel faisceau seront nommés des *rayons centraux*.

Supposons d'abord que le point S se trouve sur l'axe optique, ou que, quand le sommet O peut être choisi arbitrairement, cet axe soit mené par S. L'un des rayons SA du faisceau forme, avec la normale CAB à PQ, l'angle φ ; après réfraction, il forme avec cette normale l'angle ψ et coupe l'axe en un certain point S_1 (on suppose $n_2 > n_1$). Les angles φ, ψ, α, β et ω (voir la figure) sont très petits par hypothèse. Soient $OS = f_1$, $OS_1 = f_2$; nous compterons la première de ces grandeurs positivement dans le premier milieu, à partir de O ; la seconde, positivement dans le second milieu ; si la source S est virtuelle, f_1 est négatif. La loi de la réfraction donne $\sin \varphi : \sin \psi = n_2 : n_1$; nous avons en outre, dans les triangles ASC et AS_1C, $\sin \varphi : \sin \alpha = (f_1 + R) : R$; $\sin \psi : \sin \beta = (f_2 - R) : R$. Substituons à φ et à ψ leurs valeurs respectives $\omega + \alpha$ et $\omega - \beta$, et remplaçons tous les sinus de petits angles par les angles eux-mêmes ; nous obtenons ainsi

$$(\omega + \alpha)n_1 = (\omega - \beta)n_2,$$
$$(\omega + \alpha) : \alpha = (f_1 + R) : R,$$
$$(\omega - \beta) : \beta = (f_2 - R) : R.$$

Les deux dernières égalités donnent

$$(23) \qquad \alpha f_1 = R\omega, \qquad \beta f_2 = R\omega.$$

En portant les valeurs de α et β qu'on déduit de là dans la première des trois égalités précédentes et en divisant par ω il vient

$$(23, a) \qquad \left(1 + \frac{R}{f_1}\right) n_1 = \left(1 - \frac{R}{f_2}\right) n_2,$$

relation qui se met facilement sous la forme

$$\frac{n_1 R}{n_2 - n_1} \cdot \frac{1}{f_1} + \frac{n_2 R}{n_2 - n_1} \cdot \frac{1}{f_2} = 1.$$

Si l'on pose

$$(24) \qquad \frac{n_1 R}{n_2 - n_1} = F_1, \qquad \frac{n_2 R}{n_2 - n_1} = F_2,$$

on obtient

$$(25) \qquad \frac{F_1}{f_1} + \frac{F_2}{f_2} = 1.$$

La formule (25) montre que pour des rayons centraux, f_2 est indépendant de l'angle α, et il en résulte que tous les rayons issus de S se coupent en un même point S_1, qui est l'*image ou le foyer du point* S.

Pour $f_1 = \infty$, on a $f_2 = F_2$; tous les rayons, parallèles à l'axe optique dans le premier milieu, se coupent en un point F_2, tel que $OF_2 = F_2$; le point F_2

s'appelle le *foyer principal dans le second milieu*, et la distance $OF_2 = F_2$, donnée par (24), la *distance focale principale* (ou simplement la distance focale).

Quand la source rayonnante se trouve dans le second milieu en S_1, les rayons tombant sur PQ donnent une image en S; S et S_1 sont donc des *points conjugués*. Si $f_1 = F_1$, $f_2 = \infty$; les rayons issus du point F_1 (tel que $OF_1 = F_1$ a la valeur donnée par (24)) sont parallèles à l'axe optique dans le second milieu. Le point F_1 s'appelle également foyer principal, et la distance $OF_1 = F_1$ distance focale. Les formules (24) donnent

$$\frac{F_1}{F_2} = \frac{n_1}{n_2};$$

autrement dit, *les distances focales sont entre elles comme les indices des deux milieux.*

Pour $f_1 = F_1 + F_2$, on a $f_2 = F_1 + F_2 = f_1$; pour $f_1 < F_1$, f_2 est négatif, et le faisceau reste divergent après réfraction; si f_1 est négatif (faisceau convergent dans le premier milieu), on a $f_2 < F_2$. D'une manière générale, les points S et S_1 sont déterminés par les valeurs correspondantes suivantes de f_1 et f_2 :

$$f_1 = \infty \ldots F_1 + F_2 \ldots F_1 \ldots < F_1 \ldots o \ldots -p \ldots -R \ldots -p \ldots -\infty,$$
$$f_2 = F_2 \ldots F_1 + F_2 \ldots \pm\infty \ldots < o \ldots o \ldots q(>p) \ldots +R \ldots q(<p) \ldots F_2;$$

p et q sont ici des grandeurs positives; leurs valeurs sont déterminées par les valeurs voisines entre lesquelles elles se trouvent.

Considérons maintenant la figure 72, dans laquelle SA est le rayon incident, AS_1 le rayon réfracté. Menons par O le plan MN perpendiculaire à l'axe optique, et soient a et b les points où le rayon SA et le prolongement de AS_1 rencontrent ce plan. En conservant à f_1, f_2, α et β leurs anciennes significations, on a $Oa = f_1 \operatorname{tg} \alpha$, $Ob = f_2 \operatorname{tg} \beta$, ou en remplaçant les tangentes par les angles eux-mêmes, $Oa = f_1\alpha$, $Ob = f_2\beta$. En comparant avec (23), on obtient $Oa = Ob$. Ceci signifie qu'on peut négliger

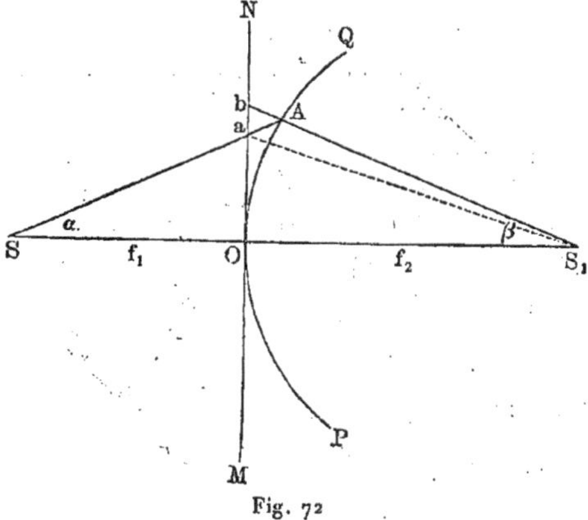

Fig. 72

la longueur ab, en restant dans les limites d'approximation admises quand on considère un faisceau étroit de rayons centraux. Il résulte de là que l'on peut prendre aS_1 pour rayon réfracté et supposer, dans les constructions géométriques, que *la réfraction a lieu sur le plan* MN, et non sur la surface sphérique PQ. On simplifiera ainsi considérablement dans la suite les constructions et les calculs.

Soient SA (*fig.* 73) le rayon incident, AS_1 le rayon réfracté, F_1 et F_2 les foyers principaux, à partir desquels sont élevées les ordonnées z_1 et z_2. Posons $OA = y$. Si l'on retranche l'égalité

$$\frac{F_1}{f_1} + \frac{F_2}{f_2} = 1$$

(où $f_1 = OS$, $f_2 = OS_1$) de l'identité $1 + 1 = 2$, on obtient

$$\frac{f_1 - F_1}{f_1} + \frac{f_2 - F_2}{f_2} = 1, \qquad \text{ou} \qquad \frac{SF_1}{SO} + \frac{S_1F_2}{S_1O} = 1.$$

Mais on a

$$\frac{SF_1}{SO} = \frac{BF_1}{AO} = \frac{z_1}{y}, \qquad \frac{S_1F_2}{S_1O} = \frac{CF_2}{AO} = \frac{z_2}{y};$$

par suite

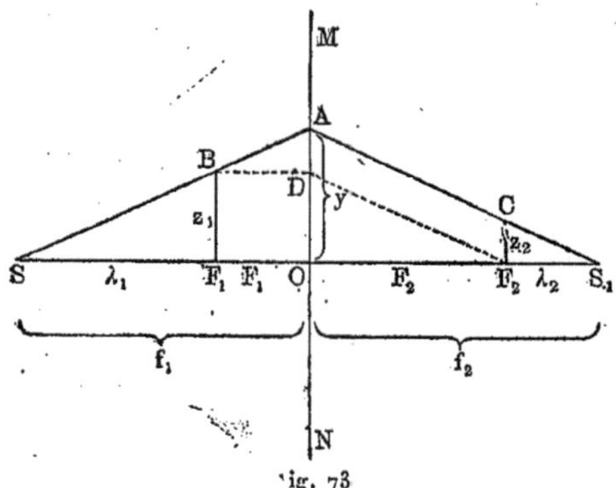

Fig. 73

$$\frac{z_1}{y} + \frac{z_2}{y} = 1,$$

ou

$$(27) \qquad z_1 + z_2 = y.$$

La somme des ordonnées des points des rayons incident et réfracté, dont les abscisses sont égales aux distances focales principales, est égale à l'ordonnée du point où la réfraction se produit. Cette propriété nous donne une construction du rayon réfracté, quand le rayon incident SA et les foyers F_1 et F_2 sont connus. On élève en F_1 la perpendiculaire F_1B ; on mène BD parallèle à l'axe optique ; on joint D à F_2 et on mène finalement AS_1 parallèle à DF_2.

Si l'on pose $SF_1 = \lambda_1$, $S_1F_2 = \lambda_2$, on a en outre, d'après la figure 73,

$$\frac{f_1}{\lambda_1} = \frac{y}{z_1}, \qquad \frac{f_2}{\lambda_2} = \frac{y}{z_2},$$

et on en déduit

$$\frac{f_1 - \lambda_1}{\lambda_1} = \frac{y - z_1}{z_1}, \qquad \frac{f_2 - \lambda_2}{\lambda_2} = \frac{y - z_2}{z_2}.$$

Comme

$$f_1 - \lambda_1 = F_1, \qquad f_2 - \lambda_2 = F_2, \qquad y - z_1 = z_2, \qquad y - z_2 = z_1,$$

on a

$$\frac{F_1}{\lambda_1} = \frac{z_2}{z_1}, \qquad \frac{F_2}{\lambda_2} = \frac{z_1}{z_2}.$$

En multipliant ces deux égalités l'une par l'autre, on obtient

$$(28) \qquad \lambda_1\lambda_2 = F_1F_2.$$

Le produit des distances d'un couple quelconque de points conjugués aux foyers correspondants est une grandeur constante, égale au produit des deux distances focales.

Considérons maintenant le cas où S est en dehors de l'axe optique XY. Joignons S (*fig.* 74) au centre C de la surface sphérique ; nous pouvons prendre SC pour l'axe optique ; il en résulte que les raisonnements précédents s'appliquent au point S et que, par suite, les rayons issus de S ont encore une certaine image dans le second milieu. Nous pouvons aussi prendre, comme plan réfringent, l'ancien plan réfringent MN, car tout rayon partant de S peut être prolongé, dans un sens ou dans l'autre, jusqu'à son intersection avec

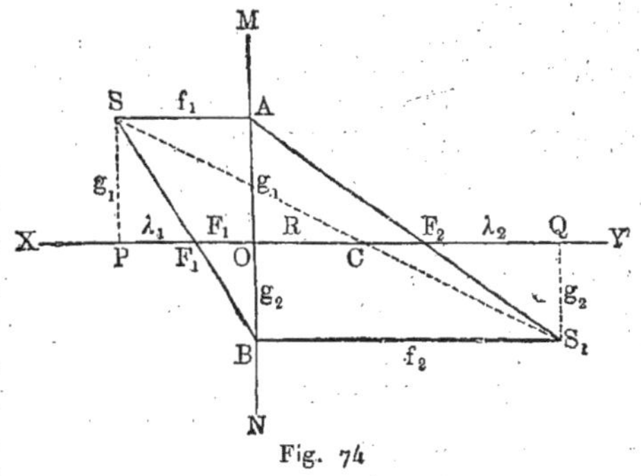

Fig. 74

l'axe XY, et peut être considéré comme ayant son point de départ sur cet axe ; dans ce cas, comme on l'a démontré, on peut prendre MN pour plan réfringent.

Il est facile de trouver, par une construction, le point S_1 : on mène une parallèle SA à XY et une droite passant par A et F_2 ; on prolonge SF_1 jusqu'en MN et on mène par B une parallèle BS_1 à XY ; le point de rencontre des deux droites AF_2 et BS_1, dans le second milieu, donne l'image cherchée S_1 du point S. Désignons comme précédemment par f_1 et f_2 les abscisses des points S et S_1 ; il résulte de la figure que l'on a

$$\frac{F_1}{f_1} = \frac{F_1 O}{SA} = \frac{OB}{AB}, \qquad \frac{F_2}{f_2} = \frac{OF_2}{BS_1} = \frac{AO}{AB} ;$$

en ajoutant ces deux égalités, on obtient

$$\frac{F_1}{f_1} + \frac{F_2}{f_2} = 1.$$

Tous les points S, qui ont le même f_1, donnent des images S_1 ayant le même f_2, c'est-à-dire que les images d'un système de points S, situés dans un plan perpendiculaire à l'axe optique, donnent un autre système de points S_1 également situés dans un plan perpendiculaire à l'axe optique.

Il va de soi que ce résultat, comme toutes les conclusions analogues obtenues au moyen de certaines simplifications, en négligeant les grandeurs relativement petites, n'est qu'approximativement exact. Ainsi, par exemple, dans le cas considéré, les points S_1 sont en réalité situés sur une surface de révolution, dont on peut considérer l'élément médian comme un plan.

Les systèmes de points S et S_1 sont semblables, car toutes les droites SS_1 passent par le centre C de la surface sphérique : ce sont les rayons qui n'éprouvent aucune réfraction. *Les systèmes S et S_1 sont homothétiques par rapport au centre C.*

Le rapport des dimensions linéaires de l'image aux dimensions correspondantes de l'objet s'appelle le *grossissement linéaire* produit par la réfraction ; nous le désignerons par G. On a évidemment $G = -\dfrac{g_2}{g_1}$; le signe — signifie que g_1 et g_2 (*fig.* 74) sont dirigés dans des sens différents. Nous avions déjà les égalités

$$(28,\,a) \qquad \frac{F_1}{f_1} = \frac{OB}{AB} = \frac{g_2}{g_1 + g_2}, \qquad \frac{F_2}{f_2} = \frac{OA}{AB} = \frac{g_1}{g_1 + g_2}.$$

En divisant la première égalité par la seconde, on obtient

$$G = -\frac{g_2}{g_1} = -\frac{F_1}{F_2} \cdot \frac{f_2}{f_1},$$

ou, d'après (26),

$$(29) \qquad G = -\frac{n_1}{n_2} \cdot \frac{f_2}{f_1}.$$

Pour les deux milieux donnés, G est proportionnel à la fraction $\dfrac{f_2}{f_1}$, dont les valeurs sont en partie connues par le tableau comparatif de la page 153. Si f_1 et f_2 ont le même signe, l'image est renversée.

On peut aussi établir la formule (29) de la manière suivante :

$$G = -\frac{g_2}{g_1} = -\frac{S_1 Q}{SP} = -\frac{CQ}{CP} = -\frac{f_2 - R}{f_1 + R} ;$$

cette expression est, d'après (23, *a*), exactement la même que (29).

La figure 74 permet encore d'établir une autre formule ; on a, d'après (28, *a*),

$$\frac{f_1}{F_1} = \frac{g_1 + g_2}{g_2}, \qquad \frac{f_2}{F_2} = \frac{g_1 + g_2}{g_1},$$

et, par suite,

$$\frac{f_1 - F_1}{F_1} = \frac{g_1}{g_2}, \qquad \frac{f_1 - F_2}{F_2} = \frac{g_2}{g_1} :$$

si l'on pose

$$f_1 - F_1 = \lambda_1, \qquad f_2 - F_2 = \lambda_2,$$

on obtient

$$\lambda_1 \lambda_2 = F_1 F_2.$$

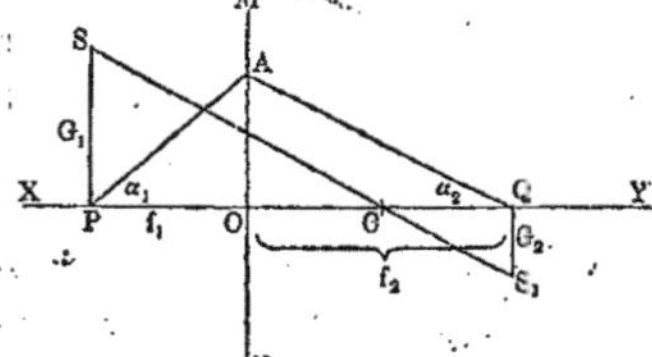

Fig. 75

On peut déduire de la formule (29) une autre expression pour le grossissement linéaire G. Supposons que, dans la figure 75, S, S_1, C, MN aient la même signification que dans la figure 74. Menons les rayons PA, AQ et posons $APO = \alpha_1$, $AQO = \alpha_2$; nous appellerons ces angles, les *angles axiaux*. On a évidemment

$$\operatorname{tg} \alpha_1 : \operatorname{tg} \alpha_2 = OQ : OP = f_2 : f_1 ;$$

(29) donne donc

$$(29,\,a) \qquad G = -\frac{g_2}{g_1} = -\frac{n_1}{n_2} \cdot \frac{\operatorname{tg} \alpha_1}{\operatorname{tg} \alpha_2},$$

$$(29,\,b) \qquad g_1 n_1 \operatorname{tg} \alpha_1 = g_2 n_2 \operatorname{tg} \alpha_2.$$

Pour de petites valeurs de α_1 et de α_2, on a

$$(29, c) \qquad g_1 n_1 \alpha_1 = g_2 n_2 \alpha_2.$$

La dernière formule montre que le produit de la grandeur de l'objet ou de l'image par l'indice de réfraction et par l'angle axial a la même valeur pour les deux milieux. L'équation (29, a) a été indiquée par LAGRANGE.

La grandeur

$$(29, d) \qquad G_1 = \frac{\operatorname{tg} \alpha_2}{\operatorname{tg} \alpha_1}$$

s'appelle le *grossissement angulaire*. On a évidemment

$$(29, e) \qquad GG_1 = -\frac{n_1}{n_2}.$$

Supposons que, sur *l'axe*, se trouvent deux points voisins l'un de l'autre, dont les distances au foyer F_1 sont λ_1 et $\lambda_1 + \delta_1$ et dont les images sont aux distances λ_2 et $\lambda_2 + \delta_2$ du foyer F_2. On peut considérer la droite δ_2 comme l'image de la droite δ_1 ; le rapport

$$(29, f) \qquad G_2 = \frac{\delta_2}{\delta_1}$$

s'appelle le *grossissement axial*. La formule (28) donne $\lambda_1 \lambda_2 = F_1 F_2$ et $(\lambda_1 + \delta_1)(\lambda_2 + \delta_2) = F_1 F_2$. Si l'on retranche la première égalité de la seconde, et si l'on néglige le produit $\delta_1 \delta_2$, on obtient

$$(29, g) \qquad G_2 = \frac{\delta_2}{\delta_1} = -\frac{\lambda_2}{\lambda_1} = -\frac{\lambda_1 \lambda_2}{\lambda_1^2} = -\frac{F_1 F_2}{\lambda_1^2}.$$

Nous avons aussi, pour le grossissement linéaire G, l'expression

$$(29, h) \qquad G = -\frac{g_2}{g_1} = -\frac{F_1}{f_1 - F_1} = -\frac{F_1}{\lambda_1} = -\frac{\lambda_2}{F_2}.$$

Les formules (29, g) et (29, h) donnent, en tenant compte de (26),

$$(29, i) \qquad G_2 = -\frac{F_1^2}{\lambda_1^2} \cdot \frac{F_2}{F_1} = -\frac{n_2}{n_1} G^2.$$

Le grossissement axial est proportionnel au carré du grossissement linéaire. On déduit enfin de (29, e) et (29, i) l'expression

$$(29, k) \qquad G = G_1 G_2.$$

Dans ce qui précède, nous avons considéré le phénomène de la réfraction à travers une surface sphérique, en étudiant directement la marche des rayons. Au lieu de procéder ainsi, on aurait pu considérer les modifications qu'éprouve une surface d'onde sphérique à son passage à travers une surface également sphérique, qui sépare deux milieux où les vitesses de propagation des ondes sont différentes ; c'est ce que nous avons fait à la page 142, figure 64.

5. Réfraction de rayons centraux à travers un nombre quelconque de milieux, séparés par des surfaces sphériques centrées.

— Considérons maintenant le passage d'un faisceau très étroit de rayons à travers une série de milieux, séparés par des surfaces sphériques quelconques P_1Q_1, P_2Q_2, etc. (*fig.* 76), dont les centres sont situés sur une même droite

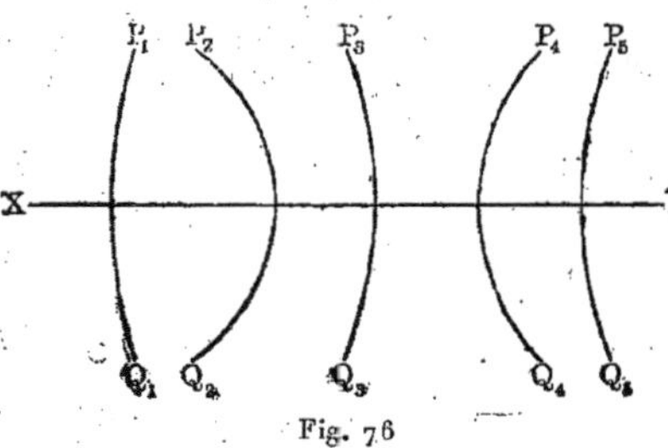

Fig. 76

XY, appelée l'*axe principal du système*; ce cas présente une très grande importance.

Désignons par n_i l'indice de réfraction du $i^{ième}$ milieu, par p le nombre des milieux, de sorte que n_1 et n_p correspondent respectivement au premier milieu et au dernier. S'il y a, dans le $i^{ième}$ milieu, un faisceau de rayons qui, suffisamment prolongés dans un sens ou dans l'autre, se coupent en un même point S_i, nous appellerons ce point *l'image* (foyer) ou la *source rayonnante* dans le $i^{ième}$ milieu, bien que le point géométrique S_i puisse se trouver dans un autre milieu, le $k^{ième}$ par exemple, k pouvant être $< i$ ou $> i$; dans le premier cas, $k < i$, le faisceau dans le $i^{ième}$ milieu est divergent; dans le second cas, $k > i$, il est convergent. De telles images ou sources rayonnantes sont appelées *virtuelles*.

Soit donnée, dans le premier milieu, une source rayonnante S_1, qui, dans le cas d'un faisceau convergent, peut être virtuelle et se trouver géométriquement dans l'un des milieux suivants. Le point S_1 donne, dans le second milieu, l'image S_2; S_2 donne, dans le troisième milieu, l'image S_3, etc.; enfin, on obtient, dans le dernier milieu, c'est-à-dire dans le $p^{ième}$, l'image S_p, que l'on peut appeler simplement l'image du point S_1 donnée par tout le système des milieux considérés. Il peut arriver que tous les points, depuis S_1 jusqu'à S_p, soient virtuels.

Supposons que, dans le premier milieu, se trouve un système de points réels ou virtuels (S_1), situés dans un plan perpendiculaire à l'axe XY; on appelle ce système l'*objet*. Il donne dans le second milieu un système de points (S_2), qui lui est *semblable* et homothétique par rapport au centre de la surface P_1Q_1. Le système (S_2) donne dans le troisième milieu un système (S_3), semblable à (S_2) et homothétique par rapport au centre de la surface P_2Q_2. Il s'ensuit que (S_1) et (S_3) sont semblables et homothétiques par rapport à un certain point $M_{1,3}$ situé sur l'axe XY; cela signifie que toutes les droites, qui joignent les points conjugués S_1 et S_3, se coupent en $M_{1,3}$. En continuant ainsi, on voit que l'on arrive, dans le cas des rayons centraux, au résultat suivant : *on obtient, dans le dernier milieu, un système de points (S_p) semblable à (S_1), et toutes les droites, joignant des points conjugués de l'objet (S_1) et de son image (S_p), se coupent en un certain point M sur l'axe XY.*

Soit F_2 le foyer dans le dernier milieu, quand les rayons dans le premier milieu sont parallèles à l'axe XY, et F_1 la position de la source rayonnante dans le premier milieu, pour laquelle on obtient dans le dernier milieu un faisceau de rayons parallèles à l'axe XY. Les points F_1 et F_2 s'appellent les *foyers principaux*; ils peuvent être tous deux *virtuels*.

L'axe optique principal étant XY (*fig.* 77) et les foyers principaux, F_1 et F_2, menons la parallèle MN à XY. Considérons la partie de gauche MB de la droite MN, comme un rayon qui se trouve dans le premier milieu ; quand ce rayon a traversé tout le système, il a, dans le dernier milieu, une certaine direction CG_2, qui passe par F_2. On peut, d'autre part, considérer la partie de droite GN de la même droite MN, comme un rayon, qui est parvenu dans le dernier milieu et qui avait, dans le premier milieu, une certaine direction G_1J passant évidemment par F_1. Aux rayons MB et G_1F_1 du premier milieu correspondent donc les rayons CG_2 et GN du dernier ; les deux premiers rayons se coupent en D_1, les deux derniers en D_2 ; si l'on envisage le point D_1 comme une source rayonnante dans le premier milieu, D_2 sera son image dans le dernier milieu. *Les points D_1 et D_2 sont des points conjugués ; D_2 est l'image de D_1.* Les points D_1 et D_2 peuvent être réels ou virtuels ; dans tous les cas, quand un rayon ou son prolongement (vers l'avant) passe par D_1, dans le premier milieu, le même rayon ou son prolongement (vers l'arrière) passe par D_2 dans le dernier milieu.

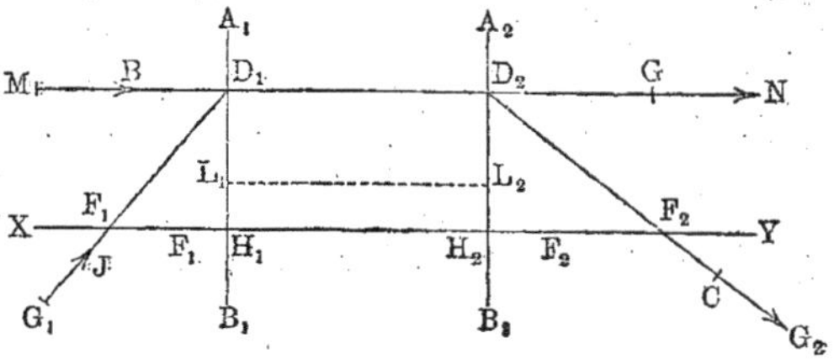

Fig. 77

Menons par D_1 et D_2 les plans A_1B_1 et A_2B_2 perpendiculaires à XY. Un système de points (S_l) dans le premier milieu, qui est situé dans le plan A_1B_1 (le système est virtuel, si A_1B_1 n'est pas dans le premier milieu), a pour image un système de points (S_p) dans le dernier milieu, qui est situé dans le plan A_2B_2 (ce système est également virtuel, si le plan A_2B_2 ne se trouve pas dans le dernier milieu). Les systèmes (S_l) et (S_p) sont, comme nous l'avons vu, semblables ; mais, comme D_1 et D_2 appartiennent à ces systèmes et que $D_1H_1 = D_2H_2$, il est clair que les systèmes (S_l) et (S_p) sont non seulement semblables, mais en outre égaux, c'est-à-dire qu'à chaque point L_1 du système (S_l) correspond un point L_2 du système (S_p) disposé de la même façon, ou encore que L_1L_2 est parallèle à XY. *Les points H_1 et H_2 s'appellent les points principaux, les plans A_1B_1 et A_2B_2, les plans principaux.* Les distances $H_1F_1 = F_1$ et $H_2F_2 = F_2$ se nomment *les distances focales principales de tout le système.* On voit, d'après ce qui précède, que *les points principaux sont en même temps des points conjugués,* c'est-à-dire qu'au point lumineux H_1 dans le premier milieu correspond l'image H_2 dans le dernier.

Si les foyers principaux F_1 et F_2 sont donnés, ainsi que les points principaux H_1 et H_2, il est facile de construire l'image d'un point placé dans le premier milieu. Nous désignerons dorénavant cette image par S_2, au lieu de S_p. Menons par S_1 (*fig.* 78) le rayon S_1A parallèle à XY et prolongeons la droite S_1A jusqu'au point B. Au rayon S_1A dans le premier milieu doit correspondre, dans le dernier, le rayon BF_2, qui passe par F_2 (car S_1A est parallèle à XY) et par B (car S_1A passe par A). Menons en outre le rayon S_1F_1C et la droite CD parallèle à XY. Au rayon S_1F_1 dans le premier milieu doit correspondre, dans le dernier, le rayon DS_2, qui passe par D (car S_1F_1C passe par C) et qui est parallèle à l'axe XY (car S_1F_1C passe par F_1). Le point S_2 est évidemment l'image de S_1.

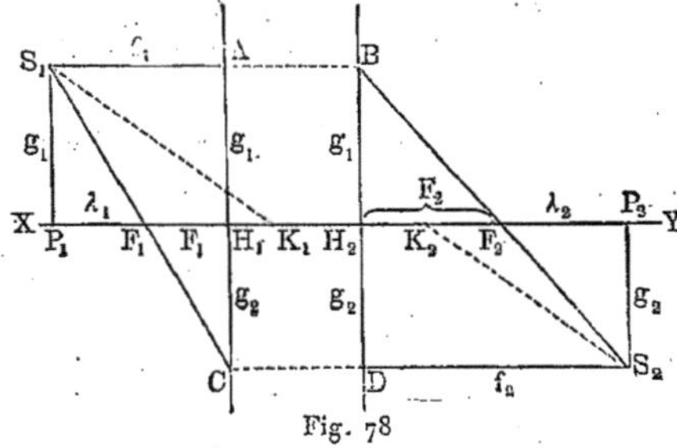

Fig. 78

Prenons pour abscisses f_1 et f_2 des points S_1 et S_2 leurs distances aux plans principaux, de sorte que $S_1A = f_1$, $S_2D = f_2$. Désignons les ordonnées des points S_1 et S_2 par $g_1 = S_1P_1$ et $g_2 = S_2P_2$, et comptons-les positivement en sens contraires. La figure donne :

$$\frac{F_1H_1}{S_1A} = \frac{H_1C}{AC}, \qquad \frac{F_2H_2}{S_2D} = \frac{H_2B}{BD},$$

ou

$$(30) \qquad \frac{F_1}{f_1} = \frac{g_2}{g_1 + g_2}, \qquad \frac{F_2}{f_2} = \frac{g_1}{g_1 + g_2},$$

En ajoutant ces égalités, on obtient

$$(31) \qquad \frac{F_1}{f_1} + \frac{F_2}{f_2} = 1,$$

c'est-à-dire la même formule que (25), page 152; la différence réside en ce que F_1, F_2, f_1 et f_2 *ne se comptent pas* à partir d'un même plan, mais à partir de deux plans différents, *les deux plans principaux.*

Soient $P_1F_1 = \lambda_1$, $P_2F_2 = \lambda_2$; ce sont les abscisses des points S_1 et S_2 par rapport aux plans focaux (perpendiculaires à l'axe XY et passant par F_1 et par F_2). Si l'on prend les inverses des fractions (30) et si l'on retranche de chacune l'unité, on obtient

$$(31, a) \qquad \frac{f_1 - F_1}{F_1} = \frac{g_1}{g_2}, \qquad \frac{f_2 - F_2}{F_2} = \frac{g_2}{g_1}.$$

Si l'on fait dans ces égalités $f_1 - F_1 = \lambda_1$ et $f_2 - F_2 = \lambda_2$, et si on les multiplie l'une par l'autre, on obtient

$$(32) \qquad \lambda_1\lambda_2 = F_1F_2,$$

formule analogue à (28), page 154.

Le *grossissement linéaire* G est égal à $-\dfrac{g_2}{g_1}$. En divisant les égalités (30) l'une par l'autre, on a

$$(33) \qquad G = -\frac{g_2}{g_1} = -\frac{F_1}{F_2} \cdot \frac{f_2}{f_1}.$$

Nous remplacerons dans la suite le rapport $F_1 : F_2$ par une autre grandeur. La formule (31) montre que $f_2 = F_1 + F_2$, pour $f_1 = F_1 + F_2$. Quand

$f_1 > F_1 + F_2$, on a $f_2 < F_1 + F_2$, et inversement. Les égalités (31, a) donnent

$$(33, a) \qquad G = -\frac{g_2}{g_1} = -\frac{F_1}{f_1 - F_1} = -\frac{F_1}{\lambda_1}.$$

Nous voyons que le cas complexe considéré conduit aux mêmes résultats simples que celui où l'on n'a qu'une surface réfringente, à la condition d'introduire les points principaux H_1 et H_2 et les plans principaux, et de compter les distances F_1, F_2, f_1 et f_2 à partir de ces plans.

Les deux foyers principaux F_1 et F_2 constituent, avec les points principaux H_1 et H_2, ce qu'on appelle les *points cardinaux* du système; un système est complètement défini par ces points. Il existe encore deux points remarquables, nommés *points nodaux*. Sur l'axe principal XY (*fig.* 79) se trouvent les points F_1, F_2, H_1 et H_2; soient $F_1 = F_1 H_1$ et $F_2 = F_2 H_2$ les distances focales. Portons à partir de F_1, du même côté que H_1, le segment $F_1 K_1 = F_2 = F_2 H_2$, et à partir de F_2, du même côté que H_2, le segment $F_2 K_2 = F_1 = F_1 H_1$; les deux points K_1 et K_2 ainsi obtenus

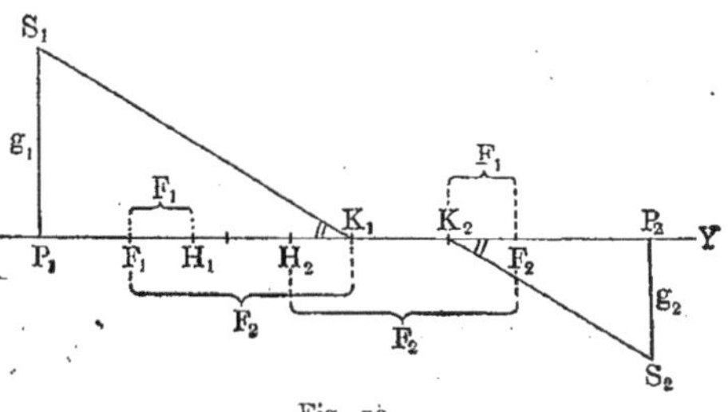

Fig. 79

sont les *points nodaux. Les points nodaux sont des points conjugués,* car ils satisfont à l'équation (31). En effet, on a évidemment $f_1 = -(F_2 - F_1)$, pour le point K_1, et $f_2 = F_2 - F_1$, pour le point K_2. Si l'on porte ces valeurs dans l'égalité (31), on a

$$\frac{F_1}{f_1} + \frac{F_2}{f_2} = \frac{F_1}{F_1 - F_2} - \frac{F_2}{F_1 - F_2} = \frac{F_1 - F_2}{F_1 - F_2} = 1.$$

Soient S_1 et S_2 deux points conjugués; joignons-les aux points nodaux par les droites $S_1 K_1$ et $S_2 K_2$. D'après les formules (31, a), on a

$$\frac{P_1 H_1 - F_1 H_1}{F_1} = \frac{g_1}{g_2}, \qquad \frac{P_2 H_2 - F_2 H_2}{F_2} = \frac{g_2}{g_1}.$$

Mais

$$P_1 H_1 - F_1 H_1 = P_1 F_1 = P_1 K_1 - F_1 K_1 = P_1 K_1 - F_2,$$
$$P_2 H_2 - F_2 H_2 = P_2 F_2 = P_2 K_2 - F_2 K_2 = P_2 K_2 - F_1.$$

Il vient donc

$$\frac{P_1 K_1 - F_2}{F_1} = \frac{g_1}{g_2}, \qquad \frac{P_2 K_2 - F_1}{F_2} = \frac{g_2}{g_1}.$$

On en déduit

$$P_1 K_1 \cdot g_2 = g_1 F_1 + g_2 F_2,$$
$$P_2 K_2 \cdot g_1 = g_1 F_1 + g_2 F_2,$$

et, par suite,

$$P_1 K_1 \cdot g_2 = P_2 K_2 \cdot g_1$$

ou

$$\frac{P_1 K_1}{P_1 S_1} = \frac{P_2 K_2}{P_2 S_2}.$$

Il s'ensuit que les triangles $P_1 S_1 K_1$ et $P_2 S_2 K_2$ sont semblables, et que $S_1 K_1$ est parallèle à $S_2 K_2$. *Un rayon qui, dans le premier milieu, est dirigé vers le point nodal K_1, a, dans le dernier milieu, une direction qui passe par le point nodal K_2.*

Nous avons montré, sur la figure 78, comment on construit le point S_2, connaissant les quatre points cardinaux F_1, F_2, H_1 et H_2, et le point S_1. On peut procéder autrement : on détermine les positions des points K_1 et K_2, en faisant $F_1 K_1 = F_2 = F_2 H_2$ et $F_2 K_2 = F_1 = F_1 H_1$; on joint S_1 à K_1 et l'on mène par K_2 une parallèle à $S_1 K_1$; cette droite passe par S_2.

Il nous reste encore à établir une propriété très importante des deux distances focales principales F_1 et F_2. Revenons, à cet effet, au cas de *deux milieux*, dont les indices de réfraction sont n_1 et n_2, Soient M (*fig.* 80) le sommet d'une surface sphérique, S_1, T_1 deux sources rayonnantes à l'intérieur du premier milieu, S_2, T_2 leurs images, dans le second milieu. Prenons pour origine des coordonnées un point quelconque O de l'axe optique principal

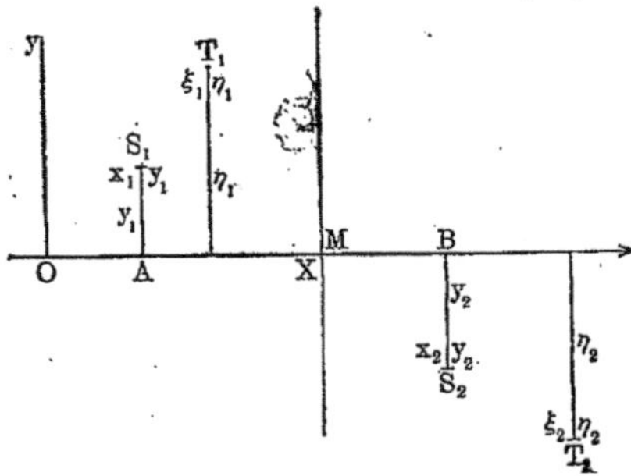

Fig. 80

et comptons positivement les abscisses vers la droite, les ordonnées vers le haut. Dans le cas de deux milieux, la formule (25) est

$$\frac{F_1}{f_1} + \frac{F_2}{f_2} = 1,$$

et celle qui découle de (28, *a*)

$$g_1 \frac{F_1}{f_1} = g_2 \frac{F_2}{f_2}.$$

Appliquons ces relations aux points S_1 et S_2. Si $X = OM$ est l'abscisse du point M, on a $f_1 = AM = X - x_1$, $f_2 = MB = x_2 - X = -(X - x_2)$; on a en outre $g_1 = y_1$, $g_2 = -y_2$, car g_2 est compté positivement vers le bas. Il vient donc

$$(34) \qquad X \frac{F_1}{- x_1} - \frac{F_2}{X - x_2} = 1, \qquad \frac{F_1 y_1}{X - x_1} = \frac{F_2 y_2}{X - x_2}.$$

On obtient de même, pour les coordonnées des points T_1 et T_2,

$$(35) \qquad \frac{F_1}{X - \xi_1} - \frac{F_2}{X - \xi_2} = 1, \qquad \frac{F_1 \eta_1}{X - \xi_1} = \frac{F_2 \eta_2}{X - \xi_2}.$$

Si l'on retranche la première des égalités (35) de la première des égalités (34),
et si l'on multiplie les secondes égalités (34) et (35), on trouve

$$\frac{F_1(x_1 - \xi_1)}{(X - x_1)(X - \xi_1)} = \frac{F_2(x_2 - \xi_2)}{(X - x_2)(X - \xi_2)},$$

$$\frac{F_1{}^2 y_1 \eta_1}{(X - x_1)(X - \xi_1)} = \frac{F_2{}^2 y_2 \eta_2}{(X - x_2)(X - \xi_2)}.$$

Enfin, si l'on divise la seconde de ces dernières égalités par la première, et s
l'on remplace le rapport $F_1 : F_2$ par $n_1 : n_2$, voir (26), on obtient la relation
suivante

$$(36) \qquad \frac{n_1 y_1 \eta_1}{x_1 - \xi_1} = \frac{n_2 y_2 \eta_2}{x_2 - \xi_2}.$$

Cette égalité remarquable lie les coordonnées de deux points du premier
milieu aux coordonnées de leurs conjugués dans le second milieu. Si
$S_3(x_3, y_3)$ et $T_3(\xi_3, \eta_3)$ sont les images de S_2 et T_2 dans un troisième milieu (n_3),
on a

$$\frac{n_1 y_1 \eta_1}{x_1 - \xi_1} = \frac{n_2 y_2 \eta_2}{x_2 - \xi_2} = \frac{n_3 y_3 \eta_3}{x_3 - \xi_3}.$$

Si l'on passe ensuite au quatrième milieu, au cinquième, etc., et si l'on va
jusqu'au dernier, le $p^{\text{ième}}$ milieu, on arrive à la relation

$$(37) \qquad \frac{n_1 y_1 \eta_1}{x_1 - \xi_1} = \frac{n_p y_p \eta_p}{x_p - \xi_p}.$$

Supposons maintenant que le point T_1 soit situé dans le premier plan
principal, et désignons par H_1 et H_2 les abscisses des points principaux ; on a
alors, d'après une propriété des plans principaux, $\eta_1 = \eta_p$; on a en outre
$\xi_1 = H_1$, $\xi_p = H_2$ et l'on obtient

$$\frac{n_1 y_1}{x_1 - H_1} = \frac{n_p y_p}{x_p - H_2}.$$

Revenons aux notations f_1, g_1, f_2, g_2, dont nous nous sommes servi dans la
figure 78, et désignons en même temps par n_2 l'indice de réfraction du
dernier milieu. On a $y_1 = g_1$, $y_p = -g_2$, $x_1 - H_1 = -P_1 H_1 = -f_1$
(fig. 78), $x_p - H_2 = P_2 H_2 = f_2$ et $n_p = n_2$. La dernière formule donne, en
changeant les signes,

$$(38) \qquad \frac{n_1 g_1}{f_1} = \frac{n_2 g_2}{f_2}.$$

Mais nous avons (voir (30) ou (33), page 160)

$$\frac{F_1 g_1}{f_1} = \frac{F_2 g_2}{f_2}.$$

En comparant avec (38), on a

$$(39) \qquad \frac{F_1}{F_2} = \frac{n_1}{n_2}.$$

*Dans une suite quelconque de milieux, séparés par des surfaces sphériques
centrées, le rapport des distances focales principales de tout le système est égal au
rapport des indices de réfraction du premier et du dernier milieu.*

Au lieu de (33), on a maintenant pour le *grossissement linéaire* G l'expression

$$(40) \qquad G = - \frac{n_1}{n_2} \cdot \frac{f_2}{f_1}.$$

Nous avons établi à la page 156 la formule (29, *b*), $g_1 n_1 \text{ tg } \alpha_1 = g_2 n_2 \text{ tg } \alpha_2$, que nous appliquerons ici aux deux premiers milieux ; le deuxième et le troisième milieux donnent de même $g_2 n_2 \text{ tg } \alpha_2 = g_3 n_3 \text{ tg } \alpha_3$; en continuant, on a évidemment $g_1 n_1 \text{ tg } \alpha_1 = g_p n_p \text{ tg } \alpha_p$, ou, si g_2, n_2 et α_2 se rapportent au *dernier* milieu,

$$(40, a) \qquad g_1 n_1 \text{ tg } \alpha_1 = g_2 n_2 \text{ tg } \alpha_2,$$

et, pour de petites valeurs de α_1 et α_2,

$$(40, b) \qquad g_1 n_1 \alpha_1 = g_2 n_2 \alpha_2.$$

On a alors pour le *grossissement linéaire*

$$(40, c) \qquad G = - \frac{g_2}{g_1} = - \frac{n_1}{n_2} \cdot \frac{\text{tg } \alpha}{\text{tg } \alpha_2}.$$

La grandeur

$$(40, d) \qquad G_1 = \frac{\text{tg } \alpha_2}{\text{tg } \alpha_1}$$

est appelée le *grossissement angulaire* ; on a

$$(40, e) \qquad GG_1 = - \frac{n_1}{n_2}.$$

Si δ_1 est la distance de deux points voisins sur l'axe, δ_2 la distance de leurs images, la grandeur

$$(40, f) \qquad G_2 = \frac{\delta_2}{\delta_1}$$

se nomme le *grossissement axial*. La formule (32) donne $\lambda_1 \lambda_2 = F_1 F_2$ et $(\lambda_1 + \delta_1)(\lambda_2 + \delta_2) = F_1 F_2$. On en déduit (voir l'établissement de la formule (29, *g*))

$$(40, g) \qquad G_2 = \frac{\delta_2}{\delta_1} = - \frac{F_1 F_2}{\lambda_1^2}.$$

Les formules (40, *g*) et (33, *a*) donnent

$$(40, h) \qquad G_2 = - \frac{n_2}{n_1} G^2.$$

En multipliant (40, *e*) par (40, *h*), on obtient

$$(40, i) \qquad G = G_1 G_2.$$

Ces égalités correspondent étroitement à celles qui ont été trouvées à la page 157, pour deux milieux. La généralisation pour un nombre quelconque de milieux est due à HELMHOLTZ ; S. N. STÉPANOFF a donné une démonstration nouvelle de la formule (40, *c*).

Considérons maintenant le cas particulièrement important dans la pratique où le *premier et le dernier milieux sont identiques*, et formés par l'air, par exemple. On a alors $n_1 = n_2$, et la formule (39) donne la relation

$$(41) \qquad F_1 = F_2.$$

Il résulte de la définition des points nodaux K_1 et K_2, dans la figure 79, que, pour $F_1 = F_2$, ces points coïncident avec les points principaux H_1 et H_2, lesquels possèdent par suite également, dans ce cas, la propriété des points K_1 et K_2, exprimée page 162.

Quand le premier milieu et le dernier sont identiques (ou possèdent le même indice de réfraction), les distances focales principales sont égales entre elles ; les points nodaux coïncident avec les points principaux et le grossissement G est donné par la formule

$$(42) \qquad G = -\frac{g_2}{g_1} = -\frac{f_2}{f_1},$$

où f_1 *et* f_2 *sont comptés à partir des points principaux, comme les distances focales principales* F.

La formule (40, *c*) donne

$$(42,\ a) \qquad G = -\frac{\operatorname{tg}\alpha_1}{\operatorname{tg}\alpha_2}.$$

On a

$$(42,\ b) \qquad GG_1 = -1, \quad G_2 = -G^2.$$

On peut construire, dans ce cas, l'image S_2 de la source rayonnante S_1, à l'aide de deux rayons choisis parmi les trois rayons déterminés suivants : S_1A parallèle à XY (*fig.* 81) donne BF_2 ; S_1F_1C donne DS_2 parallèle à XY ; S_1H_1 donne H_2S_2 parallèle à S_1H_1.

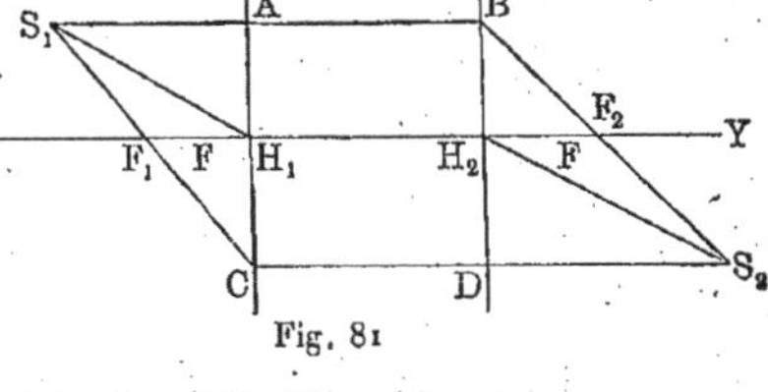

Fig. 81

La théorie que nous avons développée dans ce paragraphe a été donnée par C. NEUMANN.

Quand le premier milieu est identique au dernier et que $F_1 = F_2$, on peut désigner les distances focales principales par une même lettre F. Dans ce cas, les formules (31) et (32) donnent

$$(43) \qquad \frac{1}{f_1} + \frac{1}{f_2} = \frac{1}{F},$$

$$(44) \qquad \lambda_1\lambda_2 = F^2.$$

Les grandeurs f_1 et f_2, qui déterminent les positions de la source et de son image, prennent, *pour* F *positif*, les valeurs correspondantes suivantes :

$$(45) \quad \begin{cases} f_1 = \infty \ldots 2F \ldots \ F \ \ldots \ < F \ldots 0 \,(\text{dans le 1}^{\text{er}}\text{ plan princ.}) \ldots f_1 < 0 \qquad \ldots -\infty, \\ f_2 = F \ldots 2F \ldots \pm\infty \ldots f_2 < 0 \ldots 0 \,(\quad - \quad 2^{e} \quad - \quad) \ldots 0 < f_2 < F \ldots \ F. \end{cases}$$

Pour F *négatif* et égal à $-F'$, on a les valeurs conjuguées

$$(46) \quad \begin{cases} f_1 = \quad \infty \ldots 0 \ldots \quad -F' \ \ldots -2F' \ldots -\infty, \\ f_2 = -F' \ldots 0 \ldots > 0 \pm\infty \ldots -2F' \ldots -F'. \end{cases}$$

Nous obtenons d'après (43) des données précises sur la grandeur de l'image relativement à l'objet et sur sa position, en remarquant que pour $G > 0$, l'image est droite, et que pour $G < 0$, elle est renversée.

Si $F > 0$, on a

$f_1 =$ Image	∞ ...	$2F$	... F	... $< F$	0	< 0 ... $- \infty$
	diminuée renversée	$G = 1$ renversée	agrandie renversée	agrandie droite	$G = 1$ droite	diminuée droite

Si $F < 0$ et $F = - F'$, on a

$f_1 =$ Image	∞ ...	0	... $- F'$	$- F' > f > - 2F'$	$- 2F'$	... $- \infty$
	diminuée droite	$G = 1$ droite	agrandie droite	agrandie renversée	$G = 1$ renversée	diminuée renversée

6. Théorie élémentaire des lentilles. — On appelle lentille un corps limité par deux surfaces sphériques, transparent pour une nature donnée d'énergie rayonnante. La figure 82 représente différentes formes de lentilles ; une forme biconvexe, deux formes plan-convexes, deux ménisques conver-

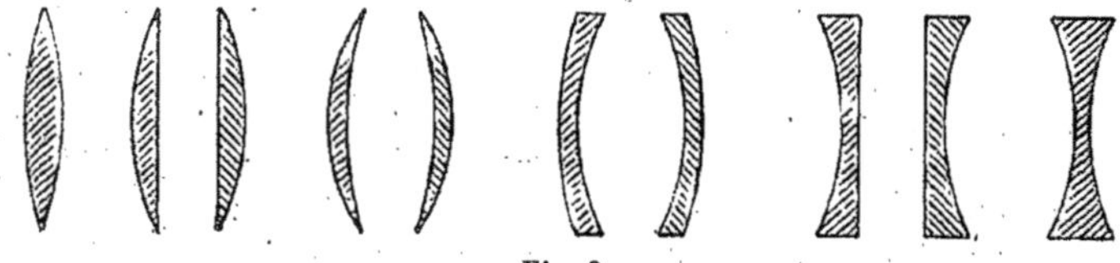

Fig. 82

gents, deux ménisques divergents, deux formes plan-concaves et une forme biconcave. Les trois premières espèces de lentilles, dans lesquelles la convexité prédomine, s'appellent encore des *lentilles convergentes*, et les trois dernières, où la concavité prédomine, des *lentilles divergentes*.

Pfaundler a proposé de diviser les lentilles en positives et en négatives; nous reparlerons dans la suite de cette distinction.

Nous affecterons du signe + le rayon d'une surface sphérique dans une lentille, quand il est dirigé de la surface vers l'intérieur de la lentille, c'est-à-dire quand la surface considérée de la lentille est convexe. D'après cela, dans une lentille biconvexe, les deux rayons sont positifs : dans une lentille biconcave, ils sont négatifs ; dans une lentille plan-convexe ou plan-concave, l'un des rayons est infiniment grand, l'autre est positif ou négatif ; dans un ménisque convergent ou divergent, les deux rayons sont de signes contraires, le rayon de la face convexe étant en valeur absolue plus grand que celui de la face concave dans le premier ménisque, et plus petit dans le second.

Nous allons déterminer la distance focale F d'une lentille, en nous servant de la figure 83 ; mais nos conclusions s'appliqueront également à toutes les formes de lentilles.

Soit A la source rayonnante, $AO = f_1$; le rayon AD suit, après sa première réfraction, la direction DH ; désignons par R_1 le rayon OC de la surface MON, par f'_2 la distance OH : supposons en outre que la lentille se trouve dans l'air et que son indice de réfraction est n. Nous avons trouvé (page 152), pour le cas du passage à travers une surface sphérique, les

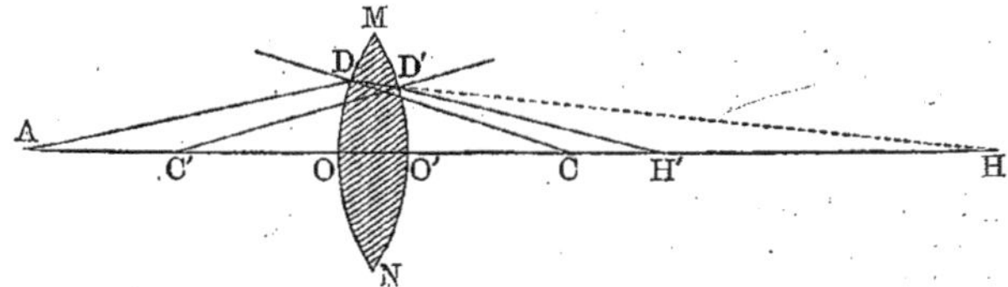

Fig. 83

formules (24) et (25). Si l'on porte les valeurs de F_1 et F_2 tirées de (24) dans la formule (25), on a en général

(47)
$$\frac{n_1}{f_1} + \frac{n_2}{f_2} = \frac{n_2 - n_1}{R}.$$

Nous devons faire ici $n_1 = 1$, $n_2 = n$, $R = R_1$ et $f_2 = f_2'$. On obtient ainsi

(48)
$$\frac{1}{f_1} + \frac{n}{f_2'} = \frac{n - 1}{R_1}.$$

Parvenu à la seconde surface, le rayon est de nouveau réfracté (en D′) et coupe finalement l'axe en un certain point H′, dont nous désignerons la distance à O′ par f_2. Nous pouvons nous servir, pour cette nouvelle réfraction, de la formule (47), mais il faut actuellement faire $n_1 = n$, $n_2 = 1$, $R = -R_2$, R_2 étant le rayon de la seconde surface, compté positivement vers la gauche. Le point H joue maintenant le rôle de source rayonnante, et on a, par suite, $f_1 = -$ O′H. Si l'on peut considérer l'épaisseur OO′ de la lentille comme très petite, il est permis de faire $f_1 = -$ OH $= -f_2'$. La relation (47) devient alors

$$-\frac{n}{f_2'} + \frac{1}{f_2} = -\frac{1 - n}{R_2} = \frac{n - 1}{R_2}.$$

En ajoutant cette égalité à (48), il vient

(49)
$$\frac{1}{f_1} + \frac{1}{f_2} = (n - 1)\left(\frac{1}{R_1} + \frac{1}{R_2}\right).$$

Si l'on compare (49) à la formule (43), qui se rapporte au cas où le premier milieu et le dernier sont identiques, c'est-à-dire à la formule

(50)
$$\frac{1}{f_1} + \frac{1}{f_2} = \frac{1}{F},$$

on obtient, pour la distance focale principale de la lentille, l'expression suivante

(51)
$$\frac{1}{F} = (n - 1)\left(\frac{1}{R_1} + \frac{1}{R_2}\right).$$

Les distances F, f_1 et f_2 se comptent à partir de la lentille, dont on néglige l'épaisseur. Les relations (50) et (51) donnent, pour ces distances,

$$(52) \quad \begin{cases} F = \dfrac{f_1 f_2}{f_1 + f_2}, \\[2mm] f_2 = \dfrac{F f_1}{f_1 - F}, \\[2mm] F = \dfrac{R_1 R_2}{(n-1)(R_1 + R_2)}. \end{cases}$$

Pour toutes les lentilles convergentes, on a $F > 0$; pour toutes les lentilles divergentes, $F < 0$.

On a, pour une *lentille biconvexe*, quand $R_1 = R_2 = R$,

$$F = \frac{R}{2(n-1)},$$

et pour une *lentille plan-convexe*, quand $R_1 = R$ et $R_2 = \infty$ (ou inversement),

$$F = \frac{R}{n-1},$$

c'est-à-dire que la distance focale de cette dernière lentille est le double de celle de la première. Pour le verre, on a approximativement $n = 1,5$, ce qui donne, pour $R_1 = R_2 = R$, la relation $F = R$.

En général, pour une *lentille biconcave*, quand $R_1 = R_2 = -R$, on a $F = -\dfrac{R}{2(n-1)}$; n étant égal à $1,5$, il en résulte que $F = -R$ (approximativement).

Les remarques que nous avons faites, au sujet des valeurs de f_1 et de f_2 dans (45) et (46), page **165**, ainsi que sur la grandeur et la position des images (à la fin du § 5), s'appliquent immédiatement aux lentilles.

On peut encore, à l'aide de (52), établir les formules suivantes pour f_1 et f_2. On a, pour les *lentilles convergentes*,

$$(53) \quad f_1 = pF, \quad f_2 = \frac{p}{p-1} F ;$$

par exemple,

$$f_1 = \infty,\ 4F,\ 3F,\ 2F,\ \tfrac{3}{2}F,\ F,\ \tfrac{1}{2}F,\ 0.\ -\tfrac{1}{2}F,\ -F,\ -2F,\ -\infty,$$

$$f_2 = F,\ \tfrac{4}{3}F,\ \tfrac{3}{2}F,\ 2F,\ 3F,\ \infty,\ -F,\ 0,\ \tfrac{1}{3}F,\ \tfrac{1}{2}F,\ \tfrac{2}{3}F,\ F.$$

Pour les *lentilles divergentes*, $F < 0$; posons $F = -F'$, où F' est positif ; on a alors

$$(54) \quad f_1 = -pF = pF', \quad f_2 = \frac{p}{p+1} F = -\frac{p}{p+1} F' ;$$

par exemple,

$$f_1 = \quad \infty, \quad 4\,\mathrm{F}', \quad 3\,\mathrm{F}', \quad 2\,\mathrm{F}', \quad \mathrm{F}', \quad \tfrac{1}{2}\,\mathrm{F}', \quad 0,$$

$$-\tfrac{1}{2}\,\mathrm{F}', \quad -\,\mathrm{F}'(=\mathrm{F}), \quad -\,2\,\mathrm{F}'(=2\,\mathrm{F}), \quad -\,4\,\mathrm{F}', \quad -\,\infty,$$

$$f_2 = -\,\mathrm{F}', \quad -\tfrac{4}{5}\,\mathrm{F}', \quad -\tfrac{3}{4}\,\mathrm{F}', \quad -\tfrac{2}{3}\,\mathrm{F}', \quad -\tfrac{1}{2}\,\mathrm{F}', \quad -\tfrac{1}{3}\,\mathrm{F}', \quad \pm 0,$$

$$+\,\mathrm{F}', \quad \infty, \quad -\,2\,\mathrm{F}'(=2\,\mathrm{F}), \quad -\tfrac{4}{3}\,\mathrm{F}', \quad -\,\mathrm{F}'(=\mathrm{F}).$$

La figure 84 représente la marche des rayons dans douze cas différents,

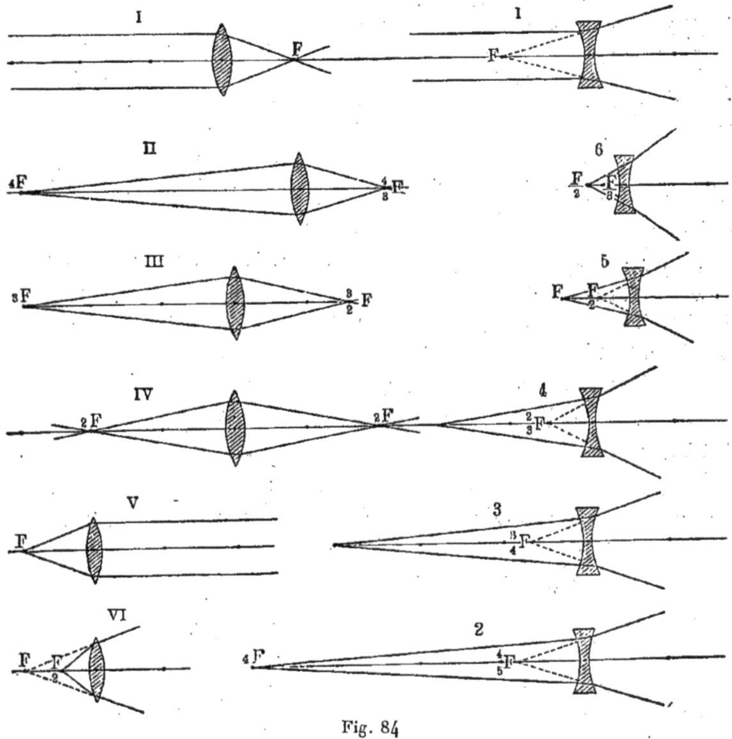

Fig. 84

dont six se rapportent aux lentilles convergentes, six aux lentilles divergentes. Ces cas particuliers n'ont d'ailleurs pas besoin d'autre explication.

Quand la source rayonnante se trouve *en dehors de l'axe optique*, à une distance f_1 de la lentille, l'image se forme à la distance f_2, et il existe entre f_1 et f_2 la même relation (50) que dans le cas général d'un nombre quelconque de milieux.

Pour construire l'image, on mène, à partir de la source jusqu'à la lentille, un rayon parallèle à l'axe optique principal ; après réfraction, ce rayon passe par le second foyer principal. On peut mener un second rayon, depuis la source jusqu'à la lentille, passant par le premier foyer principal ; ce second rayon sort de la lentille parallèlement à l'axe optique principal.

Il est encore plus commode de faire passer un rayon par ce qu'on appelle le *centre optique* de la lentille. Nous verrons quelle est la signification exacte de ce point, dans le paragraphe suivant, où sera donnée une théorie plus précise des lentilles. Dans la théorie élémentaire que nous exposons en ce moment, nous négligeons complètement l'*épaisseur des lentilles*, lesquelles sont considérées comme *infiniment minces*. Dans ce cas, le centre optique coïncide

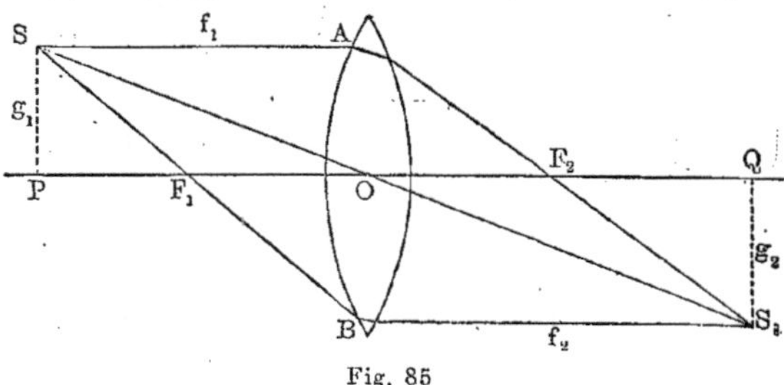

Fig. 85

avec le *point* de rencontre de l'axe optique avec la lentille infiniment mince. On voit facilement qu'un rayon passant par le centre optique traverse la lentille infiniment mince, sans changer de direction. En effet, soient SAF_2S_1 et SF_1BS_1 (*fig.* 85) les deux rayons menés, suivant le procédé que l'on vient d'indiquer, pour construire l'image S_1 du point S. La formule (42) donne

$$g_1 : f_1 = g_2 : f_2,$$

c'est-à-dire

$$SP : PO = S_1Q : OQ;$$

mais il résulte de là que la ligne SOS_1 est une droite, et par suite que le rayon SO traverse la lentille infiniment mince, sans être réfracté. On peut profiter de cette circonstance pour la construction de l'image d'un point, comme il est indiqué dans la figure 86.

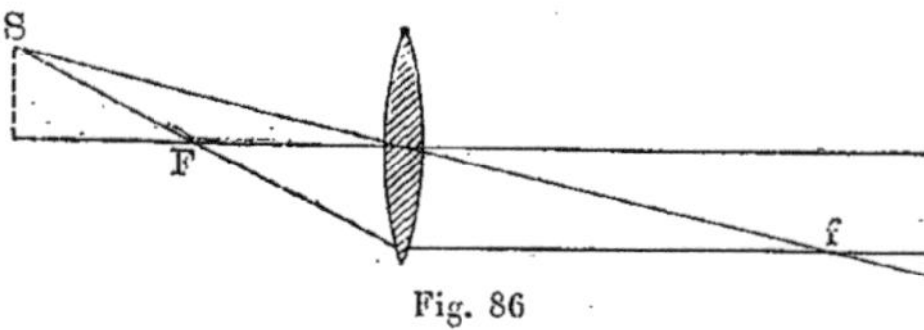

Fig. 86

La figure 87 (empruntée au cours de Th. Th. Pétrouschewsky) représente dix cas de construction de l'image d'un objet donné dans une lentille biconvexe ou dans une lentille biconcave. Dans tous ces cas l'objet est désigné par de grandes lettres, son image par les petites lettres correspondantes. Les numéros impairs se rapportent à la lentille convergente, les numéros pairs à la lentille divergente.

1. L'objet se trouve à une très grande distance ; les rayons P viennent du

bord supérieur, les rayons R du bord inférieur ; l'image *pr* est réelle, renversée et dans le plan focal.

2. L'objet est très éloigné ; l'image *pr* est virtuelle, droite et dans le plan focal.

3. L'objet AB se trouve au delà du double de la distance focale ($f_1 > 2\,F$) ; l'image *ab* est réelle, renversée et plus petite que l'objet ; $F < f_2 < 2\,F$.

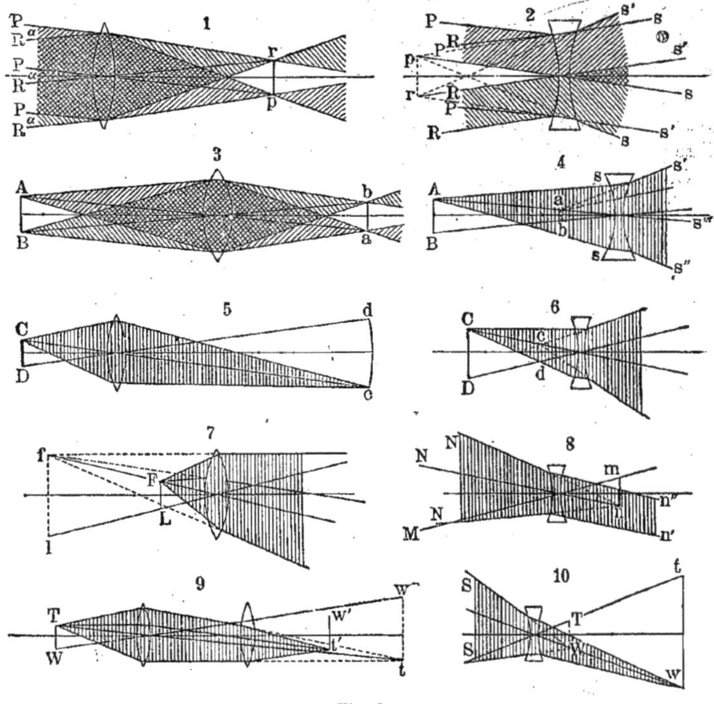

Fig. 87

4. L'objet AB est à une distance $f_1 > 2\,F$; l'image *ab* est virtuelle, droite et plus petite que l'objet ; $f_2 < F$.

5. L'objet est CD ; $F < f_1 < 2\,F$; l'image *cd* est agrandie, réelle et renversée ; $f_2 > 2\,F$. L'image *cd* est concave vers la lentille, car le milieu de l'objet CD est plus près de la lentille que ses extrémités. Plus l'objet est près du foyer F, plus cette déformation est considérable.

6. L'objet est CD ; $f_1 < 2\,F$; l'image *cd* est plus petite et plus près de la lentille que dans le cas 4.

7. L'objet FL est entre le foyer et la lentille ; $o < f_1 < F$; l'image *fl* est virtuelle ($f_2 < o$), droite et agrandie ($-f_2 > f_1$).

8. L'objet *mn* est virtuel et se trouve à la distance F de la lentille ($f_1 = -F$) ; autrement dit, il tombe sur la lentille des faisceaux de rayons convergents,

dont les points de rencontre géométriques sont dans le plan focal. Pour l'un de ces faisceaux, on a représenté trois rayons N, qui concourent géométriquement en n ; pour le faisceau M, qui converge en m, on a figuré seulement le rayon passant par le centre optique. Tous les rayons N, à leur sortie de la lentille, forment un faisceau de rayons parallèles $n'n''$; le faisceau M donne également un faisceau de rayons parallèles au rayon M.

9. Nous avons ici deux lentilles ; la première donnerait seule l'image wt de l'objet WT ; cette image joue, pour la seconde lentille, le rôle d'une source virtuelle ($f_1 < 0$), et on obtient ainsi une image $w't'$, droite par rapport à cette source, diminuée et réelle ; on a en outre $f_2 < -f_1$.

10. L'objet WT est virtuel et $-f_1 < F$; on a tracé trois rayons du faisceau convergent en W et seulement l'un des rayons qui sont dirigés vers T ; il se produit une image wt droite, agrandie et réelle, et l'on a $f_2 > -f_1$.

On a, pour le *grossissement linéaire* G produit par une lentille, la formule générale (42) ; en introduisant dans cette formule la valeur (52) de f_2, elle prend la forme suivante

$$(55) \qquad G = -\frac{f_2}{f_1} = -\frac{F}{f_1 - F} = -\frac{1}{\frac{f_1}{F} - 1}.$$

Si l'on désigne par x la distance de l'objet au foyer principal (dans le premier milieu), on a $f_1 - F = x$, et, par suite, le grossissement linéaire

$$(55,\,a) \qquad G = -\frac{F}{x}.$$

Le *grossissement angulaire* G_1 a pour expression, voir (40, d) et (42, b),

$$(55,\,b) \qquad G_1 = -\frac{1}{G} = \frac{\lg \alpha_2}{\lg \alpha_1}.$$

Enfin on trouve, pour le *grossissement axial* G_2, voir (40, f) et (42, b),

$$(55,\,c) \qquad G_2 = \frac{\delta_2}{\delta_1} = -G^2.$$

7. Seconde approximation de la théorie des lentilles. — On n'a pas tenu compte, dans l'établissement de la formule (49), de l'épaisseur des lentilles ; c'est pour cette raison que nous avons pu considérer comme une droite un rayon passant par le centre optique et que nous avons pu négliger sa déviation latérale. Nous allons maintenant établir des formules plus exactes, en introduisant l'épaisseur e de la lentille, c'est-à-dire la distance entre les points où l'axe optique rencontre les deux faces de la lentille. Nous déterminerons, en premier lieu, la position des plans principaux et des points principaux H_1 et H_2 ; dans le cas précédent, où la lentille est dans l'air, les points principaux coïncident avec les points nodaux (page 161) ; nous verrons, en second lieu, quelle est la véritable définition du centre optique.

Conservons aux rayons R_1 et R_2 leurs anciennes significations et convenons encore de les compter positivement pour des surfaces convexes. Soit XY (*fig.* 88) l'axe optique principal, PLQ une partie de la lentille, F_1 et F_2 ses foyers. Menons la droite arbitraire MN parallèle à XY ; au rayon incident MA correspond le rayon réfracté ADF_2 ; au rayon émergent CN, le rayon incident F_1BC. Si l'on prolonge F_1B et F_2D jusqu'à leur rencontre avec MN, on obtient les deux points D_1 et D_2. Ces points sont entièrement analogues aux points D_1 et D_2 de la figure 77, c'est-à-dire que D_2 est l'image (virtuelle) de la source (également virtuelle) D_1 ; les rayons F_1B et MA, qui passent dans le premier

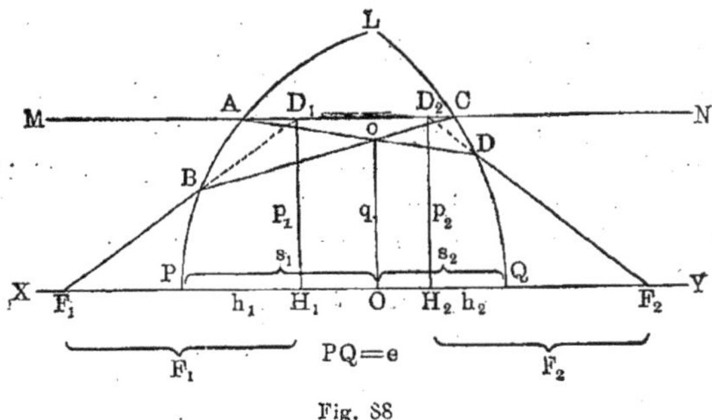

Fig. 88

milieu par D_1, passent dans le dernier milieu par D_2. Menons en outre par D_1 et D_2 des plans perpendiculaires à XY ; ce sont les *plans principaux* ; ils coupent l'axe XY aux *points principaux* H_1 et H_2, qui sont en même temps les points nodaux, c'est-à-dire possèdent la propriété donnée page 162.

Les rayons BC et AD se coupent au point o, qui n'est autre chose que l'*image du point D_1 dans le verre de la lentille*, car les rayons F_1B et MA, qui passent par D_1, se coupent en o, après leur première réfraction. On peut aussi considérer ce même point comme une source rayonnante placée à l'intérieur du verre et donnant à l'extérieur (du côté droit) l'image D_2 ; les rayons oC et oD, issus du point o, semblent en effet, après leur réfraction, provenir de D_2. Si l'on mène par o un plan oO perpendiculaire à XY, le système des points situés dans le premier plan principal D_1H_1 donne, après la première réfraction, des images dans le plan oO, et ces points donnent, après la seconde réfraction, des images dans le second plan principal D_2H_2. Il résulte de là que O est l'*image située dans la lentille* du point principal H_1, et que le point principal H_2 est l'image extérieure du point O. Tous les rayons qui, dans le premier milieu (l'air), sont dirigés vers H_1 et paraissent, dans le dernier milieu, provenir de H_2, *sans qu'il y ait changement de leur direction*, voir page 162, doivent passer par O à l'intérieur de la lentille. Ainsi donc, tout rayon, qui passe à l'intérieur de la lentille par le point O, a même direction avant son entrée dans la lentille et après sa sortie. Le point O s'appelle le *centre optique* de la lentille. Pour des lentilles infiniment minces, le centre optique coïncide avec le point où l'axe optique coupe la lentille (page 170).

On voit, par ce qui précède, que le centre optique O est l'image à l'intérieur de la lentille des deux points principaux H_1 ou H_2, suivant que les rayons viennent de la gauche (vers H_1) ou de la droite (vers H_2).

Soit $PQ = e$, et en outre

$$PH_1 = h_1, \qquad QH_2 = h_2, \qquad PO = s_1, \qquad QO = s_2;$$

nous comptons toutes ces grandeurs positivement, à partir de P et de Q, à l'intérieur de la lentille. Proposons-nous de trouver ces grandeurs, quand R_1, R_2, e et n (indice de réfraction du verre) sont donnés. Rappelons d'abord encore une fois les formules, qui se rapportent à la réfraction d'un rayon à travers une surface sphérique séparant deux milieux (voir la figure 71, page 151). Soient n_1 et n_2 les indices du premier milieu et du second, R le rayon, compté positivement quand le centre se trouve à l'intérieur du second milieu, f_1 la distance de la source rayonnante au sommet de la surface sphérique, f_2 celle de l'image, f_1 étant compté positivement à partir du sommet dans le premier milieu et f_2 dans le second. Soient en outre g_1 et g_2 les ordonnées de la source et de son image, et enfin F_1 et F_2 les distances focales principales. Nous avons, dans ce cas, voir les formules (25), (24) et (29) :

$$(56, a) \qquad \frac{F_1}{f_1} + \frac{F_2}{f_2} = 1,$$

$$(56, b) \qquad F_1 = \frac{n_1 R}{n_2 - n_1}, \qquad F_2 = \frac{n_2 R}{n_2 - n_1},$$

$$(56, c) \qquad \frac{g_2}{g_1} = \frac{n_1}{n_2} \cdot \frac{f_2}{f_1}.$$

Les formules (56, a) et (56, b) nous donnent

$$(56, d) \qquad \frac{n_1}{f_1} + \frac{n_2}{f_2} = \frac{n_2 - n_1}{R}.$$

Considérons maintenant le cas où nous avons affaire à une lentille, et désignons par F'_1 et F'_2 ses distances focales principales, correspondant à la première réfraction, par F''_1 et F''_2 celles qui correspondent à la seconde réfraction, c'est-à-dire au passage du verre dans l'air. Les distances F'_1 et F'_2 sont comptées à partir du point P vers la gauche et vers la droite, et F''_1 et F''_2 à partir du point Q. On obtient F'_1 et F'_2, en faisant dans (56, b) $n_1 = 1$, $n_2 = n$ et $R = R_1$:

$$(57, a) \qquad F'_1 = \frac{R_1}{n - 1}, \qquad F'_2 = \frac{n R_1}{n - 1}.$$

En faisant dans (56, b) $n_1 = n$, $n_2 = 1$ et $R = -R_2$, on a

$$(57, b) \qquad F''_1 = \frac{n R_2}{n - 1}, \qquad F''_2 = \frac{R_2}{n - 1}.$$

Pour déterminer la position des points principaux H_1 et H_2, ainsi que celle du centre optique O, c'est-à-dire pour trouver les grandeurs h_1, h_2, s_1, s_2, nous allons d'abord établir une relation simple entre ces dernières grandeurs. On a évidemment

$$(58) \qquad s_1 + s_2 = e.$$

Posons $D_1 H_1 = p_1$, $D_2 H_2 = p_2$ et $oO = q$; on a, comme on le sait, $p_1 = p_2$.

Nous avons vu que o est l'image du point D_1. En appliquant la formule (56, c), on doit faire

$$g_2 = q, \quad g_1 = p_1 \quad n_1 = 1, \quad n_2 = n, \quad f_1 = -h_1, \quad f_2 = s_1 \, ;$$

ceci donne

$$\frac{q}{p_1} = -\frac{1}{n} \cdot \frac{s_1}{h_1}.$$

D'autre part, D_2 est l'image du point o, qui se produit au passage des rayons du verre dans l'air. Il faut faire maintenant

$$g_2 = p_2, \quad g_1 = q, \quad n_1 = n, \quad n_2 = 1. \quad f_1 = s_2, \quad f_2 = -h_2,$$

et l'on a

$$\frac{p_2}{q} = -n \cdot \frac{h_2}{s_2}.$$

Si l'on multiplie les deux dernières égalités l'une par l'autre, et si l'on tient compte de ce que $p_1 = p_2$, on obtient la proportion remarquable

$$(59) \qquad \qquad \frac{s_1}{s_2} = \frac{h_1}{h_2}.$$

Les relations (58) et (59) donnent

$$(60) \qquad \qquad s_1 = \frac{h_1 c}{h_1 + h_2}, \qquad s_2 = \frac{h_2 c}{h_1 + h_2}.$$

Revenons maintenant à la formule (56, a), et appliquons-la aux points D_1 (source) et o (image). Nous devons poser

$$F_1 = F'_1, \quad F_2 = F'_2, \quad f_1 = -h_1, \quad f_2 = s_1 \, ;$$

on a alors

$$(61, a) \qquad \qquad -\frac{F'_1}{h_1} + \frac{F'_2}{s_1} = 1.$$

Appliquons la formule (56, a) aux points o (source) et D_2 (image) ; nous devons faire

$$F_1 = F''_1, \quad F_2 = F''_2, \quad f_1 = s_2, \quad f_2 = -h_2,$$

et l'on a

$$(61, b) \qquad \qquad \frac{F''_1}{s_2} - \frac{F''_2}{h_2} = 1.$$

Si l'on introduit, dans les deux dernières égalités, les grandeurs (57, a), (57, b) et (60), on obtient

$$-\frac{R_1}{(n-1)h_1} + \frac{nR_1(h_1 + h_2)}{(n-1)eh_1} = 1,$$

$$-\frac{R_2}{(n-1)h_2} + \frac{nR_2(h_1 + h_2)}{(n-1)eh_2} = 1,$$

ou

$$[nR_1 - (n-1)e]h_1 + nR_1 h_2 = eR_1,$$
$$[nR_2 - (n-1)e]h_2 + nR_2 h_1 = eR_2,$$

d'où l'on déduit

$$(62) \quad h_1 = \frac{R_1 e}{n(R_1 + R_2) - (n-1)e}, \quad h_2 = \frac{R_2 e}{n(R_1 + R_2) - (n-1)e}.$$

Les distances des points principaux H_1 *et* H_2 *aux points* P *et* Q *sont donc déterminées.*

Il résulte de (62) que l'on a $h_1 : h_2 = R_1 : R_2$. Cette proportion jointe à (59) donne

$$(63) \quad \frac{s_1}{s_2} = \frac{h_1}{h_2} = \frac{R_1}{R_2},$$

et par suite

$$(64) \quad s_1 = \frac{R_1}{R_1 + R_2} e, \quad s_2 = \frac{R_2}{R_1 + R_2} e.$$

Nous sommes donc arrivés à obtenir aussi la position du centre optique.

On peut négliger le second terme du dénominateur des expressions (62), et on a les expressions plus simples

$$(65) \quad h_1 = \frac{R_1 e}{n(R_1 + R_2)}, \quad h_2 = \frac{R_2 e}{n(R_1 + R_2)}.$$

La distance $H_1 H_2$ est

$$H_1 H_2 = \delta = e - (h_1 + h_2) = e - \frac{e}{n},$$

c'est-à-dire

$$(66) \quad \delta = \frac{n-1}{n} e.$$

Si $n = 1,5$ (pour les sortes ordinaires de verre, n est voisin de cette valeur), on a

$$(66, a) \quad \delta = \frac{1}{3} e.$$

Cherchons maintenant les distances focales principales $F_1 = F_1 H_1$ et $F_2 = F_2 H_2$. Les rayons, qui viennent de la gauche parallèlement à l'axe optique, donnent, après leur première réfraction, une image en un point situé à la distance F'_2 à droite de P, et par suite à la distance $e - F'_2$ à gauche de Q. Ce point, considéré comme source rayonnante, produit, après la seconde réfraction, une image au second foyer principal F_2 de la lentille entière, lequel se trouve à la distance F_2 à droite de H_2, et par suite à la distance $F_2 - h_2$ à droite de Q. En appliquant la relation (56, d) à ce second passage, on doit faire

$$n_1 = n, \quad n_2 = 1, \quad f_1 = e - F'_2, \quad f_2 = F_2 - h_2, \quad R = -R_2;$$

on obtient alors

$$(67, a) \quad \frac{n}{e - F'_2} + \frac{1}{F_2 - h_2} = \frac{n-1}{R_2}.$$

Les rayons issus du foyer principal F_1 de la lentille entière, qui se trouve à la distance $F_1 - h_1$ à gauche de P, donnent, après leur première réfraction, une image au foyer principal F''_1 (car ils sortent de la lentille parallèlement à l'axe optique principal), qui se trouve à la distance F''_1 à gauche de Q, et par suite à la distance $e - F''_1$ à droite de P. En appliquant (56, d) à la première réfraction, nous devons poser

$$n_1 = 1, \quad n_2 = n, \quad f_1 = F_1 - h_1, \quad f_2 = e - F''_1, \quad R = R_1 ;$$

on a ainsi

(67, b)
$$\frac{1}{F_1 - h_1} + \frac{n}{e - F''_1} = \frac{n - 1}{R_1}.$$

Les relations (67, a) et (67, b) donnent

$$F_2 = h_2 + \frac{(F'_2 - e)R_2}{(n - 1)(F'_2 - e) + nR_2},$$

$$F_1 = h_1 + \frac{(F''_1 - e)R_1}{(n - 1)(F''_1 - e) + nR_1}.$$

En introduisant ici les valeurs (62) de h_1 et de h_2, et celles de F'_2 et de F''_1 tirées de (57, a) et de (57, b), nous voyons que $F_1 = F_2$. Désignons leur valeur commune par F ; et nous avons

(68)
$$F_1 = F_2 = F = \frac{R_1 R_2}{(n - 1)\left(R_1 + R_2 - \dfrac{n - 1}{n} e\right)}.$$

On en déduit

(69)
$$\frac{1}{F} = (n - 1)\left(\frac{1}{R_1} + \frac{1}{R_2} - \frac{n - 1}{n}\frac{e}{R_1 R_2}\right).$$

Pour $e = \dfrac{n}{n - 1}(R_1 + R_2)$, on a $F = \infty$, c'est-à-dire qu'un faisceau de rayons parallèles donne, après la première réfraction, une image située à l'intérieur de la lentille ; des rayons, partant de ce dernier point, donnent, après réfraction à travers la seconde face de la lentille, un nouveau faisceau de rayons parallèles. Si l'on a $e > \dfrac{n}{n - 1}(R_1 + R_2)$, on a $F < 0$; un faisceau incident de rayons parallèles donne, après son passage à travers les deux surfaces, un faisceau divergent ; le foyer principal est situé à l'intérieur de la lentille. Si $n = 1,5$, on a $F < 0$, quand $e > 3(R_1 + R_2)$.

Nous sommes donc parvenus à des formules plus approchées que les formules (51) et (52, 3°) précédemment établies. Les distances f_1 et f_2 de la source rayonnante et de son image aux points principaux H_1 et H_2, dont la position a été déterminée par les formules (62), sont liées par la relation (43)

(70)
$$\frac{1}{f_1} + \frac{1}{f_2} = \frac{1}{F},$$

où $\dfrac{1}{F}$ est donné par (69).

Les formules (62) et (69) nous permettent de déterminer les positions des points principaux et des foyers pour toutes les espèces possibles de lentilles, en substituant les valeurs correspondantes de e, R_1 et R_2 avec un signe convenable. Quand e est petit, relativement à $R_1 + R_2$, on peut se servir des formules simplifiées (65).

Pour une *sphère*, on a $R_1 = R_2 = R$ et $e = 2R$; on trouve $h_1 = h_2 = R$; les deux points principaux coïncident, dans ce cas, avec le centre de la sphère. On a en outre $F = \dfrac{nR}{2(n-1)}$. La distance $\varphi = F - R$ du foyer à la lentille est $\varphi = \dfrac{(2-n)R}{2(n-1)}$.

Pour l'eau $\left(n = \dfrac{4}{3}\right)$, on a $\varphi = R$; pour le verre $\left(n = \dfrac{3}{2}\right)$, on obtient $\varphi = \dfrac{R}{2}$.

Il va de soi que *tous ces résultats se rapportent à des rayons centraux, qui se trouvent dans le voisinage immédiat de l'axe optique principal.*

Quand *l'une des surfaces de la lentille, par exemple la première est un plan*, on a $R_1 = \infty$, et (62) et (68) donnent

$$(71) \qquad h_1 = \frac{e}{n}, \qquad h_2 = 0, \qquad F = \frac{R_2}{n-1}.$$

Dans la figure 89, les lettres K et K' indiquent la position des points prin-

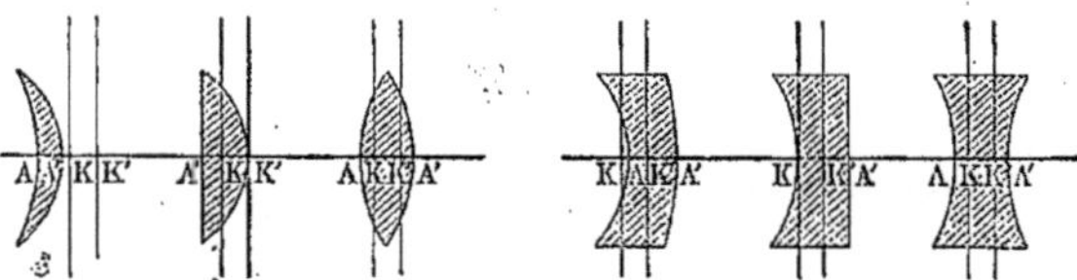

Fig. 89

cipaux pour les différentes formes de lentilles. Les formules (62) ou (65) permettent de s'orienter dans les différents cas.

Pfaundler (1900) et Blakesley (1903) ont considéré le cas où e a une valeur relativement très grande, la lentille de verre ayant la forme d'un cylindre avec des bases convexes ou concaves. Il peut arriver, dans ce cas, que le foyer principal F_2 soit situé, F_2 étant positif, entre le point principal H_2 et la seconde base du cylindre. La lentille est alors divergente, bien que F_2 soit positif. Pfaundler considère, pour cette raison, le signe de la distance du foyer principal à la surface de la lentille comme une caractéristique de la lentille elle-même, et il distingue, d'après cela, les lentilles en *lentilles positives et lentilles négatives*.

La construction de l'image d'un point situé en dehors de l'axe optique principal s'effectue, pour toutes les espèces de lentilles, d'après le schéma de la figure 81, quand les foyers F_1 et F_2 sont donnés, ainsi que les points principaux H_1 et H_2.

Nous terminerons par là l'étude du passage des rayons à travers *une seule* lentille. Remarquons encore que l'on appelle parfois la grandeur $\dfrac{1}{F}$, la *puissance de la lentille*. L'unité de puissance, ou *dioptrie*, est la puissance d'une lentille dont la distance focale principale est égale à 1 mètre.

8. Système de deux lentilles centrées. — La théorie générale développée au § **5** montre que la réunion d'un nombre quelconque de lentilles, ayant même axe optique, constitue un système qui possède deux foyers principaux et deux plans principaux. Nous nous bornerons au cas de deux len-

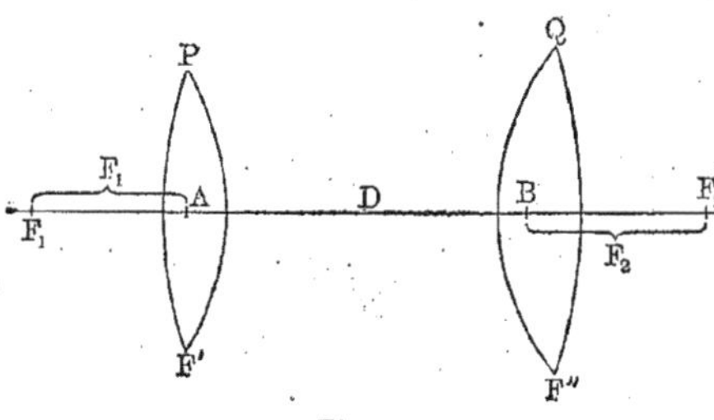

Fig. 90

tilles placées dans l'air, et nous supposerons d'abord qu'*elles sont toutes deux très minces*, de sorte qu'on peut leur appliquer à chacune la théorie élémentaire exposée au § **6**. Soient P et Q (*fig.* 90) les deux lentilles données, F′ et F″ leurs distances focales principales, $D = AB$ la distance entre les lentilles. Nous allons nous proposer de déterminer les distances F_1 et F_2 des foyers principaux de tout le système aux lentilles P et Q.

Les rayons, qui arrivent de la gauche parallèlement à l'axe, donnent, après leur passage à travers la première lentille P, une image située à la distance F′ de P, et par suite à la distance D — F′ de Q. La seconde lentille donne une nouvelle image au foyer principal F_2 de tout le système. En appliquant la relation générale (50), page 167, à la *seconde lentille*, on doit poser

$$f_1 = D - F' ; \qquad f_2 = F_2, \qquad F = F'',$$

et l'on obtient

$$(72, a) \qquad \frac{1}{D - F'} + \frac{1}{F_2} = \frac{1}{F''} \qquad \text{ou} \qquad \frac{1}{F_2} = \frac{1}{F' - D} + \frac{1}{F''}.$$

Les rayons passant par F_1 doivent, après leur passage à travers P, donner une image au foyer principal de la lentille Q, qui se trouve à la distance F″ de Q et à la distance D — F″ de P, car ces rayons doivent sortir de Q parallèlement à l'axe optique principal. Si l'on applique maintenant la même relation (50) à la *première lentille*, on doit faire

$$f_1 = F_1, \qquad f_2 = D - F'', \qquad F = F',$$

et l'on a ainsi

$$(72, b) \qquad \frac{1}{F_1} + \frac{1}{D - F''} = \frac{1}{F'} \qquad \text{ou} \qquad \frac{1}{F_1} = \frac{1}{F'} + \frac{1}{F'' - D}.$$

Les égalités (72, *a*) et (72, *b*) donnent

$$(73) \qquad F_1 = \frac{F'F'' - F'D}{F' + F'' - D}, \qquad F_2 = \frac{F'F'' - F''D}{F' + F'' - D}.$$

Il est facile de voir que l'on devait obtenir des valeurs inégales pour les distances focales, car on les a comptées arbitrairement à partir de P et Q, et non à partir des plans principaux, dont les positions se déterminent d'ailleurs d'après le schéma des figures 77 ou 88.

Si $D = F' + F''$, on a $F_1 = F_2 = \infty$; le système s'appelle dans ce cas un système *afocal* ou *télescopique*. Un faisceau de rayons parallèles, qui traverse un tel système, reste un faisceau de rayons parallèles, mais ordinairement sa section droite change. La figure 91 représente deux cas de systèmes afocaux ; MN est un écran avec une ouverture circulaire, qui détermine la grandeur

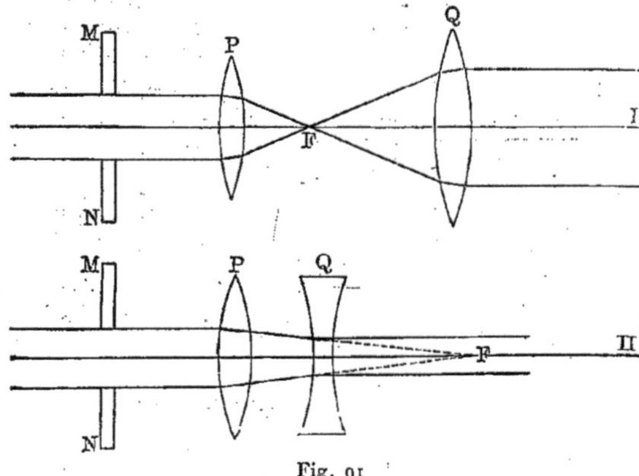

Fig. 91

primitive de la section du faisceau. Le point F est, dans les deux cas, le foyer principal commun des deux lentilles ; dans la seconde figure, on a $F'' < 0$.

Si les lentilles sont placées l'une contre l'autre, on a $D = 0$, et (73) donne

$$F = F_1 = F_2 = \frac{F'F''}{F' + F''},$$

ou

(74)
$$\frac{1}{F} = \frac{1}{F'} + \frac{1}{F''}.$$

La puissance de deux lentilles très minces accolées l'une à l'autre est égale à la somme des puissances de ces lentilles.

Nous allons examiner maintenant le cas où *les lentilles* combinées *ne sont pas très minces*, et nous nous bornerons encore au cas de deux lentilles situées dans l'air. Nous supposons que les propriétés de chacune des lentilles P et Q (*fig.* 92) sont entièrement connues, c'est-à-dire que les points principaux H'_1 et H'_2 de la première lentille, H''_1 et H''_2 de la seconde sont donnés. On connaît en outre les distances focales F' et F'' des lentilles, et enfin la distance $D = H'_2 H''_1$ du second point principal de la première lentille au premier point principal de la seconde ; cette distance s'appelle l'*intervalle optique*. Nous allons déterminer les positions des points principaux H_1 et H_2, ainsi que la distance focale F de tout le système.

Soit F' le foyer principal de la première lentille, F'' celui de la seconde, de sorte que l'on a $H'_2 F' = F'$ et $H''_1 F'' = F''$; soient en outre F_1 et F_2 les foyers principaux cherchés de tout le système. Menons la droite MN parallèlement à l'axe optique principal XS. Le rayon incident MA doit aller de B en F' après qu'il a traversé P ; mais il est dirigé vers C, et, par suite, après qu'il a traversé Q, il suit la direction RF_2E. Le rayon LN, qui est sorti de Q, a dû aller du foyer principal F'' de la lentille Q au point K; il part donc, pour ainsi dire, de J, et, par suite, a dû se diriger, à gauche de P, du point F_1 vers G. Les deux rayons MA et F_1G ont ainsi, après qu'ils ont traversé P, les directions BC et JK, et, après qu'ils ont traversé Q, les directions RE et LN. Si l'on prolonge F_1G et RE jusqu'aux points D_1 et D_2, on voit que o est

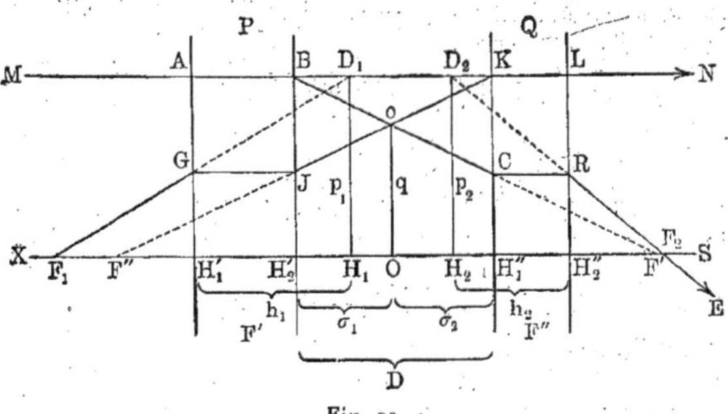

Fig. 92

l'image de D_1, donnée par la lentille P, et D_2, l'image de o, donnée par la lentille Q. Le point D_2 est évidemment aussi une image de D_1 donnée par tout le système. Il résulte de là que H_1 et H_2 sont les points principaux de tout le système, O le centre optique de ce système, et $F = H_1F_1 = H_2F_2$ la distance focale cherchée.

Soient $H'_1H_1 = h_1$ et $H''_2H_2 = h_2$; proposons-nous maintenant de déterminer les grandeurs h_1, h_2 et F. Posons $D_1H_1 = p_1$, $D_2H_2 = p_2$, $Oo = q$, $H'_2O = \sigma_1$, $H''_1O = \sigma_2$. D'après la formule (42), qui donne le grossissement dans le cas où le premier milieu est identique au dernier, on a

$$\frac{q}{v_1} = \frac{\sigma_1}{h_1}, \qquad \frac{p_2}{q} = \frac{h_2}{\sigma_2}.$$

Mais on a $p_1 = p_2$, et, par suite,

$$\frac{h_1}{h_2} = \frac{\sigma_1}{\sigma_2}.$$

Si l'on adjoint la relation $\sigma_1 + \sigma_2 = D$, on obtient

$$\sigma_1 = \frac{Dh_1}{h_1 + h_2}, \qquad \sigma_2 = \frac{Dh_2}{h_1 + h_2}.$$

Les relations entre les points D_1 et o d'une part et entre o et D_2 d'autre part sont

$$-\frac{1}{h_1} + \frac{1}{\sigma_1} = \frac{1}{F'}, \qquad \frac{1}{\sigma_2} - \frac{1}{h_2} = \frac{1}{F''}.$$

Si l'on introduit les valeurs de σ_1 et de σ_2, il vient

$$(75) \qquad h_1 = \frac{DF'}{F' + F'' - D}, \qquad h_2 = \frac{DF''}{F' + F'' - D}.$$

Il en résulte

$$(76) \qquad \frac{\sigma_1}{\sigma_2} = \frac{h_1}{h_2} = \frac{F'}{F''}.$$

Le point F'' est l'image du point F_1 produite par la lentille Q, car les rayons issus de F_1 doivent sortir de Q parallèlement à l'axe, et par suite, parvenir à Q, comme s'ils provenaient du foyer principal F'' de cette lentille. On a donc

$$\frac{1}{H'_1 F_1} + \frac{1}{-F'' H'_2} = \frac{1}{F'},$$

ou

$$\frac{1}{H_1 F_1 - H_1 H'_1} + \frac{1}{H''_1 H'_2 - H''_1 F'} = \frac{1}{F''},$$

c'est-à-dire

$$(76,\ a) \qquad \frac{1}{F - h_1} + \frac{1}{D - F''} = \frac{1}{F'}.$$

Le point F_2 est l'image de F' produite par la lentille Q, car les rayons, qui se rencontrent en F_2, doivent tomber sur P parallèlement à l'axe principal XS, et par suite doivent, à la sortie de la lentille P, être réfractés dans la direction du foyer principal F' de cette lentille. Il s'ensuit que l'on a

$$\frac{1}{-H''_1 F'} + \frac{1}{H''_2 F_2} = \frac{1}{F''},$$

ou

$$\frac{1}{H'_2 H''_1 - H'_2 F'} + \frac{1}{H_2 F_2 - H_2 H''_2} = \frac{1}{F''},$$

c'est-à-dire

$$(76,\ b) \qquad \frac{1}{D - F'} + \frac{1}{F - h_2} = \frac{1}{F''}.$$

Si l'on introduit les valeurs (75) dans (76, a) et (76, b), on obtient, comme on devait s'y attendre, la même valeur pour F :

$$(77,\ a) \qquad F = \frac{F' F''}{F' + F'' - D},$$

d'où l'on tire

$$(77,\ b) \qquad \frac{1}{F} = \frac{1}{F'} + \frac{1}{F''} - \frac{D}{F' F''}.$$

La formule exacte (77, a) remplace les formules approchées (73) trouvées à la page 179.

9. Aberration sphérique. — Nous n'avons jusqu'ici porté notre attention que sur les rayons centraux, qui forment *avant et après réfraction* de très petits angles avec l'axe optique principal. Nous avons trouvé que tous les rayons, issus d'un point donné S_1, concourent après réfraction en un même point S_2. On ne doit plus s'attendre à un tel résultat, quand les angles formés par les rayons avec l'axe optique ne sont pas très petits ; dans ce cas, la position du point de concours des rayons réfractés dépend de la grandeur de l'angle formé par ces rayons avec l'axe optique, avant et après réfraction. Le faisceau total des rayons émanant d'un même point S_1, situé par exemple sur l'axe lui-même, se partage donc en une infinité de parties, dont chacune a son image particulière. On désigne ce phénomène sous le nom d'*aberration sphérique.*

Considérons d'abord la réfraction à travers une surface sphérique PQ, (*fig.* 93), dont le centre se trouve en C et dont le rayon est CA $=$ R. Posons

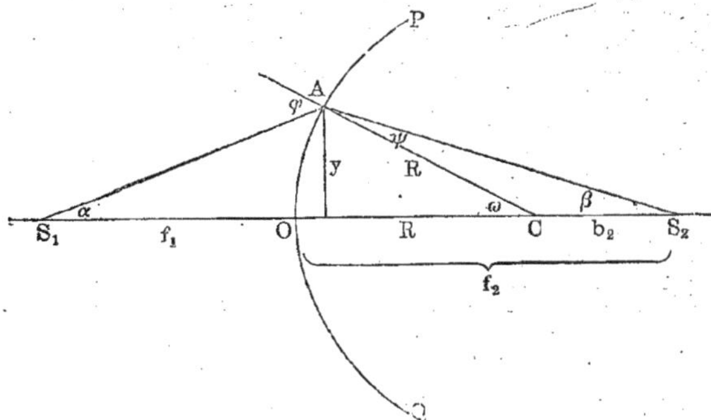

Fig. 93

$S_1O = f_1$, $OS_2 = f_2$, et soient S_1A le rayon incident, AS_2 le rayon réfracté. Les triangles S_1AC et CAS_2 donnent

$$\frac{\sin \varphi}{\sin \omega} = \frac{S_1C}{S_1A}, \qquad \frac{\sin \psi}{\sin \omega} = \frac{CS_2}{S_2A}.$$

Si l'on divise la première égalité par la seconde, et si l'on pose $\dfrac{\sin \varphi}{\sin \psi} = n$, on obtient

$$(78) \qquad \frac{S_1C}{CS_2} = n\,\frac{S_1A}{S_2A}.$$

En introduisant les valeurs des grandeurs qui figurent dans cette égalité, déduites de la figure 93, il vient

$$(78,\,a) \qquad \frac{f_1 + R}{f_2 - R} = n\,\frac{S_1A}{S_2A}.$$

Si l'on fait ici $S_1A = S_1O = f_1$ et $S_2A = S_2O = f_2$, on obtient immédiatement la relation déjà trouvée précédemment entre f_1, f_2, R et n, voir (23, a), page 152 où $n_1 = 1$, $n_2 = n$:

$$(78,\,b) \qquad \frac{1}{f_1} + \frac{n}{f_2} = \frac{n-1}{R}.$$

Introduisons momentanément les notations $S_1C = b_1$, $CS_2 = b_2$; on tire de (78) l'expression suivante

$$\frac{b_1}{b_2} = n\sqrt{\frac{b_1^2 + R^2 - 2b_1R\cos\omega}{b_2^2 + R^2 + 2b_2R\cos\omega}}, \quad \text{ou} \quad \frac{b_2^2}{b_1^2} = \frac{1}{n^2}\,\frac{(b_2 + R)^2 - 4b_2R\sin\frac{2\omega}{2}}{(b_1 + R)^2 + 4b_1R\sin\frac{2\omega}{2}}.$$

Il est facile de se rendre compte que la grandeur b_2 décroît, quand ω croît, *si* R *est positif*, et que, par suite, *les rayons marginaux* se coupent, après réfraction, plus près du sommet O de la surface PQ que *les rayons centraux*.

Nous n'entrerons pas dans plus de détails au sujet du calcul de la valeur de l'aberration, et nous nous bornerons à indiquer les résultats.

Soit A (*fig.* 94) l'image de S_1 donnée par les rayons centraux, de sorte que AO $= f_2$ satisfait à l'égalité (78, *b*) dans laquelle on a $f_1 = OS_1$. Soit en outre B le point de concours des rayons marginaux, pour lesquels on a PD $= y$. La grandeur $\lambda = $ AB s'appelle l'*aberration longitudinale* de la lentille. Prolongeons les rayons marginaux au delà du point B, et menons par

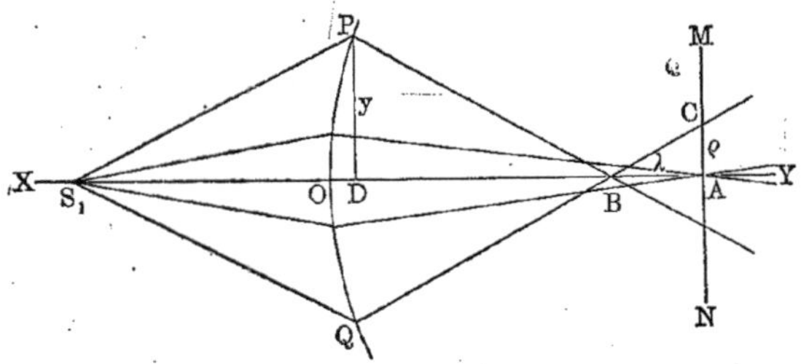

Fig. 94

A le plan MN perpendiculaire à l'axe optique XY ; les rayons marginaux coupent ce plan suivant un cercle, dont le rayon $\rho = $ AC s'appelle l'*aberration latérale* de la lentille. Si S_1 est un point lumineux, ρ est le rayon d'un cercle brillant, qui se forme sur un écran plan MN passant par le foyer A des rayons centraux. La figure donne AC : AB = PD : DB. Mais OD et BA étant très petits, on peut substituer OA $= f_2$ à DB. On obtient alors $\rho : \lambda = y : f_2$, d'où l'on tire la relation

$$(79) \qquad \rho = \frac{y}{f_2}\,\lambda,$$

qui lie l'aberration longitudinale λ et l'aberration latérale ρ ; le rapport $\dfrac{y}{f_2}$ s'appelle la *raison d'ouverture*.

En substituant dans (78, *a*), voir fig. 93, les valeurs

$$S_1 A = \sqrt{y^2 + (f_1 + R - \sqrt{R^2 - y^2})^2},$$

$$S_2 A = \sqrt{y^2 + (f_2 - R + \sqrt{R^2 - y^2})^2},$$

on peut trouver les valeurs particulières de f_2, qui correspondent à une valeur donnée de y. Si on désigne ces valeurs particulières par $f_2' = $ OB (*fig.* 94), et par $f_2 = $ OA, comme précédemment, la grandeur correspondant aux rayons centraux, et si on néglige les puissances supérieures de y^2, on a

$$(80) \qquad f_2' = f_2\,(1 - Ky^2),$$

où

$$(80, a) \qquad K = \frac{(n-1)\left(\dfrac{1}{R} + \dfrac{1}{f_1}\right)^2\left(\dfrac{1}{R} + \dfrac{n+1}{f_1}\right)}{2n^2\left(\dfrac{n-1}{R} - \dfrac{1}{f_1}\right)}.$$

On détermine f_2 à l'aide de (78, b). On tire de la formule (80), pour l'*aberration longitudinale* qui est égale à $f_2 - f'_2$, l'expression

$$(81) \qquad \lambda = f_2\, K y^2.$$

Dans les lentilles concaves, λ est négatif, de sorte qu'on peut faire $\lambda = 0$, en combinant d'une manière convenable une lentille concave et une lentille convexe. On a, pour l'*aberration latérale*, d'après (79),

$$(82) \qquad \rho = K y^3.$$

Pour $f_1 = \infty$, c'est-à-dire quand tous les rayons tombent sur PQ parallèlement à l'axe optique principal; on a $f_2 = F_2 = \dfrac{nR}{n-1}$, voir (24), page 152, ou (78, b). On obtient en outre, pour les aberrations au foyer principal, que l'on nomme *aberrations principales*, les valeurs suivantes :

$$(83) \qquad K = \frac{1}{2n^2 R^2}, \quad \lambda = \frac{y^2}{2n(n-1)R}, \quad \rho = \frac{y^3}{2n^2 R^2}.$$

Nous avons exprimé les grandeurs des aberrations λ et ρ en fonction de l'ordonnée y du rayon extrême. On obtient d'autres formules, quand on considère λ et ρ comme des fonctions de l'angle α (*fig.* 93), ainsi que l'ont fait MÜLLER et POUILLET, *Lehrbuch der Physik*, 9e édition, T. II, **1**, p. 487, 1897.

Considérons maintenant un cas remarquable, où il y a *absence complète d'aberration*, non seulement pour les rayons centraux, mais pour tous les rayons. Soit MON (*fig.* 95) une surface sphérique de rayon R, séparant deux milieux d'indices de réfraction n_1 et n_2, et soit $a = SC = R\dfrac{n_2}{n_1}$, la distance du point lumineux S au centre C. Le rayon SA, qui forme avec l'axe SCO *un angle* ASO $= \alpha$ *aussi grand que l'on veut*, fait, après réfraction, l'angle

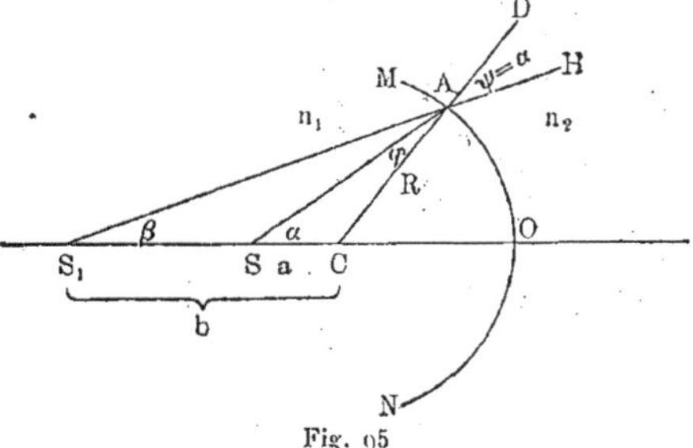

Fig. 95

DAH $= \psi$ avec la normale CD. Si on le prolonge en arrière, il rencontre l'axe en S_1; posons $S_1 C = b$, $AS_1 S = \beta$; soit en outre SAC $= \varphi$; on a

$$\frac{\sin\psi}{\sin\varphi} = \frac{n_1}{n_2}.$$

Le triangle SAC donne

$$\frac{R}{a} = \frac{\sin\alpha}{\sin\varphi};$$

on a en outre

$$\frac{R}{a} = \frac{n_1}{n_2},$$

et par suite

$$\frac{\sin \alpha}{\sin \varphi} = \frac{n_1}{n_2} = \frac{\sin \psi}{\sin \varphi}.$$

Il en résulte $\psi = \alpha$. Nous avons ensuite $ASC = AS_1S + S_1AS$, c'est-à-dire $= \beta + \psi - \varphi = \beta + \alpha - \varphi$, et par suite $\beta = \varphi$. Enfin le triangle S_1AC donne la relation

$$\frac{b}{R} = \frac{\sin \alpha}{\sin \varphi} = \frac{R}{a}.$$

On en déduit

$$(83, a) \qquad ab = R^2, \quad b = \frac{R^2}{a} = R\,\frac{n_2}{n_1}.$$

La grandeur $b = S_1C$ est donc indépendante de l'angle α; *tous les rayons convergent géométriquement, d'une façon absolue, en un même point, après réfraction; l'aberration est donc nulle.* Si le second milieu est l'air, et si l'on fait $n_2 = 1$; $n_1 = n$, on a

$$(83, b) \qquad ab = R^2, \quad a = R : n, \quad b = Rn.$$

Nous allons encore indiquer ici une propriété très importante du point S. Comme nous l'avons vu, on a $\alpha = \psi$, $\beta = \varphi$ et $\sin \psi : \sin \varphi = n_1 : n_2$, et par suite

$$(84) \qquad \frac{\sin \alpha}{\sin \beta} = \frac{n_1}{n_2} = \text{const.}$$

Le rapport des sinus des angles qu'un rayon fait avec l'axe optique, dans le premier milieu et dans le second, a la même valeur constante pour tous les autres rayons. Nous verrons en outre plus loin que, la condition (84) étant remplie, non seulement le point S est *dépourvu d'aberration*, mais il est de plus *aplanétique.* Il y a *trois* de ces points sur le diamètre de la sphère : les deux points S symétriquement disposés des deux côtés du centre C, et évidemment le centre C lui-même, pour lequel $\alpha = \beta$ et S_1 coïncide avec S.

Considérons maintenant l'*aberration dans une lentille,* dont les surfaces ont des rayons R_1 et R_2, qui doivent être considérés tous les deux comme positifs, quand les surfaces sont convexes. Un calcul assez long montre que les formules (80), (81) et (82) s'appliquent encore à ce cas, mais que K prend une forme très complexe, que nous n'indiquerons pas. Nous considérerons seulement l'*aberration au foyer principal,* où $f_2 = F$, qui est donnée par la formule (51), page 167. On a, dans ce cas,

$$(84, a) \qquad F_y = F\,(1 - Ky^2), \qquad \lambda = FKy^2, \qquad \rho = Ky^3$$

$$(84, b)\; K = \frac{n^2}{2}\left\{ \frac{1}{R_2^2}\left(1 - \frac{2\,(n^2 - 1)}{n^3}\right) - \frac{1}{R_1 R_2}\left(\frac{1}{n^2} + \frac{2}{n} - 2\right) + \frac{1}{R_2^2}\right\}.$$

Quand n croît, λ décroît, pour une forme donnée de lentille. On pourrait donc construire des lentilles à très grande courbure, avec une substance très réfringente, le diamant par exemple, dans lesquelles, malgré leur faible distance focale, l'aberration serait relativement considérable.

La formule (84, *b*) montre que λ et ρ échangent leurs rôles, quand R_1 et R_2 sont remplacés l'un par l'autre; il en résulte que *l'aberration dépend, pour une lentille donnée, de la face qui est tournée vers la source rayonnante.* Comme le facteur de $\frac{1}{R_1^2}$ est plus petit que celui de $\frac{1}{R_2^2}$, il est clair que l'on obtient, pour des valeurs inégales de R_1 et R_2, une plus petite aberration en prenant $R_1^2 < R_2^2$ que dans l'hypothèse contraire; il s'ensuit que *l'aberration est moindre quand la lentille tourne vers la source rayonnante la face qui a la plus grande courbure, que cette face soit convexe ou concave.* Ceci se manifeste avec une netteté particulière, quand l'une des faces est plane. Si l'on fait $R_1 = \infty$ et $R_2 = R$, on a

$$K_1 = \frac{n^2}{2R^2};$$

pour $R_1 = R$ et $R_2 = \infty$, on a

$$K_2 = \frac{n^2}{2R^2}\left(1 - 2\frac{(n^2 - 1)}{n^3}\right);$$

il en résulte

$$\frac{K_2}{K_1} = 1 - \frac{2\,(n^2 - 1)}{n^3}.$$

Pour le verre, on a $n = 1{,}5$, et par suite

$$\frac{K_2}{K_1} = \frac{7}{27}.$$

Pour une lentille plan-convexe ou plan-concave, l'aberration est presque quatre fois plus petite, quand la lentille tourne sa face courbe vers la source rayonnante, que lorsqu'au contraire elle tourne sa face plane vers cette source.

La quantité K est nulle pour une certaine valeur de n, qui est plus petite que $\frac{1}{4}$; il n'existe pas de substance transparente pour laquelle cela ait lieu.

L'aberration est minimum, quand on a

$$(84,\ c) \qquad \frac{R_1}{R_2} = \frac{4 + n - 2n^2}{2n^2 + n},$$

c'est-à-dire, pour une *lentille de verre* ($n = 1{,}5$), quand on a

$$\frac{R_1}{R_2} = \frac{1}{6}.$$

Pour une lentille de verre, biconvexe ou biconcave, l'aberration est minimum, quand la courbure de la surface, qui est tournée vers la source rayonnante, est six fois plus grande que la courbure de l'autre surface. La distance focale principale est, dans ce cas,

$$F = \frac{12}{7}R_1 = \frac{2}{7}R_2.$$

Si l'on suppose F *donné* on a

$$R_1 = \frac{7}{12} F, \quad R_2 = \frac{7}{2} F, \quad K = \frac{15}{14} \frac{1}{F^2};$$

on obtient, pour les aberrations longitudinale et transversale,

$$(84, d) \qquad\qquad \lambda = \frac{15}{14} \frac{y^2}{F}, \quad \rho = \frac{15}{14} \frac{y^3}{F^2}.$$

Comme nous l'avons vu, K ne peut être nul avec une seule lentille. Mais, en constituant un système avec plusieurs lentilles, pour lequel la formule (84, *a*) reste vraie, on peut avoir K = o. Ainsi, pour *deux lentilles* par exemple, K s'exprime par une fonction des quatre rayons et des deux indices de réfraction. Nous ne citerons pas cette formule, qui est due à HERSCHEL, mais il nous suffira de remarquer que, n_1, $\overline{n}_2$ et trois rayons étant donnés, on peut calculer le quatrième rayon de telle façon que l'on ait K = o.

10. Réfraction à travers une surface cylindrique; lentille cylindrique. Rayons lumineux courbes. — Nous avons déjà parlé, à la page 126, de l'astigmatisme d'une surface d'onde non sphérique. Le meilleur exemple que l'on en puisse donner est celui que fournit la réfraction à travers une *surface cylindrique* (*fig.* 96). Soit P le point lumineux, M le centre de la section droite en forme d'arc *icg*. Un faisceau de rayons, situé

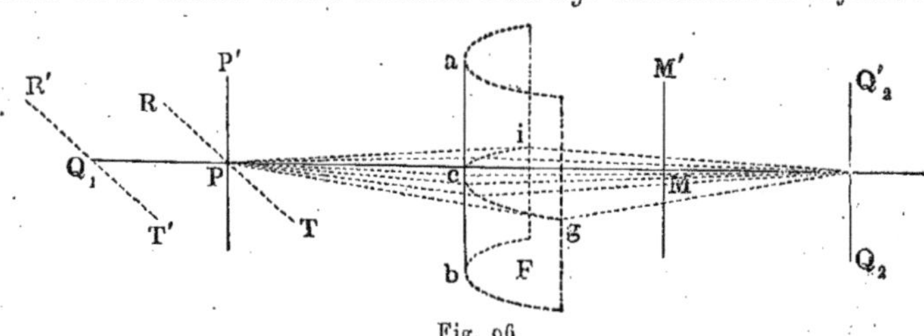

Fig. 96

dans un plan P*icg* perpendiculaire à l'axe MM' du cylindre, converge en Q_2; un faisceau de rayons situé dans le plan P*ab* donne le foyer Q_1. La droite PP', parallèle à l'axe, donne l'image $Q_2 Q_2'$, formée par les rayons situés dans des plans perpendiculaires à l'axe du cylindre. La droite RT, perpendiculaire à l'axe, donne l'image R'T', formée par les rayons, partant des points correspondants de RT, situés dans des plans passant par l'axe MM'.

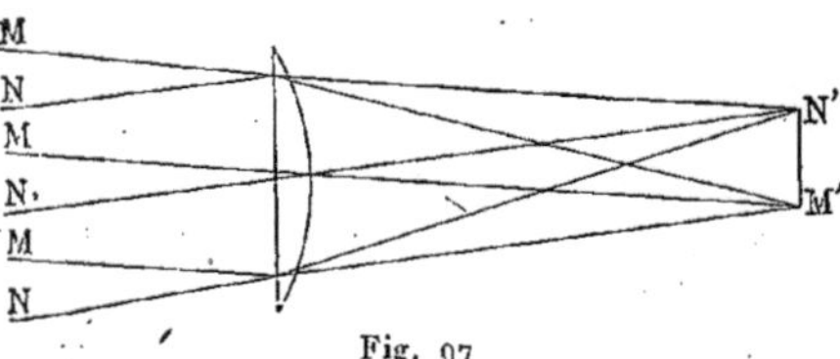

Fig. 97

On se sert, dans quelques appareils optiques, des lentilles cylindriques, mais surtout des lentilles plan-cylindriques. La figure 97 représente la section droite d'une lentille plan-cylindrique, obtenue en coupant la lentille par un plan perpendiculaire aux génératrices de la surface cylindrique, que nous supposons verticales. Un objet très éloigné, des bords duquel partent les rayons M et N, donne, dans le plan horizontal de la figure, l'image M'N'. On obtient une image identique dans tous les plans horizontaux, de sorte qu'il se forme une bande, de largeur M'N', parallèle aux génératrices du cylindre. Si les rayons M et N viennent du Soleil, la largeur de cette bande sera en général petite ; elle est égale, par exemple, à 85 millimètres, quand la distance focale de la lentille est égale à 100 millimètres. Quand des rayons venant d'une étoile tombent sur une lentille cylindrique, il se forme au foyer une ligne brillante très fine. La théorie des lentilles cylindriques a été récemment développée par Whitwell.

Nous avons toujours supposé jusqu'ici que les corps, à travers lesquels passent les rayons, sont *homogènes* ; mais le cas où les rayons lumineux se propagent dans des corps *non homogènes*, ou dans des corps dont l'indice de réfraction n varie d'une manière *continue* d'un point à un autre, est d'une grande importance pratique. Cette variation de n peut être une conséquence de la variation continue de la *densité* ou de la *composition chimique* de la substance. Le premier cas se présente, par exemple, dans l'atmosphère ; nous avons déjà rencontré un exemple du second cas dans un fluide où a lieu la *diffusion* d'un sel (T. I, 5ᵉ Partie, Chap. VIII, § 1).

Quand n éprouve un changement continu, il se produit un changement continu dans la direction d'un rayon ; nous obtenons ainsi, dans un milieu non homogène, des *rayons lumineux courbes*. La détermination de la forme (équation) d'un rayon lumineux, quand on connaît la loi d'après laquelle n varie dans l'espace, est un problème purement mathématique, dont nous ne nous occuperons pas ici. Dans l'*atmosphère*, les rayons lumineux ont une forme courbe. Sur cette forme courbe reposent les phénomènes de réfraction *astronomique* et de réfraction *terrestre*, qui jouent un grand rôle dans les mesures astronomiques et géodésiques, et les différents cas de réfraction irrégulière qui sont observés, dans des circonstances particulières, à la surface de la Terre (mirage, Fata morgana, etc.) ; nous reviendrons brièvement sur cette question dans le chapitre XII, et nous indiquerons aussi la bibliographie correspondante.

Beaucoup de savants se sont occupés de la *théorie générale* de la marche des rayons dans les corps non homogènes ; nous citerons, pour l'époque actuelle, Matthiesen (nombreux travaux, dont le dernier est de 1901), Dircks, Wierz, Wiener, Boltzmann, Jhovert, Heimbrodt, etc.. Macé de Lépinay et Pérot (1892) ont montré comment le phénomène des rayons lumineux courbes peut être produit expérimentalement ; Halben (1903) a perfectionné la méthode de ces deux savants.

11. Les images obtenues à l'aide des systèmes optiques. — On se sert, en pratique, des systèmes optiques, pour obtenir des images d'un ou de plusieurs objets. On emploie dans ce but un grand nombre d'*appareils* ou d'*instruments d'optique*, comme on les appelle, dont nous étudierons plus loin la construction ; tels sont la lunette astronomique, le microscope, l'objectif photographique, etc. ; ils se distinguent par des différences essentielles, provenant de la nature des conditions qui doivent être remplies dans leur construction. La nécessité de construire des instruments de plus en plus perfectionnés a conduit, surtout en Allemagne, à un développement remarquable de la partie de la Science, qui s'occupe de la construction des instruments d'optique, aussi bien au point de vue théorique qu'au point de vue pratique. On pourrait appeler cette branche scientifique, l'*optotechnique* ; elle se rapproche, par son caractère et par la marche historique de son développement de l'*électrotechnique*. On ne peut naturellement aborder, dans un Traité général de Physique, le côté purement technique de l'optotechnique ; nous ne pouvons même consacrer qu'un espace restreint à la partie théorique de l'optotechnique ; nous considérerons rapidement ici l'une des questions dont elle s'occupe ; quelques autres seront traitées dans le Chapitre sur les instruments d'optique. On trouvera une très belle exposition d'un grand nombre de sujets plus particuliers dans le *Lehrbuch der Physik* de MÜLLER-POUILLET, II, 1, 9° édition, Braunschweig, 1897, ainsi que dans quelques autres ouvrages, qui sont cités dans la bibliographie.

Nous allons donner dans ce paragraphe un court aperçu de quelques-uns des résultats, auxquels on est parvenu, dans l'étude des moyens d'obtenir les images les plus parfaites possibles, avec un système optique. Cette étude a pris de nos jours une importance considérable.

Nous avons considéré, dans les paragraphes précédents (§§ **4** à **8**), le passage d'un faisceau très étroit de rayons à travers un système optique, dans le cas où ces rayons formaient de très petits angles avec l'axe optique, c'est-à-dire dans le cas de *rayons centraux*. C'est seulement au § **9** que nous avons envisagé des faisceaux dont les rayons font de grands angles avec l'axe optique, et que l'on peut appeler des *faisceaux larges* ; nous avons alors parlé de l'aberration de sphéricité et des *points dépourvus d'aberration*, qui donnent après réfraction, même pour des faisceaux larges, des faisceaux homocentriques, c'est-à-dire convergeant en un point ; comme nous l'avons vu, une surface sphérique possède, en dehors de son centre, deux autres points dépourvus d'aberration.

Pour traiter la question des images fournies par les systèmes optiques, il faut distinguer différents cas, ou, plus exactement, différents problèmes.

I. POINT LUMINEUX SUR L'AXE OPTIQUE ; RAYONS CENTRAUX. — Un point lumineux S, situé sur l'axe optique lui-même, donne, si l'on se limite aux rayons centraux, un certain point S_1 comme image. Dans ce cas, l'image est *parfaite*, si l'on fait abstraction bien entendu des phénomènes de diffraction, lesquels, comme nous l'avons dit au § **5** du Chapitre précédent, ont pour effet de transformer l'image en un petit cercle, et même en une figure plus complexe, pour un pinceau très étroit de rayons.

II. POINT LUMINEUX SUR L'AXE OPTIQUE ; FAISCEAU LARGE DE RAYONS. — Les rayons se trouvent, en général, à l'intérieur d'un certain espace focal. Comme cas particulier, l'image du point S peut encore être un point S_1, pour des faisceaux larges ; S et S_1 sont alors des *points dépourvus d'aberration*. La condition pour qu'il y ait absence d'aberration ne peut s'exprimer sous une forme simple.

III. — ELÉMENT DE SURFACE PERPENDICULAIRE A L'AXE OPTIQUE ; FAISCEAUX LARGES DE RAYONS. — Supposons que le système optique, que nous représenterons symboliquement par le plan S (*fig.* 98), possède le point dépourvu d'aberration L ; un *faisceau large* de rayons issus de L passe par le point L'. Dans ce cas, nous ne pouvons pas affirmer que le système donne une image parfaite, c'est-à-dire tout à fait nette, de l'élément de surface perpendiculaire à l'axe optique en L. En effet, si L*l* est un élément linéaire, un faisceau large

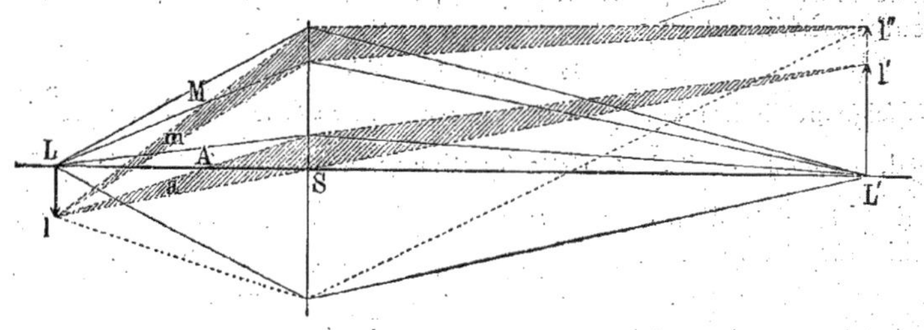

Fig. 98

de rayons partant de *l* ne convergera pas, en général, après réfraction, en un point unique. Les rayons centraux donnent l'image L'*l*', et les rayons marginaux l'image L'*l*''. Le faisceau large tout entier donne une infinité d'images superposées de grossissements différents.

HELMHOLTZ, CLAUSIUS et ABBE ont montré quelle condition doit être remplie pour que *l*' et *l*'' coïncident. Cette condition est la suivante ; soient α_1 et α_2 les angles formés par le rayon avec l'axe optique, dans le premier milieu (α_1) et dans le dernier (α_2) ; on peut démontrer la proposition suivante :

Un système optique donne, pour des faisceaux larges de rayons, une image parfaite d'un élément plan, perpendiculaire à l'axe optique et entourant le point dépourvu d'aberration, quand, pour tous les rayons d'un faisceau large issu de ce point, la condition suivante est remplie :

$$(85) \qquad \frac{\sin \alpha_1}{\sin \alpha_2} = \frac{n_2}{n_1} \, G = \text{const.},$$

n_1 et n_2 représentent ici les indices de réfraction du premier et du dernier milieux, G le grossissement linéaire (page 156). HOCKIN, BRUNS et EVERETT (1902) ont donné de nouvelles démonstrations de cette proposition.

Des points dépourvus d'aberration et satisfaisant à la condition (85) s'appellent des points aplanétiques. La formule (84) montre que les trois points d'une sphère dépourvus d'aberration sont en même temps aplanétiques d'une manière approchée.

Il est facile de déterminer une surface par la condition que tous les rayons, partant d'un point P_1, se rencontrent, après réfraction, en un autre point P_2 également donné et situé sur les rayons réfractés eux-mêmes ou sur leur prolongement. Cette surface est évidemment une surface de révolution autour de $P_1 P_2$ et, par suite, il suffit d'en déterminer la courbe méridienne AB. Soit M un point quelconque de cette courbe. D'après la règle de FERMAT (page 114), tous les rayons qui vont de P_1 en P_2 effectuent ce trajet dans le temps minimum, et, par conséquent, dans le même temps, quel que soit le point M. On doit donc avoir

$$\frac{P_1M}{v_1} + \frac{P_2M}{v_2} = \text{const.},$$

v_1 et v_2 étant les vitesses de propagation de l'énergie rayonnante dans les deux milieux. Si donc l'on pose $P_1M = \rho_1$, $P_2M = \rho_2$, on a, pour l'équation de la courbe méridienne AB,

$$\rho_1 + n\rho_2 = \text{const.},$$

n désignant l'indice de réfraction du second milieu, par rapport au premier, égal, comme l'on sait, à $\dfrac{v_1}{v_2}$. Cette équation représente une infinité de courbes, qui sont des ovales de DESCARTES. En faisant $n = -1$, on retrouve les coniques de la page 123. Chacune des surfaces ainsi obtenues est dite *aplanétique*, par rapport au point P_1 ; mais, en général, elle ne possède cette propriété que pour un seul couple de points P_1 et P_2.

IV. ÉLÉMENT DE L'AXE OPTIQUE, FAISCEAUX LARGES DE RAYONS. — Deux points voisins situés sur l'axe optique ne peuvent être dépourvus d'aberration, quand l'un d'eux est aplanétique, car, comme l'a montré CZAPSKI, on ne peut obtenir une image parfaite d'un élément de l'axe, que si la condition suivante est remplie, pour tous les rayons d'un faisceau large,

$$(86) \qquad \frac{\sin\dfrac{\alpha_1}{2}}{\sin\dfrac{\alpha_2}{2}} = \text{const.} ;$$

mais cette condition est en contradiction avec la formule (85) ; il s'ensuit que l'on ne peut obtenir, dans aucun cas, une image parfaite d'un élément d'espace, même infiniment petit, situé auprès de l'axe.

V. PARTIE FINIE D'UN PLAN PERPENDICULAIRE À L'AXE OPTIQUE ; FAISCEAUX ÉTROITS DE RAYONS. — Si l'on a affaire à une partie finie d'un plan perpendiculaire à l'axe optique, on observe en général trois défauts nouveaux dans son image à travers un système optique.

A. Les faisceaux de rayons, formant des angles finis avec l'axe, présentent ce qu'on a appelé l'*astigmatisme* (page 126) : les rayons, situés dans le plan méridien passant par l'axe optique, donnent en m_1 (*fig.* 99) une ligne focale très courte, perpendiculaire à ce plan ; les rayons de la section équatoriale donnent une autre ligne focale m_2, située dans le plan méridien. Le lieu géométrique des deux espèces d'images est représenté par les surfaces K_1 et K_2, tangentes en E, image ponctuelle du point du plan donné situé sur l'axe. La condition

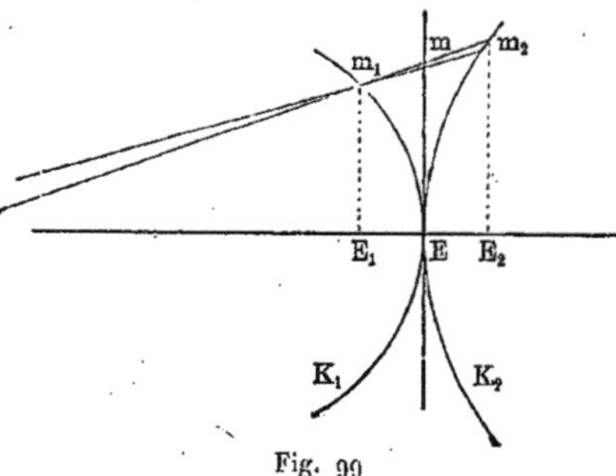

Fig. 99

pour qu'il n'y ait pas d'astigmatisme ne s'exprime pas par une formule simple. Il faut trouver, par le calcul, un système optique tel que les surfaces K_1 et K_2 coïncident le plus exactement possible.

B. Quand l'astigmatisme est supprimé et qu'à chaque point du plan correspond, comme image, un point unique, on trouve que tous ces points focaux (images), au lieu d'être situés dans un plan Em perpendiculaire à l'axe, sont sur une certaine surface. C'est ce qu'on appelle le phénomène de la *courbure du champ*. On peut répéter, au sujet de la suppression de ce défaut, ce qui a été dit pour celle de l'astigmatisme. Pour que l'image d'un système de points soit dans un plan, il est nécessaire que le système lui-même se trouve sur une certaine surface bien déterminée. Cette circonstance a son importance, lorsque l'on veut obtenir, par exemple, la photographie d'un groupe de personnes.

C. Lorsqu'on est arrivé à ce que l'image d'une portion finie d'un plan perpendiculaire à l'axe se trouve dans un autre plan parallèle, c'est-à-dire quand l'astigmatisme et la courbure du champ sont supprimés, il subsiste encore, en général, un autre défaut dans l'image, qui consiste en ce que *cette image n'est pas géométriquement semblable à l'objet*; l'image d'une droite, qui ne coupe pas l'axe, est une ligne courbe : c'est ce qu'on appelle le phénomène de la *distorsion de l'image*. Soit m un point de l'objet, α_1 et α_2 les angles formés avec l'axe optique par un rayon issu du point m, dans le premier milieu (α_1) et dans le dernier (α_2); on a la proposition suivante :

La distorsion de l'image n'existe pas, si l'on a, pour tous les points de l'objet,

$$(87) \qquad \frac{\operatorname{tg} \alpha_1}{\operatorname{tg} \alpha_2} = \text{const.}$$

Quand la condition (87) est remplie, le réseau de droites a (*fig.* 100) a pour figure un réseau semblable ; mais si le rapport des tangentes croît, à mesure que le point m s'éloigne de l'axe optique, l'image du réseau a prend la forme

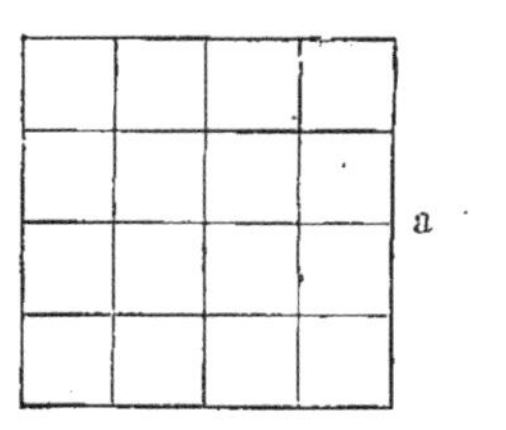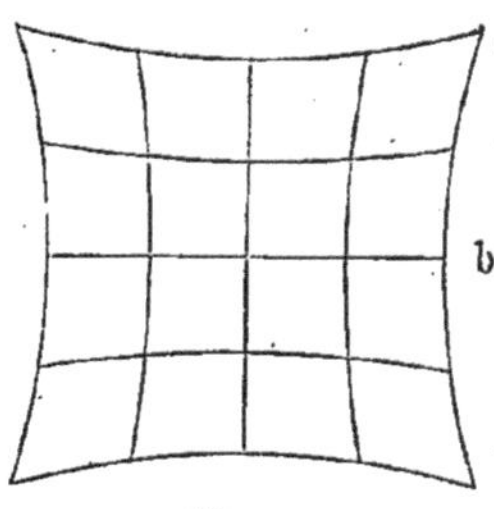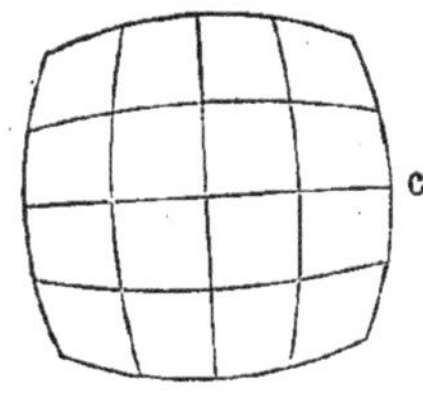

Fig. 100

b, et si ce rapport décroit, la forme c ; dans le premier cas, l'image du quadrillage se dilate par les coins (distorsion en forme de croissant) ; dans le second, elle se resserre (distorsion en barillet). Lorsque la distorsion de l'image n'existe pas, on a ce qu'on appelle une *image orthoscopique*.

Nous avons considéré, dans ce qui précède, les différents défauts que peuvent présenter, en général, les images fournies par les systèmes optiques, et nous avons indiqué les moyens de les faire disparaître. Nous n'avons cependant pas encore mentionné les défauts qui résultent de la complexité des rayons blancs, avec lesquels on a exclusivement affaire en pratique; nous parlerons plus tard des phénomènes de *chromatisme* correspondants.

Il n'est pas possible de supprimer simultanément tous les défauts d'un système optique. Il faut prendre, comme point de départ, dans le calcul de ce système, sa destination et les conditions dans lesquelles on doit en faire usage. Si l'on a, par exemple, à calculer un système de lentilles pour une lunette astronomique, il ne faut pas perdre de vue qu'il n'existe en jeu ici que des pinceaux étroits de rayons, voisins de l'axe optique. Dans les microscopes, au contraire, on a affaire à des faisceaux très larges; mais, par contre, on n'obtient que l'image d'un élément plan. Dans les lentilles photographiques, les faisceaux de rayons ne sont pas très larges, mais on désire obtenir l'image de toute une série de plans parallèles entre eux et cette image peut être moins nette que celle d'une lunette astronomique ou d'un microscope. Le calcul d'un système optique est extrêmement compliqué; il constitue l'un des objets les plus importants de l'*optotechnique théorique*. Nous ne nous arrêterons pas sur cette question; nous indiquerons seulement, dans notre aperçu bibliographique, les ouvrages où l'on peut trouver des renseignements plus détaillés à ce sujet. Parmi les auteurs qui se sont occupés particulièrement de cette théorie, on peut citer : SEIDEL, FINSTERWALDER, MOSER, THIESEN, CZAPSKI, HEATH, LUMMER (MÜLLER-POUILLET, II, 1; 1897), GLEICHEN.

12. Focométrie. — Un système optique est complètement défini, comme on l'a vu (page 161) par les deux foyers principaux et par les deux points principaux, qui se confondent avec les deux points nodaux, quand les milieux extrêmes sont identiques. Les méthodes assez nombreuses de la focométrie ont pour but de déterminer la position de ces quatre points sur l'axe principal du système. Nous supposerons satisfaites les conditions d'aplanétisme et d'achromatisme indiquées plus haut. Dans le cas où le système ne serait pas aplanétique, on réduirait l'ouverture avec un diaphragme, pour détruire l'aberration de sphéricité; s'il n'était pas achromatique, on se servirait d'une lumière homogène.

Pour une lentille infiniment mince, il suffit de déterminer la distance focale principale, qui définit la puissance de la lentille.

Les appareils qui servent à mesurer cette distance focale principale s'appellent des *focomètres* ou *phakomètres*.

I. LENTILLES CONVERGENTES. — En négligeant l'épaisseur de la lentille, on compte la distance F depuis le foyer principal *jusqu'à la lentille*; de même, pour les distances f_1 et f_2 de l'objet et de son image. Plus exactement, on doit compter F, f_1 et f_2 à partir des points principaux correspondants H_1 et H_2.

Si l'on désigne, comme auparavant, la distance $H_1 H_2$ par δ, on doit prendre la distance entre les deux foyers principaux égale à $2F + \delta$; de même, la distance $S_1 S_2$ de la source rayonnante S_1 à son image S_2 est égale à $f_1 + f_2 + \delta$.

On peut poser, avec une approximation suffisante, $\delta = \dfrac{n-1}{n} e$, e désignant l'épaisseur de la lentille, voir (66), page 176; pour les lentilles de verre, où $n = 1,5$, on a $\delta = \dfrac{1}{3} e$, voir (66, a), page 176.

1. On fait tomber sur la lentille un *faisceau solaire* parallèle à l'axe, et l'on cherche avec un écran, de l'autre côté de la lentille, le point où l'on obtient une *image nettement délimitée du Soleil*. La distance de la lentille à l'écran est égale à F. Des corps lumineux ou fortement éclairés et très éloignés peuvent remplacer le Soleil.

2. On place la lentille *devant l'objectif d'une lunette astronomique*, dont l'oculaire est préalablement réglé pour la vision à l'infini, c'est-à-dire de telle façon que l'on voie nettement, dans la lunette, les objets éloignés. Si l'on place alors un objet, par exemple une feuille imprimée, devant la lentille, de manière que l'on aperçoive distinctement, dans la lunette, les caractères, la distance de la feuille à la lentille est égale à F, car les rayons, à leur sortie de la lentille, doivent être parallèles à l'axe. F. Brauer (à St-Pétersbourg) a construit, pour déterminer la distance focale F, un appareil qui est basé sur ce principe.

3. On mesure la distance f_1 de la lentille à un objet fortement éclairé ou lumineux par lui-même, ainsi que sa distance f_2 à l'image de l'objet reçue sur un écran. Comme on a

$$\frac{1}{f_1} + \frac{1}{f_2} = \frac{1}{F},$$

on en déduit

$$F = \frac{f_1 f_2}{f_1 + f_2}.$$

4. Méthode de Bessel. — On place l'objet et l'écran à une certaine distance l l'un de l'autre, et on détermine les deux positions de la lentille, pour lesquelles on obtient des images nettes sur l'écran ; l'une de ces images est agrandie, l'autre est plus petite que l'objet. On mesure la distance σ entre ces deux positions de la lentille. En passant de l'une des positions à l'autre, on échange les distances f_1 et f_2. On a $f_1 - f_2 = \sigma$ et $f_1 + f_2 = l$, par suite

$$f_1 = \frac{1}{2}(l + \sigma), \qquad f_2 = \frac{1}{2}(l - \sigma).$$

Si l'on introduit ces expressions dans la formule donnée plus haut pour F, on obtient

$$F = \frac{l^2 - \sigma^2}{4l}.$$

Les grandeurs l et σ peuvent être déterminées plus exactement que f_1 et f_2.

5. On cherche la distance de la lentille à l'objet et à l'écran, pour laquelle *l'objet et son image ont la même grandeur*. La distance de l'objet à l'écran est alors égale à $4F$; plus exactement, on a

$$4F + \delta = 4F + \frac{1}{3}e,$$

δ et e ayant la même signification que précédemment. La figure 101 représente le *focomètre de* Silbermann qui repose sur ce principe. Cet appareil est formé d'un support, mobile le long d'une règle graduée (banc d'optique), sur lequel on monte dans une bague la lentille à essayer. Deux autres supports, pouvant glisser sur la même règle, portent deux diaphragmes en ivoire ou en verre dépoli, représentés séparément en D et en D′₁. Ces deux diaphragmes, en forme de demi-disques, possèdent des divisions identiques, l'un sur sa moitié supérieure, l'autre sur sa moitié inférieure. Le diaphragme D′₁ placé en D′ sert d'objet et reçoit à cet effet la lumière d'une lampe par la lentille A.

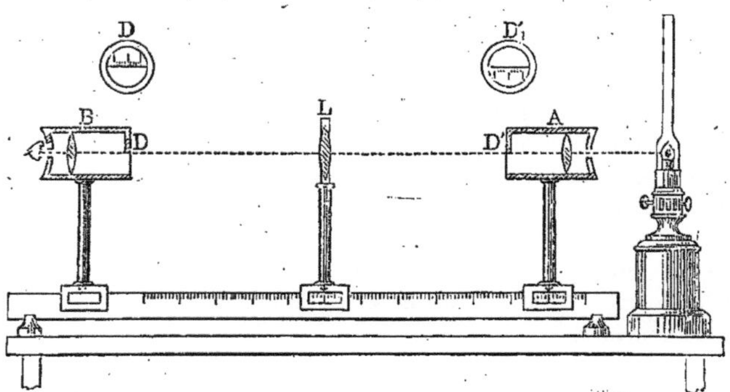

Fig. 101

Le diaphragme D sert d'écran et on l'observe au moyen de la loupe B, ajustée d'avance de façon à voir nettement les divisions de D. On déplace la lentille à essayer L et le système DB, jusqu'à ce que les traits de D coïncident avec ceux de l'image de D′ ; ceci a lieu quand on a DD′ = 4F, ou plus exactement

$$DD' = 4F + \frac{1}{3}\,e.$$

6. La distance F du foyer principal au point principal le plus voisin peut se déterminer, en produisant sur un écran une image très agrandie d'un objet (par exemple, des divisions d'une règle) et en mesurant la grandeur g_1 de l'objet, celle g_2 de l'image et la distance L de l'écran à la lentille. On peut prendre cette dernière égale à f_2, c'est-à-dire à la distance de l'écran au point principal H_2, quand g_2 est grand, et par suite f_2 aussi. Les égalités

$$\frac{1}{f_1} + \frac{1}{f_2} = \frac{1}{f_1} + \frac{1}{L} = \frac{1}{F},$$

$$\frac{g_2}{g_1} = \frac{f_2}{f_1} = \frac{L}{f_1},$$

voir (55), page 172, donnent, après élimination de f_1, la formule

$$F = \frac{g_1 L}{g_1 + g_2}.$$

7. **Méthode de Féry.** — Soit AB (*fig.* 101,*bis*) un rayon qui traverse la lentille MN dans la direction de l'axe optique ; O est le centre optique de la lentille. Déplaçons maintenant la lentille MN parallèlement à elle-même à la distance d, dans la position M′N′, AOB prenant ainsi la position A′O′B′. Le

rayon OB tourne alors d'un angle α et coupe l'axe optique A'B' au foyer principal F. On mesure les grandeurs d et α; on a évidemment

$$F = \frac{d}{tg\,\alpha}.$$

Si d est une grandeur petite, on obtient ainsi la valeur de F, qui correspond aux *rayons centraux*. Pour une valeur de d plus grande, on a, par suite de

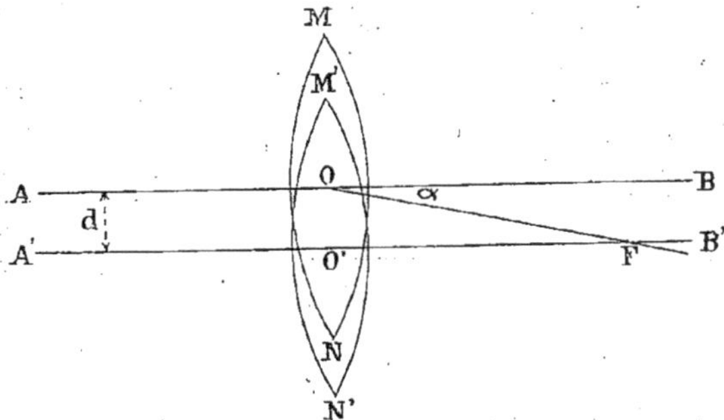

Fig. 101 *bis*.

l'aberration sphérique, au lieu de F, une valeur plus petite F_d, correspondant à F_y dans (84, a). On détermine de cette manière la *déviation longitudinale*

$$\lambda = F - F_y.$$

En faisant tourner la lentille autour de son axe et en déterminant λ dans différentes directions radiales, on peut vérifier la régularité géométrique et l'homogénéité physique de la lentille. En partant des formules (84, d), on obtient la *déviation latérale*

$$\rho = \lambda\,\frac{d}{F}.$$

La lentille se trouve à l'intérieur d'un vase en verre à parois planes parallèles. Quand on remplit ce vase avec de l'eau, on a une autre déviation angulaire α'. Soient n et n_0 les indices de réfraction de la lentille et de l'eau, pour les rayons employés; si on pose $\alpha - \alpha' = \delta$, on a

$$n = \frac{n_0 d - \delta}{d - \delta}.$$

On peut alors calculer la grandeur K, au moyen de la formule (51), page 167,

$$\frac{1}{F} = (n - 1)\left(\frac{1}{R_1} + \frac{1}{R_2}\right) = (n - 1)K.$$

Il est ensuite possible de déterminer l'indice de réfraction n de la lentille, pour d'autres rayons quelconques.

Nous allons maintenant faire connaître les deux méthodes les plus exactes, qui donnent la vraie distance focale principale d'un système optique, c'est-à-dire la distance F du foyer principal au point principal correspondant.

8. Méthode de Cornu. — Cette méthode repose sur la formule (44),

$$(88) \qquad \lambda_1 \lambda_2 = F^2,$$

dans laquelle λ_1 et λ_2 sont les distances de deux points conjugués aux foyers principaux. Soient pq et st (*fig.* 102) les surfaces extrêmes du système optique donné, F et F′ les foyers principaux, H et H′ les points principaux, F = FH

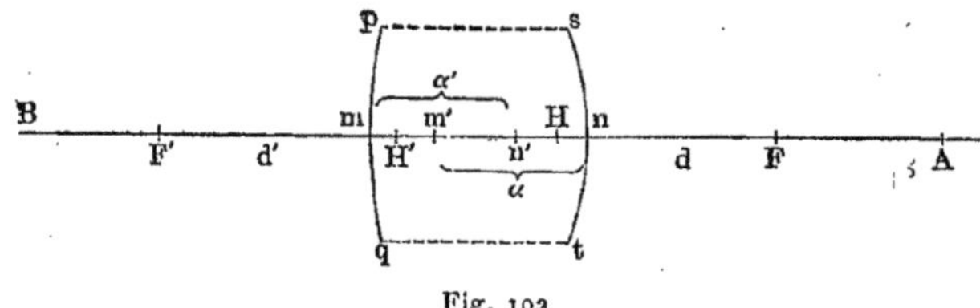

Fig. 102

= F′H′ la distance focale cherchée du système. On trace à l'encre de chine, sur les surfaces pq et st, deux petits traits m et n ; soient m' l'image du point m vu de A, et n' celle du point n vu de B ; posons en outre $m'n = \alpha$, $mn' = \alpha'$, $mF = d$, $mF' = d'$. On a, pour le point m,

$$\lambda = mF' = d', \qquad \lambda' = m'F = d + \alpha,$$

et la formule (88) donne

$$(88, a) \qquad d'(d + \alpha) = F^2.$$

On a évidemment, pour le point n,

$$\lambda = nF = d, \qquad \lambda' = n'F' = d' + \alpha',$$

et on en déduit

$$(88, b) \qquad d(d' + \alpha') = F^2.$$

Si α, α', d et d' sont déterminées, les dernières formules donnent deux valeurs pour F, qui doivent être voisines l'une de l'autre et dont on peut prendre la valeur moyenne ; ces valeurs ne se confondent pas, par suite des erreurs inévitables d'observation.

Pour mesurer α, α', d et d', on dispose en A une lunette astronomique, qui peut être déplacée dans la direction de A vers n ; la grandeur de ce déplacement peut être mesurée exactement. On place d'abord la lunette de façon à voir nettement, à travers le système $stpq$, un point très éloigné ; on observe évidemment, dans ce cas, à travers la lunette A, le point F : on déplace alors la lunette de manière que le trait n devienne nettement visible ; le déplacement correspondant est égal à d. On déplace ensuite la lunette, jusqu'à ce que l'on voie nettement le trait m, c'est-à-dire son image m' ; le déplacement nécessaire est égal à α. On retourne le système optique bout pour bout, ce qui revient évidemment à reporter la lunette de l'autre côté du système en B, et l'on fait trois nouvelles lectures, qui donnent les distances d' et α'. Au lieu de diriger la lunette sur l'image (F ou F′) d'un objet très éloigné, on peut encore placer en B un collimateur (dont nous étudierons la construction plus loin), et diriger la lunette sur la fente ou sur le réticule éclairé de ce collimateur. Connaissant F, on peut déterminer la position des points principaux H et H′, car on a

$$nH = F - d, \qquad mH' = F - d'.$$

Quand le système à étudier est convergent, on peut remplacer la lunette par un microscope à long foyer, muni d'un oculaire positif et d'un réticule, qui définissent avec précision le plan de visée, dans lequel on amène successivement l'image, à travers le système, d'un objet éloigné, le trait n et l'image m' du trait m.

Quand le système est divergent, la lunette astronomique peut, au contraire, être nécessaire, et on doit la prendre à long tirage, pour que l'image soit plus éloignée que l'objet de l'objectif; celui-ci doit en outre avoir une grande ouverture, la précision des mesures diminuant, lorsque le cône des rayons venant d'un point de l'objet devient trop aigu.

9. MÉTHODE DE ABBE. — L'avantage de cette méthode ingénieuse consiste en ce qu'il n'est plus nécessaire d'amener l'image dans un plan donné, ce qui ne peut jamais se faire avec une grande exactitude. Soit H (*fig.* 103) un point principal de la lentille AB, dont la distance focale cherchée est $F = FH$. On place l'une derrière l'autre deux règles divisées S_1 et S_2, à des distances différentes de la lentille, et on détermine les grossissements G_1 et G_2, que donne

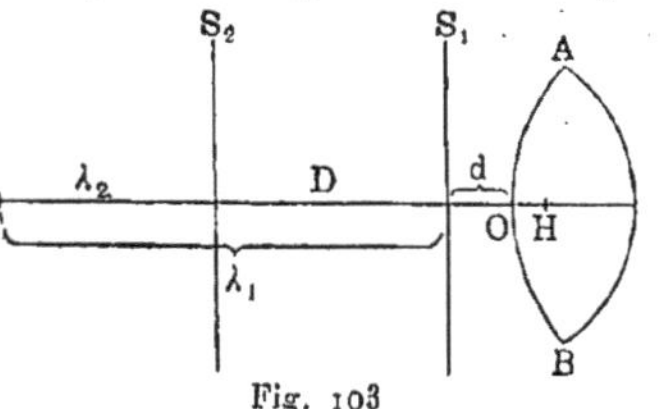

Fig. 103

la lentille AB, dans l'observation des divisions de ces règles. Si λ_1 et λ_2 sont les distances des règles au foyer F, on a, d'après la formule (55, a), page 172,

$$G_1 = F : \lambda_1, \qquad G_2 = F : \lambda_2.$$

Soit en outre D la distance entre les règles ; on a

$$D = \lambda_2 - \lambda_1 = F\left(\frac{1}{G_1} - \frac{1}{G_2}\right),$$

et on en déduit

$$F = \frac{D}{\dfrac{1}{G_1} - \dfrac{1}{G_2}}.$$

La distance D peut être mesurée très exactement. ABBE a donné, pour déterminer les grossissements G_1 et G_2, une méthode également très ingénieuse, que nous signalerons seulement. Quand F a été trouvé, la distance OH du plan principal au sommet O de la lentille se détermine facilement. Soit, par exemple, d la distance de l'échelle S_1 au sommet O ; on a alors

$$d + OH = F - \lambda_1 = F - (F : G_1)$$

et par suite

$$OH = F\left(1 - \frac{1}{G_1}\right) - d.$$

10. D'autres procédés ont été employés, pour déterminer les éléments d'un système optique. Ainsi H. v. Helmholtz a pu déterminer, au moyen de son ophtalmomètre, les points cardinaux du cristallin de l'homme. Il a trouvé que le cristallin isolé, placé dans l'air, équivaut très sensiblement à une lentille infiniment mince, de distance focale $f = 46$ millimètres. On trouvera la description de l'ophtalmomètre dans l'*Optique physiologique* d'Helmholtz (traduction française, pages 11 et 105, Paris, Masson, 1867).

II. Lentilles divergentes. — 1. Sur la lentille AB (*fig.* 104) tombe un faisceau de rayons parallèles, dont la section droite (ouverture de l'écran PQ) a un rayon égal à ρ. Sur l'écran MN, dont la distance à AB est égale à l, on obtient une tache circulaire de diamètre $2r$. On voit immédiatement que l'on a

$$r : \rho = (l + \mathrm{F}) : \mathrm{F},$$

et on en déduit

$$\mathrm{F} = \frac{\rho l}{r - \rho}.$$

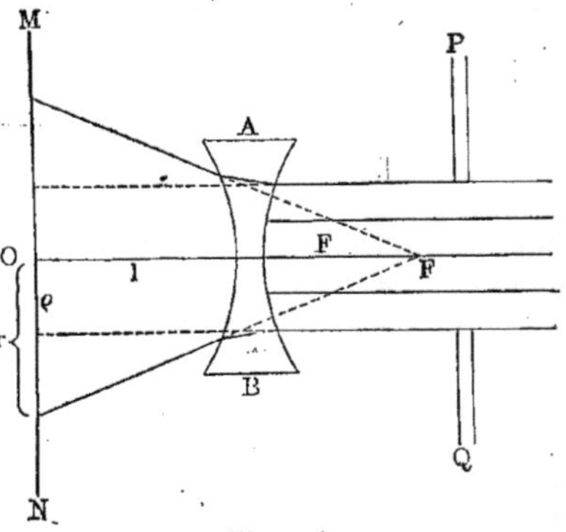

Fig. 104

Quand $r = 2\rho$, on a $\mathrm{F} = l$.

2. On détermine la distance focale principale F_1 d'une lentille convergente telle qu'associée à la lentille donnée, elle forme un système dont on puisse trouver la puissance. Comme la puissance de deux lentilles infiniment minces accolées, voir la formule (74), page 180, est égale à la somme algébrique des puissances des deux lentilles, on a

$$\frac{1}{F_1} - \frac{1}{F} = \frac{1}{F_2},$$

F_2 désignant la distance focale du système, et F celle de la lentille divergente étudiée ; on en déduit

$$F = \frac{F_1 F_2}{F_2 - F_1}.$$

Parmi les travaux récents sur la focométrie, nous mentionnerons ceux de Champigny (1904), Schell (1904) et Martens (1904).

13. Réfraction des rayons obscurs infra-rouges et ultra-violets; réfraction des rayons électriques.

— Toutes les méthodes, qui servent à déceler la présence des rayons infra-rouges et des rayons ultra-violets et qui ont été décrites aux pages et 16-23, montrent que ces rayons se réfractent d'après les mêmes lois que les rayons visibles.

Hertz a montré qu'il en est de même pour les rayons électriques, et il s'est servi à cet effet des miroirs paraboliques représentés par les figures 59 et 60, page 136. Sur le chemin des rayons électriques émis par l'excitateur (*fig.* 59), il plaça un grand prisme de résine et chercha la position du résonnateur (*fig.* 60), pour laquelle se produisaient des étincelles entre les petites sphères m ; il put ainsi observer que la déviation des rayons électriques, produite par le prisme de résine, était entièrement conforme aux lois de la réfraction des rayons en général.

BIBLIOGRAPHIE

FERMAT. — *Lettre de 1639. Varia opera mathematica*, p. 156, Tolosae, 1679.

DESCARTES. — *Dioptrica*, 1637.

EULER. — *Dioptrice*, Pétersburg, 1769-71.

GAUSS. — *Dioptrische Untersuchungen. Abhandl. d. Götting. Ges. d. Wiss.*, **1**, 1838-43 ; *Werke*, **5**, p. 243, 1867.

LORD RAYLEIGH. — *Phil. Mag.*, (5), **8**, pp. 261, 403, 477, 1879 ; **9**, p. 40, 1880.

WILSING. — *Zeitschr. f. Math. u. Phys.*, **40**, p. 353, 1895.

STRAUBEL. — *W. A.*, **66**, p. 346, 1898 ; *D. A.*, **8**, p. 63, 1902.

E. BLOCK. — *Beiträge zur Theorie der Lichtbrechung in Prismensystemen. Dissert.*, Dorpat, 1873.

H. KAYSER. *Handbuch der Spektralanalyse I*, 1900, p. 253-292.

HELMHOLTZ. — *Vorlesungen*, Bd. V, p. 280.

PFAUNDLER. — *Wien. Ber.*, **108**, p. 477, 1900.

BLAKESLEY. — *Phil. Mag.*, (6), p. 521, 1903.

SISSINGH. — *Propriétés générales des images, etc. Verhandl. d. Konink. Akad. d. Wet. te Amsterdam*, [1], **7**, n° 5, 1900.

LUMMER : MÜLLER-POUILLET. — *Lehrbuch d. Physik*, II, 1, 9° édition, Braunschweig, 1897.

LISTING. — *Über einige merkwürdige Punkte, etc., Pogg. Ann.*, **129**, p. 466, 1866 ; *Göttinger Studien*, **1**, p. 52, 1845.

C. NEUMANN. — *Sitzungsber. d. Sächs. Akad.*, 1880, p. 42. *Die Haupt-und Brennpunkte eines Linsensystems*, Leipzig, 1866.

MAXWELL. — *General Laws of optical Instruments. Quarterly Journal of pure and applied mathematics*, **2**, 1858.

GAVARRET. — *Des images par réflexion et par réfraction*, Paris, 1866.

MARTIN. — *Ann. chim. et phys.*, (4), **10**, 1867.

REUSCH. — *Konstruktionen zur Lehre von den Haupt-und Brennpunkten*, Leipzig, 1870.

FERRARIS (traduit de l'italien par LIPPICH). — *Fundamentaleigenschaften der dioptrischen Instrumente*, Leipzig, 1879.

HEATH. — *A Treatise on Geometrical Optics*, Cambridge, 1887. Traduit en allemand par KANTHACK, Berlin, 1894.

SCHEIBNER. — *Dioptrische Untersuchungen. Abhandl. d. königl. sächs. Ges. d. Wiss.*, **11**, n° 6, Leipzig, 1876.

GROUZINTSEFF. — *Réfraction des rayons dans des milieux séparés par des surfaces quelconques* (en russe). *Comm. de la Soc. Math. de Kharkoff*, 1889.

BOHN. — *Linsenzusammenstellungen*, Leipzig, 1888.

S. N. STÉPANOFF. — *Sur un théorème d'optique géométrique* (en russe). *J. de la Soc. russe de phys. et de chim.*, **7**, p. 176, 1875.

Töpler. — *Pogg. Ann.*, **142**, p. 232, 1871.

Abbe. — *Rep. f. Exp. Phys.*, **16**, p. 3o3, 1881 ; *Arch. f. mikroskop. Anatomie*, **9**, p. 42o, 1873 ; *Gesammelte Werke I*, Iéna, 1904.

Czapski. — Une série d'articles dans Winkelmann, *Handbuch der Physik*, 2ᵉ Partie, 1 (*Optik*), p. 14-136 ; ont paru séparément : *Theorie der optischen Instrumente*, Breslau, 1893 ; *Instr.*, **8**, p. 2o3, 1888.

Whitwell. — *Phil. Mag.*, (6), **6**, p. 46, 1903.

Matthiesen. — *D. A.*, **5**, p. 659, 1901.

Dircks. — *Diss. Rostock*, 1901.

Wierz. — *Diss. Rostock*, 1901.

Wiener. — *W. A.*, p. 1o5, 1893.

Boltzmann. *W. A.*, **53**, p. 959, 1894.

Thovert. — *C. R.*, **113**, p. 1197, 1901 ; **137**, p. 1249, 1903 ; *Ann. de chim. et phys.*, (7), **26**, p. 366, 1902 ; *Journ. de phys.*, (4), **1**, p. 771, 1902.

Heimbrödt. — *D. A.*, **13**, p. 1028, 1904.

Macé de Lépinay et Pérot. — *Ann. de chim. et phys.*, (6), **27**, p. 94, 1892.

Halben. — *Ztschr. f. phys. u. chem. Unterricht*, **16**, p. 281, 1903.

Clausius. — *Mechan. Wärmetheorie*, 3ᵉ édition, I, 1887, p. 315.

Helmholtz. — *Pogg. Ann. Jubelband*, 1874, p. 557 ; *Wiss. Abhandl.*, **2**, p. 185 ; *Optique physiologique*, p. 1o5, Paris, Masson, 1867.

Hockin. — *Journ. Roy. Mikrosc. Soc.*, (2), **4**, p. 337, 1884.

Bruns. — *Abhandl. d. königl. sächs. Ges. d. Wiss.*, **21**, p. 325.

L. Seidel. — *Astr. Nachr.*, n° 1027 à 1029, 1856.

Everett. — *Phil. Mag.*, (6), **4**, p. 170, 1902.

Finsterwalder. — *Abhandl. d. bayr. Akad. d. Wiss.*, XVI, 3 Abteil., p. 519, 1891.

Thiesen. — *Verhandl. d. Berl. phys. Ges.*, **11**, n° 2, 1892.

N. A. Héséhous. *J. de la Soc. russe de phys. et de chim.*, **12**, p. 226, 1880.

N. Piltschikoff. — *Démonstration géométrique de la propriété du minimum de déviation dans le prisme*. Paris, Carré, 1889.

W. Herschel. — *Phil. Trans.*, **111**, 1821.

Fery. — *Journ. de phys.*, (4), **2**, p. 755, 1903.

Cornu. — *J. de phys.*, (6), p. 276, 3o8, 1877.

Brauer. — *J. de la Soc. russe de phys. et de chim.*, **7**, p. 55, 1875.

Méthode de Abbe : Voir Czapski. — *Instr.*, **12**, p. 185, 1892.

Champigny. — *Journ. de phys.*, (4), **3**, p. 357, 1904.

Schell. — *Wien. Ber.*, **112**, p. 1o57, 1904.

Martens. *Instr.*, **24**, p. 33, 1904.

Gleichen. — *Lehrbuch des geometrischen Optik*, Leipzig, 1902.

Mascart. — *Traité d'Optique*, I, Paris, 1889.

CHAPITRE VI

—

L'INDICE DE RÉFRACTION

1. Remarques générales sur la mesure de l'indice de réfraction.— Nous considérerons dans ce Chapitre les méthodes qui servent pour la détermination de l'indice de réfraction n, ainsi que quelques-uns des résultats donnés par ces méthodes.

Nous supposerons, dans la plupart des cas, que l'on détermine l'indice de réfraction n correspondant au passage d'un rayon *de l'air* dans la substance donnée. Nous avons déjà vu (page 139) que, pour obtenir l'indice de réfraction absolu d'une substance, il faut multiplier l'indice de réfraction n de cette substance relatif à l'air par l'indice de réfraction absolu de l'air.

L'indice de réfraction n d'une substance homogène dépend de la nature de cette substance, de son état physique (par exemple, de la pression et de la température), ainsi que de la nature de la radiation, c'est-à-dire de la longueur d'onde λ. Quand le rayon peut être choisi arbitrairement, on détermine ordinairement n pour une ou plusieurs raies de Fraunhofer du spectre solaire, ou pour une ou plusieurs raies du spectre donné par les vapeurs incandescentes de Na, Li, Tl ou par H incandescent. Les différentes méthodes, qui servent à obtenir de tels rayons lumineux, seront exposées dans le Chapitre suivant. Dans les déterminations expérimentales de n, on a presque toujours à observer un changement de direction des rayons; pour obtenir des résultats précis, il faut séparer un faisceau de rayons le plus étroit possible. On y arrive, en faisant passer les rayons à travers une fente étroite. La construction des fentes rectangulaires, qui sont limitées par deux droites parallèles, sera exposée dans le Chapitre suivant, où nous décrirons les spectroscopes. Nous indiquerons seulement ici une forme de fente proposée par Websky; elle est représentée par la figure 105. Le dispositif comprend deux disques circulaires noirs, qui peuvent être déplacés, à l'aide d'une vis, devant une ouverture également circulaire. Cette fente, grâce à ses parties larges, permet d'obtenir un meilleur éclairement du

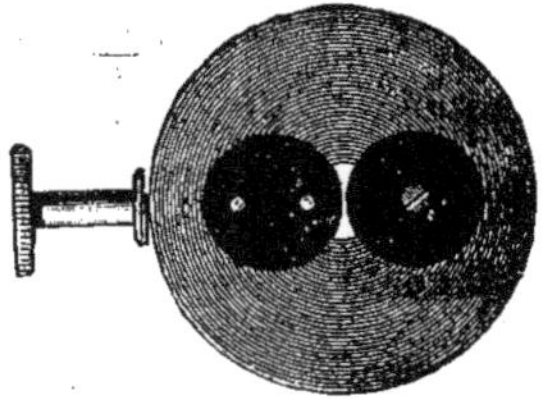

Fig. 105

champ visuel, et de placer très exactement l'image de sa partie centrale sur le fil vertical du micromètre oculaire de la lunette astronomique, qui sert à déterminer la direction des rayons.

Le nombre des méthodes de détermination de la grandeur n est très grand, car presque chaque formule de la théorie de l'énergie rayonnante, dans laquelle entre l'indice de réfraction n, peut servir de point de départ, pour une méthode particulière de détermination de cette grandeur. Les méthodes les plus importantes sont celles qui reposent sur le passage des rayons à travers un prisme et sur le phénomène de la réflexion totale.

2. Détermination de l'indice de réfraction à l'aide d'un prisme.

— Si la substance, dont on veut déterminer l'indice de réfraction, est solide, on fait un prisme de cette substance. Parfois, on polit deux faces entières du prisme, comme BAM et BCE de P (*fig.* 106); mais on polit seulement aussi une partie des faces, par exemple deux petits cercles, ainsi qu'on le voit dans R (*fig.* 106). Dans ce dernier cas, les parties non polies des faces sont rendues convexes. Si la substance à étudier est liquide, on prépare, pour la recevoir, un prisme creux, dans lequel les faces de l'angle réfringent doivent être

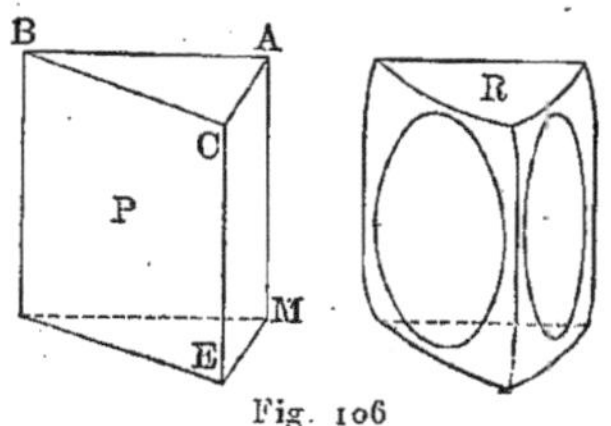
Fig. 106

formées de plaques de verre à faces planes et parallèles; une ceinture métallique presse ces plaques sur deux ouvertures pratiquées dans les parois solides du prisme; la figure 107 représente un tel prisme vu de côté et en coupe transversale.

Steinheil prépare, pour les liquides, des prismes qui sont construits de la manière suivante ; voir figure 108. Il creuse, dans un prisme de verre massif,

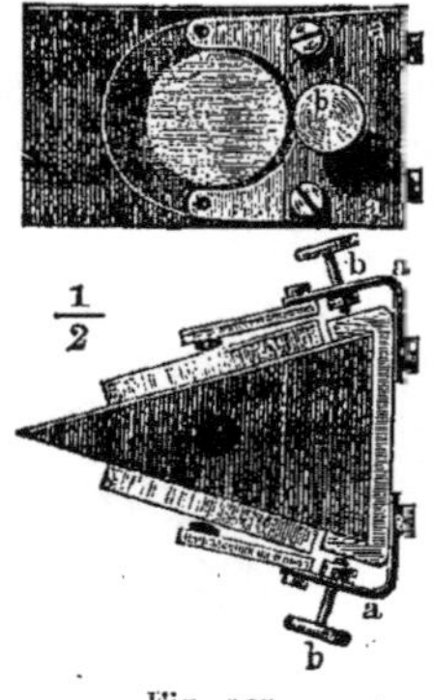

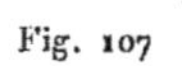
Fig. 107

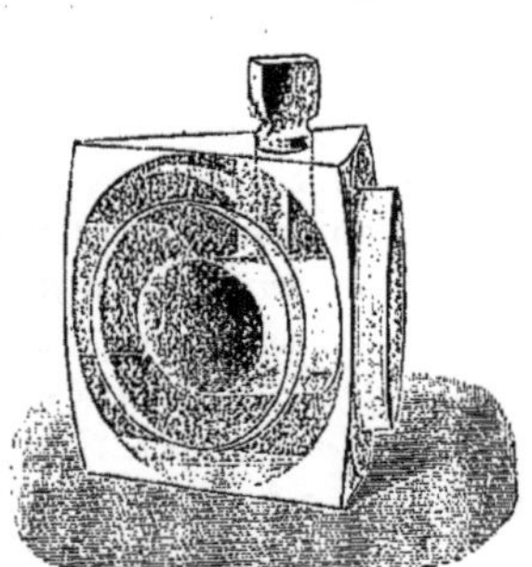
Fig. 108

un large canal cylindrique, dont les extrémités sont fermées par deux lames de verre rondes, à faces planes et parallèles. Ces lames sont si soigneusement rodées sur la surface extérieure du prisme qu'elles adhèrent à celui-ci par simple cohésion. On se sert, pour remplir la cavité intérieure du liquide à étudier, d'un second canal vertical, fermé par un bouchon de verre.

Il existe plusieurs méthodes à l'aide desquelles on peut déterminer l'indice de réfraction n, *au moyen d'un prisme*.

I. Méthode du minimum de la déviation (méthode de Fraunhofer). — On détermine la grandeur A de l'angle réfringent du prisme (T. I, page 324) et l'angle ε_0 du minimum de déviation. On a, d'après les formules (17) de la page 148, $\varphi = \frac{1}{2} (A + \varepsilon_0)$, $\psi = \frac{1}{2} A$, φ désignant l'angle d'entrée et l'angle de sortie du rayon, ψ l'angle formé par le rayon, à l'intérieur du prisme, avec la normale aux faces de ce dernier. Comme

$$n = \sin\varphi : \sin\psi,$$

on a

$$(1) \qquad n = \frac{\sin \frac{1}{2} (A + \varepsilon_0)}{\sin \frac{1}{2} A}.$$

Le spectromètre représenté par la figure 109 peut servir à la mesure des angles A et ε_0. Le prisme est d'abord placé sur la tablette T, et on détermine l'angle dièdre A par l'une des méthodes exposées dans le T. I, page 324. Pour déterminer l'angle du minimum de déviation, on procède de la manière suivante. On éclaire la fente du collimateur S avec une lumière homogène ;

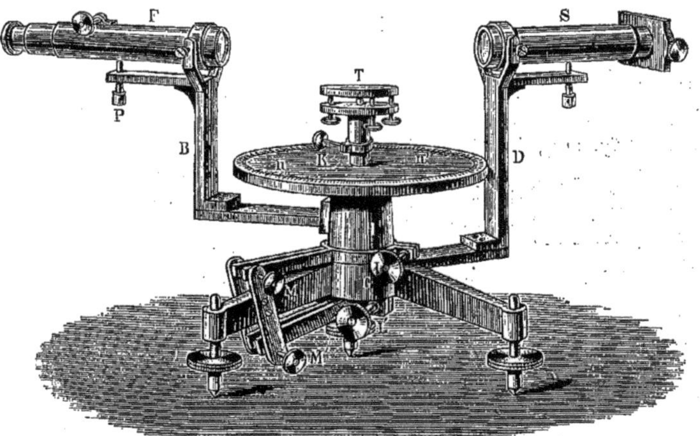

Fig. 109

on place le prisme sur la tablette T et on amène la lunette F dans une position telle que l'image de la fente formée par les rayons, qui ont traversé le prisme et l'objectif de la lunette, soit vue nettement dans le champ visuel de F. Maintenant, si l'on fait tourner la tablette T en même temps que le prisme, on voit l'image de la fente se déplacer latéralement, s'arrêter à un moment donné, puis revenir en arrière. Il faut installer la lunette F de telle façon qu'au moment où l'image de la fente vient au repos, elle se trouve exactement au milieu du champ visuel, c'est-à-dire coïncide avec le fil vertical de l'oculaire de F. Dans ce cas, l'angle aigu compris entre les prolongements de l'axe du collimateur et de la lunette est égal à ε_0. Après avoir fait tourner le prisme autour de son axe vertical, on déplace la lunette et le prisme de manière que le rayon réfracté reprenne, dans la position du minimum de déviation, la direction de l'axe de la lunette. Si ω est l'angle entre les deux positions de la lunette F, on a évidemment $\varepsilon_0 = \frac{1}{2}\,\omega$.

On peut encore procéder autrement. Après avoir fait une installation de la lunette F, qui correspond au minimum de déviation, on enlève le prisme et on cherche la position de F, pour laquelle l'image de la fente apparaît au milieu du champ visuel ; dans ce cas, les axes de S et de F sont sur une même droite ; l'angle compris entre les deux positions de la lunette F sera l'angle cherché du minimum de déviation ε_0.

E. Forsch a proposé une modification de la méthode que nous venons d'exposer. Nous avons décrit et représenté dans le T. I (pages 326 à 328) un spectromètre de v. Lang.

II. Méthode du prisme a angle réfringent A très petit. — Pour les prismes très aigus, la déviation ε est, comme nous l'avons vu à la page 150, indépendante de l'angle d'incidence des rayons et l'on a $\varepsilon = (n-1)\,\mathrm{A}$, voir (21). On en déduit

$$n = \frac{\varepsilon + \mathrm{A}}{\mathrm{A}}.$$

III. Méthode de la sortie normale. — Outre l'angle A, on détermine la déviation ε produite par le prisme, pour laquelle le rayon sort normalement à la seconde face du prisme. La lunette doit être munie d'un oculaire de Gauss (*fig.* 110), dans lequel les fils sont éclairés par des rayons lumineux,

pénétrant par l'ouverture latérale b et réfléchis par [une lame de verre placée obliquement. Le prisme et la lunette doivent avoir une position telle qu'en premier lieu l'image de la fente du collimateur se trouve au milieu du champ visuel, et qu'en outre l'image spéculaire des fils produite

Fig. 110

par la face AE du prisme (*fig.* 111) coïncide avec les fils vus directement. On a, dans ce cas, $\psi = \mathrm{A}$ et $\varphi = \psi + \varepsilon = \mathrm{A} + \varepsilon$, et par suite

$$n = \frac{\sin(\mathrm{A} + \varepsilon)}{\sin \mathrm{A}}.$$

IV. Méthode de la coïncidence des rayons incident et réfléchi (méthode

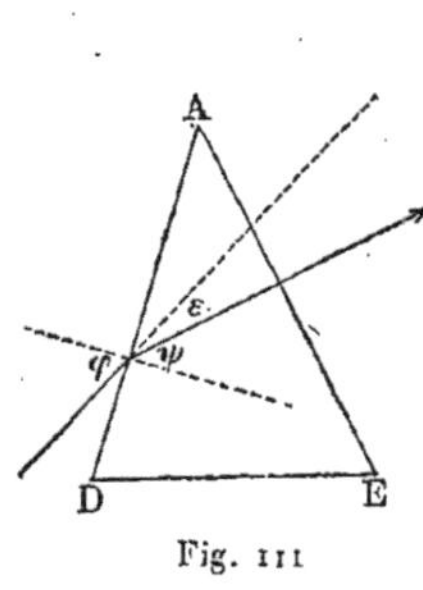

Fig. 111

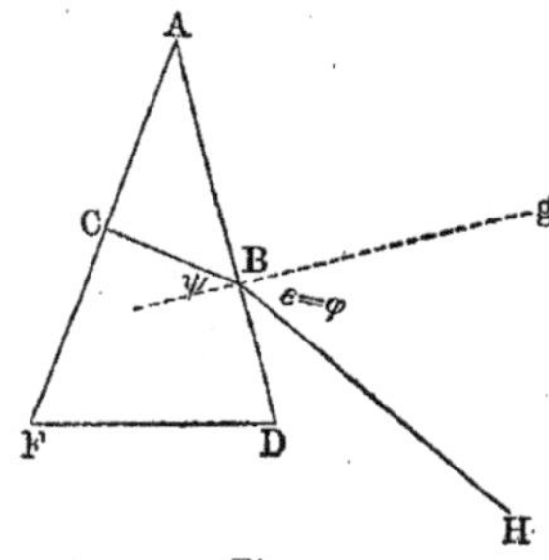

Fig. 112

de Littrow et Abbe, ou méthode de l'autocollimation). — Après avoir déterminé l'angle A, on rend d'abord l'axe de la lunette, munie d'un oculaire de Gauss (*fig.* 110), normal à AD (*fig.* 112), et on l'amène ensuite dans une direction BH telle que les rayons HB, partant du point de croisement des fils, soient renvoyés, après leur réflexion en C, suivant la même direction CBH. Autrement dit, on vise avec la lunette l'image spéculaire des fils de l'oculaire produite d'abord par AD, ensuite par AF ; on détermine l'angle $\varepsilon = g$BH formé par les deux positions de la lunette. On voit sur la figure que l'on a $\varphi = \varepsilon$, $\psi = A$, et par suite

$$n = \frac{\sin \varepsilon}{\sin A}.$$

V. Méthode de l'incidence rasante du rayon (méthode de Kohlrausch). — Dans le prolongement de l'une des faces AB du prisme (*fig.* 113), on installe une large source de lumière homogène, par exemple une flamme d'alcool, dans laquelle on vaporise du NaCl. On aperçoit alors dans la lunette, disposée pour la vision à l'infini et dont l'axe a la direction DE, un champ visuel

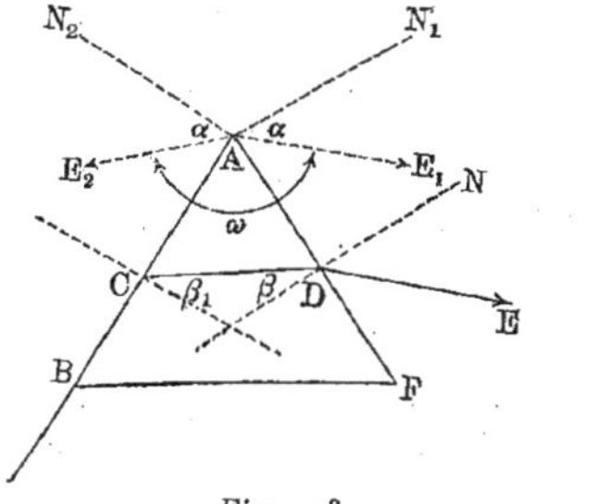

Fig. 113

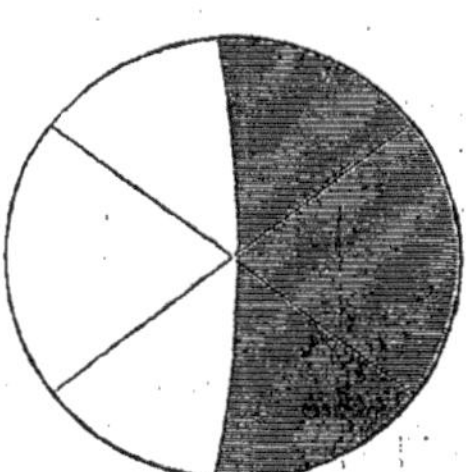

Fig. 114

bien éclairé, limité par une raie étroite. On place cette raie au point d'intersection des fils, comme le montre la figure 114. Cette raie correspond au rayon extrême rasant BC. En désignant l'angle de sortie NDE par α, on a $\sin \alpha = n \sin \beta$; en outre, $\beta + \beta_1 = A$, voir (12), page 147 ; on a par suite

$$\sin \alpha = n \sin (A - \beta_1) = n \sin A \cos \beta_1 - n \cos A \sin \beta_1.$$

Mais β_1 est l'angle limite, pour lequel on a

$$\sin \beta_1 = \frac{1}{n}, \qquad \cos \beta_1 = \frac{1}{n} \sqrt{n^2 - 1}.$$

Si on introduit ces valeurs, on obtient

$$\sin \alpha = \sqrt{n^2 - 1} \sin A - \cos A,$$

et on en déduit

$$\sqrt{n^2 - 1} = \frac{\cos A + \sin \alpha}{\sin A}.$$

L'angle α peut devenir aussi négatif, si A ou n est petit ; le rayon DE se trouve alors à l'intérieur de l'angle NDA.

Pour déterminer l'angle α, on peut rendre l'axe de la lunette d'abord normal à la face AF, en se servant de l'oculaire de GAUSS. On peut également mesurer l'angle ω compris entre les deux positions de la lunette, qui correspondent à l'incidence rasante du rayon d'abord sur la face BA, ensuite sur la face AF. L'angle ω est évidemment égal à E_1AE_2, où AE_1 et AE_2 forment, avec les normales AN_1 et AN_2 aux faces du prisme, des angles α égaux. On voit sur la figure que

$$\omega = 360° - 2\alpha - N_1AN_2 = 360° - 2\alpha - (180° - A) = 180° - 2\alpha + A.$$

Il en résulte

$$\alpha = 90° - \frac{1}{2}(\omega - A).$$

VI. APPLICATION DU PRISME A LA DÉTERMINATION DE L'INDICE DE RÉFRACTION DES GAZ. — BIOT et ARAGO ont effectué en 1806 la première détermination précise de l'indice de réfraction des gaz, en se servant d'un prisme construit, dans ce but, par BORDA, qui mourut avant d'avoir, semble-t-il, effectué même une seule mesure. Ce prisme était formé par une portion d'un large tube de verre droit P (*fig.* 115), dont les extrémités étaient coupées très obliquement et fermées par des lames de verre à faces parallèles.

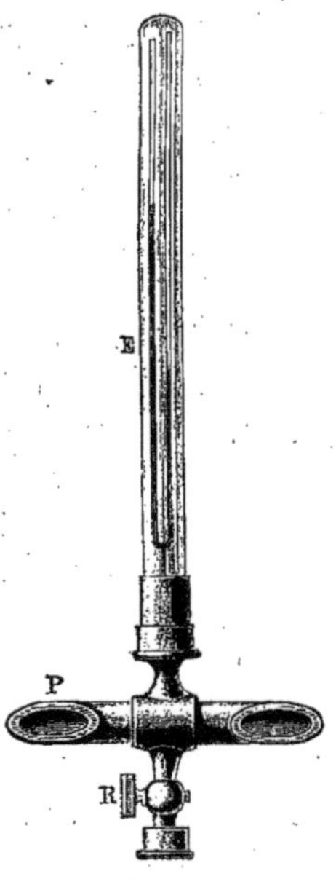

Fig. 115

L'angle formé par ces lames était de $143°7'28''$ et représentait l'angle réfringent très obtus du prisme. Le manomètre E donnait la tension du gaz remplissant le prisme. Un tuyau, muni d'un robinet R, permettait d'introduire de l'air ou un autre gaz dans le prisme, et d'amener la pression intérieure à la valeur que l'on désirait obtenir. L'axe d'une lunette était disposé dans la direction de l'axe du tube P ; à cet effet, la lunette pouvait tourner autour de l'axe médian vertical du prisme et son angle de rotation pouvait être mesuré. On visait, à travers la lunette et le prisme, la tige d'un paratonnerre distant de 1400 mètres et servant de mire.

Le prisme était d'abord rempli d'air sec à la pression atmosphérique ; la lunette était dirigée sur la mire et on faisait ensuite tourner le prisme de 180°, autour de son axe vertical ; l'image de la mire se déplaçait alors d'un très petit angle ($16'',6$), à cause du défaut de parallélisme des deux lames de verre. On faisait le *vide* dans le prisme ; après avoir dirigé à nouveau la lunette sur la mire, le prisme recevait une rotation de 180° ; il fallait alors déplacer la lunette de l'angle φ, pour ramener l'image de la mire en coïncidence avec le centre du champ visuel ; la déviation ε éprouvée par le rayon à travers le prisme était égale à $\frac{1}{2}\varphi$, et les expériences donnèrent ε = 6'.

Comme le rayon suivait à peu près la direction de l'axe de la lunette, formant par suite des angles égaux avec les faces du prisme, on pouvait considérer la déviation ε comme égale à la déviation minima et calculer l'indice de réfraction $\dfrac{1}{n_0}$, pour le passage de l'air à la pression atmosphérique au vide, d'après la formule (1), et par suite l'indice de réfraction absolu n_0. On trouva, pour celui-ci, $n_0 = 1,000293$, comme on l'a déjà indiqué à la page 139.

En remplissant le prisme d'air sous différentes pressions, BIOT et ARAGO ont pu déterminer les indices absolus de l'air, pour différentes densités d, la densité de l'air sous la pression de 760^{mm} et à $0°$ étant prise pour unité. Nous verrons plus loin que, suivant quelques savants, on a

$$\frac{n-1}{d} = p_1 = const.,$$

pour une substance *donnée*, quand il se produit une variation de la densité par changement de la pression ou de la température : d'après quelques autres, on aurait

$$\frac{n^2-1}{d} = p_2 = const.$$

Nous remarquerons que pour les gaz, où n diffère peu de l'unité, les deux formules sont à peu près équivalentes, car on peut poser $p_2 = 2p_1$. Si l'on fait, par exemple, $n-1 = \alpha$, on a

$$n^2 - 1 = (n-1)(n+1) = \alpha(2+\alpha) = 2\alpha + \alpha^2\,;$$

mais la grandeur α est si petite pour les gaz, qu'on peut toujours négliger son carré. On obtient alors

$$n^2 - 1 = 2\alpha = 2(n-1)\,;$$

par suite

$$p_2 = 2p_1.$$

Les expériences de BIOT et ARAGO ont confirmé pleinement que les grandeurs p_1 et p_2 sont constantes, pour un gaz donné, sous une pression variable.

Soit n_1 l'indice de réfraction, mesuré directement, d'un gaz contenu dans le prisme ; cette grandeur est égale au rapport des indices absolus de réfraction n du gaz et n' de l'air environnant. Dans l'expérience décrite plus haut, BIOT et ARAGO n'avaient pas obtenu un vide parfait ; il restait, dans le prisme, un peu d'air, dont nous désignerons la densité par d ; soit en outre d' la densité de l'air environnant, en prenant pour unité, comme précédemment, la densité de l'air à $0°$ et sous la pression de 760^{mm}, auquel se rapporte l'indice de réfraction n_0. BIOT et ARAGO ont admis d'abord que la grandeur p_2 est constante et se sont servis de la relation

$$\frac{n'^2-1}{d'} = \frac{n^2-1}{d} = \frac{n_0^2-1}{1}.$$

L'expérience donne la grandeur $n_1 = n : n'$; si l'on exprime n et n' en fonction de n_0, on trouve

$$n_1^2 = \frac{1 + d\,(n_0^2-1)}{1 + d'\,(n_0^2-1)},$$

d'où l'on déduit une valeur plus exacte pour n_0. Bien que BIOT et ARAGO aient fait varier la densité d du gaz dans de larges limites, ils ont obtenu constamment pour n_0 la même valeur ; ce résultat justifie l'hypothèse que p_2 peut être considéré comme constant, quand on fait la correction relative à l'air qui subsiste dans le prisme.

BIOT et ARAGO ont étendu leurs mesures à l'air, l'oxygène, l'azote, l'hydrogène, le gaz ammoniac, l'acide carbonique, l'acide chlorhydrique, et, pour tous ces gaz, il s'est trouvé confirmé que la grandeur p_2 est constante.

DULONG (1826) compara les indices de réfraction de différents gaz, en se servant d'un prisme semblable à celui que représente la figure 115. Après avoir mis le prisme en communication avec l'atmosphère, pour le remplir d'air à la pression H, il visait une mire éloignée avec la lunette. Il remplaçait ensuite l'air par le gaz à étudier et donnait à ce dernier une pression h telle que l'image de la mire parût de nouveau en coïncidence avec la croisée des fils de la lunette ; l'indice de réfraction absolu du gaz contenu dans le prisme était alors égal à l'indice de réfraction absolu de l'air, dans les conditions de l'expérience, c'est-à-dire égal à une grandeur connue. L'indice de réfraction absolu n du gaz, sous la pression H, était donné par la formule

$$(2) \qquad \frac{n^2 - 1}{H} = \frac{n_1^2 - 1}{h},$$

obtenue sans tenir compte des écarts à la loi de BOYLE-MARIOTTE.

Dans la suite, les indices de réfraction des gaz et des vapeurs ont été déterminés par LE ROUX, JAMIN, MASCART, KETTELER, CHAPPUIS et RIVIÈRE, v. LANG, L. LORENTZ, PRYTZ, et surtout par RAMSAY et TRAVERS (1898). Ces derniers ont trouvé que n n'est pas égal, *pour des mélanges de gaz* (air, hydrogène et hélium, oxygène et oxyde de carbone), à la valeur que donnerait la règle des mélanges, d'après le pourcentage des parties constituantes.

PERREAU a effectué des recherches très détaillées sur la réfrangibilité des gaz. Il a donné les deux formules suivantes, qui lient l'indice de réfraction n à la tension H du gaz (en *mètres* de colonne de mercure) et à la longueur d'onde λ :

$$n - 1 = \alpha H (1 + \beta H),$$
$$n - 1 = a \left(1 + \frac{b}{\lambda^2} \right),$$

α, β, a et b étant des nombres constants. On a, par exemple, pour l'hydrogène, $\beta = -0,00085$, $b = 0,0077$; pour l'air, $\beta = 0,0009$, $b = 0,0056$; pour l'oxyde de carbone, $\beta = 0,0011$, $b = 0,0082$.

J. KOCH (1905) a mesuré les indices de réfraction, dans H^2, CO^2 et O^2, pour le *rayon restant infra-rouge* (p. 31) $\lambda = 8^\mu,69$ obtenu après réflexion multiple sur le gypse. À $0°$ et sous la pression de 760^{mm}, il a trouvé pour l'hydrogène $n = 1,0001373$; pour l'acide carbonique $n = 1,0004578$ et pour l'oxygène $n = 1,0002661$.

La réfrangibilité de l'*hélium* présente un très grand intérêt. Si l'on prend la grandeur $n - 1$ pour mesure de la réfraction ρ et si l'on pose $\rho = 1$ pour l'air, la plus petite valeur de la réfraction correspond à l'hydrogène ; cette valeur est 0,5 environ, comme le montrent les nombres du § **11**. Pour l'hélium, Lord Rayleigh (1898) a obtenu la réfraction relative $\rho = 0{,}125$, c'est-à-dire

$$\frac{(n-1)\ \text{hélium}}{(n-1)\ \text{air}} = 0{,}125.$$

3. Méthodes diverses pour la détermination des indices de réfraction. — Les indices de réfraction peuvent être mesurés au moyen de lames par les méthodes suivantes.

I. Le duc de Chaulnes (1767) a donné la méthode suivante pour la détermination de l'indice de réfraction n au moyen d'une lame d'épaisseur δ. On place celle-ci horizontalement sous un microscope, que l'on dispose de manière à voir avec netteté la face supérieure de la lame ; on abaisse ensuite le microscope de la quantité Δ nécessaire pour que la face inférieure de la lame apparaisse nettement. La formule (11), page 144, et la figure 66 montrent que l'on a $\delta = AS$, $\Delta = AS_1$, et par suite

$$n = \frac{\delta}{\Delta}.$$

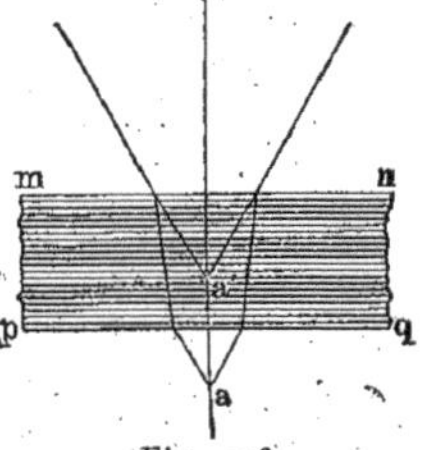

Fig. 116

II. On installe le microscope de façon à voir avec netteté un objet quelconque a (*fig.* 116). On place ensuite la lame à étudier entre cet objet et l'objectif du microscope, et on relève celui-ci de la quantité Δ' nécessaire pour que l'objet redevienne nettement visible ; il semble alors se trouver en a'. On a, d'après la formule (11, a), page 145,

$$n = \frac{\delta}{\delta - \Delta'}.$$

III. On fait une petite tache sur la face supérieure de la lame et on la vise au microscope ; on descend ensuite celui-ci de la quantité Δ_1 nécessaire pour voir nettement l'image spéculaire de la tache produite par la face inférieure de la plaque. Il est clair que cette méthode ne diffère de la méthode I que parce que δ est remplacé ici par deux fois sa valeur ; on a donc

$$n = \frac{2\delta}{\Delta_1}.$$

Bertin et Bernard ont indiqué différentes modifications de ces méthodes. Nous indiquerons encore quelques méthodes particulières.

Pour de *petits corps*, par exemple pour des minéraux, on peut trouver n, en cherchant un *liquide* de même indice de réfraction, dans lequel le corps solide considéré est plus ou moins invisible. Cette méthode a été étudiée par Becke (1893). Inversement, Souza-Brandao a cherché une série de 35 corps (fluorite, opale, calcite et 32 sortes de verre), dont l'indice de réfraction n est compris entre 1,434 et 1,735 ; ils ont la forme de plaques carrées (de 2^{mm} de côté, et de 1^{mm} d'épaisseur) et peuvent servir à déterminer la grandeur n pour les *liquides* ; l'erreur est plus petite que 0,01.

Le PRINCE GALITZINE a indiqué deux méthodes, qui permettent de déterminer n pour un liquide contenu dans un tube cylindrique.

Dans la *première* de ces méthodes, on trace deux traits parallèles à l'axe du cylindre sur la paroi extérieure, et on mesure leur distance apparente y_1 de l'autre côté du tube. Si y est la distance réelle de ces traits, R_1 le rayon extérieur du tube, R_2 le rayon intérieur, n_1, n_2 et n les indices de réfraction absolus de l'air, du verre et du liquide étudié, on a

$$(2, a) \qquad \frac{1}{n} = \frac{1}{n_2}\left(1 - \frac{R_2}{R_1}\right) + \frac{1}{2n_1}\cdot\frac{R_2}{R_1} + \frac{1}{2n_1}\cdot\frac{R_2}{R_1}\cdot\frac{y}{y_1}.$$

Dans la *seconde* méthode, le PRINCE GALITZINE place, à l'intérieur du tube, un petit prisme à faible angle réfringent, dont une des faces est parallèle à l'axe du cylindre. D'après la grandeur de la déviation éprouvée par un rayon, qui traverse le prisme normalement à l'axe du tube, on peut trouver l'indice de réfraction cherché du liquide.

STARKE a construit un appareil, pour déterminer, à l'aide d'un microscope,

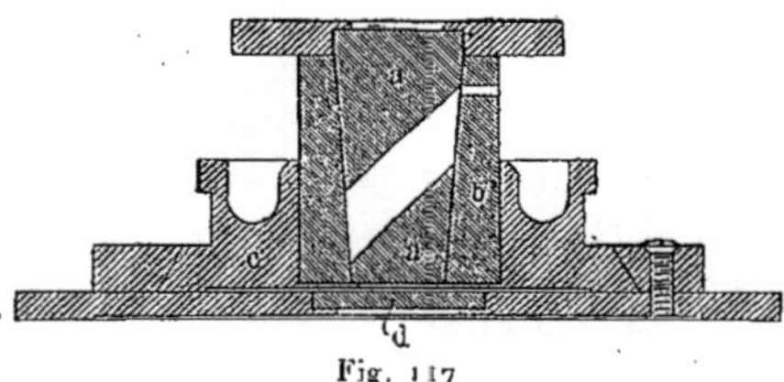
Fig. 117

l'indice de réfraction n d'un liquide que l'on ne possède qu'en petite quantité. Dans un vase en verre b (*fig.* 117) se trouvent deux coins en verre a, entre lesquels on place une couche mince du liquide à étudier. L'appareil est amené entre l'objectif d'un microscope, dont l'oculaire est muni de fils, et une échelle microscopique. Si on fait tourner le vase b de 180°, l'échelle se déplace du double du déplacement causé par la couche de liquide; de la grandeur de ce déplacement, on peut déduire la valeur de n.

Il y a une série de méthodes, pour déterminer la grandeur n ou ses *variations*, qui reposent sur les phénomènes d'interférence; les instruments que l'on emploie, dans ce cas, (réfractomètres interférentiels de JAMIN, VAUTIER et MACH), seront décrits dans le chap. XIII. On a employé en particulier ces méthodes dans la recherche de n pour les gaz. WILLIAMS (1904) a indiqué une méthode interférentielle, qui peut être employée dans la mesure de la grandeur n pour les *liquides* (chap. XIII).

4. Méthodes pour la détermination de l'indice de réfraction, basées sur l'observation de la réflexion intérieure totale. — Toutes ces méthodes sont basées sur la formule

$$\sin \Phi = \frac{n_2}{n_1},$$

dans laquelle Φ désigne l'angle limite de la réflexion totale (page 141), n_1 l'indice de réfraction du milieu optiquement le plus dense, dans lequel se propage le rayon, et n_2 l'indice de réfraction du milieu extérieur, optique-

ment le moins dense $(n_2 < n_1)$, pour lequel l'angle de sortie du rayon est
égal à 90°, quand l'angle d'incidence dans le premier milieu est égal à Φ.

I. Méthode de Wollaston (1802). — Imaginons que l'on ait un prisme à
angle réfringent droit, dont l'indice de réfraction N soit le plus grand possible et déjà connu. La substance, dont on
cherche l'indice de réfraction n, est placée dans
une petite cavité de la table LL′ (*fig.* 118),
et l'une des faces de l'angle droit du prisme
la recouvre; n doit être inférieur à N. On
dirige la lunette t sur la surface de la substance à étudier, qui est éclairée par les
rayons m, et on déplace le support L de la
lunette, jusqu'à ce que la réflexion totale se

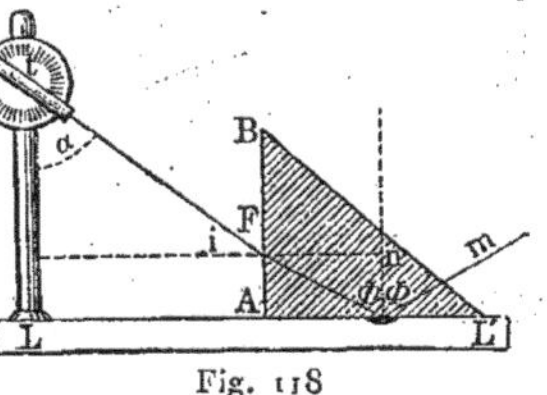

Fig. 118

produise sur la surface de la substance. La limite pour la réflexion totale
est bien visible; elle se présente comme une ligne très nette, qui sépare le
fond le plus éclairé du plus sombre. On dirige la lunette t sur cette ligne
et on mesure l'angle α compris entre l'axe de la lunette et la verticale. On
voit sur la figure que l'on a

$$N = \sin i : \cos \Phi,$$

où Φ désigne l'angle limite pour la réflexion totale; mais on a $i = 90° - \alpha$
et $\sin \Phi = n : N$; par suite

$$N = \frac{\cos \alpha}{\sqrt{1 - \dfrac{n^2}{N^2}}} = \frac{N \cos \alpha}{\sqrt{N^2 - n^2}};$$

on en déduit $\sqrt{N^2 - n^2} = \cos \alpha$, et

$$(3) \qquad\qquad n = \sqrt{N^2 - \cos^2 \alpha}.$$

II. Méthode de Malus (1811). — Cette méthode est une généralisation de
la précédente. Le prisme BAC (*fig.* 119) a un
angle réfringent B quelconque, qui doit être
déterminé au préalable, ainsi que l'indice de
réfraction N de la substance du prisme. On mesure l'angle α, qui correspond à la réflexion
totale des rayons sur le plan BC. Si l'on prolonge la normale à AB au point F, jusqu'à
l'intersection avec la normale à BC au point où
se produit la réflexion totale, ces normales
forment un angle égal à B. On voit sur la figure que $\Phi = B + r$; mais on a

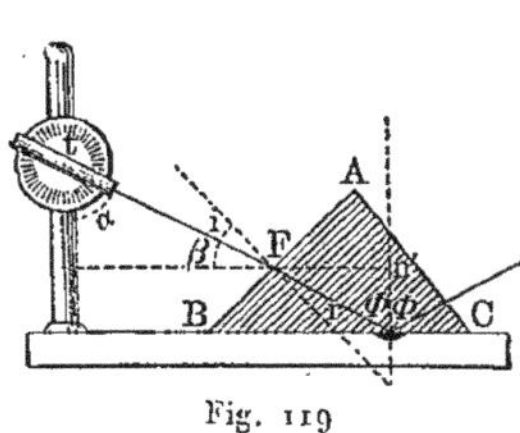

Fig. 119

$$\frac{n}{N} = \sin \Phi = \sin (B + r);$$

d'autre part $N = \sin i : \sin r$; on a en outre $\beta + i = 90° - B$ et $\beta = 90° - \alpha$,
par suite $90° - \alpha + i = 90° - B$, ou $i = \alpha - B$; on en déduit

$$N = \frac{\sin (\alpha - B)}{\sin r}.$$

La première égalité donne

$$n = N \sin (B + r) = N \sin B \cos r + N \cos B \sin r,$$

et la seconde

$$\sin r = \frac{1}{N} \sin (\alpha - B).$$

En éliminant r, il vient

(4) $\qquad n = \sin (\alpha - B) \cos B + \sin B \sqrt{N^2 - \sin^2 (\alpha - B)}$;

on en déduit, pour $B = 90°$, la formule (3).

Les méthodes de WOLLASTON et de MALUS sont particulièrement commodes, quand on ne possède qu'une petite quantité de la substance liquide ou solide que l'on veut étudier, ou quand il s'agit de substances *opaques*. LIEBISCH a beaucoup perfectionné la méthode de WOLLASTON.

III. MÉTHODE DE KOHLRAUSCH. — La figure schématique 120 indique le principe sur lequel repose cette méthode. Un vase cylindrique en verre f (représenté en coupe horizontale) est entouré à l'extérieur de papier transparent et rempli d'un liquide très réfringent (sulfure de carbone, naphtaline monobromée), dont l'indice de réfraction N est connu. A l'intérieur du liquide, suivant l'axe du cylindre, se trouve une lame verticale A de la substance à étudier, et, à côté du vase en verre, en face de la fenêtre plane p, une lunette, dont l'axe est perpendiculaire à p. On fait tourner la lame, autour de son axe vertical, de manière à

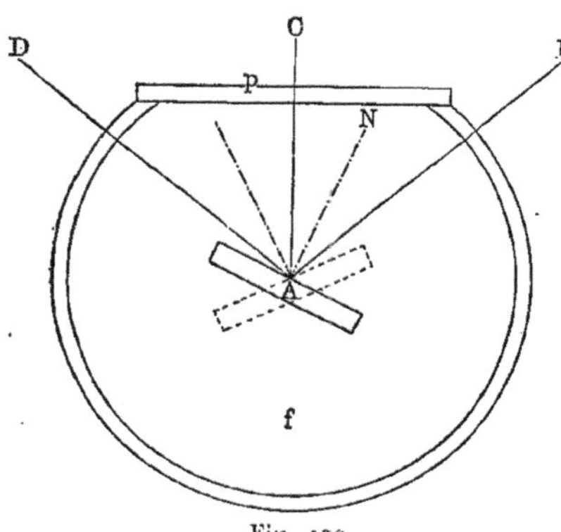

Fig. 120

l'amener dans les deux positions pour lesquelles parviennent à la lunette les deux rayons DA, qui ont éprouvé la réflexion totale à la surface de la plaque, c'est-à-dire pour lesquels la limite entre les parties éclairée et sombre du champ lumineux passe par le milieu de ce dernier. L'angle compris entre les deux positions de la lame est égal à 2Φ.

Quand la plaque est formée d'une substance biréfringente, on peut obtenir, d'après la méthode précédente, les deux indices de réfraction qui correspondent respectivement au rayon ordinaire et au rayon extraordinaire.

La méthode indiquée peut évidemment servir aussi à déterminer l'indice de réfraction des liquides, quand on connaît l'indice de réfraction de la substance de la plaque.

On obtient une simple modification de la méthode de KOHLRAUSCH, en plaçant le liquide et la lame verticale qu'il renferme entre la lunette et une source de lumière homogène ; on l'observe ainsi dans *la lumière qui le traverse* ; cette lumière disparaît dans deux positions de la lame, qui font entre elles l'angle 2Φ.

La figure 121 représente le *totalréfractomètre* de Kohlrausch, basé sur le principe que nous venons d'exposer. Nous nous bornerons à en indiquer les parties essentielles. Un vase en verre est vissé à la partie horizontale R d'un support métallique RMP. La substance à étudier est placée dans une monture, qui se trouve à l'intérieur du vase. Une série de tiges articulées et une vis sans fin s permettent d'amener la surface de la plaque à être perpendiculaire à l'axe de la lunette f. La rotation de la plaque se mesure à l'aide d'un cercle divisé, dont les divisions sont lues avec des verniers et des loupes ll. Sur le support en forme d'arc h repose un cylindre (enlevé sur la figure) en papier, qui entoure le vase. Les indices de réfraction de la naphtaline monobromée sont pour les radiations

$$B \text{———} 1,64923,$$
$$C \text{———} 1,65219,$$
$$D \text{———} 1,66102,$$
$$F \text{———} 1,68480,$$

à 23°,5 C. Quand la température s'élève

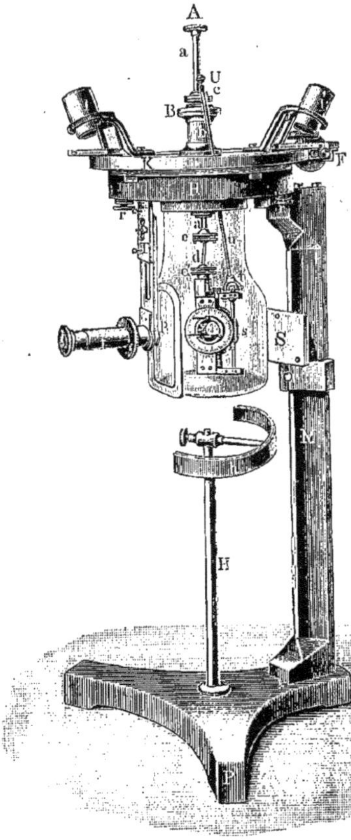

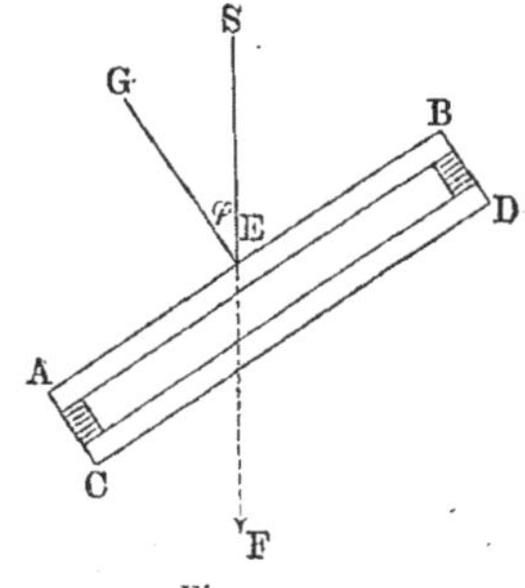

Fig. 121

Fig. 122

de 1°, ils diminuent de 0,00046. Soret a introduit dans l'appareil de Kohlrausch plusieurs perfectionnements.

IV. Méthode de E. Wiedemann ou de Terquem et Trannin, pour la détermination de l'indice de réfraction des liquides. — Cette méthode ne se distingue de la précédente que parce que l'on place dans le liquide une plaque formée de deux lames de verre minces AB et CD (fig. 122), séparées l'une de l'autre, et entre lesquelles est emprisonnée une *couche d'air*. Soit ω l'angle compris entre les deux positions de la plaque verticale placée dans le liquide étudié, pour lesquelles la lumière émise par la source S, dans la direction SEF, est totalement réfléchie. On a évidemment $\omega = 2\varphi$, où $\varphi = $ GES est, sur la face extérieure de AB, l'angle d'incidence du rayon qui éprouve la réflexion totale sur la face intérieure de cette lame AB. Soient n et N les indices de réfraction du liquide et du verre. Le rayon SE forme, à son entrée dans le verre, un certain angle ψ avec la normale GE, et l'on a

$$\frac{\sin \varphi}{\sin \psi} = \frac{N}{n}.$$

Le rayon réfracté rencontre, sous le même angle ψ, la normale à la face intérieure de AB, où il est totalement réfléchi ; il en résulte que ψ est l'angle limite de la réflexion totale dans le passage du rayon, du verre dans l'air, et que l'on a, par suite, $\sin \psi = 1 : N$. Mais la formule précédente donne $n = 1 : \sin \varphi$, ou

$$n = \frac{1}{\sin \dfrac{\omega}{2}}.$$

L'indice de réfraction N peut donc rester inconnu.

V. Totalréfractomètre d'Abbe. — La figure 123 représente schématiquement la partie essentielle de l'appareil. Elle se compose de deux prismes de verre ABC et DEF, portés par une monture métallique de telle façon qu'entre les faces AC et FE subsiste un espace libre, limité par des plans parallèles, que l'on remplit avec quelques gouttes du liquide à étudier. Une lunette est installée dans le prolongement de l'axe de la monture des prismes,

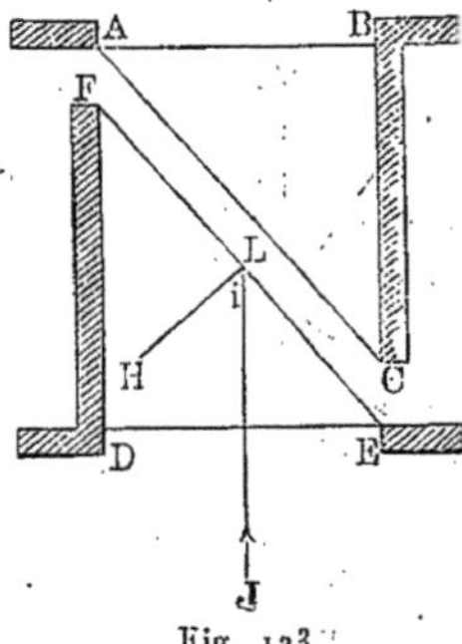

Fig. 123

cet axe étant dans sa position normale ; la monture elle-même peut tourner autour d'un axe *perpendiculaire au plan de la figure*. Soit DEF $= \alpha$; un rayon lumineux *homogène* JL forme l'angle $i = \alpha$ avec la normale LH, dans la position normale ou zéro de la monture, quand le rayon JL normal à DE se propage suivant l'axe de la lunette. En faisant tourner la monture, on remarque dans la lunette une disparition de la lumière, par suite de la réflexion totale du rayon sur la face FE. Supposons, pour que ceci se produise, que l'on ait dû faire tourner la monture de l'angle φ, dans le sens de la rotation des aiguilles d'une montre ; φ sera l'angle d'incidence du rayon J sur la face DE du prisme. Il lui correspond un certain angle de réfraction ψ de l'autre côté du plan DE. Si N désigne l'indice de réfraction de la substance du prisme, on a

$$\sin \psi = \frac{1}{N} \sin \varphi.$$

L'angle d'incidence i est évidemment, dans ce cas, $i = \psi + \alpha$; mais, comme i est l'angle limite de la réflexion totale, on a

$$\sin i = \sin (\psi + \alpha) = \frac{n}{N},$$

où n représente l'indice de réfraction cherché du liquide étudié. On tire des
égalités,

$$n = N \sin (\psi + \alpha), \qquad \sin \psi = \frac{1}{N} \sin \varphi,$$

la valeur cherchée de n, en fonction des grandeurs connues α, N et de l'angle
φ trouvé par l'observation.

L'appareil précédent peut encore servir à mesurer la grandeur de la dispersion, c'est-à-dire la différence des indices de réfraction d'une substance
pour deux radiations déterminées, par exemple pour deux raies de FRAUN-
HOFER.

Si on place, dans l'espace compris entre AC et FE, une lame mince d'une
substance solide quelconque, et entre cette dernière et FE un liquide très
réfringent, on peut, à l'aide de l'appareil d'ABBE, déterminer l'indice de réfraction de la substance solide, sans qu'il soit nécessaire de connaître celui du
liquide.

PULFRICH (1898) a décrit différentes formes modifiées et perfectionnées de
l'appareil d'ABBE. La figure 124 en représente une qui est particulièrement
simple. Nous en donnerons une brève description, sans entrer
dans les détails de manipulation de l'appareil. Deux prismes
se trouvent dans la monture C, qui tourne en même temps
que l'alidade B ; g est un petit miroir réfléchissant la lumière,
qui arrive par la fenêtre en se dirigeant vers C. La lunette,
qui tourne en même temps que le secteur A, est munie
en F d'un oculaire à réticule et d'un compensateur dont
la destination est la suivante. L'angle [de la réflexion totale intérieure dépend de la longueur
d'onde et par suite, en employant de la lumière
blanche, on obtient une frange colorée à la
séparation des parties brillante et sombre du
champ visuel. La largeur de cette frange dépend de la grandeur de la dispersion dans la
substance étudiée. Le compensateur se compose de deux systèmes de prismes à vision
directe (voir plus loin), que l'on peut faire tourner dans des sens opposés
à l'aide de la vis t. Pour
une certaine position du
compensateur, la frange
colorée disparaît. Après
avoir fait la lecture sur

Fig. 124

d'échelle c, on peut, à l'aide d'une table particulière adjointe à l'appareil, déterminer la différence des indices de réfraction pour deux raies de FRAUNHOFER,
par exemple, C et F. Quand la limite de la partie brillante du champ visuel est
amenée sur le point de croisement des fils de l'oculaire, on lit directement,
sur la graduation du secteur A, la valeur de n pour la radiation jaune.

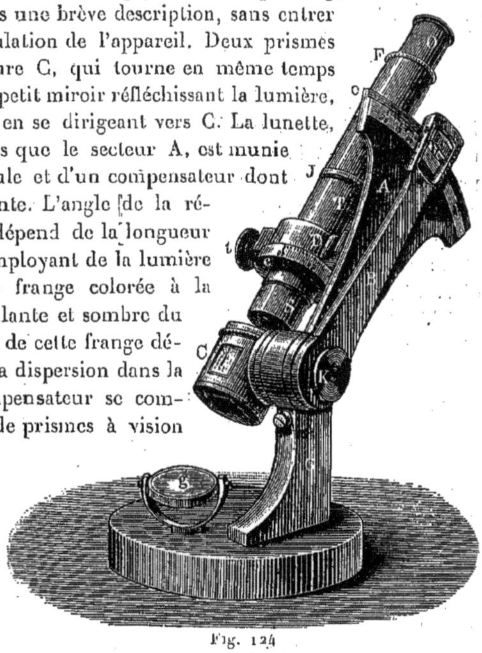

VI. Réfractomètre de Pulfrich. — Pulfrich a construit plusieurs réfractomètres ; il a appelé l'un d'eux *totalréfractomètre*. La partie essentielle de

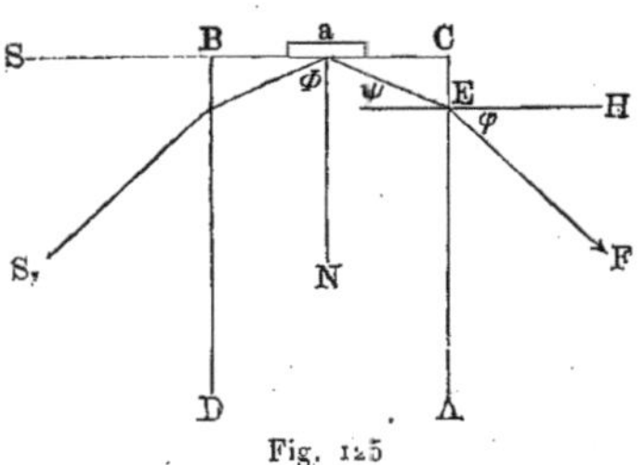

Fig. 125

cet appareil est un cylindre de verre vertical ACBD (*fig.* 125), possédant le plus grand indice de réfraction possible N (environ 1,74). On dépose sur la surface plane BC la substance à étudier *a*, par exemple quelques gouttes d'un liquide. Une source de lumière homogène est placée soit à la hauteur du plan BC en S, ou (surtout quand on a affaire à un liquide) plus bas en S_1, et on mesure l'angle φ compris entre le plan horizontal EH et le rayon EF, qui forme avec la normale N l'angle limite Φ. On a évidemment sin Φ = n : N ; on en déduit

$$n = \text{N} \sin \Phi = \text{N} \cos \psi = \text{N} \sqrt{1 - \sin^2 \psi} = \text{N} \sqrt{1 - \frac{\sin^2 \varphi}{\text{N}^2}},$$

ou

$$n = \sqrt{\text{N}^2 - \sin^2 \varphi}.$$

La figure 126 représente l'appareil entier, dont la construction peut être comprise avec la description schématique précédente. On y voit le cylindre de verre G, et sur ce cylindre la plaque à étudier. L'angle limite est observé à l'aide d'une lunette qui, pour plus de commodité, est recourbée à angle droit et équilibrée avec un contrepoids. Le cercle vertical divisé sert à la mesure de l'angle φ.

Pour déterminer l'indice de réfraction des liquides, on place sur le cylindre massif un petit cylindre creux en verre, dans lequel on verse le liquide à étudier. Les rayons lumineux horizontaux pénètrent dans l'appareil par la paroi latérale du cylindre creux.

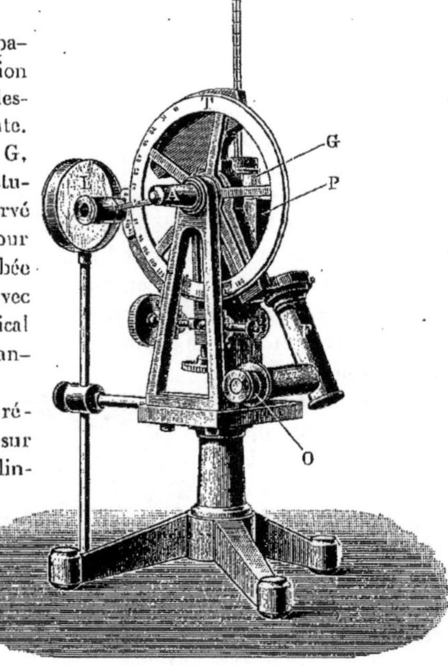

Fig. 126

La figure 127 représente une modification intéressante du réfractomètre de

Pulfrich. La plaque à étudier K est posée sur un anneau M, qui se trouve à l'intérieur d'un liquide très réfringent. Les rayons lumineux tombant horizontalement sont renvoyés vers le bas, par le miroir S, et ensuite dans une

direction horizontale vers K, par la surface parfaitement polie de l'anneau P. Après réfraction, ils pénètrent dans le liquide, en formant avec une droite verticale un angle correspondant à la réflexion totale.

La figure 127 représente le cas où la plaque K est tirée d'un cristal biréfringent (voir le Chapitre sur la double réfraction).

En 1896, Pulfrich a considérablement perfectionné son réfractomètre et a introduit entre autres un dispositif, qui permet de modifier la température du liquide étudié, et de déterminer avec une grande précision sa dispersion.

La figure 128 représente le *réfractomètre pour cristaux* construit par Abbe, d'après le principe de Pulfrich, et décrit par Czapski. Les diverses

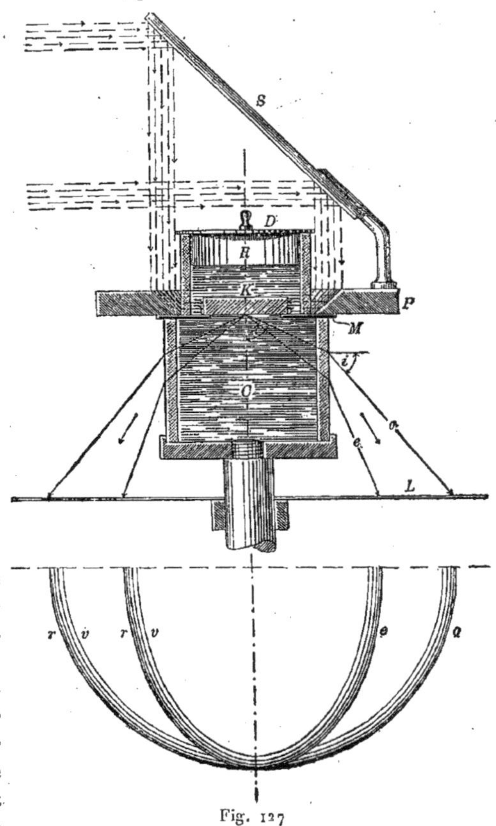

Fig. 127

parties de l'appareil ne sont pas représentées dans la position qu'elles occupent pendant l'observation. Le cylindre est remplacé par une demi-sphère K de flint-glass, sur la surface plane de laquelle est posé le corps à étudier. Les rayons réfléchis par le miroir Sp (qui doit être élevé plus haut) rasent la surface horizontale de K et sortent de cette demi-sphère, en formant l'angle φ avec sa surface. La lunette ObGPPFfOc sert à observer ces rayons et à mesurer l'angle φ ; elle est fixée au cercle gradué VV, dont on lit les divisions avec un vernier N et une loupe L. Pendant les observations, le cercle et la lunette doivent bien entendu être tournés de plus de 90°, à partir de la position qu'ils occupent sur la figure 128, pour que la lunette ne soit pas dirigée vers le bas, mais vers le haut, et placée au-dessous de l'axe Ff.

D'autres perfectionnements ont été apportés à cet appareil par Pulfrich en 1899 et par Leiss en 1902. Sous sa dernière forme, l'appareil permet de déterminer l'indice de réfraction de débris de cristaux, dont la surface n'a pas plus d'un millimètre carré.

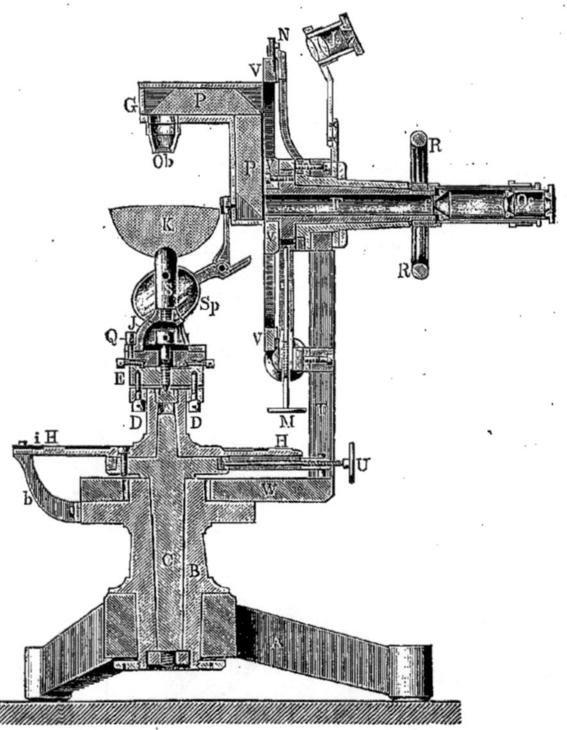

Fig. 128

Pulfrich a construit en 1899 un *autre réfractomètre*. Il sert à la détermination de l'indice de réfraction n des liquides, auxquels on donne la forme d'un prisme à angle réfringent *variable*, choisi chaque fois de façon qu'un rayon rasant une face du prisme rencontre la seconde face sous un angle droit. La partie principale de l'appareil est représentée par la figure 129, dans deux positions. Une face du prisme liquide est formée par la surface de la plaque de verre B, l'autre par la base plane du cylindre de verre G fixé à l'objectif de la lunette. Celle-ci tourne autour d'un axe horizontal, perpendiculaire au plan de la figure. L'angle e que forme l'axe de la lunette avec la direction verticale, quand le rayon rasant se propage le long de l'axe, peut être mesuré. On voit facilement que $n = 1 : \sin e$ et que l'indice de réfraction de la plaque B ne joue aucun rôle. La figure 130 donne la vue extérieure de l'appareil ; on

voit ici la lunette F, dont l'inclinaison se mesure sur l'arc gradué S ; la lentille B dirige les rayons vers la face inférieure de la plaque de
verre, sur laquelle se trouve le liquide étudié.

VII. Autres réfractomètres. — Nous citerons encore,
parmi les autres réfractomètres, le réfractomètre du
système d'Eykman, décrit par Leiss (1899),
et celui d'Hallwachs, qui sert surtout à la
mesure de la différence de deux indices de
réfraction très voisins l'un de l'autre,
par exemple, des indices d'un dissol-

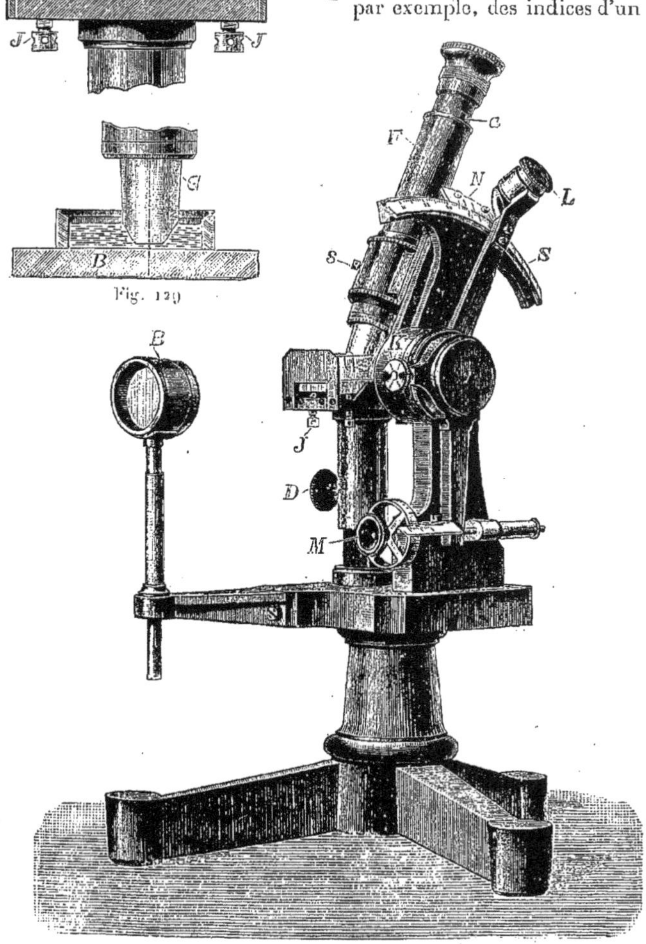

Fig. 129

Fig. 130

vant et d'une dissolution très faible.

5. Réfractomètre de Piltschikoff. — Les parties principales de ce réfractomètre sont les suivantes : L (*fig.* 131) est une lentille creuse en crown-
glass, dans laquelle est placée une petite quantité de la substance à étudier ;
e est un écran présentant trois petites fentes, sur lesquelles la lentille convergente A concentre une vive lumière : l'écran se trouve lui-même au foyer
principal de la lentille C. La face plane de la lentille L est recouverte d'une

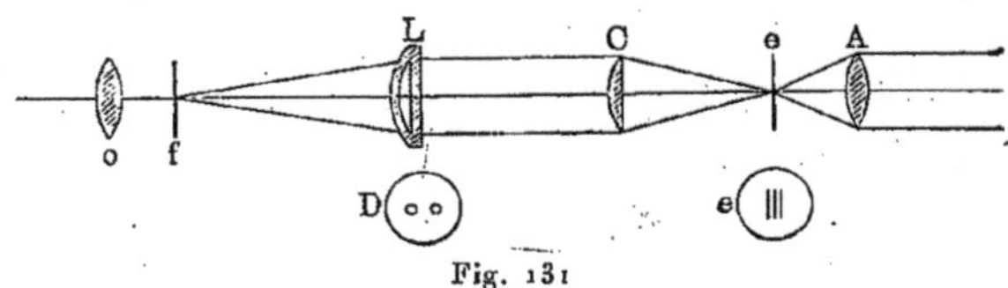

Fig. 131

feuille opaque D, percée de deux trous. En *f* se trouve un écran en verre mat,
que l'on observe avec la loupe O. Si *f* ne se trouve pas au foyer principal
de L, chacun des trous de D donne une image distincte sur *f* des trois fentes
de *e*. Les deux images doivent se confondre, ce qui permet de placer très
exactement l'écran *f* au foyer de L et par suite de mesurer, avec une très
grande précision, sa distance focale principale F.

En laissant de côté l'effet des parois de verre de L, on peut écrire, d'après
la formule générale (51), page 167, à l'égard de la distance focale F de la
lentille, la relation suivante

$$n = A + \frac{B}{F}.$$

Si on mesure F, quand L est rempli successivement avec deux liquides, dont
on connaît à l'avance les indices de réfraction, on trouve une fois pour toutes
les constantes A et B de l'appareil, et on peut se servir de la formule précédente pour déterminer la valeur de *n* relative à tout autre liquide, aussitôt
que l'on a mesuré F.

La lentille vide L a également une certaine distance focale qu'il faut mesurer au préalable. Nous n'entrerons pas dans plus de détails à ce sujet.

6. Variation de l'indice de réfraction avec l'état de la substance.
— Après avoir examiné les méthodes de détermination de l'indice de réfraction, nous allons considérer les résultats mêmes des mesures. L'indice de
réfraction (absolu) dépend de la *nature de la substance isotrope*, de son *état
physique* (pression et température), et en outre de la nature des radiations,
c'est-à-dire de la *longueur d'onde* λ *des rayons dans l'éther libre*. Cette dernière
dépendance est la source du groupe important des phénomènes de *dispersion*,
que nous considérerons dans le Chapitre suivant. Nous examinerons ici comment la grandeur *n* dépend, pour une *radiation donnée*, des propriétés de la
substance réfringente.

Les corps qui ont la plus grande densité *d* possèdent en général aussi le
plus grand indice de réfraction *n*. On trouve cependant des exceptions notables
à cette règle, comme le montrent les nombres suivants :

Substance	d	n
Quinoline	1,0947	1,6094
Iodure de propyle	1,7427	1,5008
Benzol monoiodé C^6H^5I	1,8300	1,6124
Iodure de méthyle	2,2582	1,5243

Il existe trois formules principales, proposées à des époques différentes, pour exprimer la *relation qui lie l'indice de réfraction n à la densité d de la substance*. Ce sont les suivantes :

$$(5) \qquad p_1 = \frac{n-1}{d} = const.,$$

$$(6) \qquad p_2 = \frac{n^2-1}{d} = const.,$$

$$(7) \qquad p_3 = \frac{n^2-1}{n^2+2} \cdot \frac{1}{d} = const..$$

Les deux premières ont déjà été mentionnées à la page 209.

La seconde des formules précédentes ($p_2 = $ const.) est due à NEWTON ; LAPLACE en a donné une démonstration plus rigoureuse, en partant de la théorie de l'émission. GLADSTONE et DALE ont établi pour la première fois, en la déduisant de leurs expériences, la première formule ($p_1 = $ const.). Enfin, la troisième ($p_3 = $ const.) a été trouvée presque simultanément par L. LORENZ (de Copenhague) et H. A. LORENTZ (de Leyde), en suivant des voies tout à fait différentes ; le dernier l'a déduite de la théorie électromagnétique de la lumière, le premier d'une hypothèse originale sur la propagation de l'énergie rayonnante à l'intérieur de la matière.

Remarquons que les trois lois précédentes sont en quelque sorte identiques *pour les gaz* ; comme nous l'avons déjà montré (page 209), on peut poser pour les gaz $p_2 = 2p_1$, à cause de la petitesse de $n-1$; on établit facilement aussi que, dans le même cas, $p_3 = \frac{2}{3}p_1$; l'invariabilité de l'une des grandeurs p entraîne par suite celle des deux autres ; avec des mesures très précises. ceci a naturellement cessé d'être exact.

MASCART, CHAPPUIS et RIVIÈRE, PERREAU, BENOIT, CARNAZZI et, en dernier lieu, GALE (1902), MAGRI (1904) et W. KAYSER (1904), ont étudié l'influence de la pression sur la grandeur n, *pour différents gaz*. GALE a trouvé que les grandeurs p_1 restent effectivement constantes jusqu'à 20 atmosphères ; le même résultat avait été antérieurement trouvé par CHAPPUIS et RIVIÈRE, BENOIT, et d'autres. Les mesures très exactes de MAGRI, qui ont été menées jusqu'à une pression de 193 atm., ont montré que pour l'*air*, on a seulement $p_3 = const.$, tandis que p_1, et, à un degré encore plus élevé, p_2 changent quand la pression croît. PERREAU a étudié la grandeur $(n-1) : H$, où H désigne la pression du gaz ; nous avons déjà indiqué à la (page 210), qu'il a trouvé pour $(n-1) : H$ une fonction linéaire de H. KAYSER a mesuré, pour l'air, CO, SO^2 et H^2, la grandeur $c = \Delta n$, qui correspond à $\Delta H = 1$ mm. de Hg, et en outre pour une pression H *inférieure* à une atmosphère (de $H = 20^{mm}$ à $H = 760^{mm}$); si $(n - 1) : H$ est constant, c devrait aussi être constant. On avait $c = const.$ seulement pour H^2; pour les autres gaz, c était une fonction linéaire de la pression.

V. von Lang a trouvé, *pour l'air*, la relation suivante entre la grandeur n et la température :

$$n_t = n_0 - 0,0^6905\ t + 0,0^8235\ t^2.$$

Walker (1903) a déterminé le *coefficient de température* β de n pour l'air, H^2, CO^2, AzH^3 et SO^2, entre $10°$ et $100°$; il a obtenu

	Air	H^2	CO^2	AzH^3	SO^2
$\beta =$	0,00360	0,00350	0,00380	0,00390	0,00416

Si on compare les valeurs de n, *pour une même substance à l'état liquide et à l'état gazeux*, on trouve que la formule $p_3 = const.$ correspond incomparablement mieux aux observations que les deux autres. Lorentz et Prytz l'ont montré pour 17 substances, parmi lesquelles nous citerons les suivantes :

Substance	$\dfrac{n^2 - 1}{n^2 + 2} \cdot \dfrac{1}{d}$		$\dfrac{n - 1}{d}$	
	Liquide	Vapeur	Liquide	Vapeur
Eau	0,2061	0,2068	0,3246	0,3102
CS^2	0,2805	0,2898	0,4645	0,4347
Alcool éthylique . .	0,2804	0,2825	0,4438	0,4238
Ether éthylique. . .	0,3026	0,3068	0,4800	0,4602

Liveing et Dewar ont trouvé des faits très remarquables. On a, pour *l'oxygène liquide*, $n = 1,222$ (pour les rayons verts); ceci donne $p_3 = 0,1242$, tandis que l'on a $p_3 = 0,1263$ pour l'oxygène gazeux. Dewar a trouvé $n = 1,12$ pour *l'hydrogène liquide*, tandis que la valeur théorique devrait être $n = 1,11$, si l'on admet que p_1 a la même valeur pour l'hydrogène gazeux ($d = 0,000091$, $n = 1,00014$) et pour l'hydrogène liquide ($d = 0,07$). On trouve la même concordance pour l'azote gazeux et l'azote liquide.

Toutefois, si la densité d *d'un liquide donné* change par suite d'une variation de *température* ou de *pression*, on trouve que c'est la première formule ($p_1 = const.$) qui concorde le mieux avec les résultats des observations. Il résulte des expériences de Ketteler que, pour CS^2, on devrait remplacer le nombre 2, au dénominateur de l'expression de p_3, par le nombre 4,2, afin d'amener la formule $p_3 = const.$ à concorder avec les observations.

La formule $p_2 = const.$ ne se vérifie pas non plus dans le cas où *la densité d du liquide varie avec la température.* On le voit par les exemples suivants :

Substance	t^0	$\dfrac{n^2 - 1}{d}$	$\dfrac{n - 1}{d}$
Eau.	1^0	0,7495	0,3227
	48^0	0,7486	0,3227
CS²	11^0	1,4782	0,5694
	$36^0,5$	1,4599	0,5669
Alcool.	12^0	1,0472	0,4426
	28^0	1,0396	0,4423

La densité d de l'eau a un maximum à 4°; ici aucune des trois formules n'est vérifiée, car n n'a pas de maximum à 4°, mais continue à croître quand la température diminue, comme l'ont montré JAMIN (1856), RÜHLMANN, WALTER, GLADSTONE et DALE, et enfin CONROY (1896) ; par contre, la dérivée $\dfrac{dn}{dt}$ éprouve manifestement une variation brusque à 4°. PULFRICH a trouvé que n a un maximum à — 1°,5 pour l'eau surfondue.

Il résulte des expériences de nombreux observateurs et, en particulier, de QUINCKE, que la formule $p_1 = const.$ se vérifie entièrement dans le cas où *la densité d d'un liquide varie par compression.*

FLATOW (1903) a déterminé la grandeur n relative à l'*eau*, pour toute une série de radiations visibles et *ultra-violettes* (jusqu'à $\lambda = 0^\mu,214$) et à des températures entre 0° et 80°; de même pour le *sulfure de carbone* entre — 10° et + 40°. Il a trouvé qu'aucune des deux formules $p_1 = const.$ et $p_3 = const.$ ne correspond aux résultats de ses mesures.

F. POCKELS (1902) a étudié différentes sortes de verres (de SCHOTT d'Iéna) et a trouvé que, *quand d varie par suite d'une compression uniforme dans toutes les directions, aucune des trois formules précédentes ne correspond à la relation réelle qui lie n et d.*

La question de savoir si l'on peut considérer comme constante, la grandeur p_1, appelée parfois *pouvoir réfringent*, n'est pas encore définitivement résolue.

Comme n dépend, dans chaque cas, de la nature de la radiation, c'est-à-dire de la longueur d'onde λ, la question s'est posée de savoir si p_1 ne serait pas constant seulement pour $\lambda = \infty$. Nous verrons, dans le Chapitre suivant, que la formule de CAUCHY

$$n = A + \frac{B}{\lambda^2} + \frac{C}{\lambda^4},$$

exprimant la relation qui lie la grandeur n à la longueur d'onde λ, s'applique à quelques substances, dans certaines limites. Si l'on détermine n pour plusieurs radiations, dont les longueurs d'onde λ sont connues, on peut trouver A, c'est-à-dire la valeur limite de l'indice de réfraction, quand la longueur d'onde croît indéfiniment. En introduisant la valeur de A à la place de n, dans l'une des trois formules (5), (6) ou (7), on avait espéré obtenir une meilleure concordance avec les observations ; mais les expériences de Wüllner ont montré que la grandeur $\dfrac{A-1}{d}$ varie aussi avec la température ; ainsi Wüllner a trouvé, pour CS^2 par exemple,

$$\frac{A-1}{d} = 0,46496 - 0,0000424\,t.$$

Rühlmann a trouvé également que le rapport $(A-1):d$ diminue, *pour l'eau*, quand la température croît.

Les tentatives que l'on a faites, pour exprimer par d'autres formules comment varie l'indice de réfraction avec l'état de la substance, n'ont jamais conduit à aucun résultat satisfaisant. Telles sont, par exemple, la formule de Joubt qui, dans la formule (5) $p_1 = const.$, a remplacé n par $\sqrt{n}$, et la première formule de Ketteler, qui a remplacé, au dénominateur de la formule (7) $p_3 = const.$, le nombre 2 par le nombre x, à déterminer empiriquement pour chaque substance. Ketteler a établi ensuite théoriquement la formule beaucoup plus compliquée

$$(n^2 - 1)\,(v - \beta) = C\,(1 - x e^{-kt}),$$

dans laquelle $v = 1 : d$ désigne le volume spécifique de la substance, t la température, β, C, α et k des constantes, β représentant la partie du volume v qui est occupée effectivement par la matière. Ketteler a montré que sa formule correspond d'une manière tout à fait satisfaisante aux résultats des observations, pour l'eau, l'alcool et le sulfure de carbone. Nous indiquerons plus tard d'autres formules qui permettent de calculer n pour $\lambda = \infty$.

Hibbert a proposé la formule plus simple $(n^2 - 1)\,(v - \beta) = const.$ Zecchini, Eykmann et Edwards ont établi également des formules différentes.

Beaucoup d'observateurs ont exprimé, par diverses formules empiriques, la relation qui lie l'indice de réfraction n à la température t, pour plusieurs substances. Ainsi Jamin a trouvé, pour l'eau par exemple,

$$n_t = n_0 - 0,0^4 12573\,t - 0,0^6 1929\,t^2.$$

Bender (1899) donne, comme indice de réfraction de *l'eau*, pour les trois raies H_α, H_β et H_γ de l'hydrogène, entre les limites $t = 10°$ et $t = 40°$,

$$n = n_0 - 0,0^4 2258\,t - 0,0^5 1676\,t^2,$$

et entre $t = 40°$ et $t = 70°$,

$$n = n'_0 - 0,0^4 2372\,t - 0,0^5 1632\,t^2 ;$$

on a, pour H_α par exemple,

$$n_0 = 1,3323004, \qquad n'_0 = 1,3319977.$$

Bender a en outre déterminé d'une manière très précise la relation qui existe entre n et t, pour des solutions de KCl et $NaCl$ dans l'eau.

L'influence qu'un *changement de température* exerce sur l'indice de réfraction d'un *corps solide* est en général moindre que l'influence d'un tel changement sur la densité de ce corps ; il ne peut par suite être question d'invariabilité de la grandeur $p_1 = (n - 1) : d$. Les expériences de Fizeau ont montré que n *augmente*, pour beaucoup de corps solides, quand la température t croît ; il en est ainsi pour de nombreuses sortes de verres, pour le diamant, la topaze, le spath calcaire, etc. Pour le crown-glass, n ne dépend que très peu le la température, et pour quelques corps, le spath fluor, par exemple, et beaucoup de substances cristallines, n *diminue*, quand la température croît.

Pulfrich a étudié *différentes sortes de verres* et a expliqué le premier les anomalies apparentes qu'elles manifestent, en montrant que l'indice de réfraction n varie pour deux raisons, quand la température t croît : en premier lieu, d *diminue* et n *diminue* en même temps; en second lieu, l'absorption des radiations dans les parties violette et ultra-violette du spectre *augmente* et ceci entraîne, comme nous le verrons, un *accroissement* de n, dans l'autre partie visible du spectre. Suivant la cause qui l'emporte, on observe la variation correspondante de la grandeur n. Vogel, Dufet, Reed, Michéli et d'autres ont également cherché comment n varie avec t, pour les corps solides. Pulfrich et Pockels ont trouvé qu'on doit distinguer, pour chaque changement de température, deux actions indépendantes l'une de l'autre : *l'action pure de la densité* et *l'action pure de la température*. Martens (1904) a essayé de déterminer, pour le quartz amorphe, l'action pure de la température.

Damien a comparé les valeurs de n, pour des substances à l'état solide et à l'état liquide (en surfusion) à une même température, et il a obtenu entre autres ce résultat remarquable : la grandeur $\dfrac{A - 1}{d}$ a la même valeur numérique, *pour le phosphore solide et le phosphore liquide*.

Kučera et Forch ont déterminé n, pour quelques alcools et éthers, entre $0°$ et $-70°$, et n'ont observé aucune irrégularité particulière, tandis que la constante diélectrique (voir § **10**) de ces substances en présente.

7. Pouvoir réfringent des mélanges et des solutions. — On a exprimé comment l'indice de réfraction N de différents mélanges dépend des indices de réfraction n_i de leurs parties constituantes et des quantités relatives de ces dernières, par l'une des formules suivantes :

$$(8) \qquad P\,\frac{N - 1}{D} = \sum P_i\,\frac{n_i - 1}{d_i},$$

$$(9) \qquad P\,\frac{N^2 - 1}{D} = \sum P_i\,\frac{n_i^2 - 1}{d_i},$$

$$(10) \qquad P\,\frac{N^2 - 1}{N^2 + 2}\cdot\frac{1}{D} = \sum P_i\,\frac{n_i^2 - 1}{n_i^2 + 2}\cdot\frac{1}{d_i},$$

en admettant que le pouvoir réfringent des mélanges est une propriété additive (T. I, Cinquième Partie, chap. VI, § **1**), et en prenant, pour mesure de ce pouvoir, l'une des grandeurs p_1, p_2 ou p_3. P_i désigne le *poids* de la partie du mélange à laquelle se rapportent les grandeurs n_i et d_i ; P est le poids du mélange ($P = \Sigma P_i$) et D sa densité.

Le premier qui s'est occupé de cette question est Hoek qui, comme Schrauf, utilisa la formule (9). Plus tard, Landolt montra que la relation (8) peut s'appliquer à différents mélanges d'alcools et d'acides. Wüllner a étudié des mélanges d'eau et de glycérine, ainsi que d'alcool et de sulfure de carbone; il a trouvé que la formule (8) donne pour N des valeurs qui présentent, relativement aux grandeurs directement observées, des écarts notablement supérieurs aux erreurs inévitables d'observation. Les recherches de Schütt sur des mélanges de bibromure d'éthylène et d'alcool propylique ont donné le même résultat ; Schütt trouva que la formule (10) concorde bien mieux que la formule (8) avec les observations.

Kowalski et Modzelewski ont trouvé que les relations (8) et (10) s'accordent bien avec les observations, pour des mélanges d'alcool éthylique et de benzol ou de toluol, ainsi que de chloroforme et d'éther. Ce résultat a été confirmé relativement à la formule (8) par Zitowitsch (1904), pour des mélanges d'éther et de chloroforme.

Damien a trouvé que des mélanges d'eau et de glycérine, et Leduc (1902) que des mélanges d'eau et d'alcool satisfont à la relation (8) ; au contraire Aubel a reconnu, d'après les mesures de Dauue et de Jonst, que cette relation ne s'appliquait ni à des mélanges d'eau et d'acétone, ni à des mélanges d'aniline et d'alcool éthylique.

Pulfrich a apporté une correction très intéressante à la formule (8), en tenant compte de la contraction qui accompagne les mélanges de liquides. Si v_1 et v_2 sont les volumes des liquides à mélanger et V le volume du mélange, on appelle

$$c = \frac{v_1 + v_2 - V}{v_1 + v_2}$$

le coefficient de contraction. Pulfrich a calculé la grandeur R_v déterminée par la formule

$$R_v = \frac{(n_1 - 1) v_1 + (n_2 - 1) v_2}{v_1 - v_2}$$

et a trouvé qu'elle diffère de la grandeur $R = N - 1$ trouvée par l'observation. On obtient ainsi une certaine grandeur

$$k = \frac{R - R_r}{R},$$

qui est analogue au coefficient c. Pulfrich a trouvé que k est proportionnel à c; en posant par suite $k = \alpha c$, on obtient la relation

$$(N - 1) \, V \, \frac{1 - \alpha c}{1 - c} = (n_1 - 1) v_1 + (n_2 - 1) v_2,$$

ou, après introduction des poids,

$$(11) \qquad P \, \frac{N - 1}{D} \cdot \frac{1 - \alpha c}{1 - c} = P_1 \, \frac{n_1 - 1}{d_1} + P_2 \, \frac{n_2 - 1}{d_2}.$$

Cette relation concorde mieux que (8) avec les observations. Dans le cas où c est négatif (alcool et CS^2), on obtient aussi une valeur négative pour k.

Pour des solutions de sels *dans l'eau*, on peut exprimer n par une formule empirique de la forme

$$n = n_0 + ap + bp^2 + cp^3,$$

où n_0 est l'indice de réfraction de l'eau pure, p le poids de sel contenu dans 100 parties d'eau. BEER et KREMERS, HOFMANN et BÖRNER ont déterminé les valeurs numériques des grandeurs a, b et c pour différentes solutions.

BÖRNER a cherché jusqu'à quel point la relation (8) est applicable pour les solutions de différents sels dans l'eau, en introduisant, à la place de N et de n, les constantes correspondantes A et a de la formule de CAUCHY. Il a trouvé que la formule correspond alors très bien aux résultats des observations. BERGHOFF a montré que la relation (11) est applicable à des solutions de S et de P dans CS^2. RUDOLPHI a étudié des solutions d'hydrate de chloral dans l'eau, l'alcool et le toluol. On peut dire qu'en général aucune des formules considérées ne donne la valeur exacte de n pour une solution, quand on connaît les valeurs de n pour le dissolvant et la substance dissoute.

WALTER (1889) a employé la formule plus simple

$$n = n_0 + aP,$$

où P désigne le poids du sel contenu dans 100 parties de la *solution*. Cette formule a été confirmée par BREMER (1901), pour les solutions de $CaCl^2$. WALLOT (1903) a montré que la formule précédente était peu utilisable et a établi théoriquement la formule (8). CHÉNEVEAU (1904) a trouvé également que, pour 35 solutions, la formule de WALTER n'est pas applicable. De même qu'AUBEL, il a étudié théoriquement, dans une série de travaux ultérieurs, la réfraction de la lumière dans les solutions. CHÉNEVEAU a trouvé que la grandeur $n - n_0$ est proportionnelle à la concentration, n_0 étant l'indice de réfraction du milieu dissolvant, calculé par les formules (3) ou (5).

DUFET a trouvé que la formule (8) peut être employée pour les *cristaux*, qui sont un assemblage de cristaux isomorphes (T. I, sixième partie, chap. I, § 8).

CHRISTIANSEN a étudié des mélanges de *liquides* et de *poudres* et I. SCHTSCHÉ-GLIAIEFF l'*hydrophane*, minéral qui absorbe l'eau et devient alors complètement transparent. Pour beaucoup des mélanges précédents, comme pour l'hydrophane, n peut se calculer à l'aide d'une formule analogue à (8), en remplaçant toutefois les poids par les volumes du mélange et de ses parties constituantes.

8. Réfractions moléculaire et atomique. — Le produit de l'une des trois grandeurs p (page 223), par le poids moléculaire d'une combinaison, s'appelle la *réfraction moléculaire* ou le *pouvoir réfringent moléculaire*. Les recherches de LANDOLT, SCHRAUF, BRÜHL, KANONNIKOFF et d'autres encore ont montré qu'on peut, en attribuant à chaque élément une certaine *réfraction atomique* déterminée, énoncer la règle plus ou moins générale suivante : *le pouvoir réfringent moléculaire d'une combinaison chimique est égal à la somme des réfractions atomiques de ses parties constituantes*. Toutefois, en premier lieu, la réfraction atomique dépend, pour quelques substances, du nombre des valences de l'atome dans la molécule, et, en second lieu, la règle précédente est loin d'être exacte dans tous les cas. Il résulte de cette règle que, pour des substances *isomères*, la grandeur p doit avoir une même valeur numérique.

Ceci se vérifie en effet approximativement pour beaucoup de ces substances. Ainsi, par exemple, LANDOLT, en rapportant la réfraction au terme A de la formule de CAUCHY (page 225), a trouvé les valeurs suivantes :

$$\dfrac{A-1}{d}$$

$$C^3H^6O^2 \begin{cases} \text{Acide propionique} & \ldots \ldots \ldots \quad 0{,}3785 \\ \text{Acétate de méthyle} & \ldots \ldots \ldots \quad 0{,}3889 \\ \text{Formiate d'éthyle} & \ldots \ldots \ldots \quad 0{,}3866 \end{cases}$$

BRÜHL, KANONNIKOFF et d'autres ont trouvé des résultats semblables. Citons un exemple, pour des *polymères*, d'après LANDOLT :

$$\dfrac{A-1}{d} \qquad \dfrac{A-1}{d}M$$

$$C^3H^6O, \text{ Acétone} \ldots \ldots \quad 0{,}4405 \qquad 25{,}55$$
$$C^6H^{12}O^2, \text{ Acide caproïque} \ldots \quad 0{,}4359 \qquad 50{,}56$$

Ici, M désigne le poids moléculaire, qui, dans le second cas, est deux fois plus grand que dans le premier.

Si l'on prend la grandeur

$$r = M\,\frac{n-1}{d}$$

pour mesure du pouvoir réfringent, on doit, d'après HAGEN, prendre les nombres suivants pour la réfraction atomique :

H 1,3,   Br 15,3,   O 3,   C 5,   Cl 9,8,   I 26,   S 16,   Az 4,1.

Si on en déduit le pouvoir réfringent moléculaire, on obtient les valeurs suivantes pour r :

Substance	r	
	Observé	Calculé
Alcool méthylique	13,17	13,20
Alcool éthylique.	20,70	20,80
Alcool propylique	28,30	28,40
Alcool butylique.	36,11	36,00
Alcool amylique.	43,89	43,60
Aldéhyde	18,58	18,20
Ether	36,26	36,00
Glycérine.	34,32	34,40
Acide lactique	31,81	31,80
Eau.	5,96	6,12

GLADSTONE a déterminé à nouveau en 1896 la réfraction atomique r des éléments. Il trouve que le produit de $(n-1) : d$ par la racine carrée du poids de l'équivalent du corps simple (par exemple, $\sqrt{28}$ pour Fe) est une grandeur constante, voisine de 1,3 pour les éléments monoatomiques et de 1,01 pour les éléments polyatomiques. Pope a trouvé que la règle énoncée s'applique aussi aux corps *solides* inorganiques ; voici quelques-uns des nombres qu'il a indiqués pour la réfraction atomique :

Na 4,1 , Li 4,45, K 7,64, Mg 8,81, Pb 30,02, Zn 12,40, Cu 13,52, AzO³ 13,47, SO⁴ 17,04, H²O (eau cristallisée) 5,7.

On en déduit, par exemple, pour le sel $K^2Mg(SO^4)^2 + 6H^2O$, comme réfraction moléculaire, la valeur 92,45, qui concorde entièrement avec les observations.

Le Blanc et Rohland ont étudié l'influence de la dissociation, dans des solutions faibles, sur l'indice de réfraction. Ils ont trouvé, en particulier, que l'hydrogène (ion) libre dans la solution a un pouvoir réfringent plus grand que l'hydrogène qui entre dans la composition de la molécule non dissociée.

Beaucoup d'expérimentateurs ont trouvé que la règle précédente se vérifie mieux, quand on prend comme mesure du pouvoir réfringent l'expression p_3, et que l'on mesure par suite la réfraction moléculaire au moyen de la grandeur

$$R = \frac{n^2 - 1}{n^2 + 2} \cdot \frac{M}{d},$$

où M est le poids moléculaire. On trouve alors pour les réfractions atomiques relatives aux radiations jaune (Na) et rouge (H), d'après Conrady :

Substance	Radiation jaune	Radiation rouge	Substance	Radiation jaune	Radiation rouge
H.	1,051	1,103	O²	1,683	1,655
Cl	5,998	6,014	O″	2,287	2,328
Br	8,927	8,863	C⁰	2,592	—
I.	14,12	13,808	C′	2,501	2,365
O′	1,521	1,506	=	1,707	1,836

Ici O′ se rapporte à l'oxygène dans l'oxhydrile, O² à l'oxygène uni à deux atomes de carbone dans l'éther, O″ à l'oxygène du carbonyle, C′ à l'atome de carbone qui se trouve combiné, C⁰ à l'atome de carbone isolé. Les nombres 1,707 ou 1,836 doivent être ajoutés pour chaque valence double des atomes de carbone dans la molécule. Citons deux exemples. On a, pour le benzol (C⁶H⁶) et pour la radiation rouge

$$
\begin{aligned}
6\,C′. \quad & . \quad . \quad . \quad . \quad . \quad . \quad . \quad 2,365 \times 6 = 14,190 \\
6\,H. \quad & . \quad . \quad . \quad . \quad . \quad . \quad . \quad 1,103 \times 6 = 6,618 \\
3 \text{ valences doubles} \quad & . \quad . \quad . \quad . \quad 1,836 \times 3 = 5,508 \\
\hline
& = 26,32
\end{aligned}
$$

Les expériences donnent $n = 1,4967$, $d = 0,8799$, $M = 78$, et par suite

R = 25,93. Pour l'acétone $CO(CH^3)^2$ et la radiation jaune, on a $3C' + 6H + O'' = 16,10$; l'observation donne R = 16,09.

Il est important de remarquer que, pour H et Cl *libres*, on obtient immédiatement 1,05 et 5,78, comme pouvoirs réfringents atomiques, ce qui concorde bien avec les nombres cités plus haut.

HAUKE (1896) et BROMER (1901) ont publié des recherches détaillées sur les réfractions atomiques de différents éléments, surtout sur celles des métaux. LIVEING et DEWAR ont trouvé, pour *l'azote liquide* à — 190°, la densité $d = 0,89$ et $n = 1,2053$; ceci donne R = 2,063. BRÜHL a obtenu, pour *l'azote gazeux* libre, R = 2,21, et, pour la réfraction atomique de l'azote entrant dans les différentes combinaisons de ce corps, des valeurs variant de 2,27 à 2,50. Pour *l'oxygène liquide*, LIVEING et DEWAR ont trouvé $n = 1,2236$, OLSZEWSKI et WITKOWSKI $n = 1,2227$ (relativement à la radiation jaune). Ces déterminations ont été faites suivant la méthode de E. WIEDEMANN ou de TERQUEM et TRANNIN (page 215).

On peut trouver une exposition très détaillée de tout ce qui se rapporte à la question de la réfraction moléculaire dans GRAHAM-OTTO's *Lehrbuch der Chemie*, I, 3, Chap. VI, article de E. RIMBACH, pages 567 à 665, Braunschweig, 1898.

9. Réfraction dans les métaux. KUNDT a déterminé le premier (1888) l'indice de réfraction n des rayons lumineux dans les métaux. Il réussit à construire des plaques très minces en forme de coin d'Ag, Au, Cu, Fe, Ni, Pt et Bi, dont l'angle réfringent variait entre 11″ et 51″. Dans l'*incidence normale* du rayon, on peut calculer n à l'aide de la formule [voir (21), page 150]

$$n = \frac{\varepsilon + A}{A},$$

où ε désigne la déviation du rayon, dans son passage à travers le prisme. Quand un rayon tombe sur le prisme sous l'angle φ, n s'exprime, *pour les métaux*, par une formule assez compliquée, qui peut toutefois être remplacée, dans la plupart des cas, par la formule plus simple

$$(12) \qquad n = \frac{\varepsilon + A}{A} \cos \varphi.$$

KUNDT a déterminé n pour trois espèces de radiations, pour le rouge, le jaune et le bleu. Ses premières mesures ont donné les valeurs suivantes :

Substance	Radiation rouge n	Radiation jaune n	Radiation bleue n
Argent	—	0 27	—
Or	0,38	0 58	1,00
Cuivre	0,45	0,65	0,95
Platine	1,76	1,64	1,44
Fer	1,81	1,73	1,52
Nickel	2,17	2,01	1,85
Bismuth	2,61	2,26	2,13

Ce qui frappe le plus à la lecture de ces nombres, c'est que l'on a $n < 1$ pour Ag, Au et Cu, c'est-à-dire qu'*un rayon lumineux se propage plus vite dans* Ag, Au *et* Cu *que dans le vide.* Nous voyons en outre que, *dans* Pt, Fe, Ni *et* Bi, *l'indice de réfraction n est plus petit pour les rayons bleus que pour les rayons rouges,* de sorte que ces derniers sont plus fortement réfractés que les bleus. Nous avons affaire ici à la *dispersion anomale,* dont il sera question dans le Chapitre suivant. Si on désigne par le nombre 100 la vitesse de la lumière dans Ag, on obtient pour les autres métaux les nombres suivants :

Ag	Au	Cu	Pt	Fe	Ni	Bi
100	71	60	15,3	14,9	12,4	10,3.

Ces nombres correspondent à peu près aux valeurs relatives de la conductibilité électrique r des mêmes métaux ; Bi, pour lequel r est inférieur à 10, et Cu pour lequel il est voisin de 100, forment une exception. Il faut toutefois remarquer que la moindre impureté diminue considérablement la valeur de r pour le cuivre ; quant à Bi, le prisme de KUNDT était formé d'une substance non cristalline, tandis qu'on détermine r habituellement pour Bi cristallin.

Du Bois et RUBENS ont déterminé n pour Fe, Ni et Co, sous différents angles d'incidence φ, et ils ont trouvé que la formule (12) concorde parfaitement avec les observations. Plus tard, D. SHEA a étudié Ag, Au, Cu, Pt et Ni. Pour Co, Du Bois et RUBENS ont trouvé

	Radiation rouge	Radiation jaune	Radiation bleue
$n =$	3,10	2,76	2,39,

c'est-à-dire également une *dispersion anomale.*

Dans un second travail, KUNDT a étudié l'*influence de la température sur l'indice de réfraction n des métaux.* Il a trouvé que n augmente rapidement quand la température croît. Des recherches plus récentes de PFLÜGER (Ni, Au et Fe entre 20° et 100°), SISSINGH (Fe), DRUDE (Au, Ag, Pt jusqu'à 200°), ZEEMANN (Pt jusqu'à 800°) et KÖNIGSBERGER (Au, Ag, Fe, Ni, jusqu'à 360° et Pt jusqu'à 800°) ont montré, au contraire, que n *est indépendant de la température pour les métaux.*

Les recherches théoriques de VOIGT, DRUDE et autres ont établi que n *peut être calculé* pour les métaux, au moyen de la réflexion éprouvée par les rayons à la surface de ces métaux. Nous apprendrons à connaître, dans l'étude de la polarisation, les deux grandeurs suivantes : l'angle d'incidence principal Φ (angle de polarisation maxima) et l'azimut principal α ; ces deux angles peuvent être déterminés par observation directe. La théorie de la polarisation montre que les quatre grandeurs Φ, α, n et le coefficient d'absorption k sont liés par deux équations ; cela permet de calculer n, quand les angles Φ et α sont déterminés par des observations. Les formules exactes, dans ce calcul, sont très compliquées, mais elles peuvent être remplacées par des formules approchées plus simples ; l'une d'elles a la forme suivante

$$(12, a) \qquad n = \sin^2 \Phi \left(1 + \mathrm{tg}^2 \Phi \cos^2 2\alpha\right).$$

VOIGT, BEER, RUBENS, SHEA et plus particulièrement DRUDE et MINOR (1903) ont déterminé n par observation de la réflexion (Φ, α) ou de l'absorption (k) des rayons à la surface des métaux. Citons quelques résultats de ces calculs, en particulier dans le cas où n a été trouvé < 1 :

Métal des miroirs (BEER) : . . Radiation rouge D E violette
$n =$ 1,20 1,12 1,18 **0,91**

Aluminium (VOIGT :) . . . . Radiation C E G
$n =$ 1,48 1,11 **0,76**

Argent (KUNDT) : . . . . Radiation D, $n = $ **0,18**
Etain (VOIGT) : . . . . . Radiation C E G
$n =$ 1,52 1,01 **0,83**

Magnésium (DRUDE) : . . . : Radiation $\lambda = 0^\mu,63$ D
$n =$ **0,40** **0,37**

Alliage de Na et K. (DRUDE) : . Radiation D bleue
$n =$ **0,123** **0,148**

Sodium. Les mesures des angles Φ et α faites par DRUDE ont donné la valeur surprenante (pour la radiation D)

$$n = 0,0045,$$

qui indiquerait que la radiation D se propage 220 fois plus vite dans le sodium que dans le vide. La détermination de l'angle α ne peut pas, il est vrai, être effectuée ici exactement ; cependant DRUDE affirme qu'en tout cas n ne peut être supérieur à **0,054**.

MINOR (1903) a déterminé les indices de réfraction de l'acier, du cobalt, du cuivre et de l'argent, en particulier pour les radiations *ultra-violettes*, et il a obtenu les résultats suivants :

L'*acier* présente la *dispersion anomale*, avec un faible minimum pour $\lambda = 0^\mu,326$. Nous donnons quelques valeurs de n :

$\lambda = 0^\mu,630$ $0^\mu,550$ $0^\mu,450$ $0^\mu,361$ $0^\mu,326$ $0^\mu,298$ $0^\mu,226$
$n = 2,653$ 2,309   1,885   1,515   **1,367**   1,399   1,300

Le *cobalt* présente également la *dispersion anomale* :

$\lambda = 0^\mu,589$ $0^\mu,500$ $0^\mu,395$ $0^\mu,298$ $0^\mu,231$
$n = 2,120$ 1,930   1,627   1,500   1,100

Le *cuivre* possède la *dispersion anomale* :

$\lambda = 0^\mu,63$ $0^\mu,550$ $0^\mu,535$ $0^\mu,450$ $0^\mu,347$ $0^\mu,257$
$n = 0,562$ 0,892   1,004   1,131   1,190   1,401

L'*argent* présente dans le spectre visible la *dispersion anomale*, de $\lambda = 0^\mu,395$ à $0^\mu,280$ la dispersion normale, et ensuite jusqu'à $0^\mu,226$ de nouveau la *dispersion anomale* :

$\lambda = 0^\mu,589$ $0^\mu,395$ $0^\mu,329$ $0^\mu,318$ $0^\mu,280$ $0^\mu,226$
$n = 0,177$ **0,155**   0,518   1,015   **1,570**   1,406.

10. Pouvoir réfringent et constante diélectrique. — Nous avons déjà mentionné à la page 95 que la théorie électromagnétique de la lumière de Maxwell conduit à l'égalité

$$(13) \qquad n^2 = K,$$

dans laquelle n est la *valeur limite*, vers laquelle tend l'indice de réfraction des rayons pour une substance donnée, quand la longueur d'onde λ croît jusqu'à l'infini ; K est la constante diélectrique de la substance. Nous étudierons de plus près cette question dans la théorie de l'électricité ; nous dirons seulement ici que l'égalité (13), prévue par la théorie, est confirmée d'une manière éclatante par les recherches expérimentales. On peut, pour un très grand nombre de substances, choisir l'indice de réfraction n relatif à l'une quelconque des radiations visibles, car la grandeur K ne peut à beaucoup près être déterminée aussi exactement que n ; par suite, la relation $K = n^2$ n'est vérifiée qu'approximativement, dans les limites des erreurs probables d'observation, quelque radiation que l'on choisisse. Cependant, en 1888, Cohn et Arons, et ensuite S. Térescnine ont trouvé que l'on a approximativement $K = 80$ pour l'eau, tandis que l'indice de réfraction de l'eau oscille entre 1,331 et 1,344 pour les radiations visibles. On a également $K = 26$ pour l'alcool éthylique, tandis que n oscille entre 1,360 et 1,375. Il semblerait d'après cela que, pour les substances indiquées, il ne peut être question d'une relation telle que $K = n^2$, d'autant que, d'après la formule de Cauchy (page 225), on trouve, pour $\lambda = \infty$, une valeur de A, qui est naturellement plus petite que la valeur de n obtenue avec les radiations rouges extrêmes. Mais des expériences plus récentes d'Arons, Rubens, Ellinger et d'autres encore ont fait disparaître complètement ce désaccord apparent entre la théorie et les résultats d'expérience ; ils ont montré que la formule de Cauchy ne doit pas être employée pour les substances précédentes, et que des radiations de très grande longueur d'onde possèdent, dans ces substances, un indice de réfraction extrêmement grand, qui atteint, dans l'eau par exemple, la valeur $n = 9$. Les radiations électriques ont un tel indice de réfraction ; Ellinger a mesuré directement la réfraction des rayons électriques suivant la méthode de Hertz (page 200), dans un prisme rempli d'eau dont l'angle réfringent n'avait que quelques degrés ; Arons et Rubens ont également déterminé n, en mesurant la vitesse de propagation des radiations électriques dans l'eau. Ces expériences et beaucoup d'autres ont montré que la relation $K = n^2$ se vérifie en réalité, pourvu que l'on prenne la valeur de l'indice de réfraction qui convient à des radiations de très grande longueur d'onde.

Pour beaucoup de substances, n est égal à la grandeur A de la formule de Cauchy, qui est alors applicable. Mais il existe des substances, entre autres l'eau et l'alcool, qui possèdent, pour de grandes valeurs de λ, une dispersion anomale énorme ; dans ce cas, la valeur $n = \sqrt{K}$ doit être mesurée au moyen des radiations électriques.

Nous apprendrons à connaître, au § 3 du Chapitre suivant, la formule de Ketteler et Helmholtz, qui exprime n en fonction de λ ; elle diffère essentiellement de la relation de Cauchy par sa forme qui est

$$n^2 = a^2 + \frac{M}{\lambda^2 - \lambda_1^2} + \frac{N}{\lambda^2 - \lambda_2^2},$$

a, M, N, λ_1 et λ_2 désignant des constantes. Pour $\lambda = \infty$, elle donne la relation $n^2 = a^2$, et par suite nous devons avoir $K = a^2$; connaissant la valeur de n, pour différentes valeurs de λ, on peut déterminer a^2; c'est ainsi qu'ont opéré PASCHEN pour le spath fluor, RUBENS et NICHOLS pour le sel gemme, la sylvine, le flint-glass et le quartz; il a été constaté que les valeurs trouvées pour a^2 étaient en effet voisines des valeurs de K relatives à ces substances.

11. Valeurs numériques de l'indice de réfraction n. — Nous donnerons les valeurs numériques des indices de réfraction, pour quelques substances *isotropes*; la lettre D entre parenthèses désigne la *raie de* FRAUNHOFER, à laquelle se rapportent les valeurs indiquées de n :

Agate (D)	1,540	Cire (radiation rouge)	1,542
Succin (D)	1,532	Résine (radiation rouge)	1,531
Borax (D)	1,515	NaCl (D)	1,545
Diamant (D)	2,470	Phosphore (D)	2,144
Spath fluor (D)	1,433	Sel ammoniac (D)	1,642
Spermacéti (radiation rouge)	1,535	Sélénium (D)	2,98

Eau (D) 3°,5	1,3348	Air (D)	1,000294
» 15°,25	1,3339	AzH^3	1,000373
» 100°	1,3194	Cl	1,000773
CS^2 (D) 20°	1,6276	CCl^4	1,00178
Benzol (D) 20°	1,5003	HCl	1,00045
Aniline (D) 20°	1,586	CO^2	1,00045
Alcool éthylique (D) 20°	1,3616	S (vapeur)	1,00163
Chloroforme (D) 20°	1,4462	CS^2 (vapeur)	1,00148
Ether (D) 15°	1,3580	H^2O (vapeur)	1,00025
Baume de Canada (rad. rouge)	1,528	H^2	1,00014
Glycérine (D) 20°	1,473		

Les indices de réfraction de *différentes sortes* de verres seront indiqués dans le Chapitre suivant.

Nous citerons encore, parmi les substances qui réfractent beaucoup les rayons lumineux, les suivantes :

Tétrabromure d'acétylène, $C^2H^2Br^4$	1,638	Bromure de phosphore	1,68
Benzylaniline, $C^{13}H^{13}Az$	1,612	Tribromure d'arsenic	1,78
Naphtaline monobromée, $C^{10}H^7Br$	1,658	Sulfure de carbone, CS^2	1,628
Quinoléine, C^9H^7Az	1,633	Pipérine	1,681
Diméthylnaphtaline, $C^{12}H^{12}$	1,617	Iodure de méthyle	1,743
Huile de cassia	1,60	S dans le biiodure de méthyle	1,778
Bichlorure de soufre, SCl^2	1,653	P dans le biiodure de méthyle	1,944
Aldéhyde de cannelle C^9H^8O	1,62	P dans CS^2	1,95
Sulfure de phényle $C^{12}H^{10}S$	1,62	P^2S et P^4S (environ)	2,0
		Iodure de mercure dans l'aniline ou la quinoléine, (environ)	2,2

Presque tous ces nombres se rapportent à la radiation jaune D.

On trouvera des tableaux d'indices de réfraction dans DUFET, *Données numériques, Optique* I, II et III, Paris, 1898-1900.

12. Méthode de Töpler. — Nous allons considérer brièvement, et sans entrer dans les détails, une très intéressante méthode d'observation des plus petites hétérogénéités qui se trouvent dans un milieu donné, celles, par exemple, qui sont produites par des mouvements ou des variations de température, ou qui existent déjà dans un milieu solide, mais échappent à l'observation directe.

Cette méthode a été imaginée en 1866 par A. Töpler; toutefois Bertin a montré que Foucault avait déjà employé avant Töpler une méthode analogue, et Raveau (1902) a reconnu que Huygens avait indiqué presque exactement le même procédé, dans son ouvrage *Commentarii de formandis vitris ad telescopia*.

La figure 132 montre schématiquement la disposition de l'appareil. Une ouverture rectangulaire *ab*, découpée dans un écran opaque et fortement éclairée, se trouve près du foyer principal de la grande lentille L, qui donne

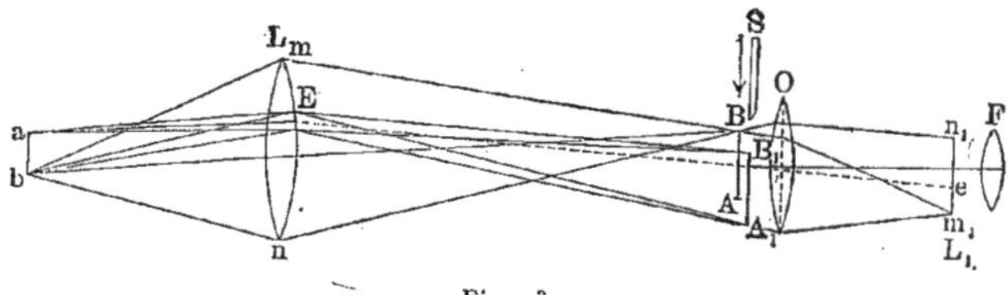

Fig. 132

en AB une image de cette ouverture *ab*. Derrière AB se trouve l'objectif O d'une lunette OF, qui est d'abord dirigée vers la surface de la lentille L, dont l'image se forme en L_1, devant l'oculaire F. S est un écran opaque que l'on peut abaisser, pour cacher peu à peu l'image AB.

L'observateur voit en F la surface fortement éclairée de la lentille L, qui devient successivement et *uniformément* plus sombre, à mesure que l'écran S, en descendant, cache l'image AB de la lentille. Cela se comprend, car chaque point de cette image reçoit des rayons de *tous* les points de la surface de la lentille L, de sorte que S empêche une partie de ces rayons de parvenir à la lunette OF. Quand le bord inférieur de l'écran S atteint le bord inférieur de l'image AB, on est dans ce qu'on appelle la *position sensible*. A ce moment, le champ lumineux doit paraître tout à fait sombre, pourvu que la surface de la lentille L soit bien régulière et ne donne réellement qu'une image déterminée AB. Mais admettons qu'en E se trouve une irrégularité superficielle ou intérieure de la lentille L, imperceptible à l'œil. Les rayons qui passent par E, donnent une image particulière A_1B_1 très faible, ne pouvant être perçue par vision directe que si elle se forme plus bas que l'écran S et n'est pas cachée par lui dans la position sensible. A la lunette OF parviennent alors des rayons émis par E et, par suite, cet endroit de la lentille L paraît lumineux sur un fond sombre. On rend ainsi perceptible toute irrégularité superficielle ou intérieure de la lentille L.

Pour observer de telles irrégularités dans un corps quelconque, on le place devant la lentille L et on dirige sur lui la lunette OF. Si, par exemple, on place devant L un vase rempli d'eau, les plus petits courants dans celle-ci deviennent visibles. Si on souffle à la surface de l'eau et si de cette manière on la refroidit, on aperçoit nettement des courants descendants d'eau froide. On peut rendre visibles de la même façon les filets d'air qui sortent d'un tube, les courants d'air qui s'élèvent au-dessus des corps chauds, par exemple, au-dessus des doigts de la main, les condensations et les dilatations sonores, les ondes qui se forment dans l'air autour d'une étincelle électrique et la réflexion de ces ondes sur un écran, l'interférence des ondes sonores, la diffusion dans un liquide autour d'un cristal en formation, le mouvement de l'air autour d'un projectile, etc. MACH et WOOD ont fait des applications variées de la méthode dans des recherches de ce genre ; A. GERSCHOUN l'a utilisée pour *photographier* les défauts qui se trouvent à l'intérieur des lentilles. DVOŘÁK a modifié la méthode de TÖPLER ; sa modification permet d'obtenir objectivement, c'est-à-dire sur un écran, l'image des phénomènes, et, par exemple, de faire voir à un grand nombre de personnes l'image d'un courant d'air.

BIBLIOGRAPHIE

—

1, 2. — Détermination de n au moyen du prisme.

FRAUNHOFER. — *Denkschriften. München*, **5**, p. 193, 1817.

KOHLRAUSCH. — *W. A.*, **16**, p. 603, 1882.

FORSCH. — *Journ. de la Soc. russe de Phys. et de Chim.*, **20**, p. 230, 1888.

BIOT et ARAGO. — *Mém. de l'Ac. des Sc.*, **7**, p. 301, 1806 ; *Gilb. Ann.*, **25, 26**.

DULONG. — *Ann. chim. et phys.*, (2), **31**, p. 154, 1826.

LE ROUX. — *Ann. chim. et phys.*, (3), **61**, p. 385, 1861 ; *C. R.*, **55**, p. 126, 1862 ; *Pogg. Ann.*, **117**, p. 659, 1862.

JAMIN. — *Ann. chim. et phys.*, (3), **59**, p. 282, 1860.

MASCART. — *Ann. de l'École normale*, (2), **6**, p. 9, 1877 ; *Ann. du Bureau des longitudes*, 1891, p. 590.

KETTELER. — *Pogg. Ann.*, **124**, p. 390, 1865.

CHAPPUIS et RIVIÈRE. — *Ann. chim. et phys.*, (6), **14**, p. 5, 1888.

BENOÎT. — *Trav. et Mém. du Bur. intern. des poids et mesures*, **6**, 1888 ; *Journ. de phys.*, (2), **8**, p. 451, 1889.

L. LORENZ. — *W. A.*, **11**, p. 70, 1880.

HURION. — *J. de Phys.*, (1), **7**, p. 181, 1878.

K. PRYTZ. — *W. A.*, **11**, p. 104, 1880.

PERREAU. — *J. de phys.*, (3), **4**, p. 411, 1895 ; *Ann. chim. et phys.*, (7), **7**, p. 289, 1896.

LORD RAYLEIGH. — *Proc. R. Soc.*, **59**, p. 198 ; *Zeitschr. f. phys. Chem.*, **12**, p. 364, 1896 ; *Chem. News*, 1895, n° 1876.

RAMSAY et TRAVERS. — *Zeitschr. f. phys. Chem.*, **25**, p. 101, 1898.

J. KOCH. — *D. A.*, **17**, p. 658, 1905.

3 à 5. — Détermination de n par les lames minces où la réflexion totale.

Duc de Chaulnes. — *Mém. de l'Acad. des Sc.*, 1767, p. 431.

Bertin. — *Ann. chim. et phys.*, (3), **26**, p. 288, 1849.

Bernard. — *C. R.*, **34** et **41** ; *Pogg. Ann.*, **79**, p. 145, 1854 ; **97**, p. 141, 1856.

Becke. — *Wien. Ber.*, **102**, I, p. 358, 1893.

Souza-Brandao. — *Centralbl. f. Mineral.*, 1904, p. 14.

B. Galitzine. — *Bull. de l'Ac. des Sc. de St-Pétersb.*, (5), **7**, p. 131, 1895.

B. Galitzine et Willip. — *Bull. de l'Ac. des Sc. de St-Pétersb.*, (5), **11**, p. 117, 1899.

Starke. — *Verh. d. deutsch. phys. Ges.*, **1**, p. 117, 1899.

Wollaston. — *Phil. Trans.*, **92**, part. II, p. 365, 1802 ; *Gilb. Ann.*, **31**, 1834.

Malus. — *Mém. des savants étrangers*, **2**, p. 509, 1811.

W. Kohlrausch. — *W. A.*, **4**, p. 1, 1878 ; **16**, p. 603, 1882.

E. Wiedemann. — *Pogg. Ann.*, **158**, p. 375, 1876 ; *Arch. sc. phys.*, **51**, p. 340, 1876.

Terquem et Trannin. — *Journ. de phys.*, (1), **4**, p. 232, 1875 ; *C. R.*, **78**, p. 1843, 1874 ; *Pogg. Ann.*, **157**, p. 302, 1876.

Abbe. — *Neue Apparate zur Bestimmung des Brechungsvermögens*, etc., Iéna, 1874 ; *Carls Repert*, **15**, p. 643, 1879 ; *Pogg. Ann.*, **143**, p. 258, 1871.

Pulfrich. — (Appareil d'Abbe). *Instr.*, **18**, p. 107, 1898 ; *J. de phys.*, (3), **10**, p. 696, 1901 (article de Culmann).

Czapski. — *Instr.*, 1890, p. 361.

Pulfrich. — *W. A.*, **30**, pp. 193, 317, 487, 1887 ; **45**, p. 609, 1892 ; *Instr.*, **8**, p. 47, 1888 ; **13**, p. 267, 1893 ; **15**, p. 389, 1895 ; *Ztschr. f. phys. Chem.*, **18**, p. 294 ; *J. de phys.*, (2), **6**, p. 343, 1887 ; (3), **5**, p. 73, 1896 ; *Soc. des Sc. natur. de Moscou*, **8**, 1er cahier, 1896.

Leiss. — *Instr.*, **22**, p. 331, 1902.

Czapski. — *Instr.*, **10**, p. 254, 272, 1890.

Pulfrich. — *Instr.*, **19**, p. 4, 335, 1899 ; *Ztschr. f. phys. Chem.*, **18**, p. 294, 1894.

Leiss. — *Instr.*, **19**, p. 65, 1899.

Hallwachs. — *W. A.*, **47**, p. 380, 1892 ; **50**, p. 577, 1893 ; **53**, p. 1, 1894 ; **55**, p. 282, 1895 ; **68**, p. 1, 1899 ; *Gött. Nach.*, 1892, p. 302.

Le Blanc. — *Ztschr. f. phys. Chem.*, **10**, p. 433, 1892.

De Myinck. — *W. A.*, **53**, p. 559, 1894.

Borgesius. — *W. A.*, **54**, p. 221, 1895.

Piltschikoff. — *Journ. de la Soc. russe de Phys. et de Chim.*, **13**, p. 393, 1881.

6. — Variation de n avec l'état de la substance.

Laplace. — *Méc. céleste*, (4), **10**, p. 237, 1805.

Gladstone and Dale. — *Phil. Trans.*, **148**, p. 887, 1858 ; **153**, p. 321, 1863.

L. Lorenz. — *W. A.*, **11**, p. 70, 1880.

H. A. Lorentz. — *W. A.*, **9**, p. 641, 1880.

V. v. Lang. *Pogg. Ann.*, **153**, p. 448, 1874.

Mascart. — *C. R.*, **78**, p. 617, 679, 1874 ; **84**, p. 321, 1182, 1878.

Chappuis et Rivière. — *Ann. chim. et phys.*, (6), **14**, p. 5, 1888.

Carnazzi. — *Nuov. Cim.*, **6**, p. 385, 1897.

Gale. — *Phys. Rev.*, **14**, p. 1, 1902.

Benoit. — *Trav. et Mém. du Bureau internat. des poids et mesures*, **6**, 1888 ; *Journ. de phys.*, (2), **8**, p. 451, 1889.

Magri. — *Atti. d. R. Acc. dei Lincei*; **13**, 1 Sem., p. 473, 1904 ; *N. Cim.*, (5), **7**, p. 81, 1904 ; *Phys. Ztschr.*, **6**, p. 629, 1905.

Kaiser. — *D. A.*, **13**, p. 210, 1904.

Walker. — *Phil. Mag.*, (6), **6**, p. 464, 1903 ; *Proc. R. Soc.*, **72**, p. 24, 1903.

Liveing and Dewar. — *Phil. Mag.*, (5), **40**, p. 268, 1895.

Jamin. — *C. R.*, **43**, p. 1191, 1856.

Walter. — *W. A.*, **46**, p. 422, 1892.

Conroy. — *Proc. R. Soc.*, **58**, p. 228, 1895.

Rühlmann. *Pogg. Ann.*, **132**, p. 1 et 176, 1867.

Flatow. — *D. A.*, **12**, p. 85, 1903 ; *Inaug. Diss.*, Berlin, 1903.

Pockels. — *Phys. Ztschr.*, **2**, p. 693, 1901 ; *D. A.*, **7**, p. 745, 1902.

Pulfrich. — *W. A.*, **34**, p. 326, 1888.

Quincke. — *W. A.*, **19**, p. 401, 1883.

Cauchy. — *Mém. sur la dispersion de la lumière.* Prague, 1836.

Wüllner. — *Pogg. Ann.*, **133**, p. 1, 1868.

Rühlmann. — *Pogg. Ann.*, **132**, p. 202, 1867.

Johst. — *W. A.*, **20**, p. 47, 1887.

Ketteler. — *W. A.*, **30**, p. 288, 1887.

Hibbert. — *Phil. Mag.*, (5), **40**, p. 268 ; *Chem. News*, **72**, p. 154, 1895.

Zecchini. — *Gaz. chim. ital.*, **25**, p. 269, 1895.

Eykmann. — *Rec. Pays-Bas*, **14**, p. 185, 1895 ; **15**, p. 52, 1896.

Edwards. — *Amer. chim. Jour.*, **16**, p. 625, 1895.

Bender. — *W. A.*, **39**, p. 89, 1890 ; **68**, p. 343, 1899 ; **69**, p. 676, 1899 ; *D. A.*, **2**, p. 186, 1900 ; **8**, p. 109, 1902.

Pulfrich. — *W. A.*, **45**, p. 609, 1892.

F. Vogel. — *W. A.*, **25**, p. 87, 1886.

Dufet. — *Bull. Soc. Minér.*, **8**, p. 261, 1885 ; **11**, p. 135, 1888.

Stefan. — *Wien. Ber.*, **63**, p. 239, 1871.

Reed. — *W. A.*, **65**, p. 707, 1898.

Micheli. — *D. A.*, **7**, p. 772, 1902.

Fizeau. — *Ann. chim. et phys.*, (3), **66**, p. 429. 1862.

Martens. — *Verhandl. d. d. phys. Ges.*, **6**, p. 308, 1904 ; *Arch. des sc. phys. et natur.* (4), **19**, p. 581, 1905.

Martens et Micheli. — *Verhandl. d. d. phys. ges.*, **6**, p. 311, 1904 ; *Arch. des sc. phys. et natur.*, (4), **19**, p. 585, 1905.

Damien. — *Thèse de doctorat*, Paris, 1881.

Kučera und Forch. — *Phys. Ztschr.*, **3**, p. 132, 1902.

7. — Pouvoir réfringent des mélanges et des solutions.

Schrauf. — *Pogg. Ann.*, **119**, p. 461, 553, 1863 ; **126**, p. 177, 1865 ; **127**, p. 175, 344, 1866.

Landolt. — *Pogg. Ann.*, **122**, p. 545, 1864 ; **123**, p. 595, 1864.

Schütt. — *Ztschr. f. phys. Chem.*, **9**, p. 349, 1892.

Kowalski et Modzelewski. — *C. R.*, **133**, p. 33, 1901.

Zitowitsch. — *Recueil de travaux sur la Physique en mémoire du Prof.* Petrouschefsky (en russe). St-Pétersb., 1904, p. 51.

Pulfrich. — *Ztschr. f. phys. Chem.*, **4**, p. 561, 1889.

Beer und Kremers. — *Pogg. Ann.*, **101**, p. 133, 1857.

Hofmann. — *Pogg. Ann.*, **133**, p. 575, 1868.

Börner. — *Dissert.*, Marburg, 1869.

BERGHOFF. — *Ztschr. f. phys. Chem.* **15**, p. 422.

RUDOLPHI. — *Ztschr. f. phys. Chem.*, **37**, p. 426, 1901 ; *Phys. Ztschr.*, **3**, p. 421, 1902 ; *Habilitationsschrift*, Darmstadt, 1901.

WALTER. — *W. A.*, **38**, p. 107, 1889.

BREMER. — *Arch. Neerl.*, (2), **5**, p. 202, 1901.

WALLOT. — *D. A.*, **11**, p. 593, 605, 1903.

CHÉVENEAU. — *C. R.*, **138**, p. 1483, 1578, 1904 ; **139**, p. 361, 1904.

V. AUBEL. — *C. R.*, **139**, p. 126, 1904.

DUFET. — *Journ. de phys.*, (1), **7**, p. 325, 1878.

CHRISTIANSEN. — *W. A.*, **23**, p. 298, 1884 ; **24**, p. 439, 1885.

J. SCHTSCHÉGLIAIEFF. — *W. A.*, **64**, p. 325, 1898 ; **65**, p. 745, 1898.

8. — Réfractions moléculaire et atomique.

E. RIMBACH. — *Beziehungen zwischen Lichtbrechung und chemischer Zusammensetzung der Körper* ; GRAHAM-OTTO. — *Lehrbuch der Chemie*, I, 3, chap. VI, p. 567 à 665, Braunschweig, Friedr. Vieweg und Sohn, 1898. On trouvera, dans cet ouvrage, des renseignements bibliographiques détaillés sur les questions qui ont été traitées aux §§ **6** à **10**.

LANDOLT. — *Pog. Ann.*, **117**, p. 353, 1862 ; **122**, p. 535, 1864 ; **123**, p. 595, 1864 ; *Berl. Ber.*, 1882, p. 64.

BRÜHL. — *Ztschr. f. phys. Chem.*, **7**, p. 1, 1891 ; **16**, p. 193, 226, 497, 512, 1895 ; **22**, p. 373, 1897 ; **25**, p. 577, 1898 ; **26**, p. 18, 47, 1898 ; *Lieb. Annalen*, **200**, p. 139, 1880 ; **203**, p. 1, 255, 1880 ; **211**, 1882 ; **235**, 1886.

KANONNIKOFF. — *Journ. f. prakt. Chem.*, (2), **31**, p. 339, 1885. *Le pouvoir réfringent des combinaisons chimiques* (en russe), Kazan, 1884.

GLADSTONE. — *Proc. R. Soc.*, **60**, p. 140, 1896.

LE BLANC und ROHLAND. — *Ztschr. f. phys. Chem.*, **19**, p. 261, 1896.

SCHRAUF. — *Pogg. Ann.*, **119**, p. 461, 1863.

CONRADY. — *Ztschr. f. phys. Chem.*, **3**, p. 210, 1889.

HANKE. — *Wien. Ber.*, **105**, 1896.

BROMER. — *Wien. Ber.*, **110**, p. 929, 1901.

LIVEING and DEWAR. — *Phil. Mag.*, (5), **36**, p. 328, 1893 ; **40**, p. 268, 1895 ; *Chem. News*, **72**, p. 154, 1895 ; *Ztschr. f. phys. Chem.*, **18**, p. 687.

OLSZEWSKI et WITKOWSKI. — *Bull. de l'Acad. de Cracovie*, 1891, p. 340 ; *Beibl.*, **18**, p. 665, 1894.

9. — Réfraction dans les métaux.

KUNDT. — *Berl. Ber.*, 1888 ; *W. A.*, **34**, p. 469, 1888 ; **36**, p. 824, 1889.

DU BOIS und RUBENS. — *W. A.*, **41**, p. 507, 1890.

SHEA. — *W. A.*, **47**, p. 177, 1892.

PFLÜGER. — *W. A.*, **58**, p. 493, 1896.

SISSINGH. — *Arch. Néerland.*, **20**.

DRUDE. — *W. A.*, **39**, p. 538, 1890.

ZEEMAN. — *Arch. Néerland.*, (2), **4**, p. 314, 1900.

KÖNIGSBERGER. — *Verh. d. deutsch. phys. Ges.*, **1**, p. 247, 1899.

BEER. — *Pogg. Ann.*, **92**, p. 417, 1854.

DRUDE. — *W. A.*, **34**, p. 523, 1888 ; **36**, p. 548, 1889 ; **39**, p. 537, 1890 ; **42**, p. 189, 1891 ; **64**, p. 159, 1898.

VOIGT. — *W. A.* **23**, p. 104, 1884.

MINOR. — *Drud. Ann.*, **10**, p. 581, 1903.

10. — Pouvoir réfringent et constante diélectrique.

Cohn und Arons. — *W. A.*, **33**, p. 13, 1888.
S. Ia. Téreschine. — *W. A.*, **36**, p. 792, 1889.
Ellinger. — *W. A.*, **46**, p. 514, 1892.
Arons und Rubens. — *W. A.*, **42**, p. 580, 1891 ; **44**, p. 206, 1891.
Paschen. — *W. A.*, **54**, p. 668, 1896.
Rubens und Nichols. — *W. A.*, **60**, p. 455, 1897.

12. — Méthode de Töpler.

Töpler. — *Pogg. Ann.*, **127**, p. 556, 1866 ; **128**, p. 126, 1866 ; **131**, p. 33, 1867 ;
 134, p. 195, 1868.
Dvořak. — *W. A.*, **9**, p. 502, 1880.
O. Volkmer. — *Die Photographie des Unsichtbaren*, Halle.
Raveau. — *Journ. de phys.*, (4), **1**, p. 115, 1902.
Wood. — *Phil. Mag.* (5), **48**, p. 218, 1899 ; **50**, p. 148, 1900 ; (6), **1**, 589, 1901.
Bertin. — *Ann. chim. et phys.*, (4), **13**, p. 471.
Gerschoun. — *Arch. f. wiss. Photogr.*, 1899, p. 232.
Foucault. — *Recueil des travaux scientif.*, Paris, 1878, p. 234.
Mach. — *Wien. Ber.*, **77**, **78** ; **92**, p. 225 ; **98**, p. 1333.

CHAPITRE VII

—

DISPERSION DE L'ÉNERGIE RAYONNANTE

1. Spectroscopie. Dispersions normale et anomale. — Nous consacrerons ce Chapitre surtout à la *spectroscopie*, c'est-à-dire aux méthodes employées pour l'étude des faisceaux complexes d'énergie rayonnante, qui renferment des radiations de longueurs d'onde différentes λ, et aux résultats expérimentaux que ces méthodes ont donnés. Il existe des ouvrages spéciaux nombreux et très importants sur la spectroscopie. Quelques-uns d'entre eux sont cités dans l'aperçu bibliographique qui termine ce Chapitre. Nous devons cependant mentionner ici tout particulièrement l'ouvrage de H. Kayser, *Handbuch der Spektroskopie*, qui comprendra cinq volumes ; le premier a paru en 1900, le second en 1902 et le troisième en 1905 ; on trouvera dans cet ouvrage les renseignements bibliographiques les plus détaillés, sur toutes les questions qui se rapportent à la spectroscopie.

L'un des problèmes les plus importants de la spectroscopie est la *détermination de la longueur d'onde λ d'une radiation donnée*. On pourrait appeler la partie de la spectroscopie consacrée à cette question, la *spectrométrie*. La détermination de la valeur absolue de λ se fait aujourd'hui exclusivement à l'aide

des réseaux de diffraction ; les méthodes de comparaison des diverses longueurs
d'onde λ entre elles sont basées surtout sur les phénomènes d'interférence des
rayons. Nous considérerons seulement d'une manière rapide, dans ce Chapitre
(§ **6**), la méthode des réseaux de diffraction ; nous reviendrons sur ce sujet
d'une façon plus détaillée dans la suite.

Nous nous occuperons tout d'abord de quelques questions particulières.

Nous avons déjà mentionné à la page 203, que l'indice de réfraction n
dépend non seulement de la nature des substances, à la séparation desquelles
s'effectue la réfraction, et de leur état physique, mais aussi de la nature de
l'énergie rayonnante, qui est caractérisée par le nombre de vibrations par
seconde ou par la longueur d'onde λ, *dans le vide*. On peut donc poser en
général

$$(1) \qquad\qquad n = f(\lambda).$$

Il résulte de ce qui précède que toute réfraction d'un faisceau complexe,
formé d'un grand nombre de radiations de longueurs d'onde λ différentes, est
accompagnée d'une décomposition de ce faisceau en ses radiations constituantes,
qui se propagent avec des vitesses différentes. C'est ce qu'on appelle le phénomène de la *dispersion*.

Si, pour une substance donnée, et entre les limites $\lambda = \lambda_1$ et $\lambda = \lambda_2$, l'indice de réfraction n est une fonction de λ qui décroît constamment lorsque
λ croît $\left(\dfrac{dn}{d\lambda} < 0\right)$, on dit que, pour les rayons considérés, *la dispersion est*
normale. Si, au contraire, $n = f(\lambda)$ est une fonction, qui ne décroît pas constamment lorsque λ croît, on dit que *la dispersion est anomale* ; nous reparlerons en détail de cette dernière au § **21**.

La dispersion permet de disposer l'une auprès de l'autre les parties constituantes d'un faisceau complexe de rayons, d'obtenir ce qu'on appelle un
spectre objectif ou subjectif, c'est-à-dire une bande dont les parties successives
(dans le sens de la longueur) correspondent aux radiations de longueur d'onde
croissante ou décroissante.

Les corps solides ou liquides chauffés au rouge blanc émettent de l'énergie rayonnante, formée de toutes les radiations possibles, avec des longueurs
d'onde λ qui varient dans de larges limites. Leur spectre possède, en général,
une partie invisible infra-rouge, une partie visible et une partie invisible
ultra-violette.

Dans l'énergie rayonnante, que la Terre reçoit du Soleil, il manque beaucoup de radiations, ce qui explique la présence, dans le spectre solaire, des
raies de FRAUNHOFER, dont on désigne les principaux groupes par les lettres
successives de l'alphabet.

A chaque longueur d'onde des radiations lumineuses visibles correspond
une impression physiologique différente, c'est-à-dire une couleur différente,
analogue à la hauteur du son, et qui n'est pas plus susceptible de définition
que cette dernière. Dans le cas de la dispersion normale, on trouve que la
partie visible du spectre contient les couleurs suivantes, dans l'ordre qui est
indiqué : rouge, orangé, jaune, vert, bleu, indigo, violet, et que n a *la plus*

petite valeur pour les rayons violets, λ *la plus grande valeur* pour les rayons rouges.

Les raies suivantes de FRAUNHOFER, qui sont les plus importantes, se trouvent dans la partie visible du *spectre solaire* ; elles peuvent servir, en raison de leur finesse, de repères pour des radiations tout à fait déterminées :

Désignation des raies	Caractère des raies	Région du spectre	Longueurs d'onde λ ($\mu = 0^{mm},001$)
A	Raie large, difficile à apercevoir	A l'extrême rouge	$0^{\mu},7594$
a	Groupe de plusieurs raies	Rouge	—
B	—	Rouge	$0,6867$
C	—	Orangé	$0,6563$
D	Raie double	Jaune	$D_1 = 0,5896$ $D_2 = 0,5890$
E	—	Vert	$0,5270$
b	Trois raies	Vert	—
F	—	Bleu	$0,4861$
G	—	Indigo	$0,4308$
H	Deux raies larges	A l'extrême violet	$H_1 = 0,3968$ $H_2 = 0,3933$

Nous donnerons au § **15** une liste plus complète des raies de FRAUNHOFER.

2. Dispersions partielle, totale et relative. — Si l'on étudie seulement la partie visible du spectre, que l'on obtient à l'aide de prismes de diverses substances (à dispersion normale), on remarque que ces substances possèdent des dispersions partielles très différentes. La différence $n_x - n_y$ des indices de réfraction de deux radiations déterminées x et y peut servir de mesure pour la *dispersion partielle*. Si l'on range les substances dans l'ordre des valeurs croissantes de la différence $n_x - n_y$, on constate que cet ordre dépend du choix des rayons x et y. Supposons que l'on ait déterminé, pour une substance, les différences $n_D - n_B$ et $n_G - n_E$, B, D, E, G désignant les raies de FRAUNHOFER ; soient $n'_D - n'_B$ et $n'_G - n'_E$ les valeurs correspondantes pour une autre substance. Il peut arriver que l'on ait $n_D - n_B > n'_D - n'_B$, et en même temps $n_G - n_E < n'_G - n'_E$, c'est-à-dire que la dispersion soit plus grande pour la partie rouge du spectre, dans la première substance, et pour la partie violette, dans la seconde. Quant à la *dispersion totale*, qui est mesurée par la différence $n_H - n_A$, ou parfois par $n_G - n_B$, elle donne encore un autre ordre de succession des substances. Nous devons ajouter en outre qu'à la plus forte réfrangibilité est loin de correspondre toujours la plus forte dispersion. On ne connaît pas à ce sujet de lois générales, ni même de règles. Tout ce que nous venons de dire s'observe dans les exemples suivants. La figure 133 représente les spectres obtenus avec des prismes de même angle réfringent, en flint-glass, crown-glass et eau. Ici la plus grande longueur du spectre indique une plus grande dispersion totale absolue. Si on augmente les dimensions du second et du troisième spectres, de façon à donner aux trois spectres la même longueur,

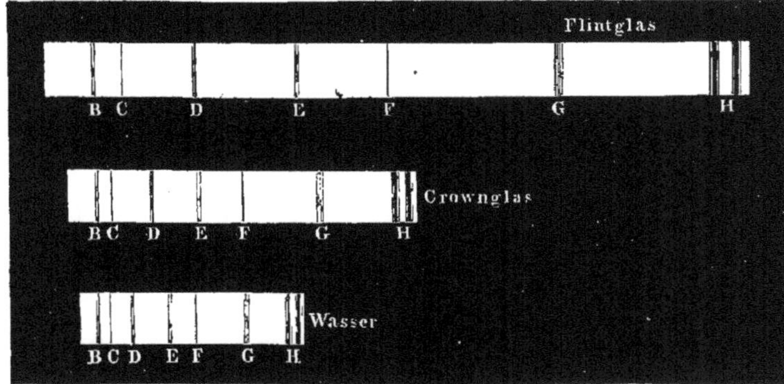

Fig. 133

on voit que (*fig.* 134), lorsque les raies B et H coïncident partout, il n'en est pas de même pour les autres raies. La figure 134 montre en outre que l'eau disperse d'une manière relativement forte la partie la moins réfrangible du spectre, et le flint-glass au contraire la partie la plus réfrangible. Dans le

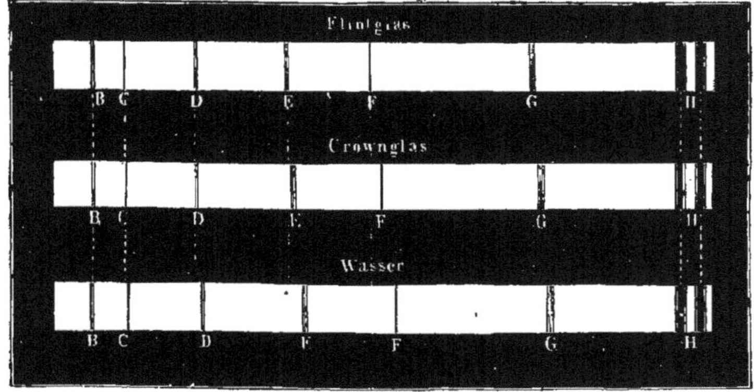

Fig. 134

premier spectre (prisme de flint-glass), la partie GH est particulièrement longue, et dans le troisième la partie BF.

STEINHEIL a proposé la méthode graphique suivante, pour comparer les spectres obtenus au moyen de deux prismes différents. On trace un réseau de coordonnées rectangulaires et on porte respectivement sur l'axe horizontal et sur l'axe vertical les positions des raies principales de Fraunhofer dans les deux spectres (*fig.* 135). On mène ensuite des parallèles aux axes par les points correspondant aux mêmes raies (ces parallèles sont ici en pointillé), et on joint par une ligne continue les points d'intersection de ces droites. On

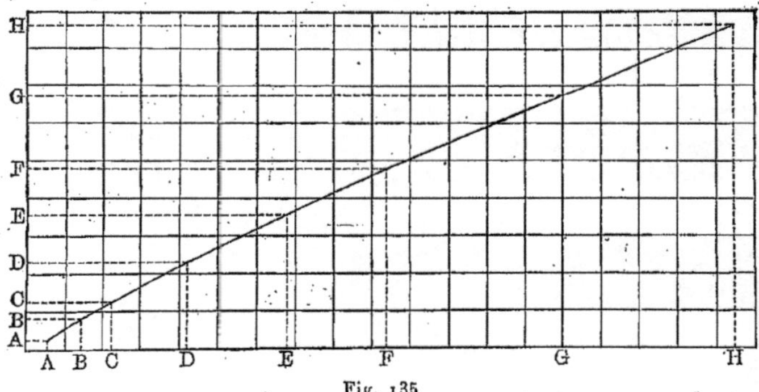

Fig. 135

voit facilement de quelle manière on peut trouver, à l'aide de cette ligne, deux points correspondants des deux spectres.

Les nombres suivants (où les numéros se rapportent à différentes sortes de verres de Fraunhofer) peuvent servir d'exemples :

Dénomination	$n_H - n_B$	n_E
Crown-glass n° 9	0,020727	1,5330
Essence de térébenthine	0,023378	1,4784
Flint-glass n° 13.	0,043313	1,6420

La dispersion totale est plus grande dans l'essence de térébenthine que dans le crown-glass n° 9, tandis que la réfraction est plus forte dans celui ci. La dispersion est deux fois plus grande dans le flint-glass que dans le crown-glass, mais la différence de réfraction n'est pas très grande.

Les nombres qui suivent donnent encore les *rapports des dispersions partielle et totale pour le flint-glass n° 13 et l'eau :*

C — B	D — C	E — D	F — E	G — F	H — G	H — B
2,486	2,871	3,073	3,193	3,640	3,726	3,270

La dispersion du flint-glass est notablement plus forte que celle de l'eau, dans la partie la plus réfrangible du spectre.

La grandeur $\dfrac{n_F - n_C}{n - 1}$, où n est l'indice de réfraction d'une radiation moyenne (par exemple, $n = n_D$), s'appelle la *dispersion relative*. On choisit la région du spectre comprise entre les raies C et F, car c'est surtout celle qui participe à la formation des images visibles, données par les lentilles. On considère aussi la valeur inverse de la fraction précédente

$$(2) \qquad \nu = \frac{n_{D} - 1}{n_{F} - n_{C}} \, ;$$

plus ν est grand, plus la dispersion relative est petite.

ABBE et SCHOTT ont étudié systématiquement un très grand nombre d'espèces de verres préparées dans leur laboratoire technique d'Iéna, lequel a été construit par eux spécialement dans ce but ; ils ont réussi à trouver des verres qui, *possédant des pouvoirs réfringents très différents, ont cependant presque la même allure pour la dispersion*, c'est-à-dire pour lesquels les rapports $(n_x - n_y) : (n_F - n_C)$ de la dispersion partielle à la dispersion totale sont presque égaux. Si donc on prend des prismes fabriqués avec de tels verres, et ayant même dispersion totale (leur angle réfringent doit par suite être différent), leurs dispersions partielles seront aussi presque égales. Une figure semblable à la figure 134 donnerait par conséquent une coïncidence presque parfaite de toutes les raies. Nous verrons l'importance très grande de cette circonstance, dans l'optique pratique, pour la construction des lentilles achromatiques. Donnons un exemple :

Marque de fabrication	Dénomination	n_{D}	$n_{F} - n_{C}$	$\nu = \dfrac{n_{D} - 1}{n_{F} - n_{C}}$	$n_{D} - n_{A'}$	$n_{F} - n_{D}$	$n_{G'} - n_{F}$
O . 225	Crown-glass phosphaté léger	1,5159	0,00737	70,0	0,00485	0,00515	0,00407
S . 40	Crown-glass phosphaté moyen.	1,5590	0,00835	66,9	0,00546	0,00587	0,00466
S . 52	Crown-glass boraté léger.	1,5047	0,00840	60,0	0,00560	0,00587	0,00466
S . 35	Flint-glass boraté . .	1,5503	0,00996	55,2	0,00654	0,00699	0,00561
S . 164	Flint-glass borosilicaté.	1,5503	0,01114	49,4	0,00710	0,00786	0,00644
S . 154	Flint-glass silicaté léger	1,5710	0,01327	43,0	0,00819	0,00943	0,00791
S . 10	Flint-glass boraté lourd	1,6797	0,01787	38,0	0,01097	0,01271	0,01062
S . 57	Flint-glass silicaté le plus lourd. . . .	1,9626	0,04882	19,7	0,02767	0,03547	0,03252

Le dernier des verres cités a une densité 6,33 exceptionnellement grande. Dans ce tableau $\lambda_{A'} = 0^{\mu},7677$ et $\lambda_{G'} = 0^{\mu},4341$; les rayons A′ (potassium) et G′ (hydrogène) sont voisins de A et G, mais ne coïncident pas avec ceux-ci. Les nombres indiqués font ressortir des différences énormes, aussi bien dans la dispersion totale, que dans les dispersions partielle et relative des différentes sortes de verres. Toutefois, si on calcule les rapports des dispersions partielles à la dispersion totale, on obtient des valeurs presque égales, les suivantes, par exemple :

Marque de fabrication	$\dfrac{n_D - n_{A'}}{n_F - n_C}$	$\dfrac{n_F - n_D}{n_F - n_C}$	$\dfrac{n_{G'} - n_F}{n_F - n_C}$
O. 225	0,658	0,698	0,552
S. 35.	0,656	0,702	0,563

On avait toujours trouvé, avant les travaux de Schott, qu'au plus grand pouvoir réfringent d'un verre correspondait aussi la plus forte dispersion, c'est-à-dire que, par exemple, les grandeurs n_D et $n_F - n_C$ croissaient ou décroissaient en même temps, en passant d'un verre à un autre. Schott est arrivé, au contraire, à obtenir des sortes de verres, pour lesquelles à un plus grand pouvoir réfringent correspond une moindre dispersion, comme le montre, par exemple, la comparaison des deux sortes suivantes de verres :

Dénomination	n_D	$n_F - n_C$
Silicate de baryum	1,6112	0,01747
Verre sodique et plombifère	1,5205	0,01956

Ces espèces de verres ont une très grande importance pour l'optique technique, et c'est en partie grâce à elles qu'ont été rendus possibles les derniers perfectionnements dans la construction des microscopes, des lunettes astronomiques et des objectifs photographiques.

Le tableau suivant renferme les valeurs de n_D, $n_F - n_C$ et ν, pour un certain nombre de substances :

Dénomination	n_D	$n_F - n_C$	$\nu = \dfrac{n_D - 1}{n_F - n_C}$
Air (0° ; 760^{mm}).	1,0002429	0,00000295	99,0
CO^2	1,0004492	0,00000460	97,6
H.	1,0001429	0,00000195	73,3
SO^2	1,0006860	0,00001314	52,2
Éther.	1,3566	0,0052	68,5
Alcool	1,3597	0,0062	57,2
H^2O	1,3330	0,0060	55,5
CS^2	1,6303	0,0345	18,3
Spath fluor.	1,4339	0,00452	96,1
Diamant.	2,4173	0,0254	56,5
Sel gemme	1,5440	0,01267	42,9
Iodure d'argent.	2,1816	0,1256	9,6
Crown-glass phosphaté léger (O.225).	1,5159	0,00737	70,0
Flint-glass très lourd (S.57). . . .	1,9625	0,04877	19,7

L'air, l'acide carbonique et le spath fluor possèdent une dispersion relative très faible (c'est-à-dire une grande valeur de ν). La dispersion des gaz a été étudiée, entre autres, par PERREAU, dont les travaux ont déjà été mentionnés à la page 210. Il est très remarquable que le *diamant* et le *sel gemme*, dont le pouvoir réfringent (n_D) et la dispersion totale ($n_v - n_c$) sont très différents, accusent presque les mêmes valeurs numériques pour les rapports des dispersions partielles à la dispersion totale, de même que les verres O . 225 et S . 35 cités plus haut. Les valeurs correspondantes sont pour le sel gemme 0,592, 0,710, 0,632, et pour le diamant 0,589, 0,711, 0,631.

Nous avons déjà dit à la page 233 que les métaux présentent également une dispersion, et même une dispersion anomale.

La grandeur de la dispersion change en même temps que la *température* ; PULFRICH a trouvé, pour le verre, un accroissement de la dispersion, quand la température s'élève. REED a obtenu le même résultat pour diverses sortes de verres, pour le quartz, le spath fluor et le spath calcaire.

3. L'indice de réfraction, en fonction de la longueur d'onde. — La question de la forme de la fonction $n = f(\lambda)$ est l'une des plus difficiles de la Physique théorique. Si une substance est *transparente* pour l'énergie rayonnante d'une région donnée du spectre, $f(\lambda)$ est une fonction continue dans ce domaine ; on a $f'(\lambda) < 0$ et la dispersion est *normale*. CAUCHY a donné, pour ce cas, la formule

$$(3, a) \qquad n = A + \frac{B}{\lambda^2} + \frac{C}{\lambda^4} + \frac{D}{\lambda^6},$$

qui peut quelquefois, par exemple pour les *gaz*, être remplacée, dans des limites assez étroites, par l'expression plus simple

$$(3, b) \qquad n = A + \frac{B}{\lambda^2}.$$

Les *trois* premiers termes donnent souvent des valeurs de n, qui s'accordent assez bien avec les résultats expérimentaux, pourvu que l'on choisisse convenablement les constantes A, B et C. La constante A est théoriquement égale à la valeur de n, pour $\lambda = \infty$. BRIOT est parti d'autres hypothèses que CAUCHY et a trouvé la formule

$$n = a - b\lambda^2,$$

qui s'accorde mal avec les expériences. KETTELER a établi la formule

$$(3, c) \qquad n^2 = a - k\lambda^2 + \frac{b}{\lambda^2} + \frac{c}{\lambda^4},$$

qui concorde avec les résultats d'observation dans de larges limites et pour beaucoup de substances ; a, k, b et c sont des grandeurs constantes positives.

Parmi les autres formules proposées, nous pouvons encore citer celle de SCHMIDT

$$(3, d) \qquad n = a + \frac{b}{\lambda} + \frac{c}{\lambda^4},$$

qui est purement empirique ; celle de WILSON

$$(3, e) \qquad \frac{1}{n} = \left(a + b\lambda + \frac{c}{\lambda} \right) e^{\frac{h}{\lambda^2}},$$

et celle de CHRISTOFFEL

$$(3, f) \qquad n^2 = \frac{\lambda n_0^2}{\lambda + \sqrt{\lambda^2 - \lambda_0^2}} \; ;$$

dans ces formules, a, b, c, h, λ_0 et n_0 désignent des grandeurs constantes.

La théorie électromagnétique de la lumière, ainsi que la théorie élastique de l'éther, dans leur développement le plus récent, ont conduit à une formule assez compliquée, dans laquelle un rôle important est joué par les grandeurs, qui caractérisent le *pouvoir absorbant* de la substance pour une radiation de longueur d'onde donnée λ. HELMHOLTZ, KETTELER, DRUDE, GOLDHAMMER et d'autres ont établi des *relations plus générales* de la forme suivante :

$$(3, g) \qquad \begin{cases} n^2 - k^2 - a^2 = \sum_m \dfrac{b_m(\lambda^2 - \lambda_m)}{(\lambda^2 - \lambda_m^2)^2 + g_m^2 \lambda^2} \\[2em] 2nk = \sum_m \dfrac{b_m g_m \lambda}{(\lambda^2 - \lambda_m^2)^2 + g_m^2 \lambda^2} . \end{cases}$$

Ici λ_m désigne la longueur d'onde de la radiation moyenne, dans l'une des raies d'absorption données par la substance considérée ; k est le coefficient d'absorption pour le rayon de longueur d'onde λ, déterminé par la condition que l'amplitude devienne e^{2nk} fois plus petite (e est la base des logarithmes naturels), quand le rayon traverse une couche d'épaisseur λ ; a, b_m et g_m sont des constantes, dont la signification physique diffère suivant les théories. Les grandeurs k et g_m n'ont de valeurs finies qu'à l'intérieur des raies d'absorption. *En dehors des raies d'absorption*, on a la formule

$$(3, h) \qquad n^2 = a^2 + \sum_m \frac{b_m}{\lambda_2 - \lambda_m^2} .$$

D'ordinaire, on se contente de deux termes de la somme précédente, et on pose

$$(3, i) \qquad n^2 = a^2 + \frac{M}{\lambda^2 - \lambda_1^2} + \frac{N}{\lambda^2 - \lambda_2^2} ;$$

cette formule est connue sous le nom de formule de HELMHOLTZ-KETTELER ; CARVALLO l'écrit sous la forme suivante, en supposant $\lambda_1 < \lambda < \lambda_2$,

$$(3, k) \qquad n^2 = a^2 + b\lambda^2 + c\lambda^4 + \frac{A}{\lambda^2 - \lambda_1^2} ,$$

et propose, pour le cas de l'absorption, une relation de la forme

$$(3, l) \qquad n^2 = a^2 + \frac{b\lambda^2 + c}{(\lambda^2 - \alpha^2)^2 + \beta^2} .$$

Helmholtz et Wüllner ont en outre donné les formules

$$(3, m) \quad \begin{cases} n^2 - 1 = a\lambda^2 + \dfrac{b\lambda^4}{\lambda^2 - \lambda_1^2}, \\[2mm] n^2 - 1 = a\lambda^2 + \dfrac{b\lambda^2}{\lambda^2 - \lambda_1^2}; \end{cases}$$

Lommel écrit

$$(3, n) \quad n^2 - 1 = \frac{a\lambda^2}{\lambda^2 - \lambda_1^2}.$$

Hartmann a montré récemment que la formule extrèmement simple

$$n = n_0 + \frac{c}{(\lambda - \lambda_0)^\alpha},$$

dans laquelle α est compris entre 1 et 1,2, s'accorde d'une manière remarquable avec les résultats d'observation ; nous aurons l'occasion de revenir sur cette formule.

Dans toutes les formules précédentes, λ *représente la longueur d'onde dans le vide*. On a également cherché à exprimer n en fonction de l, c'est-à-dire de *la longueur d'onde dans le milieu même auquel se rapporte* n. On a évidemment

$$(4) \quad l = \frac{\lambda}{n},$$

car si V est la vitesse de propagation de la radiation dans le vide, v celle dans le milieu, on a $\lambda : l = V : v$, d'où résulte la formule (4), puisque $n = V : v$. Ketteler a ainsi établi la formule

$$(5) \quad \frac{1}{n^2} = A - hl^2 - \frac{B}{l^2} + \frac{C}{l^4}.$$

Dans les *gaz*, la dispersion est faible en général. Nous pouvons citer, comme exemples, les valeurs des indices de réfraction des rayons correspondant aux raies de Fraunhofer, pour l'air sec à 0° et sous la pression de 760^{mm} :

Raies	A	C	D	F	G	H
$n = 1,000$	2905	2914	2922	2943	2962	2980.

Ces nombres, obtenus par Kayser et Runge, satisfont à la formule de Cauchy, quand on n'en conserve que les deux premiers termes.

La théorie électromagnétique de la dispersion a été développée surtout par H. A. Lorentz, Kolaček, Goldhammer, Helmholtz, Ebert et tout récemment par Drude et Planck (1902).

4. Spectre d'origine prismatique. — Dans le passage d'un faisceau complexe de rayons à travers un prisme, il se produit deux réfractions successives, dont chacune est accompagnée de dispersion, comme le représente la figure 136. Ici S désigne la source du faisceau complexe de rayons, par

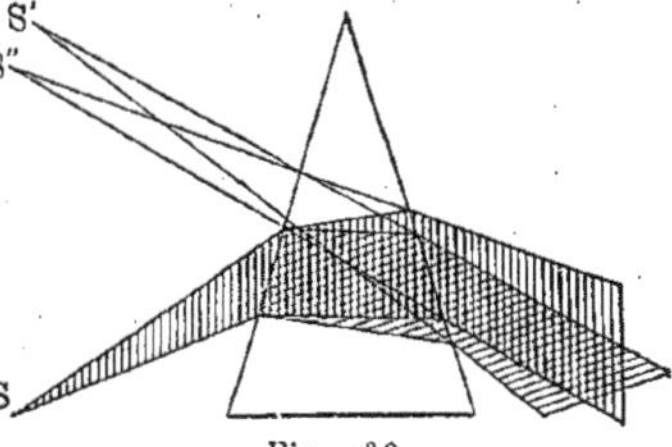

Fig. 136

exemple, une source de lumière blanche. Après la réfraction, le faisceau de rayons violets semble provenir de S′, le faisceau de rayons rouges de S″.

Pour obtenir un spectre objectif, projeté sur un écran, on peut opérer de la manière suivante. En M (*fig.* 137) se trouve une fente bien éclairée, horizontale, par exemple ; RT est une lentille biconvexe, qui donne en *m*, sur un écran, une image de la fente ; cette image est figurée à part en *mm*. Si on interpose, sur le trajet des rayons, un prisme, dont l'arête réfringente est paral-

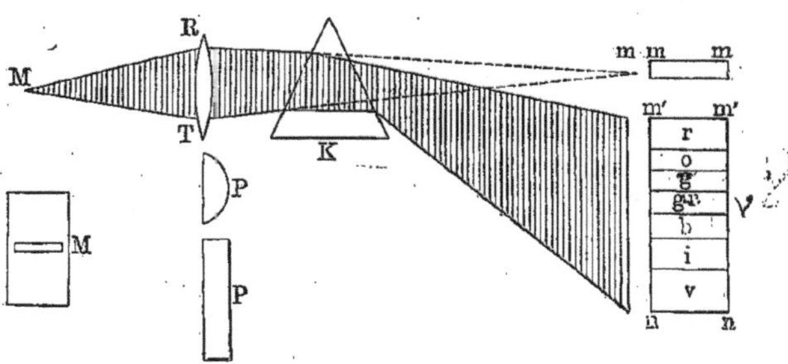

Fig. 137

lèle à la fente, chaque radiation de longueur d'onde λ particulière, et par suite d'indice de réfraction *n* particulier, donne une image de la fente indépendante. Toutes ces images sont disposées de telle façon, qu'en commençant par l'image rouge extrême, la moins déviée, chacune des suivantes se trouve un peu déplacée vers le bas par rapport à la précédente. Ces images réunies forment sur un écran une bande colorée *m′m′nn*, qui est le *spectre objectif*. La lentille RT peut être remplacée par une lentille demi-cylindrique P, qui donne également une image *mm* de la fente (voir page 188).

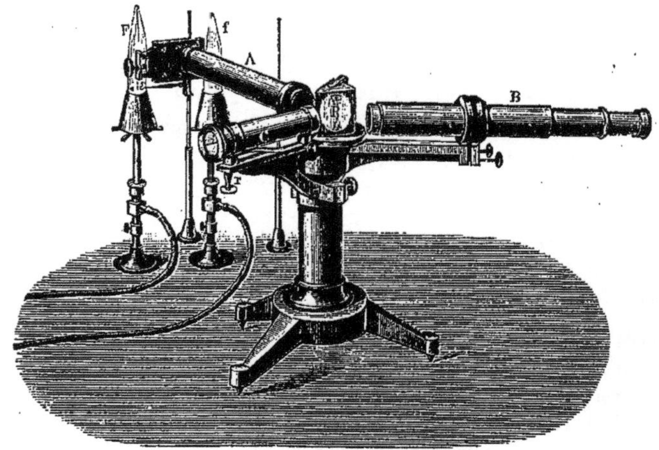

Fig. 138

On se sert, pour l'observation *subjective* des spectres, des *spectroscopes*, que nous considérerons plus en détail dans le paragraphe suivant. Nous indiquerons seulement ici, en quoi consiste la *méthode de l'observation subjective*, et à cet effet nous pouvons nous servir de l'appareil représenté par la figure 138. Le tube collimateur A porte un dispositif à fente verticale, placé au foyer d'une lentille biconvexe. Les rayons venant de la gauche traversent A, pénètrent dans le prisme P placé sur une tablette, et ensuite dans l'objectif de la lunette B, qui donne un spectre horizontal, formé d'images réelles verticales de la fente, disposées l'une à côté de l'autre. Ce spectre, qui se forme en quelque sorte dans l'espace, est observé au moyen d'une loupe, dont tient lieu l'oculaire de la lunette B. Le dispositif portant la fente sera décrit plus loin.

Les *propriétés du spectre*, que nous avons à considérer, sont : l'étendue en longueur du spectre, la grandeur de la dispersion, la pureté du spectre et son éclat.

L'*étendue en longueur* du spectre dépend de la lunette, à l'aide de laquelle on observe le spectre, c'est-à-dire de la distance focale de l'objectif et du grossissement de l'oculaire.

La *dispersion en un endroit donné* du spectre est mesurée par la grandeur $\frac{d\varepsilon}{d\lambda}$, où ε est l'angle de déviation de la radiation de longueur d'onde λ. Cette grandeur dépend de l'indice de réfraction n, de l'angle réfringent A du prisme et de l'angle φ d'incidence du rayon sur le prisme. La dispersion totale d'une partie finie du spectre est déterminée par la grandeur $\frac{\varepsilon_1 - \varepsilon_2}{\lambda_1 - \lambda_2}$, où ε_1 et ε_2 sont les déviations, éprouvées à travers le prisme par les rayons λ_1 et λ_2.

La *pureté* et l'*éclat* du spectre ont une importance toute particulière pour les observations.

Lord Rayleigh, Wadsworth, Helmholtz et d'autres encore ont étudié les conditions, dont dépendent ces propriétés du spectre. On trouvera un exposé détaillé de cette question dans H. Kayser, *Handbuch der Spektroskopie*, I, pages 294 à 335, et 550 à 576.

Comme nous l'avons vu, le spectre se compose d'images diversement colorées de la fente, dont le nombre peut être considéré comme infiniment grand et qui se recouvrent en partie les unes les autres. Par suite, en chaque endroit du spectre, se réunissent toutes les radiations, depuis une certaine longueur d'onde $\lambda = \lambda_1$, jusqu'à la longueur d'onde $\lambda = \lambda_2$, et si la différence $\lambda_2 - \lambda_1$ est grande, les couleurs se mélangent et les raies noires, fines, qui indiquent l'absence d'une nature particulière de rayons, cessent d'être visibles. Dans ce cas, le spectre s'écarte de la pureté parfaite, pour laquelle à chaque droite qui le traverse correspondrait seulement une longueur d'onde déterminée. Plus les images de la fente sont étroites, plus les milieux de deux images de cette fente, correspondant aux longueurs d'onde λ et $\lambda + \Delta\lambda$, sont distants l'un de l'autre, plus le spectre est pur. Nous pouvons dire que *la pureté du spectre est proportionnelle à sa longueur et inversement proportionnelle à la largeur des images de la fente*. Il résulte de là que le spectre est d'autant plus pur que la fente est plus étroite.

L'*éclat* du spectre diminue, quand la fente se rétrécit et quand le spectre s'allonge. On peut donc dire que l'*éclat du spectre est inversement proportionnel à sa pureté*. Par suite, il faut, à mesure qu'on rétrécit la fente, augmenter l'intensité de son éclairement.

Lord Rayleigh a trouvé, en considérant les surfaces d'onde au lieu des rayons géométriques, que le pouvoir décomposant d'un prisme, dont dépend la pureté du spectre, c'est-à-dire la possibilité de remarquer dans le spectre le plus de détails possible, est proportionnel à la différence des longueurs des chemins parcourus, *à l'intérieur du prisme lui-même*, par les rayons extrêmes. Ce pouvoir est donc, si les rayons tombent sur toute la surface latérale du prisme, proportionnel à la largeur de la base de ce prisme. Si les rayons traversent successivement plusieurs prismes, le pouvoir décomposant dépend de la somme des largeurs des bases de ces prismes. Czapski s'est également occupé de cette question, ainsi que Lummer et Gehrcke (1904). On emploie le plus souvent des prismes, dont l'angle réfringent est d'environ 60°.

Les rayons doivent traverser le prisme de telle façon que leur déviation ε soit minimum, au moins pour les rayons moyens de la région considérée du spectre. Ceci résulte des propriétés du prisme exposées à la page 151. Ce n'est que quand ε est un minimum que le faisceau émergent de rayons est homocentrique, c'est-à-dire possède un foyer déterminé, dont on peut obtenir une image subjective ou objective à l'aide d'une lentille. On a d'ailleurs dans ce cas $r = r_1$ (*fig.* 70, page 150), c'est-à-dire que tous les foyers, correspondant aux rayons de couleurs différentes, se trouvent à la même distance du prisme; cela est encore très important, car ce n'est qu'à cette condition que toutes les images de la fente, données par une lentille, se trouvent dans un plan et, par suite, peuvent être observées avec une même position de l'oculaire.

5. Spectroscopes à prismes. — Les appareils, qui servent à l'étude du spectre d'une source lumineuse donnée, s'appellent des *spectroscopes* ; s'ils sont munis des dispositifs nécessaires pour la mesure exacte des angles de déviation des rayons, on les appelle des *spectromètres*; enfin, les appareils, qui permettent de fixer les spectres par la photographie, s'appellent des *spectrographes*. La construction de tous ces appareils varie beaucoup avec leur destination. Nous ne parlerons ici que des appareils dans lesquels la dispersion de la lumière est obtenue à l'aide de prismes.

La figure 138 représente un spectroscope très simple, qui est souvent employé dans les recherches chimi-

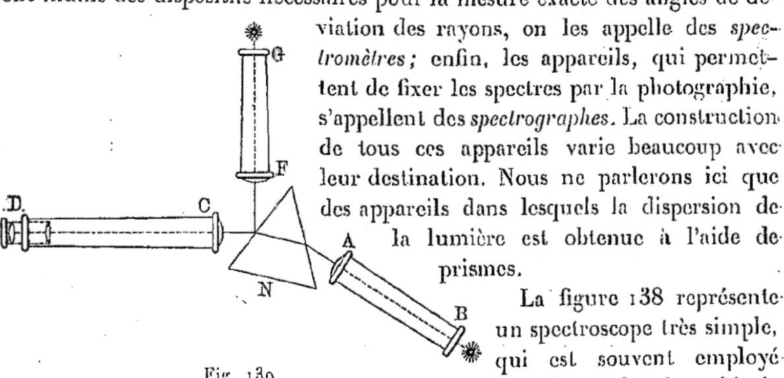

Fig. 139

ques. La figure 139 représente schématiquement une vue horizontale de la disposition de ses parties. Le tube BA est la lunette collimatrice, qui est munie d'une fente verticale en B, et d'une lentille en A. La source lumineuse, dont on veut étudier le spectre, est placée sur le prolongement de l'axe du collimateur. N est le prisme, CD la lunette servant à l'observation, GF une seconde lunette collimatrice, munie en G d'une fente horizontale, dans laquelle se trouve une échelle de verre, avec des divisions aussi fines que possible. Derrière cette fente est placée une lampe ou une lumière, qui éclaire l'échelle, et dont les rayons, après réflexion sur le prisme N, donnent une image de cette échelle, à l'endroit même de la lunette CD où se forme le spectre, de sorte que l'observateur aperçoit en même temps, dans l'oculaire D, le spectre et l'image de l'échelle parallèlement l'un à l'autre. On peut ainsi déterminer la position relative de chaque partie du spectre. La source lumineuse, dont on observe le spectre, peut être placée directement devant la fente B du collimateur AB ; on peut aussi la placer à une distance quelconque et projeter son image, à l'aide d'une lentille, sur la fente elle-même.

La figure 140 représente un dispositif de fente *mn* ; l'une des moitiés de celle-ci est recouverte par un petit prisme *ab* agissant comme miroir, dont on se sert, quand on veut *comparer* entre eux les spectres de deux sources. L'une

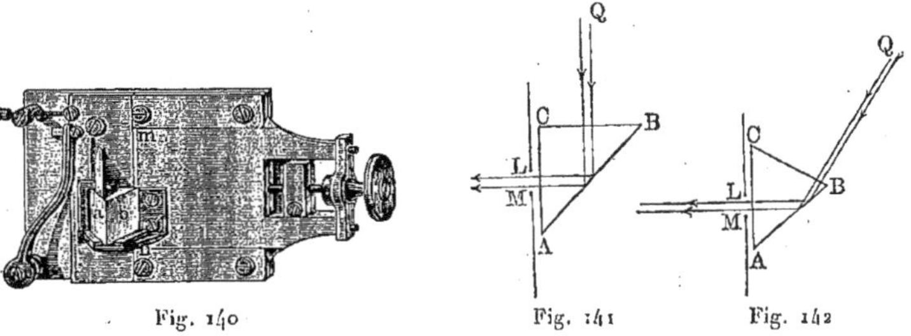

Fig. 140   Fig. 141   Fig. 142

des sources est alors placée directement devant la fente, et l'autre, à côté, de façon que ses rayons, après avoir subi la réflexion totale dans le prisme *ab*, tombent également sur la fente et se propagent dans la direction de l'axe du collimateur. La figure 141 indique la marche de ces rayons, dans le cas où le prisme ABC est rectangle, et la figure 142, dans le cas où il est obliquangle, comme sur la figure 140. La figure 138 représente l'appareil complet, avec tous ses accessoires. En face de la flamme se trouve la fente; en S l'échelle; le prisme est recouvert d'une sorte de chapeau, percé de trois trous respectivement en face des trois lunettes, qui est omis dans la figure. Dans le cas présent, les sources lumineuses sont deux becs BUNSEN, dans la flamme desquels on introduit les substances à étudier, au moyen d'un petit anneau en fil de platine. Les rayons provenant de F parviennent directement à la fente, et ceux provenant de *f*, après avoir traversé le prisme réfléchissant.

La construction de la fente doit être particulièrement soignée, puisque le spectre représente une suite continue d'images de cette fente. La figure 140 représentait un dispositif de fente, dans lequel une seule des deux plaques se déplace. On emploie quelquefois aujourd'hui des fentes *symétriques* plus compliquées, dans lesquelles *les deux plaques se meuvent en sens inverse*, de sorte qu'il ne se produit aucun déplacement du milieu de la fente, ni, par suite, du milieu de l'une quelconque des raies du spectre, quand on change la largeur de la fente. Crookes s'est servi de plaques de *quartz*, pour construire la fente d'un spectroscope. La figure 143 représente une fente symétrique ;

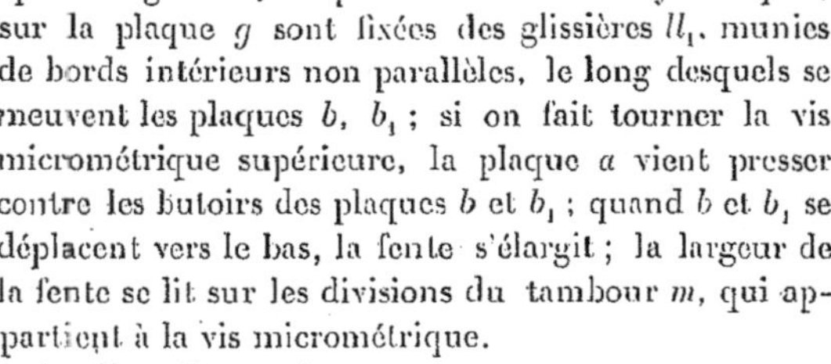

sur la plaque g sont fixées des glissières ll_1, munies de bords intérieurs non parallèles, le long desquels se meuvent les plaques b, b_1 ; si on fait tourner la vis micrométrique supérieure, la plaque a vient presser contre les butoirs des plaques b et b_1 ; quand b et b_1 se déplacent vers le bas, la fente s'élargit ; la largeur de la fente se lit sur les divisions du tambour m, qui appartient à la vis micrométrique.

Au lieu d'un prisme unique, on se sert souvent d'une série de prismes, qui permettent d'obtenir une dispersion plus forte. La figure 144 représente l'appareil de Kirchhoff, dans lequel sont montés quatre prismes, sur une tablette ronde en fonte. La figure 145

Fig. 143

montre la marche des rayons, quand il y a six prismes ; A est la lunette collimatrice, B la lunette d'observation.

Browning a commencé le premier à construire des prismes, formés de

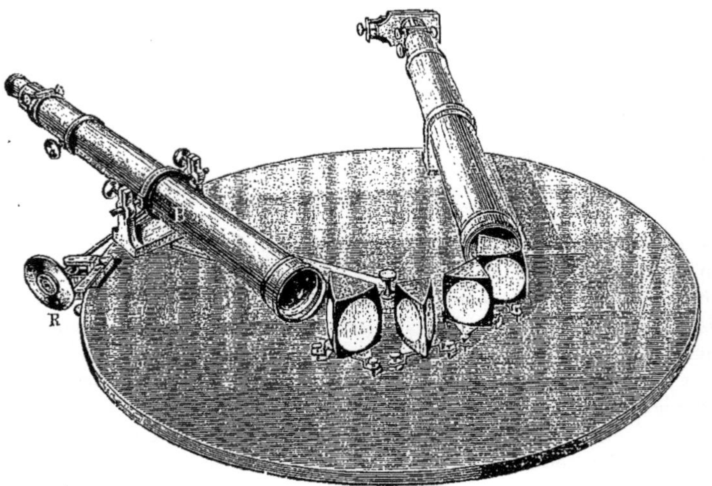

Fig. 144

deux sortes de verres, possédant une dispersion très différente. On peut, par exemple, fabriquer de tels prismes, en crown-glass et en flint-glass. Les nombres cités à la page 246 montrent que le flint-glass est plus réfringent que le crown-glass ; mais, à ce point de vue, la différence n'est pas très grande, tandis que la dispersion dans le flint-glass est incomparablement plus forte que dans le crown-glass. Browning a construit des combinaisons de prismes (*fig.* 146), formées d'un prisme de flint-glass F, ayant un angle réfringent d'environ 100°, et de deux prismes de crown-glass C, ayant un angle d'environ 25°. Les deux derniers prismes diminuent notablement la déviation des rayons, mais agissent peu sur la dispersion, de sorte que la combinaison donne la même dispersion que deux prismes de flint-glass d'un angle d'environ 60°, où la perte de lumière serait plus grande, en raison de la double

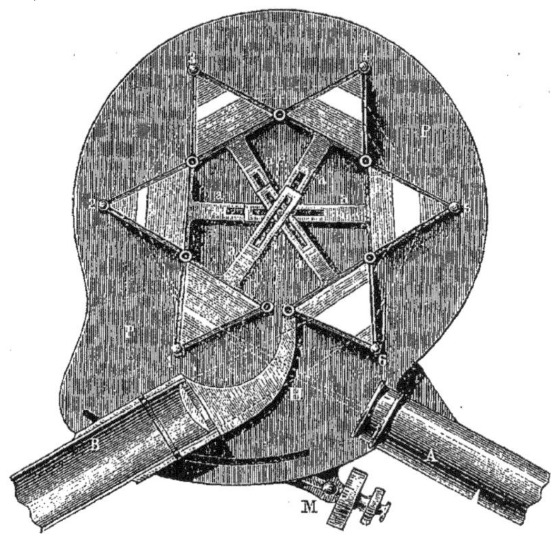

Fig. 145

entrée et de la double sortie des rayons. Rutherford a combiné deux prismes de flint-glass et trois de crown-glass, de manière à n'en former qu'un seul, et Thollon, des prismes de CS^2 (angle de 113°) avec deux prismes de crown-glass (angle de 31°).

Pour augmenter la dispersion, on a fait traverser deux fois aux rayons la même série de prismes, en leur faisant éprouver la réflexion totale à l'intérieur des prismes extrêmes. La figure 147 indique la marche des rayons à

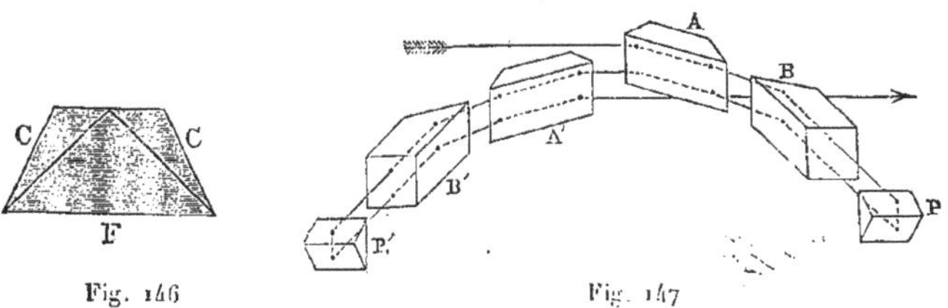

Fig. 146   Fig. 147

l'intérieur de tels prismes ; B', A', A et B sont des prismes composés, P et P' les prismes dans lesquels s'effectue la réflexion totale ; les rayons provenant du collimateur tombent sur le prisme A, traversent successivement les prismes AB PBAA'B'P'B'A', et, sortant de A', gagnent la lunette d'observation.

Hilger a construit à Londres un spectroscope à trois prismes, à travers lesquels on peut faire passer six fois les rayons, de sorte que le résultat obtenu est le même que s'il y avait dix-huit prismes. Cassie (1902) a construit un spectroscope avec deux prismes seulement, qui agissent comme s'il y en avait huit ; les faces extrêmes des deux prismes sont argentées, et par suite les rayons vont et viennent huit fois entre elles ; les prismes sont légèrement inclinés l'un vers l'autre, et l'un d'eux est placé un peu plus bas que l'autre ; les rayons, à la sortie du collimateur, tombent sur la partie la plus basse du premier prisme, et sortent finalement de la partie la plus élevée du second, pour parvenir à la lunette.

On a construit plusieurs spectroscopes avec *autocollimation*, dans lesquels la

Fig. 147 *bis*

lunette d'observation et le collimateur se confondent. Un tel spectroscope a été établi par Fabry et Jobin (1904). Les rayons sortent de la fente F (*fig.* 147 *bis*), sont réfléchis en R sur l'objectif O, passent par les prismes T_1

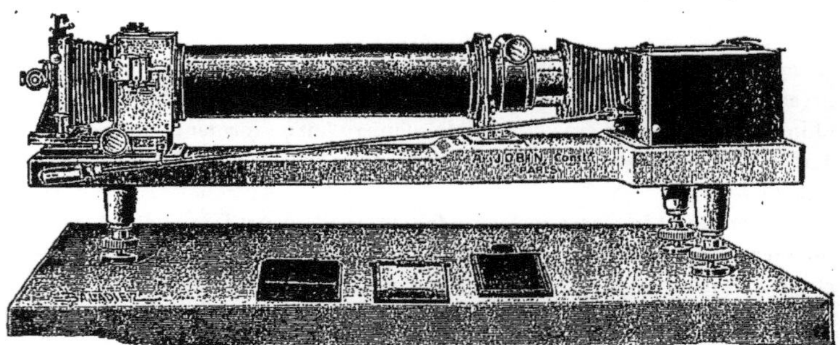

Fig. 147 *ter*

et T_2 pour arriver au miroir M et retournent à l'oculaire S. L'effet produit est donc celui de 4 prismes. Ce spectroscope, dont la vue extérieure est représentée par la figure 147 *ter*, possède une très grande dispersion (2^{mm} pour une différence de longueur d'onde de $1^{\mu\mu}$).

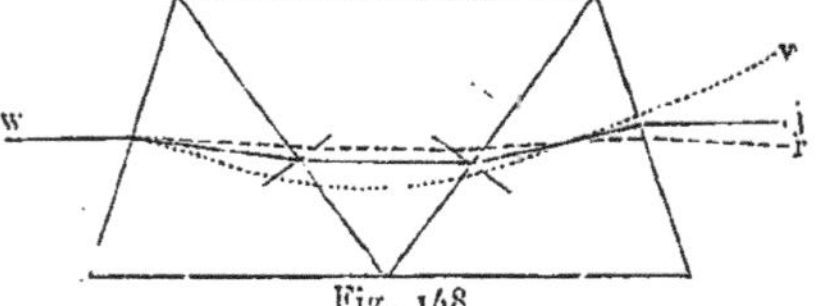

Fig. 148

Les *spectroscopes à vision directe* sont très commodes ; comme leur nom l'indique, la dispersion y est obtenue, sans que les *rayons moyens* du spectre soient déviés de leur direction primitive. Ils renferment des combinaisons de prismes de crown-glass et de flint-glass, dont les arêtes sont disposées d'une manière opposée, et qui produisent la même déviation des rayons moyens. Toutefois, les dispersions dues aux prismes considérés séparément sont très différentes ; la dispersion des prismes de flint-glass est tout à fait prédominante, comme on le remarque dans le résultat final. La figure 148 indique la marche des rayons dans un prisme d'Amici ; il se compose de trois prismes, celui du milieu en flint-glass et les deux extrêmes en crown-glass ; on a représenté la marche des rayons rouge (r), jaune (j) et violet (v) ; le rayon jaune émergent est parallèle au rayon blanc incident w. Wernicke a réuni des prismes de verre avec des prismes contenant des liquides, éther éthylique, de cannelle ou acide méthylsalicylique.

Fig. 149

La figure 149 représente un spectroscope à vision directe et au-dessus la disposition de ses parties intérieures. En SV se trouve la fente, en L(l) la lentille convergente du collimateur ; ensuite vient une combinaison de deux prismes de flint-glass et de trois de crown-glass, l'objectif composé a'a et l'oculaire o o de la lunette. Blakesley (1903) a construit un spectroscope à vision directe, dans lequel sont disposés quatre prismes en *même* sorte de verre, tels que les rayons entrants et sortants soient sur une même droite.

Herschel, Emsmann et Kessler ont construit des prismes *simples* de forme telle qu'ils produisaient une dispersion, sans déviation du rayon. La figure 150 représente les formes de quelques-uns de ces prismes et la marche des rayons à leur intérieur.

Occupons-nous maintenant des spectroscopes employés dans les observations *astrophysiques*. Dans tous les spectroscopes qui servent à l'observation des étoiles fixes, on emploie des lentilles cylindriques (voir page 188), dont les génératrices doivent être parallèles aux arêtes réfringentes des prismes, c'est-à-dire perpendiculaires au spectre de l'étoile ; celui-ci, quand il est obtenu directement, a la forme d'une raie fine ; mais la lentille cylindrique l'élargit et le transforme en une bande.

Pour l'observation des spectres des étoiles filantes, et en général, des sources

lumineuses qui n'ont pas l'apparence d'un point, mais se présentent sous la
forme d'une ligne, on peut se servir du petit spectroscope à vision directe de

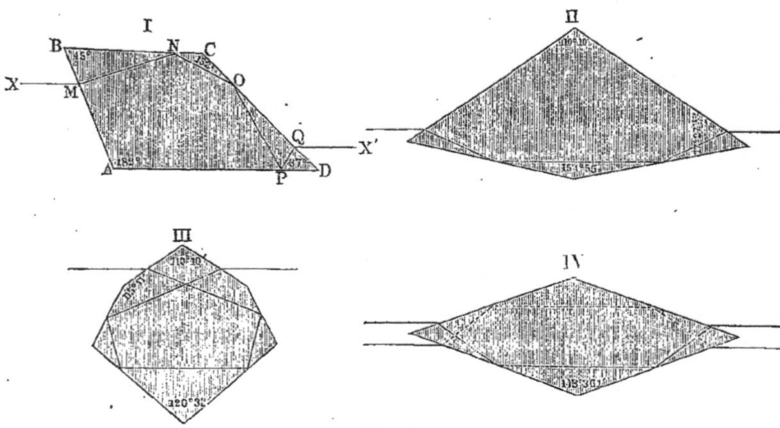

Fig. 150

Browning (*fig.* 151), qui se compose d'un prisme d'Amici placé devant l'objectif d'une petite lunette.

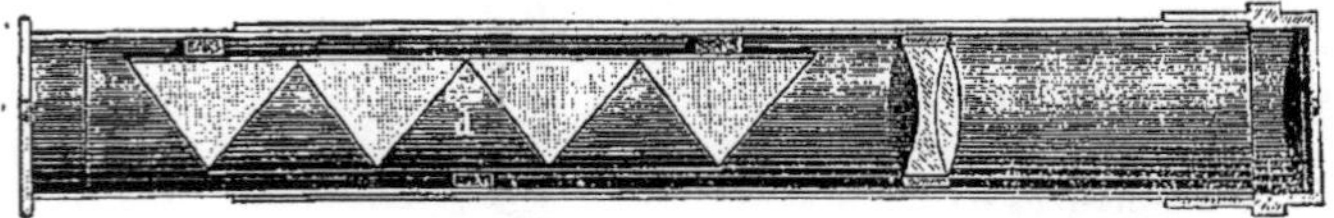

Fig. 151

La figure 152 représente le spectroscope plus compliqué de Merz, qui sert
à observer les étoiles. Devant la fente *ss* se trouve une lentille cylindrique L
et un prisme *r*, qui recouvre une partie de la fente et sert à comparer le
spectre de l'étoile à celui d'une autre source lumineuse, placée latéralement ;

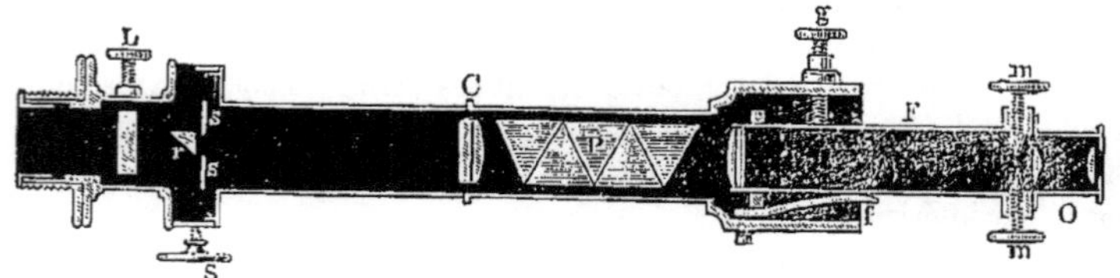

Fig. 152

du côté opposé se trouve la vis S, à l'aide de laquelle on déplace la fente.
En C, se trouve la lentille collimatrice ; en P, les prismes à vision directe, et
FO est la lunette. La vis *g* sert à déplacer la lunette, pour passer d'une région
du spectre à une autre.

Fraunhofer le premier a placé le prisme devant l'objectif de la lunette,
pour l'observation des spectres des étoiles. Dans la suite, Respighi à Rome et

Merz à Munich sont revenus à cette méthode. La figure 153 représente un prisme de Merz avec une monture ; il se place directement devant l'objectif de la lunette. Secchi s'est servi d'un prisme de ce genre (diamètre 16 centimètres, angle réfringent 12°). Pickering, à Cambridge (Etats-Unis) emploie plusieurs prismes (jusqu'à quatre, ayant des angles de 15°), adaptés à l'objectif d'un réfracteur de 11 pouces ; un inconvénient de cette disposition est que le poids élevé (environ 100 livres) des prismes peut produire une flexion de la

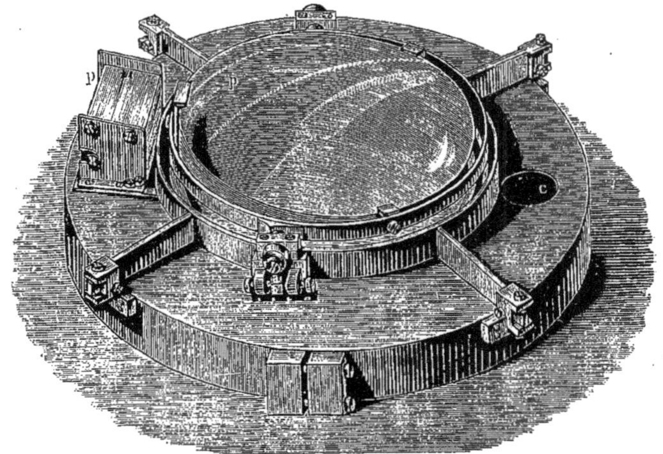

Fig. 153

lunette. La figure 154 indique la marche des rayons dans le prisme P et dans l'objectif O de la lunette ; l'étoile observée se trouve dans la direction S : après réfraction, les rayons rouges convergent en R, les violets en V, comme s'il y avait dans les directions S' et S" une étoile rouge et une étoile violette. Les rayons d'une certaine réfrangibilité moyenne convergent en un point B situé sur l'axe de la lunette.

On peut se servir de deux manières différentes des lentilles cylindriques ; on peut les placer devant la fente de façon qu'elles donnent une image de l'étoile ayant la forme d'une raie fine, qui doit coïncider avec la fente, ou bien on peut les employer pour élargir un spectre obtenu sous forme d'une raie fine.

La figure 155 représente en coupe horizontale le spectroscope dont s'est servi Huggins. Le collimateur est fixé à la lunette, à la place de l'oculaire, qui a pour extrémité TT et est enlevé au préalable. Devant la fente D se trouve, à une distance convenable, la lentille cylindrique A ; en G se trouve la lentille du collimateur ; la fente doit évidemment se trouver au foyer de A aussi bien que de G. Les prismes hh_1 et la lunette P ont la même position que dans les spectroscopes ordinaires. Pour comparer le spectre d'une étoile à celui d'une source lumineuse artificielle, on se sert d'un petit prisme et d'un petit miroir placé sur le côté, qui est mobile autour d'une charnière.

Nous mentionnerons encore quelques appareils remarquables, qui se trouvent dans les grands observatoires astrophysiques, par exemple à Poulkowo, à Potsdam, à l'observatoire Lick (États-Unis), à Harvard-College (Cambridge, États-Unis), à Vienne.

La figure 156 représente l'un des spectromètres de l'observatoire de Potsdam. Le dispositif de la fente se trouve en V ; tout l'appareil est fixé à la place de l'oculaire d'un grand réfracteur. Le lunette servant à l'observation est fixée à la plaque métallique A, qui tourne autour de l'axe Z, et dont la position sur l'arc de cercle S peut se lire à l'aide du vernier N. La tête de vis M du micro-

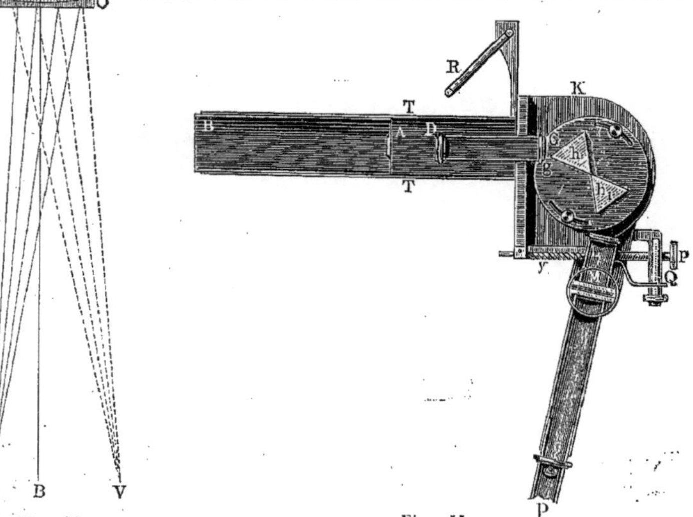

Fig. 154   Fig. 155

mètre oculaire (T. I, page 309) est munie de divisions. Si on presse sur le style D, qui traverse un petit cylindre rempli d'encre et se termine par une pointe, on peut marquer des points sur les divisions du tambour M, et ensuite, quand on a fait jusqu'à 15 mises au point du fil du micromètre, sur différentes raies du spectre, on peut effectuer d'un seul coup toutes les lectures. Ce spectromètre renferme deux

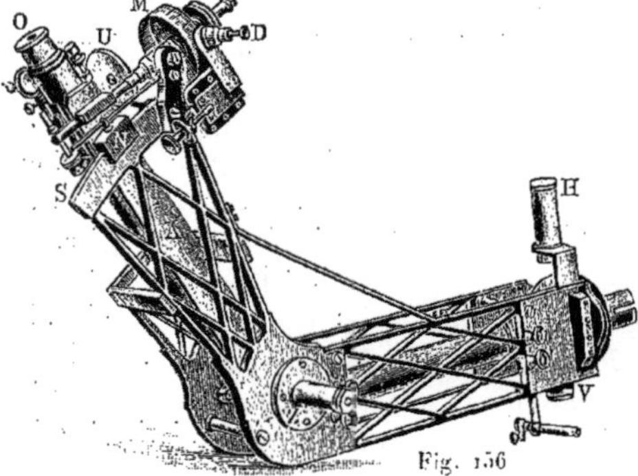

Fig. 156

prismes (d'un angle de 45°), dont l'un est invariablement lié à l'objectif du collimateur et l'autre à l'objectif de la lunette.

La figure 157 représente le grand spectrographe de l'observatoire astrophysique de Potsdam ; il est fixé à la place de l'oculaire du réfracteur de 11

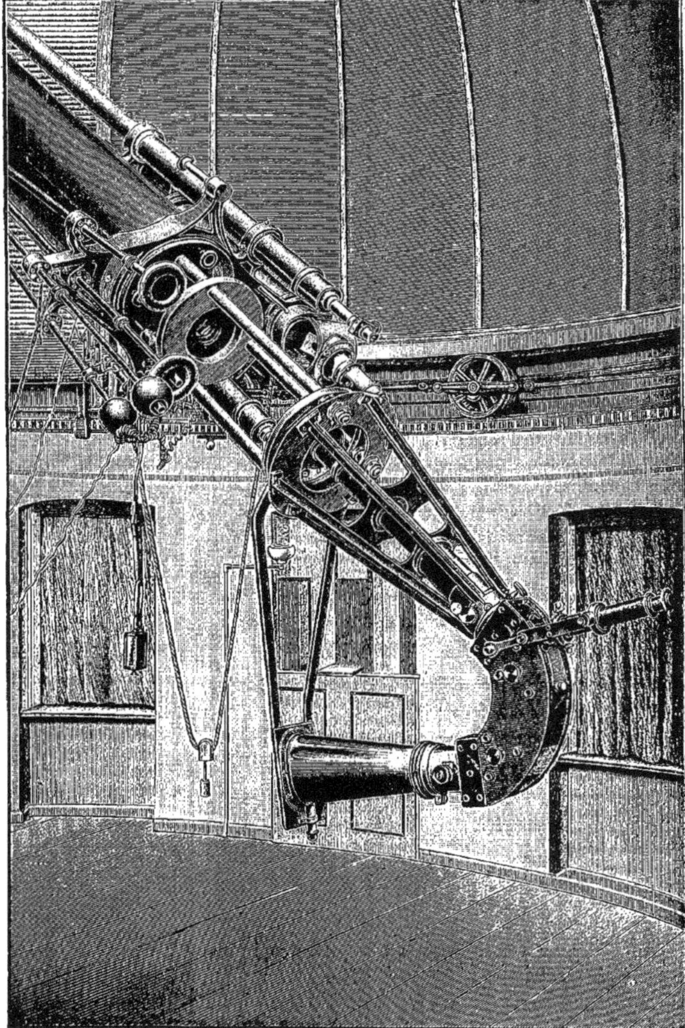

Fig. 157

pouces de cet observatoire. La lunette collimatrice se trouve à l'intérieur d'une
carcasse rigide en forme de cône, constituée par des poutrelles à T ; on ren-

contre ensuite une partie courbée en cercle, qui renferme deux prismes de
Rutherford d'un très grand pouvoir dispersif. Enfin, on peut voir sur la
figure la chambre photographique en forme de cône, qui est soutenue par des
montants verticaux. Un tube de Geissler (tube spectral) brillant, à hydrogène, est placé dans le cône des rayons venant de l'objectif du réfracteur, de
sorte que les raies de l'hydrogène apparaissent sur la plaque photographique.
Comme la photographie des spectres des étoiles exige une longue exposition,
il est nécessaire que l'image de l'étoile ne se déplace pas devant la fente, pendant un temps assez long. A cet effet, on se sert d'une lunette astronomique
placée latéralement (voir la figure), dans laquelle parviennent des rayons
réfléchis par la face antérieure du prisme, et où l'on voit la fente éclairée par
la lumière du tube de Geissler et l'étoile, qui apparaît comme un point brillant. En effectuant des déplacements micrométriques, on peut corriger les
irrégularités de marche du mécanisme d'horlogerie, qui fait tourner tout le
réfracteur, et empêcher ainsi l'image de l'étoile de se déplacer devant la
fente.

Les spectroscopes destinés à l'observation des protubérances du Soleil ont
une construction spéciale. On y rencontre, en particulier, *la chambre aux
prismes*, constituée par une chambre photographique, dans laquelle des
prismes sont placés devant l'objectif ; il n'existe pas ici de fente ; nous reviendrons plus loin sur le fonctionnement de ces instruments.

Les observatoires de l'Amérique du Nord possèdent toute une série de spectromètres et de spectrographes de dimensions extrêmement grandes. Ces appareils sont en outre universels, c'est-à-dire qu'il suffit de légères modifications
pour qu'ils puissent être employés, suivant les besoins, soit à l'observation
directe, avec une petite ou une grande dispersion, en se servant de
prismes ou de réseaux (voir le § suivant), soit à la photographie, etc. A l'observatoire de Potsdam, au contraire, les instruments ont chacun une destination spéciale. L'observatoire Lick possède un spectrographe excellent,
construit par Campbell, grâce à la générosité de D. O. Mills ; il peut être
adapté à un réfracteur monstre d'une ouverture de $91^{cm}.5$. Il existe aussi de
grands appareils de ce genre à Alleghany-Observatory, Halsted-Observatory,
Kenwood-Observatory, et dans d'autres observatoires encore.

Krüss, Leiss, Hartmann (Quarzspektrograph, 1905), ont donné la description de différents spectrographes perfectionnés ; ainsi, par exemple, Leiss a
décrit le Vacuum-spectrographe de Schumann, qui permet d'observer les radiations ultra-violettes absorbées par l'air, jusqu'à la longueur d'onde $\lambda = 0^{\mu},1$.

Le cabinet astrophysique de l'observatoire de Poulkowo (près de St-Pétersbourg) renferme également une belle collection d'appareils spectroscopiques.
Il possède, pour les recherches télespectroscopiques, deux collimateurs de
40 centimètres et 60 centimètres de longueur. A chacun d'eux peuvent être
vissées des boîtes de prismes ; il existe quatre de ces boîtes, avec un nombre
différent de prismes ; tous ces prismes sont composés. En outre, cinq
chambres sont destinées à la spectrographie ; la distance focale des lentilles
correspondantes est comprise entre 25 centimètres et 60 centimètres. A la
place des prismes peuvent être employés des réseaux de Rowland, dont il sera

parlé plus loin, au § 6 ; l'un de ces réseaux a 14400, et l'autre 7000 traits
par pouce.

Pour terminer, nous décrirons encore un *microspectroscope*, servant à l'étude
spectroscopique de la lumière, qui a traversé des corps solides très petits ou
des liquides. La figure 158 représente la région de l'oculaire d'un microspectroscope de Browning et Sorby. Le petit tube *a*, qui renferme cinq prismes et
figure un spectroscope à vision directe, est placé au-dessus de la lentille de
l'oculaire d'un microscope et peut être déplacé à l'aide de la vis *b*. Entre les
lentilles de l'oculaire se trouve une fente, dont on peut régler la largeur au
moyen de la vis *c*. Un petit prisme, qui recouvre la moitié de la fente, sert à

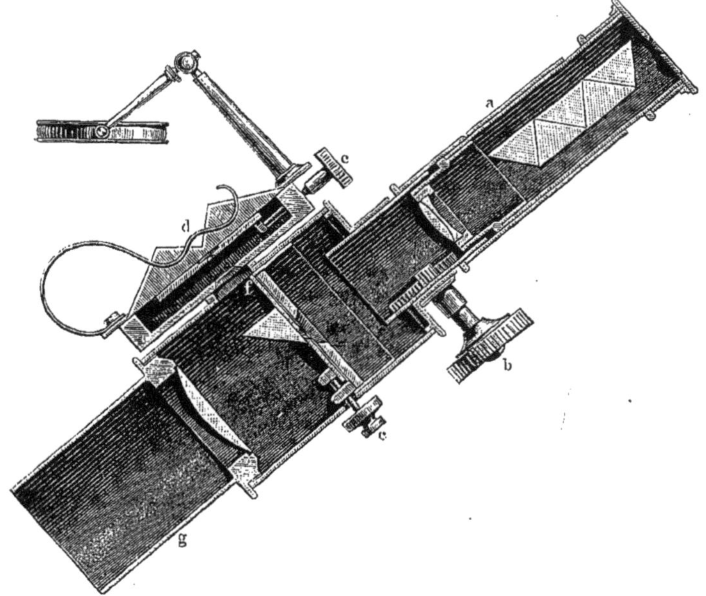

Fig. 158

comparer le spectre de la lumière, qui a traversé la préparation microscopique,
à celui d'une lumière qui a traversé une substance donnée. Cette dernière est
placée latéralement (dans un tube, si elle est liquide), sur une tablette spéciale perpendiculaire au plan de la figure. Au milieu de cette tablette est
pratiquée une fente, dont on règle la largeur au moyen de la vis *e*. Deux ressorts à lames *d* appuient la substance directement contre la fente ; elle est en
outre maintenue à ses extrémités, par deux encoches pratiquées sur les bords
de la tablette et parallèles à l'axe du microscope ; l'une de ces encoches est
visible sur la figure. Avant l'observation, il faut enlever le petit tube *a*, élargir la fente au moyen de *e*, et mettre le microscope dans une position telle
que l'objet à étudier soit vu nettement. Au tube *a* peut encore être adapté un
dispositif, qui n'est pas figuré et qui permet de voir une échelle en même

temps que le spectre ; ce dispositif est tout à fait analogue à celui qui est représenté schématiquement par la figure 139.

Zeiss a modifié cet appareil. Pulfrich (1898) a construit un appareil très intéressant, qui permet de comparer deux spectres entre eux.

Le spectre, obtenu dans un spectroscope muni d'une échelle, doit être ordinairement *gradué*, c'est-à-dire qu'il faut déterminer la longueur d'onde λ correspondant à une division donnée N de l'échelle ou à un angle de déviation donné φ. Le procédé ordinaire de graduation consiste à déterminer N (ou φ) pour une série de raies spectrales où λ est connu. On choisit les N (ou φ) pour abscisses, les λ pour ordonnées, et on trace une courbe continue passant par les points obtenus : cette courbe donne les valeurs de λ correspondant à toutes les valeurs de N (ou φ). Edser et Butler (1898) ont indiqué une méthode ingénieuse (basée sur l'interférence) pour graduer les spectres d'origine prismatique.

Nous avons mentionné à la page 418 la formule (3, *p*) de Hartmann, qui donne *n* en fonction de λ. Hartmann a trouvé que cette formule exprime très bien la valeur totale φ de la déviation d'un rayon ou la grandeur arbitraire *s*, qui sert de mesure à cette déviation et qui s'obtient par une lecture sur l'instrument lui-même, par exemple sur l'échelle, sur le tambour de la vis micrométrique, etc.. L'indice de réfraction *n* dépend de la construction de l'appareil, du nombre de prismes, etc. Hartmann a en outre trouvé qu'inversement λ s'exprime, en fonction de *s*, par la formule très simple suivante

$$(5,\ a) \qquad\qquad \lambda = \lambda_0 + \frac{c}{s - s_0},$$

où λ_0 et c sont déterminés une fois pour toutes pour un appareil donné, et où s_0 dépend de la position du spectre par rapport à la partie de l'appareil qui sert à la mesure.

6. Spectroscopes à réseaux et mesure de la longueur d'onde λ. Spectroscopes interférentiels. — La construction des réseaux de diffraction et leur théorie seront exposées dans l'un des Chapitres suivants. Nous nous bornerons ici à une indication succincte des propriétés des réseaux et de leur mode d'emploi dans les spectroscopes. Les réseaux de diffraction *par réflexion* se préparent aujourd'hui en traçant sur la surface polie d'une petite plaque de métal, à l'aide d'un burin en diamant, une série de traits très fins et très rapprochés. S'il tombe sur un tel réseau AB (*fig.* 159) un rayon lumineux homogène SO de longueur d'onde λ, faisant l'angle φ avec la normale ON, il se forme une *suite* de rayons réfléchis, faisant avec ON des angles ψ qui satisfont à l'équation

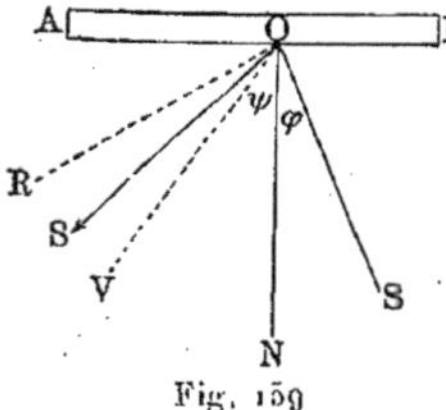

Fig. 159

$$(6) \qquad\qquad \lambda = \frac{c}{m} (\sin \psi - \sin \varphi),$$

dans laquelle $\pm m = 1, 2, 3$, etc., et où *c* représente la constante du réseau, égale à la distance des milieux de deux traits voisins. L'angle ψ dépend de λ, quand φ, c et m sont donnés, et par suite les faisceaux de rayons réfléchis donnent une suite de spectres, quand le rayon incident SO est complexe. Plus λ est petit, plus ψ lui-même est petit, et, par suite, les rayons rouge et violet suivent respectivement les directions OR et OV. Les spectres correspondant aux valeurs $m = 1, 2, 3, \ldots$ s'appellent des spectres du premier, second, troisième ordre, etc. Chaque spectre est plus long que celui qui le précède et a un éclat bien moindre. Les spectres d'ordre supérieur empiètent en partie les uns sur les autres, car dans une direction φ, sont réfléchis tous les rayons pour lesquels $m\lambda = const.$, c'est-à-dire le rayon du premier spectre ($m = 1$) de longueur d'onde $\lambda_1 = c\,(\sin \psi - \sin \varphi)$, le rayon du second spectre ($m = 2$) de longueur d'onde $\lambda_2 = \frac{1}{2}\lambda_1$, celui du troisième ($m = 3$) pour lequel $\lambda_3 = \frac{1}{3}\lambda_1$, etc. Les nombres de la page 244 montrent que l'extrémité violette *visible* du troisième spectre empiète sur l'extrémité rouge visible du second.

On prépare des réseaux excellents avec une machine construite par le professeur Rowland des Etats-Unis ; le nombre des traits atteint, dans ces réseaux, le chiffre de 20 000 par pouce anglais et s'élève à 100 000 pour un seul réseau.

Jusqu'en 1883, on employait exclusivement des réseaux plans. Les *spectromètres*, qui renferment de tels réseaux, se composent d'un collimateur envoyant un faisceau de rayons parallèles à travers le réseau et d'une lunette; au foyer de l'objectif de cette lunette se forme l'image du spectre, et un dispositif permet de mesurer d'une façon très précise les angles φ et ψ.

Rowland a eu en 1883 l'ingénieuse idée de construire des réseaux par réflexion *concaves*, à grand rayon de courbure ($21,5$ pieds angl. $= 6^{\text{mèt.}},55$) et possédant un foyer principal déterminé, ce qui permet d'observer les spectres et, ce qui est encore plus important, de les photographier, sans que les rayons réfléchis par les réseaux traversent des lentilles. Cette circonstance a une grande importance, pour la recherche des radiations infra-rouges et ultra-violettes qui sont absorbées par le verre. Les résultats auxquels on peut arriver à l'aide de ces réseaux concaves laissent bien loin derrière eux tous ceux qui ont été atteints auparavant avec des prismes. Si l'on se sert d'un réseau ayant 20 000 traits par pouce anglais, deux points de sa surface focale, correspondant à des rayons dont les longueurs d'onde ont une différence $\lambda_1 - \lambda_2 = 10^{-7}$ millimètres (ce qu'on appelle l'unité d'Ångström), se trouvent dans le spectre du premier ordre à une distance de $0^{\text{mm}},52$ l'un de l'autre, et, par exemple, dans le spectre du quatrième ordre, à une distance de $2^{\text{mm}},07$.

Connaissant la valeur de c, on peut, d'après la formule (6), déterminer à l'aide des réseaux la grandeur absolue de la longueur d'onde d'une radiation correspondant à une raie déterminée du spectre. Rowland est parvenu, dans ses dernières déterminations (1893), à une précision s'élevant à $0,001$ de l'unité d'Ångström, ou approximativement à $\frac{1}{5.10^6}$ de la longueur d'onde d'une radiation verte. Connaissant la longueur d'onde d'une radiation déterminée, on peut s'en servir pour calculer la constante c d'un réseau. Rowland prend, pour la longueur d'onde de la raie D_1 du spectre, la valeur suivante :

$$(7) \quad \begin{cases} \lambda(D_1) = 0^{mm},00058906156 \\ \lambda(D_1) = 0^{\mu},5896156 \\ \lambda(D_1) = 589^{\mu\mu},6156 \\ \lambda(D_1) = 5896,156 \text{ U. A.,} \end{cases}$$

où $\mu = 0^{mm},001$, $\mu\mu = 10^{-6}$ millimètre. Si la valeur numérique d'une longueur d'onde n'est suivie d'aucune indication, ou si elle est suivie des lettres U. A., cela signifie qu'elle est exprimée en unités d'Ångström ($0^{\mu\mu},1$).

Langley s'est servi, dans quelques cas, de combinaisons de réseaux et de prismes. Nous ferons connaître plus tard un nouveau genre de réseaux de diffraction, construits par Michelson et Lummer (*réseaux à échelons*). Nous donnerons dans le Chapitre sur la diffraction de plus amples détails à ce sujet. On trouve des tableaux des longueurs d'onde des raies du spectre, dans Dufet, *Données numériques; Optique I*, Paris, 1898 ; cet ouvrage contient également les tableaux de Rowland.

Nous avons déjà parlé aux pages 17 et 20 des méthodes de recherche des rayons infra-rouges et ultra-violets à l'aide du bolomètre et au moyen de la photographie. En se servant d'un réseau et du bolomètre, Langley a pu arriver jusqu'à la longueur d'onde $\lambda = 30\,\mu$. D'autre part Schumann, en produisant des spectres dans un espace vide d'air, au moyen d'un prisme de spath fluor incolore, a réussi à obtenir, sur des plaques photographiques préparées spécialement, la trace de radiations (spectre de l'hydrogène) de longueur d'onde $\lambda = 0^{\mu},1$.

Nous devons encore mentionner que, depuis l'année 1898, on a commencé à employer une nouvelle méthode d'analyse des raies du spectre plus précise, basée sur l'observation de l'*interférence* de rayons ayant une grande différence de marche. La méthode même d'observation et les appareils dont on se sert, que l'on appelle des *spectroscopes interférentiels*, seront décrits, plus loin, dans le Chapitre sur l'interférence, où l'on trouvera également la bibliographie correspondante. A. Michelson, Perot et Fabry doivent être considérés comme les inventeurs de cette nouvelle méthode, qui a été ensuite développée par Honey et surtout par Lummer.

Cette méthode permet de reconnaître la structure complexe de certaines raies du spectre, qui, même dans les plus forts spectroscopes, paraissent simples. On constate que quelques-unes de ces raies se composent de toute une série de raies distinctes, excessivement voisines les unes des autres. Il n'est pas rare qu'une raie principale soit accompagnée de plusieurs autres, que l'on désigne, d'après Lummer, sous le nom de raies *satellites*. Prenons, par exemple, la raie vert clair qui se forme dans le spectre de la vapeur incandescente de mercure : Lummer trouva d'abord qu'elle se compose d'une raie principale, probablement triple, accompagnée de cinq raies satellites brillantes et de deux autres assez faibles ; l'une de ces dernières semblait même devoir être double. Il a trouvé ensuite (1903) que *cette raie du mercure paraissait se composer de 21 raies distinctes*. Nous indiquerons encore au § **9** quelques

autres résultats d'observations, obtenus en partie à l'aide du spectroscope
interférentiel, en partie à l'aide du réseau à échelons, qui possède un pouvoir
dispersif extrêmement grand.

7. Les différentes formes des spectres. — Il faut distinguer tout
d'abord les *spectres d'émission* et les *spectres d'absorption*, selon que le rayonnement est observé tel qu'il émane de la source, ou après son passage à travers
un milieu qui retient une partie des radiations.

A. — Aux SPECTRES D'ÉMISSION appartiennent :

I. — LE SPECTRE CONTINU ; il se présente sous la forme d'une bande ininter-
rompue, contenant toutes les parties du spectre visible, depuis le rouge jusqu'au violet. On obtient des spectres de cette nature, dans la décomposition
de la lumière blanche émise par des *corps incandescents à l'état solide ou liquide*.
EVERSHED a trouvé que les vapeurs de I, Br, Cl, S, As et Na à haute température émettent également de la lumière blanche, qui donne un spectre continu.

II. — LE SPECTRE DE LIGNES ; il se compose d'un certain nombre de *raies
brillantes distinctes*, réparties dans toute l'étendue du spectre et possédant la
couleur qui correspond à l'endroit du spectre continu qu'elles occupent. Le
nombre de ces raies est quelquefois très grand, et la plus grande partie d'entre
elles peut se trouver dans les régions infra-rouge et ultra-violette. On obtient
ce spectre, dans la décomposition de la lumière émise par *les vapeurs ou les
gaz incandescents*. Le spectre continu, ainsi que le spectre de lignes, s'appellent
aussi des *spectres d'émission*.

III. — LE SPECTRE DE BANDES ; il se compose de larges bandes. On obtient
également des spectres de cette nature avec les vapeurs et les gaz incandescents. Les bandes sont presque toujours particulièrement brillantes sur un
bord (le plus souvent sur le bord tourné vers l'extrémité violette) et vont en
s'affaiblissant peu à peu vers l'autre bord ; aussi, font-elles l'impression de
colonnes éclairées d'un côté. Avec une forte dispersion, les colonnes se
décomposent parfois en un grand nombre de raies très fines. Les *corps à l'état
solide* peuvent également donner un *spectre de lignes ou de bandes*. Nous reviendrons sur ce point au § 9.

B. — LES SPECTRES D'ABSORPTION s'obtiennent en faisant passer de la lumière
blanche à travers un milieu qui absorbe certaines radiations. Ces spectres se
présentent, en quelque sorte, comme des spectres continus dans lesquels
manquent des rayons ou des groupes de rayons déterminés. L'absence de ces
rayons se manifeste par l'apparition *de raies ou de bandes sombres* sur un fond
coloré brillant.

**8. Quelques méthodes pour la production des spectres d'émis-
sion et d'absorption. Représentation des spectres.** — En parlant
des *spectres d'émission*, nous avons surtout en vue les spectres des vapeurs et
des gaz incandescents. L'une des méthodes les plus simples, pour produire
ces spectres, a déjà été mentionnée dans la description du spectroscope représenté par la figure 138. La substance étudiée (ordinairement solide) est placée,
au moyen d'un anneau en fil de platine, dans la flamme non lumineuse d'un

bec de Bunsen (*fig.* 160). La disposition de ce bec est la suivante : le gaz d'éclairage est amené par un tuyau horizontal ; en *a* se trouve un manchon cylindrique percé d'une ouverture circulaire, qui laisse entrer l'air extérieur, dans le brûleur, à l'endroit convenable : cela favorise la combustion et rend la flamme du gaz légèrement lumineuse. Si l'on tourne le manchon, de manière à couper l'arrivée d'air extérieur, on obtient une flamme brillante, celle que donne d'ordinaire le gaz. Une certaine partie de la substance, introduite dans la flamme, se volatilise ; ses vapeurs sont portées à l'incandescence et elles colorent la flamme peu lumineuse du bec. Au lieu d'un bec de *Bunsen*, on peut également employer une lampe ordinaire à alcool, dans laquelle on introduit la substance, en la répandant sur la mèche ou en la dissolvant dans l'alcool.

On se sert quelquefois aussi (pour les liquides) d'un petit tube, ayant la forme représentée par la figure 161 ; ici un fil est introduit dans la partie inférieure étirée d'un tube en verre ; le liquide à étudier s'écoule goutte à goutte le long du fil et se volatilise dans la flamme.

Morton, Gouy, Beckmann et d'autres encore ont construit des appareils, dans lesquels la substance à étudier ou une dissolution de cette substance est ajoutée, à l'état de pluie très fine (comme dans un pulvérisateur), au gaz qui

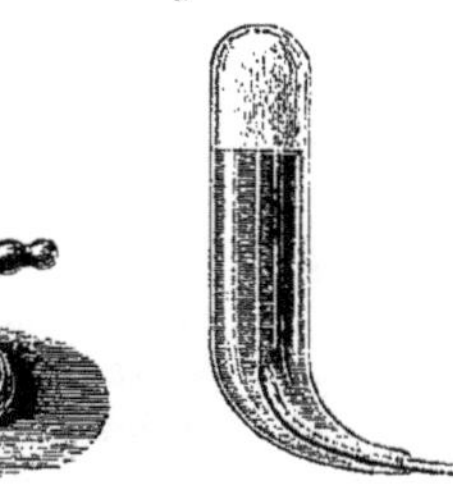

Fig. 160   Fig. 161

brûle, ou est introduite directement dans la flamme.

On peut étudier les spectres des *gaz incandescents* avec des tubes de Geissler, à travers lesquels on fait passer les décharges d'un petit inducteur. Il est d'ailleurs très difficile d'obtenir, par ce moyen, des spectres tout à fait purs, c'est-à-dire sans traces des spectres de gaz étrangers : en outre, le spectre d'un gaz contenu dans un tube de Geissler a très souvent un tout autre caractère que le spectre donné, par la même substance, dans d'autres conditions.

Quelques vapeurs possèdent la propriété d'être *fluorescentes*, c'est-à-dire d'émettre des radiations déterminées, quand elles reçoivent les rayons du Soleil ou ceux d'un arc électrique (voir le Chapitre sur la fluorescence). Le spectre de la lumière ainsi émise est en général différent de celui que donnent les mêmes vapeurs, quand on les introduit, par exemple, dans une flamme de gaz.

L'étincelle brillante de la bobine d'induction, qui éclate entre des électrodes métalliques, donne le spectre des vapeurs des métaux, qui entrent dans la constitution des électrodes, et, en même temps, celui des gaz, qui entourent les électrodes. La figure 162 représente une disposition permettant d'obtenir des étincelles très brillantes. Les pointes E et E′ sont reliées aux armatures d'une bouteille de Leyde ; le bouton p' (—) est relié à l'armature extérieure et le bouton p (+) à la tige effilée T, placée en face du disque P. Les étincelles

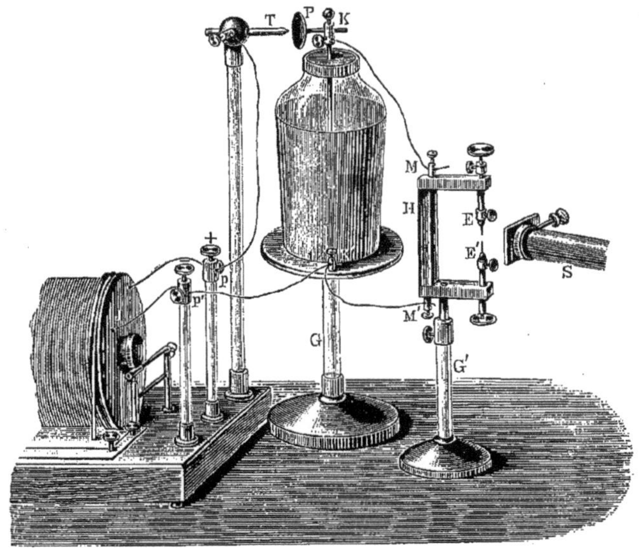

Fig. 162

éclatent simultanément entre T et P, et entre E et E′. S est le collimateur d'un spectroscope.

La figure 163 représente un petit appareil très commode, construit par DELACHANAL et MERMET et appelé par eux *fulgurateur*. Il se compose d'une éprouvette A, dont le fond est traversé par un fil de platine fD, coiffé d'un petit manchon conique en verre ; en face de ce fil, se termine un autre fil cd, entouré à sa partie supérieure d'un petit tube B et maintenu par le bouchon C. On verse dans l'éprouvette une petite quantité d'une dissolution du sel à étudier, de manière à amener le niveau ab presqu'à la même hauteur que D ; le liquide monte par capillarité le long du manchon, ce qui le maintient à une distance fixe de l'électrode d. Si l'on réunit f au pôle négatif, c au pôle positif d'une bobine d'induction, on obtient des étincelles entre D et d, dont la lumière donne le spectre du métal contenu dans le sel dissous.

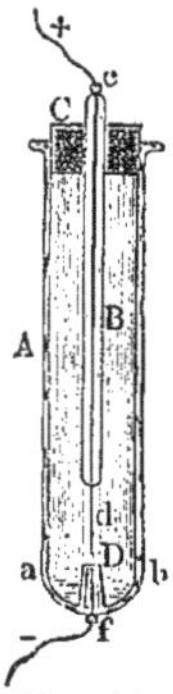

Le spectre des vapeurs d'un métal peut encore être obtenu en introduisant ce métal, ou certains de ses composés, dans l'arc voltaïque ; les charbons doivent être écartés le plus possible l'un de l'autre, pour ne pas avoir le spectre continu des charbons au rouge blanc, au lieu de celui du métal.

Fig. 163

Les recherches de Pringsheim, Paschen, Nasini et Anderlini (1904), mais surtout celles de A. S. King (1905), ont montré que *par échauffement direct*, par conséquent sans qu'un courant électrique les traverse, les vapeurs d'un métal rendues incandescentes peuvent également donner un spectre de lignes ou un spectre de bandes.

Crew et Tatnall ont construit un appareil où l'arc voltaïque est produit entre une tige et le bord d'un disque tournant formés du métal à étudier.

Arons a établi une *lampe à mercure*, dans laquelle l'arc voltaïque se forme dans le vide entre deux surfaces de mercure. La figure 164 représente cette lampe à mercure, sous la forme que lui a donnée Lummer. SS est un tube en verre, où l'on a fait le vide ; les deux tubes latéraux *a* et *b* sont remplis de mercure. Les électrodes soudées dans *a* et *b* pénètrent dans les vases *c* et *d*, renfermant également du mercure et servant à mettre la lampe dans le circuit. Tout l'appareil

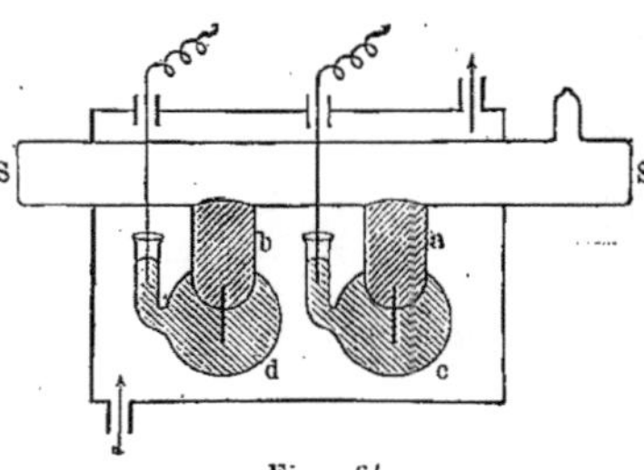

Fig. 164

est plongé dans un vase traversé par un courant d'eau. L'arc voltaïque se forme en SS, entre les tubes *a* et *b*, quand on amène, par une légère secousse, le mercure de ces tubes en contact. Les extrémités SS ne sont pas refroidies par l'eau ; aussi les vapeurs de mercure ne se condensent pas sur elles ; le spectre est observé à travers l'une des extrémités S.

Cette lampe a été modifiée, en particulier par Fabry et Perot et par Hewitt. Fabry et Perot, qui ont donné plusieurs méthodes pour obtenir une lumière monochromatique, ont construit la lampe représentée par la figure 164 *bis*, dont la disposition n'exige pas d'explications. L'anode mercurielle entoure ici *circulairement* la cathode mercurielle qui est formée par un tube fermé à la partie inférieure et rempli de mercure. Sur le même principe repose la lampe de Siedentopf (C. Zeiss à Iéna), qui est très répandue et dans laquelle la lumière de l'arc voltaïque est envoyée, dans une direction quelconque, par une lentille et un miroir. Une lampe à mercure, avec une enveloppe de quartz qui est traversée par les radiations ultra-violettes, a été construite par Fischer (1905). Hewitt a montré que, pour une force électromotrice donnée, la

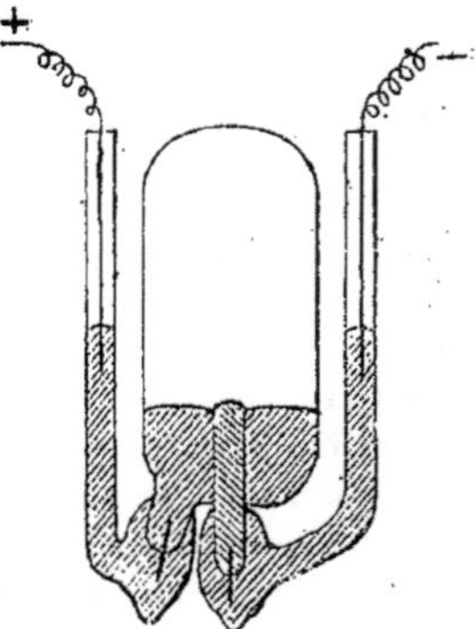

Fig. 164 *bis*

lampe à mercure fonctionne mieux avec une tension de vapeur déterminée. Dans la lampe qu'il a construite, les conditions les plus favorables sont réalisées automatiquement : cette lampe a la forme d'un tube vertical, où se trouve à la partie inférieure la cathode mercurielle, et à la partie supérieure une anode en fer.

Honey et Michelson ont construit des *lampes à cadmium*, pour obtenir le spectre du cadmium, qui joue aujourd'hui, comme nous le verrons, un rôle important dans les recherches spectrométriques. Gumlich a construit une lampe à *amalgame de cadmium*. Lummer et Gehrcke (1904) en ont construit une en verre de quartz. Kreussler (1905) a indiqué un brûleur à gaz commode pour la *lumière monochromatique du thallium*.

On trouvera une exposition détaillée des moyens d'obtenir les spectres des vapeurs incandescentes, dans l'ouvrage de Kayser, *Handbuch der Spektroskopie*, T. I, pages 131-250, 1900.

On étudie les *spectres d'absorption*, en plaçant la substance absorbante entre la fente du spectroscope et une source de lumière blanche, laquelle seule donnerait un spectre continu. Si la substance à étudier est liquide, on la verse dans un vase ayant deux parois planes parallèles en verre. On peut étudier l'absorption des rayons lumineux par les vapeurs des substances qui se volatilisent facilement, en plaçant ces dernières dans un tube horizontal N (*fig.* 165), dont les extrémités sont fermées par des plaques de verre, et qui

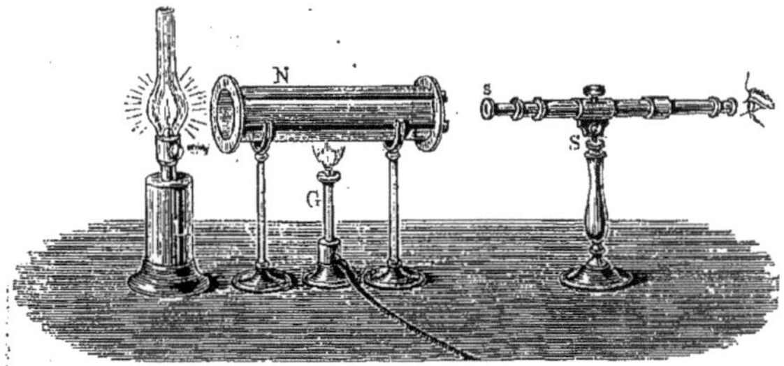

Fig. 165

est chauffé (s'il est nécessaire), par un bec G ; L est une lampe, s la fente du spectroscope S. On trouvera une exposition détaillée des méthodes employées pour l'étude des spectres d'absorption dans Kayser, *Handbuch der Spektroskopie*, T. III, p. 25-52, 1905.

Il existe plusieurs *méthodes pour la représentation graphique des spectres*.

La méthode la plus parfaite consisterait à reproduire toutes les parties du spectre avec tous leurs détails, leurs couleurs réelles et leur clarté relative. On comprend immédiatement qu'une telle représentation est pratiquement impossible.

On représente ordinairement les spectres sous forme de bandes, dans lesquelles on indique, par des lignes transversales noires ou blanches, les raies brillantes ou sombres, en s'efforçant de rendre, par la largeur ou par la couleur plus ou moins noire des traits (ou leur couleur plus ou moins blanche, quand on représente le spectre sur fond sombre), la largeur et l'éclat relatif des différentes raies. Les figures 171 et 172 peuvent servir d'exemples.

Quand on n'a pas besoin d'une grande précision, on détermine la position des différentes raies, à l'aide d'une échelle, arbitraire par exemple, placée auprès du spectre et sur laquelle sont marquées les positions des principales raies de Fraunhofer. On cherche autant que possible aujourd'hui à dessiner ce qu'on appelle des *spectres normaux*, où la position de chaque raie est déterminée par la *longueur d'onde* du rayon correspondant, de sorte que chaque division de l'échelle correspond à un accroissement assigné de la longueur d'onde (1 μμ, par exemple). Au lieu de donner aux raies toute la largeur de la bande spectrale, Bunsen a proposé de les représenter par de petits traits le long de l'échelle ; on indique alors, par la largeur des traits, la largeur des raies, et par leur longueur, l'éclat relatif de celles-ci ; si une raie n'a pas de contours nets et si, par suite, son milieu a plus d'éclat que ses bords, on termine en pointe le trait correspondant.

La figure 166 représente les spectres des vapeurs de potassium et de baryum, à l'aide d'une échelle arbitraire ; la raie D de Fraunhofer se trouve à la division 50, la raie E à la division 70, la raie G à la division 127. Le spectre du potassium se compose de deux raies très nettes α et β dans l'extrême rouge, et d'une autre raie plus large, plus faible et estompée, γ dans l'extrême violet. La ligne tracée au-dessous de l'échelle, entre les divisions 46 et 140, signifie qu'il se produit, dans cette région, un spectre faible, continu. Le spectre du baryum présente un grand nombre de raies, dont les bords ne sont pas nets.

Quand un spectre se compose de larges bandes, dont l'éclat varie en différents endroits, il est parfois très commode de représenter graphiquement la distribution de cet éclat dans le spectre par une courbe, dont les ordonnées sont proportionnelles à l'intensité. Ainsi, par exemple, la figure 167 représente le spectre de l'étoile n° 273 du catalogue d'étoiles de Schjellerup, d'après H. C. Vogel.

On figure de même les *spectres d'absorption*,

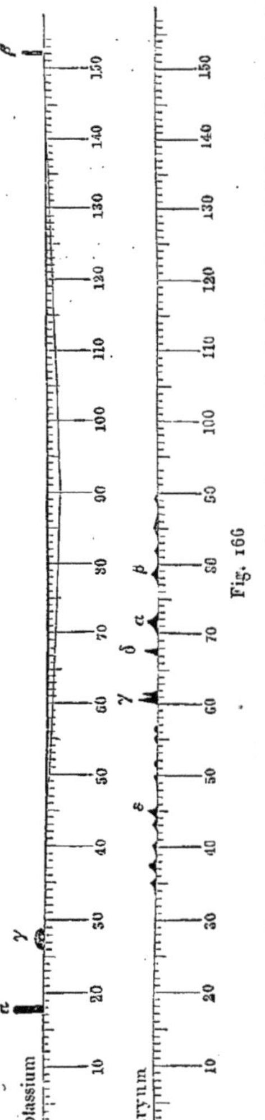

Fig. 167

mais ici les ordonnées de la courbe servent au contraire de mesure pour l'absorption, c'est-à-dire pour l'obscurité relative de la région donnée du spectre. Ainsi, la figure 168 représente en bas le spectre d'absorption du verre clair de cobalt et au-dessus, graphiquement, le même spectre; les lettres sur ce dernier désignent la position des raies de Fraunhofer.

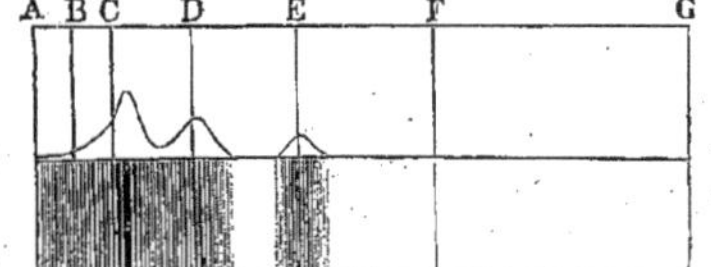

Fig. 168

Pour indiquer sur un même dessin les changements successifs du spectre d'absorption des solutions en fonction de leur concentration, on se sert d'une méthode que la figure 169 permet de comprendre facilement; cette figure se rapporte à une solution de carmin. Les lettres placées au-dessus désignent les différentes régions du spectre : rouge, orangé, etc. Chaque ligne horizontale se rapporte au spectre d'absorption de la solution, pour un degré de concentration déterminé, lequel décroît en allant de bas en haut. Pour une certaine concentration prise pour unité, on obtient une large bande rouge, comme on

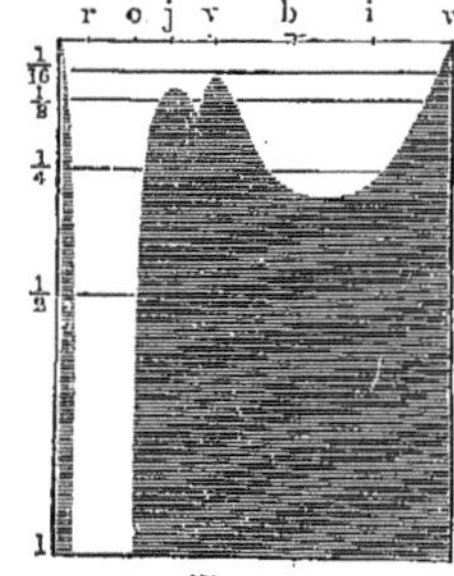

Fig. 169

peut le voir sur le bord inférieur de la figure. La concentration zéro donne un spectre continu, dont les parties extrêmes rouge et violette disparaissent pour le degré de concentration $\frac{1}{16}$. Quand la concentration est comprise entre $\frac{1}{16}$ et $\frac{1}{8}$, deux bandes sombres apparaissent dans le jaune et dans le vert, qui se réunissent ensuite; les bandes s'élargissent dans le vert et dans le violet, et, pour une concentration un peu supérieure à $\frac{1}{4}$, se réunissent

également, de sorte qu'il ne reste plus alors, dans le spectre, qu'une partie du rouge, qui continue à se rétrécir très lentement, quand la concentration de la solution continue à croître.

9. Spectres discontinus des corps à l'état solide. Spectres des vapeurs et des gaz incandescents.

— Nous avons vu que les corps à l'état solide et à l'état fluide, quand on les rend lumineux par une élévation de température, donnent un spectre *continu*. Mais dans la luminescence (page 34), de tels corps font apparaître souvent des spectres de bandes ou de lignes, par exemple dans la fluorescence et la phosphorescence, que nous étudierons plus loin. Un cas intéressant de spectres discontinus, dans les corps solides, a été découvert et étudié par Goldstein. Beaucoup de corps solides deviennent lumineux par les *rayons cathodiques* (T. IV): si les rayons cathodiques cessent d'agir, une *lueur rémanente* se manifeste. E. Wiedemann et G. C. Schmidt ont étudié cette lueur dans des corps nombreux et n'ont jamais observé que des spectres continus. Crookes a observé des spectres discontinus dans quelques terres rares. Goldstein (1904) n'a trouvé, dans tous les corps de la *série grasse*, que des spectres continus, mais, dans un grand nombre de corps *aromatiques*, il a obtenu des spectres discontinus, qui consistent en une série de bandes parfois très étroites ; ainsi la naphtaline a donné un spectre qui est composé de huit bandes étroites et brillantes, du rouge jusqu'au vert. Dans les isomères les spectres sont différents, mais pourtant de même type. On constate qu'un spectre discontinu se présente en particulier dans les composés aromatiques dont la molécule contient deux ou trois noyaux benzéniques. Les spectres, dans la lumière primitive et dans la lueur rémanente, sont souvent différents ; pour beaucoup de corps (acide benzoïque, phénol, etc.), la lumière primitive donne un spectre continu, la lueur rémanente un spectre discontinu.

Comme nous l'avons déjà dit, les vapeurs et les gaz incandescents donnent en général des spectres, qui se composent d'une série de raies brillantes isolées. La distribution de ces raies, ou, en d'autres termes, les valeurs de λ pour les différentes radiations émises par les vapeurs et les gaz, présente un grand intérêt. On trouvera, dans les ouvrages qui traitent spécialement des spectres, des tableaux détaillés des valeurs des longueurs d'onde λ, pour les raies parfois très nombreuses des spectres des substances amenées à l'état de gaz ou de vapeur. Bunsen, Ångström, Thalèn et beaucoup d'autres ont effectué des recherches à ce sujet. Tout récemment, Kayser et Runge, Exner et Haschek ont publié toute une série de travaux, où sont donnés des tableaux très détaillés des longueurs d'onde, pour les rayons émis par divers métaux et par quelques métalloïdes. On a également étudié, pour beaucoup de substances, les parties ultra-violette et infra-rouge de leur spectre, et on a trouvé, pour quelques-unes d'entre elles, un très grand nombre de raies dans ces parties extrêmes. Ainsi, par exemple, Kayser et Runge ont déterminé les positions de 45 raies du fer, qui se trouvent dans la partie ultra-violette du spectre de ce métal, entre $\lambda = 0^\mu,320057$ et $\lambda = 0^\mu,228907$.

Nous avons indiqué à la page 269 les moyens d'obtenir des vapeurs et des gaz incandescents. Suivant Pringsheim, et son opinion est aujourd'hui partagée par beaucoup de savants, *le rayonnement des gaz et des vapeurs n'est pas alors un rayonnement calorifique*, au sens de la loi de Kirchhoff, mais doit être considéré comme un cas de *luminescence*.

Nous donnerons plus loin un aperçu des raies caractéristiques des spectres d'émission des principales substances, mais nous devons auparavant faire quelques remarques générales. Le nombre et la position des raies dans le spectre ne dépendent pas seulement de la nature de la substance incandescente, mais aussi de son état physique, par exemple de sa densité et de sa température, *et de la manière dont on a produit le spectre*. Ainsi, les vapeurs des métaux, dans la flamme d'un bec Bunsen par exemple, donnent des spectres formés d'un nombre relativement petit de raies, tandis que, dans l'arc voltaïque, ces vapeurs fournissent des spectres qui en contiennent un bien plus grand nombre. *La vapeur du sodium* donne, dans le premier cas, une double raie jaune (D) ; au contraire, en volatilisant dans l'étincelle d'induction du sulfate de soude (sel de Glauber), on obtient non seulement les raies précédentes, mais aussi sept autres raies, parmi lesquelles deux sont très brillantes. Kayser et Runge ont volatilisé des métaux ou leurs sels, dans l'arc voltaïque, et ont photographié le spectre obtenu, au moyen d'un réseau de Rowland (page 267) ; des lignes distantes, dans le spectre d'origine prismatique, d'une unité d'Ångström ($0^{\mu\mu}$, 1), étaient alors à une distance de 0^{mm},5 l'une de l'autre, et le spectre total photographié de $\lambda = 0^{\mu}$,20 à $\lambda = 0^{\mu}$,67 avait une longueur de 2^{m},3 ; la longueur d'onde des rayons correspondant aux différentes raies du spectre fut déterminée, par comparaison avec les raies du fer obtenues sur la même plaque, dont les longueurs d'onde avaient été mesurées auparavant : Kayser et Runge ont déterminé ainsi jusqu'à 30 raies du sodium entre $\lambda = 0^{\mu}$,6162 et $\lambda = 0^{\mu}$,2512 ; sept de ces raies se trouvent dans la région ultra-violette du spectre.

Hemsalech (1901) a étudié les spectres d'étincelles de vapeurs de métaux et a montré que la self-induction dans le circuit de décharge (voir Tome IV) influe sur l'aspect des spectres.

E. Wiedemann, Hasselberg, P. Lewis et d'autres ont étudié l'action, sur le spectre d'un gaz donné, produite par le *mélange* avec d'autres gaz, et ils sont arrivés à ce résultat intéressant que la présence d'un gaz modifie parfois essentiellement le spectre d'un autre gaz. Lewis a trouvé que l'addition d'une quantité infime de certains gaz suffit pour faire apparaître leurs raies caractéristiques dans le spectre, tandis que la présence, même en proportion considérable, d'autres gaz ne se manifeste pas du tout. Ainsi, par exemple, les vapeurs de mercure se manifestent dans l'hydrogène même à $- 20°$, lorsque leur pression n'est que de 0^{mm},00002 ; dans l'oxygène, les raies du mercure n'apparaissent pas, quand il n'y a pas d'hydrogène présent. L'argon ne se remarque pas dans l'air ; ses moindres traces, au contraire, se font reconnaître dans l'hélium. Des traces d'oxygène influent sur la forme du spectre de l'hydrogène, des traces de vapeur d'eau sur le spectre de l'oxygène, etc.

Humphreys et Mohler, ainsi que Jewel, Haschek, Huff et d'autres encore ont trouvé que la *longueur d'onde* des rayons émis par des vapeurs incandescentes (dans l'arc voltaïque) varie, quoique très peu (elle croît de 0^{μ},0002 à 0^{μ},001), quand la pression extérieure augmente de 1 à 12 atmosphères.

Si on compare les spectres de la même substance, sous des densités et des températures différentes, on trouve souvent des raies qui ne dépendent pas de l'état physique de la substance : on a coutume de les appeler les raies caractéristiques de la substance donnée.

Nous avons dit à la page 273 qu'on pouvait se servir, pour graduer les spectres, de raies spectrales, dont la longueur d'onde λ avait été déterminée exactement dans les circonstances physiques données. Parmi les mesures de ce genre, nous pouvons citer celles de Perot et Fabry (1900 à 1902), qui ont déterminé très exactement la grandeur λ pour 18 raies du mercure, du zinc, du cuivre, de l'argent, du sodium et du lithium, depuis $\lambda = 435^{\mu\mu}$,8343 (Hg) jusqu'à $\lambda = 670^{\mu\mu}$,7846 (Li). Ils ont déterminé en outre λ pour 33 raies de Fraunhofer et pour 14 raies du fer. Dans toutes ces mesures, ils partaient de la valeur $\lambda = 508^{\mu\mu}$,58240 pour la raie rouge du cadmium. Pour les rayons ultra-violets, les raies du *cadmium* (voir ci-dessous) constituent des repères de graduation commodes.

La question de savoir s'il existe *plusieurs spectres différant essentiellement les uns des autres*, pour un même gaz ou pour une même vapeur, présente un grand intérêt. Plücker et Hittorf (1862-1865) ont montré les premiers que l'azote, les vapeurs de soufre et plusieurs hydrocarbures peuvent donner, suivant les conditions physiques, deux et même trois spectres différents, par exemple, un spectre de lignes et un spectre de bandes ; les gaz et les vapeurs peuvent même, dans certains cas, donner un spectre continu ; Wüllner, Salet, Schuster, Dibbits, Liveing et Dewar et d'autres encore se sont particulièrement occupés de cette question.

Nous décrirons ici brièvement quelques spectres d'émission ; nous reviendrons plus tard sur leurs parties *infra-rouges*.

Hydrogène. — La question de savoir s'il existe plusieurs spectres différents de l'hydrogène a soulevé beaucoup de controverses. Le spectre ordinaire de lignes de l'hydrogène, que l'on obtient à l'aide des tubes de Geissler, se compose de cinq raies principales :

Désignation	Couleur	Longueur d'onde λ exprimée en μ.	Raies de Fraunhofer
H_α	rouge	0,656 304	C
H_β	vert	0,486 149	F
H_γ	indigo	0,434 066	G'
H_δ	violet	0,410 185	h
H_ε	violet	0,397 025	H

Le spectre de l'hydrogène présente en outre dans la région ultra-violette huit raies étroites, dont la dernière a pour longueur d'onde $\lambda = 0^\mu,3712$, et un nombre considérable d'autres raies plus faibles.

Suivant quelques savants, l'hydrogène peut encore donner d'autres spectres, non entièrement semblables à celui que nous venons de décrire. Wüllner, qui s'est occupé tout particulièrement de cette question, distingue cinq spectres d'émission différents de l'hydrogène : sous une pression très faible, le spectre se compose, d'après lui, de six groupes de raies vertes ; sous une pression inférieure à 1 millimètre, le spectre est un spectre de bandes ; de 1 à 3 millimètres, le spectre est celui que nous avons décrit plus haut ; de 3 à 400 millimètres, il renferme des bandes et des raies ; les bandes disparaissent peu à peu, quand la pression croît de 200 à 400 millimètres ; enfin, de 400 à 1320 millimètres, les raies qui subsistaient s'élargissent et se changent en un spectre continu.

D'autres savants contestent cependant l'existence de plusieurs spectres de l'hydrogène. Ainsi, Berthelot et Richard prétendent qu'il n'existe qu'un seul spectre de l'hydrogène et que les différentes formes de spectres observées par Wüllner étaient dues à des impuretés ; ils attribuent à l'acétylène le spectre de l'hydrogène observé par Hasselberg et comprenant plus de 150 raies, qu'il a décrites en détail.

De nouvelles recherches, en particulier celles de Parsons (1903) et celles de Nutting (1904), ont démontré que l'hydrogène possède certainement deux spectres différents et ont précisé les conditions, dont dépend l'apparition de chacun des deux spectres. Les recherches de Nutting se rapportent aussi aux spectres d'autres éléments.

Azote. — Ce gaz a réellement deux spectres bien distincts : de fortes dé-

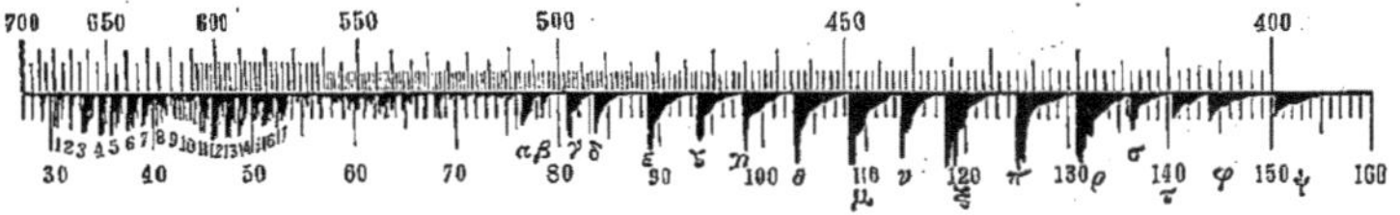

Fig. 170

charges électriques donnent un spectre formé d'une série de raies brillantes ; des décharges plus faibles, comme celles que l'on produit dans les tubes de Geissler, donnent un spectre formé de deux séries de bandes, dont l'une se trouve dans le rouge et le jaune, et l'autre dans le bleu foncé et le violet. Ce

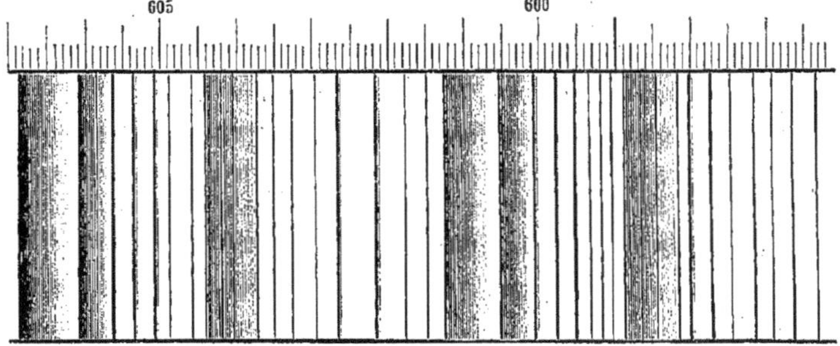

Fig. 171

spectre est représenté dans la figure 170 ; les nombres supérieurs se rapportent à la longueur d'onde exprimée en μμ. Les figures 171 et 172 représentent

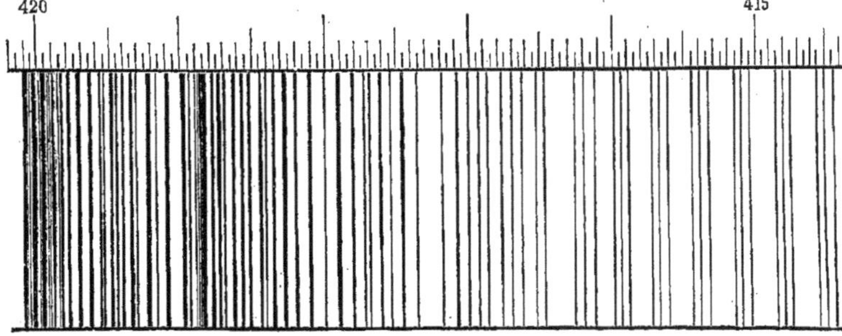

Fig. 172

respectivement, d'après les dessins d'Hasselberg, deux bandes de la première série et une de la seconde, avec une très forte dispersion.

Plücker et Hittorf ont émis l'opinion que l'azote peut donner deux spectres de bandes différents.

Oxygène. — Il donne à une température très élevée, par exemple dans une forte étincelle électrique, un spectre formé d'un grand nombre de raies, appelé par Schuster *spectre élémentaire*. On obtient, avec l'effluve dans un tube de Geissler ordinaire, un autre spectre de lignes, nommé par Schuster *spectre composé*, pour exprimer l'hypothèse que les molécules de l'oxygène appartiennent, dans ce cas, à un édifice atomique plus complexe que dans le spectre élémentaire. Le spectre composé de l'oxygène comprend quatre raies, dont les longueurs d'onde sont $0^\mu,6157$, $0^\mu,5436$, $0^\mu,5329$, et $0^\mu,4368$. On observe en outre au pôle négatif du tube un troisième spectre, formé de quatre larges bandes, dont les nombres suivants déterminent la position : $0^\mu,6010$ — $0^\mu,5960$, $0^\mu,5900$ — $0^\mu,5840$, $0^\mu,5630$ — $0^\mu,5553$ et $0^\mu,5292$ — $0^\mu,5205$. Schuster a montré que ces bandes se composent de raies distinctes (les deux dernières de 12 à 13 raies).

Hélium. — Il est caractérisé par une raie jaune, d'apparence double, qui est désignée par D_3 ; Palmer a trouvé que la longueur d'onde de cette raie est

$$\lambda\,(D_3) = 0^\mu,587594.$$

Le spectre de l'hélium contient encore une quantité d'autres raies, qui ont été surtout étudiées par Lord Ramsay (1898).

Argon. — Le spectre de l'argon a été étudié par Trowbridge et Richards, Crookes, et d'autres encore.

Néon, Cripton et Xénon. — Les spectres de ces gaz ont été étudiés par beaucoup de savants, et en dernier lieu par Baly (1903).

Chlore, Brome, Iode. — Ils donnent des spectres compliqués : les recherches les plus récentes à leur sujet sont dues à Gramont et à Eder et Valenta (Br).

Carbone. — La question du spectre du carbone et de ses composés est aujourd'hui encore l'objet de nombreuses discussions. Tous les observateurs s'accordent pour reconnaître au carbone un spectre de lignes, que l'on obtient en faisant éclater de fortes étincelles d'induction entre des électrodes en charbon, ou à travers CO^2, CO ou des vapeurs d'hydrocarbures. Ce spectre de lignes a été étudié par Watts, Ångström et Thalén, Liveing et Dewar ; le premier d'entre eux a trouvé jusqu'à 50 raies dans la partie visible du spectre, et les derniers environ 20 raies dans la partie ultra-violette. D'ailleurs, quelques-unes des raies indiquées par Watts appartiennent probablement à l'oxygène et à l'azote.

Outre le spectre de lignes précédent, on observe encore un spectre de bandes, connu sous le nom de spectre de Swan. On peut l'obtenir facilement, en observant la lumière produite par la partie inférieure de la flamme d'un bec Bunsen ou d'un bec Terquem, qui n'est qu'une modification du premier. Ce spectre se compose de cinq bandes, dont les quatre premières s'observent assez facilement. Ces bandes se trouvent dans les parties rouge ($0^\mu,619$ — $0^\mu,596$), jaune ($0^\mu,564$ — $0^\mu,543$), verte ($0^\mu,517$ — $0^\mu,508$) et bleu foncé ($0^\mu,474 - 0^\mu,468$) du spectre ; la cinquième bande se trouve dans la partie violette, près de $\lambda = 0^\mu,427$. Toutes ces bandes sont nettement délimitées au bord tourné vers l'extrémité rouge du spectre, et s'affaiblissent peu à peu du côté opposé. On ne peut considérer jusqu'ici comme résolue, la question de savoir si on a affaire au spectre du carbone ou à celui d'un hydrocarbure ; ce qui fait l'importance de cette question, c'est qu'on observe le spectre de Swan dans les comètes (voir ci-dessous). Ångström et Thalén, Liveing et Dewar, Swan et d'autres encore ont attribué ce spectre à des hydrocarbures, tandis que Lockyer, Atfield, Plücker, Wüllner et d'autres sont d'avis qu'il appartient au carbone lui-même. Un travail récent d'Eder et Valenta, sur le spectre du carbone, a montré combien il était difficile, en général, d'éviter les impuretés, qui modifient la forme de ce spectre. Ils ont découvert 22 raies du carbone, dans la partie ultra-violette du spectre.

Ångström et Thalén ont décomposé les bandes du spectre de Swan en un grand nombre de raies isolées (jusqu'à 50 dans la bande verte). Les dernières recherches sur le spectre de Swan sont dues à Smithells (1901), Baly et Syers (1902), Crew et Baker (1902) et à Deslandres et d'Azambuja (1905).

Silicium. — Il donne, d'après les observations de Salet, sous de fortes étincelles, un spectre de lignes : 4 raies se trouvent dans l'orangé, 2 dans le vert, 2 dans le bleu foncé et 2 dans le violet. Eder et Valenta ont encore découvert une série de raies, dans la région ultra-violette du spectre.

Phosphore, Soufre. — Ils donnent, comme I, Br et Cl, des spectres complexes de lignes ou de bandes ; on peut en trouver des tableaux dans les ouvrages spéciaux.

Sodium. — A une température qui n'est pas très élevée, il donne, dans la partie visible du spectre, une raie jaune double D_1 et D_2 ; par une dispersion très forte, chacune de ces raies se divise en une quantité de raies distinctes. D'après Rowland, les longueurs d'onde des raies D_1 et D_2 sont

$$D_1 = 589^{\mu\mu},615, \qquad D_2 = 589^{\mu\mu},018,$$

Bell (1902) a trouvé

$$\lambda(D_1) = 589^{\mu\mu},6126.$$

Nous avons déjà dit à la page 276 qu'à une température plus élevée apparaît une série de nouvelles raies. E. Wiedemann et G. C. Schmidt ont observé que les vapeurs fluorescentes du sodium donnent un spectre, composé de la raie brillante D, d'une bande dans le rouge et d'une autre dans le vert.

Potassium. — Une raie rouge brillante ($0^\mu,768$), une raie violette faible ($0^\mu,404$) et un spectre continu faible (voir la figure 166, page 274). Kayser et Runge donnent 17 raies, dont 8 dans l'ultra-violet.

Lithium. — Une raie rouge caractéristique ($0^\mu,6706$), une raie jaune faible ($0^\mu,6102$) et une raie bleue très faible ($0^\mu,4604$), qui domine au contraire à haute température, par exemple dans le spectre obtenu avec l'étincelle électrique. Kayser et Runge donnent encore 2 raies dans la partie visible du spectre et 3 dans l'ultra-violet. Hagenbach (1902) a montré le premier qu'on peut obtenir avec le lithium, comme avec les autres métaux alcalins, des raies doubles ; il a trouvé que la raie bleue est double.

Césium. — Deux raies bleu foncé ($0^\mu,4560$ et $0^\mu,4597$) et une raie double dans l'orangé. KAYSER et RUNGE donnent 12 raies, dont 4 dans l'ultra-violet.

Rubidium. — Deux belles raies violettes ($0^\mu,4202$ et $0^\mu,4216$) et deux rouges ($0^\mu,780$ et $0^\mu,795$). KAYSER et RUNGE donnent 12 raies, dont 4 dans l'ultra-violet.

Thallium. — Une raie verte ($0^\mu,5349$) ; KAYSER et RUNGE donnent 9 raies ultra-violettes. FABRY et PEROT ont trouvé que la raie verte est *triple* et se compose d'une raie brillante et de deux plus faibles.

Indium. — Une raie bleue ($0^\mu,451$) et une raie violette pâle ($0^\mu,410$), qui devient vigoureuse dans l'étincelle.

Strontium. — Le chlorure de strontium présente 6 bandes rouges très belles, mais un peu vagues, une bande orangée double et une raie bleue caractéristique ($0^\mu,4617$). Il est probable que seule cette raie appartient au métal lui-même. KAYSER et RUNGE ont trouvé 15 raies visibles et 4 raies ultra-violettes.

Baryum. — Le chlorure de baryum donne un spectre très complexe, dans lequel se détachent surtout des bandes vertes brillantes dues au chlorure et une raie verte ($0^\mu,5536$) due au métal lui-même.

Calcium. — Le chlorure de calcium accuse deux belles bandes, l'une triple dans le rouge et l'autre double dans le vert ; la raie indigo $0^\mu,4226$ appartient au métal. KAYSER et RUNGE donnent 22 raies, dont 5 ultra-violettes.

Magnésium. — Les sels de ce métal ne donnent aucun spectre à la flamme du bec BUNSEN ; l'étincelle donne trois raies, qui coïncident avec la raie triple *b* du spectre solaire. Le spectre de Mg offre un grand intérêt, parce qu'il se présente dans les spectres de beaucoup d'étoiles, comme l'a reconnu VOGEL (1903). KAYSER (1903) a montré qu'il peut servir pour la détermination de la température des étoiles. Une nouvelle étude du spectre de Mg a été faite par BARNES.

Zinc. — Trois raies brillantes bleu foncé ($0^\mu,481$, $0^\mu,472$, $0^\mu,468$) et une raie orangée ($0^\mu,636$).

Cadmium. — Quatre raies brillantes ; une orangée ($0^\mu,644$), une verte ($0^\mu,508$) et deux bleu foncé ($0^\mu,480$ et $0^\mu,468$). Le spectre du cadmium est remarquable par sa richesse en raies ultra-violettes, qui sont numérotées de 8 à 26 : la longueur d'onde de la 26ᵉ est égale à $0^\mu,21444$. *On se sert souvent de ces raies, comme nous l'avons déjà dit, pour déterminer la position des autres raies ultra-violettes du spectre.* Quelques raies du cadmium possèdent une assez grande homogénéité ; mais LUMMER et GEHRCKE (1903) ont trouvé que la raie bleue possède trois satellites, la raie verte deux et la raie rouge trois. FABRY (1904) a montré que des trois parties dont se compose la raie verte, la seconde ou la troisième (comptée vers le rouge) peut être, suivant les circonstances, la plus brillante.

Cuivre. — Un grand nombre de raies, parmi lesquelles se détachent trois raies vertes ($0^\mu,5218$, $0^\mu,5153$, $0^\mu,5106$), deux raies jaunes ($0^\mu,5781$, $0^\mu,5700$) et deux raies rouges ($0^\mu,6168$. $0^\mu,6061$). KAYSER et RUNGE donnent 11 raies visibles et 17 raies ultra-violettes. Le chlorure de cuivre colore la flamme du gaz en bleu-vert et donne un très beau spectre, se composant d'un grand nombre de bandes.

Mercure. — Il donne, suivant les conditions dans lesquelles le spectre a été produit, un spectre de lignes ou un spectre de bandes. EDER et VALENTA ont décrit ces deux spectres en détail ; le spectre de lignes s'étend de $\lambda = 0^\mu,636$ à $\lambda = 0^\mu,215$, et le spectre de bandes de $\lambda = 0^\mu,4517$ à $\lambda = 0,^\mu3270$

LUMMER et GEHRCKE (1903) ont découvert, à l'aide du spectroscope interférentiel, la structure complexe des raies du mercure, déjà indiquée d'ailleurs par FABRY et PEROT. Parmi les raies du spectre visible, la première (orangé-rouge, $\lambda = 0^\mu,579$) est une raie double avec 12 satellites, la seconde (jaune-vert, $\lambda = 0^\mu,577$) se compose de 11 raies, la troisième (verte, $\lambda = 0^\mu,546$) probablement de 21 raies (page 268), la cinquième (vert foncé, $\lambda = 0^\mu,492$) de 5 raies, la sixième (indigo, $\lambda = 0^\mu,436$) de nombreuses raies fines, au moins au nombre de sept, etc. Dans ces derniers temps, le spectre de Hg a été étudié par beaucoup de savants. On trouvera un aperçu complet de ces recherches dans un travail de STARK (1905), où il s'est proposé de déterminer la dépendance qui existe entre ce spectre et les conditions électriques.

Fer. — Il fournit un spectre, particulièrement riche en raies ; leur nombre s'élève à 5000. CORNU a déterminé 273 raies dans l'ultra-violet, entre $\lambda = 0^\mu,3956$ et $\lambda = 0^\mu,2947$; KAYSER et RUNGE, 45 raies, entre $0^\mu,3200$ et $0^\mu,2289$; LIVEING et DEWAR, 48 raies, entre $0^\mu,2941$ et $0^\mu,2465$. KAYSER et RUNGE ont publié un atlas détaillé, contenant presque 5000 raies.

Argent. — KAYSER et RUNGE ont trouvé 6 raies visibles et 5 raies ultra-violettes. Deux raies vertes, $0^\mu,5465$ et $0^\mu,5208$, sont particulièrement brillantes.

LOHSE (1897) a étudié les spectres ultra-violets des métaux suivants : Ce, La, Di, Th, Y, Zr, V et U, entre $0^\mu,40$ et $0^\mu,46$. Dans ces limites étroites, Ce a environ 400 raies, La 80, Di 86, Th 180, Y 152, Zr 264, V 164, U 137.

EXNER et HASCHEK ont étudié les spectres ultra-violets d'un très grand nombre d'éléments. Parmi eux, Mo, par exemple, donne, entre $\lambda = 508^{\mu\mu}$ et $\lambda = 221^{\mu\mu}$, plus de 2800 raies ; Pt, entre $464^{\mu\mu}$ et $213^{\mu\mu}$, en donne plus de 1000 ; Pd, à peu près autant ; Ir, entre $469^{\mu\mu},6$ et $215^{\mu\mu}$, environ 2318 ; Rh, entre $468^{\mu\mu},6$ et $216^{\mu\mu},7$, 1500 ; Ru, entre $471^{\mu\mu}$ et $225^{\mu\mu}$, 2240 ; Os, entre $469^\mu,6$ et $220^{\mu\mu}$, 1400 ; Ni. entre $471^{\mu\mu},6$ et $210^{\mu\mu},8$, 1100 ; Ca. entre $469^{\mu\mu},3$ et $219^{\mu\mu},1$, 1700 ; Fe. entre $473^{\mu\mu},7$ et $206^{\mu\mu},8$, 2270. ; V, entre $467^{\mu\mu},1$ et $213^{\mu\mu},2$, 2400 ; U, entre $466^{\mu\mu},3$ et $219^{\mu\mu},5$, 5300, etc. EXNER et HASCHEK ont publié un ensemble de 20 mémoires sur ce sujet.

L'aperçu qui précède suffit pour montrer les difficultés de cette importante question ; nous parlerons plus tard des travaux intéressants de Schumann, sur les raies situées dans l'extrême ultra-violet.

Nous considérerons les spectres infra-rouges dans le § **20**.

Une série de recherches sur les spectres des métaux dans l'arc électrique a été publiée récemment par Hasselberg.

Spectres des combinaisons. — Les premières recherches de Bunsen et Kirchhoff ont conduit ces savants à penser que le spectre des *sels métalliques*, introduits dans la flamme du gaz, dépend seulement du métal lui-même ; les sels de soude les plus différents, par exemple, donnent en effet un même spectre, une raie jaune double ; ils supposèrent déjà cependant que ce fait pouvait être une conséquence de la décomposition des sels. Mitscherlich a établi le premier que *tout corps composé a son spectre propre*, lequel se produit quand on réussit à amener à l'incandescence les vapeurs du corps composé, sans qu'il y ait décomposition. On peut arriver effectivement à ce résultat, en refroidissant, par exemple, artificiellement la flamme. Les spectres de $SrCl^2$, $SrBr^2$ et SrI^2 donnent de ce fait un exemple remarquable : ils se distinguent aussi bien les uns des autres que du spectre du strontium lui-même. Dibbits, Lockyer, Gouy, Moser, Schuster et d'autres ont obtenu et étudié les spectres de différents composés. On a constaté que les composés donnent toujours des spectres de bandes, de sorte que les spectres de lignes semblent particuliers aux corps simples incandescents. Le *cyanogène* donne un beau spectre de bandes ; ce spectre se compose de quatre groupes de bandes ; une nouvelle bande a encore été découverte récemment par Hutchins (1902). Les composés des métalloïdes, comme CO. CO^2, AzH^3, AzO^2, H^2O, ont également des spectres caractéristiques.

Dans ces derniers temps, E. Wiedemann et G. C. Schmidt, de même que Jones, ont en particulier décrit le spectre de la combinaison HgI ; E. Wiedemann a publié en 1904 un aperçu des spectres obtenus pour les oxydes et les haloïdes de Ca, Ba, et Sr. Une étude détaillée des *fluorures* de ces trois métaux a été faite par Fabry (1905).

Les spectres des *alliages* ont été considérés par Nutting (1905), ainsi que ceux de différentes combinaisons des métaux Zn, Sn, Sb, Pb, Mg, Hg, Cd, Bi, Al. Il a trouvé que dans les spectres de l'arc et de l'étincelle électriques, les spectres des éléments n'exerçaient aucune influence les uns sur les autres ; mais, sous certaines conditions, prédomine le spectre du métal qui possède un poids atomique plus élevé.

Nous avons déjà dit que le caractère du spectre *change en même temps que la température* ; ce changement consiste surtout en ce qu'aux hautes températures de nouvelles raies apparaissent, ou en ce que l'éclat des raies relativement faibles est considérablement renforcé. En outre, certaines raies s'élargissent et leurs bords deviennent moins tranchés. La question de savoir jusqu'à quel point ces changements dépendent d'une modification dans la structure des molécules de gaz ou de vapeur ne peut être encore considérée comme résolue. Le changement de densité d'un gaz ou d'une vapeur a également une action importante sur la forme de son spectre : on peut dire qu'en général *un accroissement de la densité d'une vapeur produit un élargissement des raies de son spectre ;*

en même temps les bords des raies, primitivement nets, deviennent indécis
et s'estompent. Dans certains cas, l'élargissement des raies peut être très considérable ; ainsi, par exemple, la raie du magnésium o$^\mu$,2852 peut s'élargir
de plusieurs dizaines de $\mu\mu$. La même chose se produit encore, mais à une
plus grande échelle, avec les raies de l'hydrogène. L'élargissement des raies se
produit parfois sur les deux bords, mais, en général, il n'a lieu que d'un côté,
et habituellement du côté de l'extrémité rouge du spectre.

Sur le changement du nombre et de la largeur des raies des spectres,
quand la température et la densité augmentent, est basée une méthode intéressante d'observation des spectres des vapeurs, proposée par Lockyer, laquelle
conduit à la notion de ce qu'on appelle *les raies courtes et les raies longues*.
Lockyer place horizontalement les charbons, entre lesquels se forme l'arc voltaïque, et, à l'aide d'une lentille, il obtient une image de l'arc lumineux, sur
une fente disposée verticalement (*fig.* 173). Il ne tombe ainsi, sur l'ouverture
de la fente, que des rayons
provenant d'une bande
transversale étroite de l'arc
voltaïque, et, sur la partie médiane de la fente
(comptée suivant la lon-
gueur de cette dernière),
que des rayons provenant
du centre de l'arc, où la
température et la densité
de la vapeur sont maxima.

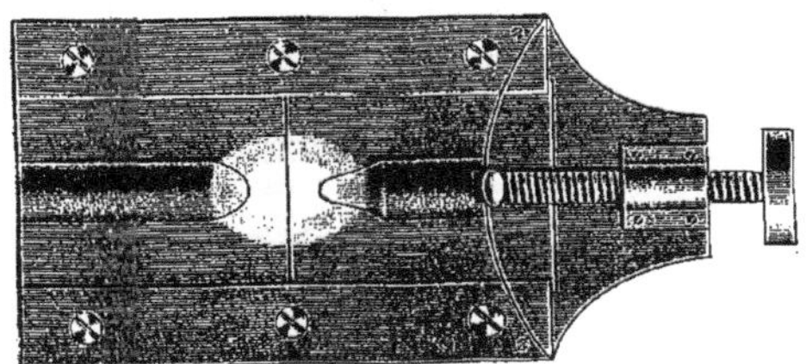

Fig. 173

Aux extrémités de la fente, parviennent des rayons émis par les régions de
l'arc où la vapeur est plus froide et moins dense. On obtient, par suite, dans
le spectre, des raies de différentes longueurs. Les raies, qui apparaissent déjà
à basse température, ont une longueur correspondant à toute la largeur de
l'image de l'arc lumineux devant la fente ; leurs parties médianes sont élargies.
Les raies, qui n'apparaissent qu'à de hautes températures, ou pour une densité plus élevée de la vapeur, n'ont qu'une faible longueur, correspondant à la
largeur faible de l'arc voltaïque à l'endroit qui les produit. La figure 174
représente une partie du spectre d'un mélange de calcium et de strontium,
obtenue par ce procédé. Les raies longues sont les plus importantes ; ce
sont elles qui caractérisent surtout le spectre d'une substance donnée. Il ne
faut pas croire d'ailleurs que les raies les plus longues soient aussi toujours
les plus brillantes ; on observe très souvent qu'une raie longue est faible,
tandis que les raies les plus brillantes, sont les plus courtes.

Lockyer a encore mis en évidence d'une autre manière les raies qui correspondent aux *températures les plus élevées*. Il a trouvé que dans le passage de
l'arc à l'étincelle, des raies isolées disparaissent, d'autres deviennent plus
fortes, enfin de nouvelles raies apparaissent. Si on emploie les décharges les
plus fortes, et si on note les raies qui apparaissent dans ces décharges, on a,
d'après Lockyer, les raies qui subsisteraient seules aux plus hautes températures. Il nomme ces raies, *enhanced lines*, ce que Kayser a traduit par raies

renforcées. En employant un inducteur, dont la longueur d'étincelle était de un mètre, il a déterminé les *enhanced lines* pour différents métaux et les a réunies en un spectre type. En comparant ce spectre avec les spectres de quelques étoiles, telles que *z* du Cygne, par exemple, il a trouvé entre eux un accord remarquable. Tout [récemment (1905), STEINHAUSEN a étudié les *enhanced lines*, en particulier de $\lambda = 0^{\mu},2100$ jusqu'à $0^{\mu},5800$.

Le caractère d'un spectre d'émission éprouve une modification profonde, quand la vapeur incandescente se trouve dans un *champ magnétique*. Nous considérerons dans le Tome IV les phénomènes qui se produisent dans ce cas et qui ont été découverts par ZEEMANN.

10. Lois de distribution des raies et des bandes spectrales. — Chaque raie du spectre correspond à une vibration déterminée, produite dans l'éther environnant par les molécules de la vapeur ou du gaz incandescents. La grande richesse en raies des spectres (jusqu'à 5000 raies dans le spectre du fer) conduit

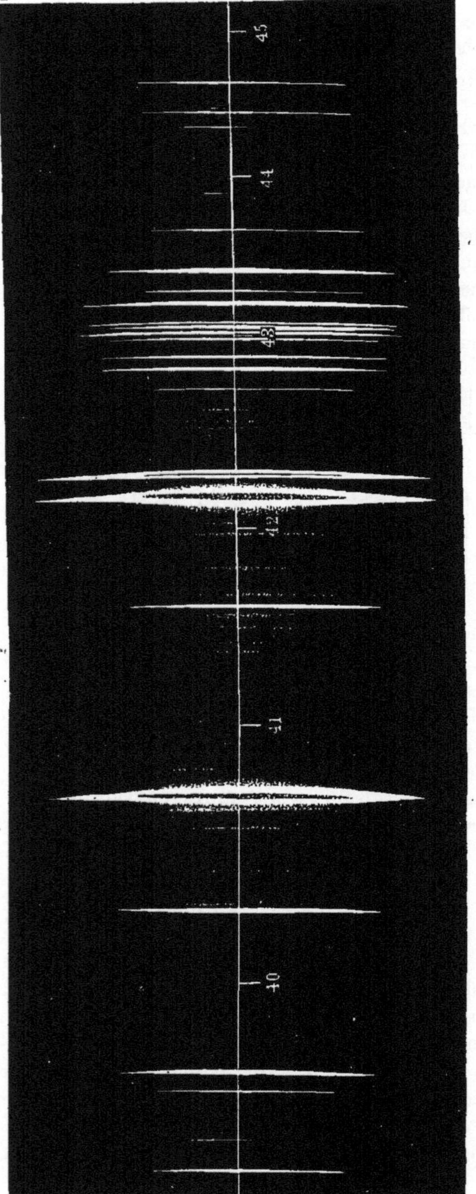

à penser que la structure des différentes molécules d'une substance n'est pas la même, et qu'en outre chaque molécule peut produire séparément toute une série de vibrations, de même qu'un corps résonnant produit en général un son composé.

On a cherché d'abord à trouver, parmi les raies d'un spectre, des séries particulières pouvant être considérées comme les différentes vibrations harmoniques d'une vibration fondamentale ; Schuster a montré qu'une telle association des raies n'était pas justifiée. Mais il existe assurément *certaines suites de raies spectrales*, entre lesquelles existe une dépendance ; ainsi, par exemple, on rencontre dans les spectres de K et de Na des raies doubles, dans ceux de Mg, Ca et Zn des groupes de trois raies, qui sont plus serrées à mesure qu'on se rapproche de l'extrémité violette du spectre.

Balmer (1885) a le premier donné une formule pour une série de raies de l'hydrogène, savoir

$$(8) \qquad \lambda_m = A\,\frac{m^2}{m^2 - 4},$$

où A est une constante, et où m peut prendre les valeurs 3, 4, 5, ..., 15. Ames, Cornu, Evershed et d'autres ont montré que la formule de Balmer donne, avec une très grande exactitude, les valeurs de λ, pour 29 raies de l'hydrogène correspondant aux valeurs $m = 3$ jusqu'à $m = 31$, quand on prend aussi bien les raies de l'hydrogène qui ont été observées directement, que celles qui ont été découvertes par Hale, Deslandres et Pickering, dans les spectres des protubérances du Soleil et de quelques étoiles ; on a ici A = 3646,13 unités d'Ångström. Plus tard, Pickering a découvert dans le spectre de l'étoile ζ Poupe (du Navire) une nouvelle série de raies de l'hydrogène, qui constituent une série complémentaire.

Cornu a trouvé, dans les spectres de Al et Tl des séries de raies, pour lesquelles on a $\lambda = a + b\lambda_1$, a et b étant des constantes, et λ_1 la longueur d'onde correspondant à une raie de l'hydrogène ; mais cette formule a été trouvée inexacte, après une vérification plus précise.

Kayser et Runge ont effectué des recherches très nombreuses sur cette question de la distribution des raies ; on peut écrire la formule de Balmer de la manière suivante :

$$\frac{1}{\lambda_m} = A + Bm^{-2}:$$

Kayser et Runge ont trouvé que les séries de raies de différentes substances étaient mieux représentées par la formule

$$(9) \qquad \frac{1}{\lambda_m} = A + Bm^{-2} + Cm^{-4}.$$

Si l'on fait, par exemple, $m = 4, 5, 6, ..., 11$, dans l'équation

$$\frac{10^8}{\lambda_m} = 43584,73 - 133669\,m^{-2} - 1100084\,m^{-4},$$

on obtient les longueurs d'onde de huit raies du lithium. Dans les spectres des éléments du premier et du troisième groupes de la classification de

Mendéléieff (Na, K, Rb, Cs, Cu, Ag, Al, In, Tl), on rencontre, par paires, des séries, auxquelles correspondent les mêmes coefficients B et C, mais des valeurs différentes de A. Kayser et Runge pensent que tous les éléments possèdent deux telles séries de raies doubles ; ils les ont appelées la première et la deuxième *séries complémentaires* ; dans le lithium, les séries se composent de raies simples. Les métaux *alcalins* possèdent aussi une série de raies doubles, désignée sous le nom de *série principale* ; ici cependant, la distance des raies dans chaque couple n'est pas une grandeur constante, mais diminue, quand le nombre m croît. Dans toutes les séries, m est au moins égal à 3. Les éléments Mg, Ca, Zn, Cd et Hg ont deux séries de raies triples ; on n'a trouvé qu'une série pour le strontium. Pour Mg, par exemple, on obtient la première raie de chaque *triplet* à l'aide de la formule

$$10^8 \lambda_m^{-1} = 39\,796,10 - 130\,398\,m^{-2} - 1\,430\,090\,m^{-4} ;$$

on obtient les secondes et troisièmes raies, en ajoutant respectivement 40,69 et 60,90 à A.

Runge et Paschen (1897) ont étudié très soigneusement les séries de triplets dans les spectres de l'oxygène, du soufre et du sélénium.

Rydberg a proposé la formule

$$(9,\ a) \qquad \frac{1}{\lambda_m} = A + \frac{B}{(m + C)^2},$$

où A, B et C sont des grandeurs constantes. Si on développe en série le second membre, on obtient les trois premiers termes suivants :

$$(9,\ b) \qquad \frac{1}{\lambda_m} = A + B m^{-2} + C m^{-3}.$$

Les formules (9) et (9, *b*) expriment également bien les séries de raies, quand on choisit convenablement les constantes A, B, C.

Lénard (1903) a fait la découverte importante que l'arc électrique se compose d'un certain nombre de couches fermées, qui s'enveloppent mutuellement, chaque couche émettant une série de rayons qui forment le spectre des métaux alcalins.

Ames et Humphreys ont trouvé (1897) que la pression, sous laquelle se trouvent les vapeurs incandescentes, n'agit pas de la même manière sur les raies appartenant aux diverses séries. Dans chaque série, la variation $\Delta\lambda$ de la longueur d'onde s'exprime par une formule telle que la suivante

$$\Delta\lambda = \lambda\beta(p_1 - p_0),$$

où $p_1 - p_0$ désigne la variation de pression et β un nombre constant pour les raies d'une même série. Petavel et Hutton ont étudié les spectres d'arc sous une pression de 100 atmosphères.

Des raies infra-rouges ont été trouvées, dans quelques séries, aux endroits qui étaient indiqués par les formules. Ainsi, par exemple, Snow a trouvé, au moyen du bolomètre, deux raies infra-rouges du césium, exactement aux endroits où elles devaient se trouver d'après la formule de Kayser et Runge.

Pour les métaux alcalins, toutes les raies du spectre sont englobées dans les séries ; mais, plus le point de fusion d'un métal est élevé, plus le nombre des raies, non comprises dans les séries, devient grand.

Deslandres a étudié les spectres formés de bandes ; chacune de celles-ci se résout, comme on l'a déjà vu, en un très grand nombre de raies. Il a trouvé que, dans chaque bande, la longueur d'onde de la m^a raie d'une série quelconque, comptée à partir du bord net du groupe de raies, où se trouve la raie zéro, est déterminée par la formule

$$\lambda_m^{-1} = a + bm^2 \; ;$$

on obtient les longueurs d'onde des raies marginales des différentes bandes, au moyen de la formule

$$\lambda_m^{-1} = A + Bm + Cm^2.$$

D'après Kayser et Runge, les formules de Deslandres doivent être remplacées par des formules moins simples.

Thiele a proposé différentes formules, entre autres la suivante :

$$\frac{1}{\lambda} = a + b \cos \varphi + c \cos 2\varphi + d \cos 3\varphi + \dots,$$

où $\varphi = 2\pi \dfrac{n-k}{N}$, et où a, b, c, …, N et k représentent des constantes.

Stoney, Julius, Larmor, Sutherland, Kolaček, Riecke, Lindemann, Ritz, Garbasso et d'autres encore ont cherché à expliquer théoriquement l'existence de séries de raies du spectre satisfaisant à certaines lois.

Beaucoup de savants ont comparé entre elles les positions des raies dans les spectres de métaux différents, en vue de trouver des lois simples ou même seulement des règles pour leur distribution. Il se sont efforcés surtout de trouver des raies *homologues*, c'est-à-dire des raies qui se correspondent dans les différents spectres ; mais toutes les tentatives faites dans ce sens sont demeurées infructueuses, principalement à cause de l'arbitraire, qui accompagne forcément le choix des raies homologues.

Rydberg d'un côté, Kayser et Runge de l'autre ont trouvé presque simultanément les règles suivantes, relatives aux deux premiers groupes et à une partie du troisième groupe de la classification de Mendéléieff. Chaque groupe se divise au point de vue chimique en deux sections, et il s'agit ici des *cinq sections* suivantes :

I. Li, Na, K, Rb, Cs ;   II. Cu, Ag ;   III. Mg, Ca, Sr, Ba ;
IV. Zn, Cd, Hg ;   V. Al, In, Tl, Ga.

Les séries de raies du spectre se déplacent régulièrement, dans chacune de ces sections, vers l'extrémité rouge, à mesure qu'augmente le poids atomique de l'élément ; mais si l'on passe d'une section à la suivante, on remarque un déplacement considérable des séries, vers l'extrémité violette du spectre. On trouve en outre que, dans chaque section, *la différence ν des nombres des vibrations, correspondant à une raie double ou aux deux premières raies d'un triplet, est proportionnelle au carré du poids atomique.* Ramage et surtout Watts (1903) ont confirmé cette loi remarquable de dépendance. Runge a cherché, en se basant sur cette loi, à déterminer le poids atomique du radium, et il a trouvé le nombre 258 tandis que Madame Curie a obtenu expérimentalement 225. Une nouvelle étude de Rudorf (1905) a conduit à ce résultat que la loi ci-dessus n'est pas exactement remplie, et qu'on doit par suite adopter pour le moment le nombre 225. Hartley a découvert d'autres rapports intéressants.

11. Analyse spectrale ; analyse chimique basée sur l'étude des spectres d'émission. — Wheatstone a signalé le premier que les spectres des métaux volatilisés donnent *un moyen de caractériser les éléments plus facilement que l'examen chimique*. Mais l'honneur de la découverte de l'analyse spectrale revient vraiment à Kirchhoff et à Bunsen ; c'est en 1860 qu'ils trouvèrent que la flamme d'un bec de gaz, dans laquelle a été introduite une substance déterminée, donne un spectre caractéristique de cette substance. On peut fonder sur cette remarque une analyse qualitative chimique ; elle consiste à observer les raies qui se forment dans le spectre, quand on introduit la substance dans une flamme de gaz ou dans l'étincelle d'une bobine d'induction. On constate que cette méthode possède une sensibilité extrême : il suffit quelquefois d'une quantité extraordinairement petite d'une substance, pour obtenir le spectre de cette substance. Kirchhoff et Bunsen ont indiqué les quantités minima suivantes de différentes substances, qui suffisent à déceler leur présence dans le spectre :

	mg.		mg.
Cs.	$\dfrac{1}{25\,000}$	Ba	$\dfrac{1}{20\,00}$
Rb	$\dfrac{1}{7\,000}$	Sr	$\dfrac{1}{30\,000}$
K	$\dfrac{1}{3\,000}$	Ca	$\dfrac{1}{50\,000}$
Na.	$\dfrac{1}{14\,000\,000}$	Tl (d'après Lamy) . .	$\dfrac{1}{50\,000}$
Li.	$\dfrac{1}{60\,000}$	Cu (d'après Simmler) .	$\dfrac{1}{285}$

La méthode précédente est tout particulièrement sensible pour le sodium ; la raie jaune (D) du sodium apparaît presque toujours, dans le spectre de la flamme du gaz, parce que les poussières, qui volent dans l'air et qui tombent dans la flamme, contiennent des traces de sels de sodium. La sensibilité de la méthode spectroscopique est considérablement accrue, si l'on remplace, comme l'a proposé Cappel, la flamme de gaz par l'étincelle d'une bobine d'induction ; Cappel indique, pour ce cas, les minima suivants :

	mg.		mg.
Li.	$\dfrac{1}{40\,000\,000}$	Cr	$\dfrac{1}{4\,000\,000}$
Sr.	$\dfrac{1}{100\,000\,000}$	Mn.	$\dfrac{1}{200\,000}$
Ca	$\dfrac{1}{10\,000\,000}$	Zn	$\dfrac{1}{600\,000}$
Tl.	$\dfrac{1}{80\,000\,000}$	Ba	$\dfrac{1}{900\,000}$

Schuler (1901) est arrivé au résultat suivant : dans les deux premiers groupes de la classification de Mendéléieff, la sensibilité spectroscopique diminue, dans chaque sous-groupe, quand le poids atomique du métal croît ; pour les composés haloïdes et oxygénés d'un métal donné de ces groupes, la sensibilité diminue, quand le poids atomique de l'halogène et le nombre d'atomes d'oxygène augmentent ; la présence d'un métal agit sur la sensibilité de la réaction spectrale d'un autre métal. Emich a trouvé que 7.10^{-14} mg. d'*hydrogène* peuvent encore être décelés par le spectroscope, si l'hydrogène se trouve dans la partie capillaire d'un tube de Geissler.

Grâce à cette grande sensibilité, l'analyse spectrale a permis de découvrir de nouveaux éléments. En 1860, Kirchhoff et Bunsen découvrirent le rubidium et le césium ; en 1862, Crookes et presque simultanément Lamy, le thallium ; en 1863, Reich et Richter, l'indium ; en 1875, Lecoq de Boisbaudran découvrit le gallium, prévu par Mendéléieff ; en 1895, Lord Ramsay, l'hélium, le néon, le crypton et le xénon ; enfin en 1901, Demarçay, l'europium.

L'analyse spectroscopique *qualitative* des *mélanges gazeux* a été récemment étudiée, en particulier par Lilienfeld (1905). Il a trouvé que sous certaines conditions, on pouvait déterminer 0,7 % de He dans Az, 0,932 % en volume d'Argon dans l'air, 0,7 % de Az et H dans Hg.

L'analyse spectrale trouve un grand nombre d'applications importantes dans la technique ; l'une des plus intéressantes se rapporte au procédé Bessemer, dans lequel on transforme la fonte de fer en acier, en insufflant un courant d'air à travers le métal fondu, placé dans un récipient piriforme nommé convertisseur ; par l'ouverture de ce dernier sortent des étincelles et des flammes, dont le spectre subit des modifications déterminées successives, que le spectroscope permet de suivre. A un instant donné, quand l'éclat de certaines raies vertes augmente, il faut interrompre le courant d'air.

12. Spectres d'absorption ; analyse chimique basée sur l'observation de ces spectres. — Tout le troisième volume de l'ouvrage de Kayser, *Handbuch der Spektroskopie*, est consacré aux spectres d'absorption ; d'après la préface, le même sujet sera aussi traité dans le quatrième volume. Le Chapitre IV (pages 317-459) contient les recherches qui ont été faites sur un grand nombre de spectres d'absorption ; dans le Chapitre V (pages 459-576) se trouve un index alphabétique des spectres d'absorption connus jusqu'ici (commencement de 1905) avec une bibliographie complète. On obtient les spectres d'absorption, en interposant sur le trajet de rayons blancs, qui donnent un spectre continu, une couche de la substance à étudier, laquelle absorbe une partie déterminée des radiations. On a l'habitude de distinguer quatre types de spectres d'absorption.

Premier type. — Il manque dans le spectre une partie commençant à l'une des extrémités, le plus souvent à l'extrémité violette. Exemples : solutions de chlorure de fer, de bichromate de potasse, d'acide picrique (laissant passer les rayons rouges, jaunes et une partie des verts) ; solutions de sulfate de cuivre et de sulfate de cuivre ammoniacal (laissant passer les rayons bleu foncé),

Deuxième type. — Il ne subsiste dans le spectre que sa partie médiane. Exemples : dissolutions concentrées de chlorure de cuivre, de chlorure de nickel et d'acétate de cuivre.

Troisième type. — Spectre de bandes : une série de bandes plus ou moins larges, avec des bords confus. Exemples : dissolution faible de permanganate de potasse (cinq bandes dans le vert), vin rouge étendu d'eau, verres verts (de cobalt), un très grand nombre de matières colorantes, et, en général, les substances colorées.

Quatrième type. — Spectre de lignes ; on obtient des séries de raies obscures très nettes, en toute rigueur seulement dans les spectres d'absorption des gaz et des vapeurs. Des corps liquides et solides donnent des raies plus larges ou des combinaisons de raies et de bandes. Les vapeurs d'iode et le peroxyde d'azote (AzO^2) donnent des spectres d'absorption de lignes.

La figure 175 représente quelques spectres d'absorption. Le n° 1 est le

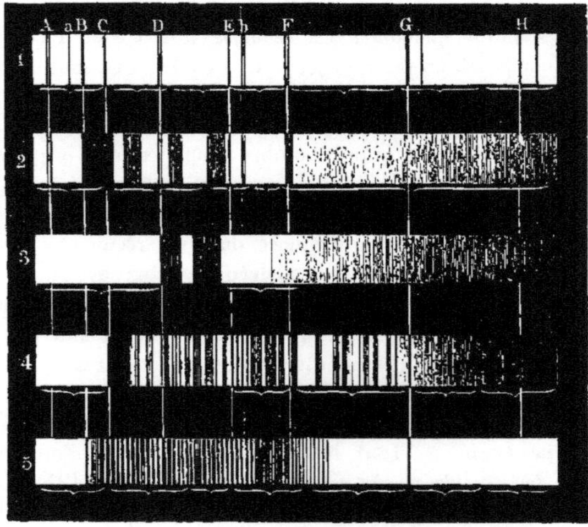

Fig. 175

spectre du Soleil, dont les raies d'absorption sont les raies connues de Fraunhofer (voir § **15**) ; le n° 2 représente le spectre d'absorption de la chlorophylle ; le n° 3, celui du sang ; le n° 4, celui du peroxyde d'azote (acide hypoazotique) ; le n° 5, celui des vapeurs d'iode. La figure 176 représente les spectres de solutions de sulfate d'ammonium (n° 1), de sulfate double d'ammonium et d'urane (n° 2), de sulfate de magnésium (n° 3), de sulfate de rubidium (n° 4), de sulfate de sodium (n° 5) et de sulfate de thallium (n° 6).

Les sels de lanthane et de didyme, aussi bien à l'état solide qu'en dissolution, ou même par réflexion, donnent des spectres très remarquables. La figure 177 représente le spectre d'un sel de didyme ; le spectre supérieur se rapporte à une solution concentrée, le spectre inférieur à une solution très diluée. Ces spectres ont été étudiés particulièrement par Dimmer (1897). C'est un fait très digne d'attention que l'oxyde de didyme au rouge ne donne pas.

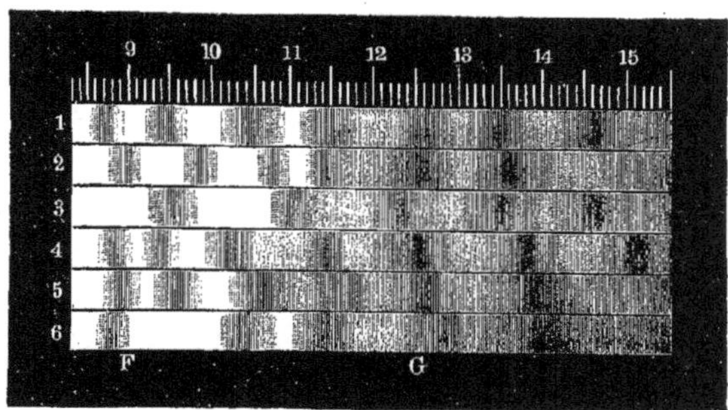

Fig. 176

de spectre continu, mais un spectre qui est, pour ainsi dire, le renversement du précédent (*fig.* 177).

Les vapeurs de S et de Se ne donnent ni bandes, ni raies, comme il s'en produit, par exemple, dans les spectres d'absorption du chlore, du brome, etc.

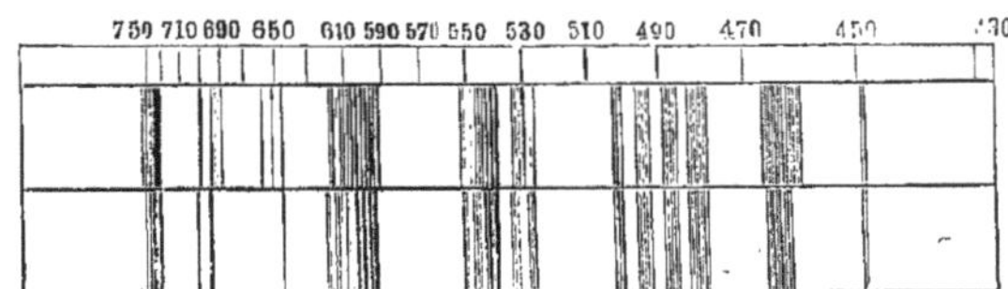

Fig 177

Zsigmondy (1901) a étudié les spectres des verres colorés. Königsberger a trouvé que, *quand la température croît*, les bandes d'absorption des corps solides se déplacent vers l'extrémité violette ; l'absorption des métaux (Au, Ag, Pt, Fe, Ni, Cu) ne varie pas, au contraire, de 10° à 360°, et même jusqu'à 800° pour Pt.

Quelques spectres d'absorption ont été étudiés très en détail. Ainsi, par exemple, Hasselberg a donné le dessin de 470 raies du spectre d'absorption du peroxyde d'azote, et il les a partagées en 22 groupes. Des corps, incolores en apparence, ont souvent un spectre d'absorption assez complexe dans le domaine des radiations visibles, tandis qu'ils absorbent parfois complètement la partie invisible du spectre. La vapeur d'eau, l'oxygène, l'ozone ont ainsi des spectres d'absorption assez complexes. L'*oxygène liquide* donne un spectre d'absorption très net de l'oxygène gazeux. Baccei a étudié les spectres d'absorption de couches épaisses (jusqu'à 70ᵐ) de Az^2, CO^2, O^2, CO, C^2H^2 et SH^2, sous des pressions allant jusqu'à 22 atmosphères ; dans la partie visible du spectre, Az^2, CO^2 et CO n'ont pas donné d'absorption sensible ; les trois autres gaz ont donné toute une série de bandes d'absorption. L'eau en couche

épaisse a une couleur propre ; VOGEL a étudié spectroscopiquement la couleur
bleue de l'eau, dans la grotte bien connue de l'île de Capri, et il a trouvé que
la partie rouge du spectre manquait complètement, que la partie jaune était
affaiblie et que les raies E et b se confondaient en une large bande d'absorption.

En 1902, HAGEN et RUBENS ont publié un travail extrêmement intéressant
sur les *spectres d'absorption de couches épaisses de métaux*. Ces savants ont
étudié Ag, Au et Pt et ont adopté la formule suivante :

$$i = \text{J}.\ 10^{-ad},$$

dans laquelle J désigne l'intensité de la lumière, qui tombe sur la couche de
métal, i celle de la lumière qui a traversé la couche d'épaisseur d, exprimée
en microns ($\mu = 0^{mm},001$). Il est évident que 1 : a est l'épaisseur d'une
couche, pour laquelle $i = 0,1$ J. HAGEN et RUBENS ont déterminé les valeurs
de a pour des radiations ultra-violettes, visibles et infra-rouges, depuis
$\lambda = 0^{\mu},2$ jusqu'à $\lambda = 1^{\mu},5$ (Ag) et $\lambda = 2^{\mu},5$ (Au et Pt). La figure 178

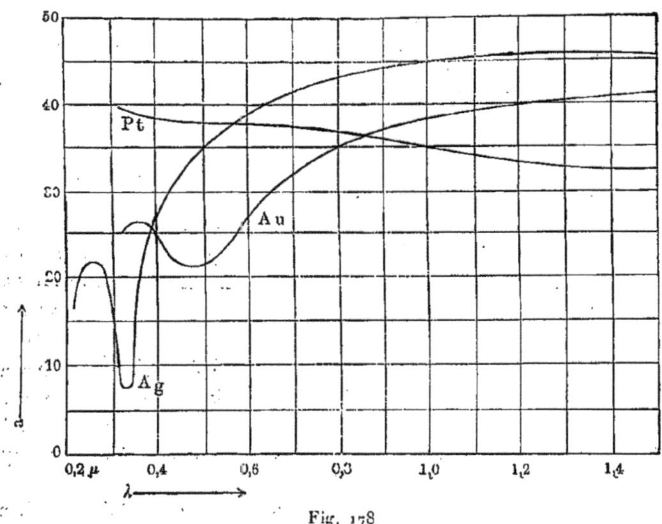

Fig. 178

montre comment a dépend de λ, pour les trois métaux considérés. La transparence de l'argent pour les radiations ultra-violettes voisines de $\lambda = 0^{\mu},32$
est remarquable ; c'est un fait également intéressant que, pour $\lambda > 0^{\mu},85$, le
platine est plus transparent que l'argent et l'or, tandis que le contraire a lieu
pour de petites valeurs de λ. Des recherches analogues ont été faites par JAVAL
(1905) sur six couches de cuivre (d'épaisseurs $40^{\mu\mu}$, $58^{\mu\mu}$, $73^{\mu\mu}$, $83^{\mu\mu}$, $87^{\mu\mu}$
et $108^{\mu\mu}$) et entre $\lambda = 0^{\mu},486$ et $\lambda = 2^{\mu},03$. Il a trouvé un minimum d'absorption entre le jaune et le vert.

L'*air* et le *verre* absorbent tous les rayons, pour lesquels on a $\lambda < 0^{\mu},3$; le

quartz, ceux pour lesquels on a $\lambda < 0^\mu,2$. Le spath fluor transparent laisse
passer des radiations d'une longueur d'onde encore plus petite.

L'épaisseur de la couche absorbante et le degré de concentration d'une solution agissent de la même façon sur le spectre d'absorption, qui dépend, en
général, de la quantité de substance active, qui se trouve sur le trajet des
rayons ; il est supposé ici qu'un changement du degré de concentration n'est
accompagné d'aucune réaction chimique.

KUNDT a étudié l'action exercée par le *dissolvant* sur le spectre d'absorption
des matières colorantes. Il a trouvé qu'on peut partager les différents dissolvants en groupes, dans chacun desquels la bande principale d'absorption se
déplace, pour toutes les matières colorantes, vers l'extrémité rouge du spectre, quand on passe d'un dissolvant à un autre plus fortement réfringent. Le
remplacement d'un dissolvant par un autre exerce une action plus marquée,
sur le spectre d'absorption, quand la dissolution est accompagnée de réactions
chimiques. DEUSSEN a observé une exception à cette règle, pour quelques
solutions de sels d'urane. De nouvelles recherches de KATZ, FORMANEK et
autres ont montré que, dans des cas nombreux, la règle de KUNDT n'est pas
applicable. FORMANEK a étudié 524 substances, parmi lesquelles 284 seulement ont manifesté le déplacement exigé par cette règle.

Les spectres d'absorption peuvent servir aussi bien pour l'*analyse qualitative*
que pour l'*analyse quantitative*, car, d'après la disposition des bandes et des
raies sombres, on peut juger de la composition des substances interposées sur
le trajet des rayons lumineux blancs. On trouvera dans H. W. VOGEL, *Praktische Spektralanalyse*, un grand nom-
bre de renseignements sur les spectres
d'absorption des matières colorantes
les plus diverses, sur ceux des aliments,
des préparations médicinales, des substances animales et végétales, et sur
les méthodes de recherche de ces substances par l'observation de leurs spectres d'absorption.

La figure 179 représente différents
spectres du sang. Le spectre n° 1 est obtenu avec une solution de 1 partie de
sang pour 40 parties d'eau : les deux
bandes caractéristiques appartiennent
à l'oxyhémoglobine. Ces bandes disparaissent, quand on ajoute un peu de
sulfure d'ammonium à la solution de

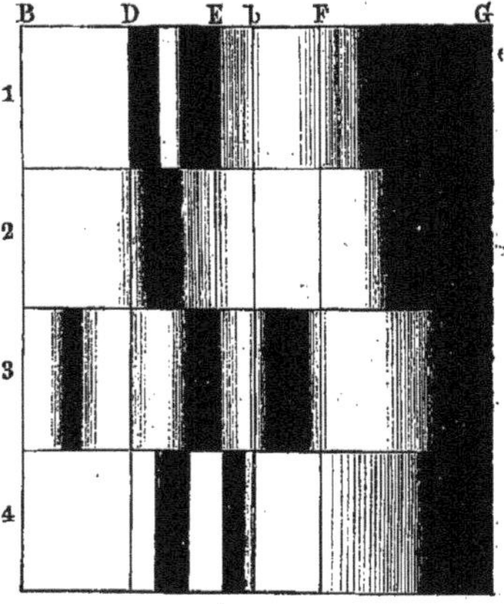

Fig. 179

sang diluée ; il se produit alors une bande dans le vert (n° 2), qui appartient
à l'hémoglobine. Si on ajoute de l'acide chlorhydrique à une solution de sang
concentrée, on obtient le spectre n° 3. Quand on chauffe une solution faible
de sang avec de la soude, et qu'on y ajoute un peu de sulfure d'ammonium,
il se produit dans le spectre (n° 4) deux bandes dues à l'hématine. Si on
ajoute à la solution de sang un mélange de 0,6 p. d'ammoniaque et de 1 p.

de tartrate de fer, les deux bandes principales (du n° 1) disparaissent ; mais, quand le sang renferme de l'oxyde de carbone dissous, ces bandes subsistent sans changement ; on peut ainsi résoudre la question de savoir si une mort est due ou non à l'asphyxie par les gaz du charbon. Hénocque s'est beaucoup occupé de cette question et il en a fait (1900) une exposition détaillée.

Vierordt a développé la méthode d'*analyse quantitative* basée sur l'observation des spectres d'absorption ; Glan et Hüfner l'ont ensuite perfectionnée.

Beaucoup de tentatives ont été faites, pour trouver une *relation entre la composition chimique des substances et la position des bandes obscures dans le spectre d'absorption*. Une exposition détaillée de toutes les recherches relatives à cette question se trouve dans Kayser, *Handbuch der Spektroskopie*, vol. III, p. 149-317, 1905. G. Kaüss, H. W. Vogel, F. W. Schmidt et d'autres ont étudié l'effet dû au remplacement de l'hydrogène, dans les composés organiques, par différents groupements. On a constaté ainsi qu'en remplaçant l'hydrogène par les groupements méthyle (CH^3), oxyméthyle ($O — CH^3$), carboxyle (CO^2H) et par le brome, les bandes d'absorption se déplacent vers l'extrémité rouge du spectre ; si on remplace au contraire l'hydrogène par les groupements azotyle (AzO^2) ou amide (AzH^2) ou si on augmente le nombre des atomes d'hydrogène, les bandes d'absorption se déplacent vers l'extrémité violette. Ceci se confirme, par exemple, sur la fluorescéine $C^{20}H^{12}O^5$, dans laquelle 4 atomes d'hydrogène peuvent être remplacés par du brome ou par le groupement AzO^2 ; une solution alcaline de fluorescéine dans l'eau donne une bande sombre près de $\lambda = 494^{\mu\mu},0$; chaque atome de brome, qui remplace l'hydrogène, déplace la bande de $5^{\mu\mu},45$ vers l'extrémité rouge du spectre : chaque groupement AzO^2 diminue, dans les mêmes conditions, de $1^{\mu\mu},3$ la longueur d'onde de la bande. Spring (1897) a indiqué des relations d'un autre genre entre la structure chimique d'une substance et les bandes d'absorption.

Abney et Festing ont étudié les bandes d'absorption, dans la région infrarouge du spectre, pour toute une série de substances. Ils distinguent les raies précises, les raies fondues et les bandes, et ils ont trouvé que la présence de H dans un composé produit des raies précises ; si O entre dans le composé, il se produit des bandes.

La théorie de la *dissociation électrolytique*, dont il a été parlé dans le Tome I (Cinquième Partie, Chap. VI, § 1, et Chap. VII, § 4), conduit, comme Ostwald (1889) l'a montré le premier, à ce résultat que l'absorption, qui a lieu dans une solution diluée, doit être une propriété additive (T. I, Cinquième Partie, Chap. VI, § 1), c'est-à-dire qu'elle doit se composer des absorptions produites par les ions positifs et par les ions négatifs. Ceci est confirmé par toute une série de recherches dues à Ostwald et à d'autres savants. Les ions de Cl, Br, I, AzO^2, SO^4, etc., de K, Na, Ba, Ca, AzH^4, etc., sont incolores et toutes leurs combinaisons donnent dans l'eau des solutions incolores. La présence de l'ion de Cu est caractérisée par une coloration bleu foncé, et, en effet, toutes les solutions faibles de sels de cuivre ont une couleur bleu foncé ; ainsi, par exemple, une solution verte de chlorure de

cuivre devient bleue, quand on y ajoute de l'eau. L'acide supermanganique
fournit un autre exemple : une solution faible de cet acide, et aussi de ses
sels avec Li, Cd, AzH⁴, Zn, K, Ni, Mg, Cu et Al, donne des spectres d'absorption, dans lesquels se reproduisent, sans le moindre changement, les deux
mêmes bandes sombres dans le jaune et dans le vert. Ostwald lui-même a
trouvé (1892) une confirmation de la proposition précédente dans près de
300 cas ; Magnanini a cru pouvoir la mettre en doute, mais elle a reçu une
nouvelle confirmation dans les travaux de Wagner, Donnan et récemment de
Pflüger (1903) et de Vaillant (1903). Le premier a trouvé que les spectres
des dissolutions diluées de différents sels avec ion de même couleur sont bien
identiques pour les permanganates de Ba, Cd, Cu, Li, Co, Zn, Al, Mg
et Ni, de même que pour 7 sels de la rosaniline-p. Vaillant a obtenu le
même résultat pour les permanganates de K, Ba et Zn et pour une série de
sels de Cu et Co, dans l'eau et les alcools méthylique et éthylique, de même
que dans quelques mélanges de milieux dissolvants.

La théorie de l'absorption dans les milieux non conducteurs a été développée entre autres par Planck (1903), suivant les principes électromagnétiques.

Nous reparlerons plus loin, dans le § 20, des spectres d'absorption *ultra-
violets* et *infra-rouges*.

13. Renversement des spectres. — Nous avons déjà fait connaître la
loi de Kirchhoff, d'après laquelle tout corps possède la propriété d'absorber
les radiations qu'il émet lui-même dans des conditions physiques données ;
c'est sur cette propriété qu'est basé ce qu'on appelle le *renversement des
spectres*. Supposons qu'un gaz ou une vapeur donne un spectre d'émission
formé de raies brillantes déterminées, correspondant aux radiations émises
par le gaz ou par la vapeur. Si les rayons d'une source de lumière blanche
très vive, par exemple d'un corps solide porté au rouge blanc, qui donnerait
un spectre continu brillant, traversent ce gaz ou cette vapeur, ceux-ci absorbent les radiations qu'ils émettent eux-mêmes, et, par suite, sur le fond
brillant du spectre continu, apparaissent des raies sombres, aux endroits
précis où se formeraient des raies brillantes dans le spectre d'émission du gaz
ou de la vapeur. Les radiations brillantes absorbées sont remplacées par les
radiations émises par le corps gazeux : mais, comme l'éclat de ce dernier est
faible, les parties du spectre, qui leur correspondent, apparaissent comme des
raies obscures, par contraste avec les régions brillantes voisines. Pour que l'expérience réussisse, il faut que la température du milieu absorbant soit beaucoup plus basse que celle du corps, qui donne le spectre continu.

Il existe de nombreuses méthodes pour montrer le renversement des
spectres. L'une d'elles est indiquée dans les figures 180 et 181. On imprègne
légèrement d'une solution de sel marin le charbon inférieur d'un arc voltaïque
et on laisse sécher ; si on écarte alors les charbons assez loin l'un de l'autre,
pour que les rayons venant des charbons eux-mêmes ne puissent parvenir à
la fente du spectroscope, il se forme, sur un écran, un spectre de faible intensité lumineuse VR, présentant une raie jaune très brillante, qui appartient

aux vapeurs de sodium. Si on place devant la fente la flamme d'un bec de gaz, en limitant celle-ci à la moitié inférieure de la fente, au moyen d'une lame métallique horizontale, et si on introduit dans la flamme une petite cuiller de platine contenant un fragment de sel, on voit aussitôt, sur l'écran,

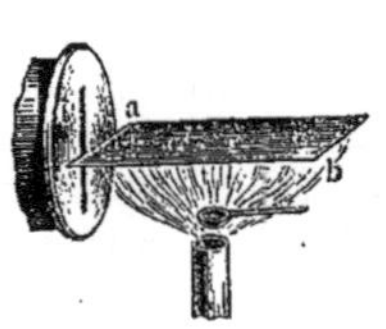

Fig. 180

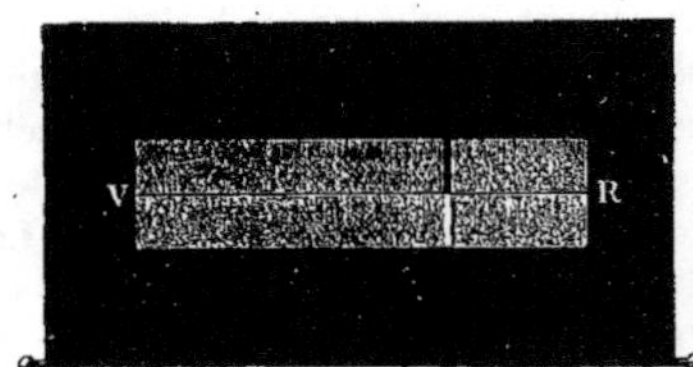

Fig. 181

la moitié *supérieure* de la raie jaune devenir complètement noire (l'image, étant projetée sur l'écran, apparaît renversée).

On peut aussi se servir de l'appareil représenté par la figure 165, page 273, en remplissant le tube N d'hydrogène et en y introduisant un morceau de sodium.

Si on pose directement, dans la petite cavité du charbon inférieur d'un arc voltaïque, un fragment de sodium, on obtient d'abord, par la vaporisation de ce fragment, une raie jaune, large et brillante. Au milieu de cette raie se forme, après quelque temps, une raie noire, parce que les rayons sont absorbés par les vapeurs épaisses, et relativement plus froides, du sodium, qui enveloppent la partie centrale de l'arc voltaïque. La raie brillante apparaît de nouveau, quand la vaporisation devenant moins active, l'atmosphère absorbante s'est dissipée.

Beaucoup de raies d'autres métaux peuvent être renversées comme la raie jaune du sodium. On est loin cependant d'avoir réussi à renverser toutes les raies : on constate qu'il existe des raies déterminées *spontanément renversables*. Cornu a montré que les *raies longues*, obtenues par la méthode de Lockyer (page 285), sont les raies spontanément renversables. Nous avons dit à la page 288 que Kayser et Runge avaient découvert, dans les spectres de quelques métaux, une *série principale* de raies ; on trouve que les raies de cette série principale sont des raies spontanément renversables.

14. Influence du mouvement de la source rayonnante sur le spectre de cette source. — Nous avons fait connaître dans le Tome I, page 177, le principe de Doppler, d'après lequel le nombre des ondes, qui passent devant l'observateur dans l'unité de temps, dépend des vitesses relatives de la source des vibrations et de l'observateur, ou, plus exactement, des projections de ces vitesses sur la droite qui joint la source à l'observateur. Nous avons vu dans l'acoustique (T. I, 7ᵉ Partie, Chap. VIII, § **6**) comment ce principe s'applique aux phénomènes sonores ; on comprend facilement qu'il doit s'appliquer aussi aux phénomènes lumineux. Si la source rayonnante et l'observateur se rapprochent, la longueur d'onde λ diminue ; si au contraire ils s'éloignent, λ augmente : dans le premier cas la réfrangibilité des rayons augmente, dans le second elle diminue. A cette variation de la réfrangibilité doit correspondre un déplacement des raies spectrales brillantes ou obscures (s'il en existe, dans le spectre de la source lumineuse) : *si la source rayonnante et l'observateur se rapprochent, les raies spectrales se déplacent vers l'extrémité violette du spectre ; si, au contraire, ils s'éloignent, le déplacement a lieu vers l'extrémité rouge.* Ces déplacements sont en général très peu importants, car la vitesse des corps (y compris les corps célestes) est relativement petite, vis-à-vis de la vitesse de la lumière.

Il faut mentionner que FIZEAU (1848), avant DOPPLER, avait déjà indiqué la possibilité de mesurer spectroscopiquement la vitesse des astres, en observant les déplacements des raies de leurs spectres. La théorie du principe de DOPPLER a été développée par PETZVAL, MACH, EÖTVÖS, KETTELER, VOIGT, H. LORENTZ, etc., et, en dernier lieu par E. KOHL (1903).

En 1900, A. BIÉLOPOLSKI a publié un travail remarquable, dans lequel il est arrivé à vérifier expérimentalement l'application du principe de DOPPLER aux phénomènes lumineux. Pour mieux comprendre sa méthode, considérons la figure 182 ; soit MM un miroir, S un point lumineux, S_i son image dans le miroir, SOA un rayon lumineux, qui arrive à l'œil de l'observateur ou à un appareil destiné à le recevoir (par exemple, à un appareil photographique). Si le miroir MM se meut, dans la direction de la normale ON, avec la vitesse v, l'image S_i se meut, dans la même direction, avec la vitesse $2v$, et, par suite, sa *vitesse radiale,* c'est-à-dire la composante de sa vitesse dans la direction de l'œil ou de l'appareil, est égale à $2v \cos \varphi$, φ désignant l'angle d'inci-

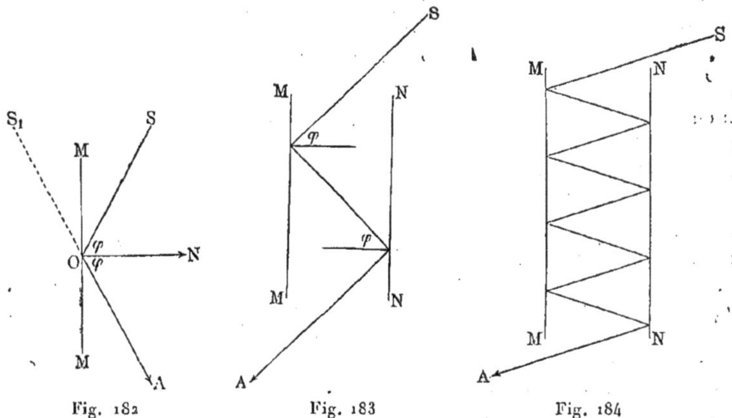

Fig. 182   Fig. 183   Fig. 184

dence du rayon. Soient en outre MM et NN (*fig.* 183) deux miroirs parallèles, qui se meuvent en sens *contraire* avec la vitesse v ; il est facile de voir que l'image S_2, dans le miroir NN, se déplacera avec la vitesse $4v$, et que sa vitesse radiale sera égale à $4v \cos \varphi$. S'il se produit n réflexions (*fig.* 184), la vitesse radiale est égale à $2nv \cos \varphi$. Soit λ la longueur d'onde du rayon qui tombe sur le premier miroir, λ_n la longueur d'onde du même rayon réfléchi

n fois, c'est-à-dire provenant, en quelque sorte, de la n^e image S_n, qui se forme dans le second miroir. Comme la vitesse radiale de cette image est égale à $2nv \cos \varphi$, on a, d'après le principe de DOPPLER,

$$(9,\ c) \qquad\qquad \lambda_n = \lambda_0 \left(1 \mp \frac{2nv \cos \varphi}{V} \right),$$

où V désigne la vitesse de la lumière et où le double signe exprime que les miroirs se rapprochent ou s'éloignent l'un de l'autre. Connaissant la variation de la longueur d'onde, on peut *calculer* le déplacement des raies du spectre, produit par le mouvement des miroirs. Pour *mesurer* ce déplacement, A. BIÉLOPOLSKI a construit un appareil, dont la partie essentielle se compose de deux roues A et B (*fig.* 185) placées l'une à côté de l'autre, et sur le pourtour desquelles sont disposés huit miroirs (M et N). Les roues tournent

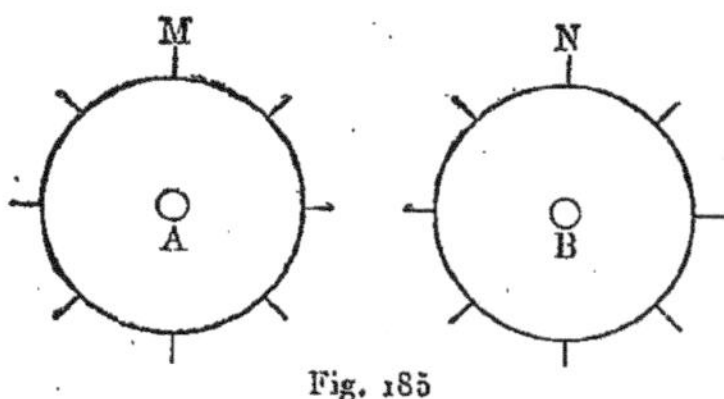

en sens contraire : un pinceau étroit de rayons venant, par exemple, de la gauche, passe devant le miroir M, tombe sur N, et, après six réflexions sur N et M, passe devant N et parvient à la fente d'un spectrographe, renfermant un système de prismes et une plaque photographique : on obtient sur cette dernière une image du spectre à tous les instants où les deux miroirs M et N sont parallèles. Les roues effectuaient dans les expériences 44 tours par seconde. BIÉLOPOLSKI s'est servi de la lumière du Soleil et a photographié la région spectrale comprise entre $\lambda = 0^\mu,438$ et $\lambda = 0^\mu,450$. La disposition des appareils était telle qu'on obtenait l'un à côté de l'autre, sur la plaque photographique, deux spectres, montrant la position des raies de FRAUNHOFER, dans le cas où les miroirs étaient en repos et quand ils tournaient dans le même sens ou en sens contraire. Les expériences montrèrent qu'il se produit effectivement un déplacement des raies du spectre, et que ce déplacement a lieu dans le sens indiqué par la formule (9, c), avec une valeur qui est à peu près celle à laquelle on devait s'attendre d'après cette même formule. On saisit facilement, sans qu'il soit nécessaire d'insister, l'importance considérable de ces expériences ingénieuses.

JULIUS a montré (1901) qu'un déplacement des raies du spectre peut être produit non seulement par le mouvement relatif de la source lumineuse et de l'observateur, mais aussi par le milieu intermédiaire, si ce dernier possède la *dispersion anomale*. Nous reviendrons plus tard sur ce travail important de JULIUS.

D'après la théorie cinétique des gaz (Tome I), les molécules d'un gaz se meuvent, dans toutes les directions possibles, avec des vitesses très différentes, qui sont déterminées par la loi de distribution de MAXWELL. Si on étudie un gaz incandescent avec le spectroscope, la vitesse des molécules contre la fente du spectroscope possède toutes les valeurs possibles positives et négatives entre deux limites, qui sont déterminées par la nature du gaz et sa température et par le maximum de vitesse existant dans un nombre de molécules qui n'est pas trop petit. Si l'on admet que les molécules émettent de la lumière, le λ

observé pour une émission de nature donnée doit prendre toutes les valeurs possibles entre deux limites. On peut s'expliquer ainsi la *largeur* des raies spectrales. Un *élargissement* des raies doit se manifester quand la température s'élève et quand la densité augmente, puisque, dans les deux cas, de grandes vitesses positives et négatives correspondent à une émission de radiations lumineuses *sensibles*. Comme nous l'avons vu, ceci est d'accord avec les observations.

15. Le spectre solaire. — Nous avons déjà dit plusieurs fois que le spectre du Soleil est un spectre d'absorption ; les raies de FRAUNHOFER indiquent les radiations, qui ont été absorbées durant leur trajet entre la masse proprement dite du Soleil et l'œil de l'observateur ; cette masse incandescente envoie des rayons blancs et donnerait par elle-même un spectre continu. FRAUNHOFER donna en 1814 le premier dessin du spectre solaire, qui comptait jusqu'à 700 raies sombres. Beaucoup plus tard, en 1860, parut un dessin de BREWSTER et GLADSTONE, qui renfermait déjà 1000 raies. Le premier *atlas* détaillé du spectre solaire est dû à KIRCHHOFF (1863) ; une partie en fut dessinée par son élève HOFMANN. En comparant la position des raies obscures du spectre solaire avec celle des raies brillantes des spectres d'émission de l'hydrogène et des vapeurs de différents métaux, KIRCHHOFF réussit à montrer, dans son atlas, la coïncidence de beaucoup de ces deux espèces de raies. Il expliqua cette coïncidence, en regardant l'apparition des raies de FRAUNHOFER comme un cas particulier de renversement du spectre, produit par les vapeurs des différentes substances contenues dans la photosphère du Soleil. KIRCHHOFF put ainsi déterminer l'origine d'un grand nombre de raies de FRAUNHOFER, c'est-à-dire indiquer à quelle substance chacune d'elles *appartenait*. Beaucoup de raies sont dues aussi à l'*absorption des rayons solaires par l'atmosphère terrestre ;* on les appelle des *raies telluriques ;* KIRCHHOFF en a indiqué quelques-unes.

Les figures 186 à 188 représentent des parties du spectre solaire, d'après

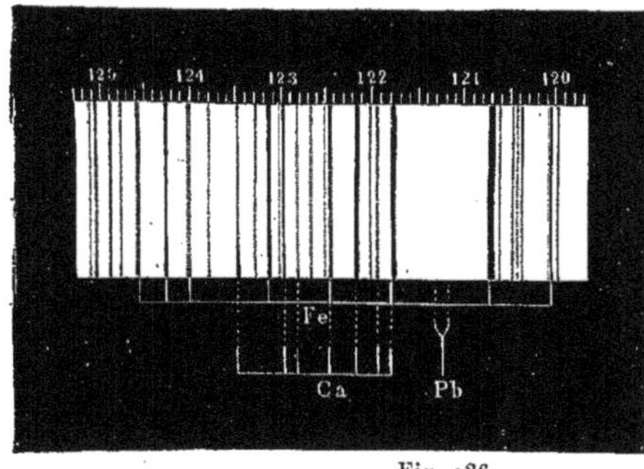

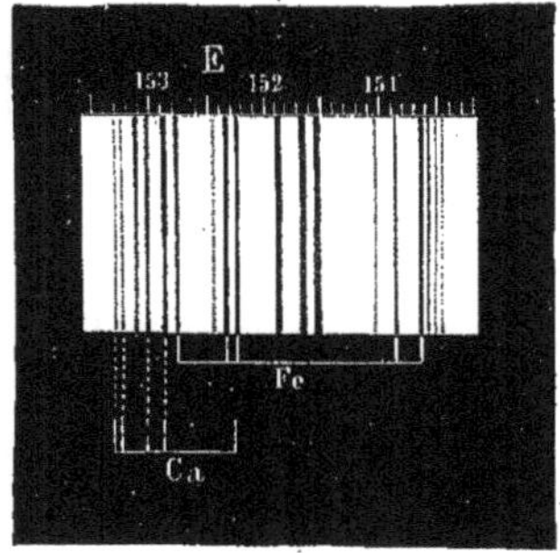

Fig. 186   Fig. 187

les dessins de KIRCHHOFF ; les éléments chimiques, auxquels appartiennent les raies, ont été désignés avec les notations habituelles ; le mot *Aër* désigne une

raie tellurique (qui appartient à l'air). La plupart des raies sont restées sans
désignation, car elles ne coïncident avec aucune des raies brillantes des différents spectres d'émission, qui ont été étudiés par KIRCHHOFF.

Depuis 1863, l'étude du spectre solaire a fait des progrès considérables et
le nombre des raies, dont l'origine est connue, a énormément augmenté.

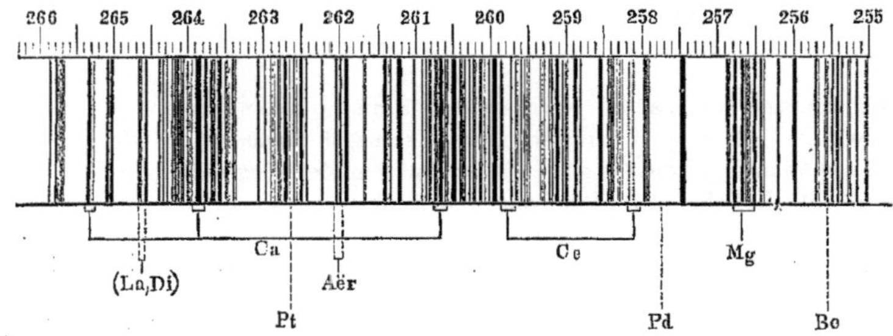

Fig. 188

Ainsi, par exemple, KIRCHHOFF avait trouvé dans le spectre solaire 73 raies
du fer, tandis qu'aujourd'hui on en connaît environ 2000.

KIRCHHOFF s'est servi, comme on l'a déjà vu, pour dessiner le spectre du
Soleil, d'une échelle arbitraire dont il plaçait la division 50 sur la raie D. Le
premier spectre *normal* du Soleil, dans lequel l'échelle donne directement *la
longueur d'onde des radiations correspondant aux raies isolées*, a été dessiné par

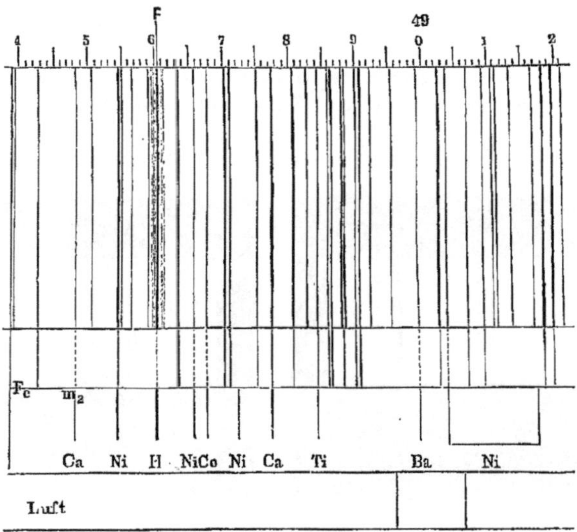

Fig. 189

ÅNGSTRÖM, avec le concours de THALÉN ; les divisions de l'échelle sont égales
à $0^{\mu\mu},1 = 10^{-7}$ mm. La méthode employée par ÅNGSTRÖM sera exposée dans

l'un des Chapitres suivants, où sera représenté l'appareil qui lui servait pour observer le spectre et pour déterminer les longueurs d'onde des différentes raies. La longueur totale du spectre, dans l'atlas d'Ångström, est de $3^m,387$; il est divisé en 11 parties. La figure 189 représente une partie du spectre solaire, d'après un dessin d'Ångström, qui était considéré jusqu'à ces derniers temps comme le plus exact ; mais, de nouvelles recherches ont montré l'existence d'une erreur constante dans les déterminations de longueurs d'onde d'Ångström ; cette erreur est due à l'inexactitude de l'unité fondamentale de longueur (mètre) dont il s'est servi. Après Ångström, H. C. Vogel, Fievez et Thollon ont publié des dessins détaillés du spectre solaire. La figure 190 représente un groupe de raies de l'atlas de Fievez, dans le voisinage de la

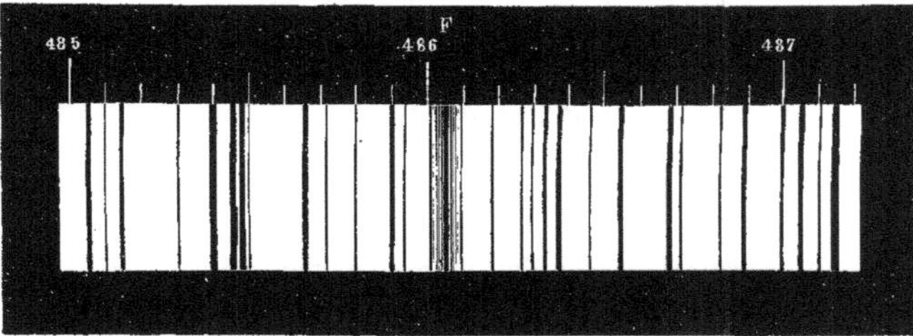

Fig. 190

raie F ; cette figure est beaucoup plus riche en raies que la partie correspondante de l'atlas d'Ångström. Müller et Kempf à Potsdam ont effectué une détermination très précise des longueurs d'onde de 300 raies ; leurs résultats forment la base de ce que l'on appelle les *observations de Potsdam*. Vogel a déterminé la position de 2614 raies entre $\lambda = 389^{\mu\mu},5$ et $\lambda = 540^{\mu\mu},6$, et Müller celle de 1406 raies entre $\lambda = 540^{\mu\mu},6$ et $\lambda = 692^{\mu\mu},4$. Ce dernier a effectué ses observations sur le mont Säntis : aussi sont-elles, autant qu'il était possible, débarrassées des raies telluriques. Les observations de Potsdam embrassent en tout 4020 raies.

L'atlas de Rowland, publié en 1888 à Baltimore et obtenu par la photographie à l'aide de réseaux de diffraction concaves, a laissé bien loin derrière lui tous les travaux antérieurs. La longueur totale du spectre, qui est divisé en 20 parties, est égale à $13^m,247$; ses limites se trouvent près de $\lambda = 296^{\mu\mu},7$ et de $\lambda = 695^{\mu\mu},3$. Le spectre est muni d'une échelle, dont chaque division correspond à $0^{\mu\mu},1$ et possède une longueur de $3^{mm},34$, de sorte qu'on peut facilement évaluer $0^{\mu\mu},01$. Les observations de Potsdam et l'atlas de Rowland diffèrent très peu.

En comparant entre elles les longueurs d'onde λ de différentes radiations et en prenant pour base la valeur relative à la raie D_1 de Na, Rowland a déterminé la valeur absolue de λ pour un grand nombre de raies de Fraunhofer et de raies des métaux obtenues par l'arc électrique. C'est ainsi qu'a pris

naissance le *système de* Rowland, qui a été pris pour base, pendant longtemps, dans les mesures spectroscopiques rigoureuses. Un premier doute sur
l'exactitude de ce système s'est élevé, quand Michelson et Benoit ont fait la
détermination de λ pour les trois raies du cadmium (Chap. XIII, § 11) ; non
seulement en valeur absolue, mais aussi en valeur relative, des écarts sensibles relativement aux nombres de Rowland se sont manifestés. Humphreys
et Mohler avaient en outre montré (voir ci-dessus) que λ dépend de la
pression ; mais puisque sur le Soleil règnent des conditions de pression tout
autres que sur la Terre, on devait se demander si, par la combinaison des
mesures dans le spectre solaire et dans le spectre de l'arc électrique, on pouvait construire un système normal de longueurs d'onde. Cette question a été
particulièrement étudiée par Jewell (1896, 1900). La démonstration décisive
que les mesures de Rowland contiennent des erreurs systématiques sensibles
a été faite par Fabry et Perot (1902). Ces savants ont mesuré les longueurs
d'onde (Chap. XIII, § 11) pour 33 raies de Fraunhofer et pour 32 raies de
l'arc électrique. Il est apparu que le rapport des longueurs d'ondes, telles
qu'elles sont indiquées par Rowland et par Fabry et Perot, oscille entre les
valeurs 1,0000286 et 1,0000381. Les mesures de Kayser (1900) pour les
raies du fer ont aussi montré des écarts relativement aux nombres de Rowland. La question importante s'est alors posée d'établir un nouveau *système
normal (Standard) de longueurs d'onde*, et de nombreuses études ont été publiées sur cette question, en particulier pendant les années 1904 et 1905 ; une
vive discussion s'est élevée, à laquelle en particulier ont pris part Jewell,
Bell, Fabry et Perot, Eberhard, Hartmann, Kayser, Hamy et Michelson.
Les propositions d'Hartmann visent à établir un système qui s'appuie sur
celui de Rowland et qui s'en éloigne le moins possible. Fabry et Perot pro-
posent de prendre pour base la raie rouge du cadmium mesurée par Michelson
et Benoit, et d'établir un *nouveau système* par de nouvelles mesures sur des
sources *terrestres* ; les raies de Fraunhofer doivent être d'après eux mises entièrement de côté. Au Congrès de St-Louis cette proposition a été adoptée.
Une réunion de l'Union Internationale pour l'étude du Soleil s'est tenue à
Oxford le 27 septembre 1905 ; les pays représentés étaient l'Allemagne, l'Angleterre, l'Espagne, les Etats-Unis, la France, les Pays-Bas, la Russie et la
Suède ; l'Union a voté les résolutions suivantes relativement aux longueurs
d'onde :

1. *La longueur d'onde d'une radiation convenablement choisie sera prise comme
étalon primaire des longueurs d'onde. Le nombre qui représente cette longueur
d'onde sera fixé une fois pour toutes ; il définira dès lors l'unité de longueur
d'onde, qui devra différer aussi peu que possible de* 10^{-10} *mètre et s'appellera*
Ångström.

2. *Il y a lieu de désigner :*
Des étalons secondaires dont la distance ne dépassera pas 50 *unités d'*Ångström.
*Ces étalons secondaires seront rapportés à l'étalon primaire par une méthode in-
terférentielle. La source lumineuse sera fournie par un arc électrique de* 6 *à*
10 *ampères.*

3. *Un Comité sera nommé pour choisir les étalons et organiser les détermi-*

nations de ces longueurs d'onde relativement à l'étalon primaire au moins dans deux laboratoires indépendants.

4. Le même Comité sera chargé de choisir des étalons tertiaires placés à des distances variant de 5 à 10 unités d'Ångström. Les longueurs d'onde de ces étalons tertiaires seront obtenues par interpolation avec des réseaux.

Le groupe de raies D_1 et D_2 a été étudié par beaucoup de savants, entre autres par Thollon (1884), qui a déterminé la position de 12 raies comprises entre D_1 et D_2 ; 8 d'entre elles ont une origine tellurique, comme l'a montré Thollon, à l'aide de la méthode de Cornu (voir ci-dessous).

Mascart, Draper, Cornu, Rowland et d'autres encore ont étudié la partie ultra-violette du spectre solaire ; Abney, Lommel, Langley et d'autres, la partie infra-rouge ; nous parlerons plus tard de ces travaux.

La comparaison des raies de Fraunhofer avec les raies brillantes de différents spectres d'émission a permis de déterminer les éléments chimiques, qui se trouvent dans la photosphère du Soleil. Kirchhoff a ainsi découvert, dans cette photosphère, les métaux suivants : Na, Fe, Ca, Mg, Ni, Ba, Cu, Zn, Co (?). Ångström et Thalèn ont donné le résumé suivant, dans lequel les nombres entre parenthèses désignent le nombre de raies en coïncidence, dans le spectre solaire, avec les raies de la substance indiquée : Na (9), Fe (450), Ca (75), Co (19), Mn (57), Ba (11), Mg (4), Cr (18), Ni (33), H (4), Ti (118), Al (2 ?), Zn (3 ?) : la présence des deux derniers éléments est douteuse. Lockyer a ajouté à cette liste toute une série de métaux, qui se trouvent probablement dans le Soleil, et en outre le *carbone*. Enfin, Rowland a publié en 1891 les résultats de ses travaux sur ce sujet. Il a trouvé, dans la photosphère du Soleil, les 35 éléments suivants ; Fe (2000), Ni, Ti, Mn, Cr, Co, C (200), Va, Si, Zr, Ce, Ca (75), Sc, Nd, La, Y (75), Nb, Mo, Pd, Mg (20), Na (11), Sr, Ba, Al (4), Cd, Rh, Er, Zn, Cu (2), Ag (2), Be (2), Ge, Sn, Pb (1), K (1). La présence de Ir, Os, Pt, Ru, Ta, Th, Wo, Ur est douteuse ; Sb, As, Bi, B, Az, Cs, Au, In, Hg, P, Rb, Se, S, Tl, Pr (praséodyme) sont absents ; la présence de Br, Cl, I, Fl, O, Te, Ga, Ho (holium), Tm (thulium), Tb (terbium) n'a pas été recherchée. Les raies des éléments précédents comprennent une partie considérable des raies de Fraunhofer.

Kayser et Runge prétendent que K, Li, Cs et Rb manquent sur le Soleil, mais que le *carbone* et l'*azote* s'y trouvent. Hartley et Ramage ont trouvé que deux raies du spectre solaire appartiennent au *gallium* (Ga). On a constaté, inversement, en 1895, que l'élément appelé l'*hélium*, découvert dans le Soleil (voir plus loin), se rencontre aussi sur la Terre.

Brewster et Gladstone se sont particulièrement occupés de l'étude des *raies telluriques*. Le premier remarqua dans le spectre solaire la présence de raies sombres, qui apparaissaient quand le Soleil se trouvait près de l'horizon, et disparaissaient ou devenaient moins visibles à mesure que le Soleil s'élevait. Il attribua l'apparition de ces raies à l'absorption des rayons solaires par l'atmosphère terrestre. N. Égoroff, Janssen, Ångström, Vogel et d'autres encore se sont occupés de l'étude détaillée de ces raies, et ont résolu la question de savoir *quelles étaient les raies telluriques*, parmi les raies solaires, et laquelle des parties constituantes de notre atmosphère produisait chacune de ces raies.

Un signe caractéristique des raies telluriques est le renforcement de leur noirceur et de leur largeur, quand le Soleil se rapproche de l'horizon, c'est-à-dire
quand l'épaisseur de la couche d'air, traversée par les rayons solaires, augmente. Inversement, ces raies s'affaiblissent ou même disparaissent complètement, quand les observations se font sur une montagne. Cornu a indiqué une
méthode très ingénieuse, pour reconnaître immédiatement les raies telluriques. Conformément au principe de Doppler, la réfrangibilité des rayons
varie entres certaines limites, quand la source rayonnante se rapproche ou
s'éloigne de nous ; par suite, la position des raies non-telluriques du spectre
solaire n'est pas tout à fait la même, suivant que l'on observe le bord du
Soleil qui se rapproche de nous, dans la rotation de cet astre autour de son
axe, ou le bord qui s'éloigne. Cornu a construit un spectroscope muni d'une
lentille vibrant rapidement et de telle manière que les rayons, venant des
bords opposés du Soleil, entraient alternativement par la fente du spectroscope. Les raies de Fraunhofer d'origine solaire, exécutant de petites vibrations,
devenaient moins nettes et paraissaient un peu élargies, tandis que les raies
telluriques restaient sans changement.

Le dessin du spectre solaire, fait par Brewster et Gladstone en 1861, contient environ 2000 raies ou bandes. La figure 191 représente ce dessin à une

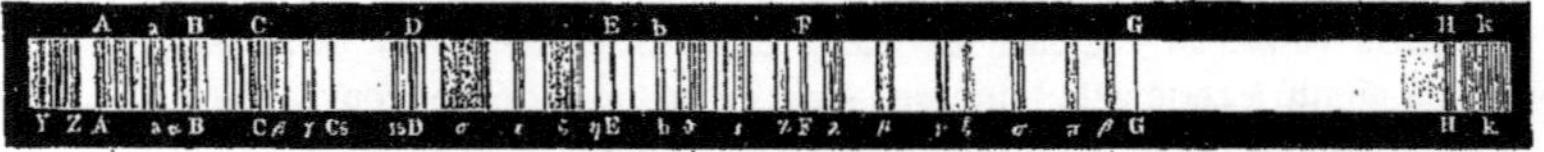

Fig. 191

échelle agrandie ; toutes les raies et les bandes désignées par des lettres
grecques appartiennent à l'atmosphère terrestre et apparaissent surtout quand
le soleil se trouve près de l'horizon.

En 1864, Jamin a observé le spectre du Soleil au sommet du Faulhorn, à
3ooo mètres au-dessus du niveau de la mer ; beaucoup de raies parurent
moins nettes qu'au pied de la montagne, ce qui indiquait leur origine tellurique. Il observa enfin, auprès de Genève, le spectre d'un grand feu distant
de 21 mètres et trouva toute une série de raies, qui avaient déjà été rangées
par Brewster, parmi les raies telluriques.

La plupart des raies telluriques appartiennent certainement à la *vapeur
d'eau*. Jamin s'en est assuré par une expérience directe, en observant le spectre
d'une flamme, dont les rayons traversaient un tube de 37 mètres de longueur,
rempli de vapeur d'eau. Les raies telluriques appartenant à la vapeur d'eau
sont caractérisées par ce fait qu'elles disparaissent presque complètement par
les fortes gelées. Il apparaît de nouvelles raies et de nouvelles bandes avant
une pluie ; Piazzi Smith a montré comment on peut prévoir la pluie et les
orages, grâce à l'apparition de ces bandes ; à celles-ci appartient en particulier
la *bande de la pluie*, que Brewster a désignée par la lettre ϑ (voir *fig.* 191) et
qui se trouve dans le voisinage de $\lambda = 578^{\mu\mu}$.

Ångström et Vogel ont établi des listes détaillées des raies telluriques ; le
premier a désigné par α un groupe de raies près de $\lambda = 628^{\mu\mu}$, et par a un

groupe entre $715^{\mu\mu}$ et $730^{\mu\mu}$. Les recherches de N. Égoroff ont montré que les groupes de raies de Fraunhofer A et B appartiennent à l'*oxygène*. Cornu a montré que A, B et α contiennent trois sortes de raies, appartenant au Soleil lui-même (surtout α), à la vapeur d'eau et à l'une des autres parties constituantes de l'air. En 1893, Janssen a observé le groupe de raies B, sur le sommet du Mont-Blanc ; il a constaté qu'au lieu de 14 raies doubles, il en contenait seulement 8, et il est arrivé à ce résultat que les groupes A, B et α appartiennent à l'oxygène. Baume-Pluvinel (1899) a confirmé ces observations. Runge et Paschen, ainsi que Jewell, ont trouvé qu'il existe encore d'autres raies du spectre de l'oxygène, découvert par Schuster (page 280), parmi les raies telluriques du spectre du Soleil.

On n'a pas encore réussi jusqu'ici à trouver, dans la partie *visible* du spectre solaire, des raies dont l'origine serait due aux autres parties constituantes de l'air, à part la vapeur d'eau et l'oxygène (Az, CO^2, O^3).

La partie *ultra-violette* du spectre solaire ne s'étend, d'après les observations faites à la surface même de la Terre, que jusque dans le voisinage de $\lambda = 300^{\mu\mu}$, où elle s'arrête brusquement ; la raison en est, suivant Cornu, que les rayons de plus petite longueur d'onde sont absorbés complètement par l'air. Hartley pense que cette absorption est produite par l'ozone. Un travail récent de Edgar Meyer (1903), qui a étudié le spectre d'absorption ultra-violet de l'ozone, confirme cette conjecture. Cornu a trouvé que la longueur de la partie ultra-violette du spectre est d'autant plus grande que le Soleil est plus haut au-dessus de l'horizon ; il a reconnu, par exemple, qu'à midi le spectre s'étend jusqu'à $\lambda = 295^{\mu\mu}$, et à 5^h14^m jusqu'à $\lambda = 315^{\mu\mu}$; il a observé en outre que le spectre s'allonge de $1^{\mu\mu}$, quand on s'élève de 900 mètres au-dessus du sol. Les premières bonnes photographies de la partie ultra-violette du spectre solaire ont été obtenues par H. Draper, à l'aide d'un réseau de diffraction ; les dessins qu'il en a donnés s'étendent depuis la raie G ($\lambda = 430,7$) jusqu'à la raie O($\lambda = 344$), c'est-à-dire qu'ils embrassent la région où se trouvent les raies G, h, H, K, L, M, N, O. Mascart a obtenu une photographie de la partie restante du spectre, dans laquelle il a introduit les raies P, Q, R, S, T. Plus tard encore, Cornu est parvenu jusqu'à la raie U, pour laquelle on a $\lambda = 294,77$; il a introduit les désignations de raies r (après R), S_1, S_2, s, T, t, U. Les recherches de Rowland, Kayser et Runge ont donné des valeurs précises pour la longueur d'onde de toutes ces raies ; ces valeurs sont indiquées à la fin de ce paragraphe.

La partie infra-rouge du spectre solaire a été étudiée par différentes méthodes : au moyen de la photographie, de la pile thermoélectrique, du bolomètre et en se servant de la propriété que possèdent les rayons infra-rouges d'éteindre la phosphorescence. Déjà, en 1843, Draper avait découvert, dans la région infra-rouge du spectre, trois raies sombres, qu'il désigna par α, β et γ, et il avait obtenu une daguerréotypie du spectre. Abney obtint le premier, en 1880 et 1881, une photographie du spectre solaire, depuis la raie A jusqu'à $\lambda = 980^{\mu\mu}$, et il trouva dans cet intervalle jusqu'à 180 raies. Il avait préparé, par un procédé particulier, des plaques photographiques, qui étaient sensibles aux rayons infra-rouges. En 1886, il réussit à aller plus loin encore et à dresser un catalogue de 590 raies dans les parties rouge et infra-rouge. Il introduisit, pour quelques raies, une désignation, qui est indiquée à la fin de ce paragraphe ; la raie extrême se trouve près de $\lambda = 2^{\mu\mu},7$. N. Khamantoff s'est également occupé de la photographie du spectre solaire infra-rouge. Si on projette la partie infra-rouge du spectre sur une plaque phosphorescente, la lumière phosphorescente n'est pas éteinte aux endroits où se trouvent, dans le spectre, des raies ou des bandes d'absorption, c'est-à-dire où manquent des rayons. Lommel a photographié une telle plaque et a obtenu une série de bandes confuses. Fomm réussit le premier à arriver, par ce moyen, à de bons résultats ; il obtint un grand nombre de raies précises, qui s'étendaient

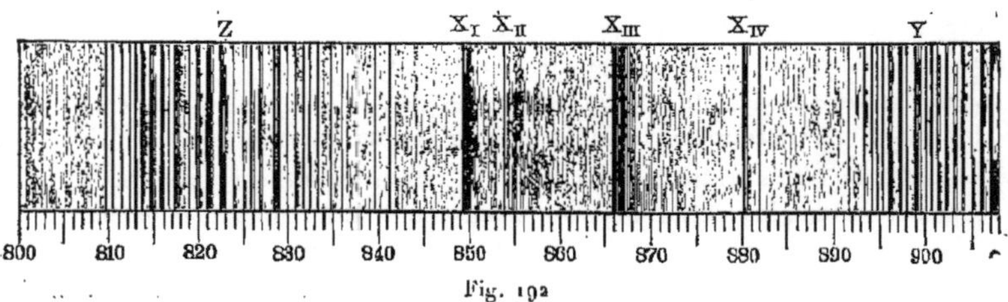

Fig. 192

jusqu'à $\lambda = 950^{\mu\mu}$. La figure 192 représente une partie du spectre obtenu de cette manière ; la notation des raies a été fixée par Abney.

Lamansky a étudié le spectre solaire infra-rouge au moyen d'une pile thermoélectrique et a découvert ainsi trois bandes. Rubens et Aschkinass ont montré que les rayons de longueur d'onde $\lambda = 24^{\mu},4$ (rayons restants du spath fluor, voir page 31) manquent dans le spectre solaire.

On doit à Langley une étude importante de la partie infra-rouge du spectre solaire, dans laquelle il s'est servi du bolomètre (page 20). Déjà, en 1883, il avait étudié la distribution de l'énergie rayonnante jusqu'à $\lambda = 2^{\mu},8$, dans

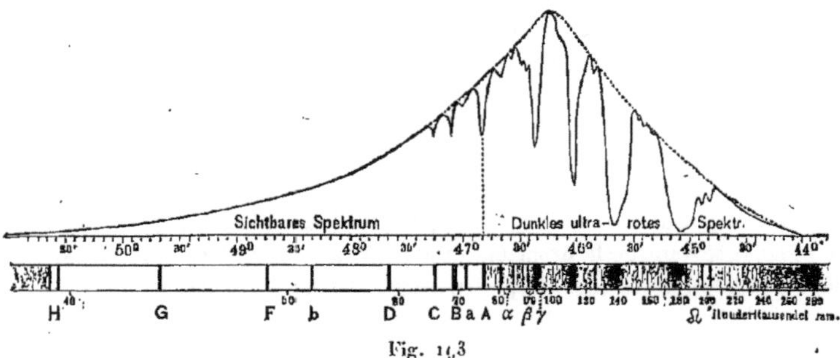

Fig. 193

des spectres obtenus à l'aide d'un prisme de sel gemme ou au moyen d'un réseau de diffraction. La figure 193 représente le *spectre prismatique* obtenu alors par Langley ; le maximum d'énergie correspond à peu près à $\lambda = 1^{\mu}$. La distribution d'énergie rayonnante est complètement différente dans le *spectre de diffraction*, comme le montre la figure 194, qui se rapporte aux mesures

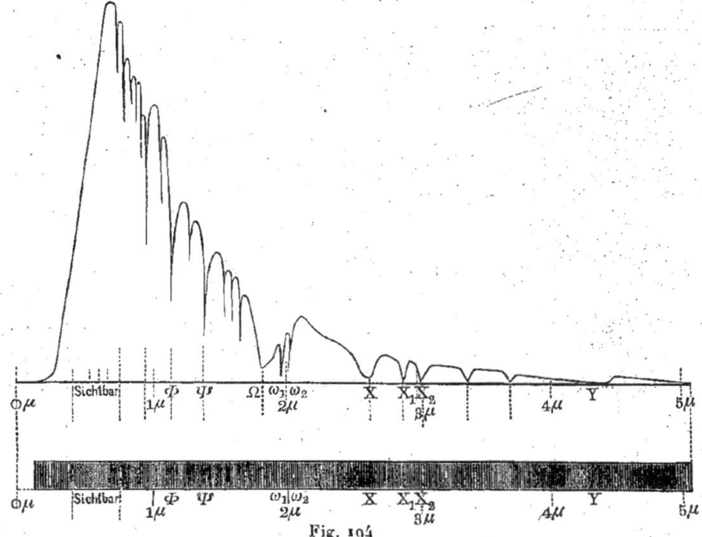

Fig. 194

faites par LANGLEY en 1888, dans lesquelles il parvint jusqu'à la longueur d'onde $\lambda = 28^\mu$; la figure s'étend seulement jusqu'à $\lambda = 5^\mu$. LANGLEY désigna les endroits de forte absorption par Ω, près de $\lambda = 1^\mu,85$; par X, X_1, X_2, entre $\lambda = 2^\mu,7$ et $\lambda = 3^\mu$; par Y, près de $\lambda = 4^\mu,5$. K. ÅNGSTRÖM (fils) a montré que les bandes X et Y sont dues à l'absorption des rayons par l'acide carbonique de l'air; JULIUS pense que la seconde seulement de ces bandes doit être attribuée à l'acide carbonique et que la première est produite par la vapeur d'eau.

En 1894, LANGLEY a perfectionné sa méthode bolométrique d'étude des spectres; le barreau métallique de son appareil avait une largeur de $0^{mm},05$ et une épaisseur de $0^{mm},002$; un mécanisme d'horlogerie communique un mouvement de rotation au prisme de sel gemme, de sorte que toutes les parties du spectre parviennent successivement au bolomètre; les mouvements de l'aiguille du galvanomètre sont inscrits automatiquement sur un ruban de papier sensible, qui est mis en mouvement par le même mécanisme d'horlogerie. LANGLEY est arrivé de cette manière à découvrir un nombre extrêmement grand de raies d'ab-

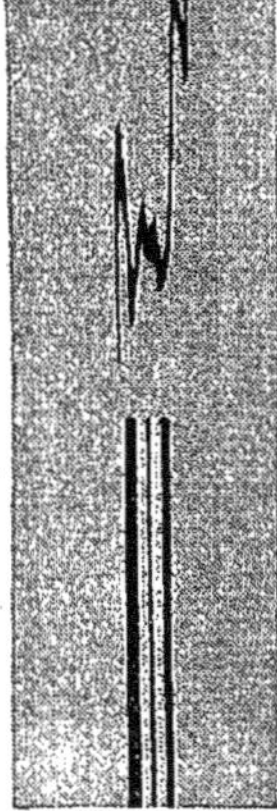

Fig. 195

sorption, dans la région infra-rouge du spectre. La figure 195 montre jusqu'à quel point cette méthode d'observation est précise et sensible; on y a représenté une partie de la courbe, qui donne une image du mouvement du petit miroir de l'aiguille aimantée du galvanomètre, dans le cas où c'est la région spectrale comprise entre les deux raies D, qui agit sur le bolomètre. On reconnaît ici très nettement la présence de la raie fine du nickel, qui se trouve entre D_1 et D_2. L'appareil entier fonctionne tout à fait automatiquement et donne immédiatement la distribution d'énergie dans le spectre jusqu'à $\lambda = 6^{\mu}$.

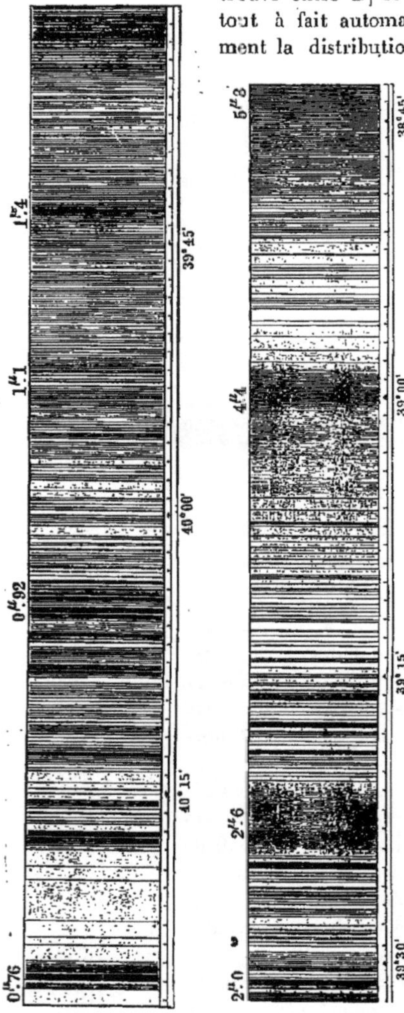

Après avoir perfectionné de plus en plus ses appareils, LANGLEY a publié en 1900 les résultats définitifs de ses recherches sur la partie infrarouge du spectre solaire, qui se trouve entre $\lambda = 0^{\mu},76$ et $\lambda = 5^{\mu},3$. Il avait découvert, dans cette région, après 1894, 400 nouvelles raies de FRAUNHOFER, de sorte que le nombre des raies, dans la région comprise entre $\lambda = 1^{\mu},8$ et $\lambda = 5^{\mu},3$, s'élevait jusqu'à 600. Cette nouvelle partie du spectre solaire est représentée sur la figure 196.

K. ÅNGSTRÖM (1895) a simplifié considérablement l'appareil de LANGLEY. La figure 197 montre la disposition des différentes parties de l'appareil qu'il emploie. A la tablette A sont fixés le tube collimateur B et la partie DEP, qui tourne autour de l'axe de la tablette en même temps que le bolomètre C ; ce mouvement lui est communiqué par la chute d'un poids et au moyen d'une transmission très simple par roue dentée. Les rayons de la source lumineuse L sont réfléchis par le petit miroir G du galvanomètre et ensuite renvoyés verticalement vers le bas, par le petit miroir S, sur la bande P de papier sensible à la lumière, qui tourne en même temps que le prisme et le bolomètre C, autour de l'axe

Fig. 196.

de la tablette A. La rotation du petit miroir G produit un déplacement du point lumineux sur P dans la direction AP (vers la gauche et vers la droite).

Parmi les recherches récentes sur le spectre solaire infra-rouge, nous men-

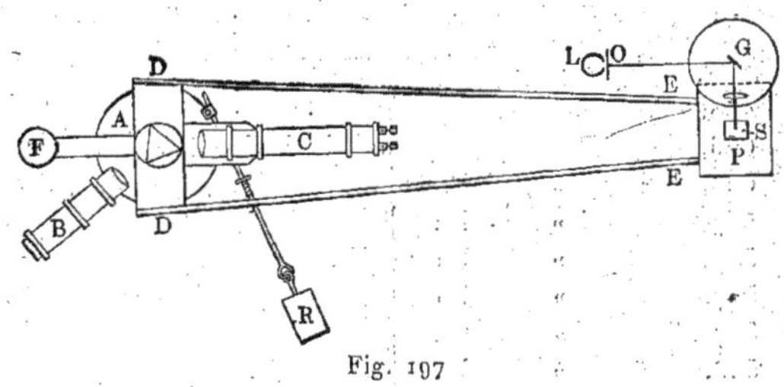

Fig. 197

tionnerons encore celles d'ÅNGSTRÖM (1904) qui a étudié l'absorption produite par l'ozone, et celles de FOWLE (1904) qui ont porté sur l'absorption par la vapeur d'eau.

Nous donnerons, pour terminer ce paragraphe, un tableau des principales raies de FRAUNHOFER.

Spectre infra-rouge (d'après LANGLEY)

Raie	Longueur d'onde en μ
Y.	4,5 (CO^2)
x_2.	3,0 ⎱ H^2O
x_1.	2,9 ⎰ ou
X.	2,6 ⎱ CO^2
Ω.	1,84

Spectre infra-rouge (d'après ABNEY)

Raie	Longueur d'onde en μ	Raie	Longueur d'onde en μ
ψ_1.	2,70	ρ	0,943
ψ_2.		Y	0,89904
Φ_2.	1,24		0,89865
Φ_1.	1,20	X_4.	0,88061
	0,983 ⎱ groupe	X_3.	0,86614
τ	à ⎰ de	X_2.	0,85418
	0,975 ⎰ raies	X_1.	0,84970
	0,965 ⎱ raies	Z	0,82264
ε	à ⎰ nombreuses		
	0,950 ⎰		

Spectre visible

Raie	Longueur d'onde en μμ			Raie	Longueur d'onde en μμ		
A . . .	759,4059	Rowland	O	b_3 . .	516,9218	Rowland	Fe
B . . .	686,7461	»	O		516,9066	»	Fe
C . . .	656,3054	x	H	b_4 . .	516,7686	»	Fe
D_1 . . .	589,6154	x	Na		516,7501	»	Mg
D_2 . . .	589,0182	x	Na	F . . .	486,1496	»	H
E_1 . .	527,0533	x	Fe	G . . .	430,8071	»	Fe
	527,0448	x	Ca		430,7904	»	Ca
E_2 . . .	526,9722	x	Fe	h . . .	410,1850	Ames	H
b_1 . . .	518,3792	x	Mg	H . . .	396,8620	Rowland	Ca
b_2 . . .	517,2871	x	Mg				

Spectre ultra-violet

Raie	Longueur d'onde en μμ			Raie	Longueur d'onde en μμ		
K . . .	393,3809	Rowland	Ca	r . . .	314,458	Kayser et Runge	Fe
L . . .	382,0566	»	Fe	S_1 . .	310,0779	Rowland	Fe
M . . .	372,7768	x	Fe		310,0415	»	Fe
	372,710	Kayser et Runge	Fe	S_2 . .	310,0064	»	Fe
N . . .	358,1344	Rowland	Fe	s . . .	304,7720	»	Fe
O . . .	344,1135	»	Fe	T . . .	302,1191	»	Fe
P . . .	336,130	Kayser et Runge	Fe		302,0759	»	Fe
Q . . .	328,687	»	Fe	t . . .	299,4542	»	Fe
R . . .	318,140	»	Ca	U . . .	294,7993	»	Fe
	317,945	»	Ca				

16. Spectres des taches solaires, de la photosphère, de la chromosphère, des protubérances et de la couronne. — On appelle *photosphère* la couche superficielle de la masse solaire, qui constitue la source principale de l'énergie rayonnante. Elle est entourée d'une atmosphère très mince, formée d'hydrogène et de vapeurs métalliques ; la température de cette enveloppe gazeuse est inférieure à celle de la photosphère, et c'est elle qui produit l'absorption des radiations solaires et donne naissance à une partie des raies de Fraunhofer. Après cette couche, vient la *chromosphère*, formée surtout d'hydrogène et d'hélium ; elle est déchirée, par endroits, par des torrents de gaz, qui en entraînent des parties formant les *protubérances* visibles à la surface du Soleil. Au-dessus de la chromosphère s'étend la *couronne*, jusqu'à une hauteur égale à plusieurs fois le rayon du Soleil ; cette dernière ne peut être vue que dans les éclipses totales.

Nous avons déjà mentionné à la page 3oo le travail de Julius, qui a montré le premier que les différents changements de position des raies du spectre pouvaient provenir non seulement des mouvements de la source lumineuse, mais aussi de la dispersion anomale (page 243), dans le milieu traversé par les rayons. Bien que l'étude de la dispersion anomale ne doive être faite en détail que plus loin, nous exposerons cependant ici les principes de la théorie de Julius. Nous avons déjà défini ce qu'on entend par dispersion anomale pour les radiations de longueur d'onde $\lambda \pm \alpha$, où α est une petite grandeur, c'est-à-dire pour les radiations voisines des radiations absorbées. Pour les radiations $\lambda + \alpha$, qui se trouvent relativement à λ du côté de l'extrémité rouge du spectre (pour les rayons visibles), la réfrangibilité est augmentée anomalement ; pour les radiations $\lambda - \alpha$, situées de l'autre côté de λ, elle est au contraire diminuée. Plus α est petit, plus l'anomalie dans la réfrangibilité est grande. Une flamme de sodium, par exemple, absorbe les deux radiations jaunes D_1 et D_2, dont les longueurs d'onde peuvent être désignées par λ_1 et λ_2 ; des expériences de H. Becquerel et de Julius, que nous ferons connaître plus tard, montrent que la réfrangibilité des radiations $\lambda_1 + \alpha$ et $\lambda_2 + \alpha$, émises par une autre source lumineuse et traversant la flamme du sodium, est considérablement augmentée dans cette dernière, tandis que l'indice de réfraction de la flamme, pour les radiations $\lambda_1 - \alpha$ et $\lambda_2 - \alpha$, α étant très petit, est *inférieur à l'unité*. Il en est de même probablement pour toutes les substances absorbantes, pour l'hydrogène incandescent, par exemple.

Considérons une certaine masse de vapeur de sodium, et supposons-la traversée par des rayons *blancs*, émis par une source lumineuse constante donnée. Dans leur passage à travers cette masse, toutes les radiations éprouvent certaines déviations, peu importantes en général ; mais les radiations $\lambda_1 \pm \alpha$ et $\lambda_2 \pm \alpha$, qui possèdent des indices de réfraction anomaux, suivent des chemins tout à fait différents de ceux des autres rayons. Cette déviation se produit, quand la masse de vapeur possède accidentellement une forme analogue à celle d'un prisme, ou *quand elle se compose de couches de densité différente*. Dans ce dernier cas, les rayons sont déviés, car ils éprouvent, à chaque passage d'une couche à l'autre, une réfraction anomale.

Julius pense que la vapeur de sodium, l'hydrogène, etc., qui se trouvent dans la couche qui produit le renversement, ainsi que dans la chromosphère, dévient anomalement les rayons de la photosphère voisins de ceux qu'absorbent cette couche et la chromosphère, c'est-à-dire les radiations dont la *longueur d'onde est voisine de celle des raies de* Fraunhofer, les radiations qui correspondent à ces raies appartenant au Soleil lui-même.

Soit ZZ (*fig.* 198) le bord du Soleil, et supposons qu'au-dessus de A se trouvent des vapeurs incandescentes et absorbantes, par exemple de la vapeur de sodium, dont on observe le spectre dans la direction de la tangente AO. Du point B de la photosphère, qui n'est pas directement visible de O, partent des rayons blancs, lesquels, après un léger changement de direction, suivent la direction bO', sans parvenir à l'œil de l'observateur. Au contraire les rayons $\lambda \pm \alpha$ (où λ désigne la longueur d'onde des radiations absorbées par les vapeurs, α une grandeur petite), éprouvant une réfraction anomale, peuvent prendre la direction bO et parvenir à l'œil de l'observateur. *Plus α est petit, plus la déviation du rayon considéré peut être grande, et il semble à l'observateur que ce rayon appartient aux vapeurs, qui se trouvent au-dessus de A.* Mais il peut encore se produire un autre phénomène ; supposons que des rayons blancs

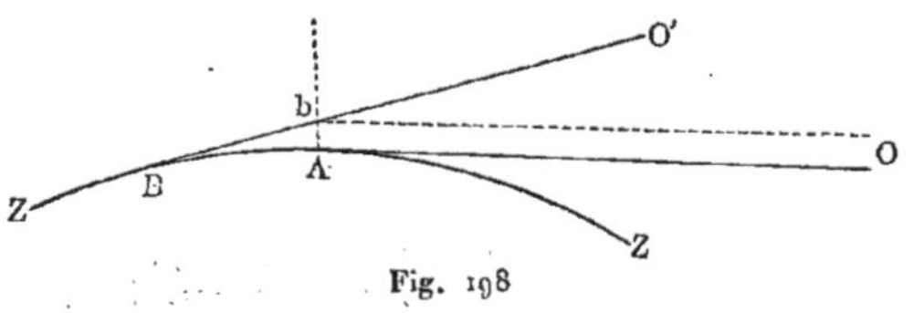

Fig. 198

parviennent à l'observateur, en traversant la vapeur presque rectilignement ; il peut alors arriver que *les rayons* $λ \pm α$ *soient si fortement déviés, qu'ils ne parviennent pas du tout à l'œil de l'observateur ou à la fente du spectroscope.*

Julius a appliqué ces deux ordres de considérations aux phénomènes que l'on observe dans l'étude spectroscopique du Soleil. Nous nous occuperons tout d'abord de ces phénomènes.

La figure 199 représente l'image d'une tache, comme il en apparaît sur le

Fig. 199

disque solaire, observée par Langley ; on peut ici distinguer nettement la partie centrale (*ombre*), qui est la plus sombre, des bords (*pénombre*).

Le spectre des taches solaires se distingue du spectre solaire proprement dit, d'abord par un affaiblissement général de l'intensité lumineuse, ensuite par *l'élargissement de beaucoup de raies sombres*, et enfin quelque fois par l'apparition de raies brillantes. La figure 200 montre le spectre d'une tache solaire, dont l'image n'a couvert qu'une partie de la fente du spectroscope. Vogel a dressé une liste d'un grand nombre de raies de Fraunhofer, qui paraissent renforcées dans les taches solaires ; elles appartiennent presque toutes au fer. Quelques savants pensent que cet élargissement des raies est dû à une plus grande densité des vapeurs dans la tache ; suivant d'autres, les raies renforcées appartiennent à des composés du fer, peut-être avec des métalloïdes.

Julius a indiqué qu'il peut se produire un élargissement des raies, pour une autre raison : des rayons blancs, émis

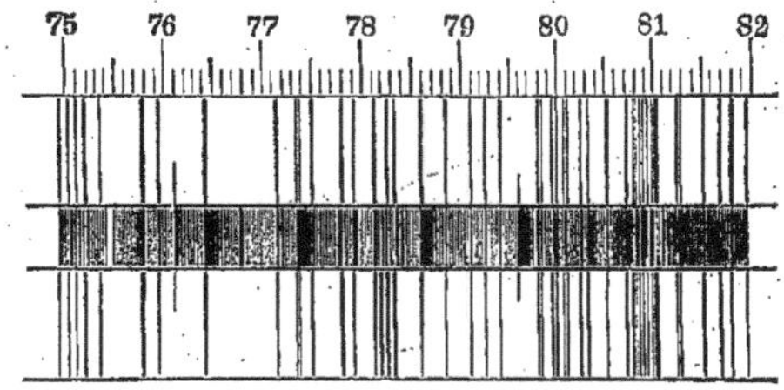

Fig. 200

par les différents points de la masse solaire, traversent des vapeurs, dans lesquelles les radiations $\lambda \pm \alpha$ éprouvent une forte dispersion (λ étant la longueur d'onde d'une raie de Fraunhofer) ; s'appuyant sur les idées de A. Schmidt sur la constitution du Soleil, Julius a montré que cette forte dispersion doit avoir pour conséquence un élargissement apparent des raies de Fraunhofer.

Young a observé également, dans le spectre des taches solaires, des bandes, dont quelques-unes seulement ont pu être résolues en raies distinctes, à l'aide d'une plus forte dispersion. L'élargissement des raies D est d'ordinaire particulièrement grand ; on aperçoit quelquefois, au milieu de l'élargissement, des raies brillantes, comme le montre la figure 201, sur laquelle on remarque aussi une trace de la raie D_3 (hélium). Un tel *renversement* de la raie D_3 de l'hélium a été observé par Kreusler (1904), dans le voisinage d'un groupe de taches, avec une apparence grisâtre, aux deux extrémités des raies effilées. Il faut, d'après cela, admettre la présence d'une couche dense relativement froide de vapeur de sodium, sur laquelle (et peut-être aussi sous laquelle) s'en

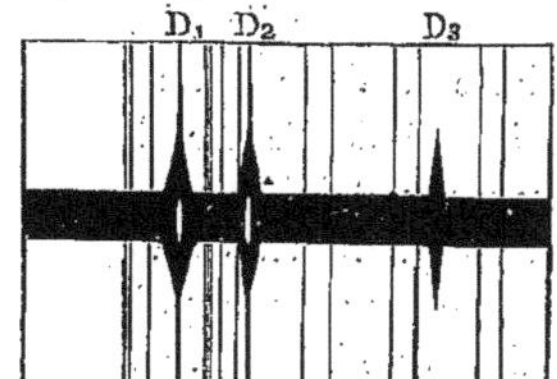

Fig. 201

Fig. 202

trouve une autre à une température très élevée, qui donne les raies brillantes. Humphreys (1903) a réalisé d'une manière très ingénieuse un tel renversement *double* des raies spectrales, au moyen de deux arcs voltaïques placés l'un derrière l'autre. On observe souvent, dans le spectre des taches solaires, des déplacements des raies ; la figure 202 en donne un exemple intéressant ; c'est le spectre d'une tache double observée par Vogel ; au bord de l'une des taches, la matière devait se mouvoir vers l'observateur ; au bord de l'autre, elle devait s'en éloigner. Une étude très détaillée du spectre des taches solaires, entre les raies a et F, a été publiée par Mitchell (1905) ; il donne les longueurs d'onde et les caractéristiques de 680 raies.

Le spectre de la couche dite *renversante*, qui enveloppe la photosphère et produit les raies de Fraunhofer, a été observé à la faveur des éclipses totales de Soleil, au moment où le Soleil est sur le point d'être complètement masqué ; il semble qu'à ce moment, toutes les raies se renversent et deviennent brillantes sur un fond sombre. W. K. Lébédinsky a réussi, pendant l'éclipse totale de Soleil du 28 Juillet 1896 (non loin d'Olekminsk, sur la Léna), à obtenir des photographies de ces raies renversées (1). Il s'est servi d'une chambre à prismes (voir page 264, et ci-dessous), pour photographier la chromosphère. L'une des épreuves fut prise un peu après le troisième contact, c'est-à-dire quand apparaissait déjà un croissant très délié du disque solaire, lequel était formé de trois parties : la partie intérieure était le croissant de la photosphère ; autour d'elle se trouvait un croissant de la couche renversante, et enfin, à l'extérieur, la chromosphère. La figure 203 indique le caractère général de la photographie obtenue : la bande médiane représente le spectre ordinaire du Soleil avec les raies *sombres* ; des deux côtés, se trouve un grand nombre de raies courtes et *brillantes* de la couche renversante, et enfin une série de raies longues et brillantes de la chromosphère. La forme des raies correspond à la partie en forme de croissant du disque solaire démasqué.

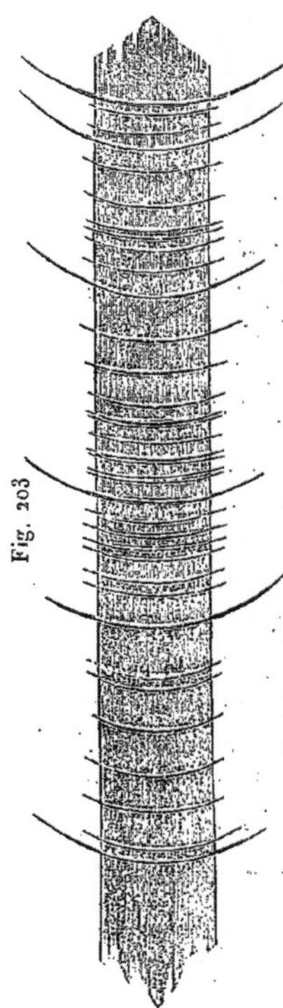

Le spectre de la *chromosphère* se compose ordinairement de raies d'hydrogène et d'hélium. Si l'on donne à la fente du spectroscope une direction *radiale*, c'est-à-dire perpendiculaire à l'image du bord du Soleil, on obtient, l'un à côté de l'autre, le spectre ordinaire du Soleil et un spectre faible dû à la lumière solaire diffusée par l'atmosphère terrestre ; sur le fond de ce dernier se détachent les raies brillantes de la chromosphère. Dans une position *tangentielle* de la fente, on n'obtient que le spectre faible du Soleil, avec les raies brillantes de la chromosphère.

A la surface de cette dernière, on remarque presque toujours des *protubérances* de formes diverses, qui atteignent parfois des dimensions prodigieuses. En 1868, Janssen à Guntoor (Inde) et Lockyer à Londres découvrirent presque simultanément une méthode, pour observer la chromosphère en tout temps, tandis qu'auparavant on ne savait l'observer que pendant les éclipses totales de Soleil. Cette méthode consiste simplement à élargir considérable-

---

(1) Voir aussi Fowler et Shackelton : *Eclipse totale du 16 avril 1893, in* Norman Lockyer, *Proc. Roy. Soc. London* T LVI, 1894.

ment la fente du spectroscope, et à observer l'endroit du spectre où se trouve
la raie rouge C de l'hydrogène. Avec une dispersion assez forte, on obtient un
fond, dû à la lumière solaire diffusée, qui n'est pas trop brillant, et on voit
immédiatement sur ce fond le contour de la surface de la chromosphère. On
peut dire qu'on observait directement le bord du Soleil dans une lunette, en
plaçant, sur le trajet des rayons, un système de prismes qui étalaient la lumière
proprement dite du Soleil en une longue bande spectrale et affaiblissaient
son éclat, mais n'agissaient pas du tout sur la lumière envoyée par la chro-

Fig. 204

mosphère. On obtient ainsi un nombre d'images de la chromosphère égal au
nombre des radiations de couleur différente envoyées par la chromosphère. Le
nombre des prismes n'a aucune action sur la clarté de chacune de ces images.

C'est sur ce même principe que repose la construction de la *chambre à prismes* : ici il n'y a plus de fente ; l'objectif donne sur la plaque photographique une série d'images de la chromosphère, aux endroits correspondant aux rayons qu'elle envoie. On obtient ordinairement ainsi trois images à l'endroit où se trouvent les raies C (raie rouge de l'hydrogène), D_3 (raie jaune de l'hélium) et F (raie bleue de l'hydrogène).

La figure 204 représente une série de protubérances, qui ont été observées comme il a été indiqué. On distingue deux sortes de protubérances : celles qui ont la forme de nuages, et celles qui semblent manifester une éruption.

Donitch (1903) a étudié le spectre de la chromosphère à l'aide d'un spectrographe, qui possédait une fente circulaire.

Quand une protubérance commence à se former dans la chromosphère, il apparaît dans son spectre un grand nombre de raies : les torrents, qui s'échappent de la masse solaire, entraînent évidemment avec eux des vapeurs appartenant à la chromosphère. Young a noté 273 raies, qu'il avait observées dans le spectre de la chromosphère ; elles appartiennent à H, He, Fe, Na, Ca, Ba, Ti, Mn, Cr et Mg ; il semble en outre que les raies de O, Az et S s'y rencontrent également, mais on ne peut l'affirmer en toute certitude.

Quand la chromosphère se trouve en repos relatif, ses raies forment, dans la position radiale de la fente, le prolongement direct des raies de Fraunhofer correspondantes ; en outre, elles sont souvent effilées à leur extrémité, comme le montre la figure 205 pour la raie F de l'hydrogène, et on en déduit ordinairement que la couche d'hydrogène est plus dense dans les couches inférieures de la chromosphère ; nous indiquerons un peu plus loin une autre explication de ce phénomène donnée par Julius. Il est très étrange que la raie H_3 de l'hélium paraisse effilée à ses deux extrémités et ne touche presque pas la surface du Soleil : on est conduit par là à penser que les masses d'hélium les plus denses se trouvent à une certaine hauteur au-dessus de la surface du Soleil.

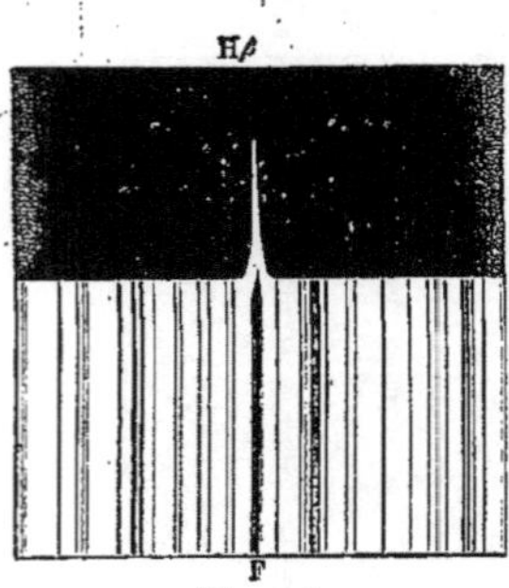

Fig. 205

On observe des phénomènes extrêmement remarquables, quand une grosse protubérance se trouve au bord du Soleil. Dans la position tangentielle de la fente, la raie rouge C apparaît effilée à ses deux extrémités, parce que la partie médiane de la fente reçoit la lumière surtout de points de la surface solaire plus rapprochés que ceux qui rayonnent vers les extrémités de la fente. Parfois, les raies brillantes présentent des élargissements irréguliers, des ramifications et des sinuosités, qui sont le signe de mouvements extrêmement violents dans les substances de la protubérance. Ainsi, par exemple, la figure 206 représente les raies F et C de l'hydrogène, telles qu'on les voit, pour une position de la fente *tangente* à la base de la protubérance. La figure 207 est encore plus singulière ; elle représente trois formes successives de la raie C,

observées par Lockyer le 22 septembre 1870 ; elle permet de juger de la vi
tesse énorme, qui devrait animer les masses d'hydrogène, d'après l'ancienne
théorie ; cette vitesse devrait atteindre 400 kilomètres par seconde.

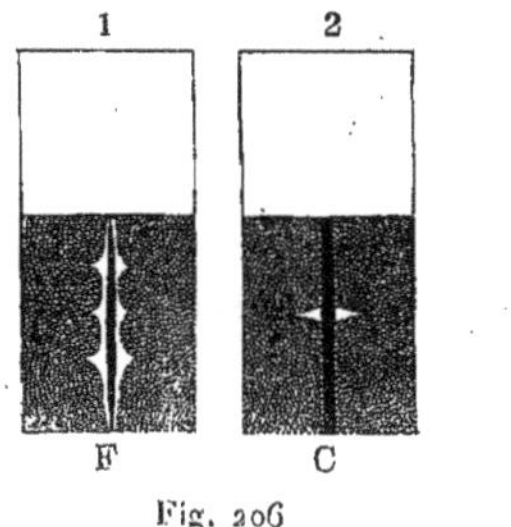

Fig. 206

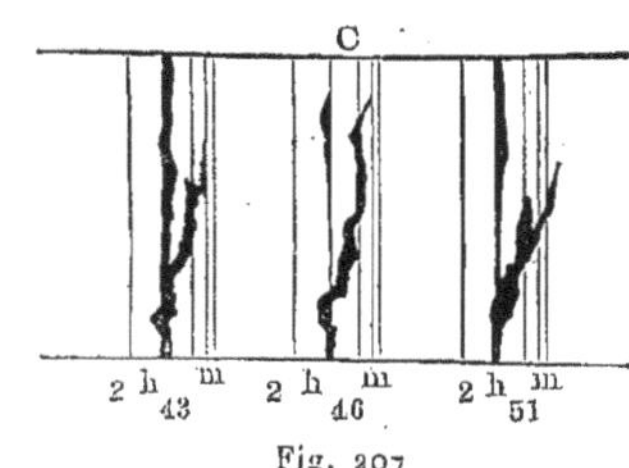

Fig. 207

On obtient aussi des formes de raies très complexes, pour une position
radiale de la fente, en la plaçant parallèlement à la protubérance. La figure

Fig. 208

208 montre la forme de la raie F, telle qu'elle a été observée, en amenant la
fente sur le bord droit, au milieu et sur le bord gauche d'une protubérance.

En s'en tenant seulement au principe de Doppler, on est conduit à expliquer ces formes singulières par des mouvements *tourbillonnaires* dans la masse

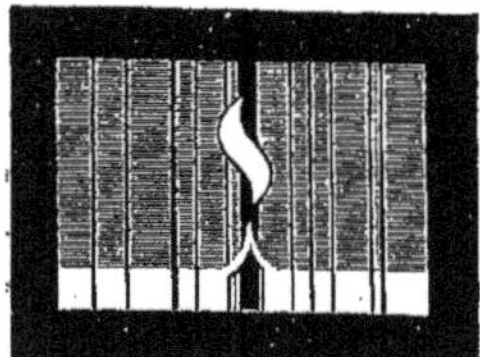

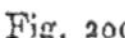

Fig. 209

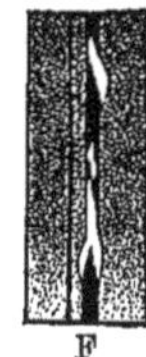

Fig. 210

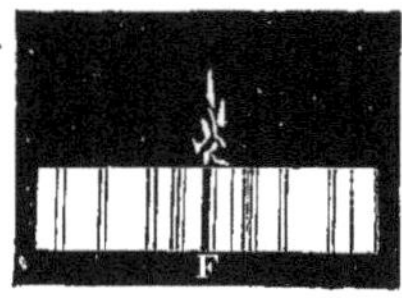

Fig. 211

de la protubérance. On peut aussi expliquer, par de tels mouvements, les
formes de la raie F, dans les figures 209 et 210, et, au contraire, par des
mouvements irréguliers à l'intérieur de la protubérance, la forme de cette
raie dans la figure 211.

Mais JULIUS a montré que les raies brillantes, observées dans le spectroscope dirigé sur la chromosphère, peuvent ne pas du tout appartenir aux rayons λ émis par la chromosphère, et provenir de rayons $\lambda + \alpha$ ou $\lambda - \alpha$ de la photosphère (qui émet des rayons blancs), ayant éprouvé une dispersion anomale dans la masse même de la chromosphère. Plus α est *petit*, plus la dispersion anomale est forte. Dans les couches inférieures de la photosphère, les vapeurs sont plus denses, et, par suite, les rayons sont déviés fortement, même pour une assez grande valeur de α ; dans les couches supérieures, l'action est beaucoup plus faible, et, par conséquent, il n'y a que les rayons, pour lesquels α est très petit, qui éprouvent une déviation assez forte BbO (voir la figure 198). On s'explique ainsi l'apparition d'une raie brillante de la forme indiquée par la figure 205 ; cette raie n'appartient donc pas à la chromosphère elle-même, bien que cette dernière émette également des rayons de longueur d'onde λ (raie H_β de l'hydrogène, sur la figure 205) ; mais cette lumière pourrait être aussi beaucoup trop faible, pour qu'on puisse l'observer directement. JULIUS explique de la même manière la production des formes irrégulières représentées par les figures 208 à 211 ; toutes ces formes proviennent des rayons de la photosphère, qui ont éprouvé une réfraction différente dans les masses plus ou moins hétérogènes de la chromosphère. JULIUS pense en outre que les raies brillantes, observées (par exemple) au dernier moment qui précède une éclipse totale de Soleil, peuvent également provenir de la dispersion anomale des rayons de la photosphère, dans la couche qui produit le *renversement*.

Dans un travail plus récent (1902), JULIUS a montré que les raies du spectre de la chromosphère, obtenu dans certaines conditions au moment d'une éclipse totale de Soleil, doivent être doubles ; et en effet, l'expédition hollandaise de Sumatra a obtenu le 18 mai 1901 une photographie, sur laquelle ce dédoublement des raies apparaissait nettement. EBERT (1901) a réussi à obtenir une image *artificielle* d'une protubérance, en plaçant des vapeurs de sodium dans le voisinage de l'image du Soleil, projetée sur la fente du spectroscope. WOOD a réussi, par un procédé un peu différent, à confirmer également d'une manière expérimentale les idées de JULIUS ; enfin PRINGSHEIM (1905) a considéré des phénomènes de la chromosphère et des protubérances dans des leçons récentes.

Dans toute une série de travaux récents (1904 et 1905), JULIUS a étendu sa théorie et l'a appliquée à l'explication de certains phénomènes. Parmi ceux-ci sont compris les déplacements de raies isolées qui ont été observés par JEWELL, et le spectre solaire *anomal*, qui apparaît pendant un temps très court, photographié par HALE ; en outre, les particularités de certains spectres d'étoiles, par exemple de δ d'*Orion* et de *Nova Persei*, dans lesquels beaucoup de raies d'absorption sont doublées et déplacées. Enfin JULIUS a aussi cherché à expliquer la période connue de 11 années de différents phénomènes (taches solaires, aurores boréales, etc.) au moyen de sa théorie.

La raie de l'hélium est constamment observée dans le spectre de la chromosphère et des protubérances ; c'est donc un fait singulier qu'il n'y ait pas, parmi les raies sombres de FRAUNHOFER, de raie qui lui corresponde ($\lambda = 587^{\mu\mu},49$). WILSING l'explique en admettant que la couche incandescente d'hélium est si mince qu'elle ne produit pas d'absorption sensible ; au bord du Soleil, au contraire, les rayons viennent d'une couche d'hélium, dont l'épaisseur, comptée parallèlement au plan tangent à la surface du Soleil, est très considérable. Il reste cependant étrange que la raie brillante de l'hélium soit visible dans les spectres de toutes les étoiles où les raies de l'hydrogène sont brillantes, et manque complètement dans les spectres des étoiles qui ne contiennent que des raies sombres.

Deslandres (1904) a fait une étude critique des différentes méthodes employées pour photographier la chromosphère et il a construit un spectrohéliographe nouveau et ingénieux.

Le spectre de la *couronne* est caractérisé par une raie verte bien déterminée, appelée la raie 1474, parce que sa position est désignée par ce nombre sur l'échelle de Kirchhoff. D'après les mesures les plus récentes de Young et de Campbell, la longueur d'onde de cette raie est égale à $530^{\mu},326$; la substance inconnue, à laquelle elle est due, a reçu le nom de *coronium*. La couronne donne encore un faible spectre continu, sans les raies de Fraunhofer appartenant à la photosphère ; ceci montre que la couronne renferme des particules solides incandescentes, qui appartiennent probablement à des courants météoriques. Le spectre continu de la couronne est surtout intense dans le violet, ce qui a permis à Huggins d'en prendre des photographies à la lumière monoactinique transmise par une dissolution concentrée de permanganate de potasse.

17. — Les spectres de la Lune, des planètes, des comètes, des étoiles fixes et des nébuleuses. — Les appareils qui servent à l'observation ou à la photographie des spectres des étoiles, ont été considérés au § 5. Il faut se servir, pour l'observation des spectres des étoiles fixes, de lentilles demi-cylindriques. La clarté du spectre d'une *étoile* est proportionnelle au carré de l'ouverture de l'objectif de la lunette. Les *planètes* donnent au contraire, dans les lunettes, des *disques*, où la bande du spectroscope découpe une zone étroite ; ici, la clarté du spectre dépend de celle de la surface du disque, c'est-à-dire qu'elle est presque indépendante des dimensions de la lunette, car la distance focale de l'objectif croît d'ordinaire proportionnellement à l'ouverture de la lunette, et, par suite, la clarté de la surface de l'image ne varie presque pas.

Le spectre de la *Lune* est identique à celui du Soleil ; on y a trouvé jusqu'à 300 raies de Fraunhofer ; il n'offre aucun signe d'absorption, décelant la présence d'une atmosphère autour de cet astre. La coloration rouge du disque de la Lune, dans les éclipses totales de cette dernière, provient très probablement de ce que les rayons solaires qui lui parviennent, après avoir été réfractés par notre atmosphère, ont éprouvé dans celle-ci une forte absorption.

Les spectres des *planètes* ont été étudiés par H. C. Vogel, qui a publié en 1874 les résultats de ses travaux. Le spectre de *Mercure* ne diffère pas de celui du Soleil ; quelques observations semblent cependant indiquer un renforcement des raies telluriques. On a également trouvé, dans le spectre de *Vénus*, plus de 500 raies de Fraunhofer, simplement dans l'intervalle compris entre $406^{\mu\mu}$ et $460^{\mu\mu}$, et en outre quelques raies et quelques bandes, qui décèlent une absorption des rayons solaires dans l'atmosphère de cette planète. On peut en dire autant du spectre de *Mars*. Le spectre de *Jupiter* est caractérisé par une bande dans le rouge, près de $\lambda = 618^{\mu\mu}$; par la photographie, MILLOCHAU (1904) a trouvé de nouvelles bandes près de $\lambda = 607^{\mu\mu}$, $600^{\mu\mu}$, $578^{\mu\mu}$ et $515^{\mu\mu}$. Le spectre de *Saturne* contient également les bandes près de $618^{\mu\mu}$, pendant que ses anneaux donnent un spectre, dans lequel manque la raie située près de $\lambda = 618^{\mu\mu}$. Le spectre d'*Uranus* diffère essen-

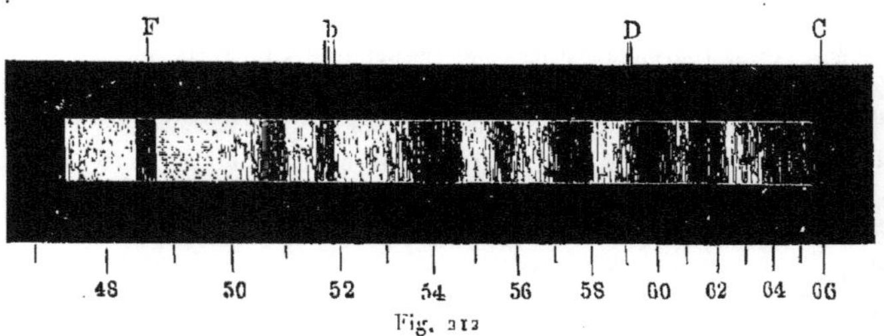

Fig. 212

tiellement des spectres des planètes précédentes ; on n'y a découvert que récemment des raies de FRAUNHOFER (HUGGINS en 1889 et FROST en 1892) ; ce spectre est caractérisé par une série de bandes sombres, parmi lesquelles se trouvent les cinq bandes de Jupiter. Le spectre d'Uranus est représenté sur la figure 212, d'après un dessin de KEELER. Le spectre de *Neptune* semble identique à celui d'Uranus.

Les spectres des *comètes* doivent être observés avec une fente très élargie, ce qui ne permet pas d'obtenir des détails suffisamment nets et de déterminer, par exemple, si les bandes visibles dans ces spectres se composent ou non de raies isolées. La première observation du spectre d'une comète a été faite par DONATI en 1864 : il découvrit dans ce spectre trois larges bandes *brillantes*, qui indiquaient que les comètes émettent une lumière propre. Les observations très nombreuses faites dans la suite ont montré que le spectre des comètes ressemble beaucoup au spectre des vapeurs incandescentes des hydrocarbures. VOGEL et HASSELBERG sont les savants qui se sont le plus occupés des spectres des comètes. D'après de nombreuses observations, on obtient, pour la position moyenne des bords (vers l'extrémité rouge du spectre) des trois bandes des comètes, les valeurs suivantes : $\lambda = 563^{\mu\mu},0$, $\lambda = 516^{\mu\mu},6$, $\lambda = 471^{\mu\mu},9$. Les mesures les plus exactes des bandes, dans le spectre d'émission des vapeurs des hydrocarbures, donnent $\lambda = 618^{\mu\mu},8$, $\lambda = 563^{\mu\mu},5$, $\lambda = 516^{\mu\mu},5$ et $\lambda = 473^{\mu\mu},8$; la coïncidence est, comme on le voit, presque parfaite. La première bande des hydrocarbures manque dans le spectre des comètes. La figure 213 représente un spectre de comète, la figure 214 un spectre d'hydrocarbure et la figure 215 le même spectre avec une fente étroite. Il faut encore remarquer que HASSELBERG a observé dans la bande médiane du spectre des comètes une raie plus brillante de longueur d'onde $\lambda = 512^{\mu\mu},9$.

Une différence particulière entre les spectres des comètes et ceux des hydro-carbures consiste en ce que, dans ces derniers, le plus grand éclat se trouve au bord même de la bande, et dans les premiers, au contraire, à une certaine

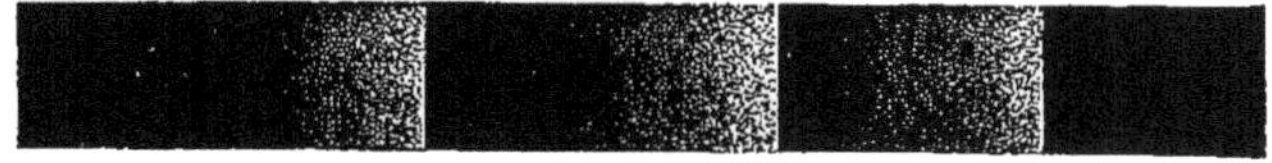

Fig. 213

distance du bord. Les recherches de VOGEL et de HASSELBERG ont montré qu'on obtient un spectre aussi voisin que possible du spectre des comètes, en

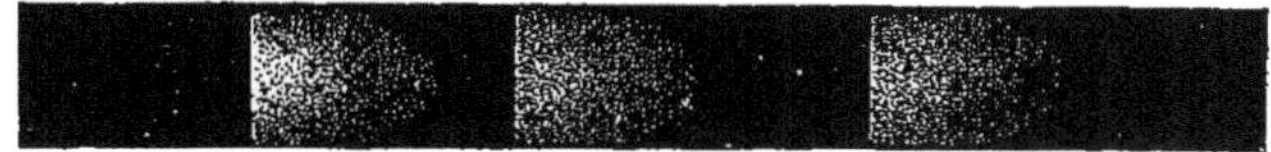

Fig. 214

ajoutant de l'oxyde de carbone aux vapeurs des hydrocarbures et en faisant passer, dans le mélange, les décharges d'une grande bobine de RUHMKORFF,

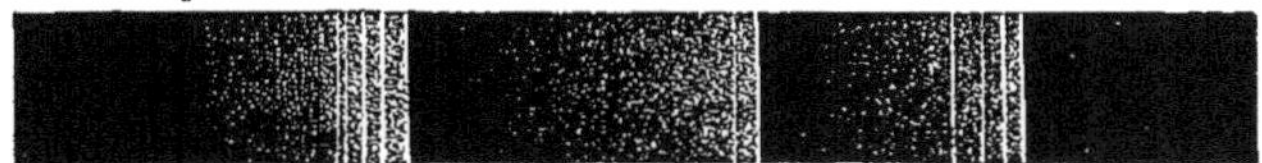

Fig. 215

dans le circuit secondaire de laquelle ont été introduites des bouteilles de Leyde.

Jusqu'en 1882, on n'avait observé, dans toutes les comètes, à part les trois bandes mentionnées, qu'un faible spectre continu. Le 17 Mars 1882, WELLS découvrit une comète (1882 I), qui se distinguait par l'éclat de son spectre continu et par la faiblesse des trois bandes caractéristiques. Le 31 mai suivant, VOGEL découvrit, sans s'y attendre, dans le spectre de cette comète, une belle raie double du sodium, et l'une des raies était cinq fois plus brillante que l'autre, ce qui indique une grande densité des vapeurs de sodium. VOGEL remarqua en même temps une bande brillante près de $\lambda = 613^{\mu\mu}$, où se trouve la première bande des hydrocarbures qui manquait dans le spectre des comètes (voir ci-dessus). La belle comète de Septembre 1882 donna également la raie brillante du sodium ; les deux comètes s'étaient approchées très près de la surface du Soleil. LOHSE trouva, dans le spectre de la comète 1882 II, outre la raie du sodium, cinq raies brillantes, qui semblaient appartenir à des vapeurs de Fe. Le spectre continu des comètes se compose, au moins en partie, de la lumière solaire réfléchie ; HUGGINS l'a montré, en photographiant les spectres des deux comètes de 1882, dans lesquels il trouva des raies de FRAUNHOFER. Dans le spectre de la comète 1899 a (comète de SWIFT) se trouvaient, comme l'a montré W. WRIGHT, 16 raies brillantes, dont une partie appartenait au carbone et au cyanogène.

FRAUNHOFER avait déjà observé en 1817 les spectres des *étoiles fixes*. Le P. SECCHI proposa le premier de diviser les étoiles en classes, d'après la forme de leur spectre. Il établit d'abord (1863) deux classes, puis il en ajouta une troisième en 1866, et une quatrième en 1868. On adopte aujourd'hui la classification proposée par Vogel (1874) en *trois classes* avec des subdivisions. Ces groupes correspondent aux états successifs d'un astre, qui se forme par condensation d'une nébuleuse et se refroidit peu à peu. Pickering a partagé plus tard les étoiles en 16 classes (de A à Q), d'après leurs spectres, mais cette division ne semble pas devoir être généralement admise. Madame Antonia C. Maury a proposé aussi une classification des spectres des étoiles ([1]).

A la *première classe* de Vogel appartiennent les étoiles blanches ; leur spectre présente peu de raies ; la première classe contient trois subdivisions (Ia, Ib, Ic). La *deuxième classe* comprend les étoiles jaunes, dont le spectre présente un très grand nombre de raies ; elle contient deux subdivisions (IIa, IIb). A la *troisième classe* appartiennent les étoiles rouges, qui sont probablement parvenues au degré de refroidissement le plus avancé ; leur spectre présente des bandes larges et la partie violette brille faiblement ; cette classe contient deux subdivisions (IIIa, IIIb).

Classe Ia. Raies sombres très nettes de l'hydrogène et quelques autres raies sombres. — Dans cette subdivision, on peut prendre, pour types, α du Lion (Régulus), β de la Balance (Kiffa borealis), et d'autres, dans lesquelles il n'existe pas d'autres raies que celles de l'hydrogène entre F et H. Sirius (α du Grand Chien) et Véga (α de la Lyre) renferment encore une série d'autres raies, mais faibles. Huggins a trouvé 12 raies dans la région ultra-violette du spectre des étoiles de la classe Ia, entre $434^{\mu\mu}$,0 et $369^{\mu\mu}$,9 : elles appartiennent toutes à l'hydrogène. Pour Véga, dont il obtient le spectre jusqu'à $270^{\mu\mu}$, il ne trouva aucune raie où $\lambda < 369^{\mu\mu}$,9 ; il observa cependant les raies D et d du spectre solaire. Vogel a compté, dans le spectre de Sirius, 91 raies appartenant en grande partie au fer ; il y existe en outre des raies de Mg et de Ca. Procyon (α du Petit Chien) représente l'échelon suivant ; son spectre renferme une quantité de raies, parmi lesquelles se distinguent les raies de l'hydrogène, mais elles sont déjà moins nettes.

Classe Ib. Raies sombres de l'hydrogène et quelques raies de métaux également nettes. — A cette subdivision appartiennent β (Rigel) et ε (Baudrier) d'Orion, α (Deneb) du Cygne. Vogel a trouvé, dans le spectre de β d'Orion, 20 raies (H, Mg et des substances inconnues), et dans le spectre de α du Cygne 62 raies (H, Mg et de nombreuses raies de Fe).

Classe Ic. Peu de raies sombres ; raies brillantes de l'hydrogène et de l'hélium (D_3). — Vogel croit que les étoiles de ce type sont entourées d'une couche très épaisse d'hydrogène incandescent et d'hélium, de sorte que la lumière, émise par cette couche, couvre le spectre d'absorption dû au noyau de l'astre. Vogel a trouvé en 1895 que 10 étoiles d'Orion et 14 d'autres constellations possèdent le spectre du gaz que l'on a extrait la même année de la clèveïte et qui renferme de l'hélium.

Classe IIa. Un grand nombre de raies sombres. — Notre soleil est le type de ces étoiles, parmi lesquelles figurent α du Cocher (Chèvre), α du Taureau

---

([1]) Voir la classification plus récente proposée par Antonia C. Maury, *Spectra of Bright Stars, Annals of the Observat. of Harvard Coll.*, T. XXVIII, p. 1.

(Aldébaran), β des Gémeaux (Pollux), α du Bouvier (Arcturus), et d'autres
encore. C'est un fait très remarquable que les spectres de ces étoiles semblent
presque complètement identiques. Scheiner n'a pas trouvé dans le spectre de
la Chèvre, entre $412^{\mu\mu},4$ et $466^{\mu\mu},8$, moins de 290 raies coïncidant avec des
raies de Fraunhofer.

Classe IIb. Raies sombres, bandes faibles et quelques raies brillantes. —
A ce type appartiennent trois étoiles de la constellation du Cygne, découvertes en 1867 par Wolf et Rayet, et deux étoiles découvertes par Pickering
en 1881. La figure 216 représente les spectres de ces cinq étoiles; les deux

Fig. 216

spectres supérieurs sont ceux des étoiles découvertes par Pickering. A la
classe IIb appartiennent encore les *étoiles nouvelles*, qui apparaissent soudain
dans le ciel et perdent ensuite rapidement leur éclat. Le spectre de l'étoile
Nova Cygni, découverte le 24 novembre 1876 par Schmidt, a été étudié plus
en détail que les autres : la figure 217 représente une série de spectres successifs de cette étoile, obtenus par Vogel les 4 Décembre, 14 Décembre 1876,

1ᵉʳ Janvier, 2 Février et 2 Mars 1877; le spectre continua toujours dans la suite à se simplifier, jusqu'à ce qu'il ne restât plus finalement que la raie 499ᵘᵘ, la plus brillante, qui appartenait, semble-t-il, à l'azote; quelques-

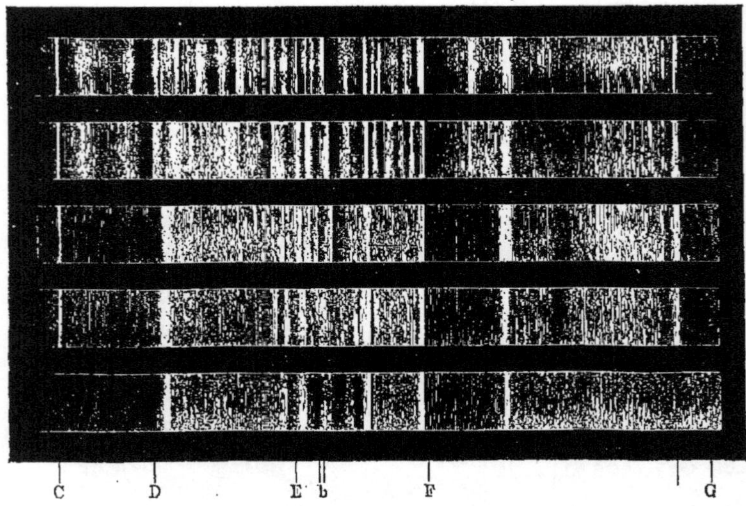

Fig. 217

unes des raies étaient dues à l'hydrogène. Cornu avait vu dans ce spectre, avant Vogel, la raie D₃ de l'hélium.

Classe IIIa. En dehors des raies sombres, existent des bandes nettement délimitées, du côté tourné vers l'extrémité violette. — A ce type appartiennent α (Rasalgethi) d'Hercule, α (Bételgeuse) d'Orion, β (Scheat) de

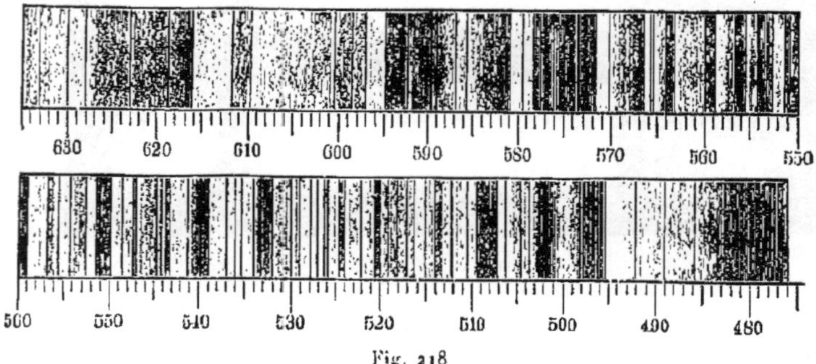

Fig. 218

Pégase. Le nombre des raies et des bandes est particulièrement grand dans la partie la plus réfractée du spectre, ce qui explique la couleur rougeâtre des étoiles de cette classe. Le spectre de α d'Orion est celui qui a été le plus étudié; la figure 218 le représente, d'après un dessin de Vogel, qui y a trouvé

6 bandes et 78 raies ; Scheiner découvrit plus tard 169 raies dans un petit intervalle de $\lambda = 429^{\mu\mu}$ à $\lambda = 463^{\mu\mu}$; un grand nombre de ces raies appartiennent au fer.

CLASSE III*b*. BANDES SOMBRES, TRÈS LARGES, NETTEMENT DÉLIMITÉES DU CÔTÉ TOURNÉ VERS L'EXTRÉMITÉ ROUGE. — Ce groupe se compose exclusivement d'étoiles faibles, au-dessous de la cinquième grandeur. Il n'est pas douteux que quelques bandes appartiennent à des vapeurs d'*hydrocarbures*. La figure

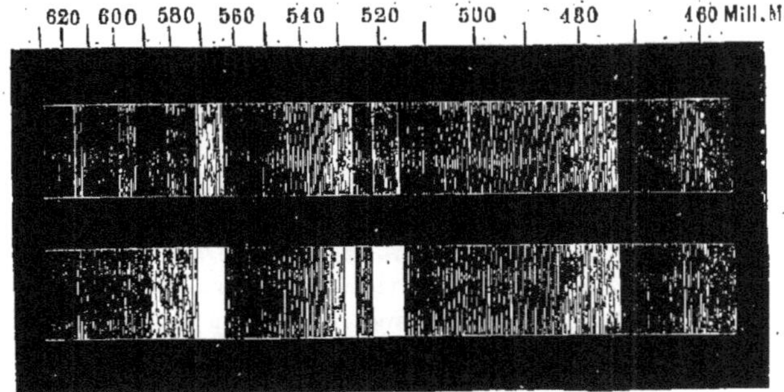

Fig. 219

219 représente, d'après VOGEL, les spectres des étoiles n° 152 et n° 273 de la liste des étoiles rouges de SCHJELLERUP. La bande sombre $576^{\mu\mu}$ est caractéristique pour les étoiles de la classe III*b* ; leur spectre renferme aussi la raie (D) $589^{\mu\mu}$,7 du sodium et quelques autres raies d'origine inconnue.

D'après LOCKYER, parmi les étoiles étudiées, celle qui possède la température la plus élevée est ζ de la Poupe (du Navire) ; vient ensuite ε (Baudrier) d'Orion et γ (Bellatrix) d'Orion. Dans les spectres des étoiles les plus chaudes, on aperçoit entre autres les raies de l'hélium, et celles d'une substance inconnue appelée *astérium* ([1]). Nous avons déjà indiqué plus haut (page 282) que les raies de Mg sont caractéristiques pour certains spectres d'étoiles, et en particulier la raie $\lambda = 448^{\mu\mu}$,1 qui paraît très forte dans la première classe de VOGEL, tandis que $\lambda = 435^{\mu\mu}$,2 est très faible ou n'existe pas du tout. Ceci devait, d'après SCHEINER, démontrer la haute température des étoiles considérées ; mais HARTMANN a contesté la valeur de cette déduction, et, par suite, de nombreuses études sur les raies de Mg ont été faites récemment par CREW, SCHEINER, HARTMANN et EBERHARD, VOGEL, HUGGINS (1903), KAYSER (1903) et BARNES (1905) ; le résultat de ces travaux n'est pas favorable à la théorie de SCHEINER.

Les *nébuleuses*, que l'on observe dans le ciel, se partagent, comme on sait, en deux groupes : les *nébuleuses résolubles* et les *nébuleuses non résolubles*. Avant l'application du spectroscope à leur étude, on ne pouvait dire, avec certitude, si cette division était bien justifiée ; quand une nébuleuse ne se présentait pas dans le télescope sous la forme d'un amas d'étoiles distinctes, on pouvait penser que cela provenait de l'insuffisance du pouvoir séparateur du télescope. Mais l'analyse spectrale a montré que les nébuleuses donnent deux

---

[1] Reconnue depuis n'être que trois des six séries de raies de l'hélium.

sortes de spectres : les unes donnent un spectre faible *continu*, les autres un spectre formé de *raies brillantes*. Tout ce qui est certainement amas d'étoiles donne un spectre continu, dans lequel on ne peut toutefois reconnaître aucun détail. D'autre part, on n'a jamais pu décomposer, en amas d'étoiles, aucune nébuleuse donnant un spectre à raies brillantes ; ces dernières sont donc réellement des nuages cosmiques, formés de simples masses gazeuses incandescentes. Le premier observateur d'un spectre de nébuleuse a été Huggins, qui découvrit en 1864 trois raies brillantes dans le spectre de la nébuleuse 4374 d'Herschel ; ces raies ont ensuite été retrouvées dans presque toutes les nébuleuses ; il s'en ajoute souvent encore une quatrième. Les longueurs d'onde de ces quatre raies sont $500^{\mu\mu},71$, $495^{\mu\mu},90$, $486^{\mu\mu},15$, $434^{\mu\mu},07$ (Keeler).

La plus brillante de ces raies est la première ; c'est la seule qui soit visible dans les nébuleuses les plus faibles. La troisième raie et la quatrième appartiennent sans doute à l'*hydrogène* ; la troisième coïncide avec la raie F de Fraunhofer. On a attribué la première raie à l'*azote* ; mais on ne peut rien affirmer de précis au sujet de son origine ; celle de la seconde raie n'est pas encore connue.

Keeler a étudié (1895) les spectres de 14 nébuleuses. On a observé en tout, dans les spectres des différentes nébuleuses, 43 raies brillantes, dont la moitié se trouve dans l'ultra-violet. Parmi toutes ces raies, 6 seulement ont été déterminées au point de vue de leur provenance : 4 appartiennent à l'hydrogène, une à l'azote, et probablement une à l'hélium. La nébuleuse d'Orion, qui renferme les quatre étoiles connues du trapèze, présente un grand intérêt. Huggins a trouvé, dans son spectre, une raie ultra-violette bien nette, près de $372^{\mu\mu},7$. Hartmann (1905) a construit un quartz-spectrographe à prisme-objectif et a obtenu *simultanément*, avec cet instrument, une série d'images de la nébuleuse d'Orion, correspondant aux raies isolées du spectre. Il a en outre photographié la nébuleuse en employant des filtres de radiation de différentes couleurs. Ces deux méthodes ont montré que les différentes parties de la nébuleuse d'Orion émettent des lumières de nature différente, et que la raie ultra-violette $372^{\mu\mu},7$ donne l'image la plus étendue, laquelle fait reconnaître des détails entièrement nouveaux. Leur origine n'a pas jusqu'ici été établie.

Hartmann (1902) a trouvé, pour les longueurs d'onde des deux premières des quatre raies précédentes, les valeurs $500^{\mu\mu},704$ et $495^{\mu\mu},917$. Scheiner a donné une explication de ce fait singulier que la raie H_β (F) de l'hydrogène est visible dans le spectre des nébuleuses, et que la raie H_α (C) est au contraire à peine perceptible ou même disparaît totalement, tandis que, dans le spectre de l'hydrogène donné par un tube de Geissler, la raie rouge H_α est plus brillante que la raie H_β. On a constaté que, si on affaiblit la lumière émise par un tube de Geissler, H_α disparaît avant H_β, c'est-à-dire que, pour une lumière faible, l'œil est moins sensible aux rayons rouges.

L'apparition des raies brillantes donne un moyen de reconnaître les vraies nébuleuses ; Pickering n'a pas découvert de cette manière moins de 11 nébuleuses.

18. Application de l'analyse spectrale à l'étude du mouvement des astres. — Nous avons déjà dit au § 14 que tout mouvement de la source lumineuse ou de l'observateur, ou en général toute variation dans leur distance, produisait des déplacements des raies du spectre. La mesure de ces déplacements a permis de déterminer la composante de la vitesse, dans les mouvements de l'objet observé, suivant le rayon visuel.

En 1871, H. C. Vogel a réussi à observer le déplacement des raies de Fraunhofer, provenant de la rotation du Soleil autour de son axe. Il s'est servi à cet effet d'un spectroscope à réversion de Zöllner, formé de deux systèmes de prismes à vision directe parallèles entre eux, qui donnent, l'un au-dessus de l'autre, deux spectres dont les couleurs sont étalées en sens inverse. Ces deux spectres sont observés avec une lunette, dont l'objectif donne deux images de chacun des spectres ; pour cela, cet objectif est coupé en deux moitiés, qui peuvent être déplacées indépendamment l'une de l'autre. Si l'on dirige la fente sur le milieu du disque solaire, et si on déplace l'une des moitiés de la lentille, on peut amener une raie quelconque de l'un des spectres à coïncider avec la même raie de l'autre spectre. Si on dirige ensuite la fente sur un des bords du Soleil, dans le voisinage de son équateur, les raies amenées en coïncidence se déplacent en sens contraire, ce qui s'observe d'autant plus facilement que le déplacement relatif est doublé. Le déplacement total des raies ne dépasse pas $\frac{1}{77}$ de l'intervalle des deux raies D_1 et D_2. Naturellement, les raies telluriques ne se déplacent pas, comme nous l'avons déjà dit à la page 306 (méthode de Cornu).

Langley a modifié comme il suit la méthode précédente. Il projette l'un au-dessus de l'autre les spectres de deux bords opposés du Soleil, et il les dispose de telle façon que toutes les raies coïncident, quand ces endroits du contour du Soleil se trouvent à ses pôles. Si on passe ensuite aux endroits qui se trouvent aux extrémités de la projection de l'équateur solaire, les raies amenées en coïncidence se séparent, car l'un des bords du Soleil se rapproche de l'observateur et l'autre s'en éloigne.

Dunér (1887 à 1889) et Crew (1889) ont effectué des observations très soignées de la rotation du Soleil ; mais les résultats qu'ils ont obtenus n'ont aucune concordance : Dunér trouve que la vitesse angulaire de rotation de la couche absorbante sur le Soleil diminue, quand la latitude héliocentrique augmente, tandis que Crew trouve que cette vitesse angulaire est la même pour toutes les latitudes.

Nous avons déjà parlé aux pages 318 et 319 des déplacements des raies spectrales, produits par des mouvements à la surface du Soleil.

Relativement au mouvement des planètes, il existe d'abord les observations de Vogel sur la vitesse de Vénus, qui concordent avec les résultats donnés par le calcul. En 1895, Biélopolsky, Deslandres et Keeler ont réussi à étudier le mouvement de l'anneau de Saturne, et ils ont constaté que les vitesses des bords intérieur et extérieur étaient différentes, celle du bord intérieur étant *plus grande* que celle du bord extérieur (21 km. et 16 km.) ; ces observations ont établi que l'anneau de Saturne ne forme pas un tout continu. Deslandres et Biélopolsky ont pu observer la rotation de Jupiter autour de son axe, et le premier a montré que le déplacement des raies dans le spectre des planètes dépend également, entre autres, de la vitesse avec laquelle le point observé se meut par rapport au Soleil. Lowell (1904) a mesuré spectroscopiquement la rotation de Mars autour de son axe ; il a trouvé le même résultat que celui obtenu par l'observation directe. Biélopolsky avait aussi trouvé 23^h30^m pour la rotation de Vénus autour de son axe, mais ce résultat n'a pas été confirmé par Lowell et Slipher.

En 1892, Vogel a mesuré le déplacement des raies D dans le spectre de la comète de Wells et a également déterminé la vitesse avec laquelle elle s'éloigne de la Terre.

L'application du principe de Doppler aux spectres des étoiles fixes a une importance considérable. Les premières mesures sont dues à Huggins (1867) et à H. C. Vogel (1871). Maunder étudia à Greenwich, pendant 13 ans, le mouvement de 48 étoiles très brillantes ; les résultats qu'il obtint ne peuvent cependant plus être considérés aujourd'hui comme exacts, car on a reconnu qu'on ne peut atteindre, par l'observation directe des spectres, une précision suffisante, dans la détermination de la position des raies. H. C. Vogel le premier (1887) a *photographié* dans ce but les spectres des étoiles (méthode spectrographique), et a obtenu d'excellents résultats ; comme termes de comparaison, on se sert ordinairement de la raie H_γ de l'hydrogène, ainsi que de certaines raies du fer et de quelques autres métaux. H. C. Vogel détermina (jusqu'en 1891) les vitesses relatives de 47 étoiles très brillantes. Ensuite, Keeler et Campbell à l'observatoire Lick, Deslandres à Paris, et, en particulier, Biélopolsky à Poulkowo ont effectué des recherches remarquables sur

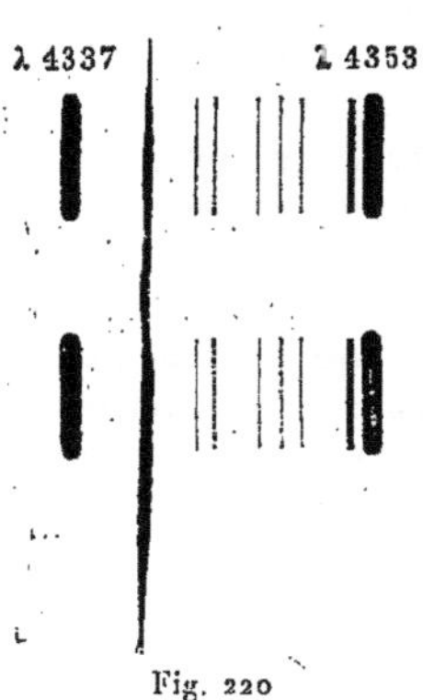

Fig. 220

la vitesse des étoiles fixes. Les instruments puissants de l'observatoire Lick permettent d'étudier les spectres des étoiles jusqu'à la cinquième grandeur. La plus grande vitesse par rapport à notre système solaire a été trouvée par Campbell, pour l'étoile η de Céphée ; elle est de $87\ \dfrac{\text{km.}}{\text{sec.}}$ Lord (1905) a mesuré la vitesse relative de 31 étoiles.

Keeler a déterminé de 1890 à 1891 le mouvement de 14 nébuleuses, et la plus grande vitesse mesurée a été de $65\ \dfrac{\text{km.}}{\text{sec.}}$. Le travail de H. C. Vogel (1902) sur le spectre de la nébuleuse d'Orion présente le plus haut intérêt. La raie H_γ de l'hydrogène, dont les différents points correspondent à des endroits différents sur une transversale dans la nébuleuse, est sinueuse et sa largeur est variable ; elle est représentée sur la figure 220 ; les différentes parties de cette nébuleuse se trouvent donc dans des conditions physiques différentes et sont animées de vitesses différentes.

Biélopolsky a découvert (jusqu'en 1902) et étudié *sept* étoiles doubles, savoir δ de Céphée, η de l'Aigle, α' des Gémeaux, β de la Lyre, λ du Taureau, ξ des Gémeaux et Θ de la Grande Ourse. L'application du principe de Doppler aux étoiles doubles, dont les composantes parcourent des trajectoires fermées dans des temps relativement courts, a donné des résultats extrêmement remarquables. La vitesse d'Algol (β de Persée) oscille périodiquement entre + 45 et — 45 km. par seconde, et la période coïncide avec celle des variations d'intensité lumineuse ($2^j20^h40^m52^s$). Ces données, jointes à la loi de variation de l'intensité lumineuse (Algol reste de deuxième grandeur pendant $2^j11^h,5$, tombe ensuite en $4^h,5$ à la quatrième grandeur, et revient en $4^h,5$ à la deuxième grandeur), ont permis de déterminer les dimensions des deux étoiles, l'une plus brillante que l'autre, et de trouver leur distance. On a obtenu ainsi pour le diamètre de la première 1 700 000 km., pour celui de son *compagnon* 1 330 000 km., et pour la distance de leurs centres seulement 5 180 000 km. ; la vitesse de l'étoile principale est de 42 km., celle de son compagnon de 89 km., et la vitesse de tout le système est de 4 km. par seconde ; les masses des deux astres sont respectivement les $\frac{4}{9}$ et les $\frac{2}{9}$ de celle du Soleil.

On observe, dans les spectres de quelques étoiles, des raies, qui tantôt se *dédoublent*, tantôt redeviennent simples. On a affaire dans ce cas à des étoiles doubles, dont les composantes forment deux soleils qui se meuvent autour d'un centre commun d'inertie. Telles sont, par exemple, β du Cocher (période de 4 jours), ζ de la Grande Ourse, o de Persée, β de la Lyre, etc. La dernière de ces étoiles donne un spectre avec des raies doubles brillantes et sombres ; Biélopolsky a trouvé que la distance des deux composantes est égale à 6,4 millions de milles, et que leurs masses sont respectivement égales à 8,4 et 19 fois la masse de notre Soleil. Citons encore quelques étoiles intéressantes. L'étoile α du Cocher (la Chèvre) est une étoile double, dont les deux composantes sont à une distance l'une de l'autre d'environ 20 millions de milles ; leur masse commune est environ 7 fois la masse du Soleil, et la durée de leur révolution n'est que de 104 jours. La vitesse de l'étoile δ d'Orion oscille, d'après Deslandres, entre + 95 et — 50 kilom., et la durée de sa révolution totale est de $1^j,92$. Hartmann (1904) a trouvé au contraire pour δ d'Orion une durée de révolution de $5^j17^h34'48''$; une raie de Ca déplacée reste immobile, ce qui s'expliquerait par le fait qu'entre cette étoile double et nous se trouve un nuage de Ca, qui possède une vitesse radiale de 12 kilom. Julius (1905) a montré que ce phénomène trouve également son explication dans sa théorie (réfraction anomale). Pour β du Cocher, Vogel (1904) a observé une période de $3^j23^h2^m16^s$; les masses des deux astres sont presque égales et leur somme est 4 à 5 fois plus grande que la masse du Soleil. Un résultat remarquable a été trouvé par Eberhard (1900) pour χ du Cygne : les raies brillantes donnent toutes une vitesse radiale de + 20 kilom., et au contraire les raies sombres une vitesse oscillant entre $2^k,42$ et — $2^k,3$; les deux astres diffèrent donc beaucoup, aussi bien par leur distance que par leur vitesse.

DESLANDRES a publié en 1895 ses observations sur le spectre d'Altaïr (α de l'Aigle), qui est une étoile blanche ; on trouve dans ce spectre des raies brillantes et de larges raies sombres appartenant au fer et au calcium ; la vitesse suivant le rayon lumineux varie très rapidement et très irrégulièrement ; la période principale est de 43 jours et quelques autres périodes se superposent à elle ; selon toute probabilité, cette étoile est au moins triple. CAMPBELL a trouvé que l'étoile polaire est une étoile triple : deux de ses composantes tournent l'une autour de l'autre en 4 jours et toutes les deux ensemble tournent autour de la troisième composante.

19. Les spectres de l'aurore boréale, de la lumière zodiacale, de l'éclair et des étoiles filantes. — Le spectre de l'*aurore boréale* (*fig.* 221) est caractérisé par une belle raie verte $\lambda = 557^{\mu\mu},05$. Une bande rouge appa-

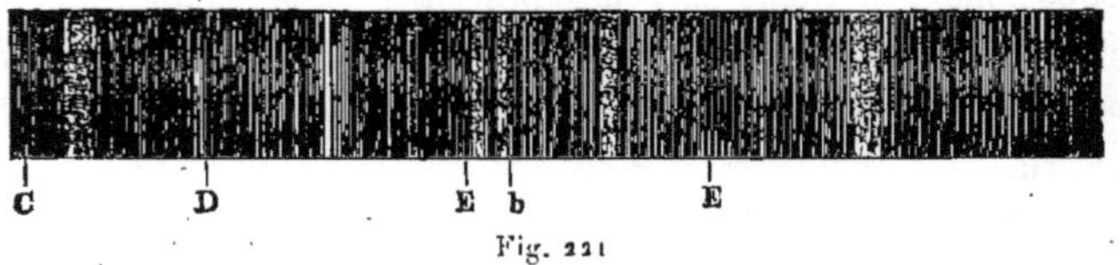

Fig. 221

raît près de $\lambda = 629^{\mu\mu},8$, seulement dans les parties rouges de l'aurore ; elle manque dans les autres parties. WINLOCK a découvert le premier un grand nombre de raies dans le spectre de l'aurore boréale ; on connaît actuellement plus de *cent* raies dans ce spectre. HASSELBERG et ANGSTRÖM ont été conduits par leurs recherches à cette conclusion que le spectre de l'aurore boréale n'est probablement pas autre chose que le spectre de l'air raréfié, à une très basse température et traversé par des décharges électriques. Jusqu'ici, l'origine de la raie verte brillante mentionnée plus haut est restée indéterminée ; VOGEL pense qu'elle coïncide avec une des raies les plus faibles de l'azote ; cependant, il est possible aussi qu'elle appartienne à un élément constituant particulier, très léger, de l'air, qui ne se trouve en quantité sensible que dans les couches supérieures de l'atmosphère.

PAULSEN a réussi, pendant l'hiver de 1899 à 1900, à *photographier* en Islande le spectre de l'aurore boréale, entre $\lambda = 0^{\mu},470$ et $\lambda = 0^{\mu},337$; la durée de l'exposition s'est élevée à plusieurs semaines. La région obtenue présentait quatre raies brillantes ($0^{\mu},337$, $0^{\mu},358$, $0^{\mu},3915$ et $0^{\mu},420$) et 18 raies plus faibles. On obtient les premières par faible lueur ; elles appartiennent évidemment à la lumière pâle qui, dans les régions septentrionales, se répand la nuit dans tout le ciel ; les raies faibles, au contraire, ne sont données que par les parties les plus brillantes de l'aurore boréale. SCHEINER a trouvé que les raies découvertes par PAULSEN étaient identiques aux raies du spectre de l'azote, que l'on observe dans le voisinage de la cathode, dans un tube de GEISSLER. RUNGE (1904) a indiqué la grande ressemblance qui existe entre le spectre de l'aurore boréale et celui du *crypton*. BERTHELOT (1898) a le premier attribué quelques raies à l'*argon*. Enfin, STASSANO (1902) a comparé environ 110 raies avec les spectres de l'*argon*, du *néon*, de l'*hélium* et de l'*hydrogène*, et il a montré qu'en particulier les raies les plus brillantes du spectre de l'aurore boréale appartenaient à ces quatre gaz. La raie verte, qui est la plus brillante, appartiendrait à l'*argon*, tandis que RAMSAY l'avait attribuée au *crypton*, comme le font encore RUNGE, SYKORA et BALY.

Le spectre de la *lumière zodiacale* est très faible et, d'après les recherches de WRIGHT, certainement continu ; il provient des rayons solaires réfléchis. Les raies de FRAUNHOFER n'y sont pas visibles, parce qu'il faut trop élargir la fente du spectroscope, pour observer un objet aussi peu lumineux. On croyait autrefois que la raie verte de l'aurore boréale se trouvait aussi dans le spectre de la lumière zodiacale ; mais cela est inexact, car on a constaté que cette raie verte s'observe souvent dans toutes les parties de la voûte céleste, bien qu'aucune aurore boréale ne soit visible ; comme elle n'apparaît qu'avec cette dernière dans le spectre de la lumière zodiacale, elle n'appartient donc pas à ce spectre.

Le spectre de l'*éclair* a été étudié d'abord par KUNDT, ensuite par VOGEL et d'autres encore. Les éclairs sous forme d'étincelle donnent un spectre de lignes ; ceux qui embrassent l'espace, sans présenter de contour apparent, donnent un spectre de bandes. Les deux spectres appartiennent certainement à l'air ; on observe le second autour du pôle négatif, dans l'oxygène traversé par des décharges électriques. H. MEIER a essayé en 1894 de photographier le spectre de l'éclair, mais il n'a réussi qu'à obtenir une raie ultra-violette près de 382$^{\mu\mu}$. PICKERING a trouvé que le spectre de l'éclair renferme des raies de l'argon, du crypton et du xénon.

PICKERING attribue le spectre des *étoiles filantes* et des *météores* à l'hydrogène et à l'hélium, ce qui est d'accord avec un calcul très intéressant de HAHN, par lequel il a reconnu que l'atmosphère se compose, à une hauteur de 100 kil., de 99,448 pour cent de H^2, 0,453 de He et 0,099 de Az^2, tandis qu'il n'y aurait à la surface de la Terre que 0,01 pour cent de H^2 et 0,00015 de He.

20. Parties ultra-violette et infra-rouge du spectre. — En considérant les spectres d'émission et d'absorption des différentes substances, nous avons étudié de préférence leur partie visible, et c'est seulement pour le spectre du Soleil que nous avons également parlé des parties invisibles. Nous nous occuperons ici spécialement des parties ultra-violette et infra-rouge des différents spectres.

I. Comme nous l'avons déjà vu, c'est à l'aide de la photographie que l'on étudie le plus commodément la *partie ultra-violette* du spectre ; on obtient ainsi les raies ultra-violettes, dont nous avons parlé au § **9**, à propos des spectres des vapeurs des métaux et des métalloïdes. Nous considérerons plus loin une autre méthode, basée sur l'application de la *fluorescence ;* grâce à cette méthode, STOKES est parvenu jusqu'à $\lambda = 185^{\mu\mu}$. Ainsi que nous l'avons mentionné à la page 17, on est aussi arrivé récemment par une *méthode thermoélectrique* à étudier le domaine des radiations ultra-violettes.

Hagen et Rubens (1902) ont pu s'avancer jusqu'à $\lambda = 220^{\mu\mu}$, où ils obtenaient une déviation du galvanomètre de 7 divisions. Pflüger (1903) est arrivé jusqu'à $\lambda = 186^{\mu\mu}$ (raie de Al), avec une déviation de 200 divisions, et encore plus loin en supprimant l'air absorbant. Plus tard, Ladenburg (1904) a aussi employé la méthode thermoélectrique pour l'étude de la partie ultra-violette du spectre de Hg (jusqu'à $249^{\mu\mu}$).

On n'avait pas réussi, jusque dans ces derniers temps, avec l'aide de la photographie, à aller plus loin que $202^{\mu\mu},4$, et ce n'est qu'en 1889 que Schumann réussit à perfectionner la méthode photographique de manière à atteindre $100^{\mu\mu} = 0^{\mu},1$. La raison, pour laquelle on n'avait pu avant Schumann photographier les parties les plus réfrangibles du spectre, est triple : les radiations appartenant à cette région du spectre sont absorbées en premier lieu par les lentilles et les prismes des instruments d'optique, en second lieu par la gélatine de la couche sensible à la lumière, et enfin par l'*air*. Cornu avait déjà montré qu'une colonne d'air de 10 mètres de longueur absorbe complètement les radiations extrêmes jusqu'à $\lambda = 211^{\mu\mu},8$; une couche d'air de 1 mètre d'épaisseur retient toutes les radiations jusqu'à $\lambda = 184^{\mu\mu},2$, et même une couche d'air de $0^m,1$ seulement d'épaisseur absorbe toutes les radiations jusqu'à la longueur d'onde $156^{\mu\mu},6$. Edgar Meyer (1903) a montré que cette absorption doit être très probablement attribuée à l'*ozone* ; celui-ci possède une forte bande d'absorption entre $0^{\mu},290$ et $0^{\mu},230$, tandis qu'auprès de $0^{\mu},205$ se trouve un minimum d'absorption. Schumann [1] a construit un appareil, dont toutes les parties optiques étaient en spath fluor incolore ; la couche sensible à la lumière se composait de bromure d'argent pur, et, ce qui était le plus important, il faisait le vide le plus parfait possible dans l'appareil, pour éviter l'absorption de l'air ; il arriva ainsi à obtenir une partie encore entièrement inconnue du spectre de l'hydrogène, entre $185^{\mu\mu}$ et $100^{\mu\mu}$, qui renferme jusqu'à 600 raies, dont le maximum d'intensité se trouve près de $\lambda = 162^{\mu\mu}$. Schumann a montré en 1901 que l'hydrogène est entièrement transparent pour les rayons ultra-violets. En 1903, il a publié une description détaillée de ses appareils, de ses méthodes de recherche et de tous les résultats obtenus par lui : il indique l'absorption et l'émission ultra-violettes pour Az, O, H^2O, CO, CO^2 et H ; nous mentionnerons seulement que Az est transparent jusqu'à $162^{\mu\mu}$, O jusqu'à $185^{\mu\mu}$, H jusqu'à $100^{\mu\mu}$; ce dernier résultat a été confirmé par Lyman (1904).

Les *indices de réfraction* des raies ultra-violettes du cadmium et du zinc ont été déterminés par Simon jusqu'à $\lambda = 202^{\mu\mu}$, dans différentes substances solides et liquides. Martens (1902) est même parvenu jusqu'à $\lambda = 185^{\mu\mu},2$, dans la détermination de ces indices pour le sel gemme, la sylvine, la *fluorine*, le *quartz*, la *calcite* et le *diamant* (jusqu'à $313^{\mu\mu},3$). Il trouva, en se servant de la formule d'Helmholtz-Ketteler (page 250) que le sel gemme doit posséder une bande d'absorption en $\lambda = 0^{\mu},146$, la sylvine en $\lambda = 0^{\mu},152$. Nous reviendrons sur les travaux de Martens au § **21**.

---

[1] Voir le Chapitre suivant.

L'absorption des rayons ultra-violets dans différentes espèces de verres incolores et colorés a été étudiée par EDER et VALENTA (1894), KRÜSS et PFLÜGER (1903). On a reconnu que, pour une épaisseur de 1^{cm}, aucune espèce de verre ne se laisse traverser par les radiations en dessous de $305^{\mu\mu}$. ZSCHIMMER (1903) est arrivé à obtenir de nouvelles sortes de verres qui, pour une épaisseur de 1^{cm}, laissent encore passer 50 % des rayons $305^{\mu\mu}$, et, pour une épaisseur de 1^{mm}, 50 % des rayons $280^{\mu\mu}$. L'une de ces sortes est un verre violet qui laisse passer seulement les rayons bleus, violets et ultra-violets, et peut par conséquent servir de filtre pour les radiations photographiques. ALLET MILLER et SORET ont étudié l'absorption des rayons ultra-violets par des *solutions* de différents sels ; ils ont observé une absorption relativement faible dans les solutions de sulfates et une forte absorption dans les solutions d'azotates. PAUER (1897) a déterminé l'absorption des rayons ultra-violets, entre $\lambda = 0^{\mu},283$ et $\lambda = 0^{\mu},231$, dans différents liquides et vapeurs ; il a trouvé que les bandes d'absorption se déplacent vers l'extrémité plus réfractée du spectre, quand la substance passe de l'état liquide à l'état gazeux. Nous mentionnerons encore les travaux de MEYERHEIM (vapeur d'eau, 1904), de FRIEDERICHS (vapeur de benzine, 1905) et de E. MEYER (Ozone, 1903 ; Argon, 1905). L'argon n'absorbe pas du tout les radiations entre $300^{\mu\mu}$ et $186^{\mu\mu}$.

HARTLEY, HUNTINGTON, Th. SIMON, PAUER et GLATZEL ont étudié également l'absorption des rayons ultra-violets par différentes substances ; SIMON et GLATZEL ont les premiers effectué des mesures quantitatives précises. Les résultats de PAUER et de GLATZEL, relatifs à l'absorption dans la benzine (C^6H^6), l'anthracène ($C^{14}H^{10}$) et le rétène ($C^{18}H^{18}$), sont particulièrement intéressants.

WOOD (1903) a découvert une substance, qui ne laisse passer que des rayons ultra-violets : la nitroso-diméthylaniline ; elle est tout à fait transparente pour tous les rayons, depuis $0^{\mu},37$ jusqu'aux derniers rayons de Cd, près de $0^{\mu},20$. En combinant une couche de cette substance avec deux verres de couleur, il a construit un filtre, qui laisse passer les rayons entre $0^{\mu},38$ et $0^{\mu},34$. GOLDHAMMER a disposé dans un vase de quartz une solution de $CoSO^4$, $NiSO^4$ et de violet d'HOFFMANN, qui laisse passer toutes les radiations entre $0^{\mu},38$ et $0^{\mu},3$ (peut-être encore plus loin).

W. AGAFONOFF a étudié l'absorption des rayons ultra-violets par les *cristaux* de 200 substances. Dans six d'entre elles (tourmaline, axinite, andalousite, acides cinnamique, nitranisique, hémimellique), il a reconnu le *polychroïsme*, c'est-à-dire qu'il a trouvé que l'absorption dépendait de la direction dans laquelle les rayons traversaient le cristal (voir plus loin). L'absorption des radiations ultra-violettes est traitée dans KAYSER, *Handbuch der Spektroskopie*, Vol. III, p. 154-226. Parmi les recherches les plus récentes, nous mentionnerons celles de MAGINI (1904) et celles de KRÜSS (1905).

II. La *partie infra-rouge* des spectres d'émission et d'absorption peut être étudiée à l'aide de la phosphorescence (page 23), au moyen de la pile thermoélectrique (page 18), du bolomètre (page 20) ou du radiomètre (page 21), et à l'aide de la photographie.

H. W. Vogel est le premier (1873) qui ait montré que des rayons de grande longueur d'onde agissent sur une émulsion sensible à la lumière de gélatino-bromure, quand on lui ajoute des substances qui absorbent ces rayons. Il a appelé ce genre de substances des *sensibilisateurs*. Celui qui s'est occupé le plus en détail de cette question est Abney, qui a obtenu des résultats merveilleux ; il est arrivé à faire agir photographiquement des radiations jusqu'à $\lambda = 2^{\mu}$.

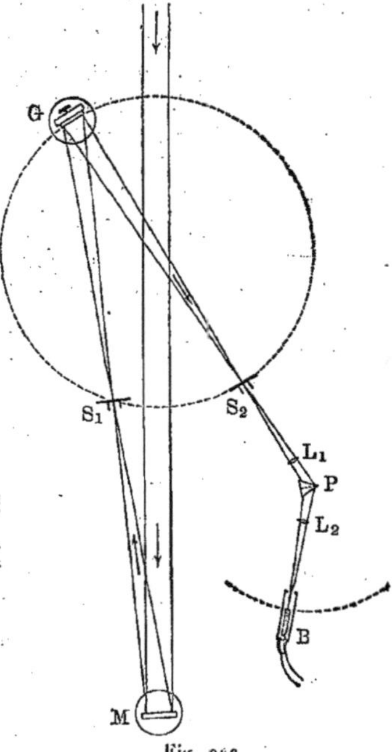

La réfraction des rayons infra rouges dans différentes substances a été étudiée par Langley, Rubens et d'autres encore. L'appareil, dont s'est servi Langley, est représenté schématiquement par la figure 222. Les rayons émis par la source lumineuse tombent sur la fente S_1, après avoir été au préalable réfléchis par le miroir concave M. Ils parviennent ensuite à un réseau de diffraction concave G (page 267), qui donne une série de spectres, disposés, comme nous le verrons plus tard, sur la surface latérale d'un cylindre, dont la section par le plan de la figure est représentée en pointillé. Les rayons λ_1 du premier spectre, λ_2 du second, λ_3 du troisième, etc., qui sont tels que l'on a $\lambda_1 = 2\lambda_2 = 3\lambda_3$, etc., tombent au même endroit. Par suite, si le rayon visible D_2, par exemple, du *sixième* spectre traverse la fente S_2, celle-ci est traversée en même temps par les rayons suivants :

Fig. 222

du 6ᵉ spectre $\lambda_6 = 0^{\mu},5890$ (D_2) | du 3ᵉ spectre $\lambda_3 = 1^{\mu},1780 = \dfrac{6}{3}\lambda_6$

du 5ᵉ   — $\lambda_5 = 0,7068 = \dfrac{6}{5}\lambda_6$ | du 2ᵉ   — $\lambda_2 = 1,7670 = \dfrac{6}{2}\lambda_6$

du 4ᵉ   — $\lambda_4 = 0,8835 = \dfrac{6}{4}\lambda_6$ | du 1ᵉʳ   — $\lambda_1 = 3,5341 = 6\,\lambda_6$

Tous ces rayons tombent sur le prisme P et s'ordonnent dans le spectre. Les deux premiers d'entre eux sont visibles à l'œil ; la position des autres est indiquée par le bolomètre B, et leur indice de réfraction est ainsi déterminé pour la substance du prisme. Langley est arrivé, à l'aide d'un prisme de sel gemme, jusqu'à $\lambda = 5^{\mu},3$, et, à l'aide d'un prisme de flint-glass, jusqu'à $\lambda = 2^{\mu}$.

Rubens s'est servi d'une autre méthode, que nous ne considérerons pas, et a déterminé les indices de réfraction de plusieurs espèces de verre, jusqu'à

$\lambda = 2^\mu,502$ (silicate-flint lourd, verre d'Iéna n° O.469) : il est parvenu en outre (dans son premier travail) pour les substances suivantes :

Eau	jusqu'à	$\lambda = 1^\mu,256$	Quartz	jusqu'à $\lambda = 2^\mu,348$
CS²	—	$\lambda = 1,998$		(rayon ordin.)
Xylol	—	$\lambda = 1,881$	Sel gemme jusqu'à	$\lambda = 5,746$
Benzine	—	$\lambda = 1,850$	Spath fluor —	$\lambda = 3,332$

Dans un travail plus récent, Rubens et Snow sont allés beaucoup plus loin, pour les substances suivantes :

Sel gemme	jusqu'à	$\lambda = 8^\mu,950$	Quartz	jusqu'à $\lambda = 4^\mu,26$
Sylvine	—	$\lambda = 8,022$	Silicate Flint	
Spath fluor	—	$\lambda = 8,95$	lourd —	$\lambda = 4,12$

Nous ne donnerons pas ici les indices de réfraction correspondants. Il a été constaté que les observations concordaient admirablement avec la formule établie par Ketteler [voir (3, c), page 249], que nous écrirons

$$(10) \qquad n^2 = a^2 + \frac{M}{\lambda^2 - \lambda_1^2} - k\lambda^2.$$

De nouvelles recherches de Paschen sur le spath fluor ont montré que les résultats s'expriment bien par la formule plus générale de Ketteler et Helmholtz [voir (3, i), page 250] :

$$(10,\ a) \qquad n^2 = a^2 + \frac{M}{\lambda^2 - \lambda_1^2} - \frac{N}{\lambda_2^2 - \lambda^2},$$

mais encore mieux par la formule suivante, qui renferme cinq constantes,

$$(11) \qquad n^2 = A^2 + \frac{M}{\lambda^2 - \lambda_1^2} - k\lambda^2 - h\lambda^4.$$

Dans un travail de 1901, Paschen a confirmé ce résultat et a trouvé que, dans la formule (10, a), la grandeur $\lambda_1 = 35^\mu,47$ et $\lambda_2 = 0^\mu,09426$. *La concordance avec la formule précédente est parfaite pour le vaste domaine compris entre $\lambda = 0^\mu,18$ et $\lambda = 9^\mu,4$.*

Paschen a calculé, pour le sel gemme, une série de valeurs de l'indice de réfraction jusqu'à $\lambda = 9^\mu,76$. Rubens et Nichols ont trouvé que la formule de Ketteler et Helmholtz peut être appliquée au sel gemme, à la sylvine, au quartz et au flint-glass. Trowbridge a étudié la dispersion dans la sylvine jusqu'à $\lambda = 13^\mu$, et l'a trouvée conforme à la formule (10, a).

Les *spectres d'émission infra-rouges* ont été étudiés à l'aide du bolomètre. Snow, par exemple, a trouvé que le spectre de l'arc voltaïque présente un maximum principal d'énergie dans la partie ultra-violette près de $\lambda = 0^\mu,388$, et des bandes secondaires, mais plus larges, près de $\lambda = 0^\mu,8$, $\lambda = 0^\mu,92$ et $\lambda = 1^\mu,1$.

Langley a réussi à étudier les spectres d'émission jusqu'à $\lambda = 15\mu$, pour toute une série de corps qui se trouvaient à différentes températures, y compris celle de la glace. Les résultats de ses mesures sont représentés graphiquement sur les figures 223 et 224. Dans la figure 223, on a pris comme abscisses les indices de réfraction, comme ordonnées les déviations du galvanomètre relié au bolomètre. Les courbes à droite correspondent aux spectres d'émission du cuivre aux températures de 815°, 559°, 330°, 178°, 100° (Cu

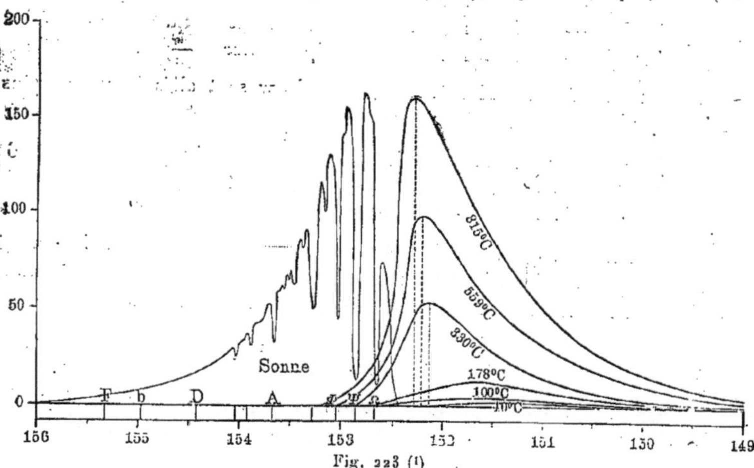

Fig. 223 (¹)

noirci), et 40°; plus la température est élevée, plus le maximum du rayonnement est déplacé vers la gauche; à gauche, est figurée, par comparaison, la courbe de l'énergie solaire. Sur la figure 224 sont représentées les courbes

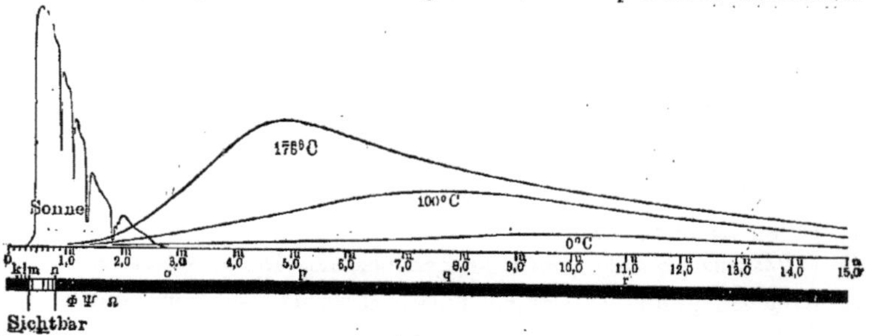

Fig. 224 (¹)

pour 178°, 100° et 0°, jusqu'à $\lambda = 15^\mu$, et l'on voit nettement combien est grande la région infra-rouge déjà explorée, comparativement à la région visible. Pour Cu à 100°, le maximum se trouve près de $\lambda = 8^\mu$.

Le spectre de la *Lune* a son maximum principal près de $\lambda = 14^\mu$, ce qui correspond à une température comprise entre 0° et — 20°.

PASCHEN (1896 à 1897) a également étudié la distribution de l'énergie dans les spectres de corps solides chauffés.

(¹) Les figures 223 et 224 étant empruntées à l'édition allemande, lire pour Sonne = Soleil, et pour Sichtbar = visible.

La *région infra-rouge des spectres d'émission des vapeurs métalliques incandescentes* a été étudiée par Abney, H. Becquerel et, avec un soin particulier, par Snow, à l'aide du bolomètre. Snow a déterminé les raies infra-rouges des spectres de Li, K, Na, Rb et Cs ; il a trouvé, par exemple, dans le spectre de K, 8 raies infra-rouges, dont une bien nette en $\lambda = 1^\mu,155$; il a observé également 8 raies infra-rouges dans le spectre de Na, dont deux nettes en $\lambda = 0^\mu,818$ et $\lambda = 1^\mu,132$; dans chacun des spectres de Rb et de Cs, Snow a trouvé 15 raies dans la région infra-rouge. Coblenz et Geer ont étudié le spectre de Hg et ont trouvé une série de raies en $0^\mu,97$, $1^\mu,045$, $1^\mu 285$, $4^\mu,28$, $4^\mu,53$, $4^\mu,73$, $5^\mu,20$, $5^\mu,50$ et $5^\mu,73$.

Lewis est arrivé, en se servant du radiomicromètre, jusqu'à $\lambda = 1^\mu,5$. H. Lehmann a étudié, par la *méthode photographique*, les spectres de Li, Na, K, Rb, Cs, Ca, Sr, Ba et Fe, et il a découvert 5 nouvelles raies de Rb, 9 de Cs, 13 de Ca, 12 de Sr, 85 de Ba, et environ 60 de Fe. Dans un travail plus récent (1904), Lehmann est arrivé jusqu'à $1^\mu,7$; il a trouvé des raies de Rb en $1^\mu,4$ et $1^\mu,7$, des raies de K très fortes en $1^\mu,25$, et une raie de Na en $1^\mu,15$. Par la même méthode photographique, Hermann (1905) a étudié, entre $0^\mu,6$ et $0^\mu,92$, les spectres infra-rouges de K, Na, Zn, Cd, Hg et Mg.

Paschen, Rubens et Aschkinass, et Ångström ont observé les spectres de *l'acide carbonique*, de la *vapeur d'eau* et de *l'eau*. Paschen a trouvé, pour le premier, le maximum d'émission, entre $\lambda = 4^\mu$ et $\lambda = 4^\mu,8$; pour la vapeur d'eau, il y a deux maxima, qui, à 100°, se trouvent en $\lambda = 6^\mu,527$ et $\lambda = 5^\mu,900$; pour l'eau à 17°, le maximum d'émission est en $\lambda = 6^\mu,061$. Les autres savants indiqués ont trouvé que l'acide carbonique émet les radiations $2^\mu,7$, $4^\mu,4$ et $14^\mu,8$. Rubens et Aschkinass ont constaté aussi, dans le spectre d'émission de la vapeur d'eau, des maxima, aux endroits qui correspondent aux bandes d'absorption. Frank Very (1900) a étudié soigneusement l'émission de l'air incandescent jusqu'à $\lambda = 24^\mu$. Ångström, Koch et Arrhenius ont consacré un grand nombre de mémoires au rôle que joue l'absorption des radiations, par l'acide carbonique de l'air, dans les phénomènes météorologiques. Arrhenius a trouvé que s'il ne subsistait, dans l'atmosphère terrestre, que 0,3 de l'acide carbonique qui s'y trouve aujourd'hui, la période des glaciers réapparaîtrait ; au contraire le climat chaud, qui régnait sur la Terre avant la période des glaciers, reviendrait, si cette quantité devenait 5 fois plus grande. Drew (1905) a également étudié le spectre de CO^2 ; il a trouvé un maximum en $4^\mu,67$, quand la pression est de 3^{mm}. et en $4^\mu,70$, quand la pression est de $0^{mm},6$.

Le *rayonnement des gaz* soumis à des *décharges électriques* a été observé par K. Ångström. Il a constaté que l'émission lumineuse, autour du pôle positif (anode), est proportionnelle à l'intensité du courant, dont la composition du rayonnement ne dépend pas d'ailleurs (pour un gaz et une pression donnés). L'énergie rayonnante invisible ne représente qu'une faible partie de l'énergie visible (pour Az, environ 10 %).

Julius (1890) et W. Stewart (1901) ont étudié les *spectres d'émission des flammes*. Le premier a trouvé qu'il existe, pour chaque flamme, des *radiations caractéristiques*, qui correspondent aux valeurs maxima de l'énergie rayonnante. Le tableau suivant indique les substances introduites dans la flamme, et la longueur d'onde λ des radiations caractéristiques :

H^2O	$2^\mu,61$	CO^2 . . .	$4^\mu,23$	HBr . . . $> 15^\mu$
CO	$2,85$	COS . . .	$8,48$	P^2O^5 . . . > 85
HCl. . . .	$2,68$	SO^2 . . .	$10,01$	

W. Stewart a observé, dans le spectre d'émission de la flamme de l'acétylène, des maxima, qui correspondent aux *bandes d'émission* de la vapeur d'eau et de l'acide carbonique.

Nous avons traité en détail à la page 74 la question de la distribution de l'énergie dans le spectre du corps *absolument noir*. La relation, qui existe entre ce spectre et les spectres d'émission et d'absorption des autres corps, est déterminée par la loi de Kirchhoff.

Spectres d'absorption infra-rouges. — H. Becquerel a étudié le spectre d'absorption de différentes substances, à l'aide de plaques phosphorescentes (Chap. VIII) ; il a trouvé plusieurs raies sombres, dans la partie infra-rouge du spectre d'absorption de l'eau. Paschen (1894) et Aschkinass (1895) ont étudié en détail le spectre d'absorption de l'eau ; Aschkinass faisait varier l'épaisseur de la couche d'eau entre $0^{cm},001$ et 100^{cm}. Il observa la couche la plus mince, pour des rayons de longueur d'onde comprise entre $1^\mu,6$ et $8^\mu,5$ et constata des maxima d'absorption en $\lambda = 3^\mu,06$, $\lambda = 4^\mu,70$ et $\lambda = 6^\mu,10$. Il trouva en outre que le contenu liquide du globe de l'œil est assez transparent, pour les radiations jusqu'à $\lambda = 1^\mu,4$. Une solution concentrée d'iode dans CS^2 n'absorbe pas du tout les rayons infra-rouges, qui, au contraire, sont complètement arrêtés par une solution de $CuSO^4$.

Abney et Festing ont photographié les spectres d'absorption infra-rouges d'une importante série de liquides, jusqu'à $\lambda = 1^\mu,2$. Ils ont constaté que seuls les composés, qui renferment de l'hydrogène, donnent des raies précises. La figure 225 représente les spectres d'absorption de neuf liquides différents entre $\lambda = 0^\mu,650$ et $\lambda = 1^\mu,2$. Une étude très détaillée des spectres d'absorption infra-rouges de quelques liquides organiques (alcools et glycols) a été faite par Ransohoff ; il s'est servi d'un bolomètre et est arrivé jusqu'à $\lambda = 8^\mu$. Une bande double

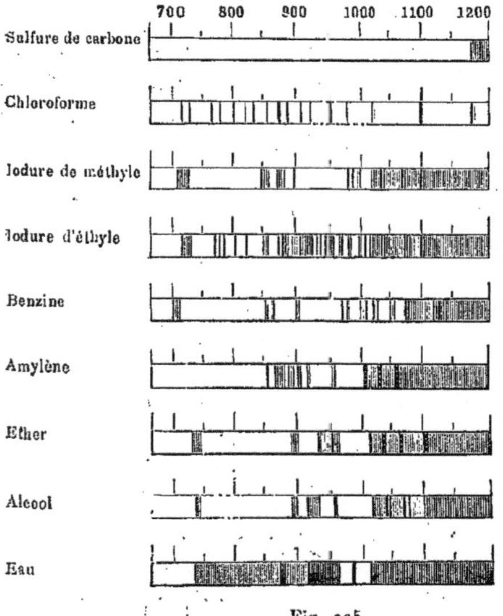

Fig. 225

d'absorption située en 3^μ et $3^\mu,4$ semble due à la présence du groupement oxhydrile dans le composé considéré.

Julius a étudié, à l'aide du bolomètre, les spectres d'absorption de différentes substances jusqu'à 20^μ. Il a observé, pour l'éther éthylique par exemple, une forte absorption en $3^\mu,45$; pour la benzine en $8^\mu,05$, et une absorption plus faible en $3^\mu,21$, $8^\mu,98$, et $11^\mu,9$; pour le chloroforme, une forte absorption en $11^\mu,13$ et $14^\mu,6$; pour CS^2 en $8^\mu,05$; pour le diamant en $5^\mu,05$ et à partir de $9^\mu,5$ jusqu'à 20^μ et au-delà ; pour l'eau une absorption complète commençant à 3^μ. K. Ångström et Paschen ont effectué des recherches analogues ; le dernier a trouvé que l'eau donne des bandes d'absorption, qui commencent en $1^\mu,436$, $1^\mu,768$, $2^\mu,358$, $4^\mu,405$ et $5^\mu,624$. Friedel, Zsigmondy, Donath, Puccianti, Coblentz (1904), Iklé (1904) et d'autres ont en outre étudié les absorptions dans différents liquides organiques. Puccianti a trouvé en particulier que des liquides, dont la molécule renferme l'atome C uni directement à l'atome H, ont un maximum d'absorption en $\lambda = 1^\mu,71$.

Coblentz (1903) a trouvé qu'une solution d'iode dans CS^2 laisse passer 60 à 80 % des radiations entre $1^\mu,1$ et $2^\mu,7$. Il a étudié l'*iode solide* jusqu'à 13^μ ; entre 6^μ et 10^μ se trouve une bande d'absorption.

Nichols a étudié l'absorption dans le quartz, et Rosenthal dans le quartz, le mica et le verre ; ce dernier a montré que l'absorption et l'émission suivent la loi de Kirchhoff. Rubens et Aschkinass ont constaté (1898) que la benzine est très transparente pour les rayons restants du spath fluor ($\lambda = 24^\mu,4$, voir page 31) ; CS^2 laisse également bien passer ces rayons.

Le spath fluor est très transparent pour les rayons infra-rouges jusqu'à $\lambda = 7^\mu$. Les rayons de longueur d'onde $\lambda = 23^\mu,7$ sont complètement absorbés par le spath fluor ; ce sont ces rayons qui subsistent seuls, comme Rubens et Nichols l'ont montré, après quatre réflexions, sur du spath fluor, d'un faisceau complexe de rayons infra-rouges ; ils ont en outre constaté, en étudiant l'absorption de ces rayons par différentes substances, que, sous une épaisseur d de 1 millimètre seulement de la substance absorbante, le sel gemme, la sylvine et le chlorure d'argent laissent passer en quantité considérable les rayons de longueur d'onde $\lambda = 23^\mu,7$; le sel gemme laisse passer 11 % des rayons sous une épaisseur $d = 1^{mm},92$, la sylvine 34 % pour $d = 3^{mm},6$, et le chlorure d'argent 77,4 % pour $d = 0^{mm},25$ et 43,7 % pour $d = 1^{mm},7$. Rubens et Trowbridge (1897) ont en outre déterminé quelles quantités de radiations de différentes longueurs d'onde laissent passer le sel gemme, la sylvine et la fluorine, *sous une couche de 1 centimètre d'épaisseur*.

Le tableau suivant indique les quantités transmises en centièmes des radiations incidentes :

$\lambda =$	8^μ	10^μ	12^μ	14^μ	16^μ	18^μ	19^μ	$20^\mu,7$	$23^\mu,7$
Sel gemme .	—	99,5	99,3	93,1	66,1	27,5	9,6	0,6	—
Sylvine . .	—	98,8	99,5	97,5	93,6	86,2	75,8	58,5	15,5
Fluorine . .	84.4	16,4	—	—	—	—	—	—	—

Enfin Rubens et Aschkinass (1898) ont mesuré l'absorption éprouvée par les rayons restants (page 31) du sel gemme (52^μ) et de la sylvine (61^μ), dans leur passage à travers différentes substances. Nous donnerons ici quelques valeurs numériques indiquant en centièmes la quantité de rayons *transmis* ; d désigne l'épaisseur de la couche absorbante :

Substance	d mm.	52μ %	61μ %	Substance	d mm.	52μ %	61μ %
Paraffine . . .	0,5	52	63	Sulfure de carbone.	1	98	97
Quartz	0,5	61	77	Benzine	1	85	83
Spath fluor. . .	5,6	4	6	Huile minérale. .	1	66	82
Mica	0,02	53	55	Toluène	1	28	48
Gutta-percha . .	0,1	50	56	Eau	1	0	0
Vessie de poisson .	0,03	60	68	Alcool	1	0	0
Sel gemme. . .	3,0	0	0	Ether	1	0	0
Sylvine	2,0	0	0				
Verre	0,12	0	0				

Les spectres d'absorption des *vapeurs* et des *gaz* incandescents ont été étudiés par Ångström et Paschen. Le premier a reconnu les bandes suivantes, dans le spectre infra-rouge : éthylène (C^2H^4) $2^\mu,78$, $4^\mu,32$, $9^\mu,21$, $13^\mu,45$ à 16^μ et au-delà ; CO^2 $4^\mu,32$; CO $4^\mu,52$. L'éther, la benzine et le sulfure de carbone donnent, à l'état liquide et à l'état gazeux, des spectres d'absorption presque identiques. Paschen a trouvé, pour la vapeur d'eau, les bandes principales d'absorption entre $4^\mu,860$ et $6^\mu,520$ (le maximum est en $5^\mu,9$) et entre $6^\mu,25$ et $8^\mu,54$ (le maximum est en $6^\mu,527$).

Rubens et Aschkinass ont mesuré l'absorption subie par les radiations jusqu'à $\lambda = 20^\mu$, en traversant la vapeur d'eau et CO^2. Ils ont constaté, pour la vapeur d'eau, six bandes d'absorption entre $\lambda = 11^\mu$ et $\lambda = 18^\mu$; CO^2 a une large bande d'absorption près de $14^\mu,7$. L'absorption dans la vapeur d'eau a été aussi étudiée par Fowle (1904). Ångström (1904) a trouvé dans l'ozone des bandes d'absorption en $4^\mu,8$, $5^\mu,8$, $6^\mu,7$ et une large bande de $9^\mu,1$ à 10^μ. Schafer (1905) a mesuré l'absorption dans CO^2 pour différentes pressions. Il a constaté sous une pression faible deux raies en $2^\mu,7$ et $4^\mu,4$; quand la pression croît les raies s'élargissent et à la pression de 4 atmosphères, elles viennent en contact. Enfin Rubens et Ladenburg (1905) ont étudié l'absorption dans CO_2 entre 12^μ et 18^μ ; ils ont trouvé que la raie en $14^\mu,7$ se déplace en $15^\mu,1$, quand l'épaisseur de la couche augmente.

21. Dispersion anomale. — Pour la plupart des substances, l'indice de réfraction augmente, quand la longueur d'onde λ du rayon dans le vide diminue, au moins dans la partie visible du spectre, c'est-à-dire que l'ordre dans lequel s'étalent les couleurs est toujours celui du rouge au violet, pour un prisme constitué avec ces substances. Il existe cependant des corps, dans lesquels il se produit une *dispersion anomale*, c'est-à-dire pour lesquels l'indice de réfraction n n'est pas une fonction croissant constamment, quand λ décroît ; ces substances donnent des spectres *anomaux*, dans lesquels l'ordre de succession des couleurs diffère de l'ordre ordinaire.

Déjà en 1862, Le Roux avait trouvé que la vapeur d'iode réfracte plus énergiquement les rayons rouges que les rayons indigo (les autres sont absorbés) ; plus tard, Hurion a mesuré l'indice de réfraction n de la vapeur d'iode à 700° et a trouvé, pour les rayons rouges, la valeur $n = 1,0205$; pour les rayons violets, $n = 1,019$. La découverte de Le Roux n'attira guère l'attention avant que Christiansen (1870 à 1871) découvrit la dispersion anomale dans des dissolutions alcooliques de *fuchsine*. Nous donnons ci-dessous un tableau des indices de réfraction relatifs à quelques raies de Fraunhofer, pour une solution à 18,8 °/₀ de fuchsine dans l'alcool pur :

Rayon	Solution de fuchsine à 18,8 °/₀	Alcool pur	Rayon	Solution de fuchsine à 18,8 °/₀	Alcool pur
B	1,450	1,363	F	1,312	1,370
C	1,502	—	G	1,285	1,373
D	1 561	1,365	H	1,312	1,376

La figure 226 représente graphiquement le spectre, que l'on obtient au moyen d'un prisme creux renfermant une solution de fuchsine ; ce prisme est formé de deux lames de glace faisant entre elles un angle $\alpha = 1°14'10''$. Les

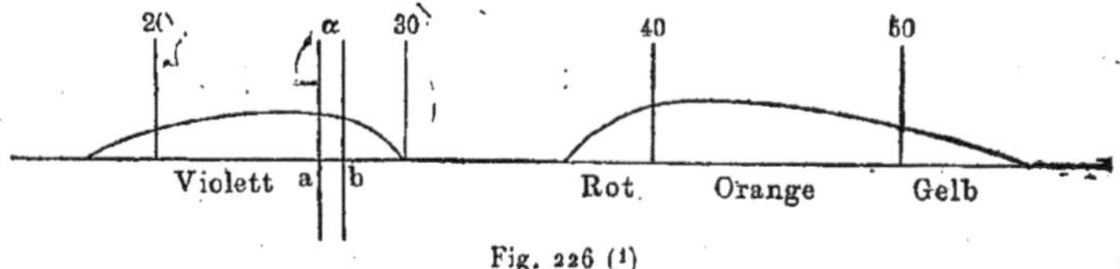

Fig. 226 (1)

abscisses correspondent aux déviations des rayons, les ordonnées à leur intensité. Les rayons violets sont les moins déviés ; les rayons jaunes sont ceux qui le sont le plus fortement ; les rayons verts manquent totalement. La dispersion obtenue est extraordinairement grande ; les valeurs de n oscillent entre

____

(1) Rot = rouge, gelb = jaune.

1,285 et 1,561, dont la différence est 0,276, tandis que la même différence pour l'alcool n'est que 1,376 — 1,363 = 0,013. Les deux traits verticaux en α de la figure 226 indiquent l'étendue *ab* et la position du spectre visible total, qui serait obtenu avec le même prisme contenant de l'alcool pur.

Kundt a étendu les expériences de Christiansen à un grand nombre de substances, et a indiqué, dans toute une série de travaux classiques, plusieurs méthodes commodes pour étudier la dispersion anomale. Partant de certaines considérations théoriques, il a prévu que la dispersion anomale devait exister dans les substances, qui possèdent une *couleur superficielle* très vive à éclat métallique. Ces substances réfléchissent fortement certains rayons, et leurs solutions, même très étendues, absorbent énergiquement ces mêmes rayons, qui manquent complètement dans le spectre de la lumière transmise par une couche d'épaisseur notable.

C'est Kundt qui le premier a mis en évidence la *relation qui existe entre la dispersion anomale et l'absorption des rayons.* En étudiant les spectres de différentes substances, suivant une méthode qui sera exposée plus loin, Kundt trouva en effet que l'absorption entraîne une dispersion anomale, d'après la règle suivante : *si on part des rayons de plus grande longueur d'onde, c'est-à-dire de l'extrémité infra-rouge du spectre normal, l'indice de réfraction n croît d'une manière anomale, quand on s'approche des rayons absorbés ; inversement, les rayons voisins (par la longueur d'onde) des rayons absorbés, mais situés plus près de l'extrémité violette du spectre normal, ont un coefficient d'absorption anomalement petit.*

La méthode de Kundt (méthode des prismes croisés) est la suivante : on diminue la longueur de la fente bien éclairée (d'un appareil de projection), placée horizontalement par exemple, et on obtient, au moyen d'un prisme à *arête horizontale* (ou à l'aide d'un réseau de diffraction), un spectre vertical, très étroit ; soit HGDB (*fig.* 227) ce spectre. Si on place entre le premier prisme (ou le réseau) et l'écran, ou entre l'écran et l'œil, un second prisme à

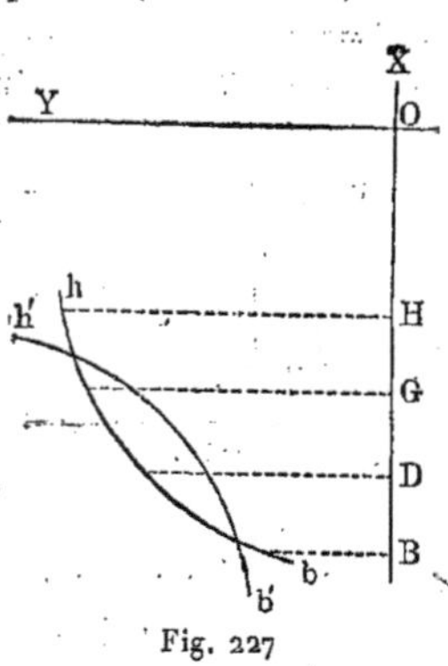

arête *verticale*, le spectre HB se déforme et ses différentes parties se déplacent latéralement d'autant plus que l'indice de réfraction de la substance du second prisme est plus grand pour les rayons correspondants. Si cette substance possède un pouvoir dispersif normal, l'extrémité H du spectre est la partie la plus déviée latéralement, l'extrémité B celle qui l'est moins, et on voit le nouveau spectre dans une position inclinée. Comme la dispersion partielle diffère suivant les substances (page 244), les ordonnées Y ne sont pas en général proportionnelles aux abscisses X, surtout dans le cas où le premier spectre est obtenu au moyen d'un réseau ; on obtient donc un spectre

Fig. 227

infléchi dans un sens ou dans l'autre : *hb* ou *h'b'*.

Mais si la substance du second prisme possède un pouvoir dispersif anomal, la déviation latérale du premier spectre sera irrégulière, et on obtient un nouveau spectre, dans lequel la disposition des couleurs indique directement la réfrangibilité de chaque rayon dans la substance du second prisme. Si le second prisme renferme une solution suffisamment concentrée de cyanine, on

obtient une image semblable à celle de la figure 228 ; en D il se produit une absorption ; la réfraction croît rapidement à partir de l'extrémité rouge B, de sorte qu'on obtient la branche ab ; après la partie absorbée, vient une faible réfraction (en c), et la seconde branche du spectre est cd.

On n'obtient pas en réalité des spectres de lignes, mais des spectres formés de bandes étroites.

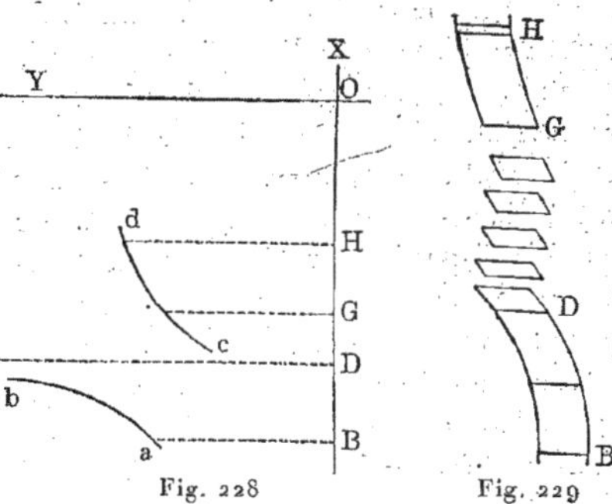

Fig. 228   Fig. 229

La figure 229, relative à un prisme renfermant une solution faible de permanganate de potasse, montre cinq bandes sombres dans le vert ; le spectre est infléchi en sens contraire à ses deux extrémités HG et DB. A chaque bande séparée, c'est-à-dire à chaque absorption, correspond une dispersion anomale, comme le fait voir la figure ; si on part de l'extrémité rouge B, la réfraction augmente fortement, avant la bande d'absorption, et diminue après elle. Kundt a étudié de la même manière un certain nombre de solutions diverses et de corps solides, parmi lesquels nous citerons, outre le permanganate de potasse, le bleu, le violet et le vert d'aniline, la solution d'indigo dans l'acide sulfurique fumant, le carmin d'indigo, la carthamine, la muréxide dissoute dans la potasse, la cyanine et le carmin. On doit à Mach une variante de la méthode de Kundt, dans laquelle on produit une double réflexion à l'intérieur de deux prismes croisés, sous l'angle limite de la réflexion intérieure, lequel est indépendant de λ.

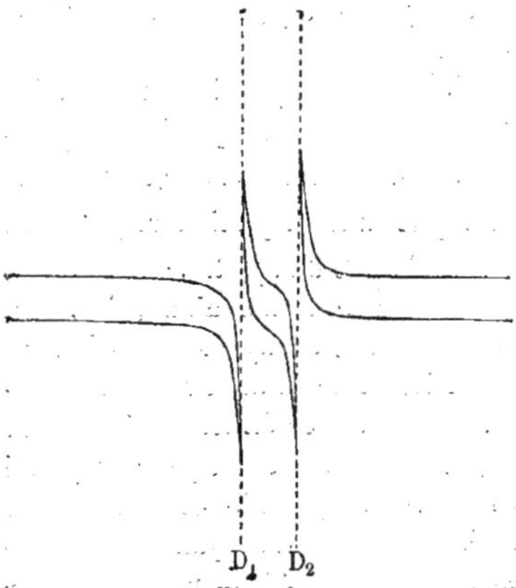

Kundt (1880) a fait la découverte particulièrement intéressante de la dispersion anomale dans la flamme d'un bec de gaz, renfermant des vapeurs de sodium et agissant comme un prisme à arête horizontale tournée vers le haut. Les rayons voisins de la raie D étaient déviés par la flamme : les rayons $\lambda - \alpha$ (où λ est la longueur d'onde du rayon correspondant à D et α, une quantité petite), vers le bas ; les rayons $\lambda + \alpha$, vers le haut. Winkelmann (1887) a répété ces expériences, en donnant à la flamme une forme, qui se rapprochait plus de

D_1 D_2
Fig. 230

celle d'un prisme à trois pans. H. Becquerel (1898) a ensuite observé séparément, dans la flamme du sodium, la dispersion anomale pour chacune des deux raies D_1 et D_2; il obtint ainsi, pour de très petites valeurs de α, des indices de réfraction inférieurs à l'unité. Julius (1900) a étudié le premier très exactement ce cas de dispersion anomale; la figure 230 montre une partie du spectre de la lumière blanche, qui a traversé une flamme de sodium agissant comme un prisme dont l'arête est tournée vers le bas; les rayons $D_1(\lambda_1)$ et $D_2(\lambda_2)$ sont absorbés; les rayons $\lambda_1 - \alpha$ et $\lambda_2 - \alpha$ sont déviés vers le bas, les rayons $\lambda_1 + \alpha$ et $\lambda_2 + \alpha$ vers le haut. Lummer et Pringsheim (1903) ont observé la dispersion anomale pour les vapeurs de Na et Tl, dans le chalumeau à oxygène avec forme prismatique de la flamme, et le même phénomène pour les vapeurs de Sr, Ca et Ba.

Wood a même réussi à aller beaucoup plus loin; il a observé la dispersion anomale dans la *vapeur de sodium pur*, en chauffant des morceaux de ce métal dans un tube horizontal rempli d'hydrogène; il obtint déjà ici, pour un vaste domaine de rayons $\lambda - \alpha$, la valeur $n < 1$. En général, on arrive à obtenir, des deux côtés de la raie D, les valeurs $n = 1,0024$ et $n = 0,9969$, comme indices de réfraction par rapport à l'hydrogène. Dans un *nouveau* travail (1904), Wood a déterminé les indices de réfraction n, pour la vapeur de Na à 644°, relatifs au spectre entièrement visible à partir de $\lambda = 750^{\mu\mu}$ et au spectre ultra-violet jusqu'à $\lambda = 226^{\mu\mu}$, et a étudié particulièrement la région dans le voisinage de D_1, D_2; pour $\lambda = 750^{\mu\mu}$, on a $n = 1,000117$; pour λ plus petit, n est plus grand et atteint la valeur $1,00297$ en $\lambda = 591^{\mu\mu},8$; ensuite, commence une dispersion énorme, où n prend les valeurs suivantes :

$$\lambda = 589^{\mu\mu},76 \quad 589^{\mu\mu},7 \quad 589^{\mu\mu},64 \quad 588^{\mu\mu},96 \quad 588^{\mu\mu},84 \quad 588^{\mu\mu},06$$
$$n = 1,0557 \quad\quad 1,094 \quad\quad 1,386 \quad\quad 0,697 \quad\quad 0,945 \quad\quad 0,975\,;$$

Enfin n *croît* très lentement jusqu'à la valeur $0,999987$ en $\lambda = 226^{\mu\mu}$. Les nombres ci-dessus résultent en partie de l'observation, en partie du calcul. Pour $\lambda = 588^{\mu\mu},96$ la valeur observée elle-même était $n = 0,614$. En dehors de $589^{\mu\mu}$ (D_1, D_2), Wood a pu aussi indiquer une dispersion anomale en $330^{\mu\mu},3$ et en $285^{\mu\mu},2$, dans la partie ultra-violette du spectre.

Ebert (1903) a donné aux vapeurs métalliques la forme d'un prisme, en faisant circuler auprès de ces vapeurs, des deux côtés, de l'hydrogène chaud qui s'échappait vers le haut par un tuyau de sortie. Près des deux raies du potassium, on observe très nettement la dispersion anomale; on trouva également ici, dans le voisinage des deux raies, $n < 1$. Ebert a en outre (1904) vaporisé des métaux dans l'arc voltaïque entre un creuset de graphite et une tige de charbon et, par un miroir, a renvoyé horizontalement les rayons ainsi obtenus au spectroscope. Il a trouvé que les raies d'absorption sont limitées du côté rouge par un fond intense, tandis qu'elles sont élargies du côté plus réfrangible. Ce phénomène, qu'on observe aussi dans les étoiles *nouvelles*, peut s'expliquer par la réfraction anomale des rayons blancs envoyés dans la vapeur métallique par le creuset et par le charbon. Puccianti (1904) a aussi étudié la dispersion anomale dans les vapeurs de Li, Tl, Na (flamme de Bunsen), Ca, Ba, Sr (arc voltaïque).

Nous avons indiqué plus haut l'importance que les phénomènes de la dispersion anomale ont pris, à la suite des travaux de Julius, pour l'explication des phénomènes solaires. Julius a également expliqué, par la dispersion anomale, le phénomène célèbre du *rayon vert*, dans un coucher de Soleil à la mer.

Beaucoup de physiciens ont cherché à déterminer les valeurs précises des indices de réfraction n de rayons de différentes longueurs d'onde λ, dans des substances présentant la dispersion anomale. Il semble que Pflüger y soit arrivé le premier en 1895; il a mesuré la réfraction d'une série de rayons déterminés dans des prismes formés de substances solides, telles que la fuchsine, la cyanine, le vert malachite et deux autres matières colorantes (rouge de Magdala ou de naphtaline et violet d'Hoffmann); l'angle du prisme oscillait entre $40''$ et $130''$: la valeur de n a été déterminée pour les rayons suivants :

Rouge extrême.	$703^{\mu\mu}$	Tl (vert). . .	$535^{\mu\mu}$	Hγ (G). . .	$434^{\mu\mu}$
Li.	671	Hβ (F) . . .	486	Hδ (h) . . .	410
Na (D). . . .	589	Sr	461		

Les lettres entre parenthèses désignent les raies de Fraunhofer correspondantes. Pour la *fuchsine*, on a trouvé les valeurs suivantes :

	Rouge extrême	Li	D	Tl	F	Sr	G	h	$405^{\mu\mu}$
$n =$	$2,30$	$2,34$	$2,64$	$1,95$	$1,05$	**0,83**	$1,04$	$1,17$	$1,38$.

On a porté comme abscisses, dans la figure 231, les longueurs d'onde λ, et, comme ordonnées, les valeurs de n; le trait noir indique le domaine des rayons absorbés par la fuchsine.

Il est très remarquable que l'on ait obtenu une valeur de $n < 1$, pour $\lambda = 461^{\mu\mu}$ (Sr), de sorte que cette radiation se propage dans la fuchsine avec une plus grande vitesse que dans l'éther libre. La dispersion anomale dans la fuchsine a aussi été étudiée plus tard par Cartmel (1903). Fricke (1905) a mesuré

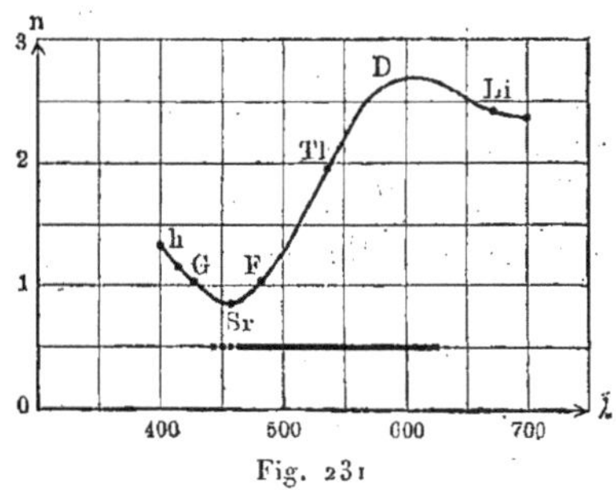

Fig. 231

les indices de réfraction des *liquides* absorbants par la méthode interférentielle (Chap. XIII); il a observé les *solutions* de fuchsine, de vert de malachite, de bleu de méthyle et d'auramine et en outre Br et CS^2; le brome donne la dispersion anomale entre $424^{\mu\mu},5$ et $383^{\mu\mu}$; CS^2 en $326^{\mu\mu}$. Un résultat analogue a été obtenu pour le violet d'Hoffmann : on a trouvé $n = 0,86$ pour le rayon F ($486^{\mu\mu}$). Parmi les autres substances étudiées par Pflüger, le vert malachite présente un intérêt particulier; il donne deux bandes d'absorption dans la lumière transmise ; les valeurs correspondantes de l'indice de réfraction sont :

Rouge extrême Li   D   Tl   F   G   416μμ   h

$n =$ 2,49   2,50,   1,33   1,16   1,45   1,38   1,37   1,28 ;

on a représenté sur la figure 232 les résultats des mesures et les deux régions d'absorption mentionnées.

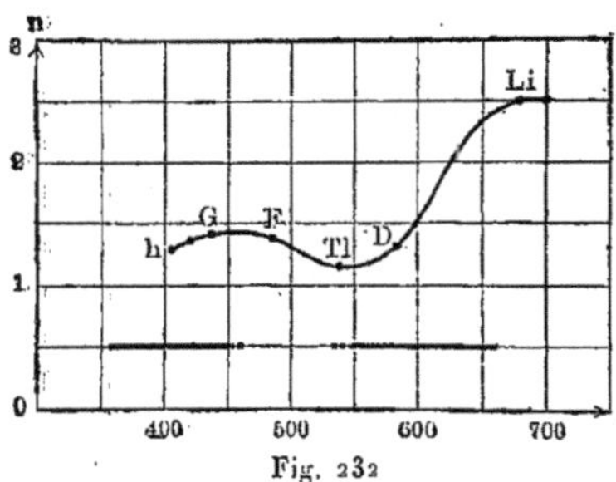

Fig. 232

Nous avons déjà vu (page 233) que les métaux appartiennent aux substances qui présentent la dispersion anomale ; on trouve des valeurs de $n < 1$, pour Cu, Ag, Au et pour les vapeurs de Na.

I. Schtschégliaieff a étudié très en détail la dispersion anomale, dans des solutions de fuchsine ; il a trouvé le minimum de l'indice de réfraction près de $\lambda = 470^{\mu\mu}$, ce qui concorde parfaitement avec les résultats de Pflüger.

Wood a observé la dispersion anomale spécialement dans la cyanine ($C^{27}H^{35}Az^2I$). Il réussit d'abord (1898) à préparer avec cette substance un prisme ayant un angle réfringent de 12'35". Les rayons jaunes étaient complètement absorbés et, par suite, il ne put déterminer n pour les rayons compris entre $\lambda = 0^\mu,510$ et $\lambda = 0^\mu,650$. Il obtint pour d'autres rayons, les valeurs suivantes de n :

$\lambda = 0^\mu,760$ $0^\mu,723$ $0^\mu,685$ $0^\mu,660$ $0^\mu,648$ | $0^\mu,508$ $0^\mu,497$ $0^\mu,484$ $0^\mu,455$ $0^\mu,410$

$n = 1,93$ 2,02   2,12   2,25   2,35 | 1,12   1,25   1,35   1,47   1,57

Magnusson (1901) découvrit qu'il doit se trouver encore une bande d'absorption dans la partie ultra-violette du spectre de la cyanine, et, par suite, une région de dispersion anomale. Wood et Magnusson (1901) ont alors construit des prismes plus minces (avec des angles de 24" à 17'), qui permirent d'explorer toute la région comprise entre $\lambda = 0^\mu,770$ et $\lambda = 0^\mu,370$. La courbe $n = f(\lambda)$ était régulière et avait à peu près la forme de la courbe dans la figure 232. En adjoignant un réseau à un tel prisme, Wood a construit un appareil très commode, pour observer, d'après la méthode de Kundt, le spectre de la cyanine dévié latéralement ; le réseau remplaçait le second prisme. Pflüger (1902) a également trouvé que la cyanine a une bande d'absorption dans l'ultra-violet.

Horn a reconnu un exemple intéressant de dispersion anomale dans le cyanure double de magnésium et de platine ; il a trouvé pour le *rayon ordinaire* (voir le Chap. XVI sur la double réfraction) :

Rayon   C   D   E   F   G

$n =$ 1,363   1,294   1,141   0,974   0,902.

Wood (1902) a constaté une dispersion anomale remarquable dans la *nitro-*

sodiméthylaniline [C^6H^5 — $Az(AzO)CH^3)^2$] ; un prisme de 5° est transparent pour les radiations du rouge au vert ; la partie plus éloignée du spectre est absorbée et la limite de l'absorption est extrêmement bien tranchée ; la partie visible du spectre est douze fois plus longue que dans le quartz, par exemple. Wood (1903) a aussi mesuré les indices de réfraction de cette substance, pour lesquels il a trouvé les valeurs suivantes :

$$\lambda = 763^{\mu\mu} \qquad 669^{\mu\mu} \qquad 584^{\mu\mu} \qquad 508^{\mu\mu} \qquad 427^{\mu\mu}$$
$$n = 1{,}697 \qquad 1{,}743 \qquad 1{,}815 \qquad 2{,}025 \qquad 2{,}140.$$

L'absorption s'étend de $500\mu\mu$ jusqu'à $370\mu\mu$; il paraît y avoir une nouvelle absorption dans l'ultra-violet extrême.

Wood a en outre étudié le *sélénium* ; celui-ci s'est montré transparent pour les rayons compris entre $\lambda = 0^\mu{,}41$ et $\lambda = 0^\mu{,}75$; l'indice de réfraction, pour $\lambda = 0^\mu{,}41$, est $n = 2{,}95$: pour $\lambda = 0^\mu{,}50$, on a $n = 3{,}14$: *c'est la plus grande valeur connue jusqu'ici d'un indice de réfraction pour des rayons visibles ;* de $\lambda = 0^\mu{,}50$ à $\lambda = 0^\mu{,}75$, n diminue jusqu'à $2{,}60$.

Nichols a observé un cas remarquable de dispersion anomale des rayons *infra-rouges* dans le quartz ; il a montré d'abord que le quartz absorbe les radiations pour lesquelles $\lambda > 8^\mu$; le domaine de la dispersion anomale se trouve en $\lambda < 8^\mu$, et il a obtenu, pour l'indice de réfraction, les valeurs suivantes :

$$\lambda = 4^\mu{,}5 \quad 5^\mu{,}0 \quad 5^\mu{,}8 \quad 6^\mu{,}25 \quad 6^\mu{,}45 \quad 7^\mu{,}0 \quad 7^\mu{,}2 \quad 7^\mu{,}4 \quad 7^\mu{,}6 \quad 7^\mu{,}8 \quad 8^\mu{,}0 \quad 8^\mu{,}05$$
$$n = 1{,}450 \quad 1{,}417 \quad 1{,}368 \quad 1{,}309 \quad 1{,}274 \quad 1{,}167 \quad 1{,}080 \quad \mathbf{1{,}000} \quad 0{,}930 \quad 0{,}702 \quad 0{,}478 \quad 0{,}366 ;$$

on trouve donc ici $n < 1$, pour $\lambda > 7{,}4^\mu$.

La première explication théorique de la dispersion anomale a été donnée par Sellmeyer, qui avait déjà développé sa théorie, *avant* que les expériences de Christiansen fussent connues ; il avait prévu l'existence de la dispersion anomale et avait déjà cherché en 1866 à la trouver dans une solution de fuchsine. Il exposa en détail sa théorie en 1872 ; elle était basée sur une étude de l'action des molécules matérielles sur l'éther en vibration qui les entoure ; si les molécules sont capables d'exécuter des vibrations d'une durée déterminée, ces vibrations doivent se transmettre de l'éther aux molécules, et il se produit une absorption des rayons correspondants ; l'indice de réfraction des rayons voisins varie alors d'une manière anomale. Boussinesq avait d'ailleurs déjà donné auparavant (1868) une théorie, qui reposait sur l'action mutuelle de l'éther et de la matière ; O. E. Meyer (1872) a développé une théorie analogue. En poursuivant la même idée, Helmholtz (1874) a établi une nouvelle théorie de la dispersion ; il a obtenu la formule

$$n^2 = 1 + P\lambda^2 + \frac{Q\lambda^4}{\lambda^2 - \lambda_1^2},$$

dans laquelle P, Q et λ_1 sont des constantes, et qui ne diffère pas essentiellement de la formule de Ketteler (page 249). En 1893, Helmholtz a posé les fondements d'une théorie électromagnétique de la dispersion et a montré directement la possibilité des cas où $n < 1$.

Nous avons cité à la page 250 les formules les plus générales (3, g), auxquelles conduit la théorie de la dispersion en son état actuel. Pratiquement, la formule (3, i), c'est-à-dire

$$(12) \qquad n^2 = a^2 + \frac{M}{\lambda^2 - \lambda_1^2} + \frac{N}{\lambda^2 - \lambda_2^2},$$

est suffisante dans beaucoup de cas ; λ_1 et λ_2 représentent, dans cette formule, les longueurs d'onde moyennes des bandes ou des raies d'absorption. Si on prend la formule (3, g) de la page 250, et si on se limite à *deux* termes de la somme, la relation qui lie n et λ s'exprime, comme l'a montré PASCHEN (1894),

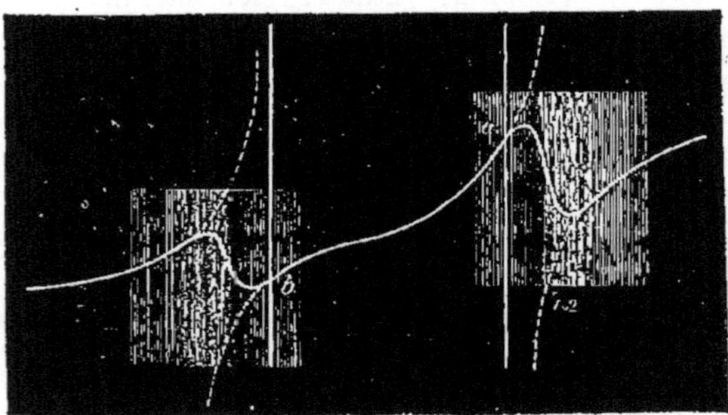

Fig. 233

par la courbe continue représentée dans la figure 233 ; si on néglige la grandeur g (et par suite k également), c'est-à-dire si on prend la formule (12), on obtient la courbe en pointillé. De nouvelles recherches théoriques sont dues à DRUDE (1904-1905) et à PLANCK (1905).

Les travaux de PFLÜGER, KETTELER, PASCHEN, ASCHKINASS et autres, que nous avons déjà mentionnés, ont pleinement confirmé que les lois de la dispersion anomale s'expriment effectivement par les formules précédentes. L'étude de la dispersion d'une substance permet, d'autre part, de calculer ses bandes ou ses raies d'absorption, c'est-à-dire de trouver les longueurs d'onde λ_1, λ_2, λ_3, etc. des rayons qui sont absorbés, émis et réfléchis métalliquement par cette substance. Ces rayons correspondent aux *vibrations propres* de la substance, pour laquelle ils sont caractéristiques, et comme tels leur détermination présente un très grand intérêt. F. MARTENS (1901) a dressé un tableau des longueurs d'onde de ces vibrations propres, pour différentes substances, en partie d'après ses mesures personnelles de la dispersion et ses calculs des longueurs d'onde λ_1, λ_2, etc., en partie d'après les travaux d'autres savants ; ses résultats sont les suivants :

Spath fluor	λ_1	λ_2	λ_3	λ_4
(CaFl²)	$0^\mu,09508$	$24^\mu,0$	$31^\mu,6$	$40^\mu,526$
	(calc.)	(obs.)	(obs.)	(calc.)

Sylvine	λ_1	λ_2	λ_3	
(KCl)	$0^\mu,11527$	$0^\mu,16073$	$61^\mu,1$	
	(calc.)	(calc.)	(obs.)	
Sel gemme	λ_1	λ_2	λ_3	λ_4
(NaCl)	$0^\mu,11073$	$0^\mu,15632$	$51^\mu,2$	87^μ (?)
	(calc.)	(calc.)	(obs.)	(calc.)
Sulfure de carbone	λ_1	λ_2		
(CS²)	$0^\mu,2175$	$0^\mu,321$		
	(calc.)	(obs.)		

$$\lambda_1$$

Naphtaline monobromée	$0^\mu,243$	(calc. et obs.)
Essence de cassia	$0,2709$	(calc. et obs.)
Solution de $BaI^2 + HgI^2$ *dans* H^2O	$0,319$	(calc.)
Benzine	$0,1745$	(calc.)
Alcool éthylique	$0,133$	(calc.)
Eau	$0,1151$	(calc.)
Xylol	$0,1366$	(calc.).

Différentes bandes d'absorption ultra-violettes, correspondant aux *vibra-tions propres* des substances, ont été calculées de cette manière. Dans un travail plus récent (1902), F. MARTENS a étudié le diamant, P, S, Cl, Se, Br et I, et il a déterminé pour eux les longueurs d'onde λ_1 ; il a trouvé que la longueur d'onde λ_1 des vibrations propres des éléments désignés transparents, non con-ducteurs, était, dans la partie ultra-violette du spectre, à peu près proportion-nelle à la racine carrée de leur poids atomique ; si on désigne le poids atomique par A, on a approximativement

$$\lambda_1 = 37,3 \sqrt{A}\ \mu\mu.$$

MARTENS a donné, dans un autre travail, les longueurs d'onde suivantes de vibrations propres :

Ca	Na	K	Cl	CO³
$0^\mu,095$	$0^\mu,111$	$0^\mu,115$	$0^\mu,153$	$0^\mu,160$.

Nous mentionnerons encore une fois ici l'existence d'une dispersion ano-male extrêmement grande, dans les substances, telles que l'*eau*, différents alcools, quelques espèces de verre, etc., dont la constante diélectrique est très grande, de sorte que les rayons de très grande longueur d'onde (rayons élec-triques) ont, dans ces substances, des indices de réfraction très élevés, qui atteignent par exemple, la valeur $n = 9$ pour l'eau ; ceci a déjà été indiqué à la page 235. Il résulte de la relation $K = n^2$, où K est la constante diélec-trique et n l'indice de réfraction des rayons de très grande longueur d'onde, que toutes les substances, pour lesquelles K a de grandes valeurs, supérieures à 5 par exemple, possèdent la dispersion anomale pour les rayons de grande longueur d'onde.

La formule (12), applicable en général, montre qu'il n'est pas satisfaisant de parler de dispersion normale et de dispersion anomale, et que cela n'a en réalité aucun sens. Toutes les substances ont des domaines d'absorption ; par suite, *toutes les substances possèdent la dispersion anomale*. La dispersion que l'on appelle normale $\left(\dfrac{dn}{d\lambda} < 0\right)$ a lieu, quand le domaine d'absorption se trouve dans les plus petites longueurs d'onde, et la dispersion anomale a lieu, quand ce domaine se trouve dans les plus grandes. *L'apparition de la dispersion normale ordinaire, dans la région des rayons visibles, montre donc que la substance considérée possède un domaine d'absorption dans l'ultra-violet.* Il n'y a aucun phénomène physique anomal dans la nature.

Th. Th. Pétrouschewski a indiqué des cas intéressants de dispersion anomale apparente, qui se produisent, dans le passage de la lumière d'un milieu dans un autre, quand les indices de réfraction des deux milieux diffèrent peu l'un de l'autre, par exemple dans le passage du flint glass à 20° dans le flint-glass à 0°, de l'essence de cassia à 10° dans la même essence à 22°,5, d'une solution aqueuse de $NaCl$ dans l'eau, de SO^4H^2 d'une certaine densité dans SO^4H^2 d'une autre densité, de l'éther dans l'eau, etc. Ainsi, par exemple, dans le passage de la lumière de SO^4H^2 de densité 1,78683 dans SO^4H^2 de densité 1,74247, l'ordre de succession habituel (ABCDEFGH) des raies de Fraunhofer est remplacé par le suivant :

$$H \quad G \quad E \quad F \quad D \quad B \quad C \quad A.$$

22. Couleurs des corps et des radiations. — Les différentes substances solides, liquides et gazeuses possèdent, en général, une coloration déterminée ; elles ont une couleur dépendant de celle des radiations, qui parviennent, dans des conditions données, de la surface de la substance à l'œil de l'observateur. La sensation de couleur dépend de l'action de ces radiations sur l'organe de la vue et en même temps représente certaines propriétés de la substance considérée. Il faut donc distinguer deux questions dans l'étude des couleurs : celle de la couleur en tant que propriété de la substance et celle de la sensation de couleur produite par des radiations données.

On doit considérer comme une sensation de *couleur*, l'impression causée par un corps *noir*, car la sensation produite par un tel corps, ou quand nous fermons les yeux, par l'espace nettement délimité, qui se trouve, pour ainsi dire, *devant nous*, diffère entièrement de l'absence de toute impression, laquelle correspond, par exemple, au cas d'objets placés *derrière nous*.

On a l'habitude d'appeler *incolores* les substances qui, bien qu'elles se trouvent sur le trajet des radiations parvenant à l'œil, n'influent pas du tout sur la sensation de couleur produite par ces radiations.

Il faut distinguer, pour une substance ou un corps donné, la coloration appelée superficielle de la coloration intérieure, qui se manifeste dans le passage des radiations à travers la substance. Dans l'un et l'autre cas, la coloration dépend de l'action de la substance sur les *radiations visibles* ; un cas exceptionnel sera considéré à part, dans le Chapitre sur la fluorescence ; c'est celui où la coloration dépend également, entre autres, des radiations ultra-violettes.

La *coloration superficielle* se produit, en général, de la manière suivante :

quand des rayons lumineux tombent sur la surface d'un corps, une partie d'entre eux est réfléchie ; les autres pénètrent jusqu'à une certaine profondeur à l'intérieur de la substance Parmi ces derniers, certains sont absorbés et leur énergie rayonnante se transforme en des formes différentes d'énergie, ordinairement en énergie calorifique ; d'autres sont renvoyés par la substance de tous côtés et se mêlent aux rayons réfléchis régulièrement ; c'est de ces radiations ainsi renvoyées que dépend la coloration superficielle des corps. Le fait qu'une surface parfaitement polie, réfléchissant les rayons comme un miroir, n'est pas visible par elle-même et ne possède aucune couleur, montre bien que la coloration superficielle ne dépend pas des rayons régulièrement réfléchis ; dans l'éclairage ordinaire d'une surface avec de la lumière blanche, une partie des rayons étant réfléchie comme on l'a dit, nous ne voyons pas la vraie couleur de la surface du corps, mais une couleur provenant de l'affaiblissement de la première par la lumière blanche.

La figure 234 indique schématiquement la méthode de Prévost, pour la détermination de la véritable couleur des métaux. AB et CD sont deux plaques du métal donné, qui tournent l'une vers l'autre leurs faces polies ; le rayon SS′ subit entre elles une réflexion multiple et prend finalement la direction S′′′S″. A chaque réflexion, les rayons, qui n'entrent pas dans la composition de la couleur propre du métal, sont absorbés.

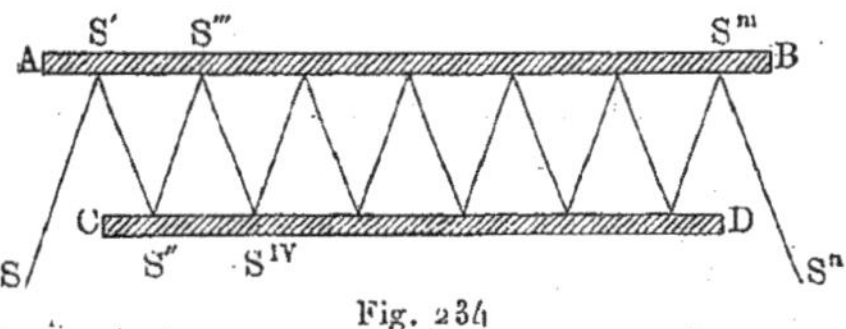

Fig. 234

On peut admettre qu'après plusieurs réflexions, ces rayons sont tous arrêtés et qu'il ne subsiste plus que les radiations, émises par la couche superficielle du métal éclairé et qui déterminent sa véritable couleur ; c'est donc celle-ci qu'on observe en S^n. Prévost a trouvé de cette manière que l'or était rouge orangé, l'argent orangé, et que le cuivre avait une couleur pourpre éclatante.

W. L. Rosenberg a fait remarquer que la couleur superficielle dépend de l'angle d'incidence des rayons lumineux, et il a construit un appareil qui permet d'observer commodément les variations de cette couleur.

Margot a observé que quelques alliages de métaux blancs avaient une couleur particulière ; ainsi, par exemple, un alliage de 72 °/₀ d'Al et 28 °/₀ de Pt est jaune d'or, un alliage de 20 à 25 °/₀ d'Al et de 75 à 80 °/₀ de Co est jaunâtre, un alliage de 18 °/₀ d'Al et 82 °/₀ de Ni est jaune rougeâtre, et un alliage de Pd et Al est rose.

La poudre des substances incolores, telles que différents cristaux, le verre, et la mousse des liquides incolores, tels que l'eau, paraissent blanches ; il se produit, dans les corps pulvérulents et dans la mousse d'un liquide, une réfraction multiple et une réflexion totale, qui les rendent peu transparents ; une fraction considérable des rayons, qui ont pénétré dans une poudre ou dans une mousse, en sortent dans toutes les directions possibles, ce qui fait paraître blanches cette poudre et cette mousse.

On trouvera dans l'ouvrage de Walter, *Oberflächen-oder Schillerfarben*, Braunschweig, 1895, un exposé très intéressant de la question de la production des couleurs superficielles des métaux et d'autres corps à *coloration métallique*, comme on en rencontre souvent, même dans le règne animal ; nous reviendrons plus tard sur ce travail de WALTER.

Nous ferons connaître, dans le Chapitre sur l'interférence de la lumière, le phénomène de la *résonance optique*, et nous verrons que, dans beaucoup de cas, cette résonance doit être regardée comme la cause de la coloration superficielle.

HÄCKER et G. MEYER ont montré qu'on devait distinguer, dans les plumes multicolores des oiseaux, des *couleurs pigmentaires* (rouge et jaune) et des *couleurs structurales* (bleu et vert en partie) ; ces dernières sont produites de la même façon que le bleu du ciel (voir plus loin).

La *coloration intérieure* d'une substance dépend de l'absorption de radiations déterminées à l'intérieur de cette substance. On l'observe aussi dans les corps appelés opaques, quand on considère une couche suffisamment mince de ces corps ; ainsi, par exemple, une feuille d'or mince laisse passer des rayons verts, une feuille d'argent, des rayons bleu clair. On distingue dans les cristaux une coloration *idiochromatique*, qui appartient à la substance elle-même (chromates jaunes et rouges, sels de cuivre verts et bleus, composés nitrés et azotés, etc.), et une coloration *allochromatique*, qui provient de matières colorantes ajoutées et souvent inégalement réparties.

Le charbon présente un exemple remarquable d'opacité. DUFOUR a trouvé qu'une couche de charbon de $\frac{1}{2000}$ de millimètre seulement d'épaisseur est opaque, bien que l'on puisse voir au travers le disque du Soleil ; une couche de $\frac{1}{700}$ mm. d'épaisseur est complètement opaque ; s'il y avait $0^{km\ cub.},75$ de charbon uniformément réparti, sous forme de fumée, dans l'atmosphère, une obscurité complète régnerait à la surface de la Terre.

L'eau pure a, par elle-même, d'après les recherches de SPRING, une coloration *bleue*. De nombreuses études ont été faites, pour expliquer la couleur naturelle des eaux, en particulier de celles de la mer ; on en trouvera une exposition détaillée dans les mémoires du BARON AUFSESS (1903), qui est arrivé lui-même à ce résultat que la couleur de la mer est uniquement produite par la dissolution de différentes substances ; il a divisé les mers en 4 groupes : mers bleues, vertes, vert jaune, et jaunes ou brunes.

WOOD (1902) a observé que de minces précipités de vapeurs de métaux alcalins, sur du verre froid, présentent une coloration intense dans la lumière qui les traverse (voir résonance optique).

Les aluns de chrome présentent une particularité intéressante. Une solution préparée à froid est bleu foncé et elle cristallise facilement ; en la chauffant vers 60 à 70°, elle prend une couleur verte et, après refroidissement, ne retrouve que très lentement sa couleur bleu foncé. MONTI (1895) a trouvé, dans l'étude des propriétés de ces solutions, que la solution bleue laisse mieux passer un courant électrique que la solution verte. SORET, BOREL et DUMONT (1897) ont constaté que, pour l'alun de chrome ammoniacal et l'alun de chrome et de soude, l'indice de réfraction des solutions bleues est plus grand que celui des solutions vertes de 0,00047.

Parfois, une modification insignifiante dans la constitution chimique d'une substance agit très fortement sur son pouvoir absorbant et change la couleur des radiations qui la traversent ; ainsi, par exemple, le gaz Az^2O^4 faiblement jaunâtre se transforme, par la chaleur, en AzO^2 rouge brun foncé. Le fait qu'une solution d'iode dans le sulfure de carbone est violette, et brune dans l'éther, semble encore plus singulier.

Schütze a fait remarquer qu'à mesure que le poids moléculaire d'éléments de la même famille augmente, leur couleur devient plus saturée ; le fluor (incolore), le chlore, le brome et l'iode en fournissent un exemple. A très basse température, S, I, Br et Cl (solide) sont blancs ; Moissan et Dewar (1903) ont montré que Fl solide est blanc également à la température de l'hydrogène liquide (20°,5 abs.). Jules Schmidlin (1904) a étudié l'action des basses températures sur la couleur de différentes solutions ; il n'a trouvé aucune action dans les solutions de bleu de méthyle et de vert de malachite dans l'alcool, tandis que les solutions rouges ou violettes des différentes rosanilines se rapprochent du blanc.

Les matières colorantes, dont les molécules présentent la constitution la plus simple, sont jaunes ou jaune verdâtre. A mesure que la constitution de la molécule devient plus complexe, par l'introduction d'un des groupements appelés *batochromes* (oxhydrile, méthyle, oxyméthyle, carboxile, phényle), ou des éléments Fl, Cl, Br, I, la couleur devient graduellement orangée, rouge, violette, indigo et verte : c'est la *règle de* Nietzke (1879). Ce changement correspond à un déplacement graduel des bandes d'absorption vers les rayons de plus grande longueur d'onde. Schütze (1892) a montré qu'il y a des groupements *hypsochromes*, qui produisent un déplacement inverse des bandes d'absorption, et par suite un changement de couleur également inverse. O. Witt a trouvé que, dans beaucoup de substances, la coloration, c'est-à-dire l'absorption de telles ou telles parties du spectre, est produite par des groupements d'atomes déterminés, par exemple AzO^2, $- Az = Az -$, etc., qu'il a appelés *chromophores*. Par adjonction de certains autres groupes, qu'il a nommés *auxochromes*, la couleur répond à une plus grande absorption ; à ces groupes appartiennent le groupe amine (AzH^2) et le groupe oxhydrile (OH). Schütze a montré que les carbures, et en particulier l'addition de la benzine ont une influence analogue à celle des auxochromes. De nouvelles recherches sur cette question ont été faites récemment par Jules Schmidlin (1903), Kaufmann (1903), Byk (1905), et d'autres. Kaufmann est arrivé à ce résultat que l'origine de la couleur doit être cherchée dans l'adjonction de plusieurs combinaisons doubles.

O. Wiener a montré que la surface d'un corps peut, dans certains cas, prendre la couleur des radiations qui agissent assez longtemps sur elle ; une surface sensible à la lumière, recouverte de chlorure d'argent, en est un exemple ; un autre exemple est fourni par la surface du corps de certains animaux (chenilles). Nous parlerons plus en détail de ces recherches remarquables de O. Wiener, dans le Chapitre sur les actions chimiques de l'énergie rayonnante.

Occupons-nous maintenant de la question importante du *mélange des cou-*

leurs; nous devons distinguer ici deux cas ou plus exactement deux sortes de mélanges.

Le premier cas se présente dans le mélange de deux pigments pulvérulents (couleurs au sens ordinaire du mot) ou de deux liquides colorés, n'agissant pas chimiquement l'un sur l'autre. L'impression de couleur obtenue dans ce cas n'est nullement la même que celle qui est produite par l'action simultanée, sur notre œil, de deux faisceaux de rayons, dont les couleurs seraient les mêmes que celles des pigments ou des liquides mélangés. Dans ce dernier cas, on a en quelque sorte une *sommation* des impressions; le faisceau lumineux, qui agit sur notre œil, renferme des radiations de toutes les couleurs (longueurs d'onde) entrant dans la composition de l'un ou de l'autre des deux faisceaux mélangés. Si l'on compare les diverses radiations des deux faisceaux à des facteurs, on peut dire que le faisceau résultant de leur mélange rappelle d'une certaine manière le plus petit commun multiple.

Au contraire, dans le mélange de pigments ou de liquides colorés, on a affaire non à une sommation d'impressions, mais plutôt à une sorte de *soustraction*. Le faisceau, qui agit sur notre œil, renferme seulement les radiations entrant à la fois dans la composition des deux couleurs mélangées; on a donc quelque chose qui rappelle le plus grand commun diviseur de plusieurs grandeurs. Le mélange est analogue à celui que l'on obtient quand des rayons blancs traversent *successivement* deux milieux colorés, par exemple deux verres colorés superposés; on obtient ici un faisceau formé des radiations, qui ont traversé aussi bien un milieu que l'autre, c'est-à-dire qui entrent dans la composition de la couleur de chaque milieu, pris séparément. Il se produit une sélection du même genre, parmi les radiations du mélange de pigments de couleurs différentes, car les rayons incidents pénètrent dans le mélange jusqu'à une certaine profondeur et sont en partie renvoyés par des particules qui ne sont pas à la surface même; dans leur trajet, les radiations traversent donc successivement des particules des différents pigments, et, parmi elles, il n'y a que celles qui entrent à la fois dans la composition des couleurs des deux pigments, qui peuvent atteindre la surface.

Par le mélange d'un pigment jaune et d'un pigment bleu, on obtient, comme on sait, une couleur verte, ce que les considérations précédentes expliquent, car les rayons verts, comme voisins des rayons jaunes ou des rayons bleus, appartiennent toujours aux radiations qui ont traversé successivement des milieux jaunes et bleus. De nouvelles recherches de RÆHLMANN (1903), à l'aide de l'ultramicroscope de SIEDENTOPF et ZSIGMONDY (voir Chap. X, § **6**), semblent cependant mettre en doute la valeur de cette explication, au moins pour les solutions.

Passons maintenant au second cas, c'est-à-dire à celui du mélange de faisceaux de radiations de couleurs différentes. Le résultat d'un tel mélange, c'est-à-dire l'impression produite sur l'œil par un mélange de radiations, dépend en partie d'un élément purement subjectif, variable peut-être avec les personnes; tout ce qui est relatif à ce sujet se rattache d'ailleurs plus ou moins étroitement à l'étude de l'œil et de la vision.

Helmholtz a indiqué quatre méthodes pour déterminer l'action sur l'œil d'un mélange de radiations.

1. On superpose deux spectres ou des parties différentes d'un même spectre ; on peut le faire objectivement (sur un écran) ou subjectivement. Helmholtz procédait de la manière suivante : la fente du collimateur d'un spectroscope ayant la forme AB (*fig.* 235), chaque moitié de cette fente donne un spectre,

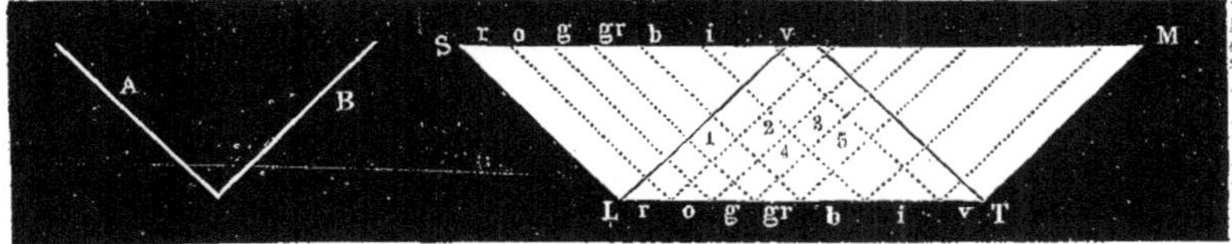

Fig. 235 ([1])

dont les extrémités sont inclinées sur le bord inférieur LT ; ces spectres se superposent dans leur partie médiane, de sorte qu'aux différents points on obtient des combinaisons différentes de deux couleurs chacune ; on voit, par exemple, qu'il se forme en 1 un mélange de rouge et de vert, en 2 un mélange d'orangé et de bleu, en 4 un mélange de jaune et de bleu clair, etc.

2. On place en *b* et *g* (*fig.* 236), sur une surface plane, deux feuilles de papier coloré, et en *p* une lame de verre. L'œil prend une position *o* telle qu'il reçoive simultanément les rayons venant de *b* qui traversent *p*, et ceux venant de *g* qui se réfléchissent sur *p*.

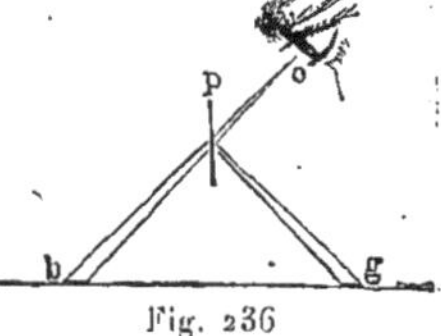

Fig. 236

3. On dispose, sur un disque circulaire ou sur un cylindre, des secteurs ou des bandes colorés ; quand le disque ou le cylindre sont animés d'un mouvement de rotation rapide, on obtient la même impression que si les couleurs étaient mélangées et la sensation de couleur résultante est la somme des impressions produites par chacune des couleurs composantes.

4. On observe, à l'aide d'un prisme biréfringent de spath calcaire (voir plus loin), le bord commun de deux surfaces colorées contiguës ; entre les deux images du bord apparaît alors une bande, dans laquelle les deux couleurs sont mélangées.

Un appareil assez compliqué pour l'étude du mélange de deux couleurs a été construit par Asher (1903).

Pour mélanger plus de deux couleurs, on peut se servir de la troisième des méthodes indiquées ci-dessus.

W. L. Rosenberg a construit un appareil très simple, avec lequel on peut montrer le résultat du mélange des radiations ou des couleurs.

Le mélange de toutes les couleurs spectrales donne, comme l'a fait voir Newton, la couleur blanche. Si l'on partage tous les rayons du spectre en deux groupes quelconques, et si on mélange séparément les rayons de chaque

---

([1]) Dans la figure 235 : g = jaune, gr = vert.

groupe, on obtient deux couleurs, qui doivent évidemment donner du blanc, lorsqu'on les mélange ensuite ensemble. Deux telles couleurs s'appellent *complémentaires*. On peut les obtenir, en plaçant, à la sortie des rayons du prisme P, une lentille *l* (*fig.* 237), qui les rassemble en un petit cercle blanc *f*, et en déviant une partie de ces rayons à l'aide du petit prisme *p*. L'expérience

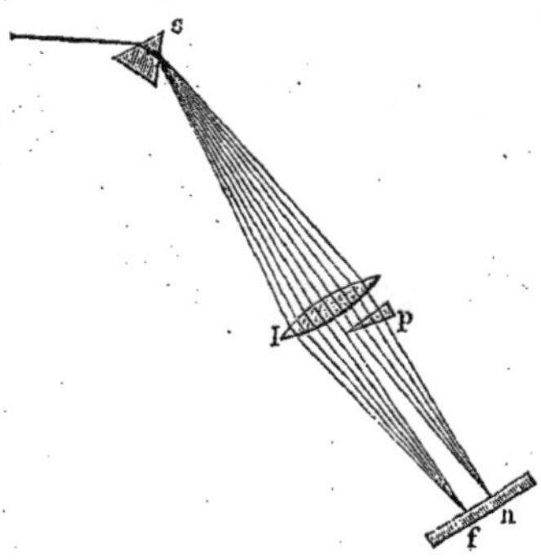

Fig. 237

réussit mieux, si on place derrière le prisme P un diaphragme particulier, dont l'ouverture est projetée par la lentille *l* sur un écran ; il faut toutefois placer le petit prisme *p* à l'endroit, où la fente de la lanterne, le prisme P et la lentille *l* donnent un spectre. Les phénomènes optiques, qui se produisent dans les cristaux, permettent d'obtenir. par d'autres méthodes encore, des mélanges complémentaires de rayons spectraux ; mais nous en parlerons plus tard.

Les recherches d'Helmholtz ont montré qu'on peut obtenir la lumière blanche, non seulement par le mélange de toutes les couleurs du spectre, mais aussi par le mélange d'un petit nombre et même seulement de deux rayons de couleurs différentes. On appelle aussi complémentaires les deux couleurs simples ou composées, dont la réunion donne du blanc.

Helmholtz, et, après lui, Kries, Frey, Schelske, König et Dieterici se sont servis de différentes méthodes objectives et subjectives, pour étudier les mélanges de rayons différemment colorés. Le procédé des fentes inclinées, décrit précédemment (page 357, méthode 1), appartient à ces méthodes. Pour faire varier le rapport des intensités des deux rayons à mélanger, on peut modifier séparément la largeur de chacune des deux fentes, ou faire tourner les deux fentes autour de l'axe du collimateur, ce qui change l'inclinaison des spectres par rapport à leur base commune ; l'un d'eux devient plus étroit et plus brillant, l'autre plus large et plus faible. Helmholtz a procédé en outre de la manière suivante : il projetait un spectre objectif sur un écran présentant deux fentes parallèles, lesquelles laissaient passer deux faisceaux différemment colorés, réunis ensuite sur un second écran à l'aide d'une lentille convergente. Enfin Helmholtz a aussi construit un *spectrophotomètre* pour le mélange des radiations, dont se sont servis également ses successeurs.

En mélangeant deux couleurs spectrales, on obtient les nouvelles couleurs suivantes : *pourpre, blanc et couleurs de passage des couleurs spectrales au blanc.* Ces dernières sont des mélanges des couleurs du spectre et du blanc ; elles sont d'autant plus *saturées* qu'elles renferment moins de blanc ; les couleurs spectrales pures possèdent le degré le plus élevé de saturation. La couleur *pourpre* résulte du mélange du rouge et du violet. La couleur pourpre non saturée paraît *rose* ; elle s'obtient par mélange de l'orangé avec l'indigo. Deux couleurs spectrales pures peuvent donner du blanc, c'est-à-dire être complémentaires l'une de l'autre. Les couleurs spectrales suivantes sont, d'après HELMHOLTZ, complémentaires l'une de l'autre :

Dénomination	Longueurs d'onde en μμ	Dénomination	Longueurs d'onde en μμ
Rouge	656,2	Bleu vert	492,1
Orangé	607,7	Bleu clair	489,7
Jaune	585,3	Bleu clair	485,4
Jaune	573,9	Bleu clair	482,1
Jaune	567,1	Indigo	464,5
Jaune	564,4	Indigo	461,8
Jaune verdâtre . .	563,6	Violet	433,0
			(et au-dessous).

Il est remarquable que des rayons jaunes et bleus (ou indigo) donnent ensemble du blanc ; nous avons déjà expliqué à la page 356, pourquoi on obtient des couleurs vertes, en mélangeant des pigments jaunes et indigo. Les successeurs de HELMHOLTZ ont également établi des tableaux des couleurs complémentaires, mais qui diffèrent un peu les uns des autres. Le *vert* a pour couleur complémentaire le *pourpre*, c'est-à-dire une couleur composée.

LAMBERT a construit un appareil pour la recherche de la couleur complémentaire de la couleur d'une surface donnée, et DOVE un appareil pour la

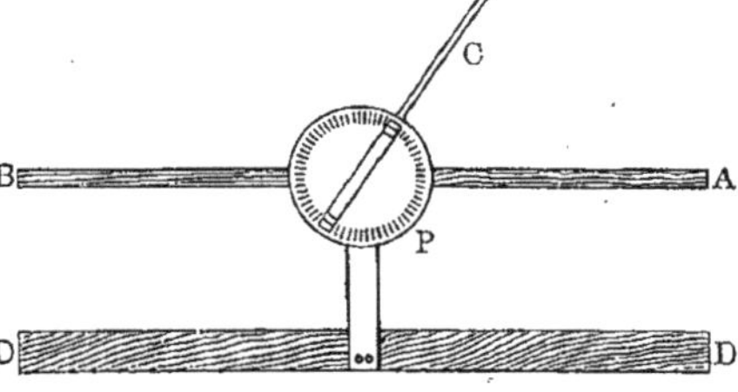

Fig. 238

détermination des groupes de deux couleurs complémentaires. Ces deux appareils ont été perfectionnés par Th. Th. PÉTROUSCHEWSKY. La figure 238 représente le premier vu de face, et la figure 239 vu en plan ; la planchette DD, qui sert de pied à l'appareil, porte une table métallique noircie, munie de deux entailles, dans lesquelles on place des tablettes colorées ou des morceaux de corps transparents colorés, ou encore des vases plats remplis de liquides

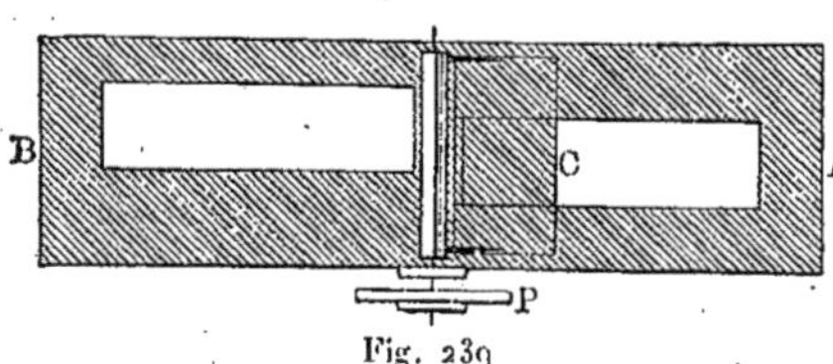

Fig. 239

colorés ; dans les deux derniers cas, une feuille de carton blanc est posée sur DD. La plaque de verre incolore C, mobile autour d'un axe horizontal, permet de voir, dans une même direction, les deux surfaces considérées, l'une par réflexion sur C, l'autre à travers C (voir *fig.* 236, page 357). On voit donc en même temps deux surfaces colorées (du côté A), et, en faisant varier l'inclinaison de C, par suite les quantités relatives de lumière réfléchie, on peut arriver à un mélange de couleurs paraissant blanc. Les formules de FRESNEL (voir le Chapitre sur la polarisation) permettent de calculer quelles fractions des deux faisceaux de rayons colorés, réfléchis sur le verre C ou traversant ce dernier, donnent du blanc par leur mélange.

HELMHOLTZ, KÖNIG et DIETERICI ont aussi étudié les mélanges de couleurs spectrales non complémentaires. Ils ont constaté que, si on mélange deux couleurs situées dans le spectre normal *plus près l'une de l'autre* que les couleurs complémentaires, on obtient une des couleurs situées entre elles, laquelle est d'autant moins saturée que les couleurs mélangées se trouvent plus loin l'une de l'autre, c'est-à-dire plus près des couleurs supplémentaires. Au contraire, si on mélange deux couleurs situées dans le spectre *plus loin l'une de l'autre* que les couleurs complémentaires, on obtient du pourpre, ou une des couleurs qui se trouvent entre l'une des couleurs choisies et l'extrémité du spectre la plus rapprochée. Dans ce cas, le degré de saturation de la couleur obtenue est d'autant plus élevé que les deux couleurs choisies sont plus distantes l'une de l'autre; c'est ce que montre le tableau suivant :

Dénomination	Violet	Indigo	Bleu	Vert bleuâtre	Vert	Jaune verdâtre	Jaune
Rouge . .	Pourpre	Rose foncé	Rose clair	Blanc	Jaune clair	Jaune d'or	Orangé
Orangé .	Rose foncé	Rose clair	Blanc	Jaune clair	Jaune	Jaune	—
Jaune . .	Rose clair	Blanc	Vert clair	Vert clair	Jaune vert	—	—
Jaune vert.	Blanc	Vert clair	Vert clair	Vert bleu	—	—	—
Vert . .	Bleu clair	Bleu (¹)	Vert bleu	—	—	—	—
Vert bleu .	Bleu (¹)	Bleu (¹)	—	—	—	—	—
Bleu . .	Indigo	—	—	—	—	—	—

(¹) HELMHOLTZ désigne ce bleu par le terme *wasserblau*.

C. MAXWELL a étudié de près la question de la production des différentes couleurs, en particulier de celles du spectre, par le mélange de trois couleurs spectrales *bien déterminées*. Désignons par P, Q, R les quantités de lumière de ces trois *couleurs fondamentales*, pour une largeur de fente du spectroscope prise comme unité ; les longueurs d'onde des radiations correspondantes sont :

$$P\ (\text{rouge}) \qquad Q\ (\text{vert}) \qquad R\ (\text{bleu})$$
$$\lambda = \qquad 0^{\mu},630 \qquad 0^{\mu},528 \qquad 0^{\mu},457.$$

MAXWELL a montré que toute couleur X peut être obtenue par le mélange des parties p, q, r (largeurs des fentes) des trois couleurs P, Q et R ; c'est ce qu'il a exprimé par la formule

$$(13) \qquad\qquad X = pP + qQ + rR.$$

MAXWELL a également dressé un tableau (complété par LORD RAYLEIGH) des grandeurs p, q, r, pour les différentes couleurs spectrales ; nous en extrairons les nombres suivants :

λ	p	q	r
$0^{\mu},633$	0,420	0,009	0,063
0 ,562	0,484	1,246	—0,032
0 ,488	—0,050	0,340	0,495
0 ,441	0,025	0,016	0,693

Les valeurs négatives des coefficients signifient que si on ajoute à la couleur X, à $0^{\mu},562$ par exemple, une certaine quantité de la couleur R (0,032), on obtient la même couleur que par le mélange 0,484 P + 1,246 Q. DOUBT (1898) a perfectionné la méthode de détermination des coefficients p, q et r. La théorie de MAXWELL a trouvé une application pratique, dans ce qu'on appelle la photographie et l'impression tricolores ; l'ouvrage de VOGEL, *Photographie*, Braunschweig, 1902, renferme à ce sujet des renseignements détaillés ; parmi les travaux récents relatifs à la même question, on peut mentionner les recherches de CLAY (1901). MAXWELL a aussi indiqué une méthode graphique intéressante, pour la représentation des couleurs, à l'aide de ce qu'on appelle le *triangle des couleurs* ; nous nous bornerons à la signaler. On trouvera, dans un ouvrage très intéressant de L. PILGRIM (1901), un exposé détaillé des travaux de MAXWELL, LORD RAYLEIGH, etc., ainsi que des tableaux et des renseignements nombreux.

Nous arrivons maintenant à la question générale du mélange des couleurs spectrales simples en nombre quelconque et en quantités différentes. Le nombre des combinaisons possibles et des tons ainsi obtenus est infini ; mais en réalité, *on n'obtient que l'une des couleurs du spectre ou le pourpre*, qui paraissent plus ou moins saturés, c'est-à-dire plus ou moins mélangés de blanc. *L'impression de couleur que produit un mélange quelconque est fonction de trois variables :* 1° *la quantité x de la couleur saturée (couleur spectrale ou pourpre) ;* 2° *la longueur d'onde λ de cette couleur (si elle n'est pas pourpre) ;* 3° *la quantité y de couleur blanche ajoutée à la couleur saturée.*

NEWTON a donné une règle, pour déterminer le ton d'un mélange des sept couleurs du spectre. On partage la circonférence d'un cercle (*fig.* 240) en sept parties, proportionnelles aux nombres $\frac{1}{9}$, $\frac{1}{16}$, $\frac{1}{10}$, $\frac{1}{9}$, $\frac{1}{10}$, $\frac{1}{16}$, $\frac{1}{9}$, ou aux nombres 80, 45, 72, 80, 72, 45, 80 (dont la somme est 474). Le premier arc (R) correspond à la couleur rouge, le second (O) à l'orangé, etc. ; soient r, o, g, v, etc., les centres de gravité de ces arcs. Pour déterminer le résultat du mélange, que l'on obtient en prenant des quantités a de rouge, b d'orangé, c de jaune, etc., il faut supposer appliquées aux points r, o, g, v, ... des forces parallèles a, b, c, d, ... et chercher le point d'application M de la résultante F de ces forces. Le point M détermine,

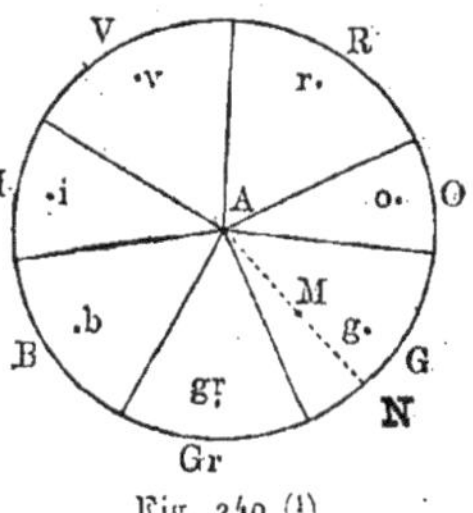

Fig. 240 [1]

par sa position, la couleur cherchée, qui est la même que celle que l'on obtiendrait en mélangeant l'unité de quantité de couleur spectrale au point N avec la quantité $\frac{MN}{AN} = \frac{s - \delta}{s}$ de couleur blanche ($s =$ AN, $\delta =$ AM). L'éclat de la couleur cherchée est donné par la grandeur de la résultante F. Cette règle de NEWTON est loin de se vérifier parfaitement.

Nous avons vu que toutes les couleurs, à l'exception de celles du spectre et du pourpre, sont des couleurs de transition entre ces dernières et le blanc ; on peut donc disposer *toutes les couleurs possibles* à l'intérieur d'un cercle, les couleurs saturées (couleurs spectrales et pourpre) se trouvant sur les cordes de la circonférence et le blanc étant au centre : toutes les nuances diverses de couleurs se trouvent alors le long des secteurs. Si on exprime les différences d'éclat par une troisième coordonnée, perpendiculaire au plan du cercle, on obtient la *pyramide des couleurs de* LAMBERT, au sommet de laquelle se trouve le noir. Des tentatives, en vue d'établir une nomenclature des couleurs, ont été faites par CHEVREUL, FORBES, DOPPLER et d'autres. Nous aurons encore à revenir sur la question des couleurs, quand nous parlerons de la théorie de YOUNG-HELMHOLTZ.

TH. TH. PÉTROUSCHEWSKY a publié un article très intéressant sur l'harmonie des couleurs, dans le dictionnaire encyclopédique russe de BROCKHAUS-EFRON, T. VIII, p. 135 (1892). Cet article renferme deux tableaux chromolithographiques qui indiquent les couleurs complémentaires, l'influence mutuelle de deux couleurs contiguës, ainsi que des essais de combinaisons de couleurs présentant une analogie avec les accords triples majeurs et mineurs des différentes gammes ; on trouvera aussi, dans le même article, des renseignements bibliographiques détaillés sur les couleurs et sur leurs combinaisons.

La sensation de couleur produite par une surface colorée dépend beaucoup de la nature de son éclairage, c'est-à-dire de la composition des rayons qui tombent sur elle. Si on projette un spectre brillant sur un écran blanc, et si on place dans les différentes parties de cet écran des morceaux de papier colorés, la coloration apparente de ces derniers dépend de la partie du spectre dans laquelle ils se trouvent. Du papier blanc prend immédiatement la couleur du spectre lui-même ; mais du papier rouge semble, au contraire, presque complètement noir, dans les parties verte et bleue du spectre, etc. Quand on éclaire des surfaces, qui sont colorées d'une manière différente, avec une flamme de sodium (flamme d'alcool ou de gaz renfermant un sel de sodium), elles paraissent jaunes, grises ou noires. TH. TH. PÉTROUSCHEWSKY a montré qu'une surface blanche produit le soir, à la lumière d'une lampe à pétrole, la même sensation sur l'œil qu'une surface orangé foncé le jour ; une surface bleu clair produit, dans les mêmes conditions, la même impression qu'une surface brun clair le jour, etc. ; malgré cela, nous disons qu'une surface blanche est blanche à la lumière d'une lampe à pétrole.

La coloration d'une dissolution dépend de la quantité de substance dissoute qu'elle renferme et, par suite, peut servir à déterminer cette dernière. On prépare, dans ce but, une solution de concentration déterminée c_1, et on en prend une couche d'épaisseur d_1 par exemple ; on détermine ensuite l'épaisseur d_2 d'une couche de la solution dont on cherche la concentration c_2, telle que les deux couches paraissent avoir exactement la même coloration ; on a évidemment alors $c_1 d_1 = c_2 d_2$, d'où

$$c_2 = \frac{c_1 d_1}{d_2}.$$

Les appareils, qui servent ainsi à mesurer d'une manière commode les grandeurs d_1 et d_2, s'appellent des *colorimètres*. La figure 241 représente schématiquement un appareil de ce genre : B est un miroir incliné, dirigeant vers le haut, où ils traversent des vases cylindriques en verre, des rayons lumineux venus d'en bas ; ces vases sont munis d'échelles sur leurs parois latérales ; p, s_1 et s_2 sont de petits miroirs ; l'observateur aperçoit en l, l'un auprès de l'autre, deux champs visuels colorés. C. H. Wolf, Knüss, Martens, et d'autres encore ont perfectionné la construction des colorimètres ordinaires, ainsi que des *spectrocolorimètres* ; ces derniers appareils servent à déterminer l'absorption, dans une solution, de rayons de réfrangibilité déterminée.

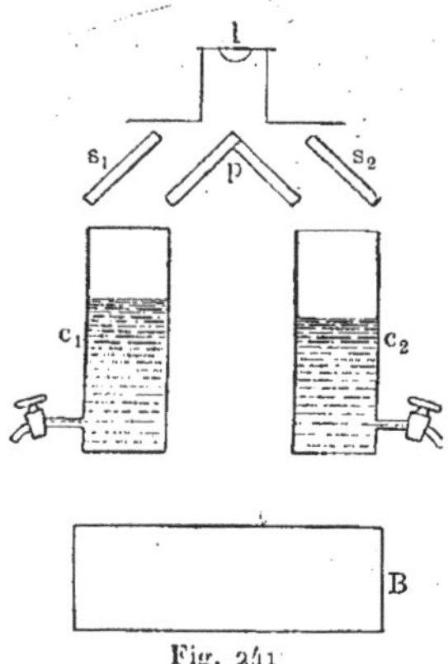

Fig. 241

23. Prismes et lentilles achromatiques ; prismes à vision directe. — On appelle

système achromatique, un système de milieux transparents qui modifie la direction des rayons d'une manière dépendant aussi peu que possible de la longueur d'onde λ ; une telle combinaison de milieux produit une déviation (réfraction) des rayons, avec absence presque complète de dispersion, de sorte que les rayons émergents donnent des images presque *incolores* (achromatiques), quand le faisceau incident est formé de lumière blanche.

Il existe aussi, pour les prismes, une combinaison inverse, qui donne une dispersion sans déviation d'un des rayons moyens du spectre à partir de sa direction initiale ; ce sont les *prismes à vision directe*, dont nous avons déjà parlé à la page 258.

1. Prismes achromatiques. — La construction de ces prismes exige la résolution du problème suivant : on donne un prisme abc (*fig.* 242), c'est-à-dire son angle réfringent a et ses indices de réfraction n pour les différents rayons du spectre ; on donne en outre la substance d'un second prisme ABC, c'est-à-dire ses indices de réfraction N.

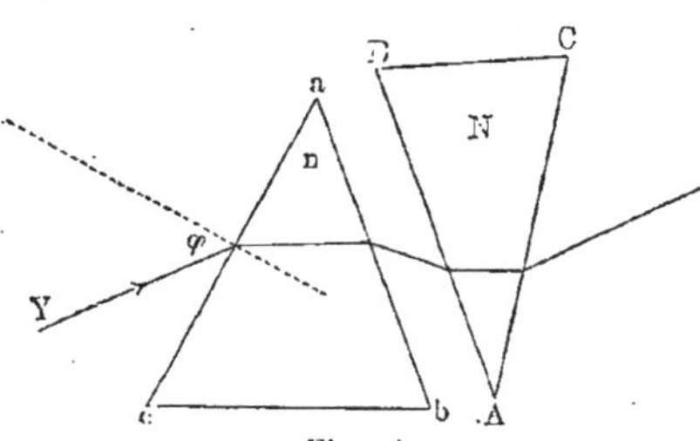

Fig. 242

Les faces BA et ab sont parallèles l'une à l'autre (elles sont en contact, par exemple). Il s'agit de déterminer l'angle réfringent A du second prisme par la condition que *deux rayons déterminés*, un rayon rouge (r) et un rayon bleu (*b*) par exemple, aient des directions Z parallèles à leur sortie du second prisme, c'est-à-dire soient déviés du même angle ε relativement à leur direction initiale commune Y.

Considérons seulement le cas où les angles a et A sont petits. Soient n_r, n_b, N_r, N_b les valeurs des indices de réfraction n et N, pour les deux rayons choisis (b = bleu, r = rouge). D'après la formule (21), page 150, la déviation du rayon rouge, dans le premier prisme, est

$$\varepsilon_1 = (n_r - 1)a;$$

elle est, dans le second,

$$\varepsilon_2 = (N_r - 1)A;$$

la déviation totale du rayon rouge est donc

$$\varepsilon_r = \varepsilon_1 - \varepsilon_2 = (n_r - 1)a - (N_r - 1)A.$$

On a de même pour le rayon bleu

$$\varepsilon_b = (n_b - 1)a - (N_b - 1)A.$$

Conformément à la condition posée, on doit avoir

$$\varepsilon_r = \varepsilon_b = \varepsilon,$$

d'où l'on déduit

$$(n_b - n_r)\,a = (N_b - N_r)\,A,$$

c'est-à-dire

$$(14) \qquad A = a\,\frac{n_b - n_r}{N_b - N_r}.$$

Si on désigne d'une manière générale par Δn et ΔN les *différences* des indices de réfraction des deux rayons considérés, on a la condition

$$(15) \qquad a\Delta n = A\,\Delta N,$$

pour que ces rayons quittent le second prisme suivant des directions parallèles. La grandeur de la déviation s'obtient, en portant (14) dans les expressions de ε_r ou de ε_b; on a ainsi

$$(16) \qquad \varepsilon = a\,\frac{(N_b - N_r)(n_r - 1) - (n_b - n_r)(N_r - 1)}{N_b - N_r},$$

ou

$$(17) \qquad \varepsilon = a\,\frac{(n_r - 1)\Delta N - (N_r - 1)\Delta n}{\Delta N}.$$

La déviation ε n'est pas nulle, quand on a

$$(18) \qquad \frac{\Delta N}{\Delta n} = \frac{N_b - N_r}{n_b - n_r} \gtrless \frac{N_r - 1}{n_r - 1}.$$

Si l'un des prismes est en crown-glass, l'autre en flint-glass, on a $N_r > n_r$; mais le pouvoir dispersif du flint est plus grand que celui du crown, de sorte que le premier membre de l'inégalité (18) est plus grand que le second; on a donc $\varepsilon > 0$. Les rayons considérés sont par suite déviés par les prismes combinés; mais, si les rayons incidents sont primitivement parallèles, ils émer-

gent finalement suivant une même direction, dans laquelle on observe leur
mélange.

La formule (15) montre que tous les *couples de rayons*, pour lesquels on a

$$(18,\ a) \qquad\qquad \frac{\Delta N}{\Delta n} = \frac{a}{A} = const.,$$

se mélangent également, mais que les directions ε suivies par chacun d'eux sont
différentes. Un prisme double donne par suite un spectre court, qui représente
en quelque sorte un spectre simple replié dans le milieu ; ce spectre résultant
s'appelle un *spectre secondaire* ; il forme une bande presque blanche dans sa
partie moyenne, mais pourpre à l'une de ses extrémités (si l'on fait coïncider
les rayons rouges avec les rayons violets) et verdâtre à l'autre. On est arrivé,
dans ces derniers temps, à fabriquer des verres, dans lesquels la marche de la
dispersion est presque la même ; on a pu ainsi diminuer considérablement le
spectre secondaire.

On peut traiter d'une manière légèrement différente la question de la combinaison achromatique de deux prismes. De la relation $\varepsilon_b = \varepsilon_r$, résulte

$$(19) \qquad (n_b - 1)a - (n_r - 1)a = (N_b - 1)A - (N_r - 1)A.$$

Le membre de gauche et celui de droite représentent les grandeurs angulaires φ des spectres obtenus avec le premier prisme et avec le second. Ces
deux prismes doivent donner des dispersions égales, mais des déviations différentes. La relation (19) donne

$$(20) \qquad\qquad \varphi = a(n_b - n_r) = A(N_b - N_r).$$

La formule (20) permet de calculer la grandeur angulaire du spectre, pour
chacun des deux prismes pris séparément.

En combinant *trois prismes* de substances données, on peut rendre *trois
rayons parallèles* ; le spectre total comporte alors un nombre infini de groupes
de trois rayons, les directions de ces groupes, à leur sortie du second prisme,
étant différentes. On obtient ainsi un spectre tertiaire, encore moins coloré
que le spectre secondaire.

On peut également, par un choix convenable des substances de *deux prismes*, rendre *trois rayons parallèles*.

La théorie que nous venons d'exposer n'est qu'approchée ; pour en donner
une plus exacte, il faudrait partir des formules (13) et (14, a) de la page 147.

II. Prisme a vision directe ou prisme d'Amici. — Nous avons déjà parlé à la
page 258 de la construction d'un tel prisme, et nous avons indiqué sur la figure
148 la marche des rayons dans un prisme triple, formé d'un prisme médian
en flint et de deux prismes extrêmes en crown. Le prisme médian réfracte
le rayon jaune aussi fortement que les deux extrêmes : mais la dispersion produite par le flint n'est pas compensée par les prismes extrêmes, de sorte qu'on
obtient un spectre, dont l'extrémité rouge est située du côté de l'angle réfringent du prisme de flint. Au lieu de trois prismes, on en emploie parfois cinq ;
celui du milieu et les deux extrêmes sont en crown, les deux autres en flint.
Le calcul des angles des prismes est assez compliqué, mais il ne présente aucune difficulté particulière.

III. — LENTILLES ACHROMATIQUES. — Des rayons blancs partant d'un point donné S (*fig.* 243) ne convergent pas, après leur passage à travers une lentille M, en un point unique (indépendamment de l'aberration sphérique, voir page 182), car les rayons de couleurs différentes sont inégalement réfractés ; c'est ce que montre la figure 243, où l'on a exagéré à dessein l'écart des dif-

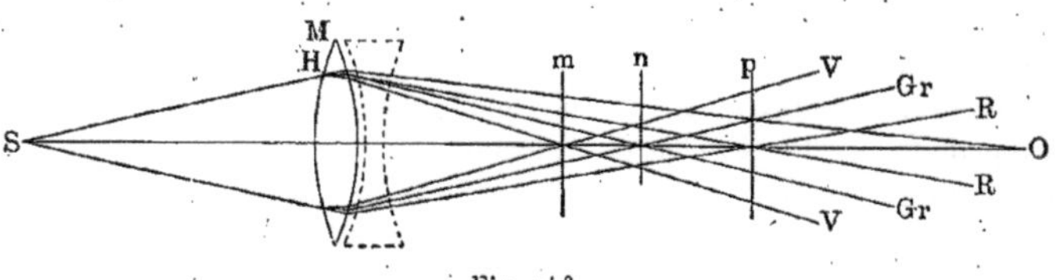

Fig. 243

férents foyers : le foyer des rayons rouges se trouve dans le plan *p*, celui des rayons violets dans le plan *m*, tandis que celui des rayons verts est en *n* ; ce phénomène s'appelle l'*aberration chromatique*. Pour l'éviter, il faut ajouter à la lentille M une seconde lentille, qui doit détruire la dispersion produite par la première, sans faire disparaître cependant la convergence des rayons ; cette dernière est, il est vrai, ainsi diminuée, et le nouveau foyer des rayons se trouve en O. La seconde lentille doit être une lentille divergente, une lentille biconcave par exemple, comme celle qui est représentée en pointillé sur la figure ; elle peut être en flint, quand M est en crown.

Il convient de donner ici quelques indications historiques sur l'achromatisme. Newton croyait que la dispersion était proportionnelle à la réfrangibilité, et il avait conclu à l'impossibilité de construire des prismes et des lentilles achromatiques, l'une ne pouvant être supprimée sans annuler l'autre. Euler s'éleva contre cette assertion, mais en indiquant à tort l'œil comme un exemple de système optique achromatique. En 1754, Klingenstjerna démontra l'inexactitude de l'hypothèse de Newton et communiqua son travail à Dollond, qui construisit en 1755 la première lentille achromatique. Mais le plus grand progrès dans cette question a été réalisé par Fraunhofer, qui mesura le premier la dispersion des lentilles, ce qui permit de calculer un système achromatique. La théorie des lentilles achromatiques a reçu de nouveaux perfectionnements dans ces derniers temps, grâce aux travaux de Abbe, Schott, Czapski, Pauly, etc.

Sans entrer dans les détails, considérons d'abord le cas le plus simple de deux lentilles infiniment minces, *accolées l'une à l'autre* ; nous négligerons par suite l'épaisseur des lentilles, c'est-à-dire la grandeur *e* qui entre dans la formule (69) de la page 177. Soient n_1 et n_2 les indices de réfraction des deux lentilles, F_1 et F_2 leurs distances focales, R_1 et R_2 les rayons des surfaces de la première lentille, R_3 et R_4 les mêmes grandeurs pour la seconde. On a, d'après la formule (51) de la page 167,

$$\frac{1}{F_1} = (n_1 - 1)\left(\frac{1}{R_1} + \frac{1}{R_2}\right);$$

si on introduit, pour abréger, les notations $\dfrac{1}{R_1} + \dfrac{1}{R_2} = k_1$, $\dfrac{1}{F_1} = \varphi_1$, il vient

$$(21) \qquad\qquad \varphi_1 = (n_1 - 1)k_1.$$

Supposons que n_1 et n_2 se rapportent à l'un des deux rayons spectraux, dont les foyers doivent coïncider dans la lentille double ; soient $n_1 + \Delta n_1$ et $\varphi_1 + \Delta\varphi_1$ les grandeurs correspondant à n_1 et φ_1, pour l'autre des deux rayons ; la formule (21) donne

$$(22) \qquad\qquad \Delta\varphi_1 = k_1 \Delta n_1 ;$$

on obtient de même, pour la seconde lentille,

$$(23) \qquad\qquad \Delta\varphi_2 = k_2 \Delta n_2.$$

Prenons, comme mesure de la dispersion relative (page 246) des substances des deux lentilles,

$$(24) \qquad\qquad m_1 = \frac{\Delta n_1}{n_1 - 1}, \qquad m_2 = \frac{\Delta n_2}{n_2 - 1} ;$$

nous avons introduit à la page 247 les *grandeurs inverses* ν_1 et ν_2, et nous avons indiqué aux pages 247 et 248 les valeurs numériques de ν pour différentes substances. La formule (74) de la page 180 prend maintenant la forme suivante

$$(25) \qquad\qquad \frac{1}{F} = \frac{1}{F_1} + \frac{1}{F_2} ;$$

en posant $\dfrac{1}{F} = \varphi$, il vient

$$(26) \qquad\qquad \varphi = \varphi_1 + \varphi_2 ,$$

on en déduit

$$\Delta\varphi = \Delta\varphi_1 + \Delta\varphi_2,$$

ou, d'après (22) et (23),

$$\Delta\varphi = k_1 \Delta n_1 + k_2 \Delta n_2.$$

Comme F, et par suite φ, doivent avoir la même valeur pour les deux rayons, la condition d'achromatisme cherchée sera $\Delta\varphi = 0$, c'est-à-dire

$$(27) \qquad\qquad k_1 \Delta n_1 + k_2 \Delta n_2 = 0 ;$$

mais la formule (21) donne

$$k_1 = \frac{\varphi_1}{n_1 - 1} ,$$

et on a de même

$$k_2 = \frac{\varphi_2}{n_2 - 1} ;$$

en introduisant ces expressions dans (27) et en tenant compte de (24), nous obtenons

$$(28) \qquad\qquad \varphi_1 m_1 + \varphi_2 m_2 = 0 ;$$

on a donc

$$\frac{m_1}{F_1} + \frac{m_2}{F_2} = 0,$$

c'est-à-dire

(29)
$$\frac{F_1}{F_2} = -\frac{m_1}{m_2} = -\frac{\nu_2}{\nu_1};$$

(26) et (21) donnent

(30)
$$\frac{1}{F} = \varphi = (n_1 - 1)k_1 + (n_2 - 1)k_2;$$

les deux formules (27) et (30) donnent

(31)
$$\begin{cases} k_1 = \dfrac{1}{R_1} + \dfrac{1}{R_2} = \dfrac{1}{F} \cdot \dfrac{1}{\Delta n_1} \cdot \dfrac{1}{\nu_1 - \nu_2} \\[2mm] k_2 = \dfrac{1}{R_3} + \dfrac{1}{R_4} = -\dfrac{1}{F} \cdot \dfrac{1}{\Delta n_2} \cdot \dfrac{1}{\nu_1 - \nu_2}, \end{cases}$$

et en outre

(32)
$$\frac{1}{F} = k_1 \Delta n_1 (\nu_1 - \nu_2) = -k_2 \Delta n_2 (\nu_1 - \nu_2).$$

Il résulte de (32) que l'on a $\nu_1 \lessgtr \nu_2$, et que k_1 et k_2 ont des signes contraires. Les formules (29), (31) et (32) donnent la série suivante de théorèmes :

I. *Un système de deux lentilles accolées l'une à l'autre ne peut être achromatique que pour des valeurs de ν différentes ou pour des dispersions relatives inégales ; les lentilles doivent être de substances différentes.*

II. *L'une des lentilles doit être convergente, l'autre divergente.*

La distance de l'objet à la lentille n'entre pas du tout dans les relations (27) et (29) ; par conséquent,

III. *Une lentille achromatique reste achromatique pour toutes les distances de l'objet à la lentille.*

D'après la formule (29),

IV. *Les distances focales des deux lentilles (indépendamment de leurs signes) doivent être proportionnelles aux dispersions relatives ou inversement proportionnelles aux grandeurs ν.*

La formule (32) montre que les grandeurs F et k_1 ont le même signe pour $\nu_1 > \nu_2$; au contraire, si $\nu_2 > \nu_1$, ce sont F et k_2 qui ont le même signe ; mais k_1 et F_1, k_2 et F_2 ont le même signe, et on a en outre $\nu_1 = 1 : m_1$, $\nu_2 = 1 : m_2$; par suite,

$$\begin{array}{lll} \text{pour } m_1 < m_2, & \text{F et } F_1 \text{ sont de même signe} & \\ \text{» } m_2 < m_1, & \text{F et } F_2 \qquad\qquad » & , \end{array}$$

et l'on voit que :

V. *Des deux lentilles, celle qui doit posséder la dispersion relative la plus faible est celle dont l'effet est semblable à l'effet total du système de lentilles.*

Si donc le système doit être convergent (F > 0), la lentille convergente doit être faite avec la substance la moins dispersive, en crown-glass par exemple, et la lentille divergente doit être en flint ; le contraire doit avoir lieu, pour que le système soit divergent.

Si les substances des deux lentilles sont données et si F est déterminé, les formules (32) expriment deux conditions auxquelles doivent satisfaire les quatre rayons R_1, R_2, R_3 et R_4 ; on ajoute très souvent une troisième condition

$$(33) \qquad\qquad R_3 = - R_2,$$

de manière que les faces en regard des deux lentilles s'appliquent exactement l'une sur l'autre. Nous verrons qu'un des quatre rayons peut être choisi arbitrairement, ou qu'on peut introduire une condition arbitraire se rapportant aux deux rayons de l'une des lentilles. Le plus souvent, la quatrième condition consiste à rendre minimum l'aberration sphérique (page 182). Le problème est tout autre, quand on peut choisir arbitrairement les grandeurs ν ; dans ce cas, on peut chercher à diminuer le plus possible le *spectre secondaire* (page 365), qui apparaît ici pour la même raison que dans un système de deux prismes.

En combinant trois ou un plus grand nombre de lentilles, on peut annuler aussi bien l'*aberration sphérique* que l'*aberration chromatique*. La figure 244 représente les sections transversales de divers objectifs achromatiques ; à gauche et en bas est représenté le système de J. Dollond ; au-dessus, celui de P. Dollond (1765) ; le troisième et le quatrième sont dus à Fraunhofer ; à droite et en bas se trouve le système de J. Herschel (1821) ; au-dessus, celui de Barlow (1827) et tout en haut, celui de Gauss (construit par Steinheil, en 1860).

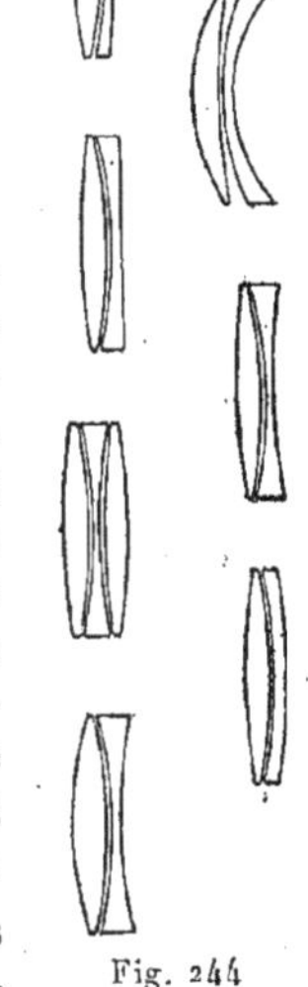

Fig. 244

La découverte, déjà plusieurs fois mentionnée, de nouvelles sortes de verres par Schott à Iéna a permis à Pauly (marque Zeiss) de construire avec deux lentilles un objectif, qui, au point de vue du degré d'achromatisme, laisse bien loin derrière lui tous les objectifs réalisés auparavant. W. Wolf à Heidelberg a vérifié les qualités de ce nouvel objectif, dont le diamètre libre a 212 millimètres et la distance focale 445 centimètres. On a réuni, dans le tableau qui suit, les résultats de la comparaison de l'objectif de Pauly avec des objectifs particulièrement connus : celui de Fraunhofer (à l'observatoire de Berlin), de Grubb (réfracteur de Potsdam) et celui de Clark (observatoire Lick). Les nombres inscrits désignent la distance du foyer des rayons de longueur d'onde λ au foyer des rayons F ($446^{\mu\mu}$), ces distances étant exprimées en cent-millièmes de la distance focale elle-même de l'objectif ; elles sont comptées positivement dans la direction de la marche des rayons.

Rayon	λ en $\mu\mu$	Fraunhofer	Grubb	Clark	Pauly
B.	690	— 19	+ 10	0	+ 2
C.	660	— 30	— 19	— 35	— 2
D	590	— 65	— 51	— 65	— 3
E–b	520	— 28	— 57	— 42	0
F.	486	0	0	0	0
G	434	+ 92	+ 203	+ 209	+ 53

La distance totale des foyers, pour les rayons nettement visibles (entre B et F), est égale à $\dfrac{2 + 3}{100\,000} \cdot 445^{\text{cm}} = 0^{\text{mm}},2$; il est évident que cet objectif est incomparablement meilleur que tous les autres ; on peut dire que l'achromatisme y est complètement réalisé au point de vue pratique.

Le problème de la construction d'un *oculaire composé achromatique*, formé de deux lentilles à une certaine distance D l'une de l'autre, présente un tout autre caractère que celui que nous venons de traiter. Pour obtenir dans l'œil une image incolore de l'objet observé (l'image donnée par l'objectif, par exemple), les images fournies par les rayons rouges et les rayons bleus doivent avoir des grandeurs angulaires égales. Cette condition est satisfaite, quand la distance focale F est la même pour deux sortes de rayons. Comme nous le savons (page 181), F est compté à partir du plan principal, dont la position dépend de la nature des rayons. La formule (77, *b*) de la page 182 donne la relation

$$\varphi = \varphi_1 + \varphi_2 - \varphi_1\varphi_2 D ;$$

la condition $\Delta\varphi = 0$ nous donne

$$(34) \qquad \Delta\varphi_1 + \Delta\varphi_2 - (\varphi_1\Delta\varphi_2 + \varphi_2\Delta\varphi_1)D = 0 ;$$

on en déduit

$$D = \frac{\nu_2 F_2 + \nu_1 F_1}{\nu_1 + \nu_2} ;$$

si $\nu_1 = \nu_2$, c'est-à-dire *si les deux lentilles sont faites avec la même substance*, on a

$$D = \frac{1}{2}(F_1 + F_2).$$

La distance entre les deux lentilles doit être égale à la demi-somme de leurs distances focales.

L'oculaire de Huygens et celui de Ramsden, que nous décrirons plus tard, satisfont à la condition que nous venons d'énoncer.

Il est utile de faire remarquer à la fin de ce Chapitre que les unités μ et $\mu\mu$ ne sont employées, pour indiquer les longueurs d'onde, que d'une manière exceptionnelle ; il est aujourd'hui d'usage général en spectroscopie de donner les longueurs d'onde en unités d'Angström. Ainsi, par exemple, si l'on ne donne la longueur d'onde de la raie

D_1 qu'avec trois chiffres, on exprime cette longueur en $\mu\mu$ et on écrit $\lambda = 590^{\mu\mu}$; mais avec quatre chiffres, il faut écrire $\lambda = 5896$ Å. Dans l'infra-rouge et l'extrême infra-rouge, on se sert de $\mu\mu$ et même de μ. Pour bien définir la position d'une raie il est absolument nécessaire de donner les dixièmes de l'unité d'Ångström ; par exemple $\lambda = 5896,2$ Å pour D_1.

Nous mentionnerons encore une modification importante qui doit actuellement être apportée au texte de l'auteur, page 279. L'azote a trois spectres différents, un spectre de lignes et deux spectres de bandes. Ces trois spectres peuvent être obtenus par des décharges électriques traversant le gaz à la pression atmosphérique ou dans le tube de Geissler. On appelle le spectre de bandes qu'on observe près de la cathode, le spectre de bandes négatif. L'autre qu'on voit généralement dans le capillaire et près de l'anode est le spectre de bandes positif. Le spectre de lignes est obtenu par la décharge d'un condensateur tel qu'une bouteille de Leyde. Cette décharge peut avoir lieu dans l'azote à la pression atmosphérique sous forme d'une étincelle ou dans un tube de Geissler, où le gaz est raréfié. L'étincelle d'induction non condensée donne le spectre de bandes positif à la pression atmosphérique ; la gaine qui entoure la cathode donne, dans les mêmes conditions, le spectre de bandes négatif. Ce dernier spectre est aussi obtenu par l'insertion d'une self-induction dans le circuit de décharge d'un condensateur (voir Hagenbach et Konen, *Physikalische Zeitschrift*, **4**, p. 227, 1902 ; Hemsalech, *Recherches sur les spectres d'étincelles*, Paris, Hermann, 1901, p. 111).

NOTE

SUR LES MÉTHODES MODERNES D'OBSERVATION EN ANALYSE SPECTRALE

Par M. A. de GRAMONT

Sur le désir exprimé par l'éditeur, nous allons donner ici quelques observations complémentaires sur les méthodes usitées actuellement dans les laboratoires où l'on fait usage de l'analyse spectrale.

1. Spectres de flamme. — *Flamme de gaz.* Afin de pouvoir photographier avec des poses de plusieurs heures, les spectres de solutions salines régulièrement évaporées dans la flamme, MM. Eder et Valenta [1] faisaient tourner par un mouvement d'horlogerie une roue bordée de toile de platine, inclinée à 45°, plongeant d'une part dans la solution à l'étude, et de l'autre dans la flamme d'un brûleur de Bunsen, où le sel dissous était ainsi introduit par une rotation régulière et continue.

M. C. de Watteville [2] s'est appliqué à photographier jusque dans l'ultra-violet extrême les spectres qui correspondent aux différentes régions de la flamme : cône intérieur ou noyau, et flamme proprement dite enveloppant celui-ci. Ces deux régions présentent, au point de vue spectral, des caractères nettement tranchés. Modifiant un dispositif déjà employé par M. Gouy [3], M. de Watteville pulvérise dans les flammes d'une rampe à gaz de trente petits becs les solutions salines à étudier, entraînées par un courant d'air comprimé. Les intensités des petites flammes s'ajoutent, grâce à la transparence qu'elles ont les unes pour les autres, et l'observation a lieu dans le sens de la longueur de la rampe. On a obtenu ainsi, aussi bien avec un réseau concave qu'avec des prismes, des spectres, d'une extrême finesse, des métaux alcalins, alcalinoterreux, et de Cu, Ag, Zn, Cd, Hg [4], Sn, Pb, Bi, Cr, Fe. Les conclusions générales de M. de Watteville se résument ainsi : Les spectres de flamme sont considérablement plus riches en raies qu'on ne l'avait observé jusqu'ici, et s'étendent fort loin dans l'ultra-violet (Sn : λ. 2199). Les divisions de la flamme en régions montrent des séries différentes de raies spectrales (voir ci-dessus, p. 287 à 290). Si par exemple on projette au moyen d'une lentille une image de la flamme, dont la hauteur totale soit inférieure

---

[1] *Denkschr. d. Wien. Akad.* (1893), T. LX, p. 468 et *Beiträge zur Photochemie*, 2, Vienne, 1904.

[2] *Spectres de flamme.* Thèse de Doctorat, Paris, 1904 et *Phil. Trans. Roy. Soc.*, London, 1904.

[3] *Ann. de Chim. et Phys.* (5e série), T. XVIII.

[4] *Comptes rendus*, T. CXLII, 1906.

à celle de la fente du spectroscope, on observe que les spectres des métaux alcalins sont divisés longitudinalement en trois bandes parallèles, différenciées au point de vue de leur teneur en raies, lesquelles correspondent à des séries différentes suivant la température relative de la région de la flamme. En comparant les spectres de flamme à ceux de l'arc et de l'étincelle on reconnaît que ce sont les raies les plus fortes dans l'arc, qui se trouvent dans la flamme ; on est, en outre, conduit à rapprocher le spectre du cône bleu, (partie la plus chaude), du spectre de l'étincelle rendue oscillante par l'effet d'une self-induction. Pour Fe, Ni, Co, notamment, les mêmes raies sont communes aux deux spectres et les raies de la flamme se trouvent sur le prolongement de celles de l'étincelle oscillante, photographiées sur la même plaque. De simples variations thermiques paraissent suffisantes pour produire les différences spectrales constatées par M. de Watteville qui corrobore ainsi les idées de Sir Norman Lockyer sur l'origine purement thermique des spectres stellaires dont les raies sont cependant celles de nos sources électriques, arc ou étincelle.

2. Flamme du chalumeau oxy-hydrique. — M. Hartley [1] a étudié spécialement les spectres des corps solides volatilisés dans la flamme très chaude du chalumeau oxy-hydrique qui fond si aisément le platine. Il introduisait dans la flamme la substance en fusion sur un support formé d'une lame de clivage de Disthène ($Al^2O^3.SiO^2$), minéral absolument infusible, qui fournissait seulement la raie rouge du Lithium et les raies D du Sodium, auxquelles venaient s'ajouter les bandes de la vapeur d'eau due au chalumeau lui-même.

Il obtenait ainsi avec de courtes poses un certain nombre de raies du spectre d'arc ou d'étincelle des corps étudiés, raies retrouvées depuis avec de longues poses par M. de Watteville dans la flamme ou le cône du bec Bunsen. Avec plusieurs corps simples : Mg, Zn, Cd, Al, In, Tl, Cu, Ag, Au, on voit apparaître de très beaux spectres de bandes cannelées, que MM. Hartley et Ramage [2] attribuent, non à l'oxyde, mais à la molécule du métal lui-même, parce qu'on les obtient également bien avec des métaux ou non oxydables dans les conditions de l'expérience, ou oxydables en oxydes non volatils. Ces mêmes spectres de bandes ont d'ailleurs été obtenus par M. Basquin [3] avec l'arc produit dans une atmosphère d'hydrogène.

3. Spectres d'arc. — Comme on sait, le charbon positif de l'arc électrique se creuse par l'effet de transport du courant en une sorte de cratère incandescent : on le place en bas dans l'appareil, et on met dans le cratère des fragments de l'élément dont on veut produire le spectre d'arc. Plus avantageusement encore, le pôle positif est formé d'un tube de charbon, dont la cavité est remplie avec la substance à étudier. Pour le spectre d'un métal peu fusible,

---

[1] *Flame Spectra at high temperatures. Phil. Trans. Roy. Soc.*, London, T. CLXXXV, 1894.

[2] *Trans. Roy. Soc.*, Dublin, II, T. VII, 1901.

[3] *Proc. Amer. Acad.*, T. XXXVII, 1901.

les baguettes de charbon sont remplacées par des tiges ou cylindres du métal lui-même ; ce dispositif est particulièrement employé avec le fer. Kayser et Runge (¹) pour l'étude du spectre de ce métal en faisaient tourner les pôles, en sens contraire, horizontalement, avec un système mécanique. Dans des recherches antérieures Lieveing et Dewar (²) faisaient éclater l'arc dans une sorte de creuset en chaux ou en magnésie, où l'on plaçait les corps dont le spectre devait être produit. Ce dispositif était spécialement favorable au renversement des raies. Pour s'affranchir des bandes du carbone et du cyanogène, toujours présentes dans l'arc, Crew et Tatnall (³) font usage d'une électrode formée d'un disque du métal étudié, animé d'un mouvement de rotation rapide, en face d'une tige du même métal, maintenue à la distance voulue par une vis à pas très fin. Si le corps, dont on veut obtenir le spectre, est rare, on en fixe des fragments seulement sur le bord du disque tournant. De cette manière l'arc est projeté latéralement en éventail d'une manière très favorable à l'observation, et toutes les impuretés dues aux charbons de l'arc ordinaire sont évitées. Le courant employé est alternatif à 100 volts et de 2 à 10 ampères.

4. Spectres d'étincelle des liquides. — Le tube fermé de la figure 163 (page 271), a été abandonné pour l'étude spectrale des liquides, parce que la chaleur de l'étincelle le remplit très vite de vapeur d'eau et de gouttelettes pulvérisées sur les bords. M. Lecoq de Boisbaudran (*Spectres lumineux*, Paris, 1876), faisait simplement éclater l'étincelle de la bobine sans bouteille de Leyde à la surface du liquide contenu dans un petit tube court, ouvert, de contenance double de celle d'un dé à coudre et traversé à sa partie inférieure par un fil de platine pour amener le courant dans le liquide. M. Demarçay (*Spectres électriques*, Paris, 1895), faisait usage d'une bobine spéciale à gros fil, permettant l'emploi d'un fort courant inducteur : il obtenait ainsi une étincelle induite très courte et très chaude, jaillissant entre un gros fil de platine et une petite mèche de fil de platine plongeant dans le liquide à étudier, contenu dans une petite cuiller de platine. Cette mèche, formée en tordant ensemble trois ou quatre fils de $0^{mm},1$ à $0^{mm},2$, dépassait le liquide d'environ un millimètre seulement. Les sels employés étaient de préférence les fluorures ou les chlorures, dans certains cas les azotates, parfois les sels alcalins de certains métaux à oxydes acides (Al, Cr, W, Mo). On obtient ainsi de très beaux spectres assez voisins de ceux de l'arc, et des réactions souvent d'une extrême sensibilité.

Récemment Sir William Crookes (⁴) ayant à étudier une substance précieuse, et afin de ne point perdre de gouttelettes projetées par l'étincelle, a fait

---

(¹) *Handbuch der Spectroscopie*, T. I, p. 169.

(²) *Proc. Roy. Soc.*, T. XXVIII (1879), p. 352.

(³) *Phil. Mag.* (5), T. XXXVIII (1894), p. 379. — *Astron. et Astrophys.*, T. XIII (1894), p. 741.

(⁴) *Ultra-violet Spectrum of Radium. Proceed. Roy. Soc.*, London, vol. **72**, p. 295 (1903).

usage d'un tube figuré ici, muni à la hauteur d'éclatement de l'étincelle d'une petite ouverture allongée CC formant entrée d'air, et permettant
au faisceau lumineux émis de sortir
sans subir l'absorption du verre.
L'électrode inférieure A est coiffée
d'un petit tube en platine D, qui la
dépasse de 3 millimètres et s'élève
presque au milieu de la fenêtre CC,
amenant, par capillarité la solution
pour alimenter l'étincelle ; l'électrode supérieure traverse le bouchon
de verre B et le tube capillaire qui
le termine. Un tube abducteur
coudé est soudé latéralement, il
amène à un petit ballon condenseur, les vapeurs et les gouttelettes
entraînées par un courant d'air. Celui-ci est déterminé par un aspi-
rateur qui est branché au bout du
système. Sir William Crookes employait une solution nitrique, et
l'étincelle d'un condensateur d'environ 0^{MF},004 avec une faible self-
induction de 0^{H},00025 pour éliminer le spectre de l'air. Le spectrographe dont il a fait usage sera décrit plus loin.

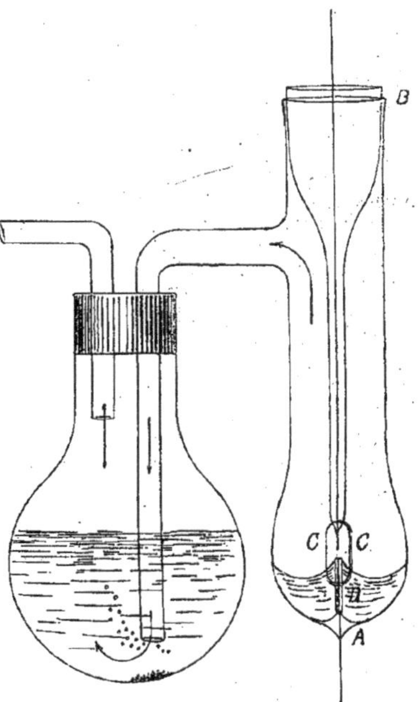

Fig. 245

5. Spectres de l'etincelle oscillante, ou de self-induction. — Au
cours de leurs recherches sur la constitution de l'étincelle électrique (*Phil.
Trans.*, vol. 193, 1894). MM. A. Schuster et G. Hemsalech furent amenés à
intercaler une bobine de fil dans le circuit de décharge du condensateur, pour
arriver à séparer les décharges oscillantes. Ils découvrirent que si la self-
induction était assez forte, le spectre de lignes de l'air disparaissait complètement. Il semble que les lignes de l'air soient produites entièrement par la
première décharge initiale, lorsque l'espace où éclate l'étincelle ne contient
pas encore de vapeur métallique. Les oscillations suivantes passent au contraire à travers le métal vaporisé qui a eu le temps de se diffuser autour des
électrodes. L'insertion de la bobine retarde la décharge initiale et celle-ci
n'échauffe sans doute pas assez l'air pour fournir son spectre de lignes. La
durée totale de l'étincelle est considérablement augmentée et celle-ci traverse
seulement la vapeur métallique qui remplit en quelques millionièmes de
secondes l'espace explosif. On peut ainsi reconnaître et éliminer facilement le
spectre de l'air.

M. Hemsalech a repris dans un mémoire spécial (*Recherches expérimentales
sur les spectres d'étincelles*. Paris, Hermann, 1901), l'étude des effets de self-

induction variées, sans noyau ou avec noyau métallique (fer ou cuivre), sur les spectres d'étincelle. Le noyau agit uniquement par sa surface : l'effet maximum est obtenu avec un tube mince ; les oscillations sont supprimées par le magnétisme du fer, ou très diminuées en nombre par les courants de Foucault, en employant le cuivre. Dans le cas du fer ces deux causes s'ajoutent l'une à l'autre. Pour avoir des étincelles bien oscillantes et formées uniquement de fragments vaporisés des électrodes, on devra donc intercaler des bobines de self sans noyau métallique quel qu'il soit. M. Hemsalech a ainsi reconnu les faits suivants :

L'étincelle ordinaire est formée de trois parties : la décharge initiale, ou trait de feu, donnant principalement les raies de l'air, puis quelques oscillations très rapides produisant les raies métalliques, dites de haute température, « enhanced lines » de N. Lockyer, et enfin l'auréole elle-même qui fournit les raies métalliques, dites de basse température.

L'étincelle oscillante au contraire, obtenue par l'intercalation d'une self-induction dans le circuit de décharge du condensateur est composée presqu'uniquement de l'auréole et ne contient que des raies des métaux. Les raies de haute température ou raies courtes de l'étincelle ordinaire s'affaiblissent jusqu'à disparaître, et les raies de basse température deviennent plus vives. Avec une faible self-induction les raies de l'air ont disparu : quant à celles des métaux, l'action de la self-induction les répartit en trois classes : 1° lignes diminuant rapidement d'intensité pour disparaître avec l'augmentation de la self, par exemple les raies de l'air, les doublets verts de Cd et Zn, les fortes lignes 4245 et 4387 du Plomb ; 2° lignes s'affaiblissant lentement et d'une manière continue par l'accroissement de la self, tel le triplet Mg du vert, qui correspond au groupe b du spectre solaire, et la plupart des composantes des séries de raies de Kayser et Runge ; 3° lignes qui, après avoir diminué et atteint un minimum, augmentent considérablement d'éclat jusqu'à un maximum pour ensuite diminuer de nouveau, comme les principales raies de Fe, Co. M. Hemsalech répartit en deux groupes les quatorze corps simples qu'il a étudiés, le premier formé seulement de Fe, Ni et Mn, dont les raies sont presque toutes plus ou moins renforcées par des selfs croissantes, le second comprenant Cd, Zn, Co, Mg, Al, Sb, Sn, Bi, Pb, Cu, Ag, qui donnent des raies relativement moins nombreuses, moins nettes et presque toutes plus ou moins affaiblies par la self-induction.

M. Berndt ([1]) a cherché à comparer l'action de la self-induction à celle d'une résistance équivalente, sur les spectres d'étincelle : il a montré que la résistance ne produit nullement les mêmes effets que la self et n'apporte pas, comme le fait celle-ci, un retard à la décharge. Il a étendu ses mesures, faites avec un spectrographe de quartz, jusqu'à $\lambda\,2000$, celles de M. Hemsalech ayant été limitées à $\lambda\,3500$ par un système optique en flint.

6. Spectres d'étincelle condensée ou « de dissociation ». — Avec le dispositif de la figure 162 (page 271) on obtient des spectres particulièrement

---

([1]) *Ueber die Einfluss von Selbstinduction im Ultra-violett.* Halle, 1901.

brillants des métaux EE', entre lesquels éclate l'étincelle de décharge de la bouteille de Leyde L, continuellement rechargée à travers la coupure TP par une bobine de Rhumkorff J. Le spectroscope placé en S permet de constater que l'étincelle ainsi obtenue donne un spectre de *lignes* constantes pour un même métal et caractéristiques de celui-ci. Un certain nombre de raies de l'azote et de l'oxygène de l'air, et la raie rouge de l'hydrogène de la vapeur d'eau, y figurent aussi. Les alliages donnent de même les raies des métaux constituants. En recourant à une plus forte condensation, de deux à six bouteilles de Leyde, c'est-à-dire 25 à 75 dq de surface de condensation, fournissant une capacité de 0,08 à 0,026 Microfarad, M. A. de GRAMONT (¹), avec des bobines donnant de 5 à 15 centimètres d'étincelle, a constaté que les minéraux à éclat métallique, les produits métallurgiques et les sels fondus, ne se comportaient pas seulement comme des alliages, mais donnaient de véritables « spectres de dissociation » où, non seulement les métaux, mais aussi les spectres des métalloïdes étaient représentés par leurs lignes caractéristiques. En diminuant la condensation, les lignes des métalloïdes s'affaiblissent, puis disparaissent, et en la supprimant, c'est-à-dire en enlevant toutes les bouteilles de Leyde, les raies les plus brillantes des métaux persistent seules, parfois mélangées (surtout dans le cas des sels fondus) aux bandes dues à la molécule, non, ou incomplètement dissociée. Dans ce procédé, le support G'H de la figure 162, est remplacé par une forte tige verticale à deux crémaillères, portant chacune une baguette d'ébonite à l'extrémité de laquelle est maintenue, par une vis de serrage, une pince d'acier, ou à bouts de platine, pour saisir le petit fragment de substance d'où jaillira l'étincelle. On peut avantageusement remplacer les bouteilles de Leyde par de grandes plaques de verre de 3 millimètres d'épaisseur, recouvertes de chaque côté par des feuilles d'étain ; si l'on donne à celles-ci une surface de 50 × 50^{cm}, on obtient une capacité d'environ 0,004 microfarad par plaque [HEMSALECH].

Dans cette étude des spectres de dissociation, M. DE GRAMONT a reconnu que la faible teneur d'un corps dans un composé donné peut se manifester de deux manières différentes : 1° par un spectre persistant mais réduit à ses quelques raies capitales ; 2° par un spectre passager ou irrégulier. Il a pu, par cette méthode, obtenir à l'air libre et sans l'emploi des tubes de PLÜCKER les spectres des métalloïdes, par l'étincelle directe, soit sur ceux-ci sans les enflammer, comme pour le soufre, le sélénium, l'arsenic, soit sur leurs sels fondus, comme pour le phosphore, le chlore, l'iode, le fluor.

Pour l'étude des sels fondus, ceux-ci sont placés sur l'extrémité aplatie d'un gros fil de platine horizontal, chauffé par une flamme, et formant la branche inférieure d'une sorte de V couché, où le sommet de l'angle est le point de jaillissement de l'étincelle amenée sur la couche fondue, par un second fil de platine formant l'autre branche du V, et relié comme le précé-

---

(¹) *Comptes rendus*, T. CXVIII, CXIX (1894) ; T. CXX, CXXI (1895) ; T. CXXII (1896) ; T. CXXIV (1897) et *Analyse spectrale directe des Minéraux*, Paris, 1895, et *Bull. Soc. Franc. de Minéralogie*, T. XVIII (1896).

dent aux pôles de la batterie de Leyde [1]. On obtient ainsi de beaux spectres de lignes, non seulement des métaux, mais aussi des métalloïdes, S, Se, Te, Cl, Br, I, As Ph, contenus dans les sels fondus, à la condition d'introduire dans le circuit de décharge une capacité suffisante, et d'éliminer toute self-induction, car celle-ci ferait disparaître les raies des métalloïdes avant celles des métaux [2].

7. Sur la photographie spectrale ou Spectrophotographie. — La plupart des travaux récents d'analyse spectrale ayant été effectués au moyen de la photographie, nous croyons utile de donner ici quelques notions sur les spectrographes et sur leur emploi.

Les plaques sensibles au gélatino-bromure ne sont guère impressionnables aux rayons de plus grande longueur d'onde que $\lambda 5000$, c'est-à-dire moins réfrangibles que l'extrémité du vert. Pour obtenir le rouge, l'orangé, le jaune et une partie du vert, on est obligé de les soumettre à des sensibilisateurs spéciaux et à de longues poses. Dans la pratique, les recherches courantes de spectrophotographie se font donc à partir de la fin du vert et portent sur l'indigo, le bleu, le violet et l'ultra-violet, qui commence à la raie K de Fraunhofer (calcium $\lambda 3934$). L'étendue du spectre photographiable dans l'ultra-violet dépend de l'absorption de l'air et de la translucidité des prismes et lentilles employés. Les verres d'optique ordinaire, crown et flint, absorbent les rayons plus réfrangibles que $\lambda 3500$ environ. Pour laisser passer les radiations de plus petite longueur d'onde, on fait usage de systèmes optiques en spath d'Islande (Calcite) ou en cristal de roche (Quartz), dont la double réfraction, très forte dans la Calcite, faible dans le Quartz, astreint à des conditions très précises d'orientation et de taille.

Les prismes en spath d'Islande doivent avoir leur arête réfringente parallèle à l'axe optique du cristal, la double réfraction donnant ainsi deux spectres nettement séparés, dont le deuxième seul, dû au rayon ordinaire, le plus réfrangible et le plus dispersé, est utilisé. Les prismes en quartz, au contraire, ont l'axe optique normal au plan bissecteur de l'angle réfringent; ce dispositif est préférable à cause de la faible biréfringence du quartz. Afin d'éviter les effets de la polarisation rotatoire de celui-ci, car les rayons y cheminent au voisinage de l'axe optique, M. Cornu a remplacé le prisme de 60° par deux demi-prismes de 30°, accolés suivant le plan bissecteur de l'angle réfringent et provenant, l'un d'un cristal lévogyre, l'autre d'un cristal dextrogyre. Cette disposition, adoptée depuis, donne des spectres très purs. Si on tient à maintenir le verre dépoli et la plaque sensible perpendiculaires à l'axe optique des lentilles, on est forcé d'achromatiser celles-ci par des combinaisons Quartz et Calcite, ou Fluorine et Quartz. Pour le calcul d'objectifs de ce genre on devra se reporter au mémoire de M. Cornu [*Spectre normal du Soleil, partie ultra-violette. Ann. Ec. Normale supér.*, 2ᵉ série, T. IX, 1880] et aux données plus récentes de M. J. W. Gifford [*Proceed. of Roy. Soc.*, London, vol. **70**, n° 463,

---

[1] *Comptes rendus*, T. CXXI (1895); T. CXXII (1896); T. CXXIV, CXXV (1897); T. CXXVI (1898) et *Bull. Soc. Franc. de Minéralogie*, T. XXI (1898).

[2] *Comptes rendus*, T. CXXXIV (1902).

1902]. Il est toujours plus avantageux, pour la netteté des raies et le pouvoir de résolution du système, de faire usage d'objectifs simples, non achromatiques, en quartz, taillés perpendiculairement à l'axe ; il faut alors fortement incliner le châssis porte-plaque par rapport à l'axe optique de l'objectif ; les rayons les plus réfrangibles ayant les foyers les plus courts, la plaque devra être inclinée vers ceux-ci.

On peut aussi faire usage d'un objectif achromatisé pour le collimateur seulement, régler celui-ci pour l'infini avec les rayons violets visibles, par l'observation visuelle directe, ([1]) et achever le réglage de l'appareil, pour l'objectif simple de la chambre en commençant avec un verre d'urane fluorescent, et en finissant avec des poses successives de la plaque photographique.

On trouvera des descriptions détaillées de spectrographes à systèmes optiques de quartz, et d'un usage excellent, dans les mémoires de HARTLEY ([2]), de V. SCHUMANN, de EDER et VALENTA ([3]), de SIR W. CROOKES ([4]).

Nous donnons ici la figure d'un de ces appareils, construit d'après les indications de SCHUMANN, par M. LEISS, de la maison Fuess de Berlin ([5]), et dont la partie optique est toute en quartz.

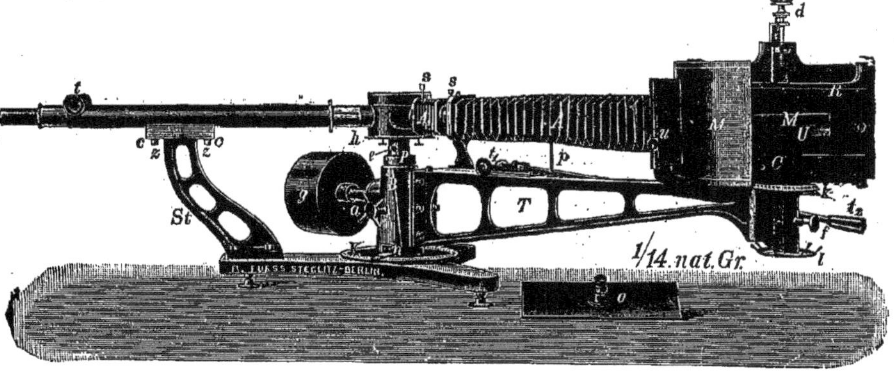

Fig. 246

Sp est la fente du collimateur dont t est la crémaillère de mise au point, le prisme en Quartz, droit et gauche, de Cornu est absolument à l'abri de la lumière extérieure dans le boisseau hs formé de deux enveloppes concentriques, dont l'une est solidaire du collimateur en h et l'autre du bras porte-chambre T, dont la position est lue par un vernier n sur un cercle divisé, k et dont l'équilibre est assuré par le contre poids g. La mise au point de l'objectif s compris entre les deux soufflets A_1 et A est commandée par la crémaillère à tige $t_1 t_2$.

([1]) De préférence par l'emploi des lames épaisses à faces parallèles de M. LIPMANN, Comptes rendus T. CXXIX, p. 569, 1899.

([2]) Scien. Proceed. Roy. Dublin Soc. Vol. III, Part. III (1881).

([3]) Denkschr. d. Kais. Akad. d. Wissenschaften. Vienne, T. LX (1893).

([4]) Proceed. of the Roy. Soc., London, T. LXXII, p. 295 (1903).

([5]) Zeitschr. f. Instrumentenkunde, T. XVII (1897) et T. XVIII (1898).

Le porte-châssis RC, est mobile autour d'un axe vertical, dans un tambour M étanche à la lumière comme tout l'appareil. Son inclinaison est lue sur le cercle k, et la vis d, à ressort d'arrêt, permet son déplacement dans le sens vertical pour faire des poses successives sur la même plaque. Le verre dépoli de mise au point représenté sur la figure, à la place que doit occuper le châssis, est formé de deux parties, l'une M est une glace finement dépolie ordinaire, l'autre U est un verre d'urane, dont la fluorescence permet une première mise au point des raies ultra-violettes les plus extrêmes, qu'on y observe facilement avec une loupe, mais avec une fente assez largement ouverte ; on rétrécit ensuite celle-ci pour le réglage photographique final.

Pour faire usage de ces appareils on projette sur la fente du spectrographe, l'image de la source lumineuse, au moyen d'une lentille sphérique de quartz, ce qui permet de déterminer exactement la partie de l'image traversée par la fente et soumise à l'analyse, ou d'une lentille cylindrique et donnant alors une résultante linéaire, coïncidant avec la fente, de l'émission totale de la source. Un écran mobile devant la fente et portant des ouvertures pouvant découvrir successivement celle-ci à des hauteurs différentes, permet de recevoir sur la même plaque des spectres successifs en parfaite coïncidence optique, les raies communes étant en continuation, d'un spectre à l'autre.

Le spath d'Islande arrête, comme on sait, les rayons plus réfrangibles que la raie Cd (n° 25) λ 2195. En employant des systèmes optiques en quartz ou achromatisés Quartz-Fluorine, M. Cornu [1] a pu photographier une raie de l'aluminium de λ 1854. Mais, déjà dans cette région du spectre, l'air ambiant exerce une absorption si sensible qu'il faut employer au collimateur et à la chambre, des objectifs dont le foyer ne dépasse pas 40 centimètres. Il faut aussi supprimer la lentille condensatrice, en se bornant à placer la source lumineuse à 2 ou 3 centimètres seulement de la fente. MM. Eder et Valenta ont repris des recherches dans cette partie du spectre avec un réseau et déterminé avec une grande précision les raies d'un grand nombre de corps [2].

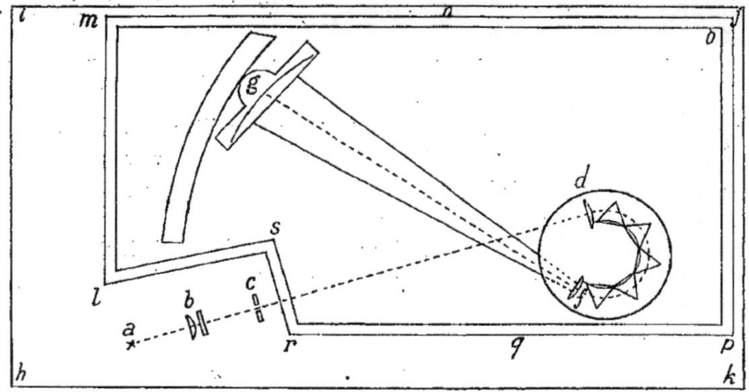

Fig. 247

Voici le plan du grand spectrographe de Sir William Crookes [3] :

(1) *Archives des Sc. phys. et nat. de Genève*, (3), T. 11, n° 7 (1879).
(2) *Denkschr. d. K. Akad. d. Wissensch.* Vienne, T. LXVIII (1899).
(3) *Proc. Roy. Soc.* Vol. 65 (1899), vol. **72** (1903).

q est la source lumineuse à analyser, b la lentille condensatrice, c la fente dont les joues sont formées de deux prismes de Quartz (taillés de manière à intercepter la lumière par réflexion totale), d l'objectif collimateur, à la suite duquel sont disposés cinq prismes de Quartz (droit-gauche, modèle CORNU), f l'objectif de la chambre, en Quartz non achromatisé comme le précédent. Le spectre obtenu à travers le système est photographié sur une pellicule placée en g suivant une courbure correspondant à la diacaustique de la région considérée ; pour avoir une plus grande netteté, chaque photographie est limitée à une petite étendue du spectre, dont l'ensemble est ainsi divisé en huit portions, depuis l'ultra-violet extrême jusqu'à la limite de sensibilité des plaques dans le visible. M. CROOKES a obtenu ainsi des spectres d'une finesse qui n'avait pas encore été atteinte.

8. Recherches faites à l'abri de l'absorption par l'air. — Afin de rechercher s'il y avait des radiations de plus petite longueur d'onde photographiables, M. Victor SCHUMANN [1] a construit un spectrographe entièrement clos, où le vide est fait dans tout l'appareil au moyen d'une trompe à mercure. Le prisme et les lentilles sont en spath-fluor (Fluorine, $CaFl^2$), plus translucide encore que le quartz pour les rayons de très courte longueur d'onde. Nous donnons ici (*fig.* 248) la reproduction, du modèle construit par M. FUESS de Berlin, entièrement en métal avec joints gardant le vide [2].

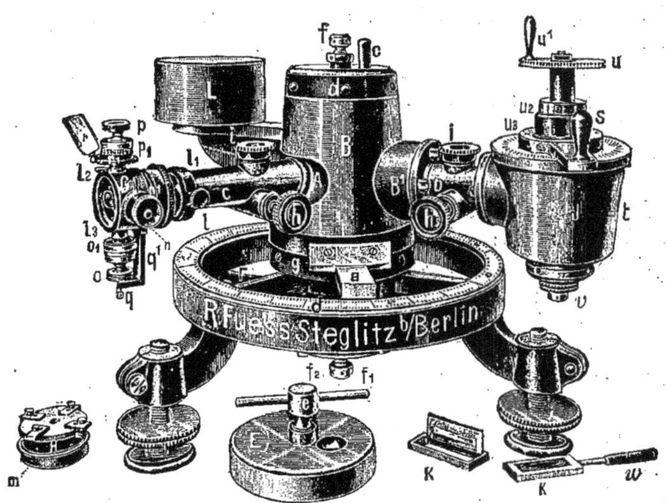

Fig. 248

B est le boisseau contenant le prisme en fluorine, portant l'ajutage c destiné à faire le vide dans tout l'appareil. C'est le collimateur qui fait corps avec le boisseau, et dont la mise au point est commandée par le pignon h.

[1] *Sitz. ber. Wiener Akad.* **102**, I part. p. 59; II part, 625, 1903.
[2] G. LEISS, *Zeitschr. f. Inst.* **17**, p. 353, 1897.

Deux systèmes de vis à tambour divisé, n, p, q permettent de régler, de l'extérieur, la largeur de la fente, et d'en découvrir des hauteurs successives. Le manchon B soigneusement alésé tourne autour du boisseau en portant le système de l'objectif et de la chambre B'DJ, dont le déplacement est lu sur le cercle d avec le vernier a. La chambre elle-même, contenant le porte-châssis, est disposée de façon à permettre le changement de la plaque et du châssis, sans rentrée d'air, afin de n'avoir point à refaire le vide pour chaque cliché. C'est une sorte de robinet placé verticalement, où une rotation de 180° au moyen de la manivelle S fait passer la plaque de sa position intérieure d'exposition, à l'extérieur pour en effectuer le changement. La vis u à poignée u', permet de déplacer la plaque dans le plan vertical pour y photographier des spectres successifs.

Les mesures de λ étaient évaluées simplement en appliquant à la Fluorine les formules de dispersion de HELMHOLTZ-KETTELER. Les métaux, examinés en donnant leur étincelle à 1 millimètre de la plaque de Fluorine terminant le collimateur, fournissaient des spectres jusqu'à λ 1700 environ, limite infranchissable par suite de l'absorption de cette petite couche d'air de 1 millimètre interposée. Pour l'hydrogène, le tube de PLÜCKER disposé « en bout », avait une extrémité mastiquée sur la plaque même de l'extrémité du collimateur, devant la fente, et le vide était fait sur l'hydrogène, à la fois dans le tube et dans l'appareil. Le nouveau spectre de l'hydrogène ainsi obtenu comprenait quinze groupes de lignes à peu près également distribués, dont la plus réfrangible était dans le voisinage de λ 1000. Pour photographier dans cette région du spectre, M. SCHUMANN avait dû renoncer à l'emploi de plaques avec de la gélatine ; il fit même usage de simples dépôts très minces de sels d'argent ([1]).

Tout récemment M. Théodore LYMAN ([2]) a repris les recherches de SCHUMANN sur le spectre de l'hydrogène et effectué, au moyen d'un réseau concave placé dans le vide, la mesure précise des longueurs d'onde des raies de ce gaz. Il s'est affranchi de plus, par ce procédé, de l'absorption possible de la Fluorine. Les principales raies de l'hydrogène, ainsi obtenues, ont pour longueurs d'ondes : 1613,0 ; 1607,8 ; 1601,6 ; 1546,7 ; 1544,1 ; 1494,9 ; 1486,0 ; 1363,5. La dernière raie observable était λ 1033.

9. Spectrographes à réseau. — Les réseaux concaves de ROWLAND permettent d'obtenir des spectres parfaitement nets et au point, sans l'emploi d'aucune lentille, ce qui écarte toute question d'absorption ou d'achromatisme ; c'est ainsi qu'ont été accomplis les travaux de KAYSER et RUNGE ([3]), d'EXNER et HASCHEK ([4]), et une partie de ceux d'EDER et VALENTA ([5]). On trouvera dans les mémoires indiqués en note ici, le dispositif et l'usage de leurs

---

([1]) *Sitz. berichte Wien. Akad.* Vienne, T. CII, 2ᵉ part. (1893).

([2]) *Astrophysical journal.* Vol. **19**, p. 263 (1904), vol. **23**, p. 181 (1906).

([3]) *Ueber die Spektren der Elemente, I. Eisers-Abhandl. Preuss. Akad.*, Berlin (1888).

([4]) *Sitzber. Wien. Akad.*, T. CIV, 2ᵉ Part. (Oct. 1895).

([5]) *Denkschr. Wien. Akad.*, T. LXIII (1896).

appareils. Des spectres normaux de tous les corps, obtenus ainsi, sont donnés, sans agrandissement, dans l'atlas des spectres des éléments, récemment publié par MM. HAGENBACH et KONEN. Pour la partie la plus réfrangible de l'ultra-violet, l'emploi du réseau présente le double inconvénient d'une grande perte de lumière, ce qui circonscrit son emploi à des sources lumineuses très puissantes, et de ne pas profiter de la dispersion croissante qu'offrent les prismes, celle-ci étant comme on sait à peu près proportionnelle à l'inverse du carré de la longueur d'onde. Pour compléter ce qui est dit des réseaux concaves de ROWLAND, dans le chapitre VII (p. 267), nous donnons ici le schéma de leur installation.

G étant le réseau dont le rayon de courbure est ρ, la fente A et la plaque photographique C devront être situées en deux points de la circonférence de diamètre égal à ρ, où φ est l'angle de diffraction AGC. ROWLAND a proposé le dispositif généralement adopté depuis ([1]), qui consiste à établir solidement deux systèmes de rails à angle droit dans les directions AG et AC. La fente est définitivement établie en A. Le réseau G, et la chambre photographique ou l'oculaire sont fixés aux

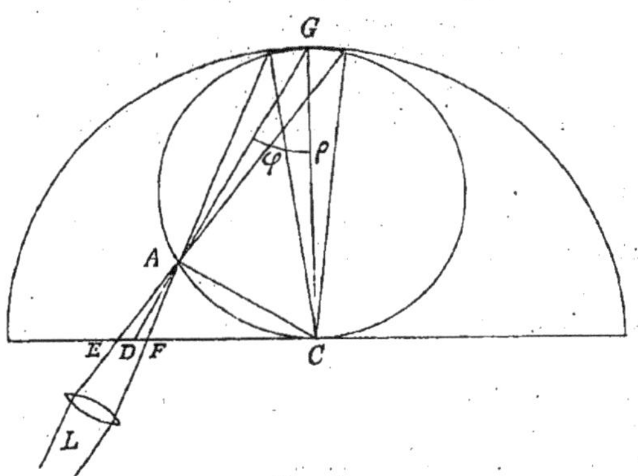

Fig. 249

deux extrémités d'un tube rigide GC dont la longueur est égale au rayon de courbure du réseau, et peuvent se mouvoir, le réseau sur le rail AG, la chambre sur le rail AC, dans le prolongement de ces lignes sur la figure. La fente, le réseau et la chambre rempliront donc toujours la condition d'être sur la circonférence ayant pour diamètre le rayon de courbure du réseau, et l'image de la fente sera toujours au foyer ou sur la plaque ou l'oculaire. Dans ces conditions, l'équation de la page 266 du chapitre VII se réduira à

$$\lambda = \frac{c}{m} \sin \psi$$

puisque GC est normale au réseau, et que l'angle ψ de la fig. 159 (p. 266) n'est autre que l'angle φ de diffraction de la fig. 249 ci-dessus.

10. Spectre solaire. — Voici une épreuve du spectre solaire obtenue par M. EDER avec un spectrographe à partie optique toute en quartz et à un seul prisme, modèle CORNU, comme nous en avons donné plus haut la figure. Les

---

([1]) *Amer. J. of Sc.*, (3), T. XXVI, 1883 ; et *Phil. Mag.*, (5), T. XVI, p. 197; 1883, voir aussi AMES : *Phil. Mag.*, (5), T. XXVII, p. 369, 1889.

raies de Frauenhofer sont désignées par leurs lettres, et les longueurs d'ondes correspondantes, exprimées en U.A. sont inscrites au-dessus.

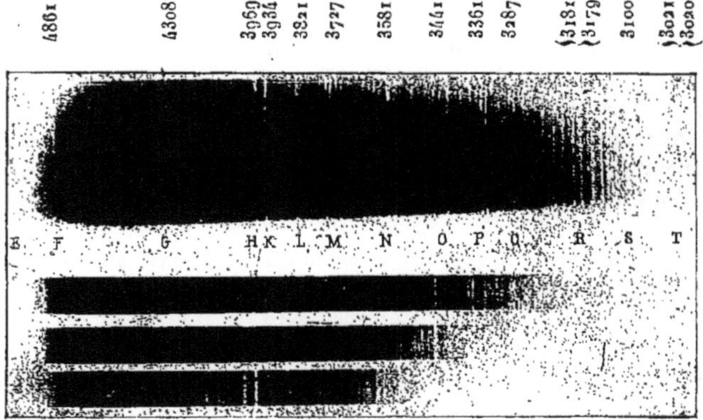

Fig. 250

Les n°ˢ 1 et 2 sont obtenus avec des poses un peu différentes, et sans substances absorbantes interposées.

Le n° 3 montre l'absorption par une lame de 1 millimètre de Flint léger, et le n° 4 par une lame semblable de verre d'urane.

Il est très difficile d'obtenir d'impression sur la plaque au-delà de la raie S (λ 3100), à moins d'opérer en plein été, vers midi, et dans de bonnes conditions de sécheresse et de transparence atmosphériques. L'affaiblissement du spectre est toujours notable à partir de la raie S. M. Cornu avait observé une dernière raie U (λ 2948) ; sur le pic de Ténériffe à 3 700 mètres, le Dr Simony a prolongé le spectre un peu plus loin (λ 2922). On estime qu'une élévation de 663 mètres permet de gagner seulement 10.U.A.

BIBLIOGRAPHIE

1. — Ouvrages généraux sur la Spectroscopie.

E. C. C. Baly. — *Spectroscopy*, London, 1905.

Cazin. — *La spectroscopie*, Paris, 1878.

Dieterici. — *Spectralanalyse* (in *Ladenburg's Handwœrterb. d. Chemie*, Breslau, 1892).

Gänge. — *Die Spektralanalyse*, Leipzig, 1893.

L. Grandeau. — *Instruction pratique sur l'analyse spectrale*, Paris, 1863.

Hagenbach et Konen. — *Atlas des spectres d'émission des éléments (d'après des photographies avec texte explicatif)*. Trad. H. Veillon, Paris, 1905.

H. Kayser. — *Lehrbuch der Spektralanalyse*, Berlin, 1883 (Bibliographie et tables de λ).

H. Kayser. — *Handbuch der Spectroscopie*, Leipzig, Bd. I, 1900. (*Geschichte, Apparaten, Messmethoden*; Bd. II, (*Kirchhoffsches Gesetz. Emissionsspektren. Gesetzmässigkeiten im Bau der Spectra. Das Dopplersche Prinzip*); Bd. III, (*Absorption*) *avec un répertoire descriptif des spectres d'absorption de tous les corps étudiés*. (L'ouvrage doit former 5 volumes).

H. Kayser. — *Spectralanalyse* (*in Winckelmann's Handb. der Physik.*) Bd. IV, 2e édit., Leipzig, 1906.

Von Konkoly. — *Handbuch für Spektroscopiker*, Halle, 1890.

Landauer. — *Spektralanalyse*, Braunschweig, 1896.

Landauer. — *Spectrum analysis*. New-York, 1898.

Lefèvre. — *La Spectroscopie, La spectrométrie*. 2 vol. in-12, Paris, 1896. (Enc. Léauté).

Lockyer. — *The spectroscope and its use*, London, 1874 ; *Studies in spectrum analysis*, London, 1878.

Mac Munn. — *The spectroscope*, London, 1888.

Proctor. — *The spectroscope*, London, 1890.

Roscoë and Schuster. — *Spectrum analysis*, London, 1886.

G. Salet. — *Traité élément. de spectroscopie*, fasc. I (seul paru), Paris, 1888.

Scheiner. — *Spektralanalyse der Gestirne*, Leipzig, 1890.

Schellen. — *Spektralanalyse*, Braunschweig, 1887. 2 vol. et atlas.

Frost and Scheiner. — *Astronomical Spectroscopy*, Boston, 1894.

H. W. Vogel. — *Praktische Spectralanalyse der irdischer Stoffe*, Berlin, 1899.

W. M. Watts. — *Introduction to study of spectrum analysis*, London, 1904, (avec des tables des λ des principales raies de tous les corps).

Bibliographie.

Mc Leod, etc. — *Bibliographie der Spektroskopie* (1892-1896). *Rep. Brit. Assoc.*, Bristol, 1898.

Tuckermann. — *Index to the litterature of the spectroscope*, Washington, **1**, 1887 : **2**, 1902.

Recueils de Tables de Longueurs d'onde.

H. Dufet. — *Recueil de données numériques*, publié par la Société Française de Physique, 1er fascicule, Paris, 1898.

F. Exner et E. Haschek. — *Wellenlängen Tabellen für spektralanalytichen Untersuchungen*, **1** et **2**, Leipzig und Wien, 1902. (Spectres d'étincelle de tous les corps).

F. Exner et E. Haschek. — *Wellenlängen Tabellen der Bogenspektren der Elemente*, **1** et **2**, Leipzig und Wien, 1904. (Spectres d'arc de tous les corps).

W. Marshall Watts. — *Index of spectra*, Manchester, 1889.

W. Marshall Watts. — *Appendix B to I*, Manchester, 1891-1898.

W. Marshall Watts. — *Appendix J to P*, Manchester, 1899-1905.

2. — Dispersions partielle, totale et relative.

Abbe et Schott. — Voir Czapski, *Instr.*, 1886, p. 293 et 335.

Pulfrich. — *W. A.*, **45**, p. 609, 1892.

Reed. — *W. A.*, **65**, p. 707, 1898.

3. — Indice de réfraction en fonction de la longueur d'onde.

Cauchy. — *Mémoire sur la dispersion de la lumière*, Prague, 1836.

KETTELER. — *Pogg. Ann.*, **140**, p. 1, 1870 ; *W. A.* **30**, p. 304, 1887 ; **31**, p. 322, 1887 ; **46**, p. 572, 1892 ; **49**, p. 382, 1893 ; **53**, p. 268, 1894 ; *Theoret. Optik*, p. 540, Braunschweig, 1885.

W. SCHMIDT. — *Die Brechung des Lichts in Gläsern.*, Leipzig, 1874.

WILSON. — *Phil. Mag.*, (5), **26**, p. 385, 1888.

CHRISTOFFEL. — *Pogg. Ann.*, **117**, p. 27, 1862.

GOLDHAMMER. — *W. A.*, **47**, p. 265, 1892.

HELMHOLTZ. — *W. A*, **48**, p. 389, 1893.

CARVALLO. — *Rapp. au Congrès internat. de physique*, **2**, p. 175, Paris, 1900 ; *Journ. de phys.*, (3), **9**, p. 465, 1900 ; *Compt. rend.*, **126**, p. 728, 950, 1898.

WÜLLNER. — *W. A.*, **17**, p. 580, 1882.

J. HARTMANN. — *Astrophys. Journ.*, **8**, p. 218, 1898 ; *Publ. d. Astrophys. Observ. zu Potsdam*, **12**, Anhang (n° 42), 1898 ; *Instr.*, **19**, p. 57, 1899.

KAYSER et RUNGE. — *Berl. Ber.*, 1893.

KOLÁČEK. — *W. A.*, **32**, p. 224, 429, 1887 ; **34**, p. 673, 1888.

EBERT. — *W. A.*, **48**, p. 1, 1893.

PLANCK. — *Berl. Ber.*, 1902, p. 470 ; 1903, p. 480, 558 ; 1905, p. 386.

DRUDE. — *D. A.*, **1**, p. 566, 1900 ; **7**, p. 687, 1902 ; **14**, p. 677, 936, 1904 ; *Ztschr. f. wiss. Phot.*, **3**, p. 1, 1905.

4. Spectre prismatique.

LORD RAYLEIGH. — *Phil. Mag.*, (5), **8**, p. 261, 403, 477, 1879 ; **9**, p. 40, 271, 1880 ; *Encycl. Brit.* « Wave theory ».

WADSWORTH. — *Astrophys. Journ.*, **1**, p. 52 ; **2**, p. 264, 1895 ; **3**, p. 176, 321, 1896 ; **6**, p. 27, 1897 ; *Phil. Mag.*, (5), **43**, 317, 1897.

CZAPSKI. — *Theorie der optischen Instrumente nach* ABBE, p. 148, Breslau, 1893.

LUMMER et GEHRCKE. — *Wiss. Abhandl. d. phys.-techn.*, Reichsanstalt, **4**, p. 63, 1904.

A. DE GRAMONT. — *Compt.-rend.*, **130**, p. 403, 1900 ; *J. de Phys.*, (3), **10**, p. 97, 1901.

5. Spectroscopes à prismes.

BUNSEN et KIRCHHOFF. — *Pogg. Ann.*, **110**, p. 161, 1860.

BROWNING. — *Monthly Notices of the R. Astr. Soc.*, **31**, p. 203 ; **32**, p. 211 ; **33**, p. 410.

RUTHERFORD. — *Sill. Journ.*, (3), **39**, p. 129, 1869 ; *Pogg. Ann.*, **126**, p. 363, 1865.

THOLLON. — *Compt. rend.*, **86**, p. 329, 395, 1878 ; **88**, p. 80 ; **89**, p. 93, 749, 1879 ; *Journ. de phys.*, (1), **7**, p. 141, 1878 ; **8**, p. 73, 1879.

AMICI. — Voir JANSSEN, *Compt. rend.*, **55**, p. 576, 1862 et RADAU, *Pogg. Ann.* **118**, p. 452, 1863.

HERSCHELL. — *Moniteur scientifique*, **7**, p. 259, 1865.

EMSMANN. — *Pogg. Ann.*, **150**, p. 636, 1873.

KESSLER. — *Pogg. Ann.*, **151**, p. 507, 1874.

RESPIGHI. — *Atti d. R. Ac. di Roma*, **2**, p. 315, 1886.

MERZ. — *Carls Repert.*, **6**, 1870.

PICKERING. — *Henry Draper Memorial*, Cambridge, 1887-1889.

HUGGINS. — *Phil. Trans*, 1868, p. 529.

KRÜSS. — *Instr.*, **21**, p. 161, 1901.

LEISS. — *Instr.*, **17**, p. 321, 357, 1897 ; **18**, p. 325, 1898.

CASSIE. — *Phil. Mag.*, (6), **3**, p. 449, 1902.

FABRY et JOBIN. — *J. de phys.*, (4), **3**, p. 202, 1904.

BLAKESLEY. — *Phil. Mag.*, (6), **6**, p. 268, 1903.

Descriptions de grands spectroscopes ; voir *Instr.*, 1892, p. 365 ; 1894, p. 316, etc.

SORBY. — *Rep. Brit. Assoc.*, **2**, p. 11.

EDSER et BUTLER. — *Phil. Mag.*, (5), **46**, p. 207, 1898.

HARTMANN. — Voir Bibliographie du § **3** et *Instr.*, **25**, p. 161, 1905.

PULFRICH. — *Inst.*, **18**, p. 381, 1898 ; *Beibl.*, 1899, p. 774.

A. DE GRAMONT. — *Compt.-rend.*, **128**, p. 1564, (1899).

A. BROCA et Ph. PELLIN. — *Journ. de Phys.*, (3), **7**, 1899.

6. — Spectroscopes à réseaux. Leur installation.

ROWLAND. — *Phil. Mag.*, (5), **13**, p. 470, 1882 ; **36**, p. 49, 1893 ; *Sill. Journ.*, (3), **26**, 1883 ; *Astronomy and Astrophysics*, **12**, p. 129, 1893.

SCHUMANN. — *Wien. Ber.*, (1892) (10 nov.) ; *Phot. Rundsch.*, 1890 et 1892.

J. S. AMES. — *Phil. Mag.*, (5), **27**, p. 369, 1889.

ADENAY et CARSON. — *Proc. Roy. Soc.*, Dublin, (1), **8**, p. 711, 1898.

WADSWORTH. — *Astrophys. Journ.*, **2**, 1895 ; **3**, 1896.

C. DE WATTÉVILLE. — *Thèse de doctorat*, Paris, 1904.

KAYSER et RUNGE. — *Abhandl. d. Preuss. Akad.*, 1888.

H. HAGA. — *Wied. Ann.*, **57**, p. 389, 1896.

EDER et VALENTA. — *Denkschr. Wiener Akad.*, **63**, 1896.

C. RUNGE et F. PASCHEN. — *Wied. Ann.*, **61**, p. 641, 1897.

TH. LYMAN. — *Astrophys. Journ.*, **23**, p. 181, 1906.

7. — Les différentes formes des spectres.

EVERSHED. — *Phil. Mag.*, (5), **39**, p. 460, 1895.

PLÜCKER et HITTORF. — *Phil. Trans.*, **155**, 1865.

LOCKYER. — *Studies in spectrum analysis*, (5° éd.), London, 1894.

DAMIEN. — *Journ. de phys.*, (1), **10**, p. 431, 1881.

LEDUC. — *Compt. rend.*, **134**, p. 645, 1902.

AUBEL. — *Compt. rend.*, **134**, p. 985, 1902 ; *Arch. sc. phys.*, (4), **15**, p. 78, 1903.

DRUDE. — *Zeitschr. f. phys. Chemie*, **23**, p. 313, 1897.

8. — Production et représentation des spectres.

MORTON. — *Chem. News*, **17**, p. 231, 1868.

GOUY. — *Ann. ch. et phys.*, (5), **18**, p. 5, 1879 ; *Compt. rend.*, **83**, p. 269, 1876 ; **84**, p. 231 ; **85**, p. 70, 439, 1877.

BECKMANN. — *Zeitschr. f. Elektrochemie*, **5**, p. 327, 1899 ; *Zeitschr. f. phys. Chem.*, **34**, p. 593 ; **35**, p. 443, 1900 ; **40**, p. 461, 1902 ; *Instr.*, **23**, p. 186, 1903.

DELACHANAL et MERMET. — *Journ. de phys.*, (1), **5**, p. 10, 1876 ; *Compt. rend.*, **81**, 1875.

PRINGSHEIM. — *W. A.*, **45**, p. 428, 1892.

PASCHEN. — *W. A.*, **50**, p. 409, 1893 ; **51**, p. 1, 1894 ; **52**, p. 209, 1894.

NASINI et ANDERLINI. — *Rendic. Acc. dei Lincei*, (5), **13**, p. 59, 1904.

KING. — *D. A.*, 16, p. 360, 1905.

CREW et TATNALL. — *Phil. Mag.*, (5), **38**, p. 379, 1894.

ARONS. — *W. A.*, **47**, p. 767, 1892 ; **58**, p. 73, 1896.

FABRY et PEROT. — *Journ. de phys.*, (3), **9**, p. 369, 1900.

SIEDENTOPF. — *Instr.*, **24**, p. 22, 1904.

FISCHER. — *Phys. Ztschr.*, **6**, p. 575, 1905.

HEWITT (LAMPE). — *Electrician*, **49**, p. 393, 1902 ; *Trans. Amer. Inst. Electr. Eng.*, **20**, p. 929, 1903 ; *Elektrotechn. Ztschr.*, **23**, p. 492, 1902 (Rockangel).

Gumlich. — *Instr.*, **17**, p. 161, 1897 ; **24**, p. 120, 1904.

Lummer et Gehrcke. — *Instr.*, **24**, p. 296, 1904.

Kreussler. — *Verh. d. d. phys. Ges.*, **7**, p. 59, 1905.

Lummer. — *Vereinsbl. d. deutsch. Ges. f. Mech. u. Optik*, 1896, n° 4.

Hamy. — *Compt. rend.*, **124**, p. 749, 1897.

Michelson. — *Trav. et Mém. Bur. internat. des Poids et Mesures*, **11**, p. 35, 1895.

9. — Spectres des vapeurs et des gaz incandescents.

E. Wiedemann et G. C. Schmidt. — *W. A.*, **54**, p. 604, 1895 ; **56**, p. 18, 209, 1895.

Sir W. Crookes. — *Phil. Trans.*, **176**, p. 691, 1885. *Proc. Roy. Soc.*, **65**, p. 237, 1899 ; **72**, p. 295, 1903.

Goldstein. — *Verh. d. d. phys Ges.*, **6**, p. 156, 185, 1904.

Kirchhoff et Bunsen. — *Pogg. Ann.*, **110**, p. 161, 1860.

Thalén. — *Nova Acta Soc. Upsala*, (3), **6**, 1868.

C. de Watteville. — *Spectres de flamme*, thèse, Paris, 1904 ; *Compt. rend.*, **135**, 1902 ; **138**, 1904 ; **142**, 1906.

W. N. Hartley. — *Phil. Trans.*, **185**, p. 161 ; 1029, 1894.

Hartley et Ramage — *Proc. Roy. Soc.*, Dublin, vol. 8, p. 703 ; *Trans. Chem. Soc.*, London, 1897.

P. Lewis. — *W., A.*, **69**, p. 398, 1899 ; *Drud. A.*, **2**, p. 447, 1900.

Humphreys et Mohler. — *Astrophysical Journ.*, **3**, p. 114 ; **4**, p. 175, 249, 1896 ; *Journ. de phys.*, (3), **6**, p. 82, 1897.

Mohler. — *Astrophys. Journ.*, **4**, p. 175, 1896.

Humphreys. — *Astrophys. Jour.*, **4**, p. 249, 1896 ; **6**, p. 169, 1897 ; *Phil. Mag.*, (5), **44**, p. 119, 1897.

Jewel. — *Astrophys. Jour.*, (3), p. 90, 1896 ; *Journ. de phys.*, (3), **6**, p. 84, 1897.

Perot et Fabry. — *Comp. rend.*, **130**, p. 492, 1900 ; *Ann. chim. et phys.*, (7), **25**, p. 98, 1902.

Plücker et Hittorf. — *Phil. Trans.*, **155**, p. 1, 1865.

Salet. — *Compt. rend.*, **82**, p. 223, 1876 ; *Journ. de phys.*, (1), **5**, p. 95, 1876.

Wüllner. — *Pogg. Ann.*, **144**, p. 481, 1871 ; **147**, p. 321, 1872 ; **154**, p. 149, 1875 ; *W. A.*, **8**, p. 590, 1879 ; **17**, p. 587, 1882 ; **34**, p. 647, 1888 ; **38**, p. 619, 1889.

Parsons. — *Astrophys. J.*, **18**, p. 112, 1903.

Nutting. — *Astrophys. J.*, **20**, p. 131, 1904 ; *Bull. of the Bureau of Standards*, Washington, **1**, p. 83, 1904.

Haschek. — *Wien. Ber.*, **110**, p. 181, 1901 ; *Astrophys. Journ.*, **14**, p. 182, 1901.

Huff. — *Astrophys. Journ.*, **14**, p. 41, 1901.

Kayser et Runge. — *Abhandl. Berl. Akad.*, 1888-1894 ; *W. A.*, **41**, p. 302, 1890.

Hemsalech. — *Recherches expérimentales sur les spectres d'étincelles*, Paris, 1901.

Hemsalech. — *Comp. rend.*, **129**, p. 285, 1899 ; **132**, p. 917, 1040, (1901) ; **140**, p. 1103, (1905).

Wüllner. — *Pogg. Ann.*, **135**, p. 497, 1868 ; **137**, p. 337, 1868 : **147**, p. 321, 1872 ; **149**, p. 103, 1873 ; *W. A.*, **8**, p. 253 et 590, 1879 ; **14**, p. 354, 1881.

Berthelot et Richard. — *Compt. rend.*, **68**, p. 810, 1035, 1107 et 1546, 1869.

Hasselberg. — *Mém. de l'Acad. des Sc. de St-Pétersbourg*, **30**, 1882 ; **32**, 1885.

Schuster. — *Proc. R. Soc.*, **27**, p. 383, 1878 ; *W. A.*, **7**, p. 670. 1879 ; *Phil. Trans.*, **170**, p. 37. 1879.

Palmer. — *Sill. Journ.*, **50**, p. 357, 1895.

Trowbridge et Richards. — *Phil. Mag.* (5), **43**, p. 77, 1897.

Sir W. Crookes. — *Zeitschr. f. phys. Chem.*, **13**, p. 369, 1895.

Baly. — *Phil. Trans.* (A), **202**, p. 183, 1904 ; *Phys. Ztschr.*, **4**, p. 799, 1903.

A. de Gramont. — *Analyse spectrale directe des Minéraux*, Paris, 1895 ; *Analyse spectrale des Minéraux non conducteurs par les sels fondus*, Paris, 1898 ; *Bull. Soc. Franç. de Minéralogie*, **18**, p. 171, 1895 ; **21**, p. 94, 1898 ; *Compt. rend.*, **118** et **119**, 1894 ; **120** et **121**, 1895 ; **122**, 1896 ; **124** et **125**, 1897 ; **126** et **127**, 1898 ; **134**, 1902 ; *Bull. Soc. Chim. de Paris*, (3), **13**, 1895 ; **17**, 1897 ; **19**, 1898. *Ann. chim. et phys.*, (7), **10**, p. 214, 1897.

W. N. Hartley et Adeney. — *Phil. Trans.*, **174**, p. 63, 1883.

Watts. — *Phil. Mag.* (4), **38**, p. 249, 1869 ; **41**, p. 12, 1871 ; **48**, p. 369 et 465, 1874 ; **49**, p. 104, 1875 : *Nature*, **23**, p. 197 et 256, 1880.

Ångström et Thalén. — *Nova Acta Reg. Soc. Upsala*, (3), **9**, 1875.

Liveing et Dewar. — *Proc. R. Soc.*, **30**, p. 152, 494, 1880 ; **33**, p. 3, 403, 1882.

G. Berndt. — *Inaugural dissertation*, Halle, 1901.

Swan. — *Edimb. Trans.*, **21**, p. 411, 1856 ; *Pogg. Ann.*, **100**, p. 306, 1857.

Smithells. — *Phil. Mag.*, (6), **1**, p. 476, 1901.

Baly et Syers. — *Phil. Mag.*, (6), **2**, p. 386, 1901.

Lockyer. — *Proc. R. Soc.*, **27**, p. 308, 1878 ; **30**, p. 335, 1880.

A. Schuster et G. Hemsalech. — *Phil. Trans.*, **193**, p. 189, 1899.

Ramsay. — (He) *Ann. chim. et phys.*, (7), **13**, p. 465, 1898.

Eder et Valenta. — *Denkschr. d. Wien. Akad.*, **57 à 67**, 1891-1899.

Atfield. — *Phil. Trans.*, **152**, p. 221, 1862 ; *Phil. Mag.*, **49**, p. 106, 1875.

Plücker. — *Pogg. Ann.*, **107**, p. 497, 1859 ; *Phil. Trans.*, **155**, p. 1, 1865.

Crew et Backer. — *Astrophys. J.*, **16**, p. 61, 1902.

Deslandres et d'Azambuja. — *C. R.*, **140**, p. 917, 1905.

Vogel. — *Astron. Nachr.*, 1903, p. 365.

Kayser. — *Astron. Nachr.*, 1903, p. 277. *Abhandl. Berl. Akad.*, 1897-1903.

Barnes. — *Astrophys. J.*, **21**, p. 74, 1905 ; *Phys. Ztschr.*, **6**, p. 148, 1905.

Salet. — *Compt. rend.*, **73**, p. 1056, 1871 ; *Ann. chim. et phys.*, (4), **28**, p. 65, 1873.

Eder et Valenta. — *Wien. Ber.*, **110**, 1893 ; *W. A.*, **55**, p. 479, 1895 (Spectre de Hg). *Beiträge zur Photochemie und Spectralanalyse*, Vienne, 1904.

Rowland. — (Na) *Astronomy and Astrophysics*, **12**, p. 321, 1893 ; *Phil. Mag.*, (5), **36**, p. 49, 1894.

E. Wiedemann et G. C. Schmidt. — (Na, K), *W. A.* **56**, p. 18, 1895 ; **57**, p. 447, 1896.

Bell. — (Na) *Astrophys. J.*, **15**, p. 158, 1902.

Hagenbach. — (Li) *Drud. A.*, **9**, p. 729, 1902.

Fabry et Perot. — (Tl) *Compt. rend.*, **126**, p. 34, 331, 407, 1898.

Fabry. — (Cd) *Compt. rend.*, **138**, p. 854, 1904 ; *Astrophys. J.*, **19**, p. 116, 1904.

Stark. — (Hg) *D. A.*, **16**, p. 490, 1905.

Hasselberg. — *K. Sv. Vetenskaps-Ak. Handl*, **38**, n° 5, 1905.

Lummer et Gehrcke. — (Hg) *Berl. Ber.*, 1902, p. 11 ; *Drud. A.*, **10**, p. 457, 1903.

Cornu. — (Fe) *Spectre normal du soleil*, Paris, 1881.

Liveing et Dewar. — (Fe) *Proc. R. Soc.*, **29**, p. 402, 1879 ; **32**, p. 402, 1881.

Lohse. — *Berl. Ber.*, 1897, p. 179.

Exner et Haschek. — *Wien. Ber.*, **104**, p. 909 ; **105**, p. 389, 503, 709 et 989, 1896 ; **106**, p. 36, 55, 337, 494, 1127, 1897 ; **107**, p. 182, 792, 1335, 1898 ; **108**, p. 825, 1071, 1123, 1899 ; **110**, p. 557, 964, 1901.

Mitscherlich. — *Pogg. Ann.*, **121**, p. 483, 1864.

Dibbits. — *Pogg. Ann.*, **122**, p. 497, 1864.

Hutchins. — *Astrophys. Journ.*, **15**, p. 310, 1902.

Lockyer. — *Phil. Trans.*, **163**, p. 639, 1873.

Gouy. — *Compt. rend.*, **85**, p. 439, 1877.

Moser. — *Pogg. Ann.*, **160**, p. 177, 1877; *W. A.*, **2**, p. 139, 1877.

Schuster. — *Nat.*, **16**, p. 193, 1877.

E. Wiedemann et G. C. Schmidt. — *Ber. d. phys.-med. Soc. zu Erlangen*, 12, XI, 1895.

E. Wiedemann. — *Boltzmann-Festschrift*, p. 826, 1904.

Fabry. — *Journ. de phys.*, (4), p. 245, 1905.

Nutting. — (Alliages) *Astrophys. J.*, **22**, p. 130, 1905.

Steinhausen. — *Ztschr. f. wiss. Phot.*, **3**, p. 45, 1905.

Lecoq de Boisbaudran. — *Spectres lumineux*, Paris, 1874. 1. vol. et atlas.

E. Demarçay. — *Spectres électriques*, 1 vol. et 1 atlas de *Spectres photographiés*. Paris, 1895.

10. — Distribution des raies et des bandes spectrales.

Schuster. — *Proc. R. Soc.*, **31**, 1881.

Balmer. — *W. A.*, **25**, p. 80, 1885 ; **60**, p. 380, 1897.

Cornu. — *Compt. rend.*, **100**, 1885; *Journ. de phys.*, (2), **5**, p. 341, 1886.

Ames et Humphreys. — *Phil. Mag.*, (5), **44**, p. 119, 1897.

Petvel et Hutton. — *Phil. Mag.*, (6), p. 569, 1903.

Lenard. — *D. A.*, **6**, p. 636, 1903 ; *J. de phys.*, (4), **2**, p. 823, 1903.

Runge et Paschen. — *W. A.*, **61**, p. 641, 1897.

Snow. — *W. A.*, **47**, p. 208, 1892.

Deslandres. — *Compt. rend.*, **103**, 1886 ; **104**, 1887 ; **115**, p. 222, 1892 ; **137**, p. 457, 1013, 1903 ; **138**, p. 317, 1904 ; *Journ. de phys.*, (2), **10**, p. 276, 1890.

Rydberg. — *Rapports prés. au Congrès intern. de Phys.*, **2**, p. 200, Paris. 1900 ; *Zeitsch. f. phys. Chem.*, **5**, 227, 1890 ; *Phil. Mag.*, (5), **29**, p. 331, 1890 ; *Astrophys. Journ.*, **6**, p. 239, 338, 1897 ; *W. A.*, **58**, p. 674, 1890.

Ames. — *Phil. Mag.*, (5), **30**, p. 48, 1890.

Pickering. — *Astron. and Astrophys.*, **12**, p. 171, 1893.

Evershed. — *Phil. Trans.*, **197**, A., p. 381, 1901.

Kayser et Runge. — *Berl. Ber.*, 1888-1895 ; *W. A.*, **41**, p. 302, 1890 ; **43**, p. 384, 1891 ; **46**, p. 225, 1892 ; **48**, p. 126, 1893 ; **50**, p. 293, 1893 ; **52**, p. 93, 1894.

Thiele. — *Astrophys. Journ.*, **6**, p. 65, 1897 ; **8**, p. 1, 1898 ; *Overs. Kgl. Danske Vid. Selskab. Forh.*, 1899, p. 143.

Stoney. — *Phil. Mag.*, (4), **41**, p. 291, 1871 ; (5), **33**, p. 503, 1892 ; *Trans. R. Soc.*, **4**, p. 563, Dublin, 1891.

Julius. — *Verh. K. Akad. v. Wet.*, Amsterdam, **26**, 1888.

Larmor. — *Phil. Mag.*, (5), **44**, p. 503, 1897.

Sutherland. — *Phil. Mag.*, (6), **2**, p. 245, 1901.

Kolaček. — *W. A.*, **58**, p. 271, 1896.

Riecke. — *Drud. A.*, **1**, p. 399, 1900 ; *Phys. Zeitschr.*, **1**, p. 10, 1899 ; **2**, p. 107, 1900.

Watts. — *Phil. Mag.*, (6), **5**, p. 203, 1903.

Hartley. — *Journ. Chem. Soc.*, **41**, p. 84, 1882 ; **42**, p. 316, 390, 1883.

Lindemann. — *Münch. Ber.*, **31**, p. 441, 1901.

Ritz. — *D. A.*, **12**, p. 264, 1903 ; *Phys. Ztschr.*, **4**, p. 406, 1903.

Garbasso. — *Boltzmann-Festschrift*, p. 469, 1904.

Runge. — *Verh. d. d. phys. Ges.*, **5**, p. 313, 1903 ; *Phys. Ztschr.*, **4**, p. 752, 1904.

Rudorf. — *Ztschr. f. phys. Chem.*, **50**, p. 100, 1905.

Lilienfeld. — *D. A.*, **16**, p. 931, 1905.

11. — Spectres d'émission.

Kirchhoff et Bunsen. — *Pogg. Ann.*, **110**, p. 161, 1860 ; **113**, p. 337, 1861.

KIRCHHOFF. — *Pogg. Ann.*, **109**, p. 148, 1860 ; **118**, p. 94, 1863.

SIMMLER. — *Pogg. Ann.*, **115**, p. 242 et 425, 1862.

CAPPEL. — *Pogg. Ann.*, **139**, p. 628, 1870.

CROOKES. — *Phil. Trans.*, **153**, p. 173, 1863.

REICH et RICHTER. — *Journ. f. prakt. Chem.*, **81**, p. 441, 1863.

LECOQ DE BOISBAUDRAN. — *Compt. rend.*, **81**, p. 493, 1875.

RAMSAY. — *Chem. News.*, 1895, n° 1844 ; *Compt. rend.*, **120**, p. 661 : *Journ. de la Soc. phys.-chim. russe*, **27**, Partie chim. II, p. 54, 1895.

DEMARÇAY. — *Compt. rend.*, **130**, p. 1469, 1900 ; **132**, p. 1484, 1901 ; *Chem. News*, **84**, p. 1, 1901.

12. — Spectres d'absorption.

HASSELBERG. — *Mém. de l'Acad. de St-Pétersbourg*, (7), **26**, 1879.

BACCEI. — *Nuov. Cim.*, (4), **9**, p. 177, 241, 1899.

DIMMER. — *Wien. Ber.*, **106**, p. 1087, 1897.

ZSIGMONDY. — *Drud. A.*, **4**, p. 60, 1901.

DEUSSEN. — *W. A.*, **66**, p. 1128, 1898.

KATZ. — *Inaug. Diss. Erlangen*, 1898.

FORMANEK. — *Ztschr. f. Faben und Textil. Ind.*, **1**, 1902.

HÉNOCQUE. — *Rapp. au Congrès intern. de phys.*, **3**, p. 586, Paris, 1900.

H. W. VOGEL. — *Praktische Spektralanalyse*, Nördlingen, 1877, 2ᵉ éd. 1889.

VIERORDT. — *Anwendung des Spektralapparates zur Photometrie der Absorptionsspektren*, Tübingen, 1873 ; *Quantative Spektralanalyse*, Tübingen, 1876.

GLAN. — *W. A.*, **1**, p. 351, 1877.

HÜFNER. — *Journ. f. prakt. Chem.*, **16**, 1878.

KRÜSS. — *Chem. Ber.*, **16**, p. 2051 ; **18**, p. 1426 ; **22**, p. 2065 ; *Zeitschr. f. phys. Chem.*, **2**, p. 312.

H. W. VOGEL. — *Berl. Ber.*, **34**, p. 715.

F. W. SCHMIDT. — *Chem. Ber.*, **21**, p. 2527.

KOCK. — *W. A.*, **32**, p. 167.

KÖNIGSBERGER. — *Drud. A.*, **4**, p. 796, 1901 ; *Dissert. Freiburg i. B.*, 1900.

HAGEN et RUBENS. — *Drud. A.*, **8**, p. 432, 1902 ; *Verh. d. deutsch. phys. Ges.*, 1902, p. 55.

JAVAL. — *Ann. de chim. et phys.*, (8), **5**, p. 137, 1905.

W. SPRING. — *Bull. Acad. Belg.* (3), **33**, p. 165, 1897 ; *Arch. Sc. phys.*, (4), **3**, p. 437, 1897.

ABNEY et FESTING. — *Proc. R. Soc.*, **31**, 1881.

OSTWALD. — *Zeitschr. f. phys. Chem.*, **3**, p. 601, 1889 ; **9**, p. 579, 1892 ; *Abhandl. d. königl. sächs. Akad.* **18**, p. 281.

MAGNANINI. — *Zeitschr. f. phys. Chem.*, **12**, p. 57, 1894.

WAGNER. — *Zeitschr. f. phys. Chem.*, **19**, p. 465, 1896.

DONNAN. — *Zeitschr. f. prakt. Chem.*, **19**, p. 465.

VAILLANT. — *Ann. chim. et phys.*, (7), **28**, p. 213, 1903.

PFLÜGER. — *D. A.*, **12**, p. 430, 1903.

PLANCK. — *Berl. Ber.*, 1902, p. 470 ; 1903, p. 480.

LAIRD. — *Astrophys. Journ.*, **14**, p. 85, 1905.

KRÜSS et NILSON. — *Ber. Chem. Ges.*, **20** 1887 ; **21**, 1888.

Sir W. CROOKES. — *Chem. News*, **57**, p. 27.

AUER V. WELSBACH. — *Wienner Ber.*, **92**, 1885.

HARTLEY. — *Chem. Soc. Trans.*, **81**, 1902 ; **83**, 1903.

H. BECQUEREL, *Recherches sur l'absorbtion de la lumière dans les cristaux* (Thèse) Paris 1888. *Ann. Chim. et Phys.* (6) **14**, 1888.

13. — Renversement des spectres.

Cornu. — *Compt. rend.*, **73**, p. 332, 1871 ; **100**, p. 1181, 1885 ; *Journ. de phys.*, (2), **5**, p. 93, 1886.

Lieveing et Dewar. — *Proc. Roy. Soc.*, London, **35**, p. 76, 1883.

Campbell. — *Astrophys. Journ.*, **2**, p. 177, 1895.

Kayser. — *Astrophys. Journ.* **14**, p. 313, 1901.

Jewel. — *Astrophys. Journ.*, **3**, p. 96, 1896.

14. — Influence du mouvement de la source rayonnante.

Petzval. — *Wien. Ber.*, **8**, p. 134, 567 ; **9**, p. 699, 1852 ; **41**, p. 581, 1860.

Mach. — *Wien. Ber.*, **77**, p. 299, 1878 ; *Zeitschr. f. Math. u. Phys.*, **6**, p. 121, 1861.

Fizeau. — Discours du 12 Déc. 1848 à la Société Philomatique : *Ann. chim. et phys.*, (4), **19**, p. 211, 1870.

Eötvös. — *Pogg. Ann.*, **152**, p. 513, 1874.

A. Schmidt. — *Phys. Zeitschr.*, **3**, p. 259, 1902.

E. Kohl. — *W. A.*, **11**, p. 96, 1903.

Biélopolski. — *Astr. Nachr.*, **137**, p. 33, 1895 ; *Mem. Spett. Ital.*, **23**, p. 122, 1894 ; *Astrophys. Journ.*, **13**, p. 15, 1901 ; *Communications de l'Acad. Imp. des Sc. de St-Pétersb.*, (5), **13**, p. 461, 1900.

Julius. — *Arch. Néerland.*, (2), **4**, p. 155, 1901 ; **6**, p. 285 ; **7**, p. 88, 473, 1903 ; **8**, p. 218, 374, 390 ; **9**, p. 211, 1904 ; *Phys. Ztschr.*, **2**, p. 348, 357, 1901 ; **3**, p. 154, 1902 ; **4**, p. 132, 1902 ; **6**, p. 239, 1905 ; *Astrophys. Journ.*, **12**, p. 185, 1900 ; **15**, p. 28, 1902 ; **18**, p. 50, 1903 ; **21**, p. 278, 286, 1905 ; *Versl. kon. Akad. v. Wet.*, Amsterdam, 1899-1900, p. 510 ; 1902-1903, p. 650, 767 ; 1904, p. 261, 359 ; *Astr. Nachr.*, **153**, p. 433, 1900.

Przybyllok. — *Phys. Ztschr.*, **6**, p. 634, 1905 (Théorie de Julius).

Ebert. — *Astr. Nachr.*, **155**, p. 177, 1901.

Wood. — *Phil. Mag.*, (6), **1**, p. 551, 1901 ; *Astrophys. Journ.*, **13**, p. 63, 1901.

15. — Le spectre solaire.

Fraunhofer. — *Denkschr. d. königl. Akad.*, München, **5**, 1814-1815.

Brewster et Gladstone. — *Phil. Trans.*, **150**, 1860.

Kirchhoff. — *Untersuchungen über das Sonnenspecktrum. Abh. d. Berl. Akad.*, 1861-1862, 2e Ed., Berlin, 1866-1872.

Ångström. — *Recherches sur le spectre solaire*, Upsala, 1868.

H. C. Vogel. — *Publikationen d. astrophys. Observ. zu Potsdam*, **1**, p. 179, 1882.

Fievez. — *Ann. de l'Observ. de Bruxelles*, (3), **4**, 1882 ; **5**, 1883.

Thollon. — *Ann. de l'Observ. de Nice*, **3**, 1890.

Müller et Kämpf. — *Publikationen d. astrophys. Observ. zu Potsdam*, **5**, 1886.

Rowland. — *Sill. Journ.*, (3), **38**, p. 182, 1887 ; **33**, p. 182, 1888 ; *Phil. Mag.* (5), **23**, p. 257, 1887 ; **27**, p. 479, 1889 ; **36**, p. 49, 1893 ; *Astronomy and Astrophysics*, 1890-1895 ; en particulier, **12**, p. 321, 1893 ; *Astrophys. Journ.*, **1-5**, 1895-1897.

Fabry et Perot. — *C. R.*, **130**, p. 653, 1900 ; *Ann. de chim. et phys.*, (7), **25**, p. 98, 1902 ; (8), **1**, p. 5, 1904 ; *Journ. de phys.*, (4), **3**, p. 842, 1904 ; *Astrophys. J.*, **15**, p. 73, 261, 1902 ; **16**, p. 36, 1902 ; **19**, p. 119, 1904 ; **20**, p. 318, 1904.

Cornu. — *Spectre normal du Soleil*, Paris, 1881 ; *C. R.*, **88**, p. 1101, 1285, 1879 ; **89**, p. 808, 1879 ; **90**, p. 940, 1880.

JEWELL. — *Astrophys. Journ.*, **3**, p. 89, 1896 ; **11**, p. 234, 1900 ; **21**, p. 93, 1905.

BELL. — *Astrophys. Journ.*, **15**, p. 157, 1902 ; **18**, p. 191, 1903.

HARTMANN. — *Astrophys. Journ.*, **15**, p. 167, 1903 ; **20**, p. 41, 1904 ; *Ztschr. f. wiss. Phot.*, **1**, p. 215, 1903 ; **2**, p. 164, 1904.

KAYSER. — *Astrophys. Journ.*, **19**, p. 157, 1904 ; *D. A.*, **3**, p. 195, 1900 ; *Ztschr. f. wiss. Phot.*, **2**, p. 49, 1904 ; *Phil. Mag.*, (6), **8**, p. 568, 1904 ; *Phys. Ztschr.*, **5**, p. 606, 1904.

MICHELSON. — *Astrophys. Jour.*, **18**, p. 278, 1903.

EBERHARD. — *Astrophys. Journ.*, **17**, p. 141, 1903.

HAMY. — *C. R.*, **130**, p. 700, 1900.

HARTLEY et RAMAGE. — *Transact. of. the R. Dublin Soc.*, **8**, p. 1, 1898.

THOLLON. — (Groupe D) *Journ. de phys.*, (2), **3**, p. 5, 1884.

ABNEY. — *Phil. Trans.*, **177**, 1886.

LOMMEL. — *Ber. d. bayer. Akad.*, **20**, 1890.

DRAPER. — *Compt. rend.*, **78**, p. 682, 1874.

MASCART. — *Compt. rend.*, **57**, p. 789, 1863 ; **58**, p. 1111, 1864 ; *Sill. Journ.*, (2), **38**, p. 415, 1864 ; *Phil. Mag.*, (4), **27**, p. 159, 1864 ; *Recherches sur le spectre solaire ultra-violet*, Paris, 1884.

LANGLEY. — *Sill. Journ.*, (3), **31**, p. 1, 1886 ; **32**, p. 83 ; *Phil. Mag.*, (5), **21**, p. 394, 1886 ; **22**, p. 149, 1886 ; *Ann. chim. et phys.*, (6), **9**, p. 433, 1886 ; *Journ. de phys.*, (2), **5**, p. 377, 1886.

ÅNGSTRÖM. — *Pogg. Ann.*, **117**, p. 290, 1862 ; *Proc. R. Soc.*, **19**, p. 120, 1871.

ÅNGSTRÖM et THALÉN. — *K. Svensk. Vet. Akad. Handling*, **5**, n° 9, 1866.

LOCKYER. — *Proc. R. Soc.*, **27**, 1878 ; *Studien z. Spektralanalyse*, Leipzig, 1879, p. 223.

ROWLAND. — (Eléments sur le Soleil). *John Hopkins Univers. Circulars*, **10**, 1891.

KAYSER et RUNGE. — *Berl. Ber.*, 1890.

RUNGE et PASCHEN. — *Nature*, 26 Sept. 1895.

BREWSTER. — *Edimb. Phil. Trans.*, 1833 ; *Phil. Mag.*, (3), **8**, p. 384, 1836 ; *Proc. R. Soc.*, **10**, p. 339 ; *Compt. rend.*, **30**, p. 578, 1850.

BREWSTER et GLADSTONE. — *Phil. Trans.*, **150**, p. 149, 1860.

JANSSEN. — *Compt. rend.*, **54**, p. 1280, 1862 ; **56**, p. 538, 1863 ; **60**, p. 213, 1864 ; **63**, p. 289, 1866 ; **78**, p. 995, 1874 ; **101**, p. 111 et 649, 1885 ; **108**, p. 1035, 1889 ; **117**, p. 419, 1893 ; *Ann. chim. et phys.*, (4), **23**, p. 274, 1871 ; *Pogg. Ann.*, **126**, p. 480, 1865 ; *Phil. Mag.*, (4), **30**, p. 78, 1865.

N. G. EGOROW. — *Dissert. Varsovie* (en russe), 1882 ; *C. R.*, **93**, p. 385 et 788, 1881 ; **95**, p. 447, 1882 ; **97**, p. 555, 1883 ; *Chem. News*, **44**, p. 256, 1881 : *Journ. Chem. Soc.*, **44**, p. 137, 1883 ; *Sill. Journ.*, (3), **26**, p. 477, 1883.

H. W. VOGEL. — *Pogg. Ann.*, **156**, p. 319, 1875.

CORNU. — *Phil. Mag.*, (5), **22**, p. 458, 1887 ; *Ann. chim. et phys.*, (6), **7**, p. 1, 1886 : *Journ. de phys.*, (2), p. 58, 1883.

A. DE LA BAUME-PLUVINEL. — *C. R.*, **128**, p. 269, 1899.

RUNGE et PASCHEN. — *W. A.*, **61**, p. 641, 1897.

JEWELL. — *Astrophys. Journ.*, **6**, p. 456, 1897.

HARTLEY. — *Journ. of the Chem. Soc.*, **220**, p. 111, 1881 ; *Chem. News*, **42**, p. 268, 1880.

EDGAR MEYER. — *D. A.*, **12**, p. 849, 1903 ; *Verh. d. d. phys. Ges.*, **5**, p. 124, 1903.

J. W. DRAPER. — *Phil. Trans.*, 1859.

H. DRAPER. — *Sill. Journ.*, 1873 ; *Pogg. Ann.*, **151**, p. 337, 1874.

MASCART. — *Ann. de l'Ecole normale supér.*, 1864.

Partie infra-rouge du spectre solaire.

DRAPER. — *Phil. Mag.*, (3), **29**, 1843.

ABNEY. — *Phil. Trans.*, **171**, 1880 ; **177**, II, 1886.

N. KHAMANTOFF. — *J. de la Soc. russe phys.-chim.*, **13**, p. 320, 1881.

LOMMEL. — *W. A.*, **40**, p. 681, 1890.

FOMM. — *Dissert.*, München, 1890,

LAMANSKI. — *Pogg. Ann.*, **146**, p. 226, 1870.

RUBENS et ASCHKINASS. — *W. A.*, **64**, p. 584, 1898.

LANGLEY. — *W. A.*, **19**, p. 226, 384, 1883 ; **22**, p. 598, 1884 ; *Sill. Journ.*, **28**, p. 163, 1889 ; *Phil. Mag.*, (5), **26**, p. 505, 1888 ; (6), **2**, p. 119, 1901 ; *C. R.*, **119**, p. 383, 1894 ; **131**, p. 734, 1900 ; *Smithsonian Inst. Rep.*, 1897, p. 66 ; *Ann. chim. et phys.*, (6), **24**, p. 275, 1881 ; *Phil. Mag.*, (5), **15**, p. 153, 1884, (5), **17**, p. 294, 1884, **25**, p. 506, 1888. (Le nouveau spectre) *Annals of the Astrophys. Observ. of the Smithson. Instit.*, I, 1900 ; *C. R.*, **131**, p. 734, 1900 ; *Phil. Mag.*, (6), **2**, p. 119, 1901 ; *Sill. Journ.*, **11**, p. 403, 1901 ; *Naturw. Rundsch.*, **16**, p. 479, 1901.

K. ÅNGSTRÖM. — *W. A.*, **39**, p. 267, 1890 ; *Nova Acta Reg. Soc. Upsala. Ser.*, III, 1895.

JULIUS. — *Die Licht-und Wärmestrahlung verbrannter Gase*, Berlin, 1890, p. 78.

ÅNGSTRÖM. — *Arkiv. f. Matem., Astr. ok Fysik*, **1**, p. 395, 1904.

FOWLE. — *Smithson. Misscellan. Collect.*, **47**, *Quarterly Issue*, **2**, p. 1, 1904.

CARVALLO. — *Ann. chim. et phys.*, (7), **4**, p. 5, 1894.

16. — Spectres des taches solaires, de la photosphère, de la chromosphère, des protubérances et de la couronne.

VOGEL. — *Bothkamper Beob.*, 1 et 2.

YOUNG. — *Nature* (en ang.), 12 Déc. 1872 ; *Sill. J.*, (3), **4**, p. 356 ; *The Sun*, London, 1882.

JULIUS. — Voir § **14**.

A. SCHMIDT. — *Strahlenbrechung auf der Sonne*, Stuttgard, 1891.

KREUSLER. — *Verh. d. d. phys. Ges.*, **6**, p. 197, 1904.

HUMPHREYS. — *Astrophys. Journ.*, **18**, p. 204, 1904.

MITCHELL. *Astrophys. Journ.*, **22**, p. 4, 1905.

DONITCH. — *Bull. de l'Acad. des Sc. de St-Pétersbourg*, **5**, (19), p. 171, 195, 1903.

PRINGSHEIM. — *Verh. d. d. phys. Ges.*, **7**, p. 14, 1905.

EBERT. — *Astron. Nachr.*, **155**, p. 177, 1901.

DESLANDRES. *C. R.*, **138**, p. 1375, 1904.

W. LÉBÉDINSKY. — *Communicat. de la Soc. Astr. russe*, 1896-1897, p. 423 ; 1900 ; fascicule VIII, nos 4-6.

LOCKYER. — *Proc. R. Soc*, **17**, p. 350, 1868.

JANSSEN. — *C. R.*, **68**, p. 95, 1868.

WILSING. — Voir SCHEINER, *Spektralanalyse der Gestirne*, Leipzig, 1890, p. 202.

CAMPBELL. — *Astrophys. J.*, **10**, p. 186, 1899.

YOUNG. — *Astrophys. J.*, **10**, p. 306, 1899.

17. — Spectres de la Lune, des planètes, des comètes, des étoiles fixes et des nébuleuses.

H. C. VOGEL. — *Untersuchungen über die Spektra der Planeten*, Leipzig, 1874 ; *Berl. Ber.*, 1895, p. 5.

Huggins. — *C. R.*, **108**, p. 1228, 1889 ; *Astr. Nachr.*, **121**, p. 369 ; *Proc. R. Soc.*, **46**, p. 231.

Millochau. — *C. R.*, **138**, p. 1477, 1904.

Keeler. — *Astr. Nachr.*, **122**, p. 103.

Donati. — *Astr. Nachr.*, **62**, p. 375, 1864.

Hasselberg. — *Bull. de l'Acad. de St-Pétersb.*, **27**, p. 417, 1881 ; *Mém. de l'Acad. de St-Péterb.*, (7), **28**, n° 2 ; *Astr. Nachr.*, **102**, p. 259 ; **104**, p. 13 ; **108**, p. 55.

Vogel. — *Pogg. Ann.*, **149**, p. 400 ; *Astr. Nachr.*, **77**, p. 285 ; **80**, p. 183 ; **82**, p. 217 ; **100**, p. 301 : **102**, p. 159 et 199 ; **103** ; p. 279 ; **108**, p. 21 ; *Publikat. d. astr. Obs. zu Potsdam*, **2**, n° 8, 1881.

W. Wright. — *Astrophys. J.*, **10**, p. 173, 1899.

A. de la Baume-Pluvinel. — *Compt. rend.*, **136**, 1903.

Spectres des étoiles fixes.

Fraunhofer. — *Denkschrift d. Akad. München*, **5**, 1817 ; *Gilb. Ann.*, **74**. *Gesamm. Schriften*, 1888.

Secchi. — *C. R.*, **57**, p. 71 ; **63**, p. 324, 364 et 621, 1866.

Vogel. — *Astr. Nachr.*, **84**, n° 2000 ; *Berl. Ber.*, 1895, p. 947 ; *Publik. d. astr. Obs. zu Potsdam*, **3**, p. 31.

Pickering. — *Astr. Nachr.*, **101**, p. 73 ; **123**, p. 95.

Wolf et Rayet. — *C. R.*, **65**, p. 292, 1867.

Cornu. — *C. R.*, **83**, p. 1172, 1876.

Scheiner. — *Astr. Nachr.*, **122**, p. 321 ; *Spectralanalyse der Gestirne*, p. 310.

Lockyer. — *Proc. R. Soc.*, **62**, p. 52, 1898.

Miss Antonia C. Maury. — *Ann. of the Astr. Obs. of Harv. Coll. U.*, 28, I.

Kayser. — *Astr. Nachr.*, 1903, p. 277.

Hartmann et Eberhard. — *Astrophys. J.*, **17**, p. 221, 1903 : *Berl. Ber.*, 1903, p. 40 ; *Astr. Nachr.*, 1903, p. 309.

Crew. — *Astrophys. J.*, **16**, p. 246, 1902.

Scheiner. — *Astr. Nachr.*, 1903, p. 263.

Vogel. — *Astr. Nachr.*, 1903, p. 365.

W. Huggins et Lady Huggins. — *Astrophys. J.*, **16**, p. 145, 1903.

Barnes. — *Phys. Ztschr.*, **6**, p. 148, 1905 ; *Astrophys. J.*, **21**, p. 76, 1905.

A. de Gramont. — *Compt. rend.*, **139**, p. 188, 1904.

Spectres des nébuleuses.

Huggins. — *Phil. Trans.*, 1864, p. 437 ; *Proc. R. Soc.*, **13**, p. 492 ; **14**, p. 39 ; **15**, p. 17 ; **20**, p. 379 ; **26**, p. 170 ; **33**, p. 425 ; **46**, p. 40 ; *Ann. chim. et phys.*, (5), **28**, p. 282.

Pickering. — *Sill. Journ.*, (3), **20**, p. 303 ; *Astr. Nachr.*, **103**, p. 95 et 165 ; **105**, p. 335.

Keeler. — *Publ. of the Lick Observatory*, **3**, 1894.

Hartmann. — *Berl. Ber.*, 1902, p. 237 ; 1905, p. 360.

18. — Etude du mouvement des astres.

H. C. Vogel. — *Astr. Nachr.*, **78**, p. 250 ; **82**, p. 291 ; **90**, p. 71 ; **119**, p. 97 ; **121**, p. 241 ; **123**, p. 289 ; *Berl. Ber.*, 1888, 15 mars ; 1891 ; XXVIII ; 1900, p. 373 ; 1902, p. 259, 1113 ; 1904, p. 497.

Zöllner. — *Pogg. Ann.*, **144**, p. 449, 1871.

Langley. — *Sill. Journ.*, (3), **14**, p. 140, 1877.

Cornu. — *Monthly Not.*, **34**, p. 170.

Biélopolsky. — *Comm. de l'Acad. Imp. des Sc. de St-Pétersb.*, (5), **3**, n° 4, p. 379, 1895 ; (5), **6**, n° 1, p. 49, 1897 ; **18**, p. 28 (procès-verbal du 19 mars 1903) ; *Astr. Nachr.*, **139**, p. 1 ; *Bull. de l'Acad. d. Sc. de St-Pétersb.*, **15**, p. 1, 1901 ; *Astrophys. J.*, **19**, p. 85, 1904 ; **21**, p. 55, 1905.

Keeler. — *Astrophys. Journ.*, **15**, p. 41, 1896.

Deslandres. — *C. R.*, **120**, p. 417, 1155, 1895 ; *J. de phys.*, (3), **6**, p. 165, 1897.

Wilsing. — *Berl. Ber.*, 1899, p. 426.

Hartmann. — *Berl. Ber.*, 1901, p. 444 ; 1904, p. 527.

Campbell. — *Nature.*, **60**, p. 510 ; *Astrophys. J.*, **8**, n° 3.

Lowell. — *C. R.*, **139**, p. 663, 664, 1904 ; *Astron. Nachr.*, 1903, p. 33.

Slipher. — *Astr. Nachr.*, 1903, p. 36.

Lord. — *Astrophys. J.*, **21**, p. 297, 1905.

Eberhard. — *Astrophys. J.*, **18**, p. 198, 1903.

Scheiner. — *Astrophys. J.*, **7**, p. 31, 1898.

Dunér. — *Nova Acta. Reg. Soc. Upsala, Ser.* 3 ; *Recherches sur la rotation du Soleil.*

Crew. — *Amer. J. of Sc.*, **35**, p. 151 ; **38**, p. 204.

Huggins. — *Proc. R. Soc.*, **16**, p. 382 ; **22**, p. 251 ; *Sill. Journ.*, (3), **8**, p. 75 ; *Phil. Mag.*, (5), **2**, p. 72 ; *Phil. Trans.*, 1868, II, p. 529.

Deslandres. — *C. R.*, **121**, p. 629, 1895 ; **130**, n° 7, 1900.

19. — Spectres de l'aurore boréale, de la lumière zodiacale, de l'éclair et des étoiles filantes.

Hasselberg. — *Mém. de l'Acad. de St-Pétersb.*, (7), **27**, n° 1.

Ångström. — *Pogg. Ann.*, Jubelbd., p. 424, 1874.

Vogel. — *Astr. Nachr.*, **78**, p. 247 ; **79**, p. 327 ; *Pogg. Ann.*, **146**, p. 569, 1872.

Paulsen. — *Overs. kgl. danske Vidensk.*, Forhandl., 1900, p. 243 ; *C. R.*, **130**, p. 655, 1890 ; *Rapp. prés. au Congrès internat. de phys.*, **3**, p. 438, Paris, 1900 ; *Meteorol. Zeitschr.*, 1901, p. 414 ; *Verhandl. d. deutsch. phys. Ges.*, **2**, p. 219, 1900 (article de Neesen).

Stassano. — *Ann. chim. et phys.*, (7), **26**, p. 40, 1902.

Winlock. — *Sill. Journ.*, **48**, p. 123, 1869.

Wright. — *Sill. Journ.*, (3), **8**, p. 39 ; *Pogg. Ann.*, **154**, p. 619, 1874.

A. Kundt. — *Pogg. Ann.*, **135**, p. 315, 1868.

H. C. Vogel. — *Pogg. Ann.*, **143**, p. 053, 1871.

H. Meier. — *W. A.*, **51**, p. 415, 1894.

Hann. — *Meteorol. Zeitschr.*, 1903, p. 122.

Pickering. — *Astrophys. Journ.* **6**, p. 461, 1897, **7**, p. 392, 1898.

E. C. Baly. — *Astrophys. Journ.*, **19**, p. 187, 1904.

C. Runge. — *Astrophys. Journ.*, **18**, p. 381, 1903.

S. Newcomb. — *Astrophys. Journ.*, **22**, p. 209, 1905.

M. Lemström. — *L'aurore boréale*, Paris, 1886.

A. Angot. — *Les aurores polaires*, Paris, 1895.

20. — Parties ultra-violette et infra-rouge des spectres.

I. — Spectres ultra-violets.

Stokes. — *Phil. Trans.*, **152**, p. 599, 1862.

Edgar Meyer. — *Verh. deutsch. phys. Ges.*, **5**, p. 124, 1903.

Hagen et Rubens. — *D. A.*, **8**, p. 1, 1902.

Pflüger. — *D. A.*, **13**, p. 890, 1904 ; *Phys. Ztschr.*, **4**, p. 614, 861, 1903 ; **5**, p. 71, 1904.

LADENBURG. — *Phys. Ztschr.*, **5**, p. 525, 1904.

LYMAN. — *Astrophys. J.*, **19**, p. 263, 1904 ; **23**, p. 181, 1906.

SCHUMANN. — *Wien. Ber.*, **102**. p. 415, 625, 1893 ; *Smithson. contrib. to knowledge,* **29**, n° 1413, Washington, 1903 ; *Beiblätter z. d. Annalen der Physik.*, **28**, p. 1172, 1904.

TH. SIMON. — *Verhandl. d. deutsch. phys. Ges.*, **3**, p. 31, 1901.

CORNU. — *J. de phys.*, (1), **10**, p. 425, 1881 ; *Spectre normal du Soleil*, Paris, 1880.

CORNU. — *Arch. sc. phys.*, Genève, (3), **2**, 1879.

SIMON. — *W. A.*, **53**, p. 557, 1894.

EDER et VALENTA. — *Denkschr. d. math.-naturw. Klasse. Wien*, **57** à **67**, 1891-1899.

KRÜSS. — *Diss.*, Iéna, 1903.

PLÜGER. — *D. A.*, **11**, p. 561, 1903.

ZSCHIMMER. — *Phys. Ztschr.*, **4**, p. 751, 1903.

FRIEDERICHS. — *Diss.*, Bonn, 1905.

E. MEYER. — *D. A.*, **12**, p. 849, 1904 ; *Verh. d. d. phys. Ges.*, **6**, p. 362, 1904.

MEYERHEIM. — *Ztschr. f. wiss. Phot.*, **2**, p. 131, 1908 ; *Diss.*, Bonn, 1904.

GOLDHAMMER. — *Communications de la Soc. des Sc. phys.-math. de Kazan*, (2), **13**, p. 120, 1903 ; *Phys. Ztschr.*, **4**, p. 413, 1903.

MAGINI. — *Phys. Ztschr.*, **4**, p. 613, 1903 ; **5**, p. 68, 145, 147, 1904.

KRÜSS. — *Ztschr. f. phys. Chem.*, **51**, p. 257, 1905.

PAUER. — *W. A.*, **61**, p. 363, 1897.

ALLEN MILLER. — *Proc. R. Soc. of Edimb.*, **12**, p. 159, 1884.

SORET. — *Arch. d. sc. phys.*, 1878 (Mars).

HARTLEY. — *Chem. Ber.*, **18**, p. 592, 1885 ; **20**, p. 174, 1887 ; **21**, p. 689, 1888,

HARTLEY et HUTTINGTON. — *Proc. R. Soc.*, **28**, p. 233 ; **29**, p. 290, 1879 ; **31**, p. 1 1880 ; *Phil. Trans.*, **170**, p. 257, 1897.

SIMON. — *W. A.*, **59**, p. 91, 1896.

GLATZEL. — *Phys. Zeitschr.*, **1**, p. 285, 1899 ; **2**, p. 173, 1900 ; *Dissert.*, Erlangen, 1901.

WOOD. — *Phil. Mag.*, (6), **5**, p. 257, 1903 ; *Phys. Zeitschr.* **4**, p. 337, 1903.

AGAFONOFF. — *J. de la Soc. russe phys.-chim.*, **28**, p. 200, 1896 ; *C. R.*, **123**, p. 490, 1896 ; *Arch. des sc. phys.*, (4), **1**, p. 34, 1896.

C. LEISS. — *Zeitschr. Instr.*, **17**, 1897 ; **18**, 1898.

II. — SPECTRES INFRA-ROUGES.

H. W. VOGEL. — *Pogg. Ann.*, **150**. p. 453, 1873 ; *Ber. Chem. Ges.*, **6**, p. 1302, 1873.

ABNEY. — *Phil. Trans.*, **171**, II, p. 653, 1880 ; **177**, II, p. 457, 1886 ; *Phil. Mag.*, (5), **1**, p. 414, 1876 ; **6**, p. 154, 1878 ; *C. R.*, **90**, p. 182 (1880).

LANGLEY. — *W. A.*, **22**, p. 598, 1884 ; *Ann. chim. et phys.*, (6), **9**, p. 473, 1886 ; *Sill. Journ.*, (3), **38**, p. 421, 1890.

RUBENS. — *Rapport au Congrès inter. de Phys.*, Paris, 1900, **2**, p. 141.

RUBENS. — *W. A.*, **45**, p. 238, 1892 ; **51**, p. 381, 1894 ; **53**, p. 267, 1894.

RUBENS et SNOW. — *W. A.*, **46**, p. 529, 1892.

PASCHEN. — *W. A.*, **53**, p. 301, 820, 1894 ; **56**, p. 762, 1895 ; **58**, p. 455, 1896 ; **60**, p. 662, 1897 ; *D. A.*, **4**, p. 299, 1901.

SNOW. — *W. A.*, **47**, p. 208, 1892.

COBLENZ et GEER. — *Phys. Rev.*, **16**, p. 279, 1903 ; *Phys. Ztschr.*, **4**, p. 257, 1903.

HERMANN. — *D. A.*, **16**, p. 684, 1905.

DREW. — *Phys. Rev.*, **21**, p. 122, 1905.

LEWIS. — *Astrophys. J.*, **2**, p. 17 et 106, 1895.

Lehmann. — *D. A*, **5**, p. 633, 1901 ; **8**, p. 643, 1902 ; **9**, p. 1330, 1902 ; *Ztschr. f. wiss. Phot.*, **1**, p. 135, 1903 ; *Phys. Ztschr.*, **5**, p. 823, 1904.

Trowbridge. — *W. A.*, **65**, p. 595, 1898 (sylvine).

Rubens et Aschkinass. — *W. A.*, **64**, p. 584, 1898.

Coblenz. — *Phys. Rev.*, **16**, p. 35, 72, 119, 279, 1903 ; **17**, p. 51, 1903 ; *Astrophys. J.*, **20**, p. 217, 1904.

Zsigmondy. — *W. A.*, **57**, p. 639, 1896.

Donath. — *W. A.*, **58**, p. 619, 1896.

Pucchianti. — *N. Cim.*, (4), **11**, p. 241, 1900.

Iklé. — *Phys. Ztschr.*, **5**, p. 271, 1904.

Friedel. — *W. A.*, **55**, p. 453, 1895.

Frank Very. — *Atmospheric radiation. U. S. Depart. of Agriculture, Weather Bureau, Bull. G.*, 1900 ; *Meteorol. Zeitschr.*, 1901, p. 223 (article de Maurer).

Abney. — *Phil. Mag.*, (5), **7**, p. 316, 1879 ; *Proc. R. Soc.*, **32**, p. 483, 1881.

H. Becquerel. — *Ann. chim. et phys.*, (5), **30**, p. 43, 1883 ; *C. R.*, **99**, p. 374, 1884.

Ångström. — *W. A.*, **48**, p. 493, 1893.

Julius. — (Voir ci-dessus)

W. Stewart. — *Phys. Rev.*, **13**, p. 257, 1901.

Nichols. — *Berl. Ber.*, 1896.

Rosenthal. — *W. A.*, **68**, p. 783, 1899.

H. Becquerel. — *Ann. chim. et phys.*, (5), **30**, p. 38, 1883.

Paschen. — (Absorption dans l'eau). *W. A.*, **51**, p. 21 ; **52**, p. 216, 1894.

Aschkinass. — *W. A.*, **55**, p. 401, 1895.

Abney et Festing. — *Phil. Trans.*, **172**, p. 887, 1882.

Ångström. — (Absorption dans les gaz). *Oefvers. K. Vet. Akad. Foerhandl.*, **46**, p. 549, 1889 ; **47**, p. 331, 1890 ; **58**, p. 371, 381, 1901 ; *W. A.*, **39**, p. 267, 1890 ; *Drud. A.*, **3**, p. 20, 1900 ; **6**, p. 163, 1901. *Meteorol. Zeitschr.*, **18**, p. 189, 1901.

Koch. — *Oefvers. K. Vet. Akad. Foerhandl*, **58**, p. 475, 1901.

Sv. Arrhenius. — *Drud. A.*, **4**, p. 690, 1901 ; *Oefvers. K. Vet. Akad. Foerhandl.*, **58**, p. 25, 1901 ; *Phil. Mag.*, (5), **41**, p. 237, 1896.

Paschen. — (Absorption dans les gaz). *W. A.*, **52**, p. 209, 1894 ; **53**, p. 334, 1894.

Ransohoff. — *Dissert.*, Berlin, 1896.

Rubens et Nichols. — *W. A.*, **60**, p. 418, 1897.

Rubens et Trowbridge. — *W. A.*, **60**, p. 724, 1897.

Rubens et Aschkinass. — *W. A.*, **65**, p. 241, 1898 ; **67**, p. 458, 1899.

Fowle. — *Smithson. Miscell. Coll.*, **2**, n° 1, p. 1, 1904.

Ångström. — (Ozone) *Arkiv. f. Mat., Astr. och. Fysik*, **1**, p. 347, 1904.

Schäfer. — *D. A.*, **16**, p. 93, 1905.

Rubens et Ladenburg. — *Verh. d. d. phys. Ges.*, **7**, p. 170, 1904.

21. — Dispersion anomale.

Le Roux. — *C. R.*, **55**, p. 126, 1862.

Kundt. — *Pogg. Ann.*, **142**, p. 163, 1871 ; **143**, p. 149, 259, 1871 ; **144**, p. 128, 1871 ; **145**, p. 67, 164, 1872 ; *W. A.*, **10**, p. 321, 1880.

Christiansen. — *Pogg. Ann.*, **141**, p. 479, 1870 ; **143**, p. 250, 1871 ; **146**, p. 154, 1872.

Winkelmann. — *W. A.*, **32**, p. 439, 1887.

H. Becquerel. — *C. R.*, **127**, p. 899, 1898 ; **128**, p. 145, 1899.

Julius. — Voir § **14**.

Lummer et Pringsheim. — *Phys. Ztschr.*, **4**, p. 430. 1903 ; *Verh. d. d. phys. Ges.*, **6**, p. 151, 1904.

Ebert. — *Phys. Ztschr.*, **4**, p. 473, 1903 ; *Boltzmann-Festschrift*, p. 448, 1904 ; *Astr. Nachr.*, 1903, p. 193.

Puccianti. — *Mem. della soc. degli spetroscop. ital.*, **33**, p. 133, 1904.

Cartmel. — *Phil. Mag.*, (6), **6**, p. 213, 1903.

Fricke. — *D. A.*, **16**, p. 865, 1905.

Wood. — (Na) *Phil. Mag.*, (6), **3**, p. 128, 1902 ; **8**, p. 293, 1904 ; *Phys. Ztschr.*, **3**, p. 230, 1902 ; **5**, p. 751, 1904.

Wood. — (Cyanine) *Phil. Mag.*, (5), **46**, p. 380, 1898 ; (6), **1**, p. 36, 624, 1901.

Pflüger. — (Cyanine) *Phil. Mag.*, (6), **2**, p. 317, 1901 ; *Drud. A.*. **8**, p. 230, 1902.

Magnusson. — *Bull. Univ. Wisconsin*, **2**, p. 247, 1900 ; *Beibl.*, 1901, p. 36.

Horn. — *N. Jahrb. f. Mineralogie*, Beilageband, **12**, p. 270, 1898.

Martens. — *D. A.*, **6**, p. 603, 1901 ; *Verhandl. d. phys. Ges.*, 1902, p. 138 ; *Arch. sc. phys.*, (4), **14**, p. 105, 1902.

Wood. — *Phil. Mag.*, (6), **3**, p. 607, 1902 ; **5**, p. 257, 1903 ; **6**, p. 96, 1903 ; *Phys. Ztschr.*, **3**, p. 230, 1902 ; **4**, p. 85, 337, 1903.

Pflüger. — *W. A.*, **56**, p. 412, 1895.

Nichols. — *W. A.*, **60**, p. 414, 1897.

I. Schtschégliajeff. — *J. de la Soc. russe phys.-chim.*, **28**, p. 43, 1896 ; *J. de phys.*, (3), **4**, p. 546, 1895.

Sellmeier. — *Pogg. Ann.*, **143**, p. 272, 1871 ; **145**, p. 399 et 520, 1872 ; **147**, p. 386 et 525, 1872.

Helmholtz. — *Berl. Ber.*, 1874, p. 667 ; *Pogg. Ann.*, **154**, p. 582, 1875.

Boussinesq. — *Journ. de Liouville*, **13**, p. 313, 1868 ; *C. R.*, **117**, p. 80, 1893 ; *Théorie analytique de la chaleur mise en harmonie avec la Thermodynamique et avec la Théorie mécanique de la lumière*. Tome II, Note II, Sixième Partie, *Dispersion*, p. 430 à 453, Paris, 1903.

Drude. — *D. A.*, **14**, p. 677, 936, 1904 ; *Ztschr. f. wiss. Phot.*, **3**, p. 1, 1904.

Planck. — *Berl. Ber.*, 1905, p. 386.

O. E. Meyer. — *Pogg. Ann.*, **145**, p. 80, 1872.

Th. Th. Pétrouschewsky. — *J. de la Soc. russe phys. chim.*, **28**, p. 91, 1896.

Hurion. — *Ann. Ec. Norm.*, Paris, (2), **6**, p. 367, 1877.

On trouvera des renseignements bibliographiques détaillés dans E. Verdet, *Leçons d'Optique physique*, Tome II, IVᵉ Partie, *Leçons sur la théorie de la dispersion*, p. 1 à 39, Paris, 1870 (ou dans la traduction allemande d'Exner, Braunschweig, 1887, II, p. 52), et dans G. G. de Metz, *Essai d'une théorie de la dispersion anomale de la lumière* (en russe), Odessa, 1885, p. 3 à 12.

22. — Couleurs des corps et des radiations.

Prévost. — Voir Moigno, *Répertoire d'Optique moderne*, II, p. 580.

Walter. — *Oberflächen-oder Schillerfarben*, Braunschweig, 1895.

Spring. — *Arch. d. sc. phys.*, (4), **7**, p. 326, 1899.

Freiherr von und zu Aufsess. — *D. A.*, **13**, p. 678, 1904 ; *Arch. des sc. phys. et natur.*, (4), **17**, p. 186, 1904 ; *Diss.*, München, 1903 ; collection « *Wissenschaft* », n° 4, Braunschweig, 1905.

Wood. — *Phil. Mag.*, (6), **3**, p. 396, 1902.

Margot. — *Arch. de sc. phys.*, (4), **1**, p. 34, 1896.

Häcker et G. Meyer. — *Phys. Zeitschr.*, **4**, p. 23, 1903.

DUFOUR. — *Arch. des sc. phys.*, (4), **1**, p. 220, 1896.

MONTI. — *Atti R. Ac. delle Scienze*, Torino, **30**, p. 704, 1895.

SORET, BOREL et DUMONT. — *Arch. Sc. phys.*, (4), **3**, p. 376, 1897.

SCHÜTZE. — *Zeitschr. f. phys. Chem.*, **9**, p. 109, 1892.

MOISSAN et DEWAR. — *C. R.*, **136**, p. 641, 1903.

SCHMIDLIN. — *C. R.*, **139**, p. 731, 871, 1904.

KAUFMANN. — *Ztschr. f. wiss. Phot.*, **1**, p. 60, 1903.

BYK. — *Phys. Ztschr.*, **6**, p. 349, 1905.

SCHÜTZE. — *Ztschr. f. phys. Chem.*, **9**, p. 118, 1892.

O. WITT. — *Ber. Chem. Ges.*, **9**, p. 522, 1876.

GREBE. — *Zeitschr. f. phys. Chem.*, **10**, p. 673, 1893.

HARTLEY. — *Chem. Soc. Journ.*, **51**, p. 152, 1887.

WIENER. — *W. A.*, **55**, p. 225, 1895.

RAHLMANN. — *Phys. Ztschr.*, **4**, p. 884, 1903 ; *Verh. d. d. phys. Ges.*, **5**, p. 330, 1903.

H. HELMHOLTZ. — *Physiol. Optik*, 2° édition, p. 312, 318, 321, 353, 356 ; *W. A.*, **16**, p. 349, 1882.

ASHER. — *Verh. d. d. phys. Ges.*, **5**, p. 326, 1903 ; *Instr.*, **25**, p. 52, 1905.

W. L. ROSENBERG. — *Zeitschr. f. phys. u. chem.*, *Unterricht*, 1889, n° 6.

TH. TH. PÉTROUSCHEWSKY. — *Journ. de la Soc. phys.-chim.*, **29**, p. 1, 1897.

KÖNIG et DIETERICI. — *Berl. Ber.*, 1886, p. 805.

BREWSTER. — *Edimb. Trans.*, **9**, II, p. 433, 1831 ; **12**, I, p. 123 ; *Pogg. Ann.*, **23**, p. 435.

MAXWELL. — *Phil. Trans.*, **150**, p. 57, 1860 ; *Edimb. Trans.*, **21**, p. 275 ; *Phil. Mag.*, (4), **14**, p. 40, 1857 ; **21**, p. 141, 1861.

DOUBT. — *Phil. Mag.* (5), **46**, p. 216, 1898.

PILGRIM. — *Prog. Realanstalt*, Cannstatt, 1901.

CLAY. — *Proc. R. Soc.*, **69**, p. 26, 1901.

H. W. VOGEL. — *Photographic*, Braunschweig, 1902.

ABNEY. — *Colour Measurement.*

LORD RAYLEIGH. — *Edimb. Trans.*, **33**, I, p. 157 ; *Phil. Trans.*, **177**, p. 157, 1886.

NEWTON. — *Optics II*, London, 1704.

LAMBERT. — *Farbenpyramide*, § **19**, Augsburg, 1772. Même ouvrage, Berlin, 1772.

E. CHEVREUL. — *C. R.*, **40**, p. 239 ; *Edimb. Journ*, (2), **1**, p. 166 ; *La loi du contraste simultané des couleurs*, Strasbourg, 1839 ; nouvelle édition publiée à l'occasion du Centenaire, Paris, 1889.

FORBES. — *Phil. Mag.*, **34**, p. 161, 1849.

CHR. DOPPLER. — *Abh. d. böhm. Ges.*, (Prag), **5**, p. 401, 1848.

TH. TH. PÉTROUSCHWESKY. — *J. de la Soc. russe phys.-chim.*, **17**, p. 35, 1885 ; *Les couleurs et la peinture* (en russe), St-Pétersb., 1891, p. 17 (*mélange des couleurs*), p. 25, (*influence de l'éclairage*) ; *Détermination de la couleur moyenne ou du ton d'une surface multicolore* ; *Journ. de la Soc. russe phys. chim.* **15**, p. 118, 1883 ; *Les couleurs à la lumière*, ibid., **17**, p. 35, 1885.

W. L. ROSENBERG. — *Journ. de la Soc. russe phys. chim.*, **19**, p. 477, 1887.

C. H. WOLF. — *Chem. Centralbl.*, 1880, p. 28 ; *Dinglers Journ.*, **236**, p. 71, 1880.

KRÜSS. — *Kolorimetrie*, Leipzig, Voss ; *Zeitschr. f. phys. Chem.*, **10**, p. 165, 1882.

MARTENS. — *Phys. Zeitschr.*, **1**, p. 182, 1900.

N. ROOD. — *Théorie scientifique des couleurs*, Paris, 1895.

23. — Achromatisme.

CORNU. — *Spectre normal du Soleil. Ann. Ec. Norm.*, Paris, (2), **9**, 1880.

Cornu. — *Journ. de Phys.*, (2), **8**, p. 185, 1879.

J. W. Gifford. — *Proc. Roy. Soc.*, London, **70**, 1902.

Les ouvrages suivants donnent l'historique de l'achromatisme :

Priestley. — *The history and present state of optics*. Traduction allemande, Leipzig, 1776, p. 242 et 520.

Wilde. — *Geschichte der Optik II*, p. 71.

Littrow. — *Dioptrik*, p. 457.

Steinheil et Voit. — *Handbuch der angewandten Optik I.*

Löwenherz. — *Instr.*, **2**, p. 275, 1882.

Klingenstjerna. — *Kongling. Svenska Vet. Handlinger*, 1754.

Fraunhofer. — *Denkschr. d. Münchener Akad.*, (1814-1815), p. 213, 1817.

Czapski. — *Instr.*, **6**, p. 341, 1886.

Abbe. — *Sitzungsber. d. med.-naturw. Ges.*, Iéna, 1887, p. 107 ; *J. of the Micr. Soc.*, (2), **2**, p. 812, 1879.

W. Wolf. — *Instr.*, **19**, p. 1, 1899.

J. Rouyer. — *Coup d'œil rétrospectif sur la lunetterie*. Paris, 1901.

CHAPITRE VIII

—

TRANSFORMATIONS DE L'ÉNERGIE RAYONNANTE

1. Introduction. — Toute énergie possède la propriété fondamentale de se transformer, totalement ou partiellement, en une autre forme d'énergie. Il en est ainsi, comme nous l'avons déjà vu (page 8), pour l'énergie rayonnante : *absorbée* par un corps quelconque, elle se change le plus souvent en *énergie calorifique*, par la transmission du mouvement de l'éther aux molécules de la matière. Cette transformation de l'énergie rayonnante en énergie calorifique a déjà été étudiée au Chap. II, pages 43 à 45. Nous allons considérer ici le cas où *l'énergie rayonnante se transforme en énergie qui est encore rayonnante*, mais possède une autre période, et le cas où *elle se transforme en énergie chimique* ; autrement dit, nous allons faire l'étude des phénomènes de *fluorescence* et de *phosphorescence*, et celle des *actions chimiques* de l'énergie rayonnante.

2. Fluorescence. — Certaines substances ont la faculté d'absorber l'énergie rayonnante d'une période déterminée T et, après l'avoir transformée en énergie rayonnante d'une autre période T_1, d'émettre cette dernière dans toutes les directions ; de telles substances sont dites *fluorescentes*, et le phénomène correspondant de transformation de l'énergie rayonnante s'appelle *fluorescence*. Quand ce phénomène ne se manifeste pas avec une intensité trop faible, il se présente avec l'aspect suivant : si les radiations solaires ou celles de l'arc électrique tombent sur la surface d'un corps fluorescent, il apparaît à l'intérieur du corps, dans le voisinage de sa surface, sous la forme d'une lueur peu intense, une coloration caractéristique, visible surtout quand on regarde le corps *latéralement* ; cette lueur ne s'étend à l'intérieur du corps que jusqu'à une certaine profondeur, en général assez faible. J. Herschel, qui a étudié le premier ce phénomène (déjà observé auparavant par le minéralogiste Haüy), l'a désigné sous le nom de dispersion ou de *diffusion épipolique* (superficielle).

Brewster a montré que la fluorescence ne se produit pas seulement à la surface même du corps. Il recevait les rayons solaires sur une lentille conver-

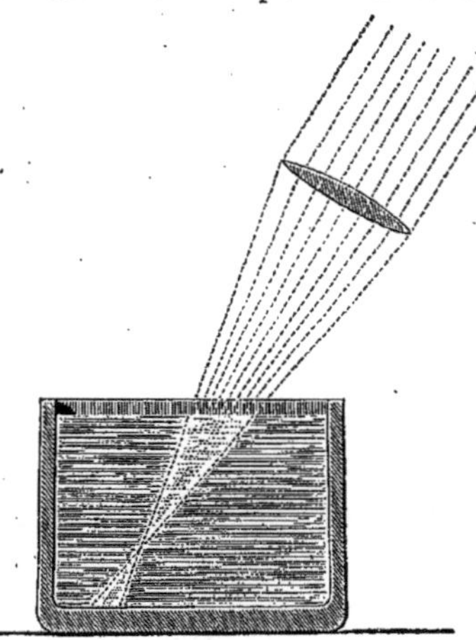

Fig. 251

gente (*fig.* 251) orientée de façon qu'une partie du cône émergent pénétrât à l'intérieur d'un liquide fluorescent (solution de sulfate de quinine). On observait alors, dans toutes les directions, une lumière fluorescente bleue, émise non seulement par la couche superficielle, mais aussi par des couches plus profondes du liquide. Brewster désignait ce phénomène sous le nom de *diffusion intérieure*.

C'est à Stokes que l'on doit la véritable explication de la fluorescence ; le premier, il l'a présentée comme une transformation de l'énergie rayonnante d'une certaine période ou d'une certaine réfrangibilité en énergie rayonnante d'une autre période ; il donna à cette transformation le nom de fluorescence, parce qu'elle fut observée, pour la première fois, avec le spath fluor (fluorine).

On doit distinguer, dans les phénomènes de fluorescence, les rayons excitateurs ou inducteurs et les rayons excités ou induits, émis par la substance fluorescente. Des solutions de sulfate de quinine et d'esculine émettent des fluorescences composées de rayons bleus, une solution de chlorophylle émet des rayons rouges, le spath fluor des rayons violet bleuâtre, le verre d'urane (qui paraît jaune dans la lumière qui le traverse) et une solution de fluorescéine des rayons d'un vert éclatant, le rouge de Magdala des rayons jaune orangé, la teinture de tournesol des rayons bruns, etc. Le nombre des substances plus ou moins fluorescentes est extrêmement grand.

La fluorescence est surtout produite par les radiations très réfrangibles, les rayons bleus, violets et ultra-violets. Il faut donc se servir, dans l'étude de la fluorescence, des sources lumineuses qui contiennent le plus de ces radiations ;

telles sont l'arc voltaïque, l'étincelle de la bobine de Ruhmkorff (surtout entre des électrodes de Cd ou Al), la flamme du magnésium, du sulfure de carbone, et de la lumière d'un tube de Geissler renfermant de l'azote et traversé par des décharges électriques. Comme le verre absorbe les radiations ultra-violettes, il faut employer des lentilles ou des prismes de quartz, de spath fluor incolore, ou de spath calcaire (ce dernier convient moins bien).

Les *rayons cathodiques* (T. IV) peuvent produire, dans beaucoup de corps, une très forte fluorescence. E. Wiedemann et G. C. Schmidt (1895), plus tard P. Lewis (1902), ont montré que les vapeurs de Na, K, Mg, Hg, Zn, Cd et Tl deviennent fluorescentes sous l'influence de ces rayons, ainsi que de la lumière positive (T. IV).

Il existe différentes méthodes, pour reconnaître si une substance donnée est fluorescente, et pour étudier en détail le phénomène lui-même. L'une des plus simples est la suivante : on projette, sur un écran blanc, un spectre aussi brillant et aussi long que possible, et on maintient un certain temps la substance à étudier, dans les diverses régions de ce spectre, à une petite distance de l'écran. Si on fait cette expérience, avec une lamelle (ou un cube) de verre d'urane par exemple, on observe les faits suivants : tant que le verre se trouve en face des parties rouge, orangée et jaune du spectre, *il ne projette aucune ombre*, et les radiations traversent librement le verre, qui paraît incolore ; mais aussitôt qu'on introduit le verre dans les parties *indigo ou violette* du spectre, il projette une ombre noire sur l'écran et, en même temps, il émet dans toutes les directions des rayons d'un *vert éclatant*. On voit par là que le verre d'urane absorbe les rayons bleus et violets et les transforme en rayons verts.

La fluorescence est toujours accompagnée d'absorption ; cette loi fondamentale est une conséquence du principe de la conservation de l'énergie, d'après lequel il ne peut apparaître d'énergie (dans le cas présent l'énergie rayonnante émise par la substance fluorescente) qu'aux dépens d'une autre énergie qui disparaît en même temps (l'énergie des rayons excitateurs). On comprend maintenant pourquoi la fluorescence ne se manifeste pas très profondément à l'intérieur des corps. Supposons qu'une solution de fluorescéine se trouve dans une auge en verre, sur une des parois latérales de laquelle tombent des rayons blancs provenant d'un arc voltaïque : les premières couches de la solution absorbent les rayons excitateurs indigo et violets et émettent elles-mêmes des rayons d'un vert éclatant ; il ne parvient donc aux couches plus profondes que des radiations complexes, ne contenant plus de rayons excitateurs, et on ne peut, par suite, observer de fluorescence dans ces couches. Si on regarde de côté l'auge en verre, le liquide paraît d'un beau vert sur une face, et cette coloration ne change pas, quand on interpose, entre la source lumineuse et le liquide, une lame de verre *indigo* ; au milieu du vase, cette coloration s'affaiblit rapidement et change : elle devient faiblement jaunâtre. Les rayons, qui ont traversé le liquide, donnent une tache d'un jaune vif sur un écran blanc ; au contraire, des liquides ordinaires (non fluorescents : une solution de sulfate de cuivre, par exemple) présentent la même couleur, dans la lumière qui les traverse et dans celle qui tombe latéralement.

On doit à Stokes une méthode, qui permet de découvrir même de faibles traces de fluorescence. Supposons que deux lames A et B aient des couleurs complémentaires l'une de l'autre (page 358) ; si on les superpose, elles ne laissent plus passer aucune radiation visible ; si on place A, entre la source lumineuse et une substance quelconque P, et si on considère cette dernière à travers B, on ne perçoit aucune lumière, quand P n'est pas fluorescent, car, quelle que soit sa couleur, P ne réfléchit que des radiations transmises par A, pour lesquelles B est par suite opaque ; si, au contraire, la substance P est fluorescente. une partie des radiations transmises par la lame A est transformée par elle en d'autres radiations, dont quelques-unes peuvent également traverser B. Stokes recommandait d'employer, comme premier filtre (A) de radiations, deux verres de cobalt superposés, l'un bleu clair, l'autre violet foncé, et, comme second filtre (B), un verre jaune clair, ou encore comme premier filtre, une solution de sulfate de cuivre ammoniacal, et, comme second filtre, un verre jaune légèrement recuit, coloré par de l'argent. Stokes a découvert par cette méthode des traces de fluorescence, dans un très grand nombre de substances telles que le papier blanc, les os, le liège, la corne, le bois, la peau des mains, certains coquillages blancs et presque toutes les sortes de verre incolore.

Zswett (1901) a construit un appareil simple et commode, dont il est aisé de comprendre les dispositions sur la figure 252 ; la substance à étudier se trouve dans une petite éprouvette, et elle est éclairée par en bas ; on l'observe latéralement ; les parois intérieures de la chambre sont noircies.

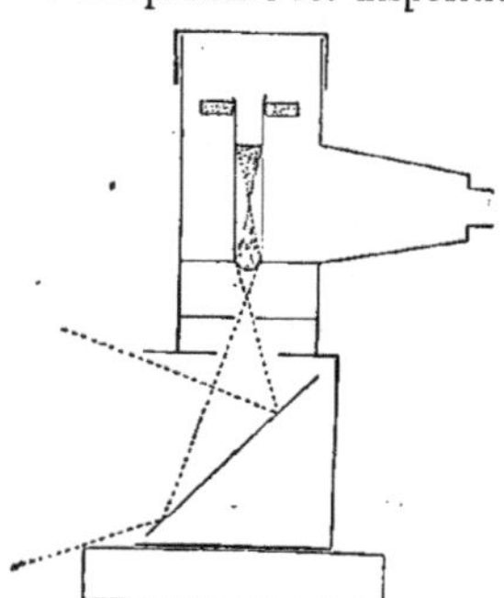

Fig. 252

De l'absence des raies de Fraunhofer dans la lumière émise par les substances fluorescentes, quand la fluorescence est produite par les rayons solaires, on peut tirer une démonstration indirecte de la transformation de l'énergie rayonnante par ces substances et de la non-identité entre les radiations qu'elles émettent et celles qu'elles reçoivent.

Quand on produit un spectre objectif à la surface d'un corps fluorescent, la partie ultra-violette du spectre devient directement perceptible, car les rayons ultra-violets sont remplacés par des rayons de réfrangibilité moindre, c'est-à-dire par des radiations visibles. La figure 253 représente le phénomène remarquable que l'on observe, quand on projette d'abord, au moyen d'un prisme à arête verticale, un spectre étroit AN des rayons solaires, sur une bande de papier imbibée de sulfate de quinine, et lorsqu'on considère ensuite ce spectre à travers un second prisme à arête horizontale. On voit, en premier lieu, que le spectre AN s'étend assez loin au-delà de la raie H de Fraunhofer ; on peut donc observer de cette manière les raies de Fraunhofer, dans la région ultra-violette du spectre (cette méthode est cependant beaucoup moins sensible que la méthode photographique). On aperçoit à travers le second prisme la figure RTUS, qui a une forme particulière ; elle se compose du

spectre RS, qui est obtenu comme d'ordinaire (page 344, *fig.* 227) au moyen
des rayons diffusés par la surface du papier, et de la partie TU, dans laquelle
les couleurs s'étalent en bandes horizontales depuis le rouge, le long du bord
supérieur, jusqu'au bleu, le long du bord inférieur. Chaque bande verticale
représente par elle-même un spectre, obtenu par décomposition de la radiation complexe, dans laquelle s'est en quelque sorte transformée, sous l'influence de la substance fluorescente, la radiation simple qui se trouve en AN
sur la même droite verticale. On voit ainsi immédiatement quelles sont les
radiations qui produisent la fluorescence et quelles sont celles qui en
résultent.

STOKES a été conduit, par l'étude précise de nombreux phénomènes de
fluorescence, à la découverte de la loi suivante, qui porte son nom :

LOI DE STOKES. — *Les radiations émises par une substance fluorescente possèdent des longueurs d'onde plus grandes ou des réfrangibilités moindres que celles*

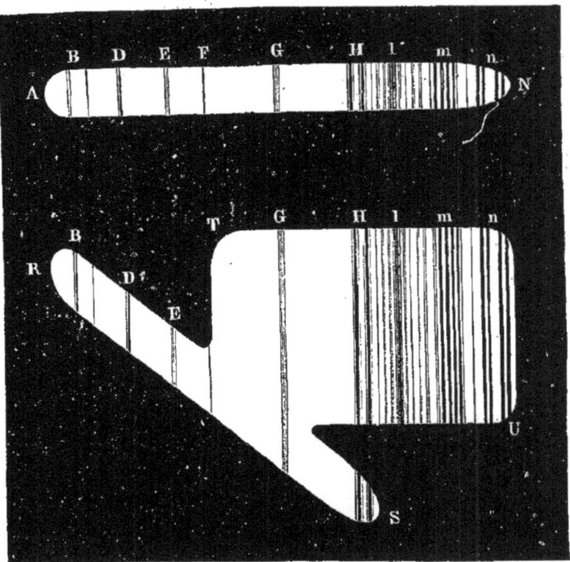

Fig. 253

des rayons excitateurs, c'est-à-dire des radiations absorbées par cette substance.
En d'autres termes, il se produit, dans les phénomènes de fluorescence, une
transformation des vibrations plus rapides en vibrations de plus courte
durée.

On a cru d'abord que la loi de STOKES se vérifiait dans tous les cas ; mais,
dès 1871, LOMMEL affirma qu'il existe des substances qui n'obéissent pas à
cette loi. Les observations de LOMMEL ont donné lieu à une discussion très
longue et très vive ; finalement, on a reconnu leur exactitude. Elles ont été
confirmées pour la première fois par STENGER, qui a trouvé que la dispersion
anomale (page 343) est souvent accompagnée aussi de fluorescence anomale,

c'est-à-dire de fluorescence qui ne suit pas la loi de STOKES. Les recherches récentes de NICHOLS et MERRITT (1904) sur le spectre de la lumière fluorescente ont définitivement montré que, dans beaucoup de cas, les phénomènes ne répondent pas à cette loi.

Par des mesures précises, O. KNOBLAUCH (1895) a démontré que la fluorescence des solutions est proportionnelle à l'intensité des rayons excitateurs.

NICHOLS et MERRITT ont étudié la fluorescence de corps nombreux à la température de l'air liquide (— 186°). Ils ont trouvé 62 substances qui manifestent la phosphorescence à cette température, mais ne montrent aucune fluorescence, et au contraire 10 substances seulement où inversement on observait la fluorescence, mais dans lesquelles on ne remarquait aucune phosphorescence appréciable ; à ces dernières appartiennent les solutions alcooliques de fuchsine et de cyanine, d'azotate d'urane, d'oxyde d'urane jaune, d'ciconogène, etc. Enfin ils ont reconnu à — 186°, dans 21 substances, une fluorescence et une phosphorescence également sensibles ; parmi ces substances se trouvent l'acide acétique, l'acide anisique, l'anthracène, le dianthracène, l'acide benzoïque, le benzoate de calcium, la solution aqueuse de sulfate de quinine, l'acide oxalique, l'acide stéarique, etc.

L'influence de l'état d'agrégation sur la fluorescence varie suivant les substances. Quelques-unes (le platinocyanure de baryum, par exemple) manifestent de la fluorescence à l'état solide, mais non en dissolution ; inversement, l'esculine et le sulfate de quinine, par exemple, sont très fluorescents en dissolution et le sont très peu à l'état solide ; l'éosine, la fluorescéine, le rouge de Magdala, la résorcine rouge et indigo ne sont fluorescents qu'en dissolution.

Le dissolvant joue aussi un grand rôle. La safranine et le rouge de Magdala sont fluorescents à l'état solide et surtout en solution alcoolique, mais *ne le sont pas* en solution aqueuse. Les couleurs d'aniline ne sont pas fluorescentes, quand elles sont pures ; la plupart ne le sont pas non plus dans des solutions liquides, mais dans de nombreuses solutions solides, comme l'a montré G. C. SCHMIDT, par exemple dans l'acide *hippurique*, l'acide phtalique, la gélatine, etc. KAUFMANN et BEISSWENGER (1904) ont étudié la fluorescence de plusieurs amines dans une série de liquides organiques et ont trouvé que la couleur de la fluorescence se déplace, en général, d'autant plus du vert ou du bleu, vers l'extrémité rouge du spectre, que la constante diélectrique du milieu dissolvant est plus grande.

La fluorescence des corps à l'état gazeux a été observée pour la première fois par LOMMEL sur la vapeur d'iode ; Lord RAMSAY et YOUNG, ainsi que E. WIEDEMANN ont trouvé que quelques substances sont fluorescentes au-dessus de la température critique. Plus tard (1895), E. WIEDEMANN et G. C. SCHMIDT ont découvert toute une série de vapeurs fluorescentes ; telles sont les vapeurs d'anthracène, d'anthraquinone, d'indigo, de naphtaline, de naphtazarine, etc. Ils ont constaté également (1897) que les vapeurs de K et Na sont fluorescentes et qu'en outre le spectre des *vapeurs* fluorescentes de *sodium* se compose d'une partie continue dans le rouge, d'une partie cannelée dans le vert et d'une raie jaune brillante, qui paraît coïncider avec la raie D. WOOD et MOORE (1903) ont fait une étude approfondie de ce spectre ; en éclairant la vapeur avec de la lumière *blanche*, ils ont observé que le spectre de fluorescence est surtout situé dans le vert entre $534^{\mu\mu}$ et $460^{\mu\mu}$; une partie du spectre se trouvait aussi dans le rouge, mais il n'y avait rien au contraire dans le jaune. Ils ont en outre mis en évidence ce résultat remarquable que le spectre de fluorescence est complètement identique au spectre d'absorption de la même vapeur ; chaque bande ou raie brillante dans le premier correspond à une bande ou à une raie sombres dans le second. Wood et Moore ont excité en outre la vapeur avec une lumière monochromatique, et ils ont montré qu'aucune fluorescence n'est produite par les radiations, dont la longueur d'onde est plus petite que $460^{\mu\mu}$; de même les rayons jaunes en D n'excitent *aucune* fluorescence. Les radiations de longueur d'onde encore plus grande produisent la fluorescence dans le rouge. Contrairement à la loi de Stokes, le spectre de fluorescence contenait, dans beaucoup de cas, des radiations, dont la longueur d'onde était *plus petite* que celle de la lumière inductrice.

Dans un nouveau travail du plus haut intérêt, paru à la fin de 1905, Wood a soumis le spectre de fluorescence de la vapeur de Na à une analyse très détaillée, mais non encore terminée. La vapeur était engendrée dans un tube d'acier horizontal ; elle était éclairée par l'une des extrémités de ce tube et la fluorescence était observée par *la même* extrémité, dans une direction un peu inclinée, au moyen d'un spectroscope, ou photographiée dans un spectrographe. En éclairant avec de la *lumière blanche*, on obtenait un spectre de fluorescence qui se composait d'une série de bandes et de raies entre $468^{\mu\mu}$ et $571^{\mu\mu}$, *d'une raie double faible coïncidant avec* $D_1(589^{\mu\mu},6)$ et $D_2(589^{\mu\mu},0)$, et d'une série de bandes faibles dans le rouge. Par éclairement avec une flamme de Na très lumineuse, les raies D_1 et D_2 prenaient un grand éclat ; Wood considère ceci comme un phénomène de *résonance pure* et pense qu'*on doit distinguer nettement la résonance et la fluorescence.* Plus la vapeur de Na est dense, plus faible est la profondeur où la lumière jaune se manifeste, et par conséquent moins il y a de résonance produite. Les résultats les plus remarquables ont été obtenus par Wood en éclairant la vapeur de Na avec une lumière monochromatique, qui était isolée par une fente dans un spectre intensif. Quand cette fente était très étroite, le spectre consistait en un petit nombre de bandes, dont la position changeait, même si la longueur d'onde des rayons éclairants variait extrêmement peu. Lorsque cette longueur d'onde se modifiait d'une manière continue, les bandes paraissaient trembler, comme « l'image de la Lune à la surface de l'eau ». Les radiations violettes engendraient une fluorescence au plus extrême jaune (en $571^{\mu\mu}$) ; quand la longueur d'onde des rayons excitateurs augmentait, le spectre s'étendait du côté du vert ; la loi de Stokes n'était pas satisfaite. De nouvelles recherches sont projetées par Wood, par exemple sur la question de savoir si les radiations D_1 et D_2 résonnent indépendamment l'une de l'autre, ou si chacune d'elles engendre les deux radiations.

G. C. Schmidt a publié en 1897 d'intéressantes études sur la fluorescence ; il a trouvé que *toutes les substances* peuvent devenir fluorescentes, si on les ajoute à un *dissolvant* approprié, lequel peut être une substance solide.

Donath et G. C. Schmidt ont effectué des recherches très étendues sur les spectres d'absorption des substances fluorescentes ; ils se sont servis à cet effet de la méthode bolométrique. Ils ont observé que les substances très fluorescentes, comme l'uranine, l'éosine, la fluorescéine, l'esculine et la chlorophylle n'absorbent pas les rayons infra-rouges jusqu'à $\lambda = 2^\mu,7$.

Beaucoup de substances présentent une vive fluorescence, sous l'influence des décharges électriques ; nous considérerons ces phénomènes dans le Tome IV.

Liebermann, Buckingham, et surtout Richard Meyer et Hewitt ont cherché la relation qui pouvait exister, entre la faculté que possède une substance d'être fluorescente et sa *structure moléculaire*. Meyer a étudié, dans ce but, des solutions de différents groupements organiques (fluorescéine, xanthone, anthracène, acridine, xanthène, phénacine, etc.), et a trouvé que la fluorescence des groupements étudiés est subordonnée à la présence de groupes atomiques déterminés, le plus souvent à six membres (anneaux hétérocycliques), qui doivent cependant se trouver entre d'autres ensembles atomiques plus denses (à noyau de benzol) ; on désigne ces groupes atomiques sous le nom de *lucigènes* ou de *fluorophores*. Si l'hydrogène du noyau de benzol est remplacé par des groupements plus lourds, la fluorescence diminue. Dans les composés inorganiques, on peut considérer comme lucigène le groupe uranyle, le radical de l'acide platinocyanhydrique. Dans ce dernier cas, la contenance des sels en eau joue un grand rôle.

Le *spectre* de la lumière fluorescente, dont il a été déjà souvent question, a fait l'objet des observations de nombreux savants, et en particulier, tout récemment, de Nichols et Merritt, qui ont étudié le rouge de naphtaline, l'esculine, l'éosine, la fluorescéine, la chlorophylle dans l'alcool, le sulfate de quinine dans l'eau, etc. Comme rayons excitateurs, ils ont employé les rayons de trois régions étroites du spectre, de $0^\mu,518$ à $0^\mu,536$, de $0^\mu,487$ à $0^\mu,502$, et de $0^\mu,460$ à $0^\mu,471$. Pour la fluorescéine, les *mêmes* spectres de fluorescence ont été obtenus dans les trois cas, avec maximum en $0^\mu,517$; les intensités de ces spectres étaient seules différentes. La plupart des substances étudiées ont donné des résultats analogues. La loi de Stokes, dans des cas très nombreux, ne s'est pas montrée exacte ; le maximum d'intensité, dans le spectre de fluorescence, avait lui-même souvent une longueur d'onde *plus courte* que les rayons inducteurs. Le spectre même consiste en *une* bande seulement, dont la position est indépendante de la longueur d'onde des rayons excitateurs ; cette bande est située près de l'extrémité la moins réfrangible de la bande d'absorption de la substance considérée. Les corps *solides* possèdent un spectre de fluorescence qui est composé le plus souvent de *plusieurs* bandes. Des résultats particulièrement intéressants ont été obtenus par Morse (1905), dans ses recherches sur la fluorescence de différentes sortes de *spath fusible*, où il employait comme inducteur la lumière solaire, l'arc voltaïque et l'étincelle électrique entre pôles de Fe, Mg, Cd, Al, Zn, Hg, Sn et Pb. Il a trouvé dans beaucoup de cas des spectres qui consistaient en *raies fines* et en bandes étroites : les raies les plus brillantes étaient situées entre $0^\mu,57$ et $0^\mu,64$: ces raies n'appartenaient à aucune substance connue.

On ne connaît encore que peu de chose sur le mécanisme intérieur des phénomènes de fluorescence. Nous devons penser que l'énergie rayonnante du mouvement de l'éther se transmet d'abord aux molécules matérielles et que celles-ci engendrent ensuite un nouveau mouvement de l'éther, en général plus lent. LOMMEL a essayé de donner une théorie complète de la fluorescence ; mais, comme l'a montré G. C. SCHMIDT, elle n'est pas d'accord avec l'expérience.

La propriété des substances fluorescentes de transformer les radiations invisibles ultra-violettes en radiations visibles, a conduit SORET à la construction d'un spectroscope à *oculaire fluorescent*. Ce dernier est représenté sur la figure 254. Dans le plan focal de l'objectif de la lunette, où se forme le spectre, est placée une lame fluorescente *ff* de verre d'urane ou d'un liquide fluorescent contenu entre deux plaques de verre parallèles très minces et très voisines.

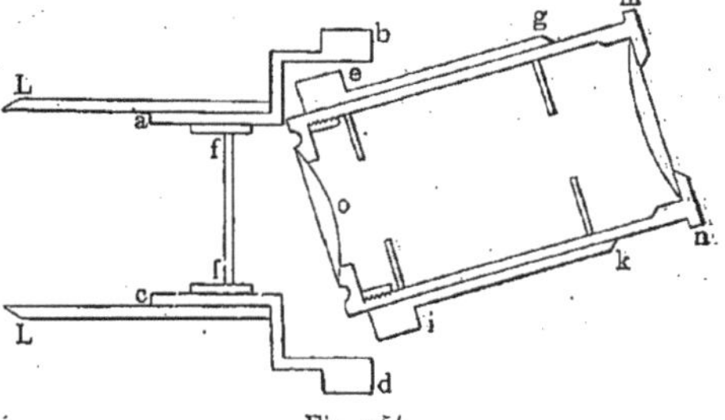

Fig. 254

On fait tomber sur la lame *ff* la partie ultra-violette du spectre, et on observe à travers l'oculaire incliné *omn* la lumière fluorescente diffusée. L'étendue du spectre observé dépend de la substance fluorescente employée ; quand *ff* renferme une solution d'esculine, on peut observer les raies de FRAUNHOFER jusqu'en N, et même jusqu'en O.

Nous avons déjà parlé à la page 80 de l'expérience remarquable de BURKE, qui montre qu'un corps fluorescent absorbe les rayons qu'il émet, quand on le rend fluorescent. La loi de KIRCHHOFF, bien qu'elle ne se rapporte théoriquement qu'au rayonnement purement calorifique, s'applique donc aussi à la luminescence, mais seulement d'une manière *qualitative*. Nous mentionnerons aussi que CAMICHEL (1905) n'a pas confirmé les observations de BURKE. Au contraire, NICHOLS et MERRITT (1904) ont étudié (pour la fluorescéine) l'influence de la fluorescence sur l'absorption et ont trouvé qu'il existe réellement une absorption de fluorescence spéciale. BURKE (1905) a élevé des objections contre les observations de CAMICHEL, que celui-ci dans de nouveaux mémoires (1905) a cherché à réfuter ; CAMICHEL a montré que les méthodes de BURKE et de NICHOLS et MERRITT renferment de nombreuses causes d'erreur ; en les éliminant, il a trouvé que la fluorescence ne modifiait pas l'absorption ; la question reste donc provisoirement indécise.

3. Phosphorescence. — Nous avons indiqué aux pages 34 et 35 les différents cas de luminescence, c'est-à-dire de luminosité non produite par une élévation correspondante de la température. La *photoluminescence*, c'est-à-dire *la luminosité produite par l'éclairage antérieur d'un corps*, représente un de ces cas. On désigne aussi ce phénomène sous le nom de *phosphorescence*, et, les substances, qui le manifestent, sont dites *phosphorescentes*. Si on soumet de telles substances à un éclairage suffisamment vif, par les rayons solaires, l'arc électrique, l'étincelle électrique ou la flamme du magnésium, elles émettent, dans l'obscurité, une lumière plus ou moins intense, pendant un intervalle de temps assez long, qui peut même durer plusieurs heures.

Aux substances phosphorescentes appartiennent les composés sulfurés des métaux alcalino-terreux, calcium, baryum et strontium, que l'on obtient en chauffant au rouge de la fleur de soufre avec de la chaux, de la baryte ou de l'oxyde de strontium. Le diamant, le spath calcaire et quelques sortes de spath fluor, en particulier l'espèce que l'on appelle chlorophane et qui se rencontre près de Nertschinsk, sont également phosphorescents, mais à un degré moindre. La leucophane et la topaze de Sibérie (dont la luminosité ne dure parfois que quelques minutes), l'aragonite, la craie, le phosphate de chaux et beaucoup de sels de calcium, de baryum et de strontium (dont la luminosité dure jusqu'à 15 secondes), émettent aussi des lueurs phosphorescentes, mais encore moins vives et plus fugitives.

Beaucoup de substances ne sont phosphorescentes que pendant un temps très court. On se sert dans ce cas, pour l'observation de la phosphorescence et pour la mesure de sa durée, d'un instrument construit par E. BECQUEREL et appelé *phosphoroscope*. La figure 255 représente cet appareil, et la

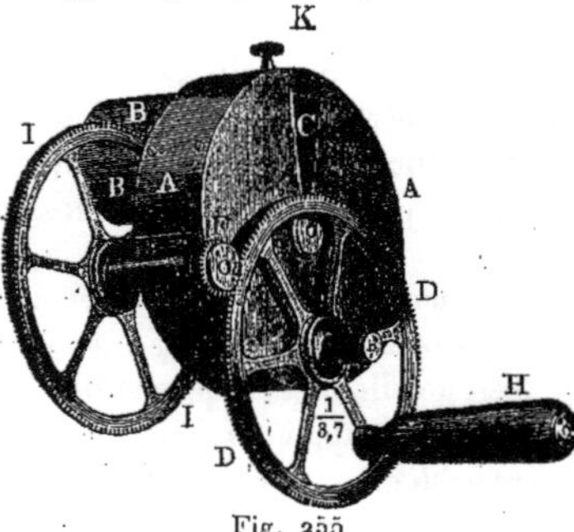

Fig. 255

figure 256*a* sa partie principale. Cette dernière se compose de deux disques métalliques opaques, percés de quatre fenêtres équidistantes, ayant la forme de secteurs dont l'ouverture est égale à un quart d'angle droit. Les disques sont fixés sur un axe commun, de telle façon que chaque ouverture de l'un des disques se trouve en face d'une partie pleine du disque opposé; le tout est enfermé dans une boîte circulaire fixe, dont les fonds sont formés par deux disques plus grands, percés chacun d'une ouverture à la partie supérieure. Les disques mobiles R et T (*fig.* 256 *a*) peuvent recevoir un mouvement de rotation rapide, au moyen d'une manivelle H et d'un système de roues dentées agissant sur l'axe commun. La substance à étudier est introduite à l'intérieur de la boîte; elle est placée dans un petit cadre (*fig.* 256 *b*) fixé à la partie supérieure de cette boîte. En face de l'une des ouvertures de AA (*fig.* 255) se trouve une source lumineuse et l'observateur se place du côté opposé. Quand les disques sont en mouvement, le corps est éclairé quatre fois pendant chaque rotation, et la durée de chacune de ses expositions à la

lumière est de $\frac{1}{16}$ de la durée d'un tour complet. L'éclairage se produit,

quand une fenêtre du disque arrière T (*fig.* 256 *a*) se trouve en face de l'ouverture du fond arrière de la boîte AA. Après $\frac{1}{16}$ de tour, le corps devient à nouveau visible, pour l'observateur, pendant la durée de $\frac{1}{16}$ de tour ; puis, il est encore une fois éclairé pendant $\frac{1}{16}$ de tour, et ainsi de suite. Dans une rotation rapide des disques, l'observateur voit le corps luire d'une manière continue, pourvu que la durée de sa phosphorescence, après chaque cessation de l'éclairage, ne soit pas inférieure au $\frac{1}{16}$ de la durée d'un tour des disques.

Le nombre de tours de ces derniers peut atteindre le chiffre de 500 par seconde, et, par suite, à l'aide du phosphoroscope, on peut découvrir une phosphorescence, dont la durée ne dépasse pas 0,000125 seconde.

La durée de la phosphorescence est déterminée par la vitesse de rotation, pour laquelle l'observateur aperçoit une luminosité continue du corps donné. Le verre d'urane et les cristaux d'azotate d'urane brillent pendant $\frac{1}{25}$ de seconde ; mais le maximum de leur éclat

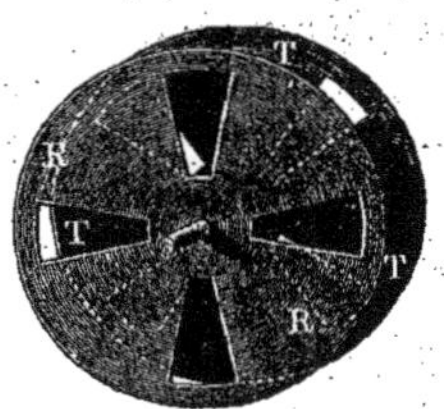

Fig 256 a

est obtenu, quand $\frac{1}{16}$ de tour s'effectue en $\frac{1}{250}$ de seconde, c'est-à-dire pour une durée d'exposition à la lumière de 0,004 seconde, et l'observation dure le même intervalle de temps, après chaque cessation de l'éclairage. Il ne faut pas oublier, quand on se sert du phosphoroscope, que la durée des éclairages successifs diminue en même temps que la vitesse de rotation des disques augmente.

KESTEN (1899) a construit un appareil, dans lequel la substance étudiée recouvre la surface d'un cylindre animé d'un mouvement de rotation ; sur une fente placée auprès de cette surface, tombent des rayons provenant d'une bande étroite du spectre. Sur le côté opposé du cylindre, on observe la lumière phosphorescente, à l'aide d'un spectrophotomètre (voir plus loin). On peut ainsi faire varier la nature des rayons excitateurs, ainsi que l'intervalle de temps qui s'écoule entre l'éclairage et l'observation. On doit à LÉNARD un

Fig 256 b

phosphoroscope très simple, dans lequel les rayons excitateurs sont des rayons électriques.

La couleur des substances fluorescentes dépend à un très haut degré de leur mode de préparation ; ceci s'applique, en particulier, au sulfure de calcium, dont la luminosité peut être orangée, jaune, vert clair, vert éclatant ou violette, selon la manière dont ce sulfure a été préparé. La méthode de préparation influe aussi sur la durée de la phosphorescence du sulfure de strontium, comme l'a montré MOURELO.

La luminosité est produite par l'une des sources lumineuses, riches en rayons de grande réfrangibilité, mentionnées ci-dessus. On obtient une luminosité très intense, si la substance phosphorescente est placée à l'état pulvérulent dans un tube de GEISSLER, et si on fait passer à la surface des décharges électriques pendant un certain temps.

La luminosité a pour origine les rayons, qui sont *absorbés* par la substance phosphorescente ; *la réfrangibilité des rayons émis pendant la phosphorescence est moindre que celle des rayons excitateurs ;* c'est ce que des recherches récentes ont confirmé, et la loi de STOKES paraît par conséquent valable réellement dans le domaine des phénomènes de phosphorescence.

Si on projette un spectre sur une surface recouverte d'une substance phosphorescente, et il convient pour cela d'employer des lentilles et des prismes de quartz, on peut déterminer facilement, après que l'action directe des rayons a cessé, par quelles radiations la phosphorescence est produite et dans quelle mesure.

Nous dirons quelques mots des nombreuses recherches sur l'influence du mode de préparation et de la composition des substances sur la nature et l'intensité de la luminosité qu'on y observe ; toutes ces recherches se rapportent presque exclusivement aux sulfures de Ca, Ba, et Sr.

Déjà E. BECQUEREL (1867) avait remarqué que l'intensité de la phosphorescence du CaS (provenant des écailles d'huître) était sensiblement renforcée par une très petite addition de MnO^2. Le même fait a été observé par LECOQ DE BOISBAUDRAN (1886-1890), pour de faibles additions de Mn, Bi, Cu, ou Fe. VERNEUIL (1886) a trouvé dans la couleur éclairante dite de BALMAIN (CaS) de petites quantités de Bi et a attribué à ce métal la belle phosphorescence bleu-violet de cette substance. Il a découvert aussi que de petites quantités de $NaCl$ ou de Na^2CO^3 élèvent l'intensité lumineuse.

KLATT et LENARD (1889) ont montré, dans leur premier travail, que les sulfures chimiquement purs ne sont pas du tout phosphorescents. La phosphorescence est produite par de faibles quantités de métaux *actifs*, notamment Cu, Mn et Bi, et se trouve extrêmement augmentée par une addition fusible. La couleur dépend seulement du sulfure et du métal actif ; l'addition produit seulement un changement quantitatif, mais non qualitatif. Cu donne, dans le spectre de CaS, une bande appartenant au bleu-vert ; dans le spectre de SrS, une bande appartenant au jaune-vert ; et, dans le spectre de BaS, une bande appartenant au rouge. Un second travail très étendu de LENARD et KLATT a paru en 1904. En dehors de Cu, Mn et Bi, les métaux Pb, Ag, Zn, Ni et Sb se montrent aussi actifs. De nombreuses additions fusibles ont été étudiées, par exemple Na^2SO^4, $Na^2S^2O^3$, Na^2HPO^4, $Na^2B^4O^7$, $NaFl$, $LiSO^4$, $Li^2B^4O^7$, $K^2B^6O^{10}$, $CaFl^2$, $NaCl$, KCl, etc., et de plus aussi des combinaisons binaires de ces sels. On a constaté que chaque métal actif ne produit pas seulement dans le sulfure considéré une bande, mais une série de bandes. Par les *additions*, les bandes ne sont pas déplacées, mais certaines bandes sont seulement renforcées d'une manière sensible ; en particulier, avec Pb et Cu, différentes bandes, suivant l'addition, sont devenues plus fortes. La disparition de la phosphorescence, après l'éclairage, survient de manières très diverses ; les bandes disparaissent séparément avec des vitesses différentes ; les bandes qui prennent le plus rapidement naissance, c'est-à-dire après un éclairage plus court, disparaissent aussi dans un temps plus court ; un éclairage lent fait naître des bandes qui s'éteignent lentement. LÉNARD et KLATT ont en outre étudié le rôle que joue la *nature de la lumière inductrice*. Pour chaque bande, il y a un domaine spectral excitateur (jusqu'à $0^\mu,2$), avec plusieurs maxima et minima d'excitation; la règle de Stokes se montre toujours exacte. Le domaine d'induction d'une certaine bande est indépendant de l'*addition* et de la température (entre — 180° et + 200°). Les observations à — 180°, — 45°, + 17° et + 200° ont montré qu'il y a des bandes chaudes et des bandes froides; aux températures élevées, les premières possèdent la plus grande durée ; aux basses températures, ce sont les secondes, et cela indépendamment de l'addition et de la nature de l'excitation. La position des bandes d'émission est indépendante de la température, mais non l'intensité relative des bandes, ni par conséquent la couleur de la phosphorescence, et la durée des bandes considérées séparément. Pour chaque bande, il y a une limite supérieure de température, en ce qui concerne l'inductibilité; cette température est souvent celle du rouge, mais elle tombe jusqu'à 100°, pour les bandes prises isolément (par exemple, dans BaS avec Pb ou Bi). Par échauffement, *pendant la phosphorescence*, l'émission est fréquemment renforcée. Nous ne pouvons pas ici aller plus loin dans l'exposé des autres nombreux résultats de cet intéressant travail.

E. Wiedemann et G. C. Schmidt (1895) ont également trouvé que la phosphorescence des sulfures est due à un mélange avec d'autres substances et que les corps phosphorescents doivent par suite être considérés comme des *dissolutions solides* (voir page 34), expression qui a été employée pour la première fois par Lecoq de Boisbaudran.

Wanting (1905) est arrivé à produire SrS avec une telle pureté que la substance préparée n'est plus du tout phosphorescente. Il a trouvé que l'intensité de la phosphorescence croît constamment, quand la teneur en métal lourd augmente, tant que le métal est dissous d'une manière parfaitement uniforme dans la substance. A température croissante, la solubilité du métal lourd augmente ; mais à la température ordinaire, elle est extrêmement faible, de sorte que nous avons habituellement affaire à des *solutions sursaturées* (voir Tome III), qui se trouvent dans un état d'équilibre instable.

Des recherches en partie théoriques et en partie expérimentales ont été faites par Buchner (1902), Visser (1903), Lenard et Klatt (1903), Dahms (1904), Le Roux (1905), Goldstein (1905), Nichols et Merritt (1905). Buchner a étudié la disparition progressive de la phosphorescence. Lenard et Klatt, dans un travail non mentionné antérieurement, ont cherché quelle était l'*influence de la pression* sur la phosphorescence des corps ; ils ont trouvé que la phosphorescence alcalino-terreuse devient plus sombre par la pression, et que, par l'éclairage postérieur, la luminosité est plus faible qu'auparavant. L'action elle-même de la pression est accompagnée de l'apparition d'un éclat.

L'action des *rayons rouges et infra-rouges* sur une plaque déjà phosphorescente est très remarquable. *Sous l'action de ces rayons, la luminosité est d'abord renforcée pendant un temps très court, puis elle disparaît.* Si on projette un spectre sur une plaque phosphorescente, que l'on a préalablement amenée à luir très fortement, il se forme, après quelque temps, *une bande sombre sur un fond brillant*, aux endroits où ont agi les rayons rouges et infra-rouges. Quand le spectre est celui des rayons solaires, on reconnaît les raies de Fraunhofer, appartenant à la région infra-rouge, à ce que la phosphorescence n'y est pas éteinte ; autrement dit, il subsiste aux endroits correspondants des *raies brillantes* sur un fond sombre. C'est de cette manière que Becquerel a étudié la partie infra-rouge du spectre solaire. On observe sur le fond lui-même plusieurs bandes plus sombres, qui correspondent aux rayons absorbés avec une force particulière par la substance phosphorescente, d'où résulte une extinction plus complète de la luminosité. Une nouvelle étude de ces phénomènes intéressants a été faite par Dahms (1904), Fomm ayant d'ailleurs déjà montré que, dans certaines circonstances, les radiations violettes peuvent aussi exercer une action d'extinction. Dahms a fait porter ses recherches sur la couleur éclairante de Balmain ($CaS + Bi$), sur $SrS + Cu$, ZnS et le spath fusible. Il a trouvé qu'entre les rayons excitateurs et les rayons extincteurs, il n'existe aucune différence essentielle. Si l'un de ces corps est rencontré par des rayons déterminés, il s'établit un état d'équilibre, et en outre avec une vitesse qui dépend de l'intensité du rayonnement. Si le corps a d'abord été amené à luire fortement, et s'il est ensuite atteint par des rayons, auxquels correspond une intensité beaucoup plus faible dans l'équilibre, alors une extinction a lieu. La quantité totale de lumière émise est différente, suivant que l'extinction arrive librement ou est produite par les rayons.

La *température* a une influence considérable sur les phénomènes de phosphorescence. La *couleur* des rayons émis dépend surtout de la température à laquelle se trouve la substance phosphorescente. Becquerel cite les résultats suivants d'observation sur le sulfure de strontium :

Température	Couleur de la phosphorescence	Température	Couleur de la phosphorescence
— 20°	Violet foncé intense	+ 90°	Jaune verdâtre
+ 20°	Violet bleuâtre	+ 100°	Jaune
+ 40°	Bleu clair	+ 200°	Orangé pâle
+ 70°	Bleu verdâtre		

Ici la réfrangibilité des rayons émis *diminue*, quand la température s'élève ; dans d'autres substances, on observe cependant une variation inverse des couleurs.

Bardetscher (1888), Dewar (1894), E. Wiedemann et G. C. Schmidt (1894), Pictet (1894), Henry (1896), A. et L. Lumière (1899), Trowbridge (1899), Micheli (1901), Le Roux (1905) et d'autres ont étudié cette influence de la température. Nous avons déjà considéré précédemment quelques phénomènes se rapportant à la température, qui ont été observés par Lenard et Klatt. Bardetscher a étudié le phénomène dans lequel un corps, qui a cessé de luire, recouvre cette propriété quand on le chauffe ; il a trouvé que cette luminosité cesse vers 390° (pour différentes sortes de CaS et SrS). Dewar a découvert toute une série de faits intéressants : CaS, SrS, BaS cessent de luire à — 80° ; la gélatine, le celluloïd, la paraffine, l'ivoire, la corne et le caoutchouc, peu

lumineux à la température ordinaire, présentent une phosphorescence très
vive à — 180°. Beaucoup d'hydrocarbures, d'alcools, d'acides, d'éthers et la
plupart des sels incolores sont phosphorescents à — 180° ; l'acétophénone, le
benzophénone, l'asparagine, l'acide hippurique, l'urée, le diphényle, l'acide
salicylique, le glycogène, les coquilles d'œufs, les plumes, etc., émettent une
lumière particulièrement vive à cette température. Un cristal de cyanure
double d'ammonium et de platine luit faiblement à — 180° ; mais si on ren-
verse l'air liquide, qui sert à obtenir cette température, de sorte que le cristal
commence à se réchauffer rapidement, il se met à briller *avec autant d'éclat
qu'une lampe*. A. et L. LUMIÈRE ont aussi montré que beaucoup de corps, qui
sont refroidis durant la phosphorescence, perdent leur force lumineuse. Si
certains corps sont éclairés à — 200°, ils ne donnent pas lieu à phosphorescence : dans le réchauffement ultérieur, la lumière se manifeste comme une
thermoluminescence. TROWBRIDGE a trouvé que la gomme arabique, le coton
(fibres), le papier à écrire, l'amidon, le celluloïd, la colle et le cuir sont également phosphorescents à — 180°. MICHELI a étudié les composés sulfurés de
Ca, Ba et Sr, et il a observé que CaS, par exemple, émet une plus vive lumière phosphorescente, après cessation de l'éclairage, quand la température
est entre 40° et 60°. La plus forte absorption d'énergie, rendue libre seulement par élévation de température, a lieu entre — 10° et — 20°. LE ROUX
(1905) a trouvé également que la phosphorescence de CaS, par refroidissement dans l'air liquide, s'éteint ; dans le réchauffement ultérieur, la lumière
apparaît de nouveau, et en outre l'intensité est *plus grande* qu'elle n'aurait
été au même instant, si le sulfure, abandonné à lui-même, n'avait pas été
refroidi. L'éclairement dans l'air liquide n'éveille aucune phosphorescence,
mais il s'en manifeste par réchauffement (dans l'obscurité). L'énergie lumineuse qui s'accumule pendant l'éclairement paraît être indépendante de la
température ; à température basse, elle reste dans un état potentiel. E. WIE-
DEMANN (1888) a trouvé que CaS (couleur éclairante de BALMAIN) émet, pendant la phosphorescence, environ 0,05 de la quantité d'énergie rayonnante,
qui avait produit cette phosphorescence. Récemment s'est beaucoup répandu,
sous le nom de *diaphragme* SIDOT, un écran très fortement luminescent ; la
substance principale est ici ZnS. Cet écran devient lumineux, comme l'a
montré BAUMHAÜR (1894), par des actions mécaniques (compression, extension,
flexion, etc.), par l'action de l'eau (mouillage), ou de l'air chaud humide
(ventilation), de la lumière, des rayons des corps radioactifs, etc. NICHOLS et
MERRITT (1905) ont étudié la luminescence, ainsi que la phosphorescence, dans
l'écran SIDOT : la lumière phosphorescente consiste en une bande violette et
une bande verte ; la première met pour s'éteindre de 0,1 à 0,2 seconde ; la
deuxième dure plusieurs heures.

Les liquides ne sont pas phosphorescents, mais seulement fluorescents.
E. WIEDEMANN a réussi à obtenir en quelque sorte le passage de la fluorescence
à la phosphorescence, en mélangeant avec de la gélatine des solutions fortement fluorescentes d'éosine, d'esculine et de sulfate de quinine, et en laissant
durcir le mélange ; il obtenait ainsi des corps phosphorescents (solutions colloïdales, T. I) ; E. WIEDEMANN a attribué ce phénomène à une diminution de
la mobilité des molécules.

La propriété que possèdent les substances phosphorescentes de luire dans l'obscurité, quand elles ont été au préalable éclairées, a été utilisée dans le recouvrement, avec ces substances, des boîtes d'allumettes, des chandeliers, etc.

4. Actions mécaniques et chimiques de la lumière. — On peut indiquer trois cas d'*actions mécaniques* de l'énergie rayonnante :

1. Les mouvements provoqués par la *pression* de l'énergie rayonnante ; nous avons déjà considéré les phénomènes correspondants dans le Chap. II. §20, pages 84-88.

2. Les mouvements engendrés d'un manière *indirecte* par les rayons lumineux dans le radiomètre, lesquels ne peuvent être regardés comme des actions mécaniques proprement dites des radiations ; ils ont été mentionnés dans le Chap. I, § 10, pages 21-23 (voir aussi T. III, Chap. V, § 1).

3. Le phénomène découvert par LENARD et WOLF, où certains corps sont pulvérisés par les *radiations ultra-violettes* ; ils ont trouvé que les métaux sont très bien pulvérisés, les isolants seulement un peu ou pas du tout. L'électrisation négative des métaux favorise cette action ; les liquides électrisés négativement donnent de même de la poussière, dans le rayonnement ultra-violet.

Nous allons maintenant étudier les *actions chimiques* de l'énergie rayonnante.

Quand l'énergie rayonnante de l'éther se propage à l'intérieur d'une substance quelconque, il peut se produire, dans cette dernière, différents genres de phénomènes chimiques : décompositions, combinaisons ou changements de la constitution moléculaire. Lorsque la réaction chimique produite par les radiations est accompagnée d'une dépense d'énergie, on a évidemment affaire à une transformation de l'énergie cinétique de l'éther en énergie potentielle chimique des substances qui se décomposent. Mais, si la réaction est accompagnée d'une diminution de la provision d'énergie chimique, c'est-à-dire d'un dégagement de chaleur, comme, par exemple, dans la combinaison du chlore avec l'hydrogène, on ne peut supposer que la réaction elle-même s'est effectuée aux dépens de la provision d'énergie rayonnante. On est conduit, dans ce dernier cas, à admettre qu'une partie de l'énergie rayonnante a été dépensée pour écarter les obstacles, qui s'opposaient à la combinaison des substances, c'est-à-dire qu'elle n'a fait qu'exercer une *action libératrice*.

Une réaction chimique déterminée n'est pas produite au même degré, dans des conditions données, par tous les rayons du spectre : certains rayons provoquent une réaction violente et rapide, d'autres une réaction faible et lente, d'autres enfin ne produisent en général aucune réaction.

Les premières observations sur les différentes actions chimiques des radiations, ont montré que les actions les plus énergiques étaient dues aux rayons indigo, violets et ultra-violets. Ce fait a conduit à admettre l'existence d'une *nature particulière de radiations*, que l'on a désignées sous le nom de *radiations chimiques* ou *actiniques* ; mais actuellement cette manière de voir a été complètement abandonnée ; on a constaté que la faculté de produire des réactions chimiques n'est nullement une propriété spécifique des rayons de réfrangibilité déterminée, mais que tous les rayons du spectre visible et même les rayons infra-rouges possèdent cette propriété. Pour qu'il se produise, dans une substance donnée, une réaction chimique, sous l'action de certaines radiations, il faut que cette substance ait la propriété d'absorber ces radiations. H. W. VOGEL a montré qu'il suffit souvent d'ajouter à une substance donnée une petite quantité d'une autre substance, capable d'absorber des radiations données, pour conférer à la première la même propriété et pour permettre, par suite, la production d'une réaction chimique. Nous reviendrons plus loin sur ces substances, qui sont désignées sous le nom de *sensibilisateurs*.

Les actions chimiques de l'énergie rayonnante jouent dans la nature un rôle très important, car c'est grâce à elles que peuvent se produire les réactions chimiques complexes, auxquelles sont subordonnées la vie et la croissance des *plantes* ; l'étude détaillée de ces réactions a sa place dans les Traités de Physiologie végétale.

Sur les actions chimiques de l'énergie rayonnante, repose encore la *photographie*, dont l'importance croît de jour en jour dans toutes les branches de l'activité humaine.

DRAPER a montré le premier qu'une condition indispensable à la production d'une réaction chimique est, dans tous les cas, l'*absorption* de l'énergie rayonnante. Si des rayons ont traversé une substance, en y produisant une réaction chimique déterminée, ils ne provoquent plus cette réaction, quand ils pénètrent dans une autre quantité de la même substance.

Il est très naturel d'admettre que la grandeur de l'action chimique, mesurée par la quantité de substance qui s'est combinée ou décomposée dans un temps donné, est proportionnelle au flux d'énergie rayonnante qui a atteint pendant ce temps la substance considérée ou le mélange, dans lesquels s'est produite l'action chimique. Cette dernière est donc proportionnelle au produit de la durée de l'action par l'intensité du flux lui-même. On désigne ordinairement, pour les radiations visibles, l'intensité du flux d'énergie rayonnante sous le nom d'*intensité lumineuse*. Nous rencontrerons cependant plus loin un phénomène de nature particulière (*induction photochimique*), accompagnant les actions chimiques de l'énergie rayonnante, qui nous montrera que la relation précédente n'est pas tout à fait aussi simple. En général, on peut dire que les phénomènes photochimiques ont lieu dans la *direction* qu'ils pourraient prendre aussi dans l'obscurité, donc dans le sens de la stabilité croissante ou de l'entropie croissante (Tome III). La lumière agit par conséquent, dans la plupart des cas, seulement sur la vitesse de la réaction. L'*état d'équilibre*, qui se présente dans l'éclairement, peut être essentiellement distingué de l'équilibre dans l'obscurité. L'équilibre photochimique est un équilibre *statistique* et il est obtenu par l'afflux continuel de l'énergie rayonnante.

Nous allons considérer séparément, comme exemples d'actions chimiques dues à l'énergie rayonnante, les modifications moléculaires, les combinaisons et les décompositions chimiques. On trouvera des indications plus complètes dans le Traité de photographie d'EDER.

I. MODIFICATIONS MOLÉCULAIRES. — Le phosphore blanc se transforme en phosphore rouge, sous l'action des rayons solaires ; le sélénium amorphe finement pulvérisé se change au contraire en sélénium cristallisé, qui possède la propriété remarquable que sa conductibilité électrique, en général très faible, augmente à la lumière et diminue de nouveau dans l'obscurité. Le cinabre rouge cristallisé noircit à la lumière et devient amorphe. Beaucoup de minéraux éprouvent des modifications analogues ; ainsi, par exemple, les cristaux rouge clair d'hyacinthe deviennent brun foncé au soleil, et le spath vert d'Annaberg (Saxe) brunit. Presque toutes les sortes de verres incolores se colorent peu à peu et prennent une teinte jaune, verte ou violette.

Un cas très intéressant de réaction photochimique *réversible* a été étudié par Luther et Weigert (1905), savoir la transformation de l'anthracène $C^{14}H^{10}$ en paranthracène ou dianthracène $C^{28}H^{20}$. Cette transformation a lieu sous l'influence de la lumière dans le phénétol bouillant à 170°, dans l'anisol à 154° et dans le xylol à 140°. Dans l'obscurité le dianthracène se transforme de nouveau en anthracène. On constate que la concentration du dianthracène dans l'état d'équilibre est proportionnelle à la clarté de la source lumineuse et à la surface éclairée et inversement proportionnelle au volume de la solution.

L'oxygène est transformé partiellement en *ozone* par les radiations ultra-violettes. Ce phénomène a été découvert par Lenard (1900), et il a été étudié par Goldstein (1903), Warburg (1904), et en dernier lieu par Fischer et Brahmer (1905). Ces derniers ont employé comme source une lampe à mercure avec garniture de quartz. Il est très probable que, dans les couches supérieures de l'air, a lieu une ozonisation considérable par les radiations solaires ultra-violettes ; dans les couches inférieures, l'ozone est détruit par les substances oxydables.

H. Combinaisons chimiques. — Un mélange de chlore et d'hydrogène, qui se conserve indéfiniment dans l'obscurité, se transforme à la lumière en HCl (cette expérience est due à Gay-Lussac (1811)). Exposés à la lumière solaire vive, les deux gaz s'unissent instantanément avec détonation, et dégagement de chaleur et de lumière. Bunsen et Roscoë, et plus tard Pringsheim, ont étudié en détail l'action de la lumière sur des mélanges de Cl et H ; nous reviendrons plus loin sur leurs travaux.

Le chlore dissous dans l'eau décompose cette dernière à la lumière ; il se forme HCl et de l'oxygène est mis en liberté. Le chlore s'unit en outre, sous l'action de la lumière, à différents hydrocarbures. Un mélange de Cl avec CH^4 donne peu à peu une série de composés : CH^3Cl, CH^2Cl^2, $CHCl^3$ (chloroforme) et CCl^4. L'oxyde de carbone et Cl donnent le chlorure de carbonyle ; cette réaction a été étudiée par Wildermann (1902) et par Dyson et Harden (1902). On peut d'ailleurs ranger également quelques-unes des réactions mentionnées parmi les phénomènes de décomposition.

Dans beaucoup de cas, la lumière favorise l'oxydation, par exemple pour quelques métaux. De minces couches de sulfure de plomb se transforment à la lumière en sulfate de plomb ; des solutions d'acide sulfhydrique et d'acide sulfureux sont oxydées. Les huiles grasses, en s'oxydant à la lumière, deviennent moins fluides ; l'essence de térébenthine forme, en présence de l'eau, de l'eau oxygénée. Les résines s'oxydent également et changent de couleur ; l'asphalte perd sa solubilité dans l'éther, le benzol, etc. Le caoutchouc devient insoluble dans le benzol et dans l'essence de térébenthine. On peut encore citer l'oxydation de nombreuses matières colorantes organiques et la décoloration des étoffes colorées, du papier, etc., qui se produit de la même manière. Le blanchiment de la toile au soleil se rattache également aux actions chimiques des rayons solaires. La couleur pourpre, qui était bien connue dans l'antiquité, se forme seulement par l'action de la lumière sur la sécrétion jaunâtre d'un mollusque (Purpura lapillus).

III. Décompositions chimiques. — Une solution d'eau oxygénée dans l'eau se décompose, sous l'influence de la lumière, en eau et en oxygène. L'acide azotique concentré se colore en brun à la lumière (Scheele, 1777), par suite de la formation de peroxyde d'azote. L'acide iodhydrique gazeux se décompose en I et H. Le bichromate de potasse, en présence de substances organiques (albumine, glycérine, etc.), se décompose, sous l'action de la lumière, en donnant du chromate de potasse et même de l'oxyde de chrome.

Une solution, renfermant $FeCl^3$ et de l'acide oxalique, se décompose, sous l'influence de la lumière, suivant la formule

$$2FeCl^3 + C^2O^4H^2 = 2FeCl^2 + 2CO^2 + 2HCl.$$

G. Lemoine, qui s'est beaucoup occupé de cette question, a trouvé que la vitesse de cette réaction exothermique croît en même temps que l'intensité lumineuse et que la réaction s'arrête, aussitôt que la lumière cesse d'agir.

Une solution, renfermant du chlorure de mercure et de l'oxalate d'ammonium, se conserve indéfiniment dans l'obscurité, mais se décompose à la lumière suivant la formule

$$2HgCl^2 + C^2O^4(AzH^4)^2 = Hg^2Cl^2 + 2CO^2 + 2AzH^4Cl.$$

L'azotate d'argent se colore en noir à la lumière.

La quinine est oxydée à la lumière par l'acide chromique. Goldberg (1902) a montré qu'il n'y a que les rayons absorbés qui agissent et que l'action est proportionnelle au produit de l'intensité des rayons par la durée de l'action.

Les solutions d'iodoforme dans le chloroforme, le benzol, CS^2, etc., sont rougies par la lumière, comme Humbert (1856) l'a remarqué pour la première fois. Ce phénomène a fait l'objet d'une étude précise par Hardy et Miss Willcock (1904) et par van Aubel (1904). Ce dernier a trouvé que le phénomène se présente aussi dans les mélanges de vaseline et d'iodoforme. A — 45°, il n'y a aucune décomposition de l'iodoforme.

L'action exercée par la lumière sur les *composés haloïdes de l'argent*, c'est-à-dire sur les chlorure, bromure et iodure d'argent, présente un intérêt pratique considérable ; ces substances subissent une décomposition, dont le caractère chimique n'est pas d'ailleurs encore bien connu en détail. Déjà en 1727, le médecin Schultze avait remarqué que la craie, arrosée avec une solution d'un sel d'argent dans l'alcool concentré, se colorait en noir, mais seulement aux endroits exposés à la lumière. Scheele (1777) et Senebier (1782) étudièrent plus en détail l'action de la lumière sur le chlorure d'argent. Le chlorure d'argent bien sec est moins sensible à l'action de la lumière que le chlorure humide; à la température du rouge blanc, cette action cesse complètement; AgCl se décompose à la lumière et donne différents composés moins riches en chlore, Ag^3Cl^2 et même Ag^2Cl. CAREY LEA a étudié une substance particulière, qui lui a paru se former par l'action de la lumière sur le chlorure d'argent, et qu'il a appelée *photochloride* d'argent; HODGKINSON a trouvé pour cette substance la formule $Ag^2Cl^2Ag^2O$.

Quand on a soumis une plaque d'argent à l'action du chlore ou des vapeurs de brome ou d'iode, les vapeurs de mercure ne se précipitent sur cette plaque qu'aux endroits préalablement exposés à la lumière. Le papier, l'albumine, le collodion, la gélatine, etc., imprégnés de chlorure, de bromure ou d'iodure d'argent, possèdent une propriété remarquable analogue : ils acquièrent à la lumière la faculté d'attirer l'argent métallique *in statu nascendi*, qui se sépare d'une solution d'azotate d'argent, sous l'action du sulfate ferreux (vitriol vert), de l'acide pyrogallique, etc. Le précipité d'argent est d'autant plus dense que l'endroit correspondant a été au préalable plus fortement éclairé (*excitation* ou *induction physique*).

Le chlorure d'argent et surtout le bromure d'argent, soumis à un éclairement de courte durée, prennent un état d'équilibre instable, particulier, encore mal expliqué ; ils peuvent alors être décomposés par toute une série de substances, par exemple par des solutions d'acide pyrogallique, de pyrogallol alcalin, d'oxalate double de potassium et de fer, d'hydroquinone, de méthol, etc. Ici également le degré d'intensité de la décomposition dépend de l'intensité de l'éclairement préalable (*excitation* ou *induction chimique*). Ce qu'on appelle l'*émulsion de gélatinobromure* se distingue par une sensibilité particulière à la lumière; nous en reparlerons plus loin. Une exposition prolongée des sels d'argent à la lumière diminue leur faculté de noircir (c'est ce qu'on nomme la *solarisation*) ; elle augmente ensuite et, d'une manière générale, elle diminue et augmente périodiquement, d'après A. et L. LUMIÈRE, quand la durée de l'éclairage croît.

DEWAR a trouvé qu'à — 180° la sensibilité à la lumière est diminuée de 80 %; cependant, même à — 200°, où presque toutes les réactions chimiques cessent, l'action de la lumière subsiste encore ; A. et L. LUMIÈRE sont arrivés aux mêmes résultats. Le refroidissement n'agit pas par lui-même sur une plaque de gélatinobromure.

La sensibilité à la lumière est accrue par l'addition de certaines substances, qui absorbent le chlore, le brome et l'iode, telles que l'azotate d'argent, l'hyposulfite de soude, l'arséniate de soude, le tanin, etc. ; ces substances s'appellent des *sensibilisateurs chimiques*. Les *sensibilisateurs optiques* découverts par VOGEL, et dont nous avons déjà parlé, jouent un rôle tout à fait différent ; ceux-ci possèdent la propriété d'absorber les rayons lumineux de faible réfrangibilité et rendent les sels d'argent, auxquels on les ajoute, sensibles à ces rayons. Les meilleurs sensibilisateurs optiques sont le chlorure de cyanine pour les rayons rouges et orangés, l'érythrosine pour les rayons jaunes, l'éosine pour les rayons verts et jaune vert, etc. Une émulsion de gélatinobromure peut même être rendue sensible aux rayons infra-rouges à l'aide de sensibilisateurs appropriés.

Comme autre exemple de décomposition de substances à la lumière, nous pouvons encore mentionner ici l'azotite d'amyle $C^5H^{11}AzO^2$. Tyndall a montré que si l'on fait passer un faisceau de rayons solaires ou de rayons de l'arc électrique à travers un tube rempli par les vapeurs entièrement transparentes de cette substance, il se forme un nuage lourd, blanchâtre, dû à sa décomposition et renfermant de l'azotate d'amyle et du peroxyde d'azote.

C'est dans les plantes que l'on observe les processus photochimiques les plus importants. Il s'y produit une transformation de CO^2 et H^2O en substances organiques, moins riches en oxygène et par suite combustibles ; dans la combustion de ces substances se dégage, sous forme de chaleur, l'énergie chimique engendrée aux dépens de l'énergie rayonnante primitivement absorbée. Le pouvoir de décomposer à la lumière CO^2 n'était attribué, avant les recherches d'Engelmann, qu'à une matière colorante verte, la *chlorophylle*. Il résulte des recherches de ce savant que d'autres matières colorantes possèdent la même propriété et que la décomposition de CO^2 est toujours effectuée par les rayons absorbés par ces substances ; Engelmann les a nommées des *chromophylles* ; ces substances comprennent aussi la purpurine de bactérie, qui absorbe les rayons infra-rouges de $\lambda = 0^\mu,8$ à $\lambda = 0^\mu,9$.

Quelques actions photochimiques ne se manifestent pas dès le début de l'éclairement, mais seulement après un certain temps, nécessaire pour vaincre en quelque sorte une résistance intérieure particulière de la substance ; ce phénomène se nomme l'*induction photochimique*.

Il convient de parler ici de l'intéressant travail de O. Wiener (1895), concernant les substances qui peuvent prendre la couleur d'autres corps voisins, c'est-à-dire la couleur des radiations qu'elles reçoivent ; tel est, par exemple, le photochloride découvert par Carey Lea (page 420) ; il faut encore ranger, parmi ces substances, les matières colorantes contenues dans la peau de certains animaux, en particulier de certaines chenilles et de leurs chrysalides. Le photochloride peut prendre l'une quelconque des couleurs du spectre ; si on l'éclaire avec des rayons homogènes, il prend leur couleur. Wiener explique ainsi ce phénomène : toute variété du photochloride, par exemple la variété rouge, se décompose sous l'influence de tous les rayons non rouges, qu'elle *absorbe* ; au contraire, les rayons qui ont la couleur du photochloride donné, sont réfléchis par sa surface et par suite n'agissent pas chimiquement sur lui ; ainsi, dans la lumière rouge, il ne peut exister que la variété rouge du photochloride, et celle-ci a pour origine les autres variétés, car c'est elle qui, dans les conditions extérieures données, possède *la plus grande stabilité*. Les pigments de la peau de certaines chenilles possèdent probablement des propriétés analogues ; pour un éclairage donné, il se forme celui des pigments qui n'est pas décomposé par les rayons incidents (car ce pigment n'absorbe pas ces rayons, mais les réfléchit), c'est-à-dire celui qui possède la même couleur que les rayons incidents.

Beaucoup de savants, en partant des idées précédentes de O. Wiener, ont cherché à découvrir des matières colorantes satisfaisant aux conditions qui viennent d'être exposées. Nous pouvons mentionner à ce sujet les travaux de Vallot, Worel, Garbasso, etc. Garbasso a trouvé que quelques matières colorantes (dérivées de la quinoline) montrent une tendance à prendre la couleur des rayons qui les éclairent. Neuhauss réussit à aller beaucoup plus loin, et ses travaux conduiront peut-être à la *photographie réelle des couleurs* ; il a pu préparer des mélanges de matières colorantes qui, recevant la lumière à travers des verres colorés, prenaient réellement la coloration de ces verres : pour obtenir du vert, Neuhauss ajoutait de la chlorophylle aux mélanges. Pour rendre plus active la décoloration des substances, dont la couleur différait de celle des verres et qui, par suite, absorbaient les rayons transmis par ceux-ci, il employait de la gélatine avec de l'eau oxygénée. Après un éclairage de cinq minutes, à travers des verres de différentes couleurs, il obtenait toutes les couleurs sur la plaque formée par le mélange ; pour la fixation (voir plus loin), on peut se servir d'une solution de sel de cuivre. L'importance considérable de la découverte précédente n'est pas douteuse.

Certaines plantes ont la propriété de prendre la *couleur complémentaire* de celle des rayons qui tombent sur elles ; cette propriété, étudiée d'abord par Engelmann et plus tard dans un cas particulier par Gaïdoukoff (1902), présente un très grand intérêt ; il en résulte que la plante *absorbe* spécialement les radiations qu'elle reçoit ; Engelmann a donné à ce phénomène le nom d'*adaptation chromatique complémentaire*. Ceci explique pourquoi l'on rencontre des plantes vertes (algues), dans les couches supérieures de l'eau, et des plantes rouges et brunes dans les couches plus profondes ; ce sont les rayons verts et bleus qui ont la plus grande intensité au fond. Gaïdoukoff a étudié le *changement de couleur* de fils vivants d'*oscillaria sancta*, sous l'influence d'un éclairage coloré ; il a trouvé que, par un éclairage continu, la couleur de la chromophylle contenue dans les cellules de ces algues devient, peu à peu (pendant des semaines ou même pendant des mois) et de plus en plus, complémentaire de celle des rayons incidents, tandis que le pouvoir absorbant de la chromophylle augmente pour les rayons qui dominent dans la lumière incidente, mais diminue pour ceux dont l'intensité est affaiblie ou qui font totalement défaut. Nous avons affaire ici à un cas intéressant d'adaptation d'organismes vivants, qui utilisent l'énergie rayonnante incidente et à cet effet l'absorbent ; mais le résultat de cette adaptation est exactement opposé à celui dont nous avons parlé plus haut.

5. Recherches de Bunsen, Roscoë et autres sur l'union du chlore et de l'hydrogène à la lumière. Ionisation des gaz à la lumière. — L'appareil employé par Bunsen et Roscoë, pour étudier l'action de la lumière sur un mélange d'hydrogène et de chlore est représenté par la figure 257. Sa partie essentielle est constituée par un tube de verre gradué, horizontal, $a\,b\,c\,d\,e\,f$, présentant en c et e des renflements en forme de petits vases, qui renferment de l'eau. Un mélange chimiquement pur de chlore et d'hydrogène, obtenu en électrolysant de l'acide chlorhydrique, était au préalable introduit dans tout l'appareil, pendant un temps assez long, pour saturer entièrement de chlore et d'hydrogène l'eau des vases c et e. Le mélange contenu dans le vase c, que l'on appelle *insolateur*, était ensuite exposé à la lumière, et l'acide chlorhydrique formé se dissolvait dans l'eau. Le volume

de gaz ainsi disparu était déterminé par la quantité d'eau, qui pénétrait de *e*
dans le tube gradué *d*. On se servait pour l'éclairement d'une lampe A, dont
les rayons parvenaient au tube D, après avoir traversé le tube B et la lentille
biconvexe C. A l'intérieur de la double paroi du dernier tube circulait
un courant d'eau continu, de façon à protéger le vase *c* contre un échauffement direct.

BUNSEN et ROSCOË ont observé tout d'abord que *l'action photochimique d'une
source lumineuse donnée* est proportionnelle à l'intensité lumineuse de cette

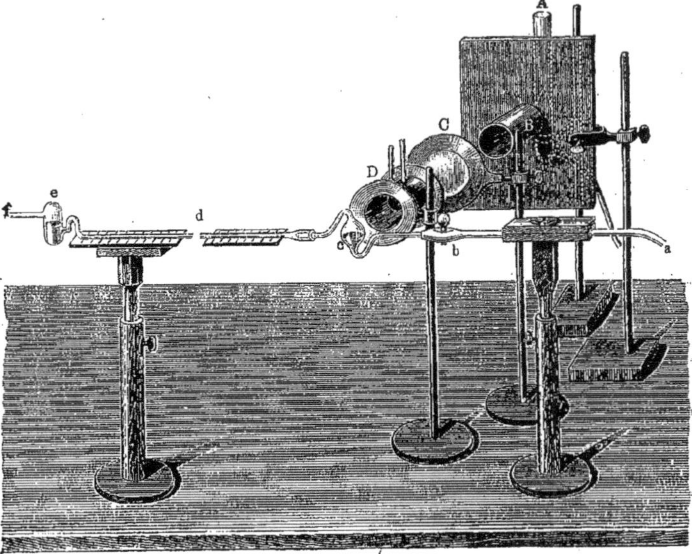

Fig. 257

source. Mais des sources différentes donnent lieu à des actions photochimiques, qui ne sont nullement proportionnelles à leur action physiologique,
laquelle est cependant déterminée par l'intensité lumineuse; ainsi, par
exemple, la flamme du gaz d'éclairage est 109 fois plus éclatante que la
flamme de l'oxyde de carbone, dont se servaient habituellement BUNSEN et
ROSCOË, et l'action photochimique de la première n'est que 1,962 fois plus
vive que celle de la seconde; l'éclat optique de la lumière solaire est
524,7 fois plus grand que celui de la lumière émise par un fil de magnésium
brûlant à l'air libre, tandis que son éclat chimique n'est que 36,6 fois plus
grand. Cela tient évidemment à la différence de richesse des sources lumineuses en rayons absorbés par le mélange et produisant par suite la réaction
chimique. BUNSEN et ROSCOË ont cherché à déterminer, dans un travail postérieur, l'action photochimique des différentes parties du spectre, obtenu à
l'aide de prismes et de lentilles de quartz; les ordonnées de la ligne brisée
a a a a ... de la figure 258 indiquent la grandeur de l'action photochimique

des rayons du spectre solaire, tandis que les abscisses donnent la position de ces rayons relativement aux raies de Fraunhofer.

Bunsen et Roscoë ont déterminé également la quantité de lumière, qui est

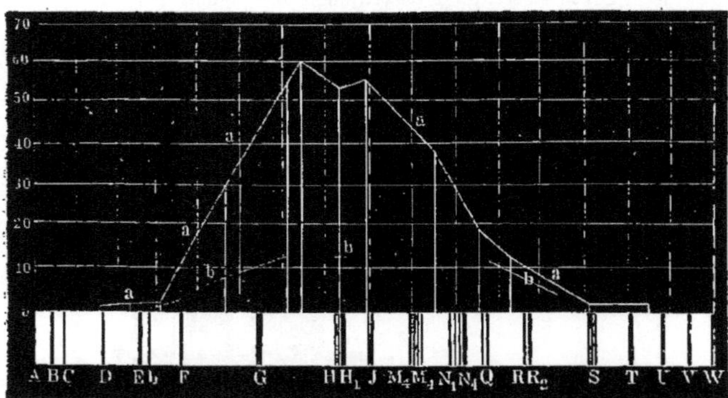

Fig. 258

absorbée par le chlore sec ou par un mélange de chlore et d'hydrogène. Ils ont calculé le coefficient d'absorption α par la formule

$$J = J_0 \cdot 10^{-\alpha h},$$

où J_0 désigne l'intensité de la lumière incidente, J l'intensité de la lumière transmise par une couche d'épaisseur h (en millimètres), voir (14), page 44 ; ils ont obtenu pour le chlore sec, sous la pression de 760 millimètres, la valeur $\alpha = \dfrac{1}{173,3}$. Pour un mélange à parties égales de chlore et d'un gaz transparent (air ou hydrogène), α doit être deux fois moindre, c'est-à-dire que l'on a $\alpha = \dfrac{1}{346,6}$; ils ont trouvé cependant, pour un mélange de volumes égaux de chlore et d'hydrogène, $\alpha_1 = \dfrac{1}{234}$. La différence $\alpha_2 = \alpha_1 - \alpha = \dfrac{1}{723}$ donne le *coefficient d'absorption photochimique* et détermine la quantité d'énergie rayonnante employée pour la réaction chimique.

L'*induction photochimique* s'est montrée particulièrement grande dans l'action de la lumière sur le mélange de Cl et H. Quand l'éclairage avait lieu avec la lumière du jour diffusée, il ne se manifestait aucune action pendant les deux premières minutes ; cette action allait ensuite en croissant jusqu'à la onzième minute et demeurait alors constante. Une addition de 0,005 d'oxygène au mélange de Cl et H rendait l'action photochimique dix fois plus petite.

Pringsheim a montré que la présence de la vapeur d'eau a une très grande influence sur l'action photochimique produite dans le mélange de chlore et d'hydrogène : elle agit sur l'induction photochimique, que Pringsheim explique par la formation d'une substance intermédiaire particulière, au début de l'éclairement ; c'est ce qu'indique l'augmentation brusque de volume, observée

par Pringsheim au premier moment de l'éclairement et due probablement à
la décomposition de la vapeur d'eau.

Gautier et Helier ont montré que, dans une obscurité complète, un mélange de Cl et H secs ou humides peut se conserver indéfiniment, sans qu'il
s'y forme de traces d'acide chlorhydrique. Ils ont en outre mesuré la vitesse de
formation de HCl, dans un mélange de Cl et H secs, sous l'action d'un éclairage de très longue durée. Récemment Devan (1903), ainsi que Chapman et
Burgess (1904) ont étudié l'action de la lumière sur un mélange de Cl et H.

Avant de terminer ce bref exposé des actions chimiques de l'énergie rayonnante, nous devons dire encore quelques mots d'un groupe de phénomènes
découverts il y a peu de temps, dans lesquels l'une des formes de l'énergie
rayonnante, les *radiations ultra-violettes*, produit une action qui, si elle n'est
pas complètement identique aux actions chimiques par son caractère, se rapproche dans tous les cas beaucoup de l'une d'entre elles, savoir la dissociation.
Nous nous bornerons à indiquer rapidement les résultats des travaux de
Lenard (1900) et de Wilson (1899). Ces savants ont trouvé que *l'air subit,
sous l'influence des radiations ultra-violettes, une modification particulière, qui
peut, du moins en partie, être considérée comme une ionisation de celui-ci*. Il apparaît dans l'air des centres mobiles, électriquement actifs, qui sont analogues
aux ions, dont nous avons parlé à plusieurs reprises dans le Tome I, et que
l'on considère comme des produits de la dissociation de la substance ;
Lenard les appelle des *supports d'électricité*. Il indique quatre phénomènes résultant du passage des rayons ultra-violets à travers l'air : l'apparition de
supports d'électricité positive, l'apparition de supports d'électricité négative,
la formation d'ozone et la formation de centres de condensation de vapeur,
que Lenard appelle des noyaux de brouillard (Nebelkerne), et qui ont été découverts, avant Lenard, par Wilson. Occupons-nous d'abord de ces derniers.
Des rayons, émis par l'arc voltaïque ou par l'étincelle d'induction, traversant
une fenêtre de quartz et tombant sur un filet transparent de vapeur d'eau, y
provoquent la formation d'un nuage. Wilson admet que les particules d'eau,
dans lesquelles se forme de l'eau oxygénée, servent de centres, autour desquels
se condensent les gouttelettes ; Lenard croit aussi que ces centres ne sont pas
identiques aux supports d'électricité ou ions. Lenard est arrivé à déterminer
la longueur d'onde λ de ces radiations actives ; il a trouvé que $\lambda = 0^{\mu},18$ et
que par suite ces radiations appartiennent aux rayons extrêmes, étudiés
d'abord par Schumann et que l'air absorbe très fortement ; c'est sous l'action
de ces rayons qu'il se forme de l'ozone dans l'air. Enfin, il se forme encore
dans l'air les supports d'électricité que nous avons mentionnés, dont la présence se manifeste en particulier par certaines actions de l'air sur les corps
électrisés ; ces derniers perdent leur charge, quand ils viennent en contact avec
de l'air que les radiations actives ont traversé.

6. Photographie. — Il ne peut y avoir place, dans un Traité de Physique générale, même pour un exposé succinct de cet art important, auquel
sont consacrés beaucoup d'ouvrages et de journaux spéciaux. Les fondements
physico-chimiques sur lesquels repose la photographie, ont été exposés au § 4.
Nous nous bornerons ici à donner quelques brèves indications.

C'est le 19 août 1839, dans une séance de l'Académie française, qu'Arago fit connaître au monde entier la méthode de DAGUERRE, ou la *daguerréotypie*. Une plaque de cuivre argentée est soumise à l'action de la vapeur d'iode et placée ensuite dans une chambre noire à un endroit où l'image de l'objet vient se former à sa surface. En exposant alors la plaque à la vapeur de mercure, celle-ci se précipite sur les parties qui ont subi l'action de la lumière (page 420); si on lave ensuite la plaque, dans un liquide qui dissout l'iodure d'argent, et si on la regarde de façon que des objets sombres y soient réfléchis, les parties recouvertes de mercure paraissent brillantes sur un fond sombre, et sur ce fond se détache l'image de l'objet.

La *photographie*, telle qu'elle s'est développée dans la suite, comporte les opérations fondamentales suivantes : on prend une plaque recouverte d'une *couche sensible à la lumière* et renfermant un ou plusieurs des sels d'argent AgCl, AgBr et AgI ; on fait agir, dans la chambre noire, sur la surface de cette plaque, l'image réelle de l'objet, pendant un temps convenable ; après cette *exposition*, on plonge la plaque dans une solution d'un révélateur, qui produit une décomposition des sels d'argent aux endroits où la lumière a agi (*développement*) ; on lave ensuite la plaque, dans un liquide qui dissout les sels non décomposés (*fixation*), car ceux-ci doivent être enlevés pour que la plaque puisse être exposée, sans subir d'altération, à la lumière du jour. Toutes les opérations indiquées s'effectuent dans l'obscurité ou à la lumière rouge, après quoi on obtient un *cliché négatif*, sur lequel les parties claires de l'objet photographié apparaissent en noir et qui est transparent aux endroits les moins éclairés de cet objet.

Au moyen du cliché négatif, on fait ensuite des *épreuves positives* ; on place à cet effet, dans un châssis-presse, le négatif transparent et sous celui-ci une plaque sensible ; le tout est exposé à la lumière solaire. Les radiations, qui traversent le négatif, produisent sur la seconde plaque une action, d'autant plus intense que l'endroit correspondant du négatif est plus clair. Selon la nature de cette seconde plaque, la décomposition du sel d'argent qu'elle renferme se produit immédiatement ou seulement sous l'action d'un révélateur. Il reste alors à fixer l'image obtenue, c'est-à-dire à enlever les sels non décomposés, et on a ainsi un *positif*, dans lequel les parties claires et les ombres sont distribuées comme dans l'objet reproduit, car sous les régions claires du négatif, la lumière a produit une action plus vive et c'est là que se trouvent sur le positif les ombres.

Le négatif s'obtient en général sur une plaque de verre, recouverte d'une couche *impressionnable*. On préparait autrefois cette dernière en recouvrant le verre d'une couche de collodion, qui renfermait de l'iodure de potassium, et en plongeant ensuite la plaque dans une solution d'azotate d'argent, ce qui produisait une couche d'iodure d'argent. On employait comme révélateur de l'acide pyrogallique et comme fixateur une solution de cyanure de potassium ou d'hyposulfite de soude, qui dissout l'iodure d'argent non attaqué.

On emploie aujourd'hui universellement, pour obtenir le négatif, des plaques de verre sur lesquelles est déposée une couche uniforme de bromure d'argent émulsionné dans de la gélatine (plaques au *gélatinobromure*) ; cette

émulsion est constituée par une solution desséchée de gélatine, dans laquelle
se trouve du bromure d'argent à un état de division extrême. Les plaques
sèches que l'on trouve dans le commerce renferment d'ailleurs parfois aussi
une certaine quantité d'iodure d'argent. L'émulsion se prépare en mélangeant
une solution d'azotate d'argent avec une solution de bromure de potassium
ou de bromure d'ammonium, qui renferme un peu d'iodure de potassium et
de gélatine. On recouvre avec cette émulsion une plaque de verre bien propre,
que l'on fait ensuite sécher. On peut se servir entre autres, comme révélateurs, de l'oxalate ferreux, de l'acide pyrogallique, de l'hydroquinone, du pa-
ramidophénol, du méthol, de l'amidol et de la glycine. On emploie, pour fixer,
l'hyposulfite de soude.

On se sert aussi aujourd'hui, au lieu de plaques de verre, de papiers négatifs particuliers ou de pellicules de celluloïd, substance assez transparente
pour donner un positif et qui est en même temps suffisamment consistante.
Les substances indiquées ci-dessus peuvent également servir ici de révélateurs.
Si on ajoute à l'émulsion de gélatino-bromure des sensibilisateurs optiques,
on donne aux plaques le non d'orthochromatiques.

La sensibilité extrême du gélatino-bromure a rendu possible la *photographie
instantanée*, c'est-à-dire a permis de réduire le temps de pose, suivant l'intensité de la lumière, à une faible fraction de seconde. Il suffit d'une durée
d'exposition de 0,000 01 seconde, pour obtenir une action photochimique des
rayons solaires directs ; pratiquement, l'exposition dure ordinairement, dans
la photographie instantanée de $0^{sec},01$ à $0^{sec},1$. Pour obtenir des temps de
pose aussi courts, on se sert de dispositifs particuliers appelés *obturateurs
instantanés*.

Pour obtenir un positif, d'après la méthode exposée plus haut, on emploie
différents papiers ou plaques impressionnables. L'usage du *papier albuminé*,
qui porte une couche d'albumine renfermant des chlorures, est particulièrement répandu. On plonge ce papier dans une solution d'azotate d'argent, qui
donne naissance dans l'albumine à du chlorure d'argent. Quand le papier est
sec, il donne directement l'image positive sans développement ; il reste seulement à fixer cette image dans une solution d'hyposulfite de soude et à lui
donner le ton que l'on désire, en la plongeant dans un bain de *virage* formé
d'une solution de chlorure d'or, à laquelle on ajoute une proportion variable
de sels alcalins : borate, acétate, carbonate de soude, etc. De la composition
de ce bain dépendent la couleur et l'inaltérabilité de l'image obtenue.

Pour obtenir des positifs sur papier ou sur verre (diapositifs), on se sert
de pellicules de collodion au chlorure, de pellicules de gélatino-chlorure (aris-
totype, papier d'ariston), et enfin d'un papier de celloïdine avec pellicule sensible de celluloïd, qui est très répandu. Toutes ces pellicules n'ont pas besoin
d'être développées.

On emploie en outre, pour la préparation des positifs, des émulsions de
gélatino-chlorure d'argent et de gélatino-bromure d'argent ; dans les deux cas,
la durée du tirage est très courte, mais il faut un développateur. L'émulsion
de gélatino-chlorure peut aussi être préparée de façon qu'il ne soit pas néces-

saire de développer après tirage ; le papier recouvert d'une telle émulsion porte, dans le commerce, le nom de *papier d'arision*.

Nous nous bornerons à ces indications générales sur les opérations principales et sur les méthodes les plus importantes de la photographie. Nous avons laissé de côté toute une série de procédés, parmi lesquels l'*impression des couleurs* présente un intérêt particulier ; cette impression repose sur la propriété que possède une solution de bichromate de potasse dans la gélatine de rendre cette dernière insoluble, sous l'action de la lumière.

Nous n'insisterons pas non plus sur l'importance considérable prise par la photographie dans la science. Nous mentionnerons seulement la micro-photographie, qui a pour but de fixer, au moyen des procédés photographiques ordinaires, les images *grossies* des objets microscopiques, et l'emploi de la photographie dans les observations astronomiques ; les photographies du ciel ont conduit à la découverte de nébuleuses, par exemple, qui jusqu'ici étaient restées invisibles dans les meilleures lunettes, soit parce que les radiations qu'elles envoient à la Terre sont trop faibles, soit parce qu'elles ne produisent pas, en général, d'impression sur la rétine de l'œil, tandis qu'elles agissent sur une plaque sensible, avec une exposition suffisamment prolongée ; une entente s'est faite entre de nombreux observatoires, pour entreprendre une représentation photographique d'un tiers de la voûte céleste, ce qui n'exigera pas moins de 2 200 épreuves.

La photographie a rendu possible l'étude du spectre ultra-violet. Elle a rendu en outre des services inestimables dans la construction de nombreux appareils enregistreurs, météorologiques, magnétiques, et autres ; nous en rencontrerons quelques-uns dans la suite.

Enfin la photographie instantanée a permis d'étudier divers mouvements rapides, par exemple le mouvement des projectiles (T. I, p. 537), les détails du vol des oiseaux, la marche des animaux, la forme des gouttes dans leur chute, etc. Pour montrer à quel point de perfection technique on est arrivé, il suffira d'indiquer que LUCIEN BULL (1904) a construit un appareil avec lequel on peut obtenir 1500 images en une seconde. Le cinématographe est bien connu, et nous nous contenterons de le mentionner.

Nous parlerons plus tard de la *photographie des couleurs*.

BIBLIOGRAPHIE

—

2. — Fluorescence.

J. Herschel. — *Phil. Trans.*, 1845, p. 143, 147; *Ann. chim. et phys.*, (3), **38**, p. 378, 1853.

D. Brewster. — *Edinb. Trans.*, 1846, part. II, p. 3; *Pogg. Ann.*, **73**, p. 531, 1848; *Ann. chim. et phys.*, (3), **38**, p. 376, 1853.

Stokes. — *Phil. Trans.*, 1852, part. II, p. 403; *Pogg. Ann.*, **87**, p. 480, 1852; **91**, p. 158, 1854; *Ergänzungsb.*, **4**, p. 177, 1854; **96**, p. 522, 1855; **123**, p. 30, 472, 1864.

P. Lewis. — *Phys. Zeitschr.*, **3**, p. 498, 1902.

Goldberg. — *Zeitschr. f. phys. Chem.*, **41**, p. 1, 1902.

Wildermann. — *Zeitschr. f. phys. Chem.*, **42**, p. 257, 1903.

Zswett. — *Zeitschr. f. phys. Chem.*, **36**, p. 450, 1901.

Lommel. — *Pogg. Ann.*, **143**, p. 26, 1871; **159**, p. 514, 1876; **160**, p. 75, 1877; *W. A.*, **3**, p. 113, 251, 1878; **8**, p. 244, 634, 1879; **10**, p. 640, 1880; **19**, p. 356, 1883; **21**, p. 422, 1884.

Stenger. — *W. A.*, **28**, p. 215, 1886; **33**, p. 577, 1888.

O. Knoblauch. — *Akad. d. Wiss. Krakau*, 1895, p. 118.

Nichols et Merritt. — (Températures basses), *Phys. Rev.*, **18**, p. 355, 1904.

H. Kaufmann et Beisswenger. — *Ztschr. f. phys. Chem.*, **50**, p. 350, 1905.

Ramsay et Young. — *Chem. News*, **53**, p. 205, 1886.

E. Wiedemann. — *W. A.*, **41**, p. 209, 1890; *Uber Luminiscenz.* Erlangen, 1901.

E. Wiedemann et G. C. Schmidt. — *W. A.*, **56**, p. 18, 1895; **57**, p. 447, 1896.

Wood et Moore. — *Astrophys. J.*, **18**, p. 94, 1903; *Phil. Mag.*, (6), **6**, p. 362, 1903; *Phys. Ztschr.*, **4**, p. 701, 1903.

Wood. — *Phil. Mag.*, (6), **10**, p. 513, 1905.

Puccianti. — *Atti Acad. R. dei Lincei*, **13**, p. 430, 1904.

G. C. Schmidt. — *W. A.*, **58**, p. 103, 1895.

Donath. — *W. A.*, **58**, p. 608, 1896.

Liebermann. — *Chem. Ber.*, **13**, p. 913.

Buckingham. — *Zeitschr. f. phys. Chem.*, **14**, p. 129.

Richard Meyer. — *Zeitschr. f. phys. Chem.*, **24**, p. 468, 1897; *Chem. Ber.*, **31**, p. 510, 1898; **36**, p. 2967, 1904.

Hewitt. — *Zeitschr. f. phys. Chem.*, **34**, p. 1, 1900.

Nichols et Merritt. — (Spectres) *Phys. Rev.*, **18**, p. 403, 1904; **19**, p. 18, 1904.

Morse. — *Astrophys. J.*, **21**, p. 83, 1905; *Contrib. from the Jefferson Phys. Labor. of Harvard Univ.*, 1904, II, p. 83.

Soret. — *Arch. des Sc. phys. et natur.*, **49**, p. 338, 1874; **57**, p. 319, 1876.

Burke. — *Phil. Trans.*, **191**, p. 87, 1898; *Proc. R. Soc.*, **76**, p. 165, 1905.

Nichols et Merritt. — (Absorption) *Phys. Rev.*, **19**, p. 396, 1904.

Camichel. — *C. R.*, **140**, p. 139, 1905; **141**, p. 185, 249, 1905; *Journ. de Phys.*, (4), **4**, p. 873, 1905; *Ann. de la Fac. des Sc. de Toulouse*, (2), **7**, p. 417, 1905.

3. — Phosphorescence.

Becquerel. — *Ann. chim. et phys.*, (3), **55**, p. 5; *La lumière, ses causes et ses effets*, Paris, 1867.

Mourelo. — *C. R.*, **125**, p. 1098, 1897; **128**, p. 557, 1899.

Lecoq de Boisbaudran. — *C. R.*, **103**, p. 468, 629, 1886; **104, 105**, 1887; **106**, 1888; **110**, p. 24, 67, 1890.

G. Urbain. — *Expériences sur la fluorescence de quelques terres rares. Société française de Physique. Résumé des communications*, n° 240, 16 février 1906, p. 4-5.

W. Spring. — *Sur la limite de visibilité de la fluorescence et sur la limite supérieure du poids absolu des atomes. Bulletin de l'Acad. royale de Belgique*, 1905, n° 5, p. 201-211; *Sur l'origine des nuances vertes des eaux de la nature et sur l'incompatibilité des composés calciques, ferriques et humiques en leur milieu*, Ibid. n° 7, p. 300-309.

Verneuil. — *C. R.*, **103**, p. 600, 1886; **104**, p. 501, 1887.

Klatt et Lenard. — *W. A.*, **38**, p. 90, 1889.

Lenard et Klatt. — *D. A.*, **15**, p. 225, 425, 633, 1904.

Wantig. — *Ztschr. f. phys. Chem.*, **51**, p. 435, 1905.

Buchner. — *Inaug. Diss. Erlangen*, 1902.

Visser. — *Rec. trav. chim.*, **20**, p. 435, 1902; **22**, p. 133, 1903.

Lenard et Klatt. — (Pression) *D. A.*, **12**, p. 439, 1903.

Dahms. — *D. A.*, **13**, p. 425, 1904; *Diss.*, Leipzig, 1903.

Goldstein. — *Verh. d. d. phys. Ges.*, **7**, p. 16, 1905.

Nichols et Merritt. — (Sidot) *Phys. Rev.*, **21**, p. 247, 1905.

Le Roux. — *C. R.*, **140**, p. 84, 239, 1905.

Fomm. — *Inaugur. — Diss.*, München, 1890.

Henry. — *C. R.*, **122**, p. 662, 1896.

Baumhauer. — *Phys. Ztschr.*, **5**, p. 289, 1904.

Kester. — *Phys. Rev.*, **9**, p. 164, 1899.

Lenard. — *W. A.*, **46**, p. 637, 1892.

Bardetscher. — *Diss. Bern*, 1889; *Beibl.*, **16**, p. 742, 1892.

Dewar. — *Chem. News*, **70**, p. 252, 1894; *Chem. Centralbl.*, **1**, p. 1, 1895; *Proceed. Chem. Soc.*, **10**, p. 171.

A. et L. Lumière. — *C. R.*, **128**, p. 359, 549, 1899.

Trowbridge. — *Science*, (2), **10**, p. 244, 1899.

Micheli. — *Arch. Sc. phys.*, (4), **12**, p. 5, 1901.

E. Wiedemann. — *W. A.*, **34**, p. 446, 1888; **37**, p. 222, 1899; *Verh. d. phys. Ges.*, **16**, p. 37, 1897.

E. Wiedemann et G. C. Schmidt. — Voir § **2**.

Pictet. — *C. R.*, **119**, p. 527, 1894.

Goldstein. — *Berl. Ber.*, 1900, p. 818; *Verh. d. d. phys. Ges.*, **7**, p. 16, 1905.

4 et 5. — Actions mécaniques et chimiques de la lumière. Combinaison du chlore avec l'hydrogène.

Lenard et Wolf. — *W. A.*, **37**, p. 443, 1889.

H. W. Vogel. — *Pogg. Ann.*, **153**, p. 218, 1874.

Luther et Weigert. — *Ztschr. f. phys. Chem.*, **51**, p. 297, 1905; **53**, p. 385, 1905; *Berl. Ber.*, 1904, p. 828

Lenard. — *D. A.*, **1**, p. 486, 1900.

Goldstein. — *Chem. Ber.*, **36**, p. 3042, 1903.

Warburg. — *D. A.*, **13**, p. 475, 1904; *Berl. Ber.*, 1904, p. 1228.

Fischer et Brahmer. — *Phys. Ztschr.*, **6**, p. 576, 1905.

Wildermann. — *Proc. R. Soc.*, **70**, p. 66, 1902; *Ztschr. f. phys. Chem.*, **41**, p. 87, 1902; **42**, p. 257, 1902.

Dyson et Harden. — *J. Chem. Soc.*, **83-84**, p. 201, 1902.

Humbert. — *J. de pharmacie et de chimie*, (3), **29**, p. 352, 1856.

Hardy et Miss Willcock. — *Ztschr. f. phys. Chem.*, **47**, p. 347, 1904.

Van Aubel. — *Phys. Ztschr.*, **5**, p. 637, 1904.

Bevan. — *Proc. R. Soc.*, **72**, p. 5, 1903.

Chapman et Burgess. — *Chem. News*, **90**, p. 170, 1904.

Bunsen et Roscoë. — *Pogg. Ann.*, **100**, p. 43, 488, 1857; **101**, p. 237, 1857; **117**, p. 536, 1862.

Eder. — *Die chemischen Wirkungen des Lichts.* Halle, 1891.

Dewar. — Voir § **3**.

A. et L. Lumière. — Voir § **3**.

E. Pringsheim. — *W. A.*, **32**, p. 384, 1887.

Senebier. — *Mém. phys.-chim. sur l'influence de la lumière solaire pour modifier les êtres des trois règnes de la nature.* Genève, 1782. Traduction allemande, Leipzig, 1875.

Gaidoukoff. — *Über den Einfluss farbigen Lichts auf die Färbung lebender Oscillarien. Anhang zu den Abhandl. d. Berl. Akad.*, 1902. Voir aussi les travaux de Engelmann, etc.

Lemoine. — *C. R.*, **120**, p. 441, 1895; **121**, p. 522, 1895; *Ann. chim. et phys.*, (7), **6**, p. 433, 1895.

Carey Lea. — *Sill. Journ.*, **38**, p. 349, 1887.

O. Wiener. — *W. A.*, **55**, p. 225, 1895.

Garbasso. — *Nuovo Cim.*, (4) **8**, p. 264, 1898.

Neuhauss. — *Photogr. Rundschau*, **16**, p. 1, 1902; *Phys. Zeitschr.*, **3**, p. 223, 1902 (Referat de K. Schaum).

Tyndall. — *Chem. Ber.*, 1864, p. 593; 1866, p. 680.

Gautier et Helier. — *C. R.*, **124**, p. 1132, 1267, 1897.

C. T. R. Wilson. — *Proc. R. Soc.*, **64**, p. 127, 1898; *Phil. Trans.*, **192**, p. 412; **193**, p. 289, 1899.

Lenard. — *D. A.*, **1**, p. 486; **2**, p. 359; **3**, p. 298, 1900.

Bull. — *C. R.*, **138**, p. 755, 1904.

CHAPITRE IX

—

MESURE DE L'ÉNERGIE RAYONNANTE

1. Problèmes qui se présentent dans la mesure de l'énergie rayonnante. Terminologie. — Le problème de la mesure de l'énergie rayonnante se divise naturellement en trois parties, qui sont étroitement connexes, de sorte que les mêmes méthodes leur sont applicables. Ces trois problèmes partiels sont les suivants : 1) mesure de la *source rayonnante*, c'est-à-dire détermination de sa capacité d'émettre de l'énergie rayonnante ; 2) mesure du *flux* d'énergie rayonnante, c'est-à-dire de la quantité d'énergie E_1 qui traverse, dans l'unité de temps, l'unité de surface perpendiculaire à la direction des rayons ; 3) mesure de l'*action exercée par la source rayonnante sur la surface d'un autre corps*, pour une position de l'une et de l'autre ; à ce dernier problème se rattache la mesure de la quantité d'énergie rayonnante, qui tombe sur la surface donnée, et de la quantité qui est émise par celle-ci ; tel est en particulier le cas, quand on se propose de déterminer *l'éclairement* et *l'éclat de la surface éclairée.*

Le plus souvent il est cependant nécessaire de mesurer non pas l'énergie totale du flux donné, mais seulement la grandeur, que l'on a coutume d'appeler *intensité lumineuse* du flux en un endroit donné, et que l'on pourrait encore appeler *énergie physiologique* ou *optique* du flux à cet endroit. On définit parfois cette grandeur, que nous désignons par i, comme la *quantité de lumière*, qui traverse dans l'unité de temps l'unité de surface perpendiculaire aux rayons ; mais une telle définition ne peut être regardée comme scientifique, en raison du manque de précision du terme « quantité de lumière ». La grandeur i se mesure par l'observation de l'effet physiologique produit par le flux d'énergie, et par suite elle est une fonction de deux grandeurs : l'énergie du flux et la sensibilité de l'œil.

Nous devons faire ici une remarque importante : *nous sommes incapables de comparer entre eux les effets physiologiques de radiations, qui n'ont pas la même composition ; nous ne pouvons même pas juger de l'égalité de ces effets.* En d'autres termes nous ne pouvons pas déterminer, si les intensités de deux sources lumineuses *de couleur différente*, par exemple, d'une source rouge et d'une source verte, sont ou non égales entre elles.

Il résulte de là que nous ne pouvons comparer entre elles que l'intensité lumineuse ou l'énergie optique de radiations d'une composition déterminée donnée. *Les énergies optiques de flux de composition différente, par exemple de couleur différente, sont des grandeurs, qui n'ont pas de commune mesure.*

Il n'y a aucun doute que pour un flux *homogène*, déterminé par la longueur d'onde λ, l'énergie optique i est proportionnelle à l'énergie mécanique E. Si on désigne par k le facteur de proportionnalité, qui dépend du choix de l'unité d'intensité lumineuse pour la longueur d'onde donnée λ, on a

$$(1) \qquad\qquad\qquad i = kE.$$

La formule (1) ne reste applicable pour un flux composé, qu'à condition que toute variation de son énergie E soit le résultat d'une variation relative identique des énergies de toutes ses parties constituantes visibles. La formule (1) peut être vérifiée expérimentalement, car il existe toute une série de cas, où la variation de E peut se déterminer théoriquement, et la variation correspondante de la grandeur i se mesurer directement. Ainsi, par exemple, l'énergie E émise par une petite source doit être inversement proportionnelle au carré de la distance à cette source ; on peut montrer par une expérience directe, que l'intensité lumineuse ou l'énergie optique du flux est aussi inversement proportionnelle au carré de la distance à la source rayonnante.

L'incommensurabilité absolue des énergies optiques de rayonnements de couleur différente est démontrée par l'expérience importante suivante de Purkinje : si on a cherché à rendre égales au point de vue de leur intensité lumineuse deux radiations de couleur différente, par exemple, une radiation rouge et une radiation bleue, et si on les affaiblit également toutes les deux, la radiation bleue paraît plus brillante que la rouge. Cette expérience montre clairement, combien sont inutiles toutes les tentatives en vue de comparer entre elles les intensités lumineuses de sources de couleur différente.

Quand les flux d'énergie rayonnante diffèrent peu par la composition de leurs parties visibles (par leur couleur), leur comparaison optique est encore possible, mais la précision est bien moindre que dans le cas où les flux ont la même composition.

On a affaire en pratique dans la grande majorité des cas à des flux, dont la couleur se rapproche plus ou moins du *blanc*.

Pour des flux de *composition donnée*, blancs ou colorés, l'effet physiologique est certainement proportionnel à l'énergie E, E étant rapportée à l'unité de surface. On peut donc aussi rapporter la grandeur i, c'est-à-dire l'intensité lumineuse, l'énergie physiologique ou la quantité de lumière en un endroit donné, à l'unité de surface. On admet ici, que la grandeur précédente, *qui n'admet pas de définition purement physique*, possède la propriété suivante : la quantité de cette grandeur, qui traverse en un endroit donné la section transversale d'un flux homogène, est proportionnelle au temps et à l'aire de cette section. Nous pouvons baser la mesure de la grandeur i, en premier lieu, sur le choix de l'unité de quantité de lumière, rapportée à un flux déterminé de même composition, en second lieu sur la formule (1) qui permet de faire varier i dans un rapport déterminé, puisque nous connaissons d'une manière précise pour un très grand nombre de cas les lois, suivant lesquelles E varie.

Nous entendrons par *puissance lumineuse ou intensité J d'une source lumineuse* une grandeur, mesurée par la quantité de lumière, qui tombe dans l'unité de temps sur l'unité de surface d'une sphère (ou qui la traverse), ayant pour centre la source lumineuse et pour rayon l'unité de longueur. En d'autres termes, l'intensité lumineuse J d'une source est mesurée par l'intensité lumineuse à l'unité de distance de cette source. Si i est l'intensité lumineuse à la distance r de la source, on a $J = air^2$, a étant un facteur de proportionnalité. On peut poser $a = 1$, mais on impose aux unités des grandeurs J et i la condition que la source lumineuse, dont l'intensité $J = 1$, donne à la distance $r = 1$ une énergie physiologique de flux $i = 1$. On a dans ce cas

$$(2) \qquad \begin{cases} J = ir^2 \\ i = \dfrac{J}{r^2} \cdot \end{cases}$$

La définition, que nous venons de donner de la grandeur J, ne s'applique en toute rigueur qu'à de très petites sources lumineuses, à ce qu'on appelle les *points lumineux* ; nous pouvons cependant l'étendre à toute source lumineuse de petites dimensions par rapport à la distance r, à laquelle nous observons le rayonnement.

La grandeur i peut avoir des valeurs différentes aux différents points d'une sphère, décrite autour de la source lumineuse avec le rayon r. Tel est le cas, quand la source lumineuse possède une intensité inégale J dans les différentes directions ; on peut alors considérer J comme une fonction des coordonnées polaires φ et ψ, dont l'origine se trouve au centre de la source.

On appelle *intensité totale* I de la source lumineuse la quantité totale de lumière, émise par cette source dans l'unité de temps dans toutes les directions. Pour une source, dont l'intensité J est indépendante de la direction, on a

$$(3) \qquad I = 4\pi J = 4\pi ir^2.$$

On doit poser au contraire, dans le cas général

$$(4) \qquad I = \int_{\psi=0}^{2\pi} \int_{\varphi=0}^{\pi} J \sin\varphi\, d\varphi d\psi.$$

Pour beaucoup de sources lumineuses J est indépendant de l'azimut ; en prenant l'axe des coordonnées vertical, on a dans ce cas

$$(5) \qquad I = 2\pi \int_0^\pi J \sin\varphi\, d\varphi.$$

On appelle *intensité moyenne de la source rayonnante* la grandeur

$$(6) \qquad J' = \frac{I}{4\pi} = \frac{1}{4\pi} \int_{\psi=0}^{2\pi} \int_{\varphi=0}^{\pi} J \sin\varphi\, d\varphi d\psi.$$

Quand J est indépendant de ψ, on a, voir (5),

$$(7) \qquad J' = \frac{1}{2} \int_0^\pi J \sin\varphi\, d\varphi.$$

Si on mène dans toutes les directions à partir du centre dé la source lumineuse des rayons vecteurs et si on porte sur ceux-ci des longueurs, proportionnelles aux valeurs de J correspondant aux différentes directions, le lieu géométrique des extrémités de ces rayons vecteurs est une certaine surface.

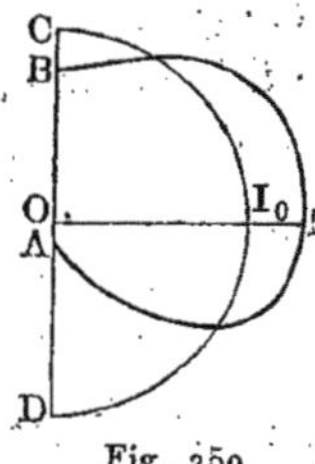

Fig. 259

La courbe BHA (Fig. 259), représente la méridienne de cette surface pour la flamme d'une lampe CARCEL (voir ci-dessous), pour laquelle J est indépendant de l'azimut ψ. La figure 260 représente la même courbe pour une lampe à arc électrique, et la figure 261 représente à gauche la courbe équatoriale, à droite la méridienne pour une lampe à incandescence avec un simple fil de charbon courbé en arc. LIEBENTHAL a effectué des recherches très précises sur la distribution de la lumière autour d'une lampe à incandescence pour différentes formes des fils de charbon. BLONDEL a indiqué une méthode de détermination directe de l'intensité lumineuse moyenne d'une source rayonnante. DYKE (1905) a déterminé dans les lampes à incandescence le rapport de l'intensité *sphérique* moyenne à l'intensité *horizontale* moyenne et l'a trouvé égal à 0,8 environ.

Si on ne peut négliger les dimensions des sources lumineuses, il faut décomposer leurs surfaces en éléments et considérer chacun de ceux-ci comme une source lumineuse, qui émet de la lumière dans tous les sens. Pour les corps solides et liquides incandescents il faut tenir compte de la loi du rayonnement (page 35), désignée souvent sous le nom de *loi du cosinus*.

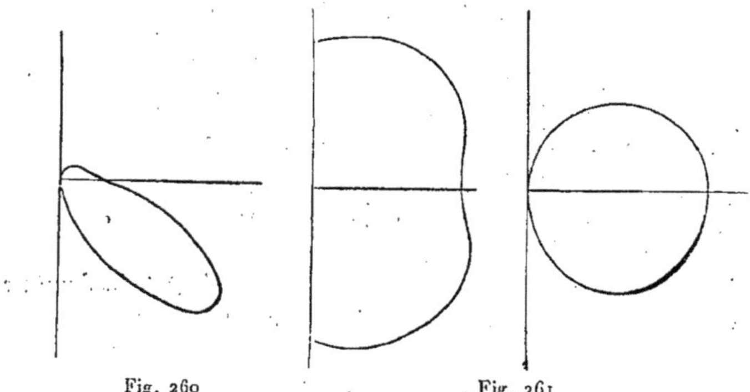

Fig. 260   Fig. 261

Il se présente encore dans la considération de la surface d'une source lumineuse une grandeur caractéristique, savoir l'*éclat de la source* où plus exactement son *éclat superficiel*.

Cette grandeur est déterminée par la quantité de lumière, émise par l'*unité de surface* dans l'unité de temps. Deux sources lumineuses peuvent avoir la même intensité, mais un éclat inégal, si leurs surfaces diffèrent. Il est évident que les diverses parties de la surface d'une source lumineuse donnée peuvent avoir un éclat différent.

Pour ne pas introduire de nouvelle notation, nous désignerons maintenant par $J\,d\sigma$ la quantité de lumière, émise dans l'unité de temps par l'élément $d\sigma$

de la surface rayonnante, dans la direction de la *normale* à cet élément. Calculons la quantité de lumière Q, émise par l'élément $d\sigma$, à l'intérieur de l'angle solide $d\omega$, au sommet du cône, qui a pour axe la normale précédente et dont les génératrices forment l'angle φ avec cet axe.

En introduisant les coordonnées polaires, il vient :

$$Q = \int_{\psi=o}^{2\pi} \int_{\varphi=o}^{\varphi} J \, d\sigma \cos\varphi \sin\varphi \, d\varphi \, d\psi.$$

Cette intégrale est égale à

(7, a)
$$Q = 2\pi J \, d\sigma \sin^2\varphi.$$

Considérons maintenant la surface, sur laquelle tombent les rayons lumineux. *L'éclairement q d'une surface* à un endroit donné est déterminé par la quantité de lumière, qui tombe dans l'unité de temps sur son unité de surface. Soit i l'intensité lumineuse à l'endroit où se trouve la partie éclairée de cette surface, et α l'angle que forme la normale à la surface avec la direction des rayons incidents ; l'éclairement est

(8)
$$q = i \cos\alpha = \frac{J}{r^2} \cos\alpha.$$

La quantité de lumière dq, qui tombe dans l'unité de temps sur l'élément de surface ds, est

(9)
$$dq = i \cos\alpha \, ds.$$

Si la source (de petites dimensions et d'intensité lumineuse J) se trouve à la distance r de ds, on a

(10)
$$dq = \frac{J \cos\alpha \, ds}{r^2}.$$

Soit AB (fig. 262) la surface sur laquelle tombent des rayons de la surface rayonnante CD ; pour déterminer l'éclairement de l'élément ds de la première, supposons la seconde (CD) partagée en éléments $d\sigma$ et admettons à nouveau que $J d\sigma$ soit la quantité de lumière, émise par l'un d'eux dans l'unité de temps suivant la direction normale. La quantité de lumière, venant de l'élément $d\sigma$, qui parvient à ds, est égale à

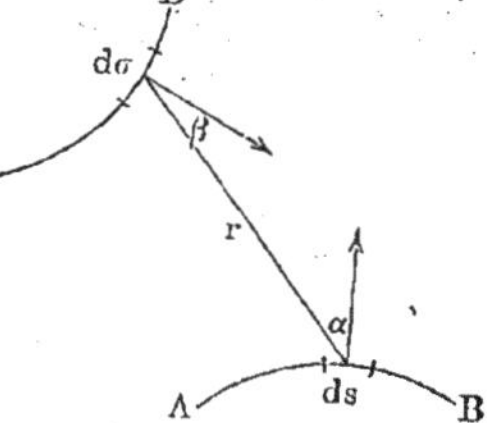

(11)
$$dq = \frac{J \cos\alpha \cos\beta \, d\sigma \, ds}{r^2},$$

où β désigne l'angle entre r et la normale à $d\sigma$.

La quantité de lumière totale dq, qui tombe sur l'élément de surface ds, est

(11, a)
$$dq = ds \int \frac{J \cos\alpha \cos\beta \, d\sigma}{r^2}.$$

L'*éclairement q* de la surface AB autour de *ds* est égal à

$$(12) \qquad q = \int \frac{\text{J} \cos \alpha \cos \beta d\sigma}{r^2}.$$

Enfin on obtient encore pour l'*éclairement moyen q'* de la surface AB par la surface CD l'expression

$$(13) \qquad q' = \frac{1}{s} \int ds \int \frac{\text{J} \cos \alpha \cos \beta d\sigma}{r^2},$$

où *s* est la grandeur de la surface AB.

On trouve des exemples spéciaux, pour le calcul de q ou q', entre autres dans les ouvrages de Lambert, Beer, Günther et Hönl, cités à la fin de ce chapitre. Nous nous bornerons à donner ici le résultat des calculs pour un cas particulier, et nous laisserons au lecteur le soin de vérifier la formule. L'é-clairement moyen q' d'un disque circulaire B (fig. 263) par un autre A qui lui est parallèle, est, dans le cas où leur distance normale CD $= h$,

$$q' = \frac{\text{J}}{4\text{R}^2} (h_1 - h)^2,$$

où R est le rayon du cercle B, r celui de A et où $h_1 = \text{CE} = \sqrt{h^2 + r^2}$.

L'éclairement q d'une surface dépend du flux qui tombe sur elle et de sa position. Il nous reste encore à définir une grandeur, que nous appellerons

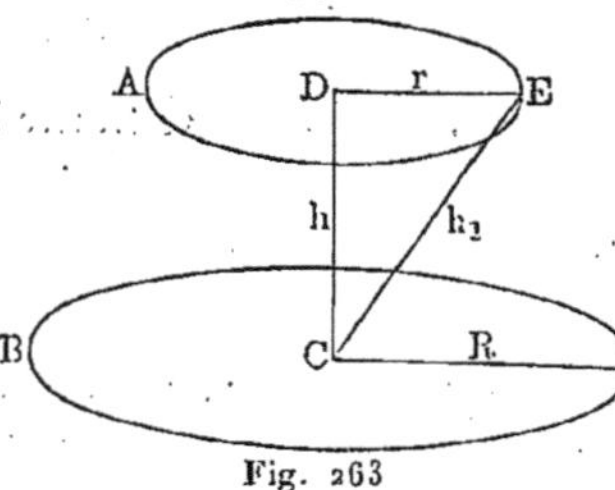

Fig. 263

l'éclat d'une surface éclairée et que nous désignerons par *p*; cette grandeur dépend de l'éclairement de la surface et de ses propriétés particulières. Soit dq la quantité de lumière qui tombe sur l'élément de surface ds, μdq la fraction de cette quantité qui est uniformément diffusée dans toutes les directions, μ étant plus petit que l'unité.

Supposons ds entouré par la surface d'une demi-sphère de rayon 1 et *considérons l'élément éclairé ds comme une source lumineuse d'éclat pds*. Prenons, comme dans l'établissement de la formule $(7,a)$, la normale à ds pour axe des coordonnées polaires φ et ψ; on trouve pour la quantité totale de lumière, qui traverse la surface de la demi-sphère, l'expression suivante

$$\int_{\psi=0}^{2\pi} \int_{\varphi=0}^{\frac{\pi}{2}} pds \cos \varphi \sin \varphi \, d\varphi \, d\psi = \pi pds.$$

Cette quantité doit d'autre part être égale à μdq, d'où on déduit pour *l'éclat de la surface éclairée* :

$$(14) \qquad p = \frac{\mu dq}{\pi ds} = \frac{\mu q}{\pi};$$

dq et q sont déterminés par les formules (9) et (8).

La fraction μ s'appelle l'*albedo* de la surface considérée. Kononowitsch a trouvé pour le carton blanc $\mu = 0,852$.

Ebert a développé des considérations intéressantes en s'appuyant sur la formule (8). Supposons réparties d'une manière quelconque dans l'espace des sources lumineuses d'intensités J_1, J_2, J_3... Imaginons en outre en un point quelconque M de l'espace une petite surface, dont la normale l forme les angles α_1, α_2, α_3,... avec les distances r_1, r_2, r_3,... du point M aux sources lumineuses. L'éclairement q de la surface est alors égal à

$$(14, a) \qquad q = \sum \frac{J}{r^2} \cos \alpha.$$

Cette expression est entièrement analogue à celle que l'on obtiendrait pour la force qui agirait dans la direction l, si on supposait les intensités des sources lumineuses remplacées par des masses attirantes, numériquement égales. Comme cette force est égale à la dérivée prise négativement du potentiel dans la direction l (T. I), q peut être regardé comme la dérivée prise négativement d'une grandeur L, appelée par Ebert le *luminal*.

Elle est égale à

$$(14,b) \qquad L = \sum \frac{J}{r}.$$

On a alors

$$(14,c) \qquad q = - \frac{\partial L}{\partial l}.$$

On obtient le *maximum* q_m de l'éclairement possible au point M, quand l a la direction de la normale n à la *surface de niveau* du luminal. On a donc

$$(14,d) \qquad q_m = - \frac{\partial L}{\partial n},$$

et ce *maximum de l'éclairement a lieu, quand la petite surface est tangente à la surface de niveau du luminal.*

Il se produit dans quelques corps une *diffusion intérieure de la lumière*, par exemple, dans le *verre opale*. Si une lame de verre opale est éclairée d'un côté, son autre face représente une source lumineuse, dont l'intensité est proportionnelle à l'éclairement auquel elle est soumise. Mais la loi du cosinus ne s'applique pas dans ce cas pour l'émission. Un élément de surface ds, qui émet dans la direction de la normale la quantité de lumière $J ds$, devrait d'après la loi du cosinus émettre dans une direction, faisant un angle de 60° avec cette normale, la quantité de lumière $0,5\ J ds$ (car $\cos 60° = 0,5$); mais on ne trouve que $0,435\ J ds$.

A l'intérieur du verre opale l'éclairement se transmet de couche en couche presque uniquement dans la direction normale à la surface de la plaque, indépendamment de l'angle d'incidence des rayons. Si on place plusieurs lames de verre opale l'une sur l'autre de façon à obtenir une plaque ABCD (fig. 264) de 10 millimètres d'épaisseur, et si on dirige sur la surface AB, recouverte de papier noir percé d'un trou circulaire ab, un faisceau de rayons formant un angle $\beta = 78°$ avec la normale, il se forme en mn une tache circulaire, dont le rayon ne diffère pas sensiblement de celui de la découpure ab ; il n'y a que les bords de la tache mn qui ne sont pas nets. Sur la fig. 264, L représente une source lumineuse, H une lentille, FG un tube, SS un écran.

La diffusion intérieure, observée dans les liquides, est due à des poussières qui s'y trouvent. Nous avons indiqué à la page 130 les travaux de Spring,

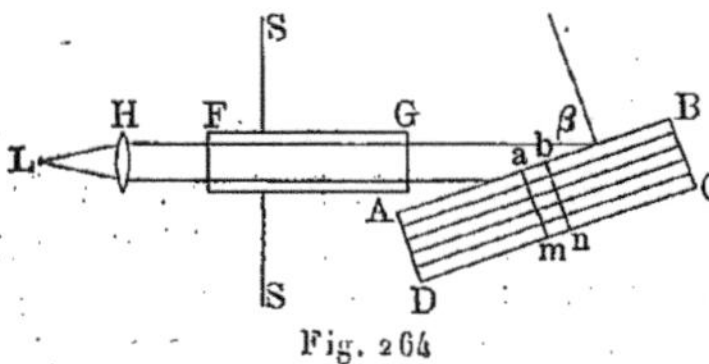

Fig. 264

Battelli et d'autres, qui ont réussi à obtenir de l'eau et d'autres liquides *optiquement purs*.

Les appareils, qui servent à comparer deux sources lumineuses ou deux éclairements s'appellent des *photomètres*.

Nous avons considéré en détail précédemment les grandeurs auxquelles on a affaire, quand il s'agit d'effets *lumineux* d'un flux d'énergie rayonnante.

Il y a cependant des cas où on a à trouver la grandeur de l'effet *chimique* d'un flux d'énergie rayonnante. Il ne peut être alors question de la mesure d'une grandeur physique déterminée quelconque, caractérisant complètement le flux donné. La grandeur de l'effet chimique dépend non seulement de la composition du flux et de l'énergie de ses différentes parties constituantes, mais aussi de la nature de la réaction chimique, qui doit être produite. On obtient par suite pour le rapport des énergies chimiques de deux flux de composition distincte des valeurs tout à fait différentes, si on mesure ces énergies par diverses réactions chimiques. Mais on peut comparer entre eux les effets chimiques de deux flux, si *on part d'une même réaction chimique bien déterminée*, par exemple de la combinaison du chlore avec l'hydrogène (page 422) ou de la décomposition des sels haloïdes d'argent (page 419). Les appareils servant à ces comparaisons s'appelaient autrefois des actinomètres ; mais aujourd'hui cette dénomination est employée universellement pour désigner des appareils remplissant un but tout à fait différent (voir ci-dessous) ; nous appellerons dès lors les appareils servant à la mesure de l'effet chimique des *actinomètres chimiques* ou *dynamiques*.

Nous avons parlé de la comparaison des effets optiques et chimiques de deux flux ; ces effets dépendent de certaines parties de l'énergie E du flux complexe. Il nous reste à parler de la *mesure de l'énergie totale* E d'un flux d'énergie rayonnante. Cette mesure n'est possible que par absorption de l'énergie rayonnante par une surface noircie (recouverte de noir de fumée), ce qui la transforme presque intégralement (la perte probable d'énergie est de 2 %) en énergie calorifique. Cette dernière peut être mesurée de différentes manières, par la méthode thermoélectrique (page 18), la méthode du bolomètre (page 20), les méthodes qui sont fondées sur l'observation de l'élévation de la température, de la fusion de la glace, etc.

La mesure du rayonnement *solaire* présente un intérêt particulier. La science, qui s'occupe de la mesure de l'énergie des rayons solaires, s'appelle l'*actinométrie*, et les appareils qui servent à ces mesures des *actinomètres* (pour la mesure relative) et des *pyrhéliomètres* (pour la mesure absolue).

Les grandeurs, dont on a parlé jusqu'ici dans ce paragraphe, ont pour ainsi dire un caractère *objectif*; elles existent pour ainsi dire en un endroit déterminé de l'espace, indépendamment de l'observateur, qu'il y soit ou non. Il nous reste encore à considérer certaines grandeurs d'un caractère *subjectif*, qui mesurent l'intensité de l'impression subie par l'observateur. Bien que la description anatomique de l'organe de la vue, ne doive être faite qu'au chap. XI, il est utile de dire déjà ici quelques mots de ces grandeurs.

La grandeur de l'impression lumineuse, c'est-à-dire *l'éclat visible, dépend de la quantité de lumière, qui tombe dans l'unité de temps sur l'unité de surface, ou en un point donné de la rétine de l'œil.* Il faut ici distinguer deux cas ;

I. *La source lumineuse se présente comme un point*; tel est le cas, par exemple, des étoiles fixes. L'image sur la rétine est produite par la quantité de lumière qui pénètre dans l'œil à travers la pupille. Il est évident, que *l'éclat visible du point lumineux est inversement proportionnel au carré de sa distance à l'observateur et directement proportionnel à la surface de la pupille.* On suppose ici, que le cercle de diffraction, qui représente l'image de ce point sur la rétine, est si petit, que l'observateur ne voit qu'un *point* sans aucune dimension appréciable.

II. *La source lumineuse est formée par une surface uniformément éclairante.* — Il est facile de s'assurer, que le théorème suivant, très important, s'applique à ce cas : *l'éclat visible d'une surface lumineuse ne dépend pas de sa distance à l'œil de l'observateur.* En effet, soit σ (Fig. 265) une très petite partie de la rétine, AB un plan lumineux, R sa distance à l'œil, C le centre optique de l'œil, (voir plus bas). Il se forme sur σ l'image de la partie S du plan AB; l'éclat de cette image dépend de la quantité de lumière q émise

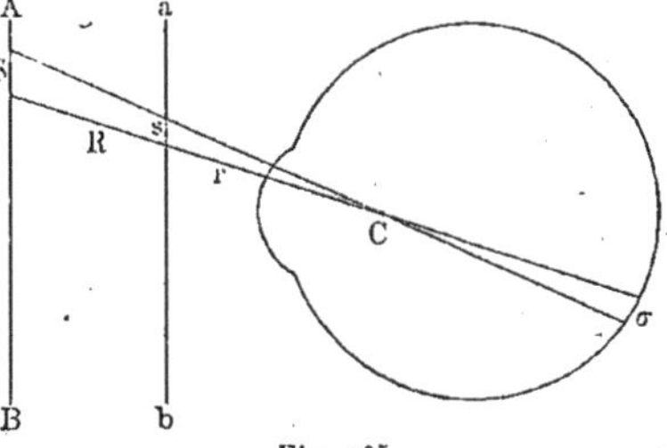

Fig. 265

par S, qui traverse la pupille et se réunit sur la surface σ. Mais cette quantité de lumière est égale à

$$q = C\,\frac{S \cos \varphi}{R^2},$$

où C est un facteur de proportionnalité, φ l'angle compris entre la normale à S et les rayons. Si on amène AB en *ab* à la distance *r* de l'œil, la quantité de lumière q' qui se réunit sur σ est alors égale à

$$q' = C\,\frac{s \cos \varphi}{r^2}.$$

Mais comme $S : s = R^2 : r^2$, on a évidemment $q = q'$, ce qui signifie que l'éclat visible d'une surface ne dépend pas de la distance de cette dernière à l'œil.

On peut encore arriver d'une autre manière au résultat précédent : si la distance de la partie S d'une surface lumineuse devient K fois plus petite, la quantité de rayons qui forment l'image dans l'œil devient K^2 fois plus grande; mais la grandeur de l'image augmente dans la même proportion, de sorte que l'éclat visible ne change pas.

2. Unités de lumière. Equivalent mécanique de la lumière. — On doit prendre pour unité d'intensité lumineuse l'intensité lumineuse à l'unité de distance d'une source lumineuse déterminée. Une telle source doit être constante, c'est-à-dire que son intensité lumineuse ne doit pas varier pendant l'intervalle de temps nécessaire pour effectuer les mesures. Il faut en outre que les appareils, servant de sources lumineuses et construits à différents moments et en des lieux différents, donnent réellement la même intensité lumineuse. Les sources lumineuses les plus employées sont les suivantes :

I. — La *bougie anglaise* de spermaceti (candle) : brûle 7^{gr},77 à l'heure ; épaisseur 2 centimètres ; hauteur moyenne de la flamme 45 millimètres.

II. — La *bougie allemande* V.-K (Vereinskerze), en paraffine ; point de fusion 55°, dimensions bien déterminées, hauteur de la flamme 50 millimètres.

On emploie aujourd'hui plus rarement la bougie de Munich en stéarine.

III. — L'*ancienne bougie française* (de l'Etoile), égale à $\frac{1}{7}$ de Carcel (voir ci-dessous) ; les nouvelles bougies (6 dans 500 grammes) environ $\frac{1}{8}$ de Carcel.

Ces trois unités tendent à être remplacées par les suivantes :

IV. — La *lampe carcel* dont toutes les parties ont été déterminées avec soin dans leurs dimensions par Dumas et Regnault ; elle doit brûler à l'heure 42 grammes d'huile de colza épurée.

V. — La *lampe de* Hefner-Alteneck, de construction très simple, à mèche pleine, dans laquelle on brûle de l'acétate d'amyle. La flamme libre (sans verre) a une hauteur de 40 millimètres et une largeur de 8 millimètres. Cette unité est maintenant *universellement employée* et nous y reviendrons plus loin.

VI. — La lampe de Vernon-Harcourt au pentane, qui se fait suivant deux modèles, l'un de 1 bougie, l'autre de 10 bougies. Dans ce dernier, alimenté par un courant d'air chargé de vapeur de pentane, la hauteur de la partie visible de la flamme est de 47 millimètres.

A une évidente commodité d'emploi, les lampes joignent les défauts inhérents aux flammes, essentiellement variables avec les circonstances. Pour éviter la variabilité, il faut s'adresser à un phénomène physique défini.

VII. L'*Unité de* Violle. — Le Congrès international des électriciens à Paris en 1884 a adopté, sur la proposition de Violle, comme unité d'intensité lumineuse d'une lumière de longueur d'onde quelconque, en même temps que de la lumière blanche, l'*intensité lumineuse* de nature correspondante (lumière simple ou blanche), *dans une direction normale, d'un centimètre carré de la surface d'un bain de platine à sa température de fusion* (1700° environ). Le Congrès des Electriciens de 1889 a adopté, comme *unité pratique* la *bougie décimale* qui vaut exactement $\frac{1}{20}$ de l'étalon Violle.

La réalisation pratique de l'étalon Violle demande grand soin.

Pétavel, qui a fait de cet étalon une étude approfondie, a construit un appareil, qui permet à un seul expérimentateur de conduire toute l'opération. Il a vérifié que l'étalon Violle est très constant et constitue, par conséquent, un étalon prototype précieux pour l'étalonnage des unités nouvelles.

Il importe de connaître le rapport des différentes unités d'intensité lumineuse. On peut approximativement considérer comme égales entre elles la bougie de l'Etoile et la V. K., de même la bougie anglaise et la lampe d'Hefner-Alteneck, de même aussi la Carcel et la lampe Vernon-Harcourt de 10 bougies.

Le tableau suivant donne le rapport approximatif des unités de lumière précédentes :

	Lampe Carcel	Bougie de l'Etoile V. K.	Lampe Hefner-Alteneck	Bougie décimale	Etalon Violle
Etalon Violle	2,08	16,6	22,8	20	1
Lampe Carcel ou V. Harcourt	1	8,0	10,9	9,6	0,48
Lampe Hefner-Alteneck.	0,092	0,84	1	0,885	0,044

Les données pour la lampe d'Hefner sont dues aux mesures soignées de Lummer et Brodhun (1898) et de Laporte (1898).

La lampe d'Hefner, très employée en Allemagne, est sûre et commode, bien que d'une teinte légèrement rougeâtre et de flamme un peu molle. Elle est représentée en coupe par la figure 266. L'acétate d'amyle se trouve dans le vase *a a* ; la mèche peut être élevée ou abaissée à la manière ordinaire dans le tube *g*. Sur la colonnette *b* se trouve un anneau *c c*, qui enserre le tube *d d p* ; *l* est une lentille qui projette une image de la pointe de la flamme sur un disque de verre mat gradué ; celui-ci est figuré séparément à gauche. En déplaçant le tube *d d p*, on obtient une image nette de la

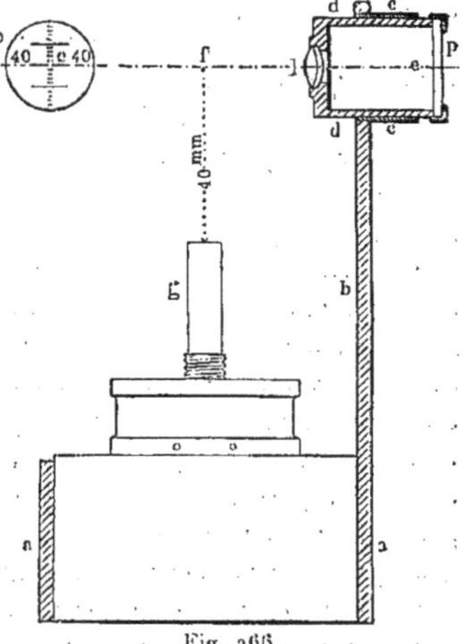

Fig. 266.

flamme et en changeant la hauteur de la mèche, on arrive à donner à la flamme la hauteur voulue de 40 millimètres.

La lampe d'HEFNER a été très soigneusement étudiée, entre autres, dans le *Physikalisch-Technische Reichanstalt* (1890, 1893, 1895). LIEBENTHAL a recherché l'influence exercée sur l'intensité lumineuse de cette lampe par l'humidité de l'air, sa pression, et sa teneur en acide carbonique. Il a trouvé, que la pression atmosphérique agit peu : c'est ainsi qu'une variation de 40 millimètres de cette dernière n'entraîne qu'une variation de 0,4 % dans l'intensité lumineuse. L'humidité était mesurée par le *volume v* exprimé en litres, qu'aurait occupé la vapeur passant sur un mètre cube d'air sec, si elle s'était trouvée à l'état saturé à la température et sous la pression atmosphérique données. On constata, que l'intensité lumineuse diminuait de 0,55 %, quand ce volume de vapeur augmentait de un litre. La grandeur v se calcule par la formule

$$v = 1000 \frac{e}{b - e - e_1},$$

dans laquelle e désigne la tension de la vapeur déterminée au moyen du psychromètre (voir T. III), e_1 la tension de l'acide carbonique, qui d'ailleurs peut être négligée, et b la constante correspondante dans la formule psychrométrique de SPRUNG

$$e = e' - \frac{1}{2}(t - t') \frac{1}{755};$$

dans cette dernière formule e' représente la tension de la vapeur saturée à la température t' du thermomètre humide.

On prend comme unité l'intensité lumineuse de la lampe d'HEFNER dans le cas où $v = 8,6$ litres.

On a trouvé, que l'intensité lumineuse diminue de 0,72 %, quand le volume de CO^2 dans un mètre cube d'air sec augmente de un litre.

HEFNER-ALTENECK a publié en 1902 les résultats de nouvelles études sur son unité de lumière. Le liquide le plus approprié serait l'acétate d'isobutyle.

La lampe VERNON-HARCOURT de 10 bougies est particulièrement répandue en Angleterre.

A la partie supérieure d'un pilier creux est un réservoir, dans lequel l'air se sature de vapeur au contact du pentane qu'on y a préalablement introduit et d'où le mélange air-vapeur, siphonné au-dessus du liquide, descend par son poids à un brûleur d'ARGAND en stéarite, où il se consume en donnant une flamme de forme bien définie. Une longue cheminée en laiton, placée à une certaine distance au-dessus du brûleur, masque le haut de la flamme ; une petite fenêtre en mica permet toutefois de voir le sommet de la flamme, pour en régler la hauteur. Autour de la cheminée est un large tube ouvert par en bas à l'air extérieur, qui s'échauffe en montant, redescend dans le pilier et vient alimenter l'intérieur de la flamme, selon une véritable récupération. A l'extérieur, l'air arrive par un deuxième manchon placé à la base du bec. La flamme est d'ailleurs entourée d'un écran conique percé d'une ouverture permettant d'en bien voir toute la portion libre sous la cheminée. Il n'y a point de verre, ni aucun mécanisme extérieur pour amener la vapeur de pentane au brûleur. La flamme est blanche et bien tendue.

Cette lampe a été étudiée par LIEBENTHAL (1895) et par PATERSON (1904). L'influence de l'humidité est sensiblement la même que pour la lampe HEFNER ; la pression agit davantage.

SIEMENS avait tenté de remplacer le platine au moment de sa solidification par du platine entrant en fusion. La lampe très ingénieuse qu'il avait construite dans ce but n'a pas donné les résultats qu'il espérait.

LUMMER et KURLBAUM (1894) ont cherché à introduire une unité précise d'intensité lumineuse. C'est la quantité de lumière émise normalement par un centimètre carré d'une surface de platine à la température pour laquelle les indications du bolomètre, recevant les rayons en premier lieu directement et en second lieu après leur passage à travers une couche d'eau de 2 centimètres, placée entre deux plaques de quartz de 1 millimètre d'épaisseur, sont entre elles comme 10 et 1.

Dans ces dernières années, on a encore proposé divers étalons à flamme, particulièrement à flamme d'acétylène.

VIOLLE (1896) brûle l'acétylène sous une pression de 30 centimètres d'eau dans un bec qui l'étale en une large flamme dont l'intensité dépasse 100 bougies, pour un débit de 58 litres par heure, et dont l'éclat est sensiblement uniforme sur une grande surface. L'acétylène arrive par un orifice conique, entraîne avec lui l'air nécessaire et va brûler dans un bec papillon. La flamme est enfermée dans une boîte métallique formant cheminée et percée de deux trous en regard, dont l'un porte un diaphragme iris et l'autre peut recevoir des ouvertures calibrées à l'avance.

FÉRY a proposé (1898) d'utiliser une flamme d'acétylène, s'écoulant par un tuyau de 0,5 millimètre de diamètre. Pour une hauteur de flamme comprise entre 10 et 25 millimètres, l'intensité lumineuse est proportionnelle à cette hauteur. De nouvelles études l'ont conduit plus tard (1904) à la construction suivante de la lampe à acétylène. La hauteur de la flamme peut osciller entre 32^{mm} et 28^{mm} ; l'image de la flamme est projetée par une lentille sur un écran vertical, dans lequel se trouve une ouverture rectangulaire que la lumière traverse à l'endroit *le plus clair* ; la flamme consomme en une seconde 7 litres d'acétylène. L'intensité est égale à 0,25 Carcel.

BLONDEL a publié un aperçu très intéressant sur les unités de lumière. En outre CLAYTON, SHARP et TURNBULL ont effectué une comparaison soignée de quelques unités d'intensité lumineuse en se servant du bolomètre ; ils ont trouvé :

$$\frac{\text{Bougie allemande}}{\text{Bougie anglaise}} = 1,2275, \qquad \frac{\text{Unité d'HEFNER}}{\text{Bougie anglaise}} = 0,9415.$$

Des expériences ont été faites récemment (1905) au Laboratoire d'essais du Conservatoire national des Arts et Métiers par PEROT et LANGLET, et au Laboratoire central d'Électricité par LAPORTE et JOUAUST, en vue de fixer les valeurs comparatives des trois étalons à flamme : CARCEL, HEFNER et V. HARCOURT.

Les deux premiers expérimentateurs ont déterminé directement les rapports des sources entre elles, de manière à mettre en évidence le phénomène de Purkinge s'il existait. Les derniers ont fait des mesures indirectes par comparaison avec une lampe électrique et des mesures directes par comparaison des sources deux à deux.

Les résultats obtenus, dans des conditions atmosphériques très différentes au point de vue de l'état hygrométrique, semblent montrer qu'il y a lieu d'appliquer à la lampe Carcel un coefficient de variation pour 100 égal à $0,006 \times n$, n étant le nombre de litres de vapeur d'eau par mètre cube d'air sec. Ce coefficient est intermédiaire entre celui de la lampe Hefner et celui de l'étalon Vernon-Harcourt.

Si l'on fait cette correction en ramenant la Carcel au taux de 10 litres de vapeur d'eau, l'Hefner à 8l,8 et la Vernon-Harcourt à 10 litres, on a le tableau suivant :

	Valeurs des étalons		
	Carcel	Hefner	Vernon-Harcourt
En Carcel	1	0,0930	1,004
En Hefner	10,75	1	10,74
En Vernon-Harcourt. . . .	0,996	0,0931	1

Occupons-nous maintenant de la question de savoir, comment *l'énergie rayonnante visible se mesure en unités d'énergie ordinaires, c'est-à-dire en calories ou en ergs*. On a coutume d'appeler *équivalent mécanique de la lumière* le nombre des unités précédentes d'énergie, équivalentes à l'énergie rayonnante visible, émise pendant l'unité de temps dans un angle solide égal à l'unité, par une source ayant l'unité d'intensité lumineuse. Pour déterminer cette grandeur, que nous désignerons par e, il faut connaître la quantité totale d'énergie E, émise par la source, ainsi que le rapport c de l'énergie visible e à l'énergie totale E, c'est-à-dire le rapport

$$(15) \qquad c = \frac{e}{E}.$$

La première tentative dans cette voie a été faite par J. Thomsen (1865). Les premières mesures précises sont dues à Tumlirz. Il mesurait E à l'aide d'un thermomètre à air particulier, et le rapport c au moyen d'une pile thermoélectrique, sur laquelle les rayons tombaient d'abord directement et ensuite après avoir traversé une colonne d'eau.

Tumlirz a trouvé, pour la *lampe à acétate d'amyle*, $E = 0,1483$ calor.gr. et $c = \frac{1}{41,1}$; l'énergie visible représente donc $\frac{1}{41,1}$ de l'énergie totale émise.

Connaissant E et c, on obtient

$$(16) \qquad e = 0,00361 \text{ calor. gr.} = 151500 \text{ ergs.}$$

Tumlirz déduit de ce nombre, que le soleil émet

$$102 . 10^{25} \text{ H.-A.}$$

unités de lumière, H.-A. (HEFNER-ALTENECK) désignant l'unité d'intensité lumineuse de l'acétate d'amyle.

En même temps que Tumlirz, E. Wiedemann détermina aussi l'énergie émise par certains corps lumineux. Il trouva, entre autres, que 1 gramme de sodium, dans la flamme d'un bec Bunsen, émet *dans chaque seconde* une quantité de lumière jaune, équivalente à 3210 calor. gr.

K. Ångström (1902) a effectué une nouvelle détermination de l'unité H.-A. ; ses nombres diffèrent notablement de ceux de Tumlirz. Il mesura la grandeur E, au moyen de son pyrhéliomètre de compensation, qui sera décrit plus loin. Il trouva $E = 0{,}215$ calor. gr. à la seconde par unité d'angle solide, ou, ce qui est la même chose, par centimètre carré à la distance de 1 centimètre. Pour déterminer le rapport c, Ångström emploie deux lampes, décompose la lumière de l'une d'elles en un spectre, arrête les rayons invisibles en intercalant des écrans et rassemble les rayons visibles au moyen d'une lentille sur la surface d'un photomètre. La deuxième lampe est placée de telle façon, qu'elle éclaire le photomètre autant que la première. Le photomètre est ensuite remplacé par un bolomètre et on détermine ainsi le rapport des énergies des deux flux d'énergie rayonnante. Ce rapport, évidemment égal à c, était

$$c = 0{,}009.$$

L'énergie visible de la lampe d'Hefner s'élève donc à moins de 1 % de l'énergie totale qu'elle émet. *On obtient comme équivalent mécanique c de l'énergie rayonnante visible de la lampe d'Hefner :*

$$(17) \qquad c = 0{,}215 . \ 0{,}009 = 0{,}00194 \text{ calor. gr.} = 81000 \text{ ergs.}$$

A une distance de un mètre de la lampe parviennent $8{,}1$ ergs, dans chaque seconde sur 1^{cmq}. Ångström trouva pour la flamme d'acétylène :

$$c = 0{,}05.$$

Tumlirz, Ångström et Hertzprung ont publié en 1904 de nouvelles recherches sur cette lampe.

3. Photomètres de Bouguer, Foucault, Rumford, Ritchie et Joly.

— Les photomètres servent à déterminer le rapport des intensités lumineuses J_1 et J_2 de deux sources lumineuses, dont l'une peut représenter l'unité choisie d'intensité lumineuse.

La figure 267 représente un photomètre, dont le principe avait été posé par

Bouguer, et dont Foucault modifia la forme. Une des parois MN de la caisse MB présente une ouverture circulaire ab, fermée par une lame de verre mat ; la caisse elle-même est divisée en deux parties par une cloison, mobile au moyen du bouton P. La paroi opposée AB peut s'ouvrir comme une porte. Les deux sources à comparer J_1 et J_2 sont placées de chaque côté de la cloison supposée prolongée, de façon que chaque moitié du disque de verre ab soit éclairée par une source. En déplaçant la cloison, on peut

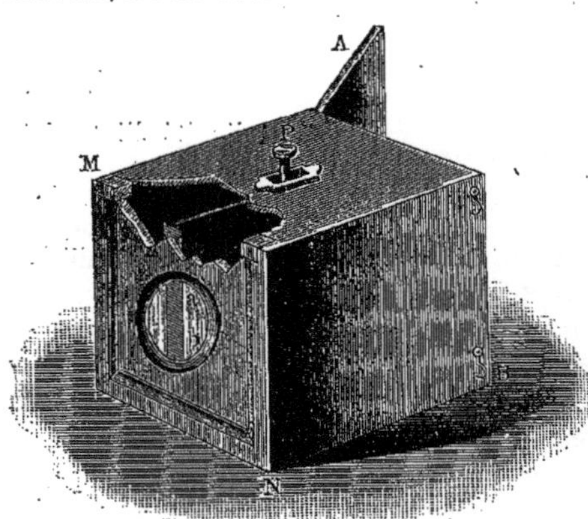

Fig. 267

rapprocher les moitiés éclairées de ab. Les sources sont placées à des distances d_1 et d_2 du disque ab telles que les deux moitiés de ce dernier paraissent également éclairées. On a alors

$$(18) \qquad \frac{J_1}{d_1^2} = \frac{J_2}{d_2^2},$$

ou

$$(19) \qquad \frac{J_1}{J_2} = \frac{d_1^2}{d_2^2}.$$

Les intensités lumineuses de deux sources sont directement proportionnelles aux carrés de leurs distances à une surface également éclairée par elles.

Il est commode, comme l'a fait Violle, de munir la boîte d'un cône oculaire devant l'écran de Foucault et de fixer la boîte elle-même à un chariot mobile sur un système de rails, de façon à pouvoir la déplacer entre les deux sources à comparer, qui restent fixes. Une ouverture pratiquée sur chacune des faces latérales de la boîte laisse pénétrer la lumière venant de la source placée de ce côté et un miroir à 45° la renvoie sur la moitié correspondante de l'écran.

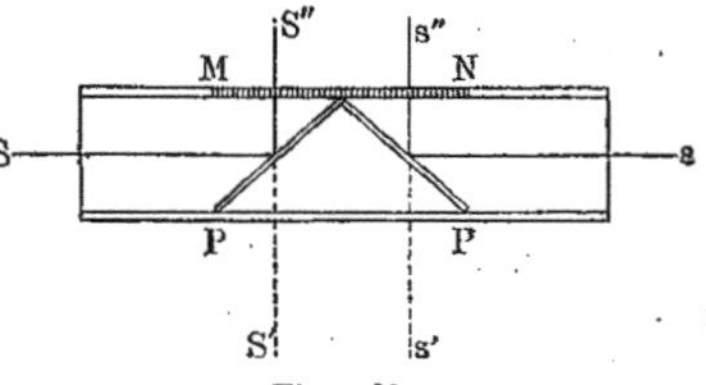

Fig. 268

Le photomètre de Rumford est décrit dans les traités de physique élémentaire : il se compose d'un écran de verre dépoli, devant lequel est fixée une tige opaque verticale. Les sources lumineuses sont placées à des distances d_1 et d_2 de l'écran, telles que les ombres projetées par la tige sur celui-ci paraissent également épaisses. La formule (19) s'applique encore à cet appareil.

Le photomètre de Ritchie est représenté schématiquement par la fig. 268.

Les rayons S et *s* de deux sources lumineuses parviennent aux miroirs P et P et sont réfléchis vers les deux moitiés d'une lame de verre mat MN, que l'on regarde par en haut ; la formule (19) s'applique aussi à ce cas.

La fig. 269 représente le photomètre de JOLY (photomètre à diffusion). Sur la tablette H sont placés deux morceaux de paraffine, bien accolés l'un contre l'autre. Dans la plaque B est pratiquée une entaille, par laquelle l'observateur voit la ligne de séparation des deux morceaux de paraffine. Le cadre M sert à installer des verres colorés. Les sources à comparer sont placées des deux côtés de l'appareil à des distances telles que la ligne de séparation mentionnée disparaisse ; la formule (19) reste toujours applicable. On remplace parfois les morceaux de paraffine par des plaques épaisses de verre opale, entre lesquelles est interposée une mince couche d'étain.

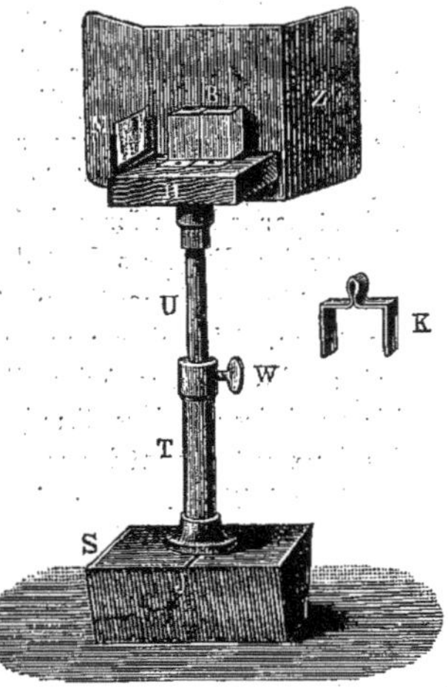

Fig. 269

4. Photomètre de Bunsen. Photomètre de N. A. Héséhous. — La partie essentielle du photomètre de BUNSEN consiste en une feuille verticale de papier blanc, sur laquelle on a fait une tache grasse de paraffine, de spermaceti ou d'huile. Quand on éclaire cette feuille inégalement des deux côtés, la tache paraît plus ou moins brillante, selon le côté d'où on la regarde. Quand l'éclairement est le même des deux côtés, la tache présente la même clarté quel que soit le côté d'où on la regarde. En déplaçant une des sources, on peut toujours arriver à ce que la tache soit *d'un* côté déterminé aussi brillante que le fond qui l'entoure et ne se distingue plus alors de celui-ci. Mais de l'autre côté la tache reste toujours visible, c'est-à-dire qu'*elle*

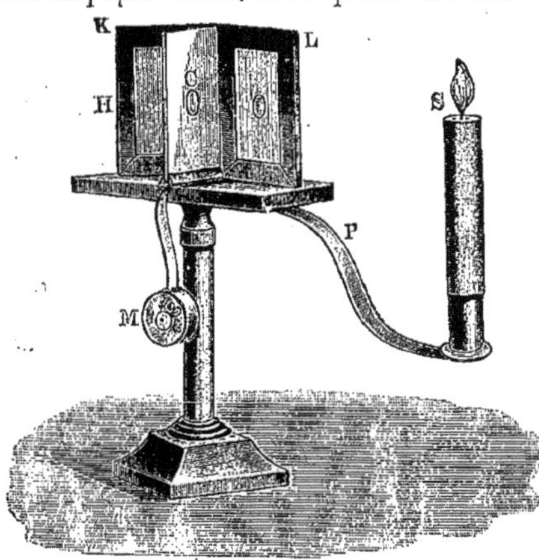

Fig. 270

ne peut disparaître simultanément des deux côtés. Pour pouvoir observer commodément la tache des deux côtés simultanément, on place la feuille de papier entre deux miroirs, faisant entre eux un angle obtus, comme le montre la fig. 270, où K et L sont les deux miroirs, C la tache grasse.

Il existe plusieurs méthodes pour comparer à l'aide du photomètre de BUNSEN les intensités lumineuses J_1 et J_2 de deux sources.

Première méthode. — D'un côté la tache est éclairée par une source lumineuse fixe, par exemple par une bougie S : de l'autre côté on place successivement les sources J_1 et J_2 à des distances d_1 et d_2 telles que la tache disparaisse chaque fois du même côté, par exemple du côté de H. Il est évident, que les deux sources ont produit le même éclairement du papier et de la tache de ce côté, et par suite la formule (19) est applicable à ce cas. Le ruban M sert à mesurer les distances d_1 et d_2.

On monte actuellement le photomètre de BUNSEN sur ce qu'on appelle le banc optique. Celui-ci se compose de deux règles horizontales, dont l'une est graduée ; le long de ces règles glissent trois tablettes, portant des indices et parfois aussi des verniers. Sur la tablette médiane est placé le photomètre, et sur les deux autres sont les sources lumineuses.

Deuxième Méthode. — On place les sources à comparer des deux côtés de la feuille de papier à des distances d_1 et d_2 telles que la tache paraisse *également brillante* des deux côtés. Il est évident que la formule (19) s'applique ici, c'est-à-dire que l'on a $J_1 : J_2 = d_1^2 : d_2^2$. Si l'une des sources est l'unité d'intensité choisie, on obtient directement l'intensité lumineuse de l'autre exprimée avec cette unité.

Troisième Méthode. — On place les sources J_1 et J_2 à gauche et à droite du photomètre, d'abord à des distances d_1 et d_2 telles que la tache disparaisse du côté gauche, c'est-à-dire, par exemple, du côté de la source J_1, ensuite à des distances δ_1 et δ_2, pour lesquelles la tache disparaît du côté de J_2.

Quand on considère l'écran d'un côté, il parvient à l'œil des rayons réfléchis par la tache aussi bien que par l'écran et issus de la source J_1, qui se trouve devant l'écran, et en même temps des rayons de l'autre source J_2 qui ont traversé l'écran ou la tache. La disparition de la tache se produit, quand, pour l'écran et pour la tache, les sommes des quantités de lumière réfléchie et transmise sont égales entre elles. Introduisons les notations suivantes :

coefficient de réflexion du papier r | coefficient de réflexion de la tache ρ
coefficient de transparence du papier s | coefficient de transparence de la tache σ.

Première position : les distances sont d_1 et d_2 ; la tache disparaît du côté de J_1 ; la condition de sa disparition est

$$\underbrace{\underbrace{\frac{J_1}{d_1^2}r}_{\text{réfléchi}} + \underbrace{\frac{J_2}{d_2^2}s}_{\text{transmis}}}_{\text{par l'écran}} = \underbrace{\underbrace{\frac{J_1}{d_1^2}\rho}_{\text{réfléchi}} + \underbrace{\frac{J_2}{d_2^2}\sigma}_{\text{transmis}}}_{\text{par la tache}}.$$

Deuxième position : les distances sont δ_1 et δ_2 ; la tache disparaît du côté de J_2 ; on obtient comme précédemment la condition

$$\frac{J_1}{\delta_1^2}s + \frac{J_2}{\delta_2^2}r = \frac{J_1}{\delta_1^2}\sigma + \frac{J_2}{\delta_2^2}\rho.$$

Ces égalités donnent

$$\frac{J_1}{d_1^2}(r - \rho) = \frac{J_2}{d_2^2}(\sigma - s)$$

$$\frac{J_1}{\bar{c}_1^2}(\sigma - s) = \frac{J_2}{\delta_2^2}(r - \rho).$$

En multipliant les deux dernières égalités l'une par l'autre, divisant des deux côtés par $(r - \rho)(\sigma - s)$ et prenant la racine carrée, il vient

$$(20) \qquad\qquad \frac{J_1}{J_2} = \frac{d_1 \delta_1}{d_2 \delta_2}.$$

Les intensités lumineuses des deux sources sont entre elles, comme les produits de leurs distances à l'écran dans les deux positions indiquées.

N. A. Héséhous a introduit dans la construction du photomètre de Bunsen un perfectionnement essentiel, qui permet de comparer entre elles les intensités de deux sources, dont la coloration n'est pas tout à fait la même.

A cet effet l'écran de papier est placé verticalement, mais *dans une position inclinée* par rapport à la droite qui joint les deux sources lumineuses, et il présente trois taches sur une droite horizontale. La figure 271 représente en MN l'écran vu d'en haut ; a, b et c sont les trois taches, parmi lesquelles b est plus près de J_1 et c plus près de J_2 que la tache médiane a.

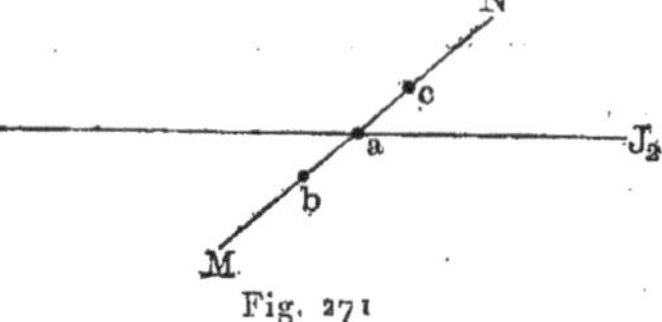

Fig. 271

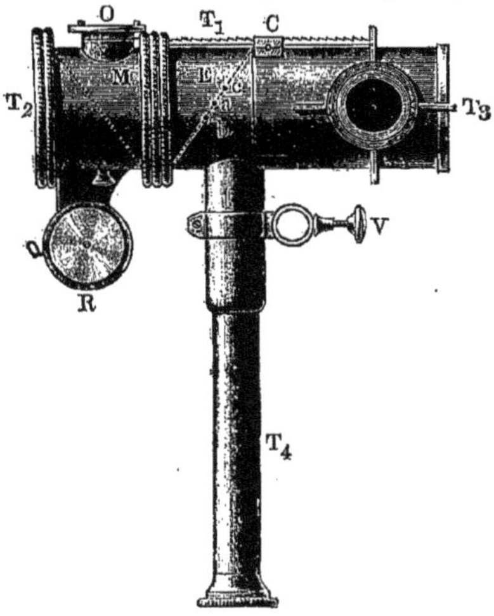

La position à donner aux sources est déterminée par la condition qu'une tache paraisse plus brillante et l'autre plus sombre que le fond qui les entoure, tandis que la tache a disparaît, lorsque les sources ont exactement la même couleur, et prend une certaine teinte moyenne, quand elles n'ont pas la même coloration. Cette position peut être déterminée beaucoup plus exactement qu'avec une seule tache. La figure 272 donne la vue extérieure de l'appareil, vu d'en haut ; il se compose de quatre tubes : T_1 renferme l'écran de papier E avec les trois taches a, b et c ; le tube T_2 peut être fermé en O

Fig. 272

par un verre coloré, il renferme un miroir incliné M, qui renvoie la lumière de l'une des sources sur l'écran. Ce tube est mobile autour de son axe, de sorte que l'ouverture O peut être tournée dans une direction quelconque, ce qui est utile dans la mesure du degré d'éclairement. R est une roulette avec un ruban gradué pour la mesure des distances. Le tube T_3 est destiné à recevoir une petite lampe qui fournit à l'écran un éclairage constant, tandis que les sources à comparer J_1 et J_2 sont placées successivement devant l'ouverture O. A l'intérieur de T_3 se trouve une fente, par laquelle la lumière de la petite lampe parvient à l'écran. On peut faire varier la distance de cette lampe à l'écran, ainsi que la longueur de la fente, et par suite la grandeur de la partie de la flamme, qui éclaire l'écran. Ce dispositif permet de comparer entre elles aussi bien de faibles lumières, que des sources très intenses. Le tube T_4 sert pour observer l'écran, et l'anneau et la vis de pression V servent à fixer l'appareil à l'un des supports du laboratoire. N.-A. Hésénous a simplifié considérablement son appareil en 1897 et l'a disposé pour pouvoir mesurer le degré d'éclairement de la lumière du jour. Krüss et D. Latschinoff ont également apporté des perfectionnements essentiels au photomètre de Bunsen.

5. Photomètre de Lummer et Brodhun. — Lummer et Brodhun ont construit toute une série de photomètres, dans lesquels la tache grasse du

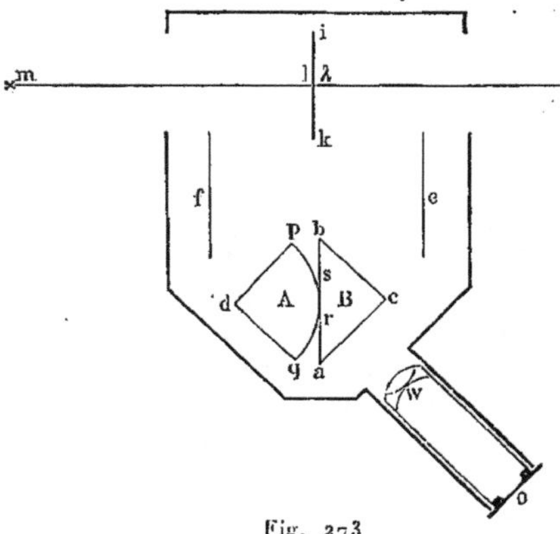

Fig. 273

photomètre de Bunsen est remplacée par la surface de contact de deux plaques de verre accolées l'une à l'autre. Des cinq méthodes suivant lesquelles ils ont appliqué leur principe fondamental, nous allons en considérer une brièvement, en nous servant de la figure schématique 273. Deux prismes de verre rectangulaires A et B, dont l'un A a sa face hypoténuse courbe avec une partie plane rs bien polie, sont accolés l'un à l'autre de façon qu'il ne reste pas d'air entre eux en rs. La plaque opaque ik, colorée en blanc des deux côtés l et λ (une plaque de gypse ou deux feuilles de papier, entre lesquelles se trouve une feuille métallique), est éclairée par les sources lumineuses m et n; les miroirs f et e réfléchissent la lumière diffusée par les surfaces l et λ dans une direction normale aux faces de l'angle droit dp et bc. L'œil de l'observateur placé en o aperçoit, à travers la loupe w dirigée sur la surface ba, de la lumière sur toute cette surface, à l'exception de la partie rs; cette lumière est réfléchie par le miroir e et subit en ba la réflexion totale. Sur ce fond, dont l'éclat dépend du degré d'éclairement de la face λ par la source n, on voit en rs la lumière qui, réfléchie par f, a traversé rs, et qui forme comme une tache, dont la clarté dépend par suite du degré d'éclairement de la face l par la source m. Il faut placer les sources lumineuses à des distances de *ik* telles, que la tache disparaisse en *rs*; les faces *l* et λ sont alors également éclairées par les sources m et *n*.

La figure 274 montre la construction intérieure du photomètre de LUMMER-BRODHUN que nous venons de décrire. Dans les faces latérales d'une boîte

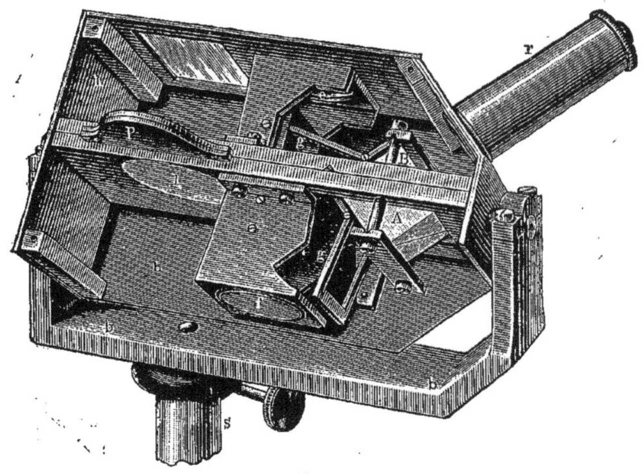

Fig. 274

allongée sont pratiquées deux ouvertures carrées, dont une seule, celle de l'arrière, est visible sur la figure, la paroi avant étant enlevée. La plaque blanche *l* (*ik* sur la figure 273) est placée dans un cadre P et ses deux faces sont éclairées par les sources à comparer dont la lumière traverse les ouvertures mentionnées. De même que sur la figure 273 les deux miroirs sont encore désignés ici par *f* et *e*, et les deux prismes par A et B; le microscope *r* sert à l'observation de la plaque blanche.

LUMMER et BRODHUN ont, dans la suite (1892), considérablement perfectionné leur photomètre, en appliquant ce qu'on appelle le *principe du contraste*. La mise au point n'a pas pour but ici de faire disparaître une différence entre une partie du champ visuel et le reste qui l'entoure, mais d'arriver à ce que deux parties du champ visuel se détachent également des deux autres parties qui leur servent de fond. Le champ visuel se compose donc

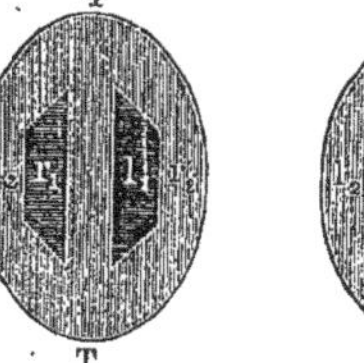

Fig. 275   Fig. 276

ici de quatre parties; la figure 275 représente un des cas, où la mise au point n'est pas encore achevée. Lorsqu'elle l'est parfaitement, on aperçoit l'image représentée par la figure 276. Nous n'aborderons pas ici la question de la mise au point des prismes, qui donnent ce champ lumineux.

KNOTT a fait remarquer, que W. SWAN avait déjà construit en 1859 un photomètre, qui se rapprochait beaucoup par son idée fondamentale de la forme primitive du photomètre de Lummer-Brodhun.

6. Photomètres de Pétrouschewsky, Weber, Rood, etc. — Le photomètre de Pétrouschewsky sert à comparer le degré d'éclairement de surfaces, placées dans des positions différentes, par exemple, de tables (d'école) horizontales ou inclinées dans un local donné. La figure 277 montre la construction de ce photomètre précieux pour l'hygiène des écoles. Il se compose d'une lanterne B (*fig.* 277, 1) renfermant une lampe à pétrole CD. Sur la face tournée vers N se trouve devant la flamme un écran en fer avec une ouverture en forme de lunule, de sorte qu'il ne parvient en N que des rayons d'une certaine partie de la flamme ; l'intensité de ces rayons varie peu quand l'intensité lumineuse de toute la lampe change. La lumière de la lampe traverse deux lames de verre mat et tombe sur un morceau de carton blanc, placé dans les rainures du cadre incliné G à l'intérieur du cube M. Le tube R servant à l'observation, peut tourner en même temps que M et N autour de l'axe de N. Entre la lampe et le tube N se trouve une partie de

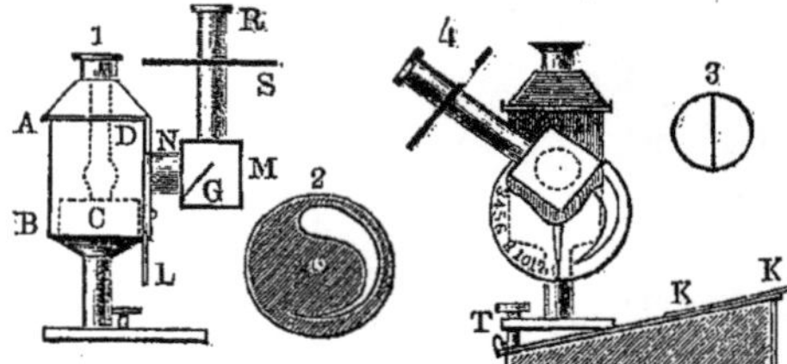

Fig. 277

la plaque circulaire L, qui présente une fente se rétrécissant peu à peu (*fig.* 277, 2). En faisant tourner L, on fait varier le degré d'éclairement du carton G. Pour déterminer le degré d'éclairement d'une surface donnée, on place le photomètre, comme il est représenté sur la figure 277, 4, après avoir posé au préalable sur cette surface une feuille de papier gris bleu KK, sur laquelle on dirige le tube R. On aperçoit alors un cercle (*fig.* 277, 3), dont une moitié appartient au carton G éclairé par la lampe, et l'autre à la feuille de papier KK. En faisant tourner la plaque L, on arrive à rendre autant qu'il est possible également brillantes les deux moitiés du cercle. Un index fixe indique immédiatement le degré d'éclairement cherché par la lecture d'un nombre inscrit sur le contour du disque (*fig.* 277, 4). On a choisi comme unité l'éclairement d'une surface verticale, sur laquelle tombent normalement les rayons d'une bougie de stéarine d'un quart de livre (bougie russe) placée à 1 mètre de distance (1,28 unités d'Hefner à la distance de 1 mètre).

La figure 278 représente schématiquement le photomètre de L. Weber. Une lampe à benzine n éclaire une plaque de verre opale a, dont la distance à n varie et peut être lue sur une échelle, placée à la surface extérieure du tube A. A l'intérieur du tube B, qui peut tourner autour de l'axe horizontal de A, se trouve le diaphragme d, le prisme p et la plaque de verre opale a, éclairée par la source lumineuse extérieure à l'appareil. En regardant en o, on aperçoit, dans une moitié du champ visuel, la plaque a ; dans l'autre, la plaque b. Si on change la distance $an = r$ et la hauteur de la flamme l, jusqu'à ce que les deux moitiés paraissent également éclairées, on obtient la mesure S de l'éclairement de a et b à l'aide de la formule

$$S = C\frac{p + ql}{r^2},$$

où p et q sont des grandeurs constantes pour chaque appareil, qui doivent être déterminées une fois pour toutes. On voit facilement, comment on doit se servir de ce photomètre dans les différents cas.

Des difficultés très grandes, à peine surmontées jusqu'ici, s'opposent à la comparaison photométrique des sources de lumière de couleur différente. FABRY (1903) a proposé d'intercaler devant la lampe normale une solution d'iode dans l'iodure de potassium et une solution d'oxyde ammoniacal de cuivre et de rendre ainsi pareilles les couleurs de la lampe normale et de la source de lumière donnée.

L'affaiblissement éprouvé par la lampe normale est déterminé, une fois pour toutes, pour diverses concentrations des solutions.

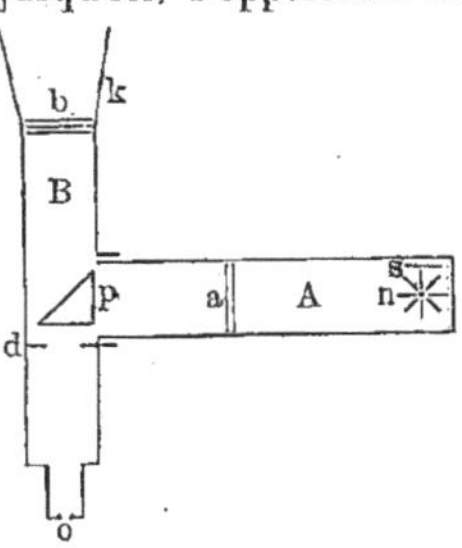

Fig. 278

Rood (1893) a construit un *photomètre à scintillation* (Flickerphotometer) pour la comparaison de l'intensité lumineuse de sources *différemment colorées*. Si deux surfaces blanches, éclairées par des sources différemment colorées, se succèdent avec une très grande rapidité devant l'œil d'un observateur, la scintillation peut disparaître et on aperçoit une couleur persistante et uniforme, correspondant au mélange des couleurs des deux sources lumineuses. Rood pense, que ceci a lieu, quand les deux sources possèdent la même intensité. C'est sur ce fait qu'est basée la construction de son photomètre. L et L' (*fig.* 279) sont les deux sources

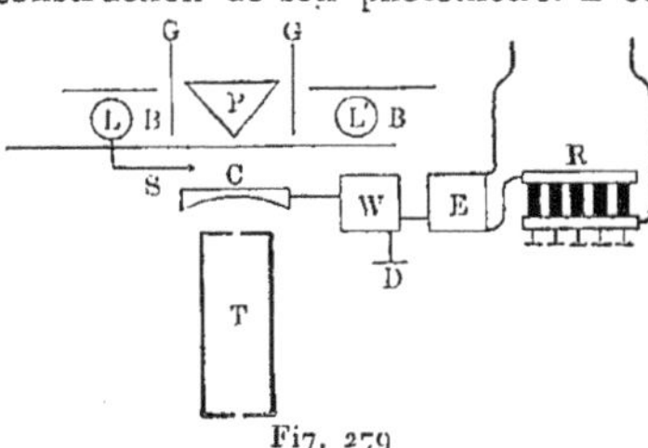

Fig. 279

lumineuses, dont l'une peut être déplacée; G et G' sont des verres différemment colorés, P un prisme de gypse. En C se trouve une lentille cylindrique, qui effectue 16 oscillations par seconde (vers la droite et vers la gauche); elle est mise en mouvement par un électromoteur E et un système de roues dentées W. L'observateur aperçoit dans le tube T alternativement les deux faces du prisme P et on place la source L de telle façon que la scintillation cesse. WITHMANN (1896), SIMMANCE et ABBADY (1904), KRÜSS (1904) et BEICHSTEIN (1905) ont également construit des photomètres à scintillation. Krüss a développé dans une série de mémoires la théorie générale de ces photomètres et a étudié d'une manière approfondie les différents photomètres à scintillation. LAURIOL (1904) a fait également une étude critique du photomètre de SIMMANCE et ABBADY.

Parmi les nombreux autres photomètres, citons encore celui de LEHMANN; nous mentionnerons également la méthode de TALBOT, qui consiste à affaiblir la lumière de l'une des sources à comparer, en faisant tourner devant elle un disque avec des secteurs découpés de largeur telle que les deux sources paraissent également brillantes. Des recherches plus récentes de E. Ferry ont montré, qu'on peut commettre avec cette méthode des erreurs allant jusqu'à 15 °/₀. Lummer et Brodhun (1896) et Brodhun (1904) ont perfectionné à un haut degré ce genre de photomètre. Dans beaucoup de photomètres (Pickering, Sabine, etc.), la lumière de l'une des sources est affaiblie par une plaque absorbante en forme de coin ou par un diaphragme, dont on diminue l'ouverture, et qui est placé devant une lentille convergente. (Mascart).

7. Photomètre à polarisation et photomètre à interférence. — Il y a toute une série de photomètres, dont la construction repose sur la polarisation de la lumière dans la réflexion, la réfraction et la double réfraction. Bien que la théorie de ces phénomènes ne doive être exposée que plus tard, nous préférons décrire dès maintenant ces photomètres, afin de réunir

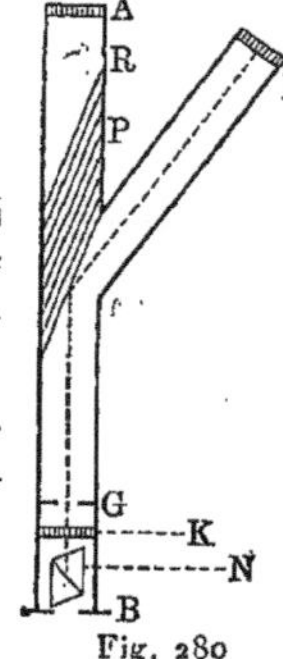

Fig. 280

autant que possible dans un même chapitre tout ce qui se rapporte à la mesure de l'énergie rayonnante. Nous recommandons au lecteur de différer la lecture de ce paragraphe et de ne l'entreprendre qu'après étude des phénomènes de polarisation et de double réfraction.

La figure 280 représente schématiquement le *photomètre de* Babinet. Il se compose des tubes AB et CD, noircis à l'intérieur ; dans le tube AB se trouve un polariseur en verre P (pile de glaces), qui occupe une position telle que des rayons, suivant la direction du tube DC, tombent sur sa surface sous l'angle de polarisation totale et sont réfléchis dans la direction de l'axe du tube CB. Les extrémités A et D sont fermées par des plaques de verre mat, sur lesquelles tombent des rayons de deux sources lumineuses, dont l'une, celle qui éclaire D, doit être constante. En face de la plaque A sont placées successivement les deux sources à comparer. Le long du tube CB se propagent les rayons émis par A et D, qui sont complètement polarisés dans des plans perpendiculaires entre eux ; ils traversent le diaphragme G, la plaque de quartz K, polie perpendiculairement à l'axe et donnant lieu par suite au phénomène de rotation du plan de polarisation, et enfin le prisme N de spath d'Islande ; ils parviennent alors en B, où l'observateur aperçoit deux cercles, qui ne sont *incolores* que si les rayons ACB et DCB présentent le même éclat, de sorte qu'ils agissent ensemble comme de la lumière non polarisée. On doit donc placer successivement les sources J_1 et J_2 à des distances d_1 et d_2 de A telles que les cercles paraissent incolores ; les deux sources éclairent alors également la plaque A et on a $J_1 : J_2 = d_1^2 : d_2^2$.

Photomètre de Zöllner. — Cet appareil sert à la mesure de l'éclat des étoiles par comparaison avec une étoile artificielle, dont l'éclat peut varier à volonté. L'appareil est représenté par la figure 281 ; il est adapté à une lunette, dont on n'aperçoit ici que la partie médiane AO. A l'intérieur du tube la se trouvent trois prismes de Nicol n', n'' et n''' et une plaque de quartz q. Le système $n'qn''$ donne de la lumière complètement polarisée ; il peut tourner autour de son axe au moyen de manivelles FF et l'angle de rotation se lit sur la surface du cylindre KK' grâce à l'index J. Le prisme n' peut également tourner séparément à l'aide de la tête PP'. Les rayons d'une lampe placée en face de l'ouverture a traversent les prismes n', n'', n''', la plaque de quartz q et la lentille divergente l, tombent sur la plaque de verre S et sont réfléchis par ses deux surfaces vers l'oculaire de la lunette. L'observateur aperçoit deux points lumineux, dont le plus brillant est dû aux rayons, réfléchis par la face antérieure de S ; ce point lumineux sert d'étoile artificielle, et on rend sa couleur et son éclat égaux à ceux de l'étoile observée, qui apparaît dans le

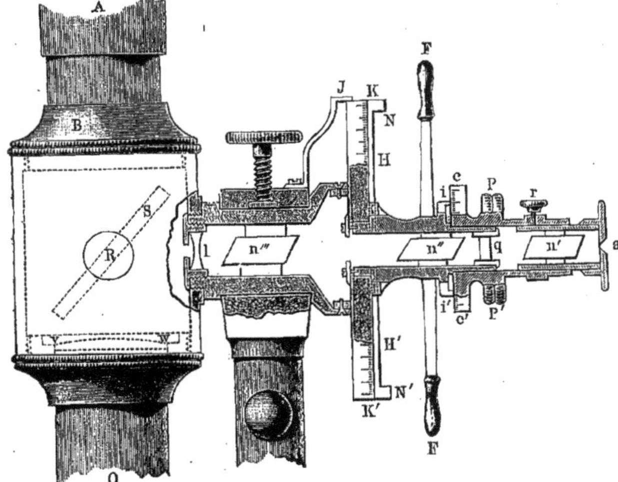

Fig. 281

champ visuel de la lunette auprès de l'étoile artificielle. La couleur de cette dernière est complètement déterminée par l'angle, dont le prisme n' a tourné séparément ; on le compte à partir de la position, pour laquelle les sections principales des prismes n' et n'' sont parallèles l'une à l'autre. L'éclat de l'étoile artificielle se modifie en faisant tourner toute la partie K a K'. Si on compte l'angle de rotation à partir de la position, pour laquelle l'intensité lumineuse de l'étoile est nulle, c'est-à-dire pour laquelle les sections principales des prismes n'' et n''' sont perpendiculaires entre elles, et si l'intensité lumineuse de l'étoile artificielle et par suite de celle à mesurer est égale à J pour l'angle de rotation α, on a

$$J = J_0 \sin^2 \alpha.$$

On obtient d'après cela pour les intensités lumineuses J_1, J_2,... de différentes étoiles les rapports suivants

$$\frac{J_1}{\sin^2\alpha_1} = \frac{J_2}{\sin^2\alpha_2} = \frac{J_3}{\sin^2\alpha_3} = \ldots\ldots$$

La figure 282 représente schématiquement la marche des rayons dans le photomètre et dans la lunette. Le point lumineux a donne deux images derrière la plaque de verre réfléchissante S, dont une seule est représentée en a'; l'image de l'étoile à observer se forme en b. On doit rendre égaux entre eux les éclats des points a' et b.

Le photomètre de ZÖLLNER s'adapte facilement à une lunette quelconque. Il a reçu dans la suite des perfectionnements très importants. La figure 283 représente ce photomètre sous la forme que lui a donnée WANSCHAFF à Berlin

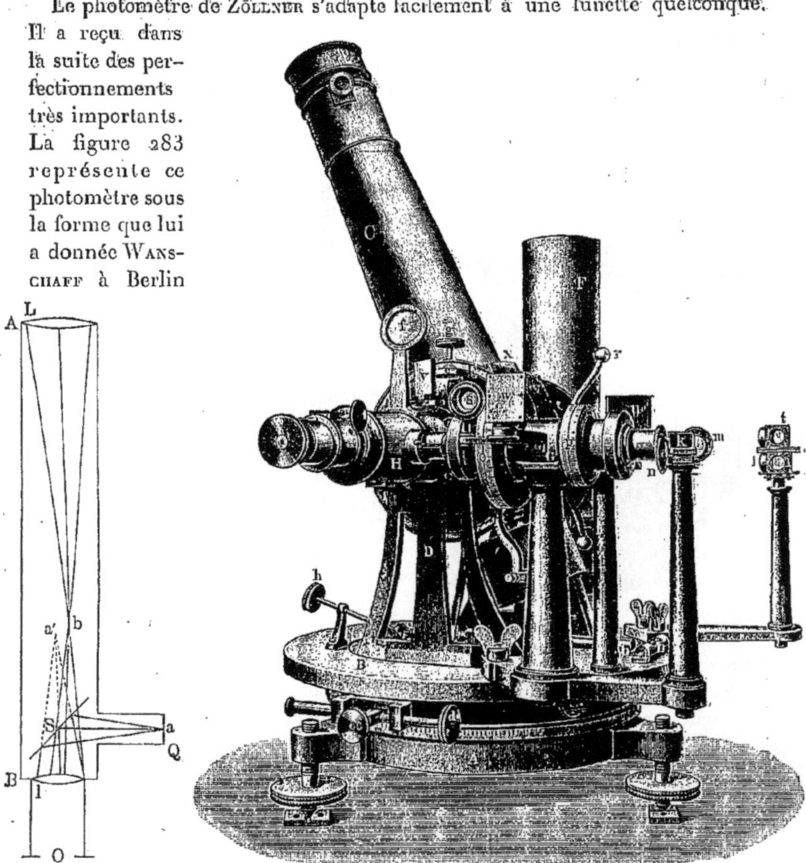

Fig. 282   Fig 283

pour l'observatoire de Potsdam. Le disque circulaire fixe A repose sur trois vis calantes et porte une graduation. Au-dessus de ce disque s'en trouve un autre B qui peut tourner sur des roulettes; les vis c et d servent à mettre l'appareil plus exactement au point dans un azimut voulu; deux niveaux bb servent à établir l'horizontalité. L'oculaire de la lunette C se trouve dans une position horizontale. Le cercle des hauteurs E, le vernier e, la loupe f et les vis g et h servent à donner à la lunette une position correspondant à la hauteur de l'étoile observée. La lampe servant à produire l'étoile artificielle est entourée d'un manchon F, muni d'une petite ouverture ; ses rayons traversent les lentilles m et l, ainsi que les deux prismes réfléchissants i (à droite de l) et k (à gauche de m), de sorte qu'on obtient en n un point lumineux brillant. Les cercles divisés p et o correspondent à cc' et KK' sur la figure 281. Le prisme à réflexion t, sur lequel tombe également un faisceau de rayons de la lampe, et les miroirs u, v et w éclairent les verniers, qui servent aux lectures sur les cercles E, p et o.

Photomètres de WILD. — WILD a construit deux photomètres, dans lesquels il s'est servi des propriétés de ce qu'on appelle la plaque de SAVART ; cette dernière se compose de deux plaques de quartz découpées sous un angle de 45° par rapport à l'axe du cristal, et collées l'une sur l'autre de telle façon que leurs sections principales

Fig 284

soient mutuellement perpendiculaires. Une telle plaque et un prisme de NICOL entre elle et l'œil constituent le polariscope de SAVART, c'est-à-dire un appareil, qui sert à déceler des traces de polarisation dans une lumière, qui a traversé la plaque et le prisme de NICOL. Si la lumière est polarisée ou

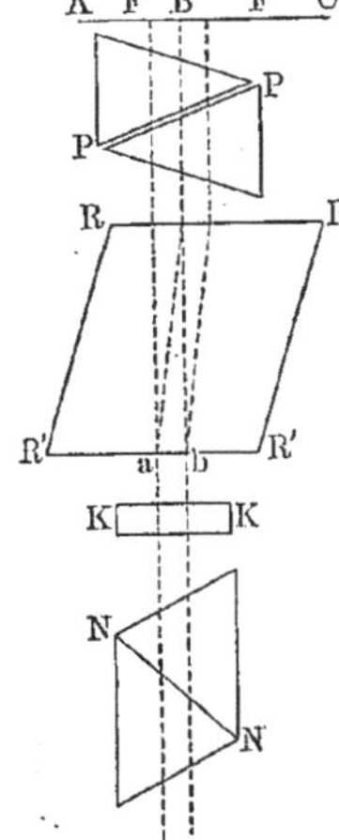

Fig. 285

se compose de deux faisceaux de rayons, polarisés dans des plans perpendiculaires entre eux et qui possèdent une intensité différente, on aperçoit dans le champ visuel une série de bandes sombres, comme le représente la figure 284. Ces bandes disparaissent, aussitôt que les deux faisceaux ont la même intensité lumineuse.

La figure 285 indique la disposition des parties essentielles d'un des photomètres de WILD. Les deux sources lumineuses à comparer éclairent deux surfaces BF et BF' contiguës. Les rayons émis par ces surfaces traversent le prisme de NICOL PP et tombent sur le grand cristal de spath d'Islande RR' ; chaque rayon se divise dans celui-ci en un rayon ordinaire et un rayon extraordinaire. De ab partent *ensemble* le rayon ordinaire E_o, issu de BF, par exemple, et le rayon extraordinaire E'_e venant de BF' ; ils sont polarisés dans des plans perpendiculaires l'un à l'autre. On peut faire varier leur intensité en tournant RR' ou PP d'un angle α, compté à partir de la position, pour laquelle les sections principales du cristal RR' et du prisme PP sont parallèles entre elles. En outre KK est une plaque double de SAVART, NN un prisme de NICOL, de sorte que ces deux parties réunies représentent un polariscope de SAVART. Si l'angle de rotation du cristal RR' ou du prisme PP est égal à α, les intensités lumineuses des faisceaux issus de ab sont égales à

$$J_1 \sin^2 \alpha \qquad \text{et} \qquad J_2 \cos^2 \alpha \,;$$

si dans cette position les bandes disparaissent du champ visuel, on a

$$J_1 \sin^2 \alpha = J_2 \cos^2 \alpha \qquad \text{ou} \qquad J_2 : J_1 = \operatorname{tg}^2 \alpha.$$

Il faut cependant d'après WILD employer la formule

$$J_2 : J_1 = C \operatorname{tg}^2 \alpha ;$$

C est ici un facteur, voisin de l'unité, qui a une valeur constante pour un appareil donné. La présence de ce facteur provient de ce que les rayons ordinaires et extraordinaires ne subissent pas dans l'appareil des absorptions tout à fait égales entre elles.

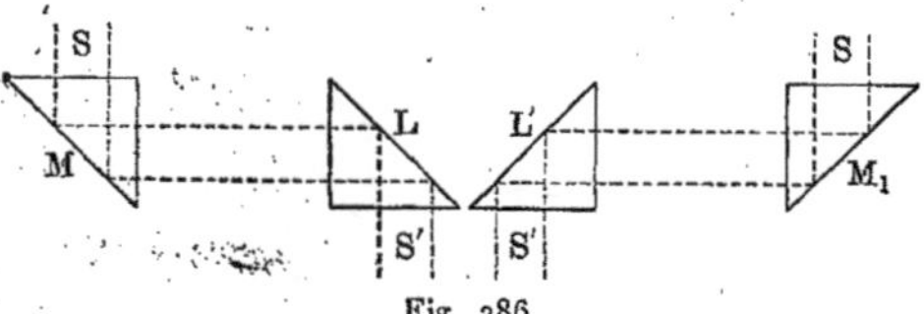

Fig. 286

La figure 286 montre, comment on obtient deux faisceaux de rayons S'S', voisins l'un de l'autre, leurs directions primitives étant SS et ces rayons provenant des deux sources à comparer ou de deux plaques de verre mat éclairées par celles-ci.

La figure 287 représente l'ensemble du photomètre de WILD. M, M₁ et L

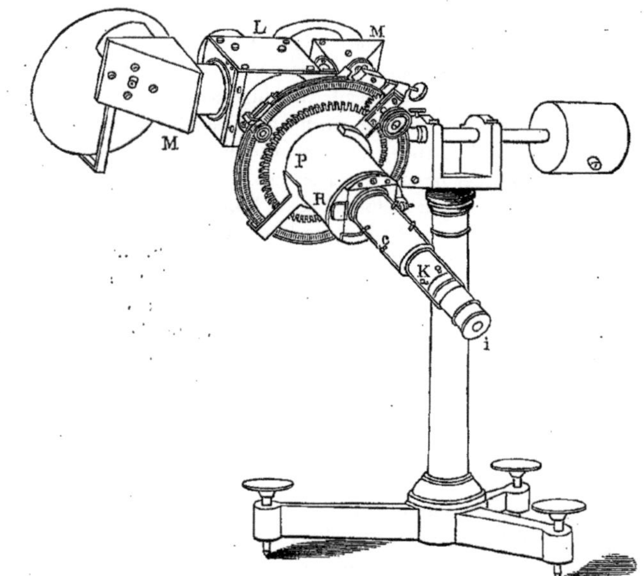

Fig 287

ont la même désignation que sur la figure 286. Le polariseur se trouve dans le tube relié à la roue dentée P, le cristal biréfringent (RRR'R' dans la figure 285) à l'intérieur du cylindre R. Le tube cKi est un polariscope de SAVART. L'angle de rotation du polariseur se lit sur un cercle divisé.

Nous ne décrirons pas ici le second photomètre de WILD ; nous indiquerons dans la bibliographie les ouvrages, où l'on peut en trouver la description.

Parmi les nombreux autres photomètres à polarisation nous mentionnerons encore ceux de L. WEBER (modification de l'appareil décrit à la page 454), de CHACORNAC (permettant de comparer les intensités lumineuses de deux étoiles), de PICKERING (auquel on doit toute une série d'appareils employés en astrophysique), de MARTENS, et le photomètre de WEDGE, qui a été décrit par PARKHURST et étudié très complètement par MADDRILL (1905).

LUMMER (1901) a construit un intéressant *photomètre à interférence*, sur lequel nous reviendrons. Nous ferons connaître dans la théorie de l'interférence de la lumière ce qu'on appelle les franges d'égale inclinaison (franges d'HAIDINGER-MASCART-LUMMER); c'est sur leur observation qu'est basée la construction du photomètre qui nous occupe. Il se compose (figure 288) de deux prismes de verre rectangulaires ABD et DBC, entre lesquels se trouve une couche d'air à faces planes bien parallèles. S_1 et S_2 sont deux plaques de verre mat, éclairées par les sources L_2 et L_1, dont une L_1 peut être déplacée. L'observation se fait à travers une lunette mise au point *sur l'infini*. Chacun des deux faisceaux de rayons, issus de L_1 et L_2 (ou S_1, S_2) donne dans le plan focal de l'objectif de la lunette un système de franges sombres résultant de l'interférence des rayons, réfléchis par les hypoténuses des deux prismes. Les deux systèmes de franges sont, comme nous le verrons, *complémentaires* l'un de l'autre, c'est à dire que là, où les rayons de L_1, qui traversent le prisme BAD, donnent une frange sombre, les rayons réfléchis venant de L_2 donnent une frange brillante et inversement. *Quand S_1 et S_2 sont également éclairés, les franges disparaissent;* on voit par suite, comment l'appareil peut servir à comparer entre elles les intensités lumineuses de deux sources.

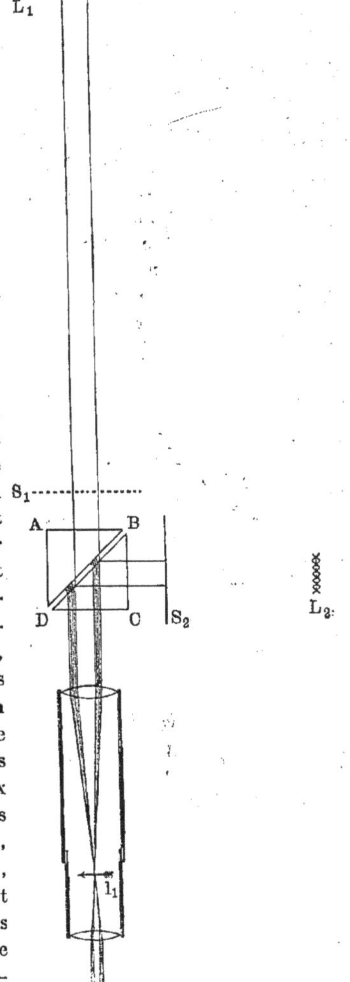

Fig. 288

Cet appareil est très commode *pour comparer le degré d'éclairement de différentes surfaces*. Supposons que L_1 et L_2 soient deux surfaces éclairées, et que S_1 et S_2 soient éloignées. Les bandes disparaissent, quand il y a égalité d'éclairement. Si on a une grande surface éclairée, *on peut en comparer les différentes parties au point de vue de leur éclat.*

On peut encore compter parmi les photomètres à polarisation le *microphotomètre* de Königsberger (1901), qui lui a servi, par exemple, à la mesure de l'absorption de la lumière dans de très petites plaques (de $\frac{1}{2}$ millimètre carré environ).

8. Spectrophotomètres. — On peut d'abord donner cette dénomination aux appareils, qui servent à la comparaison de l'éclat des différentes parties d'un spectre donné (autant qu'une telle comparaison est possible, d'après ce nous avons dit à la page 433), et en outre aux appareils, dans lesquels la comparaison des intensités de deux sources lumineuses se ramène à la comparaison successive des différentes parties de deux spectres, obtenus par décomposition de la lumière de ces sources.

Fraunhofer a le premier cherché à déterminer l'éclat relatif des différentes parties du spectre solaire. L'appareil, dont il s'est servi à cet effet, est représenté schématiquement par la figure 289. Sur l'objectif d'une lunette tombent les rayons appartenant à une région déterminée du spectre ; la plaque opaque

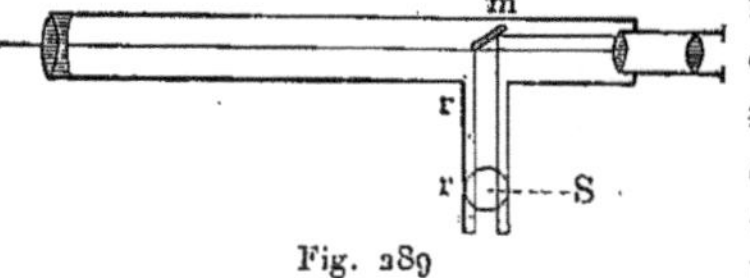

Fig. 289

réfléchissante *m* couvre une partie du champ visuel et envoie à l'oculaire les rayons de la lampe S. Pour chaque espèce de rayon on recherche la distance de la lampe à *m*, pour laquelle la ligne de séparation des deux moitiés du champ visuel est rendue aussi peu visible que possible. On admettait que l'éclat des rayons observés était inversement proportionnel au carré de la distance de S à *m*.

Vierordt, Draper, Crova et Lagarde, Macé de Lépinay et Nicati, König et d'autres encore se sont occupés de la même question. Enfin Abney a modifié d'une manière très ingénieuse la méthode de Fraunhofer, en comparant entre elles les ombres, obtenues en premier lieu avec de la lumière blanche, affaiblie dans une proportion déterminée, et en second lieu avec une partie donnée de son spectre. Les résultats, auxquels sont arrivés les différents observateurs dans leurs mesures, diffèrent considérablement, comme il fallait s'y attendre.

Govi semble avoir proposé le premier de comparer des sources différemment colorées, en décomposant la lumière de chacune d'elles à l'aide d'un prisme et comparant les éclats des parties correspondantes des deux spectres. Quand les spectres ne sont pas continus et que les parties qui manquent diffèrent, la méthode devient inapplicable.

Vierordt a comparé le spectre des rayons tombant sur une surface donnée avec celui des rayons qu'elle diffuse. Dans ce but il fallait d'abord affaiblir la lumière incidente (lumière solaire) à l'aide de verres fumés, dont le pouvoir absorbant était déterminé au préalable pour chaque espèce de rayons. On produisait ensuite les spectres des deux faisceaux de rayons à comparer à l'aide d'un spectroscope à double fente (*fig.* 290). La largeur de chaque moitié de la fente pouvait être modifiée à l'aide d'une vis micrométrique. Vierordt partageait alors les deux spectres en un certain nombre de parties, jusqu'à 24, et faisait varier la largeur des fentes, jusqu'à ce que les bandes à comparer eussent le même éclat.

Dans le spectrophotomètre de Crova une seule fente donne deux spectres parallèles de deux sources ; la lumière de l'une d'elles traverse deux prismes de Nicol et peut être affaiblie un nombre déterminé de fois, en faisant tourner l'un des prismes d'un angle, que l'on peut mesurer.

L'appareil de Violle est plus compliqué, mais il permet d'effectuer des mesures extrêmement précises. L'œil est en effet particulièrement sensible au phénomène sur lequel repose la mesure : disparition des cannelures (franges de Fizeau et Foucault) dans la région considérée du spectre.

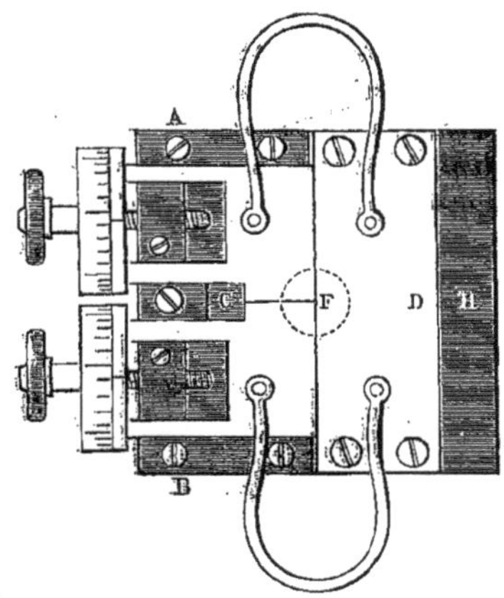

Fig. 290

Considérons encore pour terminer le spectrophotomètre de Glan, qui est représenté schématiquement en coupe verticale par la figure 291. La fente S est partagée par une lame opaque transversale de 4 millimètres de largeur en deux parties égales de 4 millimètres de longueur chacune. De la lentille C, dans le plan focal de laquelle se trouve la fente, sortent deux faisceaux de rayons parallèles, provenant de deux sources lumineuses à comparer. Ces faisceaux rencontrent un prisme de Wollaston, qui, comme nous le montrerons dans le

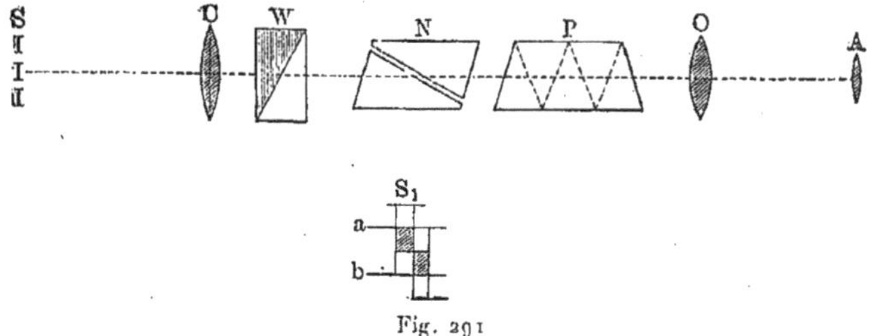

Fig. 291

chapitre sur la polarisation, sépare chaque rayon en deux, polarisés dans des plans rectangulaires et déviés l'un vers le haut, l'autre vers le bas. L'observateur voit dans la lunette OA deux images des deux moitiés de la fente, dont le déplacement relatif est tel, que la moitié supérieure de l'une se trouve exactement au-dessus de la moitié inférieure de l'autre. On a représenté séparément en S_1 l'une *auprès* de l'autre les deux images, qui en réalité se recouvrent entre a et b ; cette partie seule est visible dans la lunette AO. Le système des prismes P (à vision directe) décompose les rayons des deux sources à comparer en deux spectres parallèles contigus, dont les différentes parties s'observent séparément à l'aide d'une fente mobile, placée dans le plan focal de la lunette OA. Ces deux spectres étaient polarisés dans des plans rectangulaires avant l'entrée dans le prisme de Nicol, qui est traversé par une partie de la lumière, dépendant de l'angle α compris entre les sections principales du prisme N et d'un des deux prismes du polariseur W. En tournant N on peut arriver à obtenir l'égalité d'éclat des deux spectres dans les parties de même couleur. Désignons par J_1 et J_2 les éclats de ces deux parties dans la lumière des sources à comparer, qui tombe sur les deux moitiés de la fente S, par c_1 et c_2 les coefficients de transparence des parties du photo-

Fig. 292

mètre pour des rayons également colorés, mais différemment polarisés. L'éclat des bandes, observées dans la lunette OA, est alors égal à

$$J_1 c_1 \cos^2 \alpha \qquad \text{et} \qquad J_2 c_2 \sin^2 \alpha.$$

Si N est placé de telle façon que l'on ait

$$J_1 c_1 \cos^2 \alpha = J_2 c_2 \sin^2 \alpha,$$

on en déduit

$$\frac{J_2}{J_1} = \frac{c_1}{c_2} \operatorname{cotg}^2 \alpha.$$

On obtient le rapport $c_1 : c_2$, en dirigeant toute la fente sur une surface uniformément éclairée ; on a alors $J_1 = J_2$. Si les images paraissent avoir le même éclat pour $\alpha = \alpha_0$, on a évidemment

$$\frac{c_2}{c_1} = \operatorname{cotg}^2 \alpha_0.$$

La figure 292 donne une vue d'ensemble du spectrophotomètre de Glan. Sa construction diffère du schéma représenté dans la figure 291 par le remplacement du système de prismes par un prisme unique P. La fente se trouve à l'extrémité droite de la lunette C, qui renferme un prisme de WOLLASTON et un prisme de NICOL, dont la rotation s'effectue à l'aide de la manette G. Le tube S donne dans le champ visuel une échelle horizontale (comme par exemple, C dans la figure 138, p. 252).

Différentes autres formes de spectrophotomètres ont été construites par HÜFNER, LUMMER et BRODHUN, KRÜSS, BRUCE, MARTENS, TRANNIN, WILD, MARTENS et GRÜNBAUM (1903), etc. ENGELMANN a construit un microspectrophotomètre.

9. Photomètres chimiques et photographiques. — On peut diviser les photomètres chimiques en deux groupes.

Les *photomètres électrochimiques* sont basés sur la détermination de la force électromotrice, qui se produit quand deux plaques, également sensibles à la

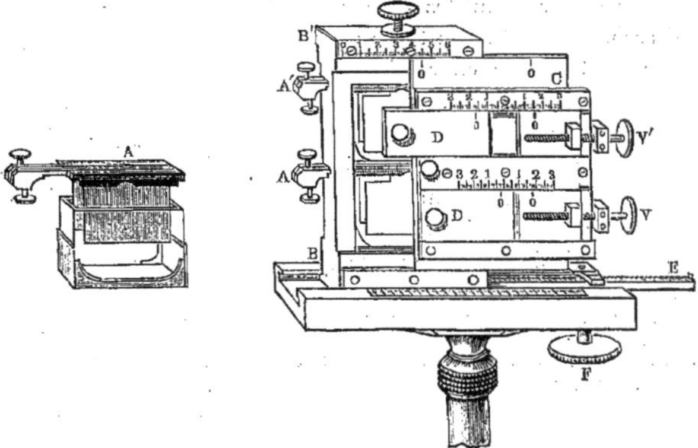

Fig. 293

lumière étant plongées dans une solution aqueuse étendue d'un acide, d'un alcali ou d'un sel, on en éclaire une. Le premier élément photoélectrique de cette nature a été construit par E. BECQUEREL (1839).

La figure 293 représente le *photomètre électrochimique différentiel* de N. EGOROFF, qui se compose de deux éléments photoélectriques ; un des deux est figuré séparément en A ; il se compose de deux plaques d'argent iodées plongées dans une solution étendue d'acide sulfurique. Les parois des vases sont en quartz pour diminuer la perte en rayons violets. Les expériences ont montré que la force électromotrice de l'élément est à peu près proportionnelle à l'intensité de la lumière, qui frappe une des plaques.

Le photomètre différentiel, qui se compose de deux éléments réunis par les pôles opposés, sert à comparer l'absorption des rayons qui agissent chimiquement sur l'argent iodé dans différents milieux. A cet effet la largeur des fentes, qui laissent parvenir aux éléments la lumière après son passage à travers deux milieux, est modifiée jusqu'à ce que l'intensité du courant devienne nulle et par suite les actions chimiques des rayons dans les deux éléments égales. Rigollot (1897) a fait une étude détaillée des photomètres électrochimiques.

On peut ranger parmi les *photomètres purement chimiques* l'appareil de Bunsen et Roscoë, représenté par la figure 257, page 423, et décrit à cet endroit. Comme tous les photomètres chimiques, il mesure seulement la faculté des rayons donnés de produire une réaction chimique déterminée, dans le cas présent, l'union du chlore et de l'hydrogène.

Il existe un très grand nombre de photomètres, basés sur d'autres actions chimiques de l'énergie rayonnante. Tels sont les photomètres de Witwer (eau de chlore), de Marchand (d'une solution d'oxalate de fer se dégage CO^2), d'Eder (un mélange de solutions de sublimé et d'oxalate d'ammoniaque donne Hg^2Cl^2) et toute une série de photomètres, dans lesquels on observe l'action de la lumière sur des papiers photographiques impressionnables, comme dans les appareils de Roscoë, Stelling, Abney, etc.

Si on veut compter parmi les actions chimiques les modifications moléculaires, qui accompagnent selon toute probabilité l'action de la lumière *sur le sélénium*, on peut encore citer ici le *photomètre à sélénium* de Siemens, basé sur l'observation de la diminution de résistance électrique du sélénium à la lumière.

Les photomètres *photographiques*, qui se sont considérablement perfectionnés dans ces dernières années, forment un groupe particulier. L'application de la photographie à la photométrie des astres remonte déjà très loin. Fizeau et Foucault (1844), ainsi que Roscoë ont appliqué la photographie à la recherche de l'intensité lumineuse du Soleil; Bond et Warren de la Rue s'en sont servis les premiers pour la photométrie de la lune et des étoiles. En outre Janssen, Scheiner, Charlier, Pickering et d'autres encore ont contribué largement aux derniers perfectionnements de cette méthode.

Hartmann (1899) a construit un appareil servant à la comparaison de deux plaques photographiques, et par suite également à la comparaison des sources lumineuses, ayant agi sur ces plaques. H. Th. Simon (1896) a indiqué une nouvelle méthode de photométrie photographique, qui permet, entre autres, de comparer entre elles les intensités des parties ultra-violettes de deux flux d'énergie rayonnante. Son appareil a la forme d'un simple spectroscope; l'oculaire de la lunette est remplacé par une plaque photographique, qui se déplace horizontalement devant la fente, sur laquelle tombent des rayons de la longueur d'onde voulue. A la moitié supérieure de la fente du collimateur parviennent des rayons d'une source, à la partie inférieure des rayons de l'autre source. Devant la moitié inférieure se déplace le bord supérieur d'une roue, dans laquelle sont découpés des secteurs de largeur inégale de façon que celle-ci varie peu à peu pendant le mouvement de la plaque photographique. On obtient sur cette dernière à côté l'une de l'autre deux bandes, dont l'une est partout uniformément noire, tandis que la noirceur de l'autre varie. Un dispositif particulier sert à déterminer l'endroit, où les deux bandes sont également noires. L'appareil permet de déterminer la largeur des secteurs au moment auquel correspondent des actions égales sur la plaque photographique. On en déduit facilement le rapport des intensités des deux faisceaux.

de rayons de la longueur d'onde choisie. SIMON a effectué le premier à l'aide de cet appareil une *mesure quantitative de l'absorption de rayons ultra-violets* (dans une solution de AzO^3K).

KÖNIGSBERGER (1901) et NUTTING (1903) ont notablement perfectionné la photométrie dans le domaine des rayons ultra-violets.

ELSTER et GEITEL avaient déjà construit en 1893 un photomètre pour les rayons ultra-violets, qui reposait sur la propriété que possèdent ces radiations de décharger les métaux électrisés négativement. Une sphère isolée de zinc amalgamé, mise en communication avec un condensateur chargé et avec un électroscope d'EXNER, est frappée par les radiations. La chute de tension observée dans l'électroscope pendant un intervalle de temps donné peut servir comme mesure de l'intensité des radiations ultra-violettes. ELSTER et GEITEL ont indiqué en 1904 une forme améliorée de ce photomètre.

10. Actinométrie. — Les méthodes qui ont été exposées aux pages 16 à 23, servent à la mesure de la quantité totale d'énergie rayonnante. Toutes ces méthodes reposent sur la transformation de l'énergie rayonnante en énergie calorifique par absorption de cette énergie par la surface noircie d'un corps quelconque, et sur la mesure de l'élévation de température ainsi produite, de la tension thermoélectrique (p. 18) ou de la variation de résistance (bolomètre p. 20).

Un intérêt particulier s'attache à la mesure de l'énergie des rayons solaires, c'est-à-dire à la détermination du nombre q de calories-grammes, en lesquelles se transforme le flux d'énergie rayonnante du Soleil, qui tombe par minute sur un centimètre carré d'une surface normale à ce flux. La partie de la météorologie, qui a trait à ces mesures, s'appelle l'*actinométrie*. On trouvera une étude critique détaillée des méthodes actinométriques dans mon ouvrage « *Sur l'état actuel de l'actinométrie* », la description et la théorie de deux nouveaux appareils dans un autre livre « *Recherches actinométriques ; Construction d'un actinomètre et d'un pyrhéliomètre* ». On trouve enfin un aperçu sur les travaux relatifs à ce sujet dans mon traité « *Recherches actinométriques, effectuées à l'Observatoire de Constantin à Pawlowsk en 1891 et 1892* » (en russe).

On désigne sous le nom de *constante solaire* A la valeur particulière de q, qu'on obtiendrait, en effectuant les mesures en dehors des limites de notre atmosphère. Tous les essais de détermination de A reposent sur une extrapolation : on détermine q pour différentes hauteurs du Soleil ou, autant que possible simultanément, en des endroits situés à des hauteurs différentes au-dessus du niveau de la mer, c'est-à-dire d'une manière générale pour des valeurs différentes de la longueur s du chemin, parcouru par les rayons à l'intérieur de l'atmosphère terrestre. Les grandeurs q et s sont reliées par une formule plus ou moins empirique et on détermine la valeur de q, qui correspond à $s = o$, c'est-à-dire qui représente la constante solaire. Une telle extrapolation ne peut naturellement conduire à des résultats certains ; aussi les valeurs numériques de A, trouvées par les différents observateurs, oscillent entre 2 et 4 calories-grammes. LANGLEY a trouvé d'après ses observations A = 3 calories-grammes. Rizzo (1898 et 1903) a obtenu des nombres plus petits, environ 2,6 en moyenne. Hansky est parvenu à effectuer une série de mesures au sommet du Mont-Blanc ; il a trouvé A = 3,3 pour la valeur la plus probable et a indiqué que A est compris en tout cas entre 3,0 et 3,5. Violle (1875) avait trouvé, aussi au sommet du Mont-Blanc, A = 2,54.

Langley (1904) a signalé que la « constante solaire » A n'est probablement pas une grandeur constante, mais est affectée d'oscillations assez importantes. Parmi les recherches actinométriques récentes, nous citerons encore celles de Fowle (1905).

Parmi les nombreux appareils employés à la détermination de la valeur absolue ou de la valeur relative de la grandeur q (pyrhéliomètres et actinomètres), nous ne considèrerons ici que les plus importants.

11. Pyrhéliomètres et actinomètres.

— La figure 294 représente le pyrhéliomètre de Pouillet. Il se compose d'une boîte métallique circulaire A, dont le couvercle est noirci ; les rayons solaires tombent normalement sur ce dernier. La boîte est remplie d'eau, dont l'élévation de température donne une mesure de la grandeur q, pourvu que l'on connaisse la surface du fond noirci et la capacité calorifique de l'appareil, et que l'on introduise une correction relative à la perte de chaleur par rayonnement pendant l'échauffement de l'appareil. La variation de température de l'eau est mesurée à l'aide d'un thermomètre. Nous n'entrerons pas dans plus de détails au sujet de cet appareil, car les recherches de nombreux savants ont montré, qu'il ne peut donner de résultats précis. Crova a remplacé l'eau par du mercure, placé dans une boîte en fer.

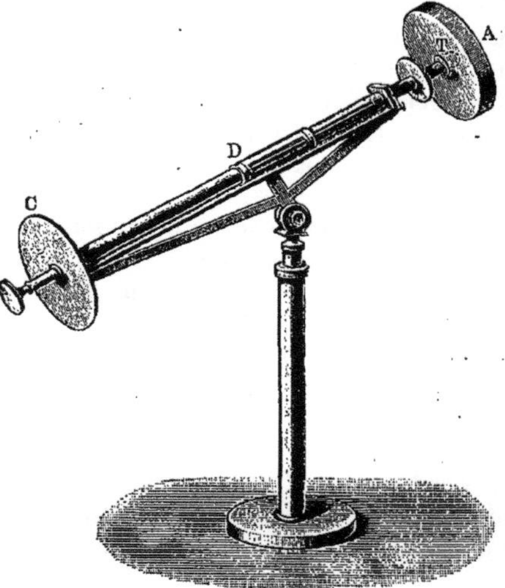

Fig. 294

La figure 295 représente le pyrhéliomètre de Violle ; la figure 296 en donne une section transversale. Le corps, qui est exposé aux rayons solaires, est très petit : c'est la boule noircie d'un thermomètre ordinaire T. Celle-ci se trouve au centre d'une double enveloppe sphérique, parcourue par un courant d'eau ininterrompu, en vue d'obtenir une température aussi constante que possible. Les rayons solaires parviennent au réservoir T après avoir parcouru un tube, à l'extrémité duquel se trouve un diaphragme D avec des ouvertures de différentes grandeurs. On observe pendant 20 minutes l'échauffement graduel du réservoir du thermomètre, puis pendant le même temps son refroidissement, après avoir fermé l'orifice du tube. A l'aide de ces observations on peut calculer q, si on connaît la section transversale de l'ouverture du diaphragme et la capacité calorifique du réservoir du thermomètre. Cet appareil a été employé par LANGLEY (1884) au Mont-Whitney, par VALLOT (1887) au Mont-Blanc, par RIZZO (1897) à Rocciamelone. SAVÉLIEFF en a fait également usage, après lui avoir donné une disposition qui facilitait l'installation et l'orientation.

Le pyrhéliomètre de K. ÅNGSTRÖM repose sur ce qui suit. Supposons, que deux corps identiques aient à un instant donné une différence de température Θ.

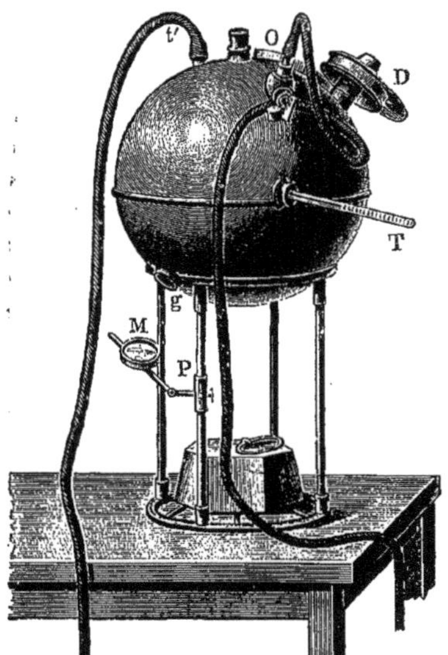

Le corps le plus chaud est alors mis à l'ombre et le plus froid est exposé aux rayons du Soleil ; on mesure le temps t, nécessaire pour que la différence de

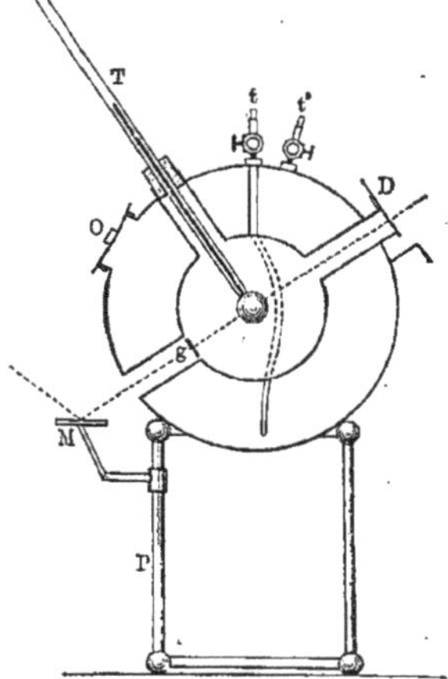

Fig. 295   Fig. 296

température Θ devienne — Θ, c'est-à-dire change de signe. On a approximativement dans ce cas

$$q = \frac{2\,c\Theta}{st},$$

où s désigne la section transversale du faisceau de rayons solaires, qui produit l'échauffement, et c la capacité calorifique de l'un des corps.

La figure 297 représente le pyrhéliomètre, que j'ai construit sur ce principe à Pawlowsk. Les deux corps identiques sont constitués par deux plaques de cuivre circulaires noircies aa, reliées l'une avec l'autre par un fil de palladium d et avec un galvanomètre par les fils $fgii$. Pour l'échauffement et le refroidissement alternatifs des plaques on se sert des écrans triples MM, dont la manœuvre se fait à l'aide d'un système de cordons, du pavillon où l'on observe les indications du galvanomètre ; la différence de température Θ est donnée par ce dernier.

Le professeur MICHELSON (à Moscou) a construit un pyrhéliomètre, qui repose sur le même principe que le calorimètre à glace de BUNSEN (voir T. III); cet appareil peut certainement donner des résultats très précis.

Le *pyrhéliomètre à compensation* de K. ÅNGSTRÖM est particulièrement remarquable. Sa partie principale se compose de deux bandes métalliques, minces et étroites, aussi identiques que possible et noircies d'un côté. Sur l'une de ces lamelles tombent normalement les rayons solaires ou les *rayons d'une autre source d'énergie rayonnante*; l'autre lamelle est traversée par un courant électrique, dont l'intensité est réglée de façon que les deux lamelles se trouvent à la même température après établissement de l'équilibre du rayonnement. On y arrive facilement à l'aide d'un élément thermo-électrique, dont les deux soudures sont appliquées contre des plaques minces de mica, collées au dos non noirci des lamelles. La seconde lamelle est protégée contre l'action des rayons. A l'état stationnaire et à égalité de température les deux lamelles perdent par rayonnement la même quantité de chaleur; elles reçoivent donc aussi par unité de temps la même quantité de chaleur, que nous désignerons par Q.

Fig. 297

Soit b la largeur, l la longueur de chacune des lamelles en centimètres; on a évidemment pour la première lamelle $Q = lbq$ calor. gram. Soit en outre r la résistance de l'autre lamelle exprimée en ohms, i l'intensité du courant en ampères, on a $Q = \dfrac{ri^2}{4,2}$ calor. gram. (voir T. III. Chap. V, § 1 et T. IV). En comparant les deux valeurs de Q on obtient

$$q = \frac{ri^2}{4,2\,bl} \text{ calor. gram.}$$

ÅNGSTRÖM a indiqué deux modifications à la méthode précédente.

L'*actinomètre* de Arago-Davy (*fig.* 298) se compose de deux thermomètres, placés, leurs réservoirs tournés vers le haut, dans des enveloppes en verre, où on a fait le vide. Le réservoir d'un des thermomètres est noirci. l'autre a sa surface bien propre. La différence des températures indiquées par les deux thermomètres doit servir de mesure de l'intensité du rayonnement solaire. La théorie ainsi que la pratique montrent toutefois, que cet appareil, malheureusement très répandu, n'est absolument bon à rien. L'actinomètre de Crova est également très répandu ; il a été employé par beaucoup de savants, par exemple par Hansky.

La figure 299 représente un actinomètre, que j'ai construit et qui sert pour les observations courantes dans les observatoires russes. MM sont des boîtes en laiton, dans lesquelles se trouvent les réservoirs en forme de spirale de deux thermomètres, dont les échelles sont placées côte à côte. Les écrans PP servent à échauffer alternativement les thermomètres. Un dispositif spécial, que nous ne décrirons pas, permet de déterminer les différences de température Θ_1, Θ_2 et Θ_3 à des intervalles de temps égaux o, t et $2\,t$; on suppose qu'après l'intervalle de temps $2\,t$ la différence des températures a changé de signe. La grandeur

$$\Omega = \frac{1}{t}\,\frac{\Theta_1\Theta_3 + \Theta_2^2}{\Theta_1 + \Theta_2}$$

sert de mesure du rayonnement solaire. G. Rizzo s'est servi de ma méthode en Italie, ainsi que Stankiévitsch sur le Pamir.

De nombreux savants ont cherché à mesurer l'énergie rayonnante, émise par la lune, les planètes et les étoiles fixes, qui atteint la surface de la terre : nous citerons seulement Huggins, Stone, Lord Rosse, Minchin, Abney, etc.

Nous avons déjà mentionné (page 19) l'appareil extrêmement sensible de Boys, auquel il a donné le nom de radio-micromètre. Nichols (1901) a construit un appareil, dont la sensibilité est encore 12 fois plus grande. Une

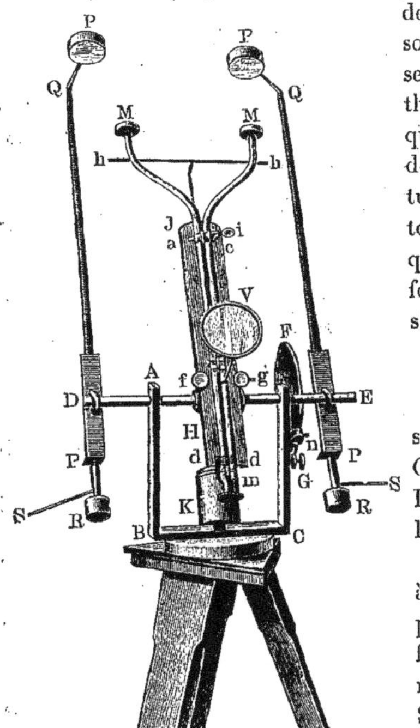
Fig. 298

Fig. 299

déviation de une division de l'échelle est produite par un flux d'énergie, qui est 49.10^6 fois moindre que celui d'une bougie à 1 mètre de distance. Nichols a trouvé à l'aide de cet appareil les valeurs suivantes pour le rapport des énergies rayonnantes de quatre astres :

$$\frac{\text{Véga}}{1} = \frac{\text{Arcturus}}{2,2} = \frac{\text{Jupiter}}{4,7} = \frac{\text{Saturne}}{0,74}.$$

Hutchins (1903) a également amélioré le radiomicromètre de Boys et a augmenté sa sensibilité.

BIBLIOGRAPHIE

—

1. — Mesure de l'énergie rayonnante.

Purkinje. — *Zur Physiologie der Sinne*, II, p. 109, Prag., 1823.

Liebenthal. — *Instr.*, **19**, pp. 194, 225, 1899.

Blondel. — *C. R.*, **120**, p. 550, 1895. *Détermination de l'intensité moyenne sphérique des sources de lumière* (Extrait de l'*Eclairage électrique*), 1895 ; *les Intégrateurs photométriques*, Bull. de la Soc. des électriciens, (2), **4**. 1904.

Dyke. — *Phil. Mag.*, (6), **9**, p. 136, 1905.

Lambert. — *Photometria sive de mensura et gradibus luminis, colorum et umbrae*, Augsburg, 1760.

Beer. — *Grundriss des photometrischen Kalküls*, Braunschweig, 1854.

Günther. — *Studien zur theoretischen Photometrie*, Erlangen, 1872.

Steinheil. — *Elemente der Helligkeitsmessungen am Sternhimmel*, München, 1836.

Zöllner. — *Photometrische Untersuchungen*, Leipzig, 1865.

Palaz. — *Traité de photométrie industrielle.*

G. Müller. — *Photometrie der Gestirne*, Leipzig, 1897.

Höhl. — *Studien über Probleme der theoretischen Photometrie. Progr. des königl. Realgymn.*, München, 1891.

Kononowitsch. — *Détermination de l'albedo du carton blanc, indépendamment du calcul de* Lambert (en russe). Tirage à part, l'année n'est pas indiquée.

Chwolson. — *Photometrische Untersuchungen über die innere Diffusion des Lichts (Verre opale)*. Mél. phys. et chim., T. XII, p. 475. St-Pétersbourg, 1886.

Burmester. — *Theorie und Darstellung der Beleuchtung gesetzmässig gestalteter Flächen*. Wien., 1871.

Tilscher. — *Die Lehre der geometrischen Beleuchtungs-Konstruktionen*. Wien., 1862.

Mandl. — *Scheinbare Beleuchtung krummer Flächen*. Wien. Ber., **105**, II a, p. 807, 1896.

2. — Unités de lumière.

Dumas et Regnault. — *Ann. chim. et phys.* (3), **65**, p. 486, 1862.

Hefner-Alteneck. — *Elektrotechn. Zeitschr.*, **5**, p. 20, 1884.

Violle. — *Ann. chim. et phys.* (5), **3**, p. 373, 1884 ; *Journ. de phys.* (2), **3**, p. 241, 1884.

Siemens. — *Electrotechn. Zeitschr.*, Juni, 1884.

Laporte. — *L'éclairage électr.*, **15**, p. 295, 1898.

Lummer u. Brodhun. — *Instr.*, **10**, p. 119, 1890.

*Description officielle de la lampe d'*Hefner-Alteneck (*Ber. d. Reichanstalt*). *Instr.*, **13**, p. 257, 1893.

Hefner-Alteneck. — *Berl. Ber.*, 1902, p. 980.

Lummer u. Kurlbaum. — *Berl. Ber.*, 1894, p. 229.

Hartcour. — *Rep. of Brit. Ass. f. the ad. of sc.*, 1885, p. 426.

Blondel. — *J. de phys.* (3), **6**, p. 187, 1897 ; *L'éclairage électr.*, **8**, p. 341, 1896. *Rapport sur les unités photométriques au Congrès des électriciens de Genève*, Lausanne 1896.

Violle. — *C. R.*, **122**, p. 79, 1896.

A. Perot et Laporte. — *C. R.*, **143**, p. 743, 1906.

Féry. — *C. R.*, **126** p. 1192, 1898.

Liebenthal. — *Instr.*, **15**, p. 167, 1895.

Paterson. — *Electrician*, **53**, p. 751, 1904.

Clayton, Sharp and Turnbull. — *Phys. Rev.*, **2**, p. 1, 1894.

J. Thomsen. — *Pog. Ann.* **125**, p. 348, 1865.

Tumlirz und Krug. — *Wien. Ber.*, **97**, p. 1521, 1888.

Tumlirz. — *Wien. Ber.*, **97**, p. 1521, 1625, 1888 ; **98**, pp. 826, 1122, 1889 ; **112**, p. 1382, 1903 ; **113**, p. 501, 1904 ; *Phys. Ztschr.*, **5**, p. 156, 1904 ; *W. A.*, **38**, p. 640, 1889.

Petavel. — *Procced. Royal Society*, **65**, p. 469, 1899.

E. Wiedemann. — *W. A.*, **37**, p. 205, 1889.

K. Ångström. — *W. A.* **67**, p. 633, 1899 ; *Phys. Zeitschr.*, **3**, p. 257, 1902 ; **5**, p. 456, 1904 ; *Astrophys. J.* **15**, 223, 1902.

Hertzsprung. — *Phys. Ztschr.*, **5**, p. 34, 634, 1904.

3. — Photomètres.

Bouguer. — *Traité d'optique*, Paris, 1760.

Foucault. — *OEuvres complètes*, p. 100.

Rumford. — *Phil. Trans.*, **84**, p. 67, 1794.

Ritchie. — *Edinb. J. of science*, **5**, p. 139, 1826.

4. — Photomètre de Bunsen.

Krüss. — *Electrotechn. Photometrie. Wien.*, 1886.

N.-A. Hésénous. — *J. de phys.*, (2), **8**, p. 539, 1888 ; *J. de la Soc. rus. phys.-chim.*, **24**, p. 165, 1892 ; **29**, p. 118, 1897.

D. Latschixoff. — *J. de la Soc. rus. phys.-chim.*, **20**, p. 247, 1888.

5. — Photomètre de Lummer et Brodhun.

Lummer u. Brodhun. — *W. A.*, **31**, p. 676, 1887 ; *Instr.*, **9**, pp. 23, 41, 461, 1889 ; **12**, p. 41, 1892.

W. Swan. — *Trans. Edinb. Soc.*, **22**, 1859.

Knott. — *Phil. Mag.* (5), **49**, p. 118, 1900.

6. — Photomètres de Pétrouschewsky, Weber, Rood, etc.

Pétrouschewsky. — *Photomètre pour l'hygiène scolaire* (en russe) ; *J. de la Soc. russe phys. chim.*, **16**, p. 295, 1884.

L. Weber. — *W. A.*, **20**, p. 326, 1883 ; *Electrot. Zeitschr.*, 1884, p. 166 ; 1885, p. 55.

Lehmann. — *W. A.*, **49**, p. 672, 1893.

Talbot. — *Pogg. Ann.*, **35**, p. 457 ; *Phil. Mag.* (3), 5, p. 327, 1834.

E. Ferry. — *Phys. Rev.*, **1**, p. 342, 1893.

Pickering. — *Amer. Acad. of arts and sciences*, Mai, 1882.

Sabine. — *Phil. Mag.*, (5), **15**, p. 22, 1883.

Mascart. — *Bull. de la Soc. internation. des électriciens*, **5** p. 103, 1886.

Fabry. — *C. R.*, **137**, p. 743, 1903.

Rood. — *Amer. Journ. of Science* (3) **46**, p. 173, 1893 ; (4), **8**, pp. 194, 258, 1899 ; *Phys. Rev.*, **3**, p. 241, 1893 ; *Phys. Ztschr.*, **1**, p. 269, 1900.

Whitmann. — *Phys. Rev.*, **16**, p. 241, 1896.

Simmange et Abbaddy. — *Phil. Mag.*, (6), **7**, p. 341, 1904 ; *Proc. R. Soc.*, **19**, p. 37, 1904 ; *Mechan.*, **12**, p. 16, 1904.

Bechstein. — *Instr.*, **25**, p. 45, 1905.

Knöss. — *Phys. Ztschr.*, **5**, p. 65, 1904 ; *Instr.*, **24**, p. 250, 1904 ; **25**, p. 98, 1905.

Lauriol. — *J. de phys.*, (4), **3**, p. 779, 1904.

Lummer et Brodhun. — *Instr.*, **16**, p. 305, 1896.

Brodhun. — *Instr.* **24**, p. 213, 1904.

7. — Photomètres polariseurs et interférentiels.

Babinet. — *C. R.*, **37**, p. 774, 1853.

Zöllner. — *Grundzüge einer allgemeinen Photometrie des Himmels*, Berlin, 1861.

Wild. — *Pogg. Ann.*, **99**, p. 235, 1856 ; *Mélanges phys. et chim.*, **12**, p. 755, 1887 ; *W. A.*, **20**, p. 452, 1883 ; *J. de phys.* (2), **3**, p. 142, 1884.

L. Weber. — *Schriften des naturw. Vereins für Schleswig-Holstein*, **8**, Heft 2, 1891.

Chacornac. — *C. R.*, **58**, p. 657, 1864.

Pickering. — *Astrophys. J.*, **2**, p. 89 ; *Annals of the Astr. Obs. of Harvard College*, **11**, II, p. 195 ; **14**, I, p. 1 (voir Möller, *Photometrie der Gestirne*, p. 259).

Martens. — *Verhandl. d. deutsch. phys. Ges.*, **1**, p. 204, 1899 ; **5**, p. 149, 1903 ; *Phys. Ztschr*, **1** p. 299, 1900 ; Martens u. Micheli, *Arch. Sc. phys.* (4), **11**, p. 472, 1901.

Parkhurst. — *Astrophys. J.*, **13**, p. 240.

Maddrill. — *Astrophys. J.*, **22**, p. 138, 1905.

Lummer. — *Verhandl. d. deutsch. phys. Ges.*, **3**, p. 131, 1901 ; *Phys. Ztschr.*, **3**, p. 219, 1902.

Königsberger. — *Instr.*, **21**, pp. 59, 129, 1901.

8. — Spectrophotomètre.

Fraunhofer. — *Schumachers Astr. Abhandl.*, **2**, p. 36, 1823.

Vierordt. — *Pogg. Ann.*, **137**, p. 200, 1869 ; **138**, p. 172, 1870 ; *Die Anwendung des Spektralapparats zur Messung etc.*, Tübingen, 1871.

Draper. — *Phil. Mag.* (5), **8**, p. 75, 1879.

Crova et Lagarde. — *C. R.*, **93**, p. 959, 1881 ; *J. de phys.* (2), **1**, p. 162, 1882.

Macé de Lépinay et Nicati. — *Ann. chim. et phys.* (5), **24**, p. 289, 1881 ; **30**, p. 145, 1882.

A. König. — *W. A.*, **53**, p. 785, 1894.

Govi. — *C. R.*, **50** p. 156, 1860.

Crova. — *J. de phys.* (1), **8**, p. 85, 1879 ; *Ann. chim. et phys.* (5), **19**, p. 533, 1880 ; **29**, p. 556, 1883.

GLAN. — *W. A.*, **1**, p. 351, 1877.

HÜFNER. — *Ztschr. phys. Chem.*, **3**, p. 562, 1889.

LUMMER UND BRODHUN. — *Instr.*, **12**, p. 132, 1892.

KRÜSS. — *Instr.*, **18**, p. 12, 1898.

BRACE. — *Phil. Mag.* (5); **48**, p. 420, 1899.

MARTENS. — *Verhandl. d. phys. Ges.*, **1**, p. 280, 1899.

TRANNIN. — *C. R.*, **77**, p. 1495, 1873; *J. de phys.*, **5**, p. 297, 1876.

VIOLLE. — *Ann. chim. et phys.*, (6), **3**, p. 390, 1884.

WILD. — *W. A.*, **20**, p. 452, 1883; *Rep. d. Physik.*, **19**, p. 512, 1883.

ENGELMANN. — *Ztschr. f. wiss. Mikroskopie*, **5**, p. 289, 1888.

MARTENS et GRÜNBAUM. — *D. A.*, **12**, p. 984, 1903.

9. — Photomètres chimiques et photographiques.

BECQUEREL. — *La lumière, ses causes et ses effets*.

N. EGOROFF. — *Photomètre électrique* (en russe). St-Pétersb., 1877.

RIGOLLOT. — *J. de phys.* (3), **6**, p. 520, 1897; *Thèses*, Lyon, 1897.

BUNSEN et ROSCOE. — *Pogg. Ann.*, **100**, p. 43, 1857; **101**, p. 235, 1857 etc. (voir la Bibliogr. du Chap. VIII, p. 431).

FIZEAU et FOUCAULT. — *C. R.*, **18**, pp. 746, 860, 1844.

ROSCOE. — *Proc. R. Soc.*, **12**, p. 648, 1863.

BOND. — *Astr. Nachr.*, **47**, n° 1105; **48**, n° 1129; **49**, n°ˢ 1158, 1159.

JANSSEN. — *C. R.*, **92**, 321, 1881.

SCHEINER. — *Astr. Nachr.*, **121**, n° 2884: **124**, n° 2969; **128**, n° 3054.

CHARLIER. — *Publ. der Astron. Ges.*, n° 19.

PICKERING. — *Mem. of the Amer. Acad.*, **11**, p. 179; *Annals of the Astr. Obs. of Harvard College*, **18**, p. 119; **26**, I; **32**, I.

HARTMANN. — *Berl. Ber.*, 1899, p. 677; *Instr.*, **19**, p. 97, 1899; *Phys. Ztschr.*, **1**, p. 205, 1899 (Article d'AMBRONN).

H. TH. SIMON. — *W. A.*, **59**, p. 91, 1896; *Instr.* **18**, p. 26, 1898; *Habilitations-schrift*, Erlangen, 1896.

KÖNIGSBERGER. — *Instr.*, **21**, p. 129, 1901; **22**, p. 87, 1902; *Phys. Ztschr.*, **4**, p. 345, 1903.

NUTTING. — *Phys. Ztschr.*, **4**, p. 201, 1903.

ELSTER et GEITEL. — *Wien. Ber.*, **101**, p. 703, 1892; *W. A.*, **48**, p. 353, 1893; *Phys. Ztschr.*, **5**, p. 238, 1904; *Instr.*, **24**, p. 280, 1904.

10. — Actinométrie.

On peut trouver des renseignements bibliographiques détaillés sur l'actino-métrie dans les ouvrages suivants :

REMEIS. — *Strahlung der Sonne*, p. 4.

CROVA. — *Ann. chim. et phys.* (5) **1**, p. 467, 1877.

VIOLLE. — *Ann. chim. et phys.*, (5), **10**, p. 291, 1877; **17**, p. 401, 1879; (7), **22**, p. 329, 1901; (8), **2**, p. 134, 1904. Rapports sur la radiation aux Congrès internationaux de Rome (1879), St-Pétersbourg (1899) et Southport (1903).

WINKELMANN. — *Handbuch der Physik.*, II, **2**, pp. 257-262, 1896.

CHWOLSON. — *L'état actuel de l'actinométrie*, Supplément du 69ᵉ tome des *Mémoires de l'Acad. Imp. des Scien. de St-Pétersb.*, n° 4, 1892 (en russe); *Repert. für Meteorologie*, **15**, n° 1, 1892 (en allemand).

S. LANGLEY. — *Researches on solar heat.*, Washington, 1884.

11. — Pyrhéliomètres et actinomètres.

Pouillet. — *C. R.*, **7**, p. 24, 1838; *Pogg. Ann.*, **45**, p. 26, 1838.

Violle. — *C. R.*, **78**, pp. 1425, 1816, 1874; **82**, pp. 729, 896, 1876; **86**, p. 818, 1878; **125**, p. 627, 1897; *Ann. chim. et phys.* (5), **10**, p. 303, 1877; **17**, p. 422, 1879.

Langley. — Voir ci-dessus; *Phil. Mag.*, (6), **8**, p. 78, 1904.

K. Ångström. — *Nova Acta Reg. soc. scient.*, Upsal (3), **13**, p. 1, 1887.

Chwolson. — *Recherches actinométriques pour la construction d'un actinomètre et d'un pyrhéliomètre*; Supplément du 72ᵉ tome des *Mémoires de l'Acad. Imp. des Scienc. de St-Pétersb.*, nᵒ 13 (en russe); *Reperi. für Meteorologie*, **16**, nᵒ 5, 1893 (en allemand); *W. A.*, **51**, p. 396, 1894.

G. Rizzo. — *Mesure assolute del calore solare. Memorie d. Soc. d. Spettroscopisti Ital.* **26**, 1897; *Mem. d. R. Accad. di Torino* (2), **48**, p. 319, 1898; *Atti d. R. Accad. di Torino*, **38**, 1903.

F. Very. — *The Solar Constant. U. S. Depart. of Agricult. Weather Bureau*, nᵒ 254, Washington, 1901.

Hansky. — *C. R.*, **140**, p. 422, 1905.

Fowle. — *Smithson. miscell. Coll.*, **47**, *Quart. Issue*, **2**, p. 399, 1905.

K. Ångström. — *Nova Acta Reg. Soc. Upsal* (3), Juni, 1893; *Phys. Rev.*, **1**, p. 365, 1893; *W. A.*, **67**, p. 633, 1899; *Astrophys. Journ.*, **9**, p. 334, 1899; *Meteor. Zeitschr.*, **18**, pp. 174, 185, 1901.

Stone. — *Proc. R. Soc.*, **18**, p. 159, 1869.

Huggins. — *Proc. R. Soc.*, **17**, p. 309, 1869.

Lord Rosse. — *Proc. R. Soc.*, **17**, p. 436, 1869.

Boys. — *Phil. Trans.*, **180**, A., p. 159, 1888; *Proc. R. Soc.*, **47**, p. 480, 1890.

Minchin. — *Proc. R. Soc.*, **58**, p. 142, 1895.

Abney. — *Proc. R. Soc.*, **59**, p. 314, 1895.

Hutchins. — *Amer. J. of Sc.*, (4), **15**, p. 249, 1903.

CHAPITRE X

—

INSTRUMENTS D'OPTIQUE

1. Remarques générales. Grossissements. — On peut appeler instruments d'optique au sens le plus général du mot les instruments de toute nature, dont la construction repose essentiellement sur les phénomènes de réflexion, de réfraction, de dispersion, de polarisation, d'interférence, etc. de la lumière. Tels sont un grand nombre d'instruments, que nous avons déjà fait connaître en partie précédemment, comme les goniomètres, les spectroscopes, les photomètres, etc. et dont il nous reste encore à étudier, un certain nombre dans la suite. Au sens le plus étroit du mot on appelle instruments d'optique des instruments, qui, concourant à la vue, servent à observer les objets *plus exactement* qu'on ne peut le faire à l'œil *nu* ; tels sont la loupe, le microscope, la lunette astronomique et les télescopes. On peut encore citer parmi ces appareils la lanterne de projection et le stéréoscope ; outre les instruments désignés, nous en considérerons encore quelques autres dans ce chapitre, comme les héliostats, le sextant et la chambre obscure.

Occupons-nous d'abord des instruments d'optique au sens étroit du mot, c'est-à-dire de ceux qui servent à *armer l'œil*. On peut faire toute une série de remarques, qui s'appliquent également à tous ces instruments. Ils présentent avant tout (à quelques exceptions près) un système de milieux, séparés par des surfaces sphériques, dont les centres sont disposés sur une ligne droite, de sorte qu'on peut leur appliquer les résultats trouvés dans l'étude des propriétés d'un système *centré* (page 157). Dans presque tous les cas on a affaire à un certain nombre de lentilles de pouvoir réfringent différent, entre lesquelles se trouve de l'air.

Le premier milieu et le dernier sont très souvent identiques (air) ; dans ce cas les points nodaux coïncident avec les points principaux, et les distances focales, qui sont comptées à partir des points principaux, sont égales entre elles.

Nous avons indiqué aux pages 156 et 157 les trois grossissements G, G_1 et G_2 donnés par un système centré de milieux. Ces grossissements se rapportent aux images ; la position de l'observateur ne joue aucun rôle dans leur détermination. Quelques autres grandeurs présentent un intérêt particulier dans la théorie des appareils d'optique ; nous allons les considérer maintenant.

Soit MN (*fig.* 300) l'axe optique principal du système, H le second point principal, HH' le plan principal correspondant, F le second foyer principal, de sorte que $\overline{HF} = F$ est la distance focale principale. Soit en outre AB un rayon parallèle à l'axe, issu d'un point quelconque A de l'objet. Nous savons, qu'il correspond à ce rayon dans le dernier milieu un rayon, passant par le point B_1, où le prolongement de AB coupe le plan principal HH'. et par le foyer principal F. Il en résulte que l'image du point A se trouve quelque part sur la droite B_1F prolongée d'un côté ou de l'autre, par exemple en

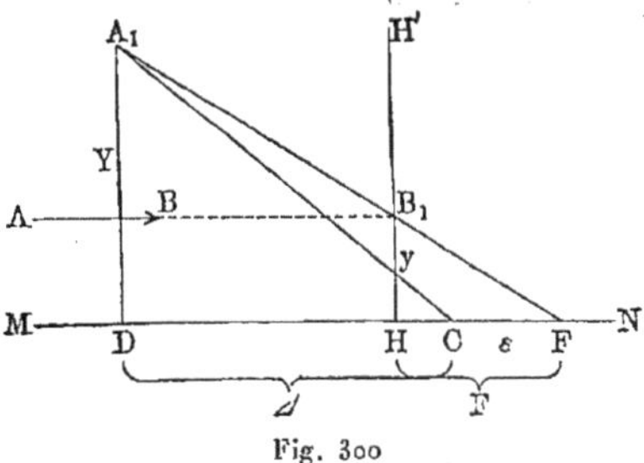

Fig. 300

A_1. Dans ce cas $A_1D = Y$ peut être considéré comme l'image de l'objet, dont la grandeur *y* est égale à la distance du point A à l'axe, c'est-à-dire égale à B_1H.

Supposons que le centre de l'œil de l'observateur se trouve en C et que ses distances à l'image et au foyer principal soient respectivement $CD = \Delta$ et $CF = \varepsilon$, ε étant compté positivement, quand l'œil se trouve *en avant* du foyer principal (comme dans notre figure).

Désignons encore par Δ_0 la distance du centre de l'œil à l'objet *dans les conditions où on observe cet objet.* La restriction précédente, très importante, a la signification suivante : désignons par φ la distance minimum *de vision distincte*, à laquelle nous plaçons notre œil pour voir le mieux possible un objet, par exemple, un livre que nous lisons. Nous verrons plus loin que pour un œil normal on a approximativement $\varphi = 25$ centimètres. Si l'objet se trouve à une grande distance, Δ_o est alors sa distance réelle D à notre œil; mais s'il s'agit d'un petit objet, qu'on peut regarder de près, il faut entendre par Δ_o non pas la distance réelle D de l'œil à l'objet, car celle-ci peut être trop petite pour l'observation directe, mais la distance φ. On a donc dans certains cas $\Delta_o = D$, dans d'autres $\Delta_o = \varphi$.

Trois grandeurs présentent pour nous un intérêt particulier ; nous allons les considérer successivement.

I. *Grossissement géométrique* G. — Il est égal au rapport des dimensions linéaires de l'image à celles de l'objet. Remarquons que Y dans la figure 300 est une grandeur négative, car y et Y sont comptés positivement en sens contraire ; la distance de l'image A_1D au foyer principal F est également négative. On voit sur la figure que

$$G = \frac{Y}{y} = \frac{FD}{FH} = \frac{\Delta + \varepsilon}{F}.$$

On a donc

$$(1) \qquad G = \frac{Y}{y} = \frac{\Delta + \varepsilon}{F}.$$

II. *Puissance ou grossissement absolu* P. — D'après la définition de Verdet on appelle puissance d'un instrument l'angle ou le diamètre apparent, sous lequel cet instrument fait voir l'unité de longueur prise à la surface de l'objet. En désignant l'angle A_1CD par Θ, on peut dire que P est égal à Θ, quand $y = 1$. En supposant l'angle Θ très petit, on peut remplacer Θ par tg Θ et on a alors

$$P = (\text{tg } \Theta)_{y=1} = \left(\frac{A_1D}{DC}\right)_{y=1} = \left(\frac{Y}{\Delta}\right)_{y=1}.$$

En remplaçant ici Y par sa valeur tirée de la formule (1), il vient

$$P = \left[\frac{(\Delta + \varepsilon)y}{F\Delta}\right]_{y=1} = \frac{\Delta + \varepsilon}{\Delta F}$$

ou

$$(2) \qquad P = \frac{1}{F}\left(1 + \frac{\varepsilon}{\Delta}\right).$$

Quand l'œil se trouve *en avant du foyer* ($\varepsilon > 0$), la puissance croît en même temps que ε ; il faut dans ce cas éloigner le plus possible l'œil du foyer principal, c'est-à-dire l'amener dans le voisinage de la dernière lentille du système. Si le centre de l'œil se trouve *au foyer principal* ($\varepsilon = 0$) on a

$$(3) \qquad P = \frac{1}{F}$$

et la puissance est alors indépendante de Δ.

Quand le centre de l'œil se trouve *après le foyer principal* ($\varepsilon < 0$), P augmente quand ε diminue et il faut par suite rapprocher l'œil autant que possib'e du foyer.

III. *Grossissement relatif (réel)* W. — Il est égal au rapport de l'angle Θ, sous lequel l'observateur voit l'image de l'objet, à l'angle Θ_0, sous lequel l'objet lui-même lui apparaît, *quand il l'observe directement* (c'est-à-dire quand cet objet se trouve à la distance Δ_0 mentionnée ci-dessus). On a donc $W = \Theta : \Theta_0$. Si on remplace les angles par leurs tangentes, il vient $W = \mathrm{tg}\,\Theta : \mathrm{tg}\,\Theta_0$. Mais on a $\mathrm{tg}\,\Theta = A_1 D : DC = Y : \Delta$, $\mathrm{tg}\,\Theta_0 = y : \Delta_0$, par suite

$$W = \frac{Y}{y} \cdot \frac{\Delta_o}{\Delta}.$$

En introduisant dans cette expression la valeur de $\dfrac{Y}{y}$ tirée de (1), il vient

$$W = \frac{\Delta_o\,(\Delta + \varepsilon)}{F\Delta},$$

ou

$$(4) \qquad W = \frac{\Delta_o}{F}\left(1 + \frac{\varepsilon}{\Delta}\right).$$

C'est là la formule la plus générale du grossissement réel, donné par un instrument d'optique. En comparant (2) et (4), on trouve

$$(4,\,a) \qquad\qquad W = P\Delta_o.$$

Si $\Delta_o = \varphi$, comme, par exemple, dans les microscopes, on a

$$(4,\,b) \qquad\qquad W = P\varphi.$$

2. Diaphragmes (pupilles). — Les quantités de lumière, qui partent des différents points d'un objet et peuvent traverser un système optique et donner une image, sont déterminées par la construction du système lui-même, c'est-à-dire par celles de ses parties, qui limitent d'une manière purement physique la largeur des faisceaux de rayons qui le traversent. On désigne ces parties sous le nom de *diaphragmes*. Les diaphragmes peuvent être constitués aussi bien par des plaques opaques particulières munies d'ouvertures circulaires, interposées sur le trajet des rayons, que par les lentilles elles-mêmes, ou plus exactement par les montures, dans lesquelles elles sont enchâssées.

La grandeur et la disposition des diaphragmes déterminent deux grandeurs très importantes : 1) la quantité de lumière qui traverse le système, et par suite *l'éclat de l'image* : 2) la *grandeur du champ visuel*, dont dépend la grandeur de la partie de l'objet, qui peut être observée d'un seul coup.

En général tous les rayons issus du point A de l'objet ne parviennent pas à son conjugué A' de l'image. L'ensemble des rayons, qui vont de A en A', forment au point A le *faisceau entrant* et au point A' le *faisceau sortant*.

Supposons que S (*fig. 301*) représente schématiquement le système optique, AB l'objet, p le diaphragme, placé *devant* le système. Nous appellerons l'image p' de ce diaphragme la *pupille de sortie* ou la *seconde pupille* du système; cette image peut être virtuelle (comme dans la figure 301) ou réelle. A et A', de même que c et c' sont des points conjugués; par suite Ac et A'c' sont des rayons conjugués. *La pupille de sortie forme donc la base des faisceaux de rayons sortants.*

Supposons que le système se compose des parties S_1 et S_2 (*fig. 302*), entre

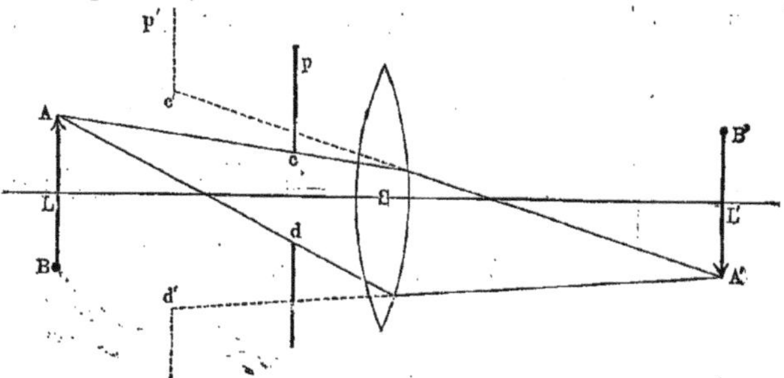

Fig. 301

lesquelles se trouve le diaphragme P, et soient p_1 et p_2 les images de ce dernier dans S_1 et S_2; p_1 s'appelle alors la *pupille d'entrée* ou la *première pupille*. Il est évident, que chacune des pupilles p_1 et p_2 représente l'image de l'autre, donnée par tout le système $S_1 + S_2$. On voit facilement, que tous les rayons, qui ont traversé le diaphragme P, doivent *dans le premier milieu* passer par p_1; il s'ensuit que les rayons, qui vont de l'objet à la pre-

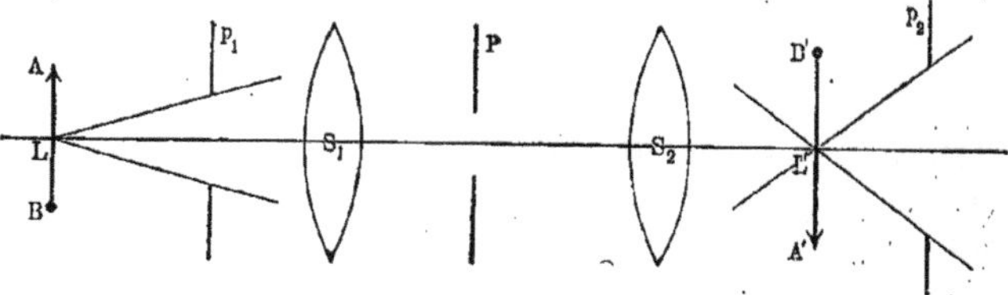

Fig. 302

mière pupille p_1, traversent p_2 et par suite tout le système; p_1 sert donc de base au faisceau entrant. On obtient finalement la proposition suivante : *la grandeur du faisceau de rayons entrant est déterminée par la première pupille, celle du faisceau sortant par la seconde.*

Si le système de lentilles présente plusieurs diaphragmes (en comptant comme tels les montures des lentilles), la première pupille est déterminée par l'image, qui est vue des points de l'objet *sous le plus petit angle.*

Ce qui précède montre clairement l'importance des pupilles, et par suite aussi des diaphragmes pour la quantité de lumière, qui traverse un système optique.

Nous passons maintenant à la question de la grandeur du *champ visuel*, en supposant l'objet assez grand, pour que l'image d'une partie seulement de celui-ci se forme dans le système optique. La grandeur du champ visuel est également déterminée par un certain diaphragme, qui s'appelle le *diaphragme actif du champ visuel* ou le *diaphragme principal*. Soient $S_1 + S_2$ (*fig.* 303) le système optique, P et ꟼ' deux diaphragmes, p, ꟼ' et s_2 les images de P, ꟼ' et de la lentille S_2, données par la lentille (ou le système) S_1. On voit de L sous l'angle le plus petit l'image p, qui est la *pupille d'entrée*. ꟼ' et S_2 sont traversés seulement par les rayons, qui ont traversé ꟼ' et s_2. Supposons que le plan Q serve d'objet; il est clair qu'aucun rayon venant du point O ne traverse le système, bien que l'on puisse mener de O des rayons allant à la première pupille p. Soit m le centre de la première pupille.

L'image du diaphragme, qui est visible du point m *sous l'angle minimum, détermine le diaphragme principal;* dans le cas donné ꟼ' est le diaphragme principal. L'angle AmB s'appelle l'*angle du champ visuel*.

Quand p ne coïncide pas avec Q, les différents points donnent un nombre différent de rayons, traversant le système $S_1 + S_2$. Les points A et B donnent la moitié du nombre de rayons, que donne le point L, car de A, par exemple,

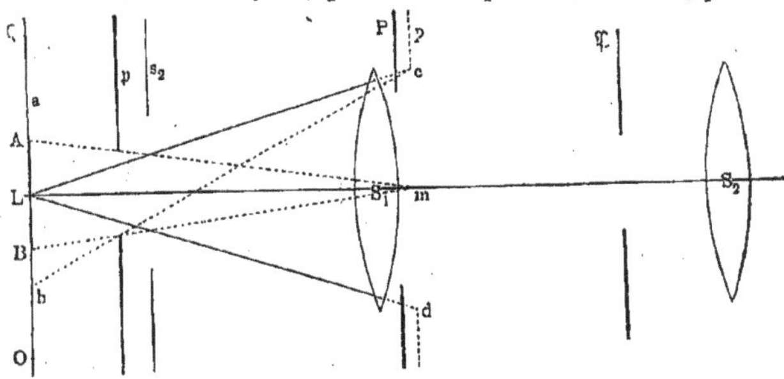

Fig. 303

ne sont issus que les rayons dirigés vers une moitié (*md*) de la première pupille. Il provient encore moins de rayons des points compris entre B et b. Par suite de ce fait le champ visuel apparaît indistinct et inégalement éclairé.

Mais si l'image p *du diaphragme principal coïncide avec le plan* Q, *le champ visuel AB est nettement délimité et présente partout le même éclat,* car de tous les points de AB proviennent des quantités égales de lumière, déterminées par l'ouverture *cd* de la première pupille, qui traversent le système $S_1 + S_2$.

C'est la raison pour laquelle on place le diaphragme principal à l'endroit où le système S_1 donne l'image de l'objet considéré, par exemple, pour un télescope dans le plan focal de l'objectif.

3. Ouverture. Eclat de l'image. — Désignons par α_1 l'angle formé par l'axe du cône de rayons entrant avec les génératrices de ce cône, et par α_2 l'angle analogue pour le faisceau sortant. Soient en outre n_1 et n_2 les indices de réfraction du premier milieu et du dernier, dans lesquels se trouvent l'objet et son image. La grandeur

$$(5) \qquad\qquad a = n_1 \sin \alpha_1$$

s'appelle l'*ouverture numérique* ou simplement l'*ouverture*. Cette grandeur joue un rôle très important dans l'appréciation d'un appareil d'optique. En supposant le système *aplanétique* (page 191), on peut alors appliquer la formule (85), page 191,

$$(6) \qquad \frac{\sin \alpha_1}{\sin \alpha_2} = \frac{n_2}{n_1} G,$$

dans laquelle G désigne le grossissement linéaire, donné par le système. Supposons en outre que l'image se forme dans l'air ($n_2 = 1$) et que l'angle α_2 soit très petit, comme cela a lieu, par exemple, dans les microscopes. On peut poser dans ce cas $\sin \alpha_2 = \alpha_2$ et admettre en outre, que la quantité de lumière totale q, qui se rassemble en un point de l'image, est proportionnelle à l'angle α_2, de sorte que l'on a

$$(6, a) \qquad q = c\alpha_2.$$

La formule (6) donne

$$(6, b) \qquad \alpha_2 = \frac{1}{G} n_1 \sin \alpha_1.$$

Des deux dernières formules et de (5) on tire

$$(6, c) \qquad q = Gn_1 \sin \alpha_1 = Ga.$$

La quantité de lumière, rassemblée par un système optique en un point, est proportionnelle à l'ouverture de ce système.

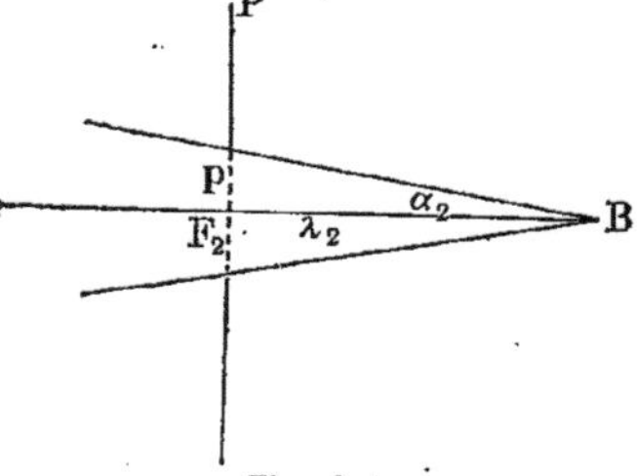

Fig. 304

ABBE a montré comment on peut déterminer pratiquement l'ouverture d'un système ; il a construit à cet effet un appareil particulier, qu'il a nommé *apertomètre*.

Pour quelques systèmes optiques, par exemple, pour le *microscope*, on trouve, que le second foyer principal F_2 (*fig.* 304) se trouve auprès du plan de la *seconde pupille*. Soit B un des points de l'image et $F_2B = \lambda_2$. Si α_2 est très petit, on peut poser

$$(7) \qquad \alpha_2 = \frac{p}{\lambda_2}.$$

La formule (6, b) donnait

$$\alpha_2 = \frac{1}{G} n_1 \sin \alpha_1 ;$$

nous avons en outre trouvé à la page 157 la formule (29, h)

$$G = \frac{\lambda_2}{F_2},$$

dans laquelle le signe est enlevé ; on en tire

$$\alpha_2 = \frac{F_2}{\lambda_2} \, n_1 \, \sin \alpha_1 = \frac{F_2}{\lambda_2} \, a.$$

En comparant cette expression à (7) on trouve

$$(8) \qquad a = \frac{p}{F_2}.$$

Si le second foyer principal F_2 se trouve dans le plan de la seconde pupille ou dans son voisinage (microscope), l'ouverture est égale au rapport du rayon de la seconde pupille à la seconde distance focale principale.

Passons maintenant à la question de l'*éclat de l'image* donnée par un système optique. Soit J, l'éclat intrinsèque de l'objet, c'est-à-dire la quantité de lumière envoyée par l'unité de surface de l'objet sur une surface égale à l'unité placée à l'unité de distance, les surfaces éclairante et éclairée étant toutes deux normales aux rayons ; soit de même J_2 l'éclat intrinsèque de l'image. Considérons une petite partie s_1 de l'objet et son image s_2. Si on applique la formule (7, a) du chapitre précédent (page 437) à s_1 et s_2, on obtient, pour les quantités de lumière Q_1 et Q_2 qui leur correspondent, les expressions suivantes

$$Q_1 = 2\pi J_1 s_1 \sin^2 \alpha_1$$
$$Q_2 = 2\pi J_2 s_2 \sin^2 \alpha_2.$$

En négligeant les réflexions et les absorptions, éprouvées par les rayons dans le système optique, on a $Q_1 = Q_2$ et on déduit

$$(8,\ a) \qquad \frac{J_1}{J_2} = \frac{s_2}{s_1} \cdot \frac{\sin^2 \alpha_2}{\sin^2 \alpha_1} = G^2 \frac{\sin^2 \alpha_2}{\sin^2 \alpha_1},$$

car $\frac{s_2}{s_1} = G^2$. Les formules (6) et (8, a) donnent

$$(9) \qquad \frac{J_2}{J_1} = \left(\frac{n_2}{n_1}\right)^2.$$

Le rapport $\frac{J_2}{J_1}$ se nomme *clarté*.

Dans la pratique on a ordinairement $n_1 = n_2 = 1$; dans ce cas *la clarté est égale à 1, c'est-à-dire que l'éclat de l'image est égal à celui de l'objet*. On peut dire que l'on a toujours $n_2 = 1$ et

$$(9,\ a) \qquad \frac{J_2}{J_1} = \frac{1}{n_1^2}.$$

Dans les microscopes à *objectif à immersion* (voir ci-dessous) on a $n_1 > 1$ et par suite la clarté est plus petite que 1 ou $J_2 < J_1$. On arrive dès lors à la proposition suivante :

Un système optique ne peut pas donner une image, dont l'éclat (page 436) serait plus grand que celui de l'objet lui-même, ou encore la clarté d'un système optique ne peut être plus grande que 1.

La pupille de notre œil n'est pas autre chose qu'un diaphragme. L'image de ce diaphragme, donnée par les parties de l'œil qui se trouvent devant la pupille, représente pour l'œil la *pupille d'entrée;* nous la voyons, lorsque nous regardons l'œil du dehors. Soit r le rayon de cette *pupille de l'œil.* Quand on regarde à travers un microscope, par exemple, on peut supposer que le plan de la pupille de l'œil coïncide avec le plan de la pupille de sortie du système optique. Désignons à nouveau par p le rayon de la pupille de sortie et supposons que $n_2 = n_1$ et $J_2 = J_1$. Si r est égal ou inférieur à p, l'éclat apparent de l'image $J = J_2 = J_1$. Mais si on a $r > p$, on a évidemment

$$(10) \qquad J = J_1 \frac{p^2}{r^2},$$

c'est-à-dire que *l'éclat apparent de l'image est moindre que l'éclat de l'objet, considéré à l'œil nu, quand le rayon p de la pupille de sortie du système optique est plus petit que le rayon r de la pupille de l'œil.* Remarquons que l'on a approximativement $r = 2$ millimètres.

Revenons maintenant aux instruments tels que le *microscope,* par exemple, auxquels s'applique la formule (8). Si on porte dans la formule (10) la valeur de p tirée de (8), on obtient l'expression

$$J = J_1 \frac{a^2 F_2^2}{r^2}.$$

On obtient d'après les formules (3) et (4, b)

$$(11) \qquad \begin{cases} J = J_1 \dfrac{a^2}{r^2} \cdot \dfrac{1}{P^2} \\[2ex] J = J_1 \dfrac{a^2}{r^2} \cdot \dfrac{\varphi^2}{W^2}, \end{cases}$$

où P désigne le grossissement absolu, W le grossissement réel et φ la distance minimum de vision distincte. Ces formules lient l'éclat de l'image, l'ouverture et le grossissement. Nous appellerons *grossissement normal* un grossissement P_0 ou W_0, tel que l'on ait $J = J_1$. Les formules (11) donnent pour ce *grossissement normal*

$$(12) \qquad \begin{cases} P_0 = \dfrac{a}{r} \\[2ex] W_0 = \dfrac{a}{r} \varphi. \end{cases}$$

Si on introduit P_0 et W_0 dans les formules (11), il vient

$$(13) \qquad \begin{cases} J = J_1 \dfrac{P_0^2}{P^2} \\[2ex] J = J_1 \dfrac{W_0^2}{W^2}. \end{cases}$$

On peut prendre P^2 et W^2 comme mesure du *grossissement superficiel*. Les formules (11) et (13) expriment les théorèmes suivants :

Pour une ouverture constante (P_o et W_o constants) l'éclat de l'image est inversement proportionnel au grossissement superficiel dans les instruments tels que le microscope, par exemple, auxquels s'applique la formule (8).

Pour un grossissement donné (P et W), l'éclat de l'image est, dans les mêmes instruments, proportionnel au carré de l'ouverture.

L'importance de l'ouverture ne se limite pas à ce que nous venons de dire. C'est d'elle encore que dépend le *pouvoir séparateur* d'un instrument d'optique, c'est-à-dire la faculté qu'il possède de donner des images nettement séparées de deux parties voisines l'une de l'autre d'un objet considéré. Soit d la distance de ces parties, λ la longueur d'onde des rayons qui éclairent l'objet, a l'ouverture. On peut démontrer que

$$(14) \qquad d = \frac{\lambda}{2a}.$$

L'ouverture $a = n \sin \varphi$ dans l'air ($n = 1$) ne peut évidemment pas être supérieure à 1. Mais si l'objet est placé dans un liquide, pour lequel n a une grande valeur, a peut être plus grand que 1, et on peut aller actuellement jusqu'à la valeur $a = 1,6$ (voir ci-dessous ce qui se rapporte aux systèmes à immersion). En prenant pour des rayons verts $\lambda = 0,00052$, on obtient pour les objets les plus petits visibles dans le microscope

$$(15) \qquad d = \frac{1}{6\,000} \text{ millimètre.}$$

L'ouverture a ne pouvant guère être encore agrandie, KÖHLER (*Phys. Ztschr.* **5**, p. 666, 1905 ; *Verh. d. d. phys. Ges.* **6**, p. 270, 1904) a eu l'idée d'augmenter encore plus le pouvoir séparateur, par conséquent de diminuer d, *en faisant décroître* λ. Il a obtenu ce résultat en éclairant l'objet avec la lumière *ultraviolette*. Il a employé la raie très intense du magnésium $\lambda = 280\mu\mu$, ou la raie du cadmium $\lambda = 275\mu\mu$. Dans le premier cas il se servait d'un oculaire fluorescent, et dans les deux cas de la méthode photographique. KÖHLER a construit et décrit avec ROHR (*Instr.* **24**, p. 341, 1904), un appareil microphotographique. Pour $\lambda = 275\mu\mu$ et $a = 1,25$, le résultat est le même que si pour la lumière du jour ($\lambda = 550\mu\mu$) l'ouverture était $a = 2,5$.
On voit par ce qui précède combien grande est l'importance de l'ouverture.

4. Loupe ou microscope simple. — On appelle loupe ou microscope simple une lentille biconvexe servant à regarder des objets. L'objet considéré AB (*fig.* 305) se place entre la loupe et le premier foyer principal F. On obtient ainsi une image virtuelle, droite et agrandie A_1B_1 ; le centre de l'œil se trouve à la distance ε du second foyer.

Il ne faut pas faire ici dans la formule (4) la distance Δ_0 de l'œil à l'objet égale à CD, car à la distance CD on ne peut pas (sans loupe) voir l'objet ; il faut poser $\Delta_0 = \varphi$. Les formules (1) et (2) du grossissement géométrique G et de la puissance P restent applicables sans changement; il faut faire dans la formule (4) $\Delta_0 = \varphi$, de sorte que *le grossissement réel est égal à*

$$W = \frac{\varphi}{F} + \frac{\varepsilon\varphi}{F\Delta},$$

où $\Delta = CE$ désigne la distance du centre de l'œil à l'image de l'objet. En pratique, on place la loupe de façon que Δ soit égal à la distance minimum de vision distincte φ. On a dans ce cas

$$G = \frac{\varphi}{F} + \frac{\varepsilon}{F}$$

$$P = \frac{1}{F} + \frac{\varepsilon}{F\varphi}$$

$$W = \frac{\varphi}{F} + \frac{\varepsilon}{F} = G,$$

c'est-à-dire que le *grossissement réel est égal au grossissement géométrique.*

Le grossissement le plus fort est obtenu pour $\varepsilon = F$, c'est-à-dire quand le

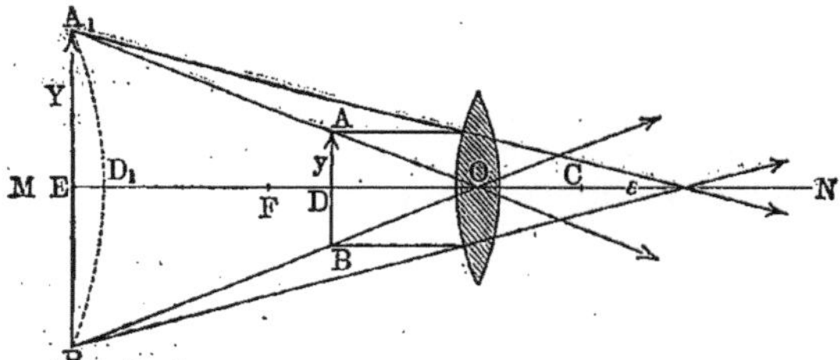

centre de l'œil coïncide avec le centre optique de la loupe (dans les changements de position de l'œil la condition $\Delta = \varphi$ doit rester satisfaite), ce qui est pratiquement irréalisable. Toutefois si

Fig. 305

F n'est pas très petit on peut poser $\varepsilon = F$, en appliquant l'œil tout contre la loupe. On a dans ce cas pour les deux grossissements G et W

$$(16) \qquad G = W = \frac{\varphi}{F} + 1$$

et pour la puissance

$$(17) \qquad P = \frac{1}{F} + \frac{1}{\varphi}.$$

Quand F *est petit* en comparaison de φ et que la loupe se trouve contre l'œil même, ε est également petit en comparaison de φ (car on a $\varepsilon < F$) et on peut écrire les relations suivantes

$$(18) \qquad \begin{cases} G = W = \dfrac{\varphi}{F} \\ P = \dfrac{1}{F}. \end{cases}$$

Les grossissements sont égaux au rapport de la distance φ (25 centimètres) *à la distance focale* F; *la puissance* P *est inversement proportionnelle à la distance focale* F. On peut aussi établir immédiatement la formule (16). On voit sur la figure que l'on a $G = \dfrac{A_1 B_1}{AB} = \dfrac{EO}{DO}$. Mais d'après la formule (43), page 165,

$$\frac{1}{f_1} + \frac{1}{f_2} = \frac{1}{F},$$ on a $f_1 = OD$, $f_2 = -OE$, et par suite $G = -\dfrac{f_2}{f_1}$.

La même formule donne

$$f_1 = \frac{F f_2}{f_2 - F} = \frac{F \varphi}{\varphi + F},$$

car on a $f_2 = OE = -\varphi$. Par suite

$$G = -\frac{f_2}{f_1} = \frac{\varphi}{f_1} = \frac{\varphi + F}{F} = \frac{\varphi}{F} + 1.$$

Au lieu d'une lentille on emploie parfois un système de deux ou de trois lentilles, constituant une *loupe composée*. Nous avons vu, voir (77, *b*), page 182, que deux lentilles, de distances focales F' et F" et à la distance δ l'une de l'autre, sont équivalentes à une lentille unique de distance focale F, telle que l'on ait entre F, F', F" et δ la relation suivante

$$\frac{1}{F} = \frac{1}{F'} + \frac{1}{F''} - \frac{\delta}{F'F''}.$$

La figure 306 représente la loupe de Fraunhofer; Wilson, Ploessl, Wollaston et d'autres ont également construit des loupes composées. Le but principal recherché dans la combinaison de plusieurs lentilles est un fort grossissement avec des aberrations sphérique et chromatique les plus faibles possibles.

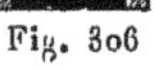

Fig. 306

La loupe cylindrique, représentée en coupe par la figure 307, est très répandue; elle se compose d'un petit cylindre de

Fig. 307

verre, dont les bases sont convexes et possèdent une courbure différente. On place l'objet à observer (par exemple la microphotographie d'un paysage) sur la face la moins convexe, qui est parfois plane, et on approche l'autre de l'œil. On se rend facilement compte que cette loupe donne des images droites, agrandies.

5. Oculaires composés. — On obtient dans les microscopes et dans les lunettes et télescopes des images réelles des objets à l'aide de l'objectif; ces images sont considérées à travers l'oculaire, qui sert ici de loupe. L'oculaire peut être ou simple ou composé, c'est-à-dire être formé d'une ou de plusieurs lentilles. Les oculaires les plus employés sont ceux d'Huygens (ou de Campani) et de Ramsden.

L'*oculaire* d'Huygens est représenté par la figure 308; il se compose de deux lentilles plan-convexes *a* et *b*, dont les faces courbes sont tournées du côté de l'objectif. En toute rigueur la lentille *a* doit être considérée comme faisant partie de l'objectif, car l'image de l'objet se forme entre *b* et *a* en *cd*, où se trouvent aussi les fils du micromètre oculaire. L'image est regardée à trávers la loupe b. Entre la distance focale F' de la lentille a, la distance mutuelle D des lentilles et la distance focale F'' de b existent les relations suivantes

$$\frac{F'}{3} = \frac{D}{2} = \frac{F''}{1},$$

d'où l'on tire

$$F' = \frac{3}{2} D, \quad F'' = \frac{1}{2} D.$$

C'est ce qu'on exprime en disant que les oculaires d'Huygens, appelés aussi oculaires *négatifs*, sont construits sur le symbole 3, 2, 1 adopté par Dollond. Les formules (75) et (77, *a*), pages 181 et 182, donnent pour la distance focale F de tout le système et les distances h_1 et h_2 des plans principaux aux lentilles (dont les épaisseurs sont supposées très petites)

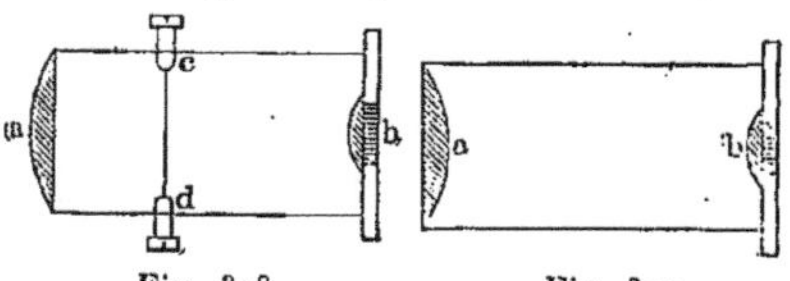

Fig. 308   Fig. 309

$$F = \frac{3}{4} D = \frac{1}{2} F' = \frac{3}{2} F''$$

$$h_1 = 3h_2 = \frac{3}{2} D = F' = 3F''.$$

La distance δ entre les plans principaux est

$$\delta = \pm (D - h_1 - h_2).$$

On a dans notre cas

$$\delta = D = \frac{2}{3} F' = 2F''.$$

L'oculaire de Ramsden est le type des oculaires *positifs*; il se compose (figure 309) de deux lentilles plan-convexes se regardant par leurs faces courbes, et formant ensemble une loupe composée, avec laquelle on regarde l'image donnée par l'objectif. On a pour cet oculaire les relations

$$\frac{F'}{3} = \frac{D}{2} = \frac{F''}{3},$$

d'où l'on tire

$$F' = F'' = \frac{3}{2} D.$$

On trouve comme plus haut

$$F = \frac{9}{8} D = \frac{3}{4} F' = \frac{3}{4} F''$$

$$h_1 = h_2 = \frac{3}{4} D = \frac{1}{2} F' = \frac{1}{2} F''$$

$$\delta = \frac{1}{2} D = \frac{1}{3} F' = \frac{1}{3} F''.$$

L'oculaire d'Huygens et l'oculaire de Ramsden possèdent tous deux de faibles aberrations chromatique et sphérique. Nous nous contenterons d'indiquer comment est réalisé l'achromatisme dans l'oculaire de Ramsden. Soit o (*fig.* 310) un point appartenant à l'image achromatique de l'objet, donnée par l'objectif et qui se trouve dans le plan des fils du micromètre oculaire. Le rayon

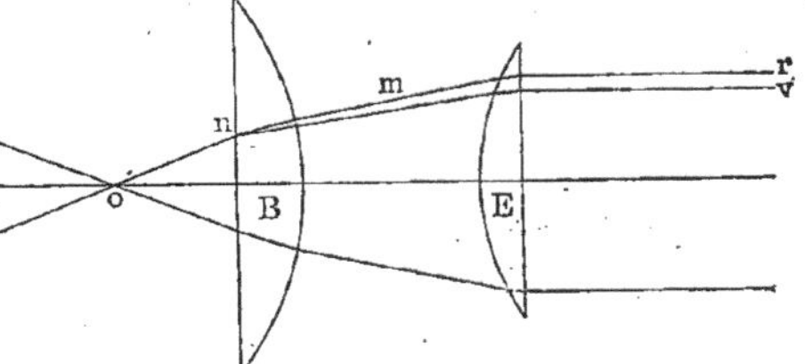

Fig. 310

on est décomposé dans son passage à travers la première lentille B en ses parties constituantes, de sorte que le rayon rouge m se trouve à une plus grande distance de l'axe optique du système que le rayon violet. Dans son passage à travers la seconde lentille E le rayon rouge r est plus fortement réfracté que s'il avait la direction du rayon violet v, car il se trouve plus près du bord de E. Cette circonstance fait que les rayons rouge et violet sortent presque parallèles et l'achromatisme de l'oculaire de Ramsden se trouve ainsi réalisé.

Nous devons rappeler ici, que nous avons déjà représenté dans le Tome I (*fig.* 133, page 302), outre deux microscopes munis des oculaires d'Huygens et de Ramsden, l'oculaire de Gauss (*fig.* 134) et celui de Lamont-Abbe construit par Martens.

6. Microscopes. — Les règles théoriques et pratiques pour la construction des microscopes se sont tellement multipliées dans ces derniers temps que de nombreux ouvrages spéciaux leur ont été consacrés. Nous devons nous borner dans notre traité à quelques remarques générales.

Le *microscope* se compose d'un objectif à courte distance focale — l'objet doit se trouver *au delà* du foyer, le plus près possible de ce dernier — et d'un oculaire (le plus souvent d'un oculaire d'Huygens), qui sert à considérer l'image réelle, renversée et agrandie de l'objet, donnée par l'objectif.

La figure 311 indique la marche des rayons. L'objet ab se trouve près de l'objectif CD, qui est représenté ici sous la forme d'une lentille simple, mais est en réalité formé de plusieurs lentilles. On n'emploie plus aujourd'hui d'objectif simple, qui donnerait une image $a'b'$, convexe du côté de l'oculaire, car le point c se trouve plus près du centre de l'objectif que les points a et b. La relation générale

$$\frac{1}{f_1} + \frac{1}{f_2} = \frac{1}{F}$$

entre la distance f_1 d'un point et la distance f_2 de son image à la lentille nous donne

(19)
$$f_2 = \frac{F}{1 - \dfrac{F}{f_1}}.$$

Il s'ensuit que pour f_1 positif et plus grand que F, ce qui correspond à notre cas, f_2 croît quand f_1 décroît. La première lentille EF de l'oculaire composé transporte pour ainsi dire l'image $a'b'$ en $a''b''$, qui est concave du côté de l'œil et voici pourquoi : on peut considérer $a'b'$ comme un objet virtuel, dont la distance f_1 à la lentille EF est négative. La formule (19) nous montre, que f_1 étant négatif la distance f_2 croît lorsque f_1 croît en valeur absolue. Par suite $a''b''$ serait fortement concave du côté de AB, si $a'b'$ était plan. La convexité de $a'b'$ est alors non seulement détruite, mais $a''b''$ devient même légèrement concave du côté de AB. Cette dernière lentille AB donne de $a''b''$ une image virtuelle $a'''b'''$, agrandie et droite par rapport à $a''b''$, c'est-à-dire renversée par rapport à l'objet. Si $a''b''$ était plan, $a'''b'''$ serait convexe du côté de AB, voir la figure 305, page 486. Mais le point z'' est un peu plus éloigné de AB que a'' et b'',

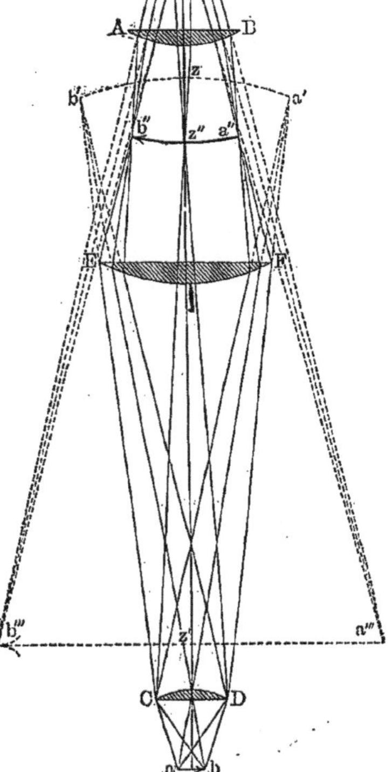

Fig. 311

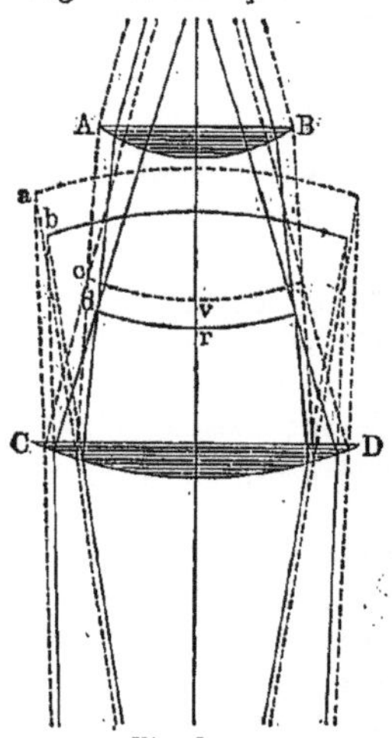

Fig. 312

et cette circonstance fait que son image se forme un peu plus près de la lentille AB, car d'après la formule (19) pour $f_1 < $ F les valeurs *absolues* de f_1 et de f_2 varient dans le même sens. On obtient dès lors une image $a'''b'''$ qui n'est pas convexe, mais *plane ;* c'est là un des avantages de l'oculaire considéré.

L'oculaire doit en outre former avec l'objectif un système achromatique. Parfois aucun des deux pris séparément n'est achromatique, mais l'un corrige le chromatisme de l'autre. La figure 312 montre comment ceci est obtenu ; les rayons rouges y sont représentés par des traits continus, les rayons violets

par des traits en pointillé. L'objectif non achromatique donne une infinité
d'images, dont les points violet a et rouge b sont les extrêmes ; la lentille CD
les transporte en c et d. Dans la lentille AB, les rayons violets sont réfractés
plus fortement que les rouges, mais comme le point violet c se trouve plus
près de AB que le point rouge d et que les rayons violets tombant sur AB
forment par suite un faisceau plus divergent que les rouges, les uns et les
autres sortent de la lentille AB dans des directions parallèles et l'achromatisme de l'image finale est ainsi obtenu. Aujourd'hui cependant on rend
autant que possible l'objectif et l'oculaire achromatiques séparément.

La puissance P du microscope est égale à $\frac{1}{F}$, où F est la distance focale de
tout le système, car dans la formule (2), page 478, ε est toujours petit par
rapport à Δ (le second foyer principal de tout le système coïncide presque
avec le second foyer principal de l'oculaire). Si F' et F" sont les distances
focales principales de l'objectif et de l'oculaire, D la distance de ces derniers
l'un à l'autre, on peut dans la formule générale (77, b), page 182,

$$(20) \qquad P = \frac{1}{F} = \frac{1}{F'} + \frac{1}{F''} - \frac{D}{F'F''} = \frac{F' + F'' - D}{F'F''}$$

négliger les grandeurs F' et F" vis-à-vis de D, de sorte qu'on obtient pour la
puissance du microscope l'expression suivante

$$(21) \qquad P = - \frac{D}{F'F''}.$$

Le signe moins signifie, que l'image obtenue est renversée. Le grossissement
géométrique G est ici égal au grossissement réel W (pages 479 et 486), car il
faut poser, comme pour la loupe, dans les formules (1) et (4), $\Delta = \Delta_0 = \varphi$;
l'image vue dans le microscope doit se trouver, comme l'objet considéré
directement, à la distance minimum de vision distincte. Si on néglige à
nouveau la grandeur ε vis-à-vis de $\Delta = \varphi$, il vient

$$W = G = \frac{\varphi}{F}.$$

On tire la même formule de (4, a), en y portant (20) et y faisant $\Delta_0 = \varphi$.

En introduisant ici F tiré de la formule (20) et négligeant à nouveau les
grandeurs F' et F" vis-à-vis de D, on obtient comme *grossissement vrai du
microscope*

$$(22) \qquad W = \frac{D\varphi}{F'F''}.$$

Cette formule peut aussi s'établir directement. Le grossissement W est égal à
$W_1 W_2$, où W_1 est le grossissement de l'objectif, W_2 celui de l'oculaire. On a en
outre $W_1 = \frac{f_2}{f_1}$, où f_1 est la distance de l'objet, f_2 celle de l'image (réelle) à
l'objectif ; mais f_1 et f_2 diffèrent peu de F' et D, on a donc $W_1 = \frac{D}{F'}$. On a d'autre

part d'après la formule (18) $W_2 = \dfrac{\varphi}{F''}$, et par suite $W = W_1 W_2 = \dfrac{D\varphi}{F'F''}$.

Les *objectifs* doivent dans les microscopes récents satisfaire à toute une série de conditions : les aberrations sphérique et chromatique doivent être aussi faibles que possible ; la distance focale F' doit être petite, la distance de l'objet à la surface antérieure de la première lentille (*distance frontale*) étant *relativement* grande ; le champ visuel doit être grand. On ne peut satisfaire à toutes ces conditions, qu'en formant l'objectif de plusieurs lentilles.

Avant ces derniers temps chacune des lentilles de l'objectif était double, mais en général non achromatique.

La figure 313 donne un exemple d'objectif composé ; il est formé de quatre lentilles, dont les deux inférieures peuvent être élevées ou abaissées *séparément* par rotation autour d'un anneau. Ceci sert à diminuer l'aberration, produite par le petit verre qui recouvre ordinairement l'objet et qui dépend de l'épaisseur de ce verre. Cette aberration est due à une cause analogue à celle de l'aberration *sphérique* dans les lentilles.

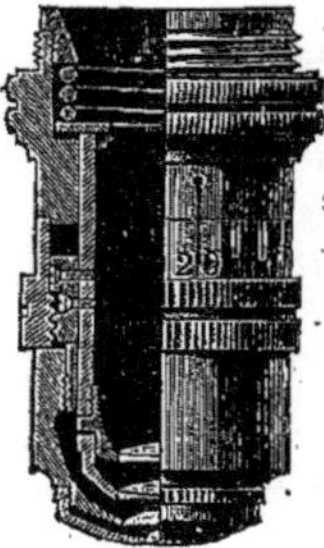

Fig. 313

La présence d'un liquide, par exemple, d'une *goutte d'eau* entre la lamelle qui recouvre l'objet et la lentille frontale, présente de grands avantages ; on obtient ainsi ce qu'on appelle un *système* ou un *objectif à immersion*. C'est en 1840 qu'Amici proposa le premier système à immersion ; E. Hartnack (1855) perfectionna ensuite ce système, et enfin en 1878 Abbe proposa le *système à immersion homogène*, dans lequel la lamelle qui recouvre l'objet, le liquide et la première lentille de l'objectif ont à peu près les mêmes indices de réfraction, de sorte que les rayons issus d'un point quelconque de l'objet se propagent presque rectilignement jusqu'à leur sortie de la première lentille de l'objectif. On se sert ordinairement comme liquide d'huile de cèdre, qui a pour indice de réfraction $n_D = 1,515$. L'importance des systèmes à immersion, en raison de l'accroissement de l'ouverture, a déjà été mise en relief au § 3.

Nous avons indiqué à la page 185, un cas remarquable d'absence complète d'aberration sphérique, pour des rayons issus d'un point S à l'intérieur d'une sphère de rayon R, sa distance au centre de la sphère étant égale à $a = R : n$, où n désigne l'indice de réfraction de la substance de la sphère. Amici a réalisé le premier ce cas, en construisant des objectifs composés, dans lesquels la première lentille avait la forme d'une demi-sphère. Le point considéré de l'objet coïncide ici avec le point S (*fig*. 95), situé en dehors de la lentille, par exemple, dans l'air. En employant un système à immersion, en particulier un système homogène d'Abbe, il parvient

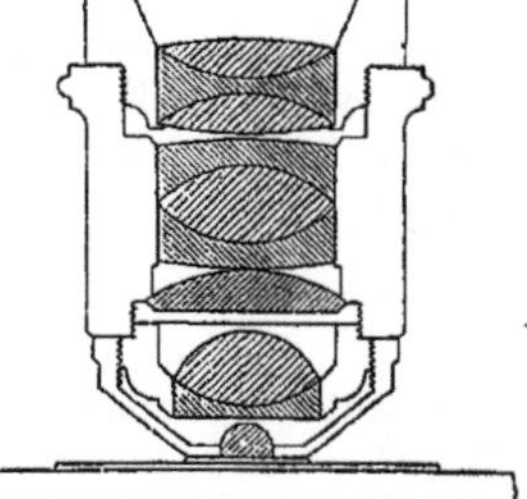

Fig. 314

à l'objectif un faisceau de rayons très large, qui traverse la première lentille sans aberration sphérique. C'est sur ce principe que reposent les perfectionnements apportés par Zeiss dans la construction des microscopes, sur les indications d'Abbe. Ses *objectifs apochromatiques* sont des objectifs composés, qui possèdent un aplanétisme et un achromatisme très grands. La figure 314 montre la construction d'un objectif apochromatique : il se compose de cinq lentilles, dont une double et deux triples ; la dernière a la forme d'une demi-sphère.

La monture des microscopes varie beaucoup, selon les ateliers d'où sortent les appareils.

La figure 315 représente un des microscopes les plus récents. Toute la partie supportée par le pied peut tourner autour d'un axe horizontal, de sorte qu'on peut amener le tube, dans lequel sont montés l'objectif et l'oculaire, dans une position quelconque entre l'horizontale et la verticale. La longueur du tube se règle par le tirage à l'aide de l'échelle A. Trois objectifs (système à révolver) peuvent être rapidement remplacés l'un par l'autre. La vis T sert pour une mise au point approchée, la tête de vis *m* pour une mise au point exacte. Au-dessous de la tablette de l'objectif se trouve le système d'éclairage d'Abbe, qui comprend le miroir S, le diaphragme J et un système de lentilles (*condensateur*). Sur la figure 316 sont représentés en *a* et *b* des condensateurs formés de deux et de trois lentilles. La figure 317 représente un *diaphragme iris* avec une ouverture

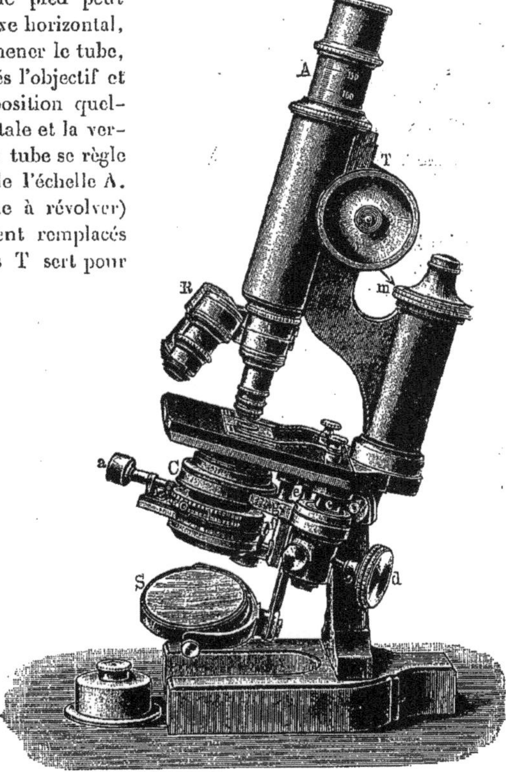

Fig. 315

circulaire, dont on peut faire varier à volonté le rayon, en tournant une tête de vis visible en *a* sur la figure 315.

Pour la *détermination expérimentale du grossissement du microscope* on vise à travers le microscope un micromètre objectif, c'est-à-dire une plaque de verre, sur laquelle sont tracées des divisions très fines, distantes de $0^{mm},01$, par exemple, et à l'aide d'une *chambre claire* (de Nachet, Nobert, etc.), qui permet de voir simultanément l'image de l'objet dans le microscope et une échelle placée sur une table à côté de lui, on compare la grandeur des divisions vues dans le microscope à celle des divisions de cette échelle.

Pour apprécier la valeur pratique d'un microscope on peut se servir de sa faculté de rendre visibles de petits traits sur des plaques de verre préparées dans ce but. Nobert est le premier qui ait préparé de telles plaques : la distance de leurs traits oscille entre $\frac{1}{1\,000}$ et $\frac{1}{20\,000}$ de ligne de Paris ([1]). On se sert également comme *test-objets* naturels des écailles des ailes d'un papillon,

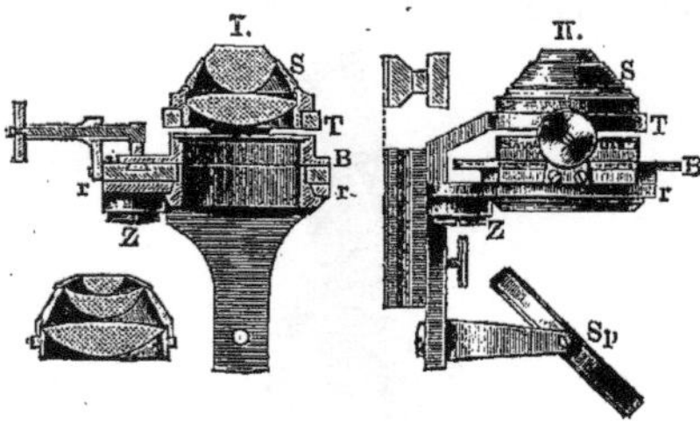

Hipparchia Janira, et pour les microscopes les plus puissants, des diatomées Navicula et Pleurosigma, qui présentent des bandes ou des raies très fines.

Il existe des microscopes avec 2, 3 et 4 tubes, qui permettent à plusieurs observateurs de considérer simultanément le même objet. Ces appareils comprennent en plus des lentilles ordinaires des miroirs ou des prismes à réflexion totale.

Fig. 316

Il existe en outre des microscopes à deux tubes pour la vision binoculaire. Bien que les images ainsi observées par les deux yeux soient égales entre elles, il se produit cependant un *effet stéréoscopique* (voir le chapitre suivant), car les deux images n'ont pas le même éclat. Nachet, Riddel et Wenham ont construit de tels *microscopes binoculaires*. La figure 318 représente le microscope de Nachet, la figure 319 en montre la construction intérieure ; il est basé sur l'emploi de plusieurs prismes à réflexion totale.

Fig. 317

C. Chabrié a construit, sur un principe entièrement nouveau, un instrument appelé *Diastoloscope*, qui sert à obtenir de très forts grossissements et à mesurer les déplacements des objets lumineux. Si un disque circulaire lumineux se trouve dans un plan perpendiculaire à l'axe d'un cône à base circulaire en cristal, l'image de ce disque sur un écran est un anneau circulaire. Plus un point est voisin du centre dans le disque-objet, plus son image est voisine de la plus grande circonférence de l'anneau. La distance de deux points, pris sur une petite circonférence dessinée sur un objet lumineux et concentrique à cet objet supposé circulaire, est très augmentée sur la circonférence image ; la distance de deux points sur un rayon mené du centre de l'objet lumineux à une circonférence déterminée prise sur l'objet est à peine augmentée dans l'image. Le Diastoloscope consiste en une monture en cuivre servant de support à un cône à base circulaire en cristal dont l'axe est dans le prolongement de celui d'un autre cône circulaire de même substance, plus petit, monté à l'extrémité d'un tube, glissant à frottement doux à l'intérieur de la première monture. L'ap-

([1]) Depuis, Grayson de Melbourne a préparé des plaques du même genre qui renferment jusqu'à 120 000 lignes (1 ligne = 2,^{mm}256) par pouce anglais.

pareil s'adapte à la place de l'oculaire d'un microscope ; il est formé de deux cônes, pour réduire les effets de la dispersion sur la netteté des images. C. Chabrié a donné la théorie de cet instrument ; il pense qu'il peut réaliser des grossissements de 5 000 à 6 000 diamètres ([1]).

Nous allons nous occuper maintenant d'un travail très intéressant de Siedentopf et Zsigmondy ([2]), qui ont élaboré une méthode pour rendre visibles des *particules ultramicroscopiques*, ou plus exactement pour les *rendre perceptibles séparément*. Comme nous l'avons vu à la page 485, la limite du pouvoir séparateur d'un microscope est environ $\frac{1}{6\,000}$ millimètre, c'est-à-dire que deux points, qui se trouvent à une distance moindre, ne peuvent plus avoir d'*images* visibles séparément. Par suite des phénomènes de diffraction les points lumineux donnent, comme nous l'avons vu, de petits cercles lumineux, qui ne peuvent plus être considérés comme des images de ces points : à cause de ces cercles de diffraction il ne peut se produire aucune *image* d'un objet plus petit que

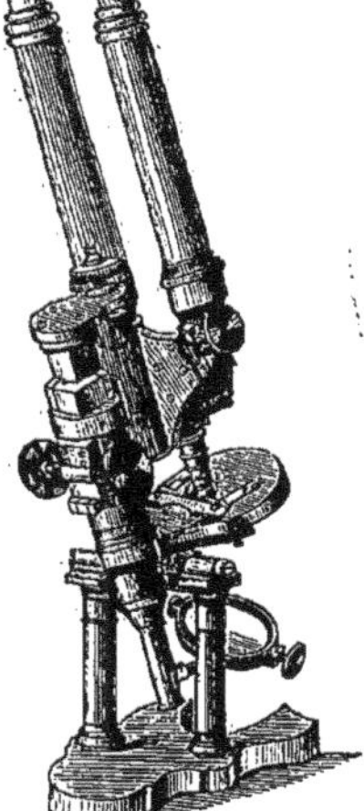

$\frac{1}{6\,000}$ millimètre ; un tel objet ne peut donc pas être vu dans le microscope, c'est-à-dire qu'il ne peut être considéré dans ses parties.

Mais il ne résulte pas de ce qui précède, que nous ne pouvons pas nous *rendre compte* avec l'œil de l'existence d'un corps de plus petites dimensions. Un corps est perceptible pour nous optiquement, si les rayons qui en sont issus produisent sur la rétine de notre œil une excitation d'une intensité suffisante. Il n'est donc pas nécessaire, qu'il se forme une *image* du corps ; il faut seulement que le cercle de diffraction possède une intensité suffisante. En résumé : *le point le plus petit*

Fig. 318

est lui-même visible, c'est-à-dire perceptible, pourvu que l'intensité de son rayonnement soit suffisante. C'est ainsi que nous parlons, par exemple, d'étoiles *visibles*. Cependant les étoiles sont en réalité beaucoup trop éloignées, pour nous être visibles, c'est-à-dire pour pouvoir être vues comme des corps. Nous *constatons* seulement leur existence, la lumière qu'elles émettent et qui pénètre dans notre œil étant suffisante, pour produire une excitation optique sensible. Si on fait sur une plaque de verre argentée une raie de $0,1\ \mu$ de largeur et qu'on l'éclaire assez fortement, on voit cette fente, bien qu'il ne puisse s'en former

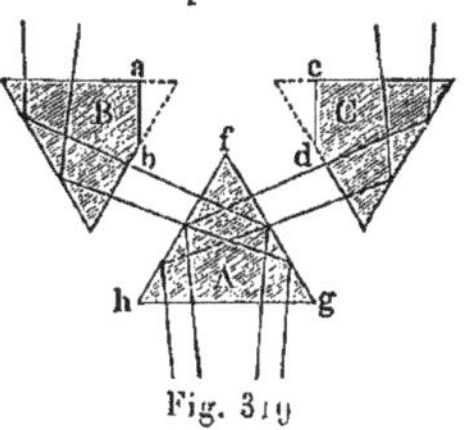

Fig. 319

une image sur la rétine.

C'est sur ce qui précède que repose la méthode Siedentopf et Zsigmondy pour rendre visibles des particules ultramicroscopiques, par exemple, les

([1]) C. R. **138**, p.p. 265, 349, 560, 799 (1904) ; *Ann. de chim. et de phys.* (8) **2**, p. 449, (1904).
([2]) *Drud. Ann.* **10**, p. 1, 1903.

paillettes d'or excessivement fines répandues dans le verre rubis. *Il est simplement nécessaire pour cela d'éclairer suffisamment ces paillettes et de les regarder à travers un microscope.* Quand la distance entre les particules est suffisante, c'est-à-dire quand elle n'est pas ultramicroscopique, leurs cercles de diffraction doivent être perceptibles séparément.

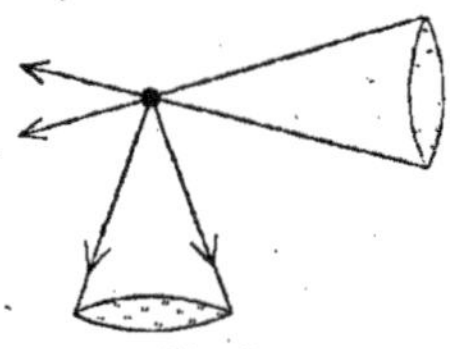

Pour produire un éclairage intense on se sert du *condenseur.* Pour que les rayons éclairants ne soient pas trop gênants, leur direction doit être normale à l'axe du microscope, comme le représente schématiquement la figure 320.

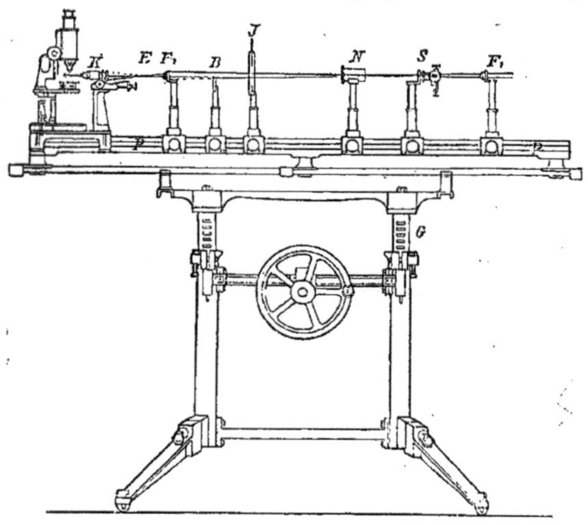

Fig. 320

Pour produire l'éclairage le plus intense possible d'un très petit volume, on s'est servi de la disposition représentée par la figure 321. Les rayons solaires réfléchis par un héliostat (voir ci-dessous) pénètrent par un diaphragme iris (*fig.* 317, page 494) dans l'espace assombri servant à l'observation, où se trouve le support mobile G d'un banc optique avec un prisme métallique P. Les rayons solaires atteignent d'abord l'objectif de lunette F_1 (d'environ 100 millimètres de distance focale), qui donne dans le plan de la

Fig. 321

fente horizontale S une grosse image du soleil d'environ 1 millimètre. La largeur de la fente varie selon les besoins de $0^{mm},05$ à $0^{mm},5$, la longueur horizontale de $0^{mm},1$ à 2 millimètres ; N est un polariseur (voir ci-dessous) nécessaire pour certaines recherches ; J est un diaphragme iris, B un diaphragme en forme de fermoir, à l'aide duquel on peut intercepter la moitié inférieure des rayons. Un second objectif de lunette F_2 de 80 millimètres de distance focale donne dans le plan de l'image E du condenseur K une image quatre fois plus petite de la fente E. L'objectif de microscope utilisé comme

condenseur donne alors de cette image E une nouvelle image encore 9 fois
plus petite environ, au milieu du corps à étudier. Ce corps est fixé à l'objectif
du microscope qui sert à l'observation : il peut consister en un corps solide
(verre rubis) ou en un vase spécial avec un liquide.

On voit dans le microscope l'image représentée par la figure 322 : à l'intérieur du champ visuel orbiculaire, on voit le cône de lumière qui se rétrécit
d'abord et s'élargit ensuite à nouveau. La partie la plus étroite correspond à
l'image de la fente S donnée par le condenseur.

La largeur du cône correspond à la longueur de la fente, et la *profondeur*
de la bande lumineuse, dont on ne peut juger qu'en
changeant la mise au point du microscope, correspond à la largeur de la fente.

On aperçoit à l'intérieur du cône les cercles de
diffraction, produits par les particules ultramicroscopiques. D'après un calcul de Siedentopf la plus
petite grandeur superficielle rendue visible pour
l'œil par cette méthode serait 36 $(\mu\mu)^2$; ceci correspond à la dimension linéaire 6 $\mu\mu$, par suite à dix
fois environ l'ordre de grandeur des molécules moyennes (0,6 $\mu\mu$).

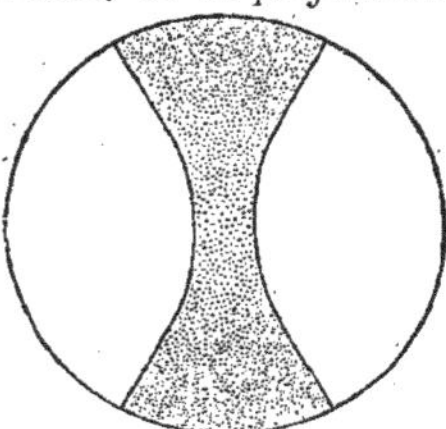
Fig. 322

Siedentopf et Zsigmondy ont cherché aussi à déterminer la grandeur des
particules d'or qui se trouvent dans le verre rubis, en comptant le nombre des
particules contenues dans un certain volume, dont la masse totale était déterminée d'après la teneur en or du verre. Cependant Quincke (¹) ne considère
pas ces déterminations comme à l'abri de toute critique. La méthode que
nous venons de décrire peut acquérir une grande importance dans l'étude des
milieux troubles, des solutions colloïdales, etc.

Cotton et Mouton (²) ont donné à la méthode de Siedentopf et Zsigmondy
une forme très commode. Une goutte du liquide à étudier est recouverte par
un petit verre et le faisceau lumineux pénètre dans le liquide par dessous,
sous une incidence telle qu'il subit la réflexion totale sur la face supérieure du
petit verre ; les rayons servant à l'éclairement ne peuvent pas ainsi arriver
dans le microscope.

7. Réfracteurs astronomiques. — Les appareils, qui servent à *armer
l'œil* pour l'observation d'objets plus ou moins éloignés, s'appellent en général
des *lunettes*. Ceux d'entre eux dont l'objectif est un miroir, s'appellent, en
France, des *télescopes* ou encore quelquefois des lunettes *catoptriques*, par opposition aux lunettes ordinaires, ou *dioptriques*, dont l'objectif est un
système de lentilles : ceci revient à distinguer les *réfracteurs* et les *réflecteurs* : dans les premiers, l'image considérée à travers l'oculaire est produite par une lentille, l'objectif, et dans les derniers elle est formée par un
miroir concave. Dans les réfracteurs, l'objectif et l'oculaire doivent posséder
les aberrations chromatique et sphérique les plus faibles possible. La figure
323 représente la marche générale des rayons dans un réfracteur, les rayons

(¹) C. R. **136**, p. 1657, (1903) ; **138**, p.p. 1584, 1692, (1904).
(²) *Verh. d. d. phys. Ges.* **5**, p. 108, 1903.

Chwolson. — Traité de Physique II₃.   33

M partent ici du bord supérieur, les rayons N du bord inférieur de l'objet éloigné. La première lentille de l'oculaire d'Huygens se trouve entre l'objectif et son foyer et elle donne l'image n_1m_1 de l'objet, qui est alors transformée en une image agrandie $n'm'$ par la seconde lentille nm. L'image obtenue est donc renversée.

La figure 324 représente un objectif achromatique; il se compose d'une

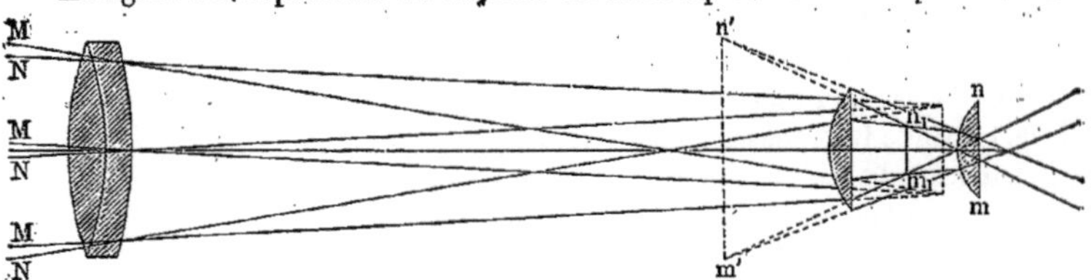

Fig. 323

lentille biconvexe en crown-glass et d'une lentille presque plan-convexe, tournée vers l'oculaire. Les surfaces des lentilles, qui se regardent, possèdent presque la même courbure. Les lentilles, dont le diamètre ne dépasse pas, par exemple, quatre pouces, sont collées l'une à l'autre par du baume de Canada, ce qui diminue les pertes de lumière par réflexion. Les lentilles de plus grandes dimensions sont séparées l'une de l'autre par trois petits morceaux de papier d'étain de même épaisseur intercalés entre leurs bords.

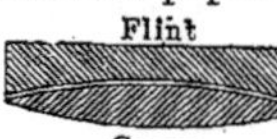

Fig. 324

Le grossissement réel W est égal au rapport de l'angle Θ, sous lequel l'œil de l'observateur voit l'image de l'objet, à l'angle Θ_0, sous lequel il voit l'objet lui-même. Comme ces deux angles sont très petits, on peut les remplacer par leurs tangentes et poser

$$W = \frac{\Theta}{\Theta_0} = \frac{\operatorname{tg}\Theta}{\operatorname{tg}\Theta_0}.$$

Soit α la grandeur de l'image réelle, donnée par l'objectif; si on suppose que l'objet se trouve à une très grande distance de la lunette, on peut prendre Θ_0 égal à sa grandeur angulaire, comptée à partir du centre de l'objectif; cette dernière est aussi égale à la grandeur angulaire de l'image, également comptée à partir du centre de l'objectif, c'est-à-dire que l'on a $\operatorname{tg}\Theta_0 = \alpha : F_1$, où F_1 est la distance focale de l'objectif. Si on suppose en outre que l'œil se trouve très près de l'oculaire, on peut prendre pour sommet de l'angle Θ le centre de l'oculaire; il s'ensuit que Θ est égal à l'angle sous lequel l'image réelle est vue du centre de l'oculaire, considéré comme une lentille *simple*. Comme l'image réelle se trouve très près du foyer de l'oculaire on peut poser $\operatorname{tg}\Theta = \alpha : F_2$, où F_2 est la distance focale principale de l'oculaire. On a donc

$$(23) \qquad W = \frac{\alpha}{F_2} : \frac{\alpha}{F_1} = \frac{F_1}{F_2}.$$

Le grossissement d'un réfracteur astronomique est proportionnel à la distance focale de l'objectif et inversement proportionnel à la distance focale de l'oculaire.

Il existe toute une série de méthodes pour la détermination expérimentale du grossissement W. Nous indiquerons seulement l'une d'elles. On règle la lunette pour l'infini et on la dirige sur une partie brillante du ciel; on mesure alors le rayon r du cercle brillant, qui se forme dans la section la plus étroite du faisceau de rayons sortant de l'oculaire. Soit d la distance de l'oculaire à ce cercle, qui n'est pas autre chose que l'image de l'objectif éclairé donnée par l'oculaire. Si R désigne le rayon de l'objectif, D sa distance à l'oculaire, on a

$$\frac{R}{r} = \frac{D}{d}.$$

Mais il existe entre D, d et F_2 la relation fondamentale

$$\frac{1}{D} + \frac{1}{d} = \frac{1}{F_2},$$

d'où l'on déduit la formule

$$\frac{R}{r} = \frac{D}{d} = \frac{D - F_2}{F_2} = \frac{F_1}{F_2},$$

car on a $D = F_1 + F_2$. Si nous comparons cette formule à (23), on voit que

$$W = \frac{R}{r},$$

c'est-à-dire que le grossissement cherché du réfracteur est égal au rapport du rayon de l'objectif au rayon du cercle brillant le plus petit, obtenu au delà de l'oculaire dans les conditions énoncées plus haut.

La grandeur du champ visuel, qui dépend surtout de l'oculaire peut être déterminée par la mesure du temps, que met une étoile quelconque à traverser le champ visible suivant un diamètre.

Le montage des réfracteurs varie selon leur destination. Comme ces questions sont à proprement parler du domaine de l'astronomie pratique, elles doivent être laissées de côté ici et nous nous bornerons à donner une idée de ces installations par quelques figures. La figure 325 représente le réfracteur de l'obser-

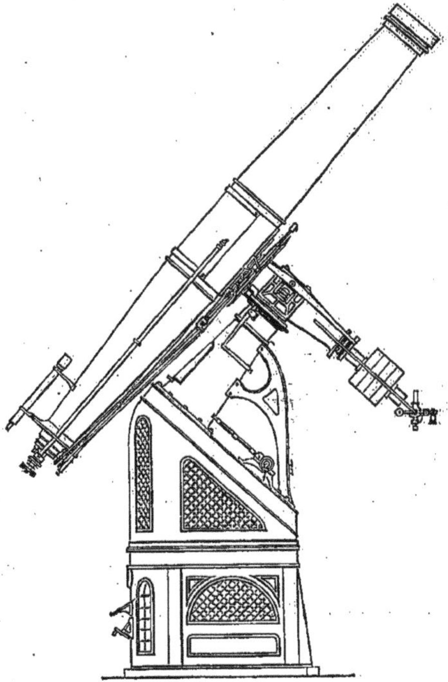

Fig. 325

vatoire deVienne au $\frac{1}{68}$ de sa grandeur, et la figure 326 le nouveau réfracteur
de l'observatoire de Potsdam. C'est un réfracteur double, c'est-à-dire qu'il a

Fig. 326

deux objectifs, possédant une distance focale de 12 mètres ; l'un possède une ouverture de 80 centimètres et est achromatique pour les rayons *chimiquement* les
plus actifs, l'ouverture de l'autre, qui est achromatique pour les rayons *visibles*,

est égale à 50 centimètres. Une lentille correctrice particulière, placée à 2 mètres de distance du premier objectif, permet aussi pour celui-ci aux rayons visibles de converger au foyer. Sans cette lentille les rayons 400 et 450 $\mu\mu$ sont convergents.

Le tube a une section transversale *ovale* et est fermé en haut par une plaque d'acier ovale (de 142 centimètres de longueur et 85 centimètres de plus grande largeur), dans laquelle se trouvent les deux ouvertures pour les deux objectifs.

La partie mobile de l'appareil pèse 7 000 kilogrammes, son poids total est de 20.000 kilogrammes. La coupole avec le poste d'observation qui lui est attenant pèse 200 000 kilogrammes ; la rotation de la coupole s'effectue électriquement en 5 minutes. Le matériel des objectifs est dû à Schott d'Iéna (Flint O. 436, Crown O. 203) ; le calcul et la taille de l'objectif de 80 centimètres ont été effectués par Steinheil à Münich.

L'observatoire de Poulkowo à Saint-Pétersbourg renferme un grand réfracteur. Nous empruntons quelques-unes des données de notre description à l'intéressant article de A. L. Gerschoun sur les instruments d'optique dans le dictionnaire encyclopédique de Brockhaus-Efron (T. XXII, page 72). L'objectif de 30 pouces (76 centimètres) d'ouverture se compose de deux lentilles ; la première en crown-glass, a un diamètre de 31,5 pouces. Le rayon de courbure de la surface extérieure est de 5^m,105 ; celui de la surface intérieure de 5^m,283 ; son épaisseur est égale à 42^{mm},42, son poids à 34^{kg},5 ; l'indice de réfraction pour la raie du sodium ($\lambda = 0,589\ \mu$) est égal à 1,519900 et pour la raie du zinc ($\lambda = 0,472\ \mu$) à 1,527369. La seconde lentille est une lentille biconcave en flint-glass, son diamètre est de 30,75 pouces, le rayon de courbure de la surface supérieure est de 4^m,839, celui de la surface inférieure de 140^m,130 ; l'épaisseur de la lentille est de 26^{mm},06, son poids de 61^{kg},5 ; les indices de réfraction pour les rayons précités sont respectivement 1,622932 et 1,637411. Les sommets des lentilles sont à une distance l'une de l'autre de 136^{mm},91 ; prises ensemble les deux lentilles forment un objectif d'une distance focale de 14^m,1205 (à 16° C.). La distance focale croît de 0,000 031 5 de sa valeur pour une élévation de température de 1°. Un réfracteur de mêmes dimensions se trouve à Nice ; l'observatoire Lick sur le Mont Hamilton en Californie a un réfracteur de 36 pouces. Le Yerkes-réfracteur de l'université de Chicago a une ouverture de 40 pouces (101^{cm},6) et une distance focale d'environ 20 mètres ; c'est actuellement le plus grand réfracteur en service.

8. Lunette terrestre. — Il est nécessaire pour l'observation des objets

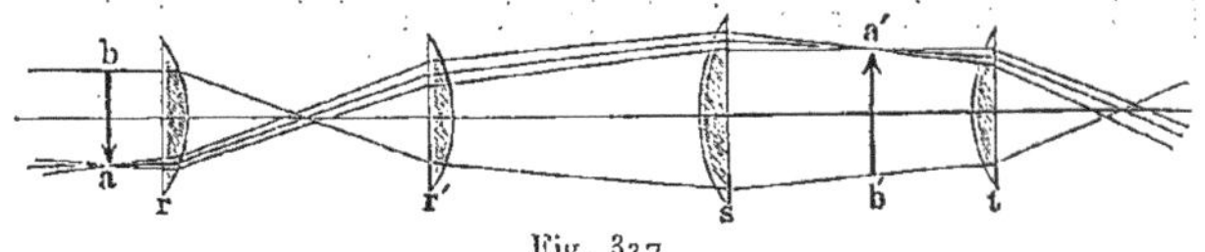

Fig. 327

terrestres, que les images obtenues soient droites et non renversées, comme dans la lunette astronomique. Aussi les *lunettes terrestres* présentent un oculhire composé, formé de quatre lentilles, qui donnent finalement une image droite. La figure 327 représente la marche des rayons dans un de ces oculaires, appelé *oculaire orthoscopique* de KELLNER. Ici *ba* représente l'image réelle *renversée*, donnée par l'objectif qui est supprimé dans la figure. Les lentilles *r*, *r′* et *s* donnent l'image *a′b′*, renversée par rapport à *ba*, c'est-à-dire en réalité droite ; cette image est observée avec la quatrième lentille, qui joue le rôle de loupe simple.

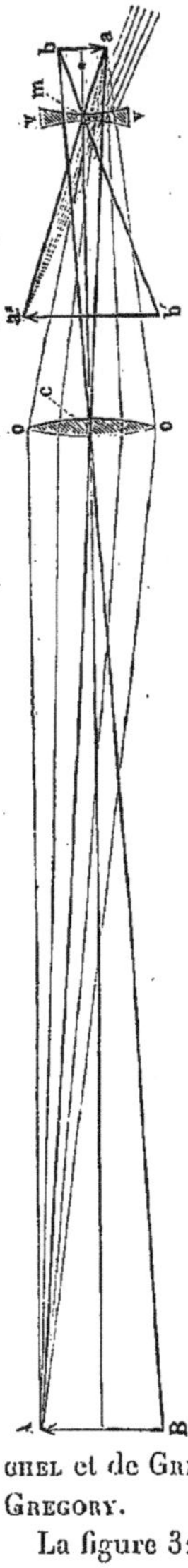

La lunette de GALILÉE appartient aussi aux lunettes terrestres ; elle se compose d'un objectif convergent achromatique *oo* (*fig.* 328) et d'un oculaire *vv* biconcave. La marche des rayons est visible sur la figure ; la lentille *oo* donnerait à elle seule une image *ab* de l'objet éloigné AB, mais les rayons convergeant au point *a*, par exemple, sont rendus divergents et donnent une image virtuelle du point A en *a′*, de sorte qu'il se forme une image *droite a′b′* de l'objet AB. Si on désigne par α la grandeur de l'image *ab*, on voit que la grandeur angulaire Θ de l'image *a′b′* pour l'œil, placé contre l'oculaire même *vv*, est égale à $\alpha : d$, où *d* est la distance entre *ab* et *vv*, qui diffère peu de la distance focale F_2 de l'oculaire, car les rayons sortent de *vv* avec une faible divergence. On a donc $\Theta = \alpha : F_2$. En outre la grandeur angulaire Θ_0 de l'objet AB est évidemment égale à $\alpha : D$, où D désigne la distance entre *ab* et *oo*, qui diffère très peu de la distance focale F_1 de l'objectif. On obtient par suite pour le *grossissement*

$$W = \frac{\Theta}{\Theta_0} = \frac{\alpha}{F_2} : \frac{\alpha}{F_1} = \frac{F_1}{F_2},$$

c'est-à-dire la même expression que pour le grossissement d'un réfracteur astronomique (p. 499).

N. A. LIOUBIMOW ([1]) a donné le premier une théorie exacte du champ visuel dans la lunette de GALILÉE.

La *jumelle* n'est pas autre chose que la réunion de deux lunettes de GALILÉE, permettant ainsi la vision binoculaire.

9. Télescopes, réflecteurs ou lunettes catoptriques. — Un télescope ne se distingue de la lunette astronomique que par la substitution d'un miroir concave à la lentille servant d'objectif. On distingue trois systèmes principaux de télescopes, les systèmes de NEWTON, d'HERSCHEL et de GREGORY ; le télescope CASSEGRAIN est une modification de celui de GREGORY.

La figure 329 indique schématiquement la construction du *réflecteur* de

([1]) *Pogg. Ann.* **148** p. 405, 1873.

Newton. Le miroir concave *ss* donne l'image *a* d'un point éloigné, qui est rejetée latéralement par le petit miroir plan *p*; on peut alors observer cette image au moyen de l'oculaire *o*.

Herschel a supprimé la double réflexion des rayons, en inclinant légère-

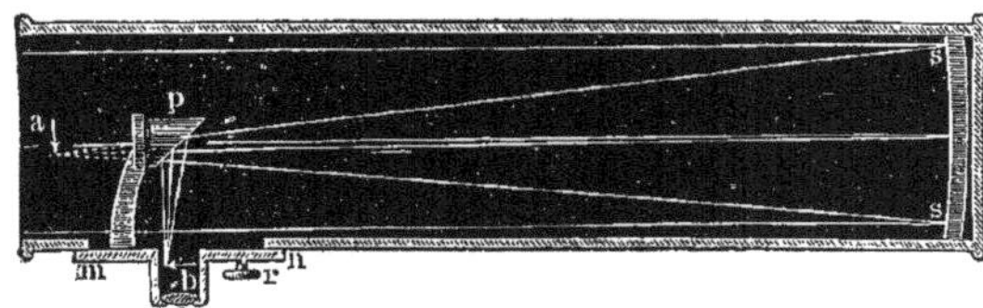

Fig. 329

ment le miroir concave *ss* (*fig.* 330), de sorte que l'image *a* peut être observée directement à l'aide de l'oculaire *o*.

La figure 331 indique la construction du télescope de Gregory et la marche

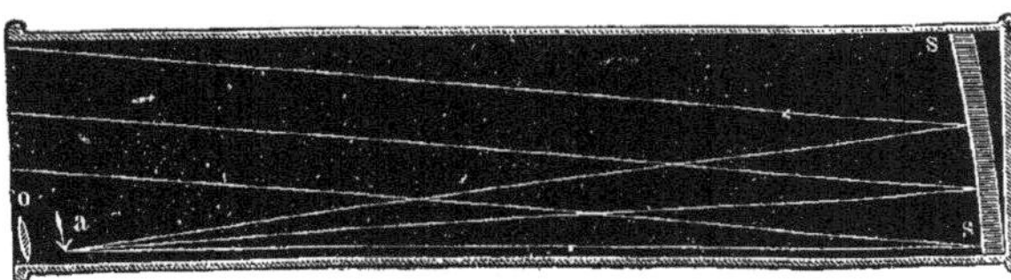

Fig. 330

des rayons dans cet appareil. Le miroir concave *ss* donne de l'objet une image

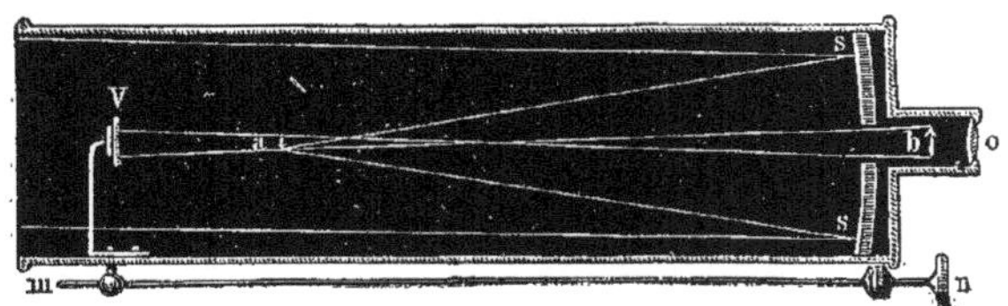

Fig. 331

a, qui tombe entre le second miroir V et son foyer principal; il se forme donc

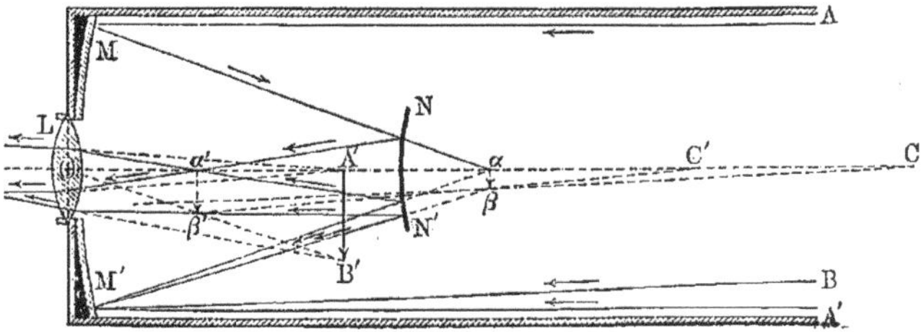

Fig. 332

une seconde image *b*, et c'est cette dernière que l'on observe à travers l'oculaire *o*, qui se trouve au centre du premier miroir concave; l'image ainsi obtenue se trouve entre *b* et *a*.

Le réflecteur de CASSEGRAIN (*fig.* 332) diffère du précédent en ce que le second miroir concave est ici remplacé par un miroir convexe NN'; la distance de ce dernier à l'image αβ est un peu plus petite que la distance focale

Fig. 333

du second miroir ; aussi les rayons convergents restent convergents et forment une nouvelle image α'β', qui est observée à travers l'oculaire L.

Les télescopes ont eu une très grande importance, avant la découverte des objectifs achromatiques, car les images données par un miroir sont naturellement exemptes de chromatisme. Les miroirs se faisaient autrefois exclusivement en métal, mais dans ces derniers temps on a construit cependant des miroirs en verre argenté. Le grand réflecteur de Paris (*fig.* 335) présente un miroir de [ce] genre, ainsi que le réflecteur de l'observatoire d'Ealing en Angleterre ; le diamètre du miroir du premier est de 120 centimètres, celui du second de 153 centimètres : tous deux sont des télescopes d'Herschel.

On peut se rendre facilement compte, que le *grossissement* dans le télescope de Newton est égal à $F_1 : F_2$, où F_1 désigne la distance focale du miroir, F_2 celle de l'oculaire ; dans les réflecteurs de Gregory et de Cassegrain, le grossissement est égal à $F_1 g : F_2$, où g est le grossissement donné par le miroir NN' seul.

La figure 333 représente un petit réflecteur de Browning ; il est construit suivant le principe de Newton et très répandu en Angleterre.

Les figures 334 et 334 *a* représentent le célèbre réflecteur, construit en 1870 par Grubb, sur le principe de celui de Cassegrain, pour l'observatoire de Melbourne. Le diamètre du miroir, fabriqué avec un alliage de 4 parties de cuivre et 1 partie d'étain est de 122 centimètres (4 pieds), sa distance focale est de $9^m,3$, l'ouverture du petit miroir de 20 centimètres, sa distance focale de $1^m,9$. La longueur totale de ce télescope est de $8^m,2$. Il est muni de toute une série d'oculaires, dont le grossissement varie de 220 à 1 000. Bien que le poids des parties mobiles s'élève à 8 000 kilogrammes, elles sont mises en mouvement par

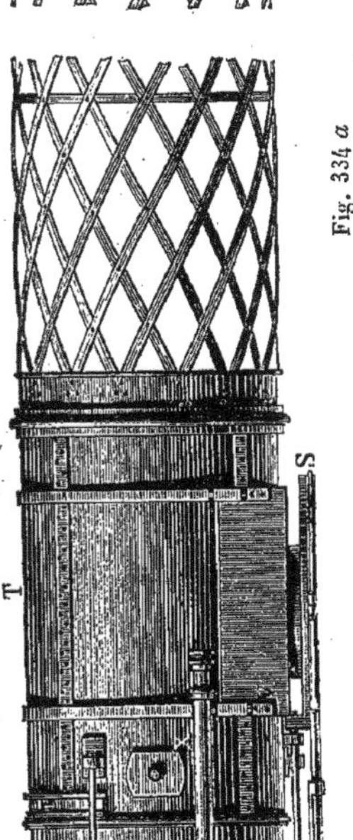

Fig. 334 *a*

Fig. 334

un mécanisme d'horlogerie. On voit sur la figure le miroir convexe Y et l'oculaire *y*. La figure 335 représente. comme on l'a déjà mentionné, le réflecteur de l'observatoire de Paris.

Le plus grand réflecteur a été construit en 1845 par Lord Rosse pour son observatoire de Birr en Irlande. Le diamètre du miroir est de 183 centimètres (6 pieds) et sa distance focale de 17 mètres (55 pieds); il est construit d'après

Fig. 335

le système de NEWTON. De nouveaux perfectionnements dans la construction des lunettes catoptriques ont été proposés par RITCHEY (¹).

(¹) *Astrophys. Journ.* **14**, p. 217, 1901.

Nous avons déjà parlé dans le chapitre IV, § 8, des nouveaux alliages de Mach pour la construction des miroirs.

10. Appareils de projection. — On peut donner ce nom à tous les appareils qui servent à produire sur un plan, ordinairement sur la surface d'un écran vertical, une image réelle, agrandie et renversée de l'objet à pro-

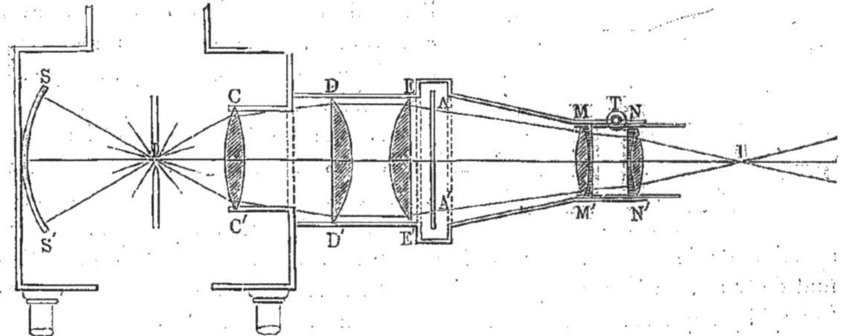

Fig. 336

jeter, convenablement éclairé : telles sont les lanternes de projection, les chambres photographiques, etc.

La *lanterne de projection* sert à produire sur un écran des images agrandies de dessins, de photographies sur verre, ou de petits objets.

La figure 336 représente schématiquement la lanterne de projection de Duboscq. En L se trouve une source lumineuse intense : lumière de Drummond ou arc voltaïque ; SS' est un miroir concave, dont le centre est en L. Les lentilles CC', DD' et EE' forment ce qu'on appelle le condenseur ou l'accumulateur, qui sert à transformer le faisceau incident cylindrique (dans le cas des rayons solaires, par exemple) ou divergent CLC' en un cône de rayons qui atteignent tous la surface de AA'. Les deux lentilles achromatiques MM' et NN' forment l'objectif, qui pro-jette sur un écran une image renversée agrandie de l'ob-

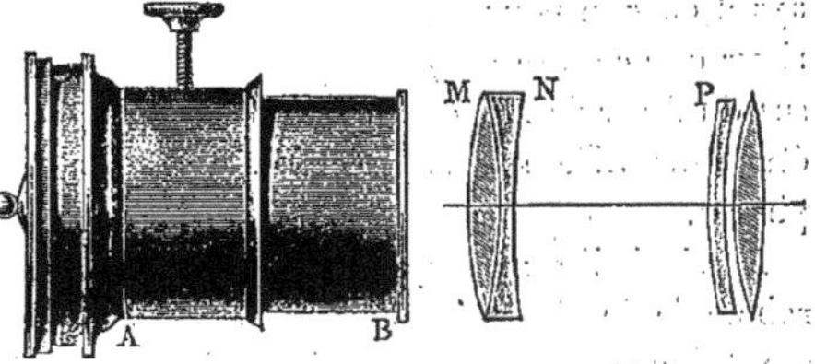

Fig. 337

jet AA', situé par rapport à l'objectif un peu au delà de son foyer principal. Si on désire projeter de *petits* objets, on enlève l'objectif, et on place l'objet devant le condenseur, de manière à concentrer sur lui le plus de lumière possible ; on obtient ensuite une image de l'objet à l'aide d'une lentille particulière ou du même objectif.

La *chambre photographique* (camera obscura) se compose d'une boîte, dont une des parois porte un objectif achromatique ; celui-ci projette l'image de l'objet *à prendre* sur la paroi opposée, où se trouve une plaque impression-nable.

L'objectif photographique doit donner des images brillantes, nettes jusqu'aux bords et exactes, c'est-à-dire que les parties rectilignes de l'objet ne doivent pas présenter de courbure dans l'image; le champ doit être éclairé uniformément et l'achromatisme doit être tel, que les rayons les plus actifs optiquement et chimiquement, aient le même foyer. On ne peut arriver à la réalisa-

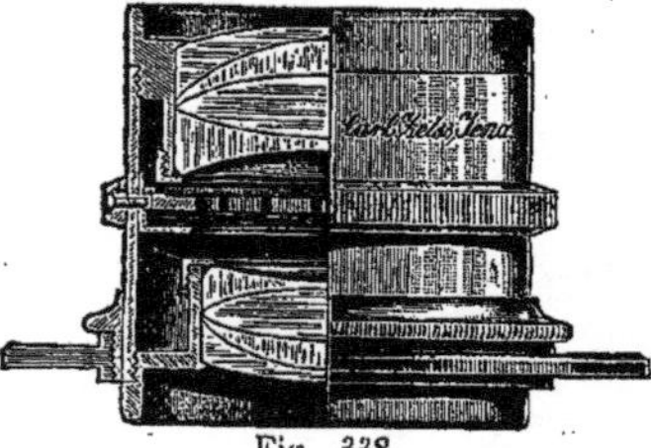

Fig. 338

tion de toutes ces conditions que par l'emploi d'objectifs composés, dont la construction varie d'ailleurs beaucoup. On distingue les systèmes symétriques et les systèmes asymétriques.

Aux premiers appartiennent l'antiplanat de Steinheil et l'objectif rectilinéaire de Dallmeier; aux seconds appartiennent l'objectif de Petzval et les anastigmats de Miethe, Goerz et Zeiss. La figure 338 représente un anastigmat de Zeiss. La figure 337 donne l'aspect extérieur d'un ancien objectif photographique qui comporte deux combinaisons achromatiques de deux lentilles.

11. Lentilles à échelons de Fresnel. Miroirs du Colonel Mangin. — Les appareils appelés *projecteurs*, qui sont employés pour l'éclairage des côtes et dans la marine, ont pour objet la transformation des rayons lumineux d'une source en un faisceau intense aussi peu divergent que possible. Dans les phares, on emploie universellement, pour atteindre ce résultat, un système de lentilles, dites lentilles à échelons, dont l'idée est due à Fresnel; elles permettent de recueillir la lumière émise par la source dans un espace d'une étendue angulaire très grande, et d'obtenir à l'émergence des rayons sensiblement parallèles; elles comprennent à cet effet une série d'éléments ayant chacun pour profil antérieur une droite verticale et pour profil postérieur une courbe calculée de façon à renvoyer horizontalement les rayons issus du foyer de l'appareil. On trouvera dans un mémoire de Ribière ([1]) une étude détaillée sur la précision et le rendement des appareils optiques de phares.

A priori, il semble qu'un miroir dont la surface réfléchissante serait un paraboloïde de révolution donnerait une solution très avantageuse. C'est seulement dans ces dernières années qu'on a pu réussir à fabriquer industriellement des miroirs paraboliques en verre argenté (Schuckert en Allemagne, Bréguet en France). Pour diminuer la divergence due à la réflexion directe, on réduit autant que possible les dimensions de la source et on emploie pour cela le cratère positif de l'arc électrique continu; on atténue la divergence due à la réfraction du verre qui protège l'argenture, en réduisant l'épaisseur du miroir (8 à 12 millimètres dans les miroirs de $0^m,90$). Mais un tel projecteur est très fragile. Cowper et Coles ont proposé récemment d'employer un miroir en cuivre obtenu par dépôt électrolytique sur un moule parabolique; la surface réfléchissante est constituée par une argenture que l'on protège contre la

([1]) *Annales des Ponts et Chaussées*, 4º trimestre 1897.

fusion, sous la haute température produite par l'arc, en la recouvrant par une couche très mince de palladium. Malheureusement, la couche de palladium n'abrite pas suffisamment l'argenture, qui se détériore assez vite, et il résulte d'essais comparatifs exécutés par la maison SAUTTER-HARLÉ que le rendement d'un tel miroir n'est que le quart environ de celui des remarquables *miroirs réfringents du* COLONEL MANGIN. Dans ces derniers, la face antérieure est une sphère ; il existe évidemment toujours une forme de surface postérieure réfléchissante telle que les rayons arrivant parallèles à l'axe, après avoir été réfractés, réfléchis, puis réfractés de nouveau, soient renvoyés exactement en un point choisi comme foyer. Pour chaque position de ce foyer, la courbe méridienne postérieure peut être déterminée analytiquement ou graphiquement, par des calculs en général laborieux ; le COLONEL MANGIN a trouvé que l'on peut, en choisissant convenablement le foyer, remplacer avec une très grande approximation cette méridienne par un cercle, dont il a calculé le rayon.

L'évaluation du rendement des projecteurs repose sur le théorème suivant qui a été établi par A. BLONDEL (¹). Considérons une surface réfractante quelconque Σ séparant deux milieux isotropes ; soit une source de lumière S et un point M de l'espace où l'on veut mesurer l'éclairement sur un plan donné. Si l'on trace tous les rayons issus de M et tombant sur la surface Σ, ils prendront, après réfraction au passage de cette surface, des directions variées, et, en général, une partie seulement d'entre eux rencontreront la source S et seront des *rayons utiles.* Ces rayons, qui découperont sur la surface Σ une ou plusieurs portions plus ou moins étendues σ, sont évidemment les seuls qui puissent, en sens inverse, contribuer à l'éclairement au point M. Toute la partie de la surface Σ située en dehors de σ *ne travaille pas* pour le point M. Tout se réduit à déterminer l'éclairement produit en M par la surface σ, qui est une véritable source secondaire de lumière. Pour simplifier, supposons que Σ soit une surface de révolution ; dans ce cas le théorème de BLONDEL est le suivant : l'éclat apparent de la surface σ est égal à l'éclat i de la source multiplié par deux coefficients, l'un de *transmission* que nous appellerons k, l'autre d'*effet optique* que nous désignerons par u ; dans le cas simple où Σ est une surface de révolution, u est le carré du rapport de l'indice du second milieu à l'indice du premier. Si l'on applique ce théorème successivement aux deux surfaces qui limitent une lentille, on trouve que *l'éclat apparent de la seconde surface ne diffère de l'éclat de la source que par la réduction due aux pertes subies par les rayons au passage de la lentille.*

Ce résultat est très intéressant par sa généralité même, car il s'applique aussi bien, quels que soient le nombre et l'indice des milieux traversés ; il reste

<hr>

(¹) On trouve dans la *Théorie des projecteurs électriques* de A. BLONDEL, 2ᵉ éd., Lille, 1894, des indications bibliographiques nombreuses sur la question des projecteurs. Voir aussi le mémoire du même auteur, *Sur les propriétés photométriques des lentilles de projection,* dans les comptes-rendus de l'Association Française pour l'Avancement des Sciences, 1899. On consultera aussi avec intérêt un mémoire *Sur l'emploi des projecteurs électriques à la guerre* de A. BOCHET, Revue du Génie Militaire, 1901 (Note du TRADUCTEUR).

vrai même quand l'indice est — 1, c'est-à-dire quand une des surfaces est réfléchissante au lieu d'être réfractante, comme c'est le cas, par exemple, pour les anneaux catadioptriques des lentilles de FRESNEL, et pour les réflecteurs réfringents des projecteurs MANGIN. D'où cette conclusion que *les appareils optiques présentent sur leur surface d'émission de lumière et dans la direction des rayons projetés un éclat apparent égal à celui de la source, déduction faite des pertes par réflexion et par absorption.* Comme pratiquement l'absorption est très faible et qu'on limite autant que possible les pertes par réflexion, *les appareils industriels, quand ils sont éclairés par une source d'éclat uniforme, présentent sur toutes leurs portions brillantes un éclat sensiblement uniforme.* C'est ce qu'ont vérifié expérimentalement A. BLONDEL et J. REY [1], dans les ateliers SAUTTER et HARLÉ.

12. Héliostats. — On appelle héliostats des appareils, qui servent à réfléchir les rayons solaires dans une direction donnée, constante, malgré le déplacement du Soleil dans le ciel.

La première solution pratique, simple et déjà précise, de ce problème est due à FAHRENHEIT. La figure 339 montre quelle fut son idée.

Soit AA′ la direction de l'axe du monde, SC un rayon solaire, MM′ un miroir, BC la normale au miroir et en même temps la bissectrice de l'angle

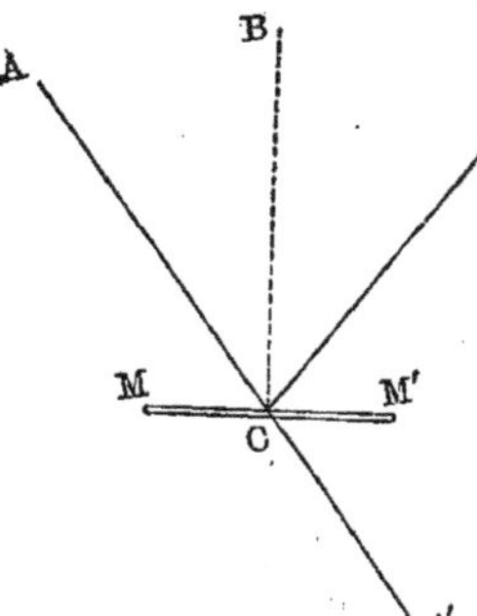

Fig. 339

ACS, qui ne varie pas sensiblement dans le cours de quelques heures. Si le miroir MM′ tourne autour de l'axe AA′ avec la vitesse angulaire de rotation de la terre, le rayon réfléchi suit constamment la direction CA. Un second miroir fixe convenablement disposé réfléchit le rayon CA dans la direction voulue. S' GRAVESANDE a construit un héliostat avec un miroir, dont la normale partage constamment en deux parties égales l'angle formé par le rayon incident et la direction constante, suivant laquelle la réflexion doit s'effectuer ; d'autres perfectionnements ont encore été introduits par GAMBEY, SILBERMANN et FOUCAULT. La figure schématique 340 fait comprendre la construction des héliostats des deux derniers. La droite NN′ a la direction de l'axe du monde et sert en même temps d'axe, qui est mis en rotation à l'aide d'un mécanisme d'horlogerie, logé dans une boîte cylindrique. Prenons un point quelconque O comme sommet du cône de rayons, qui dans le cours d'une journée partent du Soleil suivant les directions SO, S″O, S′O, etc. Prolongeons les génératrices de ce cône jusqu'à une certaine circonférence BC′B′B, dont le point C, relié à l'axe ON′ par l'aiguille DC, fait une révolution complète en 24 heures. Si à un instant donné le rayon SO tombe au point C, ce

<hr>

[1] A. BLONDEL et J. REY, *Étude expérimentale de l'éclat des projecteurs de lumière*, C. R. 31 Janvier 1898 ; J. REY, *L'éclat intrinsèque des gros arcs à courant continu*, Bull. de la Soc. intern. des Électriciens, Juillet 1902.

dernier reste éclairé, car quand il se déplace, par exemple, en C′, B′ etc., il est atteint par les rayons, qui ont alors la direction S‴O, S′O, etc. Choisissons un point A sur la droite CO et construisons un triangle rectangle AEC, dans lequel OE = OC et OE a la direction horizontale, par exemple, que doit conserver le rayon réfléchi. On peut toujours y arriver, en changeant la direction du point A le long de la droite COS. Plaçons en E un miroir plan fixé perpendiculairement à EC, et supposons que le point E, qui appartient à la verticale EH, puisse tourner autour de l'axe OG et être fixé dans une position convenable: les points O et E restent alors fixes dans l'espace, et tandis que C parcourt la circonférence BB′, CO conserve constamment la direction des rayons solaires.

et le point A se déplace le long de la droite CS. Dans les conditions indiquées les rayons solaires seront constamment réfléchis par le miroir E dans la direction ER, qui coïncide avec OE. En effet, le rayon incident sE est parallèle à SAOC, et par suite le plan d'incidence coïncide toujours avec le plan du triangle OEC, qui contient la normale CEc au miroir. Le rayon réfléchi doit se trouver dans le même plan et suivre la direction ER, car SEc = OCE, cER = OEC et OCE = OEC, car on a OE = OC.

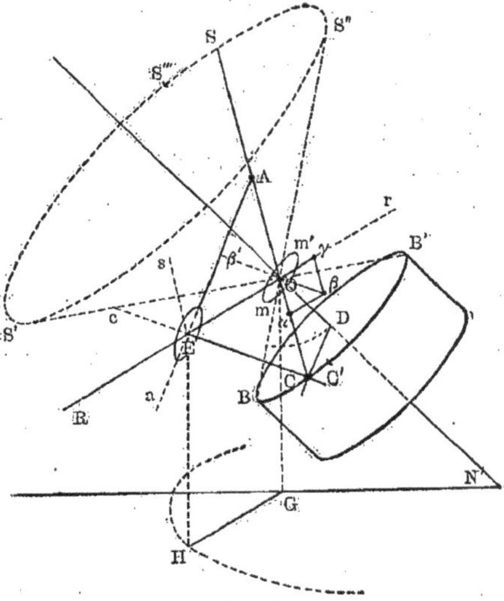

Fig. 340

La figure 341 représente l'héliostat de Foucault, qui correspond entièrement au schéma que nous venons de considérer, ce dont on peut s'assurer facilement, car dans les figures 340 et 341 les parties qui se correspondent sont désignées par les mêmes lettres. Pour installer l'appareil, il faut tout d'abord rendre le plateau inférieur horizontal et l'axe D parallèle à l'axe du monde, et amener le cercle de déclinaison f dans une position telle, que l'axe de la tige CA prenne la direction des rayons solaires. En outre on fixe le pied HE, qui porte le miroir F et est mobile autour de G, en un point déterminé du cercle L, afin que la droite OER conserve la direction voulue. On voit sur la figure, comment la position du point A sur EM change pendant l'installation et ensuite durant le fonctionnement de l'appareil, quand le mécanisme d'horlogerie a été mis en marche. Ce dernier se trouve dans la boîte cylindrique BB′ et communique à DO, et par suite au point C, le mouvement requis.

Foucault voulut ensuite construire un appareil qui donnât d'une étoile une image assez stable et assez parfaite pour être observée avec une lunette fixe. La mort l'empêcha de construire lui-même son *sidérostat*; il le fut par Wolf.

Cornu [1] a donné une théorie complète des mouvements d'un grand sidé-rostat, qui fut construit pour l'exposition universelle de Paris en 1900. Lippmann [2] a proposé un principe très simple de *cœlostat*, qui permet d'observer l'image immobile d'une *partie du ciel*, tandis que dans le sidérostat de Foucault un seul point (étoile) paraît fixe et les parties du fond du ciel qui l'entourent tournent autour de ce point.

Le *cœlostat* de Lippmann se compose d'un miroir, dont l'axe est parallèle à l'axe du monde; le plan du miroir passe par un axe, qui tourne dans la direction du mouvement apparent du ciel et fait une révolution en 48 heures

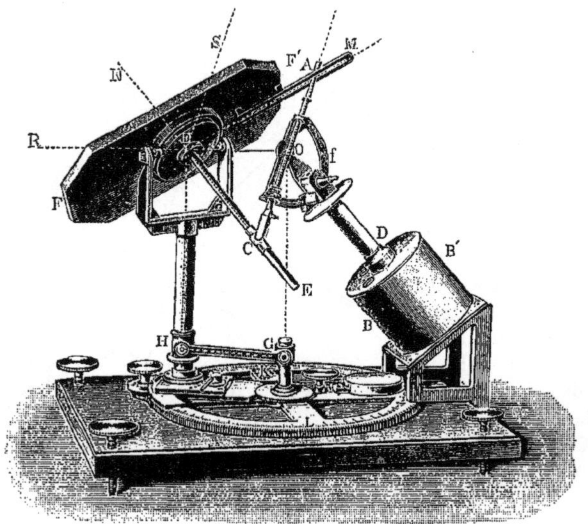

Fig. 341

sidérales. On conçoit finalement, que la partie du ciel observée dans un tel miroir paraisse immobile.

Pour pouvoir comprendre la construction de l'héliostat de Silbermann (*fig.* 342), nous reviendrons à la figure schématique 340. Supposons qu'en O se trouve un miroir mm' dont la normale $\beta\beta'$ soit la bissectrice de l'angle formé par le rayon incident SO et la direction donnée OR. Le mouvement du mécanisme d'horlogerie se transmet au miroir au moyen du parallélogramme $O\varkappa\beta\gamma$, dont le côté $O\gamma$ conserve la direction fixe du rayon réfléchi OR, tandis que $O\varkappa$ est maintenu par le mécanisme d'horlogerie dans la direction du rayon incident SOC.

L'axe A (*fig.* 342) conserve la direction de l'axe du monde, grâce à l'arc BB. Le mécanisme d'horlogerie n'agit pas sur le manchon de l'axe A, ni sur l'arc rr'. Les vis F et S servent à installer le cylindre A et l'arc de cercle rr'

[1] *Journ. de phys.* 1900, p. 249.
[2] *Journ. de phys.* 1895, p. 397.

de façon que *re*O, et par suite *fb* aussi, conservent la direction du rayon à réfléchir. L'axe placé à l'intérieur de A est mis en rotation par le mécanisme d'horlogerie; il est lié à l'arc de cercle CP, auquel on doit donner une position telle, que les rayons lumineux atteignent le point P, après leur passage à travers une petite ouverture à l'extrémité gauche de l'arc. Dans ce cas C*b*O

Fig. 342

et *fc* sont parallèles au rayon incident LO. Les tiges *fc* et *fb* correspondent aux droites βγ et βα de la figure 340.

D'autres héliostats de construction différente ont encore été proposés par FUESS, JOHNSTON, etc.

13. Sextant. — Aux instruments d'optique appartient encore le sextant qui sert à mesurer la distance angulaire de deux points éloignés, par exemple de deux étoiles. Le sextant ordinaire, représenté par la figure 343 se compose d'un arc de cercle embrassant le $\frac{1}{6}$ environ de la circonférence et muni d'une graduation. Aux deux bras extrèmes, qui le supportent, sont fixés une petite lunette *f* et un petit miroir *s*, constitué par une glace étamée dans sa moitié inférieure seulement et transparente dans sa moitié supérieure; ce miroir est placé dans une position telle qu'un rayon, qui tombe sur lui dans la direction d'un des bras du secteur, parvient à la lunette *f* après réflexion. Un second miroir *s'* est fixé à une alidade mobile, dont la position peut être lue sur la graduation de l'arc au moyen du vernier *n*. Quand le vernier se trouve au zéro de la graduation, les miroirs *s* et *s'* sont parallèles l'un à l'autre. Pour

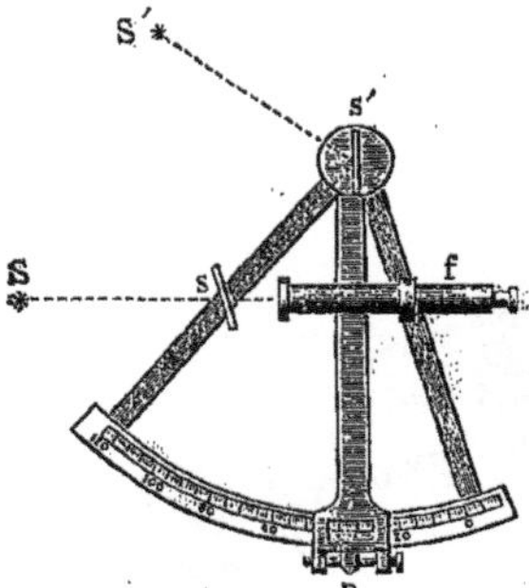

Fig. 343

trouver la distance angulaire de deux points S et S', on vise l'un deux (S) avec la lunette à travers la moitié transparente de la glace *s* et on tourne l'alidade mobile et le petit miroir *s'*, jusqu'à ce qu'on aperçoive dans la lunette S et S' (après deux réflexions successives) sur une droite perpendiculaire au plan du sextant.

Si le vernier *n* se trouve à la division zéro, les miroirs *s* et *s'* sont parallèles et on aperçoit en *f* deux images du point S. On voit facilement que la distance angulaire des points S et S' est égale au double de l'angle, dont il a fallu tourner l'alidade mobile et le miroir *s'* ; on aurait donc chaque fois à doubler l'angle lu, pour avoir la distance angulaire cherchée. Pour plus de commodité chacune des divisions de l'arc donne directement le double de la valeur de l'angle qui lui correspond.

La figure 344 représente un sextant perfectionné. Ici ED est la lunette,

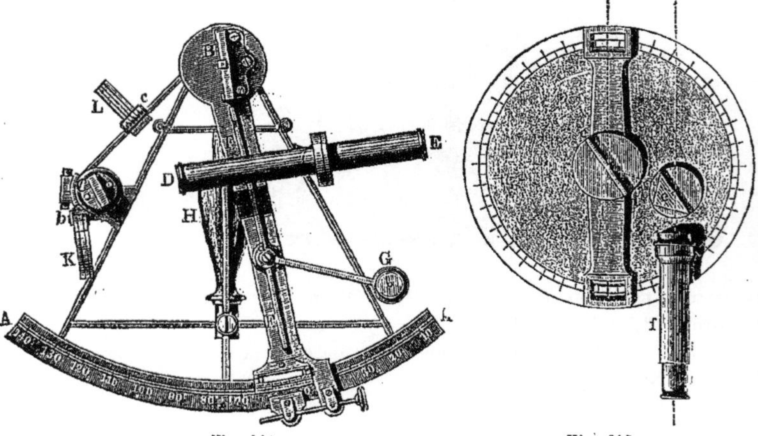

Fig. 344   Fig. 345

B et C les miroirs, G une loupe pour la lecture du vernier, H une poignée pour tenir l'appareil, L et K des verres sombres servant à l'observation éventuelle du Soleil.

Le *cercle à réflexion* de PISTOR, figure 345, se distingue du sextant, en premier lieu parce qu'il présente un cercle complet au lieu d'un secteur, ensuite parce que les lectures se font à l'aide de deux verniers, et enfin parce que le miroir fixe est remplacé par un prisme *e* à réflexion totale, qui ne recouvre qu'une moitié de l'objectif de la lunette *f*. Un des points S est donc visible directement dans la lunette, l'autre S' après une réflexion double des rayons qu'il émet.

Weineck ([1]) a donné une théorie exacte du sextant.

14. Télémètres. — Les instruments destinés à la mesure des distances se divisent en deux groupes. Les uns, ce sont les plus nombreux, mettent à profit les méthodes géométriques ; les autres ont recours à l'observation de certains phénomènes physiques, et utilisent la connaissance de la vitesse du son.

Toutes les méthodes géométriques se ramènent à la résolution d'un triangle, dont on a mesuré les angles et l'un des côtés qui reçoit le nom de *base*, et dont la distance cherchée est un des autres côtés.

Dans une première méthode géométrique, la base est éloignée de l'observateur et est opposée à l'angle que l'on mesure ; dans une seconde, la base est la distance de l'œil de l'observateur à l'horizontale passant par le but : dans une troisième, la base est mesurée sur le terrain ; enfin, dans une quatrième, la base est fournie par l'instrument lui-même.

A la première méthode se rattachent, par exemple, les stadias, le micromètre de Rochon, la lunette Amici ; à la seconde, les télémètres de dépression ; à la troisième, le sextant, les télémètres du Colonel Goulier, le télémètre Siemens ; à la quatrième, les divers télémètres Le Cyre.

Le Capitaine Jacob de Marre a fait en 1878 et 1879, dans le *Mémorial de l'Artillerie de la Marine*, t. VI et VII, une étude très complète des instruments extrêmement nombreux auxquels on a donné le nom de *télémètres*.

Nous nous bornerons ici à donner quelques indications sur un télémètre récent, construit par Barr et Stroud de Glascow, qui peut être employé dans des circonstances très variées, et qui a donné d'excellents résultats, tant pour la Marine que pour l'Artillerie.

Le télémètre Barr et Stroud appartient à la catégorie des télémètres à courte base et à observateur unique et il est construit pour fonctionner suivant le principe de la *coïncidence*, par opposition au principe *stéréoscopique*, dont nous montrerons l'application au Chap. XI, § 4.

La figure 345 a indique les éléments d'un télémètre de ce genre, réduits à leur forme la plus simple. Deux rayons lumineux provenant de l'objet placé à

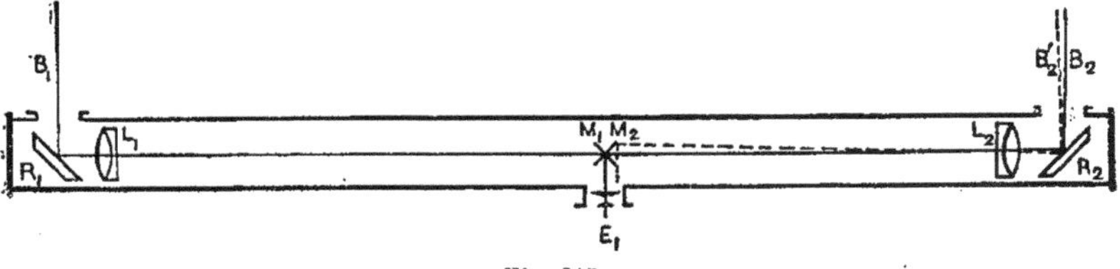

Fig. 345 a

distance sont reçus par des réflecteurs R_1, R_2, et transmis par des objectifs L_1, L_2, vers le centre de l'instrument, où sont disposés l'un au-dessus de l'autre deux petits miroirs M_1, M_2, destinés à réfléchir les rayons au dehors à travers un oculaire E_1. De cette manière deux images partielles de l'objet éloigné sont vues l'une au-dessus de l'autre dans le champ de vision de l'oculaire. Suppo-

([1]) *Wien. Ber.* **111** p. 1310, 1903.

sons qu'un objet très éloigné soit visé par les rayons B_1, B_2 et que les images partielles soient vues en *coïncidence*, c'est-à-dire en alignement parfait; si l'objet se rapproche de l'instrument dans la direction du rayon B_1, le rayon B_2 prendra une nouvelle direction telle que celle indiquée par la ligne pointillée B_2 et les images partielles no seront plus vues dans l'oculaire en coïncidence exacte, mais occuperont une certaine position relative.

La mesure de l'espacement séparant l'une de l'autre les images partielles pourrait servir comme moyen de déterminer la distance de l'objet visé, puisque plus l'objet est rapproché plus est grand l'espacement ; mais cette mesure serait très difficile à effectuer avec une précision suffisante en toutes circonstances, et il serait impossible de l'exécuter même grossièrement si le télémètre (ou l'objet) était en mouvement. Des dispositifs sont par suite prévus pour modifier la trajectoire de l'un des rayons quand il approche des miroirs centraux, de manière à amener les images partielles en alignement parfait ou en coïncidence, et pour indiquer la distance sur une échelle qui se déplace suivant le mouvement du mécanisme produisant l'alignement des images. L'alignement des images partielles est réalisé, dans le télémètre BARR et STROUD, en faisant passer un des deux rayons, dans son parcours de l'objectif aux réflecteurs centraux, à travers un prisme réfracteur à petit angle, mobile longitu-

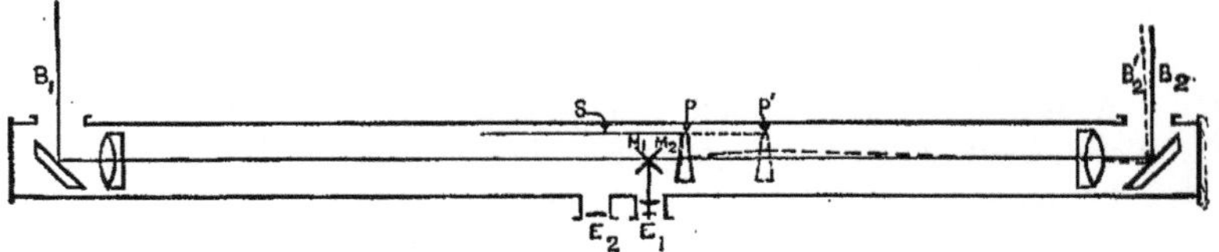

Fig. 345 b

nalement dans le tube et amené à la position voulue par la manœuvre d'un bouton de commande situé à l'extérieur du tube. L'action du prisme est représentée par la figure 345 b. Pour l'alignement des images partielles d'un objet très éloigné, le prisme réfracteur occupe une position telle que P ; mais, quand l'objet est plus rapproché et que les rayons arrivant à droite de l'instrument prennent une direction telle que celle représentée en traits pointillés, le prisme doit-être déplacé jusqu'à une nouvelle position, P' par exemple, pour produire l'alignement.

Une échelle S, qui se déplace en suivant les mouvements du prisme P, indique la distance directement en mètres ou autres unités. L'échelle est disposée de façon à pouvoir être observée à travers un second oculaire E_2, convenablement placé à la gauche de E_1 de manière à se trouver en face de l'œil gauche de l'observateur, quand il vise les images avec l'œil droit. De la sorte il n'est pas nécessaire pour l'observateur d'éloigner les yeux des oculaires pour lire l'échelle et il peut ainsi tenir continuellement en vue l'image d'un objet en mouvement et lire sa distance aussi souvent qu'il le désire.

Un dispositif optique connu sous le nom d'*astigmatiseur* peut être interposé à volonté sur le trajet des rayons lumineux. Il transforme les images des points en des lignes verticales, qui peuvent alors être alignées de la même

manière que les images d'un mât. Cela permet de prendre avec facilité et pré-
·cision la distance de points lumineux isolés
·ou de petits objets mal définis. La figure 345 c
montre l'aspect d'un torpilleur éclairé par
un projecteur. Chaque tache brillante produite sur le torpilleur apparaît sous la forme
·d'une raie lumineuse verticale et les faisceaux de raies ainsi obtenus peuvent être
facilement alignés.

Fig. 345 c

Des moyens convenables empêchent en
outre tout déplacement relatif des images
par suite de la flexion du tube sous l'effet
des forces mises en jeu pendant l'emploi
de l'instrument, empêchent le faussage des indications sous l'influence
·des changements de température, font que les images apparaissent droites
et non renversées
comme elles le se-
raient avec la dispo-
sition représentée
dans la figure 345 b,
assurent la netteté et
la finesse de la ligne
de séparation entre
les images, comme
il est indiqué dans
la figure 345 c.

La figure 345 d
représente un té-
lémètre BARR et
STROUD destiné au
service des cuirassés
et des croiseurs ; la
base est de $1^m,37$,
le grossissement de
26 diamètres ; l'in-
certitude approxi-
mative d'observa-
tion est de 1 mètre
à la distance de 800
mètres, de 50 mè-
tres à la distance de
5 000 mètres, de 200

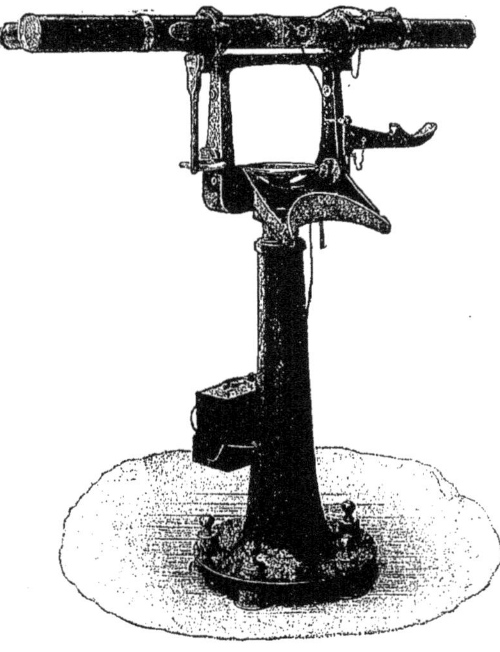
Fig. 345 d

mètres à la distance de 10 kilomètres. Ce télémètre s'est montré d'une préci-
·sion et d'une sûreté telles qu'il a été adopté par presque toutes les marines ;
il a été aussi largement employé dans les forts ; il a presque entièrement
·supplanté toutes les autres formes de télémètres à observateur unique.

CHAPITRE XI

NOTIONS D'OPTIQUE PHYSIOLOGIQUE

1. Structure de l'œil humain. — L'optique physiologique est, suivant la définition d'Helmholtz, la science des impressions reçues au moyen de l'organe de la vue. On doit y distinguer trois parties : une partie physico-physiologique, qui s'occupe de la structure de l'œil et de la propagation des rayons lumineux à l'intérieur de ce dernier ; une partie purement physiologique qui traite des sensations produites par l'action de la lumière sur les éléments impressionnables de l'œil, et enfin une partie psychologique consacrée à la question de savoir comment nous arrivons, d'après ces sensations à une représentation déterminée des objets du monde extérieur.

Considérons d'abord la structure de l'œil humain ; la figure 346 en donne

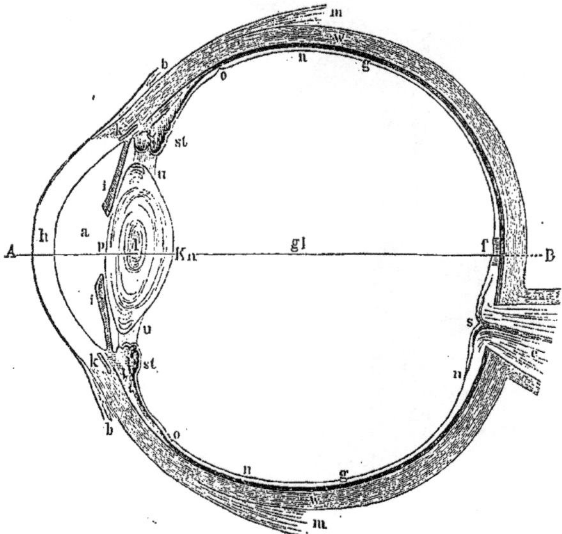

Fig. 346

une coupe horizontale à l'échelle 2,5. Le globe de l'œil se compose d'une triple membrane, entourant la partie intérieure ; celle-ci se compose d'un liquide, l'*humeur aqueuse*, remplissant la *chambre antérieure a*, du *cristallin p*lK et d'une substance gélatineuse et transparente, *l'humeur vitrée*, qui occupe la *chambre postérieure*. La couche extérieure *wkhkw* qui entoure l'œil, se compose d'une membrane fibreuse opaque, très résistante et de couleur blanche, appelée la *sclérotique* (tunica albuginea, sclerotica). La face antérieure (*h*) plus bombée et transparente prend le nom de *cornée*. La sclérotique est traversée par le *nerf optique e* et de petits vaisseaux sanguins (arteria et vena centralis retinae). Intérieurement la sclérotique est tapissée par la *choroïde*, représentée dans notre figure par un large trait noir, qui est formée par toutes les ramifications des vaisseaux sanguins et dont les cellules renferment un pigment noir absorbant ; cette seconde membrane s'épaissit vers l'avant et se termine au bord de la cornée par une sorte de collerette renfermant un muscle particulier (tensor chorioideae, musculus Brueckianus), les *procès ciliaires* et par une membrane opaque, *l'iris ii*, différemment colorée suivant les individus et percée dans sa région centrale d'une ouverture circulaire *p* nommée *pupille*. La choroïde et l'iris forment la couche moyenne (uvea) de la membrane de l'œil. La choroïde est recouverte vers l'intérieur par la *rétine*, qui n'est autre chose que l'épanouissement du nerf optique en filaments très ténus. La cornée a à peu près la forme d'un ellipsoïde de révolution ; le rayon de courbure de sa face antérieure est d'environ 8 millimètres ; les indices de réfraction de la cornée et de l'humeur aqueuse diffèrent très peu l'un de l'autre.

La rétine a sa plus grande épaisseur ($0^{mm},22$) à sa partie postérieure, opposée à la pupille. C'est là que se trouve la *tache jaune f* (macula lutea retinae) où se réunissent la plupart des extrémités ténues du nerf optique ; celles-ci aboutissent à des cellules de forme particulière, appelées *cônes* et *bâtonnets*. La rétine renferme aussi le *pourpre rétinien*, substance encore peu étudiée, qui se décompose sous l'action de la lumière et se reforme dans l'obscurité.

La partie centrale de la tache jaune (fovea centralis) un peu en creux, ne renferme pas du tout de bâtonnets.

Le cristallin est un corps transparent, biconvexe, incolore, dont la face antérieure est moins courbe que la face postérieure. Il se compose de plusieurs couches de densité différente : la couche extérieure est molle, presque gélatineuse ; le noyau lui-même est constitué par une substance plus dure et parfaitement élastique. Chaque couche a une structure fibreuse. L'indice de réfraction de la couche extérieure du cristallin est 1,405, celui des couches moyennes environ 1,429 et celui du noyau 1,454. L'humeur vitrée a presque le même indice de réfraction que l'humeur aqueuse.

Il résulte de cette brève description, que l'œil représente un système de milieux, dont les surfaces peuvent être considérées comme des surfaces sphériques centrées, c'est-à-dire dont les centres sont disposés sur une ligne droite ; ici le premier milieu à considérer, l'air, qui n'appartient pas à l'œil lui-même, et le dernier, l'humeur vitrée, ne sont pas identiques. Nous avons considéré aux pages 157 à 166 la propagation de la lumière dans une telle série de milieux ; nous avons vu que les points principaux et les points nodaux n'y coïncidaient pas. La connaissance des courbures des surfaces de séparation et des indices de réfraction des différents milieux permet de calculer la position des six points fondamentaux dans l'œil humain. Les éléments optiques de l'œil diffèrent toutefois suivant les individus, de sorte que les calculs ne peuvent se rapporter qu'à un œil déterminé, moyen en quelque sorte. En outre ces éléments changent, comme nous le verrons plus tard, dans un œil donné, selon la distance à celui-ci de l'objet considéré.

La figure 347 indique la position des six points fondamentaux d'après Listing. Le premier foyer $F_,$ se trouve devant l'œil à environ 12^{mm},8 de la cornée ; le second foyer $F_{,,}$ tombe exactement sur la rétine, quand l'œil vise à l'infini. Les points principaux $h_,$ et $h_{,,}$ se trouvent dans la chambre antérieure de l'œil à une distance mutuelle de moins de 0^{mm},4 ; les points nodaux $K_,$ et $K_{,,}$ se trouvent à l'intérieur du cristallin également à 0^{mm},4 environ l'un de l'autre.

La petitesse de l'intervalle permet de confondre en un seul les deux points principaux $h_,$ et $h_{,,}$ et de même en un seul les deux points nodaux $K_,$ et $K_{,,}$; on obtient ici l'œil *réduit* de Listing, constitué par une substance homogène, l'humeur aqueuse seulement ou simplement de l'eau, et limité à l'avant par une surface sphérique ll, qui passe entre $h_,$ et $h_{,,}$ et a son centre x entre $K_,$ et $K_{,,}$. Le rayon de courbure de cette surface est de 5^{mm},125 ; ses foyers sont en $F_,$ et $F_{,,}$.

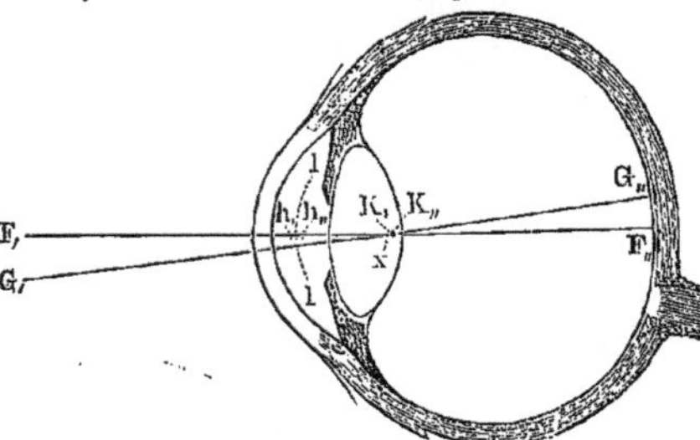

Fig. 347

L'axe optique $F_,F_{,,}$ ne coïncide pas avec la direction du rayon qui parvient au centre de la tache jaune. Dans la figure ce rayon est dirigé dans le premier milieu de $G_,$ vers $K_{,,}$, dans le dernier de $K_{,,}$ vers $G_{,,}$; conformément aux propriétés des points nodaux $G_,K_,$ est parallèle à $G_{,,}K_{,,}$. La figure 347 représente une coupe horizontale de l'œil droit, de sorte que celle de l'œil gauche viendrait se placer au-dessous.

2. Conditions de visibilité distincte d'un objet. — Pour qu'un objet soit vu nettement, il faut que son image vienne se former au centre de la tache jaune. Deux points ne sont visibles séparément que si leur distance angulaire n'est pas inférieure à 1′ et par suite si la distance de leurs images sur la rétine n'est pas inférieure à 0^{mm},005. Un objet, qui n'est pas vivement éclairé, est visible quand sa grandeur angulaire est égale à 30″ ; mais des points lumineux très brillants sont encore perçus très nettement pour une grandeur bien moindre, qui dépend seulement de l'intensité du rayonnement visible : c'est ainsi que l'œil voit les étoiles malgré l'infinie petitesse de leur diamètre apparent.

Les parties latérales de la rétine ne donnent pas une représentation nette des contours, de la couleur, etc. des objets. L'endroit où le nerf optique e (*fig.* 346) pénètre à l'intérieur de l'œil est insensible à la lumière et constitue le *point aveugle* (punctum cæcum). L'abbé Mariotte avait déjà indiqué un moyen de reconnaître sur soi-même l'existence de cette tache. La figure 348 représente sur un fond noir un cercle blanc et une petite croix blanche. On ferme l'œil droit, et on regarde avec l'œil gauche la croix dans la direction perpendiculaire à la figure ; en avançant ou en reculant le livre, on constate très facilement que le cercle disparaît quand l'œil se trouve à 30 centimètres environ du papier ; son image tombe à ce moment sur la tache aveugle. La grandeur angulaire de l'objet qui disparaît peut atteindre 7° (onze pleines lunes à côté les unes des autres ou le visage d'un homme à 2 mètres de distance).

Pour que les images des objets rapprochés, aussi bien que celles des objets éloignés, puissent se former sur la rétine, il faut que le système optique de l'œil se modifie à chaque changement de distance de l'objet considéré à l'œil. Ces changements intérieurs constituent ce qu'on appelle l'*accommodation ;* l'œil

Fig. 348

s'adapte aux différentes distances. KÉPLER, DESCARTES, BUFFON, LANGENBECK et CRAMER ont expliqué de différentes manières le mécanisme de l'accommodation. Une étude remarquable effectuée par le célèbre THOMAS YOUNG en 1801 est restée peu connue.

D'après les recherches d'HELMHOLTZ l'accommodation consiste essentiellement dans les modifications physiologiques suivantes, qui se produisent dans l'œil, *quand on passe à l'observation d'objets plus rapprochés*, dont l'image se formerait géométriquement derrière la rétine, sans le travail d'accommodation :

1. Le rayon de la pupille diminue.

2. Le bord interne de l'iris et la face antérieure du cristallin se déplacent vers l'avant.

3. La face antérieure du cristallin subit une forte augmentation de courbure.

4. La face postérieure du cristallin devient également un peu plus convexe, mais sans changer de place.

HELMHOLTZ a trouvé pour les deux états extrêmes d'accommodation de l'œil les résultats de mesures suivants :

Dimensions mesurées de l'œil accommodé.	Accommodation pour un objet	
	rapproché mm.	éloigné mm.
Rayon de courbure de la face antérieure du cristallin.	10,0	6,0
Rayon de courbure de la face postérieure du cristallin	6,0	5,5
Distance de la face antérieure du cristallin à la cornée	3,6	3,2
Distance focale du cristallin	50,617	39,073
Distance du second foyer de l'œil à la cornée. . .	22,819	20,955

Le pouvoir réfringent du cristallin augmente en même temps que sa courbure, ce qui permet à l'image d'un objet rapproché de se former sur la rétine. On peut d'après HELMHOLTZ se rendre compte du changement de la con-

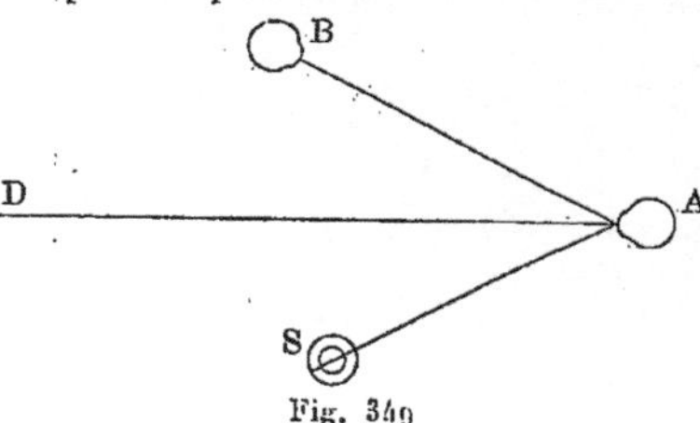
Fig. 349

vexité du cristallin, en observant les images d'une flamme dans l'œil d'une autre personne. Soit S (*fig.* 349) une lampe, qui éclaire par l'ouverture d'un écran l'œil A tourné vers AD ; B est l'œil de l'observateur qui considère les images de la flamme de la lampe dans l'œil A. Il se forme trois images (*fig.* 350) : deux droites et virtuelles *a* et *b*, provenant, la première, de la réflexion sur la surface convexe de la cornée ; la seconde, plus grande et bien moins brillante, de la réflexion sur la face antérieure du cristallin ; et la troisième *c*, renversée, réelle, beaucoup plus pâle encore que la première image cristallinienne et plus petite que l'image cornéenne, due à la surface arrière concave du cristallin. Quand la vue se porte brusquement d'un objet

Fig. 350

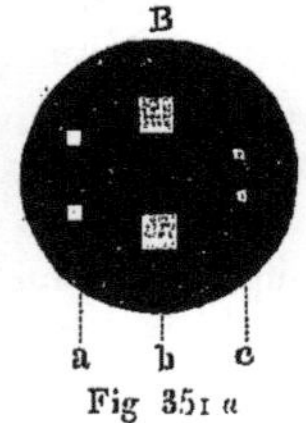
Fig. 351 *a*

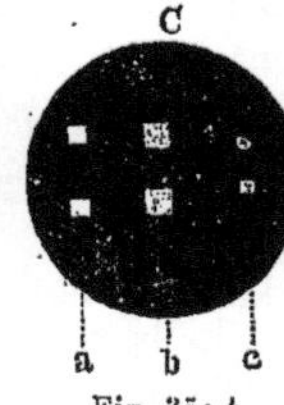
Fig. 351 *b*

éloigné sur un objet rapproché, la première image n'éprouve aucun changement ; il en est donc de même de la cornée ; mais la seconde se déplace et devient beaucoup plus petite et la troisième devient un peu plus petite seulement, ce qui atteste l'existence des variations de courbure mentionnées ci-dessus du cristallin. Les déformations de ces images s'observent particulièrement bien, quand on entoure complètement la lampe S d'un cylindre percé de deux ouvertures rectangulaires. Quand l'œil (A dans la *fig.* 349) regarde au loin, les images des rectangles dans l'œil ont les formes de la figure 351 *a* ; quand il regarde dans le voisinage, elles ont les formes de la figure 351 *b*.

Les avis diffèrent relativement à la question de savoir comment se produisent les variations de courbure du cristallin. HELMHOLTZ pensait que les procès ciliaires qui entourent le cristallin et auquel ils adhèrent, sont tendus dans leur état normal, c'est-à-dire pour la vision au loin ; quand l'œil s'accommode pour un objet rapproché, la tension de ces muscles diminue, et par suite la courbure du cristallin augmente. Mais les recherches de TSCHERNING et d'autres ont montré, que l'épaisseur du cristallin *augmente* par une extension radiale, ce qui peut aussi s'expliquer par sa structure particulière. Suivant TSCHERNING les procès ciliaires produisent, dans l'accommodation à une distance rapprochée, une *extension* radiale du cristallin.

On appelle *distance de vision distincte* φ la distance, à laquelle on observe le plus commodément, c'est-à-dire avec le moindre effort, les détails d'un objet ; c'est, par exemple, la distance à laquelle on tient un livre pour lire facilement ; pour l'œil normal φ est égal à environ 25 centimètres. L'expérience très instructive de SCHEINER permet de déterminer cette distance φ. Si on

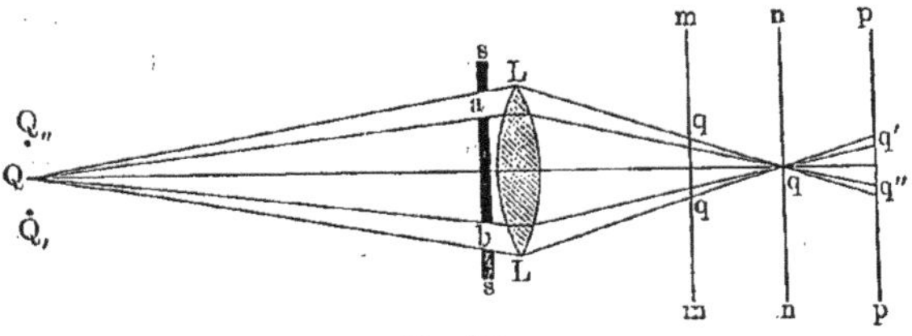

Fig. 352

perce dans une feuille de papier *ss* (*fig.* 352) deux petits trous *a* et *b*, dont la distance est inférieure au diamètre de la pupille et si, appliquant la feuille contre l'œil, on regarde à travers ces trous la pointe d'une aiguille Q, placée à une distance inférieure à la distance φ, cette pointe paraît double. Les rayons partant de Q qui traversent *a* et *b*, se réfractent dans l'œil et convergent géométriquement au point *q*, situé derrière la rétine *mm* ; celle-ci est donc rencontrée en deux points *q* et *q* par les rayons lumineux, et par suite on obtient sur la rétine deux images des petits trous, et la pointe de l'aiguille paraît double, en Q, et Q,,. Si on recouvre le trou supérieur *a*, l'image *inférieure* Q, disparaît. Quand Q se trouve à une plus grande distance de l'œil et que celui-ci est accommodé à une distance rapprochée, la rétine est en *pp* et on obtient encore deux images, mais cette fois c'est l'image supérieure, c'est-à-dire Q,, qui disparaît, quand on recouvre *a*. Les deux images se confondent en une seule et la pointe d'aiguille paraît simple, quand Q se trouve à la distance de vision distincte φ, la ligne *nn* correspondant alors à la rétine.

Les images qui se forment sur la rétine sont renversées. *Nous voyons cependant les objets droits*, ce qui s'explique par l'acte psychologique, sur lequel repose essentiellement notre connaissance du monde extérieur par l'organe de la vue. Nous avons déjà dit à la page 1 du tome I, que pour apprécier les qualités des objets extérieurs, nous devions apprendre par une éducation progressive de nos sens à donner une signification à nos impressions et à les objectiver exactement. Un enfant reçoit dès son jeune âge des impressions.

lumineuses ; mais il ne sait, si l'on peut s'exprimer ainsi, qu'en faire ; il n'en saisit pas la signification. Peu à peu il apprend à objectiver ses impressions, c'est-à-dire à conclure, d'après une excitation reçue, à la présence, en dehors de lui, d'objets déterminés. Il apprend ainsi à tirer ces conclusions immédiatement d'une manière *correcte*, c'est-à-dire à voir les objets dans la position, où ils se trouvent réellement.

3. Anomalies de l'œil normal. — L'œil ne représente pas un appareil optique, mathématiquement parfait ; il présente de nombreux défauts, que nous allons considérer.

ABERRATION SPHÉRIQUE. — L'œil n'est pas un système parfaitement aplanétique ; les rayons issus d'un point quelconque et tombant sur la partie centrale du cristallin ont un autre foyer que les rayons marginaux. On s'en rend compte facilement, en plaçant des caractères d'imprimerie devant l'œil, à une distance inférieure à la distance de la vue distincte φ, de telle sorte qu'on ne puisse plus les lire ; si on tient alors une feuille de papier présentant une petite ouverture, immédiatement devant l'œil, les caractères deviennent lisibles. Ceci s'explique, du moins en partie, par ce fait qu'aux rayons centraux correspond un foyer plus rapproché qu'aux rayons marginaux.

ASTIGMATISME. — Les surfaces, qui limitent les milieux successifs de l'œil, ne sont pas exactement des surfaces de révolution ; un plan vertical et un plan horizontal passant par l'axe de l'œil ne donnent pas des courbes d'intersection égales. Cette dissymétrie de l'œil s'appelle l'*astigmatisme* ; HELMHOLTZ a indiqué toute une série de phénomènes que ce défaut explique. Pour voir tout à fait nettement d'abord une droite horizontale, ensuite une droite verticale, l'accommodation de l'œil doit changer. La distance de vision distincte est moindre dans le second cas que dans le premier.

L'astigmatisme de l'œil normal est très faible. On entend toutefois très souvent par astigmatisme les défauts plus importants d'un œil anormal qui résultent d'une irrégularité de forme des surfaces réfringentes. Les manifestations d'un tel astigmatisme sont très diverses.

ABERRATION CHROMATIQUE. — L'œil ne représente pas un système achromatique ; le foyer des rayons violets se trouve plus près du cristallin que le foyer des rayons rouges d'environ $0^{\text{mm}},43$, quand l'œil vise à l'infini. C'est ce que confirme l'expérience suivante : si on regarde à travers un verre sombre de cobalt, qui ne laisse passer que des rayons rouges et des rayons bleus, une petite flamme placée très loin, le foyer des rayons rouges tombe sur la rétine, tandis que celui des rayons bleus se trouve en avant de cette dernière ; aussi, on aperçoit une flamme rouge bordée de bleu. Si on regarde, au contraire, la flamme de près, c'est le foyer des rayons bleus qui tombe sur la rétine, et on aperçoit une flamme bleue bordée de rouge. Dans le premier cas le liseré est formé par des rayons bleus, qui divergent au delà de leur foyer, et dans le second par des rayons rouges, qui ne sont pas encore parvenus à leur foyer.

IRRADIATION. — Un point lumineux donne sur la rétine un petit cercle par suite de l'aberration. Si on applique ceci aux points situés au bord d'une surface brillante, on voit que l'image totale de cette surface sur la rétine est plus grande que celle qui correspondrait à ses dimensions géométriques et serait formée seulement par les rayons centraux. Par suite la surface elle-même doit nous paraître agrandie ou comme débordant sur le fond sombre qui l'entoure. C'est ainsi que l'on s'explique toute une série de phénomènes connus sous la dénomination générale de phénomènes d'*irradiation* ; ils se ramènent tous à un agrandissement apparent des surfaces brillantes. La figure 353 peut servir d'exemple ; le carré blanc sur fond noir a la même

grandeur que le carré noir sur fond blanc qui se trouve à côté. Mais le premier paraît plus grand que le second, car son contour semble déborder sur le fond sombre, tandis que, dans l'autre cas, le fond blanc semble empiéter sur le carré

Fig. 353

noir, dont la grandeur apparente est par suite diminuée.

Quand la lune a la forme d'un croissant effilé et que le reste de son disque est faiblement éclairé, il semble que le bord extérieur du croissant appartienne à une circonférence de plus grand rayon que la partie qui est dans l'ombre.

Si on cache avec une planchette horizontale plane la moitié inférieure d'une

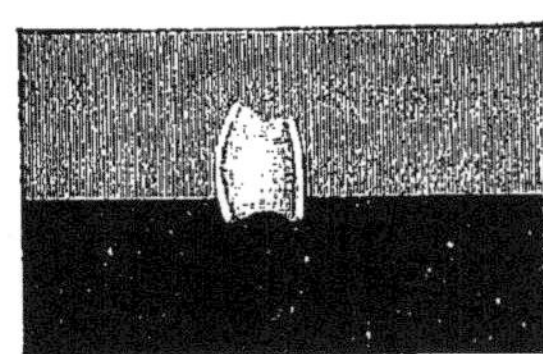

Fig. 354

flamme brillante, elle semble empiéter un peu sur le bord de la planchette et cette dernière ne paraît plus plane, mais entaillée légèrement à l'endroit où l'on voit la flamme (*fig.* 354).

Plateau croyait pouvoir expliquer l'irradiation en admettant que l'excitation d'un point déterminé de la rétine se transmettait aux points voisins ; mais cette explication est aujourd'hui abandonnée.

Phénomènes entoptiques. — Différents corpuscules très petits, nageant à l'intérieur des liquides de l'œil, certains vaisseaux sanguins qui se trouvent dans l'œil, etc. peuvent projeter des ombres sur la rétine ou agir sur la forme des images produites sur celle-ci et décèlent ainsi leur présence. Tous les phénomènes purement subjectifs qui prennent ainsi naissance portent la dénomination générale de phénomènes entoptiques. Beaucoup d'entre eux peuvent s'observer facilement, quand on dirige l'œil sur une partie du ciel uniformément et suffisamment bien éclairée.

4. Durée d'une impression lumineuse. Jugement de la grandeur et de la distance des objets. — Toute excitation de la rétine, quelque courte qu'elle soit, ne disparaît pas immédiatement en même temps que la cause qui l'a produite, mais dure encore environ $0'',1$. Par suite une série d'excitations se succédant à des intervalles moindres que $0'',1$ donne des impressions qui se combinent entre elles. C'est sur ce fait capital que repose la construction de toute une série de dispositifs et d'appareils très répandus, servant pour la plupart plutôt à l'amusement qu'à des buts scientifiques (thaumatrope, phénakisticope, cinématographe, etc.).

Des recherches nombreuses, en particulier celles d'Allen (1901) ont montré que la durée des impressions lumineuses varie avec les rayons de différentes couleurs. Elle est *minimum* pour les rayons jaunes (autour de la raie D) et croît, en allant vers les rayons rouges, aussi bien que vers les rayons violets.

Quand on regarde un objet avec les deux yeux, il se forme sur la rétine de chaque œil une image de cet objet. Cependant nous voyons les objets simples, quand les deux images se font en des points correspondants des deux rétines ; dans ce cas les deux impressions se superposent en une seule et sont objectivées en un même endroit de l'espace. Mais si l'on fixe un objet quelconque (par exemple un doigt), on voit doubles tous les autres objets, placés dans la même direction, mais plus près ou plus loin de nous, dont les images ne se forment pas en des endroits correspondants des deux rétines. Helmholtz a montré cependant qu'à une position *donnée* des yeux correspond une infinité de points, qui ne paraissent pas doubles ; il a donné à leur lieu géométrique le nom d'*horoptère*.

On juge de la *grandeur relative des objets*, qui se trouvent à peu près à la même distance de nous, d'après leur grandeur angulaire apparente, qui dépend elle-même de la grandeur de leur image rétinienne. Nous jugeons de la même manière de la grandeur absolue des objets, si nous avons des données pour apprécier la distance à laquelle ils se trouvent.

Inversement, nous apprécions souvent la *distance* d'objets plus éloignés de nous d'après leur grandeur apparente, c'est-à-dire d'après leur grandeur angulaire, quand ces objets nous sont bien connus (homme, cheval, etc.). En outre le nombre, la nature, la disposition des objets, qui se trouvent entre nous et l'objet considéré, peuvent fournir des données pour apprécier la distance de ce dernier. Enfin le même but peut encore être atteint, en partie à l'aide de la perspective aérienne, comme on l'appelle, c'est-à-dire du degré de netteté, avec lequel nous voyons les détails des objets éloignés à travers la couche d'air interposée.

Pour apprécier la distance des objets rapprochés, nous nous laissons guider en partie probablement par la grandeur de l'accommodation, qui ne va pas sans un certain effort ; mais il n'y a aucun doute que la vision binoculaire joue ici un rôle important, et même double. En premier lieu les axes des yeux, dont les prolongements se coupent sur l'objet considéré, convergent d'autant plus, c'est-à-dire s'écartent d'autant plus du parallélisme, que cet objet se trouve plus près. Cette convergence se sent, nous en avons conscience et c'est d'après sa grandeur que nous jugeons des distances. En second lieu les yeux, se trouvant en des endroits différents de l'espace, donnent des images inégales des objets qui nous entourent : cette différence tient à leur position mutuelle et à la forme des objets séparés, car les parties de leur surface vues par chaque œil ne sont pas exactement les mêmes. Le degré de cette inégalité des deux images rétiniennes, dont les impressions se superposent en une seule, donne une notion très nette de la disposition perspective des objets les plus rapprochés et des parties d'un objet.

Si on place différents objets devant soi, qu'on ferme les yeux et détourne la tête (pour changer ce que l'on venait de voir), si ensuite on ouvre un œil, en tenant la tête immobile, toute perspective disparaît, tous les objets paraissent plats et situés dans un même plan, et il est difficile de saisir un objet quelconque en portant vivement la main dessus. Quand on ouvre l'autre œil jusque là fermé, on est frappé par la réapparition soudaine de la perspective. La figure 355 représente les images A, B, C correspondant à l'œil gauche, et A', B', C' correspondant à l'œil droit, d'un parallélépipède, ainsi que de deux tétraèdres, l'un tournant son sommet vers le haut et l'autre creux, le tournant vers le bas. Si on regarde A, B ou C avec l'œil gauche, A', B' ou C' avec l'œil droit, ces images, prises deux à deux se su-

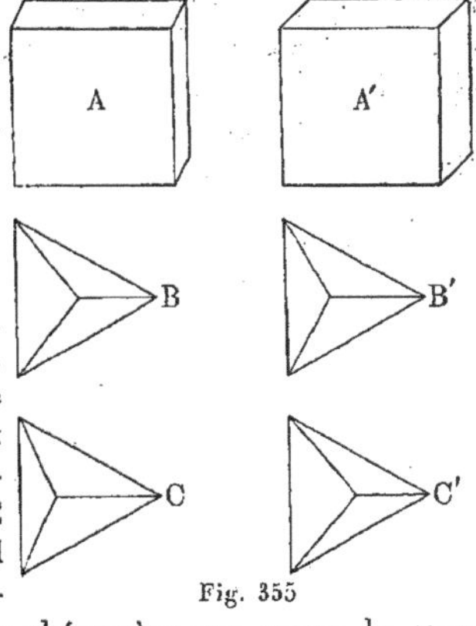

Fig. 355

perposent et le relief apparaît. C'est sur ce phénomène que repose la construction du *stéréoscope*, représenté schématiquement sur la figure 356. On pré-pare deux photographies AB et A'B' du même objet, de la même personne, du même paysage, etc., prises au moyen de deux objectifs braqués sur eux comme le se-raient les deux yeux.

Ces images sont placées l'une à côté de l'autre sur le fond d'une boîte, dont le couvercle est muni de deux tubes E et E' : chacun de ces tubes renferme une lentille convergente et un prisme (ou une demi-lentille), de sorte que les deux images viennent se superposer en *ab*. Si

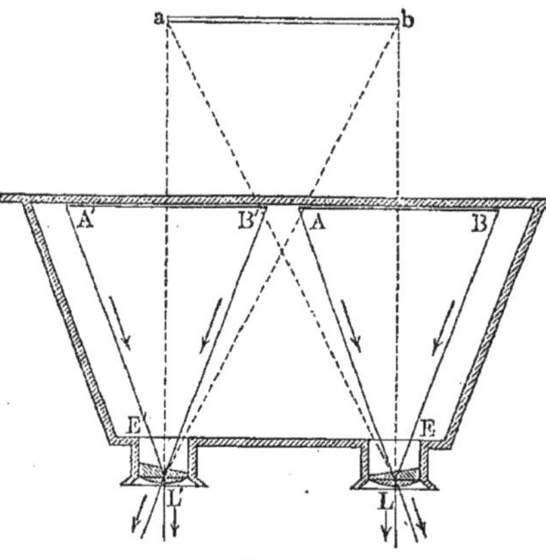

Fig. 356

on regarde en même temps avec les deux yeux dans l'appareil, l'œil droit voit l'image AB en *ab* et l'œil gauche voit l'image A'B' au même endroit. Cette superposition des deux images donne une sensation très nette du relief de l'objet.

Le stéréoscope simple peut être utile pour se rendre compte de la forme complexe d'un corps, un cristal, une machine, etc., par exemple. Il peut en outre servir à voir si deux images proviennent d'un même cliché. Il permet parfois aussi de constater si une pièce d'argent est bonne ou non.

HELMHOLTZ a construit un appareil intéressant, désigné sous le nom de *télestéréoscope*, qui est représenté schématiquement par la figure 357.

Un tube noirci à l'intérieur renferme deux miroirs (ou deux prismes à réflexion totale) *de* et *fg*. Les rayons parviennent à l'œil, après avoir été réfléchis d'abord par *de* et *fg* et ensuite par deux autres miroirs (ou prismes) *ab* et *cb*. Des objets éloignés, observés avec cet appareil, par exemple, des arbres ou des hommes, paraissent plus nettement séparés les uns des autres ; les paysages acquièrent plus de relief. L'action de l'appareil est la même que si l'écartement réel *oo'* des deux yeux devenait égal à OO'.

C'est sur ce principe que reposent les jumelles et les lunettes doubles cons-

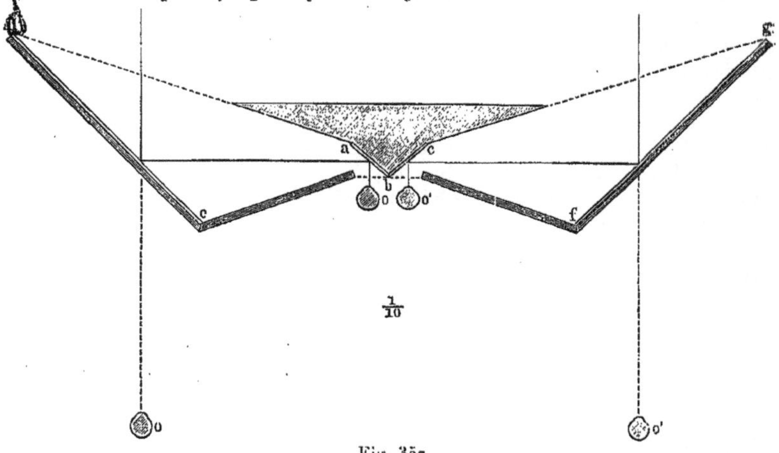

Fig. 357

truites par ZEISS à Iéna, et dans lesquelles la distance D des deux objectifs est plus grande que la distance *d* des oculaires. La figure 358 représente une de ces jumelles, dans laquelle D = 1,75 *d* ; la figure 359 indique la marche des rayons à l'intérieur de la moitié gauche de l'appareil. La figure 360 représente une lunette double de ZEISS. Les ouvertures pour les objectifs se trouvent aux extrémités des tubes du côté opposé à celui qui est figuré. On a ici D = 7 *d* ; comme les lunettes produisent un rapprochement égal à dix, l'effet stéréoscopique comparé à celui qui est obtenu à l'œil nu est 70 fois plus grand.

PULFRICH, collaborateur de C. ZEISS à Iéna, a construit d'après une idée de DE GROUSILLIERS un *télémètre stéréoscopique* (*stéréo-télémètre*). Il se compose de deux tubes tels que ceux que représente la figure 360 ; dans les plans focaux des objectifs se trouvent de petites plaques de verre, qui portent une série de signes en forme de coin, affectés de nombres. Ces signes représentent deux images stéréoscopiques d'une série de signes, situés dans l'espace à différentes distances de l'observateur. Quand on regarde dans l'appareil, ces deux images se confondent et donnent l'impression d'une série de signes, suspendus en l'air, à des distances indiquées par les chiffres correspondants. Les signes sont disposés en trois séries. Dans la première les distances sont 100, 200, ... 900 et 1 000 mètres, dans la seconde 1 100, 1 200, ... 1 900 et 2 000 mètres, dans la troisième 2 000, 2 200, 2 400, ... 3 000, 3 500, 4 000, 5 000 et 10 000 mètres.

En comparant la position de l'objet observé à celle du signe le plus-proche,

Fig. 358   Fig. 359

en quelque sorte suspendu au-dessus de lui, on peut déterminer à quelle distance cet objet se trouve. L'image stéréoscopique I jointe à ce volume montre le champ visuel du télémètre braqué sur un paysage. Si on place cette image dans le stéréoscope, le paysage prend un relief saisissant et les trois

Fig. 360

séries de signes paraissent au-dessus de lui, volant pour ainsi dire dans l'air et s'éloignant peu à peu.

La stéréoscopie a pris depuis 1901 un essor vraiment prodigieux, grâce aux nouveaux travaux de Pulfrich et surtout grâce à la construction du *stéréo-comparateur*. Pour comprendre le rôle de cet appareil, nous devons d'abord faire connaître le principe de la *marque variable* dans le champ visuel d'un appareil optique binoculaire. A cet effet considérons deux lunettes à côté l'une de l'autre, dont les axes ont été rendus *exactement parallèles ;* les images des points à l'infini se forment en des endroits ayant exactement la même position dans les deux champs visuels. Des points situés à une distance finie donnent au contraire des images en des endroits non identiques des deux champs. La différence *s* dans la position des deux images sera d'autant plus grande, que le point considéré se trouve plus près, que les objectifs des lunettes sont plus éloignés l'un de l'autre et que la distance focale des objectifs est plus grande. Cette dernière peut être assez grande (1 à 2 mètres), tandis que les oculaires se trouvent l'un auprès de l'autre comme dans la lunette double (*fig.* 360).

Supposons maintenant inversement dans chacun des plans des images des deux lunettes une marque, par exemple, un trait vertical. L'une des marques peut être déplacée latéralement. Quand les marques se trouvent à des endroits exactement correspondants des plans des images (*position zéro* des marques), l'observateur aperçoit, dans la vision binoculaire, les marques à une distance qui semble infinie.

Mais si l'une des marques est déplacée latéralement d'une *quantité mesurable s*, elle paraît être à une distance finie S, qui se calcule à l'aide de la formule facile à établir $S = RF : s$. Ici R désigne la distance entre les centres des objectifs, F la distance focale des objectifs. Plus le déplacement *s* de l'une des marques est grand, plus S est petit, plus la marque suspendue dans l'espace semble proche à l'observateur.

Le *stéréo-micromètre* (*fig.* 361) sert à la *démonstration* de ce principe ; il se

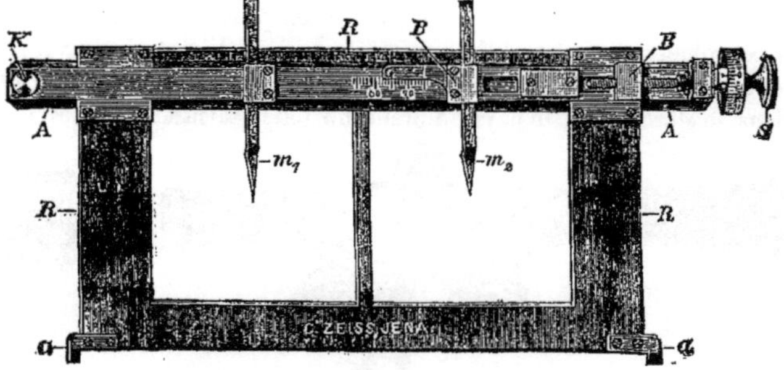

Fig. 361

compose d'un cadre RR, qui porte deux pointes métalliques m_1 et m_2, dont l'une m_2 peut être déplacée latéralement au moyen de la vis micrométrique S. Ce cadre est placé dans un stéréoscope ordinaire de telle façon que les deux pointes se trouvent le plus près possible des plans des deux images stéréoscopiques. On voit alors, dans l'image stéréoscopique qui apparaît en relief, la pointe suspendue dans l'espace. En faisant tourner la vis S, on peut la rapprocher ou l'éloigner. On obtiendrait ainsi théoriquement une *mesure de la profondeur* de l'image, si les pointes coïncidaient avec le plan des images stéréoscopiques, mais pratiquement cela n'est pas possible.

Le *stéréo-comparateur* (*fig.* 362) répond à tous les desiderata.

Il se compose du cadre incliné E, sur lequel sont posées les deux plaques stéréoscopiques P_1 et P_2. Chacune de ces plaques peut recevoir un mouvement de rotation et un mouvement de translation dans deux directions perpendiculaires. En outre les deux plaques peuvent être déplacées ensemble latéralement et vers le haut ou vers le bas. Le *microscope binoculaire* $K_1 K_2 O_1 O_2$, dont la construction est analogue à celle de la lunette double (*fig.* 36o), sert à l'observation ; O_1 et O_2 sont les oculaires ; les objectifs se trouvent en K_1 et K_2 du côté faisant face aux plaques P_1 et P_2. Les plaques sont disposées à l'aide de rotations et déplacements successifs, de telle façon que les parties soumises à l'observation soient exactement correspondantes.

Dans les deux plans focaux se trouvent les marques servant à la mesure de la profondeur : un trait vertical sur une petite plaque de verre pour chacun. La marque à droite peut être déplacée par la vis micrométrique m d'une quantité mesurable. Mais au lieu d'opérer ainsi on peut aussi déplacer laté-

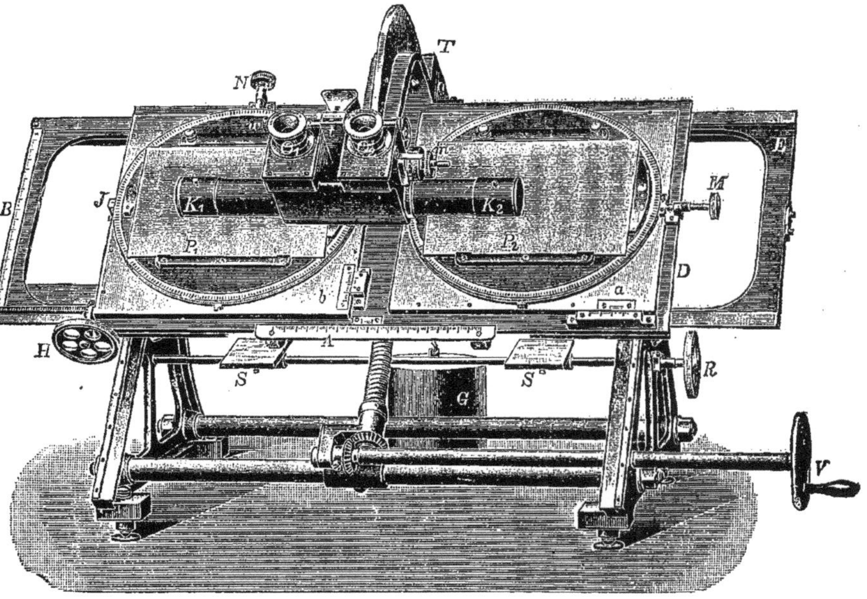

Fig. 36a

ralement la plaque P_2, car dans ce cas également il semble que la marque change de plan en profondeur, l'image de l'espace paraissant rester fixe.

SS sont deux miroirs, qui servent à éclairer des plaques transparentes (diapositifs).

Nous devons nous contenter de donner un très court aperçu des applications de cet instrument. En premier lieu il sert à *découvrir des changements*, survenus dans un objet photographié ; en second lieu il sert à la *mesure réelle de la profondeur*, c'est-à-dire à des travaux purement topographiques.

Si P_1 et P_2 sont des images *stéréoscopiques* d'un paysage, la marque mobile permet de déterminer la différence des distances de deux points quelconques à l'observateur. Si P_1 et P_2 sont des photographies *identiques*, mais prises à des époques différentes, d'une contrée, on peut aussitôt découvrir tous les changements survenus peu à peu, les affaissements de terrain, les déplacements de constructions, etc., car les endroits en question se détachent du plan, dans lequel tout le paysage semble situé.

Comme télémètre proprement dit l'appareil peut servir à déterminer la hauteur des nuages, des étoiles filantes, etc.

Le stéréo-comparateur a surtout une importance énorme, inappréciable au point de vue des résultats, pour l'*astronomie*.

L'image stéréoscopique II jointe à ce livre représente deux vues *de la lune*, qui correspondent à une libration de 14°. Ceci correspond à une ligne de base (distance des yeux) de 95 000 kilomètres. Dans le stéréoscope la surface de la lune apparaît en relief. Avec le stéréo-comparateur on peut *obtenir un nivellement parfait de la surface de la lune*, et Pulfrich est en effet arrivé à mesurer directement les hauteurs et les profondeurs de quelques cratères.

L'application du stéréo-comparateur *à la découverte des planètes, des étoiles fixes à éclat variable et de celles qui possèdent un mouvement propre assez grand* est encore plus important.

Supposons deux épreuves d'un endroit du ciel, prises à un certain intervalle de temps (un jour à plusieurs années) l'une de l'autre.

Pour découvrir les changements, les deux plaques devaient jusqu'ici être soumises à des mesures comparatives extrêmement fatigantes et très longues. Au moyen du stéréo-comparateur on aperçoit d'un seul coup d'œil tous les changements. Si un *déplacement* quelconque a eu lieu, l'objet en cause apparaît en dehors du plan du ciel des étoiles fixes, volant pour ainsi dire librement dans l'espace.

Les *variations d'éclat* se voient aussi immédiatement, car l'objet intéressé se distingue par son manque de netteté et son apparence changeante. On ne pouvait donc jusqu'ici discerner que difficilement les objets intéressants parmi la grande masse des étoiles, et quelques-uns d'entre eux pouvaient facilement rester inaperçus, tandis qu'avec la nouvelle méthode ces objets attirent immédiatement l'attention sur eux.

La figure stéréoscopique III représente deux vues de *Saturne* dans la constellation du Serpentaire d'après des photographies du professeur Wolf d'Heidelberg. Ces photographies ont été prises dans deux nuits consécutives. Si on place l'image dans un stéréoscope, on voit Saturne suspendu pour ainsi dire librement dans l'espace avec deux lunes, bien loin en avant du ciel étoilé qui semble plan. D'après la distance connue de la Terre au Soleil (149 millions de kilomètres) et les durées de révolution de la Terre (365 jours) et de Saturne (10 759 jours terrestres) la longueur de la ligne de base est évaluée à 2 478 000 kilomètres. Pulfrich a déduit des mesures au moyen de la marque mobile (déplacement $1^{mm},12$) la distance de Saturne à la Terre et il l'a trouvée égale à 1 259 millions de kilomètres, tandis qu'elle est en réalité égale à 1 269 millions de kilomètres.

Pulfrich est également arrivé (1902) dans les premiers examens attentifs de photographies d'étoiles à découvrir une *nouvelle* petite planète, qui était restée inaperçue auparavant dans l'étude de ces plaques. Wolf découvrit une *douzaine d'étoiles variables*, qui étaient également restées inaperçues. Au commencement de 1903, WOLF découvrit encore une nouvelle planète, immédiatement après avoir reçu un stéréo-comparateur, et son aide GOETZ put aussitôt retrouver une planète connue, cherchée depuis plusieurs jours.

En 1904, PULFRICH a trouvé une méthode nouvelle pour reconnaître immédiatement dans deux images, les différences qu'elles peuvent présenter, par exemple dans deux photographies d'une même étoile. Les deux images sont produites alternativement et avec une grande rapidité dans l'oculaire d'un *même* microscope, où elles sont par suite confondues. Les parties qui ne coïncident pas ou qui possèdent quelque autre différence ont quelque chose de flottant et de mobile et attirent immédiatement l'attention de l'observateur. Cette méthode peut être appliquée par les personnes qui ne sont pas en état de faire les observations stéréoscopiques, avec les deux yeux, de la manière habituelle.

KRÜSS a construit (1902) un stéréoscope pour l'observation de grandes images, obtenues, par exemple, au moyen des rayons de RÖNTGEN.

D'ALMEIDA a imaginé une expérience très intéressante. On imprime sur du papier l'une au-dessus de l'autre, ou on superpose en projection sur un écran deux images stéréoscopiques du même objet, l'une rouge, l'autre verte, de manière à obtenir une image unique, incolore et sans relief. Si on regarde cette image à travers une paire de lunettes dont l'un des verres est rouge, et l'autre vert, l'image prend un relief saisissant, tout en restant incolore. BERTHIER (1896) et IVES (1904) ont trouvé une autre méthode pour obtenir par *une seule* image une impression stéréoscopique,

5. Théorie d'Young et d'Helmholtz sur les sensations des couleurs — L'œil est en état d'apprécier dans la lumière des différences qualitatives, d'en voir la *couleur*. La sensation de couleur dépend de la longueur d'onde λ de la lumière ou de ses parties constituantes, mais elle n'est pas déterminée d'une manière absolue par λ. D'une part une lumière homogène ou complexe produit des sensations de couleur différentes, selon son intensité. Ainsi par exemple, des rayons violets, sous une faible intensité, prennent un ton rougeâtre ; sous une grande intensité, une coloration grise.

Sous une intensité très faible tous les corps paraissent incolores. Inversement sous une très grande intensité toutes les couleurs, à l'exception du rouge, tournent au blanc ; le rouge au contraire paraît jaune, même sous la plus grande intensité.

L'œil est plus sensible à une lumière faible verte ou bleue, qu'à une lumière faible jaune ou rouge. Si on donne d'abord à ces quatre couleurs le même éclat et si on les affaiblit ensuite également, le vert et le bleu semblent plus brillants que le rouge et le jaune ; c'est ce qu'on appelle le *phénomène de* PURKINJE. Des recherches précises ont été effectuées par AUBERT (1876), EBERT (1888) et PFLÜGER (1902) pour reconnaître comment varie la sensibilité de l'œil avec la longueur d'onde λ d'un rayon. EBERT a trouvé que la plus grande sensibilité correspond à peu près à la radiation verte $\lambda = 0,^{\mu}530$. PFLÜGER a trouvé le maximum de sensibilité dans la région comprise entre $\lambda = 0,^{\mu}495$ et $\lambda = 0,^{\mu}525$;

pour $\lambda = 0,^\mu 717$, elle est 33 000 fois plus petite que pour des rayons verts et pour $\lambda = 0,^\mu 413$, elle l'est 60 fois. Ces nombres ne sont évidemment pas les mêmes pour différentes personnes.

D'autre part une lumière complexe peut donner une même sensation de couleur pour une composition très différente. HELMHOLTZ, comme nous l'avons vu (pages 357 à 359), a étudié en détail la question du mélange des couleurs, c'est-à-dire de la sensation de couleur obtenue, quand deux ou plusieurs rayons de couleur différente agissent simultanément *sur la rétine*. Comme nous l'avons vu, le résultat d'un tel mélange est tout à fait différent de celui qui est observé dans le mélange de pigments différemment colorés; le *blanc* s'obtient non seulement par le mélange de toutes les couleurs du spectre, mais aussi par mélange de *deux* couleurs seulement, et à chaque rayon du spectre en correspond un autre *complémentaire*, qui donne avec le premier du blanc.

L'étude du mélange des couleurs et l'analyse de certains cas pathologiques de confusion des couleurs, dont le *daltonisme* est l'exemple le plus fréquent, ont conduit HELMHOLTZ à reconnaître l'exactitude de la théorie d'YOUNG sur la sensation des couleurs. Cette théorie s'appelle aujourd'hui la théorie d'YOUNG-HELMHOLTZ et consiste en ce qui suit.

1° Il existe dans l'œil trois sortes d'éléments nerveux sensibles à la lumière, formant l'épanouissement du nerf optique. L'excitation des premiers produit la sensation du rouge, celle des seconds la sensation du vert et celle des derniers la sensation du violet (de l'indigo d'après YOUNG).

2. Une lumière homogène (physiquement) excite toujours les trois sortes d'éléments nerveux, mais inégalement. Le degré d'excitation est représenté graphiquement sur la figure 363, où les abscisses des trois courbes correspondent aux couleurs spectrales, les ordonnées au degré d'excitation, éprouvée par chacune des différentes sortes d'éléments nerveux.

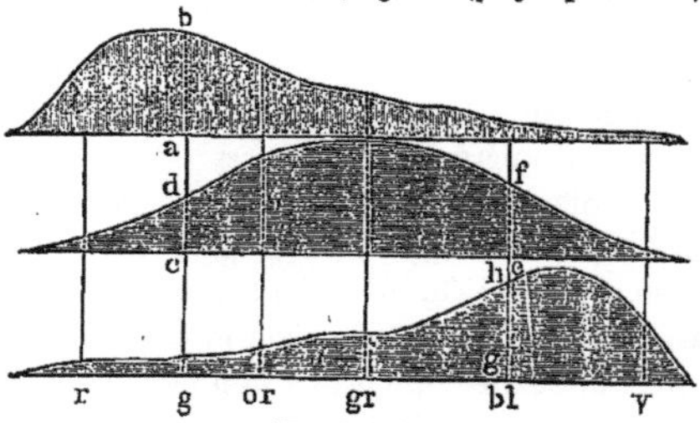

Fig. 363 (¹)

3. Une excitation simultanée égale de tous les éléments nerveux produit la sensation d'une lumière blanche. Si on mélange, par exemple, des rayons orangés et des rayons indigo, comme on a approximativement $ba = dc + fe = hg$, il s'ensuit que les trois sortes d'éléments nerveux sont tous également excités et on reçoit l'impression d'une lumière blanche.

KÖNIG et DIETERICI ont cherché à déterminer plus exactement la forme des trois courbes précédentes. Les résultats de leurs recherches sont représentés par la figure 364. Sur l'axe des abscisses sont portées les longueurs d'onde, exprimées en 10^{-6} mm.; les lettres, qui leur sont adjointes, correspondent aux raies de *Fraunhofer*. Les courbes R et V trouvées par chacun d'eux, pour représenter le degré d'excitation des éléments nerveux de la première et de la troi-

(¹) g = jaune, gr = vert.

sième sortes ne diffèrent pas. Les courbes KK et DD donnent le degré d'excitation des éléments nerveux de la seconde sorte, d'après KÖNIG et DIETERICI ; la courbe en pointillé correspond à des yeux anormaux, comme il s'en présente assez souvent.

Parmi les autres théories des sensations des couleurs celle d'HERING est particulièrement connue.

HERING part de l'hypothèse que les sensations des couleurs se composent de six éléments fondamentaux (*Komponenten*) : le blanc, le noir, le jaune fondamental (*Urgelb*), le bleu fondamental (*Urblau*), le rouge fondamental (*Urrot*), et le vert fondamental (*Urgrün*). Toute sensation de couleur, à l'exception des quatre dernières, renferme outre l'élément coloré un élément incolore, c'est-à-dire blanc ou gris. De plus toutes les sensations de couleurs sont des transitions (avec mélange de blanc) du rouge fond. au jaune fond., du jaune fond. au vert fond., du vert fond. au bleu fond. et du bleu fond. au rouge fond. Il n'existe pas de sensations de passage du rouge fond. au vert fond. et du jaune fond. au bleu fond..

Aux sensations lumineuses correspondent des processus chimiques déterminés dans la substance des nerfs et du cerveau. Ces actions sont de deux

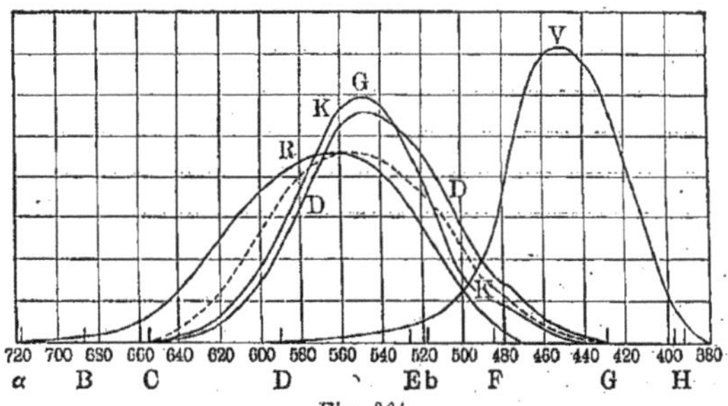

Fig. 364

sortes : trois processus D (D = désassimilation) de décomposition, qui produisent les sensations du noir, du rouge fond. et du jaune fond., et trois processus A (A = assimilation) de *nutrition* ou de combinaison, qui donnent les sensations du blanc, du vert fond. et du bleu fond.. Le processus D, correspondant au noir, s'effectue constamment de lui-même ; les cinq autres processus sont produits par les rayons lumineux. Nous ne pouvons pas entrer ici dans plus de détails sur la question de savoir comment HERING explique les différents phénomènes dus aux couleurs. On trouvera dans l'ouvrage de MÜLLER-POUILLET, *Lehrbuch der Physik*, 9e édition, T. II, 1 (1897), page 656, un court exposé de cette théorie, écrit par HERING lui-même.

Pami les nombreux auteurs de théories plus ou moins indépendantes des sensations des couleurs on peut citer CHAUVEAU, PREYER, EBBINGHAUS, PRÉOBRAJENSKY, OPPOLZER, CHARPENTIER et PARINAUD. ESTEL a donné un excellent aperçu des différentes théories émises.

Lorsque nous avons exposé les idées de LUMMER sur la loi de DRAPER, nous avons déjà dit (page 82), que d'après KRIES les cônes servaient à recevoir les impressions des couleurs et les bâtonnets les impressions lumineuses.

Goldhammer (1905) a essayé de déduire théoriquement, sous la forme d'une fonction mathématique, la dépendance entre la sensation de couleur et la longueur d'onde.

6. Œil anormal. — Nous avons donné dans le § 1 de ce chapitre la structure de l'œil et indiqué les dimensions et rapports optiques relatifs à un œil normal ou emmétrope, qui s'accommode facilement à des distances variant de l'infini à 15 centimètres environ. Mais très souvent les yeux présentent des anomalies diverses, dont nous allons considérer les plus importantes.

1. La *myopie* est un défaut de la *réfraction* qui se produit dans l'œil : celle-ci est *trop forte* et le foyer postérieur se forme *en avant* de la rétine. Les objets éloignés ne donnent pas d'images sur la rétine, et par suite ne peuvent pas être vus sans le secours de *verres divergents*, c'est-à-dire de lunettes munies de verres biconcaves. La distance minima de vision distincte est inférieure à celle d'un œil normal; les objets rapprochés se voient nettement sans lunettes.

2. L'*hypermétropie* est également un défaut de la *réfraction* produite par l'œil, mais ici cette dernière est *trop faible*. Le foyer postérieur se trouve *derrière* la rétine, de sorte qu'un objet est nettement visible, même quand les rayons qui parviennent à l'œil sont convergents. L'œil s'accommode facilement aux objets éloignés; ils sont vus distinctement sans effort particulier. Par contre la distance minima de vision distincte φ étant très grande, la considération des petits objets, comme, par exemple, dans la lecture d'un livre, est pénible, car il faut les tenir assez loin. On corrige l'hypermétropie à l'aide de lunettes munies de *verres convergents*.

3. La *presbytie* est une affection de l'œil qui apparaît avec la vieillesse par suite d'une diminution de ses *facultés d'accommodation*; elle est due à un affaiblissement du muscle qui enserre le cristallin. Le pouvoir réfringent de l'œil est ici tout à fait normal ; les objets éloignés sont nettement visibles, mais les objets rapprochés ne le sont pas ; la distance minima de vision distincte est plus grande que dans l'œil emmétrope. On doit se servir pour lire et écrire de lentilles convergentes, qui reculent artificiellement les objets.

On peut calculer facilement de la manière suivante la distance focale principale x des lunettes, nécessaires pour corriger un œil, dont la distance minima de vision distincte est φ_1. En supposant que les milieux réfringents de l'œil puissent être remplacés par une seule lentille de distance focale F, et en désignant par d la distance de la cornée à la rétine, on a

$$\frac{1}{F} = \frac{1}{\varphi_1} + \frac{1}{d}.$$

Si F_1 est la distance focale du système, formé par l'œil et les lunettes, qui donne la distance normale de vision distincte φ au lieu de φ_1, on a

$$\frac{1}{F_1} = \frac{1}{\varphi} + \frac{1}{d}.$$

On en déduit

$$\frac{1}{F_1} - \frac{1}{F} = \frac{1}{\varphi} - \frac{1}{\varphi_1}.$$

On a, d'après la formule (74) de la page 180,

$$\frac{1}{F_1} = \frac{1}{F} + \frac{1}{x},$$

et par suite

$$\frac{1}{x} = \frac{1}{\varphi} - \frac{1}{\varphi_1},$$

d'où

$$x = \frac{\varphi \varphi_1}{\varphi_1 - \varphi}.$$

Pour $\varphi = \varphi_1$ on a $x = \infty$; pour $\varphi_1 < \varphi$ on a $x < 0$, et pour $\varphi_1 > \varphi$ on a au contraire $x > 0$. Le premier cas correspond à l'œil myope, le second à l'œil presbyte.

7. Illusions d'optique. — Dans tous les cas où l'objet que nous considérons ne correspond pas d'après ses qualités à l'objet qui existe réellement, nous disons qu'il y a illusion d'optique ou défaut de vision. Nous avons vu que le processus de la vision se divise en trois parties : 1. les rayons émanant de l'objet doivent parvenir à l'œil ; 2. l'image qui se forme sur la rétine doit produire sur celle-ci une excitation, qui dépend des dimensions de cette image, de l'intensité et de la coloration de ses parties, et 3. en vertu de l'impression reçue se produit une objectivation de celle-ci. On peut ranger toutes les illusions d'optique en trois groupes correspondant à ces trois parties, selon que la cause de l'illusion se trouve en dehors de nous, dans l'œil, ou dans l'acte psychique de l'objectivation. Nous nous bornerons à donner ici seulement un petit nombre d'exemples de ces phénomènes nombreux et intéressants. Le lecteur qui désirerait en faire une étude plus approfondie, pourra consulter les travaux de BURMESTER, BENCKE et WUNDT à ce sujet, ainsi que d'autres ouvrages, qui sont cités dans notre aperçu bibliographique.

I. *La cause de l'illusion est en dehors de nous.* — On peut compter ici tous les cas, où, par suite de réflexions ou de réfractions des rayons, nous ne voyons pas les objets dans la direction où ils se trouvent réellement. Les miroirs, les lentilles, les prismes en donnent des exemples très simples ; la réfraction astronomique et différents phénomènes dans l'atmosphère (par exemple, la fata Morgana) nous en fournissent d'autres exemples plus compliqués. D'ailleurs, dans tous ces cas, l'élément psychique (voir ci-dessous) joue un certain rôle.

II. *La cause de l'illusion est une cause physiologique.* Les défauts de l'œil, considérés dans le § 3, peuvent donner lieu à des illusions d'optique diverses. Beaucoup de ces dernières sont produites par l'irradiation. Nous avons déjà parlé des illusions relatives à la grandeur d'objets brillants sur un fond sombre et inversement (Figure 353, page 525), ainsi qu'à la grandeur relative des rayons du bord extérieur de la lune pendant son premier quartier et du reste de son disque faiblement éclairé. Si on colle sur un fond sombre plusieurs séries de petits cercles blancs (en papier, par exemple), voisins les uns des autres, ils se présentent, vus de loin, sous la forme d'hexagones réguliers (Figure 365).

C'est probablement à l'irradiation que sont dues, en partie du moins, une série d'illusions d'optique, consistant dans l'agrandissement apparent d'angles brillants, compris entre des lignes sombres, dont une est large. Sur la figure 366 la droite f semble former le prolongement de a, tandis qu'en réalité da est une ligne droite. Les angles aigus (d, A) et (a, A) paraissent agrandis et

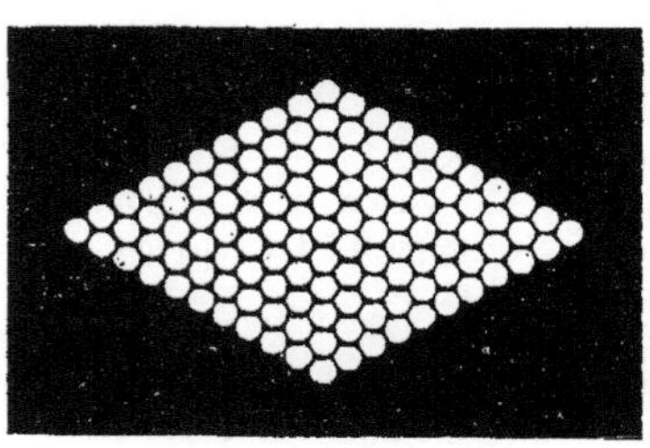

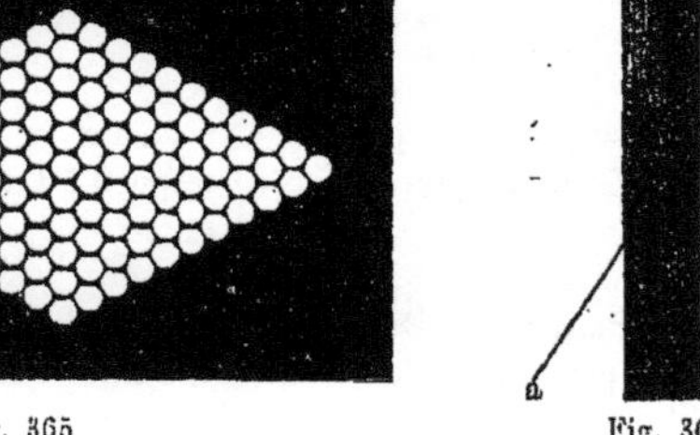

Fig. 365   Fig. 366

par suite les extrémités des lignes étroites d et a semblent déplacées, la première vers le haut, la seconde vers le bas.

Sur la durée des impressions lumineuses sont basées les illusions d'optique, observées dans le stroboscope, le thaumatrope, le phénakisticope, les cinématographes, etc.

Une excitation assez longue de l'œil par des rayons d'une couleur déterminée produit une fatigue de cet organe et le rend insensible aux rayons de cette couleur. Si l'on fixe longtemps une tache colorée et qu'on reporte ensuite les yeux sur une surface blanche, on aperçoit sur cette dernière une tache de la couleur complémentaire. Si la tache est rouge, les rayons rouges contenus dans la lumière blanche agissent plus faiblement sur l'œil, et par suite une tache verdâtre apparaît sur la surface blanche. Si l'on pose une bande de papier gris sur une surface rouge vif, le papier semble verdâtre ; au contraire la bande de papier semble grisâtre sur une surface verte brillante. Ce phénomène s'observe encore plus nettement, si l'on colle au milieu d'une surface colorée brillante une bande de papier noir et si on les recouvre toutes les deux d'une feuille de papier blanc très mince ; la tache sombre au milieu paraît fortement colorée et elle possède la couleur complémentaire de celle du fond qui l'entoure. Ici se rattache encore le phénomène des ombres colorées, que l'on observe, quand l'ombre est produite par une source lumineuse colorée, en présence d'une autre source faible, mais blanche. Ainsi, par exemple, au crépuscule les ombres formées par une lampe à pétrole (source lumineuse jaune) paraissent grisâtres.

La sensibilité de la rétine à la lumière blanche peut également s'émousser; un éclairage d'intensité moyenne succédant à un éclairage plus intense ou comparé directement avec lui nous paraît sombre. Si l'on ferme toutes les portes et les fenêtres d'une chambre et qu'on l'éclaire au gaz, de telle façon que la nuit son éclairage pourrait être qualifié d'éclairage *a giorno*, elle paraît cependant tout à fait sombre et on n'y *voit goutte* tout d'abord, si l'on y entre de jour, venant directement du dehors. Les taches du Soleil nous paraissent noires, bien qu'en réalité elles émettent une lumière très intense.

III. *La cause de l'illusion est une cause psychologique.* — Ici se rapportent la plupart des illusions d'optique et les plus intéressantes d'entre elles.

L'objectivation repose uniquement sur l'impression reçue; aussi l'objet objectivé, c'est-à-dire ce que nous voyons, nous paraît identique, lorsqu'il y a identité complète de deux excitations, bien que les causes de ces dernières soient tout à fait différentes dans les deux cas. Nous *voyons* les images virtuelles et les images réelles des objets, comme si ceux-ci se trouvaient à la place des images. Nous voyons, par exemple, des objets dans un miroir plan, et bien que nous sachions parfaitement qu'ils n'existent pas derrière le miroir, aucun effort de volonté ne peut nous affranchir de cette illusion d'optique et nous amener à ne pas accomplir l'objectivation de l'excitation reçue.

Nous avons dit à la page 526, que nous jugions de la distance d'un objet en partie, d'après la *perspective aérienne*, c'est-à-dire d'après le degré de netteté avec lequel nous voyons ses détails; la grandeur apparente des objets pour une grandeur angulaire donnée de ceux-ci dépend de son côté de leur distance apparente. C'est ainsi qu'une chaîne de montagnes nous semble très éloignée et par suite très haute, quand l'air est peu transparent; la même chaîne de montagnes nous semble rapprochée et relativement basse, quand l'air est particulièrement limpide, comme après une pluie.

C'est un fait bien connu de tout le monde, que la lune et le soleil paraissent beaucoup plus gros à leur lever et à leur coucher, que lorsqu'ils sont à une grande hauteur au-dessus de l'horizon. Un très grand nombre de savants, parmi lesquels Ptolémée, Descartes, Alhazen, Malebranche, Gassendi et Gauss se sont occupés de ce phénomène et ont cherché à l'expliquer. L'explication, qu'on en donne d'ordinaire, est la suivante; quand l'astre se trouve bas sur l'horizon, la couche d'air traversée par ses rayons a une épaisseur relativement grande, il paraît moins brillant, et par suite nous nous l'imaginons plus éloigné de nous, que lorsqu'il se trouve à une certaine hauteur dans le ciel. Le fait que, dans le premier cas, se trouvent entre nous et l'astre un grand nombre d'objets, contribue à nous faire croire à une augmentation de distance; mais, comme la grandeur angulaire est restée la même, nous en arrivons à cette idée que les dimensions de l'astre sont plus grandes.

Eginitis (1898) pense que nous ne connaissons pas encore la véritable cause de l'illusion d'optique en question.

Ptolémée et Gauss après lui ont émis l'idée que la cause principale du phénomène réside en ce que la position des yeux, dirigés vers la lune par exemple, est différente, suivant qu'elle se trouve auprès de l'horizon ou dans le voisinage du zénith. Dans le premier cas nous regardons droit devant nous, dans le second nous devons élever les yeux (vers le front). *Quand la distance d'un objet nous est inconnue, il nous semble plus éloigné et plus petit, si nous devons élever les yeux pour le voir; il nous semble, au contraire, plus près et plus grand, les yeux étant dans leur position normale (par rapport à la tête).* Filehne et en particulier Zoth ont montré que cette explication est exacte. L'observation suivante de Zoth est particulièrement importante : il a trouvé, que l'illusion d'optique en question ne disparaît pas, quand on regarde la lune à travers un verre légèrement recouvert de noir de fumée ou un verre sombre, qui ne laisse pas voir d'autres objets que le disque de la lune ; il est évident que les raisons, à l'aide desquelles on expliquait auparavant cette illusion tombent ici complètement en défaut. Zoth a effectué un grand nombre d'observations, qui confirment pleinement l'exactitude de la nouvelle explication. Les plus simples sont les suivantes : quand la lune se trouve près de l'horizon, *elle ne nous semble pas agrandie*, si on la regarde en penchant la tête et levant les yeux vers elle ; au contraire, quand elle est au zénith, elle nous paraît agrandie, si on la regarde couché sur le dos.

La question de la forme apparente de la voûte céleste, qui se trouve en relation avec celle que nous venons de considérer, sera traitée dans le Chapitre suivant.

Le phénomène suivant repose également sur une fausse évaluation de la distance. Si l'on regarde pendant un certain temps un anémomètre, tournant sur le toit d'un édifice, il semble parfois tout à coup, que les ailes se meuvent en sens contraire et de plus dans un plan, tellement incliné par rapport à l'horizon, qu'il coupe la surface de la terre entre nous et l'édifice.

Nous ne voyons tout à fait distinctement, *pour une position fixe donnée des yeux,* que les corps qui ont une grandeur angulaire très faible. Si nous fixons notre regard sur un mot court dans une page d'impression, nous ne pouvons lire qu'avec peine le mot suivant. *La vue consiste donc en un coup d'œil rapide;* notre regard glisse constamment sur l'objet que nous considérons. De là proviennent beaucoup d'illusions d'optique. Plus, dans l'aperçu rapide que nous prenons d'un objet suivant une certaine direction, le regard rencontre d'endroits, qui attirent sur eux notre attention, plus l'objet paraît long dans cette direction. Si l'on trace une série de droites parallèles d'égale longueur, remplissant un carré (sans les côtés latéraux), on obtient une figure qui semble être un rectangle, dont les longs côtés seraient perpendiculaires aux droites. Si l'on partage une droite en deux parties égales et qu'on divise l'une des moitiés en parties plus petites par de petits traits transversaux, elle semble plus longue que l'autre. (Phénomènes analogues d'un autre ordre : une heure entière passe vite ; dix minutes à passer, montre en main, en suivant constamment le mouvement de l'aiguille des secondes, paraissent une éternité ; un chemin, que l'on suit pour la première fois paraît long ; il semble d'autant plus court qu'on le fait plus souvent).

Les figures 367 et 368 reproduisent des dessins célèbres de Hering et de Zöllner. Dans la première, les quatre horizontales sont des lignes entièrement droites ; elles semblent cependant, dans le couple inférieur, converger vers les extrémités, et dans le couple supérieur, se rapprocher au milieu. Par un coup d'œil du milieu vers les extrémités, on voit dans le couple inférieur une divergence continue des lignes, qui par comparaison fait apparaître une con-

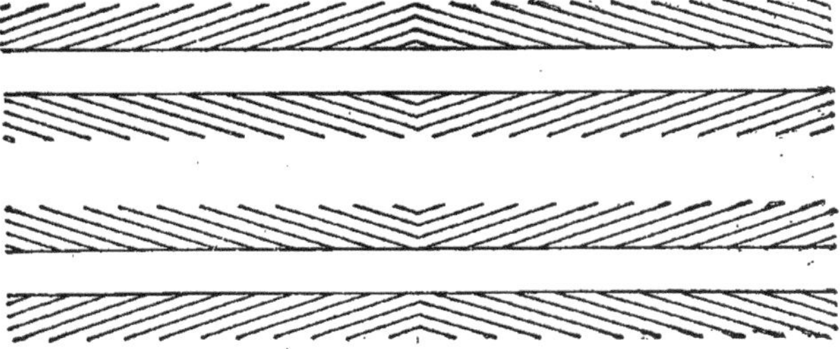

Fig. 367

vergence au lieu du parallélisme réel. Dans la figure 368 les raies noires larges sont rigoureusement parallèles entre elles ; leur défaut de parallélisme apparent est encore accru, si on tourne la figure de 45°. Si on éclaire dans l'obscurité la figure 368 au moyen d'une étincelle électrique, les raies longues paraissent bien parallèles. La faible durée de l'éclairement ne permet pas à l'œil de parcourir la figure, et l'image exacte du dessin, qui se forme sur la rétine, donne une représentation exacte de sa forme. P. Préobrajenski a indiqué d'intéressantes variantes pour le cas d'illusion d'optique envisagé. On a tracé sur la figure 369 un cercle parfait, et cependant il parait aplati à gauche, étiré à droite. Le rectangle de la figure 370 repré-

Fig. 368

sente un carré parfait ; son angle supérieur à droite paraît cependant aigu.

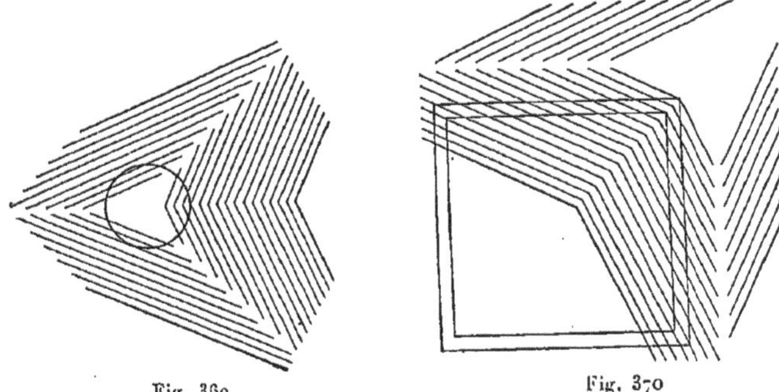

Fig. 369

Fig. 370

On peut rattacher ici l'illusion d'optique bien connue, qui se manifeste, quand on fixe pendant un temps assez long un objet, qui se meut d'une façon continue dans la même direction, quand on observe, par exemple, d'un wagon le paysage qui se déroule, ou d'un navire l'eau qui l'entoure, ou encore quand on regarde une figure, qui se propage d'une manière continue du centre vers la périphérie : telles sont, par exemple, les figures obtenues sur un écran au moyen d'une lanterne magique. Si on regarde ensuite un objet immobile (ou si on arrête, par exemple, le mouvement sur l'écran), l'objet semble se mouvoir dans la direction opposée au mouvement qui était observé auparavant.

BIBLIOGRAPHIE

—

L'ouvrage suivant doit être considéré comme fondamental, pour l'optique physiologique :

HELMHOLTZ. — *Handbuch der physiologischen Optik*, 2° édition, Hambourg et Leipzig, 1896. (Imprimé de 1886 à 1896). Une partie de ce livre a été rédigée par A. KÖNIG. Il se termine par un exposé bibliographique concernant l'optique physiologique depuis les origines de cette science jusqu'à l'année 1894 inclusivement. Cet exposé est divisé en 33 parties, il comprend environ 300 pages et renferme 7 833 indications de travaux de près de 2 800 auteurs, parmi lesquels figurent un très grand nombre de savants russes. La première édition a été imprimée de 1856 à 1866 et a été traduite en français sous le titre suivant : *Optique physiologique* par H. HELMHOLTZ, traduite par EMILE JAVAL et N. TH. KLEIN, Paris, Masson, 1867. La seconde édition renferme plus de 1 000 pages, sans compter l'exposé bibliographique.

Nous pouvons encore citer :

H. KAYSER. — *Kompendium der physiologischen Optik*, Wiesbaden, 1872.
TSCHERNING. — *Optique physiologique*, Paris, 1897.

1. — Structure de l'œil humain.

LISTING. — *Dioptrik des Auges. Wagners Handbuch der Physiologie*, **4**, p. 451, 1851.

2. — Conditions de visibilité distincte d'un objet.

MARIOTTE. — *OEuvres*, p. 496, 1668 ; *Mém. de l'Acad. de Paris*, 1669 et 1682 ; *Phil. Trans.*, II, p. 668, (1668) ; *Acta Eruditorum*, 1683, p. 68.
THOMAS YOUNG. — *On the mecanism of the Eye. Phil. Trans.*, **1**, p. 23, 1801.
TCHERNING. — *Rapp. prés. au Congrès internat. de Physique*, Paris, 1900 ; III, p. 547.
KEPLER. — *Dioptrice. Propos.*, **26**, 1611.
CARTESIUS. — *Dioptrice. Lugd. Batav.*, 1637.

CRAMER. — *Het Accomodatievermogen, etc.*, Haarlem, 1853 ; traduit en allemand par DODEN, Leer, 1855.

H. HELMHOLTZ. — *Handbuch der Optik*, p. 140.

SCHEINER. — *Oculus sive fundamentum opticum*, OEnipontii, 1619.

3. — Anomalies de l'œil normal.

PLATEAU. — *Arch. de biol.*, **1**, p. 61, 1880.

4. — Jugement de la grandeur et de la distance des objets.

F. ALLEN. — *Phys. Rev.*, **11**, p. 257, 1901.

BECKER. — *Relieffernrohre und Entfernungsmesser von Carl Zeiss*, Frauenfeld, 1900.

KRÜSS. — *Phys. Zeitschr.*, **3**, p. 361, 1902.

PULFRICH. — *Instr.*, **21**, p. 221, 249, 1901 ; **22**, p. 65, 192, 229, 1902 ; **23**, p. 43, 133, 317, 1903 ; **24**, p. 53, 161, 1904 ; **25**, p. 233, 1905 ; *Verhandl. d. d. phys. Ges.*, **6**, p. 255, 1904 ; *Phys. Zeitschr.*, **1**, p. 98, 1899 ; *Vierteljahrsschr. der Astron. Ges.*, **37**, p. 211, 1902 ; *Astron. Nachr.*, n⁰ˢ 3797, 3805, 1902 ; *Neue stereoskopische Methoden und Apparate*, 1ʳᵉ livráison, Berlin, 1903.

WOLF. — *Astron. Nachr.*, n⁰ 3749, 1901.

BERTHIER. — *Cosmos*, 23 mai 1896 ; *C. R.*, **139**, p. 920, 1904.

IVES : voir VIOLLE. — *C. R.*, **139**, p. 621, 1904.

KÖRBER. — *Naturw. Rundsch.*, 1902, p. 517.

TAUBER. — *Messager de physique expérimentale*, **29**, p. 49, 1903.

OUMOW. — *Aperçu physique*, **4**, p. 125, 1903.

SOVIÉTOFF. — *Télémètre stéréoscopique*, St-Pétersb., 1900.

HÜBL. — *Mitteil. d. k. k. milit.-geogr. Inst.*, **22**, Vienne, 1903.

D'ALMEIDA. — *C. R.*, **47**, p. 61, 1858.

W. L. ROSENBERG. — *Sur quelques phénomènes de vision monoculaire et binoculaire* (en russe). *Recueil pédagogique des écoles de guerre*, 1897, n⁰ 2, p. 593. *Conditions pour la détermination de la grandeur des objets au moyen de l'œil* (en russe). *Journ. de la Soc. russe phys.-chim.*, **29**, p. 124, 1897.

5. — Théorie d'Young et d'Helmholtz.

AUBERT. — *Handbuch der Augenheilkunde von* GRAEFE-SÄMISCH., **2**, p. 485, 1876.

EBERT. — *W. A.*, **33**, p. 136, 1888.

PFLÜGER. — *D. A.*, **9**, p. 185, 1902.

TH. YOUNG. — *Lectures on natural philosophy*, London, 1807.

KÖNIG und DIETERICI. — *W. A.*, **22**, p. 579, 1884 ; *Graefes Archiv*, (2), **30**, p. 171, 1884.

HERING. — *Wien. Ber.*, (3), **69**, p. 85, 179 ; **70**, p. 169, 1874 ; *Lotos*, **1**, 1880 ; **7**, p. 177, 1889.

WUNDT. — *Philosoph. Studien*, **4**, p. 311 ; *Physiol. Psychologie*, 4⁰ édition, p. 455, 1893.

CHAUVEAU. — *C. R.*, **113**, p. 358, 394, 1891 ; **115**, p. 908, 1892.

PREYER. — *Pflügers Archiv*, **25**, p. 31.

EBBINGHAUS. — *Zeitschr. f. Psych. u. Physiol. d. Sinnesorgane*, **5**, p. 145.

P. PRÉOBRAJENSKI. — *Journ. de la Soc. russe phys.-chim.*, **21**, p. 249, 1889 ; *J. de phys.*, **9**, p. 538, 1890.

OPPOLZER. — *Ztschr. f. Psych. u. Physiol. der Sinnesorgane*, **29**, p. 183, 1902.

CHARPENTIER. — *C. R.*, **91**, p. 240, 995, 1075, 1880 ; **92**, p. 92, 1881 ; **96**, p. 858,

1079, 1883 ; **97**, p. 1431, 1883 ; **98**, p. 1290, 1884 ; **99**, p. 87, 1884 ; **100**, p. 361, 1885 ; **101**, p. 182, 1885 ; **114**, p. 1423, 1892.

PARINAUD. — *C. R.*, **99**, p. 241, 1884 ; **101**, p. 821, 1885.

ESTEL. — *Zur Geschichte der Farbenlehre* ; *Progr. Gymn. zu Chemnitz*, 1901.

KRIES. — *Bericht der Freiburger Naturforschergesellschaft*, **9**, p. 61, 1894 ; *Zeitschr. f. Psychol. und Physiol. d. Sinnesorgane*, **9**, p. 81, 1895-1896 ; **12**, p. 81, 1896 ; **13**, p. 241, 1897 ; **15**, p. 247, 1897.

LUMMER. — *W. A.*, **62**, p. 19, 1897 ; *Verh. d. d. phys. Ges.*, **6**, p. 62, 1904.

GOLDHAMMER. — *D. A.*, **16**, p. 621, 1906.

6. — Œil anormal.

BURMESTER. — *Beiträge zur experimentellen Bestimmung geometrisch-optischer Täuschungen. Dissertation*, München, 1896, (L. Voss, HAMBURG).

BENCKE. — *Optische Täuschungen. Prog. des Königsstädtischen Gymnasiums zu Berlin*, 1900.

WUNDT. — *Geometrisch-optische Täuschungen. Abh. d. königl. sächs. Ges. d. Wiss.*, **24**, n° 2, Leipzig, 1898.

KUNDT. — *Pogg. Ann.*, **120**, p. 118, 1863.

SCHEFFLER. — *Pogg. Ann.*, **127**, p. 105, 1866.

THIÉRY. — *Philosoph. Studien (Wundt)*, **11**, p. 307, 603, 1895 ; **12**, p. 67, 1896.

DELBŒUF. — *Rev. Sc.*, **51**, p. 237, 1893.

OPPEL. — *Jahresber. d. phys. Ver. zu Frankfurt a. M.*, 1854-1855, p. 37 ; 1856-1857, p. 47 ; 1860-1861, p. 26 ; *Pogg. Ann.*, **99**, p. 466.

SCHRÖDER. — *Pogg. Ann.*, **105**, p. 298, 1858.

HELMHOLTZ. — *Physiolog. Optik*, 1896, p. 704.

EGINITIS. — *C. R.*, **126**, p. 1326, 1898.

ZOTH. — *Archiv f. d. ges. Physiologie*, **78**, p. 375.

PTOLÉMEE. — *L'Ottica di Cl. Tolomeo. Ed. Gilb. Govi*, 1885 ; *Sermo tertius*, p. 77.

GAUSS. — *Briefwechsel zwischen Gauss und Bessel*, p. 498, 1880.

FILEHNE. — *Archiv. f. d. ges. Physiologie*, **59**, p. 291.

REIMANN. — *Programm des königl. Gymnasiums zu Hirschfeld*, 1901.

ZÖLLNER. — *Pogg. Ann.*, **110**, p. 500, 1860 ; **114**, p. 587, 1861.

P. PRÉOBRAJENSKI. — *Soc. des Sc. Nat. de Moscou*, **7**, 1er cahier, p. 47, 1895.

CHAPITRE XII

—

PHÉNOMÈNES OPTIQUES DANS L'ATMOSPHÈRE

1. Forme apparente de la voûte céleste. Réfractions astronomique et terrestre. — L'étude des phénomènes optiques, qui se déroulent dans notre atmosphère, forme l'objet de *l'optique météorologique*. PERNTER, le savant le plus informé dans cette partie de la météorologie, partage dans sa « *Meteorologische Optik* » les phénomènes optiques en trois groupes.

1. Phénomènes, qui dépendent seulement des parties constituantes gazeuses de l'atmosphère et sont produits par les inégalités de densité de cette dernière en ses différents points ;

2. Phénomènes, dus à la présence dans l'air de grandes quantités de corpuscules relativement très petits, tels que des gouttelettes d'eau ou des cristaux de glace ; ici se rattache encore le cas d'un amas considérable de particules solides (poussière) ;

3. Phénomènes, causés par de petites particules non gazeuses, comme il s'en trouve *toujours* dans l'air.

PERNTER s'est occupé particulièrement de la question de la forme apparente de la voûte céleste.

Nous devons nous limiter dans ce livre à un examen tout à fait superficiel de quelques phénomènes relatifs à ce sujet.

Nous dirons d'abord quelques mots sur la *forme apparente de la voûte céleste*.

La voûte céleste nous semble fortement *aplatie* : les parties du ciel, qui se trouvent auprès de l'horizon, paraissent beaucoup plus éloignées de nous que celles qui sont au-dessus de notre tête, près du zénith. Partageons à vue d'œil l'arc, qui réunit le zénith avec l'horizon, en deux parties égales. Soit α l'angle compris entre la droite, qui va de l'observateur au point de séparation, et le plan horizontal. Si la voûte céleste nous paraissait être une demi-sphère on devrait avoir $\alpha = 45°$. Les mesures de REIMANN notamment montrent que l'on a en réalité à peu près $\alpha = 22°$; dans l'évaluation de cet angle une erreur de plus du double est donc commise. Un arc de $3°,3$ partant de l'horizon même nous semble égal à un dixième de l'arc entre l'horizon et le zénith c'est-à-dire égal à $9°$; on estime donc ici l'arc presque trois fois plus grand qu'il ne l'est en réalité. Dans la figure 371, HZH représente la forme apparente de la voûte céleste d'après PERNTER ; ce serait donc une calotte de sphère. L'arc HZ est partagé en dix parties inégales, qui nous semblent avoir la même grandeur et correspondre à des angles égaux d'un cercle vertical. Les angles réels ont été portés sur le demi-cercle : une hauteur de $3°,3$ nous paraît égale à 9°, une hauteur de 11°,2 à 27°, une hauteur de 22° à 45°, une hauteur de 68° à 81°, etc.

Nous avons évidemment affaire ici à une illusion d'optique, dont la cause principale réside en ce que nous apprécions différemment la distance complètement inconnue des objets, selon la direction dans laquelle nous les voyons, c'est-à-dire selon la position des yeux, comme il a déjà été expliqué à la page 539. Si on se place la tête en bas et si on regarde le ciel dans cette position, la voûte céleste se présente sous la forme d'une demi-sphère, comme FILEHNE l'a montré.

On trouve d'autres considérations intéressantes sur la forme apparente de la voûte céleste dans l'ouvrage de ZEHNDER : *Über optische Täuschungen mit besonderer Berücksichtigung der Täuschung über die Form des Himmelsgewölbes etc...* Leipzig 1902.

Au *premier* des trois groupes de phénomènes mentionnés ci-dessus se rapportent avant tout les phénomènes de réfraction astronomique et terrestre. Ils sont basés sur ce que la densité de l'air est une fonction de point

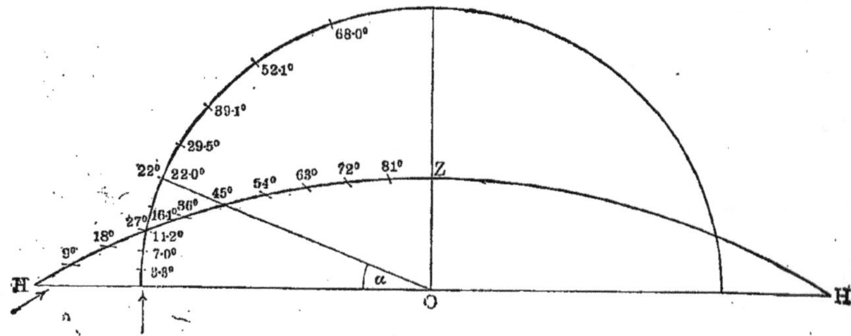

Fig. 371

(T. I, page 197), c'est-à-dire possède des valeurs différentes en des points différents. On peut dans une première approximation considérer les surfaces de niveau (voir au même endroit) de cette fonction, comme des sphères concentriques avec la surface de la Terre ; elles partagent toute l'atmosphère en couches d'égale densité. Un rayon lumineux, qui ne traverse pas ces couches suivant une direction verticale, subit des réfractions continues, et par suite sa *trajectoire* à l'intérieur de l'atmosphère n'est pas une ligne droite, mais une certaine courbe. Quand la source lumineuse se trouve en dehors de l'atmosphère, le rayon, qui est rectiligne avant d'y entrer, devient ensuite courbe et sa concavité est tournée vers la surface de la Terre. L'observateur à la surface de la Terre voit l'astre dans la direction de la tangente à l'extrémité de cette courbe. L'angle compris entre cette tangente et la direction primitive du rayon en dehors de l'atmosphère, détermine la grandeur de la *réfraction astronomique* ; la théorie de cette dernière est du domaine de l'*astronomie*, elle a été établie par BOUGUER (développée ensuite par SIMPSON et BRADLEY), BESSEL, LAPLACE et IVORY.

La *réfraction terrestre* résulte du changement de direction d'un rayon qui se propage entre deux points situés à des hauteurs différentes. Ce phénomène a une grande importance en *géodésie*; il joue un rôle important dans la mesure des hauteurs. La théorie de la réfraction terrestre a été développée entre autres par JORDAN.

Si l'on admet que les plans tangents aux surfaces de niveau mentionnées ci-dessus (densité $d = const.$) sont partout horizontaux, il s'ensuit que l'angle de réfraction est situé dans un plan vertical, c'est-à-dire que la réfraction change seulement la *hauteur* d'un point observé. Mais en réalité ces plans tangents ne sont pas toujours horizontaux, de sorte que le plan, mené par la normale à la surface de niveau $d = const.$ et la tangente au rayon, peut ne pas être vertical. Dans ce cas, non seulement la hauteur change, mais aussi *l'azimut* du point observé, et il se produit une *réfraction latérale*. On trouvera une exposition plus détaillée de cette question dans les traités d'astronomie et de géodésie.

2. Phénomènes de réfraction irrégulière. Mirage. — On observe parfois à la surface de la Terre, dans des conditions plus ou moins exceptionnelles, il est vrai, des phénomènes extrêmement curieux. Ils consistent essentiellement dans l'apparition d'images simples, et parfois aussi multiples, d'objets, en des lieux qui se trouvent à une grande distance angulaire de la position réelle de ces objets, tandis que, par exemple, dans la réfraction astronomique qui croît en même temps que la distance zénithale z, le déplacement apparent d'un astre, pour $z = 45°$, est d'environ $1'$, pour $z = 80°$ d'environ $5',25$ et même pour $z = 90°$ de $35'$ seulement environ, selon l'état de l'atmosphère.

Le phénomène le plus remarquable de réfraction irrégulière, désigné sous le nom de *fata Morgana*, consiste en ce qui suit : des objets, situés au-dessous de l'horizon ou cachés par des montagnes, deviennent visibles; au contraire, des objets, qui devraient être visibles géométriquement et qui le sont effectivement dans des conditions normales, disparaissent; les objets apparaissent beaucoup au-dessus ou au-dessous de leur position réelle, agrandis ou rapetissés, et dans des cas assez rares, déviés latéralement; au lieu d'une image de l'objet on en voit parfois deux, trois, et très rarement, un plus grand nombre, dont quelques-unes droites, d'autres renversées. On vit un jour de l'île de Malte une nouvelle île et quand on voulut l'atteindre, on s'aperçut que l'île imaginaire n'était pas autre chose qu'une image anormale du mont Etna. Il se produit très souvent dans les déserts un phénomène analogue, appelé *mirage*. L'armée française, dans laquelle MONGE se trouvait, aperçut devant elle en Egypte, à son entrée dans le désert, la mer, sous la forme d'un immense détroit, qui reculait à mesure qu'elle s'en rapprochait.

La première explication de ces phénomènes est due à WOLLASTON; la théorie mathématique en a été développée pour la première fois par BIOT.

GERGONNE et TAIT se sont en outre occupés particulièrement de cette question. Toutes les explications sont basées sur la considération de la trajectoire du rayon, qui traverse des couches d'air, d'une densité d, variant suivant une

loi quelconque en fonction seulement de la hauteur z au-dessus de la surface
de la terre ; en d'autres termes on suppose dans toutes ces explications que
les surfaces d'égale densité sont des plans horizontaux. Dans le cas d'une distribution normale des densités, où d diminue quand z augmente, il est facile de
trouver la forme de la trajectoire d'un rayon partant d'un point quelconque S
(fig. 372). Un rayon dirigé vers le bas passe sans cesse de couches d'une certaine
densité à des couches d'une plus grande densité ; il doit se rapprocher de la normale verticale n, et par suite sa trajectoire SG est concave vers la surface de

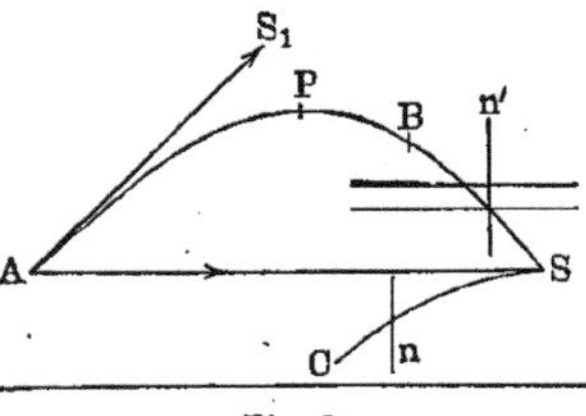

Fig. 372

la terre. Un rayon, dirigé obliquement
vers le haut, doit s'éloigner en chaque
point de la normale n', et par suite sa
trajectoire SP est également concave
vers la surface de la terre. Il est dès lors
facile d'établir l'équation différentielle
de la trajectoire du rayon pour le cas
le plus général de variation de l'indice
de réfraction μ en fonction de la hau-
teur z. Supposons l'axe des x du système de coordonnées horizontal et soit φ
l'angle compris entre la tangente au rayon et la ligne verticale ; soient en
outre μ_1, φ_1, μ_2, φ_2 les valeurs de μ et φ dans deux couches voisines. On a
d'après la loi de réfraction $\sin \varphi_1 : \sin \varphi_2 = \mu_2 : \mu_1$, d'où $\mu_1 \sin \varphi_1 = \mu_2$
$\sin \varphi_2$.

En passant d'une couche à une autre, on trouve que l'on a tout le long de
la trajectoire du rayon

$$(1) \qquad \mu \sin \varphi = c,$$

où c est une constante. On a d'autre part $\operatorname{tg} \varphi = \dfrac{dx}{dz}$ ou

$$\frac{dx}{dz} = \frac{\sin \varphi}{\sqrt{1 - \sin^2 \varphi}}.$$

Si on porte ici $\sin \varphi$ tiré de l'équation (1), on obtient l'équation différentielle de la trajectoire sous la forme

$$(2) \qquad \mu^2 = c^2 \left[1 + \left(\frac{dz}{dx} \right)^2 \right].$$

Si μ_0 et φ_0 correspondent au point de départ S du rayon, on a $c^2 = \mu_0^2 \sin^2 \varphi_0$. La formule (2) donne

$$\mu^2 - c^2 = c^2 \left(\frac{dz}{dx} \right)^2, \quad \text{ou} \quad c\,\frac{dz}{dx} = \sqrt{\mu^2 - c^2}.$$

Si le point S a pour coordonnées $x = 0$ et $z = \zeta$, on en tire

$$(3) \qquad x = c \int_\zeta^z \frac{dz}{\sqrt{\mu^2 - c^2}}.$$

On ne peut aller plus loin qu'en faisant une hypothèse déterminée sur la forme de la fonction

$$(4) \qquad\qquad \mu = f(z).$$

La courbure des courbes SC et SP est faible dans les conditions normales, mais elle peut devenir très grande dans des conditions anormales, et le rayon passant de couches plus denses dans des couches moins denses, peut devenir horizontal, faire ensuite retour dans des couches plus denses, formant ainsi une courbe présentant un *sommet* et deux branches symétriques. L'explication du retour du rayon présentait des difficultés, que l'on chercha d'abord à aplanir, en admettant l'existence de la réflexion intérieure totale dans une des couches. Mais BRAVAIS montra ensuite, qu'en considérant des surfaces d'onde au lieu de rayons géométriques, on arrive également à ce résultat, que le rayon, après être devenu horizontal, forme une seconde branche de courbe symétrique de la première.

Plus l'angle compris entre la direction initiale du rayon au point S et l'horizon est faible, plus vite la trajectoire du rayon prend la forme SPA, qui donne l'image du point S suivant la direction AS_1, l'œil étant en A. Ceci explique que des objets situés au-dessous de l'horizon peuvent être visibles. Il se produit parfois dans les régions polaires, par un refroidissement très intense des couches inférieures de l'air, une diminution très rapide de densité dans le sens ascendant. Il peut se produire aussi dans ce cas une trajectoire de la forme SPA pour de très fortes inclinaisons initiales du rayon et l'observateur placé en A peut voir deux images : l'une directement dans la direction AS, l'autre dans la direction de la tangente AS_1. La seconde image peut être droite ou renversée ; cela dépend de certaines conditions qui seront indiquées plus loin.

Les cas les plus importants de réfraction anormale des rayons se produisent cependant par suite d'un échauffement très intense du sol et des couches d'air inférieures, dont la densité devient *moindre* que celle des couches situées au-dessus, de sorte qu'il s'établit un équilibre instable. Dans ce cas la trajectoire du rayon, dirigé de la source S (*fig.* 372, SC) vers le bas, devient *convexe* vers la surface de la terre, et peut, si elle possède un sommet, affecter la forme de la courbe SPA (*fig.* 373). L'observateur placé en A voit également dans ce cas deux images dans les directions AS et AS_1.

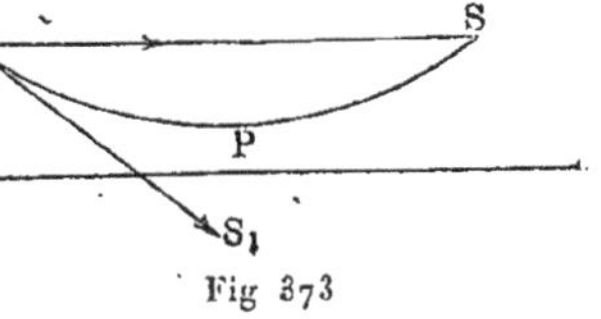

Nous allons montrer, sans entrer dans les détails, sur quelles considérations TAIT a basé sa théorie des différents cas de mirage. Pour que l'œil A puisse voir le point S, il est nécessaire que le rayon se propage de A en S ; on peut donc résoudre la question de savoir ce que l'on voit et dans quelle direction, en considérant les rayons qui peuvent parvenir à l'œil pour une distribution donnée des couches d'air de densités différentes, ou ce qui revient au même, pour une forme donnée de la fonction $\mu = f(z)$. Mais on peut résoudre cette question, en considérant inversement les chemins de tous les rayons *qui partent de l'œil*, car ils sont identiques à ceux qui y entrent. Si μ dépend de z, tous les phénomènes se passent de la même façon dans tous les plans verticaux et il suffit par suite de considérer les rayons situés dans un de ces plans, que nous prendrons pour plan de la figure.

Le nombre et la position des images dépendent de la disposition mutuelle de ces rayons, et *suivant que les rayons voisins se coupent ou non, il y a ou non formation d'images renversées.* Ceci se comprend avec les figures qui suivent. Supposons d'abord que les rayons voisins *ne se coupent pas*. Soit A (*fig.* 374) la position de l'œil, AC, ADFH, AD'A', AA', des rayons partant de l'œil

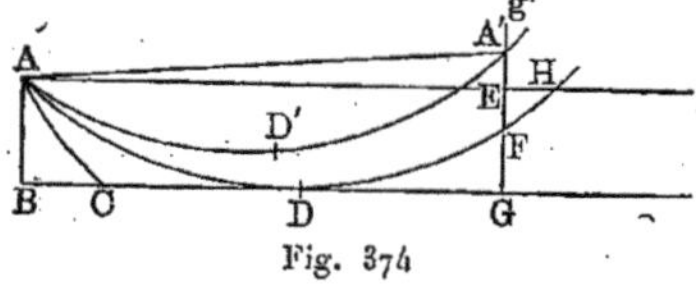
Fig. 374

ou inversement y parvenant ; soit en outre Gg' l'objet, qui dans des conditions normales serait visible tout entier. Supposons enfin que le rayon ADFH ait son sommet en D à la surface de la terre représentée par BG. Traçons AEH horizontalement. Il est clair tout d'abord que la partie FG de l'objet *ne sera pas visible du tout*; la partie EF sera visible, elle paraîtra simple, considérablement abaissée et droite; la partie EA' paraîtra doublée (car EA et AA' sont également des rayons) et ses deux images seront droites, car chaque rayon partant d'un de ses points, parvient en A, en restant *au-dessus* du rayon, qui part d'un point inférieur. Ceci est une conséquence directe de l'hypothèse que les rayons voisins ne se coupent pas. A mesure que l'objet se rapproche de l'œil les parties invisibles et doublées diminuent; si l'objet s'éloigne jusqu'en H, la partie qui n'était visible qu'une fois, disparaît.

Supposons maintenant que les rayons voisins *se coupent*, et soit ADH (*fig.* 375) un rayon, dont le sommet D se trouve à la surface de la terre. Un rayon voisin, situé *au-dessus* de lui, a son sommet à droite de D, et par suite coupe ADH en un point, également plus à droite et un peu plus haut que D. Soit DF″K le lieu géométrique des points d'intersection des rayons voisins, c'est-à-dire l'enveloppe de ces rayons; GA' l'objet. Si on trace le rayon horizontal AEH et le rayon ADF″H' par le point d'intersection de l'objet GA' avec la courbe enveloppe DF″K, on voit que la partie GF″ de l'objet reste tout à fait invisible.

En outre la partie FF″ est vue deux fois, et une de ses images est droite, l'autre renversée, car, les rayons se coupant, le point F situé au-dessus de F″ paraît cependant au-dessous.

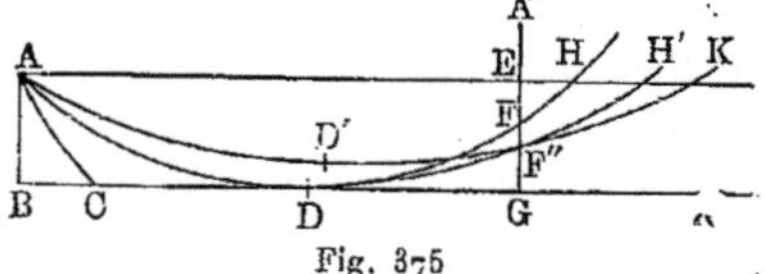
Fig. 375

La partie FA' n'est vue qu'une fois et paraît droite. Quand l'objet s'approche du point A, la partie invisible, ainsi que celle qui paraît double, diminuent; s'il s'éloigne jusqu'en H, la partie qui n'est vue qu'une fois diminue et finalement disparaît.

Disons encore ici, sans entrer dans plus de détails, que TAIT a étudié également des cas plus compliqués, où le nombre des images va jusqu'à trois et au-dessus. Il a étudié entre autres, les phénomènes, qui doivent se passer, quand les formes de la fonction $\mu = f(z)$ à la surface de la terre sont les suivantes : $\mu^2 = \mu^2{}_0 + \alpha z^2$ ou $\mu^2 = a^2 + g^2 \cos \frac{\pi z}{b}$; ces valeurs ont été portées dans la formule générale (3), page 548.

On trouve une description détaillée des phénomènes de réfractions normale et anomale dans l'atmosphère, dans l'ouvrage de PERNTER « *Meteorologische Optik* », pages 55 à 158.

WOOD (1899) a reproduit artificiellement quelques-uns des phénomènes décrits ci-dessus, en chauffant (par dessous) une plaque métallique horizontale et regardant le long de la surface de cette plaque de petits objets convenablement placés.

KUMMER a établi une théorie générale de la réfraction des rayons dans l'atmosphère d'une planète. Cette théorie montre qu'il doit se passer des phénomènes optiques extrêmement remarquables à la surface d'une planète, de rayon R *plus grand* que $2 \lambda \left(1 + \frac{1}{k} \right)$, où λ est la hauteur qu'aurait l'atmosphère, si sa densité était partout la même qu'à la surface, et où $k = \dfrac{n^2 - 1}{d}$ est la grandeur p_2 considérée aux pages 209, 223 et pouvant servir, comme il a été dit à la page 227, de mesure au pouvoir réfringent de la couche superficielle.

Pour une telle planète le rayon de courbure r du rayon, qui devient horizontal, est égal ou *inférieur* au rayon R. Par suite les rayons issus d'un point, situé à la surface de la planète, reviennent à la surface et tournent sans fin autour de la planète ou enfin sortent de l'atmosphère de cette planète dans l'espace extérieur, *selon leur direction primitive*. Pour la Terre R est inférieur à la valeur indiquée; on a à sa surface $r = 7$ R.

A. SCHMIDT a fait une application remarquable de la théorie de KUMMER dans sa théorie de la constitution du Soleil. Il considère cet astre comme une sphère, dont la masse est gazeuse et dont la densité *diminue peu à peu et d'une manière continue jusqu'à la valeur zéro*. Il ne peut donc pas être question d'un noyau intérieur, visible sous forme d'une sphère nettement délimitée, et de couches superficielles déterminées. A l'intérieur de la sphère n a une grande valeur, r est inférieur à R et les rayons ne sortent pas au dehors. Le rayon du disque solaire visible est déterminé par la valeur de R, pour laquelle $R = r$, c'est-à-dire par la surface intérieure, de tous les points de laquelle les rayons peuvent quitter la sphère et parvenir à la terre. Nous avons déjà dit à la page 315, que JULIUS s'appuie en partie sur la théorie de A. SCHMIDT.

3. Scintillation des étoiles. — Le phénomène bien connu du scintillement des étoiles consiste dans des *variations d'éclat*, se succédant rapidement, des étoiles fixes. Pour les étoiles, qui se trouvent près de l'horizon, il se produit en outre des jeux continuels de couleurs. La cause de ce phénomène est totalement expliquée; elle est analogue au tremblotement apparent des objets, que l'on observe les jours de chaleur en été, quand le sol est fortement chauffé par les rayons solaires. Ce tremblotement résulte de ce que les rayons partant d'un objet donné, traversent des couches, dont la température, et par suite l'indice de réfraction sont différents ; ces rayons éprouvent dès lors des déviations fréquentes variant continuellement en grandeur et en direction.

Beaucoup de savants, au nombre desquels Aristote, Képler, Newton, Biot, Montigny, Arago et Babinet, ont étudié le scintillement des étoiles et ont cherché à trouver les causes de ce phénomène. Les recherches récentes les plus importantes sur cette question sont dues à K. Exner, qui en a également donné (1901) un aperçu historique. Nous avons recours dans ce qui suit à un de ses mémoires.

Un rayon lumineux subit, en traversant l'atmosphère, des réfractions fréquentes, car il rencontre sur son chemin des courants d'air, dont la densité est différente de celle de l'air environnant. Si l'on considère une surface d'onde plane, on peut dire qu'il se forme sur elle des inégalités, c'est-à-dire des saillies et des creux. La grandeur moyenne d'une telle inégalité est approximativement égale à un décimètre carré, son rayon de courbure n'est pas inférieur à 1800 mètres, et sa hauteur ou sa profondeur n'atteint pas $0^{mm},001$ c'est-à-dire qu'elle est de l'ordre de grandeur de la longueur d'onde. Les oscillations de la direction du rayon ne dépassent pas quelques secondes, de sorte qu'elles ne sont pas perçues par l'œil. Au contraire les variations de l'intensité lumineuse apparente peuvent être très considérables, car à toute partie en relief de la surface d'onde correspondent des *rayons divergents*, et à toute partie en creux des *rayons convergents*. S'il se forme, par exemple, sur une surface d'onde plane, l'un à côté de l'autre, une saillie et un creux, dont les rayons de courbure sont + 6000 m. et — 6000 m., les intensités lumineuses des faisceaux de rayons sortant de ces endroits sont déjà à 1000 m. de distance dans le rapport de 1 à 2.

Considérons un faisceau de rayons, dont la section transversale soit assez grande ; *la densité des rayons*, c'est-à-dire l'intensité lumineuse aux différents points de cette section, varie beaucoup et sa distribution dans la section est constamment soumise à des variations irrégulières, en raison du changement continuel de position des courants d'air, que le faisceau de rayons rencontre sur son chemin. Au moment où le Soleil se lève ou avant une éclipse totale de Soleil, quand on ne voit plus qu'un point brillant du disque solaire, on remarque, à la surface des murs blancs, ce qu'on appelle les ombres volantes ; ce sont des endroits de raréfaction des rayons, qui changent rapidement de position.

Si l'on enfonce l'oculaire d'une lunette assez loin, pour qu'à la place de l'image d'une étoile on voie la section transversale de son faisceau convergent, on aperçoit alors un petit cercle, dont les différentes parties sont inégalement brillantes, et sur lequel la distribution de la lumière change constamment. La pupille de l'œil humain est si petite, qu'à chaque instant donné il n'y pénètre qu'un faisceau de rayons condensé ou un faisceau raréfié, et par suite l'éclat apparent de l'étoile subit des variations continuelles et très considérables ; c'est en cela que consiste la scintillation.

Les changements de couleur d'une étoile dans le voisinage de l'horizon s'expliquent par la dispersion des rayons dans l'atmosphère. Si on suit le che-

min d'un rayon rouge et d'un rayon violet, qui possèdent la même direction
à leur entrée dans l'œil, on constate qu'ils étaient, à une grande distance
de l'œil, assez écartés l'un de l'autre. L'écartement d'un rayon rouge et d'un
rayon violet à la limite de l'atmosphère terrestre est égal à zéro pour une
étoile, qui se trouve au zénith, et atteint 10 mètres, quand l'étoile est auprès
de l'horizon. Par suite les rayons mentionnés nous parviennent de points différents de la surface d'onde, où la courbure concave ou convexe peut varier. Un
renforcement de la lumière rouge peut coïncider à un instant donné avec un
affaiblissement de la lumière violette et inversement, ce qui explique les changements de couleur d'une étoile voisine de l'horizon. Si l'on considère une
telle étoile, après avoir enfoncé l'oculaire de la lunette, comme on l'a indiqué
ci-dessus, on observe, aux différents endroits du petit disque, non seulement
des variations de l'intensité lumineuse, mais aussi des changements de couleur
qui varient sans cesse.

Les planètes ne scintillent pas, car elles se présentent non pas comme des
points, mais comme de petits disques, dont les différents points scintillent en
quelque sorte indépendamment l'un de l'autre. On sait que l'intensité moyenne
doit dans ce cas rester presque invariable. Plus l'objectif d'une lunette est
grand, plus les images des étoiles scintillent faiblement, car un grand objectif
réunit les faisceaux de rayons condensés et raréfiés qui tombent sur lui en un
seul faisceau très étroit.

Il existe toute une série d'instruments, servant à l'observation ou à la mesure
du scintillement des étoiles ; ils s'appellent des *scintilloscopes* et *scintillomètres* ;
nous n'en ferons pas une description, mais nous dirons seulement que MARIUS,
NICHOLSON, MONTIGNY et ARAGO ont construit de tels appareils. On trouve
dans PERNTER « *Meteorologische Optik*», page 158 à 211, une description
détaillée de la scintillation.

4. Arc-en-ciel. — Le phénomène de l'arc-en-ciel est un phénomène bien
connu de tous ; quand un nuage de pluie s'éloigne du côté opposé au Soleil
et est éclairé librement par ses rayons, il apparaît sur ce nuage un arc de
cercle présentant les *couleurs de l'arc-en-ciel*, c'est-à-dire les couleurs du
spectre solaire. Le centre de cet arc est situé sur une droite, qui passe par le
centre du disque solaire et l'œil de l'observateur ; il se trouve donc en général
au-dessous de l'horizon. La partie visible de l'arc est pour la même raison
plus petite qu'un demi-cercle, quand l'observateur se trouve à la surface de la
Terre et le Soleil au-dessus de l'horizon. Ce n'est qu'au moment du lever ou
du coucher du Soleil que l'arc atteint la forme d'une demi-circonférence. Si
l'observateur se trouve au sommet d'une montagne ou en ballon, l'arc-en-ciel
peut embrasser plus d'une demi-circonférence et même former un cercle
entier. Le bord extérieur de l'arc est ordinairement rouge, le bord intérieur
violet. La grandeur angulaire du rayon de l'arc est à peu près égale à 41°.

En dehors de ce *premier* arc on en observe très souvent encore un second
qui lui est concentrique et extérieur ; celui-ci est en outre beaucoup plus pâle ;
la grandeur angulaire de son rayon est égale à environ 52°. L'ordre de succession de ses couleurs est renversé : son bord intérieur est rouge, son bord

extérieur violet. La partie des nuages situés à l'intérieur du premier cercle est relativement très brillamment éclairée ; les nuages qui sont à l'extérieur du second cercle paraissent plus faiblement éclairés et ceux qui se trouvent dans l'intervalle compris entre les deux arcs paraissent très sombres.

Si on considère avec plus d'attention les arcs-en-ciel, on trouve que ce phénomène est loin de représenter quelque chose de bien défini et de toujours identique dans tous les détails. On constate au contraire que les arcs-en-ciel peuvent se distinguer les uns des autres dans des parties tout à fait essentielles. Nous empruntons à PERNTER les descriptions suivantes.

On constate tout d'abord que *l'ordre de succession, la largeur relative et l'éclat des diverses bandes de couleur différente peuvent beaucoup varier.* Il arrive très souvent que l'indigo manque ; dans d'autres cas le rouge est à peine perceptible. Parfois la bande jaune est très étroite, la verte et la violette larges ; parfois aussi la bande jaune et la bande verte sont larges, la rouge et la violette à peine visibles. C'est tantôt une couleur, tantôt l'autre qui brille et domine le plus. Souvent la bande moyenne de l'arc-en-ciel est incolore, presque blanche et sa largeur est variable. Dans certains cas la largeur de la bande blanche est presque égale à celle de l'arc, qui se présente dès lors sous la forme d'une bande d'un blanc éclatant avec des bords colorés à peine visibles ; on observe un tel arc *blanc* sur des nuages éclairés par le Soleil. La largeur totale de l'arc-en-ciel est également soumise à des variations considérables.

L'apparition *d'arcs secondaires*, situés au-dessous du premier et parfois au-dessus du second, présente un intérêt tout particulier. On a observé simultanément jusqu'à six de ces arcs secondaires. Ils sont parfois immédiatement contigus à l'arc principal et parfois sont séparés de ce dernier et l'un de l'autre par un intervalle sombre, ou plus exactement incolore. On observe dans les arcs secondaires des colorations très diverses et différemment disposées. Le plus souvent on ne voit que le vert et le rose ; parfois cependant il se présente du jaune, du vert et du pourpre, ou même du jaune, du vert, de l'indigo et du rose. L'ordre de succession des couleurs est souvent l'inverse de celui de l'arc principal.

DESCARTES (1637) a donné une théorie de la formation de l'arc-en-ciel, qui jusqu'aujourd'hui est la plus connue ; c'est celle que l'on expose dans les cours élémentaires et même détaillés de physique. *Elle est cependant totalement fausse ;* partant d'hypothèses inexactes, elle conduit à un résultat, qui ne correspond pas aux phénomènes réellement observés. Si la cause de la formation de l'arc-en-ciel était réellement celle que lui assigne la théorie de DESCARTES, l'arc-en-ciel devrait toujours présenter la même forme, tant au point de vue de la succession des couleurs que de l'éclat relatif et de la largeur des diverses bandes colorées, dont l'ensemble devrait correspondre au spectre ordinaire, continu et sans pureté, obtenu en élargissant la fente d'un spectroscope.

PERNTER s'étonne avec juste raison, que l'on ait pu s'en tenir aussi longtemps à la théorie de DESCARTES, bien que personne n'ait jamais vu un arc-en-ciel sous la forme qu'il devrait avoir d'après cette théorie.

L'observation la plus superficielle de ce phénomène si fréquent nous en montre la diversité de forme, contraire à la théorie mentionnée, laquelle d'ailleurs ne peut donner une explication de la formation des arcs secondaires, qui accompagnent la *plupart* des arcs. On a surtout lieu de s'étonner de la longévité de la théorie de DESCARTES, si on pense que déjà YOUNG (1801) en avait signalé l'inexactitude, *et qu'en* 1837 AIRY *avait donné une explication exacte et complète de la formation de l'arc-en-ciel,* qui fut ensuite développée par STOKES (1850). Pendant tout le siècle dernier, peu de savants se sont occupés de la théorie d'AIRY. On peut mentionner en France, RAILLARD (1857-1865), DELSAUX (1882), et tout particulièrement MASCART qui exposa en détail la théorie d'AIRY, dans son « *Traité d'optique* », (T. I, pages 382 à 405 et T. III, pages 430 à 461). En Allemagne, PULFRICH (1888) a confirmé la théorie d'AIRY, par des expériences avec des cylindres de verre.

Le très grand mérite de PERNTER (1897 à 1900) est non seulement d'avoir développé la théorie d'AIRY, mais aussi d'avoir, dans toute une série d'articles, indiqué avec persévérance, que la théorie de DESCARTES était fausse, qu'elle était insoutenable, que les conclusions qu'on en tirait étaient inexactes et qu'il fallait y renoncer une fois pour toutes et la remplacer par la théorie d'AIRY, qu'il s'efforça de populariser.

Nous estimons cependant nécessaire d'exposer également ici la théorie de DESCARTES, tant à cause de son importance historique, que parce que cet exposé nous permettra d'indiquer pourquoi elle est insoutenable.

I. THÉORIE (*inexacte*) DE DESCARTES. DESCARTES voit avec raison la *cause fondamentale* de la formation de l'arc-en-ciel dans les réfractions et réflexions, que font subir aux rayons solaires les gouttes d'eau.

Supposons que des rayons solaires parallèles rencontrent une goutte d'eau de forme sphérique, dont le centre se trouve en O (fig. 376); les rayons solaires sont parallèles à la droite SO. Un rayon quelconque SA, dont l'angle d'incidence est φ, est réfracté à son entrée dans la goutte, subit ensuite à l'intérieur de celle-ci une, deux ou un plus grand nombre de réflexions (on en a re-

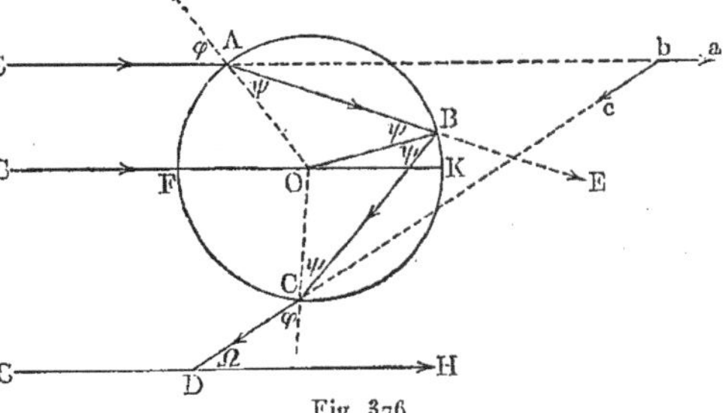
Fig. 376

présenté une dans la figure 376, deux dans la figure 377), et finalement en sort, après une nouvelle réfraction, dans une certaine direction CD. Comme le rayon reste constamment dans un plan passant par sa direction primitive et le centre O, il est clair que le rayon émergent CD ne peut parvenir à l'œil de l'observateur, que si le rayon lui-même est situé dans un plan, passant par le centre du Soleil, l'œil de l'observateur et le centre de la goutte. Ce plan coupe la goutte suivant un grand cercle; en le prenant pour plan de la figure, nous devons nous borner à considérer les rayons situés dans ce plan. Pour que le rayon CD puisse parvenir à l'œil de l'observateur, il est en outre nécessaire qu'il soit dirigé vers le *bas* et, pour la position ordinaire de l'observateur, qu'il forme un angle aigu avec la direction OS, opposée à celle des rayons SO.

Désignons par ω la *déviation totale* du rayon, c'est-à-dire l'angle ω = *abc*, où SA*ba* et *bc*CD sont des lignes droites. On peut trouver facilement la grandeur de cet angle : la déviation ω se compose de deux déviations à l'entrée et à la sortie du rayon, et de k déviations dans les réflexions intérieures, si k est le nombre de ces déviations. En désignant l'angle de réfraction par ψ, on obtient l'expression

$$(5) \qquad \omega = 2\,(\varphi - \psi) + k\,(\pi - 2\psi),$$

car à chacune des deux réfractions le rayon tourne, comme on le voit facilement à l'aide de la figure, de l'angle φ — ψ et à chacune des k réflexions intérieures de l'angle EBC = π — 2ψ. L'angle ψ est lié à φ par la relation

$$(6) \qquad \sin \varphi = n \sin \psi,$$

où n est l'indice de réfraction de l'eau ; la déviation totale ω dépend donc de l'angle φ, c'est-à-dire de la distance angulaire des points A et F. Il s'ensuit aussi qu'un faisceau de rayons parallèles, rencontrant la goutte, forme après sa sortie un faisceau divergent, symétrique par rapport à la direction SO.

Un examen plus approfondi montre, que l'angle φ croissant de 0 à 90°, l'angle de déviation ω décroît d'abord, atteint un *minimum* pour une certaine valeur $\varphi = \varphi_0$, et pour $\varphi > \varphi_0$ augmente. Pour une raison, qui sera expliquée plus loin, on donne aux rayons, qui tombent sous l'angle φ_0 et éprouvent la plus petite déviation ω_0, le nom de rayons *efficaces*. Nous verrons cependant que la théorie de DESCARTES donne à ces rayons une importance, qu'ils n'ont pas ; non seulement ils ne sont pas les seuls rayons efficaces, mais ils sont loin d'être les plus efficaces. C'est pour cette raison que PERNTER propose de les appeler rayons *les moins déviés* ; on pourrait leur donner pour abréger le nom de *rayons de* DESCARTES.

On trouve l'angle d'incidence φ_0 des rayons de DESCARTES, en égalant à zéro la dérivée de ω par rapport à φ. La formule (5) donne

$$(7) \qquad 1 - (k + 1)\,\frac{d\psi}{d\varphi} = 0,$$

et on tire de (6)

$$\cos \varphi = n \cos \psi \, \frac{d\psi}{d\varphi} ;$$

en éliminant $\dfrac{d\psi}{d\varphi}$, il vient

$$1 - (k + 1)\,\frac{\cos \varphi}{n \cos \psi} = 0,$$

ou

$$n^2 \cos^2 \psi = (k + 1)^2 \cos^2 \varphi.$$

La formule (6) donne l'expression

$$n^2 \sin^2 \psi = 1 - \cos^2 \varphi.$$

En ajoutant les deux dernières équations, on obtient

$$n^2 = (k^2 + 2k) \cos^2 \varphi + 1.$$

La racine de cette équation donne la valeur cherchée de φ_0 :

$$(8) \qquad \cos \varphi_0 = + \sqrt{\frac{n^2 - 1}{k^2 + 2k}}.$$

Comme φ est un angle aigu, on doit prendre la racine positive. Pour $n^2 - 1 < k^2 + 2k$, c'est-à-dire $n < k + 1$, l'angle φ_0 existe réellement. Si $n < 2$, φ_0 existe pour toutes les valeurs de k, à partir de $k = 1$; ce cas s'applique précisément aux gouttes d'eau. Si $3 > n > 2$, l'angle ω n'a ni maximum ni minimum pour $k = 1$, et l'angle φ_0 n'existe pas ; des gouttes d'une dissolution de phosphore dans du sulfure de carbone, par exemple, correspondent à un tel cas.

Pour résoudre la question de savoir si ω a une valeur maximum ou minimum pour $\varphi = \varphi_0$, il faut déterminer le signe de la grandeur $\dfrac{d^2\omega}{d\varphi^2}$. L'équation (5) donne

$$\frac{d^2\omega}{d\varphi^2} = -2(k+1)\frac{d^2\psi}{d\varphi^2}.$$

On voit facilement à l'aide de (6), que pour $n > 1$ on a $\dfrac{d\psi^2}{d\varphi^2} > 0$; il en résulte que l'angle ω a un *minimum* pour toutes les valeurs de k, pourvu que $n < k + 1$, c'est-à-dire dans le cas de gouttes d'eau pour toutes les valeurs de k, à partir de $k = 1$.

Occupons-nous maintenant de la question importante de savoir comment l'angle ω_0 correspondant à φ_0 varie suivant *la couleur* du rayon incident, c'est-à-dire en fonction de l'indice de réfraction n. On tire de l'équation (5)

$$\frac{d\omega_0}{dn} = 2\frac{d\varphi_0}{dn} - 2(k+1)\frac{d\psi_0}{dn}.$$

La formule (8) et les suivantes qui s'en déduisent

$$(9) \qquad \begin{cases} \sin \psi_0 = \dfrac{\sin \varphi_0}{n} = \dfrac{1}{n}\sqrt{\dfrac{(k+1)^2 - n^2}{k^2 + 2k}} \\[2em] \cos \psi_0 = \dfrac{k+1}{n}\sqrt{\dfrac{n^2 - 1}{k^2 + 2k}} \end{cases}$$

donnent les grandeurs $\dfrac{d\varphi_0}{dn}$ et $\dfrac{d\psi_0}{dn}$; si on les porte dans l'expression de $\dfrac{d\omega_0}{dn}$, on obtient

$$(10) \qquad \frac{d\omega_0}{dn} = \frac{2}{n} \sqrt{\frac{\overline{(k+1)^2 - n^2}}{n^2 - 1}}.$$

Cette expression, de même que les radicaux dans (8) et (9), ne peut qu'être positive. Ce résultat s'exprime ainsi : *le minimum de la déviation, c'est-à-dire la déviation des rayons de* DESCARTES *croît en même temps que n, c'est-à-dire en passant des rayons rouges aux violets pour toutes les valeurs de k.*

Suivant la théorie de DESCARTES, qui attribue un rôle important à ces rayons les moins déviés, il sort de la goutte un faisceau de rayons divergents qui évidemment ne peut agir sur notre œil. Mais les rayons, très voisins du rayon le moins dévié, divergent moins entre eux et se rapprochent plus du parallélisme. Ces rayons presque parallèles convergent sur la rétine après leur entrée dans l'œil de l'observateur et produisent une impression lumineuse. L'observateur voit ainsi, par exemple, de la lumière rouge dans la direction, suivant laquelle lui parviennent les rayons les moins déviés. Laissons pour le moment de côté un examen plus approfondi du raisonnement précédent et considérons les autres résultats, auxquels conduit l'hypothèse, que les rayons les moins déviés sont précisément les rayons *efficaces*, grâce auxquels nous voyons l'arc-en-ciel.

Considérons séparément les cas, où $k = 1, 2, 3$, etc.

I. ARC-EN-CIEL DU PREMIER ORDRE; $k = 1$. — Le rayon n'éprouve dans la goutte qu'une réflexion, comme le montre la figure 376.

La formule (8) et ensuite les formules (6) et (5) donnent pour $k = 1$ pour le rayon rouge (raie B de FRAUNHOFER) et pour le rayon violet (raie H) en posant pour le premier (à 15°) $n = 1,3317$, pour le second $n = 1,3448$, les valeurs numériques suivantes :

B	H
$\varphi = 59°29'$	$\varphi = 58°43'$
$\psi = 40°19'$	$\psi = 39°27'$
$\omega = 137°42'$	$\omega = 139°37'$.

Les indices sont enlevés et on a écrit φ, ψ, ω au lieu de φ_0, ψ_0 et ω_0.

La grandeur de l'angle ω montre, que le point A doit se trouver dans la moitié supérieure de la goutte, pour que le rayon CD (*fig.* 376) puisse parvenir à l'œil de l'observateur, qui se trouve à la surface de la terre.

Menons maintenant la droite SDH qui passe par le Soleil et l'œil de l'observateur; on voit sur la figure, que le rayon le moins dévié parvient à l'œil de l'observateur, si la distance angulaire Ω de la goutte à partir de la droite DH est égale à $HDC = \pi - abc$, d'où il résulte que

$$(11) \qquad \Omega = \pi - \omega.$$

Inversement toutes les gouttes, pour lesquelles on a $\Omega = \pi - \omega$, envoient à l'œil de l'observateur des rayons *efficaces*, c'est-à-dire paraissent brillantes. Ces gouttes sont situées à l'intersection du nuage avec la surface du cône de rayons, dont le sommet se trouve en D, dans l'œil de l'observateur, et dont l'axe est la droite SDH, qui passe par le Soleil et l'œil de l'observateur ; la demi-ouverture de ce cône est égale à $\Omega = \pi - \omega$. L'observateur voit un arc de cercle brillant, dont le rayon a une grandeur angulaire qui dépend cependant de la couleur du rayon lumineux. Les nombres du tableau précédent donnent pour les rayons rouge (B) et violet (H)

$$\begin{array}{cc} B & H \\ \Omega = 42°18' & \Omega = 40°23'. \end{array}$$

Ces nombres montrent, que l'arc rouge a un plus grand rayon que le violet, et que par suite l'arc-en-ciel doit avoir une bande rouge le long du bord extérieur. La largeur théorique de l'arc est $42°18' - 40°23' = 1°55'$. En réalité elle est plus grande et à chaque n correspond non pas une ligne colorée, mais toute une bande, car le soleil n'est pas un point brillant, mais un disque de $33'$ environ de diamètre. La lumière solaire blanche donne une infinité de bandes, qui empiètent en partie les unes sur les autres, de sorte que, comme on l'a déjà dit, les différentes couleurs ne se détachent pas nettement.

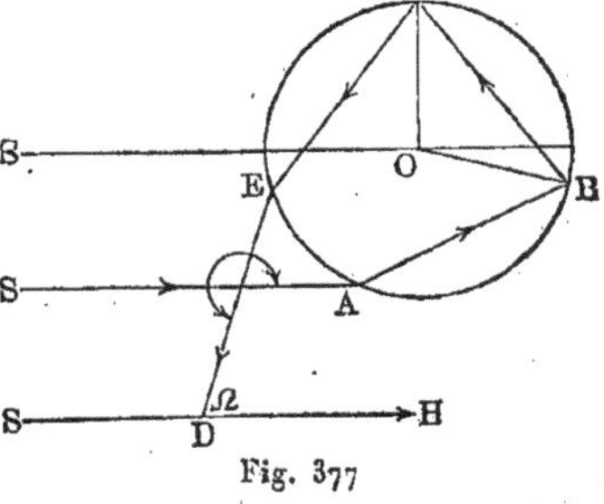

Fig. 377

II. Arc-en-ciel du second ordre ; $k = 2$. — Le rayon éprouve à l'intérieur de la goutte deux réflexions, comme le montre la figure 377. Le rayon se propage suivant SABCED. La formule (8) et en outre les formules (6) et (5) donnent pour les rayons rouge (B) et violet (H) les valeurs suivantes :

$$\begin{array}{cc} B & H \\ \varphi = 71°53' & \varphi = 71°28' \\ \psi = 45°32' & \psi = 44°50' \\ \omega = 230°34' & \omega = 233°56'. \end{array}$$

L'angle de la déviation totale ω est plus grand pour H que pour B, comme le montre ce qui précède : ω est plus grand que $180°$, le rayon doit donc, pour parvenir à l'œil D de l'observateur, pénétrer dans la moitié inférieure de la goutte ; la déviation du rayon se fait ici dans le sens inverse de celui du cas précédent. L'angle ω est indiqué sur la figure par une flèche autour du point d'intersection de SA et de ED. L'angle Ω compris entre le rayon ED et la droite SDH, qui passe par le soleil et l'œil de l'observateur, est

$$(12) \qquad\qquad \Omega = \omega - \pi.$$

Comme on l'a expliqué dans le cas précédent, l'observateur voit un arc de cercle, dont le rayon a une grandeur angulaire qui est égale à Ω. Les nombres du dernier tableau donnent :

$$\begin{array}{cc} \text{B} & \text{H} \\ \Omega = 50°34' & \Omega = 53°56'. \end{array}$$

Ω est plus grand pour le rayon violet, le second arc-en-ciel a donc un bord extérieur violet et est coloré en rouge au bord intérieur.

Le second arc-en-ciel est beaucoup plus pâle que le premier, car la double réflexion entraîne un affaiblissement considérable de la lumière.

III. Arcs-en-ciel d'ordres supérieurs; $k = 3, 4 \dots$. Quand $k = 3$, on a $\varphi = 76°50'$ et $\omega = 318°$, c'est-à-dire que le rayon émergent forme avec la direction des rayons solaires un angle de $360° - 318° = 42°$; l'observateur doit être placé de telle façon, que le nuage (ou la pluie) se trouve entre son œil et le Soleil. La même chose a lieu pour $k = 4$, quand $\varphi = 79°$ et $\omega = 404°$; le rayon émergent forme donc avec les rayons solaires un angle de $404° - 360° = 44°$. Pour $k = 5$, nous obtenons $\varphi = 81°30'$ et $\omega = 486° = 360° + 126°$; $\Omega = 180° - 126° = 54°$; l'arc-en-ciel du cinquième ordre est donc situé un peu plus haut que celui du second ordre et il n'est observé paraît-il que dans quelques cas exceptionnels. Les arcs-en-ciel d'ordre encore plus élevé ne peuvent en tout cas jamais être observés dans le ciel.

La raison, pour laquelle la partie des nuages comprise entre le premier et le second arc-en-ciel est très sombre, est la suivante. Comme la déviation ω dans (11) est minimum, Ω est un maximum, et par suite aucun des rayons qui ont subi *une seule* réflexion à l'intérieur d'une goutte, ne parvient à l'œil de l'observateur, quand la goutte est située *au-dessus* du premier arc-en-ciel. Dans la formule (12) ω est également un minimum; par suite aucun des rayons qui se sont réfléchis *deux* fois ne parvient à l'œil, si la goutte se trouve *plus bas* que le second arc.

Comme nous l'avons dit au début, la théorie de Descartes, que nous venons d'exposer, repose sur l'hypothèse inexacte, que les seuls rayons efficaces sont les rayons les moins déviés : elle conduit à ce résultat faux, que les arcs-en-ciel doivent avoir toujours la même forme, et elle ne peut expliquer la formation des arcs secondaires.

II. Théorie de l'arc-en-ciel d'Airy (Mascart, Pernter). La théorie complète d'Airy présente de grandes difficultés mathématiques et c'est là certainement la raison, pour laquelle elle n'a pas encore pu être substituée partout à la théorie inexacte de Descartes.

Les développements qui suivent sur les fondements de la théorie d'Airy sont empruntés à Pernter ainsi que les figures correspondantes.

Supposons qu'une onde *plane* AB (*fig.* 378) pénètre dans une goutte ; les rayons perpendiculaires à cette onde éprouvent alors deux réfractions et k réflexions (dans notre figure $k = 1$). Le rayon le moins dévié est tracé en pointillé.

La surface d'onde qui sort de la goutte a une forme courbe. On a représenté schématiquement sur la figure 378 *b* la partie de cette surface d'onde, qui se trouve dans le voisinage du point *o* correspondant au rayon le moins dévié ; la courbure de cette portion d'onde a été considérablement augmentée à-dessein. Cette petite partie de la surface d'onde est précisément la partie *efficace*, qui émet en quelque sorte des rayons dans différentes directions. L'équation de la surface d'onde, figure 378 *b*, peut s'écrire sous la forme suivante

$$(12,\ a) \qquad\qquad y = \frac{h}{3\,a^2}\,x^2,$$

où *a* est le rayon de la goutte ;

$$(12,\ b) \qquad\qquad h = \frac{(p^2 - 1)^2}{p^2(n^2 - 1)}\ \sqrt{\frac{p^2 - n^2}{n^2 - 1}}\,,$$

où $p = k + 1$, de sorte que l'on a $p = 2$ pour le premier arc-en-ciel.

L'équation $(12,\ a)$ montre, que la forme de la surface d'onde efficace dé-

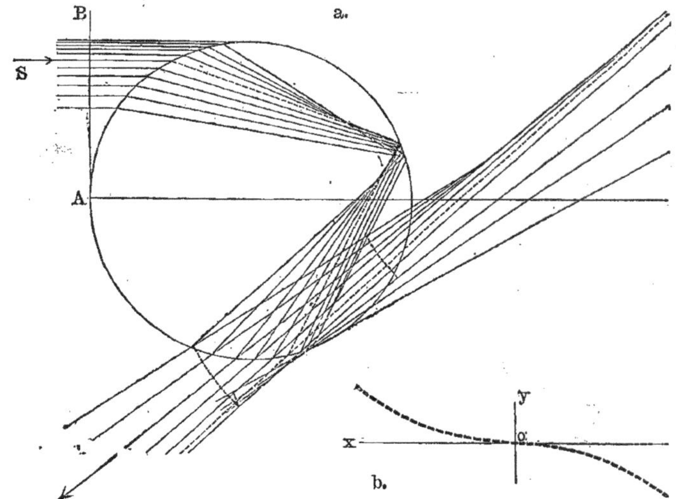

Fig. 378

pend non seulement de *n* (nature du rayon) et de *k*, mais aussi et à un très haut degré de *a*, c'est-à-dire du *rayon de la goutte*. De la forme de la surface d'onde efficace dépend l'ordre de succession des rayons colorés qui en sortent, aussi bien que leur intensité. *On comprend dès lors que la forme des arcs-en-ciel puisse varier à l'infini, selon la grosseur des gouttes.*

La recherche de l'action de cette surface d'onde, dont l'équation est $(12,\ a)$, constitue un problème très compliqué. Nous nous bornerons à écrire la formule pour le cas, où tombent sur la goutte des rayons homogènes, de longueur d'onde λ et *parallèles*. Soit Θ l'angle, compté à partir de la direction des rayons les moins déviés, et positivement du côté de la concavité de là surface d'onde. L'intensité lumineuse J des rayons, dont la direction est déterminée par l'angle Θ, est égale à

$$(12, c) \qquad\qquad J = CJ_0 \sqrt[3]{\frac{a^7}{h^2\lambda}}\, f^2(z).$$

J_0 est ici l'intensité lumineuse des rayons λ, qui atteignent la goutte, C un facteur de proportionnalité et

$$(12, d) \qquad\qquad f(z) = \int_0^\infty \cos\frac{\pi}{2}\left(n^3 - zn\right) dn,$$

$$(12, e) \qquad\qquad z = 2\Theta \sqrt[3]{\frac{6a^2}{h\lambda^2}}.$$

z représente donc l'argument qui détermine la *direction* des rayons ; $f(z)$ est une fonction, qui pour $z > 0$ a une série de valeurs égales à zéro (pour $z = 2,4955 - 4,3631 - 5,8922$ etc.), entre lesquelles se trouvent une série de valeurs maxima, décroissant cependant successivement. Ces maxima ont lieu pour $z = 1,0845 - 3,4669 - 5,1446$ etc. *Le premier maximum de $f^2(z)$ est égal à $1,005$, tandis que $f^2(0) = 0,443$.*

Pour $z < 0$ la fonction $f(z)$ décroît rapidement jusqu'à zéro. La loi de dépendance de l'intensité lumineuse J en fonction de la direction déterminée par l'argument z, c'est-à-dire la grandeur $f^2(z)$ est représentée sur la figure 379. Le point O correspond à $z = 0$, et par suite aussi à $\Theta = 0$, c'est-à-dire qu'il détermine l'intensité lumineuse dans la direction des rayons de DESCARTES. Conformément à ce qui a été dit plus haut sur $f^2(0)$, nous voyons sur la figure, que l'intensité de ces rayons est égale à $0,44$ de la première intensité maxima.

La forme de la fonction $f^2(z)$ montre, que de la goutte sort toute une série de faisceaux de rayons, dont l'intensité décroît successivement, et qui se trouvent tous d'un même côté des rayons de DESCARTES.

D'une *goutte donnée* il ne peut parvenir à l'œil de l'observateur qu'un seul de ces faisceaux. Si le soleil n'était qu'un *point*, émettant des rayons homogènes, on verrait sur un nuage de pluie une série d'arcs concentriques unicolores, séparés par des intervalles sombres et correspondant aux valeurs de z, pour lesquelles $f^2(z)$ prend des valeurs maxima. Les rayons *efficaces* de DESCARTES se trouveraient dans la première bande, non pas en son milieu où l'éclat est le plus vif, mais un peu sur le côté, et le phénomène ne devrait comprendre que ces rayons, si la théorie de DESCARTES était exacte.

Le phénomène, que nous observons dans la nature, est rendu un peu moins simple par deux circonstances : en premier lieu, les rayons solaires ne sont pas homogènes, mais blancs, c'est-à-dire composés, et en second lieu le Soleil n'est pas un point, mais il se présente comme un disque, dont le diamètre a pour grandeur angulaire environ un demi-degré.

Chacune des parties constituantes de la lumière solaire donne sa série parti-

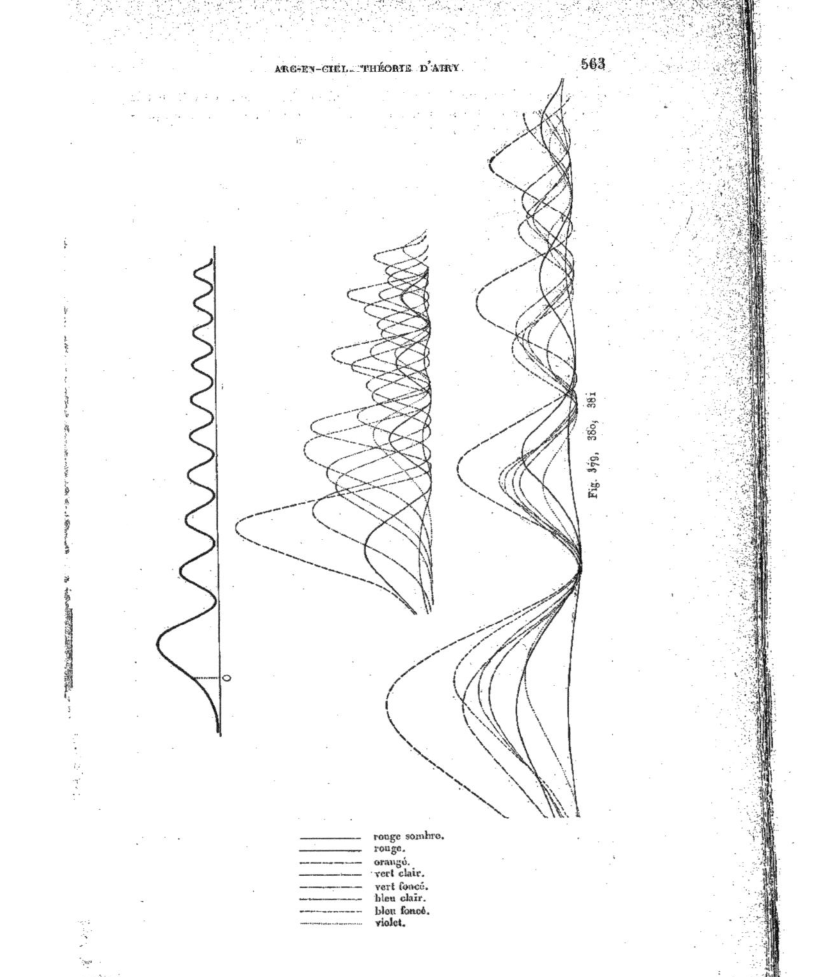

Fig. 379, 380, 381

culière de bandes ; leur éclat relatif dépend de l'intensité J_0 de cette partie constituante du spectre solaire. La distribution des bandes se trouve également dans une certaine relation, très compliquée, avec la nature des rayons, c'est-à-dire qu'elle dépend de λ, comme le montre la formule (12, e), où h dépend également de λ, car il dépend de n.

La distribution relative des maxima et des minima pour les différents rayons dépend de son côté à un haut degré du rayon a des gouttes de pluie. La figure 380 indique la distribution des couleurs pour $a = 250\,\mu$ et la figure 381 pour $a = 25\,\mu$. Dans chacune de ces figures on a représenté huit courbes pour huit couleurs spectrales. On a pris comme abscisses les z, comme ordonnées les J. Sur la figure 380 les couleurs mélangées se suivent l'une l'autre sans interruption, tandis que sur la figure 381 presque tous les premiers minima coïncident. Dans le premier cas les arcs secondaires succèdent immédiatement à l'arc principal, dans le second cas le premier arc secondaire est séparé de l'arc principal par un intervalle incolore.

A chaque point, c'est-à-dire à chaque valeur de z, *correspondent* toutes les couleurs, dont les intensités sont très différentes. Pernter s'est donné la peine de déterminer l'ordre de succession, la largeur et l'éclat des bandes colorées, que l'on observerait dans l'arc-en-ciel, si le Soleil n'émettait que des rayons parallèles, et il a fait ces calculs pour $a = 5$, 10, 15, 20, 25, 30, 40, 50, 100, 150, 500 et $1000\,\mu$ (1 millimètre). Ces calculs sont basés sur les formules données par Maxwell pour le mélange des couleurs.

Connaissant les couleurs données par chaque point du disque solaire, Pernter a enfin déterminé l'ordre de succession, l'éclat relatif et la largeur des bandes colorées, qui forment l'arc-en-ciel, tel que nous l'observons, c'est-à-dire produit par tout le disque solaire. Pernter a également effectué ces calculs pour différentes valeurs du rayon a des gouttes.

Les résultats définitifs pour $a = 500$, 150, 50 et $25\,\mu$ sont représentés schématiquement par les figures 382 A, B, C et D. On voit ici nettement l'ordre de succession et la largeur des bandes colorées ; l'éclat relatif est indiqué dans les désignations des couleurs. Pour $a = 500\,\mu$ et $a = 150\,\mu$ on obtient deux arcs secondaires, immédiatement contigus à l'arc principal. Quand $a = 50\,\mu$ ou $a = 25\,\mu$, il apparaît un arc secondaire, qui est séparé de l'arc principal par un intervalle incolore. Pour $a = 25\,\mu$ il se forme une bande blanche dans l'arc principal et l'ordre de succession des couleurs est renversé dans l'arc secondaire, de sorte que la bande indigo se trouve au-dessus de la rouge.

La théorie d'Airy explique tous les phénomènes observés. Elle conduit à ce résultat, *que la forme des arcs-en-ciel peut être très différente et qu'elle dépend exclusivement de la grosseur des gouttes*. La théorie de Descartes n'est exacte que pour des gouttes infiniment grandes.

Pernter a formulé une série de règles, à l'aide desquelles on peut déterminer le rayon a des gouttes d'après la forme de l'arc-en-ciel. Nous allons indiquer quelques-unes de ces règles.

Arc-en-ciel blanc : a est égal ou inférieur à $25\,\mu$.

Une large bande, d'un rouge vif, une bande brillante violette et une verte (l'indigo faisant défaut) indiquent des grosses gouttes : $a = 500$ à $1000\,\mu$.

Les arcs secondaires ne renferment que du vert ou du violet rosâtre ; ils succèdent immédiatement à l'arc principal, dans lequel la bande rouge est déjà très faible : rayon des gouttes a égal à environ $250\,\mu$. Apparition de la couleur jaune dans les arcs secondaires contigus à l'arc principal : a égal à environ $150\,\mu$.

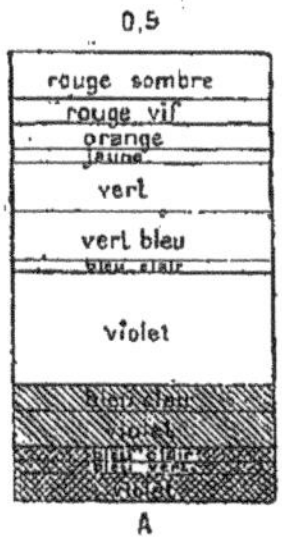

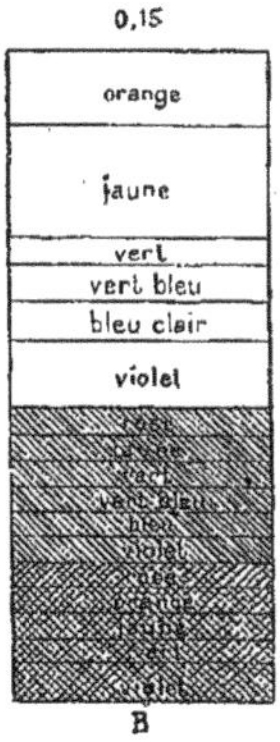

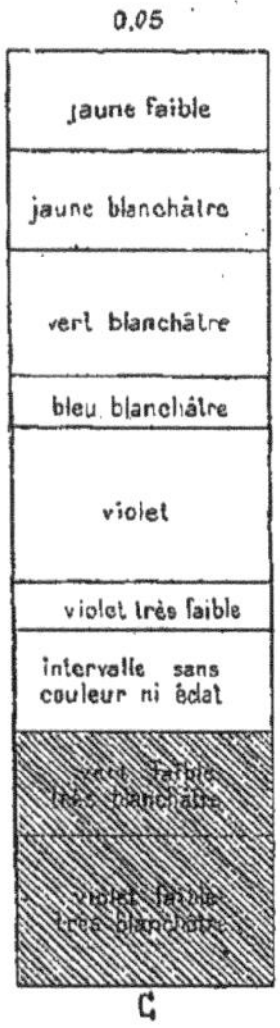

La couleur jaune est bien visible dans le premier arc secondaire, mais manque dans le second et le troisième ; les arcs secondaires sont séparés les uns des autres : a égal à environ $100\,\mu$. Dans les deux derniers cas la couleur rouge manque dans l'arc principal.

Si les arcs secondaires sont contigus à l'arc principal, on a $a > 100\,\mu$; si les arcs secondaires seulement sont séparés les uns des autres, a est égal à environ $100\,\mu$; si le premier arc secondaire est également séparé de l'arc principal, on a $a < 100\,\mu$.

Si le nombre des arcs secondaires atteint cinq et plus, les intervalles manquant, et s'ils ne renferment pas de blanc, on a $a = 1$ millimètre.

Si le premier arc secondaire est nettement séparé de l'arc principal et renferme la couleur blanche, a est compris entre 40 et $50\,\mu$.

Une bande blanche est visible dans l'arc principal : a est égal à environ $30\,\mu$.

On peut reproduire artificiellement le phénomène de l'arc-en-ciel à l'aide de petites sphères ou de petits cylindres de verre, et à l'aide d'un filet d'eau. Babinet a ainsi observé 7 arcs-en-ciel, Miller 12, et Billet jusque 19. Pernter a montré comment on peut vérifier expérimentalement quelques résultats de la théorie d'Airy.

Nous avons déjà mentionné les expériences de Pulfrich.

Aichi et Tanakadate ont donné en 1904 un nouveau développement à la théorie d'Airy, mais Pernter (1905) a élevé des objections contre leur travail.

5. Cercles autour du Soleil et de la Lune. Halos. — Quand le Soleil ou la Lune (parfois aussi une étoile brillante) sont couverts par un

Fig. 382

nuage léger, on aperçoit souvent autour d'eux un cercle faiblement coloré, dont le bord intérieur violet touche le contour de l'astre lui-même ; le bord extérieur est rouge. C'est un phénomène de diffraction, dû au passage de la lumière à travers les petits intervalles innombrables et distribués sans ordre, qui séparent les gouttes ou les bulles, dont se compose le nuage. C'est un phénomène analogue à celui qui se passe dans le passage des rayons à travers un feuillage, qui n'est pas trop épais. Comme il arrive souvent dans les phénomènes de diffraction, ce sont les rayons rouges qui sont les plus déviés. Verdet a donné une théorie détaillée de ce phénomène.

On observe parfois dans les régions septentrionales, autour du Soleil ou dans son voisinage, des cercles brillants, des arcs, etc., en partie colorés, en partie incolores. Ils portent la dénomination générale de *halos*. La figure, formée par l'ensemble de ces bandes brillantes, peut varier beaucoup ; sa forme dépend de la hauteur du Soleil au-dessus de l'horizon. En outre le degré de développement des différentes parties de la figure n'est pas toujours le même : parfois on n'en observe que quelques rares parties, parfois aussi la figure entière apparaît dans tout son éclat. La figure 383 en montre les parties les

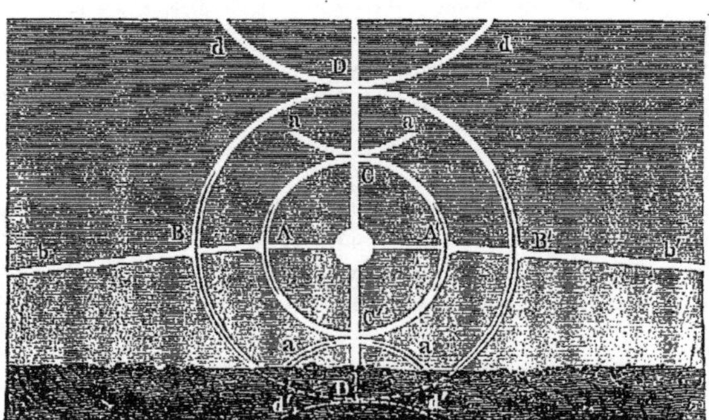

Fig. 383

plus importantes, au centre desquelles se trouve le Soleil. Ces parties sont :

1. *Un petit halo*, l'anneau ACA'C' entourant le Soleil. Son rayon est égal à 22° ; cet anneau est coloré, son bord extérieur est violet, son bord intérieur rouge.

2. *Un grand halo*, l'anneau BDB'D' concentrique au précédent. Son rayon est égal à 46° : il est également coloré et les couleurs y sont disposées comme dans le premier.

3. *Le cercle parhélique*, bBAA'B'b', dont une partie importante est parfois visible. Aux endroits où il coupe les deux cercles précédents, c'est-à-dire en B, B', A et A', apparaissent des taches très brillantes, dont l'éclat se rapproche parfois de celui du Soleil lui-même : on les nomme *parhélies*. A une distance de 90 à 140° du Soleil on observe parfois aussi des taches brillantes sur le cercle parhélique, ce sont les *paranthélies*. Sur le même cercle apparaît à la distance de 180° du soleil une tache brillante, c'est l'*anthélie*.

4. *Des arcs tangentiels aa, aa, dd, d'd'* ; outre ceux qui sont représentés sur la figure, on en observe parfois de semblables sur le côté des deux cercles.

5. *Une colonne verticale DCC'D'*, qui s'élève parfois assez haut au-dessus de l'horizon.

En dehors des arcs et des bandes que nous venons d'indiquer on en observe encore d'autres, par exemple, deux bandes, également inclinées sur l'horizon et qui se coupent à l'anthélie ; en outre des cercles, dont le centre se trouve en dehors du Soleil ; des cercles, dont les rayons diffèrent de ceux du petit et du grand halos.

Nous nous bornerons ici à l'explication des principaux phénomènes mentionnés. Ces explications sont dues à MARIOTTE, CAVENDISH, FRAUNHOFER, GALLE, BABINET et en particulier à BRAVAIS.

La cause de tous les phénomènes précédents réside dans des réflexions et réfractions des rayons solaires à leur rencontre avec les *cristaux de glace*, qui remplissent parfois l'air. Ces cristaux appartiennent au système hexagonal, et ont la forme de *prismes réguliers à six pans*, dont les bases sont perpendiculaires aux faces latérales. Quand la longueur d'un tel prisme dépasse notablement son épaisseur (aiguilles de glace), il prend de préférence la position, pour laquelle la résistance de l'air à sa chute est un minimum, c'est-à-dire que l'axe du prisme est vertical. Quand, au contraire, la longueur du prisme est très petite, de sorte qu'il forme un *disque à six pans*, son axe est disposé horizontalement. En dehors de ces cristaux à axe orienté verticalement ou horizontalement, il en existe dans l'air un très grand nombre d'autres, dont les axes ont toutes les directions possibles.

Les rayons solaires peuvent *se réfléchir* sur la surface latérale ou sur les bases des cristaux ; ils peuvent en outre traverser les cristaux en subissant seulement une double réfraction, ou encore une ou plusieurs réflexions intérieures. Dans la réfraction simple le rayon lumineux ne peut pas traverser deux faces latérales voisines du prisme, car elles forment entre elles un angle de 120° (page 149) ; mais au contraire deux faces non adjacentes (et non parallèles) formant entre elles un angle de 60° peuvent servir de faces à un prisme réfringent. En outre une des bases et une face latérale quelconque forment un prisme ayant un angle réfringent de 90°.

Si l'arête (géométrique dans le premier cas) d'un des prismes du premier ou du second genre est perpendiculaire au plan, qui passe par le Soleil, l'œil de l'observateur et le cristal, le rayon réfracté peut parvenir à l'œil de l'observateur. Il est nécessaire à cet effet, que la déviation δ du rayon par le prisme soit égale à la distance angulaire Ω du cristal au Soleil, comme le montre la figure 384, dans laquelle A désigne l'œil de l'observateur, B l'emplacement du cristal, SA et SB des rayons solaires. Si la déviation δ n'est pas égale à son minimum δ_0 (page 147), à une petite variation de l'angle d'incidence correspond une petite variation de la déviation δ du *même ordre* de grandeur. Par suite pour $\delta = \Omega \lessgtr \delta_0$, le nombre des cristaux, qui se trouvent par hasard orientés de telle façon que le rayon réfracté parvienne à l'œil de l'observateur, doit être très petit. Mais quand $\delta = \Omega = \delta_0$, à une petite variation de l'angle d'incidence, c'est-à-dire de la position du cristal, correspond une variation de la déviation δ d'une quantité du *second ordre*. Le nombre de cristaux de glace, qui envoient les rayons réfractés dans une direction, faisant l'angle δ_0 avec les rayons solaires, est donc relativement très grand. Comme la distance angulaire Ω de ces cristaux au Soleil est aussi égale à δ_0, il est clair qu'il doit apparaître autour du Soleil un cercle, dont le rayon a une grandeur angulaire égale à δ_0. Comme la déviation est moindre pour les rayons rouges que pour les violets, le cercle doit être bordé de rouge à l'intérieur, de violet à l'extérieur. Si on tient compte enfin de la grandeur angulaire du Soleil, on comprend que les couleurs ne puissent que très faiblement ressortir dans ces cercles.

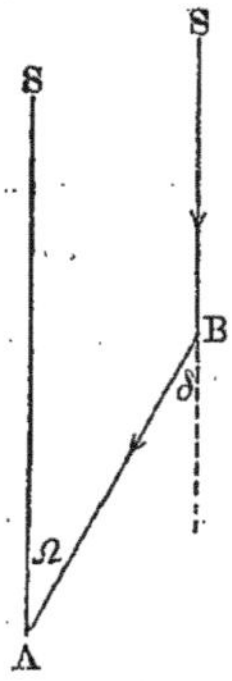

Si l'on tient compte de ce qui vient d'être dit au sujet de la réfraction des rayons dans les cristaux et si l'on envisage en outre les différentes réflexions possibles de ces rayons à la surface des cristaux, on peut expliquer les phénomènes les plus typiques décrits ci-dessus.

Fig. 384

1. *Petit halo* — Si un rayon traverse un prisme de glace en coupant deux faces latérales non adjacentes ou parallèles, on a affaire à une réfraction dans un prisme de glace, dont l'angle réfringent est de 60°. Le minimum de déviation δ_0 d'un tel prisme est approximativement égal à 22° ; nous devons dès lors obtenir un cercle de rayon Ω égal à 22° ; c'est le petit halo, dont la coloration est conforme à la théorie (explication de Mariotte).

2. *Grand halo.* — Une des faces latérales et une des bases forment un prisme, dont l'angle réfringent est égal à 90°. Pour un tel prisme on a $\delta_0 = 46°$, ce qui correspond au rayon du grand halo (explication de Cavendish).

3. *Cercle parhélique, parhélies, paranthélies et anthélie.* — Comme nous l'avons vu, les aiguilles et les lamelles de glace occupent de préférence une position telle, que dans les premières les faces latérales et dans les secondes les bases sont verticales. Le cercle parhélique est dû à la réflexion des rayons sur ces plans verticaux.

Aux points d'intersection du petit halo et du cercle parhélique, il se forme des taches particulièrement brillantes pour deux raisons : en premier lieu le halo lui-même doit être très brillant à ces endroits, car le nombre des cristaux à axe vertical est particulièrement grand, et ce sont précisément ces cristaux qui donnent *pour une faible hauteur du Soleil* les rayons réfractés, auxquels est dû le petit halo ; en second lieu on aperçoit aussi à ces endroits la lumière réfléchie par les plans verticaux.

Quand le Soleil est très haut, les parhélies apparaissent un peu plus élevés que les points A et A' (*fig.* 383). Les parhélies ne sont observés que très rarement en B et B'.

Les paranthélies et l'anthélie s'expliquent en premier lieu par une double réflexion sur les faces latérales de deux prismes, qui ont une face commune, de sorte que deux faces voisines forment un angle de 120° ; en second lieu par la réfraction des rayons, mêlée à un certain nombre de réflexions intérieures. Nous ne pouvons pas entrer ici dans plus de détails.

4. Les *arcs tangentiels* s'expliquent par la faible déviation des rayons qui traversent les prismes mais sont dans des plans, non perpendiculaires aux arêtes réfringentes.

5. La *colonne verticale* est due à la réflexion des rayons sur les bases horizontales des prismes.

Bravais a reproduit artificiellement quelques-uns des phénomènes que nous venons de considérer.

6. Coloration et éclairement du ciel. — L'explication de la couleur bleue du ciel a présenté de grandes difficultés. Les expériences de toute une série de savants n'ont conduit à aucun résultat satisfaisant, et ce n'est que récemment, relativement, que Lord Rayleigh est arrivé à donner une explication de l'origine de la couleur bleue du ciel, que l'on peut considérer comme tout à fait rigoureuse. Nous allons indiquer très brièvement l'historique de cette intéressante question.

Léonard de Vinci croyait que la couleur bleue était un mélange de la couleur blanche dispersée des rayons solaires et de la couleur noire de l'espace compris entre les étoiles. Mariotte admettait l'hypothèse, que les particules d'air possèdent la propriété de réfléchir de préférence les rayons bleus.

Fabri et Newton attribuèrent les premiers la production de la couleur bleue à des corpuscules étrangers, flottant dans l'air, tels que des gouttelettes d'eau, qui par réflexion des rayons solaires produisent les couleurs des plaques minces et la couleur bleue du premier ordre (voir plus loin).

Forbes croyait que la vapeur d'eau possédait la propriété de transmettre des rayons rouges et jaunes et de disperser les bleus.

Clausius a donné une explication mathématique détaillée. Il admettait que dans l'air flottent de petites bulles d'eau à paroi très mince, qui réfléchissent les rayons solaires et produisent ainsi les couleurs des plaques minces, les rayons bleus étant seuls réfléchis et les rayons rouges et jaunes transmis ; quand l'air est sec, le nombre des bulles est petit et l'épaisseur de leur paroi est minima, elles donnent alors la couleur bleue du premier ordre. Quand l'air est humide, l'épaisseur de la paroi des bulles augmente et de plus n'est pas la même pour les différentes bulles. Dans la lumière réfléchie se trouvent alors toutes les couleurs possibles des plaques minces, de sorte qu'à la couleur bleue du ciel s'ajoute encore le blanc ; le ciel perd sa couleur azurée, et devient bleu clair et blanchâtre. Aujourd'hui la théorie de Clausius, qui a subi différentes attaques, n'est plus admise.

Théorie de Lord Rayleigh. — C'est en 1871 que parut la théorie de Lord Rayleigh (alors Sir W. Strutt), laquelle repose essentiellement sur ce qui suit. Partant de la théorie de la diffraction, Lord Rayleigh démontra, que des rayons traversent d'autant plus facilement un milieu rempli de très nombreuses petites particules opaques, que leur longueur d'onde λ est plus grande. Inversement plus leur longueur d'onde λ est faible, plus les rayons sont fortement dispersés de tous côtés. Un tel milieu doit paraître jaunâtre ou rougeâtre dans la lumière qui le traverse. Un calcul exact montre, que *si les diamètres des particules opaques sont petits en comparaison de la longueur d'onde λ,* *la quantité de lumière dispersée doit être inversement proportionelle à la quatrième puissance de la longueur d'onde.* La quantité de lumière J qui parvient à notre œil d'un élément quelconque du volume d'air, dépend en premier lieu de la grandeur de la dispersion, subie par les rayons solaires dans cet élément de volume, et en second lieu de la perte qu'ils ont éprouvée sur le chemin parcouru z. Cette perte revêt tout à fait le caractère d'une absorption par le milieu ; mais le coefficient d'absorption est proportionnel à la dispersion subie pendant le trajet, c'est-à-dire est également proportionnelle à λ^4. En tenant compte de tout ce qui précède, on arrive à la formule suivante pour la quantité de lumière J :

$$(13) \qquad J = \frac{A}{\lambda^4}\, e^{-\frac{kz}{\lambda^4}},$$

où A et k sont des constantes. On voit facilement que la valeur maxima J_0 est obtenue pour la valeur particulière $\lambda = \lambda_0$, où

$$(14) \qquad \lambda_0^4 = kz,$$

de sorte que

$$(15) \qquad J_0 = \frac{A}{kz}\, e^{-1}.$$

Si on divise (13) par (15) et si on introduit $kz = \lambda_0^4$, on obtient l'expression

$$(16) \qquad J = \frac{J_0 \lambda_0^4}{\lambda^4}\, e^{1 - \left(\frac{\lambda_0}{\lambda}\right)^4}.$$

Supposons d'abord que λ_0 soit très petit en comparaison des grandeurs λ pour les rayons visibles. On peut alors négliger la fraction $\left(\frac{\lambda_0}{\lambda}\right)^4$ devant 1 et écrire au lieu de (16)

$$(17) \qquad J = \frac{B}{\lambda^4},$$

où B est une constante. En posant $J = 1$ pour le rayon rouge (A), on obtient pour les autres raies de FRAUNHOFER les nombres suivants :

	J			J
A.	1,000		b.	4,728
B.	1,514		F.	6,036
C.	1,821		G.	9,778
D.	2,801		H.	13,589
E.	4,371			

On trouve dans ces nombres une explication complète de la couleur bleue du ciel, quand le nombre k, *qui détermine l'absorption, n'est pas grand.* Le rôle des petites particules opaques, exigées par la théorie de LORD RAYLEIGH, peut être joué par les poussières et les particules liquides, qui se trouvent toujours dans l'air.

Quand le nombre des particules qui volent dans l'air augmente, le coefficient d'absorption k augmente également et en même temps que lui la grandeur λ_0. Supposons que λ_0 soit devenu égal à la longueur d'onde du rayon violet (H). La formule (16) donne alors, en posant encore $J = 1$ pour le rayon rouge (A), les nombres suivants :

	J			J
A.	1,000		b.	3,592
B.	1,457		F.	3,727
C.	1,713		G.	5,114
D.	2,431		H.	5,379
E.	3,410			

On voit par là, que la quantité relative des rayons violets a diminué de moitié, et que la couleur du ciel doit par suite se distinguer de la précédente par une addition considérable de blanc.

Lord Rayleigh a montré dans son travail paru en 1899, que la couleur bleue du ciel peut aussi être expliquée par l'action des molécules des gaz que renferme l'air.

Un grand nombre de travaux ont été entrepris en vue de vérifier la théorie de Lord Rayleigh. Ils sont cités dans l'aperçu bibliographique qui termine ce chapitre. Nous nous bornerons à dire, que le travail le plus convaincant de l'exactitude de la théorie de Lord Rayleigh est dû à Pernter (1901), qui a montré que non seulement par rapport à la coloration, mais aussi par rapport aux phénomènes de polarisation (voir plus loin), les rayons, émis pour ainsi dire par le ciel, possèdent les mêmes propriétés que les rayons émis par des *milieux troubles* dans un éclairage par côté. Il ne subsiste aujourd'hui aucun doute à ce sujet : la couleur du ciel est bien la couleur d'un *milieu trouble*.

La question de la répartition de la lumière dans un jour sans nuages présente aussi un grand intérêt. Wild, Schramm, L. Weber et en particulier Chr. Wiener (1901) se sont occupés de cette question ; ce dernier en a fait non seulement une étude expérimentale, mais aussi une étude théorique très étendue. Nous pouvons citer ici les résultats de ses observations pour le cas, où la distance zénithale z du soleil est d'environ 46°. Désignons par H la clarté du ciel en un point quelconque, et posons $H = 1$ pour le point situé près de l'horizon à l'opposé du Soleil, c'est-à-dire pour lequel $z = 90°$, A (azimut compté à partir du Soleil) $= 180°$. Si on part de ce point en suivant l'horizon, H ne varie d'abord presque pas jusqu'à $A = 120°$; il commence alors à croître et pour $A = 0$ et $z = 90°$ on a $H = 4,7$. Si on s'éloigne ensuite de l'horizon pour se rapprocher du Soleil ($A = 0$), H décroît d'abord un peu et pour $z = 82°$ on obtient la valeur $H = 4,4$; H croît ensuite rapidement jusqu'à la valeur $H = 24$, qu'il atteint dans le voisinage du Soleil. Au-dessus du Soleil H décroît à nouveau rapidement, atteint au zénith la valeur $H = 0,8$, continue (pour $A = 180°$) encore à décroître et atteint pour $z = 25°$ son minimum $H = 0,1$: à partir de là H augmente, pour atteindre pour $z = 90°$ la valeur initiale $H = 1$.

BIBLIOGRAPHIE

—

On trouve l'exposition la plus complète de l'optique météorologique dans :

PERNTER. — *Meteorologische Optik*. Wien und Leipzig, 1902.

On trouve des articles assez détaillés sur des phénomènes optiques dans l'atmosphère dans les deux premiers ouvrages qui suivent :

VERDET. — *Conférences de physique*. Deuxième partie, Paris, 1872, p. 716-810 ; aux pages 810-828 se trouve une notice bibliographique détaillée, qui va jusque 1868.
MASCART. — *Traité d'optique*, T. III, p. 272-531, Paris, 1893.
REIMANN. — *Progr. d. königl. Gymnasiums zu Hirschberg*, 1890.
FILEHNE. — *Arch. f. d. ges. Physiologie*, **59**, p. 291.
BOUGUER. — *Mém. de l'Acad. des Sc.*, 1739, p. 407 ; 1749, pp. 75, 84, 102.
SIMPSON. — *Détermination of the astronom. refraction*, London, 1743.
BRADLEY. — *Astronomical observations*, Vol. I, Oxford, 1798.
LAPLACE. — *Mécanique céleste*, **4**, p. 20, 1805.
IVORY. — *Phil. Mag.*, **59**, 1822 ; **63**, 1824 ; **65**, 1825 ; **68**, 1826.
BESSEL. — *Königsb. Beob.*, **7** et **8** ; *Astr. Nachr.*, **2**, p. 381, 1823.
JORDAN. — *Astr. Nachr.*, n° 2095, 1876 ; *Handbuch der Vermessungskunde*, **12**.

2. — Mirage.

MONGE. — *Mém. de l'Institut du Caire. Description de l'Egypte*, **1**, 1799.
WOLLASTON. — *Phil. Trans.*, 1800, p. 239 ; *Gilb., Ann.*, **11**, p. 1, 1802.
BIOT. — *Sur les réfractions extraordinaires.*, Paris, 1810. *Mém. de l'Inst.*, **10**, p. 1, 1809.
BRAVAIS. — *Ann. chim. et phys.*, (3), **46**, p. 492, 1856.
GERGONNE. — *Annales de mathématiques*, **5**, p. 283 ; 1814-1815.
TAIT. — *Trans. of the Royal soc. of Edinb.*, **30**, 1883.
WOOD. — *Phil. Mag.* (5), **47**, p. 349, 1899.
A. SCHMIDT. — *Die Strahlenbrechung auf der Sonne*, Stuttgart, 1891.
KUMMER. — *Berl. Ber.*, 1860, p. 405 ; *Ann. chim. et phys.*, (3), **51**, p. 496, 1861.

3. — Scintillation des étoiles.

ARISTOTE. — *De coelo*, lib. II, cap. 8.
KÉPLER. — *Astronomiae pars optica. Stella nova*.
NEWTON. — *Principia*, lib. III ; *Optice*, lib. I, 1719.
BIOT. — *Traité d'Astronomie*.
K. EXNER. — *Über die Scintillation*, Wien, 1901 ; *Wien. Ber.*, **109**, p. 170, 1900 ; **110**, p. 73, 1901.
EXNER u. VILLIGER. — *Wien. Ber.*, **111**, p. 1265, 1902 ; **113**, p. 1019, 1904.
ARAGO. — *OEuvres complètes*, **7**, 3 ; *C. R.*, **10**, p. 83, 1840.

MONTIGNY. — *Acad. R. de Belgique, Mém. des savants étrangers*, **28**, p. 14, 1856.
NICHOLSON. — *Nichols. Journ.*, **34**, p. 116, 1813.

4. — Arc-en-ciel.

DE DOMINIS. — *De radiis visus et lucis in vitris perspectivis et in iride* ; écrit en 1590 et publié en 1611.
DESCARTES. — *Discours de la méthode pour bien conduire sa raison, etc.*, Leyde, 1637 ; *Les météores, Discours*, **8**, Leyde, 1637.
NEWTON. — *Optics*, Part II, Prop. IX, 1704.
YOUNG. — *Phil. Trans.*, 1804, p. 8.
BABINET. — *C. R.*, **4**, p. 645, 1837.
MILLER. — *Trans. of the Cambridge Phil. Soc.*, **7**, p. 277, 1842 ; *Pogg. Ann.*, **53**, p. 214, 1841 ; **56**, p. 358, 1842.
BILLET. — *C. R.*, **56**, p. 999, 1864 ; *Ann. de l'Ecole Norm. sup.*, **5**, p. 67, 1868.
AIRY. — *Trans. of the Cambridge Phil. Soc.*, **6**, III, p. 379, 1838 ; **8**, V, p. 593, 1848 ; *Pogg. Ann. Ergbd.*, **1**, p. 232, 1842.
BRAVAIS. — *Journ. de l'Ec. Polytechn.* (1) **18**, 30ᵉ Cahier, p. 97, 1845 ; *Ann. de chim. et de phys.* (3) **21**, p. 348, 1847.
STOKES. — *Trans. of the Cambr. Phil. Soc.*, **9**, I, p. 166, 1850 ; *Math. and phys. papers*, Cambridge, II, p. 332, 1883.
MASCART. — *C. R.*, **115**, p. 453, 1892 ; *Traité d'optique*, **1**, p. 382 ; **3**, p. 430, Paris, 1893.
RAILLARD. — *C. R.*, **44**, p. 1142, 1857 ; **60**, p. 1287, 1865 ; *Pogg. Ann.*, **126**, p. 511, 1865.
DELSAUX. — *Ann. de la Soc. sc. de Bruxelles*, **6**, 1882.
PULFRICH. — *W. A.*, **33**, p. 194, 1888.
PERNTER. — *Wien. Ber.*, **106**, IIa, p. 135, 1897 ; Rectification à cet article : *Meteorol. Zeitschr.*, **15**, p. 73, 1898 ; *Wien. Ber.* **114**, p. 785, 1905 ; « *Neues über den Regenbogen* », *Vortrag d. Ver. z. Verbreitung naturwiss. Kenntnisse in Wien.*, **38**, p. 34, 1898 ; *Separ. Wien.*, 1898 ; *Ein Versuch der richtigen Theorie des Regenbogens Eingang in die Mittelschulen zu verschaffen, Zeitschr. f. d. österreich. Gymn., Kaiser-Jubil.-Heft*, 1898 ; *Separ. Wien.*, 1900 ; « *Die richtige Theorie des Regenbogens* », *Zeitschr. f. d. phys. u. chem. Unterr.*, **12**, p. 338, 1899.
AICHI et TANAKADATE. — *Phil. Mag.*, (6), **8**, p. 598, 1904.

5. — Cercles autour du Soleil et de la Lune. Halos.

VERDET. — *Ann. de chim. et phys.*, (3), p. 29, 1852 ; *OEuvres*, **1**, p. 97.
MARIOTTE. — *OEuvres*, **1**, p. 272.
FRAUNHOFER. — *Schumachers Astr. Abh.*, **3**, p. 73.
GALLE. — *Pogg. Ann.*, **49**, p. 1, 241, 1840.
BABINET. — *C. R.*, **4**, p. 638, 1837.
BRAVAIS. — *C. R.*, **21**, p. 154, 1845 ; **22**, p. 740, 1846 ; **24**, p. 962, 1847 ; **28**, p. 605, 1849 ; **32**, p. 952, 1851 ; *Journal de l'Ec. Polytechn.* (1) **18**, 30ᵉ Cahier, p. 77, 1845 ; 31ᵉ Cahier, p. 1, 1847.
DAGUIN. — *Mém. de l'Ac. des sciences de Toulouse*, (5) **4**, p. 470, 1860 ; (5) **5**, p. 413, 1861.

6. — Coloration et éclairement du ciel.

LORD RAYLEIGH (STRUTT). — *Phil. Mag.*, (4), **41**, p. 107, 274, 447, 1871 ; (5), **12**, p. 81, 1881 ; **47**, p. 375, 1899.

Forbes. — *C. R.*, **8**, p. 175, 1839 ; *Trans. of the R. Soc. of Edinb.*, **14**, p. 371, 1840.

Clausius. — *Pogg. Ann.*, **76**, p. 161, 188, 1849 ; **84**, p. 449, 1851 ; **88**, p. 543, 1853 ; *Crelles Journ.*, **34**, p. 122, 1847 ; **36**, p. 135, 1848.

Brücke. — *Pogg. Ann.*, **88**, p. 363, 1853.

Crova. — *C. R.*, **109**, p. 493, 1889 ; **112**, p. 1176, 1246, 1891 ; *Ann. chim. et phys.*, (6), **20**, p. 480, 1890 ; **25**, p. 534, 1892.

Hurion. — *C. R.*, **112**, p. 1431, 1891.

Spring. — *Arch. sc. phys.*, (4), **7**, p. 225, 1899 ; *Bull. Ac. R. Belg.*, (3), **36**, p. 504, 1898 ; voir aussi une série d'articles de polémique de Spring et de Pernter dans « *Ciel et Terre* », **20**, p. 177, 301, 305, 1899.

Bock. — *Der blaue Dampfstrahl* ; *W. A.*, **68**, p. 674, 1899.

Zettwuch. — *Ricerche sul « bleu del cielo ». Dissertation*, Rom, 1901 ; *Phil. Mag.*, (6), **4**, p. 199, 1902 ; *Journ. de phys.* (4) **1**, p. 239-240, 1902. Renferme un exposé historique détaillé et une critique de différentes théories.

Pernter. — *Wien. Denkschr.*, **73**, p. 301, 1901.

Chr. Wiener. — *Abh. d. Kaiserl. Leop. Carol. Akad. Nova Acta*, **73**, n° 1 ; *Beibl.*, 1901, p. 271-279.

Schramm. — *Dissertation*, Kiel, 1901.

Wild. — *Bull. de l'Acad. des sc. de St-Pétersbourg*, **21**, p. 312, 1876 ; **23**, p. 290, 1877.

Soret. — *Arch. Sc. phys.*, **20**, p. 429, 1888 ; *Ann. chim. et phys.*, (6), **14**, p. 1888.

Mc. Connel. — *Phil. Mag.*, **27**, p. 81, 1889 ; *Nature*, **37**, p. 177, 1887.

CHAPITRE XIII

—

INTERFÉRENCE DE LA LUMIÈRE

1. Remarques générales. — Lorsque nous avons considéré dans le tome I la propagation des mouvements vibratoires dans un milieu isotrope homogène, nous avons établi (page 147) l'équation du rayon

$$y = a \sin 2\pi \left(\frac{t}{T} - \frac{x}{\lambda} \right),$$

dans laquelle y désignait l'écart d'un point vibrant du rayon à partir de sa position d'équilibre, au temps t, et x la distance du point considéré à un certain point origine ; a désigne l'amplitude des vibrations, T la période (durée d'une vibration complète), et λ la longueur d'onde, qui est égale au produit de T par la vitesse de propagation. Quand deux rayons partant d'un point donné S se rencontrent en un autre point M, leurs amplitudes étant a et b, et leur différence de marche $x - x_1 = \delta$, ces vibrations, si elles s'effectuent dans les deux rayons suivant des directions parallèles, se composent en une seule, dont l'amplitude A est déterminée par la formule

$$(1) \qquad A^2 = a^2 + b^2 + 2ab \cos 2\pi \frac{\delta}{\lambda}.$$

Si les amplitudes des deux mouvements sont égales, $a = b$, et l'on a :

$$(2) \qquad A^2 = 2a^2 \left(1 + \cos 2\pi \frac{\delta}{\lambda} \right)$$

ou

$$(3) \qquad A = 2a \cos \pi \frac{\delta}{\lambda}.$$

Si la différence de marche est égale à un nombre entier de longueurs d'onde, $\delta = K\lambda$ (mouvements concordants), les amplitudes s'ajoutent, et l'on a $A = a + b$.

Si la différence de marche est égale à un nombre entier de longueurs d'onde plus une demie, $\delta = K\lambda + \frac{\lambda}{2}$ (mouvements discordants), les amplitudes se retranchent, $A = a - b$. En particulier, si a et b sont égaux, on a $A = 2a$ dans le premier cas, et $A = 0$ dans le second. Comme les intensités lumineuses sont proportionnelles aux carrés des amplitudes, l'intensité est égale à 4 fois celle de chacun des mouvements lorsque les deux mouvements sont concordants, et elle est nulle lorsqu'ils sont discordants.

Le principe des interférences, qui est contenu dans les formules précédentes, s'applique sans restriction à l'énergie rayonnante des mouvements vibratoires se propageant dans l'éther. Comme les phénomènes qui en découlent s'observent le plus facilement avec les rayons lumineux visibles, nous supposerons que nous avons affaire à cette sorte de rayons ; il n'y aura à changer, dans les autres cas, que le mode d'observation.

Les phénomènes d'interférence ne peuvent s'observer lorsque les rayons qui se rencontrent en un point M sont issus de points lumineux différents S et S', même quand ils appartiennent à la même source lumineuse. En voici la raison : On sait que la période des mouvements lumineux est extraordinairement courte ; pour les radiations visibles, on a plusieurs centaines de mille vibrations en un milliardième de seconde. Si régulier que soit le mouvement vibratoire d'un point de la source, même en supposant que la période se conserve parfaitement invariable pendant des millions de vibrations, le temps pendant lequel cette régularité a lieu est certainement extraordinairement court ; il en est de même pour un second point de la source, puisqu'il n'existe certainement aucune liaison entre les mouvements de ces deux points ; chacun de ces mouvements peut être remarquablement régulier si l'on considère seulement ce qui se passe pendant quelques millions de périodes par exemple, et à ce point de vue leur régularité est bien plus grande que celle d'aucun mouvement mécanique de la matière ; mais si l'on considère ce qui se passe pendant une seconde, ces mouvements ne présentent entre eux aucune liaison, ils auront eu successivement entre eux toutes les valeurs possibles de la différence de phase. L'œil, ou tous nos autres procédés d'observation, ne donnent qu'une valeur moyenne de l'intensité pendant un nombre immense de périodes, et il est facile de voir que, dans ces conditions, les intensités lumineuses s'ajoutent simplement. L'intensité lumineuse résultante A est, en effet, donnée par l'équation

$$A^2 = a^2 + b^2 + 2ab \cos \varphi,$$

a et b étant les amplitudes des deux mouvements qui se superposent, et φ leur différence de phase. Dans le cas actuel φ est rapidement variable, et dans une très petite fraction de seconde prend successivement, et sans aucune régularité, toutes les valeurs possibles ; la valeur moyenne de $\cos \varphi$ est, par suite, nulle, et l'équation devient

$$A^2 = a^2 + b^2$$

qui exprime que l'intensité résultante est la somme des intensités partielles.

Il n'en est plus de même si les deux mouvements vibratoires proviennent d'un même point de la source, car alors toute perturbation de l'un des mouvements se retrouve dans l'autre, et φ est constant.

Examinons le cas où, au point M se superposent un nombre quelconque de mouvements vibratoires susceptibles d'interférer. L'un d'eux aura pour équation

$$y_k = a_k \sin (\Theta + \varphi_k),$$

Θ est ici la quantité $\dfrac{2\pi t}{T}$. Le mouvement résultant aura pour équation

$$y = \sum y_k = \sum a_k \sin (\Theta + \varphi_k) = A \sin (\Theta + \varphi_0)$$

et l'on a :

$$\begin{cases} A \cos \varphi_0 = \sum a_k \cos \varphi_k \\ A \sin \varphi_0 = \sum a_k \sin \varphi_k, \end{cases}$$

d'où l'on tire :

$$(4) \qquad A^2 = \left\{ \sum a_k \cos \varphi_k \right\}^2 + \left\{ \sum a_k \sin \varphi_k \right\}^2.$$

A^2 sert de mesure à l'intensité lumineuse du mouvement résultant. Dans la plupart des phénomènes d'interférence on a seulement deux mouvements vibratoires qui se superposent ; nous dirons alors qu'il y a *interférence à deux ondes*. Exceptionnellement, nous aurons à considérer un plus grand nombre de mouvements vibratoires ; nous dirons alors qu'il y a *interférence à ondes multiples*.

2. Chemin optique. Différence de marche. — Si le milieu dans lequel se propage la lumière est homogène, on peut prendre pour la différence de marche δ la différence des longueurs des deux rayons qui, partis de la source, arrivent au point considéré ; λ est alors la longueur d'onde dans ce milieu. Le plus souvent, la lumière doit traverser des milieux d'indices différents, dans lesquels elle se propage inégalement vite ; on appelle *longueur optique* d'un rayon une longueur telle que, dans le vide, la lumière la parcoure dans le même temps que le rayon considéré. On voit facilement d'après les propriétés de l'indice de réfraction (tome II, page 139) qu'une portion de rayon de longueur l située dans un milieu d'indice n a pour longueur optique nl ; la longueur optique d'un rayon s'obtiendra en faisant la somme des produits analogues à nl pour les diverses parties du rayon.

La différence de marche des deux mouvements envoyés par un point S de la source à un point M de l'espace sera la différence des longueurs optiques des deux rayons envoyés de S en M. Cette différence étant ainsi comptée dans le vide, la longueur d'onde λ devra être aussi la longueur d'onde dans le vide.

3. Appareils interférentiels. Franges et ordre d'interférence. — Pour qu'il y ait interférence, il faut qu'un même point de l'espace reçoive deux mouvements vibratoires d'un même point de la source lumineuse. Un *appareil interférentiel* est un système qui, recevant une onde partie d'un point lumineux, envoie deux mouvements vibratoires à chacun des points d'une certaine région de l'espace, dans laquelle on observe le phénomène d'interférence.

Si l'on suppose la source lumineuse réduite à un seul point, et si elle émet de la lumière rigoureusement monochromatique, à chaque point de l'espace correspond une valeur unique et déterminée de la différence de marche δ des deux mouvements qui parviennent en ce point. En tous les points de l'espace pour lesquels $\frac{\delta}{\lambda}$ est un nombre entier, il y a maximum de lumière ; en tous les points pour lesquels ce rapport est un entier plus $\frac{1}{2}$, il y a minimum, et ce minimum est complètement obscur, si les deux mouvements ont même amplitude. On voit que l'intensité lumineuse en un point dépend de la valeur du rapport $\frac{\delta}{\lambda}$, que l'on appellera l'*ordre d'interférence*. Le lieu des points de l'espace pour lesquels l'ordre d'interférence a une valeur donnée est une surface, que l'on peut appeler *surface d'interférence* ; lorsque cette valeur est un nombre entier, cette surface est une *frange brillante*, dont la valeur entière de l'ordre d'interférence est le *numéro d'ordre*.

En général, on observe le phénomène sur un écran, ou *plan d'observation*, qui peut être le plan de visée d'une loupe ou d'un autre instrument d'optique, derrière lequel est placé l'œil de l'observateur. Les franges brillantes, sur cet écran, seront les intersections par son plan des surfaces franges dessinées dans l'espace.

Si la source lumineuse n'est pas réduite à un point, chacun de ses points donne son système de franges, et le phénomène résultant sera la superposition des phénomènes dus à chaque point de la source, les intensités lumineuses produites par des points distincts s'ajoutant simplement. Dans certains cas, cette superposition peut donner un éclairement uniforme ; on examinera au § 8 les conditions nécessaires pour que les franges conservent leur netteté.

Enfin, si la source lumineuse n'est pas monochromatique, on peut toujours la considérer comme émettant une série de radiations simples ; chacune de ces radiations donne son phénomène d'interférence, et le phénomène résultera de la simple superposition de ceux qui seraient produits par ces diverses radiations simples prises isolément.

Revenons au cas où la source lumineuse est ponctuelle et monochromatique. A chaque point du plan d'observation correspond alors une valeur de δ ; l'intensité lumineuse est fonction périodique de δ. Soient i et i' les intensités lumineuses des deux faisceaux qui interfèrent. Les amplitudes sont $a = \sqrt{i}$ et $b = \sqrt{i'}$. L'intensité I résultante sera donnée par l'équation (1) qui devient :

$$I = i + i' + 2\sqrt{ii'} \cos 2\pi \frac{\delta}{\lambda}.$$

Les intensités maxima et minima sont données par

$$I_{max.} = i + i' + 2\sqrt{ii'} = \left(\sqrt{i} + \sqrt{i'}\right)^2 \quad I_{min.} = i + i' - 2\sqrt{ii'} = \left(\sqrt{i} - \sqrt{i'}\right)^2$$

et leur rapport par

$$(5) \qquad \frac{I_{min.}}{I_{max.}} = \left(\frac{\sqrt{\dfrac{i}{i'}} - 1}{\sqrt{\dfrac{i}{i'}} + 1}\right)^2.$$

En fonction de δ, l'intensité lumineuse est représentée par une sinusoïde, dont les minima sont plus ou moins accusés par rapport aux maxima, selon que les deux ondes ont des intensités plus ou moins voisines. On peut, avec MICHELSON, appeler visibilité des franges le rapport

$$(6) \qquad V = \frac{I_{max.} - I_{min.}}{I_{max.} + I_{min.}},$$

qui est égal à l'unité quand les minima sont complètement noirs, et à zéro quand les franges sont absentes.

Dans le cas que nous étudions en ce moment, cette quantité a pour expression :

$$(7) \qquad V = \frac{2\sqrt{ii'}}{i + i'}.$$

Il faut enfin remarquer que les interférences ne peuvent être observées que

dans la région de l'espace où la source lumineuse envoie deux mouvements
vibratoires. Il arrive parfois que cette région commune aux deux faisceaux
est fort étroite.

4. L'expérience de Young. — Il existe un grand nombre de cas où
l'appareil interférentiel donne, d'un point éclairant S, deux images A et B
qui se comportent comme deux points lumineux ayant des mouvements parfaitement concordants. Les calculs que l'on va faire à propos de l'expérience
de YOUNG se rapportent à tous ces cas ; c'est pour cela que l'on va s'arrêter sur
cette expérience.

YOUNG publia en 1807 l'expérience suivante. Des rayons solaires, après
avoir traversé une petite ouverture, éclai-
rent, en venant de la gauche un écran RS
(*fig.* 385), où se trouvent deux petites ouvertures A et B. On obtient sur un écran PQ
une série de bandes alternativement sombres et brillantes, colorées, dont la direction est normale au plan de la figure.

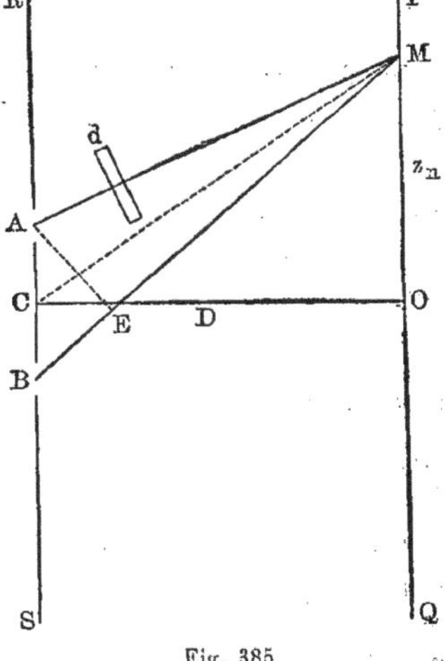
Fig. 385

Pour faire la théorie du phénomène, supposons que la lumière qui éclaire la première ouverture soit monochromatique, et
de longueur d'onde λ ; supposons cette
ouverture également distante des points A
et B. Ceux-ci recevront alors des mouvements concordants, et se comporteront
comme deux sources de lumière concordantes. Si les phénomènes de diffraction
n'existaient pas, chacun des points A et B
ne laisserait passer qu'un très étroit pinceau de lumière, et ces faisceaux n'empiè-
teraient pas. En réalité, ces faisceaux sont élargis par la diffraction, et ils
peuvent avoir une partie commune dans laquelle on observera les interférences.

En un point M de l'espace, la différence de marche est

$$\delta = MB - MA.$$

Une surface d'interférence est le lieu des points de l'espace tels que cette différence ait une valeur donnée. Ces surfaces sont des hyperboloïdes de révolution autour de la droite AB, ayant A et B pour foyers. Les intersections de
ces surfaces avec l'écran d'observation PQ sont des hyperboles, qui dessinent
les franges d'interférence.

Toutefois, on ne peut observer le phénomène qu'au voisinage du point O
situé sur la normale CO au milieu de AB ; de plus, la distance AB est forcément très petite par rapport à CO. Il en résulte que, dans la partie réellement
observable des franges, elles ont très sensiblement la forme de droites normales au plan de la figure. On peut, de plus, donner une expression très

simple de la différence de marche. Prenons un point M dans le plan de la figure (s'il était en dehors, M serait sa projection sur ce plan), et posons

$$AB = a, \quad CO = D, \quad OM = z.$$

a et z sont très petits par rapport à D.

On a :

$$\delta = MB - MA = \frac{\overline{MB}^2 - \overline{MA}^2}{MB + MA} = \frac{2AB \cdot OM}{MB + MA}.$$

On peut, au dénominateur, remplacer BM et AM par D, et il vient :

$$(8) \qquad \delta = \frac{az}{D}.$$

Les franges sur l'écran PQ sont donc des droites parallèles, et normales au plan de la figure. La frange brillante d'ordre K est définie par

$$\delta = K\lambda,$$

et par suite

$$(9) \qquad z = K\frac{\lambda D}{a}.$$

Les franges successives sont équidistantes, et la distance b de deux franges successives est

$$(10) \qquad b = \frac{\lambda D}{a}.$$

A cause de l'extrême petitesse de λ, il faut, pour que les franges ne soient pas excessivement rapprochées, que a soit très petit par rapport à D. Si l'on suppose $\lambda = 0^{mm},0005$, ce qui correspond à une radiation située à peu près au milieu du spectre visible, si l'on suppose $D = 1$ mètre, et si l'on veut avoir des franges distantes de 1 millimètre, il faut prendre $a = 0^{mm},5$.

Le phénomène est entièrement symétrique par rapport au point O, par lequel passe une frange brillante, d'ordre zéro. Cette frange est appelée *frange centrale*, et nous dirons que nous avons affaire à un phénomène d'interférence à *centre brillant*. Nous trouverons plus loin des cas où, l'un des rayons ayant subi un retard d'une demi-longueur d'onde, la frange centrale correspond à un minimum de lumière ; on a alors un phénomène à *centre obscur*.

La distance entre deux franges successives croît proportionnellement à λ. Si, par suite, on opère avec des rayons rouges, les franges sont plus écartées qu'avec des rayons verts ou bleus. Si on se sert de lumière blanche, les bandes différemment colorées empiètent les unes sur les autres à une faible distance de O, et donnent par leur mélange un blanc presque pur. Le phénomène se présente alors sous l'aspect suivant : en O passe une frange brillante et blanche ; elle est bordée, de part et d'autre, de franges colorées disposées symétriquement par rapport à cette frange centrale. Les colorations, d'abord très vives pour les premières franges, vont en s'atténuant lorsqu'on s'éloigne de O, et à une distance assez faible de ce point, on ne trouve plus qu'un éclairement blanc uniforme (voir § **11**, *la succession des couleurs*). Si l'on veut observer un plus grand nombre de franges, il faut se servir de lumière homogène.

On peut remplacer les points A et B, ainsi que le point lumineux S qui sert à éclairer l'ensemble, par des fentes étroites, parallèles entre elles, et perpendiculaires au plan de la figure.

On a raisonné comme si l'on observait les franges d'interférence par projection sur un écran PQ. Il est en réalité très rare que l'on opère ainsi ; le phénomène n'est pas assez brillant pour être commodément observé de cette manière. Il vaut beaucoup mieux recevoir directement dans un instrument d'optique (une simple loupe suffit dans le cas actuel) les rayons interférents. Cet instrument donne dans l'œil de l'observateur l'image nette des points d'un certain plan, et le phénomène que voit l'observateur est l'image de celui que l'on obtiendrait sur un écran qui occuperait la place de ce plan. Cette remarque s'applique à tous les phénomènes d'interférence ; l'appareil destiné à voir les franges devra, selon les cas, viser à plus ou moins grande distance ; ce peut être une simple loupe, une lunette visant plus ou moins loin, ou même l'œil nu accommodé pour une distance convenable. On pourra cependant parler du plan d'observation (plan dont l'image nette se fait sur la rétine de l'observateur), et raisonner comme si les franges étaient observées réellement par projection sur un écran qui en occuperait la place.

L'équation (10), qui donne la distance de deux franges consécutives peut servir à déterminer la longueur d'onde de la lumière employée : on peut mesurer directement les longueurs a, D, b ; l'équation (10) permet alors de calculer λ. Cette mesure a été, en particulier, faite par FRESNEL, au moyen de ses miroirs (§ **6**). Il est impossible d'arriver à une précision notable ; on doit plutôt regarder ces mesures comme fournissant une vérification de l'exactitude de l'équation (10), et par suite de la théorie qui a servi à l'établir. On décrira plus loin des méthodes extrêmement précises qui permettent de mesurer les longueurs d'onde au moyen des interférences.

5. Influence d'une lame à faces planes, parallèles, placée sur le trajet des rayons interférents. — Si l'on interpose une lame transparente sur le trajet de l'un des rayons, AM par exemple, toutes les franges se déplacent parallèlement à elles-mêmes sur l'écran PQ. Soit d l'épaisseur de la lame, n son indice de réfraction, et supposons l'indice du milieu ambiant égal à l'unité. En interposant la lame, on a remplacé le chemin optique d par le chemin nd, ce qui a pour effet de faire varier la différence de marche de la quantité $(n-1)d$, et par suite l'ordre d'interférence de la quantité $\dfrac{(n-1)d}{\lambda}$.

Si l'on suppose que l'épaisseur de la lame puisse croître progressivement à partir de zéro, on verra toutes les franges se déplacer parallèlement à elles-mêmes, et l'expression précédente représente le nombre de franges qui passe en un point donné de l'écran. Dès que la lame n'est pas extrêmement mince, ce nombre est excessivement grand, et les franges cessent ordinairement d'être observables.

Les franges se déplacent aussi progressivement si l'indice de réfraction d'une partie du trajet de l'un des rayons varie d'une manière continue. On peut ainsi mettre en évidence des variations très faibles d'indice de réfraction. On verra plus loin (§ **26**) l'application de cette méthode à l'étude de la réfraction des gaz.

Il est à remarquer que, par suite du phénomène de la dispersion, l'indice de réfraction n n'est en général pas le même pour toutes les radiations. Il en résulte qu'après l'interposition de la lame, la différence de marche n'est plus indépendante de la longueur d'onde. En particulier, on ne trouve plus de point de l'écran pour lequel δ soit nul pour toutes les radiations ; il n'y a plus, comme dans le cas où il n'y a pas de milieu dispersif, de *frange centrale* en lumière blanche. L'étude complète du phénomène, faite par Cornu, montre qu'en lumière blanche, les franges sont visibles seulement dans une certaine région, d'autant plus éloignée du point O que la lame interposée est plus épaisse, et dont la position dépend à la fois de l'indice de réfraction de cette lame et de sa dispersion ; la partie centrale de cette région est occupée par une frange à peu près sans coloration, que Cornu appelle la *frange achromatique*.

6. Miroirs de Fresnel. — Dans cette expérience, on fait interférer les rayons, provenant d'une même source lumineuse, et réfléchis sur deux miroirs

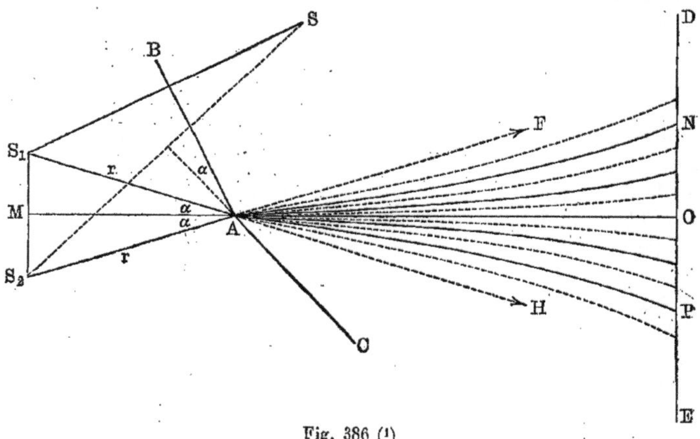

Fig. 386 (¹)

faisant entre eux un angle très voisin de 180°. Soient AC et AB (*fig.* 386) ces miroirs ; désignons par α le petit angle formé par le plan de l'un avec le prolongement du plan de l'autre. Soit S une source lumineuse, réduite à un point. On peut regarder les rayons réfléchis par les miroirs comme issus des images S_1 et S_2 de la source S. Toutes les considérations développées au § **4**

(¹) La figure n'est pas exacte. On a représenté les franges, dans le plan de la figure, sous forme de courbes passant par A. Ce sont des hyperboles ayant S_1 et S_2 pour foyers. (Note du TRADUCTEUR).

sont applicables, les points S_1 et S_2 jouant le rôle des ouvertures A et B de l'expérience d'Young. Les franges ont, dans l'espace, la forme d'hyperboloïdes de révolution, dont les foyers sont en S_1 et S_2. Sur un écran ED normal à la droite MA, les franges seront, très sensiblement, des droites parallèles et équidistantes.

Désignons par r la distance AS du point S à l'arête A. On a évidemment $AS_1 = AS_2 = AS = r$. Le plan perpendiculaire à $S_1 S_2$ mené par le milieu M de cette droite contient l'arête A des miroirs. Ce plan coupe l'écran d'observation suivant une droite O qui est la frange centrale.

La distance des sources S_1 et S_2 est $a = 2r \sin \alpha$.

La distance de deux franges consécutives sur l'écran DE est donnée par la formule (10), dans laquelle D désigne la distance MO. En remplaçant a par sa valeur, cette équation devient

$$b = \frac{D\lambda}{2r \sin \alpha}.$$

Il est commode que l'angle des deux miroirs puisse être réglé à volonté. L'appareil employé pour cela est représenté figure 387.

La source ponctuelle S peut être remplacée avec avantage par une fente

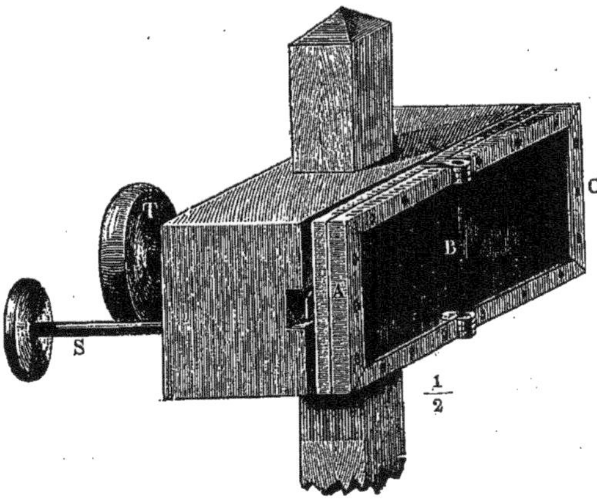

Fig. 387

étroite parallèle à l'arête des miroirs ; chaque point de la fente donne son système de franges, mais, comme tous ces systèmes se confondent, il en résulte simplement un accroissement de lumière.

Les franges des miroirs de FRESNEL ne sont évidemment observables que sur la portion de l'écran où les deux faisceaux réfléchis, l'un par le miroir AB et l'autre par le miroir BC se superposent. Cette région est assez peu étendue de part et d'autre de la frange centrale O. Il en résulte que les franges que l'on observe ainsi ne sont jamais d'ordre bien élevé. Si l'on déplace l'un des miroirs parallèlement à lui même, dans une direction normale à son plan, les deux faisceaux continuent à se superposer à peu près sur la même région de l'écran, mais l'ordre d'interférence des franges ainsi observées devient de plus en plus grand. Si l'on déplace ainsi l'un des miroirs d'un mouvement très lent, on voit, en un point donné du plan d'observation, défiler les franges successives, et le nombre de franges qui auront ainsi passé représente la variation de l'ordre d'interférence au point considéré.

7. Autres appareils analogues aux miroirs de Fresnel. — Tous les appareils que nous allons considérer ont ceci de commun : ils donnent d'un point lumineux S deux images S_1 et S_2, qui se comportent comme deux sources lumineuses concordantes, et dont les rayons interfèrent dans la partie de l'espace où les faisceaux qu'elles émettent se superposent. Les formules établies aux paragraphes précédents restent applicables.

I. BIPRISME DE FRESNEL. — Cet appareil, dont la coupe est représentée en P par la figure 388, a la forme de deux prismes d'angle très aigu acccolés par leurs bases. Si un point lumineux est placé en L, chaque côté du biprisme donne une image de L. Ces deux images sont en L' et L" ; les faisceaux correspondants ont une partie commune, dans laquelle on observera des franges d'interférence.

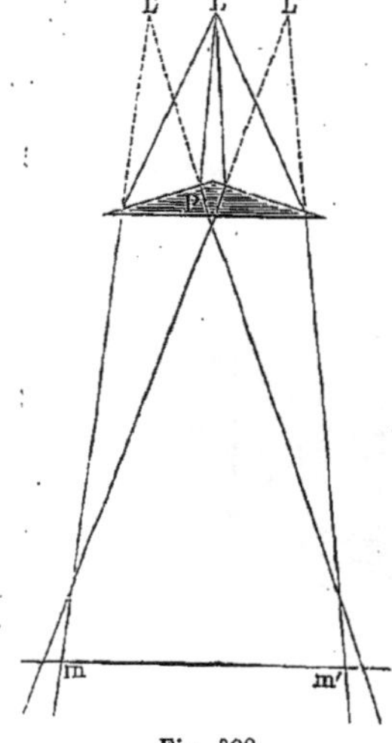

ABBE, puis WINKELMANN ont montré que l'on peut employer un biprisme d'angle quelconque, en plongeant le prisme dans un liquide d'indice presque égal.

II. EXPÉRIENCE DE LLOYD AVEC UN SEUL MIROIR. — On fait interférer les rayons réfléchis sur un miroir plan, sous une incidence presque rasante, avec des rayons qui n'ont subi aucune réflexion.

Comme un rayon perd une demi-période dans la réflexion, la différence de marche sera celle qui est calculée par la méthode ordinaire, augmentée d'une demi-longueur d'onde, et cela quelle que soit la longueur d'onde de la radiation employée. Les maxima, calculés par les méthodes ordinaires, sont remplacés par des minima, et réciproquement.

Fig. 388

En particulier, la frange centrale est une frange sombre ; on a des interférences à centre noir. Toutefois, la frange d'ordre zéro se trouve dans le plan du miroir ; on ne peut observer les interférences que d'un côté de cette frange, et la frange centrale elle-même n'est pas observable.

III. EXPÉRIENCE DES TROIS MIROIRS DE FRESNEL. — On fait interférer des rayons qui ont subi une réflexion avec des rayons qui en ont subi deux. On obtient encore des interférences à centre noir, mais ici la frange centrale est parfaitement observable, et l'on peut s'assurer, en opérant en lumière blanche, que c'est par rapport à une frange sombre que les colorations sont symétriques.

Cette expérience a été faite par FRESNEL pour démontrer le changement de phase d'une demi-période produit par la réflexion.

IV. Demi-lentilles de Billet. — Une lentille convergente est coupée en deux moitiés A et B (*fig.* 389). Un point lumineux L donne deux images L' et L" : les rayons correspondants donnent sur l'écran, dans la région où les deux faisceaux empiètent, un système de franges. Il est à remarquer que, dans cette expérience, les deux images d'où sont issus les deux faisceaux interférents, sont réelles, ce qui peut être avantageux si l'on veut interposer une lame transparente sur l'un des faisceaux.

Les lentilles n'étant pas achromatiques, la position des images L' et L" n'est pas la même pour toutes les radiations. Il en résulte certaines particularités curieuses lorsque la lumière est blanche. Ces phénomènes ont été étudiés par Macé de Lépinay et Perot, qui ont montré que, dans certains cas, on pouvait obtenir un système de franges achromatiques, c'est-à-dire à peu près dénué de colorations.

Meslin a étudié ce qui se passe lorsque les deux moitiés de la lentille sont déplacées l'une par rapport à l'autre, comme le montre la figure 390. Les deux images du point lumineux O sont alors en A et B. Les franges, dans l'espace, sont des ellipsoïdes de révolution ayant A et B pour foyers. Sur un écran PQ normal à AB, les franges, intersection de ces ellipsoïdes par le plan de l'écran, seront des cercles concentriques ; en réalité, on ne peut les observer que dans la région où les faisceaux se superposent, ce qui réduit leur partie visible à des demi-cercles. Meslin a aussi obtenu des franges en forme de demi-cercles en remplaçant l'une des moitiés de la lentille par une lame à faces parallèles d'épaisseur convenable.

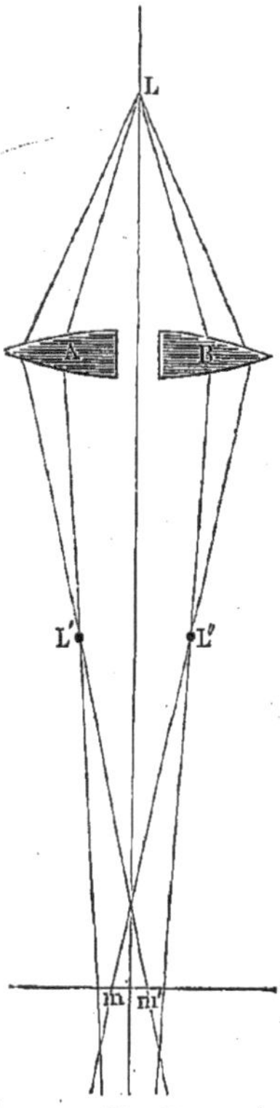

V. Plaques inclinées de Jamin. — Les rayons issus du point L (*fig.* 391) traversent deux lames de verre A et B, chacune à faces parallèles, et de même épaisseur. Ces lames donnent du point L deux images (ou plutôt deux lignes focales) L' et L" (voir page 144). Les faisceaux émergents n'empiètent pas, et par suite ne peuvent interférer. Une lentille O donne de L' et L" des images réelles I' et I" ; au delà de ces images, les faisceaux ont une partie commune, et l'on peut observer les franges sur un écran *mm'*.

Fig. 389

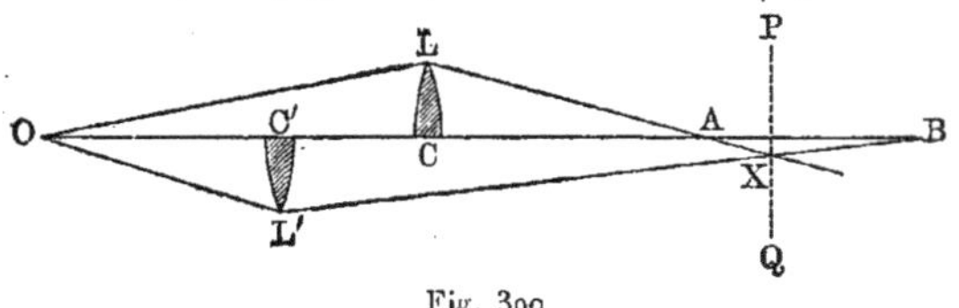

Fig. 390

une partie commune, et l'on peut observer les franges sur un écran *mm'*.

VI. Miroirs a angle droit de Michelson. — Si deux miroirs plans forment un angle droit, on peut obtenir d'un point lumineux S deux images qui se confondent ; l'une est formée par les rayons qui se sont réfléchis d'abord sur l'un des miroirs puis sur l'autre ; l'autre image est formée par les rayons qui ont subi les mêmes réflexions dans l'ordre inverse. Si l'angle des deux miroirs est légèrement différent de 90°, les deux images deviennent distinctes, mais très voisines. Elles se trouvent donc dans des conditions telles que l'on puisse obtenir des franges d'interférence.

Le même dispositif a été décrit par Lippmann, qui emploie aussi pour produire le phénomène un simple prisme, dont la base est un triangle rectangle isocèle (prisme à réflexion totale). Les rayons tombent à peu près perpendiculairement sur la face hypoténuse, et sortent à travers la même face après avoir subi, sur les autres faces, deux réflexions totales. Comme l'angle n'est pas rigoureusement égal à 90°, on obtiendra les franges d'interférence dans la partie commune aux deux faisceaux qui ont subi les réflexions totales dans l'ordre inverse. L'appareil n'exige aucun réglage.

8. Théorie de la netteté des franges. — Lorsque la source lumineuse est réduite à un point, les franges ont toujours, dans la portion de l'espace qui reçoit les deux mouvements vibratoires, une netteté parfaite : la valeur de δ est, en chaque point, parfaitement déterminée ; si les deux mouvements vibratoires qui interfèrent ont même amplitude, on a des minima complètement noirs. On peut donc placer où l'on veut l'écran d'observation, pourvu qu'il reçoive les deux mouvements

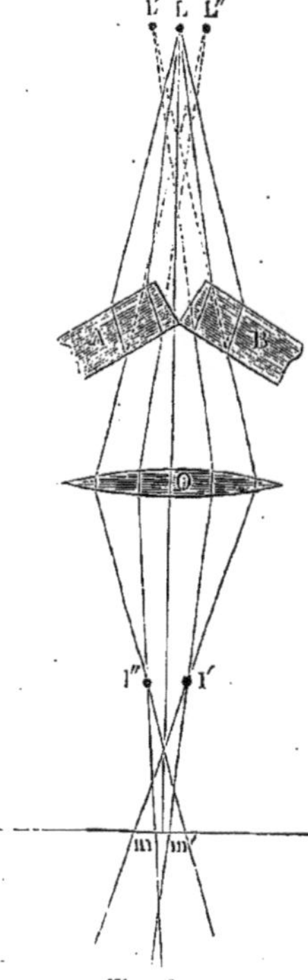

Fig. 391

vibratoires. Les franges ne sont jamais *localisées*.

On ne peut obtenir ainsi que des phénomènes peu brillants, puisque la source lumineuse doit être diaphragmée par un écran percé d'une petite ouverture. Il est donc utile d'examiner ce qui se passe lorsque la source lumineuse a une étendue finie, et cela est d'autant plus nécessaire que, même dans le cas d'une petite ouverture, l'étendue de la source est finie, et qu'il est nécessaire de savoir jusqu'à quelle limite il est utile d'en diminuer l'étendue.

La théorie de ces phénomènes a été établie par Macé de Lépinay et par Fabry.

Considérons un appareil interférentiel quelconque, éclairé par un point unique S. Nous obtenons, de l'autre côté de l'appareil, une série de surfaces d'interférence (voir § 3). Soit Σ l'une d'elles, d'ordre m, qui, par son intersection sur l'écran d'observation, y dessine la frange d'ordre m. Soit M un de ses points. Imaginons alors, pour un instant, que nous placions en M un point lumineux, et que nous recevions la lumière sur un écran passant par S. Nous obtiendrons, par le même mécanisme, des surfaces d'interférence du côté de S. L'une d'elles, Σ', passe par S, et il est facile de voir, au moyen du principe du retour inverse de la lumière, qu'elle a le même ordre m que la surface Σ.

Cet ordre d'interférence restera encore le même, si le point M se déplace d'une manière quelconque sur la surface Σ et S d'une manière quelconque sur Σ'.

Imaginons dès lors qu'au point éclairant S on substitue une ligne lumineuse située sur la surface Σ'. A tous les points qui constituent cette ligne correspondra une même différence de marche en M. Au point M et dans la région environnante, les franges données par les divers points de la source lumineuse sont alors confondues, et leur netteté est la même que si le point S est seul éclairant. On réalise très sensiblement cette condition en limitant la source lumineuse par une fente étroite, située dans le plan tangent à la surface Σ' au point S. D'où la conclusion suivante : On peut, en général, donner aux franges leur netteté maximum en limitant la source lumineuse par une fente étroite d'orientation convenable. La manière la plus simple de trouver cette orientation consiste à faire tourner la fente jusqu'à ce que la netteté maxima soit obtenue.

Il peut arriver que la netteté maxima soit obtenue seulement au point M et dans la région immédiatement voisine, mais pas aux autres points de l'écran. Dans ce cas, en faisant tourner la fente, on fait apparaître successivement les franges aux divers points du champ.

Si, maintenant, on déplace l'écran d'observation parallèlement à lui-même, l'orientation de la fente qui fait apparaître les franges varie en général ; les franges sont *localisées*.

Enfin si l'on supprime la fente, et qu'on emploie une source d'étendue finie dans tous les sens, les franges disparaissent complètement.

Tels sont les faits généraux. Certains cas particuliers, qui se rencontrent fréquemment, méritent d'être étudiés.

Dans certains cas connus depuis longtemps, on constate que l'on peut employer une source lumineuse étendue dans tous les sens, sans que les franges cessent d'être nettes, à la condition de viser, avec l'appareil d'observation, dans un plan bien défini ; elles se présentent comme un phénomène dessiné sur un certain écran, et ce dessin n'est visible que lorsque la lunette d'observation vise ce plan. Les franges y sont *localisées*. Voici dans quelles circonstances ce phénomène se produit : Soit P le plan de localisation, et M un point de ce plan. Soit S un point de la source. Il faut, pour que l'emploi d'une source finie soit possible, que la différence de marche des ondes envoyées par S à M ne change pas quand le point lumineux se déplace autour de la position S. En appliquant le principe du retour inverse, cela peut s'exprimer en disant qu'un point lumineux placé en M doit donner, dans la région où se trouve S une différence de marche constante, et par suite donner non pas des franges, mais une teinte uniforme. Cette propriété, supposée existante pour le point M ne le sera plus, en général, si ce point se déplace dans la direction des rayons qu'il reçoit, et les franges sont localisées.

Nous rencontrerons un cas important de franges localisées avec une source étendue en étudiant les franges de lames minces sous incidence normale. Un autre cas important est celui des franges *localisées à l'infini*, c'est-à-dire où, pour les obtenir nettes, il faut les examiner avec une lunette visant à l'infini, et où elles conservent leur netteté quelle que soit l'étendue de la source. Cela se produit toutes les fois que l'appareil dédouble une onde plane quelconque tombant sur lui en deux ondes planes et parallèles ; en d'autres termes où, à un faisceau incident de rayons parallèles entre eux correspondent deux faisceaux émergents de lumière parallèles, et de même direction. Il en est ainsi, par exemple, lorsque toutes les surfaces qui interviennent pour modifier la marche de la lumière sont planes et deux à deux parallèles. Dans ces conditions, la différence de marche des mouvements vibratoires que reçoit un point M ne dépend que de la direction des rayons qui lui parviennent. Si donc on observe le phénomène sur un écran placé dans le plan focal d'une lentille (ou, ce qui revient au même, si l'on examine au moyen d'une lunette visant à l'infini), chaque point ne reçoit que des rayons d'une direction déterminée, et cela quelles que soient la position et l'étendue de la source ; les franges sont par suite parfaitement nettes. Nous trouverons plus loin de nombreux exemples de ces franges localisées à l'infini.

Dans la plupart des phénomènes d'interférence étudiés aux paragraphes précédents, l'appareil présente un plan de symétrie. On obtient des franges nettes en employant une fente perpendiculaire à ce plan de symétrie, et cela quelle que soit la position de l'écran d'observation ; les franges, par suite, ne sont pas localisées.

INFLUENCE DE LA LARGEUR DE LA FENTE ; APPARITIONS ET DISPARITIONS PÉRIODIQUES DES FRANGES. — Supposons que l'on ait obtenu des franges parfaitement nettes par l'emploi d'une fente fine, placée devant la source lumineuse. On va examiner ce qui se passe lorsque l'on élargit cette fente. La théorie de ces phénomènes a été donnée en même temps par MICHELSON et par FABRY. On peut, par la pensée, décomposer la fente en bandes infiniment étroites parallèles à sa longueur ; chacune de ces bandes, prise isolément, donnerait un système de franges parfaitement net, mais ces systèmes de franges sont déplacés les uns par rapport aux autres ; c'est le résultat de leur superposition que l'on observe. Supposons que la fente, d'abord infiniment fine, s'élargisse progressivement, ses deux bords se déplaçant de quantités égales en sens inverse, et son milieu restant fixe. Au système de franges parfaitement net, existant seul d'abord, viennent se mélanger des franges déplacées, par rapport à celles-ci, de quantités croissantes. Lorsque ce déplacement atteint une demi-frange, les systèmes de franges qui se superposent ont leurs maxima et leurs minima dans toutes les positions possibles ; les franges disparaissent complètement. On peut encore exprimer ce résultat autrement : plaçons un point lumineux à la place du point où nous observions les franges ; nous aurons alors un système de franges dans la région où nous avions placé la fente, et, nous le savons, la fente est tangente à l'une de ces franges. La largeur de la fente qui fait disparaître nos franges au point M est celle qui est égale à la distance de deux franges consécutives sur le plan de la fente. Cela permet de calculer, dans chaque cas, cette largeur de disparition. Si l'on veut que les franges aient une netteté pratiquement parfaite, il faut que la largeur de la fente ne soit qu'une petite fraction $\left(\text{par exemple } \dfrac{1}{10}\right)$ de la largeur ainsi trouvée.

Si l'on accroît encore la largeur de la fente, les franges reparaissent, mais inversées, les maxima ayant pris la place des minima ; leur netteté est notablement moindre que pour de très faibles largeurs. Il y a une nouvelle disparition pour une largeur double de celle qui produisait la première ; il y a ensuite une nouvelle apparition, encore moins nette que la précédente, et ainsi de suite, jusqu'à ce que l'on n'obtienne plus qu'un éclairement uniforme.

Des phénomènes analogues peuvent être observés lorsque la source lumineuse a la forme d'un cercle dont le diamètre, d'abord très petit (source ponctuelle), croît progressivement.

Ces propriétés peuvent être utilisées pour déterminer le diamètre apparent d'une source de lumière de très faible étendue angulaire, par exemple celui d'un astre de très faible diamètre apparent. La lumière de cet astre doit servir à éclairer un appareil interférentiel convenablement choisi, et l'observation consistera à juger de la netteté des franges, et s'il y a lieu de leurs disparitions, lorsqu'on fait varier les conditions de l'expérience. FIZEAU, sans avoir connaissance des apparitions périodiques, avait proposé cette méthode pour l'étude des diamètres apparents des astres ; STEPHAN, MICHELSON, HAMY, l'ont appliquée à divers cas.

9. Interférences par les lames minces. Formules fondamentales.

— Ces phénomènes sont parmi les plus simples, les plus faciles à observer et les plus importants de l'optique. Ils peuvent, selon le cas, donner lieu à des expériences très variées.

Ces phénomènes sont surtout faciles à observer avec une lame de faible épaisseur ; une pareille lame peut être constituée par une mince lame d'un corps solide transparent (par exemple une lamelle de verre, comme celles dont on se sert dans les études au microscope), ou par une lamelle liquide comme celle qui constitue une bulle de savon, ou par une mince couche d'un liquide placée sur un autre liquide, comme une couche d'huile sur de l'eau, ou enfin par une lame d'air ou de tout autre fluide transparent comprise entre deux surfaces de verre. Dans des conditions convenables, on peut observer ces phénomènes non seulement avec des lames minces, mais encore avec des lames dont l'épaisseur se chiffre par centimètres et même par décimètres.

Lorsqu'un rayon lumineux tombe sur une lame d'une substance transparente, on a deux rayons réfléchis, l'un à la première surface de la lame, l'autre à la seconde. C'est de l'interférence de ces deux rayons que résultent les phénomènes que nous allons étudier. Remarquons tout de suite qu'en dehors de ces deux rayons il y a une infinité d'autres rayons réfléchis, qui ont subi 3, 5, 7,... réflexions ; toutes les fois que le pouvoir réflecteur des faces de la lame mince est faible (ce qui est le cas ordinaire pour les substances transparentes), ces rayons sont très faibles par rapport aux deux premiers, qui n'ont subi qu'une réflexion ; nous pouvons d'abord les négliger ; nous reviendrons plus loin sur les cas où ils ne sont pas négligeables.

En résumé, si des rayons issus d'un point lumineux S tombent sur la lame, on a à considérer deux ondes réfléchies, l'une sur la première face, l'autre sur la seconde. La forme de ces ondes dépend évidemment de la forme des surfaces qui limitent la lame. On peut, dans chaque cas, étudier la forme de ces ondes, et en déduire la différence de marche en un point donné de l'espace. C'est là une manière d'envisager les choses qui, dans certains cas, est la plus simple. Le plus souvent il est préférable de calculer la différence de marche en faisant intervenir l'angle d'incidence et l'épaisseur de la lame au point où la réflexion a eu lieu.

Soit (*fig.* 392) une lame transparente limitée par les surfaces PQ et P'Q'. Désignons par n son indice de réfraction, par n' celui du milieu dans lequel

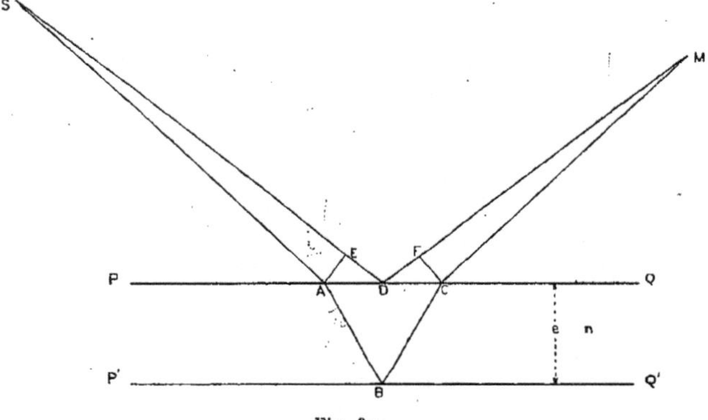

Fig. 392

elle est plongée. Un point lumineux S envoie à un point M deux rayons qui ont suivi respectivement les chemins SDM et SABCM. La lame étant supposée peu épaisse, les points B et D sont très voisins, et les deux rayons se sont réfléchis sous des incidences très peu différentes.

Soit e l'épaisseur de la lame au point B, i l'angle d'incidence au point A, r l'angle de réfraction ; ces angles sont liés par la relation

$$(11) \qquad n' \sin i = n \sin r.$$

La surface d'onde qui passe par A coupe le plan de la figure suivant AE, normale à SA ; la surface d'onde qui passe par C coupe le même plan suivant CF, normal à MC. La longueur optique du rayon réfléchi à la première surface est $n'(\text{SD} + \text{MD})$. Celui qui s'est réfléchi à la seconde surface a pour longueur optique $n'(\text{SA} + \text{CM}) + 2n\text{AB}$. La différence de marche est la différence de ces deux quantités. En faisant disparaître dans la différence les parties communes SA = SE et CM = FM, il vient

$$(12) \qquad \delta = 2n\,\text{AB} - (\text{ED} + \text{DF})n'.$$

Mais

$$\text{ED} = \text{AD} \sin i, \qquad \text{DF} = \text{DC} \sin i.$$

Donc
$$ED + DF = (AD + DC) \sin i = AC \sin i.$$

Mais
$$AC = 2e \operatorname{tg} r; \qquad AB = \frac{e}{\cos r}.$$

Remplaçant les divers segments par leurs valeurs dans l'expression (12) il vient :
$$\delta = 2e\left(\frac{n}{\cos r} - n' \sin i \operatorname{tg} r\right).$$

Éliminant l'angle i au moyen de l'équation (11) :
$$\delta = 2e\left(\frac{n}{\cos r} - n \sin r \operatorname{tg} r\right) = 2ne \cos r.$$

On a finalement l'expression de δ en fonction de e et de r

$$(13) \qquad\qquad \delta = 2ne \cos r.$$

On a fait la figure en supposant qu'aucune surface réfringente n'était interposée entre la source lumineuse et la lame mince, ni entre celle-ci et le point M ; mais on voit immédiatement que le calcul s'applique sans modification s'il en est autrement. Toutefois, le raisonnement suppose que la lame est de faible épaisseur. Le résultat devient rigoureusement exact, sans aucune approximation dans le cas où la lame est limitée par des surfaces planes et parallèles et où, l'un des points S ou M étant à grande distance, les deux rayons qui interfèrent ont même direction.

Considérons maintenant les rayons transmis à travers la lame. Un point situé derrière la lame mince peut recevoir deux rayons : l'un qui l'a traversée directement, l'autre qui lui parvient après avoir subi deux réflexions sur les faces de la lame. Il faut remarquer que, dans le cas ordinaire où le pouvoir réflecteur des faces de la lame est peu élevé, ces deux rayons sont d'intensités très différentes, puisque le second est affaibli par deux réflexions. On a une infinité d'autres rayons, qui ont subi 4, 6, 8, … réflexions ; leurs intensités sont de plus en plus faibles ; nous les négligerons pour le moment.

Un calcul fort analogue à celui que l'on vient de faire dans le cas de la lumière réfléchie montre que l'expression de la différence de marche des deux mouvements vibratoires qui parviennent en un point est encore donnée par l'équation (13).

Il faut enfin tenir compte des changements de phase qui peuvent se produire dans la réflexion : toutes les fois que, dans une réflexion, le second milieu est plus réfringent que le premier, il y a changement de phase qui équivaut à un retard d'une demi-longueur d'onde : il n'y a aucun changement de phase dans le cas inverse.

10. Divers modes d'observation des franges de lames minces. Cas où la source éclairante est ponctuelle ou linéaire. — Lorsque la source de lumière se réduit à un point, on peut observer les interférences, quelle que soit la position de l'écran d'observation, et cela aussi bien par transmission que par réflexion. Quant à la forme des franges, elle dépend de la forme des surfaces qui limitent la lame mince. Par exemple, en vue d'étudier la propagation anomale des ondes, découverte par Gouy, Fabry a éclairé un appareil à anneaux de Newton par un point lumineux, et observé les franges par réflexion. Si l'incidence est oblique, on obtient, selon la position de l'écran, des franges elliptiques ou hyperboliques.

On peut, en général, remplacer la source ponctuelle par une fente étroite convenablement orientée. A chaque position de l'écran d'observation correspond, en général, une orientation particulière de la fente. Les formules qui permettent de calculer, dans chaque cas, l'orientation de la fente ont été établies et vérifiées expérimentalement par Macé de Lépinay et par Fabry.

Il est rare qu'il y ait intérêt à observer de cette manière les franges de lames minces. On se place le plus souvent dans un des cas particuliers que l'on va étudier.

11. Courbes d'égale épaisseur. Couleurs de lames minces. Anneaux de Newton. — Supposons que la lame ait une épaisseur faible, et observons-la (par réflexion ou par transmission) au moyen d'un appareil d'optique qui vise la lame elle-même. A chaque point du plan visé correspond alors une valeur unique et bien définie de l'épaisseur de la lame. Supposons en outre que la lumière incidente, monochromatique, soit sensiblement normale à la lame. L'équation (13) devient alors simplement $\delta = 2ne$. On verra donc une série de franges, qui dessinent les courbes d'égale épaisseur de la lame. D'une courbe brillante à la suivante, δ croît d'une quantité égale à λ, en appelant λ la longueur d'onde de la lumière employée ; par suite, d'une courbe à la suivante, l'épaisseur de la lame croît de la quantité $\dfrac{\lambda}{2n}$.

En employant un faisceau de lumière parallèle, on peut aussi observer les franges sous incidence oblique : d'une frange à la suivante, l'épaisseur croît alors de la quantité $\dfrac{\lambda}{2n \cos r}$, et comme cette quantité augmente avec r, les franges deviennent moins serrées à mesure que la lumière devient plus oblique. Si, à partir de l'incidence normale, on rend progressivement la lumière plus oblique, l'ordre d'interférence en un point donné de la lame devient de plus en plus faible ; les franges se déplacent sur la lame, et leur déplacement a lieu vers la région où les épaisseurs sont les plus grandes.

Lorsque l'épaisseur est très faible, et par suite le numéro d'ordre des franges peu élevé, il ne faut aucune précaution spéciale pour observer les phénomènes que l'on vient d'indiquer. Il suffit de regarder la lame mince, par réflexion ou par transmission, en l'éclairant par une large source de lumière monochromatique, comme une flamme contenant un sel de sodium, ou une feuille de papier blanc éclairée par cette source de lumière. Il est vrai que, dans ces conditions, chaque point de la lame reçoit des rayons sous des incidences très diverses, mais seuls ceux qui pénètrent dans l'ouverture de la pupille sont à considérer, et, pour chaque point de la lame, leur angle d'incidence est assez bien défini. Il en est à peu près de même lorsque l'on observe les franges au moyen d'une lunette (qui doit toujours viser dans le plan de la lame mince), d'ouverture assez faible.

Lorsque l'épaisseur de la lame devient plus grande, l'observation devient moins facile : il faut limiter le faisceau incident de telle manière que l'angle d'incidence ait une valeur définie. C'est sous l'incidence normale que l'observation se fait le plus facilement, parce que, au voisinage de la valeur $r = 0$, le cosinus de l'angle r varie très lentement. Il est facile de voir quelle étendue angulaire de la source lumineuse on peut tolérer sans que les franges cessent d'être nettes : Supposons que la lame mince soit une lame d'air comprise entre deux lames de verre ; l'angle r est alors égal à l'angle d'incidence sur la face externe du système. Soit $p_0 = \dfrac{2e}{\lambda}$ l'ordre d'interférence correspondant à l'incidence normale ; sous l'incidence r l'ordre d'interférence est $p = p_0 \cos r$. Il faut, pour que les franges conservent toute leur netteté, que ces deux quantités ne diffèrent que d'une petite fraction de frange ; admettons comme limite la valeur 0,1. Il faut alors

$$p_0 (1 - \cos r) < 0,1.$$

D'où

$$\sin^2 \frac{r}{2} < \frac{1}{20 p_0}.$$

Pour la lumière jaune du sodium, $\lambda = 0^\mu,589$. Pour $e = 0^{mm},01$, l'ordre d'interférence est $p_0 = 34$, et l'on trouve que l'angle r peut, sans inconvénient, atteindre 4°. Pour $e = 5$ millimètres, l'ordre d'interférence atteint 17 000, et r doit rester inférieur à $12'$.

Sous incidence oblique, la nécessité de n'employer que de la lumière parallèle devient de plus en plus grande. Ce sont seulement des franges d'ordre très peu élevé que l'on peut observer, en visant dans la lame mince, à l'œil nu ou avec une lunette, la source étant étendue. Cependant, dans certains cas particuliers étudiés par MACÉ DE LÉPINAY, on peut encore trouver des franges nettes sous incidence oblique avec une source étendue, mais en visant dans un autre plan que celui de la lame : il se trouve alors que chaque point du champ reçoit de la lumière sous des incidences diverses, mais ne provenant pas des mêmes points de la lame, et il peut arriver, dans certains cas exceptionnels que tous correspondent à la même différence de marche.

Revenons au cas de l'incidence normale. On est gêné, pour observer les franges par réflexion, par ce fait que les rayons réfléchis suivent le même trajet que les rayons incidents ; la tête de l'observateur empêche les rayons normaux d'arriver à la lame, et l'on peut seulement utiliser des rayons voisins de la normale. Cela n'a pas d'inconvénient lorsque le numéro d'ordre est un peu élevé, mais il n'en est pas de même lorsque l'épaisseur de la lame est un peu grande. On peut alors employer l'artifice suivant, qui d'ailleurs s'applique à une foule de cas analogues : Au-dessus de la lame qui produit les interférences, on dispose une lame de verre inclinée à 45° ; la lumière arrive à la

lame mince par réflexion sur cette lame de verre ; la lumière réfléchie la traverse, et c'est à travers qu'elle l'observateur voit le phénomène. Dans le même
but, Fizeau a employé le dispositif suivant : Une petite ouverture circulaire
est placée au foyer d'une lentille ; la lame produisant les interférences est
placée au delà, normalement à la direction définie par le milieu de l'ouverture
et le centre optique de la lentille. La moitié de cette ouverture est couverte par
une des faces d'un prisme à réflexion totale, qui envoie à travers cette moitié
la lumière provenant de la source. Après réflexions sur la lame, ces rayons
reviennent passer à travers l'autre moitié de l'ouverture, et c'est là que l'observateur place l'œil ; il voit alors toute la surface de la lame illuminée, et
elle n'est éclairée que par des rayons très sensiblement normaux.

Position des franges brillantes et sombres. — Considérons d'abord les
franges par réflexion, et supposons, pour simplifier le langage, l'incidence
normale. Si, comme c'est le cas le plus habituel, les deux milieux entre lesquels la lame est comprise sont identiques, l'une des réflexions s'effectue avec
changement de phase de une demi-période, et l'autre sans changement de
phase. Donc à la différence de marche $2ne$, résultant de la différence des chemins suivis par les deux rayons, il faut ajouter une demi-longueur d'onde. Il
en résulte que les *minima* correspondent aux valeurs de $2ne$ qui sont multiples
de λ. Si l'épaisseur croît à partir de zéro, comme c'est le cas pour les anneaux
de Newton (voir plus loin), on a un *minimum* pour $e = 0$. D'ailleurs, les deux
ondes que nous avons considérées sont sensiblement de même intensité. Il en
résulte que les minima sont *noirs*. (On verra plus loin, en tenant compte des
réflexions multiples, que ce résultat est rigoureusement exact, et non pas
seulement approché, comme il semblerait l'être en tenant compte seulement
des deux premières ondes). En lumière blanche, on aura des interférences à
centre noir.

Exceptionnellement, si les milieux entre lesquels la lame mince est comprise ne sont pas les mêmes, et si l'indice de la lame mince est intermédiaire
entre ceux de ces deux milieux, les deux réflexions se font toutes deux de la
même manière, c'est-à-dire toutes deux sans changement de phase ou toutes
deux avec changement d'une demi-période. La différence de marche d'une
demi-longueur d'onde que l'on trouvait dans le cas précédent n'existe plus,
et les *maxima* ont lieu pour $2ne = K\lambda$. En particulier, il y a *maximum* pour
$e = 0$. On a des interférences à *centre blanc*. On peut obtenir ce résultat en
prenant une lame mince formée d'une goutte liquide comprise entre deux
verres d'indices différents, l'un plus grand et l'autre plus petit que celui du
liquide. Cette expérience a été réalisée par Fresnel.

Considérons maintenant les franges par transmission. L'un des rayons n'a
subi aucune réflexion, et l'autre en a subi deux. On voit facilement que les
conditions sont inverses de celles que l'on rencontre dans le cas des franges
par réflexion. Si les deux milieux extrêmes sont identiques, les deux réflexions se font toutes deux sans changement de phase, ou toutes deux avec changement de phase d'une demi-période ; dans ce dernier cas, il en résulte
un changement d'une période entière, ce qui ne change en rien la phase du
mouvement vibratoire. Donc les maxima ont lieu pour $2ne = K\lambda$; on a des

interférences à *centre blanc*. Au contraire, si l'indice de la lame mince est intermédiaire entre celui des milieux entre lesquels elle est comprise, une seule des réflexions se fait avec changement de phase, et on a des interférences à *centre noir*. La nature du phénomène est donc toujours inverse de celle que l'on obtient dans le cas des franges par réflexion. Du reste, si, comme on l'a implicitement supposé, aucun milieu absorbant n'est interposé, toute la lumière incidente doit se retrouver soit dans le faisceau réfléchi, soit dans le faisceau transmis ; les deux espèces d'interférences sont donc complémentaires, les maxima de l'un des phénomènes se produisant aux mêmes points que les minima de l'autre.

Dans le cas des franges par transmission, les deux ondes qui interfèrent sont d'intensités très inégales, puisque l'une est considérablement affaiblie par deux réflexions, tandis que l'autre est directement transmise. Il en résulte que, lorsque les deux ondes sont en discordance, leurs mouvements vibratoires ne se détruisent pas, mais s'affaiblissent seulement. En d'autres termes, les minima sont loin d'être noirs : les franges apparaissent comme noyées dans une lumière uniforme : leur visibilité (voir page 578) est faible. Elles sont d'autant moins visibles que le pouvoir réflecteur des faces de la lame est plus faible. On donnera à ce sujet quelques résultats numériques quand on aura fait le calcul en tenant compte des réflexions multiples (voir § **13**).

Cas où la lumière incidente est blanche. — Si la lumière incidente est blanche, on obtient des phénomènes analogues à ceux que l'on obtient avec les autres appareils interférentiels : si l'on examine ce qui se passe pour des valeurs croissantes de l'épaisseur et par suite de la différence de marche δ, on voit une série de colorations, qui, d'abord très brillantes, vont en s'affaiblissant de plus en plus, jusqu'à ce que l'on n'ait plus qu'une lumière blanche uniforme. Il y a deux cas à distinguer selon que l'on a affaire à des interférences à centre blanc ou à centre noir ; pour une même épaisseur, les couleurs sont complémentaires selon que l'on a affaire à un cas ou à l'autre. Le tableau suivant donne l'ordre dans lequel se succèdent les couleurs, pour les diverses valeurs de δ. Ce tableau ne s'applique en toute rigueur que dans le cas où l'indice n de la lame est constant, ce qui est seulement le cas si le milieu qui forme cette lame est le vide, ou très sensiblement aussi si ce milieu est de l'air. Dans les autres cas, comme n dépend de λ, δ varie très légèrement avec λ, et les couleurs sont très légèrement modifiées. Mais comme, dans le spectre visible, la dispersion n'est jamais bien forte, on peut considérer le tableau comme s'appliquant à tous les cas, δ étant égal à $2\,ne$ lorsque l'incidence est normale. Il va sans dire que le même tableau s'applique à la succession des couleurs dans tous les autres phénomènes d'interférence, pourvu que la différence de marche δ des deux ondes qui interfèrent ne dépende pas, ou ne dépende que très peu, de la longueur d'onde, c'est-à-dire de la nature de la lumière employée. Dans des cas exceptionnels où δ varie beaucoup avec λ, l'ordre de succession des couleurs peut être complètement changé.

Le tableau suivant, abrégé du tableau dressé par Quincke, d'après Brucke et Wertheim, donne les couleurs dans le cas des deux espèces d'interférences (centre blanc et centre noir) en fonction de la demi-différence de marche $\frac{\delta}{2}$ (ou, si l'on veut, de l'épaisseur dans le cas de franges produites par une lame d'air). Les valeurs de $\frac{\delta}{2}$ sont exprimées en $\mu\mu$ (millionième de millimètre).

$\frac{\delta}{2}$ (Exprimé en $\mu\mu$.)		Centre noir	Centre blanc
1er ordre	o	Noir	Blanc
	79	Bleu gris	Blanc brunâtre
	109	Gris clair	Brun jaunâtre
	129	Blanc presque pur	Rouge clair
	140	Jaune paille	Violet sombre
	166	Jaune vif	Bleu
	252	Orangé rougeâtre	Vert bleuâtre
	275	Rouge foncé	Vert jaunâtre
2e ordre	282	Pourpre	Vert clair
	294	Indigo	Jaune d'or
	332	Bleu de ciel	Orangé
	374	Vert	Rouge carmin clair
	421	Vert jaunâtre	Pourpre violacé
	455	Jaune pur	Indigo
	499	Orangé rougeâtre vif	Bleu verdâtre
	550	Rouge violacé foncé	Vert
3e ordre	564	Violet bleuâtre clair	Vert jaunâtre
	575	Indigo	Jaune sale
	629	Bleu verdâtre	Couleur chair
	667	Vert de mer	Rouge brun
	713	Jaune verdâtre	Bleu violacé grisâtre
	747	Rouge rose	Bleu verdâtre
	767	Rouge carmin	Vert
	826	Gris violacé	Vert jaunâtre

Pour des épaisseurs plus grandes, les teintes deviennent de moins en moins vives, et les colorations disparaissent complètement pour des épaisseurs de quelques μ.

On va maintenant passer en revue les divers dispositifs que l'on peut employer pour réaliser une lame mince, et donner quelques indications sur les phénomènes obtenus dans les divers cas.

LAMELLE SOLIDE. — Une simple lame de verre ou d'un autre corps transparent peut donner lieu aux phénomènes dont on vient de faire la théorie. Il est rare que l'épaisseur soit assez faible pour que l'on puisse observer les colorations en lumière blanche ; cela arrive cependant quelquefois avec des pellicules très minces de verre soufflé. Au contraire, en lumière monochromatique, il est très facile d'observer les courbes d'égale épaisseur, surtout lorsque l'épaisseur n'est pas trop grande. Il faut, pour que les franges ne soient pas excessivement serrées, que l'épaisseur ne varie pas trop d'un point à un autre de la lame, en d'autres termes que sa forme ne s'écarte pas trop de celle d'une lame à faces planes et parallèles. Une lamelle de microscope permet d'observer très facilement ces courbes d'égale épaisseur, en se servant de la lumière du sodium. Avec une lumière bien monochromatique, comme celle que donne l'arc au mercure dans le vide (voir plus loin, § **19**), et en employant le dispositif de Fizeau ou un dispositif analogue pour avoir de la lumière parallèle et normale à la lame, il est très facile d'observer les courbes d'égale épaisseur sur des lames de verre quelconques, même avec des épaisseurs dépassant le centimètre.

La lame ayant ses deux faces plongées dans un même milieu (l'air), les minima ont toujours lieu, dans les franges par réflexion, pour $2ne = K\lambda$; si les colorations sont visibles, ce sont celles des interférences à centre noir. Si l'on mouille la face inférieure de la lame avec un liquide d'indice plus grand que le sien, le phénomène est inversé, et les minima sont remplacés par des maxima. Si le liquide ne mouille que la moitié de la surface, les franges s'inversent au bord de la goutte liquide. Cette expérience a été utilisée par Potier pour étudier en détail le changement de phase par réflexion.

Lames liquides. — De simples lames liquides peuvent subsister grâce aux phénomènes de capillarité (bulles de savon ; systèmes laminaires) ; ces lamelles donnent lieu aux courbes d'égale épaisseur en lumière monochromatique, et à des colorations en lumière blanche si leur épaisseur est assez faible. Les colorations sont toujours celles des franges à centre noir.

Couche liquide sur un autre liquide. — Lorsque sur la surface d'un liquide on répand une petite quantité d'un autre liquide non miscible avec lui, il arrive, dans certains cas, que la goutte s'étale à la surface, et forme une couche mince continue. Cette pellicule donne encore les phénomènes que nous étudions en ce moment. Les colorations sont celles des franges à centre noir ou à centre blanc selon que l'indice de la pellicule superficielle est plus grand ou plus petit que celui de la masse liquide sous-jacente.

Lame d'air ou d'un liquide comprise entre deux surfaces de verre. — Il suffit, pour obtenir ces phénomènes, de superposer deux surfaces de verre; il est bon que leurs surfaces ne soient pas trop irrégulières si l'on ne veut pas obtenir des franges extrêmement serrées et très irrégulières (comme cela arriverait avec du verre à vitre ordinaire). En lumière monochromatique, on obtient des courbes d'égale épaisseur, dont la forme dépend de la forme des surfaces de verre, et du petit angle qu'elles peuvent faire quand on les superpose. Si les deux surfaces se touchent en un point, on a autour de ce point des colorations, qui sont celles des interférences à centre noir ; le point de contact apparaît comme une tache sombre. En introduisant entre les surfaces une goutte liquide (si elle mouille le verre, elle remplit toute la lame mince), les franges deviennent plus serrées, puisque d'une frange à la suivante l'épaisseur ne croît plus que de $\dfrac{\lambda}{2n}$ au lieu de croître de $\dfrac{\lambda}{2}$. Dans ce cas, on peut avoir des interférences à centre blanc, si les deux verres qui limitent la lame ont des indices différents, et si le liquide a un indice intermédiaire.

Lorsque la distance entre les lames devient un peu notable, il faut, pour obtenir les courbes d'égale épaisseur, employer le dispositif de FIZEAU ou un dispositif analogue, et se servir de lumière bien monochromatique.

Si les deux surfaces de verre qui comprennent entre elles la lame mince sont des surfaces planes, les courbes d'égale épaisseur sont des droites parallèles à l'intersection des deux plans, et les franges sont des droites parallèles et équidistantes. Il faut que l'angle de ces deux surfaces soit très petit si l'on ne veut pas avoir des franges extrêmement serrées : supposant $\lambda = 0^{\mu},589$ (lumière du sodium), prenant une lame d'air ($n = 1$ sensiblement), et l'incidence normale, si l'on veut avoir des franges distantes de 1 millimètre, il faut que l'épaisseur varie de $\dfrac{\lambda}{2}$, ou de $0^{\mu},2945$ lorsque l'on se déplace sur la lame, perpendiculairement à l'intersection des deux surfaces planes, de 1 millimètre. Cela correspond à un angle d'à peu près $1'$. On remarquera que, dans le cas de deux surfaces planes, on peut considérer l'appareil comme entièrement analogue à un système de miroirs de FRESNEL, puisque, dans un cas comme dans l'autre, les deux faisceaux qui interfèrent se sont réfléchis chacun sur une surface plane. Aussi peut-on observer ces franges, comme celles de FRESNEL, avec une fente parallèle à l'intersection des surfaces planes, et alors les franges cessent d'être localisées. Les seules différences entre les deux appareils sont que les faisceaux se superposent complètement dans le cas d'une lame, tandis qu'ils ne se superposent que dans un espace étroit avec les miroirs de FRESNEL ; en outre, les deux réflexions sont de même espèce dans le cas des miroirs de FRESNEL (interférences à centre blanc), tandis que dans le cas d'une lame à faces planes, une seule des réflexions donne lieu à un changement de phase (interférences à centre noir).

On obtient des franges ayant la forme de cercles concentriques (Anneaux de NEWTON) en superposant une surface convexe et une surface plane, ou deux surfaces convexes, qui se touchent par un de leurs points. Par réflexion, le centre des anneaux (point de contact des deux surfaces) est noir ; en lumière

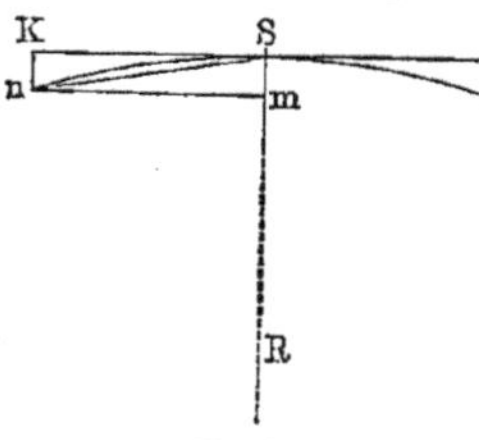

blanche, il est entouré d'anneaux colorés, montrant la succession des interférences à centre noir. Par transmission on a des anneaux à centre blanc. En lumière monochromatique, toute la surface des lames est couverte d'anneaux, de plus en plus serrés à mesure que l'on s'éloigne du centre. Pour étudier comment varient les diamètres de ces anneaux, il suffit de calculer l'épaisseur en fonction de la distance au point de contact.

Fig. 393

Soient (*fig.* 393) une surface plane SK et une surface sphérique convexe Sn qui se touchent au point S. Soit R le rayon de courbure de la surface Sn. Prenons un point K situé à une distance SK $= r$ du point de contact, et calculons l'épaisseur $e = $ Kn en ce point. On a

$$\overline{mn}^2 = Sm\,(2R - Sm).$$

Ou, en remarquant que Sm est négligeable devant $2R$:

$$r^2 = 2\,Re$$

et par suite

$$e = \frac{r^2}{2R}\,.$$

L'épaisseur croît donc comme le carré de la distance au point S. On verrait facilement que le même résultat serait applicable si les deux surfaces étaient convexes.

Il résulte de là que les diamètres des anneaux noirs sont entre eux comme les racines carrées des nombres entiers successifs.

C'est au moyen de ces anneaux que NEWTON a mesuré, pour la première fois, les longueurs d'onde des diverses radiations lumineuses : il produisait des anneaux entre une surface plane et une surface sphérique dont il avait mesuré le rayon de courbure ; il mesurait ensuite le diamètre d'un anneau, d'ordre connu, produit par la lumière qu'il voulait étudier.

12. Cas d'une lame à faces planes et parallèles ; courbes d'égale inclinaison. — Une lame à faces parallèles (épaisseur uniforme) ne peut donner qu'un éclairement uniforme lorsqu'on l'examine en lumière parallèle.

Une pareille lame peut donner un système de franges *localisées à l'infini*, qui ne sont plus, comme celles que l'on vient d'étudier, des courbes d'égale épaisseur, mais bien des courbes d'*égale inclinaison*. Considérons donc une lame à faces planes et parallèles, d'indice n et d'épaisseur (évidemment constante) e ; observons, soit par transmission, soit par réflexion, au moyen d'une lunette visant à l'infini. La différence de marche $\delta = 2\,ne\,\cos\,r$ ne dépend que de l'angle r, et par suite de la direction seulement. Or, à chaque point du champ de la lunette correspond une direction déterminée de rayons, et par suite une valeur déterminée de l'angle r : on aura donc, quelles que soient l'étendue et la position de la source de lumière, un système de franges nettes. Une frange sera, dans le champ, le lieu des points pour lesquels l'angle r a une valeur fixe ; les franges sont donc des cercles, dont le centre correspond à la direction normale à la lame. Si ce centre est dans le champ de la lunette, les franges auront la forme d'anneaux concentriques centrés sur ce point. Si le centre est en dehors du champ, on verra seulement des arcs de cercle, qui peuvent se réduire presque à des droites parallèles si l'on n'en voit qu'une faible étendue dans le champ de la lunette.

Ces phénomènes sont un peu moins faciles à observer que les courbes d'égale épaisseur, parce qu'ils exigent l'emploi d'une lame à faces planes et parallèles, et il faut que cette condition soit réalisée avec une grande perfection, car dans la région utilisée de la lame l'épaisseur ne doit varier que d'une fraction de longueur d'onde, c'est-à-dire d'une quantité qui ne doit pas atteindre le dix-millième de millimètre. On peut se servir d'une lame solide, telle qu'une lame de mica clivée (on en trouve dont l'épaisseur est remarquablement constante) ou encore d'une lame de verre dont les faces ont été soigneusement travaillées. Si l'on veut employer une lame d'air, il faut qu'elle soit limitée par deux surfaces planes, amenées au parallélisme exact. On décrira au § **14** des appareils qui permettent de faire ce réglage, et qui peuvent être appliqués à l'étude des phénomènes dont il est en ce moment question.

Si l'épaisseur e est un peu grande, le phénomène n'est observable qu'avec une lumière parfaitement monochromatique (voir § **19**).

Pour observer les franges par transmission, il suffit de placer la lame entre la source de lumière et une lunette visant à l'infini. En inclinant la lame, on observe à volonté sous telle incidence que l'on veut ; ces franges par transmission sont, d'ailleurs, comme les courbes d'égale épaisseur, relativement peu visibles à cause de la grande inégalité d'intensité des deux ondes qui interfèrent. Pour observer par réflexion (et dans ce cas les minima sont noirs), il est commode d'éclairer la lame au moyen d'une plaque de verre à 45°, que la lumière réfléchie traverse avant de tomber dans la lunette ; on peut ainsi observer les franges sous des incidences voisines de la normale. Pour observer sous des incidences obliques, la lame à 45° n'est pas utile.

Il est facile de déterminer les lois suivant lesquelles se succèdent les franges dans le champ de la lunette. Considérons une direction de rayons faisant, dans la lame, un angle r avec la normale. En dehors de celle-ci (par exemple quand ces rayons tombent sur la lunette), ces mêmes rayons font avec la normale un angle α. Les angles r et α sont liés par la relation

$$\sin \alpha = n \sin r.$$

D'autre part, la différence de marche est $\delta = 2\,ne \cos r$ et par suite l'ordre d'interférence correspondant à cette direction est

$$p = \frac{2\,ne}{\lambda} \cos r = p_0 \cos r;$$

$p_0 = \dfrac{2\,ne}{\lambda}$, que l'on peut appeler l'ordre d'interférence au centre, est la valeur de l'ordre d'interférence qui correspond à l'incidence normale. En éliminant r, on a p en fonction de α :

$$p = p_0 \sqrt{1 - \frac{\sin^2 \alpha}{n^2}}.$$

L'ordre d'interférence va en décroissant à mesure que l'incidence devient plus oblique.

Supposons d'abord que la lunette soit dirigée suivant la normale à la lame. Alors, le champ n'étant pas très étendu, l'angle α reste petit, et l'équation précédente peut s'écrire

$$p = p_0 - p_0 \frac{\alpha^2}{2\,n^2}.$$

L'ordre d'interférence décroît proportionnellement à α^2. On a donc des anneaux, dont les numéros vont en décroissant à partir du centre, et dont les diamètres suivent la même loi que ceux des anneaux de Newton.

Lorsque la lunette est dirigée obliquement sur la lame, on n'a plus dans le champ que des arcs de cercle, et la formule précédente n'est plus applicable. Les franges se serrent rapidement à mesure que l'incidence devient plus oblique.

Les franges à l'infini données par une lame à faces parallèles ont été observées pour la première fois par HAIDINGER, au moyen d'un lame de mica. Elles ont été, depuis, observées et utilisées par un grand nombre d'observateurs, sous des formes diverses : MASCART, LUMMER, FABRY et PEROT, HAMY, etc.

13. Influence des réflexions multiples. Cas où le pouvoir réflecteur des faces de la lame est élevé. — Dans ce qui précède, on a tenu compte seulement de deux des ondes interférentes, aussi bien dans le cas des franges par transmission que de celles par réflexion. Ces deux ondes sont de beaucoup les plus intenses lorsque les pouvoirs réflecteurs des surfaces qui limitent la lame sont faibles, ce qui est le cas le plus ordinaire. En réalité, il y a une infinité d'ondes qui se superposent, et dans certains cas les intensités de ces ondes, au delà des deux premières, sont loin d'être négligeables. On va examiner les phénomènes qui résultent de leur présence.

Considérons d'abord les phénomènes par transmission. Soit (*fig.* 394) une lame comprise entre deux surfaces MN et PQ. A un rayon incident SA correspondent une infinité de rayons émergents R_1, R'_1, R''_1, etc. Nous n'avons jusqu'ici considéré que les deux premiers ; nous allons faire la théorie en les faisant intervenir tous.

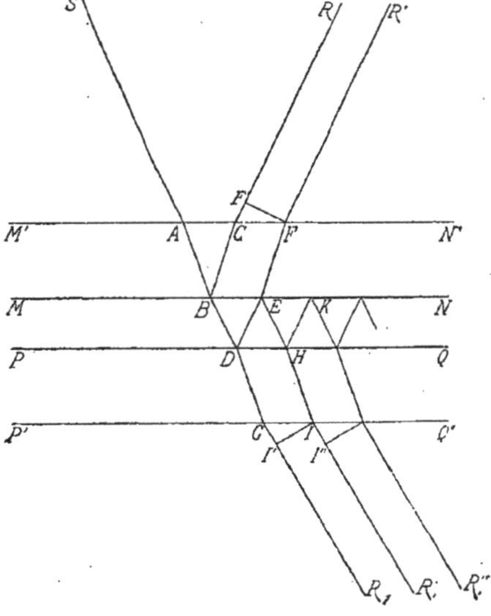

Fig. 394

Soit f le pouvoir de réflexion de chacune des faces de la lame (rapport entre l'intensité réfléchie et l'intensité incidente) ; 0 leur pouvoir de transmission (rapport entre l'intensité transmise et l'intensité incidente). Supposons que l'onde incidente ait une amplitude 1. Toutes les ondes émergentes ont subi deux transmissions, ce qui multiplie leur intensité par 0^2 et par suite l'amplitude par 0. De plus, en numérotant les rayons 0, 1, 2, etc., le rayon de rang k a subi $2k$ réflexions, ce qui multiplie l'intensité par f^{2k} et par suite l'amplitude par f^k. Nous au-

.rons donc à considérer une série de mouvements vibratoires dont les amplitudes sont :

$$0, \quad \theta f, \quad \theta f^2, \dots \theta f^k, \dots$$

Elles décroissent en progression géométrique.

Calculons maintenant leurs différences de marche. Soit δ la différence de marche entre les rayons R_1 et R'_1 ; on fera entrer dans cette différence de marche, s'il y a lieu, ce qui est produit par les changements de phase par réflexion. La même différence de marche existe entre deux rayons consécutifs quelconques ; si donc on prend toutes les différences de marche par rapport au rayon directement transmis R_1, on aura les valeurs

$$0, \quad \delta, \quad 2\delta, \dots k\delta, \dots$$

Elles croissent en progression arithmétique.

Il ne reste plus qu'à calculer l'intensité lumineuse résultant de la superposition de tous ces rayons.

Il suffit pour cela d'appliquer l'équation (4), ce qui donne :

$$I = \sum_{k=0}^{k=\infty} \left(\theta f^k \cos 2\pi \frac{k\delta}{\lambda} \right)^2 + \sum_{k=0}^{k=\infty} \left(\theta f^k \sin 2\pi \frac{k\delta}{\lambda} \right)^2.$$

Les deux sommes sont faciles à effectuer, en remplaçant les sinus et cosinus en fonction des exponentielles imaginaires, ce qui ramène les séries à des progressions géométriques. On trouve ainsi :

$$(15) \qquad I = \frac{\theta^2}{(1-f)^2} \frac{1}{1 + \dfrac{4f}{(1-f)^2} \sin^2 \pi \dfrac{\delta}{\lambda}}.$$

Cette équation est due à Airy. L'intensité lumineuse de la lumière incidente est prise comme unité.

Si le pouvoir réflecteur f est faible, la quantité $\dfrac{4f}{(1-f)^2}$ qui entre comme facteur dans un des termes du dénominateur est faible aussi, et l'on peut, en négligeant des termes très petits, retrouver la même expression que si l'on n'avait tenu compte que des deux premiers rayons.

Revenons à l'équation exacte (15). Elle montre que les maxima ont lieu pour $\delta = K\lambda$, et les minima pour $\delta = K\lambda + \dfrac{\lambda}{2}$. L'existence des réflexions multiples ne change rien à la position des maxima et des minima. L'intensité maxima est $I_{max.} = \dfrac{\theta^2}{(1-f)^2}$ et celle des minima $I_{min.} = \dfrac{\theta^2}{(1+f)^2}$. En faisant le rapport, on obtient :

$$(16) \qquad \frac{I_{min.}}{I_{max.}} = \left(\frac{1-f}{1+f} \right)^2.$$

Tant que le pouvoir réflecteur est petit, ce rapport diffère assez peu de l'unité ; par exemple, pour du verre sous l'incidence normale, on a à peu près $f = \frac{1}{20}$. La formule (16) donne alors

$$\frac{I_{min.}}{I_{max.}} = 0,82.$$

Les minima sont donc peu différents des maxima, et les franges sont peu visibles. Mais dès que le pouvoir réflecteur devient notable, le rapport $\frac{I_{min.}}{I_{max.}}$ devient rapidement très inférieur à l'unité, et les minima deviennent presque sombres ; les franges deviennent de plus en plus nettes. Le tableau suivant donne un certain nombre de valeurs du rapport des minima aux maxima, et de la visibilité (voir § 3) pour diverses valeurs du pouvoir réflecteur f.

f	$\dfrac{I_{min.}}{I_{max.}}$	$V = \dfrac{I_{max.} - I_{min.}}{I_{max.} + I_{min}}$	f	$\dfrac{I_{min.}}{I_{max.}}$	$V = \dfrac{I_{max.} - I_{min.}}{I_{max.} - I_{min.}}$
0,05	0,82	0,10	0,5	0,11	0,80
0,1	0,67	0,20	0,8	0,01	0,98
0,2	0,44	0,39	1,0	0	1

De plus, lorsque le pouvoir réflecteur devient élevé, la répartition de la lumière dans le système de franges change complètement. Si f est petit, I, en fonction de δ, est représenté sensiblement par une sinusoïde, ce qui devait être, puisqu'il suffit de considérer les deux premières ondes. Mais il n'en est plus du tout de même si le pouvoir réflecteur est élevé, c'est-à-dire si f est peu différent de l'unité. Alors, la quantité $\dfrac{4f}{(1 - f)^2}$ prend une valeur très grande ; par exemple pour $f = 0,8$, cette quantité est égale à 80, et l'expression de I devient

$$I = \frac{I_0}{1 + 80\ \sin^2 \pi\, \dfrac{\delta}{\lambda}},$$

$I_0 = \dfrac{0^2}{(1 - f)^2}$ désignant l'intensité maxima.

Pour $\delta = K\lambda$, le sinus est nul, et $I = I_0$. Mais dès que δ s'éloigne de cette valeur, le terme $80\ \sin^2 \pi\, \dfrac{\delta}{\lambda}$ prend une grande valeur, et l'intensité lumineuse tombe presque à zéro. Il en résulte que la courbe qui représente l'intensité lumineuse en fonction de δ présente des maxima, avec descente extrêmement brusque vers les minima. La courbe en trait plein de la figure 395 représente cette répartition de l'intensité lumineuse, pour $f = 0,8$ tandis que la courbe ponctuée la représente pour $f = \dfrac{1}{20}$ (cas du verre). Expérimentalement, cela correspond à l'aspect suivant : les franges se présentent comme des lignes brillantes très fines tracées sur un fond presque complètement sombre ; ces particularités (finesse des lignes brillantes ; absence de lumière entre deux lignes brillantes consécutives) sont d'autant plus accusées que le pouvoir réflecteur est plus élevé. On verra un peu plus loin avec quels dispositifs ces phénomènes peuvent être observés.

On peut, du reste, se rendre compte sans aucun calcul, de la raison pour laquelle les franges ont cet aspect particulier : si $\delta = K\lambda$, toutes les ondes sont concordantes, et il y a maximum. Mais pour peu que δ s'écarte de cette valeur, parmi toutes les ondes qui se superposent, il s'en trouve qui sont en discordance avec la première, et dont l'intensité n'est pas négligeable, parce que le pouvoir réflecteur est élevé ; elles affaiblissent considérablement l'intensité résultante. On trouvera quelque chose d'analogue dans la théorie des réseaux.

Quant aux franges par réflexion, elles sont exactement complémentaires des

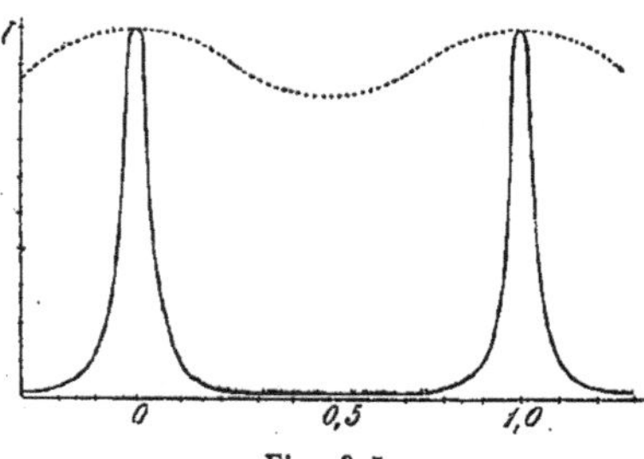
Fig. 395

précédentes s'il n'y a aucun milieu absorbant ; lorsque le pouvoir réflecteur est élevé, elles se présentent comme des lignes noires très fines tracées sur un fond uniformément éclairé. S'il existe des phénomènes d'absorption, si par exemple les surfaces qui limitent la lame sont argentées, les franges transmises et réfléchies ne sont plus complémentaires ; le premier rayon s'est réfléchi sur la face externe de la première surface, tandis que les autres se sont réfléchis sur la surface interne, et comme il n'existe plus aucune relation simple entre les changements de phase auxquels donnent lieu ces deux réflexions, il en résulte des phénomènes assez compliqués, dont on dira quelques mots à propos des franges de HAMY.

14. Diverses circonstances dans lesquelles on peut observer les franges produites par des lames à pouvoir réflecteur élevé. —
On va passer en revue les diverses méthodes pour obtenir des lames à pouvoir réflecteur élevé.

1° FRANGES AU VOISINAGE DE LA RÉFLEXION TOTALE (FRANGES DE HERSCHEL). — Deux prismes à réflexion totale sont accolés par leurs faces hypoténuses, en laissant entre elles une petite couche d'air, d'épaisseur uniforme. En regardant à travers ce système (la lumière entrant par une face de l'angle droit de l'un des prismes et sortant par la face, parallèle à celle-ci, de l'autre), on peut observer les franges produites par transmission dans la lame d'air comprise entre les deux prismes ; elles sont évidemment localisées à l'infini. Le pouvoir réflecteur étant alors très élevé, à cause du voisinage de la réflexion totale, les franges se présentent sous forme de lignes brillantes très fines, comme l'a remarqué FABRY. On peut aussi observer par réflexion, et alors les franges se présentent comme des lignes sombres fines.

Si la lame d'air comprise entre les deux faces n'est pas d'épaisseur uniforme, on peut observer les lignes d'égale épaisseur en se servant de lumière parallèle ; elles ont encore le même aspect. Toutefois, lorsqu'on approche très près de la réflexion totale, le phénomène se complique : chaque frange paraît se séparer en plusieurs autres, d'intensités inégales. Ces apparences curieuses, observées sans explication par Jamin, ont été expliquées par Macé de Lépinay. Elles tiennent à ce que, dans la lame mince, les réflexions se font sous une incidence extrêmement oblique ; par suite, les réflexions successives se font dans des régions où les épaisseurs ne sont pas les mêmes, et les différences de marche successives ne sont plus en progression arithmétique, ce qui empêche les formules trouvées plus haut d'être valables. Cela n'a évidemment pas lieu dans le cas de franges à l'infini, puisque l'épaisseur est uniforme.

2° Franges de Lummer. — On opère encore au voisinage de la réflexion totale, avec une lame à faces parallèles. Le dispositif employé est représenté par la figure 396. Le nombre des ondes interférentes ne peut pas être infini, ce qui modifie un peu les formules indiquées plus haut, mais le résultat est peu différent.

La grande difficulté, dans cette expérience, provient de ce que la lame de verre PQ doit avoir ses faces rigoureusement planes et parallèles ; si cette con-

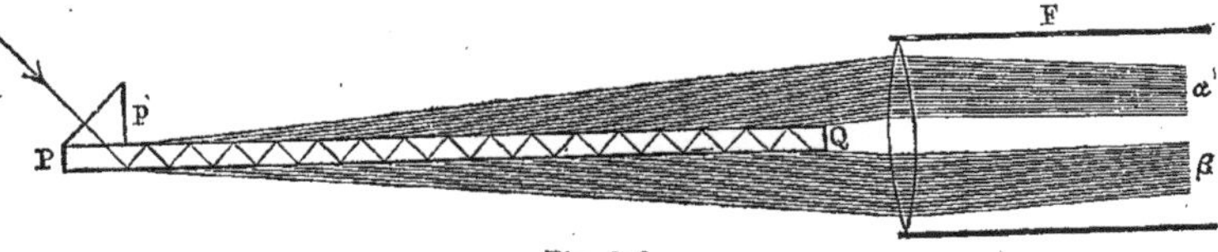

Fig. 396

dition n'est pas exactement remplie, il se produit des phénomènes analogues à ceux qui ont été expliqués par Macé de Lépinay (voir plus haut).

3° Franges des lames argentées par transmission (Perot et Fabry). — On peut donner à une lame de verre un pouvoir réflecteur élevé, en la recouvrant d'une couche d'argent assez mince pour qu'elle laisse passer encore une proportion sensible de lumière. Une lame dont les faces sont ainsi constituées donne par transmission, d'une manière remarquablement nette, les phénomènes dont il est question. Ces franges peuvent être observées comme des franges de lames ordinaires : si son épaisseur n'est pas trop grande, et variable d'un point à un autre, on peut observer les courbes d'égale épaisseur ; le mieux est d'opérer sous l'incidence normale, et il suffit, si la lame a une faible épaisseur, d'employer un faisceau de lumière grossièrement parallèle. Lorsqu'on veut observer des franges d'ordre élevé, il est préférable d'observer les courbes d'égale inclinaison (franges à l'infini), en se servant d'une lame à faces planes et parallèles. On observe au voisinage de l'incidence normale, et les franges se présentent sous forme d'anneaux concentriques (voir § 12), qui sont ici des lignes brillantes très fines sur un fond sombre. La lame peut être une lame de verre à faces planes et parallèles dont les deux faces sont argentées, ou mieux une lame d'air, comprise entre deux surfaces planes, que l'on règle au parallélisme. Perot et Fabry emploient un appareil appelé *interféro-*

mètre qui permet de régler le parallélisme exact des deux surfaces, et de les amener à telle distance que l'on veut. Lorsque, au contraire, cette distance doit rester invariable, ils emploient l'appareil représenté figure 397, qui permet seulement de régler le parallélisme, en agissant sur les vis V, ce qui, en faisant varier la pression exercée par les ressorts, déforme très légèrement les pièces d'acier ou d'invar sur lesquelles les glaces sont appuyées.

4° FRANGES DE LAMES ARGENTÉES PAR RÉFLEXION (HAMY). — La lame est comprise entre une surface postérieure recouverte d'une couche épaisse d'argent, pour lui donner un pouvoir réflecteur élevé, et une surface antérieure faiblement argentée, de manière à lui laisser une certaine transparence. Les phénomènes sont moins simples que dans le cas des franges par transmission, pour la raison indiquée plus haut. Lorsque l'argenture de la surface antérieure est

Fig. 397

très mince, telle que son pouvoir réflecteur soit d'environ 0,3, on obtient des franges assez semblables à des franges produites par une lame d'air entre deux lames de verre. Avec un pouvoir réflecteur 0,5, les minima deviennent très étroits, comme pour les franges par transmission de PEROT et FABRY ; avec un pouvoir réflecteur très élevé, voisin de 0,9, on obtient au contraire des franges où les minima sont noirs et très déliés sur fond brillant presque uniforme. Pour d'autres valeurs du pouvoir réflecteur, les aspects peuvent être plus complexes : la distribution de la lumière n'est pas symétrique par rapport au maximum, et, par exemple, un maximum peut être presque accolé au minimum suivant, et séparé du minimum précédent par un espace à intensité constante.

Comme pour les franges par transmission, on peut observer soit les courbes d'égale épaisseur (HAMY emploie le dispositif de FIZEAU, pour avoir de la lumière parallèle sous l'incidence normale), soit des anneaux à l'infini, en amenant au parallélisme les deux surfaces planes qui limitent la lame.

15. Phénomènes produits par la succession de plusieurs lames. — Lorsque plusieurs lames sont placées les unes à la suite des autres, et qu'elles agissent sur un faisceau lumineux, soit par transmission, soit par

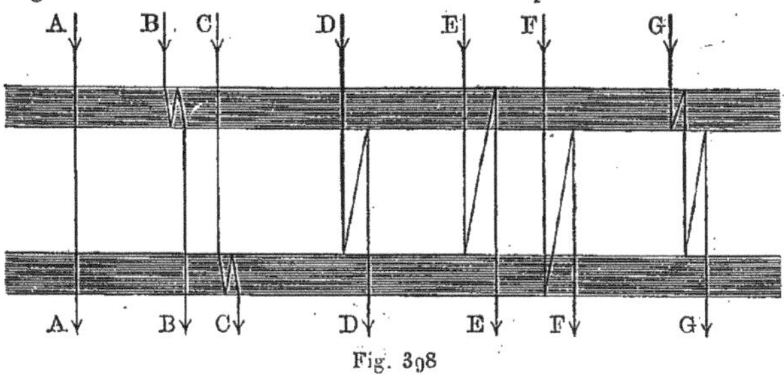

Fig. 398

réflexion, la lumière peut suivre un grand nombre de chemins différents. Parmi ces différents rayons, il peut s'en trouver qui présentent de faibles différences de marche, même lorsque les lames sont épaisses. La figure 398 donne quelques exemples des chemins possibles dans le cas de deux lames consécutives par transmission. Si les épaisseurs des deux lames sont peu différentes, on observera facilement l'interférence des rayons B et C, ou encore celle des rayons E et F.

Les premiers phénomènes de cette espèce ont été décrits par BREWSTER en 1815. Depuis, un grand nombre d'appareils interférentiels ont été décrits, qui utilisent des phénomènes du même genre. Selon les cas, on peut observer des courbes d'égale épaisseur (ou d'égales différences d'épaisseur), ou des courbes d'égale inclinaison localisées à l'infini.

Comme exemple de ces dernières, on va décrire l'appareil imaginé par JAMIN, appareil dont il a été fait de nombreuses applications. Deux plaques de verre épaisses, M et M' (*fig.* 399), chacune à faces parallèles, et de même épaisseur, ont leurs faces postérieures A' et C argentées. Plaçons-les parallèlement l'une à l'autre. Le rayon SA qui tombe sur la première lame peut suivre les deux chemins suivants : SABCC'O et SAA'B'C'O. Les chemins suivis par les deux rayons sont égaux, et leur différence de marche est nulle. Mais si l'on fait tourner légèrement l'une des lames, il n'en est plus de même : un point de la source envoie toujours deux rayons à un point quelconque de l'espace, mais ils présentent une différence de marche. Il est visible que si l'on examine le phénomène dans une lunette visant à l'infini, la différence de marche ne dépend que de la direction des rayons qui interfèrent, et que par suite on se trouve dans les conditions de localisation à l'infini ; la source peut avoir une position quelconque, et il est inutile de la limiter par une fente.

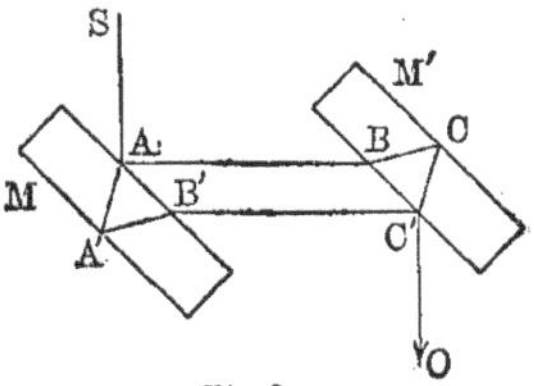

Fig. 399

Pour déterminer complètement la position des franges dans chaque cas, il faudrait calculer la différence de marche en fonction des deux angles qui définissent l'orientation d'un rayon par rapport à ceux-ci. On se bornera à indiquer les propriétés qui résultent de ce calcul. Si l'on oblique l'une des lames en la faisant tourner autour d'une droite située dans son plan et dans le plan de la figure, on rend les franges de plus en plus serrées. En la faisant tourner autour d'une droite normale au plan de la figure, on déplace tout le système de franges, de manière à faire apparaître en un même point du champ successivement des franges d'ordre de plus en plus élevé. Pour une position convenable, facile à trouver par tâtonnement, on voit au milieu du champ un système de franges en lumière blanche ; la frange centrale est une frange blanche. Enfin, si l'on amène progressivement les deux miroirs au parallélisme, les franges s'élargissent de plus en plus, et l'on tend vers un éclairement uniforme.

L'ensemble de l'appareil employé par JAMIN est représenté figure 400. PB et CD sont les deux lames de verre. On peut les placer à telle distance que

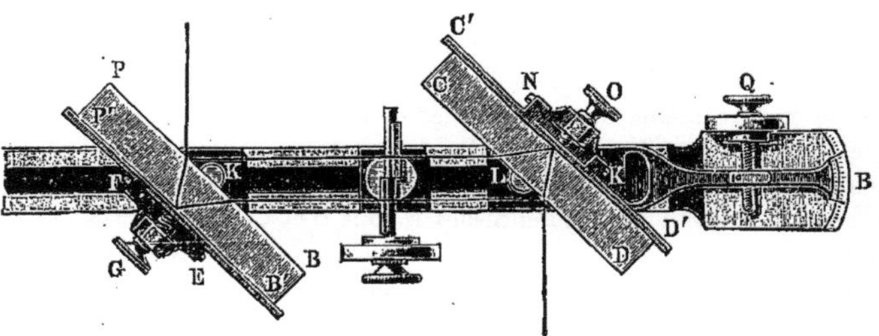

Fig. 400

l'on veut, en faisant glisser l'une d'elles le long d'une coulisse. (Cette distance n'intervient pas dans le phénomène). L'autre lame peut recevoir deux mouvements de rotation autour de deux axes, l'un vertical, l'autre horizontal situé dans son plan.

Dans l'appareil de JAMIN, les deux faisceaux qui interfèrent, AB et B′C′ (*fig.* 399) sont séparés sur une grande partie de leur trajet. Cela permet de leur faire traverser des milieux différents, ce qui est utile pour l'étude des indices de réfraction (voir § 26). Si une modification se produit dans les propriétés du milieu que traverse l'un des faisceaux, on en sera immédiatement averti par un déplacement des franges. Pour mesurer le déplacement des franges, JAMIN s'est servi d'un *compensateur*, qui permet d'introduire entre les deux faisceaux une différence de marche croissante à volonté, et par suite de ramener les franges à leur position primitive lorsqu'elles ont été déplacées par un phénomène quelconque. Le compensateur de JAMIN est représenté par la figure 401 : sa partie essentielle est constituée par deux plaques de verre planes et à faces parallèles AB et CD, de même épaisseur, fixées par une arête commune sur le même axe D, et faisant entre elles un petit angle constant. L'angle de rotation de l'axe D peut être mesuré au moyen d'un cercle divisé EF et d'un vernier G. Le compensateur est placé entre les lames de l'appareil interférentiel, de telle façon que chacune des lames A, C, soit traversée par un des faisceaux interférents. Si la position de ces lames est telle qu'elles soient également inclinées sur les rayons (ceux-ci étant alors perpendiculaires au plan bissecteur de l'angle des deux lames), les trajets des deux faisceaux dans les deux lames sont égaux, et le compensateur n'introduit aucune différence de marche ; mais si l'on tourne un peu l'axe D, cette égalité d'inclinaison n'existe plus, et il se produit une différence de marche qui déplace les franges. Pour de petites rotations, on peut admettre que la différence de marche ainsi introduite est proportionnelle à la rotation. Le compensateur doit être d'avance *taré*, c'est-à-dire que l'on doit déterminer le retard produit par une rotation connue du compensateur.

On décrira au paragraphe suivant d'autres appareils qui permettent aussi de faire interférer des faisceaux qui ont suivi des chemins différents.

Les phénomènes produits par la succession de plusieurs lames sont faciles à observer au moyen des lames à faces argentées (voir page 605). Ces phénomènes ont été étudiés par Fabry et Perot sous le nom de *franges de superposition* ; ils en ont fait de nombreuses applications. Soient d'abord deux lames de faible épaisseur ; ces deux lames sont placées l'une à la suite de l'autre, et une lentille projette sur la seconde l'image de la première. Un faisceau de lumière blanche traverse l'ensemble sous l'incidence normale. On observe le phénomène en visant dans le plan de la seconde lame. A chaque point de ce plan correspond ainsi un point de la seconde lame, et aussi un point de la première. Si les deux lames sont d'épaisseurs peu diffé-rentes, on voit apparaître un système de franges

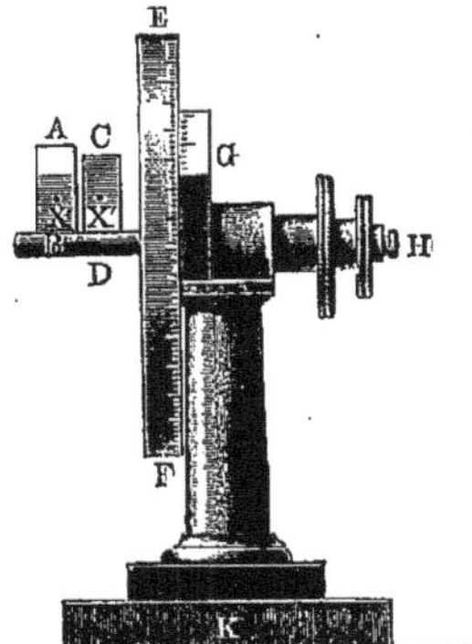

Fig. 401

(à centre blanc); la frange centrale dessine le lieu des points tels que les deux épaisseurs soient égales. On voit également apparaître des franges toutes les fois que les deux épaisseurs sont dans un rapport simple, par exemple lorsque l'une des épaisseurs est double, triple, etc. de l'autre, ou encore lorsque le rapport des épaisseurs est $\frac{2}{3}$, $\frac{3}{4}$, etc.

Lorsque les épaisseurs sont grandes, il est préférable d'employer des lames à faces parallèles, et d'observer le phénomène localisé à l'infini. Les deux lames (dont chacune est à faces parallèles) sont placées à la suite l'une de l'autre, mais faisant l'une avec l'autre un petit angle. Un faisceau de lumière blanche traverse cet ensemble, et on observe avec une lunette visant à l'infini. On voit apparaître un système de franges toutes les fois que les deux épaisseurs sont égales, ou qu'elles sont dans un rapport simple.

Les franges de superposition donnent un moyen très précis pour constater que deux épaisseurs sont égales, ou encore pour constater qu'une épaisseur est également double, triple, etc. d'une autre. On indiquera plus loin diverses applications de ces phénomènes à la solution de divers problèmes de métrologie.

Plus généralement, on obtient des franges en lumière blanche toutes les fois que la lumière traverse successivement deux appareils interférentiels donnant la même différence de marche. C'est ainsi que Mesnager a obtenu des phénomènes de ce genre en faisant traverser successivement à un faisceau de lumière une lame à faces argentées et une lame de quartz entre un polariseur et un analyseur.

16. Autres exemples de franges localisées à l'infini ; appareils de Michelson et Morley ; appareil de Mach. — On peut varier indéfiniment les combinaisons de lames et de miroirs destinées à produire des phénomènes d'interférence. On n'essaiera pas de décrire toutes celles qui ont été proposées ; on en indiquera seulement deux qui ont un intérêt particulier.

L'appareil de Michelson et Morley, qui a servi à des applications de très grande importance (voir §§ **19** et **23**) présente cette particularité que les trajets des deux faisceaux sont complètement distincts dans une grande partie de leur course, et que la différence de marche peut recevoir toutes les valeurs que l'on désire, dans un sens ou dans l'autre. Il est représenté schématiquement figure 402. γ_1 et γ_2 sont deux lames de verre, à faces planes et parallèles,

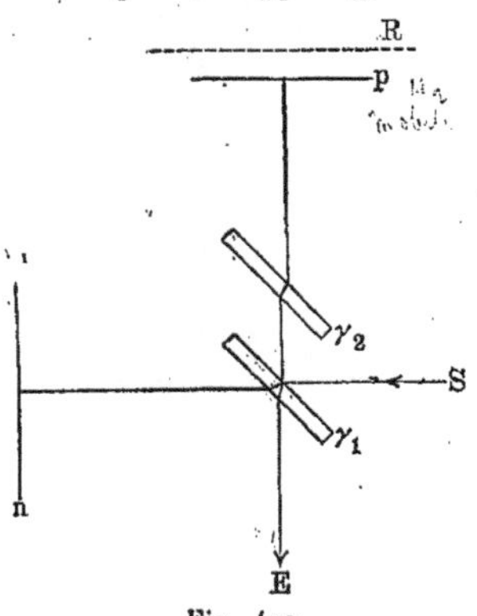

Fig. 402

de même épaisseur. Le rayon incident S est en partie réfléchi par γ_1, traverse γ_2, est réfléchi par p, et parvient dans la lunette d'observation en suivant la direction E. Une autre partie du rayon traverse γ_1, se réfléchit sur le miroir n, puis de nouveau sur γ_1, et prend finalement la même direction E. Prenons le symétrique de n par rapport à γ_1 ; soit R le plan ainsi obtenu, que Michelson appelle *plan de référence*. Le second rayon est dans les mêmes conditions que s'il s'était réfléchi sur γ_1 et sur R. Le phénomène est donc le même que celui qui serait produit par une simple lame d'air limitée par les surfaces planes R et p. On règle l'appareil de telle manière que ces

deux plans soient parallèles : on voit alors, dans une lunette visant à l'infini placée à la suite du faisceau E les anneaux d'égale inclinaison (voir § **12**) produits par cette lame. En déplaçant le plan p parallèlement à lui-même, on peut faire varier l'épaisseur de cette lame, et par suite l'ordre d'interférence des anneaux que l'on observe. Lorsque la distance de ces deux plans est faible, et qu'au lieu d'être exactement parallèles ils font un petit angle, on peut observer les franges d'égale épaisseur de cette lame (elles sont alors localisées dans le plan de cette lame) ; les franges ont alors la forme de lignes droites parallèles et équidistantes, puisque la lame est limitée par des faces planes (voir page 598). Lorsque les deux plans p et R se coupent, on a un système de franges visibles

(¹) Cette figure est inexacte. R étant le symétrique de n par rapport à γ_1, est placé beaucoup trop haut (Note du Traducteur).

en lumière blanche ; la frange centrale blanche est suivant l'intersection des deux plans. Enfin, toujours dans le cas où l'on observe ces lignes d'égale épaisseur, si l'on ramène les surfaces au parallélisme, on obtient une teinte

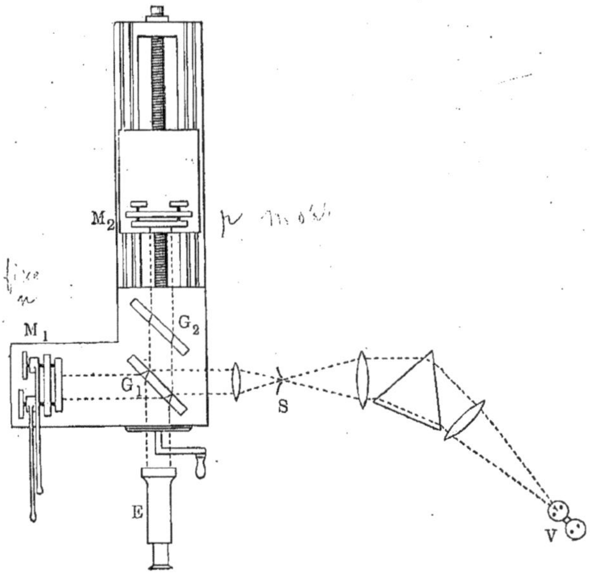

Fig. 403

uniforme. La lame γ_2 peut servir de *compensateur* : en la faisant tourner de petites quantités autour d'un axe normal au plan de la figure, on fait varier la différence de marche des deux rayons qui interfèrent ; les franges se déplacent de petites quantités, proportionnelles aux rotations.

L'appareil est représenté en plan par la figure 403. V est la source de lumière ; si elle donne plusieurs radiations simples, on les sépare d'abord au moyen d'un appareil dispersif ; une seule de ces radiations passe à travers l'ouverture S, et sert à éclairer l'appareil. Le miroir n de la figure 402 est représenté ici en M_1, tandis que le miroir p est en M_2. Le premier est fixe, tandis que le second peut se déplacer parallèlement à lui-même, le long d'une glissière parfaitement travaillée, au moyen d'une vis. Les réglages en orientation doivent être faits avec une grande précision ; on obtient les petits déplacements nécessaires

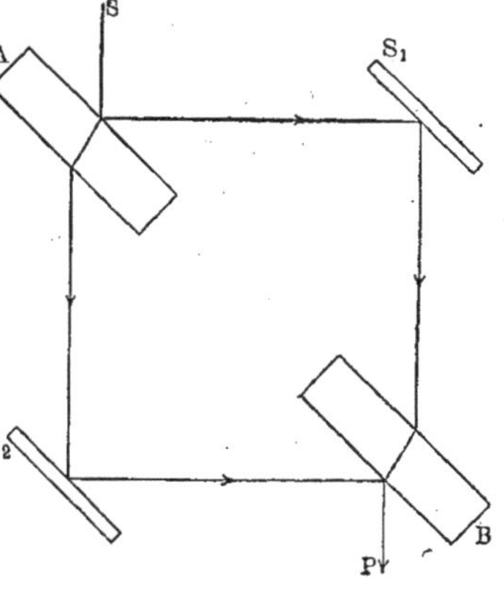

Fig. 404

pour cela par flexion de pièces métalliques au moyen de ressorts que l'on tend
plus ou moins ; on peut ainsi obtenir des déplacements extrêmement faibles.
La lunette d'observation est en E. Elle doit viser à l'infini quand on observe
les anneaux d'égale inclinaison, et le plan M_2 quand on observe les franges
rectilignes d'égale épaisseur. On indiquera plus loin diverses applications importantes de cet appareil.

L'appareil de MACH est représenté schématiquement par la figure 404, qui
indique suffisamment la marche des deux rayons qui interfèrent. On voit que
les trajets de ces rayons sont complètement distincts, ce qui peut être utile
pour certaines applications (voir § **26**).

17. Franges de lames mixtes d'Young. — Si entre deux lames de
verre se trouve une couche mince d'un mélange de deux substances, par
exemple de l'eau remplie de bulles d'air, du blanc d'œuf battu, ou un mélange
d'huile et d'eau, il se forme dans la lumière blanche transmise des franges
colorées, qui dessinent les courbes d'égale épaisseur de la couche mince, mais
qui sont beaucoup moins serrées que celles que l'on obtiendrait si la lame
mince était homogène. Ces couleurs sont dues à l'interférence des rayons qui
ont traversé l'une des substances avec ceux qui ont traversé l'autre.

Il faut remarquer toutefois que ces deux espèces de rayons, partis d'un
même point de la source (ce qui est nécessaire pour l'interférence) ne peuvent
se superposer que par diffraction ; une théorie plus complète, en tenant
compte de ce fait, a été donnée par FABRY.

**18. Analyse spectrale des interférences ; spectre cannelé (Fizeau
et Foucault).** — Lorsqu'on se sert de lumière blanche pour produire un
phénomène d'interférence, on n'obtient en général qu'un très petit nombre
de franges, de part et d'autre de la frange d'ordre zéro. Les franges apparaissent, même avec de grandes différences de marche, si l'on analyse au
spectroscope la lumière qui a traversé l'appareil interférentiel. Supposons que
la différence de marche soit la même pour toutes les radiations, et par suite
indépendante de la longueur d'onde λ. Toutes les radiations dont la longueur
d'onde satisfait à la relation $\delta = K\lambda + \dfrac{\lambda}{2}$, K étant un entier, sont absentes
dans la lumière qui a traversé l'appareil interférentiel, tandis que celles pour
lesquelles

$$(17) \qquad\qquad \delta = K\lambda$$

sont maxima. Si donc on analyse la lumière au spectroscope, le spectre sera
sillonné de bandes alternativement sombres et brillantes ; les longueurs d'onde
de ces dernières sont données par l'équation (17). Les bandes sont d'autant plus
serrées que la différence de marche δ est plus grande, car, l'ordre d'interférence
pour la radiation λ étant $\dfrac{\delta}{\lambda}$, le nombre de franges comprises entre deux radia-
tions λ et λ' est égal à $\delta\left(\dfrac{1}{\lambda} - \dfrac{1}{\lambda'}\right)$; il croît proportionnellement à δ.

Si l'on fait croître progressivement δ, les franges se déplacent du violet vers le rouge : la bande brillante d'ordre K a, en effet, pour longueur d'onde $\frac{\delta}{K}$; cette longueur d'onde va en croissant à mesure que δ augmente. Donc, à mesure que l'on augmente δ, toutes les franges se déplacent du vio-

let vers le rouge, mais le nombre de celles qui entrent par l'extrémité violette est plus grand que le nombre de celles qui sortent du côté rouge, et les franges se serrent de plus en plus.

Il faut, naturellement, placer la fente du spectroscope dans une région de l'espace où les franges, en lumière monochromatique, viendraient se peindre avec netteté. Si les franges sont localisées, il faut en projeter l'image sur la fente. Si la fente du spectroscope est orientée parallèlement aux franges que l'on obtiendrait en lumière monochromatique, la valeur de δ est la même en tous ses points, et les franges dans le spectre sont parallèles aux lignes spectrales. Si la fente a une autre direction, les franges sont obliques dans le spectre.

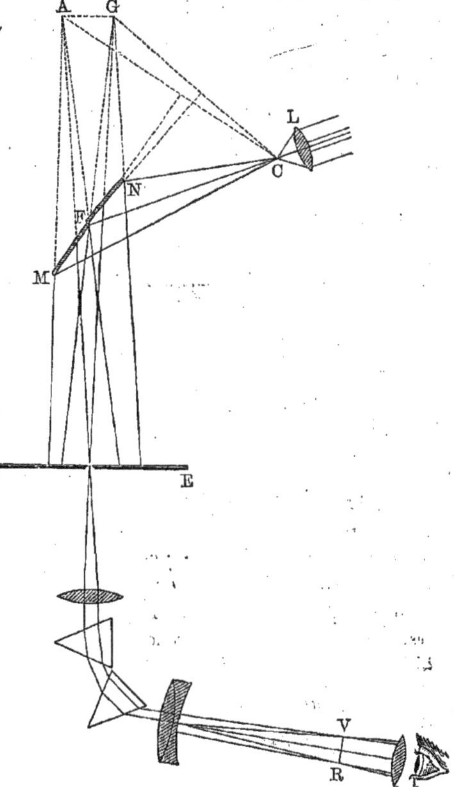

Fig. 4o5

Tous les appareils interférentiels peuvent servir à observer ces franges. La figure 4o5 représente le dispositif employé par FIZEAU et FOUCAULT dans le cas des miroirs de FRESNEL : M et N sont les deux miroirs, éclairés par la fente C, sur laquelle on concentre la lumière solaire. La fente du spectroscope est en E. Pour accroître progressivement la différence de marche, il suffit de déplacer l'un des miroirs parallèlement à lui-même (voir § **6**).

En employant un spectre cannelé, on peut observer des interférences avec de très grandes différences de marche; il n'y a d'autre limite que celle qui provient du pouvoir de séparation du spectroscope ; il arrive un moment où les franges sont trop serrées pour être distinguées. On calculera facilement, dans chaque cas, la limite jusqu'à laquelle on peut augmenter la différence de marche.

Comme cas particulier de spectre cannelé, il faut citer les franges de TALBOT. On produit, avec un spectroscope, un spectre continu (le spectre de la lumière solaire par exemple), et, dans le trajet du faisceau, on interpose une lame transparente à faces parallèles, de telle manière qu'elle ne soit traversée que par la moitié du faisceau. Il y a alors interférence entre les rayons qui ont traversé la lame et ceux qui ont passé à côté. Si n est l'indice de la lame, e son épaisseur, le chemin optique à travers la lame est ne, et ce chemin remplace une longueur égale d'air, dont la valeur optique est e. La différence de marche entre les deux rayons est donc $(n - 1)e$. Les franges sont d'autant plus serrées que l'épaisseur de la lame est plus grande.

Toutefois, le phénomène (comme celui des lames mixtes, dont les franges de TALBOT sont un cas particulier) se complique de phénomènes de diffraction, qui en rendent la théorie complète assez compliquée. La lame peut être placée soit contre la pupille, de manière à n'en couvrir que la moitié ; il faut alors la placer sur la moitié opposée à l'arête du prisme ; soit entre la lunette et le collimateur du spectroscope (avant ou après le prisme), et alors il faut la placer du côté de l'arête du prisme. Ces particularités, signalées par BREWSTER et par STOKES, ont été complètement expliquées, en tenant compte de la diffraction, par AIRY ; une théorie simple en a été donnée par SCHUSTER.

D'ailleurs, ces particularités ne changent rien à la position des franges, qui sont toujours à la place que l'on peut calculer en partant de la valeur de la différence de marche $\delta = (n - 1)e$.

19. Influence de la composition de la lumière sur les interférences. Applications à la spectroscopie. — Si la lumière qui traverse un appareil interférentiel était rigoureusement monochromatique (c'est-à-dire si elle correspondait à un mouvement périodique se prolongeant indéfiniment sans aucune perturbation), les interférences seraient toujours parfaitement nettes, quelle que soit la différence de marche, pourvu que les conditions de visibilité (voir § 8) soient toujours respectées. Mais une pareille source de lumière n'est qu'une conception de l'esprit, dont les phénomènes réels donnent seulement une image plus ou moins approchée. Dans les sources de lumière dont nous disposons réellement, tout se passe comme si la source de lumière émettait une infinité de radiations simples, qu'un spectroscope suffisamment puissant permet de séparer ; toute source de lumière donne des raies de largeur plus ou moins grande, mais finie. Si l'on se sert d'une pareille source de lumière pour produire un phénomène d'interférence, on peut regarder chaque radiation simple dont se compose la lumière employée comme donnant son système de franges, et le phénomène complet sera la superposition pure et simple de tous les phénomènes élémentaires ainsi produits. Comme on suppose très peu distantes dans le spectre les radiations simples qui forment la source de lumière (en d'autres termes, comme son spectre est compris dans une région très étroite), l'impression de couleur produite par ces diverses radiations simples est la même, et l'intensité en chaque point sera la somme des intensités qui seraient produites par chacune d'elles.

Prenons d'abord le cas d'interférences dans lesquelles n'interviennent que deux ondes (ce qui est le cas le plus ordinaire), et supposons-les de même intensité ; en lumière parfaitement simple, on aurait toujours des minima noirs, et la courbe de lumière en fonction de la différence de marche est une sinusoïde. Les diverses radiations simples donnent des courbes analogues, de périodes extrêmement peu différentes, puisque les longueurs d'onde diffèrent très peu ; la courbe qui représente l'intensité totale en fonction de δ s'obtiendra en faisant la somme des ordonnées qui correspondent à ces diverses radiations simples ; on voit facilement que, sur une étendue restreinte (par exemple sur les quelques franges que l'on peut voir à la fois), la courbe résultante est encore une sinusoïde, mais dont les minima, en général, ne sont pas nuls. L'aspect des franges est donc toujours le même, mais leur *visibilité* (voir § 3) devient inférieure à l'unité. On peut étudier expérimentalement la manière dont varie la visibilité lorsqu'on fait croître la différence de marche, et tracer la courbe de visibilité (V en fonction de δ).

Examinons quelques cas particuliers.

Source formée de deux radiations monochromatiques voisines (double raie). — Chacune donne son système de franges. Lorsque δ est petit, les franges des deux espèces coïncident, et la netteté est parfaite (V = 1). Mais dès que δ augmente, les deux systèmes de franges se séparent, et la visibilité diminue. Il arrive un moment où les maxima de l'une des radiations coïncident avec les minima de l'autre. Si les deux radiations ont même intensité, les franges disparaissent alors complètement (V = o). δ continuant à augmenter, les franges reparaissent, et elles ont repris toute leur netteté (V = 1) lorsque les maxima des deux systèmes coïncident de nouveau, avec un déplacement d'une frange, la p^{me} frange de l'un des systèmes coïncidant avec la $(p + 1)^{me}$ de l'autre. Comme les ordres d'interférence sont respectivement $\frac{\delta}{\lambda}$ et $\frac{\delta}{\lambda'}$ en appelant λ et λ' les deux longueurs d'onde, cela arrivera lorsque $\frac{\delta}{\lambda} = \frac{\delta}{\lambda'} + 1$, et par suite

$$\delta = \frac{\lambda\lambda'}{\lambda' - \lambda} \qquad \text{ou} \qquad p = \frac{\lambda'}{\lambda' - \lambda}.$$

Cette valeur de l'ordre d'interférence peut s'appeler la *période*. En continuant à faire croître δ, les franges se troublent de nouveau puis disparaissent, reparaissent ensuite, et reprennent toute leur netteté lorsque l'ordre d'interférence devient égal au double de la période, et ainsi de suite. Les choses se continueraient ainsi indéfiniment si les radiations λ et λ' étaient parfaitement simples : il n'en est pas ainsi en réalité, et dans les apparitions successives, les franges deviennent de moins en moins nettes; elles finissent par disparaître complètement.

Ces phénomènes ont été découverts par Fizeau, au moyen de la double raie du sodium. Les flammes contenant un sel de sodium donnent une lumière jaune formée de deux radiations voisines, dont les longueurs d'onde sont $o^{\mu},5889965$ et $o^{\mu},5895922$. Il en résulte, pour les périodes, la valeur 980 environ. Fizeau observait les lignes d'égale épaisseur d'une lame d'air, en se servant du dispositif décrit page 613. On pouvait faire croître lentement l'épaisseur de cette lame (et par suite l'ordre d'interférence) en déplaçant au moyen d'une vis l'une des surfaces entre lesquelles la lame est comprise. Fizeau observa jusqu'à 52 apparitions successives, ce qui correspond à un ordre d'interférence de 50 000 environ. Au delà les franges n'étaient plus visibles.

Cas d'une raie simple de largeur finie. — Dans ce cas, la visibilité diminue à mesure que la différence de marche augmente, suivant une loi qui dépend de la loi de répartition de la lumière dans la petite bande étroite qui constitue le spectre de la source de lumière. Dans tous les cas, cette décroissance est d'autant plus lente que cette bande est plus étroite ; l'observation de franges avec de grandes différences de marche exige l'emploi de radiations dont le spectre se réduit à une ligne extrêmement fine. C'est la largeur finie des lignes spectrales qui limite les différences de marche que l'on peut employer dans les expériences d'interférence. Donnons quelques indications à ce sujet.

Le moyen ordinairement employé pour obtenir une lumière monochromatique consiste à prendre comme source de lumière un gaz rendu lumineux (flamme, arc électrique, gaz raréfié traversé par un courant électrique). On sait que ces sources de lumière, analysées au spectroscope, donnent un spectre discontinu, c'est-à-dire formé d'un nombre plus ou moins grand de lignes distinctes. On commencera par séparer une de ces lignes, ce qui est facile, en projetant un spectre de la source et interceptant toute la lumière à l'exception de celle de l'une des raies ; c'est la lumière ainsi obtenue que l'on prendra pour produire des interférences. Or chacune de ces raies a une largeur, parfois très faible, parfois même impossible à mettre en évidence avec les appareils spectroscopiques ordinaires, mais toujours finie. D'où l'existence, dans chaque cas, d'une limite d'interférence.

En employant les radiations émises par une flamme contenant un sel (sodium, lithium, thallium), Fizeau constata qu'il était impossible d'obtenir des franges dont l'ordre dépasse quelques dizaines de mille. Michelson et Morley reprirent l'étude des diverses sources lumineuses, et constatèrent que pour obtenir des interférences avec de très grandes différences de marche, il fallait employer un gaz à faible pression, autant que possible à basse température, et de poids moléculaire élevé. Ces conditions sont remplies en prenant une vapeur métallique, dans un tube dans lequel on a fait le vide, et que l'on fait traverser par un courant électrique. Avec les vapeurs de certains métaux on peut obtenir des interférences d'ordre fort élevé. La vapeur de cadmium donne une raie rouge, une raie verte ou une raie bleue, avec lesquelles on peut observer des interférences dont l'ordre peut atteindre 400 000 environ. La vapeur de mercure donne des raies encore plus fines : avec la raie verte elle a permis à Michelson d'obtenir des interférences avec des différences de marche atteignant 730 000 longueurs d'onde, et à Perot et Fabry jusqu'à 790 000 longueurs d'onde, ce qui correspond à une différence de marche de 43 centimètres. Ce sont les chiffres les plus élevés qui aient été atteints.

Il n'en est pas moins vrai que, pour chaque cas, il existe une limite au-delà de laquelle les interférences disparaissent complètement. De la connaissance de cette limite on peut déduire une indication sur la largeur de la raie : si p désigne le numéro d'ordre maximum que l'on puisse obtenir, si λ et λ' sont les longueurs d'onde très peu différentes des deux bords de la raie, le rapport $\dfrac{\lambda - \lambda'}{\lambda}$ est du même ordre de grandeur que $\dfrac{1}{p}$. Pour la raie verte du mercure, ce rapport est donc voisin de $\dfrac{1}{800\,000}$; cette raie a donc comme largeur environ $\dfrac{1}{800}$ de la distance des deux raies jaunes du sodium.

La largeur finie des raies données par les gaz à faible pression paraît tenir, au moins en grande partie, au mouvement d'agitation des molécules, conformément à la théorie cinétique des gaz : si l'on suppose une molécule lumineuse en mouvement, en vertu du principe de Doppler-Fizeau (voir page 298), la longueur d'onde de la lumière sera altérée, et comme les molécules ont des mouvements dirigés dans tous les sens, la raie prendra de ce fait une largeur finie. Michelson a calculé, dans chaque cas, la largeur que doit avoir la raie d'après les vitesses indiquées par la théorie cinétique. Il est très remarquable que les largeurs ainsi calculées coïncident assez bien avec celles que l'on observe. C'est, semble-t-il, le seul cas où les vitesses des molécules gazeuses interviennent directement par leurs grandeurs, et non par leur force vive ou quelque autre élément mécanique. On s'explique, d'après ce qui précède, que ce soient les gaz lourds, et à basse température, qui donnent des raies fines, puisque c'est dans ces conditions que les vitesses des molécules sont les plus faibles.

L'emploi de sources de lumière aussi monochromatiques que possible est important dans un grand nombre d'expériences d'optique. Le tube à vapeur métallique de Michelson constitue, à ce point de vue, ce qu'il y a de plus parfait, mais son emploi n'est pas toujours très commode. Dans beaucoup de cas, on se contente de la lumière émise par une flamme contenant un sel de soude. On obtient de bien meilleurs résultats au moyen de l'arc au mercure dans le vide, découvert par Arons, et dont l'emploi en optique a été préconisé par Fabry et Perot. Depuis, cette source de lumière est devenue industrielle (lampe Cooper-Hewitt) ; Fabry et Buisson ont montré que cette forme est également d'un emploi très avantageux. La lumière de l'arc au mercure comprend, dans le spectre visible, une double raie jaune, une verte très brillante, et une violette. Il est facile d'isoler chacune d'elles au moyen de milieux absorbants convenables. La raie verte donne des interférences jusqu'à des différences de marche d'environ 400 000 longueurs d'onde.

Cas des raies complexes. — Si une radiation est formée de plusieurs raies très voisines, la visibilité peut varier d'une manière très compliquée en fonction de la différence de marche. Michelson a montré que, de la courbe de visibilité, on pouvait déduire certaines indications sur le nombre et la position respective de ces raies. Il a pu ainsi annoncer que la plupart des raies qu'il avait étudiées étaient complexes ; outre une raie principale prédominante, elles comprennent un certain nombre de raies plus faibles, ou satellites, parfois extrêmement voisins. Toutefois, on ne peut pas indiquer avec certitude leurs positions : à une courbe de visibilité donnée correspondent une infinité d'hypothèses possibles. On va voir que ces satellites ont pu être étudiés par d'autres procédés.

CAS DES INTERFÉRENCES A ONDES MULTIPLES. — Prenons une lame à pouvoir réflecteur élevé (voir §§ **13** et **14**). Comme on l'a vu, les franges produites en lumière monochromatique ont l'aspect de lignes très fines, séparées par de larges intervalles sombres. Si la radiation employée est formée de plusieurs radiations simples, chacune d'elles pourra donner son système de franges, et l'on verra séparément les franges produites par chacune d'elles, comme avec un réseau on voit les diverses images de la fente produites par les diverses radiations. L'appareil constitue donc un véritable spectroscope, dont le pouvoir de séparation, comme on va le voir, peut croître presque sans limite en faisant croître l'ordre d'interférence employé. Prenons, en effet, le cas où la lumière est formée seulement de deux radiations simples. Si la différence de marche est faible, les deux systèmes de franges se confondent ; ils se séparent dès que δ augmente ; la séparation s'accroît de plus en plus, lorsque δ continue à croître, et la disparition décrite dans le cas des interférences à deux ondes est remplacée par un dédoublement complet, les franges de l'un des systèmes étant intercalées entre celles de l'autre. La différence de marche continuant à augmenter, les franges tendent à se confondre de nouveau ; la recomposition est complète pour un ordre d'interférence égal à la période ; puis il y a de nouveau séparation, etc.

Admettons que l'on puisse séparer les deux systèmes de franges, lorsque l'intervalle entre deux franges de l'une et de l'autre espèce est égal à $\frac{1}{10}$ de l'intervalle de deux franges consécutives. Cela arrivera pour un ordre d'interférence égal au dixième de la période. Si on observe des franges d'ordre p, on pourra séparer deux radiations dont les longueurs d'onde diffèrent, en valeur relative, de $\frac{1}{10p}$, c'est-à-dire telles que $\frac{\lambda' - \lambda}{\lambda} = \frac{1}{10p}$. Par exemple, pour $p = 100000$, on pourra séparer deux radiations dont les longueurs d'onde diffèrent de 1 millionième, c'est-à-dire dont la distance est mille fois plus faible que celle des raies du sodium. Il est évident que l'emploi de pareils pouvoirs de séparation n'est possible, et n'a de sens, que s'il s'agit de raies très fines.

Si, au lieu de deux radiations simples, on en a plusieurs, on voit de même les franges que donne chacune d'elles, et l'on est immédiatement renseigné sur leurs positions respectives dans le spectre et leurs intensités.

Ces principes, découverts par PEROT et FABRY, peuvent être utilisés avec les diverses formes d'interférences à ondes multiples (voir § **14**), pourvu qu'elles permettent l'observation de franges d'ordre élevé.

PEROT et FABRY se sont servis pour cela de leurs franges de lames argentées par transmission, sous forme d'anneaux à l'infini, produits par une lame à faces parallèles. Ils emploient pour cela leur interféromètre. Si une raie est simple, les anneaux conservent leur forme simple, quel que soit l'écartement des surfaces argentées ; si elle est complexe, les anneaux se séparent en plusieurs composantes. Les auteurs ont pu ainsi étudier un certain nombre de raies, et compléter les résultats indiqués par Michelson. Parmi les raies les plus brillantes produites par les vapeurs métalliques à basse pression, il en est peu de simples ; la raie rouge du cadmium, comme l'avait découvert Michelson, en est un des rares exemples. Certaines raies sont très complexes, comme la raie verte du mercure qui, produite par l'arc dans le vide, montre 7 composantes.

Les franges par réflexion de Hamy peuvent donner lieu aux mêmes applications ; Hamy les a utilisées à la construction d'un séparateur d'ondes, qui permet d'isoler une raie des satellites très voisins.

Les franges de Lummer (voir § **14**) ont été aussi utilisées comme appareil spectroscopique, par Lummer et Gehrcke. Le pouvoir de séparation théorique peut être très élevé sans que l'épaisseur de la lame soit très grande, parce que le pouvoir réflecteur peut être très élevé, et que par suite un grand nombre d'ondes interviennent d'une manière utile. Une grande difficulté provient de la nécessité d'employer une lame à faces rigoureusement parallèles, tout défaut de construction donnant lieu à des aspects complexes des franges (voir page 605). Cela explique les résultats inexacts trouvés par Lummer et Gehrcke ; la constitution extraordinairement complexe qu'ils ont attribuée à toutes les raies qu'ils ont étudiées, en désaccord avec les résultats concordants donnés par toutes les autres méthodes, provient des complications qui résultent des petites imperfections dans la taille des surfaces. Il en est de même de ce résultat inexact d'après lequel la raie verte du mercure donnerait encore des interférences avec des différences de marche de plus de deux millions de longueurs d'onde. Gehrcke a indiqué une méthode, basée sur l'emploi de deux lames de Lummer, qui permet de se mettre à l'abri de ces causes d'erreur. En employant cette méthode, Gehrcke et von Baeyer ont trouvé des résultats d'accord avec ceux que donnent les autres méthodes.

20. Comparaison des longueurs d'onde. — Les méthodes interférentielles donnent le moyen le plus précis pour déterminer le rapport de deux longueurs d'onde.

Considérons un phénomène d'interférence dans lequel la différence de marche δ est indépendante de la longueur d'onde. Soient deux radiations de longueurs d'onde λ et λ'. En un même point elles donneront des interférences d'ordre p et p'. On a $p = \dfrac{\delta}{\lambda}$, $p' = \dfrac{\delta}{\lambda'}$, et par suite

$$\frac{\lambda'}{\lambda} = \frac{p}{p'}.$$

La détermination du rapport des longueurs d'onde se réduit donc à la détermination de deux ordres d'interférence. Chacun d'eux se compose d'une partie entière et d'une partie fractionnaire. La partie entière peut être déterminée sans aucune erreur, si l'on a déjà une valeur approchée des longueurs d'onde ;

les parties fractionnaires peuvent toujours être déterminées par des pointés de franges, ou au moyen d'un compensateur.

Cette méthode s'est présentée pour la première fois dans les mesures de MICHELSON ; comme il s'agit dans ces expériences de mesures absolues (comparaison avec le mètre), il en sera question plus loin.

La méthode interférentielle pour la comparaison des longueurs a été systématiquement appliquée par FABRY et PEROT, au moyen de leurs franges de lames argentées (anneaux à l'infini). On détermine la partie fractionnaire de l'ordre d'interférence par la mesure du diamètre angulaire d'un anneau. La partie fractionnaire est ainsi déterminée à quelques millièmes près.

Dans les recherches ordinaires de spectroscopie, on détermine les longueurs d'onde des radiations que l'on observe, par *interpolation* : on observe ou l'on photographie à la fois les raies que l'on veut étudier et un certain nombre de raies dont les longueurs d'onde sont connues, et qui serviront de repères. Au moyen d'une courbe, ou d'une formule d'interpolation, on peut facilement conclure, de la position des raies, leurs longueurs d'onde. Cela est applicable aussi bien aux spectroscopes à prismes qu'aux spectroscopes à réseaux ; l'interpolation est seulement un peu plus facile dans ce dernier cas, parce que la formule d'interpolation est à peu près linéaire. C'est par interpolation qu'ont été déterminées les très nombreuses valeurs des longueurs d'onde des raies qui constituent les spectres de différents corps.

De pareilles mesures nécessitent la connaissance d'un certain nombre de longueurs d'onde devant servir de repères. On doit demander à ces valeurs d'être rigoureusement exactes en valeur relative, les valeurs absolues important peu en spectroscopie. La question de la valeur absolue sera traitée plus loin (voir § **23**). Ces mesures de rapports de longueurs d'onde peuvent être faites au moyen de réseaux (voir page 266) soit par des mesures d'angle, soit par la méthode des coïncidences de ROWLAND. Depuis une vingtaine d'années, tous les spectroscopistes emploient, comme longueurs d'onde servant de repères, celles qui sont empruntées aux tables de ROWLAND. Les nombres de ROWLAND ont été déterminés sur le spectre solaire, tandis que l'on se sert ordinairement de sources artificielles pour produire le spectre de comparaison ; il y a déjà de ce fait une petite incertitude, car la longueur d'onde d'une même raie peut ne pas être la même dans tous les cas. De plus, en mesurant par leur méthode interférentielle les longueurs d'onde d'un certain nombre de raies solaires, PEROT et FABRY ont montré que les nombres de ROWLAND présentent des erreurs systématiques, qui peuvent atteindre presque le cent millième. Il y avait donc lieu de déterminer à nouveau un certain nombre de raies destinées à servir de repères fondamentaux dans toutes les mesures spectroscopiques.

HAMY a mesuré par ses méthodes 10 raies du cadmium produites par un tube vide d'air, sans électrodes.

PEROT et FABRY ont mesuré 14 raies dans le spectre visible, produites par l'arc électrique jaillissant entre deux tiges de fer.

Pour répondre à tous les besoins de la pratique, il faut un beaucoup plus grand nombre de raies. FABRY et BUISSON ont mesuré, dans le spectre visible et ultra-violet, un grand nombre de raies du spectre de l'arc au fer. La distance de deux de ces raies consécutives n'atteint pas 5o Angström, selon le vœu émis par la réunion d'Oxford (voir page 3o4). Le spectre de l'arc au fer pourra donc être toujours pris comme spectre de comparaison ; cette source est d'ailleurs d'un emploi très commode ; elle est plus facile à obtenir et plus stable que le spectre d'étincelle, et surtout les raies sont plus fines.

21. Application des interférences à la vérification des surfaces optiques. — Lorsqu'on produit des franges de lames minces au moyen de la couche d'air comprise entre deux surfaces de verre (voir § 11), on obtient les courbes d'égale épaisseur de la lame d'air ainsi formée. Ces courbes indiquent donc la forme des surfaces juxtaposées.

Cette méthode a été introduite dans la construction des surfaces optiques par le constructeur Laurent. Il a réussi, pour la première fois, à obtenir des surfaces rigoureusement planes. Si l'on superpose à une pareille surface une autre surface que l'on veut étudier, et que l'on examine en lumière monochromatique la lame mince ainsi formée, les courbes dessinent une véritable carte topographique, en courbes de niveau, de la surface qu'il s'agit d'étudier. On se sert de la lumière jaune du sodium, dont l'homogénéité est bien suffisante, parce que les interférences sont d'ordre peu élevé. Ce procédé de vérification des surfaces est maintenant employé couramment par les constructeurs.

Pour la vérification d'une lame à faces parallèles, Lummer a indiqué l'emploi des anneaux qu'une pareille lame donne par réflexion (voir § 12). En utilisant une partie peu étendue de la lame, on peut voir les anneaux même lorsque le parallélisme des faces n'est pas parfait. On fait alors glisser la lame dans son propre plan, de manière à utiliser successivement les diverses parties. Si la taille de la lame est parfaite, les anneaux ne se modifient pas ; sinon, les anneaux se contractent ou se resserrent, et l'on sait immédiatement quelles sont les régions où la lame est plus épaisse.

22. Application des interférences à la mesure des petits déplacements ou des petites déformations. — Dans un phénomène d'interférence par une lame mince d'air, si l'une des surfaces se déplace, toutes les franges se déplacent simultanément. D'où une méthode extrêmement sensible pour observer et mesurer exactement de très petits déplacements. Avec la lumière du Sodium ($\lambda = o^\mu,589$), il suffit d'un déplacement de $o^\mu,3$ environ pour qu'une frange se substitue à la suivante. Un déplacement de $\frac{1}{20}$ de frange est toujours très facilement perceptible ; il suffit, pour le produire, que la surface mobile se déplace de $o^\mu,o15 \left(\frac{1}{70000} \text{ de millimètre} \right)$.

Ce procédé de mesure, extrêmement remarquable, est dû à Fizeau, qui en fit l'application à la mesure de la dilatation des corps solides sur des échantillons de quelques millimètres d'épaisseur. Il étudia en particulier la dilatation des cristaux. Benoît a appliqué la même méthode à la mesure des dilatations des métaux ; il a obtenu des résultats aussi précis que ceux que donne l'étude au comparateur de règles de 1 mètre. SCHEEL (1907) a appliqué la même méthode à la mesure des dilatations aux très basses températures.

Un grand nombre d'autres problèmes peuvent être abordés, en utilisant les interférences pour la mesure de très faibles déplacements. On se bornera à citer quelques cas. CORNU a étudié ainsi les déformations élastiques du verre; GRÜNEISEN (1907) a construit un appareil interférentiel pour l'étude des déformations élastiques des métaux. JOBIN a construit, sur les indications de MESNAGER, un appareil pour l'étude des déformations élastiques des pièces métalliques d'un pont après son achèvement. DEFFORGES a étudié les déplacements du pilier qui supportait son pendule. PEROT et FABRY ont construit un électromètre absolu dans lequel la distance des plateaux est mesurée et repérée par interférences, etc.

23. Comparaison du Mètre avec la longueur d'onde d'une radiation définie. — Le Mètre est la longueur d'une règle à traits, conservée au Bureau International des Poids et Mesures (voir Tome I, page 305). Il y a le plus grand intérêt à comparer cette longueur avec une longueur naturelle que l'on puisse être sûr de retrouver en tous temps. Il faut toutefois, pour que cette comparaison soit vraiment utile, que la comparaison soit possible avec une précision comparable à celle avec laquelle le mètre est défini, c'est-à-dire à celle avec laquelle on peut comparer deux règles métriques de premier ordre. Or une pareille comparaison comporte une incertitude peu supérieure au dixième de micron, et par suite une erreur relative de l'ordre du dix-millionième; c'est une précision de cet ordre qu'il est désirable d'atteindre dans la comparaison du mètre avec une longueur naturelle destinée à servir de garant de l'invariabilité de l'unité fondamentale de notre système de mesures. Les fondateurs du système métrique avaient songé à utiliser pour cela, soit la longueur du méridien terrestre, soit la longueur du pendule qui bat la seconde en un lieu donné. Il s'en faut de beaucoup que la mesure de ces longueurs puisse se faire avec assez de précision pour retrouver, avec la précision voulue, le mètre, en cas de disparition de l'étalon fondamental.

MICHELSON a le premier montré que la longueur d'onde d'une radiation bien définie peut remplir ce rôle : sa découverte de raies spectrales extrêmement fines fournit une radiation suffisamment bien définie pour cela, et il a imaginé une méthode qui permet de faire la comparaison avec le mètre avec la précision désirable. Avant lui, les mesures de longueurs d'onde en valeur absolue avaient été faites au moyen de réseaux (voir page 267). Ces mesures présentent de très grandes difficultés ; on sait aujourd'hui que les valeurs admises par ROWLAND pour les valeurs absolues des longueurs d'onde sont

erronées de $\frac{1}{35\,000}$ environ en valeur relative.

La méthode de MICHELSON a été appliquée au Bureau International des Poids et Mesures, avec le concours de BENOIT. On va donner quelques indications sur ce travail important.

L'appareil interférentiel était celui qui a été décrit page 610. On construisit d'autre part neuf étalons, dont le plus long avait approximativement 10 centimètres, le suivant 5, le troisième 2,5, etc., chacun était sensiblement la moitié du précédent ; la longueur du plus petit était d'environ $0^{mm},39$. La figure 406 représente la vue extérieure de celui de 10 centimètres. C'est un prisme métallique B, supportant deux miroirs A et A', qui peuvent être rendus parfaitement parallèles l'un à l'autre. La distance des surfaces réfléchissantes de ces miroirs détermine la longueur de l'étalon. On désignera ces étalons, en commençant par le plus petit, par I, II, III, ..., IX.

La disposition générale des appareils est représentée en plan sur la figure

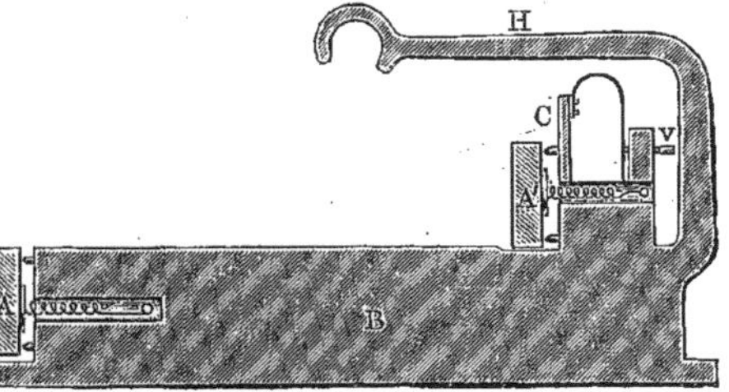

Fig. 406

407 (comparer avec le schéma, figure 402 de l'appareil interférentiel). Entre la lame γ_1 et le miroir n de la figure 402, la lumière se réfléchit à 45° sur le miroir O (*fig.* 407), ce qui l'amène normalement sur le miroir π. D'autre part, le miroir p de la figure 402 est remplacé par deux des étalons, dont les 4 miroirs sont visibles sur la figure 407. Sur le miroir π est tracé un réseau de

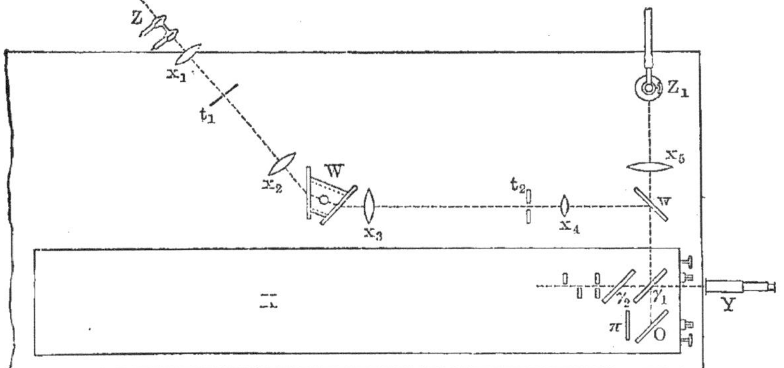

Fig. 407

lignes formant un réseau rectangulaire, et ce miroir est assez grand pour que le plan de référence (voir page 610) couvre, en quelque sorte, les surfaces des deux étalons. La source de lumière est un tube à vapeur de cadmium illuminé par la décharge d'une bobine d'induction. Il est placé en Z. La lumière qu'il émet traverse un appareil dispersif, qui permet, grâce à l'écran t_2 d'isoler à volonté l'une des radiations émises par le tube. Les rayons ainsi isolés tombent dans l'appareil interférentiel par réflexion sur le miroir w. On observe les franges au moyen de la lunette Y. Dans l'observation des franges d'égale épaisseur (voir page 610), on se sert d'une flamme blanche, ou de la lumière du Sodium ; ces sources de lumière sont placées en Z_1, et éclairent l'appareil interférentiel en supprimant le miroir w.

Les vapeurs de cadmium émettent, dans le spectre visible, quatre radiations, dont les longueurs d'onde ont approximativement les valeurs suivantes :

$$\lambda = 0^\mu,64388 \quad \text{(rouge)}$$
$$\lambda' = 0^\mu,50863 \quad \text{(vert)}$$
$$\lambda'' = 0^\mu,48000 \quad \text{(bleu)}$$
$$\lambda''' = 0^\mu,46789 \quad \text{(violet)}.$$

La raie rouge est parfaitement simple ; la verte est accompagnée d'un satellite très faible, la bleue et la violette sont plus complexes. Les mesures définitives ne se rapportent qu'aux trois premières radiations.

L'ensemble de la mesure se divise en trois parties.

Première partie. — Détermination du nombre de longueurs d'onde contenues dans l'étalon I (le plus petit, qui a environ $0^{mm},39$). A cet effet l'étalon I et l'un quelconque des autres sont placés côte à côte, comme le montre la

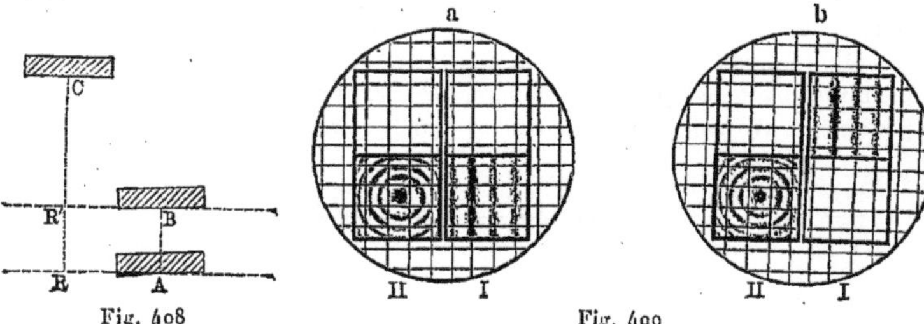

Fig. 408   Fig. 409

figure 408. A et B sont les miroirs de l'étalon I, C le miroir inférieur de l'autre. Le plan de référence est exactement parallèle à C, mais fait un petit angle avec A et B, l'intersection des deux plans étant verticale. On éclaire C avec la lumière rouge du cadmium, ce qui permet de voir les anneaux à l'infini, tandis que le côté A est éclairé avec la lumière blanche ou celle du sodium, ce qui permet de voir les franges d'égale épaisseur ; celles-ci sont visibles en lumière blanche lorsque le plan de référence a une position convenable. Le plan de référence étant en R (*fig.* 408), on a les franges en lumière blanche sur A, et l'aspect offert par les quatre miroirs est celui de la figure 409^a. On déplace ensuite le miroir π (*fig.* 407), et par suite le plan de référence, jusqu'à ce qu'il vienne en R' (*fig.* 408). Les franges en lumière blanche sont alors visibles en B, et l'aspect est celui de la figure 409 b. On ramène ces franges à la même position que précédemment, en se repérant sur le quadrillage du plan de référence. Dans ce déplacement, les anneaux subissent un déplacement continu ; on compte le nombre d'anneaux qui passent ; ce nombre est le nombre de demi-longueurs d'onde contenues dans l'étalon I. On trouva que l'étalon I contenait $p = 1212,35$ demi-longueurs d'onde de la raie rouge. Comme les valeurs relatives des longueurs d'onde des 3 raies étaient approximativement connues, on en déduisit, à quelques centièmes près, les nombres de longueurs d'onde des trois radiations contenues dans l'étalon.

Ces nombres furent confirmés par la méthode des *excédents fractionnaires*, qui fut d'un grand secours dans tout le cours des mesures : une erreur d'une unité peut facilement se produire sur le compte des 1212 franges qui passent dans le déplacement du plan de référence, mais la partie fractionnaire du nombre p de demi-longueurs d'onde contenues dans l'étalon est facile à déterminer très exactement. En effet, si l'on place le plan de référence dans une position quelconque, en avant ou en arrière de A et B (*fig.* 408), on pourra, en éclairant par la lumière rouge, obtenir deux systèmes d'anneaux, l'un produit par A l'autre par B. Le nombre p est la différence des ordres d'interférence au centre de ces deux systèmes d'anneaux. Les parties entières sont inconnues, mais les parties fractionnaires sont faciles à déterminer, au moyen du compensateur. Leur différence donne la partie fractionnaire de p. On peut faire la même détermination sur les trois radiations, et on connaît ainsi les parties fractionnaires des trois nombres analogues p, p', p''. D'autre part, supposant exact le dénombrement des franges rouges, on connaît la partie entière de p, et par suite le nombre p lui-même. On a d'ailleurs

$$(18) \qquad \frac{p}{p'} = \frac{\lambda}{\lambda'}.$$

On a déjà des valeurs approchées du rapport $\frac{\lambda}{\lambda'}$; on pourra donc calculer une valeur très approchée de p'. La partie fractionnaire de ce nombre devra coïncider avec celle que l'expérience a donnée. De même pour p''. Si la concordance ne se produisait pas, c'est qu'il y aurait une erreur sur la partie entière de p, et quelques essais permettraient de trouver la valeur exacte.

On connaît alors avec certitude les valeurs p, p', p'' des trois demi-longueurs d'onde contenues dans l'étalon I.

L'équation (18) permet alors de trouver une valeur, plus approchée que celle dont on est parti, des rapports des longueurs d'onde.

DEUXIÈME PARTIE. — Comparaison successive des étalons I et II, II et III, etc. Soient les étalons I et II. Ils sont placés à côté (*fig.* 410, à gauche), de façon que le plan de référence R coupe les surfaces A' et A''. En lumière blanche, on obtient l'aspect (*fig.* 411 *a*). Le plan R était alors déplacé jusqu'à couper le plan B, c'est-à-dire de la longueur l_1 de cet étalon, ce qui donne l'aspect (*fig* 411 *b*).

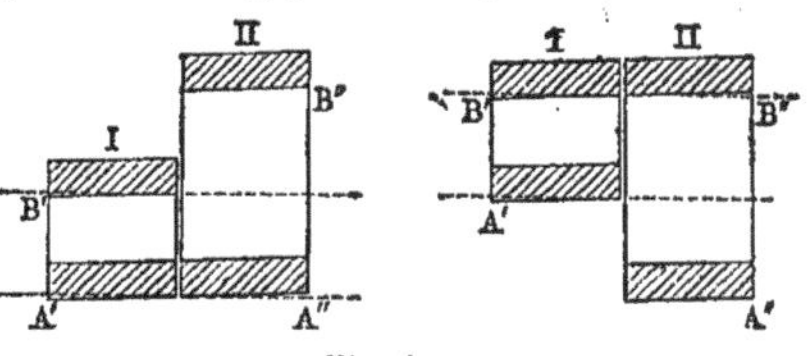

Fig. 410

Sans toucher au plan de référence, on déplaçait alors l'étalon I jusqu'à ce que le plan A' coupe le plan R, ce qui amenait les étalons dans la position (*fig.* 410, à droite). L'aspect des franges était alors celui de la figure 411 *c*. Enfin, on déplaçait le plan R jusqu'à ce qu'il coupe B'. Si l'étalon II était exactement le double de I, on trouverait l'aspect des franges (*fig.* 411 *d*). Mais en réalité, cette égalité n'est pas rigoureuse ; on a $l_2 = 2l_1 + \alpha$, α désignant une quantité très petite. En faisant tourner le compensateur, on arrive à l'aspect *d*, ce qui détermine *α*. Connaissant le nombre de chaque longueur d'onde contenue dans l'étalon I, on en déduit alors le nombre de longueurs d'onde contenues dans II. Toutefois, le nombre ainsi trouvé (toujours exact, en réalité à moins d'une unité près) n'est considéré que comme une valeur approchée. On mesure directement la partie fractionnaire, pour les trois radiations du Cadmium, et la connaissance de ces fractions permet de vérifier l'hypothèse faite sur la partie entière. On a alors, sans aucune incertitude, les nombres de longueurs d'onde contenues dans l'étalon II, et la connaissance de ces nombres donne une valeur plus approchée pour les rapports des longueurs d'onde.

On passe ainsi à l'étalon III, puis à IV, et ainsi de suite, jusqu'à IX (étalon de 10 centimètres). Chaque mesure détermine les nombres de λ contenus dans l'étalon, et on a une valeur plus approchée des rapports des trois longueurs d'onde, valeur qui servira à confirmer la partie entière dans la mesure suivante.

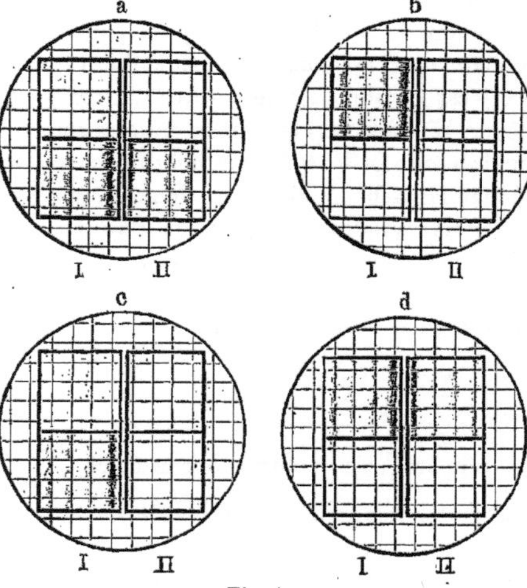

Fig. 411

TROISIÈME PARTIE. — Dans tout ceci, il n'est question que des rapports des longueurs d'onde, mais le Mètre n'est pas encore intervenu. On va le comparer avec l'étalon IX. On peut déplacer un étalon exactement de sa propre longueur : le plan de référence étant fixe, on amène les franges blanches successivement des deux côtés de l'étalon. On déplace ainsi 10 fois l'étalon de sa propre longueur, et l'on compare avec le mètre la quantité totale dont s'est déplacé un repère fixé à l'étalon. On connaît alors l'étalon IX en fonction du Mètre, et on a d'autre part le nombre de chaque longueur d'onde qui y est contenu ; on a donc la valeur de chacune d'elles en mètre. On a trouvé, pour les valeurs des longueurs d'onde dans l'air à 15° et 760 millimètres :

$$\lambda = 0^\mu,64384722$$
$$\lambda' = 0^\mu,50858240$$
$$\lambda'' = 0^\mu,47999107.$$

Ce même problème a été repris par BENOIT, FABRY et PEROT, en employant les franges de lames argentées de PEROT et FABRY. Les mesures ont porté seulement sur la raie rouge du cadmium. Un étalon de 1 mètre, à la fois métrologique et optique, est constitué par un prisme d'invar, supportant deux glaces planes, dont les faces argentées sont en regard. Les faces supérieures de ces glaces sont également polies et argentées ; on y a tracé des traits, comme sur les règles métriques. La distance des traits est très sensiblement 1 mètre ; on la mesure au comparateur, par comparaison avec un mètre étalon. D'autre part, on cherche le nombre de longueurs d'onde contenues dans la distance qui sépare les glaces. Pour cela, on a 4 autres étalons, semblables au premier, mais qui ne portent pas de traits, et sont par suite purement optiques ; chacun est sensiblement la moitié du précédent, et par suite le plus petit a environ 62^{mm},5. En employant les franges de superposition (voir § **15**), on mesure en longueurs d'onde la différence entre chacun et le double du suivant. L'étalon le plus petit est directement mesuré en longueurs d'onde, en employant la méthode des coïncidences (voir § **24**). Enfin, on a mesuré en longueurs d'onde la somme des petites distances qui séparent les traits de l'étalon de 1 mètre des surfaces argentées voisines.

Ces mesures ont donné un nombre très voisin de celui de MICHELSON :
λ = 0^{u},64384696 dans l'air sec à 15° et 760 millimètres de pression.

La connaissance de la valeur absolue d'une longueur d'onde n'est pas seulement une donnée importante pour assurer la conservation indéfinie de notre système de mesures : on a vu que des méthodes relativement faciles permettent de comparer entre elles les longueurs d'onde ; il suffit d'en connaître une en valeur absolue pour que toutes les autres puissent l'être ; les expériences que l'on vient de décrire doivent donc rationnellement servir de base à toutes les mesures spectroscopiques. En outre des méthodes très précises permettent de mesurer des longueurs en se servant des interférences (voir § **24**). Les longueurs ainsi mesurées sont naturellement exprimées en fonction d'une longueur d'onde ; elles seraient sans valeur si la longueur d'onde n'était pas elle-même connue en fonction du mètre.

24. Méthodes optiques pour la mesure des longueurs. — On a vu que les interférences donnent un moyen très précis pour évaluer de très petits déplacements ; le problème dont il s'agit ici est autre : il s'agit de mesurer une véritable longueur, comme les dimensions d'un corps solide, la longueur d'une règle, etc.

La méthode revient toujours à ceci : produire un phénomène d'interférence dans lequel la différence de marche soit la longueur à mesurer (ou celle-ci multipliée par un facteur connu), et déterminer cet ordre d'interférence. Celui-ci se compose d'une partie entière, plus une fraction. La fraction est toujours facile à mesurer. Il n'en est pas toujours de même de la partie entière, qui devient rapidement très élevée dès que la longueur cesse d'être très petite. Diverses méthodes ont été employées pour cela : elles consistent toutes, comme la méthode des excédents fractionnaires de MICHELSON, à faire intervenir plusieurs radiations dont on connaît les rapports de longueurs d'onde.

Les mesures de longueurs en longueurs d'onde peuvent donner une très grande précision, parce que la longueur prise comme unité est extrêmement petite ; de plus, cette unité qui est maintenant connue très exactement en fonction du Mètre, se trouve partout, sans que l'on ait à faire intervenir un étalon matériel, toujours sujet à varier.

Les premières tentatives ont été faites par Macé de Lépinay, qui se servait des franges de Talbot pour mesurer l'épaisseur d'une lame transparente ; la quantité que l'on mesure est alors $(n-1)e$, n étant l'indice de la lame et e son épaisseur. Il faut donc mesurer n, ce que l'on faisait sur un prisme de la même substance (quartz), par la méthode du prisme. Il faut admettre l'homogénéité parfaite de la substance ; de plus il est extrêmement difficile de mesurer l'indice avec une précision permettant d'atteindre le 6e chiffre décimal.

Benoit s'est servi, pour des mesures de longueur, de l'appareil de Michelson. On peut mesurer en longueurs d'onde un étalon (voir § 23) ; de plus, l'appareil permet de déplacer l'étalon d'une quantité exactement égale à sa propre longueur. On a donc un moyen de faire un déplacement exactement connu ; cela peut être appliqué à l'étude de règles divisées ; c'est ce qu'a fait Benoit, qui a étudié des règles divisées en millimètres, opération fort délicate par les procédés ordinaires de la métrologie.

Fabry et Perot ont montré que leurs franges de lames argentées présentent de très grandes ressources pour les applications métrologiques. Lorsque l'appareil est éclairé par deux lumières monochromatiques, il se produit des séparations et recompositions de franges, qui ont lieu pour des numéros d'ordre que l'on peut calculer. Leur observation est d'un grand secours pour la détermination d'un numéro d'ordre de frange. Les franges de superposition permettent de constater que deux longueurs sont rigoureusement égales, ou encore de prendre la moitié, le quart, etc. d'une longueur donnée, ce qui en facilite la mesure, et permet de mesurer des longueurs bien plus grandes que celles que l'on peut directement atteindre en lumière monochromatique. Enfin, pour mesurer de petites épaisseurs, ils construisent une *lame étalon*, lame mince à faces argentées, dont l'épaisseur varie d'un bout à l'autre, dans le sens de la longueur. On peut étudier d'avance, en lumière monochromatique, les épaisseurs aux divers points. Pour mesurer une petite épaisseur d'air, il suffit de produire des franges de superposition au moyen de cette lame à mesurer et de la lame étalon, et de noter le point où tombe la frange blanche ; la mesure est instantanée.

25. Masse du décimètre cube d'eau. — C'est une des constantes fondamentales de la métrologie. Le kilogramme a été construit de telle façon que sa masse soit, autant que possible, celle d'un décimètre cube d'eau à 4°. Mais il est évident que cela n'a pu être réalisé que d'une manière plus ou moins approchée, et que par suite il y a lieu de déterminer exactement la masse du décimètre cube d'eau. La méthode à suivre est celle-ci : prendre un corps solide de forme géométrique simple, en mesurer les dimensions, de manière à pouvoir en calculer le volume en décimètres cubes, puis déterminer, par une pesée dans l'eau, la masse de l'eau qu'il déplace. (Il revient au même de peser le corps, puis de déterminer sa densité). Dans cet ensemble d'opérations, les pesées ne présentent pas de difficultés ; il n'en est pas de même pour les mesures de longueurs, qui doivent être faites avec une extrême précision. Supposons que l'on veuille avoir la masse du décimètre cube d'eau à 1 milligramme près (c'est-à-dire avec une précision relative de 1 millionième) ; admettons que le solide employé soit un cube de 1 décimètre de côté (ce qui est un solide déjà gros) ; on verra facilement que les longueurs devront être mesurées à $\frac{1}{30}$ de micron près.

Diverses mesures, faites au cours du XIXe siècle ont donné des résultats absolument discordants.

Le problème est maintenant résolu, grâce, en grande partie, aux mesures interférentielles.

CHAPPUIS s'est servi de cubes de verre, dont les dimensions étaient mesurées au moyen de l'appareil de MICHELSON.

FABRY, MACÉ DE LÉPINAY et PEROT ont employé un cube de quartz, dont les dimensions étaient mesurées par les franges de lames argentées.

MACÉ DE LÉPINAY avait employé les franges de TALBOT ; le résultat est un peu incertain à cause de la nécessité de connaître l'indice. MACÉ DE LÉPINAY, BUISSON et BENOIT ont employé une méthode qui ne fait intervenir aucune autre surface que celle du cube à mesurer, et qui donne à la fois l'épaisseur et l'indice : On observe par réflexion les anneaux à l'infini produits par la lame à mesurer ; la différence de marche qui intervient est alors $2ne$. D'autre part, on observe l'interférence des rayons qui ont traversé la lame avec ceux qui ont passé à côté (comme dans les franges de TALBOT, mais en lumière monochromatique) ; la différence de marche est alors $(n-1)e$. On connaît alors les deux quantités $2ne$ et $(n-1)e$, ce qui permet de calculer n et e.

Enfin, GUILLAUME a fait une série de mesures sur des cylindres métalliques, dont les dimensions étaient mesurées par les procédés ordinaires de la métrologie, sans employer d'interférences.

Ces diverses expériences ont conduit à des résultats très concordants, et l'on peut admettre que la masse du décimètre cube d'eau à 4° est

$$999,972$$

ou

$$1 \text{ kilogramme} - 28 \text{ milligrammes,}$$

à quelques milligrammes près.

26. Application des interférences à l'étude des indices de réfraction.

— Une longueur e d'un milieu d'indice n a une longueur optique ne. D'où la possibilité de mesurer les indices par des observations d'interférences.

La méthode de MACÉ DE LÉPINAY et BUISSON (§ 25) donne l'indice d'une lame à faces parallèles. On peut ainsi déterminer les indices avec une précision de quelques unités du 7e ordre. Aucune autre méthode ne permet d'atteindre cette précision. En comparant les indices de divers échantillons de quartz, BUISSON a montré que les indices ne sont pas rigoureusement constants ; les autres propriétés (densité, dilatation, pouvoir rotatoire) varient d'ailleurs également. Le quartz n'est pas un corps rigoureusement défini.

La méthode interférentielle a été surtout appliquée à la mesure des indices des gaz, ou à l'étude de très petites variations d'indice. Prenons le cas des gaz.

On produit un système de franges au moyen d'un appareil dans lequel les faisceaux interférents sont bien séparés, par exemple l'appareil de JAMIN. L'un des faisceaux traverse un tube plein du gaz à étudier. On mesure le déplacement des franges lorsqu'on fait le vide dans ce tube. Si l'on veut faire les mesures pour les diverses radiations du spectre (c'est-à-dire étudier la dispersion du gaz), on peut se servir d'un spectre cannelé. C'est de cette manière qu'ont été obtenus tous les résultats précis sur les indices des gaz (la méthode du prisme est incomparablement moins précise, et n'a plus été appliquée depuis l'invention de la méthode interférentielle). Il faut citer les mesures de KETTELER, MASCART, LORENZ, CHAPPUIS et RIVIÈRE, BENOIT, KAYSER et RUNGE, PERREAU, RAMSAY et TRAVERS, SCHEEL. Les résultats ont été exposés Tome II, page 210. (Les résultats indiqués à cet endroit ont été presque tous déduits de mesures interférentielles, et non, comme on pourrait le croire, de mesures avec des prismes).

Enfin, les méthodes interférentielles permettent d'étudier de très petites variations d'indice, par exemple avec la température. C'est ainsi que JAMIN a étudié la variation d'indice de l'eau en fonction de la température. Chacun des faisceaux traverse une cuve d'eau, et l'on mesure le déplacement des franges lorsqu'on fait varier la température de l'une d'elles.

27. Ondes stationnaires. Photographie des couleurs. — Dans l'interférence d'un rayon, tombant normalement sur une surface réfléchissante, avec le rayon réfléchi, il se produit, comme nous l'avons vu (Tome I, page 175), des ondes stationnaires. La distance de deux nœuds ou de deux ventres consécutifs est égale à $\frac{\lambda}{2}$. Dans les phénomènes d'acoustique on observe très facilement de telles ondes stationnaires. ZENKER a indiqué le premier (1867) la possibilité de la formation d'ondes lumineuses stationnaires : il a cherché à faire intervenir ces phénomènes dans la perception des sensations de couleurs. LORD RAYLEIGH (1887) a cherché à expliquer de cette manière les photographies colorées que BECQUEREL avait obtenues. C'est O. WIENER qui réussit le premier, en 1889, à observer des ondes stationnaires. La méthode était la suivante : Une lame de verre M est argentée sur sa face antérieure (*fig.* 412) ; des rayons d'une source lumineuse homogène S (flamme de sodium) tombent normalement sur sa surface. Les rayons réfléchis interférant avec les rayons incidents forment un système d'ondes stationnaires ; les nœuds sont situés sur des plans parallèles à la surface M, situés chacun à la distance $\frac{\lambda}{2}$ du suivant ; ils sont représentés en pointillé sur la figure. Pour les observer, une seconde lame de verre, recouverte de collodion au chlorure d'argent, est

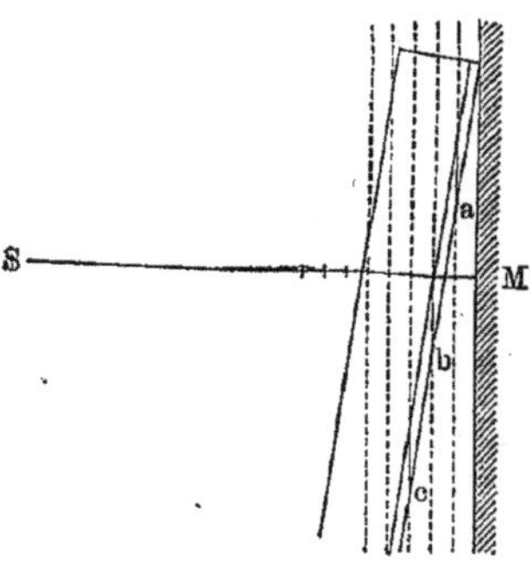

Fig. 412

placée de manière à faire un très petit angle avec la surface M ; les plans nodaux coupent cette couche impressionnable suivant des droites a, b, c, etc., parallèles à l'arête de l'angle dièdre formé par les deux lames de verre. Si l'on éclaire les plaques par une source S, la couche sensible est impressionnée ; mais dans les plans nodaux, c'est-à-dire le long des droites a, b, c, il ne se produit aucune action de la lumière. Après développement et fixation, on obtient donc une série de franges brillantes sur un fond sombre. Il est indispensable que la couche sensible soit extrêmement mince, et soit transparente, ce qui exige l'emploi d'une préparation photographique spéciale.

La même expérience peut être répétée sous incidence oblique. Elle donne alors des résultats qui dépendent de l'état de polarisation de la lumière, et qui seront discutés dans un autre chapitre.

L'interprétation exacte de certains points de l'expérience de WIENER a donné lieu à des discussions importantes, qu'il est impossible de résumer sans faire intervenir la théorie électromagnétique de la lumière, et dont on ne parlera pas ici.

IZARN a indiqué une manière simple de répéter l'expérience de WIENER, en employant une couche de gélatine bichromatée.

COTTON a réussi, sous incidence oblique, à voir directement les phénomènes d'ondes stationnaires, sans employer la photographie.

La *photographie des couleurs* découverte par LIPPMANN se trouve dans une dépendance étroite avec le phénomène que nous venons de considérer. Imaginons un très grand nombre de lames transparentes superposées, dont l'épaisseur commune serait égale à $\frac{1}{2}\lambda$, λ désignant la longueur d'onde d'un rayon déterminé quelconque dans la substance des lames. Supposons en outre que les lames soient séparées l'une de l'autre par des couches d'une autre substance, qui réfléchissent les rayons, mais possèdent en même temps une épaisseur très faible par rapport à $\frac{1}{2}\lambda$ et sont par suite suffisamment transparentes. Telles peuvent être, par exemple, de très minces couches d'argent. Supposons maintenant que des rayons blancs tombent normalement sur une telle pile de lames ; on peut alors affirmer, que la lumière réfléchie ne renferme à peu près que des rayons de longueur d'onde λ. Chacune des couches intermédiaires réfléchit en effet des rayons, et la différence de marche des rayons de longueur d'onde λ est égale à un nombre entier de longueurs d'onde λ, car chaque paire de couches voisines réfléchissantes se trouve à la distance $\frac{1}{2}\lambda$ l'une de l'autre, et par suite deux couches quelconques sont distantes de $\frac{1}{2}\lambda N$, N étant un nombre entier. La différence de marche des rayons réfléchis par ces couches est deux fois plus grande, c'est-à-dire est égale à $N\lambda$. Il s'ensuit que tous ces rayons se renforcent mutuellement dans l'interférence. Considérons des rayons d'une autre longueur d'onde λ' et supposons que l'on ait, *ne fût-ce qu'approximativement*, la relation $m\frac{\lambda}{2} = (2m' + 1)\frac{\lambda'}{4}$, où m et m' sont des nombres entiers. Dans ce cas l'épaisseur totale des m couches renferme un nombre impair de quarts de longueur d'onde λ', et par suite les rayons réfléchis par la 1re et la $m^{ième}$, la 2me et la $(m+1)^{ième}$, la 3me et la $(m+2)^{ième}$, etc., couches ont une différence de marche, égale à un nombre impair de demi-longueurs d'onde. Dans l'interférence ils se détruisent mutuellement par couples, ou du moins donnent une intensité lumineuse très faible.

Nous pouvons, après ces considérations, passer à la méthode de photographie des couleurs, découverte par LIPPMANN. Une lame de verre A (*fig.* 413) est couverte d'un côté, d'une couche B, formée par une émulsion sèche à grains extrêmement fins, d'une grande sensibilité. Le verre A forme la paroi d'un vase, l'émulsion se trouvant du côté intérieur, et on verse dans le vase lui-même du mercure C. Si on éclaire la lame par des rayons incidents normaux de longueur d'onde déterminée λ, on obtient, par suite de la réflexion des rayons sur la surface du mercure formant miroir, des ondes stationnaires, et il se forme à l'intérieur de l'émulsion B, après développement et fixation,

de très minces couches d'argent à une distance $\frac{1}{2}\lambda$ les unes des autres. Si on éclaire ensuite la plaque avec des rayons blancs tombant normalement, il ne se réfléchit presque, pour la raison qui vient d'être indiquée, que des rayons

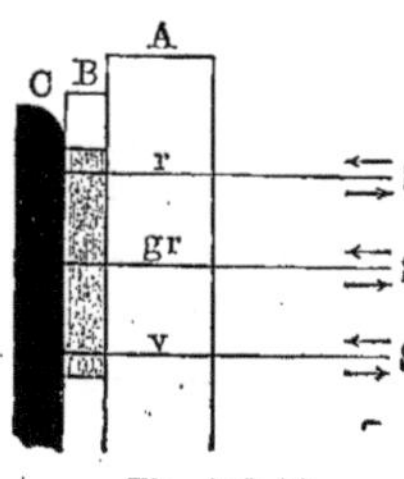

Fig. 413 (¹)

de longueur d'onde λ. Si les rayons ayant agi primitivement étaient rouges, la plaque paraît maintenant rouge dans la lumière réfléchie. Si on a projeté un spectre sur la plaque, il se forme des couches d'argent, dont la distance diminue vers l'extrémité violette, et on voit alors un spectre dans la lumière réfléchie par les couches. LIPPMANN a réussi par ce moyen à obtenir des épreuves photographiques colorées de différents objets. NEUHAUSS, COTTON, IZARN, SCHÜTT, MESLIN, VALENTA, ZENKER, KIRCHNER, PFAUNDLER, LEHMANN, WIENER, se sont occupés de la théorie et de l'application pratique de la méthode de LIPPMANN.

Nous nous limiterons à quelques indications. NEUHAUSS est arrivé en 1898, à l'aide d'un microscope grossissant 4000 fois, à démontrer directement l'existence de minces couches parallèles dans les pellicules, sur lesquelles étaient obtenues des photographies colorées d'après la méthode de LIPPMANN ; la distance des bandes correspondait à la théorie $\left(\frac{\lambda}{2}\right)$.

O. WIENER a montré (1899) que, dans la théorie des apparences que donnent les photographies faites par le procédé LIPPMANN, il faut tenir compte de la lumière directement réfléchie par la surface extérieure de la pellicule, c'est-à-dire par la surface qui, pendant la pose, était en contact avec le mercure. Cette lumière a pour effet de modifier légèrement la couleur que présente la pellicule par réflexion, de telle sorte que la coloration se déplace vers l'extrémité rouge du spectre. WIENER a aussi examiné avec beaucoup de soin les anciennes expériences sur la photographie des couleurs.

OUSSAGINE (à Moscou) a obtenu des photographies remarquables de spectres.

(¹) gr = vert.

Si on étudie au moyen du spectroscope les rayons *réfléchis* par une de ces photographies, on obtient, comme l'a montré STARKE, une raie nette sur un fond sombre, mais dans la lumière blanche transmise, une raie noire nette sur le spectre continu comme fond. On voit par là combien sont homogènes les rayons donnés par les photographies d'OUSSAGINE.

En 1899 ont paru des travaux de O. WIENER et de H. SCHOLL, qui ont montré, que les phénomènes des ondes lumineuses stationnaires jouent aussi un rôle dans la *daguerréotypie.*

28. Battements lumineux. Résonance optique. — Nous avons fait connaître en acoustique le phénomène des battements sonores qui consiste, en ce que deux sons, dont les nombres de vibrations sont N_1 et $N_2 = N_1 + n$, donnent par unité de temps $n = N_2 - N_1$ renforcements et affaiblissements du son, c'est-à-dire n battements. La question de savoir s'il existe un phénomène analogue pour les rayons lumineux présente un grand intérêt. On pourrait s'attendre à un tel phénomène dans l'interférence de deux rayons de longueurs d'onde différentes λ_1 et λ_2 ou, ce qui revient au même, de nombres de vibrations différents N_1 et N_2. Mais si on prend, par exemple, deux rayons du spectre de la lumière blanche, on ne peut espérer obtenir des battements; car, en premier lieu, la différence $n = N_1 - N_2$ représente toujours un nombre très grand, quelque voisins que soient l'un de l'autre les rayons choisis ; en second lieu, il est douteux, que deux rayons de longueur d'onde différente, quoique issus de la même source, soient en général capables d'interférer, car ils sont probablement dus à des impulsions initiales différentes et proviennent par suite pour ainsi dire de sources différentes. On pourrait espérer obtenir des battements lumineux, en partageant *un rayon* en deux autres, modifiant par un moyen quelconque la longueur d'onde λ d'un de ces derniers, et faisant ensuite interférer ces rayons entre eux. Supposons que deux rayons donnent, s'ils ont la même longueur d'onde, un système de franges interférentielles dans un plan quelconque. Si on modifie un peu la longueur d'onde d'un des rayons, l'intensité lumineuse en chaque point de ce plan devra se mettre à osciller entre un maximum et un minimum. Le résultat final doit être, *qu'un mouvement continuel des franges interférentielles aura lieu perpendiculairement à leur longueur.*

RIGHI (1883) est arrivé le premier à observer un tel phénomène. Nous ne pouvons pas entrer dans une description détaillée de son expérience, et nous nous bornerons à indiquer le principe fondamental, sur lequel elle repose. Nous avons montré dans le Tome I, page 137 (§ **9**), qu'une vibration harmonique rectiligne pouvait être décomposée en deux mouvements circulaires, dont l'un s'effectue vers la droite, l'autre vers la gauche. Ceci signifie, qu'un rayon polarisé rectilignement, comme en donne un prisme de NICOL, par exemple, (voir plus loin Chap. XV, XVI et XVIII), peut être remplacé par deux rayons polarisés circulairement, dont l'un est dextrorsum et l'autre sinistrorsum. Le nombre N des rotations est égal au nombre de vibrations du rayon polarisé rectilignement. Mais si on fait *tourner* ce prisme *autour de son axe,* le rayon émergent est constitué, comme l'ont montré AIRY et VERDET,

par deux rayons polarisés circulairement, et le nombre des rotations est égal
à $N + n$ et $N - n$, n étant le nombre des rotations du nicol par unité de
temps. A l'aide de ces deux rayons, Righi est arrivé, en les transformant à
nouveau en rayons polarisés rectilignement et en les faisant interférer, à produire effectivement des battements lumineux, c'est-à-dire des franges interférentielles, qui se mouvaient continuellement d'un côté. Righi a indiqué six
méthodes pour observer ces battements.

Il faut remarquer, toutefois, que l'introduction du battement lumineux
n'est point du tout nécessaire pour faire la théorie de l'expérience de Righi :
on arrive exactement au même résultat en considérant simplement le phénomène comme provenant d'une vibration polarisée dont le plan de polarisation
tourne d'un mouvement uniforme ; la manière de voir de Righi constitue
simplement une manière nouvelle d'envisager un phénomène, que les lois ordinaires de l'optique permettaient de prévoir et d'étudier dans tous ses détails.

Corbino ainsi que Righi ont étudié la question de savoir, s'il est possible
d'étudier des battements à l'aide des rayons de longueur d'onde λ différente,
en lesquels se partage une raie spectrale, quand la source lumineuse se trouve
dans un champ magnétique (Tome IV, phénomène de Zeemann). Ils sont
arrivés à un résultat négatif.

La question des battements lumineux, comme on le voit par ce qui précède,
se trouve intimement liée à celle de la constitution de la lumière blanche,
c'est-à-dire de sa production et du caractère des vibrations qui lui correspondent. Gouy, Carvallo, Corbino (1901) et Planck (1902) se sont occupés
de cette importante question. Le dernier est arrivé à ce résultat, que deux
rayons, entrant dans la constitution de la lumière blanche, ne peuvent en
aucun cas interférer entre eux.

Nous avons rencontré en acoustique le phénomène de *résonance*, et étudié
la construction des résonnateurs, dont les dimensions doivent être dans un
rapport déterminé avec la longueur d'onde des rayons sonores, pour lesquels
ils sont *accordés*. Nous avons parlé de la résonance des rayons électriques à la
page 16.

D'après les idées actuellement en cours, un rayon lumineux est un phénomène électromagnétique et nous devons admettre l'existence dans un rayon
polarisé (page 56 et Chap. XV), d'une vibration électrique extrêmement rapide,
dont la direction coïncide probablement avec celle, suivant laquelle s'effectuent
les vibrations de l'éther dans la théorie de Fresnel (Chap. XV). Nous devons
admettre d'après cela, que si un rayon tombe sur un corps de *dimensions
appropriées* et dans lequel des vibrations électriques sont possibles, ce rayon
produit effectivement dans le corps de telles vibrations ; celui-ci agit donc
comme un résonnateur, *réfléchissant* pour ainsi dire en les *renforçant* les
rayons qui tombent sur lui. Comme la longueur d'onde λ des rayons considérés ici est très petite, les dimensions de ces *résonnateurs optiques* doivent être
également très petites.

La *résonance optique*, si nous exceptons quelques travaux antérieurs de
Du Bois et Du Bois et Rubens (1893), a été découverte par Rubens et Nichols
(1897). Ils couvraient plusieurs plaques de verre d'un mince couche d'argent,

qui était partagée en rectangles allongés à l'aide d'une pointe de diamant. La largeur des rectangles était à peu près la même sur toutes les plaques et égale à environ 5μ, tandis que la longueur sur les cinq plaques employées avait les valeurs suivantes :

1	2	3	4	5
∞	$6^\mu,5$	$12^\mu,4$	$18^\mu,0$	$24^\mu,4$

Sur la première plaque la couche d'argent était seulement divisée en bandes, dont la longueur était très grande, comparativement à λ. RUBENS et NICHOLS se servirent des rayons restants du spath fluor, pour lesquels $\lambda = 23^\mu,7$ et déterminèrent le pourcentage R des rayons incidents réfléchis, quand le vecteur électrique (la direction des vibrations) était en premier lieu perpendiculaire et en second lieu parallèle à la longueur de ces rectangles, qui jouaient ici le rôle de résonnateurs. Dans le premier cas aucune résonance ne pouvait se produire, car la largeur des bandes (environ 5μ) était bien inférieure à une demi-longueur d'onde. Dans le second cas, on pouvait espérer une résonance, et par suite aussi une réflexion renforcée, quand la longueur des bandes était voisine d'un multiple de la demi-longueur d'onde, c'est-à-dire dans les plaques 1, 3 et 5. On constata, en effet, que la quantité de rayons réfléchis par les rectangles métalliques (mais non par la surface libre du verre comprise entre eux) était dans le premier cas à peu près la même pour les cinq plaques, et l'on avait R $= 20\ ^\circ/_0$ environ. Dans le second cas, au contraire, R avait, pour les cinq plaques, les valeurs suivantes :

1	2	3	4	5
$78,4\ ^\circ/_0$	$22,7\ ^\circ/_0$	$54,5\ ^\circ/_0$	$32,9\ ^\circ/_0$	$50,2\ ^\circ/_0$

Ces nombres montrent clairement, qu'une résonance optique se produisait effectivement ici pour les rayons $\lambda = 23^\mu,7$.

KOSSONOGOFF (à Kiew) et WOOD ont découvert et étudié presque simultanément (1902), des phénomènes qui, peut-être, s'expliquent par la *résonance optique dans le domaine des rayons visibles*. Ils obtinrent par différents procédés de très minces couches de métaux sur du verre. Il fut constaté, que ces couches métalliques donnaient dans la lumière réfléchie des couleurs magnifiques, qui, pour un même métal, pouvaient être très différentes, selon le mode de préparation de la couche. L'étude microscopique a montré, que les couches se composent de différents grains, dont les dimensions correspondent à la longueur d'onde des rayons, qui sont le plus fortement réfléchis par la couche et déterminent la couleur de cette dernière. Si la couche est couverte d'un liquide, dans lequel la longueur d'onde est *plus petite* que dans l'air, la couleur de la couche change, elle se rapproche de l'extrémité rouge du spectre. Un échauffement de la couche produit aussi une modification de couleur. Tout ceci semble concorder avec cette hypothèse que nous avons affaire ici à un cas de *résonance optique*.

KOSSONOGOFF a en outre étudié (1903) les écailles des ailes de certains papillons colorés. Sur chaque écaille se trouvent un très grand nombre de très petits grains presque sphériques. On a constaté que le diamètre de ces grains était précisément égal à la longueur d'onde des rayons, qui correspondent à la coloration de l'aile à l'endroit, où ont été prises les écailles.

Un filet de vapeur d'eau montre, dans la lumière réfléchie, différentes colorations, dans certaines circonstances, par exemple, quand on y insuffle des vapeurs d'acide sulfurique. Bock (1903) a déterminé la grandeur des gouttelettes d'eau dans les parties diversement colorées du filet de vapeur et a trouvé, qu'ici également le diamètre des gouttelettes était égal à la longueur d'onde du rayon coloré correspondant. Il est possible, que dans beaucoup d'autres cas encore, où nous observons des surfaces colorées, la couleur soit due à une *résonance optique*.

Mais de récents travaux théoriques de Pockels (1904), Ehrenhaft (1904) et Scotti (1904) rendent de nouveau douteux que, dans les observations précédentes, une résonance a réellement lieu dans tous les cas. La question doit par suite être regardée comme encore ouverte.

29. Interférence des rayons invisibles. — Il va de soi, que des rayons infra-rouges et ultra-violets interfèrent dans les mêmes conditions que les rayons lumineux, et qu'il en est de même des rayons électriques. Fizeau et Foucault ont montré, en partant de cette idée, que les rayons lumineux et les rayons calorifiques existaient indépendamment les uns des autres, qu'un thermomètre s'échauffait plus fortement dans les franges interférentielles brillantes, obtenues au moyen de deux miroirs, que dans les sombres. On comprend que cette expérience n'ajoute rien de nouveau à ce que nous connaissons déjà. On peut en dire autant des travaux postérieurs de Knoblauch, Seebeck, etc. Dans la suite, de nombreuses observations des franges interférentielles ont été effectuées dans la partie infra-rouge du spectre à l'aide du bolomètre, et dans la partie ultra-violette à l'aide de la photographie.

H. Hertz a effectué, d'autre part, une série d'expériences, dans lesquelles se produisait l'*interférence des rayons électriques* (page 106), émanant d'un excitateur et réfléchis par une surface métallique. Il a pu à l'aide d'un résonateur étudier les ondes stationnaires qui se formaient, déterminer les positions des nœuds et des ventres, mesurer leur distance et trouver ainsi la longueur d'onde λ, puis à l'aide de la formule $\lambda = v\text{T}$ calculer la vitesse v de propagation des rayons électriques, connaissant la durée T des vibrations, qu'il calculait d'après les dimensions de l'excitateur.

Nous reviendrons plus en détail dans le Tome IV sur ces expériences, ainsi que sur d'autres, dans lesquelles se produit également l'interférence de rayons électriques.

BIBLIOGRAPHIE

—

4. — Expérience d'Young.

Young. — *Lectures on Natural philosophy*, London, 1807.
Walker. — *Phil. Mag.*, (5), **46**, p. 472, 1898.

5. — Interposition d'une lame transparente.

Cornu. — *C. R.*, **93**, p. 809, 1881.

6. — Miroirs de Fresnel.

Fresnel. — *OEuvres*, I, p. 150.
H. Weber. — *W. A.*, **8**, p. 407, 1878.
H. Struve. — Fresnels *Interferenzerscheinungen*, Dorpat, 1881 ; *Mém. de l'Acad. d St-Pétersbourg*, **31**, n° 1, 1883.

7. — Appareils analogues aux miroirs de Fresnel.

Fresnel. — *OEuvres*, I, 330.
Winkelmann. — *Instr.*, **22**, p. 275, 1902.
Lloyd. — *Trans. Royal Irish Acad.*, **17**, p. 174, 1837 ; *Pogg. Ann.*, **45**, p. 95, 1838.
Fresnel. — *OEuvres*, I, p. 703.
Billet. — *Ann. chim. et phys.*, (3), **64**, p. 385, 1862 ; *Traité d'optique physique*, **1**, p. 67, 1858.
Macé de Lépinay et Perot. — *Journ. de phys.*, (2), **9**, p. 376, 1890.
Meslin. — *Journ. de phys.*, (3), **2**, p. 205, 1893.
Jamin. — *Cours de physique*, **3**, p. 524, 1866.
Michelson. — *Sill. J.*, (3), **39**, p. 216, 1890.
Lippmann. — *C. R.*, **140**, p. 21, 1905.

8. — Théorie de la netteté des franges.

Macé de Lépinay. — *Journ. de phys.* (2), **9**, p. 121 et 180, 1890.
Macé de Lépinay et Fabry. — *Journ. de phys.*, (2), **10**, p. 5, 1891.
Fabry. — *Journ. de phys.*, (3), **1**, p. 313, 1892 ; *Annales de la Faculté des sciences de Marseille.*
Michelson. — *Phil. Mag.* **30**, p. 256, 1891.
Stephan. — *C. R.*, **76**, p. 1008, 1873 ; **78**, p. 1008, 1874.
Hamy. — *Bulletin astronomique*, **16**, p. 257, 1899.

10. — Franges des lames minces. Cas où la source est ponctuelle.

Gouy. — *Ann. chim. et phys.*, (6), **24**, 145, 1891.
Fabry. — *Journ. de phys.*, (3), **2**, 22, 1893.

11. — Courbes d'égale épaisseur. Couleurs des lames minces.

Fizeau. — *Ann. chim. et phys.*, (3), **66**, p. 429, 1862.
Macé de Lépinay. — *Jour. de phys.*, (2), **10**, p. 5, 1891.
Fresnel. — *OEuvres.* **1**, p. 146.
Potier. — *Ass. fr. Avanc. Sc.*, 1re session, p. 308, 1872.
Newton. — *Optice*, lib. II, pars 1, obs. 12 ; lib. II, pars 2.
Quincke. — *Pogg. Ann.*, **129**, p. 180, 1866.

12. — Lames à faces planes et parallèles.

HAIDINGER. — *Pogg. Ann.*, **57**, p. 219, 1849.

MASCART. — *Ann. chim. et phys.*, (4), **23**, p. 116, 1871 ; *Traité d'optique*, **3**, p. 445, 1889.

LUMMER. — *W. A.*, **23**, p. 49, 1884.

13 et 14. — Influence des réflexions multiples.

AIRY. — *Trans. of the Cambridge Philos. Soc.*, **4**, p. 419 ; 1830.

HERSCHEL. — *Phil. Trans.*, 1809, p. 274.

FABRY. — *Journ. de phys.*, (3), **1**, p. 313, 1892.

JAMIN. — *Ann. chim. et phys.*, (3), **36**, p. 158 ; 1852.

MACÉ DE LÉPINAY. — *Journ. de phys.*, (4), **1**, p. 491 ; 1902.

LUMMER. — *Verhandl. d. deutsch. phys. Ges.*, **3**, p. 85, 131, 1901 ; *Phys. Zeitschr.*, **3**, p. 172, 1902 ; *Arch. néerl.*, 1902, p. 773 ; *Berl. Ber.*, 1900, p. 504.

FABRY et PEROT — *Ann. chim. et phys.*, (7), **16**, p. 115, 1899.

HAMY. — *Journ. de phys.*, (4), **5**, p. 789, 1906.

15. — Succession de plusieurs lames.

BREWSTER. — *Edimb. Trans.*, **7**, p. 435, 1817.

JAMIN. — *C. R.*, **42**, p. 482, 1856 ; *Ann. chim. et phys.*, (3), **52**, p. 163, 1858.

PEROT et FABRY. — *Ann. de chim. et phys.*, (7), **16**, p. 289, 1899.

MESNAGER. — *C. R.*, **138**, p. 76 ; 1904.

16. — Autres exemples des franges à l'infini.

A. MICHELSON and MORLEY. — *Amer. J. of Science.*, **34**, p. 333, 427, 1887 ; **38**, p. 1881, 1889.

MACH. — *Wien. Ber.*, **101**, IIa, p. 5, 1892 ; **102**, IIa, p. 1035, 1893 ; **106**, p. 34, 1897 ; **107**, p. 851, 1898 ; *Instr.*, **12**, p. 89, 1892.

17. — Lames mixtes.

YOUNG. — *Phil. Trans.*, 1804, p. 8.

FABRY. — *Journ. de phys.*, (3), **8**, p. 595, 1899.

18. — Spectre cannelé.

FIZEAU et FOUCAULT. — *Ann. chim. et phys.*, (3), **26**, p. 138, 1849 ; *C. R.*, **21**, p. 1155, 1845 (24 nov.).

TALBOT. — *Phil. Mag.*, (2), **10**, p. 364, 1867.

SCHUSTER. — *Phil. Mag.*, (6), **7**, p. 1, 1904.

19. — Influence de la composition de la lumière. Application à la spectroscopie.

FIZEAU. — *Ann. de chim. et phys.*, (3), **66**, p. 429, 1862.

MICHELSON. — *Trav. et mém. du Bureau intern. des poids et mesures*, **11**, 1895.

FABRY et PEROT. — *Ann. de chim. et phys.*, (7), **16**, page 115, 1899.

ZEEMANN. — *Astrophysical Journal*, **15**, p. 220, 1902.

LUMMER et GEHRCKE. — *Journ. de phys.*, (4), **10**, p. 457, 1903. *Wiss. Abh. d. phys. techn. Reichsanstalt*, **4**, 63, 1903 ; *Sitz. d. Berl. Akad. d. Wiss.*, 1902, p. 11.

GEHRCKE. — *Verhandl. der Deutsch. phys. Ges.*, **7**, 237, 1905.

GEHRCKE und von BAEYER. — *Ann. de phys.*, (4), **20**, p. 269, 1906.

HAMY. — *C. R.*, **125**, p. 1092, 1897.

20. — Comparaison des longueurs d'onde.

FABRY et PEROT. — *Ann. de chim. et phys.*, (7), **25**, p. 98, 1902.

HAMY. — *C. R.*, **128**, page 1308, 1899.

FABRY et BUISSON. — *C. R.*, **143**, page 165, 1906 ; **144**, p. 1210, 1907.

21. — Vérification des surfaces optiques.

LAURENT. — *Journ. de phys.*, (2), **2**, p. 411, 1883.

LUMMER. — *W. 1.*, **22**, p. 49, 1884.

22. — Mesures de petits déplacements ou déformations.

FIZEAU. — *Ann. de chim. et phys.*, (3), **66**, p. 429, 1863.

BENOIT. — *Trav. et mém. du Bureau intern. des poids et mesures*, **6**, 1888.

SCHEEL. *Verh. der Deutsch. phys., Ges.*, **9**, 11 Januar 1907.

CORNU. — *C. R.*, **69**, p. 333, 1869.

GRÜNEISEN. — *Instr.* februar 1907.

MESNAGER. — *Ann. des Ponts et chauss.*, 1903.

DEFFORGES. — *Journ. de phys.*, (2), **7**, p. 239-347-455, 1888.

PEROT et FABRY. — *Ann. de chim. et phys.*, (7), **13**, p. 404, 1898.

23. — Comparaison du mètre avec une longueur d'onde.

MICHELSON. — *Trav. et mém. du Bureau intern. des poids et mesures*, **11**, 1894.

BENOIT, FABRY et PEROT. — *Trav. et mém. du Bureau intern. des poids et mesures.*

24. — Méthodes optiques pour la mesure des longueurs.

MACÉ DE LÉPINAY. — *Ann. de chim. et phys.*, (6), **10**, 1887 ; (7), **5**, 1895.

BENOIT. — *Journ. de phys.*, (3), **7**, 57, 1898.

PEROT et FABRY. — *Ann. de chim. et phys.*, (7), **16**, 1899 ; (7), **24**, 1901.

MACÉ DE LÉPINAY. — *Franges d'interférence et leurs applications métrologiques*, Paris, 1902.

GEHRCKE. — *Die Anwendung der Interferenzen in der Spectroskopie und Metrologie*, Braunschweig, 1906.

25. — Masse du décimètre cube d'eau.

Travaux et Mémoires du Bureau international des poids et mesures, Tome XIV.

MACÉ DE LÉPINAY. — *Ann. de chim. et de phys.*, (7), **11**, 1897.

FABRY, MACÉ DE LÉPINAY et PEROT. — *C. R.*, **128**, p. 1317, 1899 ; *C. R.*, **129**, p. 709, 1899.

MACÉ DE LÉPINAY, BUISSON et BENOIT. — *Journ. de phys.*, (4), **1**, p. 669, 1905.

26. — Mesure des indices par les interférences.

BUISSON. — *C. R.*, **142**, p. 881, 1906.

KETTELER. — *Farbenzerstreuung der Gase*, Bon, 1886.

MASCART. — *C. R.*, **86**, p. 321 et 1182, 1878 ; *Ann. de l'Ecole normale*, (2), **6**, p. 9, 1877.

LORENZ. — *Wied. Ann.*, **11**, p. 70, 1880.

CHAPPUIS et RIVIÈRE. — *Ann. de chim. et phys.*, (6), **14**, p. 5, 1888.

BENOIT. — *Trav. et mém. du Bureau intern. des poids et mesures*, **6**, p. 103, 1888.

KAYSER et RUNGE. — *Wied. Ann.*, **50**, p. 293, 1893.

RAMSAY et TRAVENS. — *Zeitsch. für Physik. Chem.*, **25**, p. 101, 1898.

JAMIN. — *C. R.*, **43**, p. 1191 ; 1856.

SCHEEL. — *Verh. der Deutsch. phys. Ges.*, **9**, 11 janvier 1907.

27. — Ondes stationnaires. Photographie des couleurs.

LORD RAYLEIGH. — *Phil. Mag.*, **24**, p. 145, 1887.

WIENER. — *W. A.*, **40**, p. 203, 1890 ; *J. de phys*, (2), **10**, p. 40 ; 1891 ; *Ann. chim. et phys.*, (6), **23**, p. 387, 1891.

LIPPMANN. — *C. R.*, **112**, p. 274, 1891 ; **114**, p. 961, 1892 ; **115**, p. 575, 1897 ; **140**, p. 1508, 1905 ; *J. de phys.*, (3), **3**, p. 83, 1894.

WIENER. — W. A., **55**, p. 225, 1895 ; **69**, p. 488, 1899.

MESLIN. — Ann. chim. et phys., (6), **27**, p. 369, 1892.

VALENTA. — Die Photographie in natürlichen Farben, Halle, 1894.

SCHÜTT. — W. A., **57**, p. 533, 1896.

ZENKER. — Arch. f. mikroskop. Anatomie, **3**, p. 249, 1867 ; Jahrbuch f. Photogr., **7**, p. 114, 1893 ; Lehrbuch der Photochromie, Braunschweig, 1901.

NEUHAUSS, Photogr. Rundschau, 1894, Heft 12 ; 1897, Heft 11, 2 ; 1898, Heft 1-5 ; Jahrb. f. Photogr., 1893, p. 114 ; 1895, p. 188 ; W. A., **65**, 164, 1898 ; Die Farbenphotographie nach Lippmanns Verfahren, Halle a. S., 1898 ; Verhandl. Berl. phys. Ges., **14**, p. 17, 1895.

KRONE. — Darst. d. natürl. Farben durch Photogr., Weimar, 1894.

COTTON. — J. de phys. (4), **1**, p. 689, 1902.

IZARN. — C. R., **121**, p. 884, 966, 1894.

STARKE. — Verh. d. phys. Ges., **4**, p. 377, 1902.

O. WIENER u. H. SCHOLL. — W. A., **68**, p. 145, 149, 1899.

KIRCHNER. — D. A., **13**, p. 239, 1904.

PFAUNDLER. — D. A., **15**, p. 371, 1904 ; Wien. Ber., **113**, p. 390, 1904.

LEHMANN. — Phys. Ztschr., **6**, p. 553, 1905 ; Ztschr. f. wiss. Phot., **3**, p. 165, 1905.

28. — Battements lumineux. Résonance optique.

RIGHI. — Ann. dell' Accad. di Bologna, (4), **4**, 1883 ; (4), **5**, 1883 ; Nuovo Cimento, (3), **3**, p. 212, 1878 ; **14**, p. 173, 1883 ; **15**, p. 23, 1884 ; J. de Phys., (2), **2**, p. 437 ; Beiblätter, **8**, p. 587, 1884 ; Rendic. R. Acc. dei Lincei, **517**, p. 295, 1898.

AIRY. Undalatory theory of Optics, 1877, p. 156.

VERDET. — OEuvres, **6**, p. 88.

CORBINO. — Nuovo Cimento, (4), **7**, p. 272, 1898 ; **9**, p. 391, 1899 ; (5), **2**, p. 161, 1901 ; Rendic. R. Acc. dei Lincei, (5), **7**, p. 241, 1898 ; **8**, p. 171, 1899 ; C. R., **133**, p. 412, 1901.

GOUY. — J. de phys., (2), **5**, p. 354, 1886 ; C. R., **130**, p. 241, 560, 1900.

CARVALLO. C. R., **130**, p. 79, 401, 1900.

PLANCK. — D. A., **7**, p. 390, 1902.

DU BOIS. — W. A., **46**, p. 548, 1892 ; **48**, p. 546, 1893.

DU BOIS u. RUBENS. — W. A., **49**, p. 593, 1893.

RUBENS et NICHOLS. — W. A., **60**, p. 456, 1897.

WOOD. — Phil. Mag., (6), **3**, p. 396, 1902 ; **4**, p. 425, 902, **6**, p. 259, 1903 ; Phys. Zeitschr., **4**, p. 338, 1903.

KOSSONOGOFF. — J. de la Soc. russe phys.-chim., **35**, p. 307, 1903 ; Phys. Zeitschr., **4**, p. 208, 258, 518, 1902-1903 ; BOLTZMANN. — Festschrift, p. 882, 1904.

BOCK. — Phys. Zeitschr., **4**, p. 339, 404, 1903.

POCKELS. — Phys. Ztschr., **5**, p. 152, 460, 1904.

EHRENHAFT. — Phys. Ztschr., **5**, p. 387, 1904.

SCOTTI. — N. Cim., (5), **7**, p. 334, 1904.

29. — Interférence des rayons invisibles.

FIZEAU et FOUCAULT. — Recherches sur les interférences des rayons calorifiques. C. R., **25**, p. 447, 1847 ; Pogg. Ann., **73**, p. 462, 1847 ; paru à nouveau en détail dans Ann. chim. et phys., (5), **15**, p. 363, 1878.

SEEBECK. — Pogg. Ann., **77**, p. 574, 1848.

KNOBLAUCH. — Pogg. Ann., **108**, p. 610, 1859.

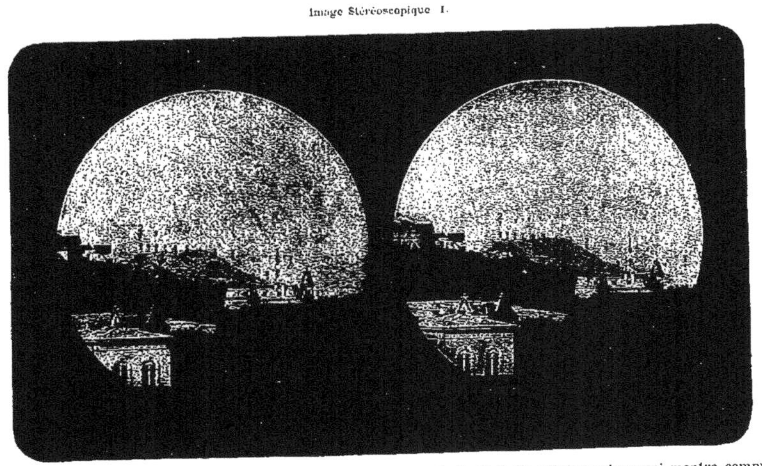

Vue téléstéréoscopique d'un paysage. Au-dessus de l'image flotte l'échelle stéréoscopique qui montre comment
fonctionne le stéréo-télémètre de C. Zeiss d'Iéna.   Chwolson. Traité de Physique II.

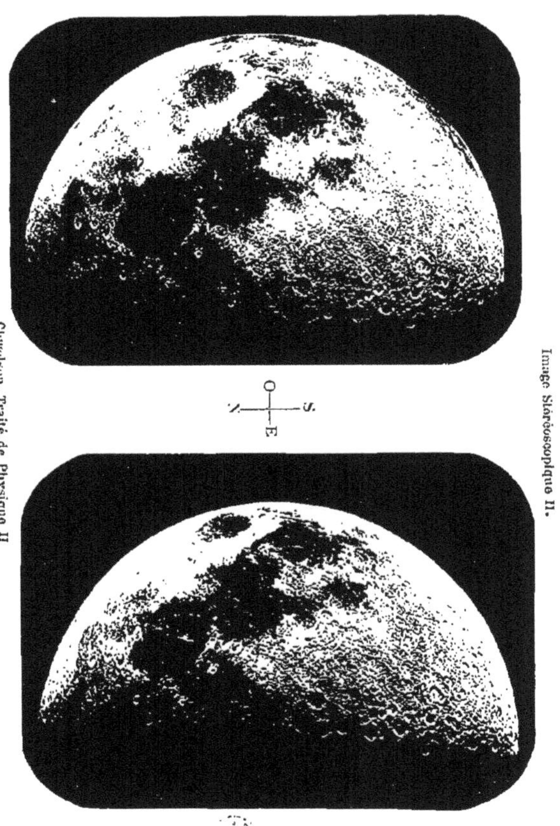

Dates des épreuves :	7 Février 1900	20 Avril 1896
Heures de Paris :	$6^h15^m30^s$	$8^h18^m5^s$
Durée d'Exposition :	$0^s.7$	1^s

Assemblées par le Dr Pulfrich (C. Zeiss d'Iéna).

Saturne dans la constellation d'Ophiuchus.

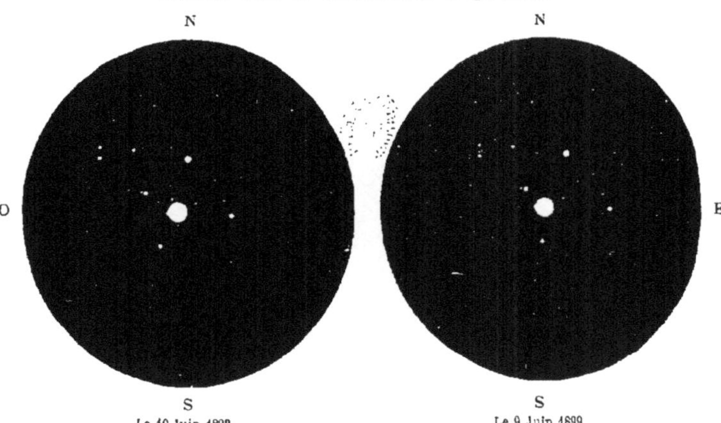

Épreuves assemblées par le Prof. Wolf d'Heidelberg.

Chwolson, Traité de Physique II

TRAITÉ DE PHYSIQUE

O. D. CHWOLSON

PROFESSEUR ORDINAIRE A L'UNIVERSITÉ IMPÉRIALE DE ST-PÉTERSBOURG

TRAITÉ DE PHYSIQUE

OUVRAGE TRADUIT SUR LES ÉDITIONS RUSSE & ALLEMANDE

PAR

E. DAVAUX

INGÉNIEUR DE LA MARINE

Edition revue et considérablement augmentée par l'Auteur

SUIVIE DE

Notes sur la Physique théorique

PAR

E. COSSERAT	F. COSSERAT
Professeur	Ingénieur en Chef des Ponts et Chaussées
à la Faculté des Sciences	Ingénieur en Chef
de l'Université de Toulouse	à la Cie des Chemins de fer de l'Est

TOME DEUXIÈME

SECOND FASCICULE

L'indice de réfraction. Dispersion et transformations
de l'énergie rayonnante

Avec 157 figures dans le texte

PARIS

LIBRAIRIE SCIENTIFIQUE A. HERMANN

LIBRAIRE DE S. M. LE ROI DE SUÈDE

6, RUE DE LA SORBONNE, 6

1906

TRAITÉ DE PHYSIQUE

O. D. CHWOLSON

TRAITÉ DE PHYSIQUE

OUVRAGE TRADUIT SUR LES ÉDITIONS RUSSE & ALLEMANDE

PAR

E. DAVAUX

INGÉNIEUR DE LA MARINE

Edition revue et considérablement augmentée par l'Auteur

SUIVIE DE

Notes sur la Physique théorique

PAR

E. COSSERAT	F. COSSERAT
Professeur	Ingénieur en Chef des Ponts et Chaussées
à la Faculté des Sciences	Ingénieur en Chef
de l'Université de Toulouse	à la Cⁱᵒ des Chemins de fer de l'Est

TOME DEUXIÈME

TROISIÈME FASCICULE

Photométrie. Instruments d'Optique. Interférence de la lumière.

Avec 159 figures dans le texte et trois épreuves stéréoscopiques.

PARIS

LIBRAIRIE SCIENTIFIQUE A. HERMANN

LIBRAIRE DE S. M. LE ROI DE SUÈDE

6, RUE DE LA SORBONNE, 6

1907

Extraits des Appréciations de la Presse Scientifique

SUR LES DEUX PREMIERS FASCICULES

DE L'OUVRAGE DE M. CHWOLSON

Revue des Questions scientifiques.

Le *Traité* de M. Chwolson n'est pas écrit pour les débutants : non seulement il suppose un cours antérieur de Physique générale élémentaire, mais son allure synthétique le rend moins propre à un premier enseignement. Ses dimensions d'ailleurs ne sont pas celles d'un *manuel* à mettre entre les mains des étudiants, mais plutôt celles d'une encyclopédie analogue au *Cours de Physique*, resté inachevé, de Violle. Sa facture, la langue qu'il parle ne sont point non plus celles d'un livre classique, dont le texte condensé suppose un maître qui l'interprète et l'explique, mais bien celles de leçons orales, développées avec ampleur, parfois avec surabondance, et qui rendent superflu tout nouveau commentaire. C'est plus et mieux qu'un manuel, c'est une « somme » à consulter, à étudier par ceux qui, familiarisés déjà avec la matière, désirent l'approfondir : ils y trouveront un tableau, tracé de main de maître, de l'état actuel de la Physique, un guide très sûr et parfaitement informé.......

A la manière de Verdet, l'auteur réunit, à la fin de la plupart des chapitres et, parfois, à la suite de paragraphes plus importants, de nombreuses références bibliographiques qui complètent celles que l'on trouve au bas des pages et permettent au lecteur de remonter aux sources et d'élargir le champ de ses études. Signalons, entre autres, une liste de soixante-trois Recueils périodiques, consacrés exclusivement à la Physique ou largement ouverts aux travaux originaux qui relèvent de cette science. Cette documentation, très riche et de bon aloi, est un des nombreux mérites de l'ouvrage : elle fait corps avec lui et n'est pas un étalage d'érudition factice qui s'arrête au titre des travaux cités et n'a rien fourni au texte qu'elle accompagne. . . . .

Ces indications suffisent à notre but : donner une idée des sujets traités et de la disposition des matières dans cet ouvrage bien moderne. Elles laissent à peine soupçonner l'ampleur et l'érudition des développements ; et nous aurions dû allonger outre mesure ce compte rendu si nous avions voulu signaler, même partiellement, les traits d'heureuse originalité dans le monde d'exposition et l'allure des démonstrations.

Tant de qualités, jointes à la richesse de la documentation, assurent au *Traité* de M. Chwolson l'accueil empressé de tous ceux qui enseignent ou étudient la Physique générale.

J. THIRION, S. J.

Revue scientifique.

Le plan adopté par l'auteur russe fait de son Traité un livre vraiment moderne ; les théories générales sont réunies en des chapitres dont les conséquences s'appliquent souvent à des phénomènes très variés : c'est ainsi que l'étude du mouvement vibratoire harmonique et celle de la propagation des vibrations est faite une fois pour toutes, et que l'auteur expose d'une manière tout à fait générale le principe des ondes stationnaires, ceux d'Huygens et de Doppler . . . .

La bibliographie n'a du reste pas été oubliée, et les notes importantes, placées à la fin des chapitres, constitueront un guide précieux dans l'étude approfondie des sujets particuliers. Le classement de ces notes a été établi parallèlement à celui des matières traitées dans les divers paragraphes d'un même chapitre.

Il faut souhaiter au traité que publie la Librairie Scientifique de M. Hermann tout le succès qu'il mérite.

J. DERÔME.

Revue universelle des Mines.

CHWOLSON, **Traité de Physique**, 2 fasc. grand in-8° de 407 et 202 pages.— Paris, Hermann, 1906. — M. Chwolson, professeur à l'Université impériale de Saint-Pétersbourg, avait donné la première édition de son grand traité de physique en 1897. En 1900 parut la deuxième édition du premier volume et en 1902, l'ouvrage fut traduit en allemand : le professeur Wiedemann signala à cette occasion le plan nouveau et le point de vue tout moderne de l'Œuvre de M. Chwolson. La traduction française que nous annonçons, est due à M. Davaux, ingénieur de la marine.

M. Davaux et MM. E. et F. Cosserat ont enrichi cette traduction de notes fort savantes sur la théorie des intégrateurs, sur celle des groupes appliquée aux mouvements, sur les diverses formes du principe de la moindre action, sur les valeurs critiques de la vitesse, etc.

L'ouvrage comprendra quatre volumes consacrés, le premier *aux principes de la mécanique, aux instruments et méthodes de mesures*, à l'étude des gaz, des liquides et des solides, enfin à l'exposé de l'acoustique ; le second, *à l'étude générale de l'énergie rayonnante et à l'optique* ; le troisième à la chaleur et le quatrième à l'électricité.

Les parties parues sont le premier fascicule du tome I et le premier fascicule du tome II, qui renferment les matières indiquées ci-dessus en italique.

Un traité de physique aussi complet et aussi savant n'existait pas en langue française : les personnes qui s'intéressent aux progrès de la physique sauront gré à M. Davaux d'avoir traduit l'œuvre magistrale du professeur Chwolson.

L'Eclairage électrique.

L'éloge de ce remarquable ouvrage, l'un des meilleurs et, à coup sûr, le plus moderne des traités de Physique, n'est plus à faire. Déjà, l'édition allemande, dont le tome III vient de paraître, nous avait permis d'en apprécier la valeur et l'importance, et nous nous félicitons de voir entreprendre une édition française qui le mettra à la portée de nos étudiants.

M. le professeur Chwolson a heureusement réagi contre la routine qui enfermait depuis longtemps les études de Physique dans un plan immuable et artificiel. Il a présenté les matières de son livre dans un ordre nouveau, plus vivant, plus conforme au développement incessant de la science. Il a enchaîné les questions d'une façon claire et *réellement* méthodique, et a réussi, à présenter ainsi un tableau rigoureux et précis de l'état actuel de la Physique, en même temps qu'une œuvre d'une rare unité. . . . .

Nature, de Londres.

In the translation into French both the Russian and German editions are made use of, while additional notes on theoretical physics are added by MM. E. and F. Cosserat, the former of whom is a professor in the University of Toulouse. This also will appear in four volumes ; the present instalment consists of parts of the first two. The additional notes will be kept quite distinct from the main text. One such note (consisting of 37 pages) now appears on the dynamics of a particle and of a rigid body. This is an attempt to re-state the principles of mechanics in such a way as to remove the difficulties pointed out by M. Poincaré in the application of mechanical principles to natural phenomena. These difficulties arise, according to Poincaré, from a too faithful application to all phenomena of the astronomical universe. The system of mechanics expounded is in general based on energetics, but a wider form than usual is given to this principle. It is impossible to criticise the theory presented until the remaining notes bearing on it have appeared.

With regard to the French edition in general we are very well pleased, and we look forward to its completion, for there are many to whom it will prove more welcome than its German equivalent. The treatise bids fair to prove itself the leading text-book of physics for general use.

L'Electricien.

La publication d'une traduction française de cet excellent ouvrage est assurée d'un grand succès, car nous ne possédons malheureusement pas en France de traité de Physique Générale aussi développé et si bien au courant des théories les plus récentes.

Le travail si important de M. Chwolson, professeur à l'Université impériale de Saint-Pétersbourg, a, dès son apparition, attiré l'attention des savants allemands ; ils en ont immédiatement publié une traduction qui a obtenu un succès bien légitime. Le traité de M. Chwolson est, en effet, l'ouvrage de physique générale le plus complet qui ait été publié jusqu'à présent ; il sera lu avec profit par tous les physiciens, tant à cause de l'originalité du plan absolument nouveau suivi par l'auteur et du point de vue très moderne auquel il s'est placé, que de la manière remarquable avec laquelle ont été exposées les si nombreuses matières que comprend l'étude de la physique actuelle.

L'édition française qui commence à paraître sera beaucoup plus complète que l'édition originale en langue russe et que la traduction allemande, grâce aux nombreuses additions faites par l'auteur, par le traducteur et par MM. Cosserat.

Le traité de M. Chwolson ne s'adresse pas seulement aux professeurs, mais aussi à tous les ingénieurs, industriels, étudiants, etc., qui chacun dans leurs spécialités, y trouveront un exposé complet et très clair des questions qui peuvent plus particulièrement les intéresser . . . .

A. Montpellier.

O. D. CHWOLSON

PROFESSEUR ORDINAIRE A L'UNIVERSITÉ IMPÉRIALE DE ST-PÉTERSBOURG

TRAITÉ DE PHYSIQUE

OUVRAGE TRADUIT SUR LES ÉDITIONS RUSSE & ALLEMANDE

PAR

E. DAVAUX

INGÉNIEUR DE LA MARINE

Edition revue et considérablement augmentée par l'Auteur

SUIVIE DE

Notes sur la Physique théorique

PAR

E. COSSERAT	F. COSSERAT
Professeur	Ingénieur en Chef des Ponts et Chaussées
à la Faculté des Sciences	Ingénieur en Chef
de l'Université de Toulouse	à la Cie des Chemins de fer de l'Est

TOME DEUXIÈME

SECOND FASCICULE

L'indice de réfraction. Dispersion et transformations de l'énergie rayonnante

Avec 157 figures dans le texte

PARIS

LIBRAIRIE SCIENTIFIQUE A. HERMANN

LIBRAIRE DE S. M. LE ROI DE SUÈDE

6, RUE DE LA SORBONNE, 6

1906

Extrait de la *Revue générale des Sciences*
du 15 Mars 1906

Voici une œuvre considérable et dont il suffit d'avoir parcouru les deux fascicules parus pour lui prédire en France le succès qu'elle a obtenu en Russie et en Allemagne.

Le plan de l'ouvrage est très notablement différent de ceux qui ont été généralement adoptés jusqu'ici en France pour l'étude de la physique générale proprement dite ; il en diffère surtout à deux points de vue : tout d'abord par le mode d'exposition des idées ou des méthodes générales ; c'est ainsi que dans une introduction remarquable se trouvent exposées et discutées avec une ampleur et des développements qu'on ne rencontre généralement pas dans les traités de physique, les questions relatives à l'étude de la physique en général et aux rapports existant entre ses différentes parties, aux définitions et caractères des diverses grandeurs physiques, à l'établissement des lois, à leur valeur, aux rapports qu'elles ont entre elles, aux divers états de la matière, aux propriétés générales des corps, etc., etc. Il en est de même de la façon dont sont présentées, à la suite de principes indispensables de mécanique, les considérations générales sur les diverses formes de l'énergie, leurs transformations, leurs rapports avec les divers phénomènes physiques, le principe de la conservation. Isolément, toutes ces considérations sont familières aux physiciens, le mérite de l'auteur est de les avoir groupées en un ensemble fort instructif et d'une lecture intéressante.

Un second point qui caractérise tout particulièrement l'ouvrage est le groupement des théories générales, dont les principes fondamentaux et les formules peuvent être appliquées à l'étude de phénomènes variés ; ainsi, deux chapitres importants sont consacrés à l'étude de la composition des vibrations harmoniques, à la propagation des vibrations longitudinales et transversales, aux ondes stationnaires, au principe d'Huyghens, à la diffraction, à la réflexion et la réfraction des ondes, au principe de Döppler.

Ces questions traitées avec beaucoup de détails et une grande clarté forment donc une excellente introduction à l'étude de l'optique et de l'acoustique. On pourra s'étonner de rencontrer par exemple les courbes de Lissajous et les principes de la diffraction dans un chapitre ou le mot de son ou d'acoustique n'est pas plus prononcé que celui de lumière ou d'optique, et, à la vérité, si la généralisation pour ainsi dire anticipée, dans un traité de physique, d'idées fondamentales, présente des avantages incontestables, poussée à l'excès, elle pourrait présenter aussi quelques inconvénients, ne fut-ce que celui de donner l'illusion d'analogies par trop profondes entre des phénomènes d'essence fort différents malgré l'identité de formules algébriques pouvant représenter leur caractère commun.

Le même fascicule contient encore l'étude de la gravitation, la théorie du potentiel, l'étude des systèmes d'unités, et un dernier chapitre est consacré aux généralités relatives à l'exécution de mesures, à la méthode des moindres carrés, à l'usage des instruments généraux de mesures.

Enfin deux notices importantes ont été ajoutées au texte primitif : l'une, très remarquable, de MM. E. Cosserat et F. Cosserat est relative à la dynamique du point et du corps invariable ; l'autre, également fort intéressante, de M. E. Davaux, traite de la théorie des intégrateurs.

Le premier fascicule du tome II traite de l'énergie rayonnante ; il est conçu sur le même plan et avec le même esprit de généralisation. Dans une introduction très documentée, l'auteur traite des propriétés générales de l'éther, puis de la production et des propriétés générales de l'énergie rayonnante sous ses différentes formes. Il donne ensuite un exposé très complet des recherches entreprises relativement à la transformation de l'énergie calorifique en énergie rayonnante et inversement. Le reste du fascicule est consacré à la vitesse de propagation, à la réflexion et à la réfraction de l'énergie rayonnante.

Ajoutons que la bibliographie qui accompagne chaque sujet est aussi complète qu'on peut le souhaiter.

En résumé, le traité de physique de M. Chwolson, à en juger par les fascicules parus, est à la fois un livre précieux d'informations par la quantité et le choix des matériaux, et un livre d'étude d'une incontestable valeur par les idées d'ensemble, la méthode et la clarté de l'exposition.

E. AMAGAT
Membre de l'Institut
et de la Société Royale de Londres

O. D. CHWOLSON

PROFESSEUR ORDINAIRE A L'UNIVERSITÉ IMPÉRIALE DE ST-PÉTERSBOURG

TRAITÉ DE PHYSIQUE

OUVRAGE TRADUIT SUR LES ÉDITIONS RUSSE & ALLEMANDE

PAR

E. DAVAUX

INGÉNIEUR DE LA MARINE

Edition revue et considérablement augmentée par l'Auteur

SUIVIE DE

Notes sur la Physique théorique

PAR

E. COSSERAT
Professeur
à la Faculté des Sciences
de l'Université de Toulouse

F. COSSERAT
Ingénieur en Chef des Ponts et Chaussées
Ingénieur en Chef
à la Cie des Chemins de fer de l'Est

TOME DEUXIÈME

TROISIÈME FASCICULE

Photométrie. Instruments d'Optique.
Interférence de la lumière.

Avec 159 figures dans le texte et trois épreuves stéréoscopiques.

PARIS

LIBRAIRIE SCIENTIFIQUE A. HERMANN

LIBRAIRE DE S. M. LE ROI DE SUÈDE

6, RUE DE LA SORBONNE, 6

1907